第1章

卷轴画效果

第2章

办公桌效果图

魔方效果图

资料架效果图

第3章

电池效果图

第4章

瓶盖效果图

骰子效果图

第5章

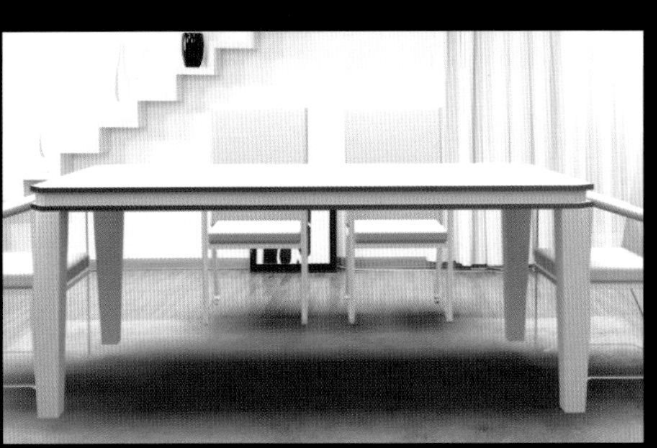

制作桌椅材质效果

吊篮效果图

制作木料材质效果图

制作植物材质效果

第6章

创建摄影机

一次性水杯

第7章

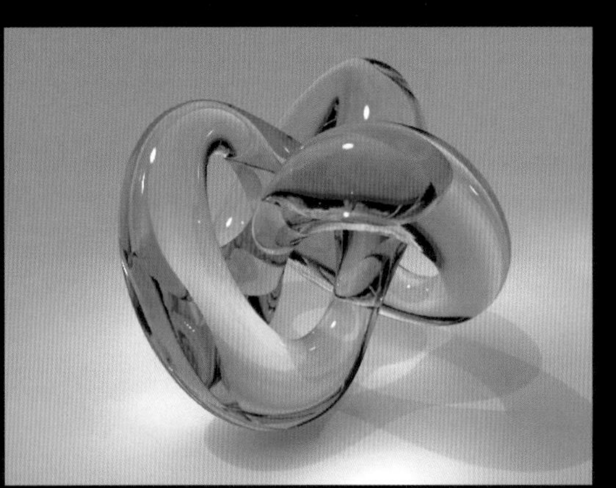

玻璃焦散特效

景深效果

第8章

摆件

玩具

第9章

瓶盖效果图

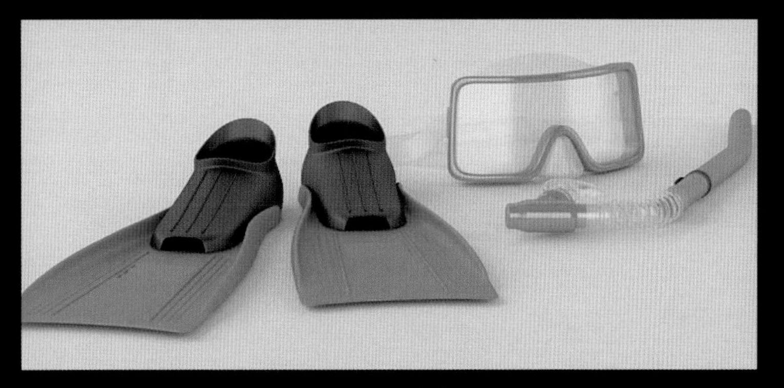

骰子效果图

第10章

使用VR毛皮效果制作地毯

毛绒玩具

第11章

室外房子

手绘卡通玩具

第12章

电梯厅夜间照明表现

电梯厅夜间照明表现后期处理

第13章

会议室效果图

第14章

居民楼

第15章

大厅效果图

第16章

日景效果

完全学习手册

赵玉 贺怀鹏 / 编著

3ds Max + VRay 室内设计完全实战技术手册

清华大学出版社

北京

内 容 简 介

本书涵盖了3ds Max设计所需的重要知识，重点讲解VRay渲染器的应用方法。每章的实例既有打基础、筑根基的部分，又不乏综合创新的例子。本书由浅入深、循序渐进地介绍了3ds Max 2016的使用方法和操作技巧。本书1～6章主要讲解了3ds Max Design的重要知识点，包括3ds Max 2016基本知识、基础物体建模、二维图形的绘制和编辑、三维复合对象的建模、材质与贴图、灯光与摄影机；第7～11章重点讲解了VRay渲染器，其中包括初始VRay、VRay渲染器的材质与贴图、VRay渲染器的灯光和阴影、VRay物体和修改器、VRay卡通及大气效果等；第12～16章为实用项目指导，通过经典案例，包括电梯厅夜间灯光表现、会议室效果图的表现、室外建筑制作技法、大厅后期配景的制作及建筑日景效果图的制作等，可以增强读者的实践能力。

本书内容丰富，语言通俗易懂，结构清晰，适合于初、中级读者学习使用，也可以供建筑效果图制作、工业制图和三维设计等从业人员阅读，还可以作为大中专院校相关专业、相关计算机培训班的上机指导教材。

图书在版编目（CIP）数据

3ds Max+VRay室内设计完全实战技术手册 / 赵玉，贺怀鹏编著 . -- 北京 : 清华大学出版社，2021.1

（完全学习手册）

ISBN 978-7-302-56748-6

Ⅰ. ① 3… Ⅱ. ①赵… ②贺… Ⅲ. ①室内装饰设计－计算机辅助设计－三维动画软件－技术手册 Ⅳ. ① TU238-39

中国版本图书馆CIP数据核字(2020)第209629号

责任编辑：陈绿春
封面设计：潘国文
责任校对：胡伟民
责任印制：沈 露

出版发行：清华大学出版社
网 址：http://www.tup.com.cn，http://www.wqbook.com
地 址：北京清华大学学研大厦A座 邮 编：100084
社 总 机：010-62770175 邮 购：010-83470235
投稿与读者服务：010-62776969，c-service@tup.tsinghua.edu.cn
质量反馈：010-62772015，zhiliang@tup.tsinghua.edu.cn
课件下载：http://www.tup.com.cn,010-83470236

印 装 者：三河市铭诚印务有限公司
经 销：全国新华书店
开 本：188mm×260mm 印 张：25.75 插页：4 字 数：825千字
版 次：2021年1月第1版 印 次：2021年1月第1次印刷
定 价：99.00元

产品编号：069769-01

前言
PRAFACE

3ds Max 是效果图和工业制图方面的专业工具，无论是室内建筑装饰效果图，还是室外建筑设计效果图，3ds Max 都是最佳选择。3ds Max 在建模技术、材质编辑、环境控制、动画设计、渲染输出和后期制作等方面都表现出色。

我们组织编写本书的初衷就是帮助广大用户快速、全面地学会应用 3ds Max。因此在编写的过程中采用全面完整的知识体系、深入浅出的理论阐述、循序渐进的分析讲解、实用典型的实例引导。全书以软件自身的知识体系作为统领，特别重视软件本身的功能和典型案例的结合，通过典型案例演示软件的功能，“拓展训练”项目以富有真实感的设计案例作为练习充实到各个知识点。

本书适合 3ds Max 的新手入门学习，也可供使用 3ds Max 设计和制作建筑、工业效果图的人员参考，还可作为 3ds Max 培训班的教学用书。

为便于阅读理解，本书的写作遵从如下约定。

- 本书中出现的中文菜单和命令将用【】括起来，以示区分。此外，为了使语句更简洁易懂，书中所有的菜单和命令之间以竖线（|）分隔，例如，单击【编辑】菜单，再选择【移动】命令，就用【编辑】|【移动】来表示。
- 用加号 (+) 连接的两个或三个键表示为组合键，在操作时表示同时按下这两个或三个键。例如，Ctrl+V 就是指在按 Ctrl 键的同时，按 V 键；Ctrl+Alt+F10 是指在按 Ctrl 和 Alt 键的同时，按功能键 F10。

在没有特殊指定时，单击、双击和拖曳是指用鼠标左键单击、双击和拖曳，右击是指用鼠标右键单击。

本书的出版可以说是凝结了许多人的心血、凝聚了许多人的汗水和思想。在这里我想对每位曾经为本书出版付出劳动的人士表达感谢和敬意。

本书由德州信息工程中等专业学校的赵玉老师以及东阿县第二实验小学的贺怀鹏老师编著。参与本书编写的还有郑庆荣、刘爱华、刘孟辉、唐红连、刘志珍、郑桂英、潘瑞兴、于莹莹、田爱忠、郑庆柱、郑庆军、郑秀芹、张立山、郑永新。

本书的配套素材和视频教学文件可以通过扫描下面的二维码在文泉云盘进行下载。如果在配套素材下载过程中碰到问题，请联系陈老师，联系邮箱：chenlch@tup.tsinghua.edu.cn。

如果有技术性的问题，请扫描下面的技术支持二维码，联系相关技术人员进行处理。

配套素材

视频教学

技术支持

作者

2021 年 1 月

目录
CONTENTS

第1章

3ds Max 2016 基本知识

本章主要介绍有关 3ds Max 2016 中文版的基础知识及基本操作，包括如何安装、启动、退出 3ds Max 2016 软件。在基本操作部分，首先讲述 3ds Max 的个性化界面的设置和界面颜色的设置，然后是建模时常用的辅助命令的应用方法，还讲述复制模型的常用方法和组合键的设置等，通过本章的学习，读者可以对 3ds Max 2016 有一个初步的了解与认识。

1.1 3ds Max 概述及应用范围

3ds Max 是当前世界上最流行、使用最普遍的三维制作软件，从其推出的第一天就引起了各界极高的赞誉。它是 PC 平台上可以与高档 UNIX 工作站产品相媲美的多媒体制作软件。

3ds Max 在广告、影视、工业设计、建筑设计、多媒体制作、辅助教学，以及工程可视化等领域得到广泛应用。在它推出的几年里，已经连续多次荣获大奖，使用它成功地制作了很多著名的作品。

动画的制作随着计算机技术的发展，已迈向一个充满创意及商品化的时代。因此，现代动画的制作与发展都与我们的生活环境息息相关。

熟悉 3D 制作的人都知道，与其他的 3D 软件相比，在建模、渲染和动画等许多方面，3ds Max 提供了全新的制作方法。通过使用该软件可以很容易地制作出大部分的对象，并把它们放入经过渲染的类似真实的场景中，从而创造出逼真的 3D 世界。但是与学习其他软件一样，要想灵活应用 3ds Max，应该从基本概念入手。

Autodesk 3ds Max 2016 拥有两个产品：一个是用于游戏及影视制作的 3ds Max 2016；另一个是用于建筑、工业设计，以及视觉效果制作的 Autodesk 3ds Max 2016。本书主要是以 3ds Max 2016 软件来讲解效果图的制作方法。

1.1.1 广告（企业动画）

动画广告是广告普遍采用的一种表现方式，动画广告中的一些画面有纯动画的，也有实拍和动画相结合的。在表现一些实拍无法完成的画面效果时，就要用到动画来完成或两者结合。如广告用的一些动态特效就是采用 3D 动画完成的，我们所看到的广告，从制作的角度看，几乎都或多或少地用到了动画。致力于三维数字技术在广告动画领域的应用和延伸，将最新的技术和最好的创意在广告中得到应用，各行各业广告传播将创造更多价值。数字时代的到来，将深刻地影响广告的制作模式和广告发展趋势。

1.1.2 媒体、影视娱乐

影视三维动画涉及影视特效创意、前期拍摄、影视 3D 动画、特效后期合成、影视剧特效动画等。随着计算机在影视领域的延伸和制作软件的增长，三维数字影像技术扩展了影视拍摄的局限性，在视觉效果上弥补了拍摄的不足，在一定程度上计算机制作的费用远比实拍所产生的费用要低得多，同时为剧组因预算费用、外景地天气、季节变化而节省时间。在这里不得不提的是中国第一家影视动画公司“环球数码”，2000 年该公司开始投巨资发展中国影视动画事业，从影视动画人才培训、影片制作、院线播放硬件和发行三大方面发展。由环球数码投资的《魔比斯环》是一部国产全三维数字魔幻电影，如图 1.1 所示，是中国三维电影史上投资最大、最重量级的史诗巨片，耗资超过 1.3 亿元人民币，400 多名动画师，历经 5 年精心打造而成的三维影视电影惊世之作。制作影视特效动画的计算机设备硬件均为 3D 制作人员专用计算机。影视三维动画从简单的影视特效到复杂的影视三维场景都能表现得淋漓尽致。

图 1.1

1.1.3 建筑装饰

3D技术在我国的建筑领域得到了广泛的应用。早期的建筑动画由于 3D 技术的限制和创意制作的单一，制作出的建筑动画只是简单的摄影及运动动画。随着现在 3D 技术的提升与创作手法的多样化，建筑动画从脚本创作到精良的模型制作、后期的电影剪辑手法以及原创音乐音效、情感式的表现方法，使建筑动画综合制作水准越来越高，建筑动画费用也比以前低，如图 1.2 和图 1.3 所示分别为三维建筑漫游动画及三维室外建筑模型。

图 1.2

图 1.3

建筑漫游动画包括房地产漫游动画、小区浏览动画、楼盘漫游动画、三维虚拟样板房、楼盘 3D 动画宣传片、地产工程投标动画、建筑概念动画、房地产电子楼书和房地产虚拟现实等。

1.1.4 机械制造及工业设计

CAD 辅助设计在以前已经被广泛地应用在机械制造业中，不光是 CAD，3ds Max 也逐渐成为产品造型设计中最有效的技术手段，并且它也可以极大地拓展设计师的思维空间，同时在产品和工艺开发中，可以在生产线之前模拟其实际的工作情况，检查实际的生产线运行情况，以免造成巨大损失，如图 1.4 和图 1.5 所示。

图 1.4

图 1.5

1.1.5 医疗卫生

三维动画可以形象地演示人类大脑的结构和变化，如图 1.6 所示，给学术交流和教学带来了极大的便利。可以将细微的手术放大到屏幕上，进行观察、学习，对医疗事业具有重大的现实意义。

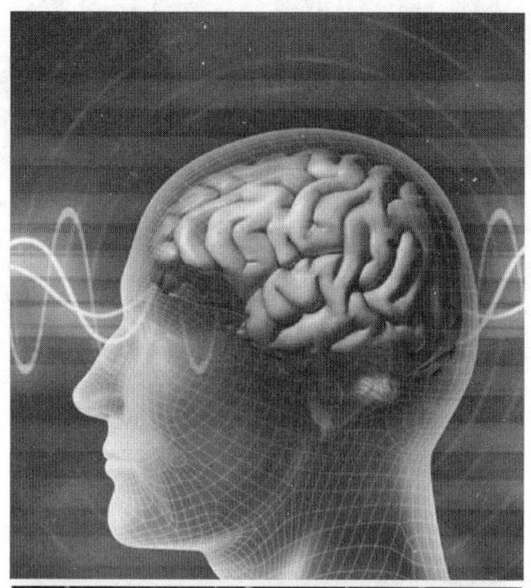

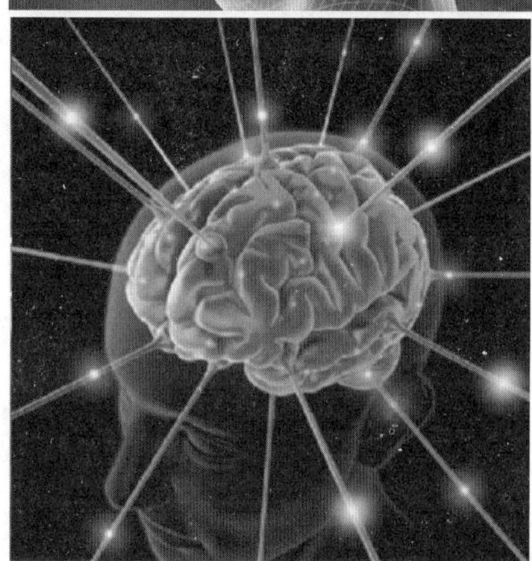

图 1.6

1.1.6 军事科技及教育

三维技术最早应用于飞行员的模拟飞行训练，除了可以模拟现实中飞行员要遇到的恶劣环境，同时也可以模拟战斗机飞行员在空战中的格斗及投弹等训练。

现在三维技术的应用范围更为广泛，不单可以使飞行学习更安全，同时在军事上，三维动画用于导弹的弹道动态、爆炸后的爆炸强度，以及碎片轨迹研究等。此外，在军事上还可以通过三维动画技术来模拟战场、进行军事部署和演习、航空航天，以及导弹变轨等技术，如图 1.7 所示为三维模拟坦克运动效果。

图 1.7

1.1.7 生物化学工程

生物化学领域较早地引入了三维技术，用于研究生物分子之间的结构组成。复杂的分子结构无法靠想象来研究，所以三维模型可以给出精确的分子构成，相互组合方式可以利用计算机进行计算，简化了大量的研究工作。遗传工程利用三维技术对 DNA 分子进行结构重组，产生新的化合物，给研究工作带来了极大的帮助，如图 1.8 所示为三维模拟化学工程效果。

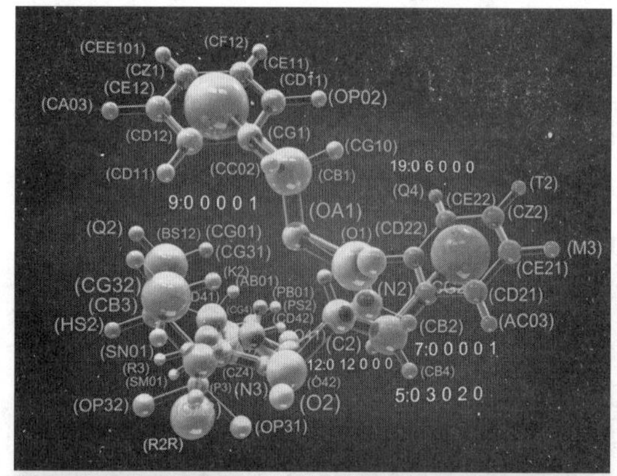

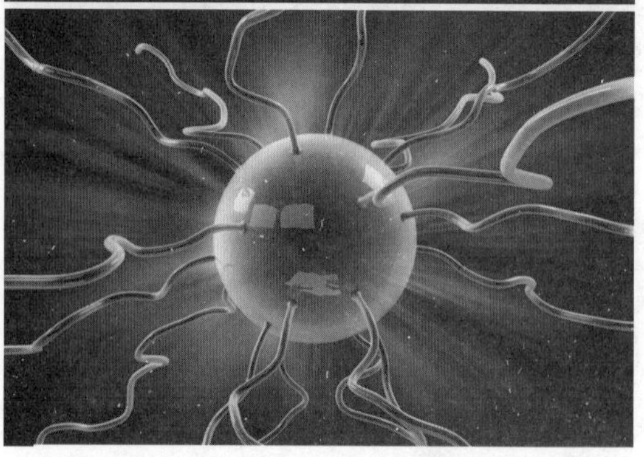

图 1.8

1.2 3ds Max 2016 中文版的安装、启动与退出

对初次使用 3ds Max 2016 软件的用户来说，软件的安装是非常重要的。本节将通过详细的步骤来指导用户安装 3ds Max 2016，并在安装完毕后讲解 3ds Max 2016 的启动与退出，使读者顺利地按照书中的指导进入 3ds Max 2016 中进行实际应用，软件请在官方途径进行下载或购买。

1.2.1 3ds Max 2016 的安装

安装 3ds Max 2016 的操作步骤如下。

01 双击安装程序，弹出【正在初始化】对话框，如图 1.9 所示。

图 1.9

02 初始化完成后，在弹出如图 1.10 所示的对话框中单击【安装】按钮。

图 1.10

03 在弹出的【许可协议】对话框中单击【我接受】单选按钮，然后再单击【下一步】按钮，如图 1.11 所示。

04 在弹出的【产品信息】对话框中选择许可类型并输入序列号与产品密钥，如图 1.12 所示。

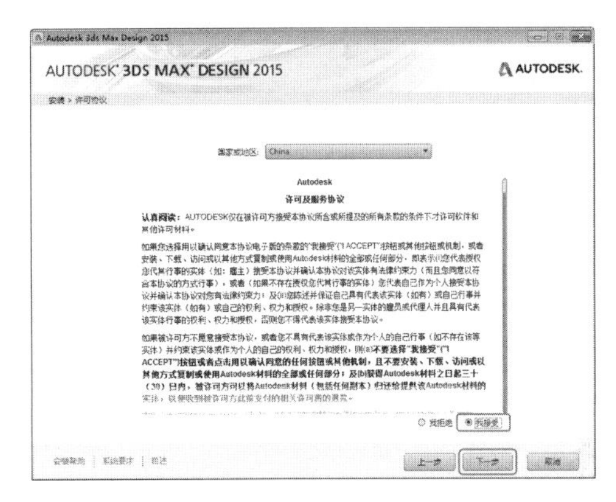

图 1.11

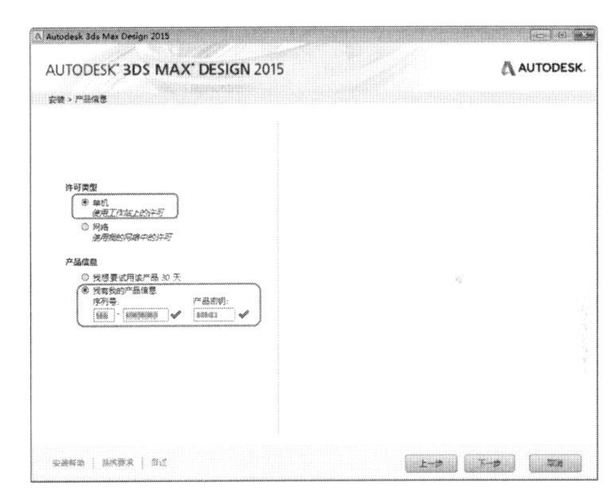

图 1.12

05 单击【下一步】按钮，在弹出的【配置安装】对话框中选择要安装的路径，如图 1.13 所示。

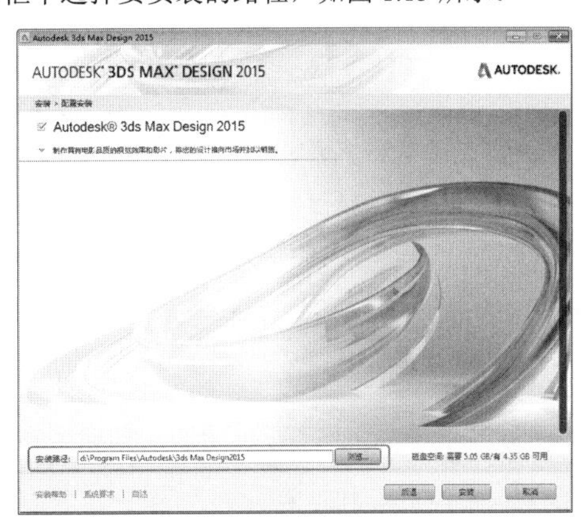

图 1.13

06 单击【安装】按钮，即可弹出如图 1.14 所示的【安装进度】对话框。

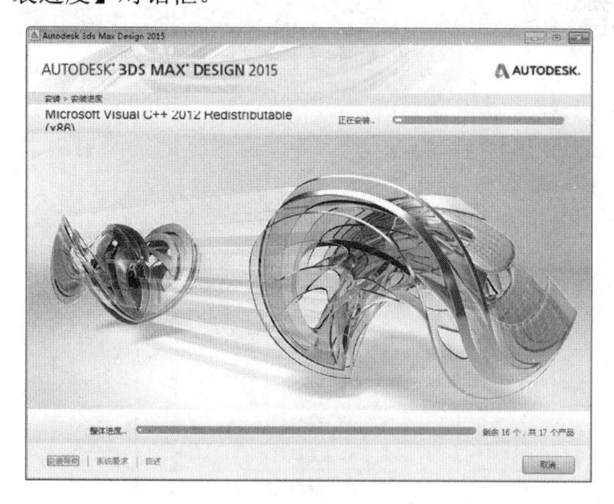

图 1.14

07 安装完成后，在弹出的如图 1.15 所示的对话框中单击【完成】按钮即可。

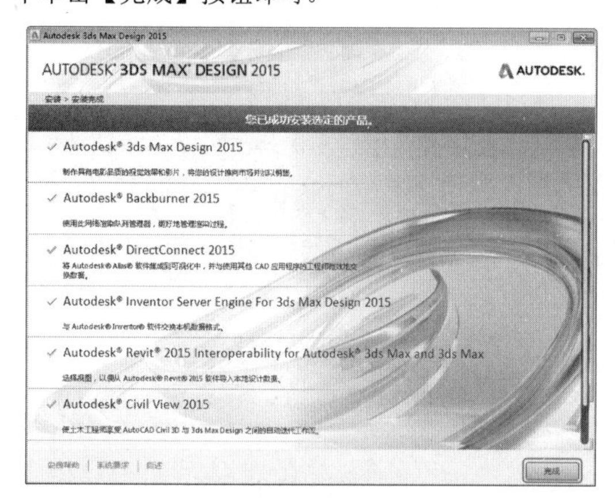

图 1.15

1.2.2 3ds Max 2016 的启动

在系统的左下角单击图标，在弹出的菜单中选择【所有程序】，然后在出现的程序列表中选择【Autodesk】|【Autodesk 3ds Max 2016】|【3ds Max 2016 - Simplified Chinese】选项，即可启动 3ds Max 2016，如图 1.16 所示。

另外一种方法比较方便快捷，那就是在桌面上直接双击 3ds Max 2016 的快捷图标，即可启动 3ds Max 2016。

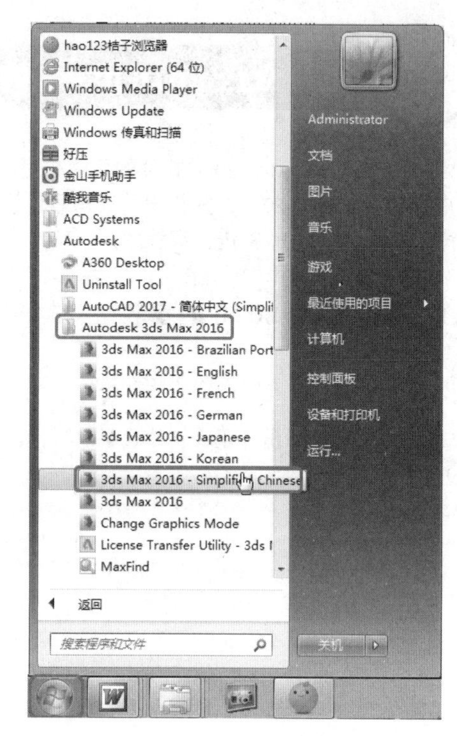

图 1.16

1.2.3 3ds Max 2016 的退出

如果使用软件后，需要关闭该软件，单击屏幕右上方的【关闭】按钮，即可将 3ds Max 2016 软件关闭，或者单击按钮，然后在弹出的下拉菜单中单击【退出 3ds Max】按钮，同样可以退出 3ds Max 2016 软件，如图 1.17 所示。

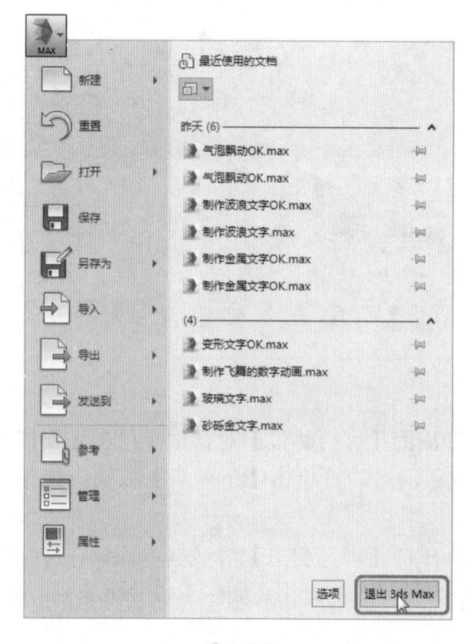

图 1.17

1.3 3ds Max 2016 中文版界面详解

3ds Max 2016 启动后，即可进入该应用程序的主界面，如图 1.18 所示。3ds Max 2016 的操作界面是由标题栏、菜单栏、工具栏、视图区、命令面板、视图控制区、状态栏与提示栏、时间轴、动画控制区等部分组成。该界面集成了 3ds Max 2016 的全部命令和上千个参数，因此在学习 3ds Max 2016 之前，有必要对其工作环境有一个基本的了解。

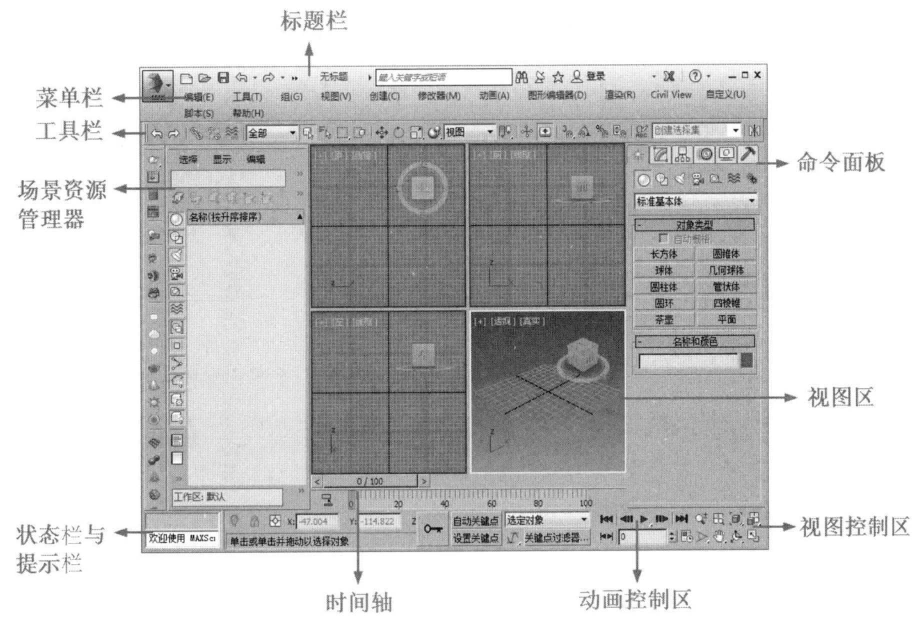

图 1.18

1.3.1 标题栏

标题栏位于 3ds Max 2016 界面的顶部，它显示了当前场景文件的软件版本、文件名等基本信息。位于标题栏最左边的是快速访问工具栏，单击它们可执行相应的命令，紧随其右侧的是软件名，然后是文件名。在标题栏最右边的是 3 个基本控制按钮，分别是【最小化】按钮、【最大化】按钮和【关闭】按钮，如图 1.19 所示。

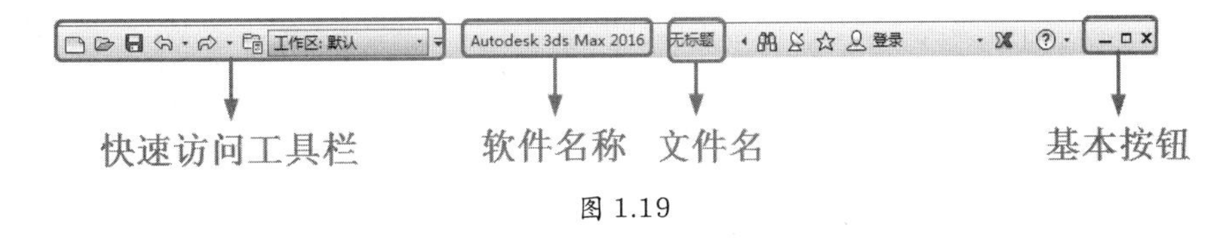

图 1.19

1.3.2 菜单栏

3ds Max 2016 共有 13 个菜单，这些菜单包含了 3ds Max 2016 的大部分操作命令，如图 1.20 所示。下面介绍它们的主要功能。

图 1.20

- 编辑：主要用于进行一些基本的编辑操作。如撤销和重做命令分别用于撤销和恢复上一次的操作；克隆和删除命令分别用于复制和删除场景中选定的对象：它们都是建模制作过程中很常用的命令。
- 工具：主要用于提供各种各样的常用命令，其中的命令选项大多对应工具栏中的相应按钮，主要用于对象的各种操作，如对齐、镜像和间隔工具等。
- 组：主要用于对 3ds Max 中的群组进行控制，如将多个对象成组和解除对象成组等。
- 视图：主要用于控制视图区和视图窗口的显示方式，如是否在视图中显示网格和还原当前激活的视图等。
- 创建：主要用于创建基本的物体、灯光和粒子系统，如长方体、圆柱体和泛光灯等。
- 修改器：主要用于调整物体，如 NURBS 编辑、弯曲、噪波等。
- 动画：该菜单中的命令选项归纳了用于制作动画的各种控制器及动画预览功能，如 IK 解算器、变换控制器及生成预览等。
- 图形编辑器：主要用于查看和控制对象的运动轨迹、添加同步轨迹等。
- 渲染：主要用于渲染场景和环境的设置。
- Givil View：在该菜单中提供了【初始化 Givil View】命令。
- 自定义：主要用于自定义制作界面的相关选项，如自定义用户界面、配置系统路径和视图设置等。
- 脚本：主要用于提供操作脚本的相关选项，如新建脚本和运行脚本等。
- 帮助：该菜单包括了丰富的帮助信息和 3ds Max 2016 中的新功能等相关信息。

1.3.3 工具栏

3ds Max 的工具栏位于菜单栏的下方，由若干个工具按钮组成，包括主工具栏和标签工具栏两部分。其中有变动工具、着色工具等，还有一些是菜单中的快捷按钮，可以直接打开某些控制窗口，例如材质编辑器、渲染设置等，如图 1.21 所示。

图 1.21

提示

一般在 1024×768 分辨率下【工具栏】中的按钮不能全部显示出来，将鼠标光标移至【工具栏】上光标会变为小手形状，这时对【工具栏】进行拖曳可将其余的按钮显示出来。命令按钮的图标很形象，用过几次就能记住它们。将鼠标光标在工具按钮上停留几秒钟后，会出现当前按钮的文字提示，有助于了解该按钮的用途。

在 3ds Max 中还有一些工具在工具栏中没有显示，它们会以浮动工具栏的形式出现。在菜单栏中选择【自定义】|【显示 UI】|【显示浮动工具栏】选项，如图 1.22 所示，执行操作后，即可打开【捕捉】、【容器】、【动画层】等浮动工具栏。

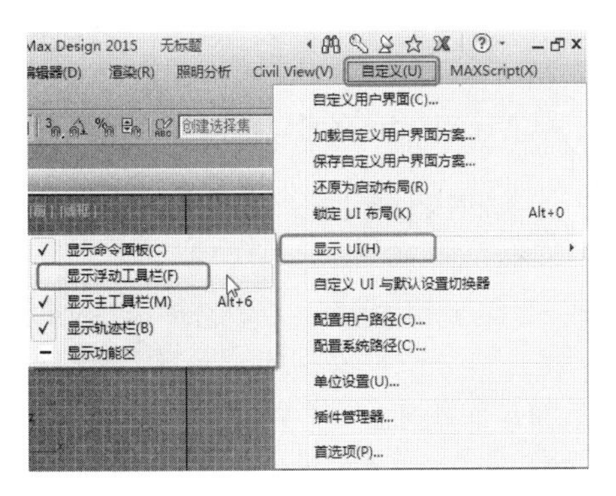

图 1.22

1.3.4　视图区

视图区在 3ds Max 操作界面中占据主要位置，是进行三维创作的主要工作区域。一般分为顶视图、前视图、左视图和透视视图 4 个工作窗口，通过这 4 个不同的工作窗口可以从不同的角度去观察创建的各种造型。

ViewCube 3D 导航控件提供了视图当前方向的视觉反馈，使用户可以调整视图方向以及在标准视图与等距视图之间进行切换，ViewCube 导航控件如图 1.23 所示。

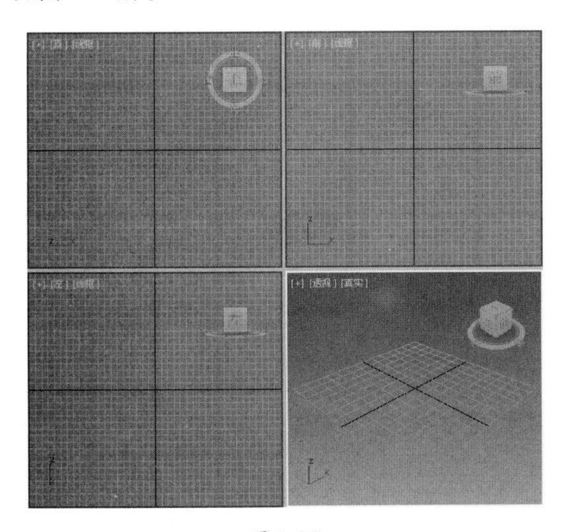

图 1.23

ViewCube 显示时，默认情况下会显示在活动视图的右上角；如果处于非活动状态，则会叠加在场景之上。它不会显示在摄影机、灯光、图形视图或者其他类型的视图（如 ActiveShade 或 Schematic）中。当 ViewCube 处于非活动状态时，其主要功能是根据模型的北向显示场景方向。

当将光标置于 ViewCube 上方时，它将变成活动状态。使用鼠标左键，可以切换到一种可用的预设视图中，选中当前视图。右击可以打开具有其他选项的快捷菜单，如图 1.24 所示。

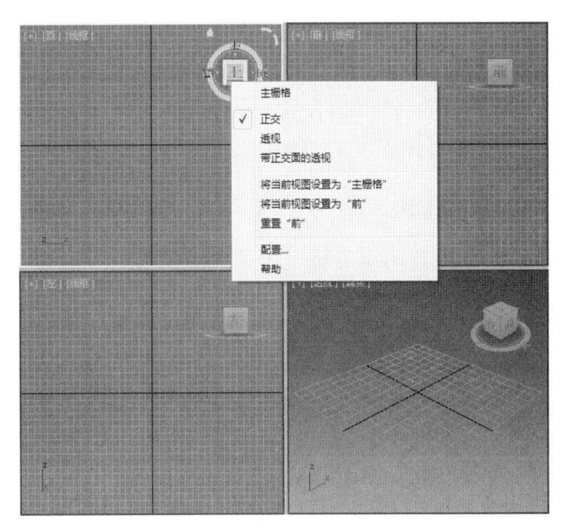

图 1.24

1．控制 ViewCube 的外观

ViewCube 显示的状态可以分为：非活动和活动。

当 ViewCube 处于非活动状态时，默认情况下它在视图上方显示为透明，这样不会完全遮住模型。当 ViewCube 处于活动状态时，它是不透明的，并且可能遮住场景中的对象。

当 ViewCube 为非活动状态时，用户可以控制其不透明度级别以及大小、显示它的视图和指南针。这些设置位于【视图】|【视图设置】，在弹出的【视口设置】对话框中选择【ViewCube】选项卡，ViewCube 选项卡如图 1.25 所示。

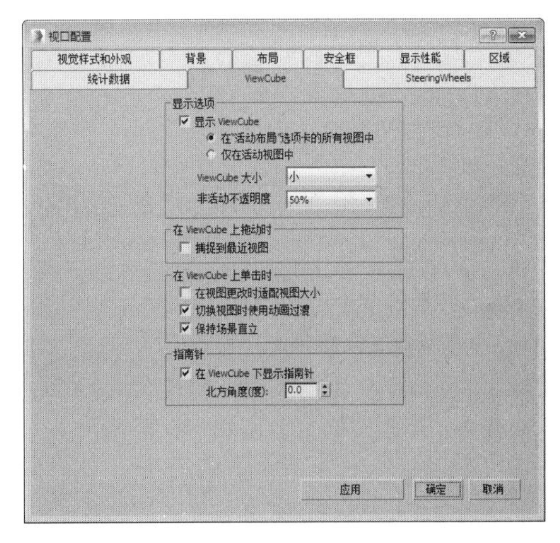

图 1.25

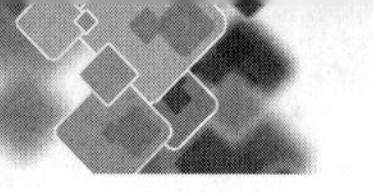

2．使用指南针

ViewCube 指南针指示场景的北方。用户可以切换 ViewCube 下方的指南针显示，并且使用指南针指定其方向。

3．显示或隐藏 ViewCube

下面介绍 4 种方法。

- 按默认的组合键：Alt+Ctrl+V。
- 在【视口配置】对话框中的 ViewCube 选项卡中选中【显示 ViewCube】复选框。
- 右击【视图】标签，在弹出的快捷菜单中选择【视口配置】选项，弹出【视口配置】对话框，然后在 ViewCube 选项卡中进行设置。
- 在菜单栏中单击【视图】按钮，在弹出的下拉菜单中选择【ViewCube】选项，并在弹出的子菜单中选择【显示 ViewCube】选项，如图 1.26 所示。

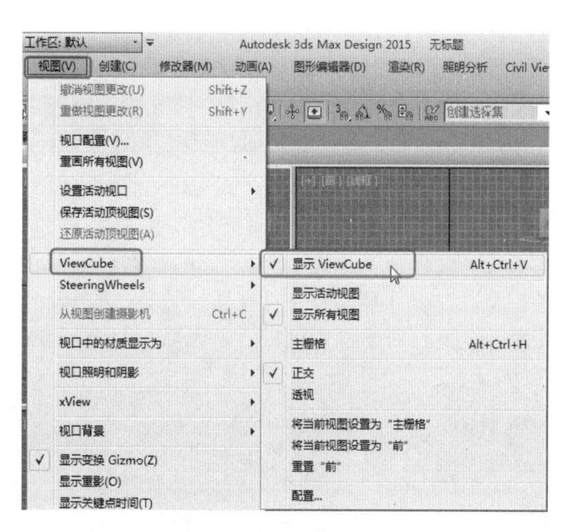

图 1.26

4．控制 ViewCube 的大小和非活动不透明度

（1）在弹出的【视口配置】对话框中选择【ViewCube】选项卡。

（2）在【显示选项】组中，单击【ViewCube 大小】右侧的下三角按钮，在弹出的下拉菜单中选择一个大小选项，其中包括：大、普通、小和细小。

（3）另外，可以在【显示选项】组中单击【非活动不透明度】右侧的下三角按钮。在弹出的下拉菜单中选择一个不透明度值。选择范围介于 0%（非活动时不可见）～ 100%（始终完全不透明）。

（4）设置完成后，单击【确定】按钮即可。

5．显示 ViewCube 的指南针

（1）在弹出的【视口配置】对话框中选择【ViewCube】选项卡。

（2）在【指南针】组中，选中【在 ViewCube 下方显示指南针】复选框。指南针将显示于 ViewCube 下方，并且指示场景中的北向。

（3）设置完成后，单击【确定】按钮即可。

1.3.5 命令面板

命令面板由【创建】、【修改】、【层级】、【运动】、【显示】和【实用程序】6 部分构成，这 6 个命令面板可以分别完成不同的工作。该部分是 3ds Max 的核心工作区，命令面板区包括了大多数的造型和动画命令，为用户提供了丰富的工具及修改命令，它们分别用于创建对象、修改对象、链接设置和反向运动设置、运动变化控制、显示控制和应用程序的选择。外部插件窗口也位于这里，是 3ds Max 中使用频率较高的工作区域。命令面板如图 1.27 所示。

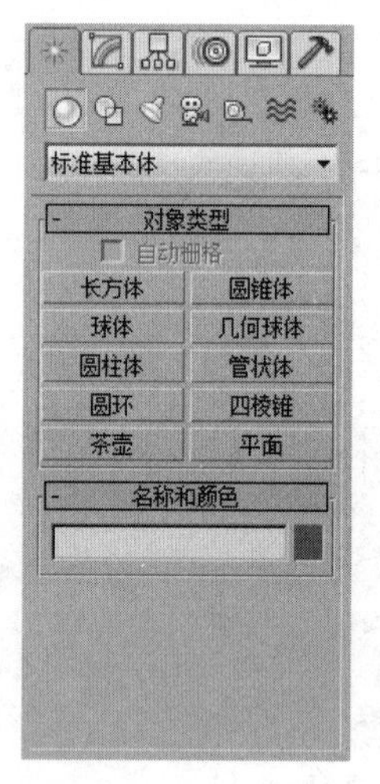

图 1.27

1.3.6 视图控制区

视图控制区位于视图的右下角，其中的控制按钮可以控制视窗区各个视图的显示状态，例如视图的放缩、旋转、移动等。另外，视图控制区中的各按钮会因所用视图不同而呈现不同的状态，例如在顶（前、左）视图、透视图、摄影机视图等，视图控制区的显示分别如图 1.28 所示。

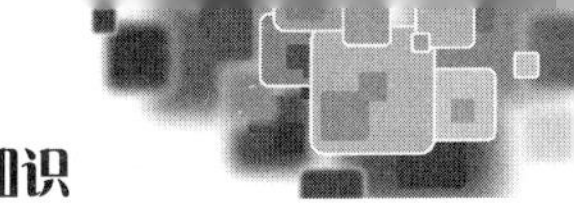

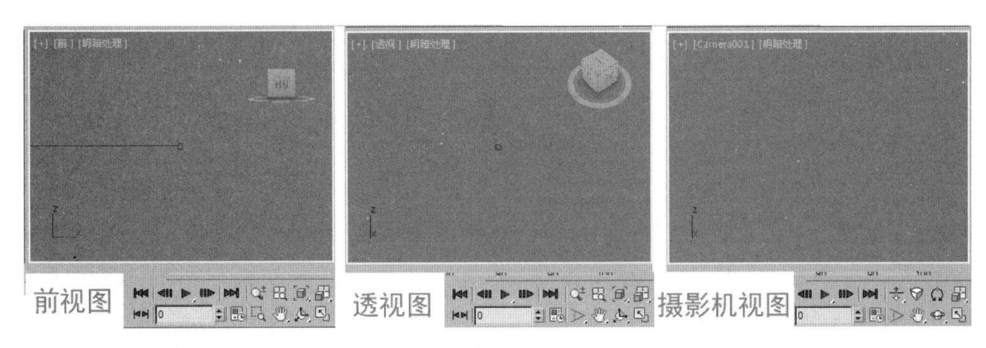

图 1.28

1.3.7　状态栏与提示栏

状态栏与提示栏位于 3ds Max 工作界面底部的左侧，主要用于显示当前所选择的物体数目、坐标位置和目前视图的网格单位等内容。另外，状态栏中的坐标输入区域经常用到，通常用来精确调整对象的变换细节，如图 1.29 所示。

图 1.29

- 当前状态：显示当前选中对象的数目和类型。
- 提示信息：针对当前选择的工具和程序，提示下一步的操作指导。
- 锁定选择：默认状态它是关闭的，如果打开它，将会对当前选择集合进行锁定，这样无论切换视图或调整工具，都不会改变当前操作对象，在实际操作时，这是一个使用频率很高的按钮。
- 当前坐标：显示当前鼠标的世界坐标值或变换操作时的数值。
- 栅格尺寸：显示当前栅格中一个方格的边长尺寸，不会因为镜头的推拉产生栅格尺寸的变化。
- 时间标记：通过文字符号指定特定的帧标记，使用户能够迅速跳到想去的帧。时间标记可以锁定相互之间的关系，这样移动一个时间标记时，其他的标记也会相应做出变化。

1.3.8　动画时间控制区

动画时间控制区位于状态行与视图控制区之间，包括视图区下的时间轴，它们用于对动画时间的控制。通过动画时间控制区可以开启动画制作模式，可以随时对当前的动画场景设置关键帧，并且完成的动画可在处于激活状态的视图中进行实时播放，如图 1.30 所示为动画时间控制区。

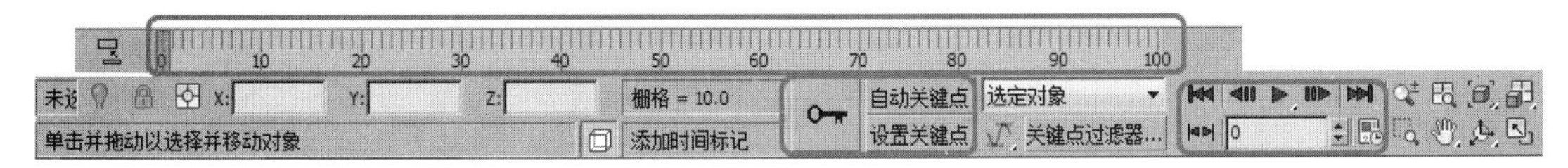

图 1.30

1.4　3ds Max Design 的项目工作流程

安装了 3ds Max 2016 后，在【开始】菜单中将其打开并运行，如图 1.31 所示显示了加载场景文件的应用程序窗口。

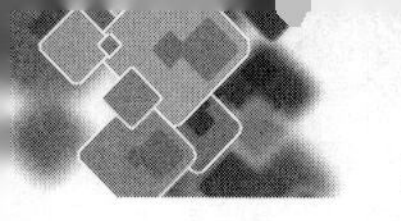

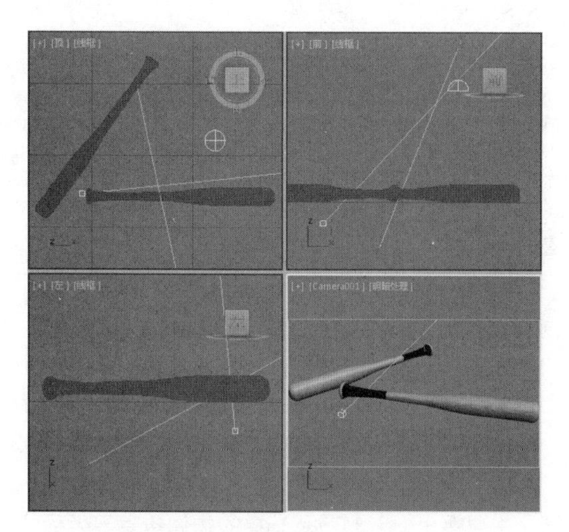

图 1.31

提示

3ds Max Design 是单文档应用程序，这意味着一次只能编辑一个场景。可以运行多个 3ds Max Design 软件，在每个软件中打开一个不同的场景，但这样做将需要大量的内存。要获得最佳性能，建议每次只对一个场景进行操作。

1.4.1 建立对象模型

在视图中建立对象模型并设置对象动画，视图的布局是可配置的。用户可以从不同的 3D 几何基本体开始，也可以使用 2D 图形作为放样或挤出对象的基础，还可以将对象转变成多种可编辑的曲面类型，然后通过拉伸顶点或使用其他工具进一步建模，如图 1.32 所示。

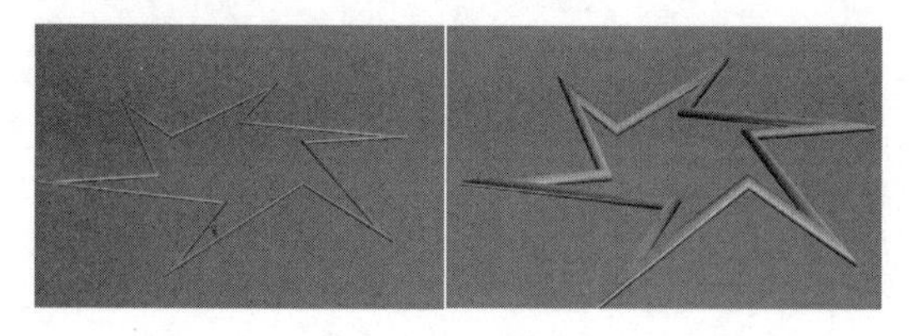

图 1.32

另一个建模工具是将修改器应用于对象。修改器可以更改对象几何体。如【弯曲】和【扭曲】是修改器的两种类型。

1.4.2 使用材质

在 3ds Max 中可以使用【材质编辑器】对话框设置材质。使用【材质编辑器】对话框定义曲面特性的层次可以创建有真实感的材质。曲面特性可以表示静态材质，也可以表示动画材质，如图 1.33 所示。

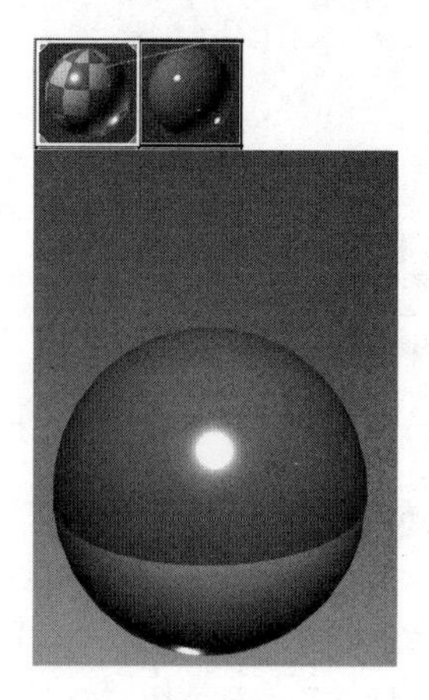

图 1.33

1.4.3 创建灯光和摄影机

完成了模型的创建，并设置材质后，用户可以创建带有各种属性的灯光来为场景提供照明。灯光可以投射阴影、投影图像，以及为大气照明创建体积光等效果，基于自然的灯光让你在场景中使用真实的照明数据，而光能传递在渲染中也提供了无比精确的灯光模拟，如图 1.34 所示。

图 1.34

在 3D 场景中，摄影机就像我们的眼睛，可以在不同角度观察和表现场景中的对象，而创建的摄影机可以如同在真实世界中一样控制镜头长度、视野和运动（例如，平移、推拉和摇移镜头）。

1.4.4 设置场景动画

任何时候只要开启【自动关键点】按钮，就可以设置场景动画；关闭该按钮以返回到建模状态。同时也可以对场景中对象的参数进行动画设置以实现动画建模效果。

【自动关键点】按钮处于启用状态时，3ds Max 会自动记录在场景中所做的移动、旋转和比例变化，但不是记录为对静态场景所做的更改，而是记录为表示时间的特定帧上的关键点。此外，还可以设置其他参数，例如调整灯光和摄影机的变化。调整完成后，用户可以在 3ds Max Design 视图中直接预览动画。为对象添加动画关键帧后的效果如图 1.35 所示。

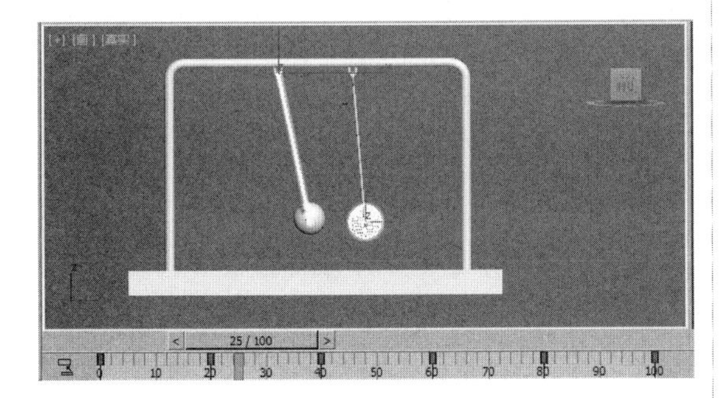

图 1.35

1.4.5 渲染场景

渲染会在制作的场景中添加颜色并进行着色。3ds Max Design 中的渲染器包含下列功能，例如，选择性光线跟踪、分析性抗锯齿、运动模糊、体积照明和环境效果等，如图 1.36 所示。

图 1.36

当使用默认的扫描线渲染器时，光能传递解决方案能在渲染中提供精确的灯光模拟，包括由于反射灯光所带来的环境照明。当使用 mental ray 渲染器时，全局照明会提供类似的效果。

使用【视频后期处理】功能，可以将场景与已存储在硬盘上的动画进行合成。

1.5 如何学好 3ds Max

3ds Max 的功能众多、结构复杂，初学者在心理上往往会产生一定的畏惧感，首先一定要消除这种畏惧感，任何事物都有一定的规律可循，掌握好学习技巧就可以起到事半功倍的效果。

学习一个软件前，首先选择一些入门级的教材。先对这个软件在整体上有一个认识，如软件的适用领域、大多数功能，以及常用功能等。

其次再熟悉软件的界面分布与基础操作，初学时不要随意调整软件的布局与结构，也不要随意更改不清楚的设定与参数。这个非常重要，很多初学者往往因为误操作，改变了软件的默认界面与分布，而不知道如何复原，从而影响学习的积极性。

学习不能一蹴而就，没有人能一下子掌握 3ds Max 的全部功能，读者应该根据自己的需求和方向，有目的地学习，并要掌握比较基础和常用的功能与命令，再逐步深入地学习其他功能与命令。

一开始不要急切地做一些很复杂的例子，可以选择一些基本的、简单的案例，通过参照、临摹的方法学习软件的基本功能。在学完基础知识后，一定要及时归纳和总结，掌握规律与原理，做到举一反三。另外要善于利用 3ds Max 的帮助文件，帮助文件能提供最权威、最全面的解释。

1.6 个性化界面的设置

3ds Max 2016 的个性化设计允许用户根据自身使用习惯来更改软件界面。

1.6.1 改变及增加文件路径

对于 3ds Max 2016 的初学者，大家都有过这样的经历，打开一个场景文件后，自己场景中所显示的模型效果及颜色设置与参考书中介绍的不一致，或者在进行场景着色渲染的过程中经常提示一些关于文件没有找到的错误信息。这些问题与没有添加相应的文件路径设置有关。在一些场景中材质和贴图无法显示是因为系统默认的 Map（贴图素材）库文件夹中不存在这些贴图（打开 Windows 7 的资源管理器，在安装软件的目录下可以看到此文件夹）。解决问题有两种方法：第一种是将贴图文件直接复制到 MAX 2016 下的 Map 子目录中；第二种则是为系统增加贴图文件所在的路径。

1.6.2 改变文件的启动目录

下面将介绍如何改变文件的启动目录，其具体操作步骤如下：

01 在菜单栏中选中【自定义】|【配置用户路径】命令，弹出【配置用户路径】对话框，该对话框中包括【文件 I/O】、【外部文件】、【外部参照】三项，如图 1.37 所示。

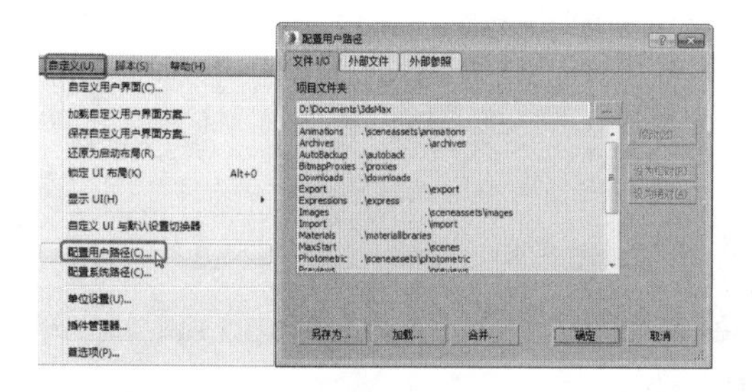

图 1.37

02 双击 MaxStart .\scenes 选项（启动默认场景文件目录），弹出【选择目录 MaxStart】对话框，如图 1.38 所示。

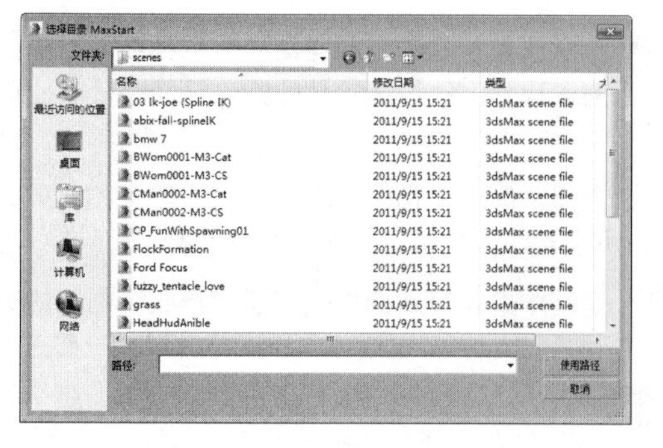

图 1.38

03 在弹出的对话框中选择希望改变的文件路径，单击【使用路径】按钮，即可使用选中的路径，如图 1.39 所示。

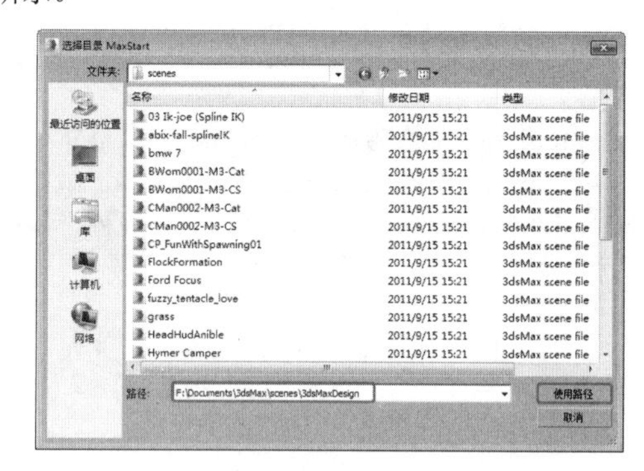

图 1.39

1.6.3 增加位图目录

下面将介绍如何增加位图目录，其具体操作步骤如下：

01 在菜单栏中单击【自定义】|【配置用户路径】命令，选择 BitmapProxies .\proxies 选项，单击【修改】按钮，如图 1.40 所示。

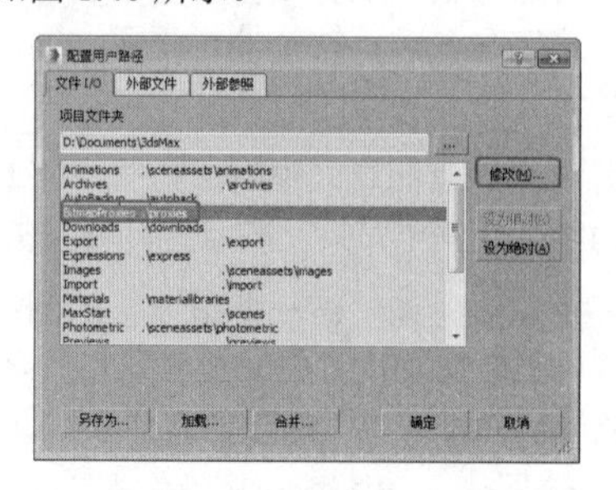

图 1.40

02 在弹出的对话框中选择要启用的目录，然后单击【使用路径】按钮即可。

1.6.4　使用 3ds Max 中的资源管理器

涉及文件及路径的编辑还需要对 3ds Max 中的资源管理器进行介绍，它位于实用程序面板中，使用起来非常方便，它提供了场景文件和图像的浏览功能。

单击【实用程序】按钮，进入【实用程序】命令面板，然后单击 资源浏览器 按钮，弹出【资源浏览器】对话框，在该对话框的左侧选择路径，在右侧浏览文件，如图 1.41 所示。

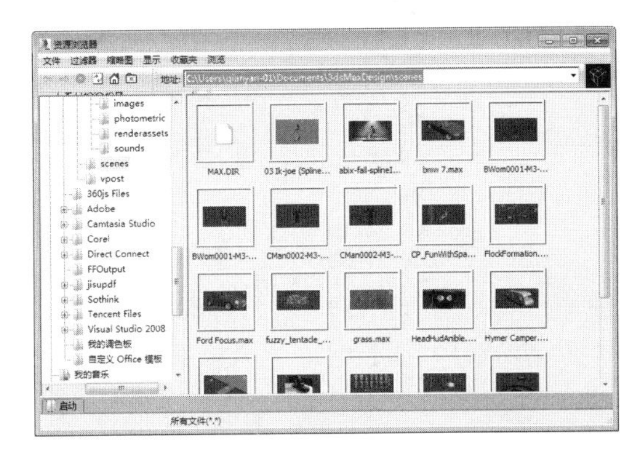

图 1.41

从资源管理器中可以直接完成场景文件的调用。选择该文件，将其单击拖曳到任意视图中。如果操作正确，系统会弹出一个快捷菜单，询问用户是进行打开文件操作，还是进行合并文件操作，如图 1.42 所示。使用资源管理器打开文件与通过文件菜单中的打开命令的最终结果相同。

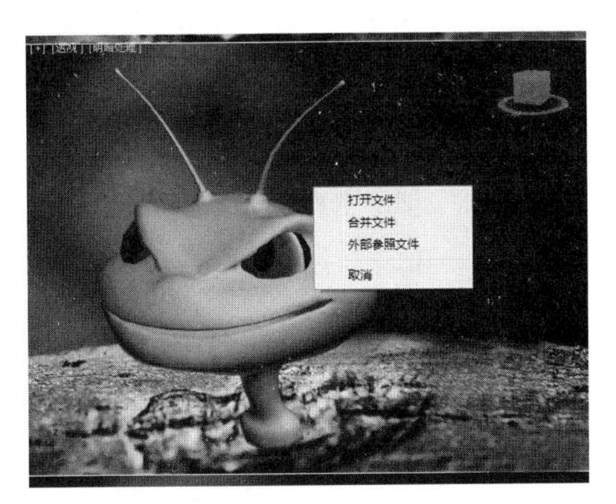

图 1.42

1.6.5　改变系统默认名字及颜色

在 3ds Max 2016 中建立的每一个物体都会有一个默认的名字，对于相同类型的模型物体，系统会根据建立的先后顺序在它们名称后面增加数字以示区别。例如建立 3 个长方体模型，系统默认长方体的名称为 Box001、Box002、Box003。

使用【对象颜色】对话框可以改变对象的颜色，如图 1.43 所示。

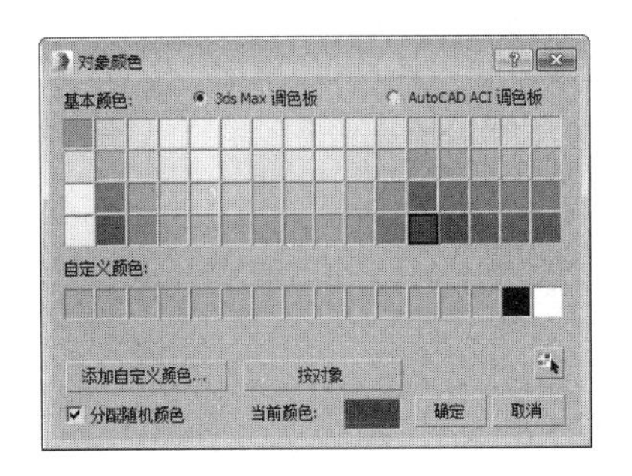

图 1.43

在屏幕右侧命令面板中的颜色框上单击，即可开启【对象颜色】对话框，模型物体名称对话框位于颜色框左侧，如图 1.44 所示。在标有 Box001 位置的文本框输入文字即可改变其名称，当场景中没有任何物体时，此框呈不可选状态。

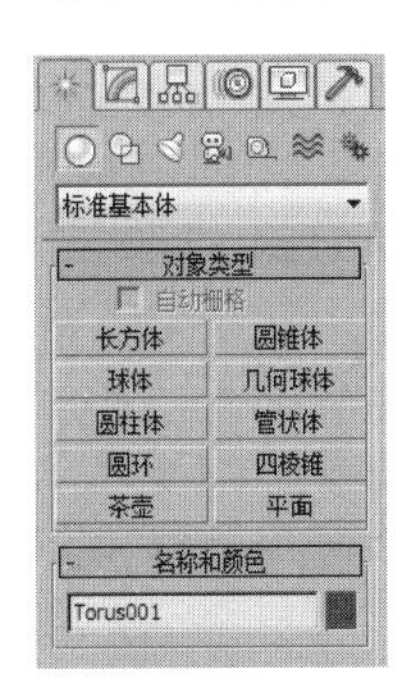

图 1.44

1.6.6　改变界面的外观

与前期的版本相比较，3ds Max 2016 的用户界面有了很大改进，增加了许多访问工具和命令。可控的标签面板和右击菜单提供了快速的工具选择方式，使工作更加方便，大大提高了工作效率。

1.6.7　改变和定制工具栏

工具栏上的图标有大小之分，根据用户的习惯，可自行定制工具栏。下面将介绍如何改变和定制工具栏，学完本节后可以使你对工具栏操纵自如，从而提高工作效率。

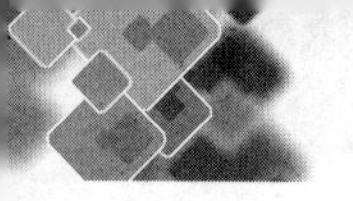

1.6.8 改变工具栏

在高分辨率显示器下使用主工具栏的按钮更加容易，在小尺寸屏幕上它们将超出屏幕的可视部分，可以拖曳面板得到所需要的部分。另外可选择【自定义】|【首选项】命令，单击【常规】选项卡，将其中的【使用大工具栏按钮】复选框取消选中，这样在工具栏中将使用小图标显示主工具栏，确保屏幕尽可能地显示工具图标，并保留有足够的工作空间，如图 1.45 所示。

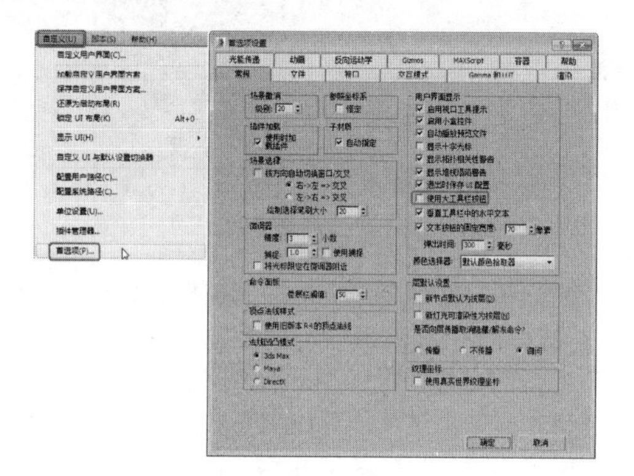

图 1.45

命令可以被显示为图标按钮，也可以作为文本按钮。用户现在可以创建自己的工具和工具栏，只需将操作过程记录为宏，再将它们转换为工具栏上的工具图标即可。

3ds Max 2016 界面的各个元素现在可以重新排列，用户可以根据自己的爱好去定义界面，而且可以对设定的用户界面进行保存、调入和输出。

1.6.9 定制工具栏

选择菜单栏中的【自定义】|【自定义用户界面】命令，在弹出的【自定义用户界面】对话框中单击【工具栏】选项卡，如图 1.46 所示，接下来将介绍该选项卡中的一些选项。

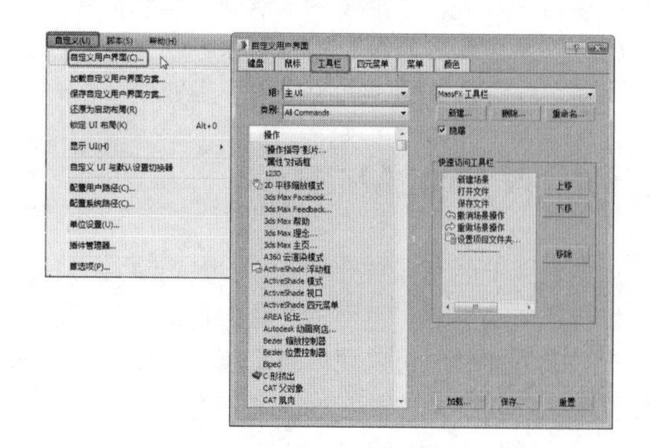

图 1.46

- 【组】：将 3ds Max 2016 包含的全部构成用户界面元素划分为几大组，以树状结构显示。组中包含类别，类别下又有功能项目。选择一个组时，该组所包含的类别及功能项目也同时显示在各自的窗口中，如图 1.47 所示。

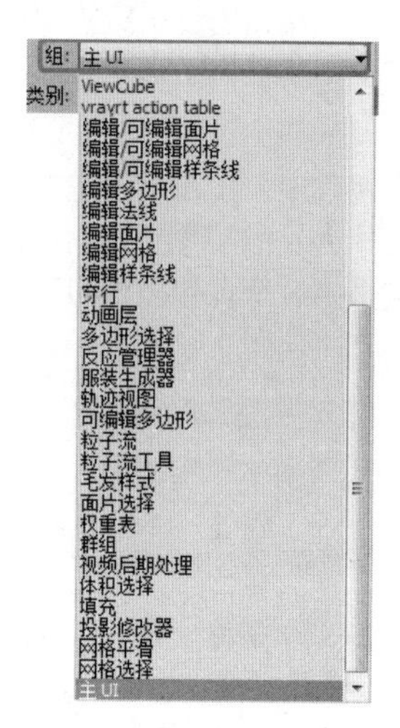

图 1.47

- 【类别】：将【组】选定的项目进一步细分，如图 1.48 所示。

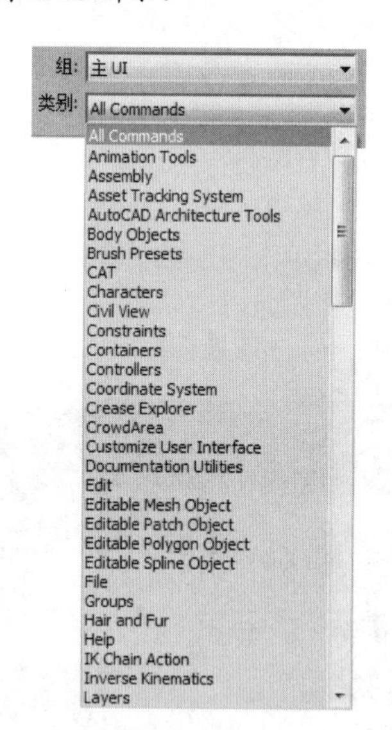

图 1.48

- 【操作】：列出可执行的命令项目，如图 1.49 所示。
- 【新建】：单击该按钮，在弹出的对话框中输入工具行的名称，视图中会出现新建的工具行名称。为工具行增加命令项目可直接从【功能】列表中拖曳命令名称到工具行。按住 Ctrl 键拖曳其他工具行的项目到当前工具行，命令被复制到当前工具行；按住Alt键拖曳时，命令被剪切到当前工具行。

图 1.49

- 【删除】：删除选中的工具行。
- 【重命名】：为指定的工具行重命名。
- 【隐藏】：隐藏选中的工具行。
- 【快速访问工具栏】组：拖曳【操作】列表中的相应操作，并将其放在【快速访问工具栏】组的列表中。工具栏将更新以显示新按钮。如果选中的操作没有关联图标，则工具栏中将显示通用按钮，如图 1.50 所示。

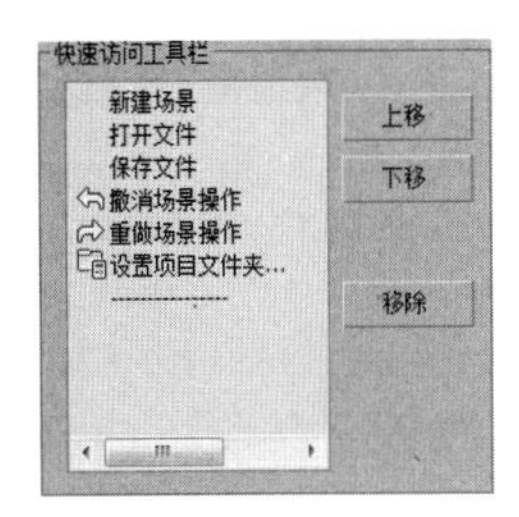

图 1.50

  - ➢ 【上移】：在列表中向上移动选定按钮，这样会将该按钮移动到工具栏的左侧。
  - ➢ 【下移】：在列表中向下移动选定按钮，这样会将该按钮移动到工具栏的右侧。
  - ➢ 【移除】：从列表和工具栏中移除选定按钮。
- 【加载】：用于从一个 .ui 文件中导入自定义的工具行设置。
- 【保存】：将当前的工具行设置以 .ui 格式进行保存。
- 【重置】：恢复工具行的设置为默认设置。

1.7 界面颜色的设置

选择菜单栏中的【自定义】|【加载自定义用户界面方案】命令，如图 1.51 所示，在弹出的【加载自定义用户界面方案】对话框中选择 3ds Max 2016 | UI | ame-light.ui 文件，如图 1.52 所示，然后单击【打开】按钮，这时 3ds Max 的界面就变成了灰色，如果想要恢复到默认界面，按照同样的步骤打开 DefaultUI.ui 文件即可。3ds Max 2016 提供了 4 种界面，用户可以根据自己的喜好进行选择。

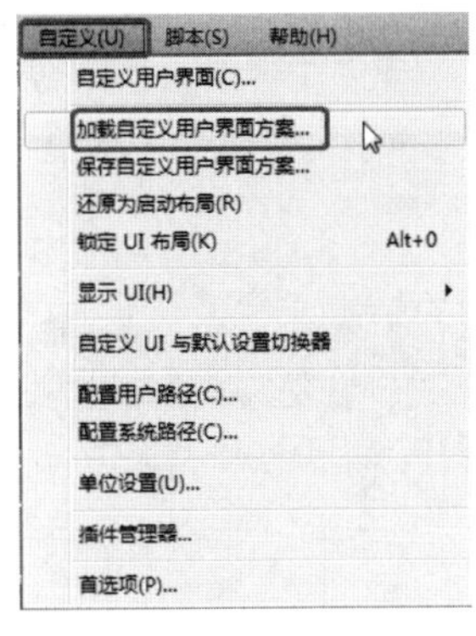

图 1.51

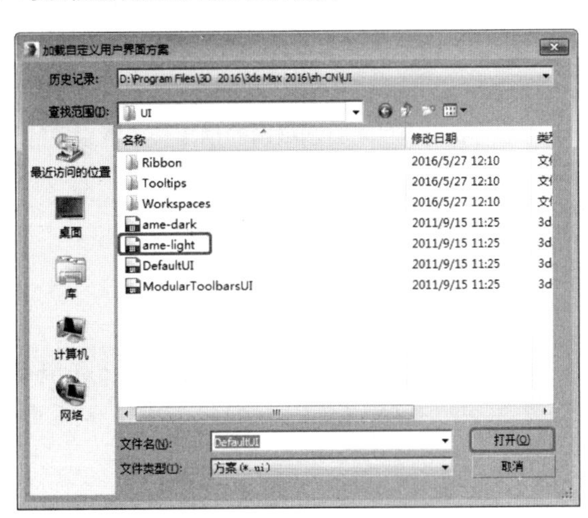

图 1.52

1.8 常用建模辅助命令的应用

使用 3ds Max 建模时，一些常用的辅助命令是不可或缺的，如单位设置、捕捉工具、对齐工具、隐藏和冻结、调整轴等命令，下面就来详细介绍这些辅助命令。

1.8.1 单位设置

创建对象时，有时为了达到一定的精确度，必须设置图形单位，选择菜单栏中的【自定义】|【单位设置】命令，如图 1.53 所示，弹出【单位设置】对话框，在【显示单位比例】选项组中单击【公制】单选按钮，并在下拉列表中选择【厘米】，如图 1.54 所示。它表示在 3ds Max 2016 的工作区域中实际显示的单位。单击【系统单位设置】按钮，在弹出的对话框中也选择【厘米】，它表示系统内部实际使用的单位，如图 1.55 所示，设置完成后，单击【确定】按钮即可。

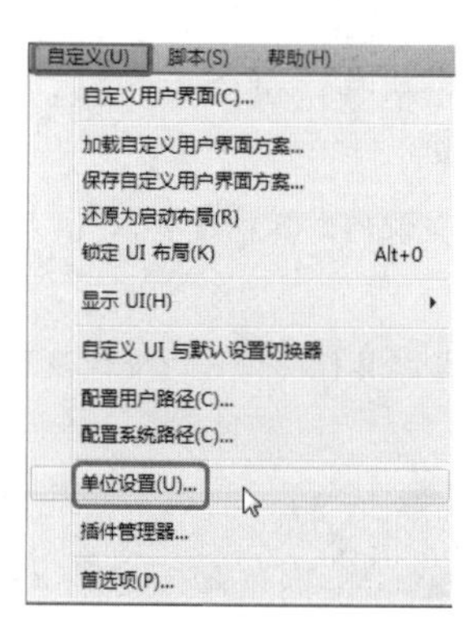

图 1.53

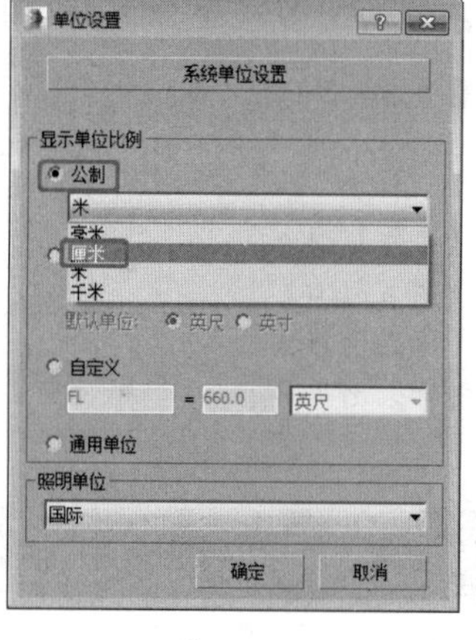

图 1.54

图 1.55

提示

根据我国的 GB 标准，如果没有明确要求，单位默认为毫米。

1.8.2 捕捉工具

3ds Max 为我们提供了更加精确的创建和放置对象的工具——捕捉工具。捕捉就是根据栅格和物体的特点放置光标的一种工具，使用捕捉可以精确地将光标放置到想要的位置。下面就来介绍 3ds Max 的各种捕捉工具。

1. 捕捉与栅格设置

只要在工具栏中按钮的任意一个按钮上右击，即可调出不同的设置对话框。对于捕捉与栅格设置，可以从【捕捉】、【选项】、【主栅格】、【用户栅格】几个方面进行设置。依据造型方式可将【捕捉】类型分成 Standard 标准类型、Body Snaps 和 NURBS 捕捉类型，其中 Standard 标准类型、NURBS 捕捉类型选项的功能说明如下所述。

Standard（标准）类型：

Standard（标准）类型如图 1.56 所示。其中各类型选项的功能说明如下所述：

图 1.56

- 【栅格点】：捕捉栅格的交点。
- 【栅格线】：捕捉栅格线上的点。
- 【轴心】：捕捉物体的轴心。
- 【边界框】：捕捉物体边界框的 8 个角点。
- 【垂足】：在视图中绘制曲线的时候，捕捉与上一次垂直的点。
- 【切点】：捕捉样条曲线上相切的点。
- 【顶点】：捕捉网格物体或可编辑网格物体的顶点。
- 【端点】：捕捉样条曲线或物体边界的端点。
- 【边 / 线段】：捕捉物体边界上的线段。
- 【中点】：捕捉样条曲线或物体边界的中点。
- 【面】：捕捉某个面正面的点，背面无法进行捕捉。
- 【中心面】：捕捉三角面的中心。

NURBS 捕捉类型：

这里主要用于 NURBS 类型物体的捕捉，NURBS 是一种曲面建模系统，对于它的捕捉类型，主要在这里进行设置，如图 1.57 所示。

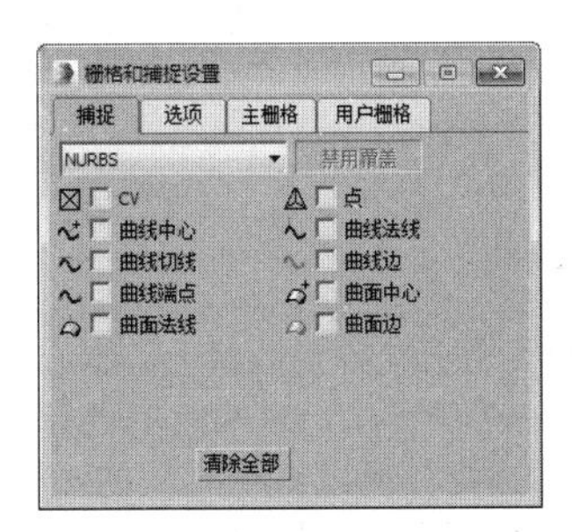

图 1.57

- 【CV】：捕捉 NURBS 曲线或曲面的 CV 次物体。
- 【点】：捕捉 NURBS 次物体的点。
- 【曲线中心】：捕捉 NURBS 曲线的中心点。
- 【曲线法线】：捕捉 NURBS 曲线法线的点。
- 【曲线切线】：捕捉与 NURBS 曲线相切的切点。
- 【曲线边】：捕捉 NURBS 曲线的边界。
- 【曲线端点】：捕捉 NURBS 曲线的端点。
- 【曲面中心】：捕捉 NURBS 曲面的中心点。
- 【曲面法线】：捕捉 NURBS 曲面法线的点。
- 【曲面边】：捕捉 NURBS 曲面的边界。

【选项】选项卡用来设置显示、大小、捕捉半径等项目，如图 1.58 所示。

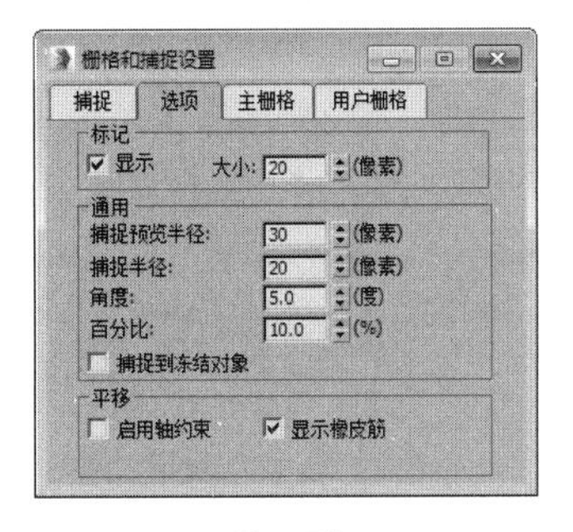

图 1.58

【选项】选项卡各选项功能说明如下所述：

- 【显示】：控制在捕捉时是否显示指示光标。
- 【大小】：设置捕捉光标的尺寸大小。
- 【捕捉预览半径】：当光标与潜在捕捉到的点的距离在【捕捉预览半径】值和【捕捉半径】值之间时，捕捉标记跳到最近的潜在捕捉到的点，但不发生捕捉。默认值为 20。
- 【捕捉半径】：设置捕捉光标的捕捉范围，值越大越灵敏。
- 【角度】：设置旋转时递增的角度。
- 【百分比】：设置放缩时递增的百分比例。
- 【捕捉到冻结对象】：选中该复选框可以捕捉到冻结的对象。
- 【启用轴约束】：将选中的物体沿着指定的坐标轴向移动。
- 【显示橡皮筋】：当启用此选项并且移动一个选中对象时，在原始位置和鼠标位置之间显示橡皮筋线。微调模型时，使用该可视化辅助功能可提高精确度。默认设置为启用状态。

【主栅格】是用来控制主栅格特性的，如图 1.59 所示。【主栅格】选项卡中各选项的功能说明如下所述：

图 1.59

- 【栅格间距】：设置主栅格两条线之间的间距，以内部单位计算。
- 【每 N 条栅格线有一条主线】：栅格线有粗细之分，与坐标纸一样，这里是设置每两条粗线之间有多少个细线格。
- 【透视视图栅格范围】：设置透视图中粗线格中所包含的细线格数量。
- 【禁止低于栅格间距的栅格细分】：选中该复选框在对视图放大或缩小时，栅格不会自动细分。取消选中时，在对视图放大或缩小时栅格会自动细分。
- 【禁止透视视图栅格调整大小】：选中时，在对透视图放大或缩小时，栅格数保持不变。取消选中时，栅格会根据透视图的变化而变化。
- 【活动视口】：改变栅格设置时，仅对激活的视图进行更新。
- 【所有视口】：改变栅格设置时，所有视图都会更新栅格显示。

【用户栅格】用于控制用户创建的辅助栅格对象，【用户栅格】选项卡如图 1.60 所示。该选项卡中各选项的功能说明如下所述：

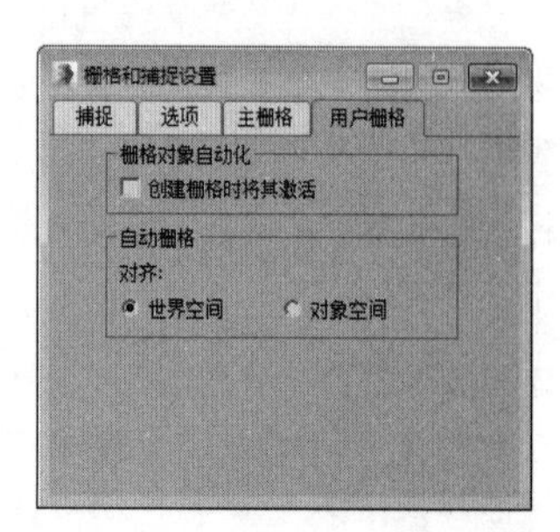

图 1.60

- 【创建栅格时将其激活】：打开此项就可以在创建栅格物体的同时将其激活。
- 【世界空间】：设定物体创建时自动与世界空间坐标系统对齐。
- 【对象空间】：设定物体创建时自动与物体空间坐标系统对齐。

2. 空间捕捉

3ds Max 提供了三种空间捕捉的类型（2D、1.5D 和 3D）。使用空间捕捉可以精确创建和移动对象。当使用 2D 或 1.5D 捕捉创建对象时，只能捕捉到直接位于绘图平面上的节点和边。当用空间捕捉移动对象的时候，被移动的对象是移动到当前栅格上，还是相对于初始位置按捕捉增量移动，就由捕捉的方式来决定了。

例如，只选择【栅格点】选项捕捉移动对象时，对象将相对于初始位置按设置的捕捉增量移动；如果将【栅格点】捕捉和【顶点】捕捉选项都选中后再移动对象时，对象将捕捉并移动到当前栅格上或者场景中对象的点上。

3. 角度捕捉

【角度捕捉切换】按钮主要是用于精确地旋转物体和视图，可以在【栅格和捕捉设置】对话框中进行设置，可以在【选项】选项卡中的【角度】文本框中输入用于设置旋转时递增的角度，系统默认值为 5°。

在不打开角度捕捉的情况下，在视图中旋转物体，系统会以 0.01°作为旋转时递增的角度；当打开角度捕捉后，可对角度捕捉的旋转度数进行设置，可设置为 30°、45°、60°、90°或 180°等整数，设置完成后，在视图中旋转物体，系统旋转的度数正是设置的度数，所以打开角度捕捉按钮为精确旋转物体提供了方便。

4. 百分比捕捉

在不打开百分比捕捉的情况下，进行缩放或挤压物体，将按照默认的 1% 的比例进行变化；如果打开百分比捕捉，将以系统默认的 10% 的比例进行变化。当然也可以在【栅格和捕捉设置】对话框中的【百分比】文本框中进行百分比捕捉的设置。

1.8.3 对齐工具

【对齐】工具就是通过移动操作使物体自动与其他对象对齐，所以它在物体之间并没有建立什么特殊的关系。选择需要与其他对象对齐的对象，在工具栏中单击【对齐】按钮，然后在视图中选择目标对象，可以打开【对齐当前选择】对话框，如图 1.61 所示。【对齐当前选择】对话框中各选项的功能说明如下所述：

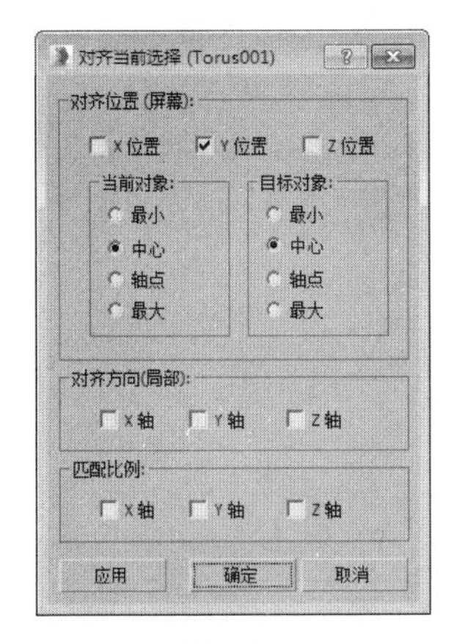

图 1.61

- 【对齐位置（屏幕）】：根据当前的参考坐标系来确定对齐的方式。
  - X/Y/Z 位置：指定对齐依据的轴向，可以单方向对齐，也可以多方向对齐。
- 【当前对象】或【目标对象】：分别设定当前对象与目标对象对齐的设置。
  - 【最小】：以对象表面最靠近另一个对象选择点的方式进行对齐。
  - 【中心】：以对象中心点与另一个对象的选择点进行对齐。
  - 【轴心】：以对象的轴心点与另一个对象的选择点进行对齐。
  - 【最大】：以对象表面最远离另一个对象选择点的方式进行对齐。
- 【对齐方向（局部）】：指定方向对齐依据的轴向，方向的对齐是根据对象自身坐标系完成的，3 个轴向可任意选择。
- 【匹配比例】：将目标对象的缩放比例沿指定的坐标轴向施加到当前对象上。要求目标对象已经进行了缩放修改，系统会记录缩放的比例，将比例值应用到当前对象上。

1.8.4 隐藏和冻结

隐藏是将所选择物体的形体不显示在视图中，它们仍然存在，但是在视图中无法看到，渲染时也不会显示（除非打开 Render Hidden 渲染隐藏物体选项），它位于【显示】命令面板中，主要用于加快显示速度，防止当前不需要的物体阻碍视线。【隐藏】卷展栏如图 1.62 所示。

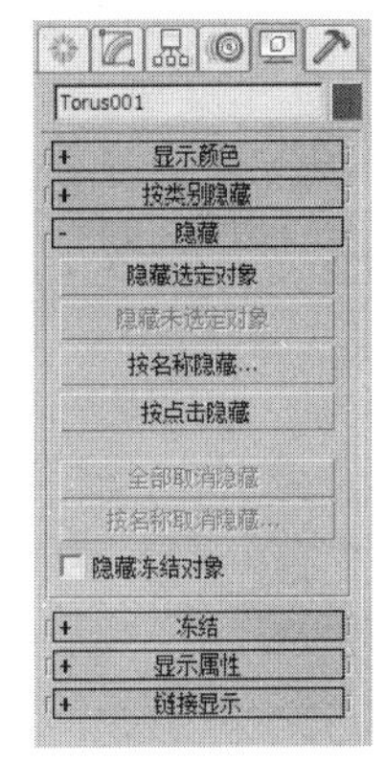

图 1.62

下面简要介绍【隐藏】卷展栏中的选项命令。

- 【隐藏选定对象】：将当前视图中已经选择的物体隐藏。
- 【隐藏未选定对象】：将当前视图中所有未选择的物体隐藏。
- 【按名称隐藏】：弹出名称选择框，它与一般的名称选择框相同，左侧列表框中显示当前视图中存在的物体，允许自由选择要隐藏的物体名称。
- 【按点击隐藏】：按下此按钮打开单击隐藏模式，这时可以在视图中单击要隐藏的物体将其隐藏，再次按下它可以关闭此按钮。
- 【全部取消隐藏】：将所有已经隐藏的物体全部显示出来。
- 【按名称取消隐藏】：弹出名称选择框，它与一般的名称选择框相同，左侧列表框中显示出当前已经隐藏的物体，可以通过名称选择重新显示物体。
- 【隐藏冻结对象】：控制是否将冻结的物体在视图中隐藏。

冻结是将所选中的物体固定，任何操作（解冻除外）都不会再对它产生影响，它将以灰色方式显示，防止其阻碍操作，也避免对它们产生误操作。

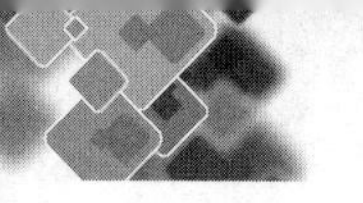

对于灯光、摄影机，冻结并不会影响其照明和摄影功能。不像隐藏那样冻结的好处是，被冻结的物体仍可以显示在视图中，只是无法进行选择和其他操作，显示的形态可以是灰色的也可以是本色的，但由于已经被冻结，所以不会占用系统的显示资源，大大提升了显示速度。所以在大场景的整合制作中，一般都将目前不操作的物体冻结，只保留正在操作中的物体，这样就可以在视图上流畅地进行编辑操作了。【冻结】卷展栏如图 1.63 所示。

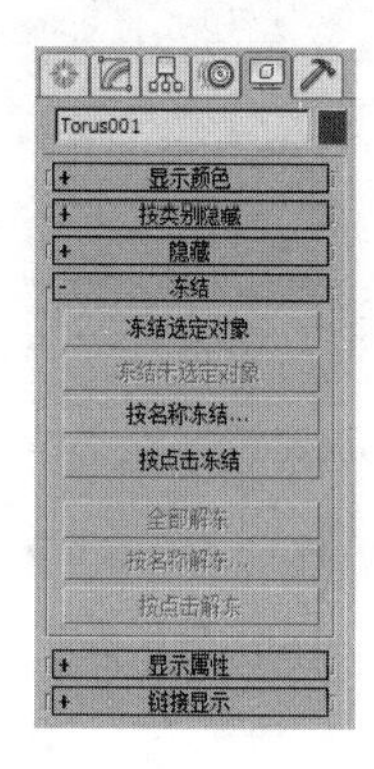

图 1.63

- 【冻结选定对象】：将当前视图中已经选中的物体冻结。
- 【冻结未选定对象】：将当前视图中所有未选中的物体冻结。
- 【按名称冻结】：弹出名称选择框，它与一般的名称选择框相同，左侧列表框中显示当前视图中所有未冻结的物体，可以有选择地进行冻结。
- 【按点击冻结】：按下此按钮开启单击冻结模式，这时可以在视图中单击要冻结的物体将其冻结，再次按下它可以关闭此按钮。
- 【全部解冻】：将所有已经冻结的物体全部解除冻结状态。
- 【按名称解冻】：弹出名称选择框，它与一般的名称选择框相同，左侧列表框中显示当前视图中已冻结的物体，可以有选择地解冻。
- 【按点击解冻】：按下此按钮开启单击解冻模式，这时可以在视图中点取已经冻结的物体将其解冻，再次按下它可以关闭此按钮。

1.8.5 调整轴

【调整轴】命令位于【层级】命令面板中，【层级】命令面板主要用于调节相互连接物体之间的层级关系。【层级】命令面板如图 1.64 所示。

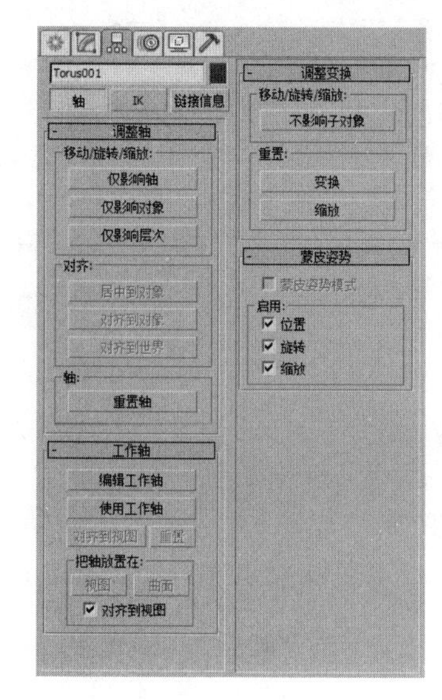

图 1.64

下面主要来介绍【层级】命令面板中的【调整轴】卷展栏。

【移动 / 旋转 / 缩放】选项组：其下包括三个控制项目，每个项目被选中后将显示为蓝色，下面的对齐项目也会根据当前不同的项目而变换不同的命令，便于轴心的对齐操作。

- 【仅影响轴】：仅对当前选中物体的轴产生变换影响，这时使用【选择并移动】和【选择并旋转】工具可以调节物体的位置和方向。
- 【仅影响对象】：仅对当前选择物体产生变换影响，其轴保持不变，这时使用【选择并移动】和【选择并旋转】工具可以调节物体的位置和方向。
- 【仅影响层次】：仅对当前选择物体的子物体产生旋转和缩放变换影响，不改变它的轴位置和方向。

提示

在工具栏中的【对齐】、【法线对齐】、【对齐视图】命令会根据层级面板上三个不同的影响命令产生不同的影响效果；捕捉模式允许捕捉轴到其自身物体上或场景中的其他物体上。

【对齐】选项组：这里的选项仅对上面的【仅影响轴】和【仅影响对象】两个命令起作用，用于轴的自动对齐。

当选择【仅影响轴】命令时，其内容如下：

- 【居中到对象】：移动轴到物体的中心处。
- 【对齐到对象】：旋转轴使它与物体的变换坐标轴方向对齐。
- 【对齐到世界】：旋转轴使它与世界坐标系的坐标轴方向对齐。

当选择【仅影响对象】命令时，其内容如下：

- 【居中到轴】：移动物体的中心点到轴处。
- 【对齐到轴】：旋转物体使它的坐标轴向与轴方向对齐。
- 【对齐到世界】：旋转物体使它的坐标轴向与世界坐标系的坐标轴方向对齐。
- 【轴】选项组：
- 【重置轴】：恢复物体的轴到刚创建时的状态。

1.9 复制的方法

在制作一些大型场景的过程中，有时会遇到大量相同的物体，这就需要对物体进行复制，在3ds Max中复制对象的方法有很多种，下面进行详解。

1.9.1 运用【克隆】命令原位置复制

选择菜单栏中的【编辑】|【克隆】命令或按Ctrl+V组合键，弹出【克隆选项】对话框，如图1.65所示。在【对象】选项组中选择复制类型，并在下方的【名称】文本框中输入复制后对象的名称，设置好参数后单击【确定】按钮。克隆出的对象与原对象是重叠的。

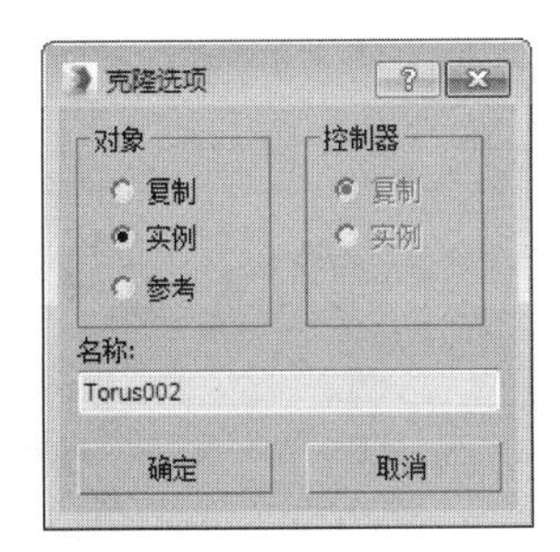

图 1.65

1.9.2 Shift键组合复制法

选择需要复制的对象，按住Shift键，再使用【选择并移动】工具沿着需要的轴向拖曳对象，就会看到在指定的轴向上复制出一个新的对象，释放鼠标时会弹出【克隆选项】对话框，如图1.66所示。在【对象】选项组中指定复制类型，在【副本数】文本框中指定复制对象的数量，在【名称】文本框中输入复制对象的名称，设置完成后单击【确定】按钮即可。

图 1.66

1.9.3 用阵列工具复制

【阵列】可以大量有序地复制对象，它可以控制产生一维、二维、三维的阵列复制。选择要进行阵列复制的对象，选择菜单栏中的【工具】|【阵列】命令，可以打开【阵列】对话框，如图1.67所示。【阵列】对话框中各项目的功能说明如下所述。

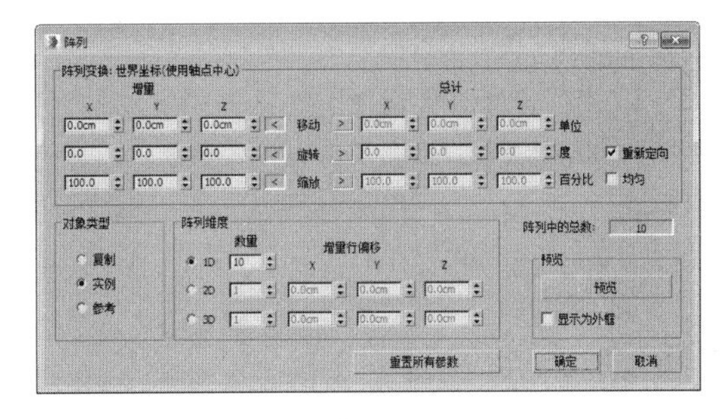

图 1.67

【阵列变换】：用来设置在1D阵列中3种类型阵列的变量值，包括位置、角度和比例。左侧为增量计算方式，要求设置增值数量；右侧为总计计算方式，要求设置最后的总数量。如果想在X轴方向上创建间隔为10个单位一行的对象，就可以在【增量】下【移动】左侧的X文本框中输入10。如果想在X轴方向上创建总长度为10的一串对象，那么就可以在【总计】下【移动】右侧的X文本框中输入10。

- 【移动】：分别设置3个轴向上的偏移值。
- 【旋转】：分别设置沿3个轴向旋转的角度值。
- 【缩放】：分别设置在3个轴向上缩放的百分比例。
- 【重新定向】：在以世界坐标轴旋转复制原对象时，同时也对新产生的对象沿其自身的坐标系统进行旋转定向，使其在旋转轨迹上总保持相同的角度，否则所有的复制对象都与原对象保持相同的方向。
- 【均匀】：选中该复选框后，在【增量】下【缩放】中只有X轴允许输入参数，这样可以锁定对象的比例，使对象只发生体积的变化，而不产生变形。

【对象类型】：设置产生的阵列复制对象的属性。

- 【复制】：标准复制属性。
- 【实例】：产生关联复制对象，与原对象息息相关。
- 【参考】：产生参考复制对象。

【阵列维度】：增加另外两个维度的阵列设置，这两个维度依次对前一个维度产生作用。

- 1D：设置第一次阵列产生的对象总数。
- 2D：设置第二次阵列产生的对象总数，右侧X、Y、Z用来设置新的偏移值。
- 3D：设置第三次阵列产生的对象总数，右侧X、Y、Z用来设置新的偏移值。
- 【阵列中的总数】：设置最后阵列结果产生的对象总数目，即1D、2D、3D三个【数量】值的乘积。

【重置所有参数】：将所有参数还原为默认设置。

1.9.4 镜像复制

【镜像】工具可以移动一个或多个选择的对象沿着指定的坐标轴镜像到另一个方向，同时也可以产生具备多种特性的复制对象。选择要进行镜像复制的对象，在工具栏中单击【镜像】按钮，或者在菜单栏中选择【工具】|【镜像】命令，打开【镜像:世界 坐标】对话框，如图1.68所示。在【镜像轴】选项组中指定镜像轴，在【偏移】微调框中指定镜像对象与源对象的间距，并在【克隆当前选择】组中设置是否复制及复制的类型，设置好参数后单击【确定】按钮，最后效果如图1.69所示。

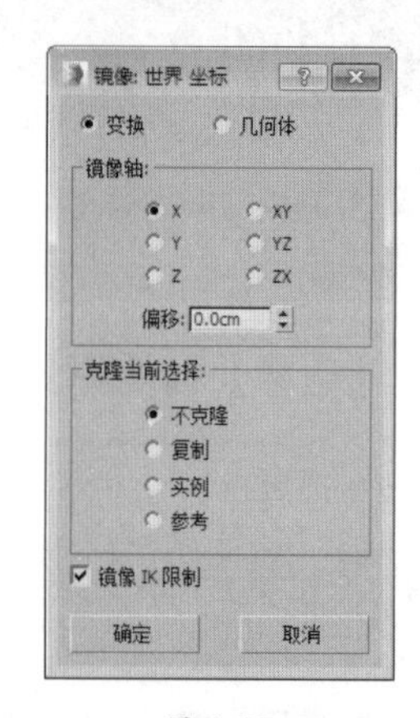

图1.68

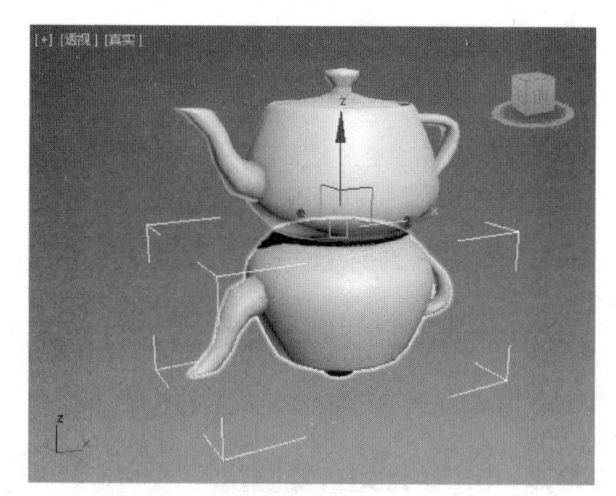

图1.69

【镜像: 世界 坐标】对话框中各选项的功能说明如下所述：

- 【镜像轴】：提供了6种对称轴用于镜像，每当进行选择时，视图中的选择对象就会显示出镜像效果。
- 【偏移】：指定镜像对象与原对象之间的距离，距离值是通过两个对象的轴心点来计算的。

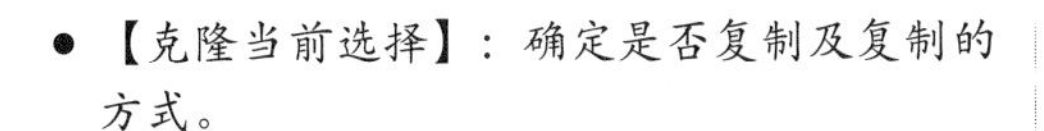

- 【克隆当前选择】：确定是否复制及复制的方式。
  - 【不克隆】：只镜像对象，不进行复制。
  - 【复制】：复制一个新的镜像对象。
  - 【实例】：复制一个新的镜像对象，并指定为关联属性，这样改变复制对象将对原始对象也产生作用。
  - 【参考】：复制一个新的镜像对象，并指定为参考属性。
- 【镜像 IK 限制】：选中该复选框可以连同几何体一起对 IK 约束进行镜像。IK 所使用的末端效应器不受镜像工具的影响，所以想要镜像完整的 IK 层级的话，需要先在运动命令面板下的 IK 控制参数卷展栏中删除末端效应器，镜像完成之后再在相同的面板中建立新的末端效应器。

1.9.5　用间隔工具复制

【间隔工具】可以让一个对象沿着指定的路径进行复制。首先选择要复制的对象，选择菜单栏中的【工具】|【对齐】|【间隔工具】命令，弹出【间隔工具】对话框，在该对话框中，单击【拾取路径】按钮，在视图中单击指定的路径，然后设置好复制的数量，再单击【应用】按钮即可。复制后的效果如图 1.70 所示。

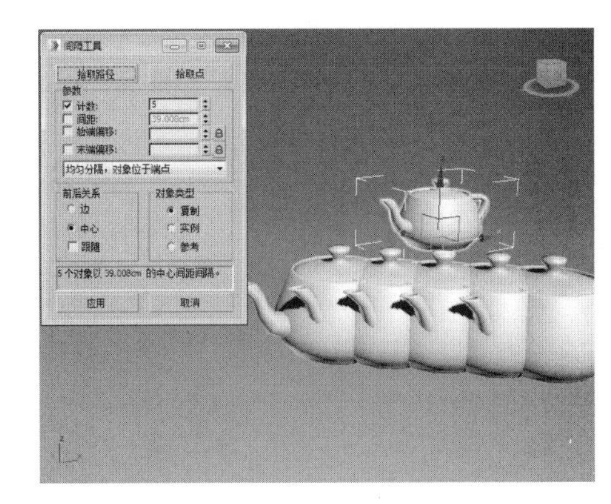

图 1.70

1.9.6　用快照工具复制

快照复制是创建多重复制的另外一种方法，它同样可以为动画对象创建复制、关联复制或参考复制。

创建快照复制时，选择一个动画对象，选择菜单栏中的【工具】|【快照】命令，打开【快照】对话框，其中【副本】用于指定复制的数量，设置好参数后，单击【确定】按钮即可沿该动画对象的运动轨迹进行复制，如图 1.71 所示。

图 1.71

1.10　组合键的设置

选择菜单栏中的【自定义】|【自定义用户界面】命令，在弹出的【自定义用户界面】对话框中选择【键盘】选项卡，在左侧的列表中选择要设置组合键的命令，然后在【热键】文本框中输入组合键字母，如图 1.72 所示，单击【指定】按钮后设置成功。其中【指定到】文本框中显示的是已经使用了该组合键的命令，以防止用户重复设置，【移除】按钮可以移除已设置的组合键。

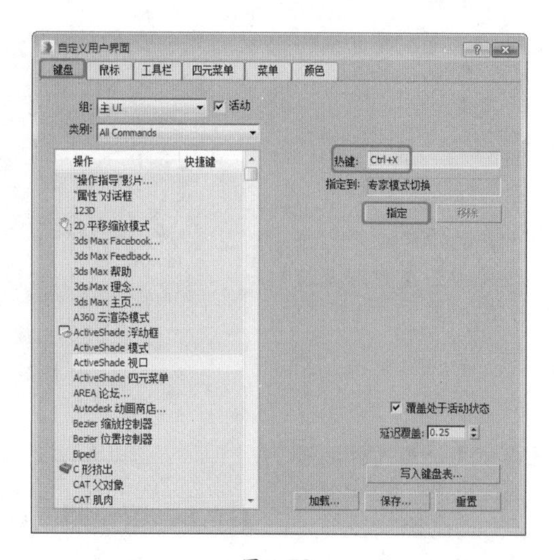

图 1.72

提示

对于常用的命令，3ds Max 2016 已经自动为其分配了组合键，而大多数命令都是没有可借鉴的，用户可以根据自己的实际需要和使用习惯来设置组合键，以提高工作效率。

1.11 自动备份功能的优化

选择【自定义】|【首选项】命令，在【首选项设置】对话框中选择【文件】选项卡，可以设置与文件处理相关的选项。用户可以选择用于归档的程序并控制日志文件维护选项，并且，自动备份功能可以在设定的时间间隔内自动保存工作。【首选项设置】对话框中的【文件】选项卡如图 1.73 所示。

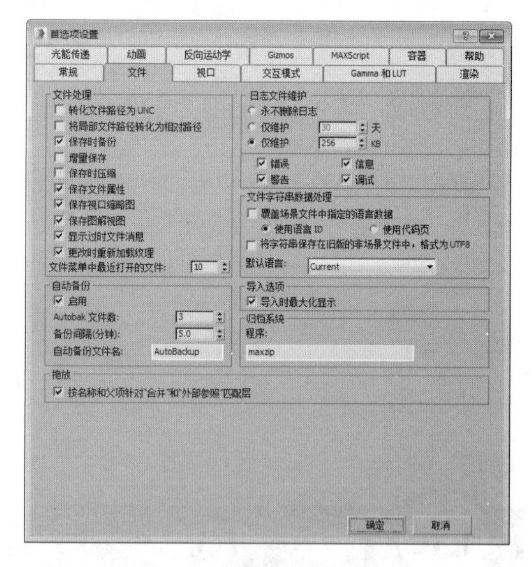

图 1.73

默认情况下，3ds Max Design 自动备份功能处于活动状态，并且在编辑场景时为总的三个文件每 5 分钟创建一次备份文件。这些文件存储在 \autoback 文件夹下。默认情况下，此文件夹存储在 C:\Users\ 用户名 \Documents \ 3ds MaxDesign \ autoback 中。如果文件是由于系统故障或电源中断而受损，使用备份文件非常有用。

（1）启动 Autodesk 3ds Max 2016，验证是否无法加载场景。

（2）打开 Windows 资源管理器，浏览至 autoback 文件夹。

（3）即可看到 AutoBackup01.max 序列，然后复制文件（【编辑】|【复制】或者按 Ctrl+C 组合键）。

（4）浏览至 scenes 文件夹，此文件可以在 C:\Users\ 用户名 \Documents \ 3ds MaxDesign \ 中或程序安装文件夹中找到，并粘贴该文件。如果需要，可以对其重命名。

（5）在 Autodesk 3ds Max Design 2016 中，按 Ctrl+O 组合键尝试加载刚才从 My Documents \ 3ds MaxDesign \ autoback 文件夹中复制的文件。

如果文件打开了，则先保存该场景，然后重建最后 5 分钟丢失的内容。

1.12 课堂实例——卷轴画

在现代社会中，卷轴画经常作为室内的装饰物品，在本节中将介绍卷轴画的制作方法，完成后的效果如图 1.74 所示。

图 1.74

01 启动 3ds Max 软件。选择【创建】 | 【图形】 | 【矩形】工具，在顶视图中创建一个【长度】为0.5、【宽度】为 285 的矩形，如图 1.75 所示。

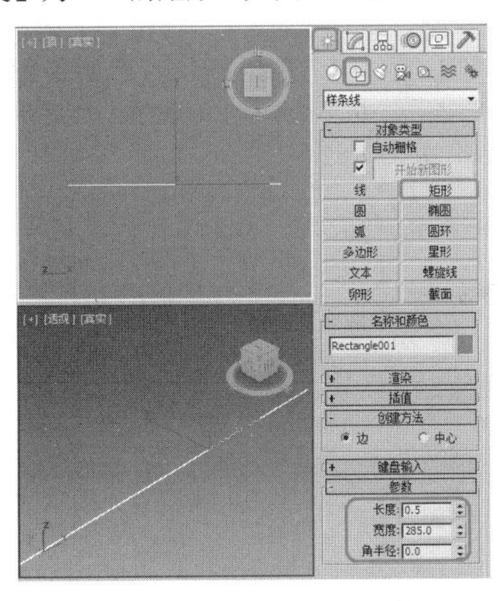

图 1.75

02 选择【创建】 | 【图形】 | 【圆环】工具，在顶视图中绘制一个圆环，在【参数】卷展栏中将【半径 1】和【半径 2】分别设置为 3、2.5，如图 1.76 所示。

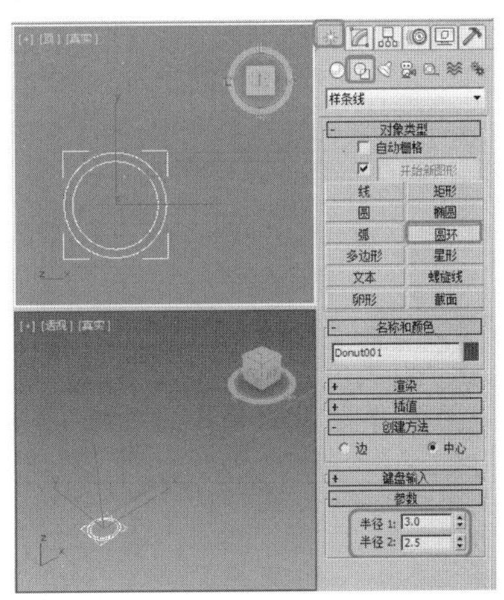

图 1.76

03 继续选中该对象并调整位置，然后切换至【层级】命令面板中，单击【仅影响轴】按钮，在工具栏中单击【对齐】按钮，在视图中单击 Rectangle001 对象，如图 1.77 所示。

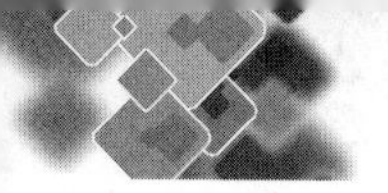

图 1.77

04 在弹出的对话框中选中【X 位置】、【Y 位置】、【Z 位置】复选框，分别单击【当前对象】和【目标对象】选项组中的【轴点】单选按钮，如图 1.78 所示。

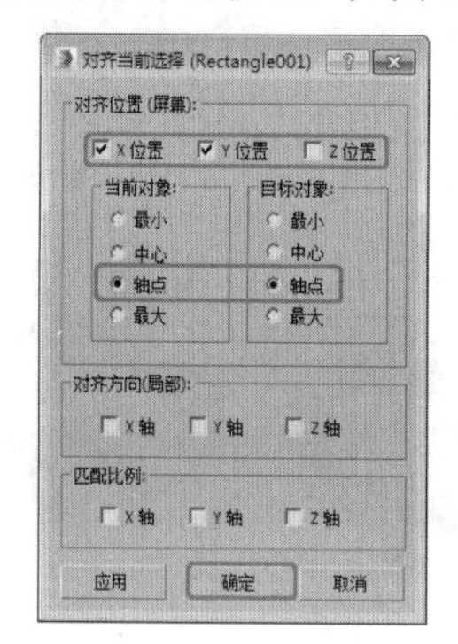

图 1.78

05 单击【确定】按钮，再次单击【调整轴】卷展栏中的【仅影响轴】按钮，关闭调整轴，效果如图 1.79 所示。

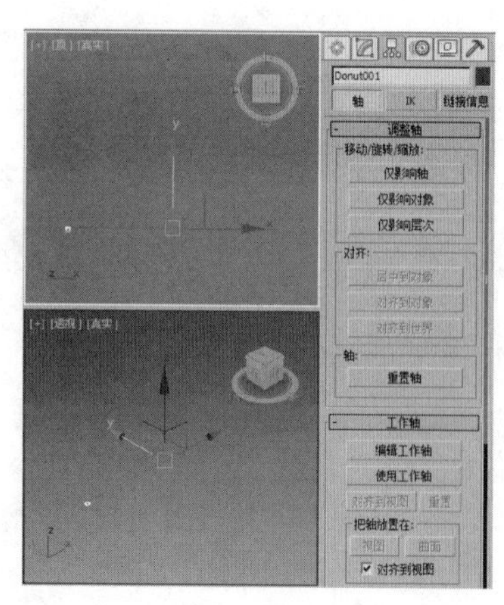

图 1.79

06 继续选中圆环，激活顶视图，在工具栏中单击【镜像】按钮，在弹出的对话框中选择【镜像轴】中的 X 选项，单击【复制】单选按钮，如图 1.80 所示。

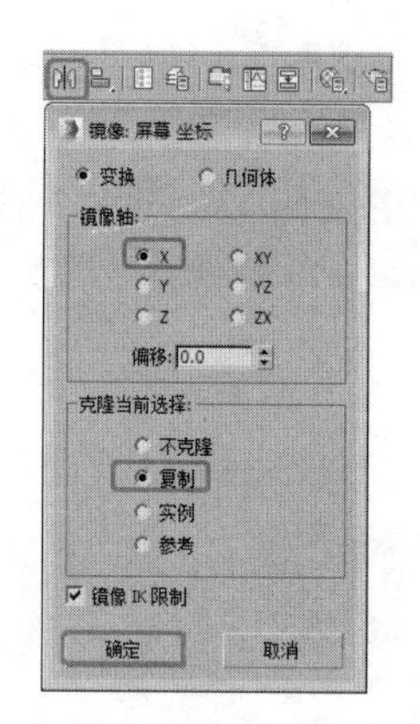

图 1.80

07 设置完成后单击【确定】按钮，镜像后的显示效果如图 1.81 所示。

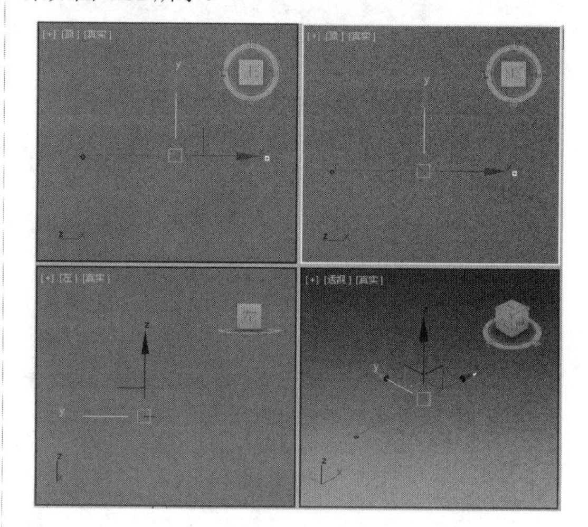

图 1.81

08 在视图中选择 Rectangle001 对象，切换至【修改】命令面板，在【修改器列表】中选择【编辑样条线】修改器，在【几何体】卷展栏中单击【附加多个】按钮，在弹出的对话框中选择要附加的对象，然后单击【附加】按钮，如图 1.82 所示。

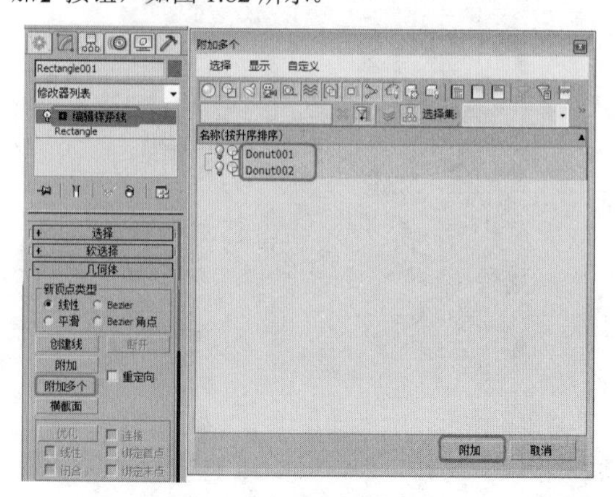

图 1.82

09 将当前选择集定义为【样条线】，在【几何体】卷展栏中单击【修剪】按钮，对圆环和矩形进行修剪，并将多余的样条线删除，修剪后的效果如图 1.83 所示。

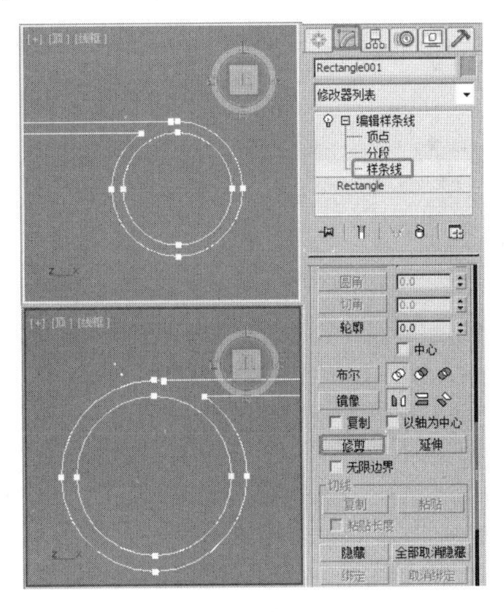

图 1.83

10 修剪完成后，将当前选择集定义为【顶点】，按 Ctrl+A 组合键，全选顶点，在【几何体】卷展栏中单击【焊接】按钮，焊接顶点，如图 1.84 所示。

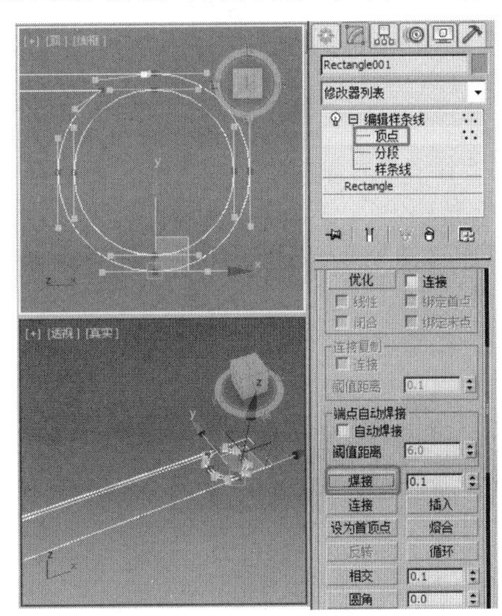

图 1.84

11 将当前选择集定义为【顶点】，在【几何体】卷展栏中单击【优化】按钮，在视图中对图形进行优化，效果如图 1.85 所示。

12 关闭当前选择集，在【修改器列表】中选择【挤出】修改器，在【参数】卷展栏中将【数量】设置为 140、【分段】为 3，如图 1.86 所示。

13 在【修改器列表】中选择【编辑网格】修改器，将当前选择集定义为【顶点】，在视图中调整顶点的位置，调整后的效果如图 1.87 所示。

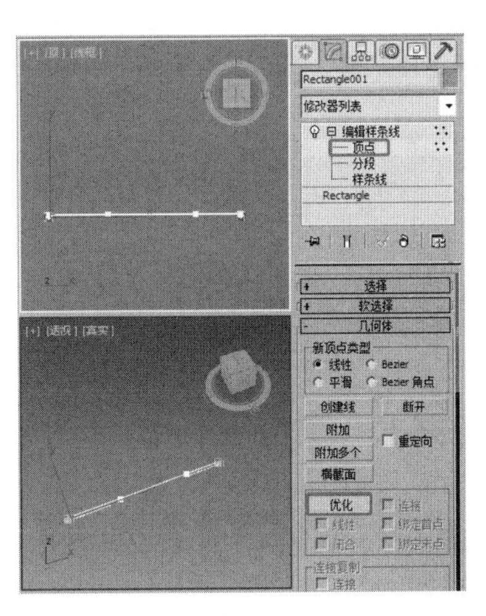

图 1.85

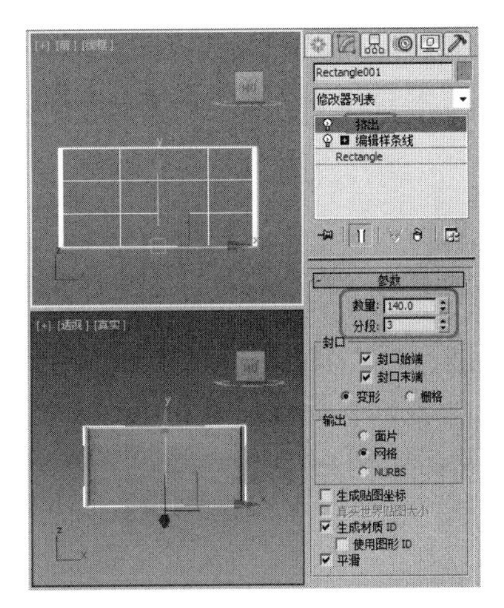

图 1.86

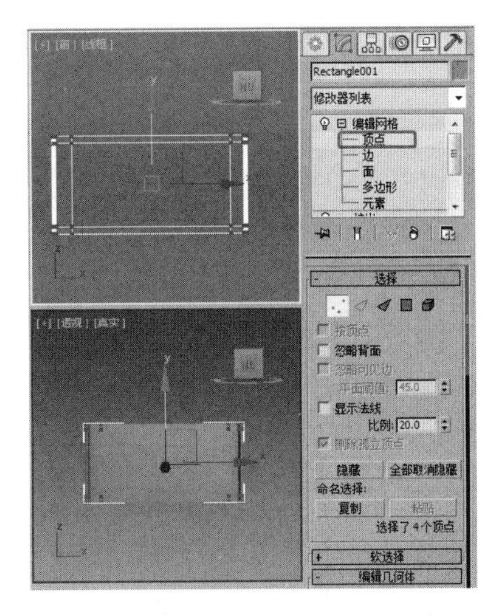

图 1.87

14 将当前选择集定义为【多边形】，在前视图中选择中间的多边形，在【曲面属性】卷展栏中设置【设置 ID】为 1，如图 1.88 所示。

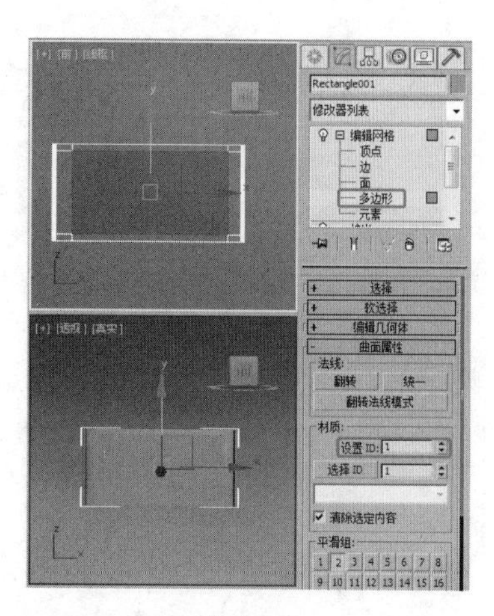

图 1.88

15 在菜单栏中选择【编辑】|【反选】命令，如图 1.89 所示。

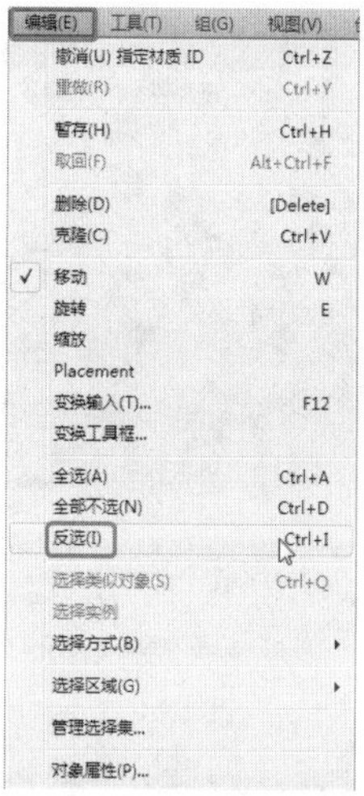

编辑(E) 工具(T) 组(G) 视图(V)
撤消(U) 指定材质 ID Ctrl+Z
重做(R) Ctrl+Y
暂存(H) Ctrl+H
取回(F) Alt+Ctrl+F
删除(D) [Delete]
克隆(C) Ctrl+V
✓ 移动 W
旋转 E
缩放
Placement
变换输入(T)... F12
变换工具框...
全选(A) Ctrl+A
全部不选(N) Ctrl+D
反选(I) Ctrl+I
选择类似对象(S) Ctrl+Q
选择实例
选择方式(B)
选择区域(G)
管理选择集...
对象属性(P)...

图 1.89

16 反选后，在【曲面属性】卷展栏中设置【设置 ID】为 2，如图 1.90 所示。

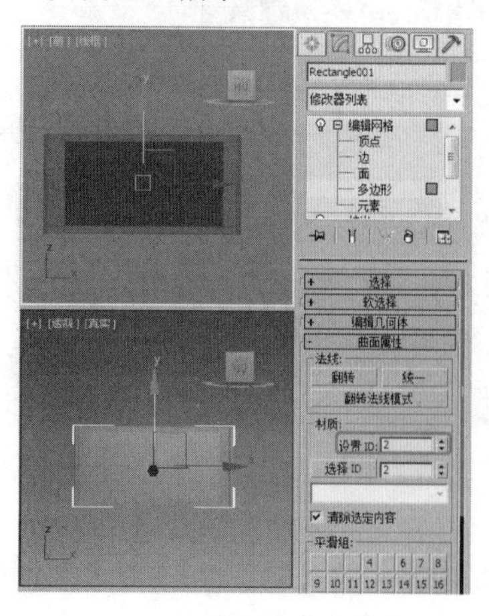

图 1.90

17 关闭当前选择集，在场景中选择作为卷轴画的模型，按 M 键，打开【材质编辑器】面板，选择一个新的材质样本球，将其命名为【卷画】，单击按钮 Standard ，在弹出的【材质 / 贴图浏览器】对话框中选择【多维 / 子对象】材质，单击【确定】按钮，如图 1.91 所示。

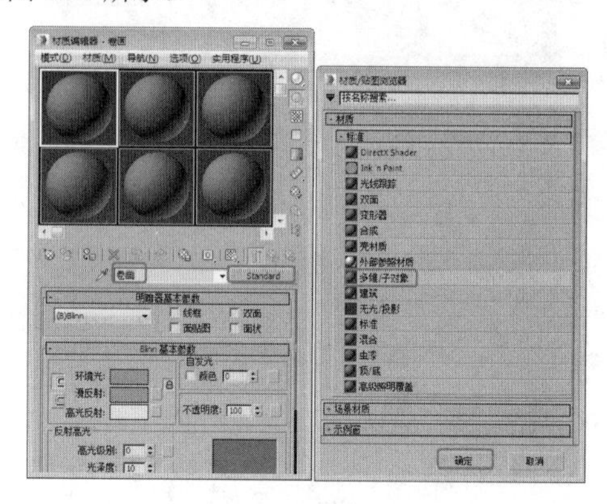

图 1.91

18 在弹出的对话框中选择【丢弃旧材质】单选按钮，单击【确定】按钮，如图 1.92 所示。

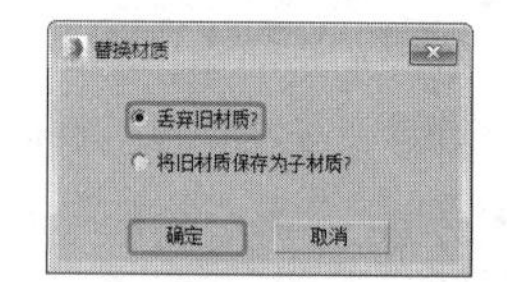

图 1.92

19 在【多维 / 子对象基本参数】卷展栏中单击【设置数量】按钮，在弹出的【设置材质数量】对话框中设置【材质数量】为 2，单击【确定】按钮，如图 1.93 所示。

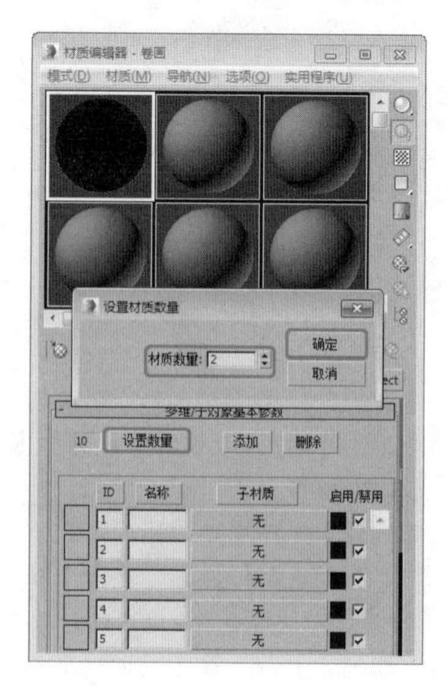

图 1.93

20 单击 ID1 右侧的子材质，在弹出的【材质 / 贴图浏览器】对话框中选择【标准】选项，然后单击【确定】按钮，如图 1.94 所示。

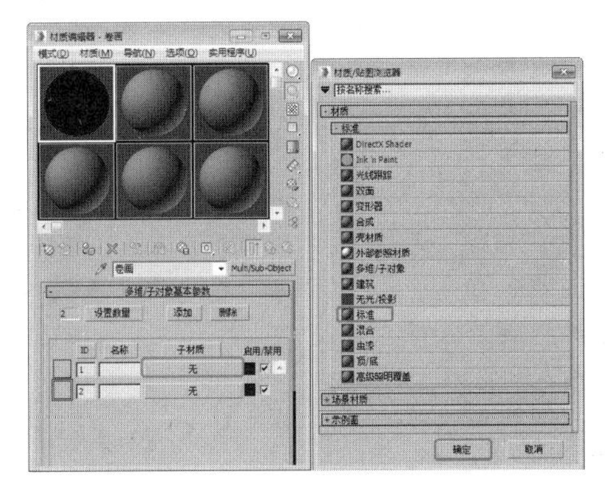

图 1.94

21 打开【贴图】卷展栏，单击【漫反射颜色】后面的【无】按钮，在弹出的【材质 / 贴图浏览器】对话框中选择【位图】选项，如图 1.95 所示。

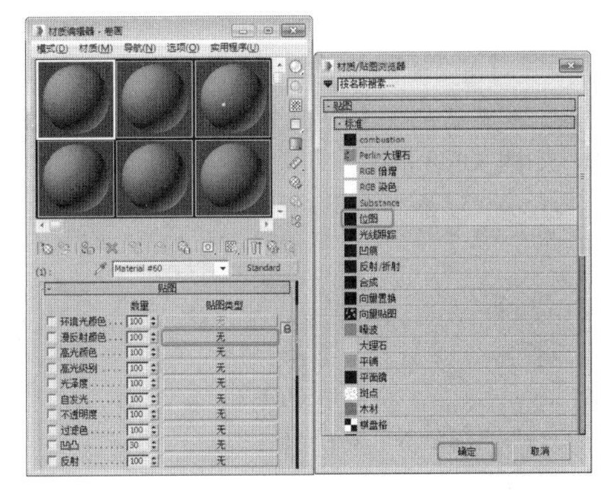

图 1.95

22 在弹出的对话框中选择配套资源中的 MAP/【风景画 .jpg】贴图文件，单击【打开】按钮，在【坐标】卷展栏中取消选中【真实世界贴图大小】复选框，将【瓷砖】下的 U、V 均设置为 1，如图 1.96 所示。

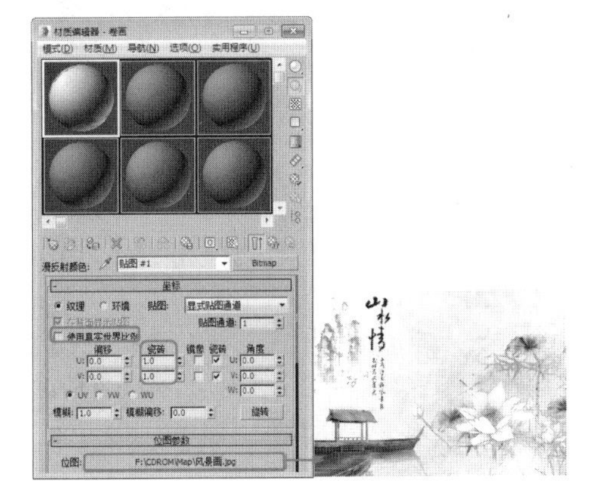

图 1.96

23 单击【在视口中显示标准贴图】按钮，单击两次【转到父对象】按钮，单击 ID2 右侧的子材质按钮，在弹出的对话框中双击【标准】选项，然后单击【确定】按钮，如图 1.97 所示。

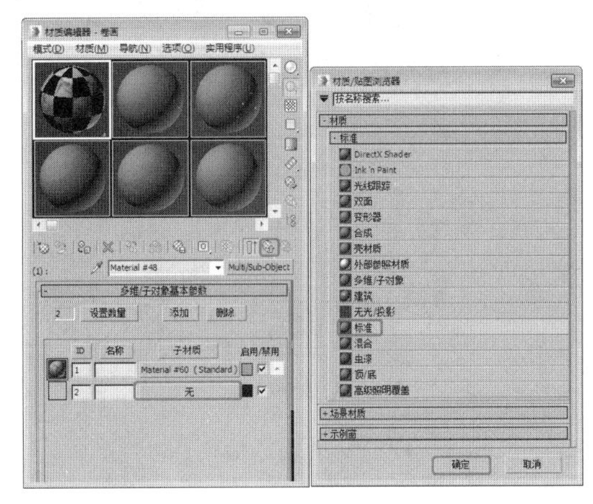

图 1.97

24 打开【贴图】卷展栏，单击【漫反射颜色】后面的【无】按钮，在弹出的【材质 / 贴图浏览器】对话框中双击【位图】选项，在弹出的对话框中选择【卷画饰纹 .jpg】贴图文件，单击【打开】按钮，在【坐标】卷展栏中取消选中【真实世界贴图大小】复选框，将【瓷砖】下的 U、V 分别设置为 2 和 1，如图 1.98 所示。

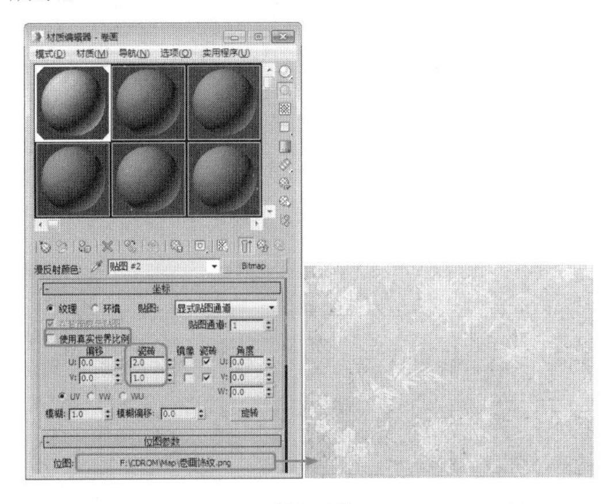

图 1.98

25 单击【在视口中显示明暗处理材质】按钮，单击两次【转到父对象】按钮，将设置完成后的材质指定给选定对象，如图 1.99 所示。

26 切换至【修改】命令面板中，在【修改器列表】中选择【UVW 贴图】修改器，在【参数】卷展栏中单击【长方体】单选按钮，将【长度】、【宽度】、【高度】分别设置为 6、273、121，取消选中【真实世界贴图大小】复选框，如图 1.100 所示。

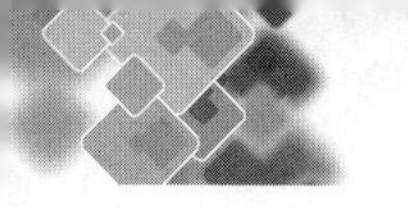

图 1.99

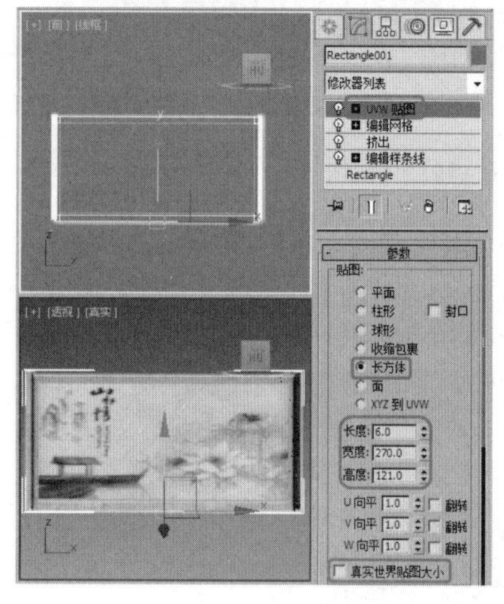

图 1.100

27 选择【创建】 | 【几何体】 | 【圆柱体】工具，在顶视图中创建【半径】为 2.5、【高度】为 155 的圆柱体，将其命名为【轴 001】，如图 1.101 所示。

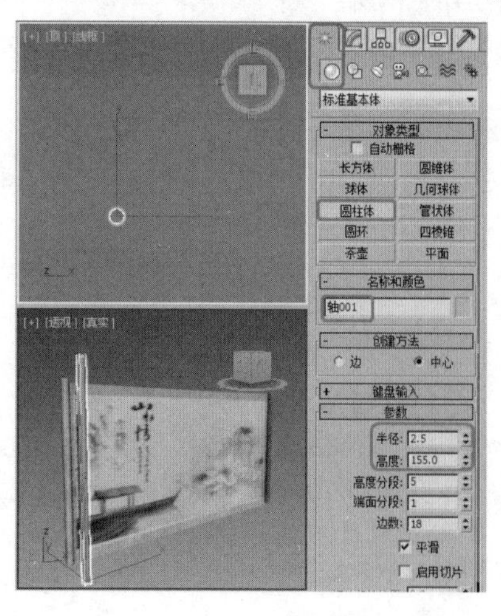

图 1.101

28 创建完成后，在视图中调整该对象的位置，切换至【修改】命令面板，在【修改器列表】中选择【编辑多边形】修改器，将当前选择集定义为【顶点】，在场景中调整顶点的位置，如图 1.102 所示。

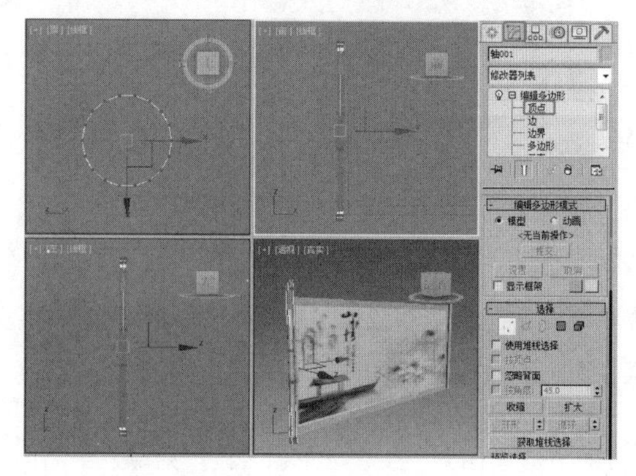

图 1.102

29 将当前选择集定义为【多边形】，选择两端的多边形，在【编辑多边形】卷展栏中单击【挤出】右侧的【设置】按钮，将挤出多边形的方式设置为【本地法线】，将【高度】设置为 1.5，单击【确定】 按钮，如图 1.103 所示。

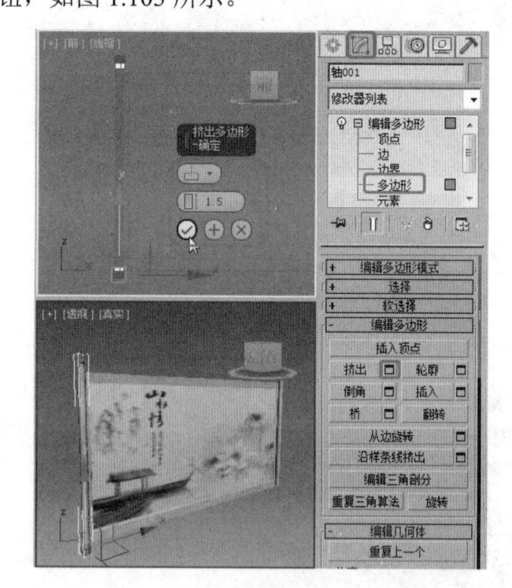

图 1.103

30 挤出完成后，关闭当前选择集，继续选中该对象，切换至【层级】卷展栏中，单击【仅影响轴】按钮，在工具栏中单击【对齐】按钮，在视图中单击 Rectangle001 对象，如图 1.104 所示。

31 在弹出的对话框中选中【X 位置】、【Y 位置】、【Z 位置】复选框，分别单击【当前对象】和【目标对象】选项组中的【轴点】单选按钮，如图 1.105 所示。

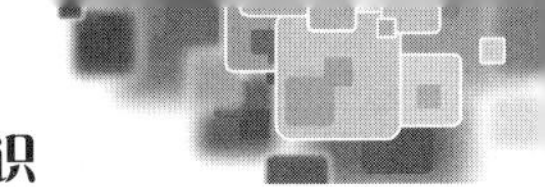

图 1.104

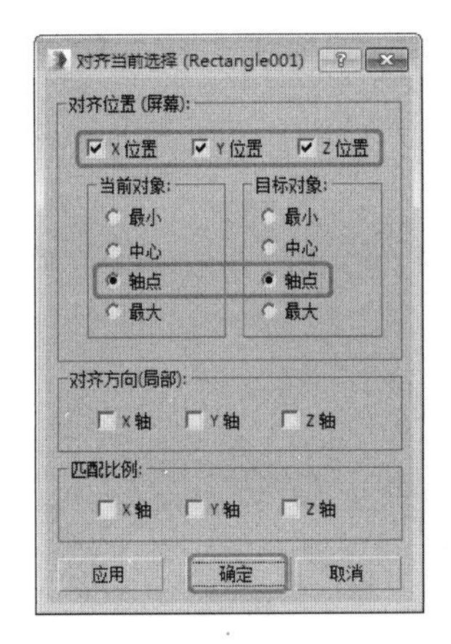

图 1.105

32 单击【确定】按钮，再次单击【仅影响轴】按钮，即可完成轴的调整，激活前视图，在工具栏中单击【镜像】按钮，在弹出的对话框中单击【复制】单选按钮，设置完成后单击【确定】按钮，如图 1.106 所示。

图 1.106

33 镜像后的显示效果如图 1.107 所示。

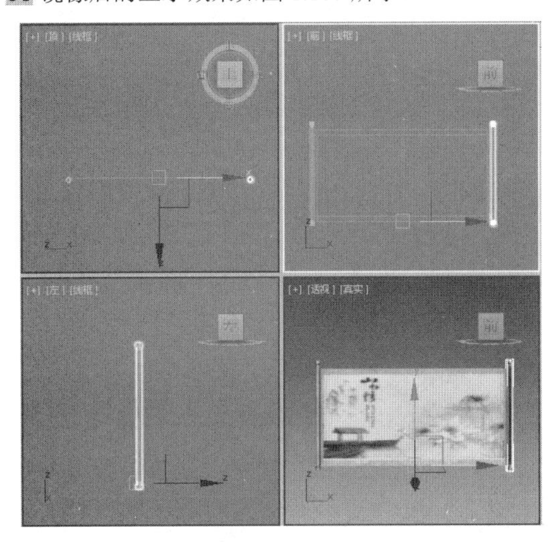

图 1.107

34 在视图中选择镜像后的两个轴，按 M 键，在弹出的对话框中选择一个新材质样本球，将其命名为【画轴】，在【Blinn 基本参数】卷展栏中将【环境光】和【漫反射】的颜色数值均设置为 74，将【反射高光】选项组中的【高光级别】和【光泽度】分别设置为 53 和 68，然后设置完成后，将该材质指定给选定对象，如图 1.108 所示。

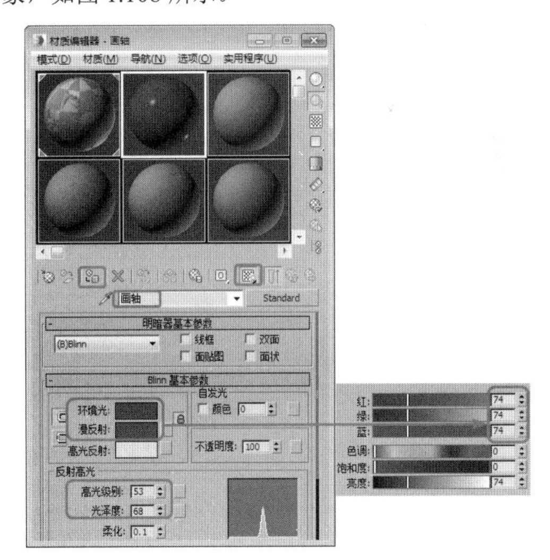

图 1.108

35 选择【创建】 |【几何体】 |【平面】工具，在前视图中绘制平面，在【参数】卷展栏中设置【长度】和【宽度】为 300 和 500，如图 1.109 所示。

36 调整平面的位置，然后右击，在弹出的快捷菜单中选择【对象属性】命令，如图 1.110 所示。

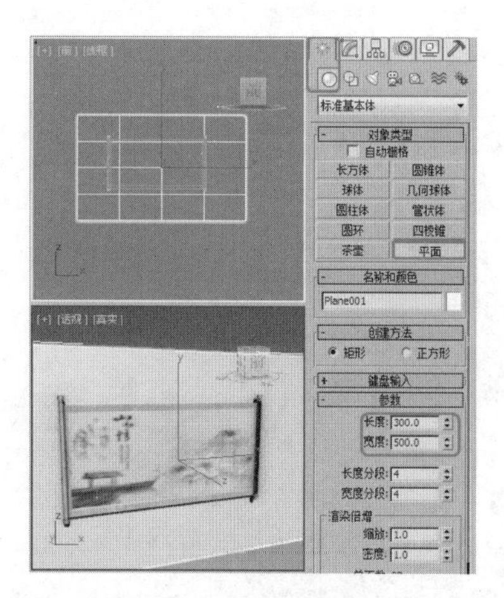

图 1.109

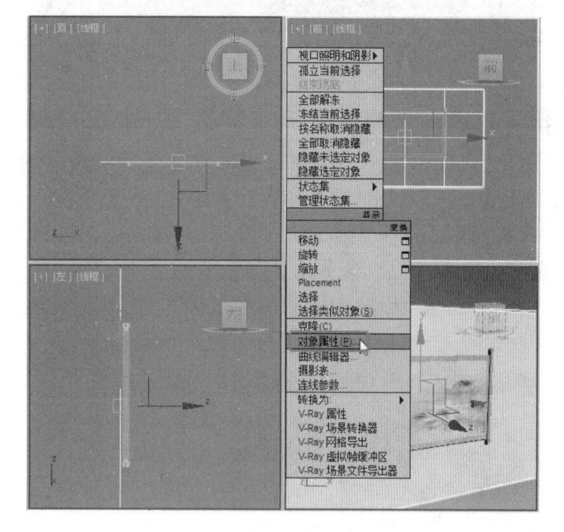

图 1.110

37 弹出的【对象属性】对话框，在【显示属性】选项组中选中【透明】单选按钮，然后单击【确定】按钮，如图 1.111 所示。

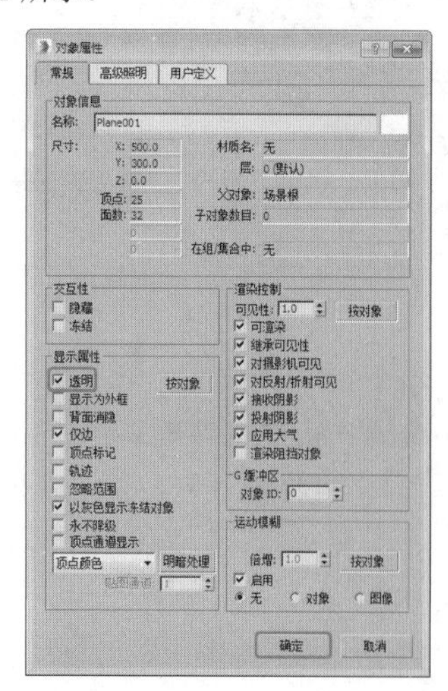

图 1.111

38 按 M 键打开【材质编辑器】对话框，选择一个新的材质球，单击 Standard 按钮，在弹出的【材质 / 贴图浏览器】对话框中单击【材质 / 贴图浏览器选项】按钮，在弹出的下拉列表中选择【显示不兼容】，然后选中并双击【无光 / 投影】材质，如图 1.112 所示。

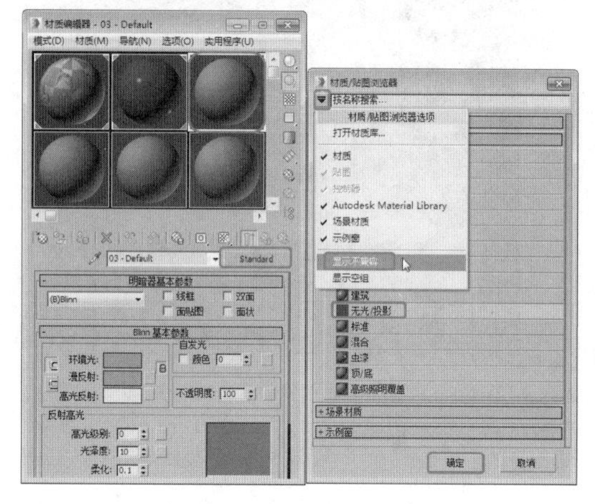

图 1.112

39 在场景中选择创建的平面对象，单击【将材质指定给选定对象】按钮，如图 1.113 所示。

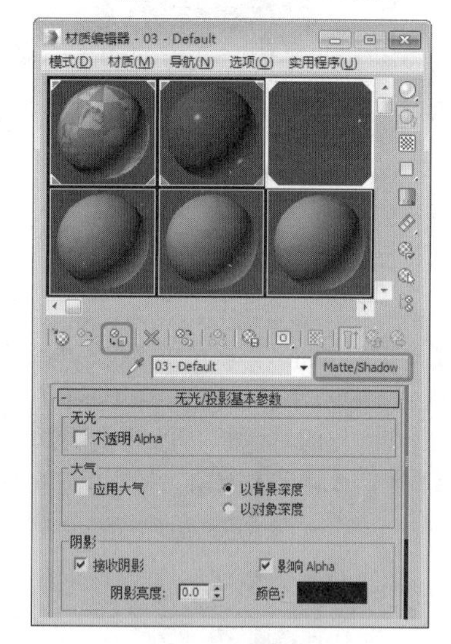

图 1.113

40 选择【创建】|【摄影机】|【目标】工具，在视图中创建摄影机，激活透视视图，在【参数】卷展栏中，将【镜头】设置为 35，如图 1.114 所示。按 C 键将其转换为摄影机视图。

41 按 8 键打开【环境和效果】对话框，单击【环境贴图】下的【无】按钮，在打开的对话框中选择【位图】并双击，选择素材文件【卷轴画背景图 .jpg】，如图 1.115 所示。

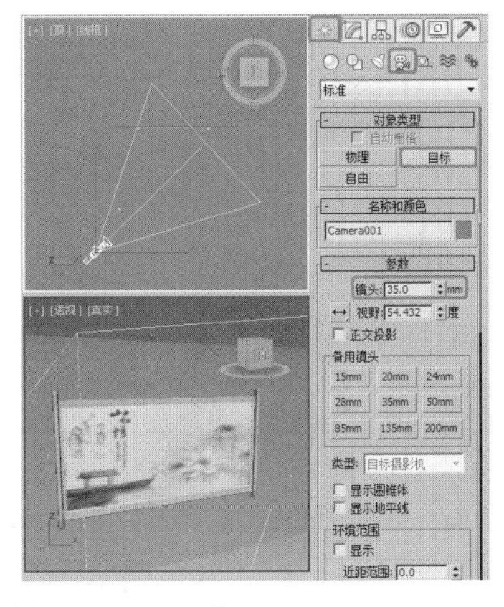

图 1.114

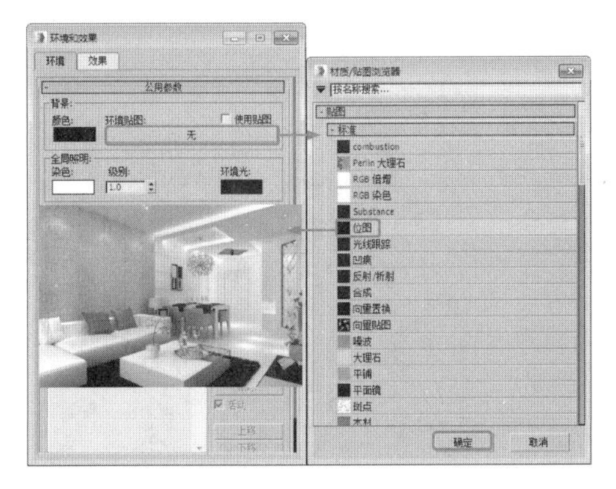

图 1.115

42 按 M 键打开【材质编辑器】，在【环境和效果】对话框中，将【环境贴图】下的贴图拖至一个新的材质球上，在弹出的对话框中选择【实例】命令，单击【确定】按钮，在【坐标】卷展栏中选择【环境】，将【贴图】类型设置为【屏幕】，如图 1.116 所示。

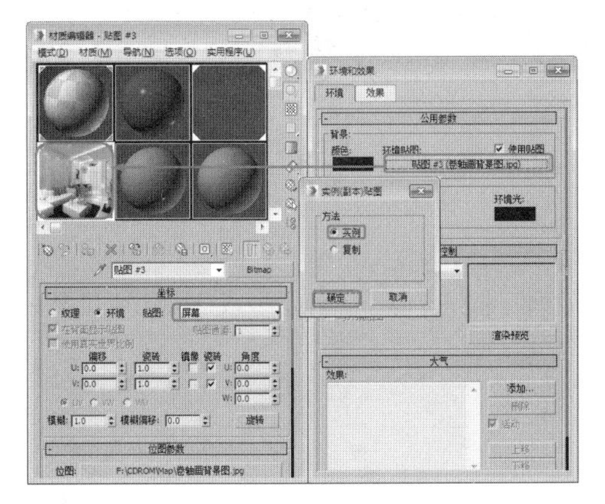

图 1.116

43 关闭【环境和效果】对话框，激活摄影机视图，按 Alt+B 组合键，在打开的对话框中选择【使用环境背景】单选按钮，单击【确定】按钮，如图 1.117 所示。

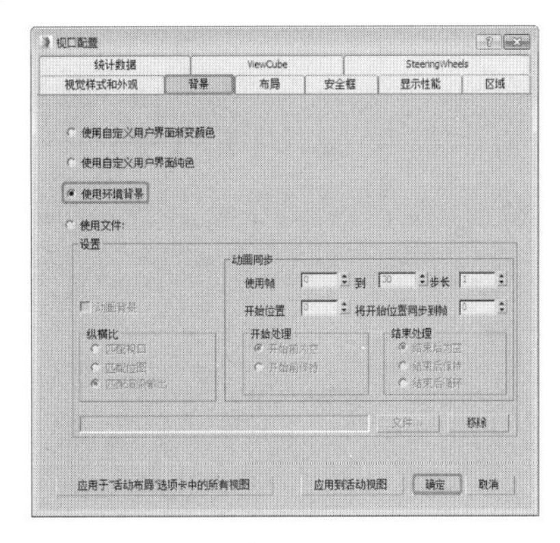

图 1.117

44 关闭【材质编辑器】对话框，再次对摄影机视图进行调整，调整效果如图 1.118 所示。

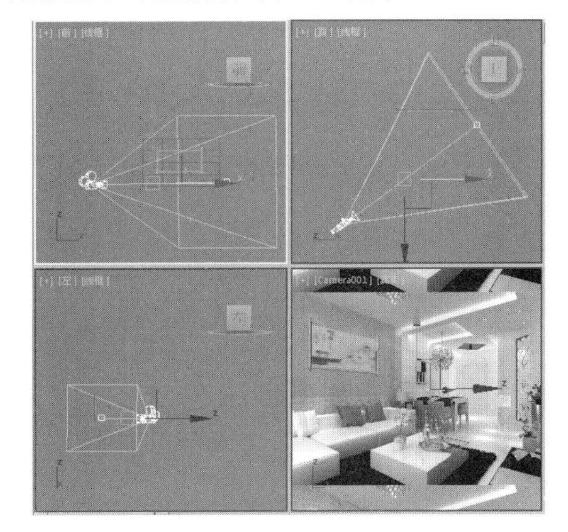

图 1.118

45 选择【创建】｜【灯光】｜【标准】｜【天光】工具，在顶视图中创建天光，如图 1.119 所示。

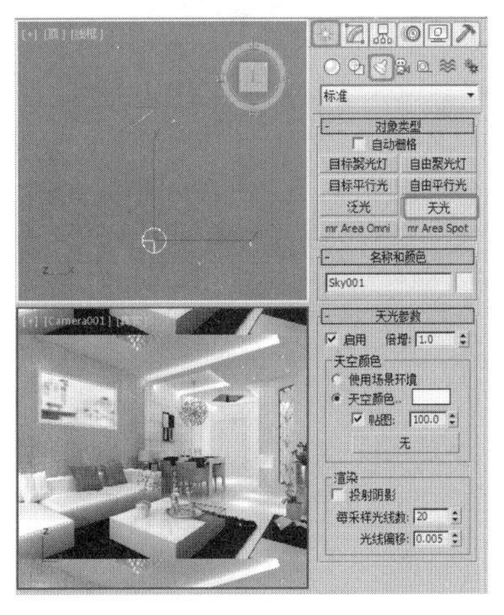

图 1.119

46 选择【创建】 |【灯光】 |【光度学】|【自由灯光】工具，在顶视图中创建自由灯光，如图1.120所示。

图 1.120

47 在工具栏中单击【渲染设置】按钮，选择【高级照明】选项卡，在【选择高级照明】卷展栏中将高级照明设置为【光跟踪器】，将【附加环境光】的颜色参数设置为101、101、101，如图1.121所示。

48 切换至【公用】选项卡，在【公用参数】卷展栏中将【输出大小】选项组中的【宽度】和【高度】分别设置为640、480，如图1.122所示。

49 至此，卷轴画就制作完成了，对完成后的场景进行渲染并保存。

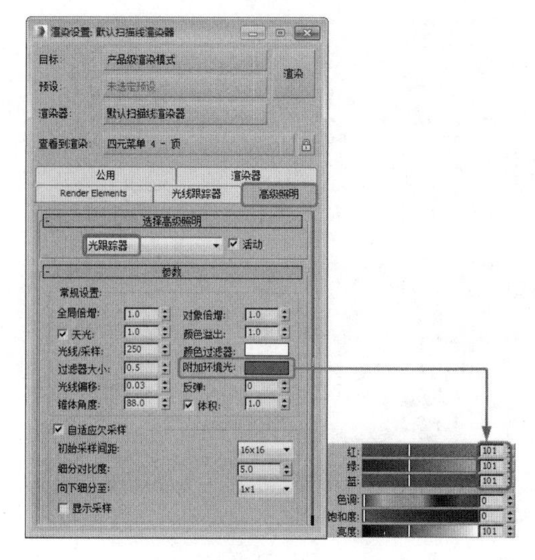

图 1.121

图 1.122

1.13 课后练习

1. 如何改变文件的启动目录？

2. 如何为命令指定组合键？

第2章

基础物体建模

在 3ds Max Design 2016 中提供了建立三维模型的更简单、快捷的方法，本章通过具体操作实例来介绍三维模型的构建方法，使初学者切实掌握创建模型的基本技能。

2.1 标准基本体

3ds Max 2016 中提供了非常容易使用的基本几何体建模工具，只需拖曳鼠标，即可创建一个几何体，这就是标准基本体。标准基本体是 3ds Max 中最简单的三维物体，用它可以创建长方体、球体、圆柱体、圆环、茶壶等，如图 2.1 中的物体都是利用标准基本体创建的。

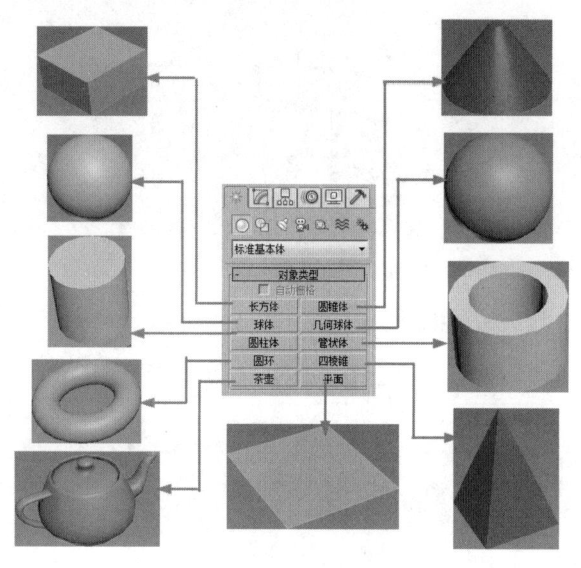

图 2.1

2.1.1 长方体

【长方体】工具可以用来制作正六面体或长方体，如图 2.2 所示。其中长、宽、高的参数控制立方体的形状，如果只输入其中的两个数值，则产生平面矩形。片段的划分可以产生栅格长方体，多用于修改加工的原形物体，例如波浪平面、山脉地形等。

（1）选择【创建】 | 【几何体】 | 【标准基本体】 | 【长方体】工具，在顶视图中单击并拖曳鼠标，创建出长方体的长、宽之后释放鼠标。

（2）移动鼠标并观察其他 3 个视图，调整出长方体的高。

（3）单击，完成制作。

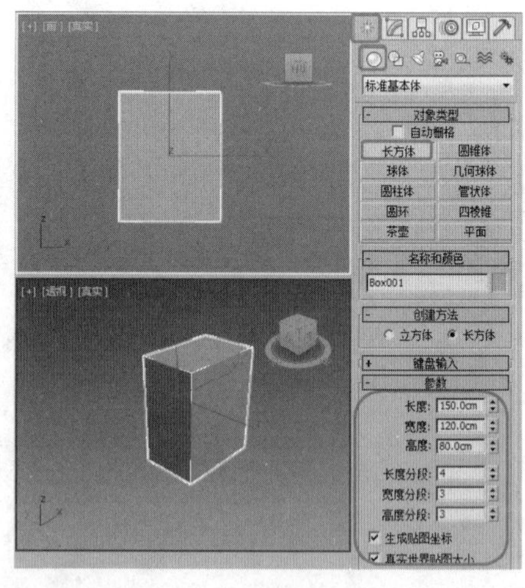

图 2.2

提示

配合 Ctrl 键可以建立正方形底面的立方体。在【创建方法】卷展栏中单击【立方体】单选按钮，在视图中拖曳鼠标可以直接创建正方体模型。

在【参数】卷展栏中各项参数功能如下。

- 【长/宽/高】：确定三边的长度。
- 【分段数】：控制长、宽、高三边的分段划分数量。
- 【生成贴图坐标】：自动指定贴图坐标。

2.1.2 球体

球体可以生成完整的球体、半球体或球体的其他部分，还可以围绕球体的垂直轴对其进行切片，如图 2.3 所示。

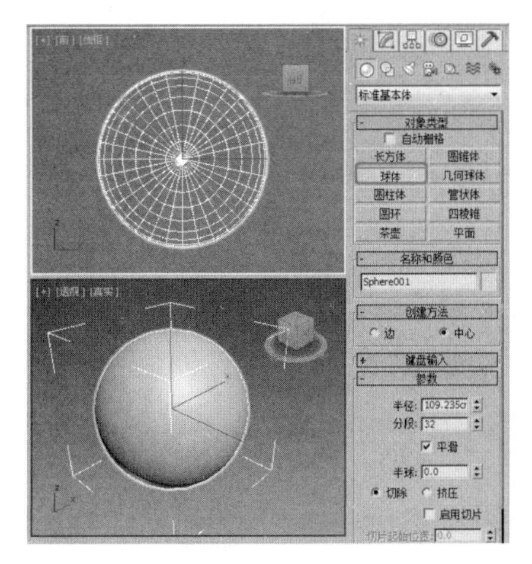

图 2.3

选择【创建】 |【几何体】 |【标准基本体】|【球体】工具，在视图中单击并拖曳鼠标，创建球体。

球体各项参数的功能说明如下：

- 【创建方法】
  - 【边】：指在视图中拖曳创建球体时，鼠标移动的距离是球的直径。
  - 【中心】：以中心放射方式拉出球体模型（默认），鼠标移动的距离是球体的半径。
- 【参数】
  - 【半径】：设置半径大小。
  - 【分段】：设置表面划分的段数，值越高，表面越光滑，造型也越复杂。
  - 【光滑】：是否对球体表面进行自动光滑处理（默认为开启）。
  - 【半球】：值由 0 到 1 可调，默认为 0，表示建立完整的球体；增加数值，球体被逐渐减去；值为 0.5 时，制作出半球体，如图 2.4 所示。值为 1 时，什么都没有了。

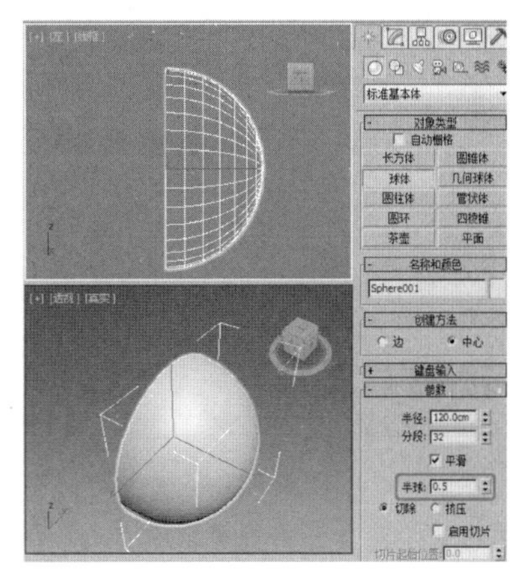

图 2.4

  - 【切除】/【挤压】：在进行半球参数调整时，这两个选项发挥作用，主要用来确定球体被削除后，原来的网格划分数也随之削除或者仍保留挤入部分球体。
  - 【轴心点在底部】：在建立球体时，默认方式球体重心设置在球体的正中央，选中此复选框会将重心设置在球体的底部；还可以在制作台球时把它们一个个准确地建立在桌面上。

2.1.3 圆柱体

选择【创建】 |【几何体】 |【标准基本体】|【圆柱体】工具来制作圆柱体，如图 2.5 所示。通过修改参数可以制作出棱柱体、局部圆柱等，如图 2.6 所示。

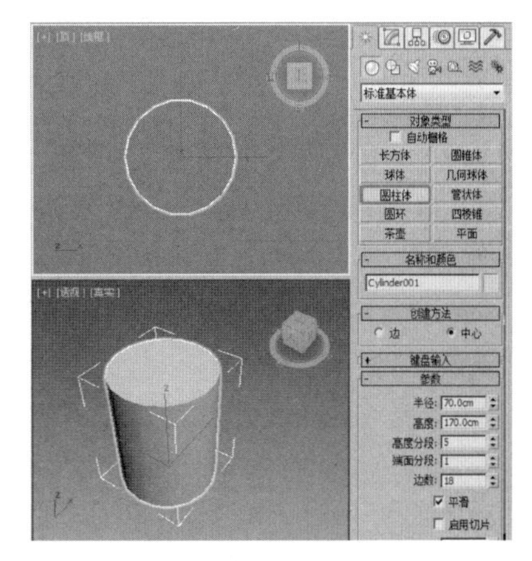

图 2.5

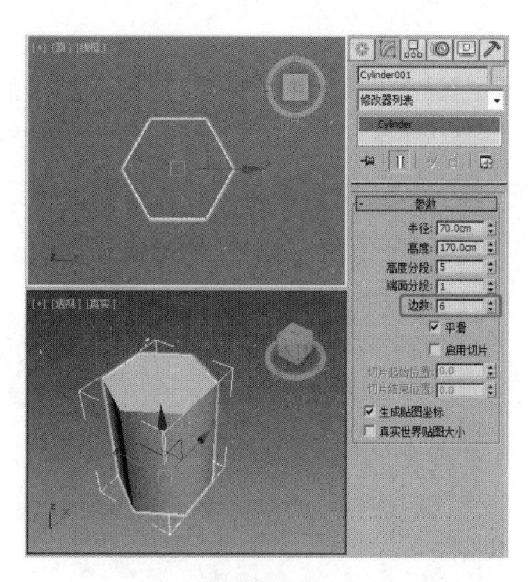

图 2.6

（1）在视图中单击并拖曳鼠标，拉出底面圆形，释放鼠标并移动确定柱体的高度。

（2）单击确定，完成柱体的制作。

（3）调节参数改变柱体类型即可。

在【参数】卷展栏中，圆柱体的各项参数功能如下。

- 【半径】：确定底面和顶面的半径。
- 【高度】：确定柱体的高度。
- 【高度分段】：确定柱体在高度上的分段数。如果要弯曲柱体，高的分段数可以产生光滑的弯曲效果。
- 【端面分段】：确定在两端面上沿半径的片段划分数。
- 【边数】：确定圆周上的片段划分数（即棱柱的边数），边数越多越光滑。
- 【光滑】：是否在建立柱体的同时进行表面自动光滑，对圆柱体而言应将它打开，对于棱柱体要将它关闭。
- 【启用切片】：设置是否开启切片设置，打开它，可以在下面的设置中调节柱体局部切片的大小。
- 【切片起始位置 / 切片结束位置】：控制沿柱体自身 Z 轴切片的度数。
- 【生成贴图坐标】：生成将贴图材质用于圆柱体的坐标。默认设置为启用。
- 【真实世界贴图大小】：控制应用于该对象的纹理贴图材质所使用的缩放方法。缩放值由位于应用材质的【坐标】卷展栏中的【真实世界贴图大小】属性控制。默认设置为禁用。

2.1.4 圆环

【圆环】工具可以用来制作立体的圆环圈，截面为正多边形，通过对正多边形边数、光滑度以及旋转等控制来产生不同的圆环效果，调整切片参数可以制作局部的一段圆环，如图 2.7 所示。

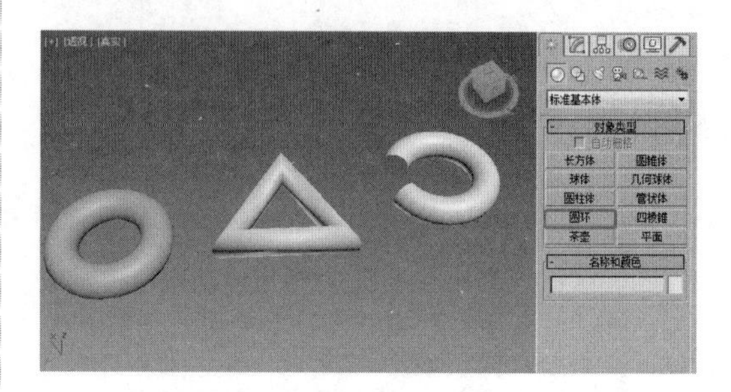

图 2.7

（1）选择【创建】 | 【几何体】 | 【标准基本体】 | 【圆环】工具，在视图中单击并拖曳鼠标，创建一级圆环。

（2）释放并移动鼠标，创建二级圆环，单击，完成圆环的创作，如图 2.8 所示。

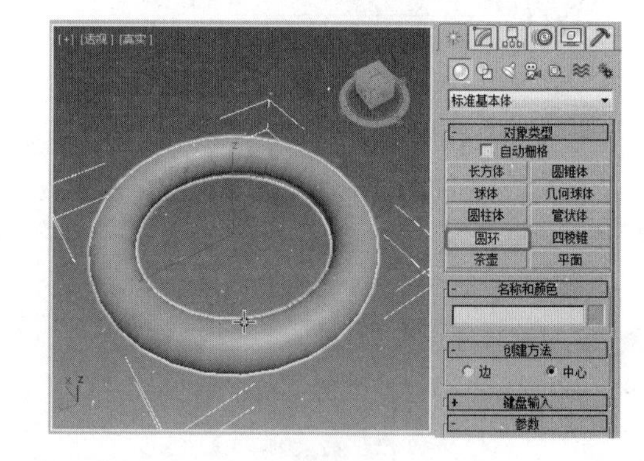

图 2.8

圆环的【参数】卷展栏如图 2.9 所示。其各项参数功能说明如下。

- 【半径 1】：设置圆环中心与截面正多边形的中心距离。
- 【半径 2】：设置截面正多边形的内径。
- 【旋转】：设置每一片段截面沿圆环轴旋转的角度，如果进行扭曲设置或以不光滑表面着色，可以看到它的效果。
- 【扭曲】：设置每个截面扭曲的度数，产生扭曲的表面。

- 【分段】：确定圆周上片段划分的数目，值越大，得到的圆形越光滑，较少的值可以制作几何棱环，例如台球桌上的三角框。
- 【边数】：设置圆环截面的光滑度，边数越大越光滑。
- 【平滑】：设置光滑属性。
  - 【全部】：对整个表面进行光滑处理。
  - 【侧面】：光滑相邻面的边界。
  - 【无】：不进行光滑处理。
  - 【分段】：光滑每个独立的片段。
- 【启用切片】：是否进行切片设置，打开它可以进行下面设置，制作局部的圆环。
- 【切片起始位置 / 切片结束位置】：分别设置切片两端切除的幅度。
- 【生成贴图坐标】：自动指定贴图坐标。
- 【真实世界贴图大小】：选中此复选框，贴图大小将由绝对尺寸决定，与对象的相对尺寸无关；若不选中，则贴图大小符合创建对象的尺寸。

图 2.9

2.1.5 茶壶

【茶壶】因为复杂弯曲的表面特别适合材质的测试以及渲染效果的评价，可以说是计算机图形学中的经典模型。用【茶壶】工具可以建立一个标准的茶壶造型，或者是它的一部分（例如壶盖、壶嘴等），如图 2.10 所示。

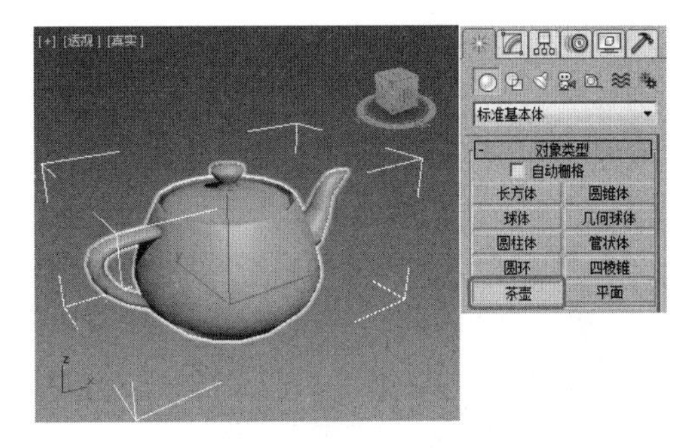

图 2.10

茶壶的【参数】卷展栏如图 2.11 所示，茶壶各项参数的功能说明如下所述：

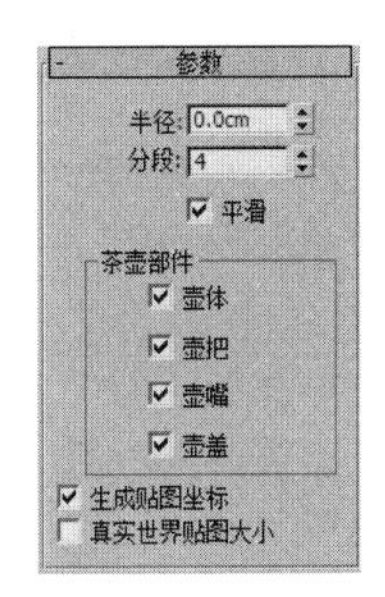

图 2.11

- 【半径】：确定茶壶的大小。
- 【分段】：确定茶壶表面的划分精度，值越高，表面越细腻。
- 【平滑】：是否自动进行表面光滑。
- 【茶壶部件】：设置茶壶各部分的取舍，分为【壶体】、【壶把】、【壶嘴】和【壶盖】四部分，选中对应的复选框则会显示相应的部件。
- 【生成贴图坐标】：生成将贴图材质应用于茶壶的坐标。默认设置为启用。
- 【真实世界贴图大小】：控制应用于该对象的纹理贴图材质所使用的缩放方法。缩放值由位于应用材质的【坐标】卷展栏中的【真实世界贴图大小】属性控制。默认设置为禁用。

2.1.6 圆锥体

【圆锥体】工具可以用来制作圆锥、圆台、棱锥和棱台，以及创建它们的局部模型（其中包括圆柱、棱柱体），但习惯用【圆锥体】工具更方便，也包括【四棱锥】体和【三棱柱】体工具，如图 2.12 所示。

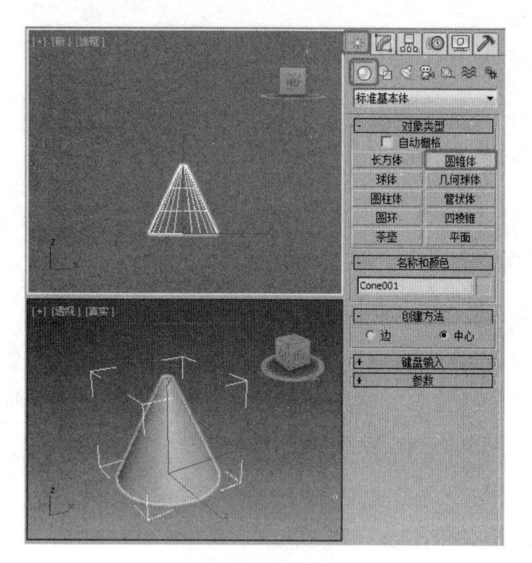

图 2.12

（1）选择【创建】 |【几何体】 |【标准基本体】|【圆锥体】工具，在顶视图中单击并拖曳鼠标，创建出圆锥体的一级半径。

（2）释放并移动鼠标，创建圆锥的高。

（3）单击并向圆锥体的内侧或外侧移动鼠标，创建圆锥体的二级半径。

（4）单击，完成圆锥体的创建，如图 2.13 所示。

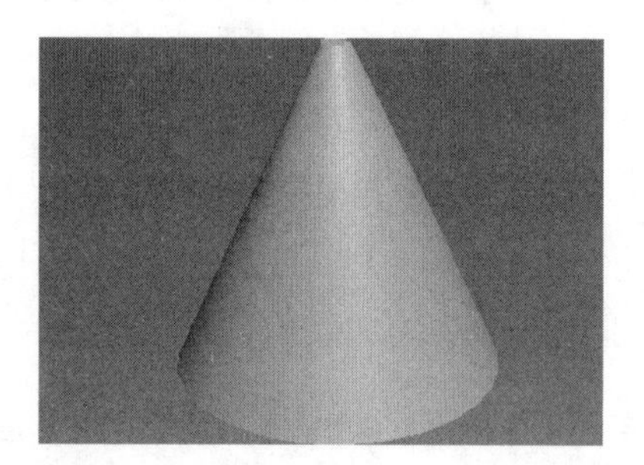

图 2.13

【圆锥体】工具各项参数的功能说明如下：

- 【半径 1/ 半径 2】：分别设置锥体两个端面（顶面和底面）的半径。如果两个值都不为 0，则产生圆台或棱台体；如果有一个值为 0，则产生锥体；如果两值相等，则产生柱体。
- 【高度】：确定锥体的高度。
- 【高度分段】：设置锥体高度上的划分段数。
- 【端面分段】：设置两端平面沿半径辐射的片段划分数。
- 【边数】：设置端面圆周上的片段划分数。值越高，锥体越光滑。对棱锥来说，边数决定它属于几棱锥，如图 2.14 所示。

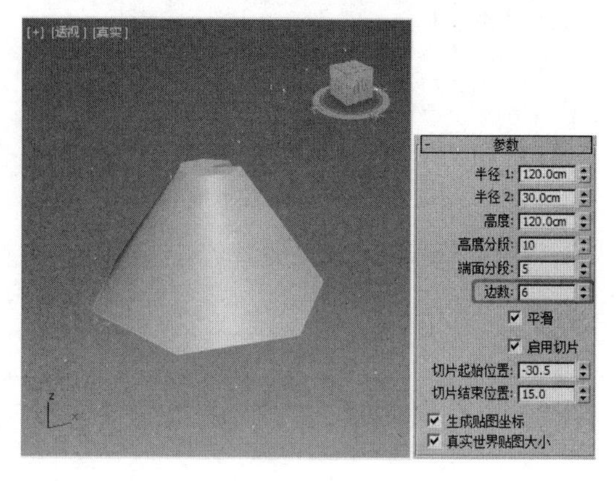

图 2.14

- 【平滑】：是否进行表面光滑处理。开启它，产生圆锥、圆台；关闭它，产生棱锥、棱台。
- 【启用切片】：是否进行局部切片处理，制作不完整的锥体。
- 【切片起始位置 / 切片结束位置】：分别设置切片局部的起始和终止幅度。对于这两个设置，正值将按逆时针移动切片的末端；负值将按顺时针移动它。这两个设置的先后顺序无关紧要。端点重合时，将重新显示整个圆锥体。
- 【生成贴图坐标】：生成将贴图材质用于圆锥体的坐标。默认设置为启用。
- 【真实世界贴图大小】：控制应用于该对象的纹理贴图材质所使用的缩放方法。缩放值由位于应用材质的【坐标】卷展栏中的【真实世界贴图大小】属性控制。默认设置为禁用。

2.1.7 几何球体

建立以三角面拼接成的球体或半球体，如图 2.15 所示。它不像球体那样可以控制切片局部的大小。几何球体的长处在于：在点面数一致的情况下，几何球体比球体更光滑；它是由三角面拼接组成的，在进行面的分离特技时（例如爆炸），可以分解成三角面或标准四面体、八面体等，无秩序且易混乱。

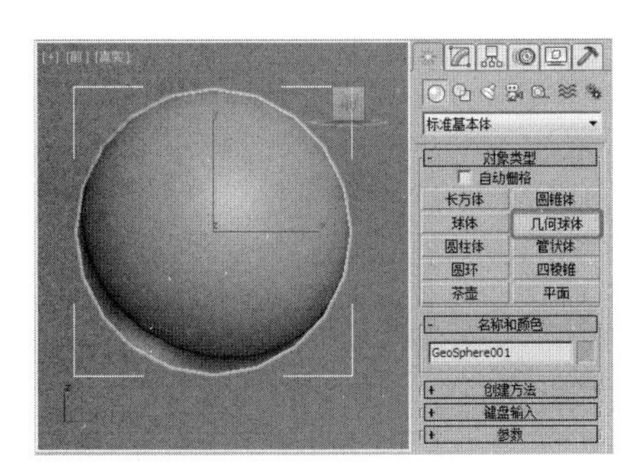

图 2.15

几何球体的【创建方法】及【参数】卷展栏如图2.16所示，其各项参数的功能设置说明如下所述：

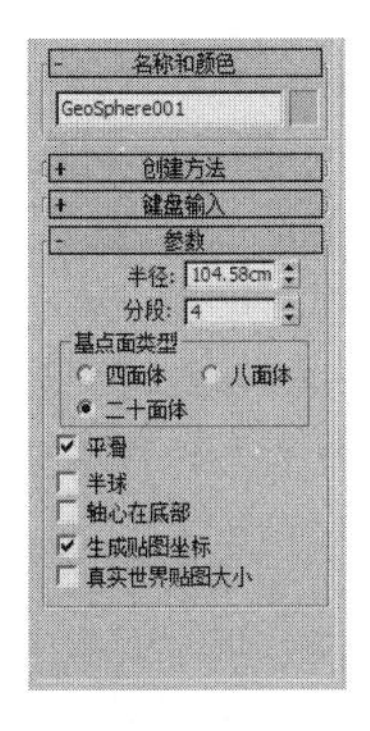

图 2.16

- 【创建方法】
  - ➢ 【直径】：指在视图中拖曳创建几何球体时，鼠标移动的距离是球的直径。
  - ➢ 【中心】：以中心放射方式拉出几何球体模型（默认），鼠标移动的距离是球体的半径。
- 【参数】
  - ➢ 【半径】：确定几何球体的半径大小。
  - ➢ 【分段】：设置球体表面的划分复杂度，值越大，三角面越多，球体也越光滑。
  - ➢ 【基点面类型】：确定由哪种规则的多面体组合成球体，包括【四面体】、【八面体】和【二十面体】，如图2.17所示。

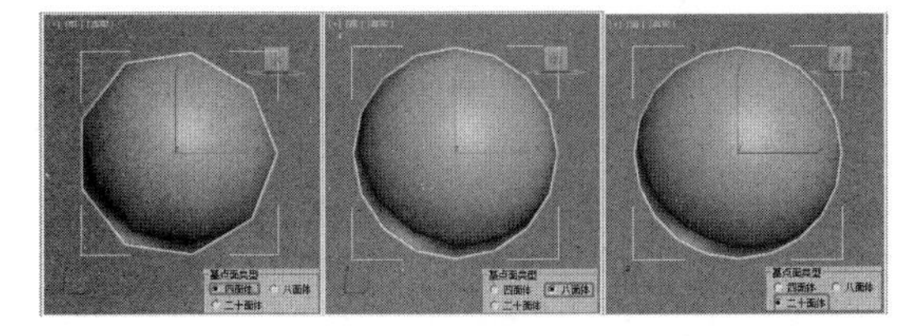

图 2.17

  - ➢ 【平滑】：是否进行表面光滑处理。
  - ➢ 【半球】：是否制作半球体。
  - ➢ 【轴心在底部】：设置轴点位置。如果启用此选项，轴将位于球体的底部。如果禁用此选项，轴将位于球体的中心。启用【半球】时，此选项无效。
  - ➢ 【生成贴图坐标】：生成将贴图材质应用于几何球体的坐标。默认设置为启用。
  - ➢ 【真实世界贴图大小】：控制应用于该对象的纹理贴图材质所使用的缩放方法。缩放值由位于应用材质的【坐标】卷展栏中的【真实世界贴图大小】属性控制。默认设置为禁用。

2.1.8 管状体

【管状体】用来建立各种空心管状物体，包括圆管、棱管以及局部圆管，如图 2.18 所示。

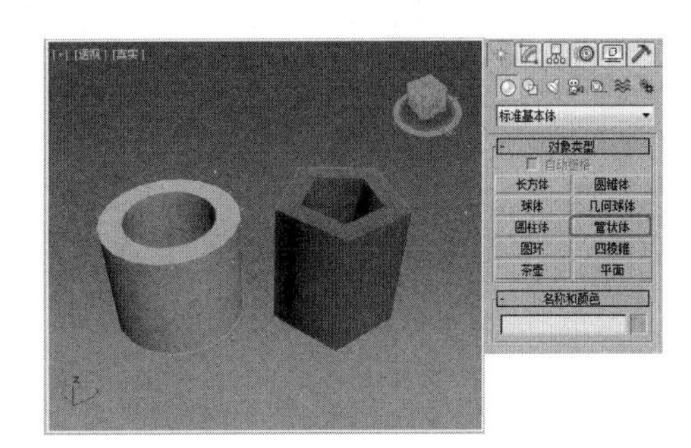

图 2.18

（1）选择【创建】 | 【几何体】 | 【标准基本体】 | 【管状体】工具，在视图中单击并拖曳鼠标，拖曳出一个圆形线圈。

（2）释放并移动鼠标，确定圆环的大小。单击并移动鼠标，确定管状体的高度。

（3）单击，完成圆管的制作。

管状体的【参数】卷展栏如图 2.19 所示，其各项参数说明如下。

- 【半径 1/ 半径 2】：分别确定圆管的内径和外径大小。
- 【高度】：确定圆管的高度。
- 【高度分段】：确定圆管高度上的片段划分数。
- 【端面分段】：确定上下底面沿半径轴的分段数目。

- 【边数】：设置圆周上边数的多少。值越大，圆管越光滑；对圆管来说，边数值决定它是几棱管。
- 【平滑】：对圆管的表面进行光滑处理。
- 【启用切片】：是否进行局部圆管切片。
- 【切片起始位置 / 切片结束位置】：分别限制切片局部的幅度。
- 【生成贴图坐标】：生成将贴图材质应用于管状体的坐标。默认设置为启用。
- 【真实世界贴图大小】：控制应用于该对象的纹理贴图材质所使用的缩放方法。缩放值由位于应用材质的【坐标】卷展栏中的【真实世界贴图大小】属性控制。默认设置为禁用状态。

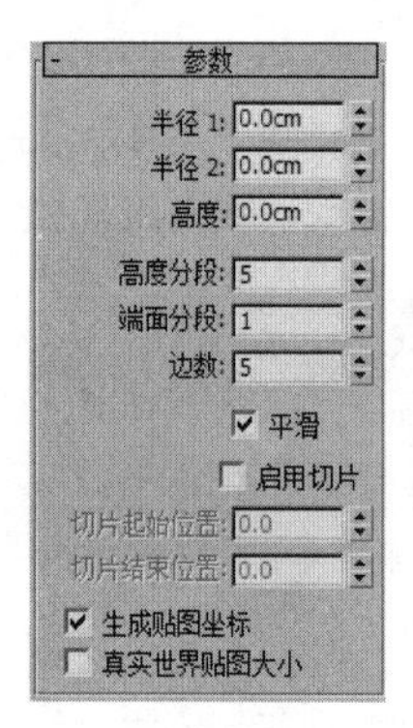

图 2.19

2.1.9 四棱锥

【四棱锥】工具可以用于创建类似于金字塔形状的四棱锥模型，如图 2.20 所示。

图 2.20

【四棱锥】的【参数】卷展栏如图 2.21 所示，其各项参数功能说明如下。

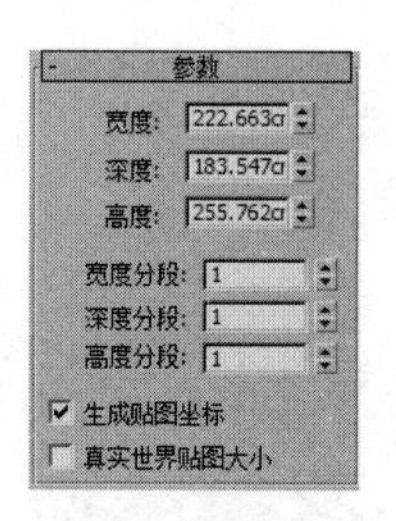

图 2.21

- 【宽度 / 深度 / 高度】：分别确定底面矩形的长、宽以及锥体的高。
- 【宽度分段 / 深度分段 / 高度分段】：确定三个轴向片段的划分数。
- 【生成贴图坐标】：生成将贴图材质用于四棱锥的坐标。默认设置为启用。
- 【真实世界贴图大小】：控制应用于该对象的纹理贴图材质所使用的缩放方法。缩放值由位于应用材质的【坐标】卷展栏中的【真实世界贴图大小】属性控制。默认设置为禁用。

提示

在制作底面矩形时，配合 Ctrl 键可以建立底面为正方形的四棱锥。

2.1.10 平面

【平面】工具用于创建平面，然后再通过编辑修改器进行设置制作出其他的效果，例如制作崎岖的地形，如图 2.22 所示。与使用【长方体】命令创建平面物体相比较，【平面】命令更显得非常特殊与实用。首先是使用【平面】命令制作的对象没有厚度；其次可以使用参数来控制平面在渲染时的大小，如果将【参数】卷展栏中【渲染倍增】选项组中的【缩放】设置为 2，那么在渲染中【平面】的长宽分别被放大两倍输出。

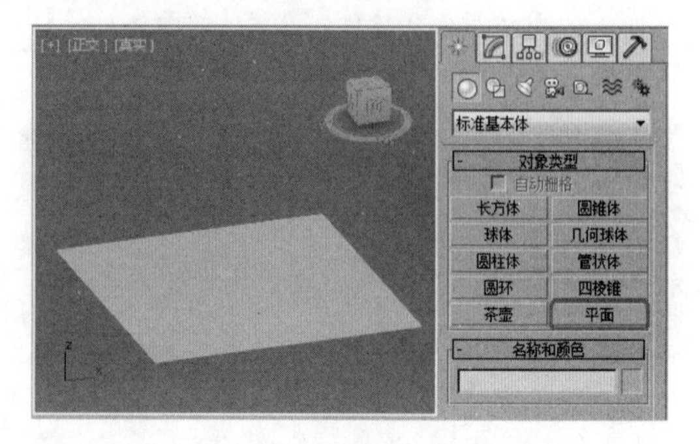

图 2.22

【平面】工具的【参数】卷展栏如图 2.23 所示，【平面】工具各参数的功能说明如下：

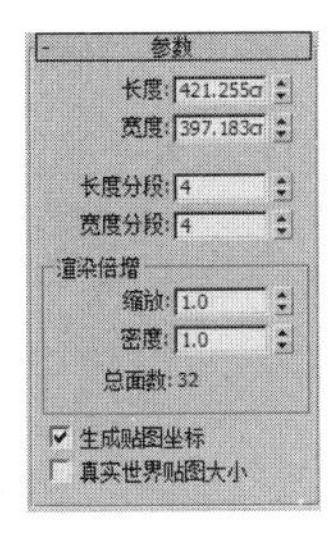

图 2.23

- 【创建方法】
  - ➢ 【矩形】：以边界方式创建长方形平面对象。
  - ➢ 【正方形】：以中心放射方式拉出正方形的平面对象。
- 【参数】
  - ➢ 【长度 / 宽度】：确定长和宽两个边缘的长度。
  - ➢ 【长度分段 / 宽度分段】：控制长和宽两条边上的片段划分数。
  - ➢ 【渲染倍增】：设置渲染效果缩放值。
    - ◆ 【缩放】：确定当前平面在渲染过程中缩放的倍数。
    - ◆ 【密度】：设置平面对象在渲染过程中的精细程度的倍数，值越大，平面越精细。
  - ➢ 【生成贴图坐标】：生成将贴图材质用于平面的坐标。默认设置为启用。
  - ➢ 【真实世界贴图大小】：控制应用于该对象的纹理贴图材质所使用的缩放方法。默认设置为禁用状态。

2.2 扩展基本体

扩展基本体包括切角长方体、切角圆柱体、胶囊体等形体，它们大都比标准基本体复杂，边缘圆润，参数也比较多。

2.2.1 切角长方体

现实生活中，物体的边缘普遍是圆滑的，即有倒角和圆角，于是 3ds Max 2016 提供了切角长方体，模型效果如图 2.24 所示。参数与长方体类似，如图 2.25 所示。其中的【圆角】控制倒角大小，【圆角分段】控制倒角段数。

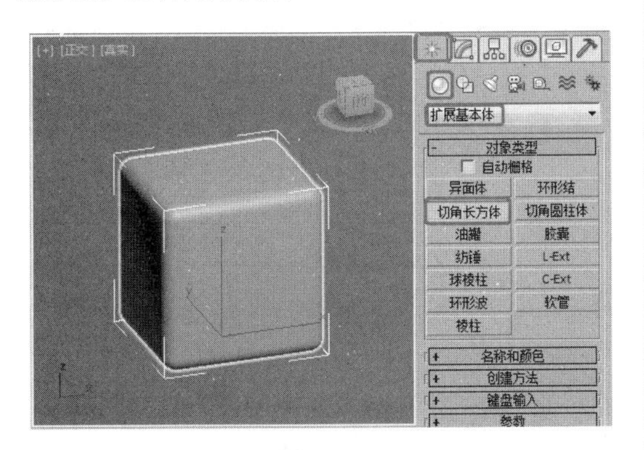

图 2.24

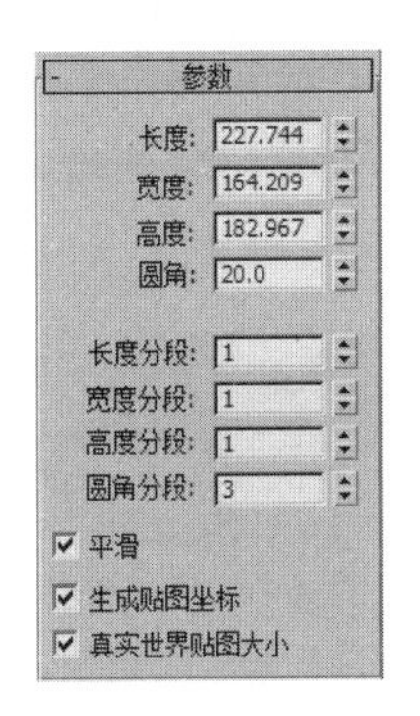

图 2.25

其各项参数的功能说明如下：

- 【长度 / 宽度 / 高度】：分别用于设置长方体的长、宽、高。
- 【圆角】：设置圆角大小。
- 【长度分段 / 宽度分段 / 高度分段】：设置切角长方体三条边上片段的划分数。
- 【圆角分段】：设置倒角的片段划分数。值越大，切角长方体的角就越圆滑。

- 【平滑】：设置是否对表面进行平滑处理。
- 【生成贴图坐标】：生成将贴图材质应用于切角长方体的坐标。默认设置为启用。
- 【真实世界贴图大小】：控制应用于该对象的纹理贴图材质所使用的缩放方法。默认设置为禁用。

提示

如果想使倒角长方体其倒角部分变得光滑，可以选中其下方的【平滑】复选框。

2.2.2 切角圆柱体

【切角圆柱体】效果如图 2.26 所示，与圆柱体相似，它也有切片等参数，同时还多出了控制倒角的【圆角】和【圆角分段】参数，【参数】卷展栏如图 2.27 所示。

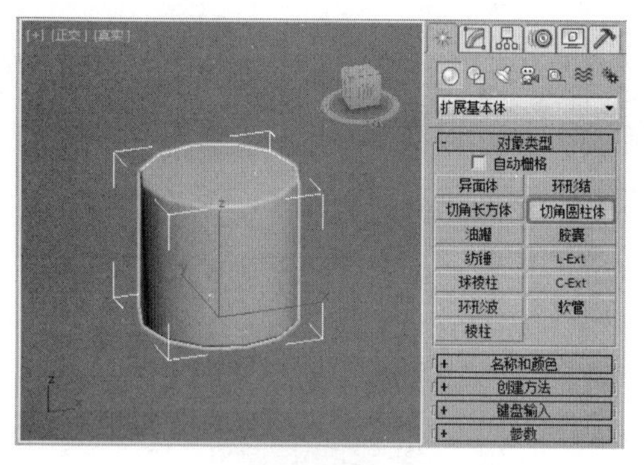

图 2.26

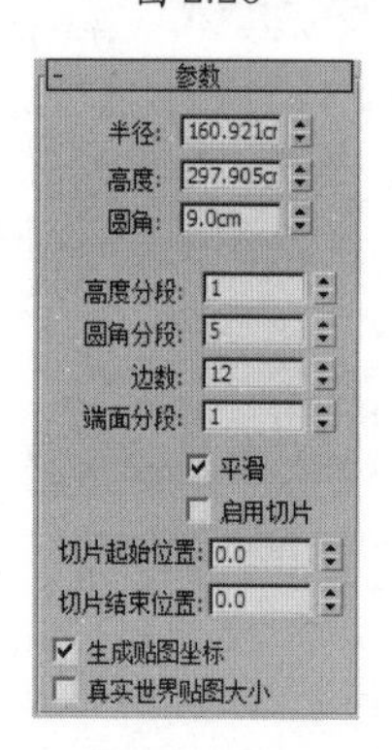

图 2.27

其各项参数的功能说明如下：

- 【半径】：设置切角圆柱体的半径。
- 【高度】：设置切角圆柱体的高度。
- 【圆角】：设置圆角大小。
- 【高度分段】：设置柱体高度上的分段数。
- 【圆角分段】：设置圆角的分段数，值越大，圆角越光滑。
- 【边数】：设置切角圆柱体圆周上的分段数。分段数越大，柱体越光滑。
- 【端面分段】：设置以切角圆柱体顶面和底面的中心为同心，进行分段的数量。
- 【平滑】：设置是否对表面进行平滑处理。
- 【启用切片】：选中该复选框后，切片起始位置、切片结束位置两个参数选项才会体现效果。
- 【切片起始位置 / 切片结束位置】：分别用于设置切片的开始位置与结束位置。对于这两个设置，正值将按逆时针移动切片的末端；负值将按顺时针移动它。这两个设置的先后顺序无关紧要。端点重合时，将重新显示整个切角圆柱体。
- 【生成贴图坐标】：生成将贴图材质应用于切角圆柱体的坐标。默认设置为启用。
- 【真实世界贴图大小】：控制应用于该对象的纹理贴图材质所使用的缩放方法。默认设置为禁用状态。

2.2.3 胶囊

【胶囊】顾名思义它的形状就像胶囊，如图 2.28 所示，我们其实可以将胶囊看作由两个半球体与一段圆柱组成的，其中，【半径】值用来控制半球体的大小，而【高度】值则用来控制中间圆柱段的长度，参数如图 2.29 所示。

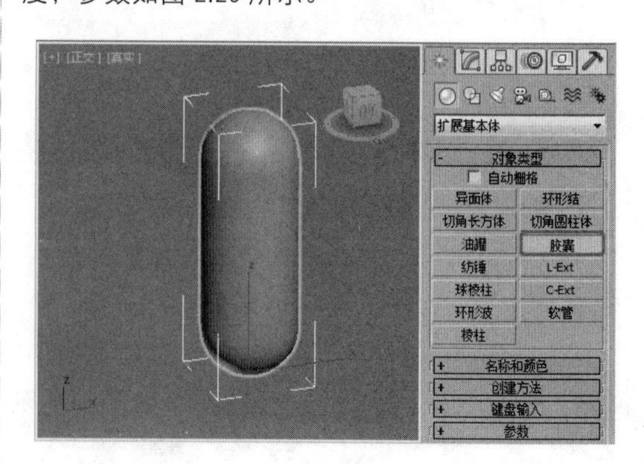

图 2.28

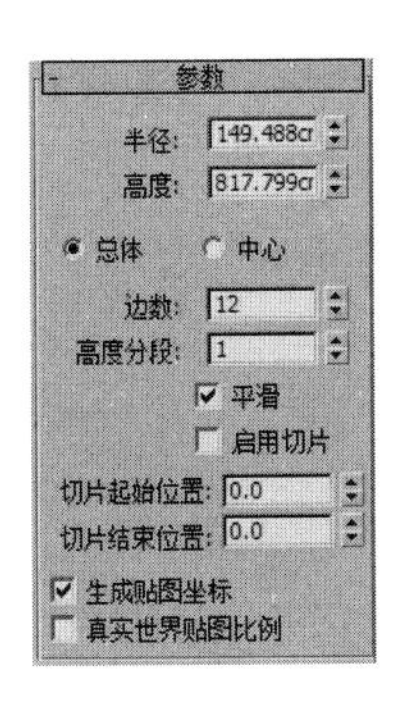

图 2.29

其各项参数的功能说明如下：

- 【半径】：设置胶囊的半径。
- 【高度】：设置胶囊的高度。负值将在构造平面下创建胶囊。
- 【总体 / 中心】：决定【高度】参数指定的内容。【总体】指胶囊整体的高度；【中心】指胶囊圆柱部分的高度，不包括其两端的半球。
- 【边数】：设置胶囊圆周上的分段数。值越大，表面越光滑。
- 【高度分段】：设置胶囊沿主轴的分段数。
- 【平滑】：混合胶囊的面，从而在渲染视图中创建平滑的外观。
- 【启用切片】：启用切片功能。默认设置为禁用。创建切片后，如果禁用【启用切片】选项，则将重新显示完整的胶囊。可以使用此复选框在两个拓扑之间切换。
- 【切片起始位置 / 切片结束位置】：设置从局部 X 轴的零点开始围绕局部 Z 轴的度数。对于这两个设置，正值将按逆时针移动切片的末端；负值将按顺时针移动它。这两个设置的先后顺序无关紧要。端点重合时，将重新显示整个胶囊。
- 【生成贴图坐标】：生成将贴图材质应用于胶囊的坐标。默认设置为启用。
- 【真实世界贴图大小】：控制应用于该对象的纹理贴图材质所使用的缩放方法。

2.2.4　棱柱

【棱柱】用来创建三棱柱，效果如图 2.30 所示，参数如图 2.31 所示。

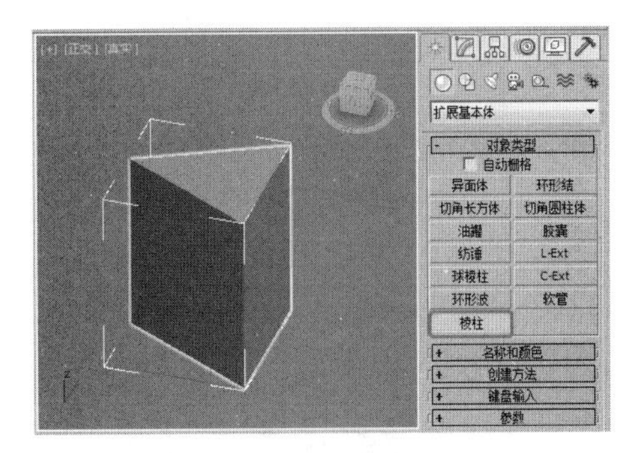

图 2.30

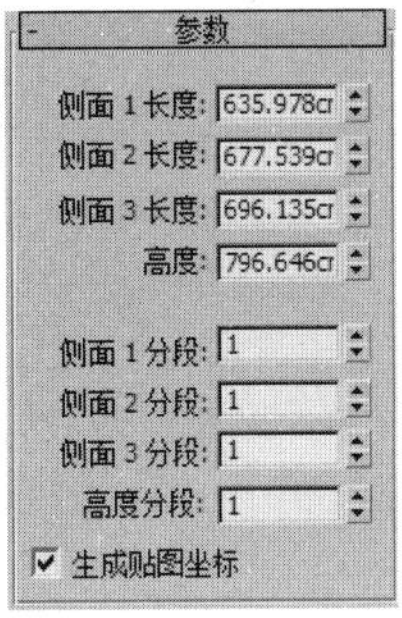

图 2.31

其各项参数的功能说明如下：

- 【侧面 1 长度 / 侧面 2 长度 / 侧面 3 长度】：分别设置底面三角形三条边的长度。
- 【高度】：设置棱柱的高度。
- 【侧面 1 分段 / 侧面 2 分段 / 侧面 3 分段】：分别设置三角形对应面的长度，以及三角形的角度。
- 【生成贴图坐标】：自动产生贴图坐标。

2.2.5　软管

软管是一种比较特殊的形体，可以用来做诸如洗衣机的排水管等物品，效果如图 2.32 所示，其主要参数如图 2.33 所示。

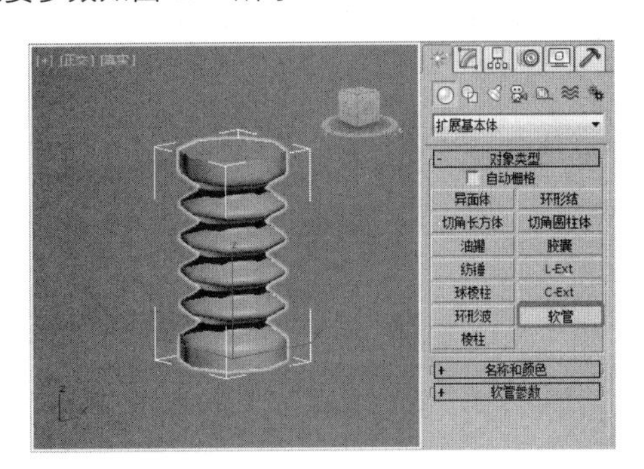

图 2.32

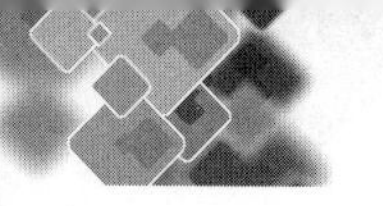

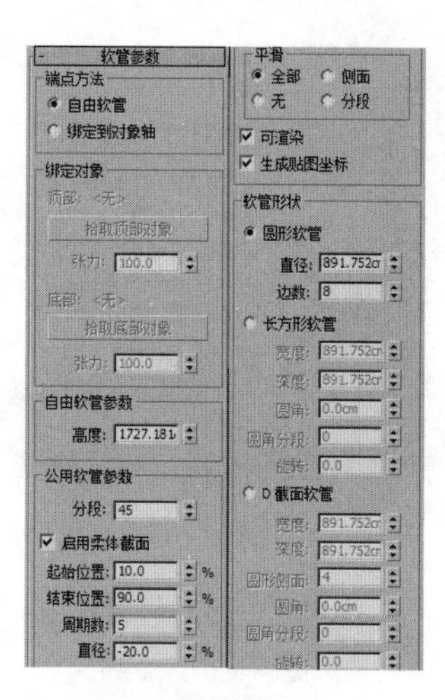

图 2.33

其各项参数的功能说明如下：

- 【端点方法】
  - 【自由软管】：选择此选项则只是将软管作为一个单独的对象，不与其他对象绑定。
  - 【绑定到对象轴】：选择此选项可激活【绑定对象】的使用。
- 【绑定对象】：

在【端点方法】区域下选择【绑定到对象轴】可激活该命令，使用该命令可将软管绑定到物体上，并设置对象物体之间的张力。两个绑定对象之间的位置可彼此相关。软管的每个端点由总直径的中心定义。进行绑定时，端点位于绑定对象的轴点。可在【层次面板】中使用【仅影响效果】，可通过转换绑定对象来调整绑定对象与软管的相对位置。

  - 【顶部】：显示【顶部】绑定对象的名称。
  - 【拾取顶部对象】：单击该按钮，然后选择【顶部】对象。
  - 【张力】：设置当软管靠近底部对象时顶部对象附近的软管曲线的张力。减小张力，则底部对象附近将产生弯曲；增大张力，则远离顶部对象的地方将产生弯曲。默认值为 100。
  - 【底部】：显示【底】绑定对象的名称。
  - 【拾取底部对象】：单击该按钮，然后选择【底】对象。
  - 【张力】：确定当软管靠近顶部对象时底部对象附近的软管曲线的张力。减小张力，则底部对象附近将产生弯曲；增大张力，则远离底部对象的地方将产生弯曲。默认值为 100。
- 【自由软管参数】
  - 【高度】：设置自由软管的高度。只有当【自由软管】启用时才起作用。
- 【公用软管参数】
  - 【分段】：设置软管长度上的段数。值越高，软管变曲时越平滑。
  - 【启用柔体截面】：设置软管中间伸缩剖面部分以下的四项参数。关闭此选项后，软管上下保持直径统一。
  - 【起始位置】：设置伸缩剖面起始位置与软管顶端的距离。用软管长度的百分比表示。
  - 【结束位置】：设置伸缩剖面结束位置与软管末端的距离。用软管长度的百分比表示。
  - 【周期数】：设置伸缩剖面的褶皱数量。
  - 【直径】：设置伸缩剖面的直径。取负值时小于软管直径，取正值时大于软管直径，默认值为-20%，范围为-50%～-500%。
  - 【平滑】：设置是否进行表面平滑处理。
    - 【全部】：对整个软管进行平滑处理。
    - 【侧面】：沿软管的轴向，而不是周向进行平滑。
    - 【无】：不应用平滑处理。
    - 【分段】：仅对软管的内截面进行平滑处理。
  - 【可渲染】：设置是否可以对软管进行渲染。
  - 【生成贴图坐标】：设置是否自动产生贴图坐标。
- 【软管形状】
  - 【圆形软管】：设置截面为圆形。
    - 【直径】：设置软管截面的直径。
    - 【边数】：设置软管边数。
  - 【长方形软管】：设置截面为长方形的

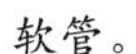

软管。

- ◆【宽度】：设置软管的宽度。
- ◆【深度】：设置软管的高度。
- ◆ 圆角】：设置圆角大小。
- ◆【圆角分段】：设置圆角的片段数。
- ◆【旋转】：设置软管沿轴旋转的角度。

➢【D 截面软管】：设置截面为 D 的形状。

- ◆【宽度】： 设置软管的宽度。
- ◆【深度】：设置软管的高度。
- ◆【圆角侧面】：设置圆周边上的分段。
- ◆【圆角】：设置圆角大小。
- ◆【圆角分段】：设置圆角的片段数。
- ◆【旋转】：设置软管沿轴旋转的角度。

2.2.6 异面体

【异面体】是用基础数学原则定义的扩展几何体，利用它可以创建四面体、八面体、十二面体，以及两种星体，如图 2.34 所示。

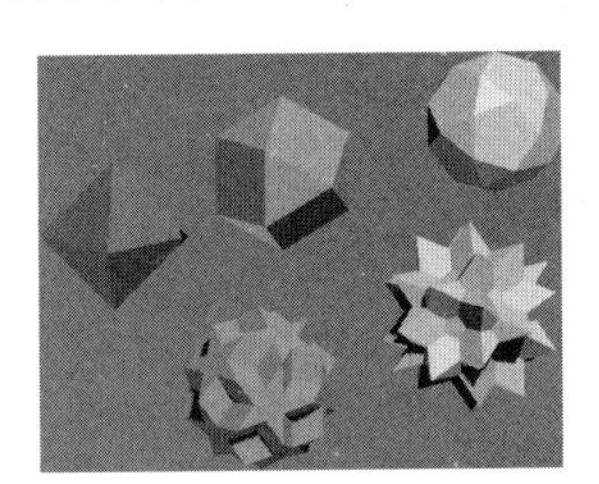

图 2.34

各项参数功能如下：

- 【系列】：提供了【四面体】、【立方体/八面体】、【十二面体/二十面体】、【星形 1】、【星形 2】5 种异面体的表面形状。
- 【系列参数】：P、Q 是可控制异面体的点与面进行相互转换的两个关联参数，它们的设置范围为 0.0 ～ 1.0。当 P、Q 值都为 0 时处于中点；当其中一个值为 1.0 时，那么另一个值为 0.0，它们分别代表所有的顶点和所有的面。
- 【轴向比率】：异面体是由三角形、矩形和五边形这 3 种不同类型的面拼接而成的。在这里的 P、Q、R 三个参数是用来分别调整它们各自比例的。单击【重置】按钮将 P、Q、R 值恢复到默认设置。
- 【顶点】：用于确定异面体内部顶点的创建方法，可决定异面体的内部结构。
  - ➢【基点】：超过最小值的面不再进行细分。
  - ➢【中心】：在面的中心位置添加一个顶点，按中心点到面的各个顶点所形成的边进行细划分。
  - ➢【中心和边】：在面的中心位置添加一个顶点，按中心点到面的各个顶点和边中心所形成的边进行细分。用此方法要比使用【中心】方式多产生一倍的面。
- 【半径】：通过设置半径来调整异面体的大小。
- 【生成贴图坐标】：设置是否自动产生贴图坐标。

2.2.7 环形结

【环形结】与【异面体】有点相似，在【半径】和【分段】参数下面是 P 值和 Q 值，这些值可以用来设置变形的环形结。P 值是计算环形结绕垂直弯曲的数学系数，最大值为 25，此时的环形结类似于紧绕的线轴；Q 值是计算环形结绕水平轴弯曲的数学系数，最大值也是 32。如果两个数值相同，环形结将变为一个简单的圆环，如图 2.35 所示。

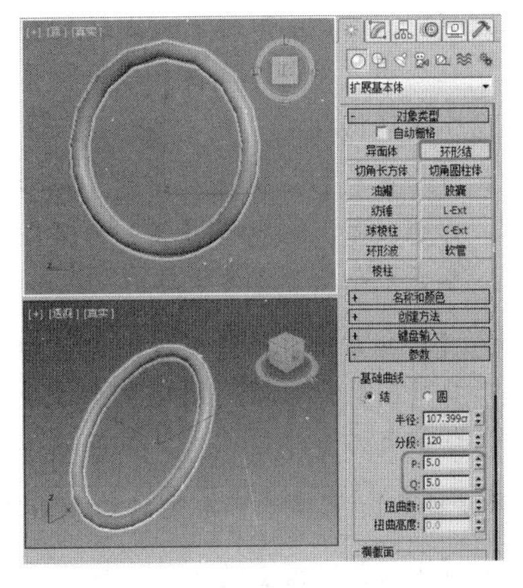

图 2.35

其各项参数功能说明如下：

- 【基础曲线】：在【基础曲线】组中提供了影响基础曲线的参数。
  - ➢【结】：选择该选项，环形结将基于其他各种参数自身交织，如图 2.36 所示为不同结曲线的环形结。

图 2.36

➢ 【圆】：选择该选项，基础曲线是圆形，如果使用默认的【偏心率】和【扭曲】参数，则创建出环形物体，如图 2.37 所示为不同圆曲线的圆环形结。

图 2.37

➢ 【半径】：设置曲线的半径。

➢ 【分段】：设置曲线路径上的分段数，最小值为 2。

➢ 【P/Q】：用于设置曲线的缠绕参数。在选择【结】方式后，该项参数才会处于有效状态。

➢ 【扭曲数】：设置在曲线上的点数，即弯曲数量。在选择【圆】方式后，该项参数才会处于有效状态。

➢ 【扭曲高度】：设置弯曲的高度。在选择【圆】方式后，该项参数才会处于有效状态。

- 【横截面】：设置影响环形结横截面的参数。

  ➢ 【半径】：设置横截面的半径。

  ➢ 【边数】：设置横截面的边数，变数越大越圆滑。

  ➢ 【偏心率】：设置横截面主轴与副轴的比率。值为 1 时将提供圆形横截面，其他值将创建椭圆形横截面。

  ➢ 【扭曲】：设置横截面围绕基础曲线扭曲的次数。

  ➢ 【块】：设置环形结中块的数量，只有当块高度大于 0 时才能看到块的效果。

  ➢ 【块高度】：设置块的高度。

  ➢ 【块偏移】：设置块沿路经移动。

- 【平滑】：提供用于改变环形结平滑显示或渲染的选项。这种平滑不能移动或细分几何体，只能添加平滑组信息。

  ➢ 【全部】：对整个环形结进行平滑处理。

  ➢ 【侧面】：只对环形结沿纵向路径方向的面进行平滑处理。

  ➢ 【无】：不对环形结进行平滑处理。

- 【贴图坐标】：提供指定和调整贴图坐标的方法。

  ➢ 【生成贴图坐标】：基于环形结的几何体指定贴图坐标。默认设置为开启。

  ➢ 【偏移 U/V】：沿 U 向和 V 向偏移贴图坐标。

  ➢ 【平铺 U/V】： 沿 U 向和 V 向平铺贴图坐标。

2.2.8 环形波

使用【环形波】创建的对象可以设置环形波对象的增长动画，也可以使用关键帧来设置所有数值设置动画。环形波如图 2.38 所示。

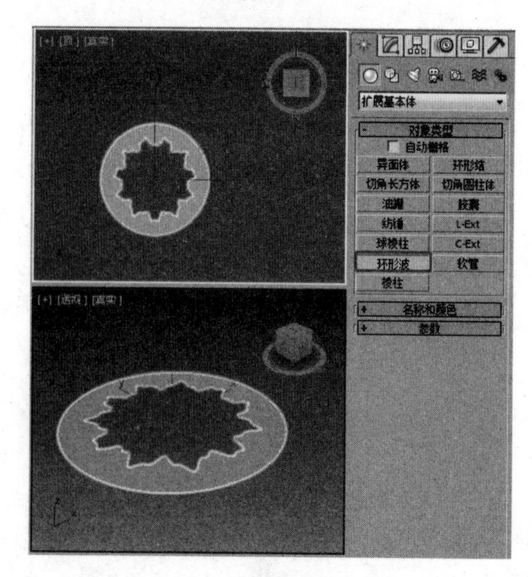

图 2.38

（1）选择【创建】 |【几何体】 |【扩展基本体】|【环形波】工具，在视图中拖曳可以设置环形波的外半径。

（2）释放鼠标，然后将鼠标移回环形中心以设置环形内半径。

（3）单击可以创建环形波对象。

环形波的参数面板如图 2.39 所示，各项参数的功能说明如下。

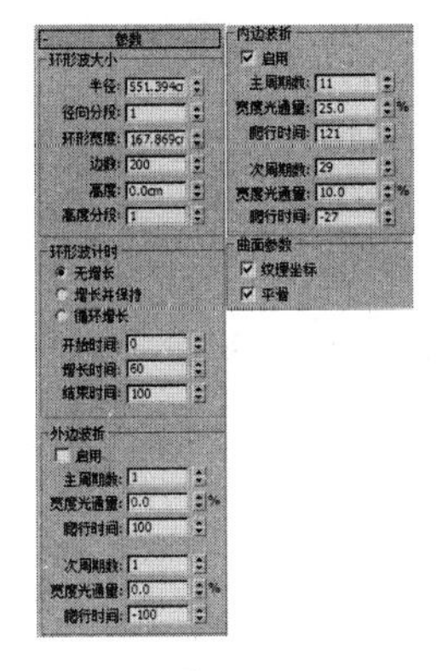

图 2.39

- 【环形波大小】组：使用这些设置来更改环形波基本参数。
  - 【半径】：设置圆环形波的外半径。
  - 【径向分段】：沿半径方向设置内外曲面之间的分段数目。
  - 【环形宽度】：设置环形宽度，从外半径向内测量。
  - 【边数】：为内、外和末端（封口）曲面沿圆周方向设置分段数目。
  - 【高度】：沿主轴设置环形波的高度。
  - 【高度分段】：沿高度方向设置分段数目。
- 【环形波计时】：在环形波从零增加到其最大尺寸时，使用这些环形波动画的设置。
  - 【无增长】：在起始位置出现，到结束位置消失。
  - 【增长并保持】：设置单个增长周期。环形波在【开始时间】开始增长，并在【开始时间】及【增长时间】处达到最大尺寸。
  - 【循环增长】：环形波从【开始时间】到【增长时间】以及【结束时间】重复增长。
  - 【开始时间】/【增长时间】/【结束时间】：分别用于设置环形波增长的开始时间、增长时间和结束时间。
- 【外边波折】：使用这些设置来更改环形波外部边的形状。
  - 【启用】：启用外部边上的波峰。仅启用此选项时，此组中的参数处于活动状态。默认设置为禁用。
  - 【主周期数】：对围绕环形波外边缘运动的外波纹数量进行设置。
  - 【宽度光通量】：设置主波的大小，以调整宽度的百分比表示。
  - 【爬行时间】：外波纹围绕环形波外边缘运动时所用的时间。
  - 【次周期数】：对外波纹之间随机尺寸的内波纹数量进行设置。
  - 【宽度光通量】：设置小波的平均大小，以调整宽度的百分比表示。
  - 【爬行时间】：对内波纹运动时所使用的时间进行设置。
- 【内边波折】组：使用这些设置来更改环形波内部边的形状。
  - 【启用】：启用内部边上的波峰。仅启用此选项时，此组中的参数处于活动状态。默认设置为启用。
  - 【主周期数】：设置围绕内边的主波数目。
  - 【宽度光通量】：设置主波的大小，以调整宽度的百分比表示。
  - 【爬行时间】：设置每一主波绕环形波内周长移动一周所需的帧数。
  - 【次周期数】：在每一主周期中设置随机尺寸次波的数目。
  - 【宽度光通量】：设置小波的平均大小，以调整宽度的百分比表示。
  - 【爬行时间】：设置每一个次波绕其主波移动一周所需的帧数。
- 【曲面参数】组
  - 【纹理坐标】：设置将贴图材质应用于对象时所需的坐标。默认设置为启用。

➢ 【平滑】：通过将所有多边形设置为【平滑组 1 】，将平滑应用到对象上。默认设置为启用。

2.2.9 创建油罐

使用【油罐】工具可以创建带有凸面封口的圆柱体，如图 2.40 所示。

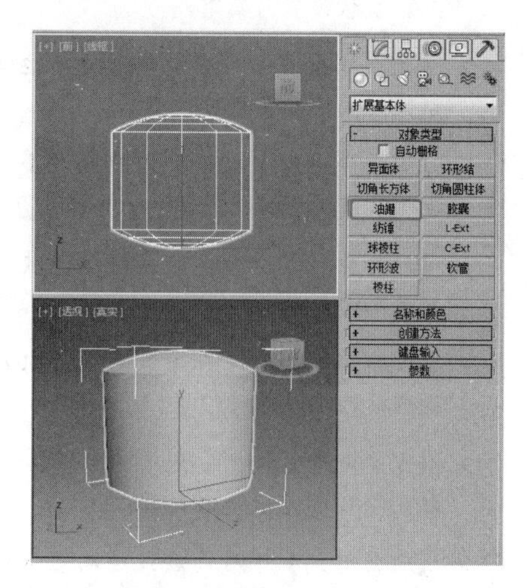

图 2.40

（1）选择【创建】 | 【几何体】 | 【扩展基本体】 | 【油罐】工具，在视图中拖曳，定义油罐底部的半径。

（2）释放鼠标，然后垂直移动鼠标以定义油罐的高度，单击以设置高度。

（3）对角移动鼠标可定义凸面封口的高度（向左上方移动可增加高度；向右下方移动可减小高度）。

（4）再次单击完成油罐的创建。

油罐的参数面板如图 2.41 所示，参数功能说明如下。

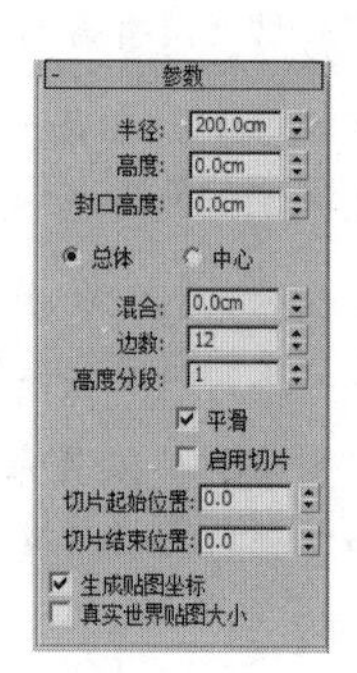

图 2.41

- 【半径】：设置油罐的半径。
- 【高度】：设置沿着中心轴的维度。负值将在构造平面下创建油罐。
- 【封口高度】：设置凸面封口的高度。
- 【总体】/【中心】：决定【高度】值指定的内容。【总体】是对象的总体高度。【中心】是圆柱体中部的高度，不包括其凸面封口。
- 【混合】：大于 0 时，将在封口的边缘创建倒角。
- 【边数】：设置油罐周围的边数。
- 【高度分段】：设置沿着油罐主轴的分段数量。
- 【平滑】：混合油罐的面，从而在渲染视图中创建平滑的外观。
- 【启用切片】：启用切片功能，默认设置为禁用状态。创建切片后，如果禁用【启用切片】，则将重新显示完整的油罐。因此，可以使用此复选框在两个拓扑之间切换。
- 【切片起始位置 / 切片结束位置】：设置从局部 X 轴的零点开始围绕局部 Z 轴的度数。对于这两个设置，正值将按逆时针移动切片的末端；负值将按顺时针移动它。这两个设置的先后顺序无关紧要。端点重合时，将重新显示整个油罐。

2.2.10 纺锤

使用【纺锤】工具可创建带有圆锥形封口的圆柱体。选择【创建】 | 【几何体】 | 【扩展基本体】 | 【纺锤】工具，在视图中创建纺锤，如图 2.42 所示。

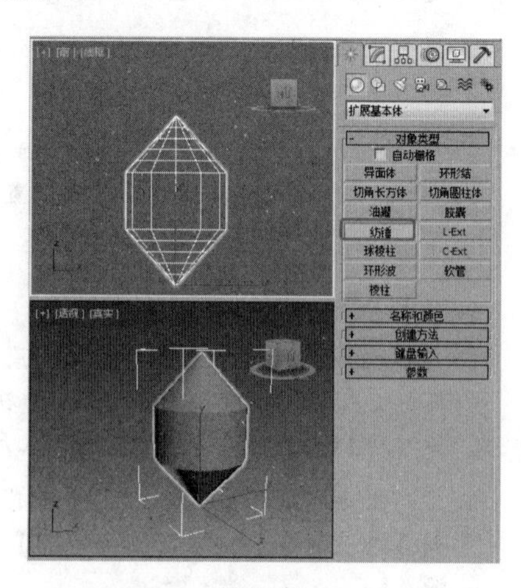

图 2.42

【纺锤】参数卷展栏如图 2.43 所示，参数功能说明如下：

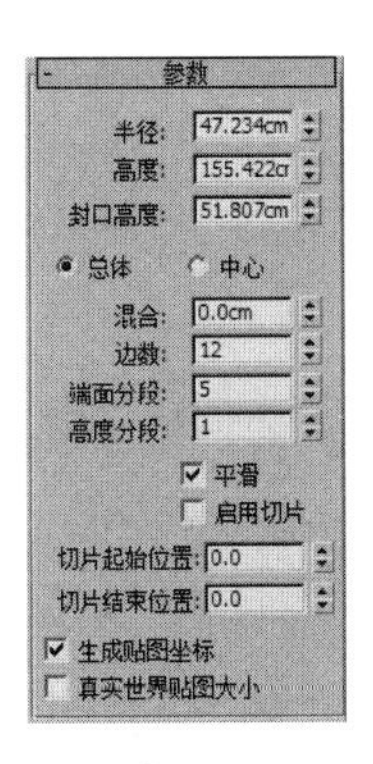

图 2.43

- 【半径】：设置纺锤的半径。
- 【高度】：设置沿着中心轴的维度。负值将在构造平面下创建纺锤。
- 【封口高度】：设置圆锥形封口的高度。最小值是 0.1；最大值是【高度】设置绝对值的一半。
- 【总体 / 中心】：决定【高度】值指定的内容。【总体】指定对象的总体高度；【中心】指定圆柱体中部的高度，不包括其圆锥形封口。
- 【混合】：大于 0 时将在纺锤主体与封口的会合处创建圆角。
- 【边数】：设置纺锤周围边数。启用【平滑】时，较大的数值将着色和渲染为真正的圆；禁用【平滑】时，较小的数值将创建规则的多边形对象。
- 【端面分段】：设置沿着纺锤顶部和底部的中心，同心分段的数量。
- 【高度分段】：设置沿着纺锤主轴的分段数量。
- 【平滑】：混合纺锤的面，从而在渲染视图中创建平滑的外观。
- 【启用切片】：启用【切片】功能。默认设置为禁用。创建切片后，如果禁用【启用切片】，则将重新显示完整的纺锤。因此，可以使用此复选框在两个拓扑之间切换。
- 【切片起始位置 / 切片结束位置】：设置从局部 X 轴的零点开始围绕局部 Z 轴的度数。对于这两个设置，正值将按逆时针移动切片的末端；负值将按顺时针移动它。这两个设置的先后顺序无关紧要。端点重合时，将重新显示整个纺锤。
- 【生成贴图坐标】：设置将贴图材质应用于纺锤时所需的坐标。默认设置为启用。
- 【真实世界贴图大小】：控制应用于该对象的纹理贴图材质所使用的缩放方法。缩放值由位于应用材质的【坐标】卷展栏中的【真实世界贴图大小】属性控制。默认设置为禁用。

2.2.11 球棱柱

使用【球棱柱】工具可以利用可选的圆角面边创建挤出的规则面多边形。

（1）选择【创建】 | 【几何体】 | 【扩展基本体】 | 【球棱柱】工具，在视图中创建球棱柱，如图 2.44 所示。

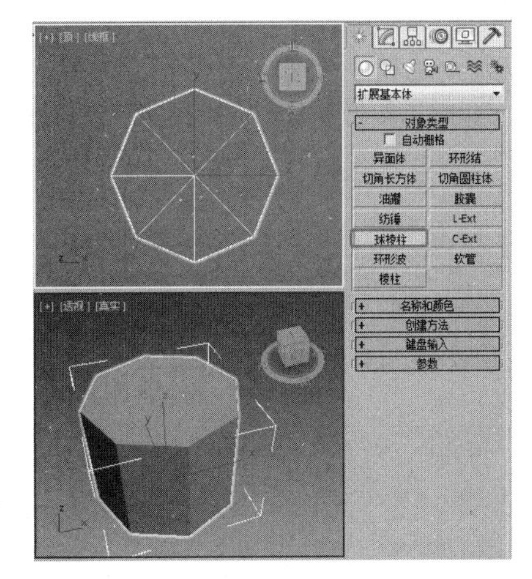

图 2.44

（2）完成创建后，切换至【修改】命令面板中，在【参数】卷展栏中将【边数】设置为 5，对各参数进行设置，如图 2.45 所示。

图 2.45

球棱柱的参数功能介绍如下。

- 【边数】：设置球棱柱周围边数。
- 【半径】：设置球棱柱的半径。
- 【圆角】：设置切角化角的宽度。
- 【高度】：设置沿着中心轴的维度。负值将在构造平面下创建球棱柱。
- 【侧面分段】：设置球棱柱周围的分段数量。
- 【高度分段】：设置沿着球棱柱主轴的分段数量。
- 【圆角分段】：设置边圆角的分段数量。提高该值将生成圆角，而不是切角。
- 【平滑】：混合球棱柱的面，从而在渲染视图中创建平滑的外观。
- 【生成贴图坐标】：为将贴图材质应用于球棱柱设置所需的坐标。默认设置为启用。
- 【真实世界贴图大小】：控制应用于该对象的纹理贴图材质所使用的缩放方法。缩放值由位于应用材质的【坐标】卷展栏中的【真实世界贴图大小】属性控制。默认设置为禁用状态。

2.2.12 L-Ext

使用【L-Ext】可创建挤出的 L 形对象，如图 2.46 所示。

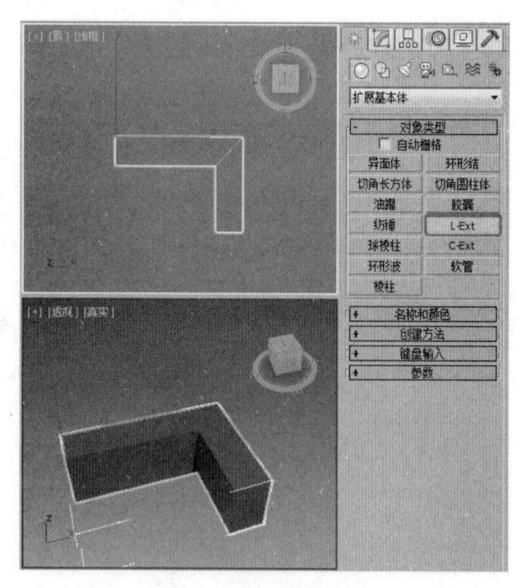

图 2.46

（1）选择【创建】｜【几何体】｜【扩展基本体】｜【L-Ext】工具，拖曳鼠标以定义底部（按 Ctrl 可将底部约束为方形）。

（2）释放鼠标并垂直移动可定义 L 形挤出的高度。

（3）单击后垂直移动鼠标可定义 L 形挤出墙体的厚度或宽度。

（4）单击以完成 L 形对象的创建。

L-Ext 的参数面板如图 2.47 所示，参数功能说明如下。

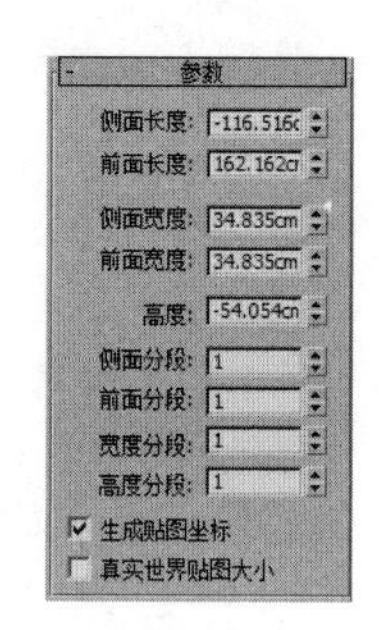

图 2.47

- 【侧面 / 前面长度】：指定 L 形侧面和前面的长度。
- 【侧面 / 前面宽度】：指定 L 形侧面和前面的宽度。
- 【高度】：指定对象的高度。
- 【侧面 / 前面分段】：指定 L 形侧面和前面的分段数。
- 【宽度 / 高度分段】：指定整个宽度和高度的分段数。

2.2.13 C-Ext

使用【C-Ext】工具可创建挤出的 C 形对象，如图 2.48 所示。

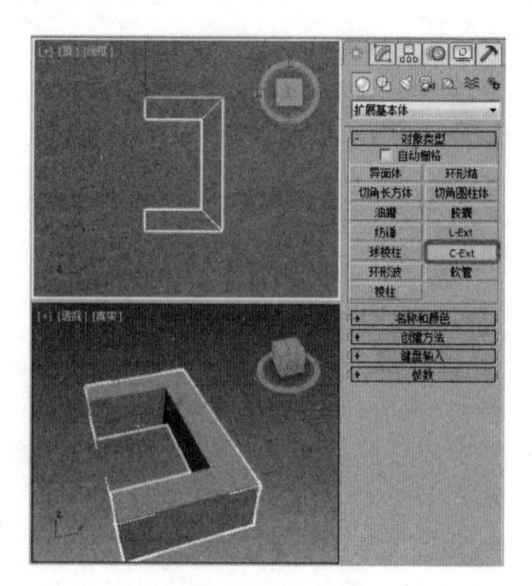

图 2.48

（1）选择【创建】 | 【几何体】 | 【扩展基本体】 | 【C-Ext】工具，拖曳鼠标以定义底部（按 Ctrl 可将底部约束为方形）。

（2）释放鼠标并垂直移动可定义 C 形挤出的高度。

（3）单击后垂直移动鼠标可定义 C 形挤出墙体的厚度或宽度。

（4）单击以完成 C 形对象的创建。

C-Ext 的参数面板如图 2.49 所示，参数功能说明如下。

- 【背面 / 侧面 / 前面长度】：分别指定三个侧面的长度。
- 【背面 / 侧面 / 前面宽度】：分别指定三个侧面的宽度。
- 【高度】：指定对象的总体高度。
- 【背面 / 侧面 / 前面分段】：指定对象特定侧面的分段数。
- 【宽度 / 高度分段】：指定对象的整个宽度和高度的分段数。

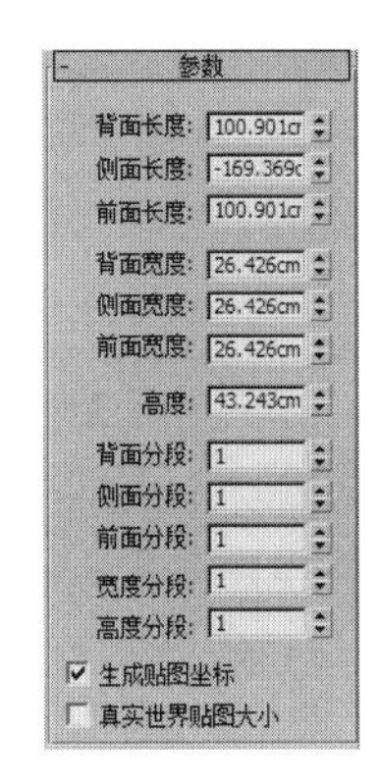

图 2.49

2.3 建筑建模的构建

在【几何体】组中单击标准基本体右侧的下三角按钮，在弹出的下拉列表中包括很多选项，其中就有楼梯、门等。

运用建筑构建建模，可以快速地创建出很多模型独特的建筑构建模型。

2.3.1 楼梯

运用建筑构建建模，可以创建【L 型楼梯】、【U 型楼梯】、【直线楼梯】、【螺旋楼梯】等模型，如图 2.50 所示。

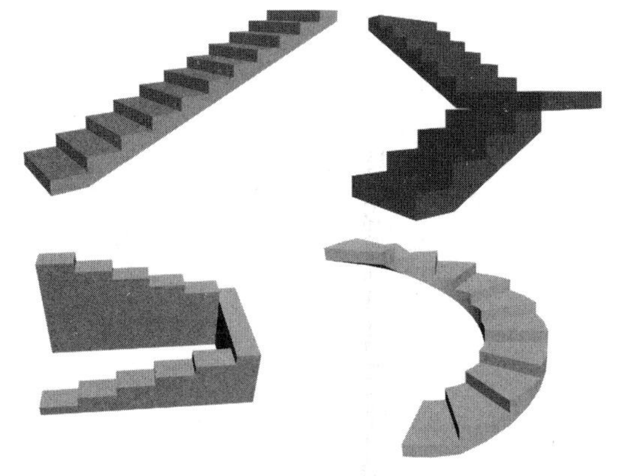

图 2.50

单击任意一个楼梯按钮，如单击 螺旋楼梯 按钮，然后在顶视图中拖曳鼠标确定楼梯的【半径】数值，再释放鼠标，将鼠标向上或向下移动以确定出楼梯的总体高度数值，单击鼠标完成创建，其参数面板如图 2.51 所示。

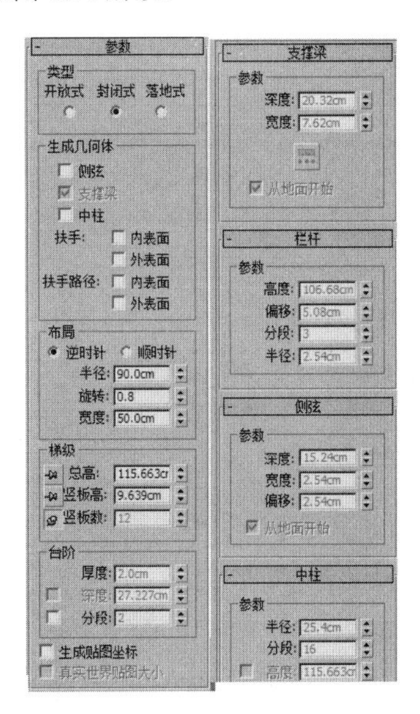

图 2.51

1．L 型楼梯

要创建L型楼梯，可以执行以下操作。

（1）在任何视图中拖曳以设置第一段的长度。释放鼠标按钮，然后移动光标并单击以设置第二段的长度、宽度和方向。

（2）将鼠标指针向上或向下移动以定义楼梯的升量，然后单击结束。

（3）使用【参数】卷展栏中的选项调整楼梯。

现实生活中的L型楼梯，如图 2.52 所示。

图 2.52

【L型楼梯】对象中各组件的参数介绍如下。

【参数】卷展栏如图 2.53 所示。

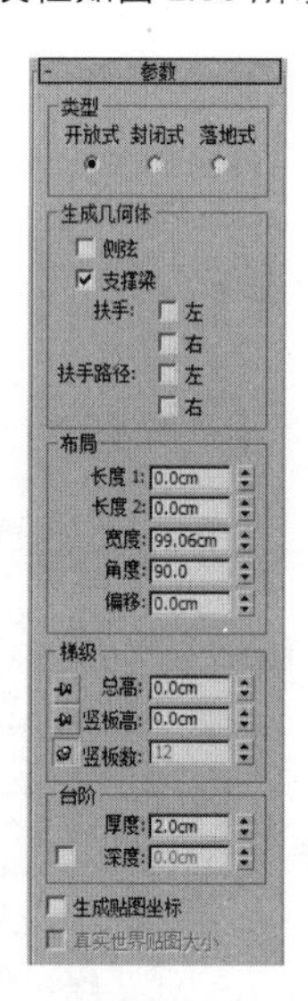

图 2.53

- 【类型】选项组
  - ➢ 【开放式】：创建一个开放式的梯级竖板楼梯。
  - ➢ 【封闭式】：创建一个封闭式的梯级竖板楼梯。
  - ➢ 【落地式】：创建一个带有封闭式梯级竖板和两侧有封闭式侧弦的楼梯。
- 【生成几何体】选项组
  - ➢ 【侧弦】：沿着楼梯的梯级的端点创建侧弦。
  - ➢ 【支撑梁】：在梯级下创建一个倾斜的切口梁，该梁支撑台阶或添加楼梯侧弦之间的支撑。
  - ➢ 【扶手】：创建左扶手和右扶手。
  - ➢ 【扶手路径】：创建楼梯上用于安装栏杆的左路径和右路径。
- 【布局】选项组
  - ➢ 【长度 1】：控制第一段楼梯的长度。
  - ➢ 【长度 2】：控制第二段楼梯的长度。
  - ➢ 【宽度】：控制楼梯的宽度，包括台阶和平台。
  - ➢ 【角度】：控制平台与第二段楼梯的角度，范围为-90°～ 90°。
  - ➢ 【偏移】：控制平台与第二段楼梯的距离，相应调整平台的长度。
- 【梯级】选项组
  - ➢ 【总高】：控制楼梯段的高度。
  - ➢ 【竖板高】：控制梯级竖板的高度。
  - ➢ 【竖板数】：控制梯级竖板数。梯级竖板总是比台阶多一个。隐式梯级竖板位于上板和楼梯顶部台阶之间。
- 【台阶】选项组
  - ➢ 【厚度】：控制台阶的厚度。
  - ➢ 【深度】：控制台阶的深度。

【侧弦】卷展栏：只有在【参数】卷展栏的【生成几何体】选项组中启用【侧弦】复选框时，这些控件才可用，如图 2.54 所示。

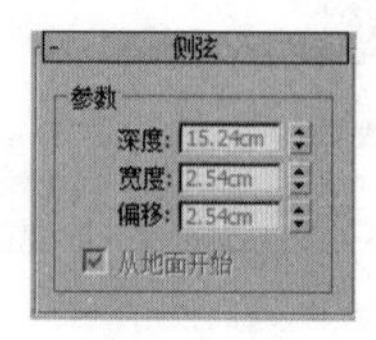

图 2.54

- 【深度】：控制侧弦离地板的深度。

- 【宽度】：控制侧弦的宽度。
- 【偏移】：控制地板与侧弦的垂直距离。

【从地面开始】：控制侧弦是从地面开始的，还是与第一个梯级竖板的开始平齐的，或是否延伸到地面以下。使用【偏移】选项可以控制侧弦延伸到地面以下的量。

【支撑梁】卷展栏：只有在【参数】卷展栏的【生成几何体】选项组中启用【支撑梁】复选框时，这些控件才可用，如图 2.55 所示。

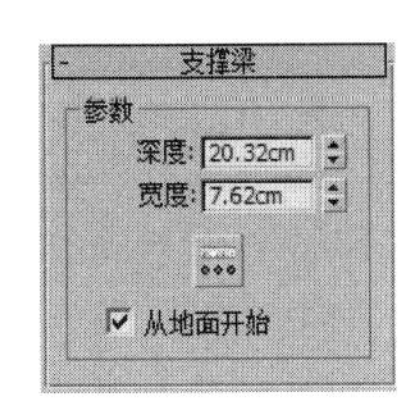

图 2.55

- 【深度】：控制支撑梁离地面的高度。
- 【宽度】：控制支撑梁的宽度。
- 支撑梁间距：设置支撑梁的间距。单击该按钮时，将会显示【支撑梁间距】对话框。使用【计数】选项指定所需的支撑梁数。
- 【从地面开始】：控制支撑梁是从地面开始的，还是与第一个梯级竖板的开始平齐的，或是否延伸到地面以下。使用【偏移】微调框可以控制支撑梁延伸到地面以下的量。

【栏杆】卷展栏：仅当在【参数】卷展栏的【生成几何体】选项组中启用一个或多个【扶手】或【栏杆路径】复选框时，这些选项才可用。另外，如果启用任何一个【扶手】复选框，则【分段】和【半径】不可用，如图 2.56 所示。

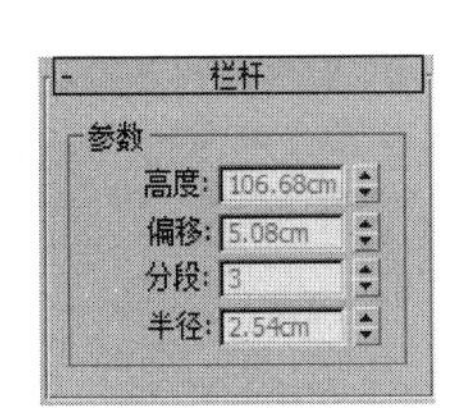

图 2.56

- 【高度】：控制栏杆离台阶的高度。
- 【偏移】：控制栏杆离台阶端点的偏移量。
- 【分段】：指定栏杆中的分段数目。值越高，栏杆显得越平滑。
- 【半径】：控制栏杆的厚度。

2. 直线楼梯

使用直线楼梯对象可以创建一个简单的楼梯，可选侧弦、支撑梁和扶手。

要创建直线楼梯，可以执行以下操作。

（1）在任意视图中，拖曳可设置长度。释放鼠标按键后移动并单击即可设置宽度。

（2）将鼠标指针向上或向下移动可定义楼梯的升量，然后单击结束。

（3）使用【参数】卷展栏中的选项调整楼梯。

其参数设置可参考 L 型楼梯的参数设置，这里不再介绍，如图 2.57 所示为直线楼梯效果。

图 2.57

3. U 型楼梯

要创建 U 型楼梯，请执行以下操作。

（1）在任意视图中单击并拖曳以设置第一段的长度。释放鼠标按键，然后移动并单击可设置平台的宽度或分隔两段的距离。

（2）向上或向下拖曳以定义楼梯的升量，然后单击可结束。

（3）使用【参数】卷展栏中的选项调整楼梯。

如图 2.58 为 U 型楼梯的效果图。

图 2.58

其参数可参考 L 型楼梯的参数设置。

4. 螺旋楼梯

使用螺旋楼梯对象可以指定旋转的半径和数量，添加侧弦和中柱，甚至更多，如图 2.59 所示为螺旋楼梯的效果图。

图 2.59

【参数】卷展栏中的【布局】选项组，如图 2.60 所示。

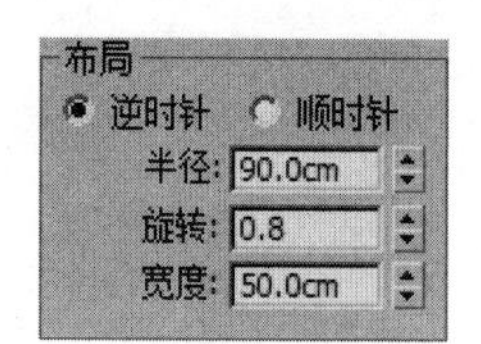

图 2.60

- 【逆时针】：使螺旋楼梯面向楼梯的右手端。
- 【顺时针】：使螺旋楼梯面向楼梯的左手端。
- 【半径】：控制螺旋的半径。
- 【旋转】：指定螺旋中的转数。
- 【宽度】：控制螺旋楼梯的宽度。

2.3.2 门

运用建筑构建建模，可以制作【枢轴门】、【推拉门】、【折叠门】模型，效果如图 2.61 所示。

图 2.61

单击任意一个门按钮，如单击【折叠门】按钮，在顶视图中拖曳鼠标确定出门的宽度，然后释放鼠标，继续移动鼠标以确定门的厚度，再单击鼠标，继续向上或向下移动鼠标，确定出门的高度，最后单击鼠标完成门的创建，其参数面板如图 2.62 所示。

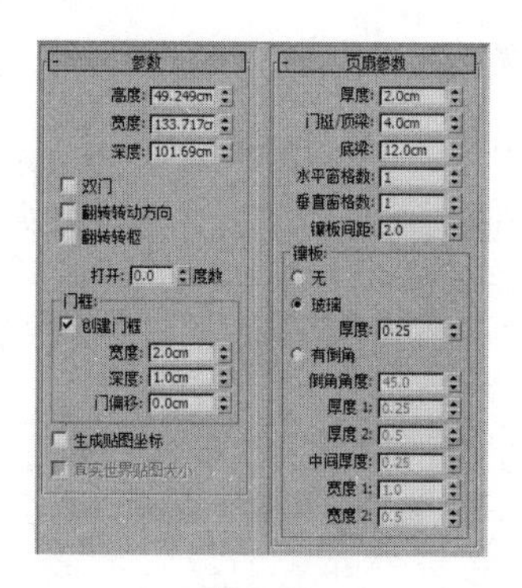

图 2.62

1. 枢轴门

枢轴门只在一侧用铰链接合。还可以将门制作成为双门，该门具有两个门元素，每个元素在其外边缘处用铰链接合，如图 2.63 所示。

图 2.63

创建枢轴门的操作如下。

(1) 选择【创建】 | 【几何体】 | 【门】 | 【枢轴门】工具。

(2) 在顶视图中拖曳出门的宽度，释放鼠标按键后移动鼠标指针调整门的高度，再次单击，创建枢轴门模型。

(3) 在卷展栏中设置门的参数，如图 2.64 所示。

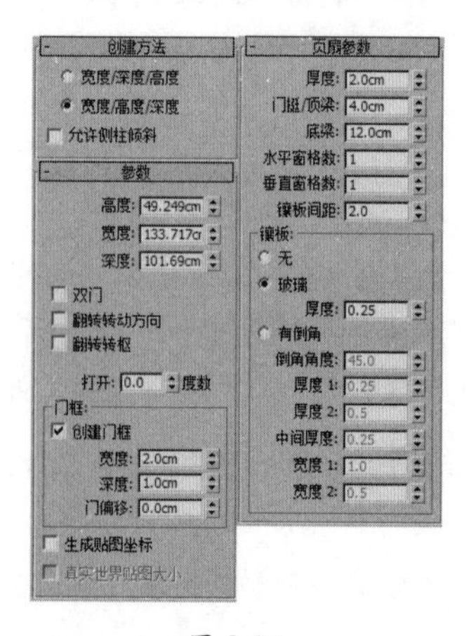

图 2.64

各项参数的具体功能介绍如下。

- 【创建方法】卷展栏
  - 【宽度/深度/高度】：前两个点定义门的宽度和门脚的角度。通过在视图中拖曳来设置这些点。第一个点（在拖曳之前单击并按住的点）定义单枢轴门和折叠门（两个侧柱在双门上都有铰链，而推拉门没有铰链）的铰链上的点；第二个点（拖曳后在其上释放鼠标按键的点）定义门的宽度以及从一个侧柱到另一个侧柱的方向。这样，就可以在放置门时使其与墙或开口对齐；第三个点（移动鼠标指针后单击的点）指定门的深度；第四个点（再次移动鼠标指针后单击的点）指定高度。
  - 【宽度/高度/深度】：与【宽度/深度/高度】单选按钮的作用方式相似，只是最后两个点首先创建高度，然后创建深度。
  - 【允许侧柱倾斜】：开启此选项，可以创建倾斜的门。默认为禁用状态。

提示

该选项只有在启用3D捕捉功能后才生效，通过捕捉构造平面之外的点，创建倾斜的门

- 【参数】卷展栏
  - 【高度】：设置门装置的总体高度。
  - 【宽度】：设置门装置的总体宽度。
  - 【深度】：设置门装置的总体深度。
  - 【双门】：选中该选项，所创建的门为对开双门。
  - 【翻转转动方向】：选中该选项，将更改门转动的方向。
  - 【翻转转枢】：在与门相对的位置上放置门转枢。此选项不能用于双门。
  - 【打开】：使用枢轴门时，指定以角度为单位的门打开程度。使用推拉门和折叠门时，指定门打开的百分比。
  - 【门框】选项区包含用于门框的控件。打开或关闭门时，门框不会移动。
  - 【创建门框】：默认为启用，以显示门框。禁用此选项可以在视图中不显示门框。
  - 【宽度】：设置门框与墙平行的宽度。只有启用了【创建门框】时可用。
  - 【深度】：设置门框从墙投影的深度。只有启用了【创建门框】时可用。
  - 【门偏移】：设置门相对于门框的位置。只有启用了【创建门框】时可用。
- 【页扇参数】卷展栏
  - 【厚度】：设置门的厚度。
  - 【门挺/顶梁】：设置顶部和两侧的面板框的宽度。仅当门是面板类型时，才会显示此设置。
  - 【底梁】：设置门脚处面板框的宽度。仅当门是面板类型时，才会显示此设置。
  - 【水平窗格数】：设置面板沿水平轴划分的数量。
  - 【垂直窗格数】：设置面板沿垂直轴划分的数量。
  - 【镶板间距】：设置面板之间的间隔宽度。
  - 【无】：门没有面板。
  - 【玻璃】：创建不带倒角的玻璃面板。
  - 【厚度】：设置玻璃面板的厚度。
  - 【有倒角】：选中此单选按钮可以使创建的门面板具有倒角的效果。
  - 【倒角角度】：指定门的外部平面和面板平面之间的倒角角度。
  - 【厚度1】：设置面板的外部厚度。
  - 【厚度2】：设置倒角从该处开始的厚度。
  - 【中间厚度】：设置倒角中间的厚度。
  - 【宽度1】：设置倒角外框的宽度。
  - 【宽度2】：设置倒角内框的宽度。

2. 推拉门

推拉门可以进行滑动，如图2.65所示，就像在轨道上一样。该门有两个门元素：一个保持固定，而另一个可以移动。

创建推拉门的操作如下。

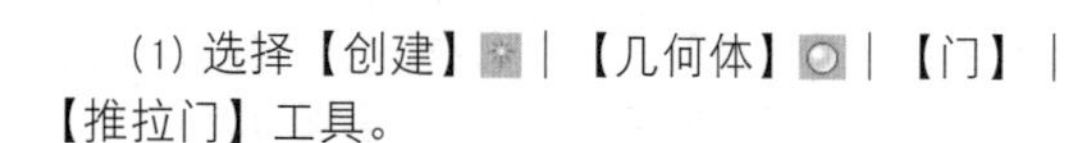

(1) 选择【创建】 | 【几何体】 | 【门】 | 【推拉门】工具。

(2) 在顶视图中拖曳出门的宽度，释放鼠标按键后移动鼠标调整门的高度，再次单击，创建模型。

(3) 在卷展栏中设置门的参数，如图 2.66 所示。

图 2.65

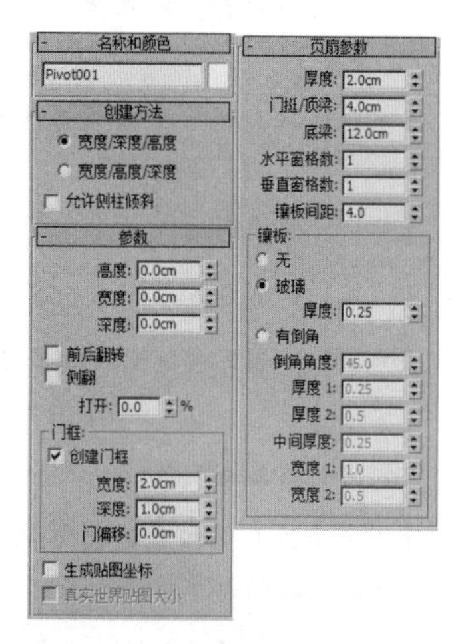

图 2.66

推拉门的面板中的一些参数与枢轴门相同，这里就不再介绍了。只介绍【参数】卷展栏中的两个选项。

- 【前后翻转】：设置哪个元素位于前面，与默认设置相比较而言。
- 【侧翻】：将当前滑动元素更改为固定元素，反之亦然。

3. 折叠门

折叠门在中间转枢也在侧面转枢，该门有两个门元素。也可以将该门制作成有 4 个门元素的双门，如图 2.67 所示，其参数面板如图 2.68 所示。

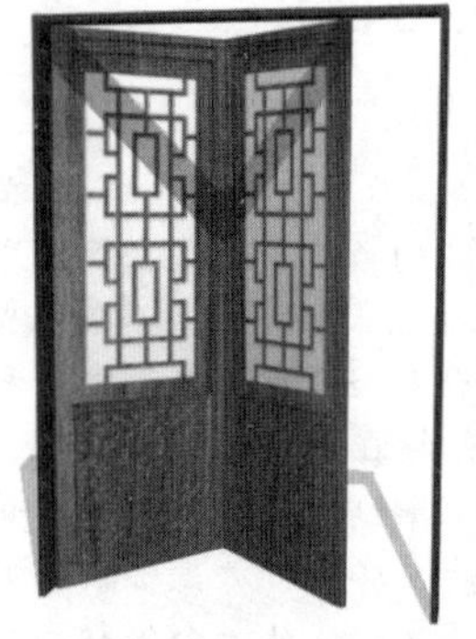

图 2.67

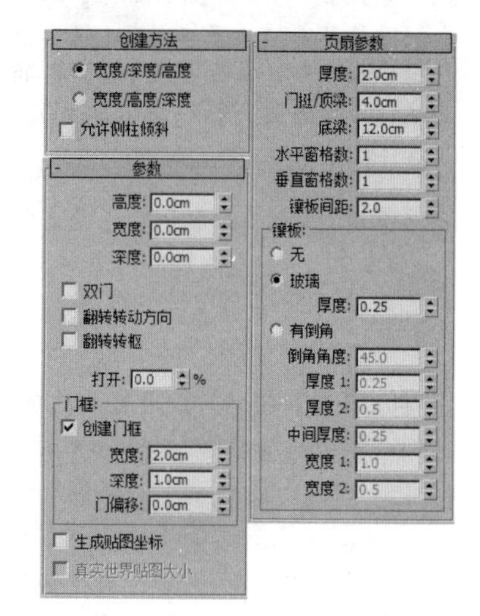

图 2.68

【参数】卷栏中部分选项介绍如下。

- 【双门】：将该门制作成有 4 个门元素的双门，从而在中心处会合。
- 【翻转转动方向】：默认情况下，以相反的方向转动门。
- 【翻转转枢】：默认情况下，在相反的侧面转枢门。选中【双门】复选框的状态下，【翻转转枢】复选框不可用。

2.3.3 窗

运用建筑构建建模，可以快速创建各种窗户模型。其有一到两扇像门一样的窗框，它们可以向内或向外转动；旋开窗的轴垂直或水平位于其窗框的中心；伸出式窗有 3 扇窗框，其中两扇窗框打开时像反向的遮篷；推拉窗有两扇窗框，其中一扇窗框可以沿着垂直或水平方向滑动；固定式窗户不能打开；遮篷式窗户有一扇通过铰链与顶部相连的窗框。如图 2.69 所示。

图 2.69

单击任意一个窗按钮，如单击 遮篷式窗 按钮，在顶视图中拖曳鼠标确定窗的宽度，然后释放鼠标，继续移动鼠标以确定窗的深度，再单击鼠标，继续向上或向下移动鼠标，确定窗的高度，最后单击鼠标完成窗的创建。其参数面板如图 2.70 所示。

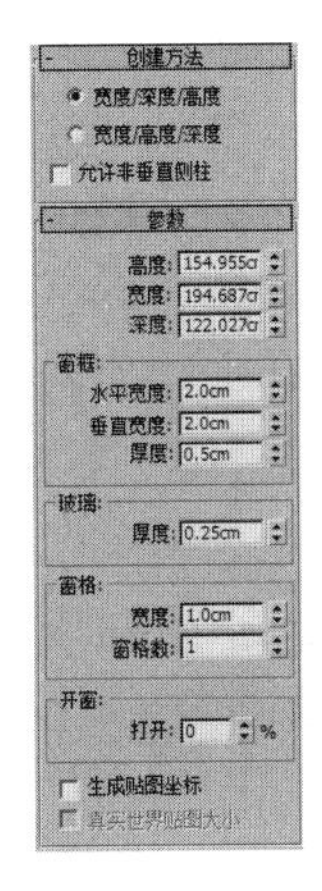

图 2.70

各种类型窗的共有参数介绍如下。

- 【名称和颜色】卷展栏：设置对象的名称和颜色。
- 【创建方法】卷展栏：可以使用 4 个点来定义每种类型的窗。拖曳前两个，后面两个跟随移动，然后单击，即可创建出窗户模型。设置【创建方法】卷展栏，可以确定执行这些操作时定义窗尺寸的顺序。
    - 【宽度 / 深度 / 高度】：前两个点用于定义窗底座的宽度和角度。通过在视图中拖曳鼠标来设置宽度、深度、高度，如创建窗的第一步中所述。这样，便可在放置窗时，使其与墙或开口对齐。第三个点（移动鼠标指针后单击的点）用于指定窗的深度，而第四个点（再次移动鼠标指针后单击的点）用于指定高度。
    - 【宽度 / 高度 / 深度】：与【宽度 / 深度 / 高度】选项的作用方式相似，只是最后两个点首先创建高度，然后创建深度。
    - 【允许非垂直侧柱】：选中该复选框后可以创建倾斜窗。设置捕捉以定义构造平面之外的点。默认设置为禁用状态。
- 【参数】卷展栏。
    - 【高度】/【宽度】/【深度】：指定窗的大小。
    - 【窗框】选项组中包括 3 个选项，用于设置窗口框架。
        - 【水平宽度】：设置窗口框架水平部分的宽度（顶部和底部）。该设置也会影响窗宽度的玻璃部分。
        - 【垂直宽度】：设置窗口框架垂直部分的宽度（两侧）。该设置也会影响窗高度的玻璃部分。
        - 【厚度】：设置框架的厚度。该设置还可以控制窗框中遮篷或栏杆的厚度。
    - 【玻璃】选项组：用于设置窗玻璃。
        - 【厚度】：指定玻璃的厚度。
    - 【窗格】选项组：用于设置窗格。
        - 【宽度】：设置窗框中窗格的宽度（深度）。
        - 【窗格数】：设置窗中窗框数。如果使用超过一个窗框，则每个窗框将在其顶边转枢起来。范围从 1 到 10。

1. 遮篷式窗

遮篷式窗具有一个或多个可在顶部转枢的窗框，如图 2.71 所示。

图 2.71

遮篷式窗的参数介绍如图 2.72 所示。

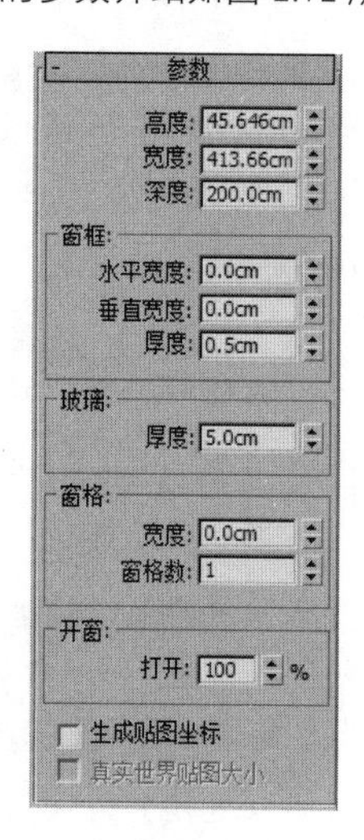

图 2.72

- 【窗格】选项组
  - 【宽度】：设置窗框中的窗格的宽度（深度）。
  - 【窗格数】：设置窗中的窗框数。范围从 1 到 10。
- 【开窗】选项组
  - 【打开】：指定窗打开的百分比。此参数可设置动画。

2. 固定窗

固定窗不能打开，如图 2.73 所示，因此没有【开窗】控件。除了标准窗对象参数之外，固定窗还提供了【窗格】选项组，如图 2.74 所示。

图 2.73

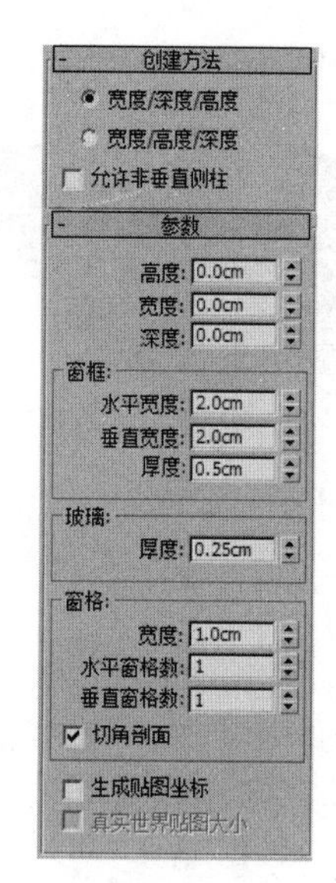

图 2.74

- 【宽度】：设置窗框中窗格的宽度（深度）。
- 【水平窗格数】：设置窗框中水平划分的数量。
- 【垂直窗格数】：设置窗框中垂直划分的数量。
- 【切角剖面】：设置玻璃面板之间窗格的切角，就像常见的木质窗户一样。如果禁用【切角剖面】复选框，窗格将拥有一个矩形轮廓。

3. 伸出式窗

伸出式窗具有 3 个窗框，顶部窗框不能移动，底部的两个窗框像遮篷式窗那样旋转打开，但是打开方向相反，如图 2.75 所示。

图 2.75

伸出式窗的参数如图 2.76 所示。

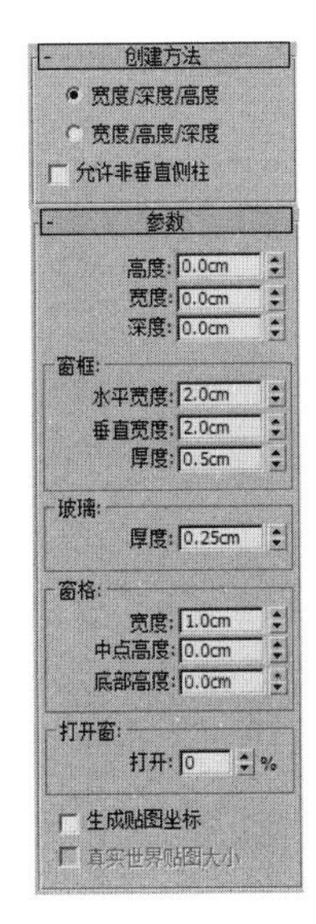

图 2.76

- 【窗格】选项组
  - 【宽度】：设置窗框中窗格的宽度（深度）。
  - 【中点高度】：设置中间窗框相对于窗架的高度。
  - 【底部高度】：设置底部窗框相对于窗架的高度。
- 【打开窗】选项组
  - 【打开】：指定两个可移动窗框打开的百分比。此参数可设置动画。

4. 平开窗

平开窗具有一个或两个可在侧面转枢的窗框（像门一样），如图 2.77 所示。

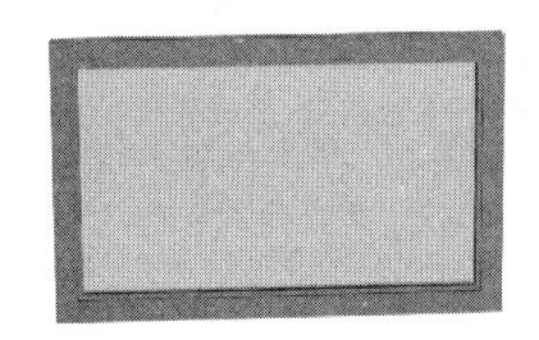
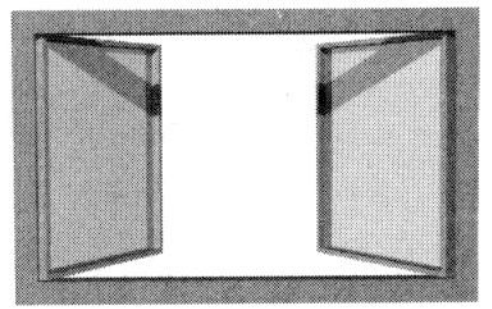

图 2.77

平开窗的参数如图 2.78 所示。

- 【窗扉】选项组。
  - 【隔板宽度】：在每个窗框内更改玻璃面板之间的大小。
  - 【一】/【二】：设置单扇或双扇窗户。
- 【打开窗】选项组。
  - 【打开】：指定窗打开的百分比，此参数可设置动画。
  - 【翻转转动方向】：选中此复选框可以使窗框以相反的方向打开。

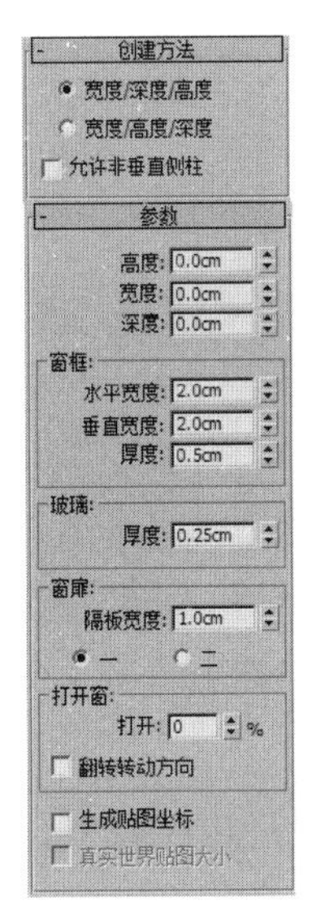

图 2.78

5. 旋开窗

旋开窗只具有一个窗框，中间通过窗框接合，可以垂直或水平旋转打开，如图 2.79 所示。

图 2.79

旋开窗的参数如图 2.80 所示。

- 【窗格】选项组。
  - 【宽度】：设置窗框中窗格的宽度。
- 【轴】选项组。
  - 【垂直旋转】：将轴坐标从水平切换为垂直。
- 【打开窗】选项组。

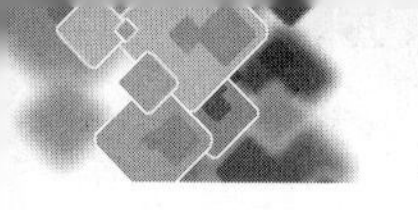

> 【打开】：指定窗打开的百分比，此控件可设置动画。

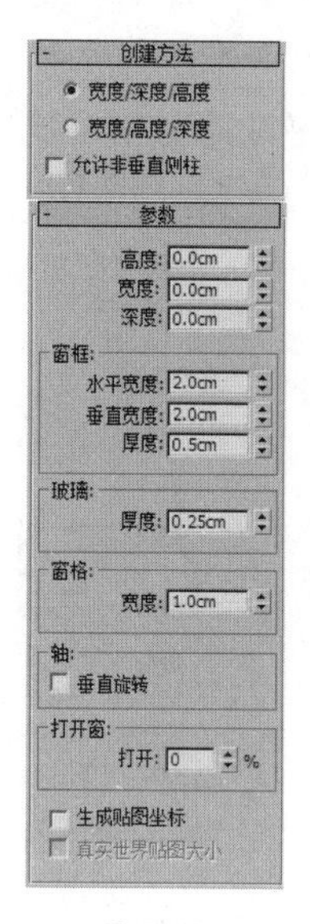

图 2.80

6. 推拉窗

推拉窗具有两个窗框：一个固定的窗框，一个可移动的窗框，可以垂直移动或水平移动滑动部分，如图 2.81 所示。

图 2.81

推拉窗的参数如图 2.82 所示。

- 【窗格】选项组。
  > 【窗格宽度】：设置窗框中窗格的宽度。

  > 【水平窗格数】：设置每个窗框中水平划分的数量。

  > 【垂直窗格数】：设置每个窗框中垂直划分的数量。

  > 【切角剖面】设置玻璃面板之间窗格的切角，就像常见的木质窗户一样。如果取消选中【切角剖面】复选框，窗格将拥有一个矩形轮廓。

- 【打开窗】选项组。
  > 【悬挂】：选中该复选框后，窗将垂直滑动。取消选中该复选框后，窗将水平滑动。

  > 【打开】：指定窗打开的百分比。此控件可设置动画。

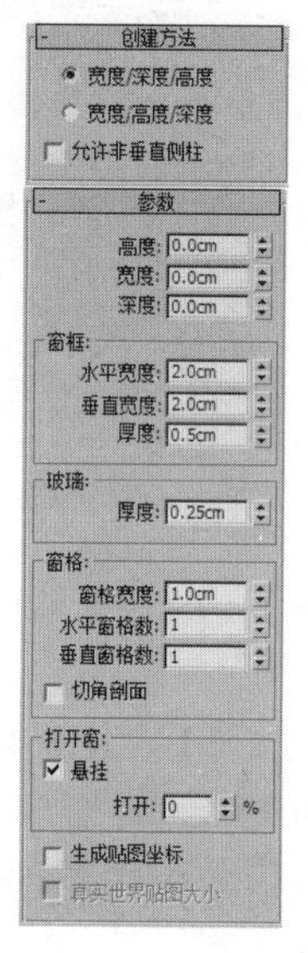

图 2.82

2.3.4 墙

运用建筑构建建模，可以制作简单户型的墙体模型，如图 2.83 所示。

图 2.83

单击【标准基本体】右侧的▾按钮，从弹出的下拉列表中选择【AEC 扩展】选项，在弹出的【对象类型】卷展栏中单击 墙 按钮，然后在顶视图中拖曳鼠标绘制出一面墙的长度，完成后单击鼠标，然后继续移动鼠标以创建另一面墙体的长度，如此重复操作。回到起点后单击鼠标，系统会弹出【是否要焊接点】对话框询问是否要焊接顶点，如果希望将墙分段通过该角焊接在一起，以便在移动其中一堵墙时，另一堵墙也能保持与角的正确相接，则单击【是】按钮，否则单击【否】按钮。右击以结束墙的创建，或继续添加更多的墙分段，其提示框及参数面板如图 2.84 所示。

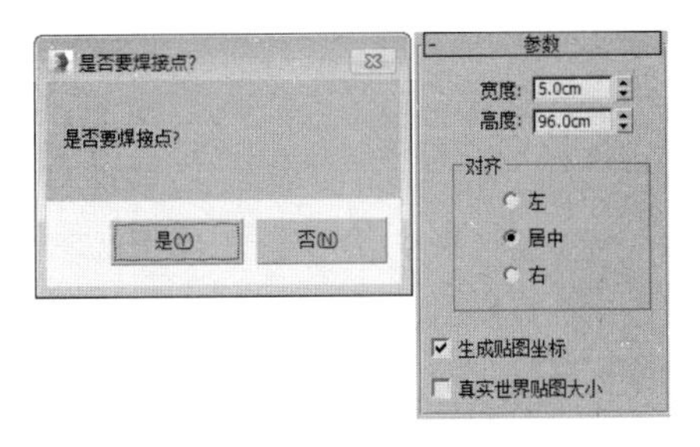

图 2.84

2.3.5 栏杆

运用建筑构建建模，可以创建栏杆、立柱和栅栏等模型。在效果图制作过程中主要用来制作围栏模型，如图 2.85 所示。

图 2.85

单击 栏杆 按钮，然后在顶视图中移动鼠标拖曳出栏杆的宽度，然后释放鼠标，继续移动鼠标以确定栏杆的高度，单击鼠标完成栏杆的创建，其参数面板如图 2.86 所示。

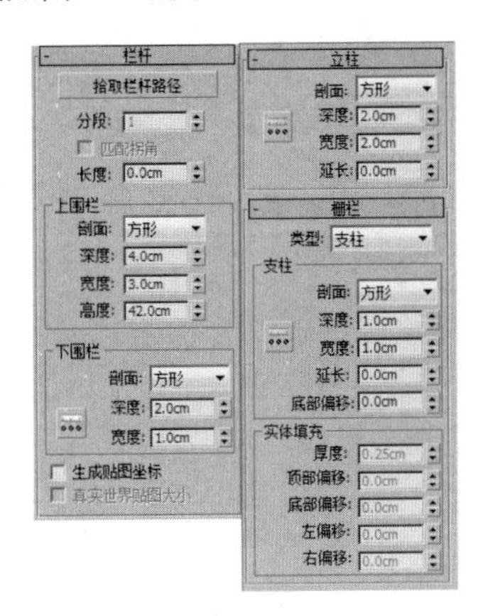

图 2.86

2.3.6 植物

运用建筑构建建模，3ds Max 将生成网格表示方法，以快速、有效地创建漂亮的植物。【植物】可产生各种植物对象，如树种。在效果图制作过程中主要用来制作室内装饰植物等，如图 2.87 所示。

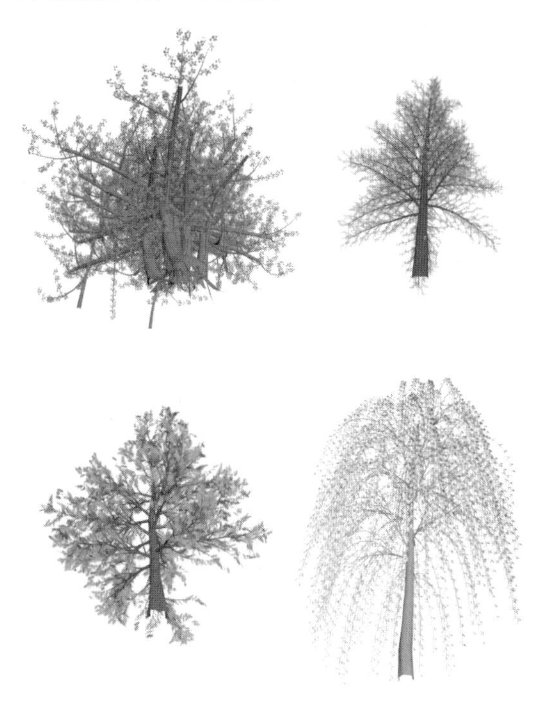

图 2.87

单击【标准基本体】右侧的▾按钮，从弹出的下拉列表中选择【AEC 扩展】选项，在弹出的【对象类型】卷展栏中单击 植物 按钮，并在【收藏植物】卷展栏中选择要创建的植物类型，然后在顶视图中单击即可以创建一种植物，其参数面板如图 2.88 所示。

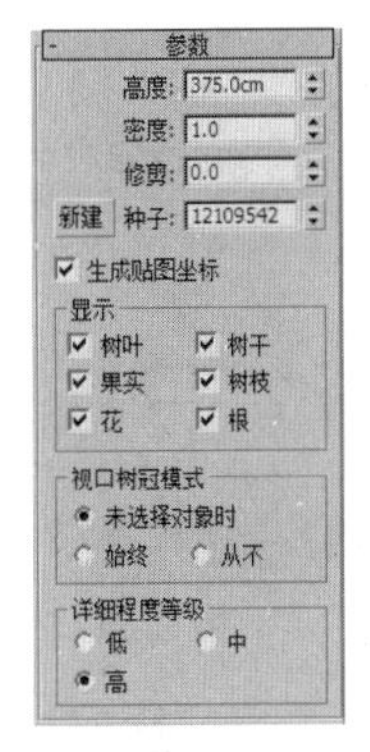

图 2.88

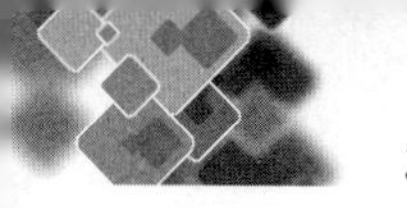

2.4 课堂实例

下面将通过实例来讲解本章节讲解的主要知识点，以便大家巩固。

2.4.1 魔方

魔方，也称鲁比克方块，是匈牙利布达佩斯建筑学院厄尔诺·鲁比克教授发明的。本例就来介绍一下魔方的制作方法，效果如图 2.89 所示。

图 2.89

01 选择【创建】 |【几何体】 |【标准基本体】|【长方体】工具，在顶视图中创建长方体，将其命名为【魔方】，在【参数】卷展栏中将【长度】、【宽度】和【高度】均设置为100，将【长度分段】、【宽度分段】和【高度分段】均设置为3，如图2.90所示。

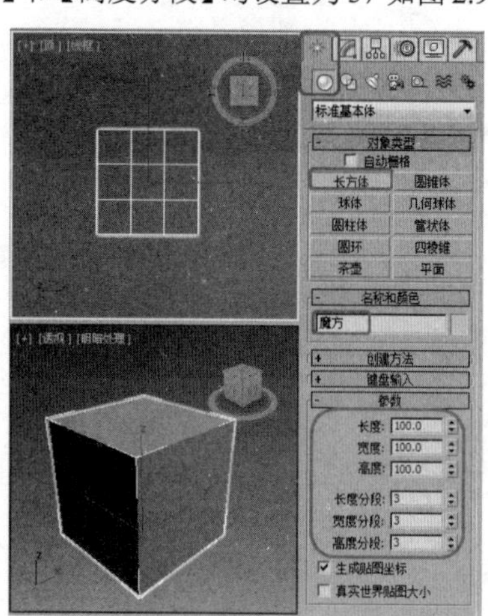

图 2.90

02 切换至【修改】命令面板，在【修改器列表】中选择【编辑多边形】修改器，将当前选择集定义为【多边形】，按 Ctrl+A 组合键选择所有的多边形，在【编辑多边形】卷展栏中单击【倒角】右侧的【设置】 按钮，在弹出的小盒控件中将倒角方式设置为【按多边形】，将【高度】设置为2，将【轮廓】设置为-1，单击【确定】按钮，如图2.91所示。

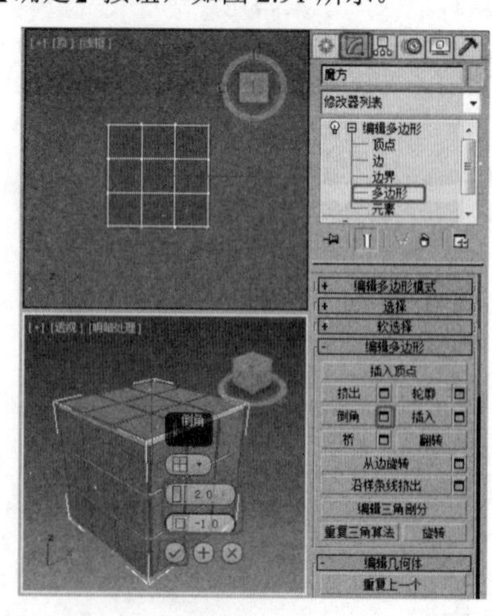

图 2.91

03 在顶视图中，按住 Ctrl 键的同时选择如图 2.92 所示的多边形，在【多边形：材质 ID】卷展栏中将【设置 ID】设置为 1。

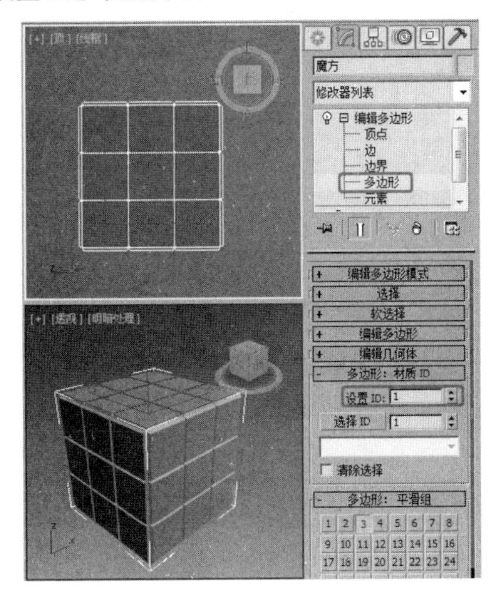

图 2.92

04 在顶视图中按 B 键，切换为底视图，并在底视图中选择如图 2.93 所示的多边形，在【多边形：材质 ID】卷展栏中将【设置 ID】设置为 2。

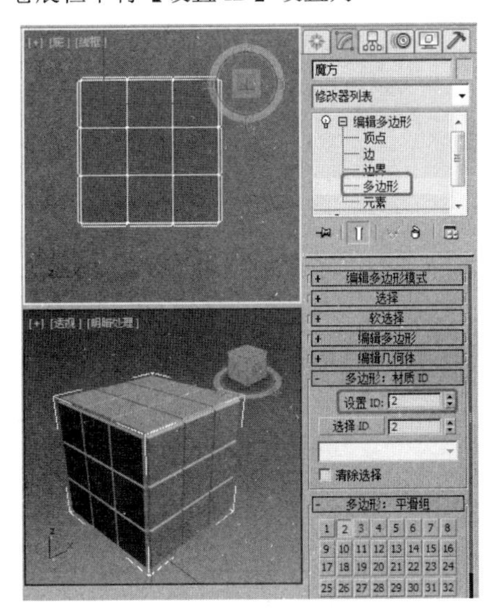

图 2.93

05 使用同样的方法，为其他多边形设置 ID，如图 2.94 所示为 ID 为 7 的多边形。

06 关闭当前选择集，确认【魔方】对象处于选中状态，按 M 键弹出【材质编辑器】对话框，选择一个新的材质样本球，单击名称右侧的 Standard 按钮，在弹出的【材质 / 贴图浏览器】对话框中选择【多维 / 子对象】材质，然后单击【确定】按钮，如图 2.95 所示。

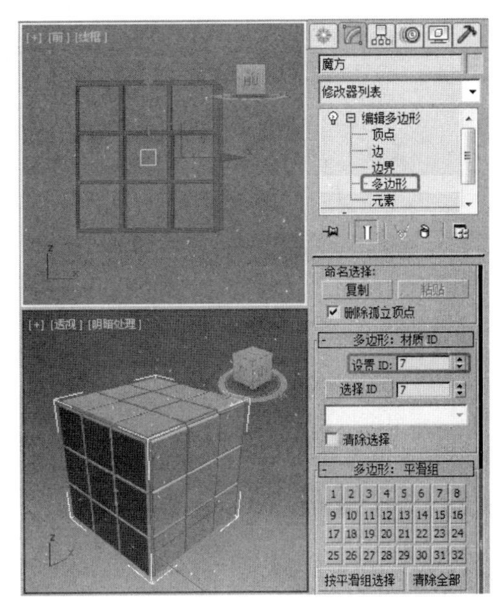

图 2.94

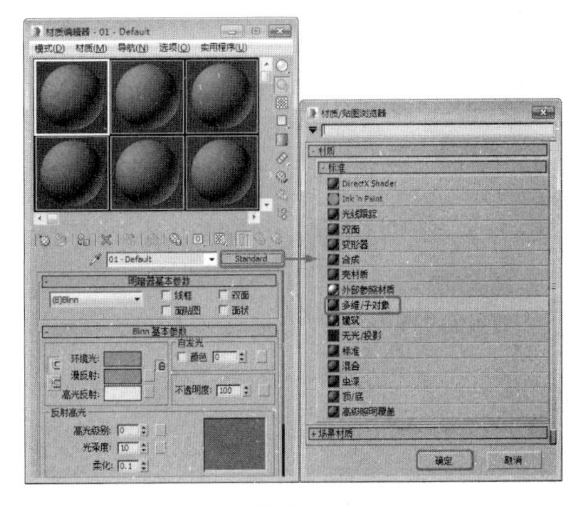

图 2.95

07 弹出【替换材质】对话框，选择【丢弃旧材质】单选按钮，单击【确定】按钮即可，如图 2.96 所示。

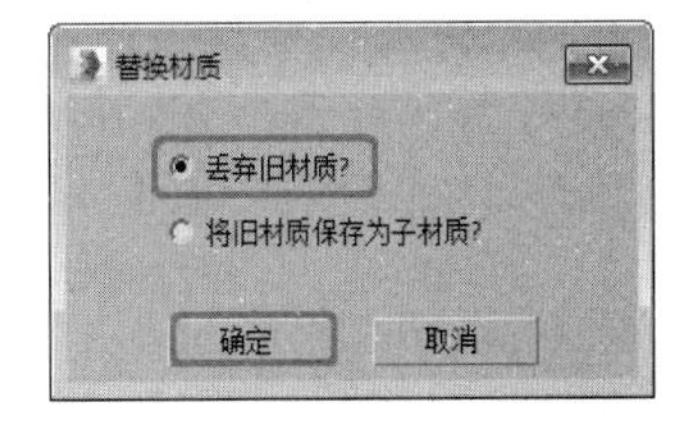

图 2.96

08 然后在【多维 / 子对象基本参数】卷展栏中单击【设置数量】按钮，弹出【设置材质数量】对话框，将【材质数量】设置为 7，单击【确定】按钮，如图 2.97 所示。

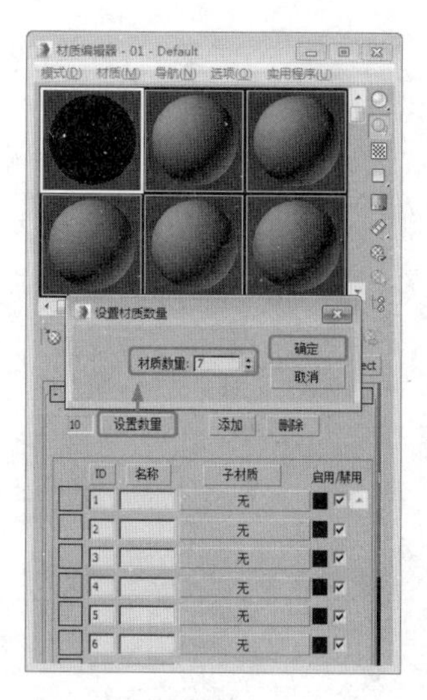

图 2.97

09 单击 ID1 右侧的子材质按钮，在弹出的【材质 / 贴图浏览器】对话框中选择【标准】材质，单击【确定】按钮，如图 2.98 所示。

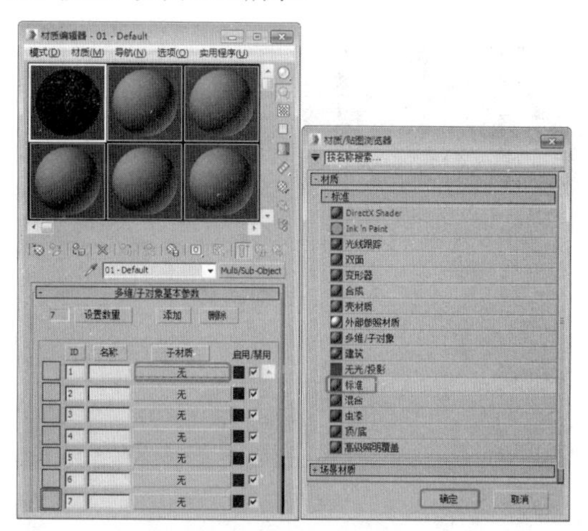

图 2.98

10 进入子级材质面板中，在【明暗器基本参数】卷展栏中将明暗器类型设置为【各向异性】，在【各向异性基本参数】卷展栏中将【环境光】和【漫反射】的颜色数值设置为 255,0,0，在【自发光】选项组中将【颜色】设置为 30，将【漫反射级别】设置为 105，在【反射高光】选项组中将【高光级别】、【光泽度】和【各向异性】分别设置为 95、65、85，如图 2.99 所示。

11 单击【转到父对象】按钮，返回到父级材质层级中。在 ID1 右侧的子材质按钮上，单击并向下拖曳，拖至 ID2 右侧的子材质按钮上，释放鼠标，在弹出的【实例（副本）材质】对话框中选择【复制】单选按钮，然后单击【确定】按钮，如图 2.100 所示。

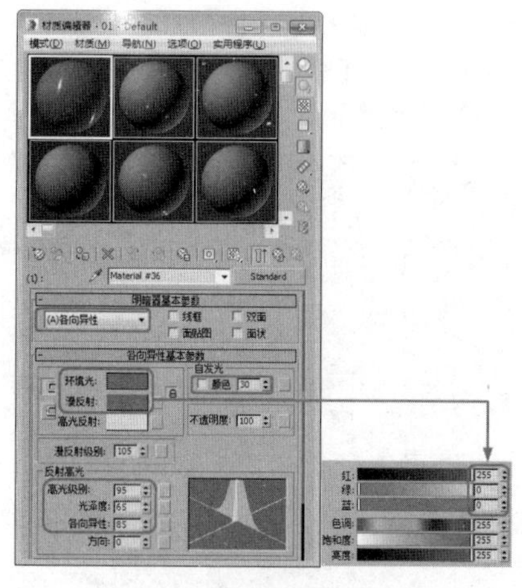

图 2.99

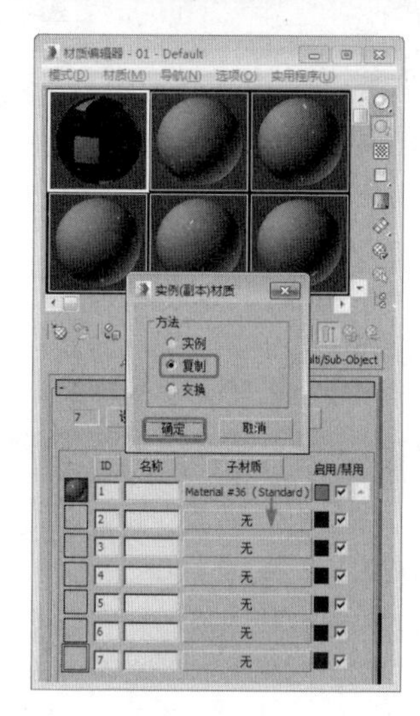

图 2.100

12 单击 ID2 材质按钮右侧的颜色块，在弹出的对话框中将颜色的数值设置为 0,230,255，如图 2.101 所示。

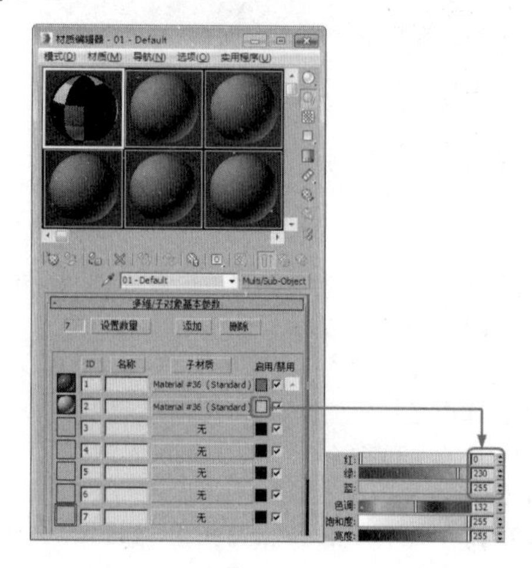

图 2.101

13 使用同样的方法，设置其他材质，设置完成后单击【将材质指定给选定对象】按钮，将材质指定给【魔方】对象，如图 2.102 所示。

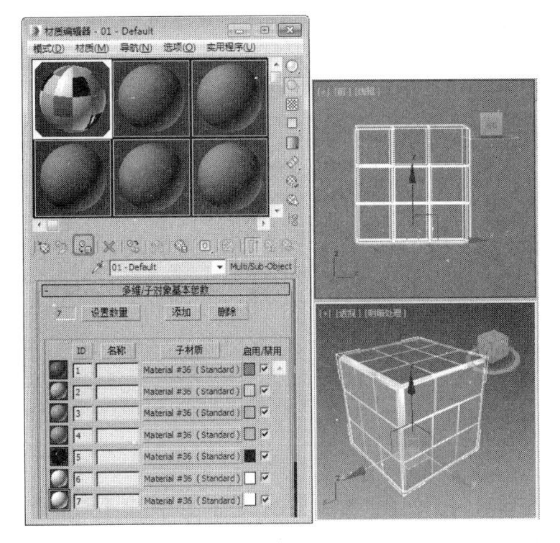

图 2.102

14 选择【创建】|【几何体】|【标准基本体】|【平面】工具，在顶视图中创建平面，在【参数】卷展栏中将【长度】和【宽度】均设置为 200，并在视图中调整其位置，如图 2.103 所示。

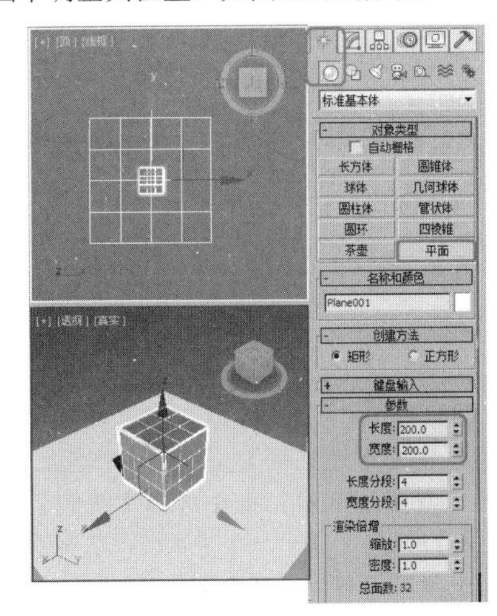

图 2.103

15 确认创建的平面对象处于选中状态，按 M 键弹出【材质编辑器】对话框，选择一个新的材质样本球，单击名称右侧的 Standard 按钮，在弹出的【材质 / 贴图浏览器】对话框中，单击【材质 / 贴图浏览器选项】按钮，在弹出的下拉列表中选择【显示不兼容】，然后选择并双击【无光 / 投影】材质，如图 2.104 所示。

16 在【无光 / 投影基本参数】卷展栏中的【反射】选项组中，单击【贴图】右侧的【无】按钮，在弹出的【材质 / 贴图浏览器】对话框中选择【平面镜】贴图，单击【确定】按钮，如图 2.105 所示。

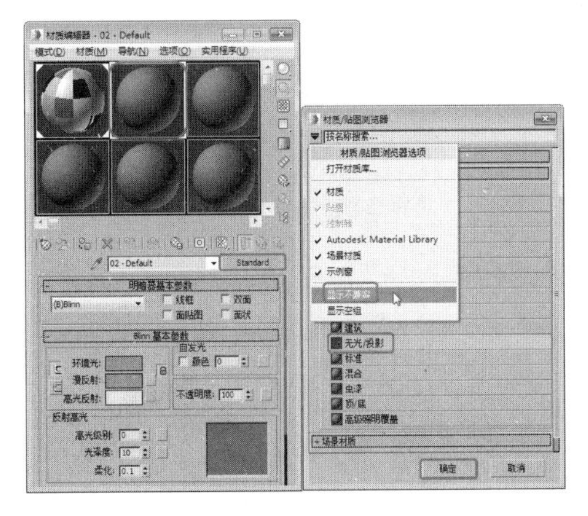

图 2.104

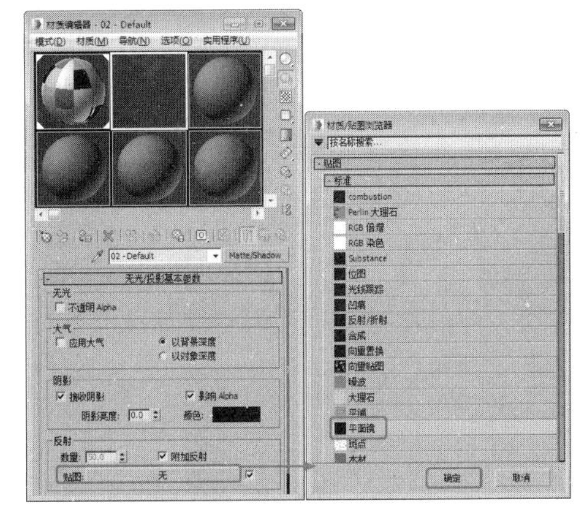

图 2.105

17 在【平面镜参数】卷展栏中选中【应用于带 ID 的面】复选框，并单击【转到父对象】按钮，如图 2.106 所示。

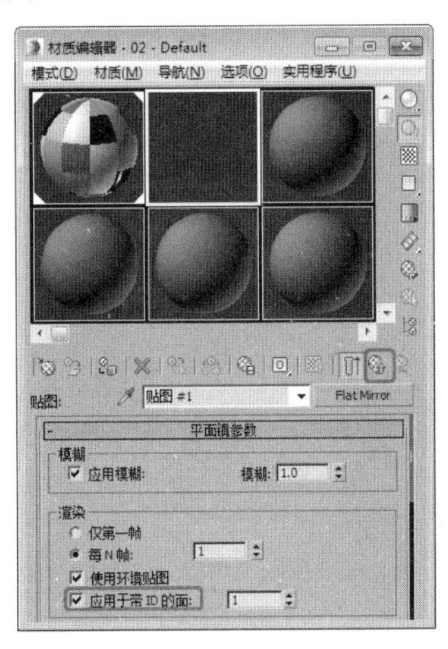

图 2.106

18 在【反射】组中将【数量】设置为 10，如图 2.107 所示。单击【将材质指定给选定对象】按钮，将材质指定给平面对象。

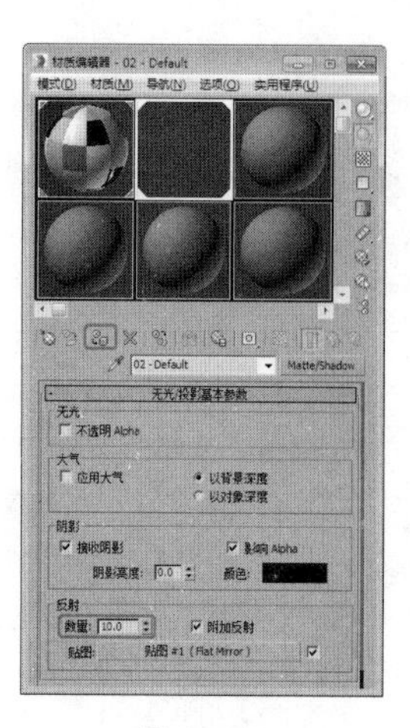

图 2.107

19 选择平面对象，右击，在弹出的快捷菜单中选择【对象属性】命令，如图 2.108 所示。

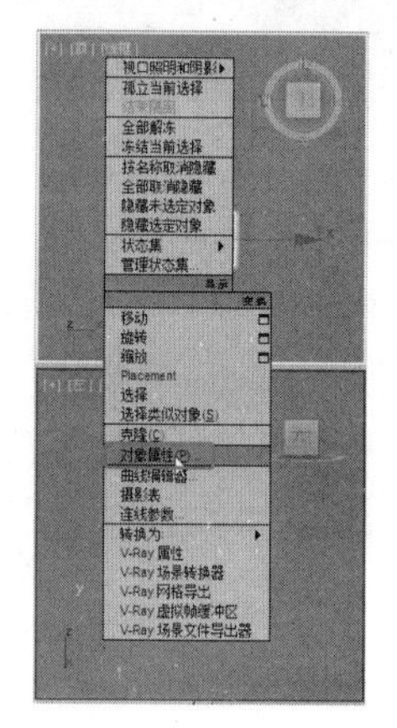

图 2.108

20 弹出【对象属性】对话框，在【显示属性】组中选中【透明】单选按钮，并单击【确定】按钮，如图 2.109 所示。

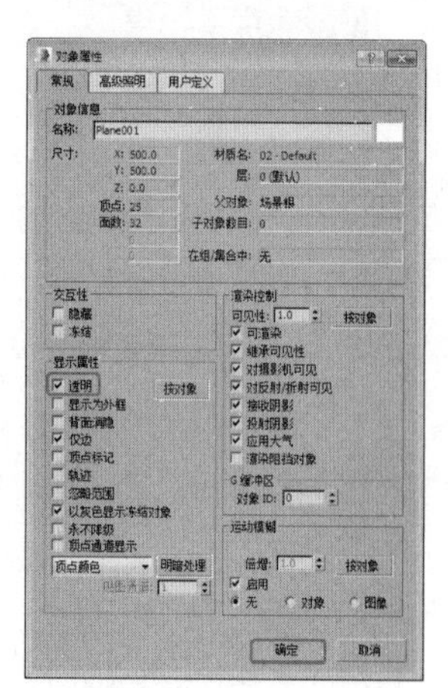

图 2.109

21 按 8 键弹出【环境和效果】对话框，选中【环境】单选按钮卡，在【公用参数】卷展栏中单击【环境贴图】按钮，弹出【材质 / 贴图浏览器】对话框，选择【位图】贴图，单击【确定】按钮，如图 2.110 所示。

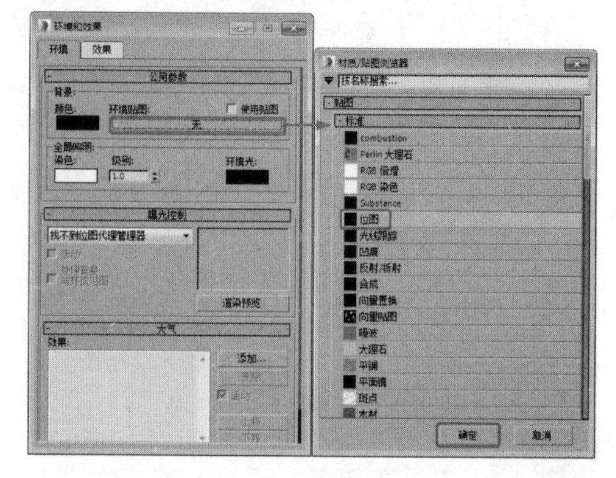

图 2.110

22 在弹出的对话框中选择配套资源中的【魔方背景图 .jpg】素材图片，单击【打开】按钮，如图 2.111 所示。

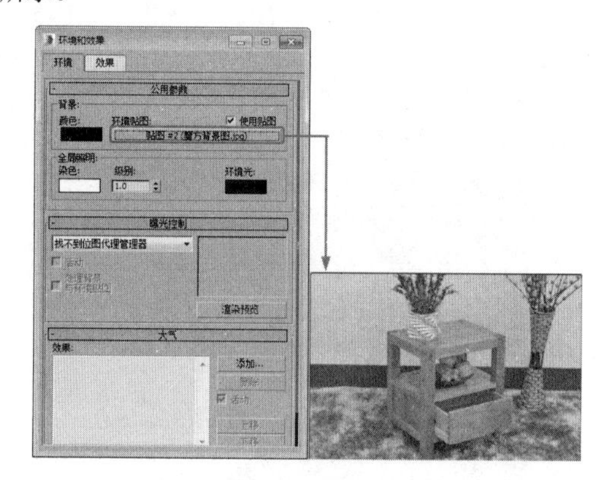

图 2.111

23 按 M 键打开【材质编辑器】，在【环境和效果】对话框中，将【环境贴图】下的贴图拖至一个新的材质球上，在弹出的对话框中选择【实例】命令，单击【确定】按钮，在【坐标】卷展栏中选择【环境】，将【贴图】类型设置为【屏幕】，如图 2.112 所示。

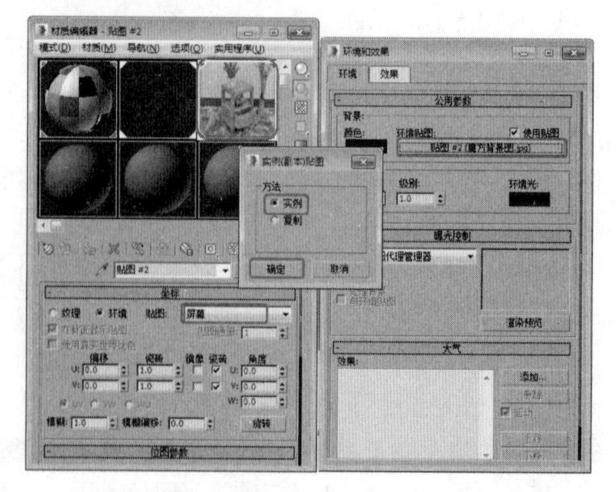

图 2.112

24 关闭【环境和效果】与【材质编辑器】对话框，激活透视视图，按 Alt+B 组合键，在打开的对话框中选择【使用环境背景】单选按钮，单击【确定】按钮，如图 2.113 所示。

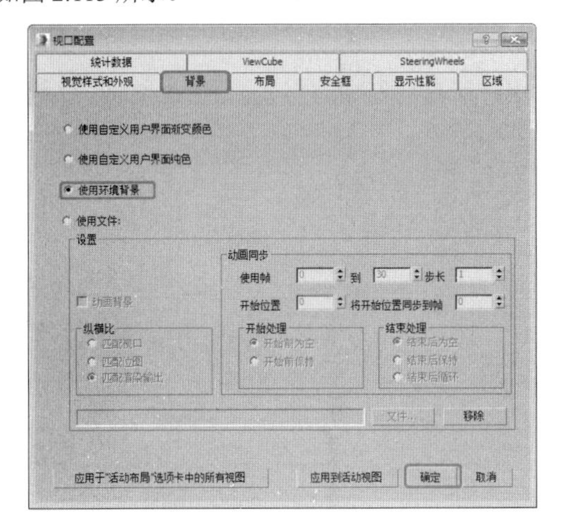

图 2.113

25 选择【创建】 |【摄影机】 |【标准】|【目标】工具，在【参数】卷展栏中将【镜头】设置为 42mm，在顶视图中创建摄影机，效果如图 2.114 所示。

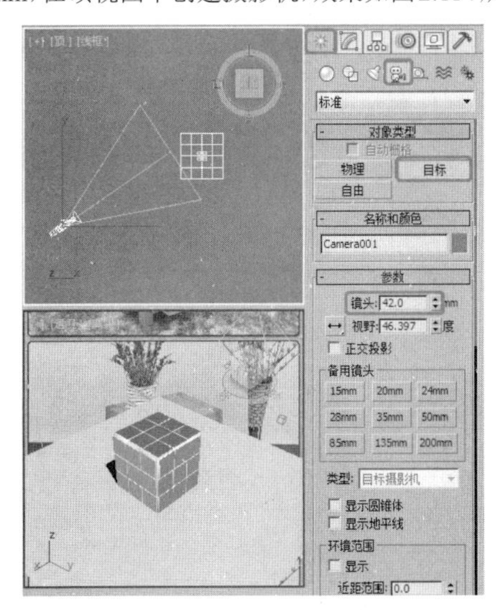

图 2.114

26 激活透视视图，按 C 键将其转换为摄影机视图，然后在其他视图中调整摄影机的位置，调整效果如图 2.115 所示。

27 选择【创建】 |【灯光】 |【标准】|【天光】工具，在顶视图中创建天光，效果如图 2.116 所示。

28 按 F10 键弹出【渲染设置】对话框，选择【高级照明】选项卡，在【选择高级照明】卷展栏中将高级照明设置为【光跟踪器】选项，如图 2.117 所示。

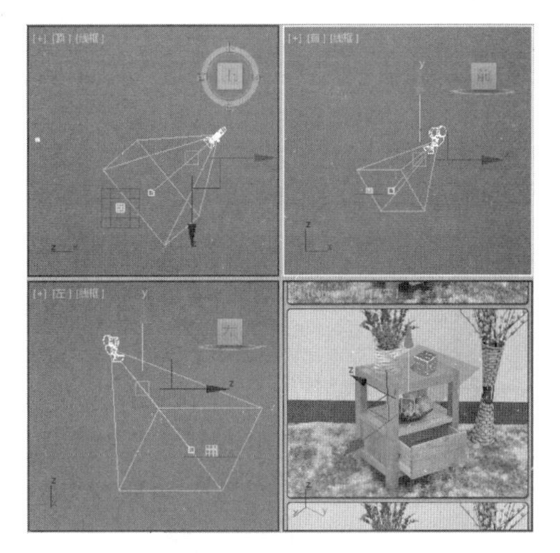

图 2.115

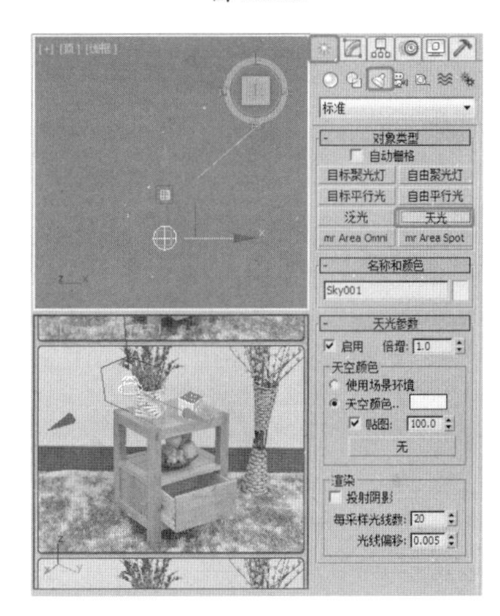

图 2.116

图 2.117

29 激活摄影机视图，按 F9 键对摄影机视图进行渲染，渲染完成后将场景文件保存即可。

2.4.2 办公桌

本例将介绍办公桌的制作方法，主要是通过使用【切角长方体】和【切角圆柱体】工具来创建桌面，使用【圆柱体】工具创建桌腿，完成后的效果如图 2.118 所示。

图 2.118

01 选择【创建】 |【几何体】 |【扩展基本体】|【切角长方体】工具，在顶视图中创建切角长方体，将其命名为【木 - 桌面 001】，在【参数】卷展栏中设置【长度】为 150、【宽度】为 420、【高度】为 8、【圆角】为 1.2、【圆角分段】为 3，如图 2.119 所示。

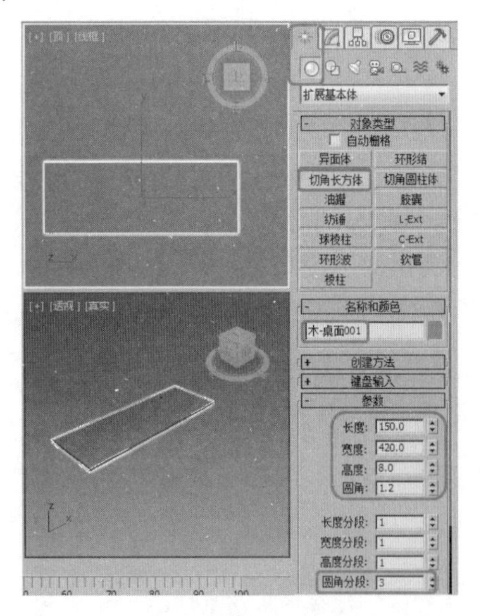

图 2.119

02 切换到【修改】命令面板，在【修改器列表】中选择【UVW 贴图】修改器，在【参数】卷展栏中选中【长方体】单选按钮，在【对齐】选项组中选中 Z 单选按钮，然后单击【适配】按钮，如图 2.120 所示。

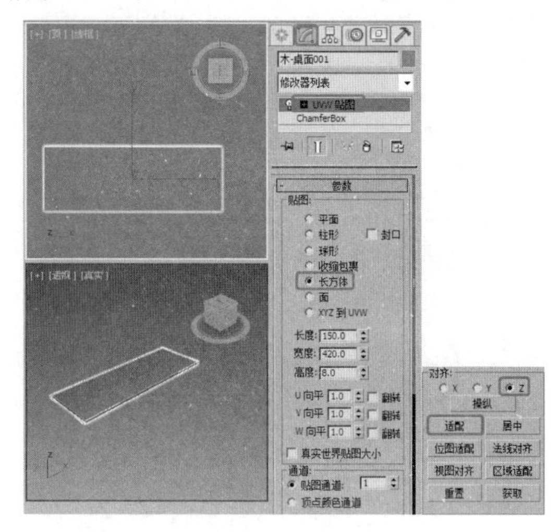

图 2.120

03 选择【创建】 |【几何体】 |【标准基本体】|【长方体】工具，在顶视图中创建长方体，在【参数】卷展栏中设置【长度】为 130、【宽度】为 15、【高度】为 10，如图 2.121 所示。

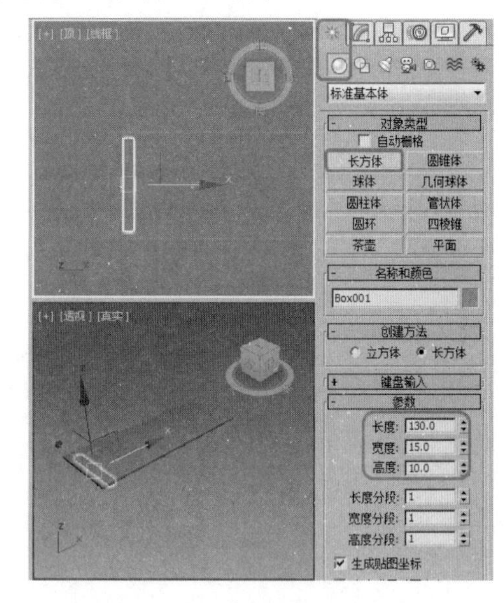

图 2.121

04 选择【创建】 |【几何体】 |【圆柱体】工具，在顶视图中创建圆柱体，将其命名为【金属 - 腿 001】，在【参数】卷展栏中设置【半径】为 7，【高度】为 -152，如图 2.122 所示。

05 在场景中选择【金属 - 腿 001】对象，按 Ctrl+V 组合键，在弹出的对话框中选中【复制】单选按钮，并单击【确定】按钮，如图 2.123 所示。

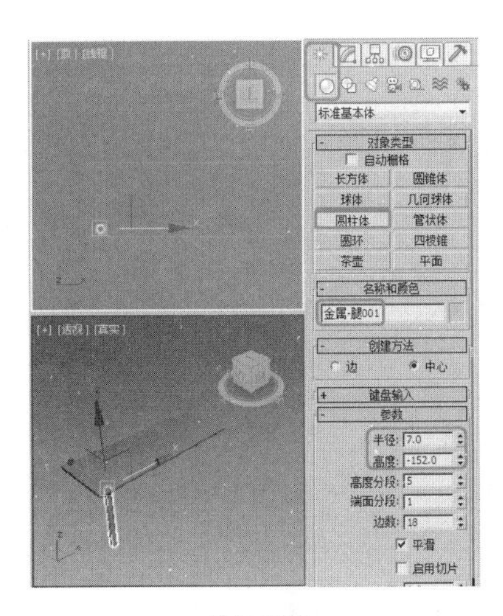

图 2.122

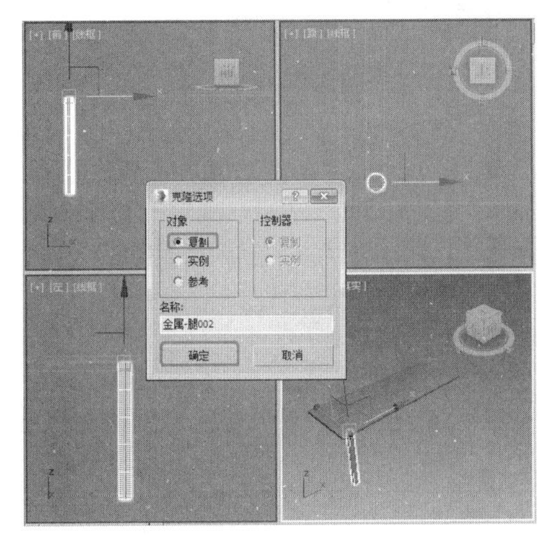

图 2.123

06 将复制出的对象重命名为【黑色塑料 - 腿 001】，在【参数】卷展栏中设置【半径】为 8，【高度】为 3.5，【高度分段】为 1，并在场景中调整其位置，如图 2.124 所示。

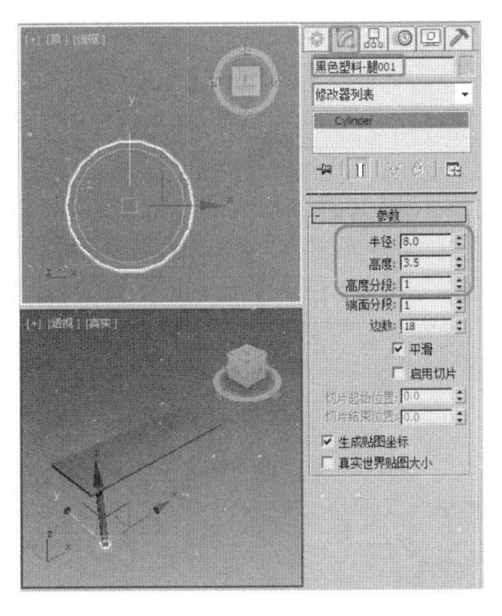

图 2.124

07 在顶视图中选择【金属 - 腿 001】和【黑色塑料 - 腿 001】对象，按住 Shift 键沿 Y 轴移动复制模型，在弹出的对话框中选中【实例】单选按钮，单击【确定】按钮，如图 2.125 所示。

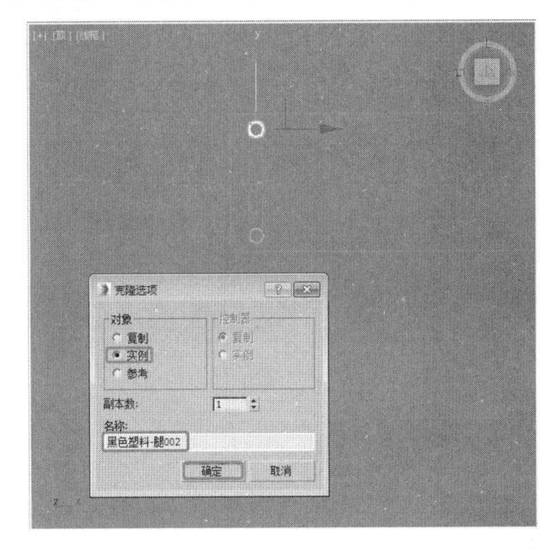

图 2.125

08 继续在场景中复制【金属 - 腿 001】、【黑色塑料 - 腿 001】对象和长方体对象，然后按住 Shift 键沿 X 轴移动复制模型，在弹出的对话框中选中【实例】单选按钮，单击【确定】按钮，如图 2.126 所示。

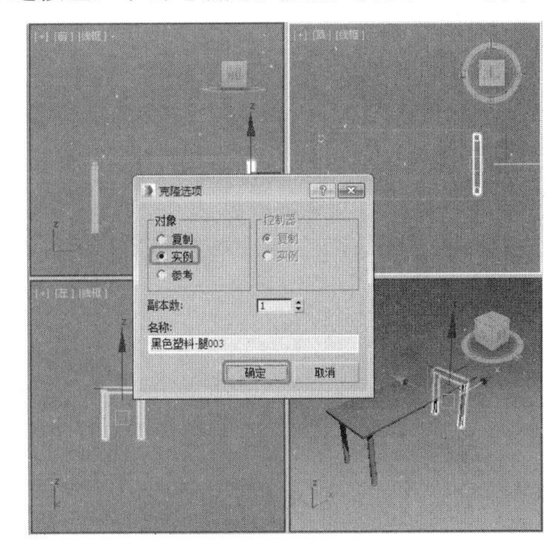

图 2.126

09 选择【创建】｜【几何体】｜【长方体】工具，在顶视图中创建长方体，将其命名为【木 - 柜子 001】，在【参数】卷展栏中设置【长度】为 115、【宽度】为 84、【高度】为-120，并在场景中调整其位置，如图 2.127 所示。

10 切换到【修改】命令面板，在【修改器列表】中选择【UVW 贴图】修改器，在【参数】卷展栏中选中【长方体】单选按钮，在【对齐】选项组中选中 Z 单选按钮，然后单击【适配】按钮，如图 2.128 所示。

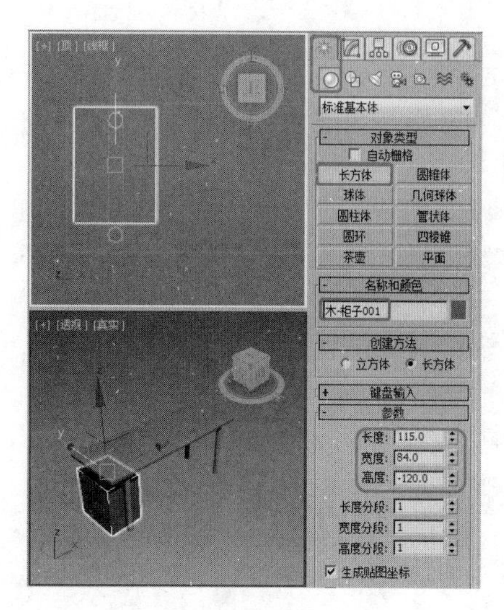

图 2.127

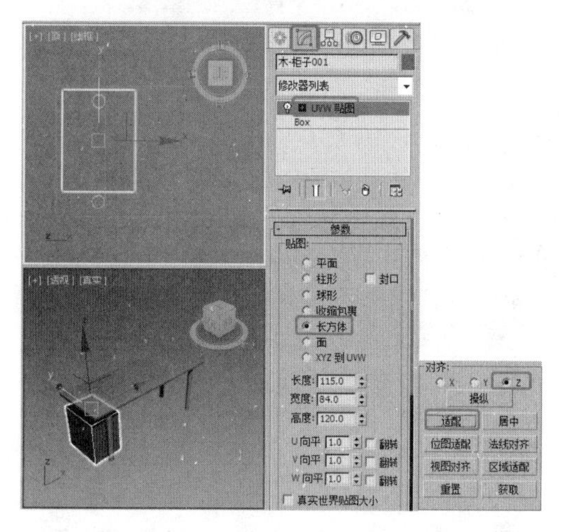

图 2.128

11 确认【木-柜子001】对象处于选中状态，并按Ctrl+V组合键，在弹出的对话框中选中【复制】单选按钮，单击【确定】按钮，复制【木-柜子002】对象，如图2.129所示。

图 2.129

12 切换到【修改】命令面板，在【参数】卷展栏中，设置【木-柜子002】对象的【长度】为120，【宽度】为88，【高度】为3.5，并在场景中调整其位置，如图2.130所示。

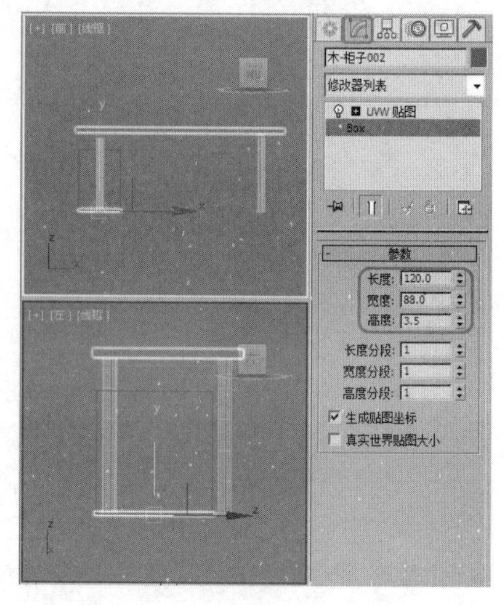

图 2.130

13 切换至【修改】命令面板，在场景中复制【木-柜子003】对象，并在场景中调整其位置，然后调整【木-柜子002】和【木-柜子003】对象的UVW贴图为【适配】，效果如图2.131所示。

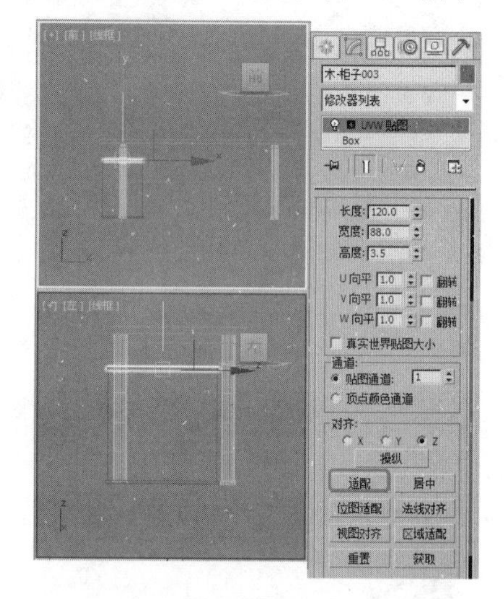

图 2.131

14 选择【创建】 | 【几何体】 | 【长方体】工具，在前视图中创建长方体，将其命名为【镂空板子】，在【参数】卷展栏中设置【长度】为111、【宽度】为310、【高度】为1，并在视图中调整其位置，如图2.132所示。

15 在场景中选择所有的【金属-腿】对象，在菜单栏中选择【组】|【组】命令，在弹出的对话框中设置【组名】为【金属】，单击【确定】按钮，如图2.133所示。

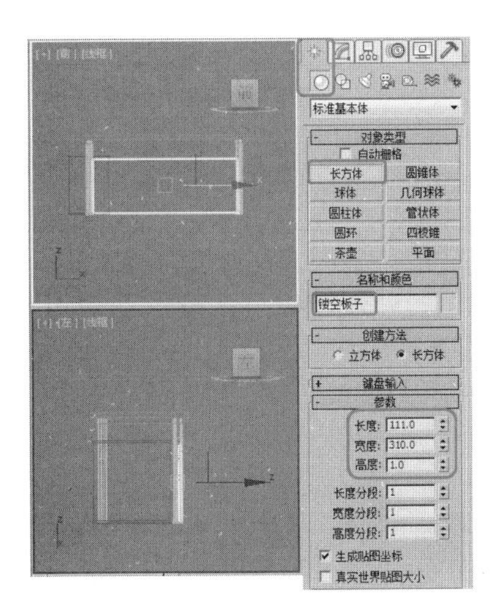

图 2.132

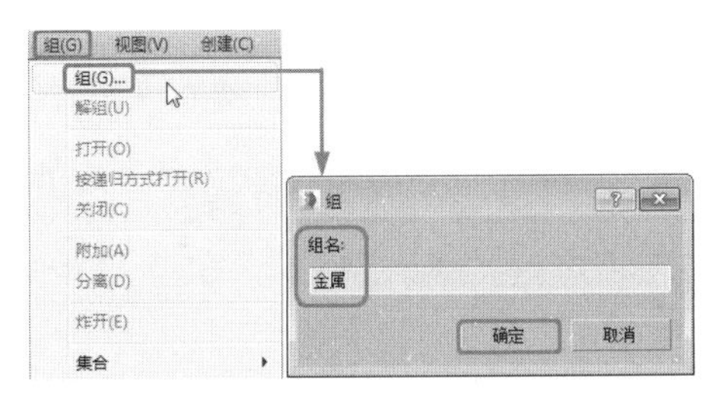

图 2.133

16 在场景中选择所有的【黑色塑料】对象，在菜单栏中选择【组】|【组】命令，在弹出的对话框中设置【组名】为【黑色塑料】，单击【确定】按钮，如图 2.134 所示。

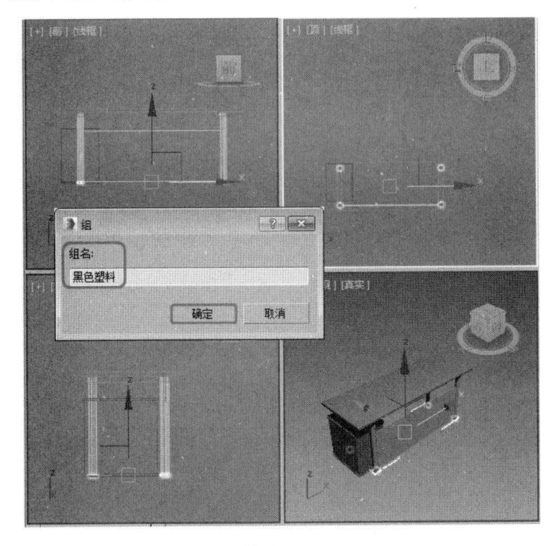

图 2.134

17 在场景中选择除【黑色塑料】、【金属】和【镂空板子】以外的所有对象，在菜单栏中选择【组】|【组】命令，在弹出的对话框中设置【组名】为【木纹】，单击【确定】按钮，如图 2.135 所示。

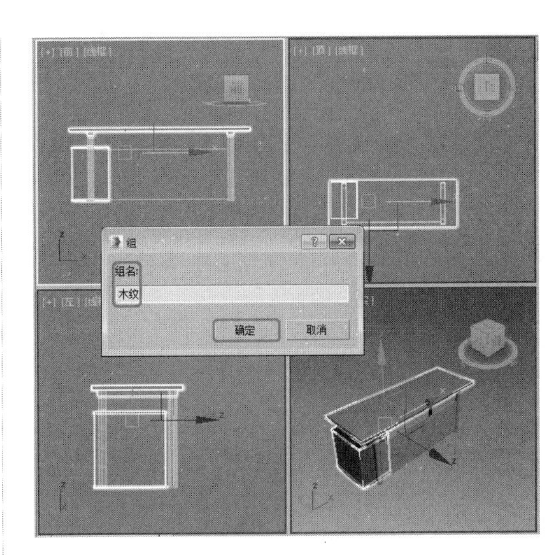

图 2.135

18 在场景中选择【木纹】对象，按 M 键打开【材质编辑器】对话框，选择一个新的材质样本球，将其命名为【木纹】。在【Blinn 基本参数】卷展栏中将【自发光】设置为 30，将【反射高光】选项组中的【高光级别】和【光泽度】均设置为 0，如图 2.136 所示。

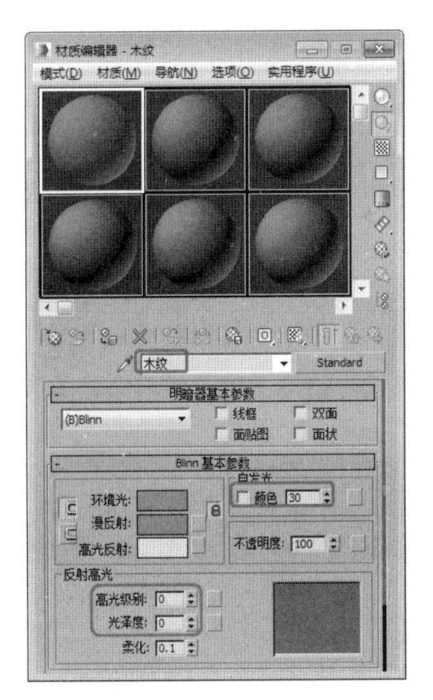

图 2.136

19 在【贴图】卷展栏中单击【漫反射颜色】右侧的【无】按钮，在弹出的【材质 / 贴图浏览器】对话框中选择【位图】贴图，然后单击【确定】按钮，如图 2.137 所示。

20 在弹出的对话框中打开配套资源中的【木纹 A.jpg】素材文件，进入贴图层级面板，在【坐标】卷展栏中使用默认参数，单击【将材质指定给选定对象】按钮，将材质指定给木纹对象，如图 2.138 所示。

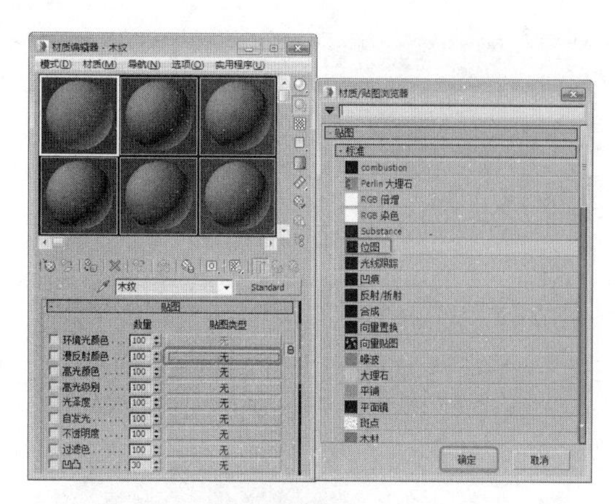

图 2.137

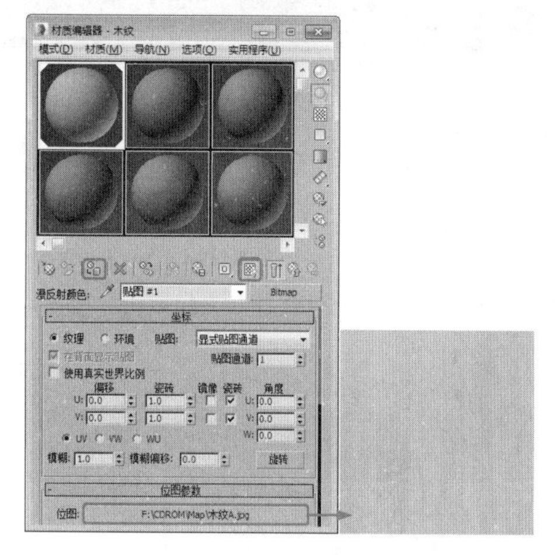

图 2.138

21 在场景中选择【金属】对象，在【材质编辑器】对话框中选择一个新的材质样本球，将其命名为【金属】，在【明暗器基本参数】卷展栏中选择【金属】，在【金属基本参数】卷展栏中，将【反射高光】选项组中的【高光级别】和【光泽度】分别设置为 61 和 80，如图 2.139 所示。

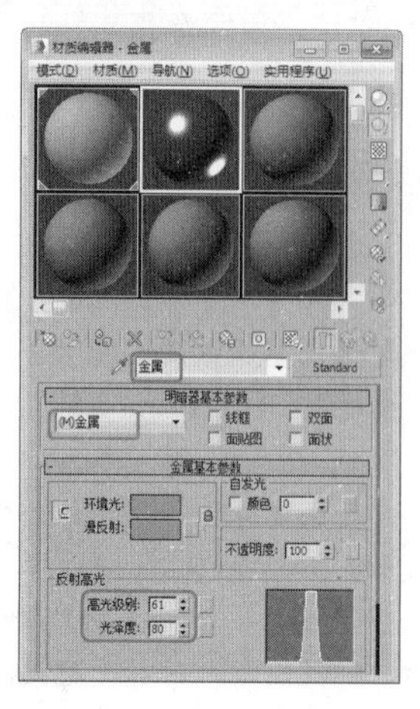

图 2.139

22 在【贴图】卷展栏中单击【反射】右侧的【无】按钮，在弹出的【材质 / 贴图浏览器】对话框中双击【位图】贴图，再在弹出的对话框中打开配套资源中的 Bxgmap1.jpg 素材文件，进入贴图层级面板，在【坐标】卷展栏中设置贴图为【收缩包裹环境】，如图 2.140 所示。单击【将材质指定给选定对象】按钮，将材质指定给金属对象。

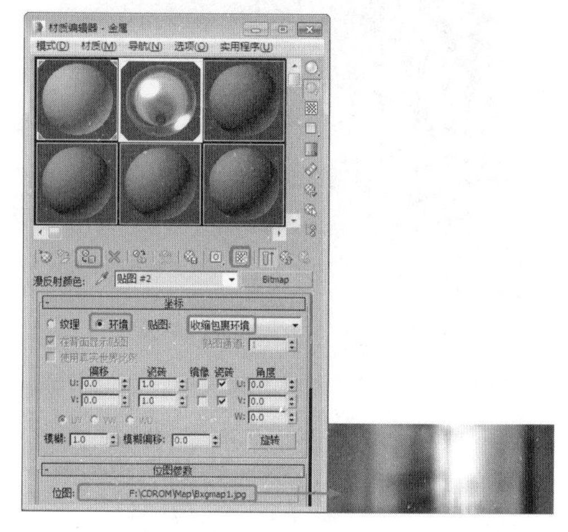

图 2.140

23 在场景中选择【黑色塑料】对象，在【材质编辑器】对话框中选择一个新的材质样本球，将其命名为【黑色塑料】，在【Blinn 基本参数】卷展栏中将【环境光】和【漫反射】的颜色数值设置为 20,20,20，在【反射高光】选项组中设置【高光级别】为 51、【光泽度】为 50，如图 2.141 所示。单击【将材质指定给选定对象】按钮，将材质指定给黑色塑料对象。

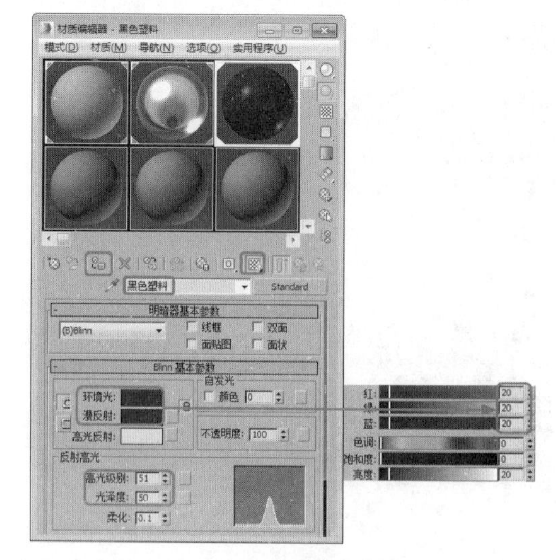

图 2.141

24 在场景中选择【镂空板子】对象，在【材质编辑器】对话框中选择一个新的材质样本球，将其命名为【镂空】，在【明暗器基本参数】卷展栏中选择【金属】，在【金属基本参数】卷展栏中将【环境光】和【漫反射】的颜色数值设置为168,168,168，将【自发光】设置为60，将【不透明度】设置为50，在【反射高光】选项组中将【高光级别】和【光泽度】分别设置为61、80，如图2.142所示。

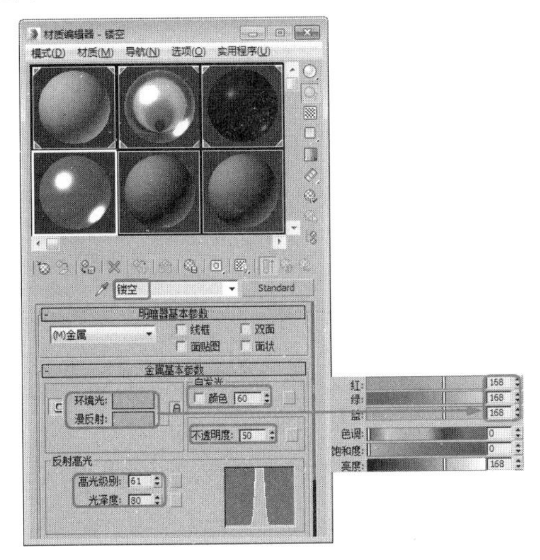

图 2.142

25 在【贴图】卷展栏中单击【不透明度】右侧的【无】按钮，在弹出的【材质/贴图浏览器】对话框中双击【位图】贴图，再在弹出的对话框中打开配套资源中的【金属-镂空.jpg】素材文件，在【坐标】卷展栏中使用默认参数，直接单击【将材质指定给选定对象】按钮，将材质指定给镂空板子对象，如图2.143所示。

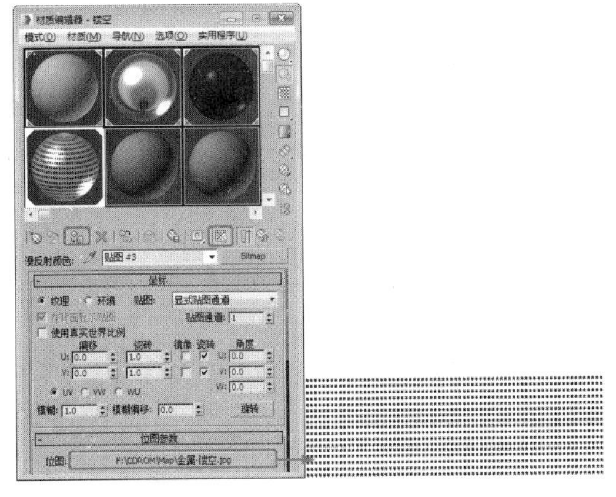

图 2.143

26 选择【创建】|【几何体】|【平面】工具，在顶视图中创建平面，切换到【修改】命令面板，在【参数】卷展栏中，将【长度】设置为1400，将【宽度】设置为1600，如图2.144所示。

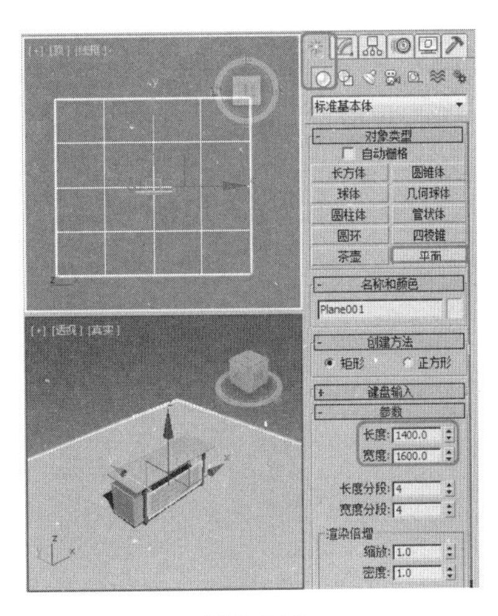

图 2.144

知识链接

【不透明度】：可以通过在【不透明度】材质组件中使用位图文件或程序贴图来生成部分透明的对象。贴图的浅色（较高的值）区域渲染为不透明；深色区域渲染为透明；之间值渲染为半透明。将不透明度贴图的【数量】设置为100，可应用所有贴图。透明区域将完全透明。将【数量】设置为0相当于禁用贴图。中间的【数量】值将与原始【不透明度值】混合，贴图的透明区域将变得更加不透明。

27 右击平面对象，在弹出的快捷菜单中选择【对象属性】命令，如图2.145所示。

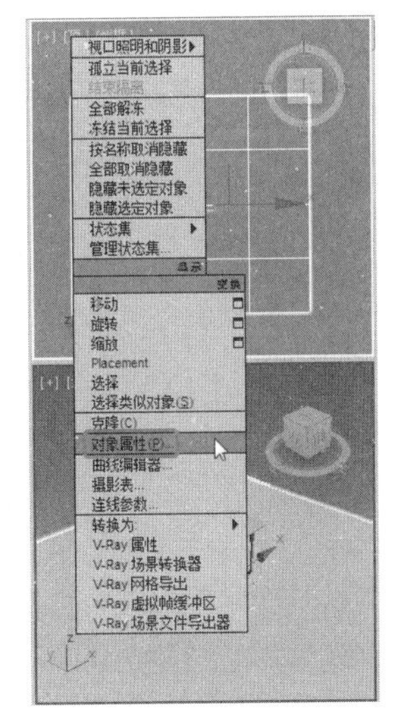

图 2.145

28 弹出【对象属性】对话框，在【显示属性】选项组中选中【透明】复选框，单击【确定】按钮，如图2.146所示。

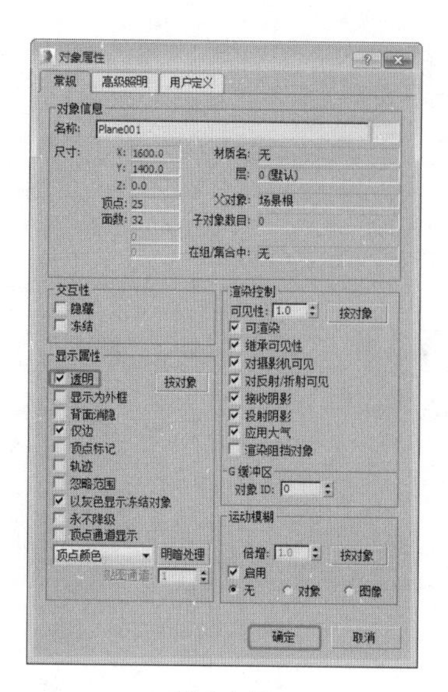

图 2.146

注意

对于标准材质，反射高光将应用于不透明度贴图的透明区域以及不透明区域，用以创建玻璃效果。如果希望透明区域具有孔洞效果，也可以将贴图应用到高光反射级别。

29 按 M 键打开【材质编辑器】对话框，选择一个新的材质样本球，并单击Standard按钮，在弹出的【材质/贴图浏览器】对话框中选择【无光/投影】材质，单击【确定】按钮，如图 2.147 所示。

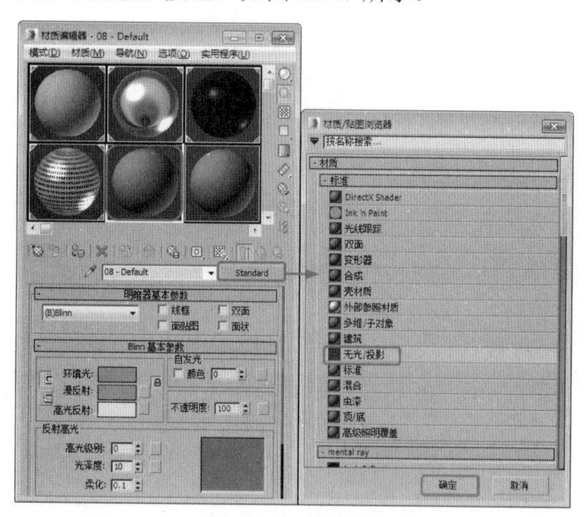

图 2.147

30 在【天光/投影基本参数】卷展栏中，单击【反射】选项组中贴图右侧的【无】按钮，在弹出的【材质/贴图浏览器】对话框中选择【平面镜】材质，单击【确定】按钮，如图 2.148 所示。

31 在【平面镜参数】卷展栏中选中【应用于带 ID 的面】复选框，如图 2.149 所示。

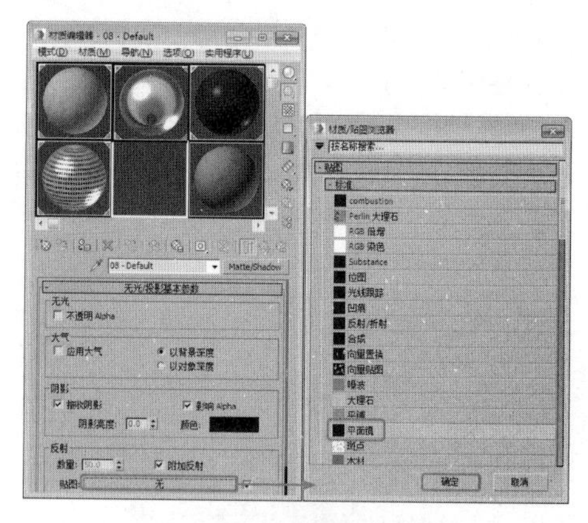

图 2.148

图 2.149

32 单击【转到父对象】按钮，在【天光/投影基本参数】卷展栏中，将【反射】选项组中的【数量】设置为 5，然后单击【将材质指定给选定对象】按钮，将材质指定给平面对象，如图 2.150 所示。

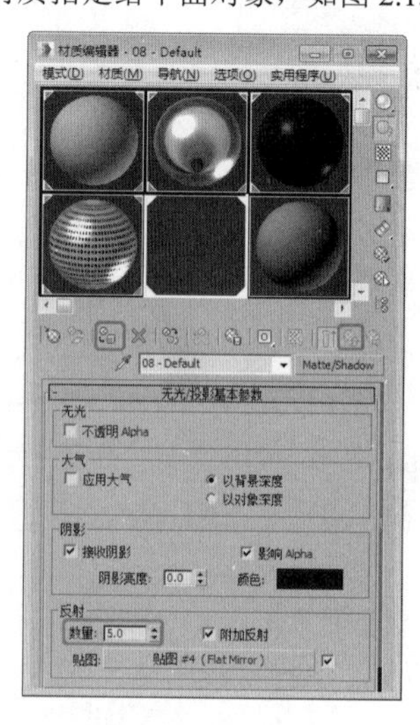

图 2.150

33 按 8 键弹出【环境和效果】对话框，在【公用参数】

卷展栏中单击【无】按钮，在弹出的【材质 / 贴图浏览器】对话框中选择【位图】贴图，如图 2.151 所示。

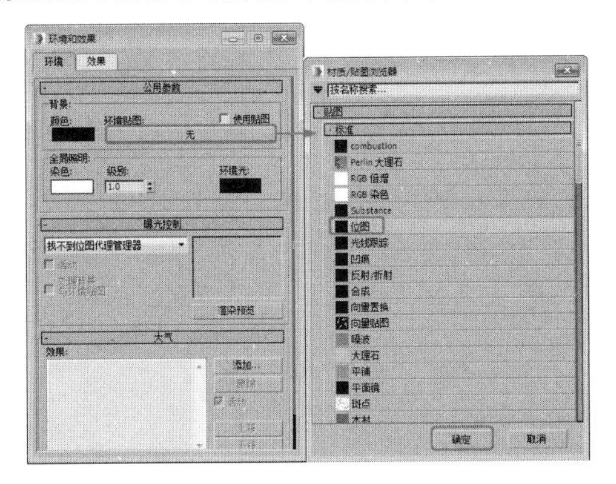

图 2.151

34 在弹出的对话框中打开配套资源中的【办公桌背景图 .tif】素材文件，如图 2.152 所示。

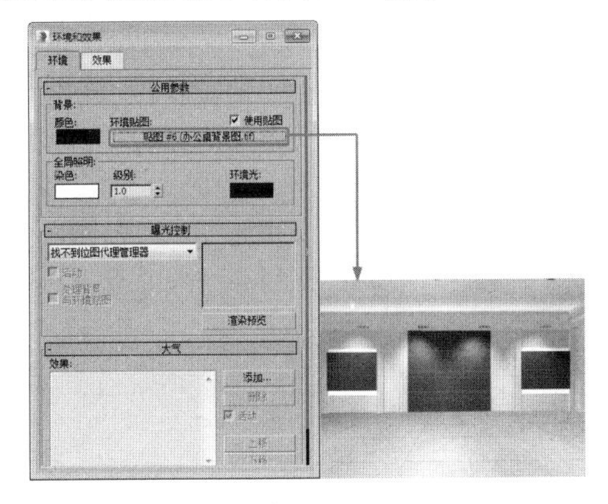

图 2.152

35 在【环境和效果】对话框中，将环境贴图按钮拖曳至新的材质样本球上，在弹出的【实例（副本）贴图】对话框中选中【实例】单选按钮，并单击【确定】按钮。在【坐标】卷展栏中，将贴图设置为【屏幕】，如图 2.153 所示。

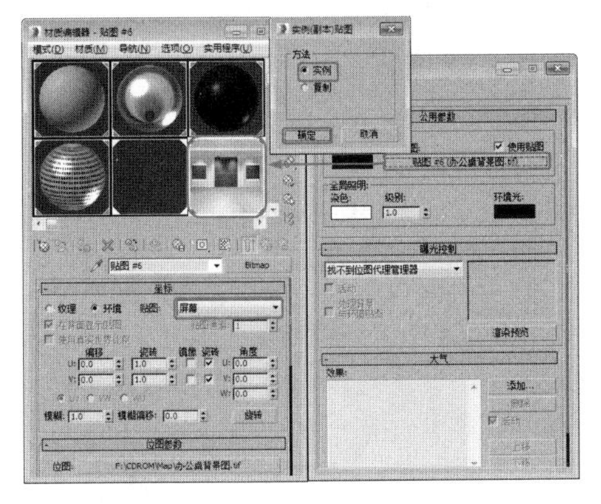

图 2.153

36 打开【位图参数】卷展栏，选中【应用】复选框，将 U、V、W、H 分别设置为 0.047、0.183、0.852、0.728，单击【查看图像】按钮可以查看效果，如图 2.154 所示。

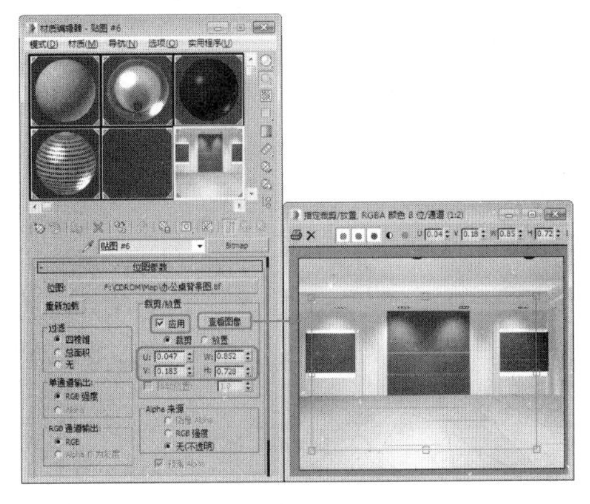

图 2.154

37 激活透视视图，按 Alt+B 组合键，弹出【视口配置】对话框，在【背景】选项卡中选中【使用环境背景】单选按钮，然后单击【确定】按钮，即可在透视视图中显示环境背景，如图 2.155 所示。

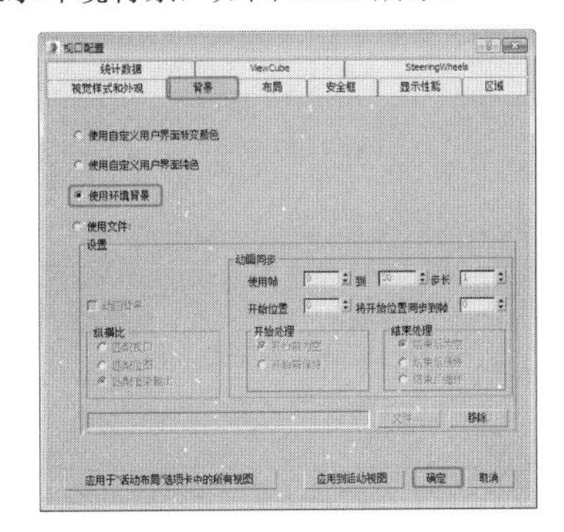

图 2.155

38 选择【创建】 | 【摄影机】 | 【目标】工具，在视图中创建摄影机，在【参数】卷展栏中，将【镜头】设置为 39，效果如图 2.156 所示。

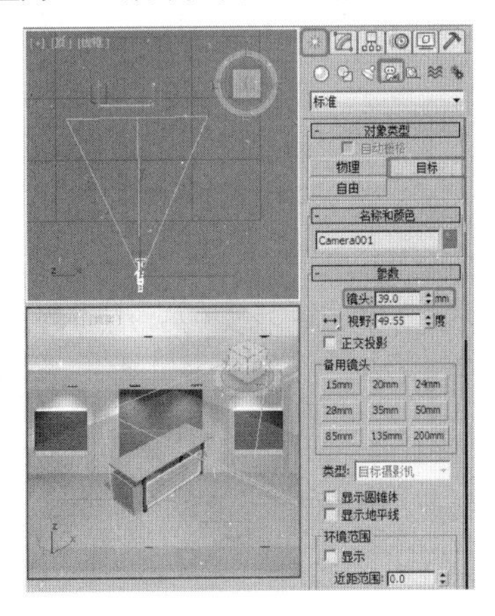

图 2.156

39 激活透视视图，按C键将其转换为摄影机视图，切换到【修改】命令面板，并在其他视图中调整摄影机位置，调整效果如图2.157所示。

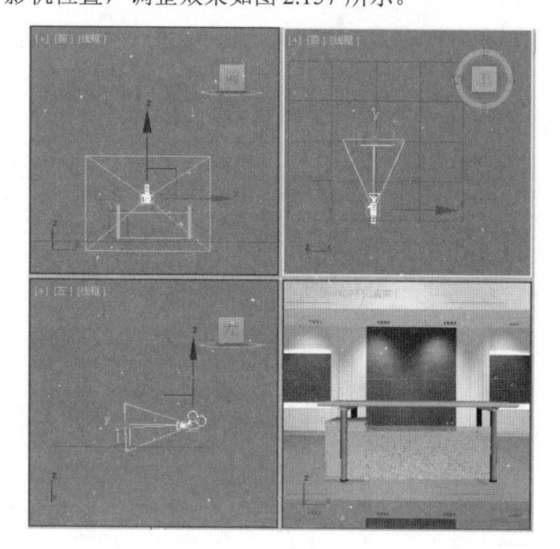

图 2.157

40 单击按钮，在弹出的下拉列表中选择【导入】|【合并】命令，如图2.158所示。

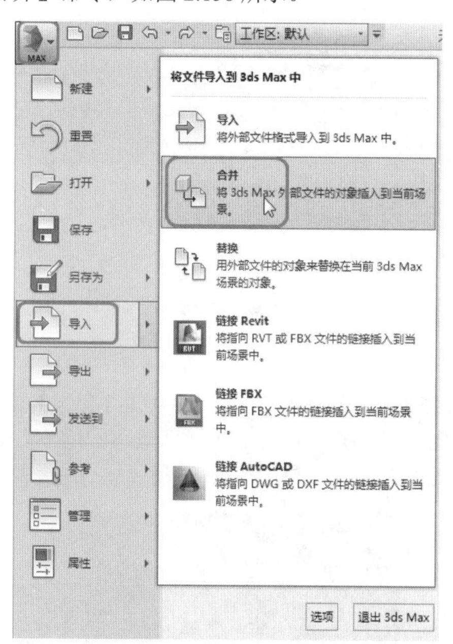

图 2.158

41 在弹出的【合并文件】对话框中打开配套资源中的【办公椅.max】素材文件，再在弹出的对话框中单击底部的【全部】按钮，并单击【确定】按钮，如图2.159所示。

42 将办公椅导入到场景中，并在场景中调整其位置，效果如图2.160所示。

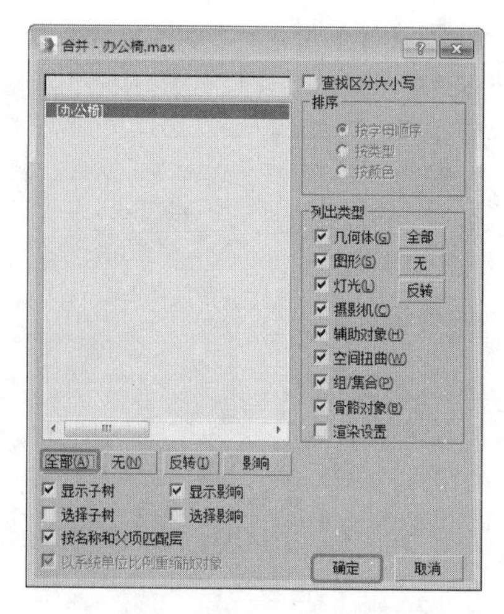

图 2.159

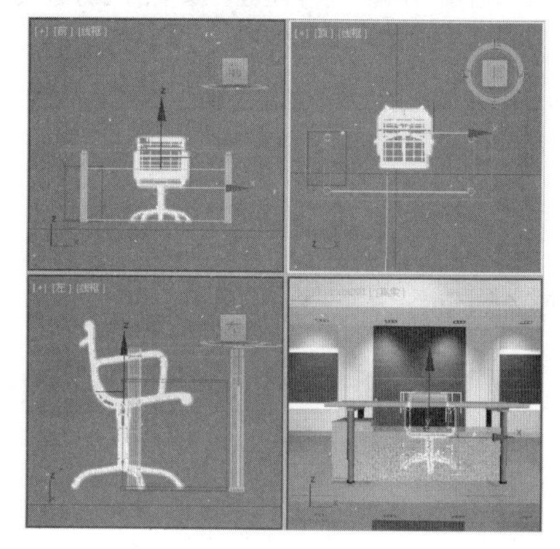

图 2.160

43 选择【创建】|【灯光】|【标准】|【泛光】工具，在顶视图中创建泛光灯，在【强度/颜色/衰减】卷展栏中将【倍增】设置为0.3，如图2.161所示，然后在其他视图中调整灯光的位置。

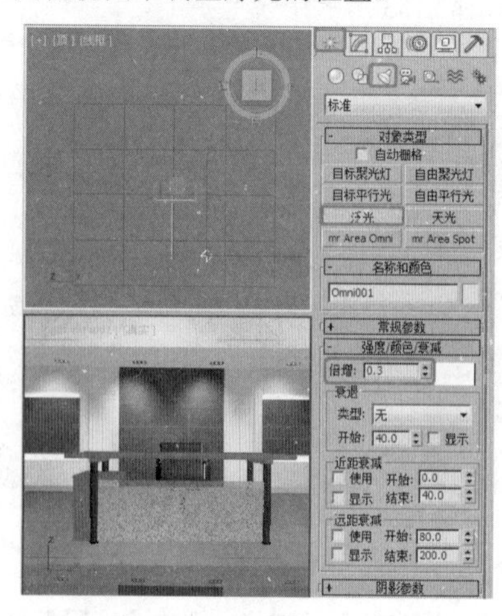

图 2.161

44 选择【创建】 | 【灯光】 | 【标准】 | 【天光】工具，在顶视图中创建天光，在【天光参数】卷展栏中选中【投射阴影】复选框，如图 2.162 所示。至此，办公桌就制作完成了，按 F9 键渲染，渲染完成后将场景文件保存即可。

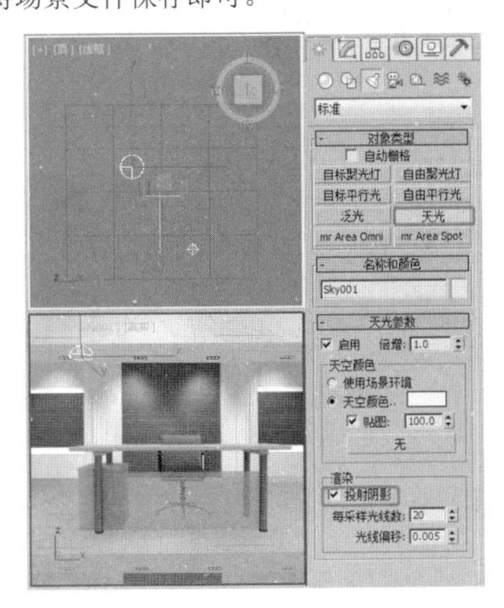

图 2.162

2.4.3　制作资料架

本例将介绍组合书架的制作方法，主要由【管状体】和【圆柱体】工具来创建组合书架的底座和中心柱，然后再通过【线】和【长方体】工具创建脚架，通过【阵列】命令进行调整，通过对【线】工具进行挤出制作文件夹。然后通过旋转复制，最后再为其指定材质，完成后的效果如图 2.163 所示。

图 2.163

01 激活顶视图，选择【创建】 | 【几何体】 | 【管状体】工具，在顶视图中创建一个管状体，在【参数】卷展栏中将【半径 1】、【半径 2】、【高度】、【边数】的值分别设置为 30、40、10、32，如图 2.164 所示。

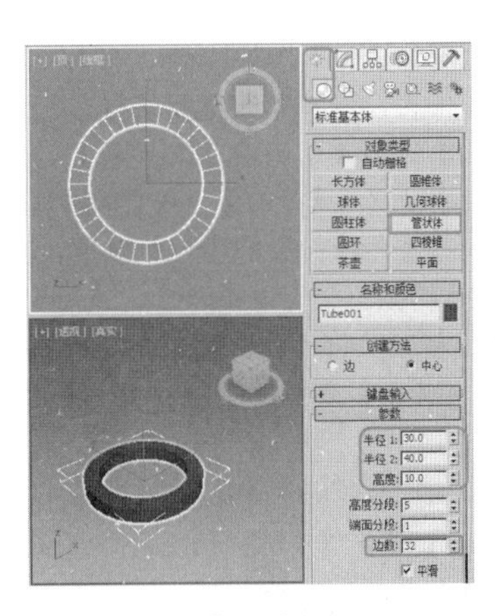

图 2.164

02 选择【创建】 | 【几何体】 | 【圆柱体】工具，在顶视图中管状体的中央创建一个圆柱体，在【参数】卷展栏中将【半径】、【高度】、【边数】的值分别设置为 30、13、30，然后在左视图中调整其位置，完成后的效果如图 2.165 所示。

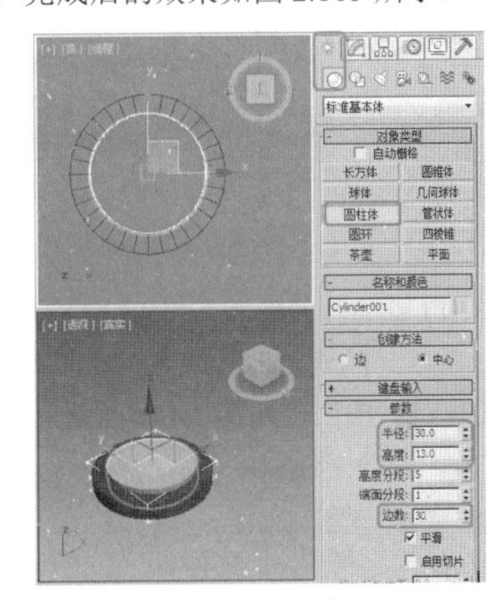

图 2.165

03 按 Ctrl+A 组合键，将场景中的物体全部选择，然后选择菜单栏中的【组】 | 【组】命令，在弹出的【组】对话框中将【组名】命名为【底座】，然后单击【确定】按钮，如图 2.166 所示。

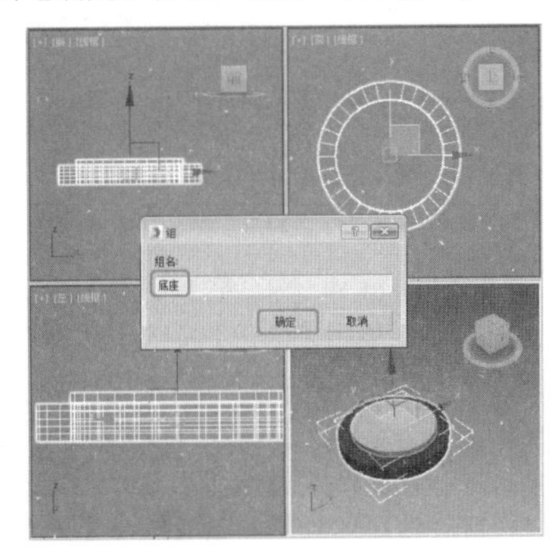

图 2.166

04 确定【底座】对象处于选中状态，按M键打开【材质编辑器】面板，选择第一个材质样本球，将其命名为【金属】。在【明暗器基本参数】卷展栏中，将明暗器类型设置为【金属】。在【金属基本参数】卷展栏中，将【环境光】的颜色数值设置为0,0,0，将【漫反射】的颜色数值设置为255,255,255；将【自发光】设置为20，将【反射高光】区域下的【高光级别】和【光泽度】分别设置为100、80，如图2.167所示。

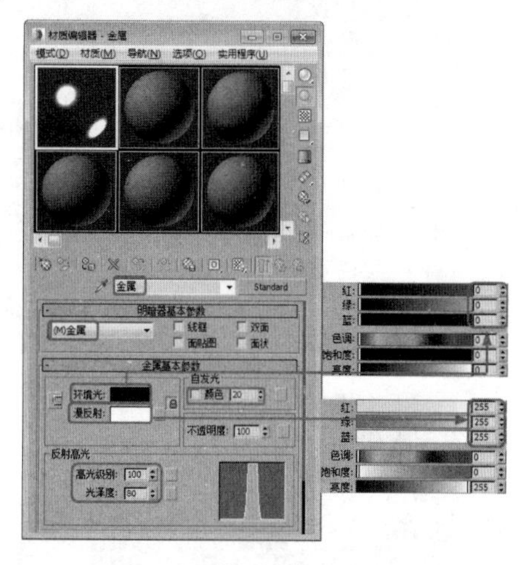

图 2.167

05 打开【贴图】卷展栏，单击【反射】通道后的【无】贴图按钮，在打开的对话框中选择【位图】贴图，然后单击【确定】按钮，如图2.168所示。

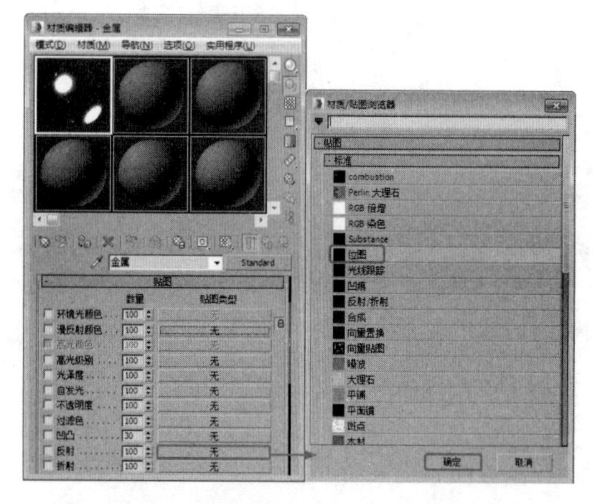

图 2.168

06 在打开的对话框中选择配套资源中的Map / HOUSE.JPG文件，单击【打开】按钮。进入【反射】材质层级，在【坐标】卷展栏中将【模糊偏移】的值设置为0.086，单击【转到父对象】按钮，返回父级材质层级，并单击【将材质指定给选定对象】按钮，将材质指定给场景中的【底座】对象，如图2.169所示

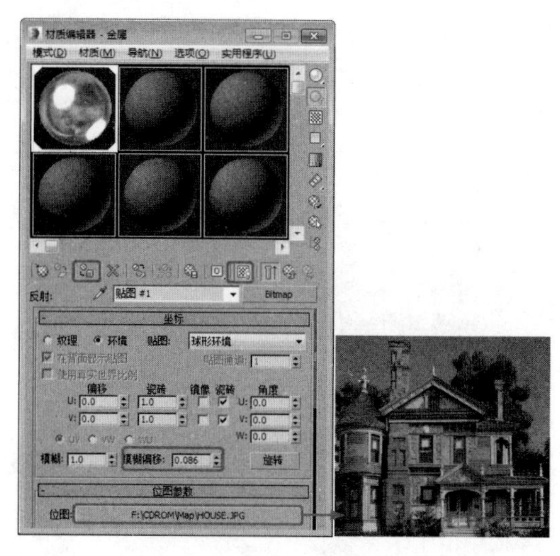

图 2.169

07 关闭【材质编辑器】，激活顶视图，选择【创建】|【几何体】|【管状体】工具，在顶视图中创建一个管状体，将其命名为【书架001】，在【参数】卷展栏中将【半径1】、【半径2】、【高度】、【边数】的值分别设置为6、153、6、50，如图2.170所示，然后在前视图中将其调整至【底座】对象的上方。

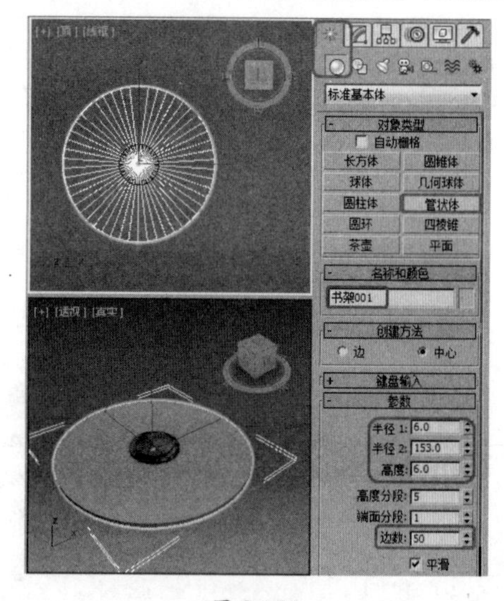

图 2.170

08 在场景中选择刚创建的【书架001】对象，按M键打开【材质编辑器】面板，选择第二个材质样本球，将其命名为【书架】。在【明暗器基本参数】卷展栏中，选中【双面】复选框。在【Blinn基本参数】卷展栏中，将【环境光】、【漫反射】、【高光反射】的颜色数值均设置为255,255,255；将【自发光】设置为30。将【反射高光】区域下的【高光级别】、【光泽度】值均设置为0，如图2.171所示。

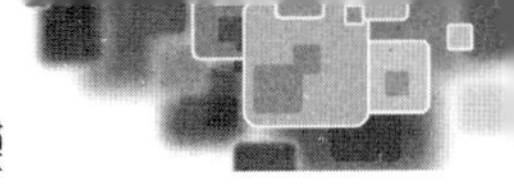

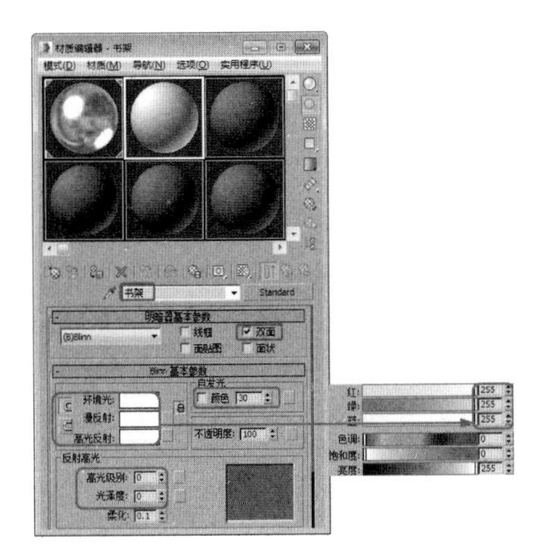

图 2.171

09 打开【贴图】卷展栏，单击【漫反射颜色】通道后的【无】贴图按钮，在打开的对话框中选择【位图】贴图，单击【确定】按钮。在打开的对话框中选择配套资源 Map /【枫木 -13.jpg】文件，单击【打开】按钮。进入【反射】材质层级，单击【位图参数】卷展栏，在【裁剪放置】区域下单击【查看图像】按钮，在弹出的对话框中调整图像的有效区域，调整完成后选择【应用】选项，如图 2.172 所示。单击【将材质指定给选定对象】按钮，将材质指定给场景中的【书架 001】对象，如图 2.172 所示。

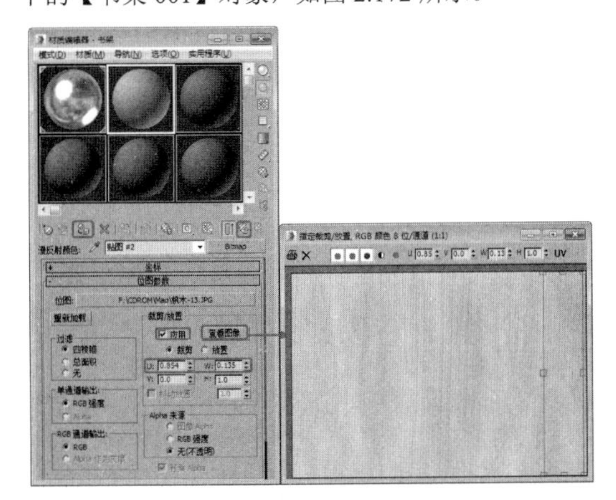

图 2.172

10 选择【创建】|【几何体】|【圆柱体】工具，在顶视图中，【书架 001】的中央创建一个圆柱体，将其命名为【中心柱】，在【参数】卷展栏中将【半径】、【高度】。【边数】的值分别设置为 6、400、30，如图 2.173 所示，然后在前视图中将其调整至【书架 001】上方。

11 确认新创建的【中心柱】处于选中状态，按 M 打开【材质编辑器】面板，选择第一个材质样本球，将【金属】材质指定给场景中的【中心柱】对象，如图 2.174 所示。

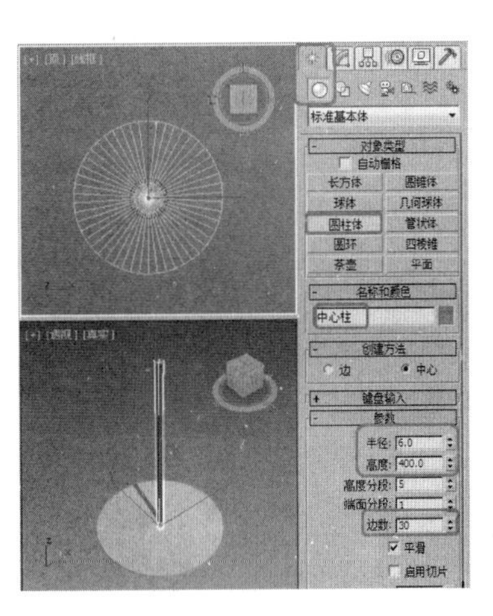

图 2.173

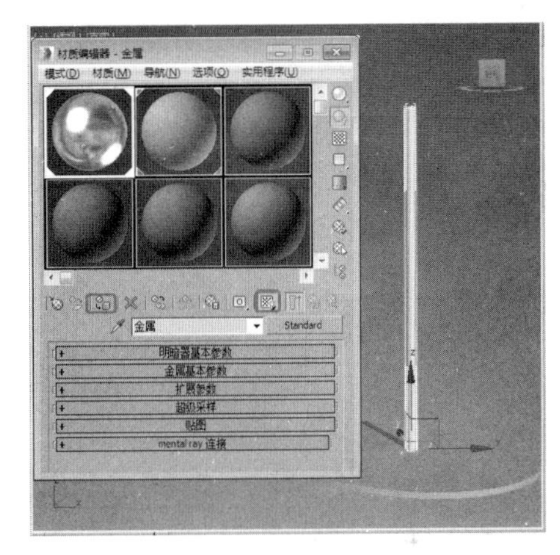

图 2.174

12 激活前视图，在场景中选择【书架 001】对象，使用【选择并移动】工具，配合 Shift 键，将其向上移动并复制，在弹出的【克隆选项】对话框中选择【对象】区域下的【实例】单选按钮，将【副本数】设置为 3，最后单击【确定】按钮，然后调整复制得到的模型位置，如图 2.175 所示。

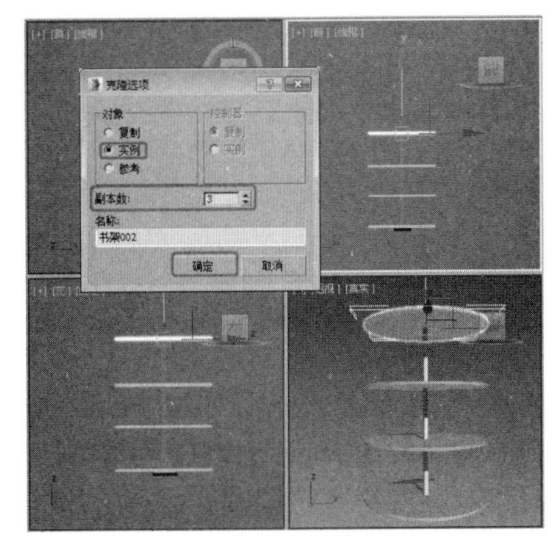

图 2.175

13 激活左视图，将其最大化显示。选择【创建】 |【几何体】 |【长方体】工具，在左视图中创建一个【长度】、【宽度】、【高度】的值分别为10、115、5的长方体，用来制作脚架腿，如图2.176所示。

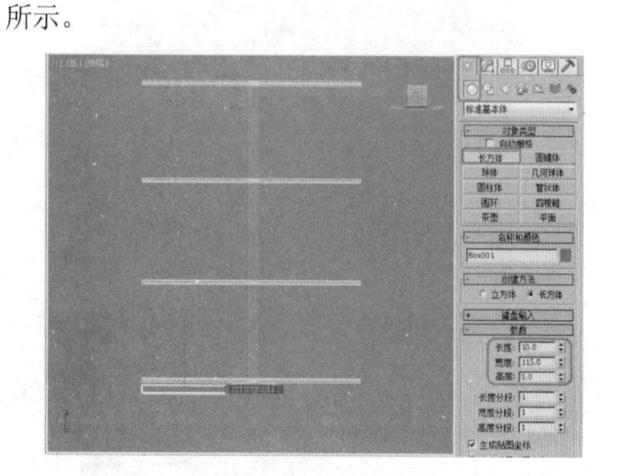

图 2.176

14 在左视图中，将长方体的左侧放大显示，选择【创建】 |【图形】 |【线】工具，在左视图中绘制一个如图2.177所示的闭合图形作为脚架轴的截面图形。

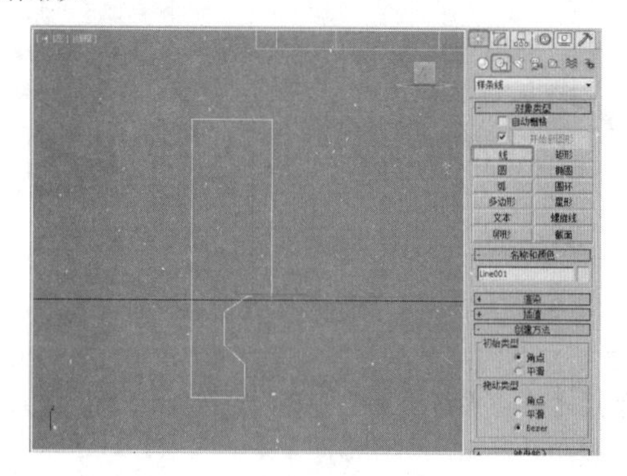

图 2.177

注意

在绘制脚架轴的截面图形时，不必一步到位，先绘制出它的大体形状，再通过调整顶点位置的方法调整截面图形的形状。

15 切换至【修改】命令面板，在【修改器列表】中选择【车削】修改器，在【参数】卷展栏中将【分段】值设置为50，单击【方向】区域下的Y按钮，并单击【对齐】区域下的【最小】按钮，在其他视图中调整模型的位置，如图2.178所示。

16 选择Line001和Box对象，然后单击【选择】按钮，并在菜单栏中选择【组】|【组】命令，将组名命名为【脚架001】，最后单击【确定】按钮，如图2.179所示。

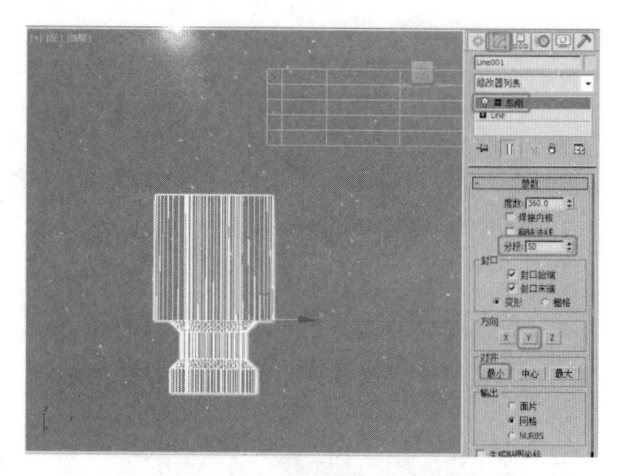

图 2.178

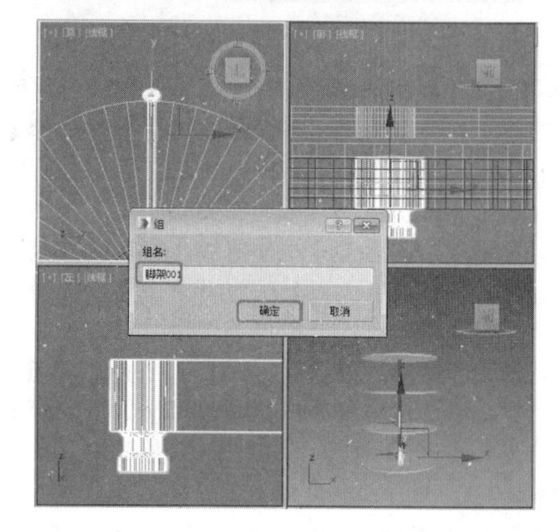

图 2.179

17 在场景中选择【脚架001】对象，激活顶视图，切换至【层级】面板。单击【轴】按钮，在【调整轴】卷展栏中单击【仅影响轴】按钮，然后选择工具栏中的【对齐】工具 ，在场景中选择【书架004】对象，在弹出的对话框中将【对其位置】区域下的3个复选框全部选中，再选择【当前对象】和【目标对象】区域下的【中心】单选按钮，最后单击【确定】按钮，将【脚架001】对象与【书架004】的中心对齐，如图2.180所示。

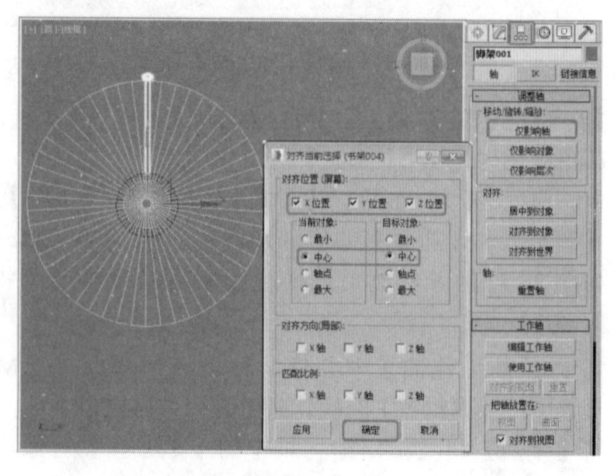

图 2.180

18 单击【仅影响轴】按钮，调整完轴心点后，在菜单栏中选择【工具】|【阵列】命令，如图2.181所示。

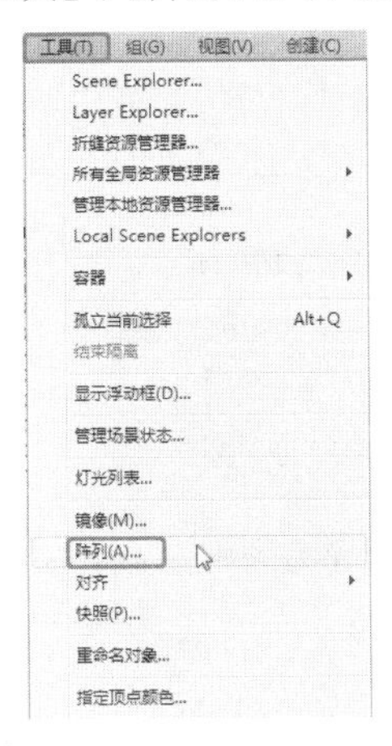

图 2.181

19 弹出【阵列】对话框，在该对话框中将【增量】选项组中【旋转】的Z轴参数设置为90，然后将【阵列维度】选项组中【数量】的1D值设置为4，最后单击【确定】按钮进行阵列复制，如图2.182所示。

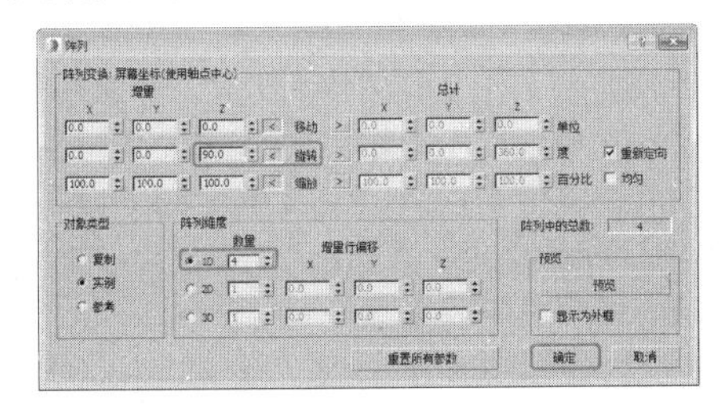

图 2.182

20 阵列完成后的显示效果如图2.183所示。

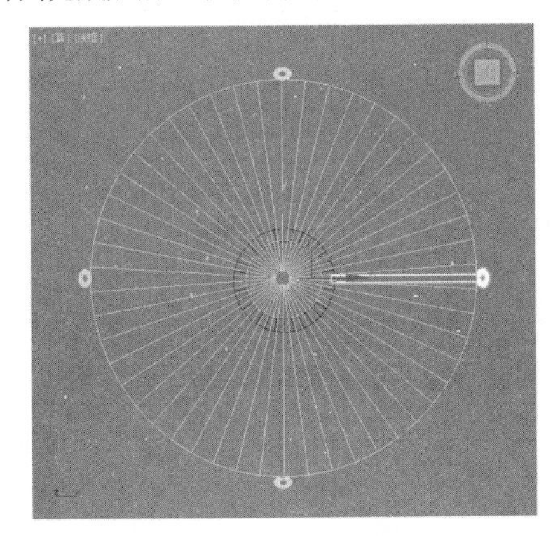

图 2.183

21 阵列完【脚架】对象后，选择这4个脚架，并为其指定材质，按M键打开【材质编辑器】面板，选择第一个材质样本球，将【金属】材质指定给场景中选中的对象，如图2.184所示。

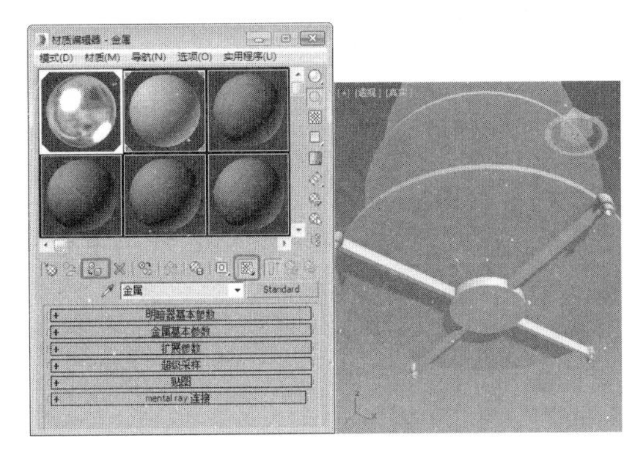

图 2.184

22 激活顶视图，将【书架】的左侧放大显示，选择【创建】 |【图形】 |【线】工具，在顶视图中绘制一个如图2.185所示的图形，并将其命名为【文件夹001】，如图2.185所示。

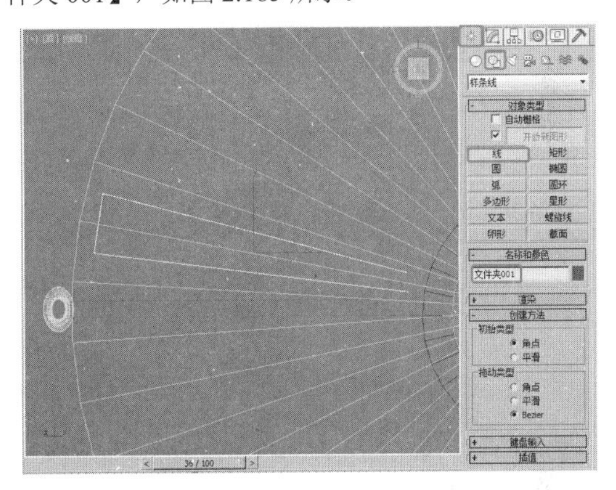

图 2.185

23 切换至【修改】命令面板，将当前选择集定义为【样条线】，将【几何体】卷展栏中的【轮廓】设置为1，然后按Enter键确定，如图2.186所示。

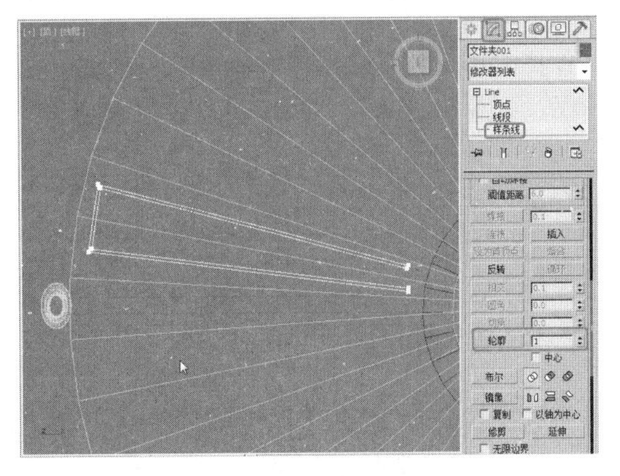

图 2.186

24 退出当前选择集，在【修改器列表】中选择【挤出】修改器，在【参数】卷展栏中将【数量】值设置为120，设置其厚度，并调整其位置，如图2.187所示。

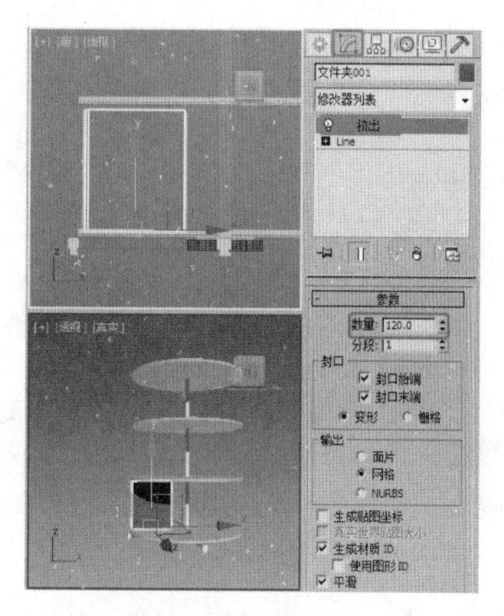

图 2.187

25 激活顶视图，选择【创建】 | 【几何体】 | 【球体】工具，在顶视图中创建一个【半径】值为5的球体，作为布尔运算的拾取对象，在视图中调整它的位置，调整完成后的效果如图2.188所示。

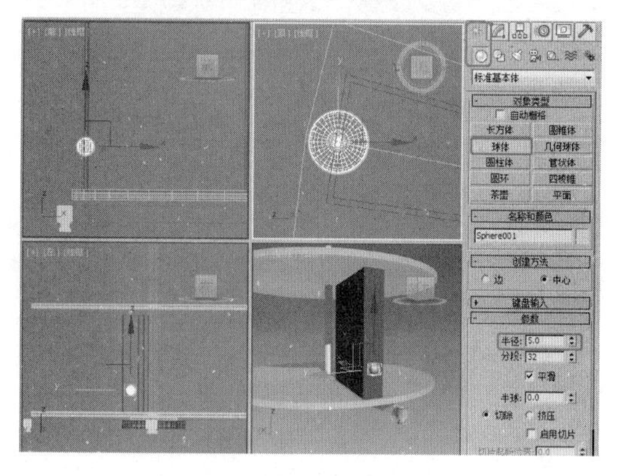

图 2.188

26 在场景中选择【文件夹001】对象，然后选择【创建】 | 【几何体】 | 【复合对象】 | 【布尔】工具，在【拾取布尔】卷展栏中单击【拾取操作对象B】按钮，并选择场景中的球体对象进行布尔运算，如图2.189所示。

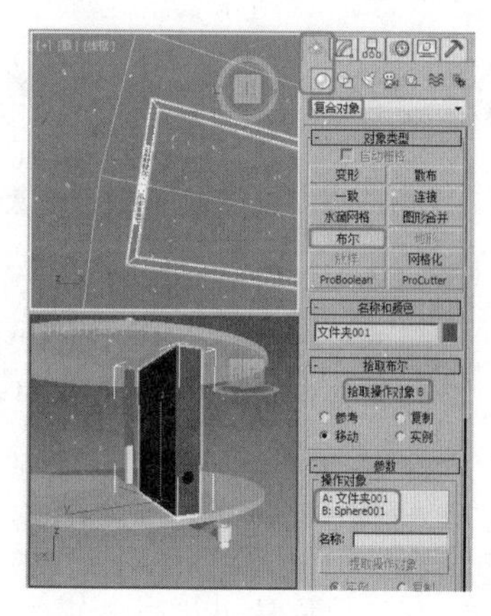

图 2.189

27 按M键打开【材质编辑器】面板，选择一个新的材质样本球，并将其命名为【文件夹01】。在【Blinn基本参数】卷展栏中，将【环境光】和【漫反射】的颜色数值设置为54,54,54；将【自发光】的值设置为50。然后单击【将材质指定给选定对象】按钮，将设置好的材质指定给场景中的【文件夹001】对象，如图2.190所示。

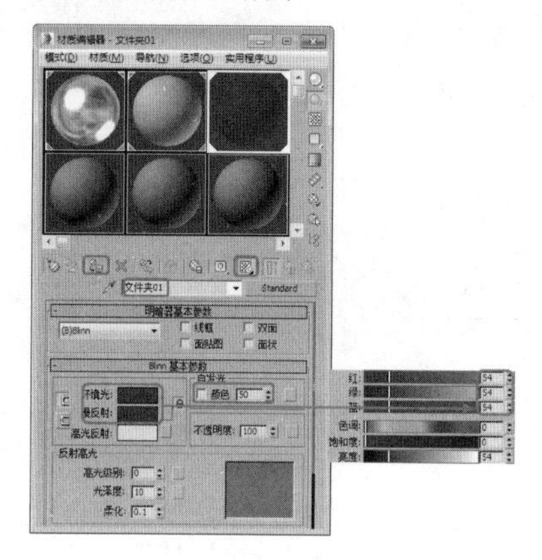

图 2.190

28 激活左视图，选择【创建】 | 【几何体】 | 【标准基本体】 | 【管状体】工具，在左视图中创建一个管状体，将其命名为【金属环001】，在【参数】卷展栏中将【半径1】、【半径2】、【高度】、【边数】的值分别设置为4、5、2、50，然后在视图中将其调整至如图2.191所示的位置。

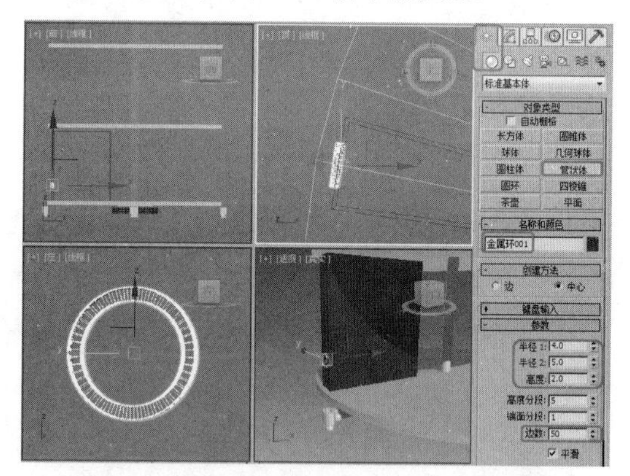

图 2.191

29 确定刚创建的【金属环】对象处于选中状态，按M键打开【材质编辑器】，选择第一个材质样本球，将【金属】材质指定给场景中的【金属环001】对象，如图2.192所示。

30 激活左视图，选择【创建】 | 【几何体】 | 【标准基本体】 | 【长方体】工具，在左视图中创建一个【长度】、【宽度】、【高度】值分别为60、15、0.5的长方体，并将其命名为【标签001】，然后在前视图中调整其位置，调整后的效果如图2.193所示。

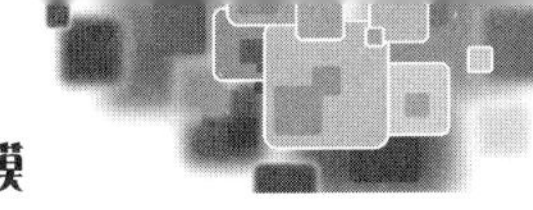

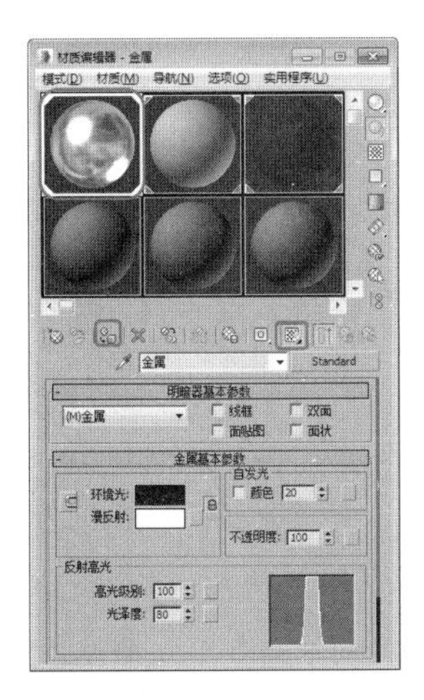

图 2.192

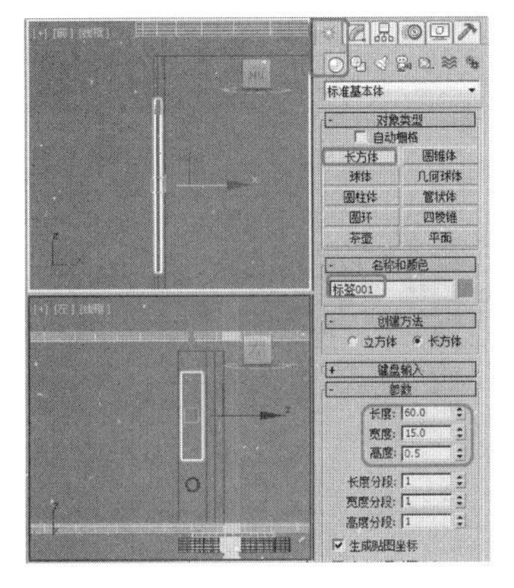

图 2.193

31 在场景中选择刚创建的【标签 001】对象，打开【材质编辑器】面板，选择一个新的材质样本球，将其命名为【标签】。在【Blinn 基本参数】卷展栏中，将【环境光】和【漫反射】的颜色数值分别设置为 255,255,255；将【自发光】区域下的【颜色】值设置为 50，如图 2.194 所示。

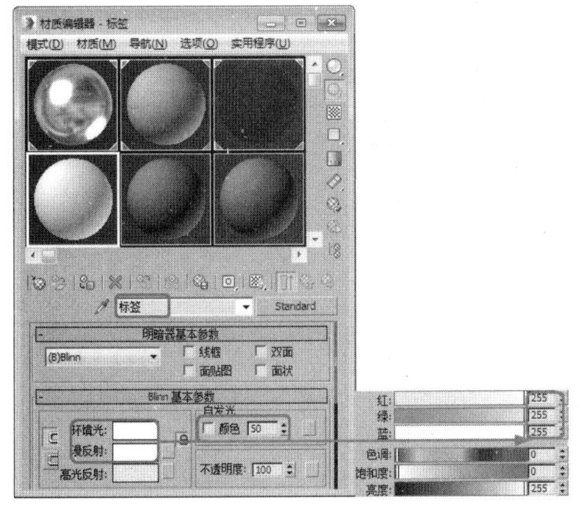

图 2.194

32 打开【贴图】卷展栏，单击【漫反射颜色】通道后的【无】贴图按钮，在打开的对话框中选择【位图】贴图，单击【确定】按钮。在打开的对话框中选择配套资源中的 Map / 标签 .jpg 文件，单击【打开】按钮。单击【转到父对象】按钮，返回父级材质层级，然后单击【将材质指定给选定对象】按钮，将设置好的材质指定给场景中的【标签 001】对象，如图 2.195 所示。

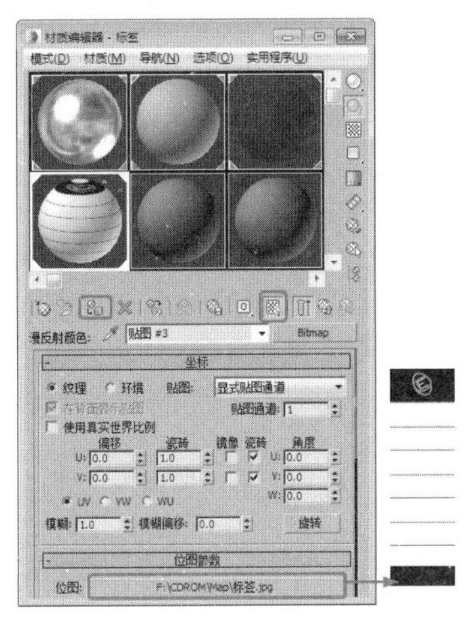

图 2.195

33 关闭【材质编辑器】，选择【文件夹 001】、【标签 001】和【金属环 001】对象，在菜单栏中选择【组】|【组】命令，在弹出的菜单栏中将【组名】重新命名为【文件夹 001】，最后单击【确定】按钮，如图 2.196 所示。

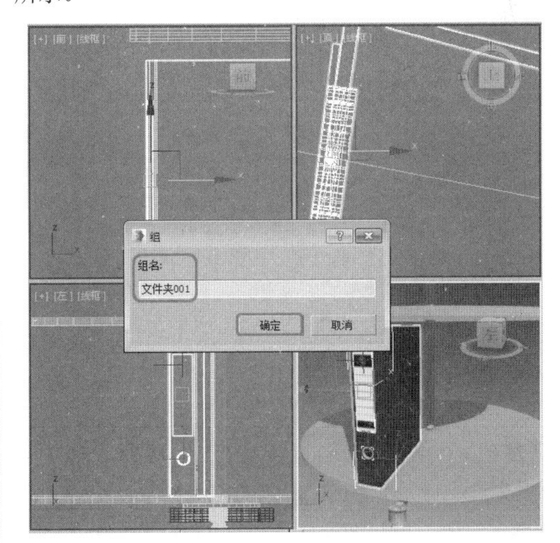

图 2.196

34 选择成组后的【文件夹 001】对象，切换至【层级】面板。单击【轴】按钮，在【调整轴】卷展栏中单击【仅影响轴】按钮，将轴心点调整至书架的中央，如图 2.197 所示。

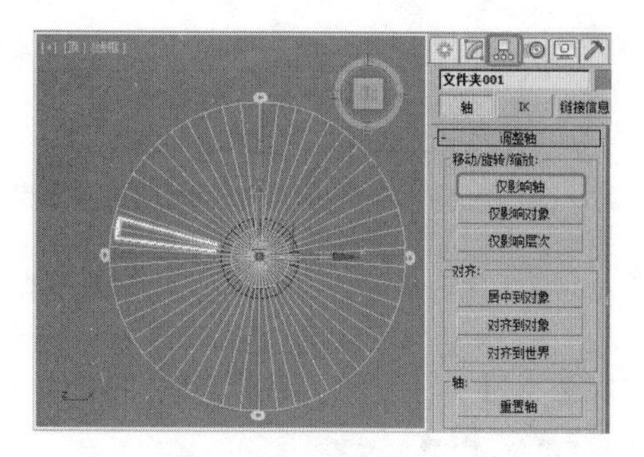

图 2.197

35 再次单击【仅影响轴】按钮，调整轴心点后，在菜单栏中选择【工具】|【阵列】命令，弹出【阵列】对话框，在该对话框中将【增量】选项组中【旋转】的 Z 轴参数设置为 15，然后将【阵列维度】选项组中【数量】的 1D 值设置为 24，最后单击【确定】按钮进行阵列复制，如图 2.198 所示。

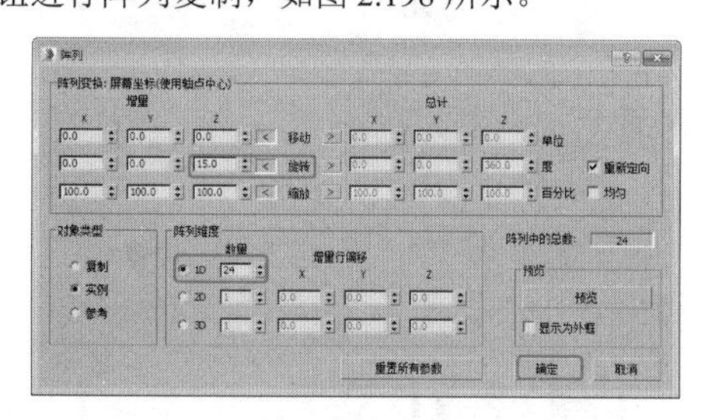

图 2.198

36 阵列完成后的显示效果如图 2.199 所示。

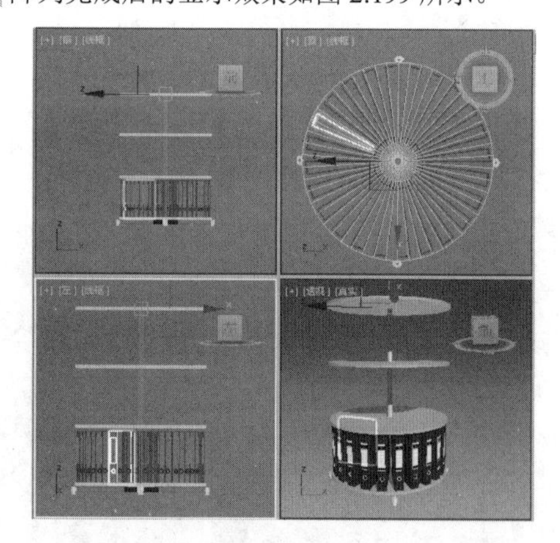

图 2.199

37 在场景中选择所有的文件夹对象，使用【选择并移动】工具，按 Shift 键，将其向上移动复制，复制效果如图 2.200 所示。

38 将部分文件夹删除，然后解组，将【标签】和【金属环】分别另成组。打开【材质编辑器】对话框，选择一个新的样本球，将其重命名为【文件夹 01】，在【明暗器基本参数】卷展栏中选中【双面】选项，在【Blinn 基本参数】卷展栏中将【环境光】的颜色参数设置为 125、175、251，将【自发光】设置为 30，将【高光级别】设置为 46，将【光泽度】设置为 22，如图 2.201 所示。

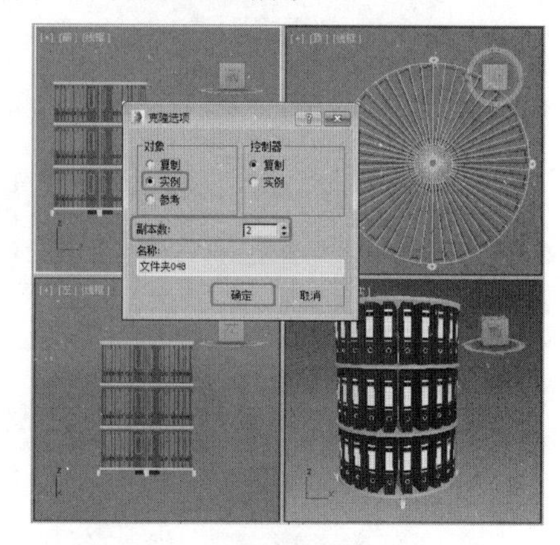

图 2.200

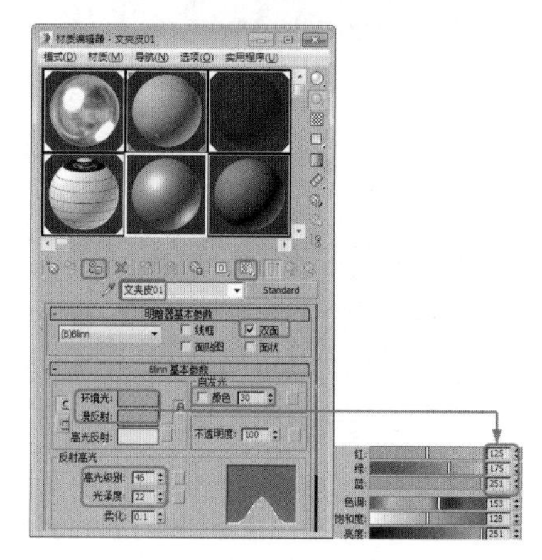

图 2.201

39 选择【文件夹 01】、【文件夹 03】、【文件夹 05】对象，单击【将材质指定给选定对象】按钮和【视口中显示明暗处理材质】按钮，将材质指定给选定对象，如图 2.202 所示。

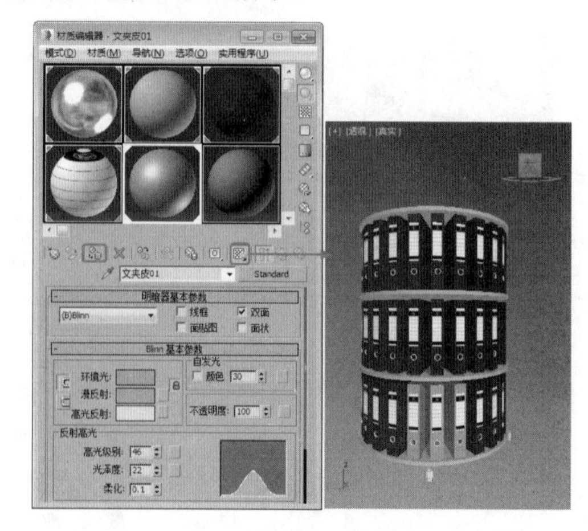

图 2.202

40 使用同样的方法设置其他文件夹的参数，并指定给文件夹对象，完成效果如图 2.203 所示。

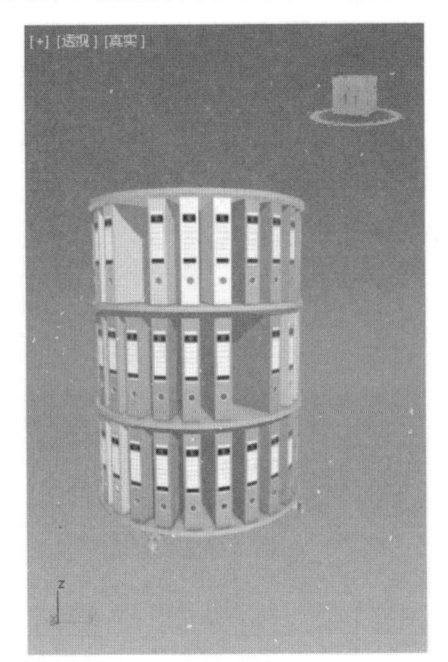

图 2.203

41 选择【创建】 | 【几何体】 | 【平面】工具，在顶视图中创建平面对象，在【参数】卷展栏中将【长度】设置为 800，将【宽度】设置为 800，如图 2.204 所示。

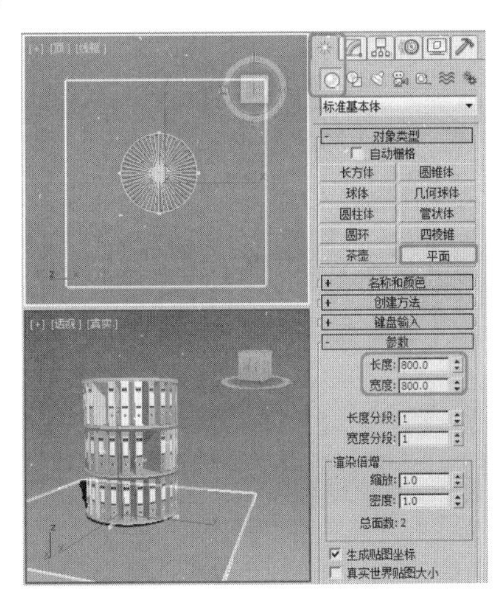

图 2.204

42 继续选中平面对象，右击，在弹出的快捷菜单中选择【对象属性】命令，弹出【对象属性】对话框，在【显示属性】对话框中选中【透明】复选框，然后单击【确定】按钮，如图 2.205 所示。

43 选择一个新的样本球，单击 Standard 按钮，在弹出的对话框中选择【无光 / 投影】选项并单击【确定】按钮，如图 2.206 所示。

44 继续选中平面对象，右击在弹出的快捷菜单中选择【对象属性】命令，在弹出的对话框中选中【显示属性】组中的【透明】选项，然后单击【确定】按钮，如图 2.207 所示。

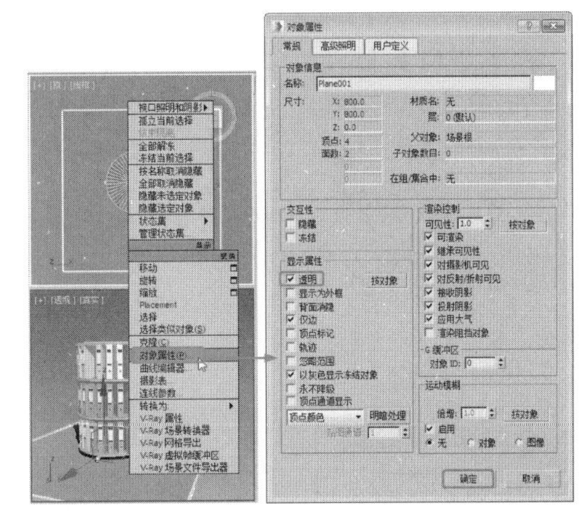

图 2.205

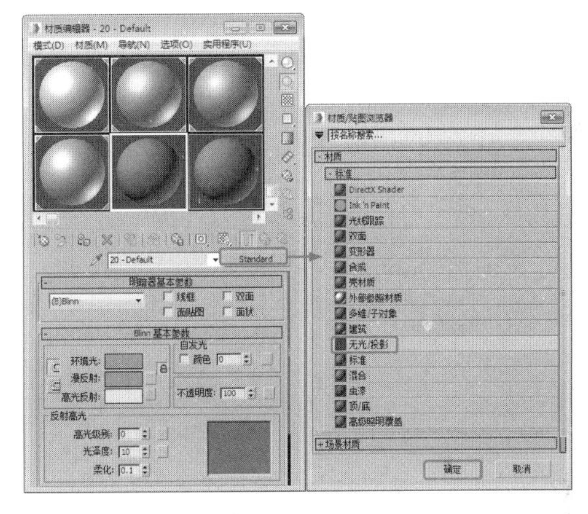

图 2.206

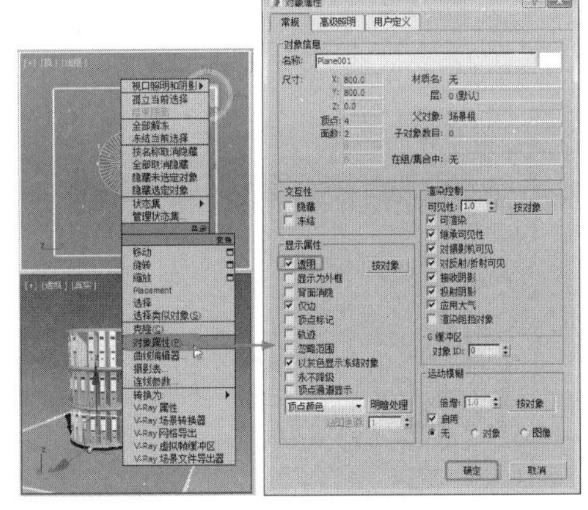

图 2.207

45 按 8 键打开【环境和效果】对话框，单击【环境贴图】下的【无】按钮，，在打开的对话框中选择【位图】并双击，选择素材文件【办公背景图 .jpg】，按 M 键打开【材质编辑器】，在【环境和效果】对话框中，将【环境贴图】下的贴图拖至一个新的材质

球上，在弹出的对话框中选择【实例】命令，单击【确定】按钮，在【坐标】卷展栏中选择【环境】，将【贴图】类型设置为【屏幕】，如图 2.208 所示。

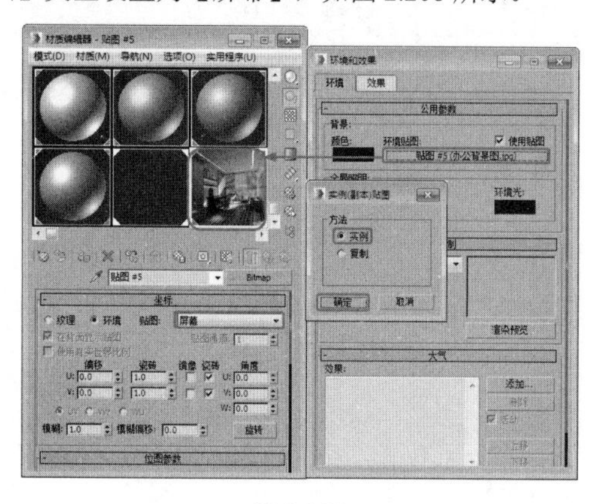

图 2.208

46 激活透视视图，按 Alt+B 组合键，在打开的对话框中选择【使用环境背景】单选按钮，单击【确定】按钮，如图 2.209 所示。

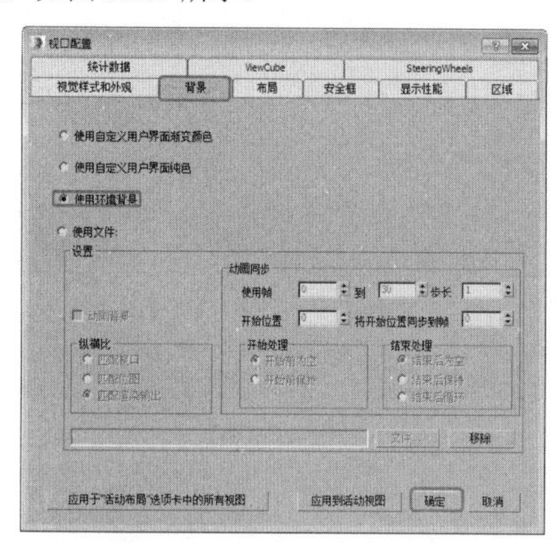

图 2.209

47 使用环境背景后的显示效果如图 2.210 所示。

图 2.210

48 选择【创建】 | 【摄影机】 | 【目标】工具，在视图中创建摄影机，在【参数】卷展栏中，将【镜头】设置为 47，如图 2.211 所示。

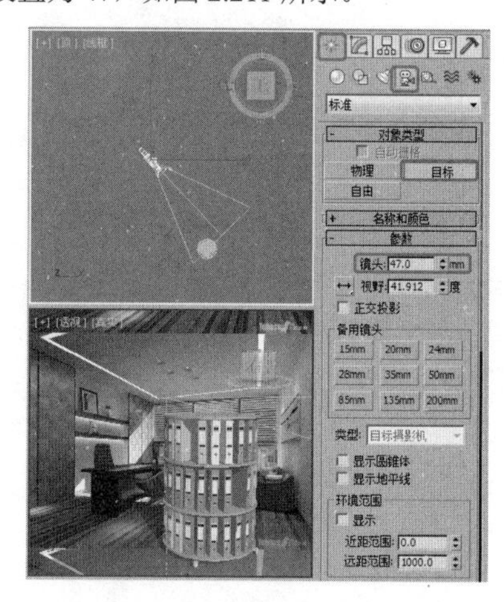

图 2.211

49 选择【创建】 | 【灯光】 | 【标准】 | 【天光】工具，在顶视图中创建天光，在【天光参数】卷展栏中将【倍增】设置为 0.8，在【渲染】组中选中【投射阴影】选项，如图 2.212 所示。

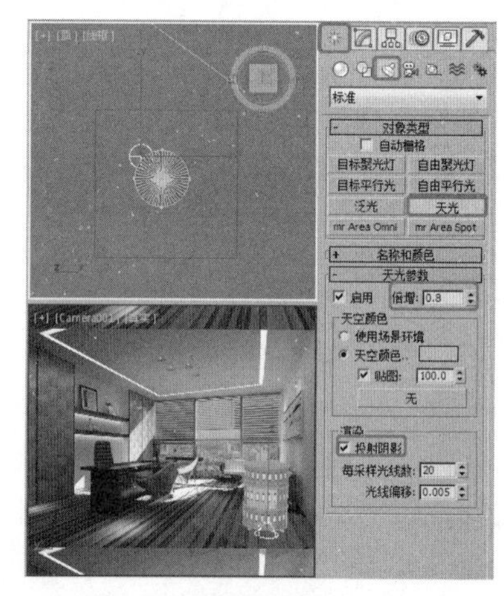

图 2.212

50 最后按 F9 键将场景进行渲染，并将渲染满意的效果和场景存储，渲染效果如图 2.213 所示。

图 2.213

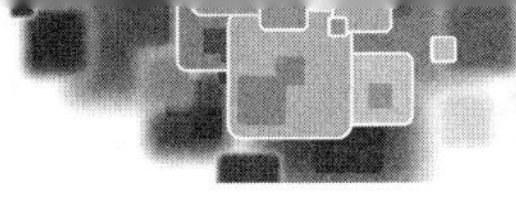

2.5 课后练习

1．【标准基本体】包括几种对象？分别是哪几种？

2．在 3ds Max 中共提供了几种楼梯对象？分别是哪几种？

第3章

二维图形的创建与编辑

二维图形是指由一条或多条样条线构成的平面图形，或由两个及两个以上节点构成的线 / 段所组成的组合体。二维图形建模是三维造型的一个重要基础，本章将简单地为大家介绍二维图形的创建与编辑方法。

3.1 二维图形的绘制

在 3ds Max 中共提供了 12 种二维图形，其中包括线、矩形、圆、椭圆、弧、圆环、多边形、星形、文本、螺旋线等。2D 图形的创建是通过【创建】 | 【图形】下的选项实现的，如图 3.1 所示。

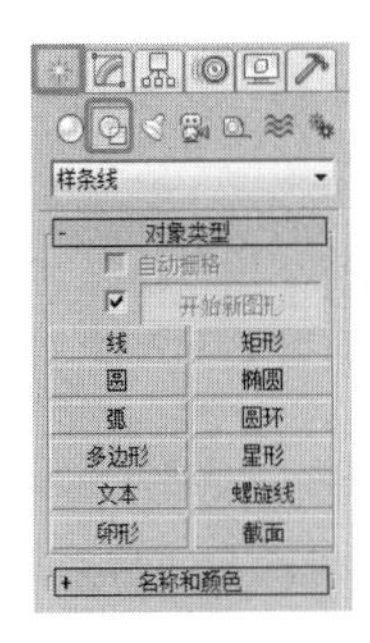

图 3.1

大多数的曲线类型都有共同的设置参数，如图 3.2 所示。下面将对其进行简单的讲解，各项通用参数的功能说明如下：

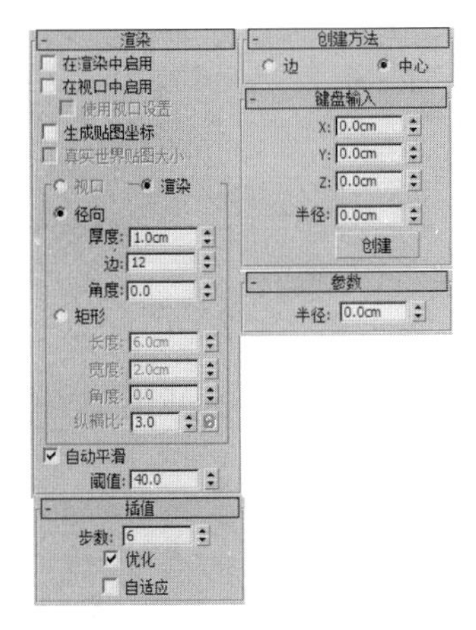

图 3.2

- 【渲染】用来设置曲线的可渲染属性。
  - 【在渲染中启用】：选中此复选框，可以在视图中显示渲染网格的厚度。
  - 【在视口中启用】：可以与【显示渲染网格】选项一起选择，它可以控制以视窗设置参数在场景中显示网格（该选项对渲染不产生影响）。
  - 【使用视口设置】：控制图形按视图设置进行显示。
  - 【生成贴图坐标】：对曲线指定贴图坐标。
  - 【真实世界贴图大小】：用于控制该对象的纹理贴图材质所使用的缩放方式。
  - 【视口】：基于视图中的显示来调节参数（该选项对渲染不产生影响）。当【显示渲染网格】和【使用视口设置】两个复选框被选中时，该选项可以被选择。
  - 【渲染】：基于渲染器来调节参数，当选中【渲染】选项时，图形可以根据【厚度】参数值来渲染图形。
  - 【厚度】：设置曲线渲染时的粗细。
  - 【边】：控制被渲染的线条由多少个边的圆形作为截面。
  - 【角度】：调节横截面的旋转角度。
- 【插值】：用来设置曲线的光滑程度。
  - 【步数】：设置两顶点之间由多少个直线片段构成曲线，值越高，曲线越光滑。
  - 【优化】：自动检查曲线上多余的【步数】片段。
  - 【自适应】：自动设置【步数】数，以产生光滑的曲线，对直线【步数】将设置为 0。
- 【键盘输入】使用键盘方式建立，只要输入所需要的坐标值、角度值及参数值即可，不同的工具会有不同的参数输入方式。

另外，除了【文本】、【截面】和【星形】工具外，其他的创建工具都有一个【创建方法】卷展栏，该卷展栏中的参数需要在创建对象之前选择，这些参数一般用来确定是以边缘作为起点创建对象，还是以中心作为起点创建对象。只有【弧】工具的两种创建方式与其他对象有所不同。

3.1.1 线

【线】工具可以绘制任何形状的封闭或开放曲线（包括直线），如图 3.3 所示。

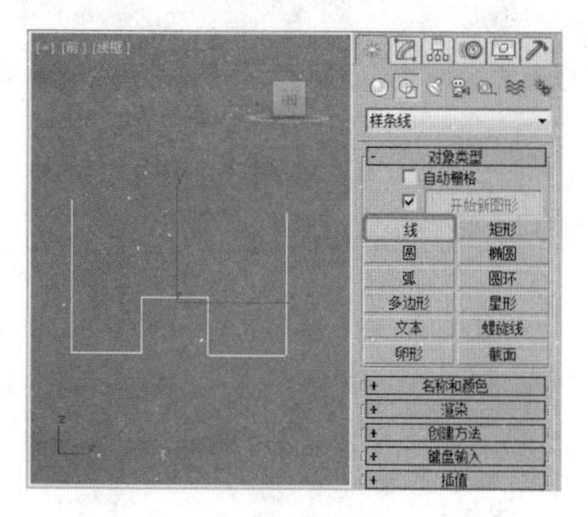

图 3.3

01 选择【创建】|【图形】|【样条线】|【线】工具，在视图中单击确定线条的第一个节点。

02 移动鼠标达到想要结束线段的位置单击创建另一个节点，右击结束直线段的创建。

提示

在绘制线条时，当线条的终点与第一个节点重合时，系统会提示是否关闭图形，单击【是】按钮时即可创建一个封闭的图形；如果单击【否】按钮，则继续创建线条。在创建线条时，通过单击并拖曳，可以创建曲线。

【线】拥有自己的参数设置，如图 3.4 所示，【创建方法】卷展栏中的参数需要在创建线条之前设置，其中各选项的功能说明如下：

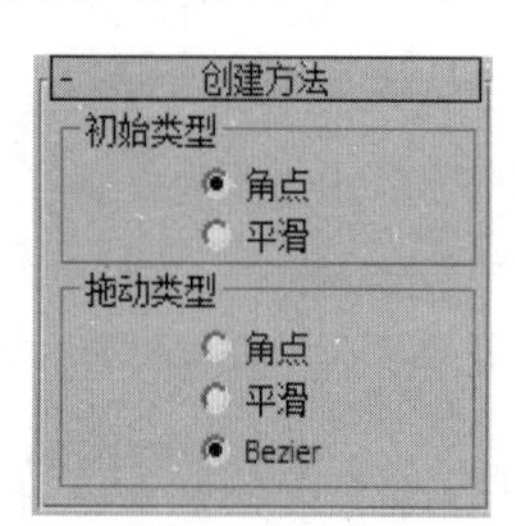

图 3.4

- 【初始类型】：单击后，拖曳出的曲线类型，包括【角点】和【平滑】两种，可以绘制出直线和曲线。
- 【拖动类型】：设置单击并拖曳鼠标时引出的曲线类型，包括【角点】、【平滑】和【Bezier】三种，Bezier（贝赛尔）曲线是最优秀的曲度调节方式，通过两个手柄来调节曲线的弯曲程度。

3.1.2 圆形

使用圆形可以创建由四个顶点组成的闭合圆形样条线，如图 3.5 所示。

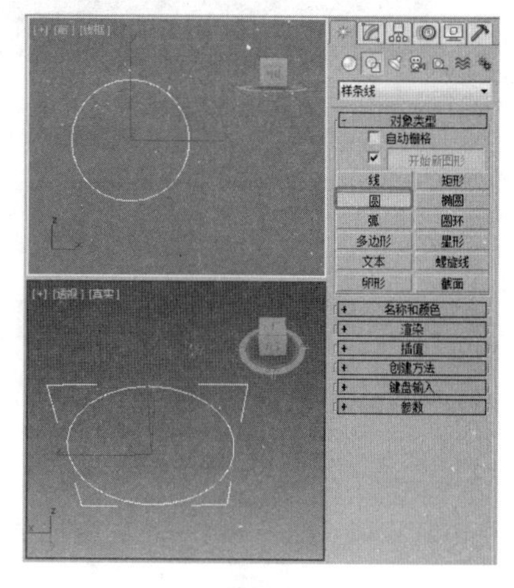

图 3.5

选择【创建】|【图形】|【圆】工具，然后在场景中单击拖曳鼠标创建圆形。在【参数】卷展栏中只有一个半径参数可设置，如图 3.6 所示。

- 【半径】：设置圆形的半径大小。

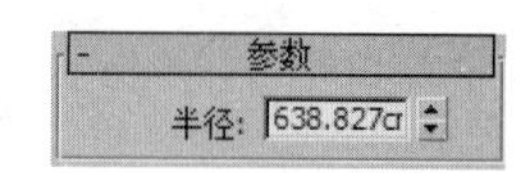

图 3.6

3.1.3 弧

【弧】工具用来制作圆弧曲线和扇形，如图 3.7 所示。

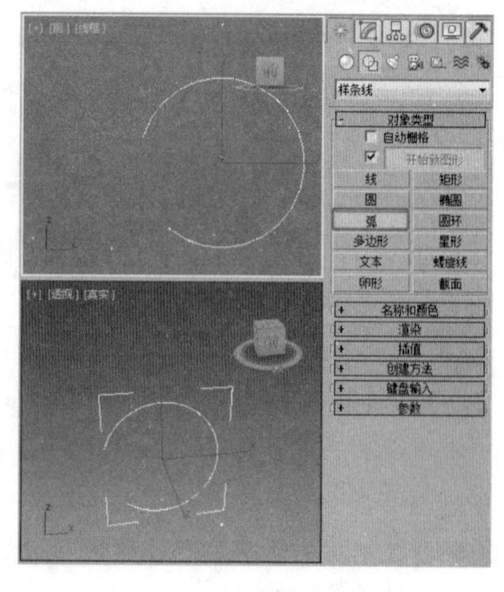

图 3.7

01 选择【创建】 |【图形】 |【样条线】|【弧】工具，在视图中单击并拖曳鼠标，拖出一条直线。

02 达到一定的位置后释放鼠标，移动并单击鼠标确定圆弧的大小。

当完成对象的创建之后，可以在【参数】卷展栏中对其参数进行修改，如图 3.8 所示。

图 3.8

【弧形】工具各项目的功能说明如下：

- 【创建方法】
  - 【端点 - 端点 - 中央】：这种建立方式是先引出一条直线，以直线的两端点作为弧的两端点，然后移动鼠标，确定弧长。
  - 【中间 - 端点 - 端点】：这种建立方式是先引出一条直线，作为圆弧的半径，然后移动鼠标，确定弧长，这种建立方式对于扇形的建立非常方便。
- 【参数】
  - 【半径】：设置圆弧的半径。
  - 【从 / 到】：设置弧的起点和终点的角度。
  - 【饼形切片】：选中此复选框，将建立封闭的扇形。
  - 【反转】：将弧线方向反转。

3.1.4　多边形

【多边形】工具可以制作任意边数的正多边形，也可以产生圆角多边形，如图 3.9 所示为创建的多边形图形。

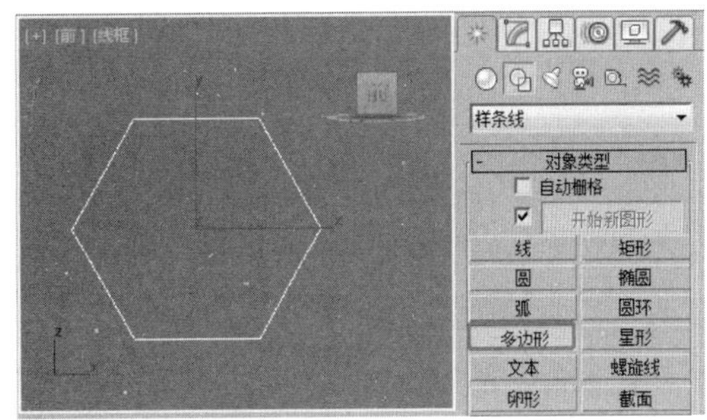

图 3.9

选择【创建】 |【图形】 |【样条线】|【多边形】工具，然后在视图中单击并拖曳鼠标创建多边形。在【参数】卷展栏中可以对多边形的半径、边数等参数进行设置，其【参数】卷展栏如图 3.10 所示。

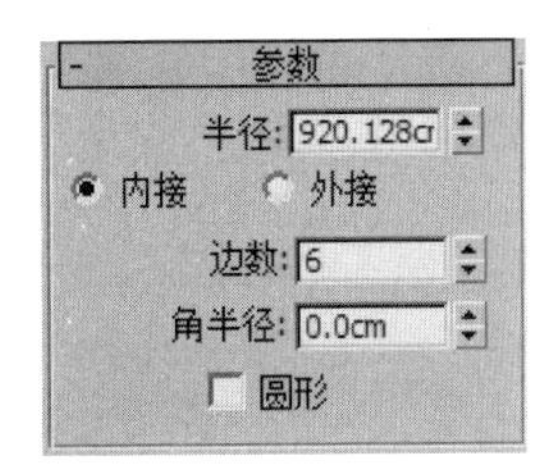

图 3.10

- 【半径】：设置多边形的半径。
- 【内接 / 外接】：确定以外切圆半径还是内切圆半径作为多边形的半径。
- 【边数】：设置多边形的边数。
- 【角半径】：制作带圆角的多边形，设置圆角的半径。
- 【圆形】：设置多边形为圆形。

3.1.5　文本

【文本】工具可以直接产生文字图形，在中文 Windows 平台下可以直接产生各种字体的中文字形，文本的内容、大小、间距都可以调整，在完成了动画制作后，仍可以修改文字的内容。

选择【创建】 |【图形】 |【文本】工具，然后在【参数】卷展栏中的文本框中输入文本，在视图中单击即可创建文本图形，如图 3.11 所示。在【参数】卷展栏中可以对文本的字体、字号、间距以及文本的内容进行修改，文本的【参数】卷展栏如图 3.12 所示。

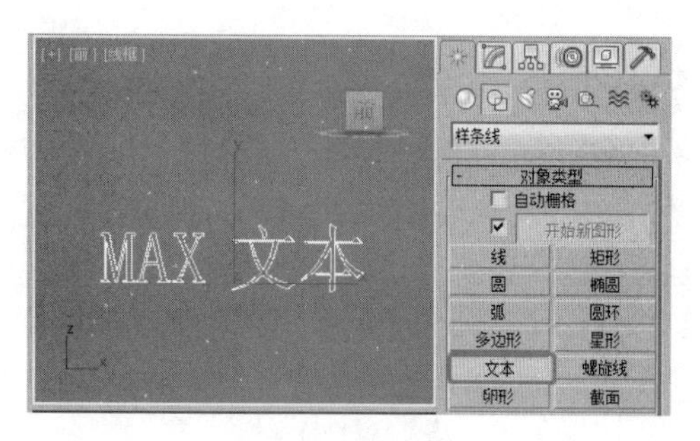

图 3.11

图 3.12

- 【大小】：设置文字的大小。
- 【字间距】：设置文字之间的间隔距离。
- 【行间距】：设置文字行与行之间的距离。
- 【文本】：用来输入文字。
- 【更新】：设置修改参数后，视图是否立刻进行更新显示。遇到大量文字处理时，为了加快显示速度，可以选中【手动更新】复选框，自行指示更新视图。

3.1.6 矩形

【矩形】工具是经常用到的一个工具，它可以用来创建矩形，如图 3.13 所示。

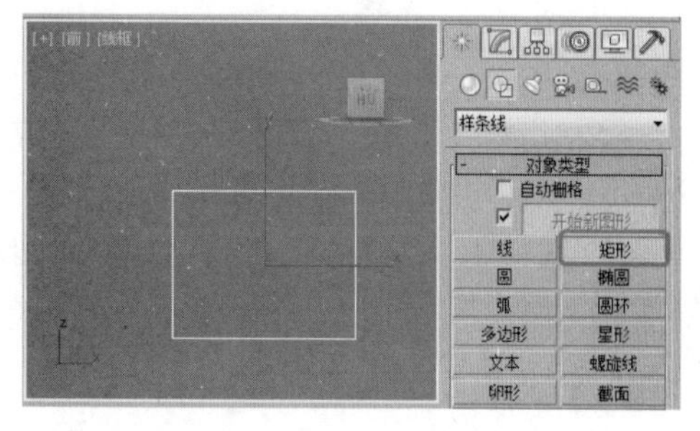

图 3.13

创建矩形与创建圆形的方法基本上一样，都是通过单击拖曳鼠标来创建的。在【参数】卷展栏中包含 3 个常用参数，如图 3.14 所示。

图 3.14

- 【长度 / 宽度】：设置矩形的长、宽值。
- 【角半径】：设置矩形的四角是直角还是有弧度的圆角。

3.1.7 星形

【星形】工具可以建立多角星形，尖角可以钝化为圆角，制作齿轮图案；尖角的方向可以扭曲，产生倒刺状矩齿。参数的变换可以产生许多奇特的图案，因为它是可以渲染的，所以即使交叉，也可以用作一些特殊的图案花纹，如图 3.15 所示。

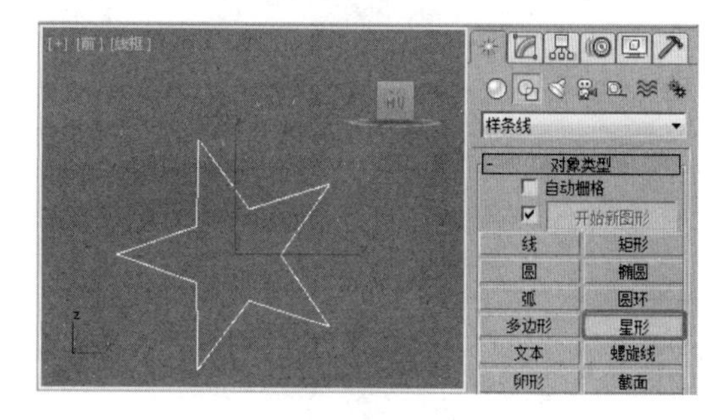

图 3.15

星形创建方法如下：

01 选择【创建】|【图形】|【样条线】|【星形】按钮，在视图中单击并拖曳鼠标，拖曳出一级半径。

02 释放并移动鼠标，拖曳出二级半径，单击完成星形的创建。

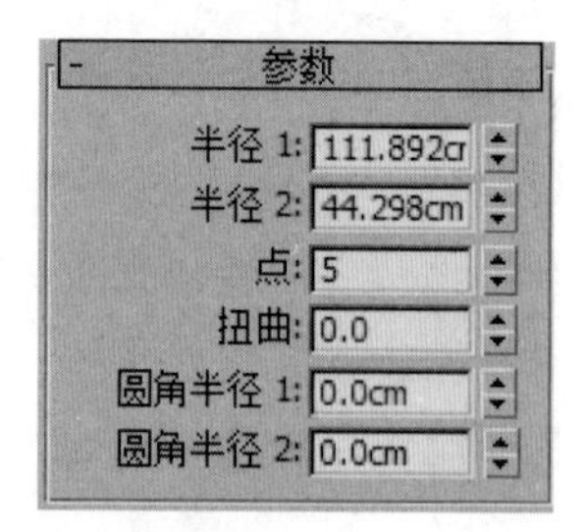

图 3.16

【参数】卷展栏如图 3.16 所示，各个选项的功能说明如下：

- 【半径 1/ 半径 2】：分别设置星形的内径和外径。
- 【点】：设置星形的尖角个数。

- 【扭曲】：设置尖角的扭曲度。
- 【圆角半径 1/ 圆角半径 2】：分别设置尖角的内外倒角圆半径。

3.1.8　螺旋线

【螺旋线】工具用来制作平面或空间的螺旋线，常用于弹簧、线轴、蚊香等造型的创建，如图 3.17 所示，或用来制作运动路径。

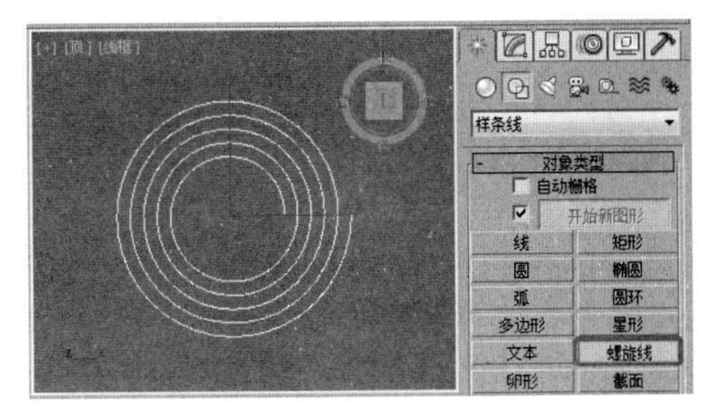

图 3.17

螺旋线创建方法如下：

01 选择【创建】｜【图形】｜【样条线】｜【螺旋线】工具，在顶视图中单击并拖曳鼠标，拉出一级半径。

02 释放并移动鼠标，拖曳出螺旋线的高度。

03 单击，确定螺旋线的高度，然后再移动鼠标，拉出二级半径后单击，完成螺旋线的创建。

在【参数】卷展栏中可以设置螺旋线的两个半径、圈数等参数，【参数】卷展栏如图 3.18 所示。

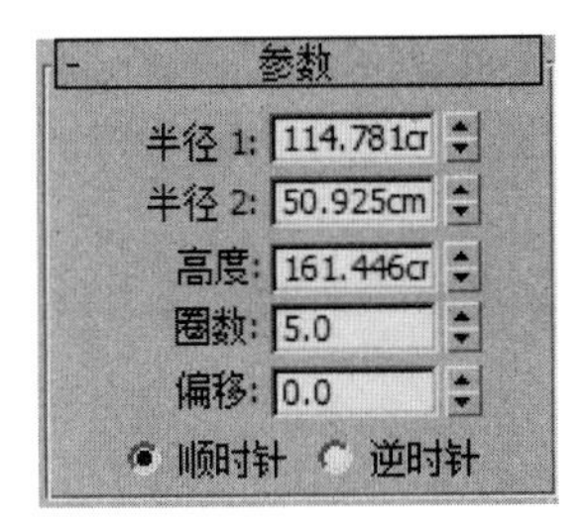

图 3.18

- 【半径 1/ 半径 2】：设置螺旋线的内径和外径。
- 【高度】：设置螺旋线的高度，此值为 0 时，是一个平面螺旋线。
- 【圈数】：设置螺旋线旋转的圈数。
- 【偏移】：设置在螺旋高度上，螺旋圈数的偏向强度。
- 【顺时针 / 逆时针】：分别设置两种不同的旋转方向。

3.1.9　创建卵形

使用【卵形】工具可以通过两个同心圆创建封闭的形状，而且每个圆都由 4 个顶点组成。

选择【创建】｜【图形】｜【样条线】｜【卵形】工具，在视图中单击并进行拖曳，释放鼠标再次单击完成【卵形】的创建，如图 3.19 所示。在【参数】卷展栏中包含 5 个常用参数，如图 3.20 所示。

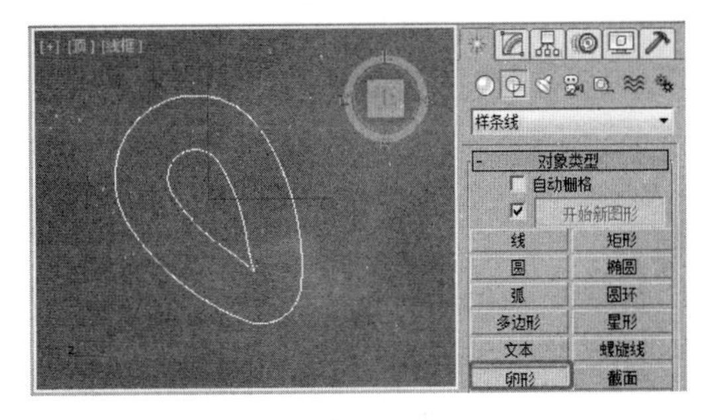

图 3.19

参数
长度: 229.437cı
宽度: 152.958cı
轮廓
厚度: -50.269cn
角度: -147.488

图 3.20

【卵形】工具【参数】卷展栏中各项参数的作用如下：

- 【长度】：设定卵形的长度（其长轴）。
- 【宽度】：设定卵形的宽度（其短轴）。
- 【轮廓】：启用后，会创建一个轮廓，这是与主图形分开的另外一个卵形图形。默认设置为启用。
- 【厚度】：启用【轮廓】后，设定主卵形图形与其轮廓之间的偏移。
- 【角度】：设定卵形的角度，即，绕图形的局部 Z 轴的旋转。当角度为 0.0 时，卵形的长度是垂直的，较窄的一端在上。

3.1.10　创建截面

使用【截面】工具可以通过截取三维造型的截面而获得二维图形，使用此工具建立一个平面，可以对其进行移动、旋转和缩放，当它穿过一个三维造型时，会显示出截获的截面，在命令面板中单击【创建图形】按钮，可以将这个截面制作成一个新的样条曲线。

下面来制作一个截面图形，操作步骤如下。

01 在场景中创建一个茶壶，大小可自行设置，如图3.21所示。

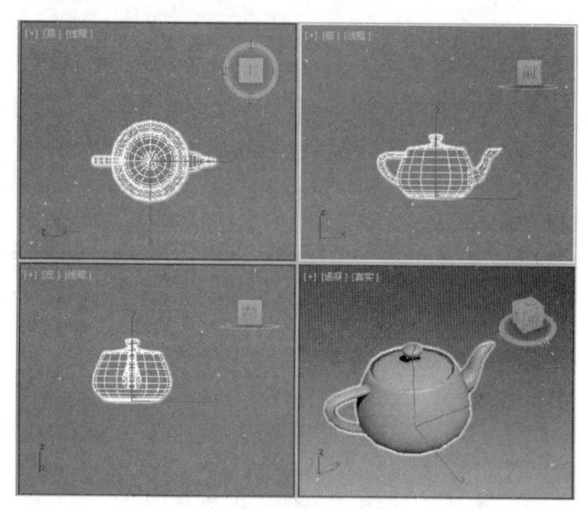

图 3.21

02 选择【创建】| 【图形】| 【样条线】|【截面】工具，在前视图中拖曳鼠标，创建一个平面，如图3.22所示。

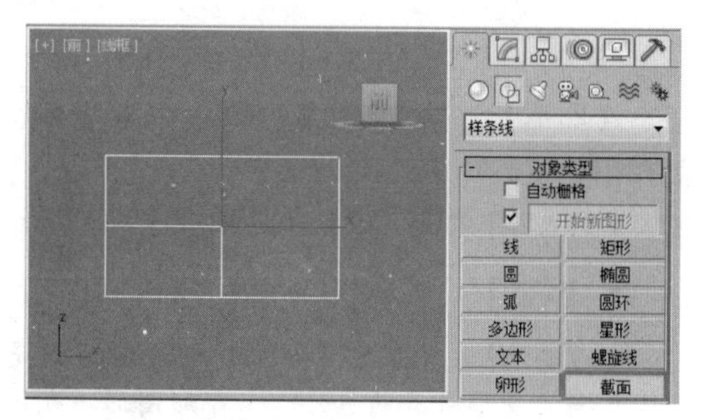

图 3.22

03 在【截面参数】卷展栏中单击【创建图形】按钮，在打开的【命名截面图形】对话框中为截面命名，单击【确定】按钮即可创建一个模型的截面，如图3.23所示。

04 使用【选择并移动】工具调整模型的位置，可以看到创建的截面图形，如图3.24所示。

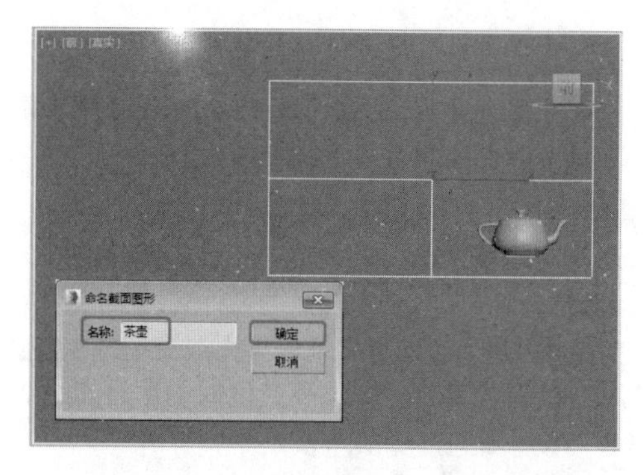

图 3.23

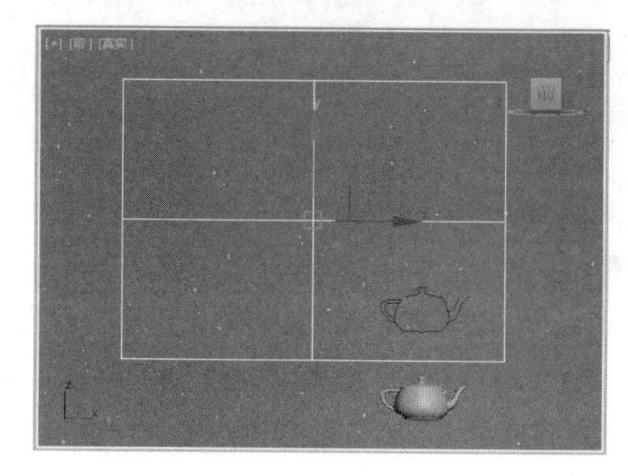

图 3.24

【截面参数】卷展栏的选项说明如下。

- 【创建图形】：基于当前显示的相交线创建图形。将显示一个对话框，可以在此命名新对象。结果图形是基于场景中所有相交网格的可编辑样条线，该样条线由曲线段和角顶点组成。
- 【更新】：提供指定何时更新相交线的选项。
    - 【移动截面】：在移动或调整截面图形时更新相交线。
    - 【选择截面】：在选择截面图形但未移动时，更新相交线。单击【更新截面】按钮可更新相交线。
    - 【手动】：仅在单击【更新截面】按钮时更新相交线。
    - 【更新截面】：在选中【选择截面】时或【手动】选项时，更新相交点，以便与截面对象的当前位置匹配。
- 【截面范围】：选择以下选项之一可指定截面对象生成的横截面范围。
    - 【无限】：截面平面在所有方向上都是无限的，从而使横截面位于其平面中的任意网格几何体上。

> 【截面边界】：仅在截面图形边界内或与其接触的对象中生成横截面。
> 【禁用】：不显示或生成横截面，禁用【创建图形】按钮。

- 【色样】：选中此选项可设置相交的显示颜色。

3.1.11 创建椭圆

使用【椭圆】工具可以绘制椭圆形，如图 3.25 所示。

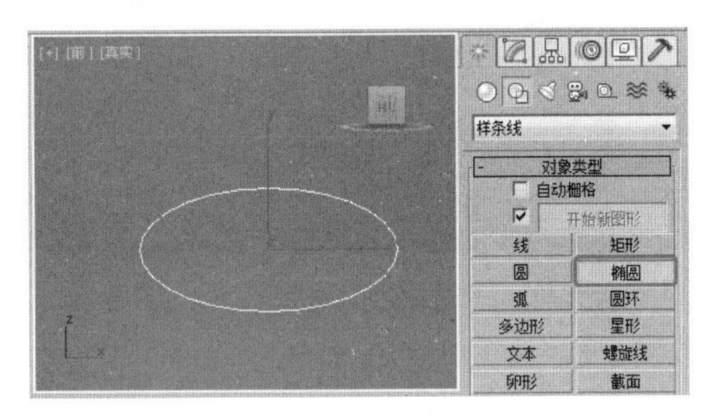

图 3.25

同圆形的创建方法相同，只是椭圆形使用【长度】和【宽度】两个参数来控制椭圆形的大小，若将【轮廓】选中并设置厚度值，即可创建如圆环的椭圆，其【参数】卷展栏如图 3.26 所示。

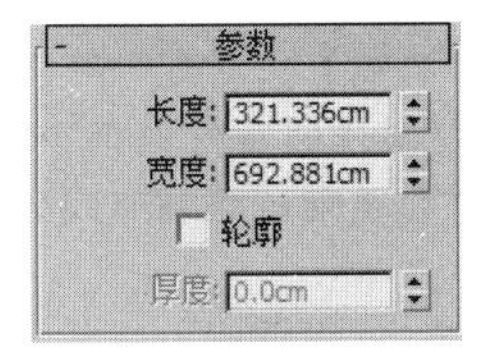

图 3.26

3.1.12 创建圆环

使用【圆环】工具可以制作同心的圆环，如图 3.27 所示。

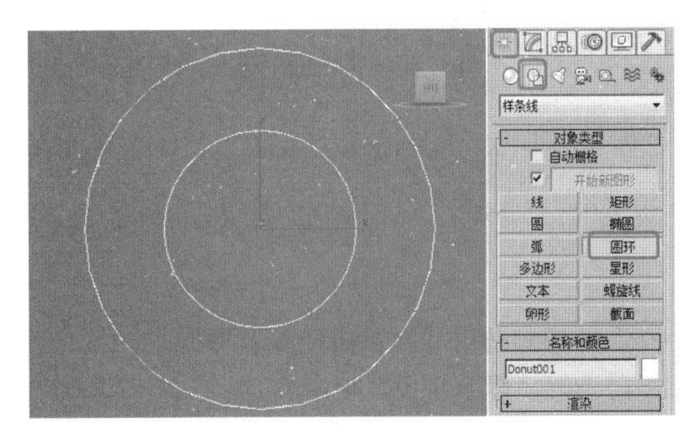

图 3.27

圆环的创建要比圆形麻烦一些，它相当于创建两个圆形，下面来创建一个圆环。

(1) 选择【创建】|【图形】|【样条线】|【圆环】工具，在视图中单击并拖曳鼠标，拖曳出一个圆形后释放鼠标。

(2) 再次移动鼠标，向内或向外再拖曳出一个圆形，至合适位置处单击即可完成圆环的创建。

在【参数】卷展栏中，圆环有两个半径参数（半径 1、半径 2），分别用于控制两个圆形的半径，如图 3.28 所示。

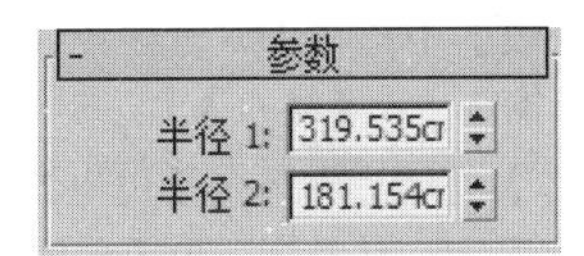

图 3.28

3.2 二维图形的编辑与修改

使用【图形】工具直接创建的二维图形不能直接生成三维物体，需要对它们进行编辑修改才可转换为三维物体。在对二维图形进行编辑修改时，通常会选择【编辑样条线】修改器，它为我们提供了对顶点、分段、样条线三个次物体级别的编辑修改方法，如图 3.29 所示。

图 3.29

在对使用【线】工具绘制的图形进行编辑修改时，不必为其指定【编辑样条线】修改器，因为它包含了对顶点、线段、样条线三个次物体级别的编辑修改等，与【编辑样条线】修改器的参数和命令相同。不同的是，它还保留了【渲染】、【插值】等基本参数的设置，如图 3.30 所示。

图 3.30

下面将分别对【编辑样条线】修改器的三个次物体级别的修改方法进行讲解。

3.2.1 修改【顶点】选择集

在对二维图形进行编辑修改时，最基本、最常用的就是对【顶点】选择集的修改。通常会对图形进行添加点、移动点、断开点和连接点等操作，以至调整到我们所需的形状。

下面通过为矩形指定【编辑样条线】修改器来学习【顶点】选择集的修改方法及常用修改命令。

01 选择【创建】|【图形】|【样条线】|【矩形】工具，在前视图中创建矩形。

02 单击【修改】按钮，进入【修改】命令面板，在【修改器列表】中选择【编辑样条线】修改器，并将当前选择集定义为【顶点】。

03 在【几何体】卷展栏中单击【优化】按钮，然后在矩形线段的适当位置单击，为矩形添加节点，如图 3.31 所示。

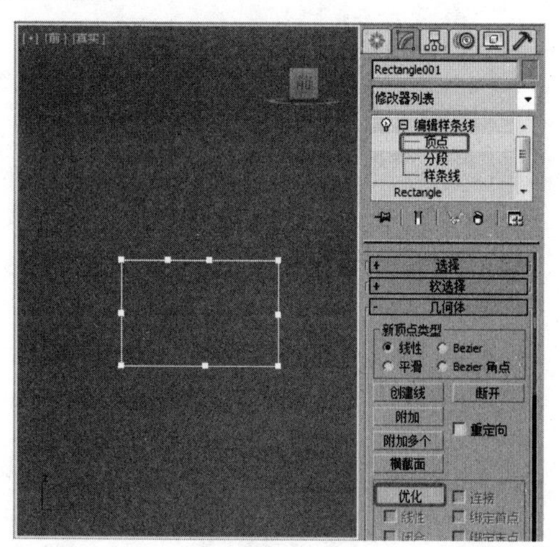

图 3.31

04 添加完节点后单击【优化】按钮，或直接在视图中右击，关闭【优化】按钮。使用【选择并移动】按钮，在节点处右击，在弹出的快捷菜单中选择相应的命令，然后对节点进行调整，如图 3.32 所示。

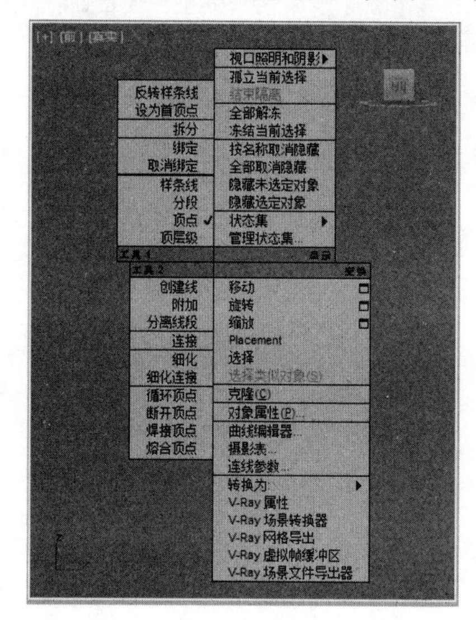

图 3.32

将节点设置为【Bezier 角点】后，在节点上有两个控制手柄。当在选择的节点上右击时，在弹出的快捷菜单中的【工具 1】区内可以看到点的 5 种类型：【Bezier 角点】、【Bezier】、【角点】、【平滑】和【重置切线】，如图 3.32 所示。其中被选中的类型是当前选择点的类型。

- 【Bezier 角点】：这是一种比较常用的节点类型，通过分别对它的两个控制手柄进行调节，可以灵活地控制曲线的曲率。
- 【Bezier】：通过调整节点的控制手柄来改变曲线的曲率，以达到修改样条曲线的目的，它没有【Bezier 角点】调节那么灵活。
- 【角点】：使各点之间的【步数】按线性、均匀方式分布，也就是直线连接。
- 【平滑】：该属性决定了经过该节点的曲线为平滑曲线。
- 【重置切线】：在可编辑样条线【顶点】层级时，可以使用标准方法选择一个和多个顶点并移动它们。如果顶点属于【Bezier】或【Bezier 角点】类型，还可以移动和旋转控制柄，从而影响在顶点连接的任何线段的形状。也可以使用切线复制 / 粘贴操作在顶点之间复制和粘贴控制柄，同样也可以使用【重置切线】重置控制柄或在不同类型之间切换。

提示

在对一些二维图形进行编辑修改时，最好将一些直角处的点类型改为【角点】类型，这有助于提高模型的稳定性。

在对二维图形进行编辑修改时，除了【优化】外，还有如下的一些命令常被用到。

- 【连接】：连接两个断开的点。
- 【断开】：使闭合图形变为开放图形。通过【断开】按钮使点断开，先选中一个节点后单击【断开】按钮，此时单击并移动该点，会看到线条被断开。
- 【插入】：该功能与【优化】按钮相似，都是加点命令，只是【优化】是在保持原图形不变的基础上增加节点，而【插入】是一边加点一边改变原图形的形状。
- 【设为首顶点】：第一个节点用来标明一个二维图形的起点，在放样设置中各个截面图形的第一个节点决定【表皮】的形成方式，此功能就是使选中的点成为第一个节点。
- 【焊接】此功能可以将两个断点合并为一个节点。
- 【删除】：删除节点。

3.2.2　修改【分段】选择集

【分段】是连接两个节点之间的边线，当对线段进行变换操作时，就相当于在对两端的点进行变换操作。下面对【分段】中常用的命令进行介绍：

- 【断开】：将选中的线段打断，类似点的打断。
- 【优化】：与【顶点】选择集中的【优化】功能相同。
- 【拆分】：通过在选中的线段上加点，可将选中的线段分成若干条线段，通过在其后面的文本框中输入要加入节点的数值，然后单击该按钮，即可将选中的线段细分为若干条线段。
- 【分离】：将当前选择的线段与原图形分离。

3.2.3　修改【样条线】选择集

【样条线】级别是二维图形中另一个功能强大的次物体修改级别，相连接的线段即为一条样条曲线。在样条线级别中，【轮廓】与【布尔】运算的设置最为常用，尤其是在建筑效果图的制作中。

01 选择【创建】|【图形】|【样条线】|【线】工具，在场景中绘制墙体的截面图形，如图3.33所示。

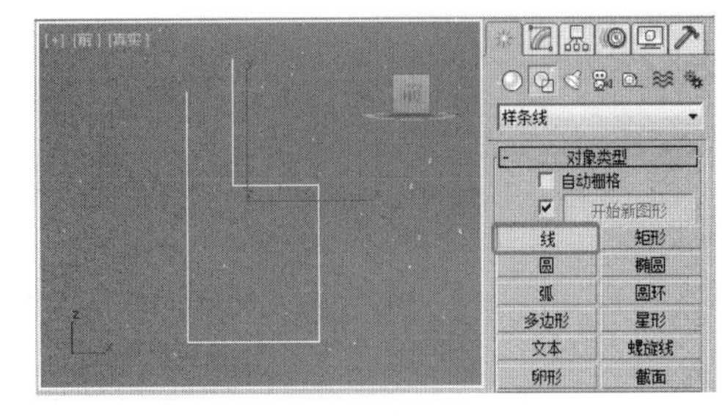

图 3.33

02 单击【修改】按钮，进入【修改】命令面板，将当前选择集定义为【样条线】，在场景中选择绘制的样条线。

03 在【几何体】卷展栏中单击【轮廓】按钮，在场景中单击并拖曳出轮廓，如图3.34所示。

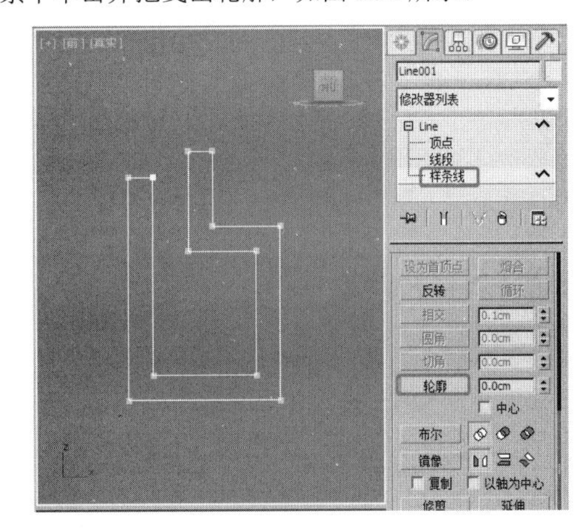

图 3.34

04 通常制作出样条线的截面后会为其施加【挤出】修改器，挤出截面的高度，这里就不详细介绍了。

3.3　修改面板的结构

在制作模型的过程中，往往会碰到这种情况，运用前面学习的方法所创建的对象满足不了目前的需要，那该怎么办呢？在这里，3ds Max 2016 为设计者提供了一系列的修改命令，这些命令又称为修改器，修改器集放置在修改面板中。在这里，可以对不满意的对象进行修改。

选择需要修改的对象，单击【修改】按钮，进入【修改】命令面板，其结构如图 3.35 所示。

图 3.35

在【修改器列表】中选择可以应用于当前对象的修改器。另外，并不是所有的修改器都可以添加任意模型的，初始对象的属性不同，能施加给该对象的修改器就不同。例如，有的修改器是二维图形的专用修改器，就不能施加给三维对象。

3.3.1 名称和颜色

【名称】文本框可以显示被修改三维模型的名称，在此模型建立时就已存在，可以在文本框中输入新的名称。在 3ds Max 中允许同一场景中有相同名称的模型共存。单击其右侧的颜色框，可以弹出【对象颜色】对话框，用于重新确定模型的线框颜色。

3.3.2 修改器堆栈

堆栈是计算机术语，在 3ds Max 中被称为【修改器堆栈】，如图 3.36 所示。主要用来管理修改器。修改器堆栈可以理解为对各道加工工序所做的记录，修改器堆栈是场景物体的档案，它的功能主要包括 3 个方面：第一，堆栈记录物体从创建至被修改完毕这一全过程所经历的各项修改内容，包括创建参数、修改工具以及空间变型，但不包含移动、旋转和缩放操作；第二，在记录的过程中，保持各项修改过程的顺序，即创建参数在底层，其上是各修改工具，顶层是空间变型；第三，堆栈不但按顺序记录操作过程，而且可以随时返回其中的某个步骤进行重新设置。

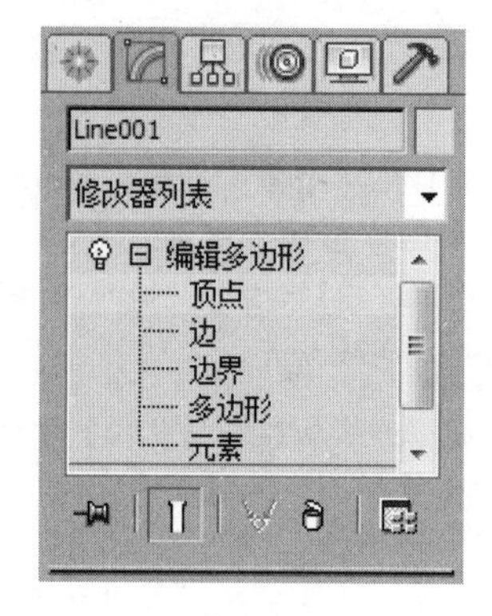

图 3.36

- 【子物体】：子物体就是指构成物体的元素。对于不同类型的物体，子物体的划分也不同，如二维物体的子物体分为【顶点】、【线段】和【样条线】，而三维物体的子物体分为【顶点】、【边】、【面】、【多边形】、【元素】等。

【修改器堆栈】中工具按钮的含义如下：

- 【锁定堆栈】按钮：在对物体进行修改时，选择哪个物体，在堆栈中就会显示哪个物体的修改内容，当激活此项时，会把当前物体的堆栈内容固定在堆栈表内不做改变。
- 【显示最终结果开 / 关切换】按钮：单击该按钮后，将显示场景物体的最终修改结果（作图时经常使用）。
- 【使唯一】按钮：单击该按钮后，当前物体会断开与其他被修改物体的关联关系。
- 【从堆栈中移除修改器】按钮：从堆栈列表中删除所选中的修改命令。
- 【配置修改器集】按钮：单击该按钮后会弹出修改器分类列表。

3.3.3 【修改器列表】

3ds Max 中的所有修改命令都被集中到【修改器列表】中，单击其右侧的下三角按钮将会出现修改命令的下拉列表，单击相应的命令名称可对当前物体施加选中的修改命令。

3.3.4　【修改器】命令按钮组的建立

在为模型施加修改命令时，有时候会因为【修改器列表】中的命令太多，而一时找不到想要的修改命令，那么有没有一种快捷的方法，可以将平时常用的修改命令存储起来，在用的时候就可以快速找到呢？在这里，3ds Max 2016 为我们提供了可以建立【修改】命令面板的功能，它是通过【配置修改器集】对话框来实现的。通过该对话框，用户可以在一个对象的修改器堆栈内复制、剪切和粘贴修改器，或将修改器粘贴到其他对象堆栈中，还可以给修改器取一个新名字，以便记住编辑过的修改器。

01 单击【修改】按钮，进入【修改】命令面板，单击【配置修改器集】按钮，在弹出的菜单中选择【显示按钮】命令，如图 3.37 所示。

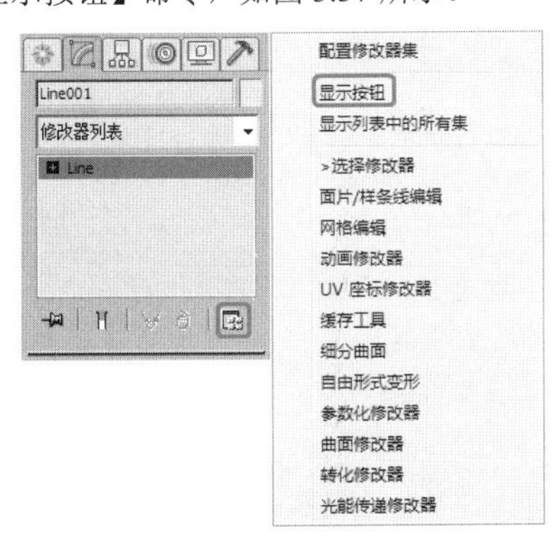

图 3.37

02 此时在【修改】命令面板中出现了【修改器】命令按钮组，如图 3.38 所示。

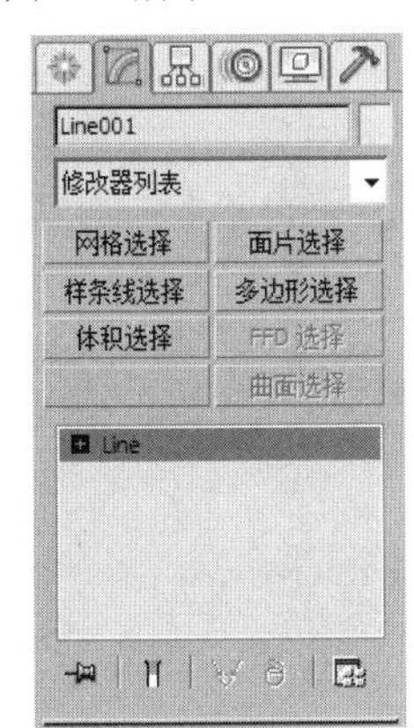

图 3.38

这个按钮组中提供的修改命令，是系统默认的一些命令，基本上是用不到的。下面来设置一下，将常用的【修改】命令设置为一个面板，如挤出、车削、倒角、弯曲、锥化、晶格、编辑网格、FFD 长方体等命令。

03 单击【配置修改器集】按钮，在弹出的下拉菜单中选择【配置修改器集】命令，此时弹出【配置修改器集】对话框，在【修改器】列表框中选择所需的命令，然后将其拖曳到右侧的按钮上，如图 3.39 所示。

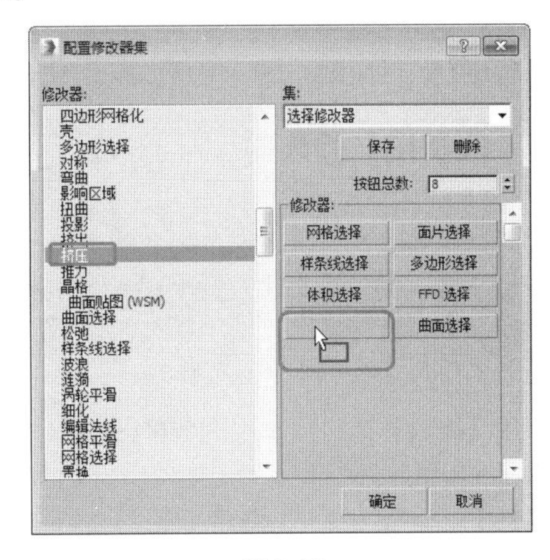

图 3.39

04 用同样的方法将所需要的命令拖过去，按钮的个数也可以设置，设置完成后单击【保存】按钮，将这个命令面板保存起来，最后单击【确定】按钮，如图 3.40 所示。

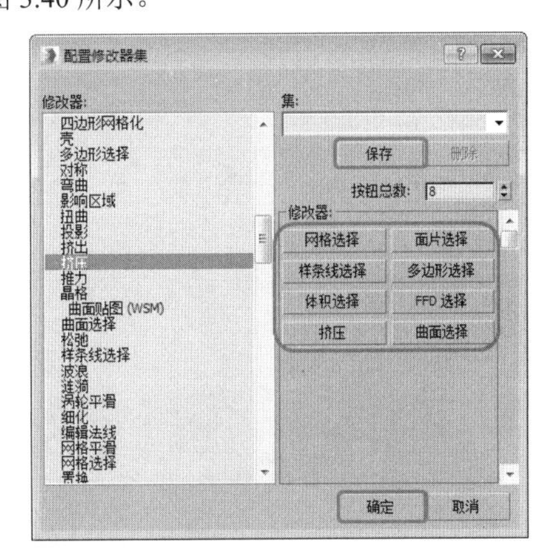

图 3.40

这样，【修改器】命令按钮组就建立好了，用户操作时就可以直接单击【修改器】命令按钮组中的相应按钮，执行该命令。一个专业的设计师或绘图员，都会设置一个自己常用的【修改器】命令组，这样可以直观、方便地找到所需要的修改命令，而不需要到【修改器列表】中寻找。

提示

如果不想显示【修改器】命令按钮组，可以单击【配置修改器集】按钮，在弹出的菜单中选择【显示按钮】命令，即可将其隐藏。

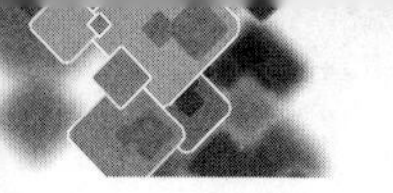

3.4 常用修改器

上面讲述了【修改】命令面板的基本结构，以及如何建立【修改器】命令按钮组等，但是如果想让模型的形体发生一些变化，以生成一些奇特的模型，那么必须给该物体施加相应的修改器。常用的修改器有【挤出】、【车削】、【倒角】和【倒角剖面】修改器。下面就来学习一些常用的修改器。

3.4.1 【挤出】修改器

【挤出】修改器可以为一个闭合的样条线曲线图形增加厚度，将其挤出成为三维实体，如果是为一条非闭合曲线进行挤出处理，那么挤出后的物体就会是一个面片。

利用【挤出】修改器挤出的物体效果如图 3.41 所示。在【修改】命令面板中选择【挤出】修改器，【挤出】修改器的【参数】卷展栏如图 3.42 所示。

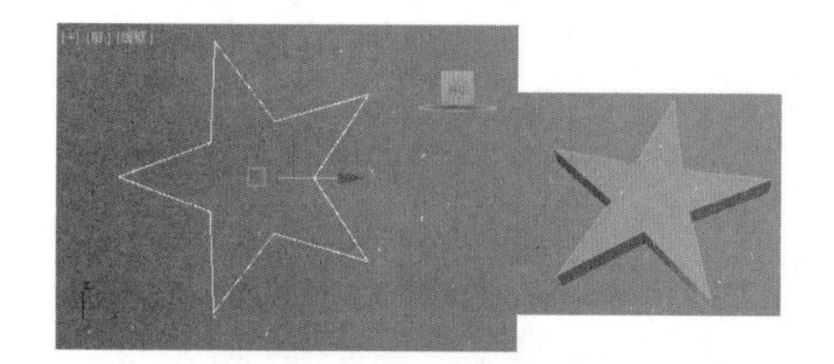

图 3.41

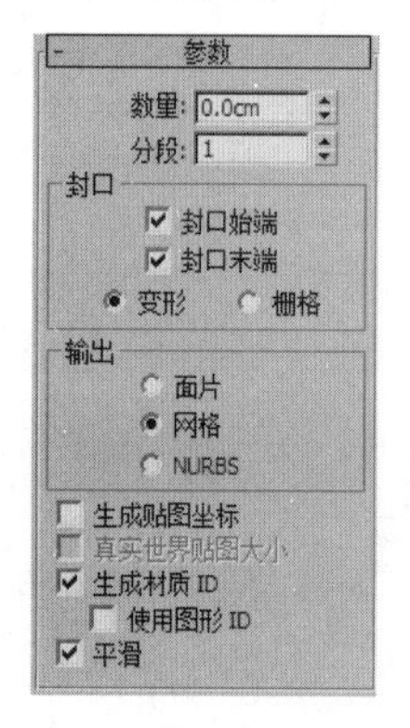

图 3.42

- 【数量】：设置挤出的深度。
- 【分段】：设置挤出厚度上的片段划分数。
- 【封口】选项组：
  - ➢ 【封口始端】：在顶端加面，封盖物体。
  - ➢ 【封口末端】：在底端加面，封盖物体。
- 【输出】选项组：
  - ➢ 【面片】：单击该单选按钮后， 可生成一个可以塌陷到面片对象的对象。
  - ➢ 【网格】：单击该单选按钮后，可生成一个可以塌陷到网格对象的对象。
  - ➢ 【NURBS】：单击该单选按钮后，可生成一个可以塌陷到 NURBS 曲面的对象。
- 【生成贴图坐标】：选中该复选框后，可将贴图坐标应用到挤出对象中。默认设置为禁用状态。
- 【真实世界贴图大小】：该复选框用于设置对象的纹理贴图材质所使用的缩放方法。
- 【生成材质 ID】：将不同的材质 ID 指定给挤出对象侧面与封口。
- 【使用图形 ID】：选中该复选框后，将材质 ID 指定给在挤出产生的样条线中的线段，或指定给在 NURBS 挤出产生的曲线子对象。
- 【平滑】：选中该复选框后，可以为挤出的图形应用平滑处理。

3.4.2 【车削】修改器

【车削】修改器可以通过旋转二维图形产生三维造型，如图 3.43 所示，或通过 NURBS 曲线来创建 3D 对象。接下来将介绍【车削】修改器，【车削】修改器的【参数】卷展栏如图 3.44 所示。

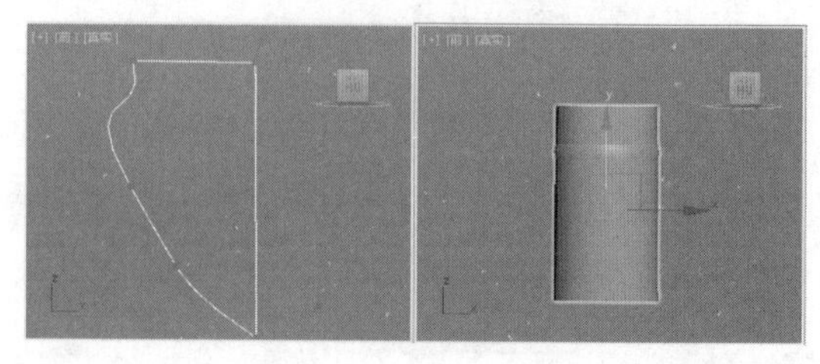

图 3.43

在修改器堆栈中，将【车削】修改器展开，通过【轴】调整车削效果，如图 3.45 所示。

【轴】：在此子对角层级上，可以进行变换和设置绕轴旋转动画。

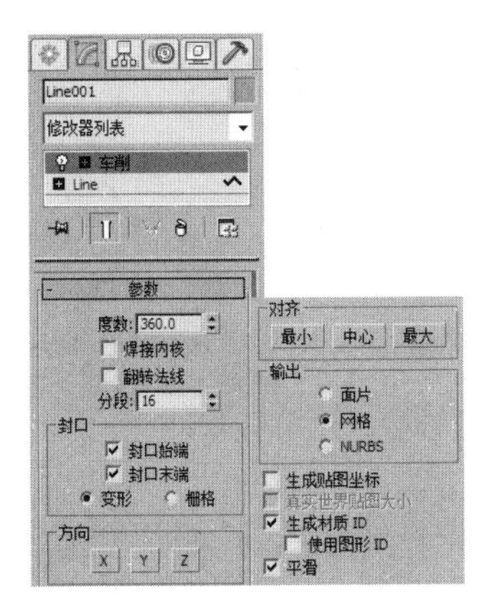

图 3.44

图 3.45

在【参数】卷展栏中可以通过以下参数进行设置。

- 【度数】：设置旋转成型的角度，360°为一个完整环形，小于360°为不完整的扇形。
- 【焊接内核】：通过将旋转轴中的顶点焊接来简化网格，如果要创建一个变形目标，禁用此选项。
- 【翻转法线】：将模型表面的法线方向反向。
- 【分段】：设置旋转圆周上的片段划分数，值越高，模型越平滑。
- 【封口】选项组
  - ➢【封口始端】：将顶端加面覆盖。
  - ➢【封口末端】：将底端加面覆盖。
  - ➢【变形】：不进行面的精简计算，以便用于变形动画的制作。
  - ➢【栅格】：进行面的精简计算，不能用于变形动画的动作。
- 【方向】选项组
  - ➢ X、Y、Z：分别设置不同的轴向。
- 【对齐】选项组
  - ➢【最小】：将曲线内边界与中心轴对齐。
  - ➢【中心】：将曲线中心与中心轴对齐。
  - ➢【最大】：将曲线外边界与中心轴对齐。
- 【输出】选项组
  - ➢【面片】：将放置成型的对象转化为面片模型。
  - ➢【网格】：将旋转成型的对象转化为网格模型。
  - ➢【NURBS】：将放置成型的对象转化为NURBS曲面模型。
- 【生成贴图坐标】：将贴图坐标应用到车削对象中。当【度数】值小于360°并选中【生成贴图坐标】复选框时，将另外的图坐标应用到末端封口中，并在每一封口上放置一个1×1的平铺图案。
- 【真实世界贴图大小】：控制应用于该对象的纹理贴图材质所使用的缩放方法。
- 【生成材质ID】：为模型指定特殊的材质ID，两端面指定为ID1和ID2，侧面指定为ID3。
- 【使用图形ID】：旋转对象的材质ID号分配由封闭曲线继承的材质ID值决定。只有在对曲线指定材质ID后才可用。
- 【平滑】：选中该复选框时自动平滑对象的表面，产生平滑过渡，否则会产生硬边。如图3.46所示为选中与不选中【平滑】复选框的效果。

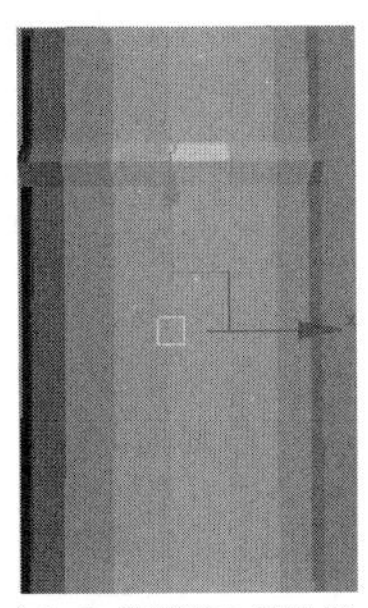

未勾选【平滑】复选框

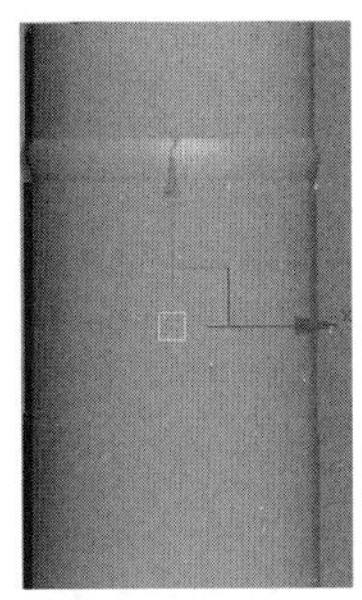

勾选【平滑】复选框

图 3.46

使用【车削】修改器的操作步骤如下：

01 在前视图中使用【线】工具绘制一条如图3.47所示的样条线。

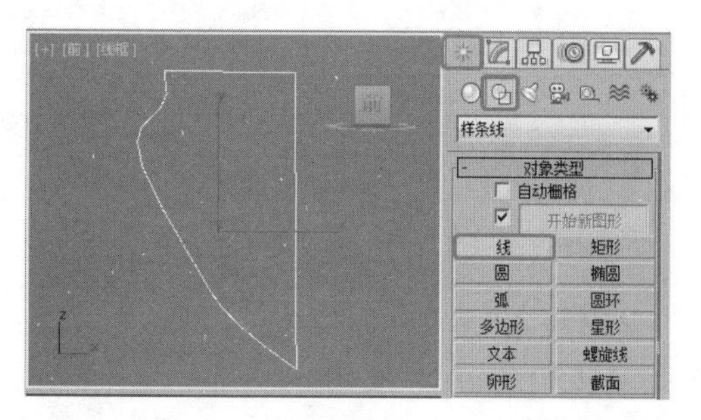

图 3.47

02 切换到【修改】命令面板，在【修改器列表】中选择【车削】修改器，如图 3.48 所示。

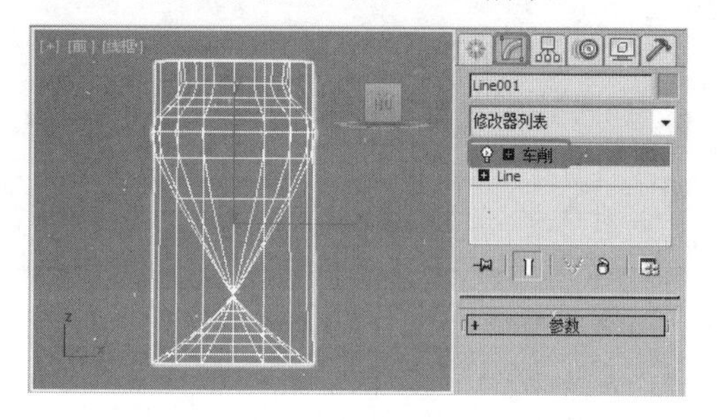

图 3.48

03 在【参数】卷展栏中设置【分段】值为 35，然后单击【对齐】选项组中的【最小】按钮，将当前选择集定义为【轴】，在视图中调整出瓶子的形状，如图 3.49 所示。

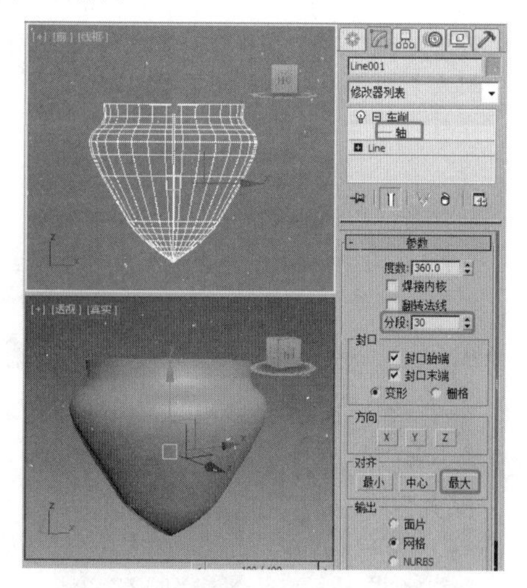

图 3.49

3.4.3 【倒角】修改器

【倒角】修改器是通过对二维图形进行挤出成形，并且在挤出的同时，在边界上加入直形或圆形的倒角，如图 3.50 所示，一般用来制作立体文字和标志。

图 3.50

在【倒角】修改器面板中包括【参数】和【倒角值】两个卷展栏，如图 3.51 所示。

图 3.51

3.4.4 【倒角剖面】修改器

【倒角剖面】修改器与【倒角】修改器有很大的区别，【倒角剖面】修改器要求提供一个截面路径作为倒角的轮廓线，但在制作完成后这条剖面线不能删除，否则斜切轮廓后的模型就会一起被删除。【倒角剖面】修改器的【参数】卷展栏如图 3.52 所示。

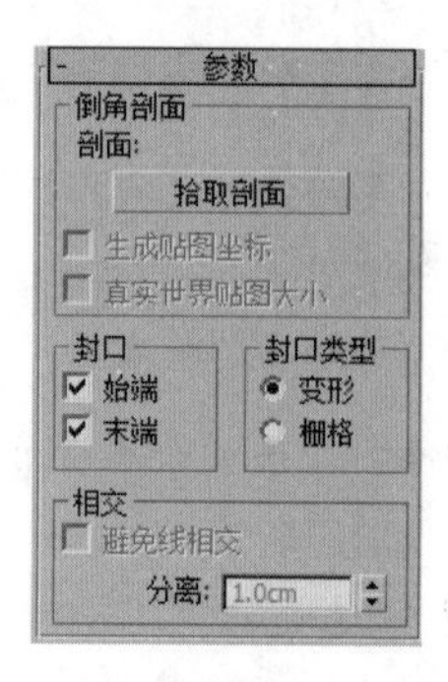

图 3.52

【参数】卷展栏中各选项说明如下：

- 【拾取剖面】按钮：在为图形指定了【倒角剖面】修改器后，单击【拾取剖面】按钮，可以选中一个图形或 NURBS 曲线用于剖面路径。
- 【始端】：对挤出图形的顶部进行封口。
- 【末端】：对挤出图形的底部进行封口。
- 【变形】：不处理表面，以便进行变形操作，制作变形动画。
- 【栅格】：创建更合适封口变形的栅格封口。
- 【避免线相交】：选中该复选框，可以防止尖锐折角产生突出变形。
- 【分离】：设置两个边界线之间保持的距离间隔，以防止越界交叉。

使用【倒角剖面】修改器的操作步骤为：首先在视图中创建两个图形，一个作为它的路径，另一个作为它的剖面线，并确认该路径处于选中状态。然后单击【修改】按钮，进入【修改】命令面板，在【修改器列表】中选择【倒角剖面】修改器，在【参数】卷展栏中单击【拾取剖面】按钮，然后在视图中单击轮廓线，即可生成物体，效果如图 3.53 所示。

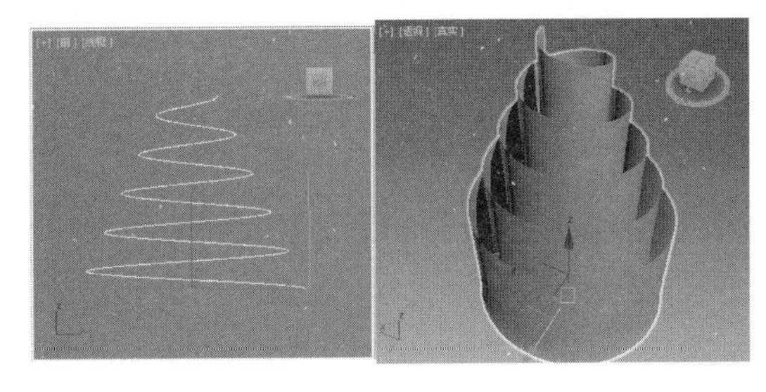

图 3.53

3.5 编辑网格

【编辑网格】命令是一个针对三维物体进行操作的修改器，也是一个修改功能非常强大的命令，最适合创建表面复杂而又无须精确建模的模型。【编辑网格】属于【网格物体】的专用编辑工具，并可根据不同需要，使用不同【子物体】和相关的命令进行编辑。

【编辑网格】提供了【顶点】、【边】、【面】、【多边形】和【元素】5 种子物体修改方式，这样对物体的修改会更加方便。

首先选中要修改的物体，然后单击【修改】按钮，进入【修改】命令面板，在【修改器列表】中选择【编辑网格】命令即可。

【编辑网格】的【参数】卷展栏共分为 4 大类，分别是【选择】、【软选择】、【编辑几何体】和【曲面属性】，如图 3.54 所示。

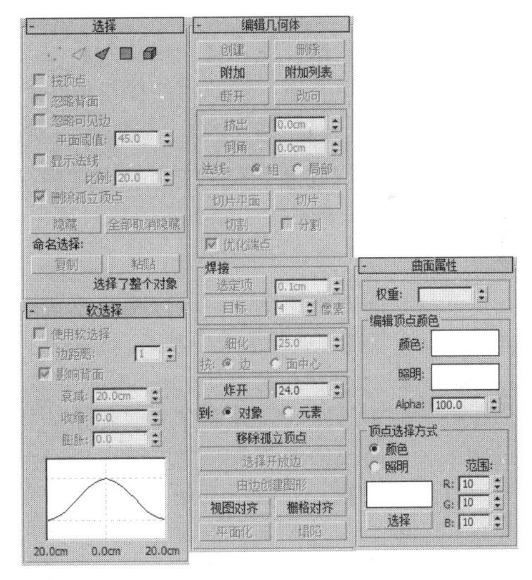

图 3.54

提示

选中【编辑网格】命令中的【子对象】命令时，【曲面属性】卷展栏才会显示出来。

下面简单介绍一下【顶点】、【边】、【面】、【多边形】和【元素】5 种子物体。

- 【顶点】：可以完成单点或多点的调整和修改，可对选择的单点或多点进行移动、旋转和缩放变形等操作。向外挤出选择的顶点，物体会向外凸起，向内推进选择的点，物体会向内凹入。将选择集定义为【顶点】后，通常使用主工具栏中的【选择并移动】、【选择并旋转】、【选择并均匀缩放】按钮来调整物体的形态。

- 【边】：以物体的边作为修改和编辑的操作基础。
- 【面】：以物体三角面作为修改和编辑的操作基础。
- 【多边形】：以物体的方形面作为修改和编辑操作的基础。将选择集定义为【多边形】后，常用的选项如图 3.55 所示。
- 【元素】：指组成整个物体的子栅格物体，可对整个独立体进行修改和编辑操作。

图 3.55

3.6 网格平滑

【网格平滑】是一项专门用来给简单的三维模型添加细节的修改器，使用【网格平滑】修改器之前最好先用【编辑网格】修改器将模型的大致框架制作出来，然后再用【网格平滑】修改器来添加细节。

【网格平滑】修改器可使实体的棱角变得平滑，平滑的外观更加符合现实中的真实物体。【网格平滑】修改器命令面板如图 3.56 所示。

首先在视图中创建出需要进行网格平滑的三维物体，并确认该物体处于被选中状态，然后进入【修改】命令面板，在【修改器列表】中选择【网格平滑】命令即可。其中【迭代次数】值决定了平滑的程度，不过值太大会造成面数过多，要适可而止。一般情况下，【迭代次数】的值不宜超过 4，因为当【迭代次数】的值为 4 时，对象的表面已经足够光滑了，数值再大已经毫无意义，而且还会产生更多的面，使系统的响应速度变得很慢。

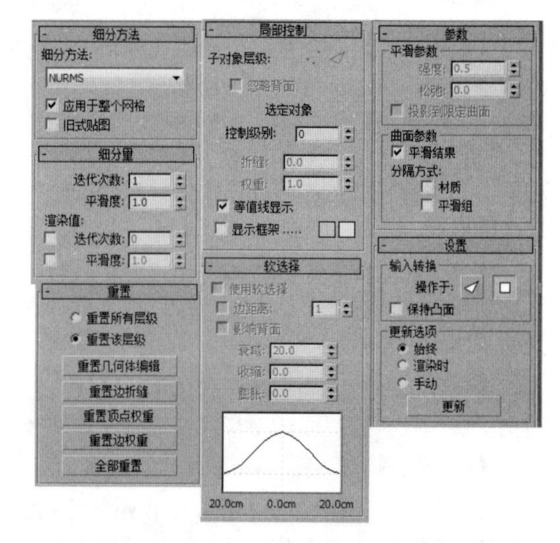

图 3.56

3.7 涡轮光滑

【涡轮光滑】修改器与【网格平滑】修改器相比，不具备对物体的编辑功能，但是有更快的操作速度。

需要注意的是，使用【网格平滑】修改器虽然在视图中操作速度较快，但是由于使用后模型面数较多会导致渲染速度降低，所以一个较为可行的办法是操作时使用【涡轮平滑】修改器，渲染时再将【涡轮平滑】修改器改为【网格平滑】修改器，当然这是针对使用此修改器次数很多的多边形而言的。

3.8 课堂实例——制作电池

下面将根据前面所学的知识制作电池模型，完成后的效果如图 3.57 所示，其具体操作步骤如下。

图 3.57

01 重置 3ds Max 2016 软件，选择【创建】 |【几何体】 |【标准基本体】|【圆柱体】工具，在顶视图中绘制一个圆柱体，在【参数】卷展栏中将【半径】和【高度】分别设置为 7、48，并将其命名为【电池】，如图 3.58 所示。

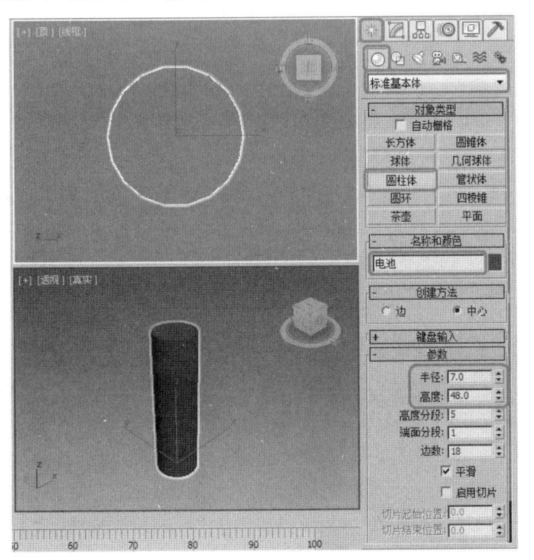

图 3.58

02 继续选中该圆柱体，在视图中右击，在弹出的快捷菜单中选择【转换为】|【转换为可编辑多边形】命令，如图 3.59 所示。

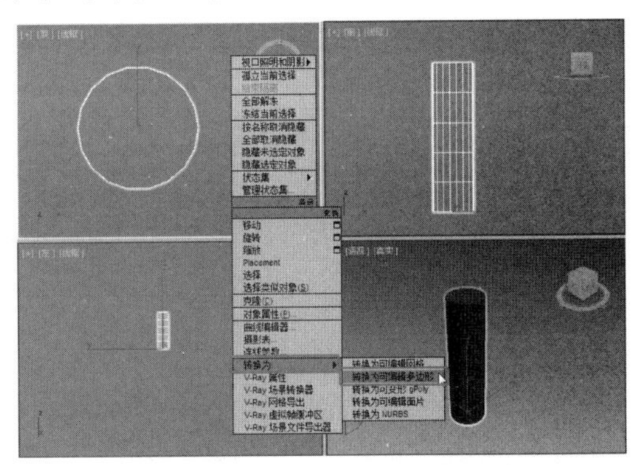

图 3.59

03 切换至【修改】 命令面板，将当前选择集定义为【多边形】，选择圆柱顶端的多边形，在【编辑多边形】卷展栏中单击【插入】按钮右侧的【设置】按钮，并将【数量】设为 2，单击【确定】按钮，如图 3.60 所示。

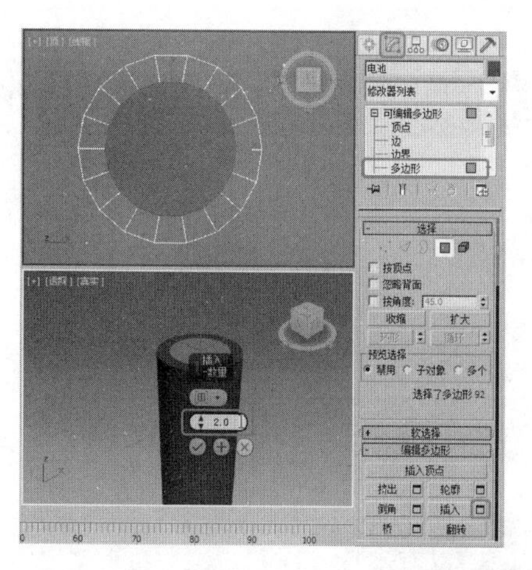

图 3.60

04 在【编辑多边形】卷展栏中单击【倒角】右侧的【设置】按钮▢，将【高度】设为 0.5，【轮廓】设为 -0.5，并单击【确定】按钮，如图 3.61 所示。

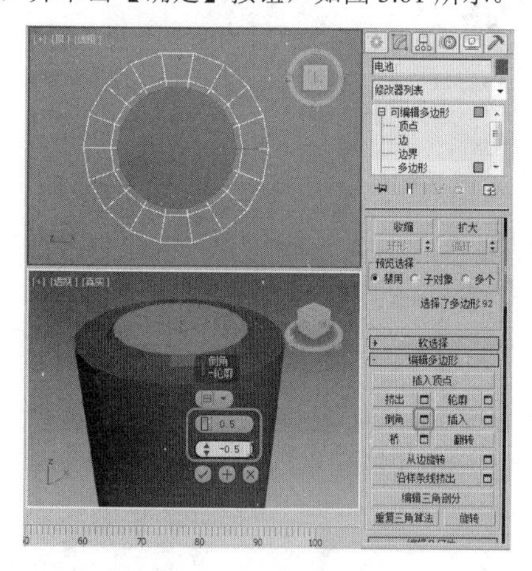

图 3.61

05 再次单击【倒角】在右侧的【设置】按钮▢，将【高度】、【轮廓】分别设为 0.5、-2，并单击【确定】按钮，如图 3.62 所示。

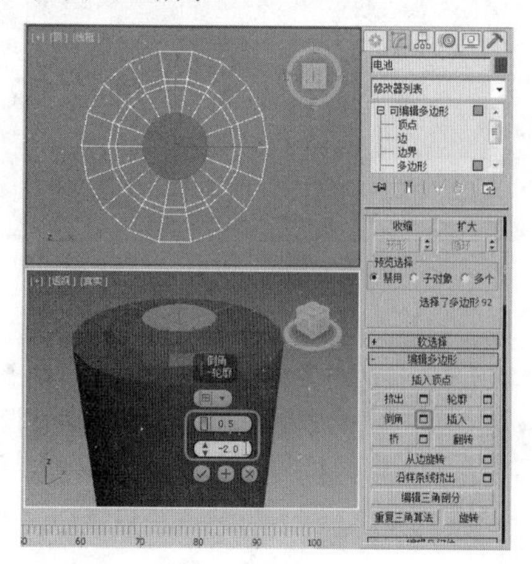

图 3.62

06 再次单击【倒角】右侧的【设置】按钮▢，将【高度】、【轮廓】分别设为 1.2、-0.5，并单击【确定】按钮，如图 3.63 所示。

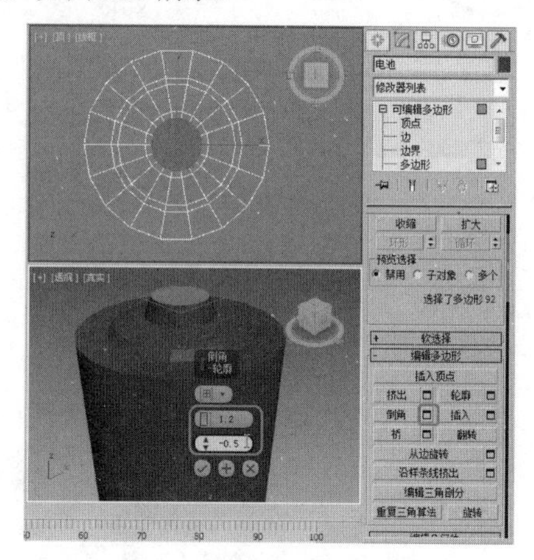

图 3.63

07 关闭当前选择集，激活透视视图，在视图的【真实】名称上单击，在弹出的快捷菜单中选择【边面】选项，如图 3.64 所示。

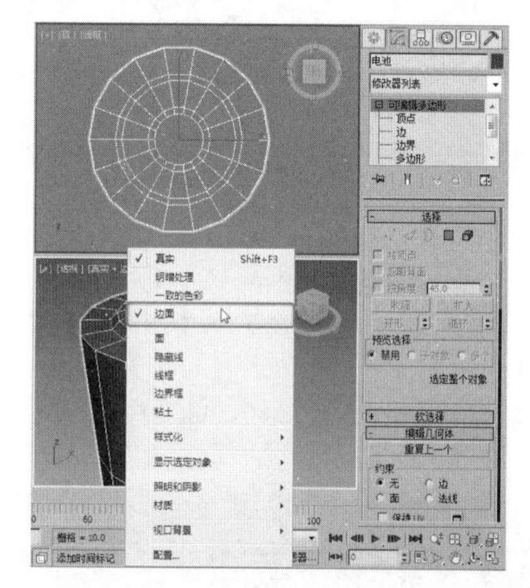

图 3.64

08 将当前选择集定义为【边】，选择如图 3.65 左图所示的边，并单击【选择】卷展栏中的【循环】按钮，效果如图 3.65 右图所示。

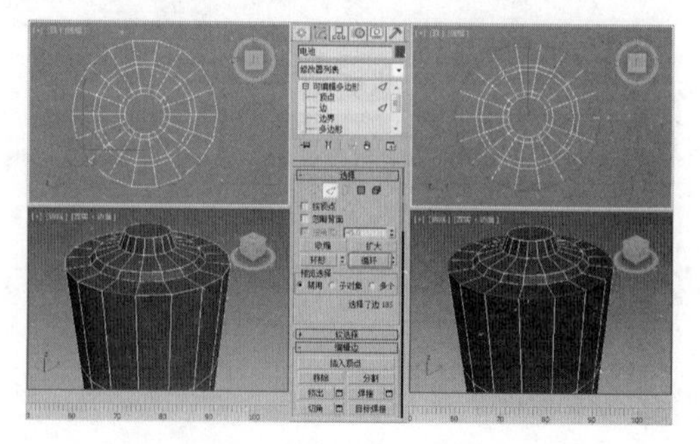

图 3.65

09 在【编辑边】卷展栏中单击【切角】按钮右侧的【设置】按钮▣，将【边切角量】设为0.2，并单击【确定】按钮，如图3.66所示。

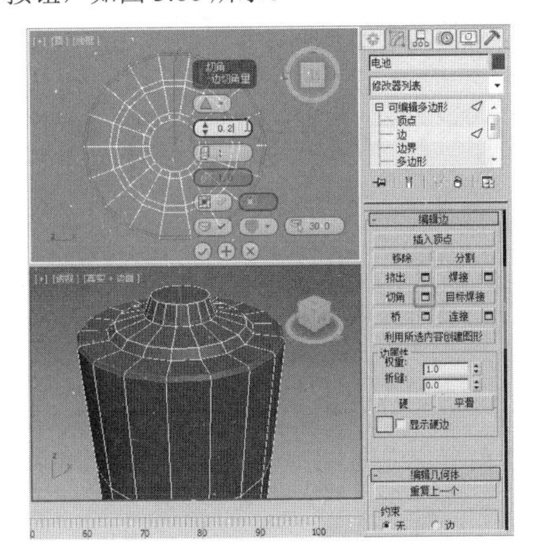

图 3.66

10 在顶视图中选择如图3.67左图所示的边，在【选择】卷展栏中单击【循环】按钮，效果如图3.67右图所示。

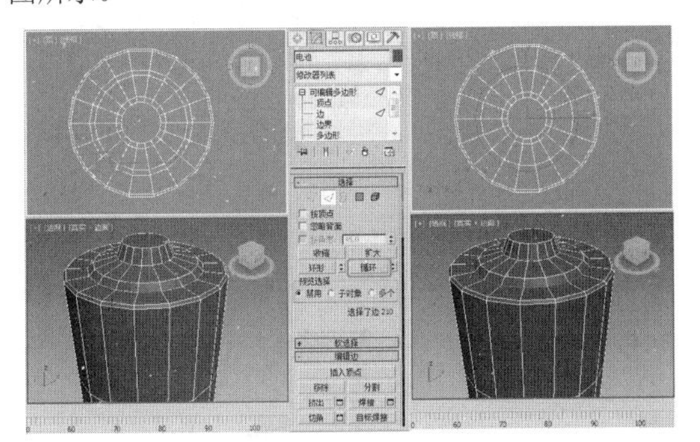

图 3.67

11 在【编辑边】卷展栏中单击【切角】右侧的【设置】按钮▣，将【边切角量】设为0.15，并单击【确定】按钮，如图3.68所示。

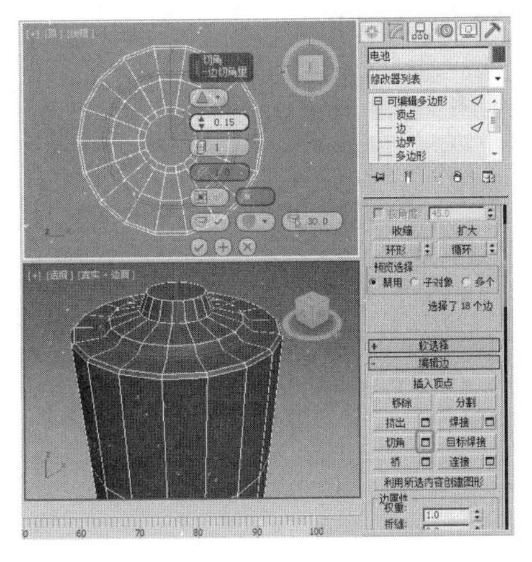

图 3.68

12 在顶视图中选择如图3.69左图所示的边，在【选择】卷展栏中单击【循环】按钮，效果如图3.69右图所示。

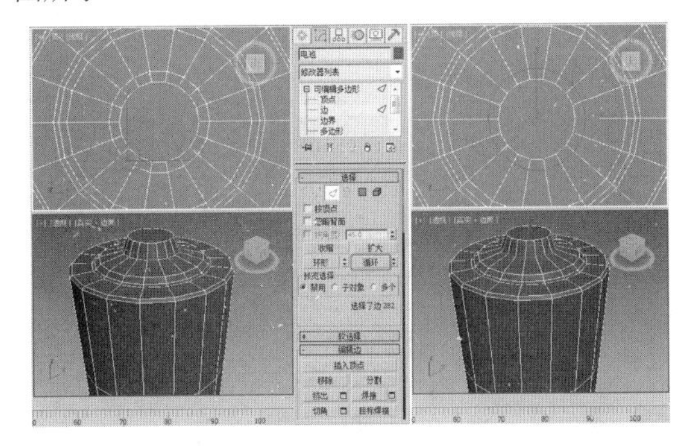

图 3.69

13 在【编辑边】卷展栏中单击【切角】右侧的【设置】按钮▣，将【边切角量】设为0.1，并单击【确定】按钮，如图3.70所示。

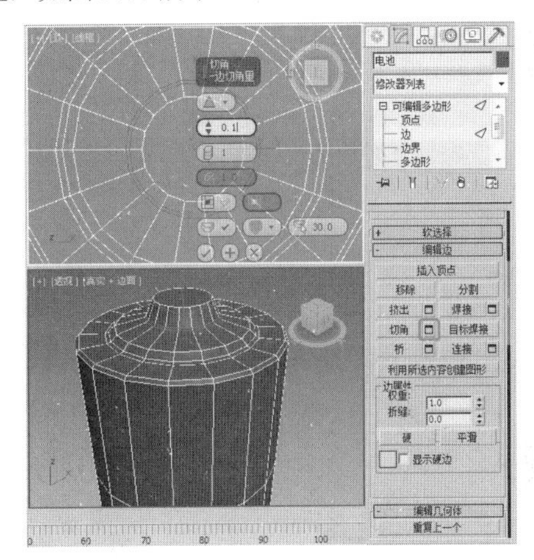

图 3.70

14 使用同样的方法将最内侧的边进行切角，并将其切角量设置为0.1，效果如图3.71所示。

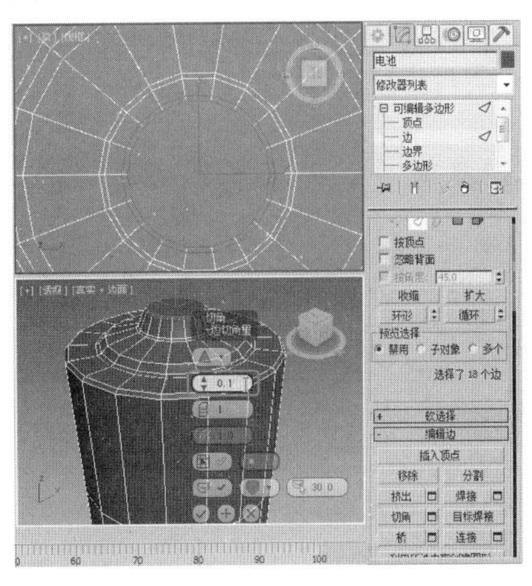

图 3.71

15 将当前选择集定义为【多边形】，将顶视图更改为底视图，并将其以【真实】方式显示，选择如图 3.72 所示的多边形，在【编辑多边形】卷展栏中单击【插入】按钮右侧的【设置】按钮▭，将【数量】设置为 2，并单击【确定】按钮。

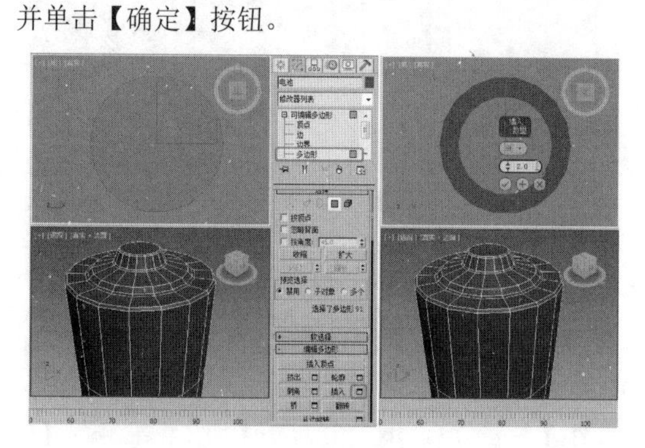

图 3.72

16 单击【编辑多边形】卷展栏中【倒角】右侧的【设置】按钮▭，将【高度】、【轮廓】分别设为 0.1、-0.3，并单击【确定】按钮，如图 3.73 所示。

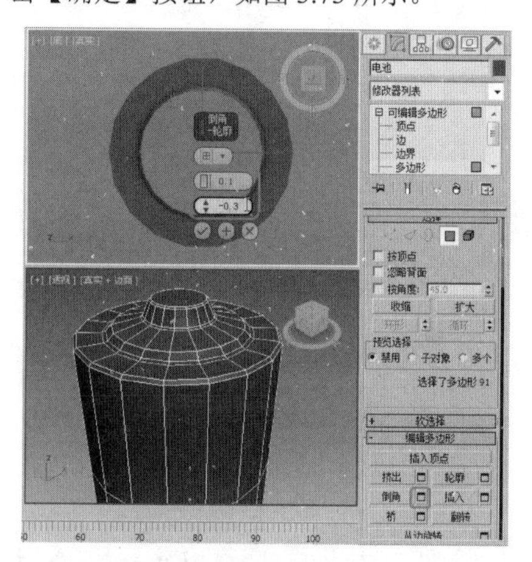

图 3.73

17 将当前选择集定义为【边】，并分别对两条边进行切角操作，【边切角量】分别为 0.2、0.1，如图 3.74 所示。

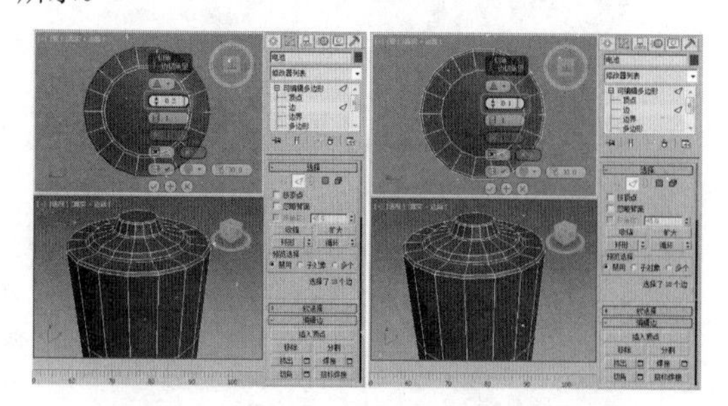

图 3.74

18 将当前选择集定义为【多边形】，在视图中选择如图 3.75 所示的多边形，并在【多边形：材质 ID】卷展栏中将 ID 设为 1。

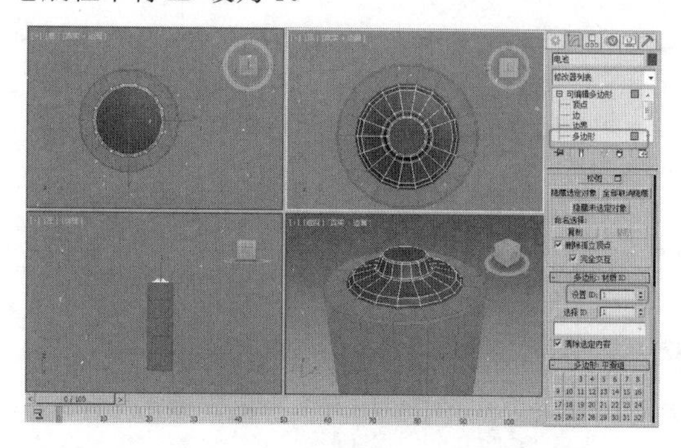

图 3.75

19 选择【编辑】|【反选】命令，在【多边形：材质 ID】卷展栏中将其 ID 设为 2，如图 3.76 所示。

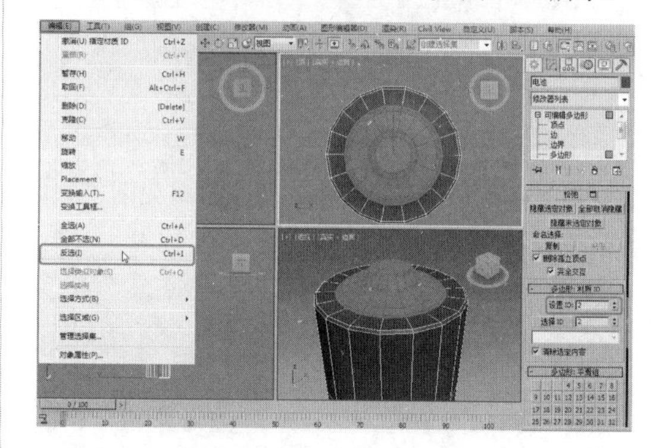

图 3.76

20 关闭当前选择集，在【细分曲面】卷展栏中选中【使用 NURMS 细分】复选框，将【迭代次数】设为 2，如图 3.77 所示。

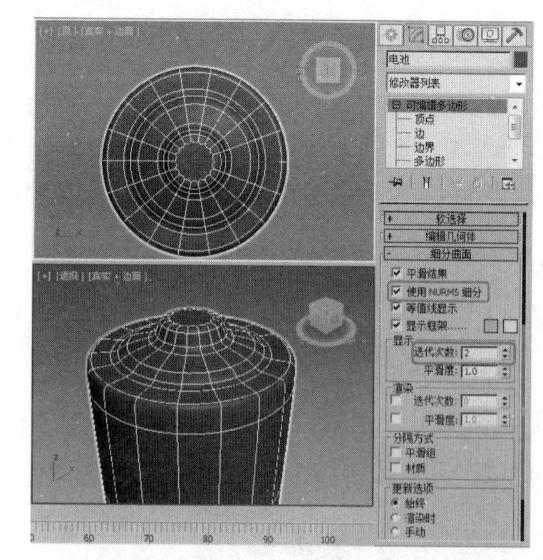

图 3.77

21 按 M 键打开【材质编辑器】，选择一个新的材质样本球，单击 Standard 按钮，在打开的对话框中双击【多维 / 子对象】材质，如图 3.78 所示。

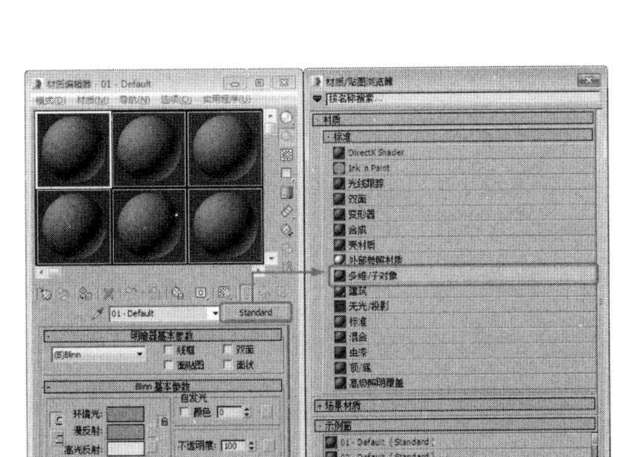

图 3.78

22 在弹出的对话框中使用默认设置，单击【确定】按钮进入【多维/子对象】材质面板，单击【设置数量】按钮，在打开的对话框中将【材质数量】设为 2，并单击【确定】按钮，单击 ID1 右侧的子材质按钮，进入子材质面板，将明暗器类型设为 Phong，将【自发光】设为 20，将【高光级别】、【光泽度】分别设为 80、50，如图 3.79 所示。

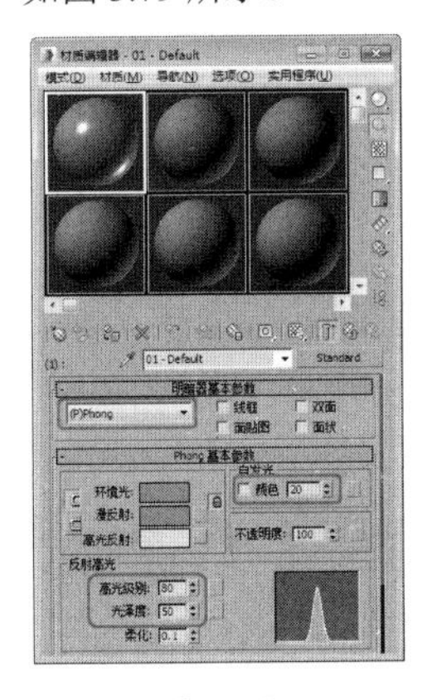

图 3.79

23 在【贴图】卷展栏中单击【漫反射颜色】右侧的【无】按钮，在打开的对话框中选择【位图】选项，如图 3.80 所示。

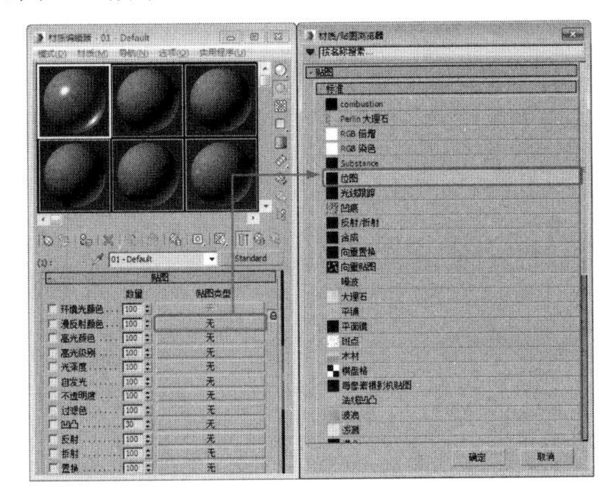

图 3.80

24 单击【确定】按钮，在打开的对话框中选择配套资源中的 MAP/dianchi.jpg，单击【打开】按钮，并将【角度】下的 W 设为 90，如图 3.81 所示。

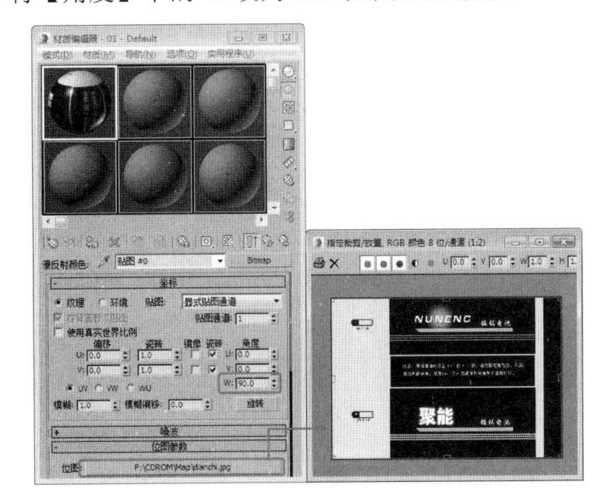

图 3.81

25 单击【转到父对象】按钮，返回上一层级面板，将【反射】设为 8，并为其指定配套资源中的 MAP/Glass.jpg 位图文件，如图 3.82 所示。

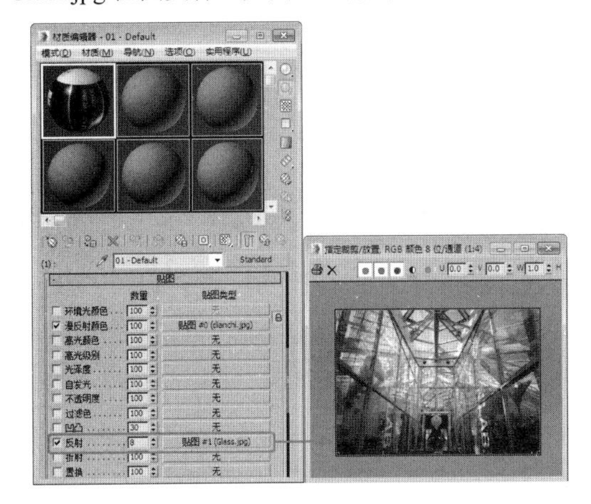

图 3.82

26 单击【视口中显示明暗处理材质】按钮，单击【转到父对象】按钮，返回至【多维/子对象】材质面板，单击 ID2 右侧的子材质按钮，在打开的对话框中双击【标准】材质，进入子材质面板。将明暗器类型设为【金属】，将【自发光】设为 15，单击【环境光】左侧的按钮，将【环境光】、【漫反射】颜色数值分别设为 0,0,0，255,255,255，将【高光级别】、【光泽度】分别设为 100 和 80，如图 3.83 所示。

27 在【贴图】卷展栏中将【反射】设为 60，单击其右侧的【无】按钮，在打开的对话框中双击【位图】选项，再在打开的对话框中选择配套资源中的 MAP/Metal01.jpg，单击【打开】按钮，将【模糊偏移】设为 0.06，如图 3.84 所示。

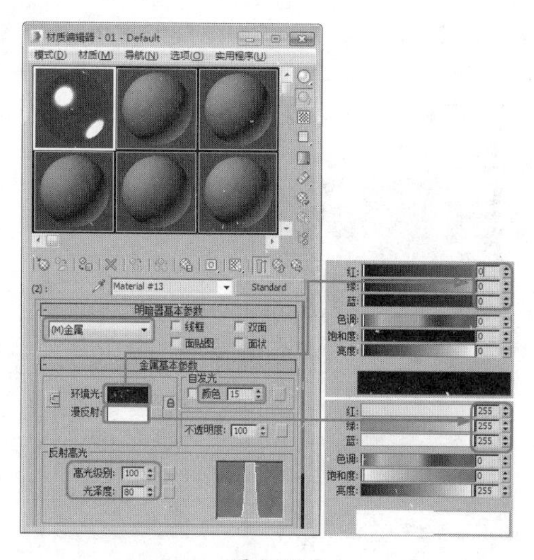

图 3.83

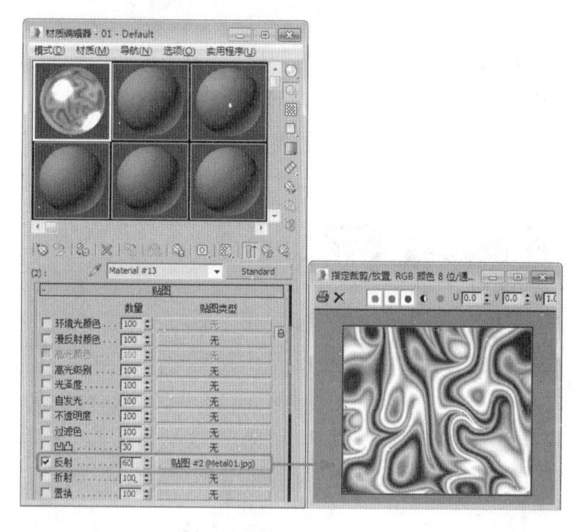

图 3.84

28 单击【转到父对象】按钮，返回至【多维/子对象】材质面板，将材质指定给场景中的对象，在【修改】命令面板中为其添加【UVW 贴图】修改器，在【参数】卷展栏中选择【柱形】单选按钮，如图 3.85 所示。

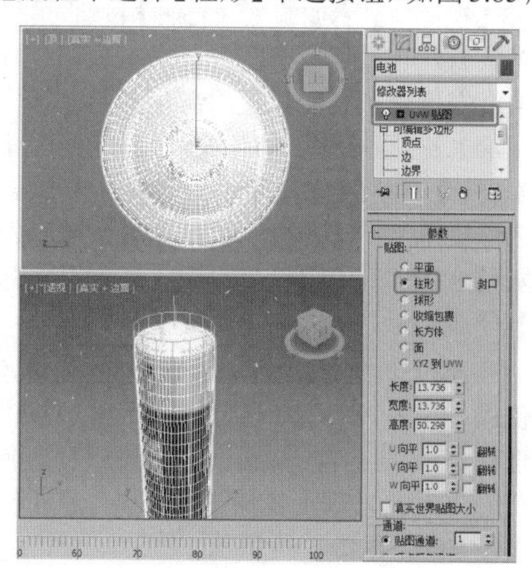

图 3.85

29 在场景中将对象进行克隆，并对其进行旋转、移动等操作，效果如图 3.86 所示。

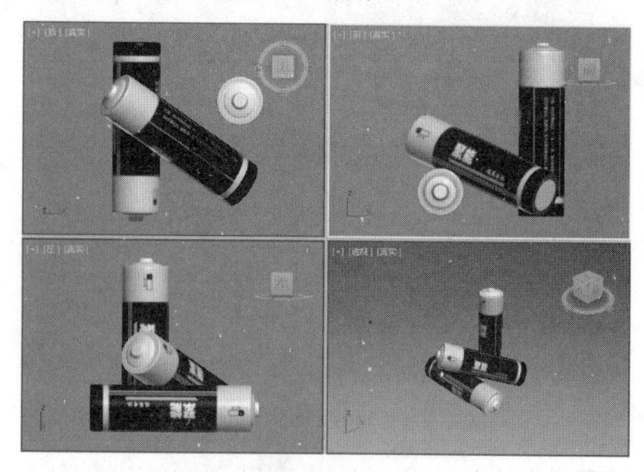

图 3.86

30 选择【创建】|【几何体】|【标准基本体】|【平面】工具，在顶视图中创建一个平面，在【参数】卷展栏中将【长度】、【宽度】、【长度分段】、【宽度分段】分别设为 500、500、1、1，并在其他视图中调整其位置，如图 3.87 所示。

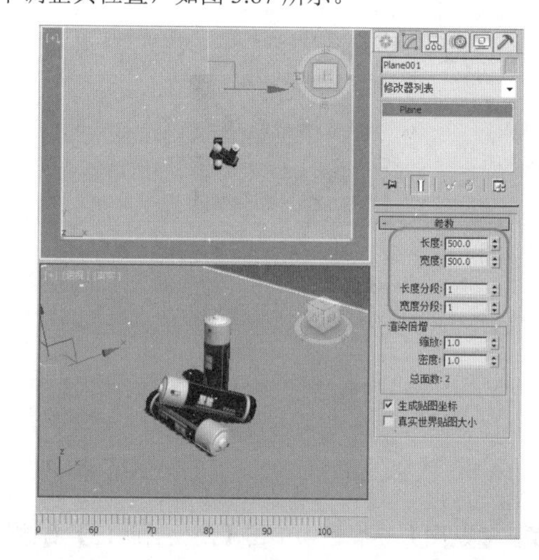

图 3.87

31 在确定平面对象选中的情况下，按 M 键打开【材质编辑器】，选择一个新的材质样本球，将【高光级别】、【光泽度】分别设为 60、40，在【贴图】卷展栏中单击【漫反射颜色】右侧的【无】按钮，在打开的对话框中双击【位图】选项，在打开的对话框中选择配套资源中的 WOOD28.jpg，单击【打开】按钮，将【瓷砖】下的 U、V 都设置为 5，如图 3.88 所示。

32 单击【转到父对象】按钮，返回上一层级面板，将【反射】设为 10，单击其右侧【无】按钮，在打开的对话框中双击【平面镜】选项，在【平面镜参数】卷展栏中选中【应用于带 ID 的面】复选框，如图 3.89 所示，并将材质指定给场景中的平面对象。

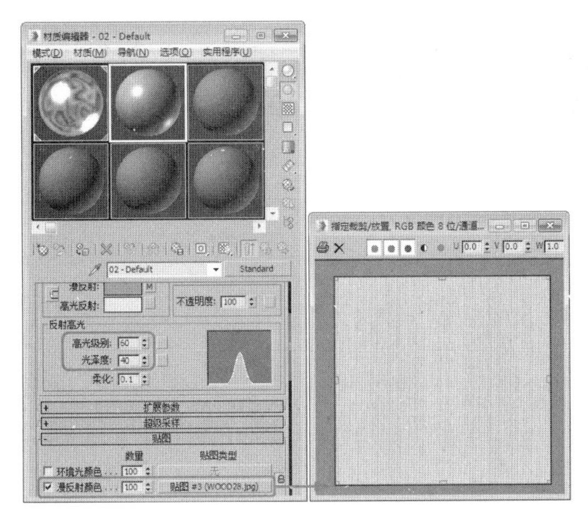

图 3.88

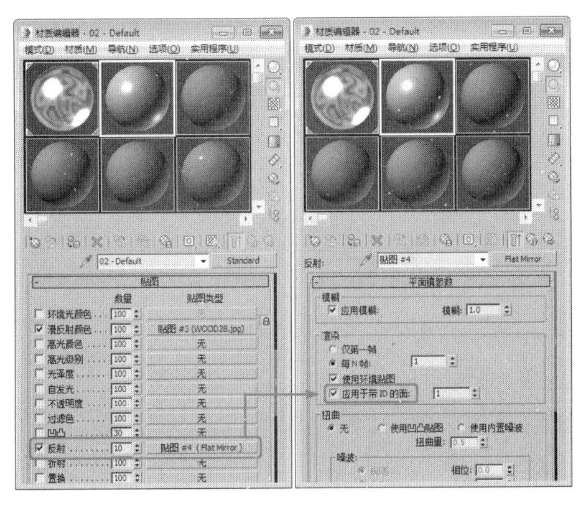

图 3.89

33 选择【创建】 | 【摄影机】 | 【目标】工具，在顶视图中创建一个摄影机，在其他视图中调整摄影机的位置，如图 3.90 所示，并将透视视图转换为摄影机视图。

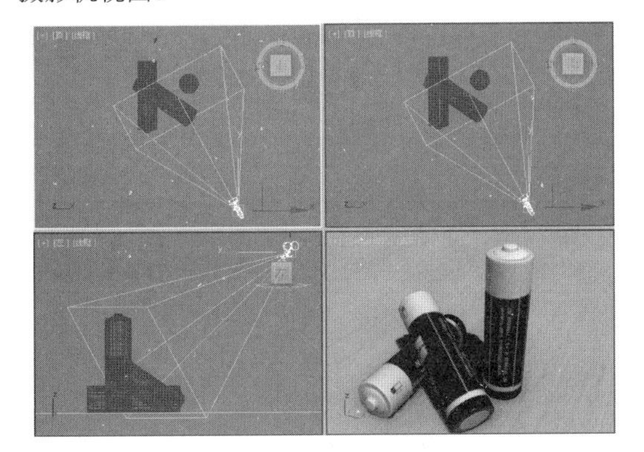

图 3.90

34 选择【创建】 | 【灯光】 | 【标准】 | 【目标聚光灯】工具，在顶视图中创建一盏目标聚光灯，在【常规参数】卷展栏中选中【阴影】下的【启用】复选框，并将阴影类型设为【光线跟踪阴影】，在【强度 / 颜色 / 衰减】卷展栏中将【倍增】设置为 0.73，在【聚光灯参数】卷展栏中将【聚光区 / 光束】、【衰减区 / 区域】分别设为 83、86，并在其他视图中调整目标聚光灯的位置，如图 3.91 所示。

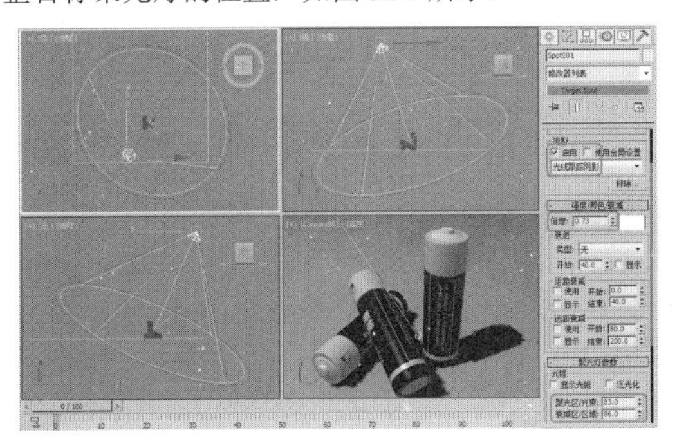

图 3.91

35 选择【创建】 | 【灯光】 | 【标准】 | 【泛光】工具，在顶视图中创建一盏泛光灯，在【强度 / 颜色 / 衰减】卷展栏中将【倍增】设为 0.5，在其他视图中调整泛光灯的位置，如图 3.92 所示。

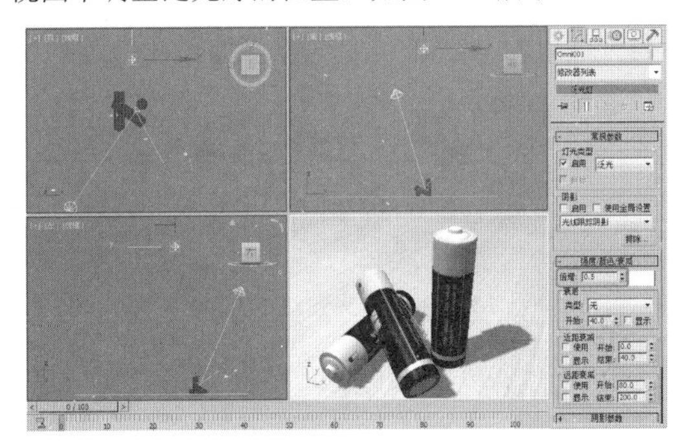

图 3.92

36 设置完成后，激活摄影机视图，并按 F9 键进行渲染，效果如图 3.93 所示。

图 3.93

3.9 课后练习

1. 在 3ds Max 中共提供了几种图形对象？分别是哪几种？

2. 如何显示【修改器】命令按钮组？

3.【挤出】修改器有什么作用？

第4章

三维复合对象建模

三维建模是建模过程中最为重要的一个环节，本章将重点讲解三维复合对象建模的重要操作技术，其中包括创建复合对象、布尔运算、放样对象、网格建模编辑修改器等，本章还精心为读者用户提供了两个很有代表性的例子，希望通过本章的学习，可以对三维复合对象建模起到一定的作用。

4.1 创建放样对象的基本概念

【放样】与布尔运算一样，属于合成对象的一种建模工具。放样建模的原理就是在一条指定的路径上排列截面，从而形成对象的表面，如图 4.1 所示。

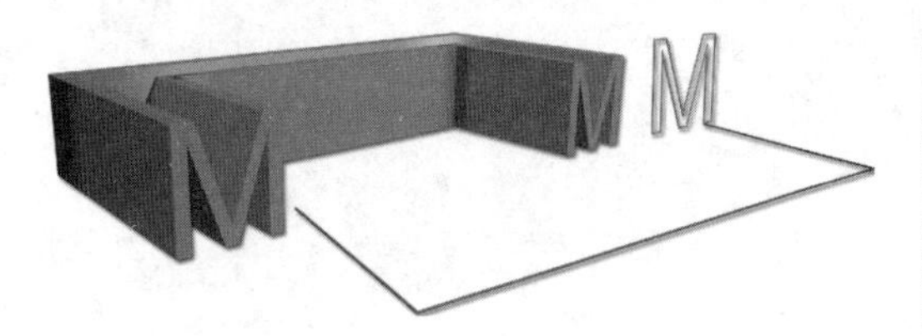

图 4.1

放样对象由两个元素组成：放样路径和放样截面。选择【创建】 | 【几何体】，在【标准基本体】标签下拉列表中选择【复合对象】，即可在【对象类型】卷展栏中看到【放样】工具按钮。当然，该按钮需要在场景中有被选中的二维图形时才可以被激活，如图 4.2 所示。

图 4.2

放样建模的基本步骤是：创建资源形，资源形包括路径和截面图形。选择一个形，在【创建方法】卷展栏中单击【获取路径】或者【获取图形】按钮并拾取另一个形。如果先选择作为放样路径的形，则选取【获取图形】，然后拾取作为截面图形的样条曲线。如果先选择作为截面的样条曲线，则选取【获取路径】并拾取作为放样路径的样条曲线。

下面使用放样创建一个有厚度的文字效果，如图 4.3 所示。

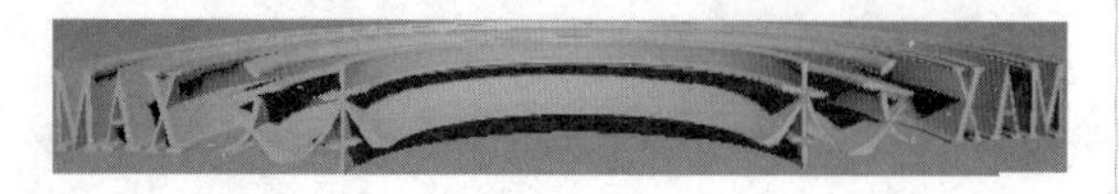

图 4.3

01 选择【创建】 | 【图形】 | 【文本】工具，并在【参数】卷展栏中将文本类型设置为楷体_GB2312，将文本大小设置为 50，最后在文本栏中输入“MAX 文本”，最后在前视图中创建一个“MAX 文本”图形，作为放样的截面图形，如图 4.4 所示。

图 4.4

02 选择【创建】 | 【图形】 | 【弧】工具，并在顶视图中绘制一条【半径】为 200、【从】为 10、【到】为 170 的弧形，作为放样路径，如图 4.5 所示。

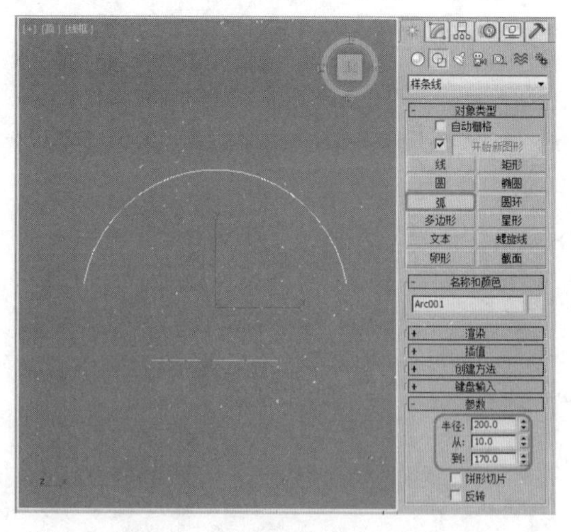

图 4.5

03 此时，作为放样路径的弧形处于选中状态。选择【创建】 | 【几何体】 | 【复合类型】 | 【放

样】工具，在【创建方法】卷展栏中单击【获取图形】按钮，并在视图中选择作为截面图形的“MAX 文本”，随即产生放样对象，如图 4.6 所示。

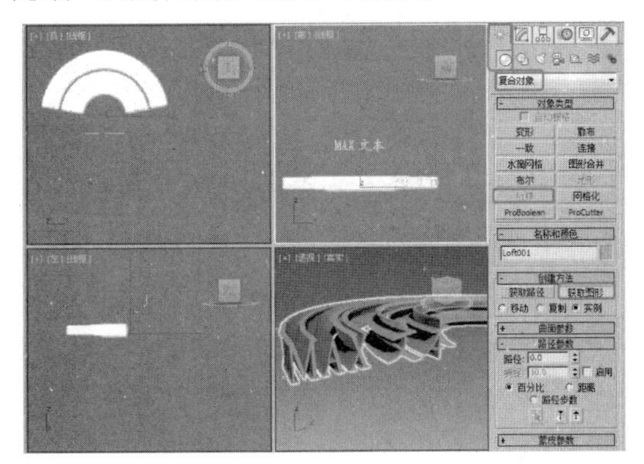

图 4.6

4.1.1 放样的术语与参数

放样建模中的常用术语包括：形、路径、截面图形、变形曲线、第一个节点。

- 【图形】：在放样建模中形包括两种：路径和截面图形。路径形只能包括一个样条曲线，截面可以包括多个样条曲线。但沿同一路径放样的截面图形必须有相同数目的样条曲线。
- 【路径】：指定截面图形排列的中心线。
- 【截面图形】：在指定路径上排列连接产生表面的图形。
- 【变形】：通过部分工具改变曲线来定义放样的基本形式。这些曲线允许对放样物体进行修改，从而调整形的比例、角度和大小。
- 【第一个节点】：创建放样对象时拾取的第一个截面图形总是首先与路径和第一个节点对齐，然后从第一个节点到最后一个节点拉伸表皮创建对象的表面。如果第一个节点与其他节点不在同一条直线上，放样对象将产生奇怪的扭曲现象。因为在放样建模中，第一个拾取的截面图形总是与放样路径的第一个点对齐，所以在创建放样路径和截面图形时总是按照从右到左的顺序。

放样是三维建模中最为强大的一个建模工具，它的参数也比较复杂，如图 4.7 所示。

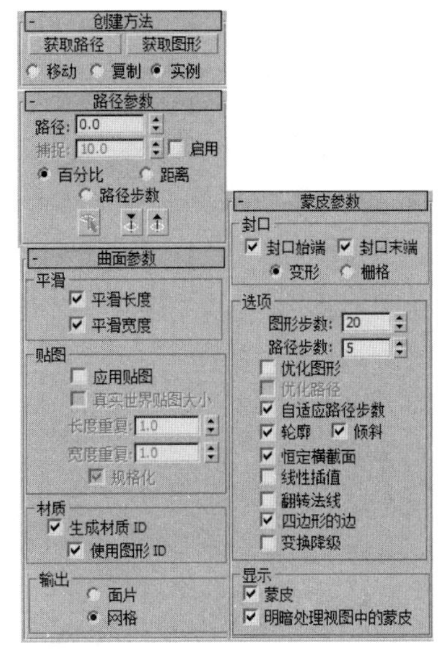

图 4.7

放样建模中常用的各项参数的功能说明如下所述：

- 【创建方法】卷展栏
  - ➢ 【获取路径】：在先选择图形的情况下获取路径。
  - ➢ 【获取图形】：在先选择路径的情况下拾取截面图形。
  - ➢ 【移动】：选择的路径或截面不产生复制品，这意味点选后的形在场景中不独立存在，其他路径或截面无法再使用。
  - ➢ 【复制】：选择后的路径或截面产生原形的一个复制品。
  - ➢ 【实例】：选择后的路径或截面产生原形的一个关联复制品，关联复制品与原形相关联，即对原形进行修改时，关联复制品也随之改变。
- 【曲面参数】卷展栏
  - ➢ 【平滑】：设置曲面的平滑属性。
    - ◆ 【平滑长度】：沿着路径的长度提供平滑曲面，当路径曲线或路径上的图形更改大小时，这类平滑非常有用。默认设置为启用。
    - ◆ 【平滑宽度】：围绕横截面图形的周界提供平滑曲面，当图形更改顶点数或更改外形时，这类平滑非常有用。默认设置为启用，如图 4.8 所示。

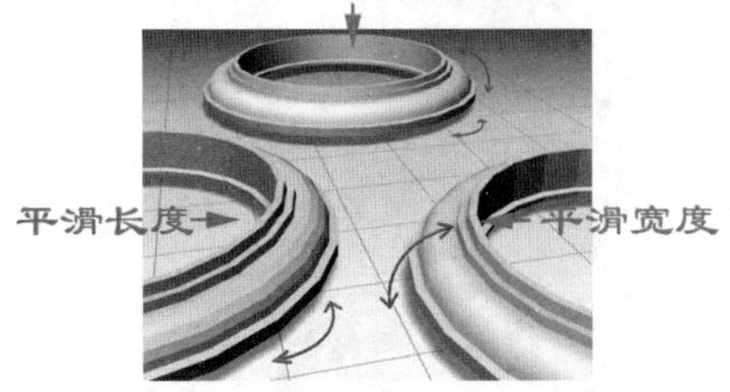

图 4.8

➢ 【贴图】为模型设置贴图后的效果如图 4.9 所示。

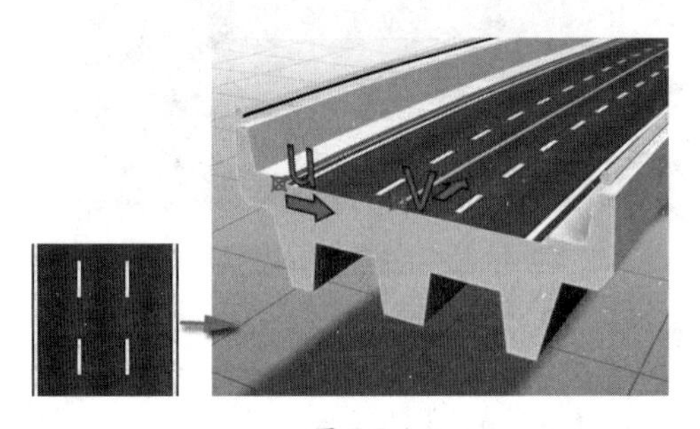

图 4.9

◆ 【应用贴图】：启用和禁用放样贴图坐标。启用【应用贴图】才能访问其余的项目。

◆ 【长度重复】：设置沿着路径的长度重复贴图的次数。贴图的底部放置在路径的第一个顶点处。

◆ 【宽度重复】：设置围绕横截面图形的周界重复贴图的次数。贴图的左边缘将与每个图形的第一个顶点对齐。

◆ 【规格化】：决定沿着路径长度和图形宽度路径顶点间距如何影响贴图。启用该选项后，将忽略顶点。将沿着路径长度并围绕图形平均应用贴图坐标和重复值；如果禁用，主要路径划分和图形顶点间距将影响贴图坐标间距。将按照路径划分间距或图形顶点间距成比例应用贴图坐标和重复值。

➢ 【材质】

◆ 【生成材质 ID】：在放样期间生成材质 ID。

◆ 【使用图形 ID】：提供使用样条线材质 ID 来定义材质 ID 的选择。

提示

图形材质 ID 用于为道路提供两种材质，用于支撑物和栏杆的水泥，带有白色车道线的沥青，如图 4.10 所示。

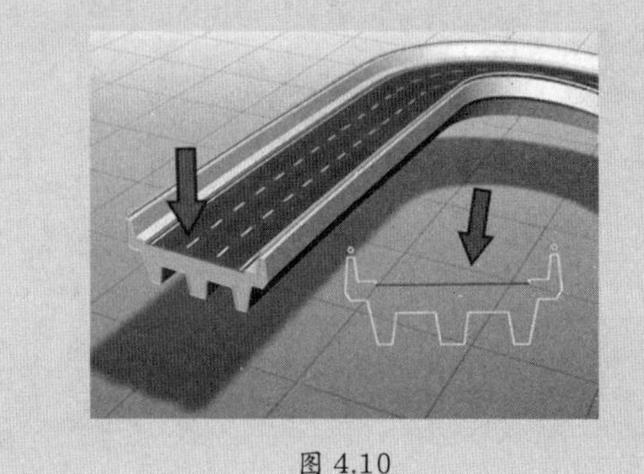

图 4.10

注意

图形 ID 将从图形横截面继承而来，而不是从路径样条线继承。

➢ 【输出】：控制放样建模产生哪种类型的物体，包括【面片】和【网格】物体，其中【面片】可以让对象产生弯曲的表面，易于操纵对象的细节；【网格】则可以让对象产生多边形的网面。

● 【路径参数】

➢ 【路径】：设置截面图形在路径上的位置。提供【百分比】和【距离】两种方式来控制截面插入的位置。通过输入值或拖曳微调器来设置路径的级别。如果【捕捉】处于启用状态，该值将变为上一个捕捉的增量。该路径值依赖于所选择的测量方法。更改测量方法将导致路径值的改变，如图 4.11 所示。

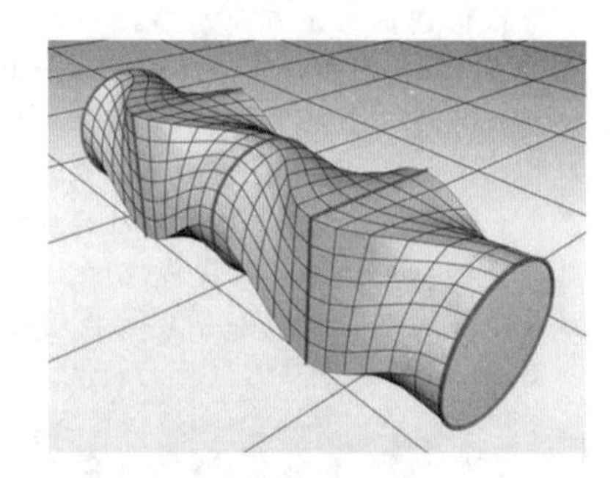

图 4.11

➢ 【捕捉】：选择【启用】复选框，打开【捕捉】功能，此功能用来设定每次使用微调按钮调节参数时的幅度。

- 【拾取图形】：用来选取截面，使该截面成为作用截面，以便选取截面或更新截面。
- 【上一个图形】：转换到上一个截面图形。
- 【下一个图形】：转换到下一个截面图形。

● 【蒙皮参数】

- 【封口】：控制放样物体的两端是否封闭。
  - ◆ 【封口始端】控制路径的开始处是否封闭。
  - ◆ 【封口末端】控制路径的终点处是否封闭。
  - ◆ 【变形】：按照创建变形目标所需的可预见且可重复的模式排列封口面。变形封口能产生细长的面，与那些采用栅格封口创建的面相同，这些面也不进行渲染或变形。
  - ◆ 【栅格】：在图形边界处修剪的矩形栅格中排列封口面。此方法将产生一个由大小均等的面构成的表面，这些面可以被其他修改器很容易地变形。
- 【选项】：用来控制放样的一些基本参数。
  - ◆ 【图形步数】：设置截面图形顶点之间的步幅数。
  - ◆ 【路径步数】：设置路径图形顶点之间的步幅数。
  - ◆ 【优化图形】：设置对图形表面进行优化处理，这样将会自动制定光滑的程度，而不去理会步幅的数值。
  - ◆ 【优化路径】：如果启用，则用于路径的直分段，忽略【路径步数】。【路径步数】设置仅适用于弯曲截面，仅在【路径步数】模式下才可用。默认设置为禁用状态。
  - ◆ 【自适应路径步数】：对路径进行优化处理，这样将不理会路径步幅值。
  - ◆ 【轮廓】：控制截面图形在放样时会自动更正自身角度以垂直路径，得到正常的造型。
  - ◆ 【倾斜】：控制截面图形在放样时会依据路径在Z轴上的角度改变，而进行倾斜，使它总与切点保持垂直状态。
  - ◆ 【恒定横截面】：可以让截面在路径上自行放缩变化，以保证整个截面都有统一的尺寸。
  - ◆ 【线性插值】：控制放样对象是否使用线性或曲线插值。
  - ◆ 【翻转法线】：反转放样物体的表面法线。
  - ◆ 【四边形的边】：如果启用该选项，且放样对象的两部分具有相同数目的边，则将两部分缝合到一起的面显示为四方形。具有不同边数的两部分之间的边将不受影响，仍与三角形连接。默认设置为禁用。
  - ◆ 【变换降级】：使放样蒙皮在子对象图形/路径变换过程中消失。例如，移动路径上的顶点使放样消失。如果禁用，则在子对象变换过程中可以看到蒙皮。默认设置为禁用。
- 【显示】：控制放样对象的表面是否呈现在所有模型窗口中。
  - ◆ 【蒙皮】：控制透视图之外的视图是否显示出放样后的形状。
  - ◆ 【明暗处理视图中的蒙皮】：控制放样对象的表面是否在透视图中显示。

4.1.2　截面图形与路径的创建

在放样建模中对路径形的限制只有一个，就是作为放样路径只能有一个样条曲线。而对作为放样物体截面图形的样条曲线限制有两个：

- 路径上所有的图形必须包含相同数目的样条曲线。
- 路径上所有的图形必须有相同的嵌套顺序。

下面制作一个特殊的多截面放样对象。

01 选择【创建】 | 【图形】 | 【圆】工具，在顶视图中创建【半径】值为70的圆形，如图4.12所示。

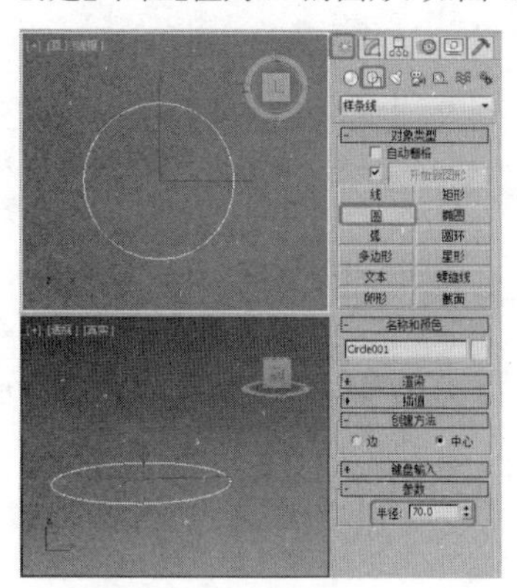

图 4.12

02 选择【创建】 | 【图形】 | 【星形】工具，在顶视图中创建一个【半径1】、【半径2】、【圆角半径1】分别为70、30、22的星形，如图4.13所示。

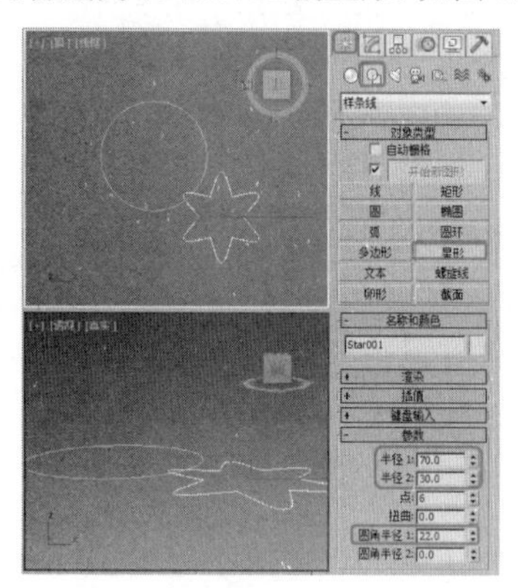

图 4.13

03 在前视图中创建一条线段，如图4.14所示。

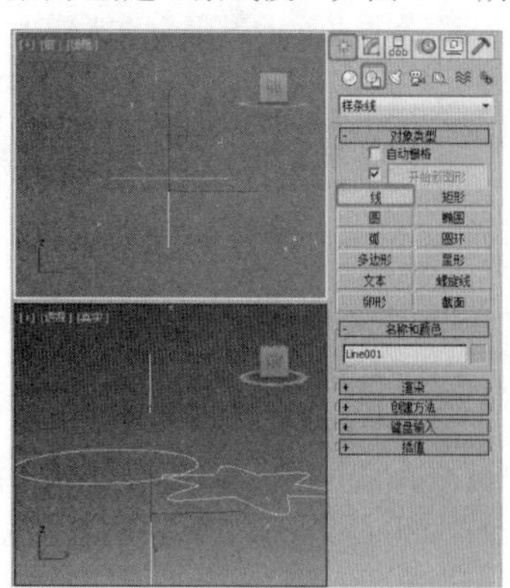

图 4.14

04 确定直线对象处于选中状态，选择【创建】 | 【几何体】 | 【复合对象】 | 【放样】工具，在【创建方法】卷展栏中单击【获取图形】按钮，然后在视图中选择【圆形】对象，如图4.15所示。

05 在【路径参数】卷展栏中的【路径】输入框中输入50，在【创建方法】卷展栏中单击【获取图形】按钮，并在视图中选择【星形】图形，在路径的50%位置处加入星形，如图4.16所示。

06 将【路径参数】卷展栏中【路径】设置为100%，并选择【创建方法】下的【获取图形】，最后再次在场景中选择圆形，结果如图4.17所示。

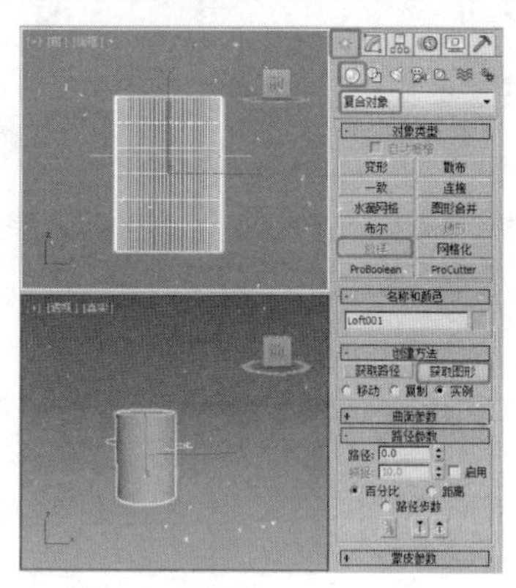

图 4.15

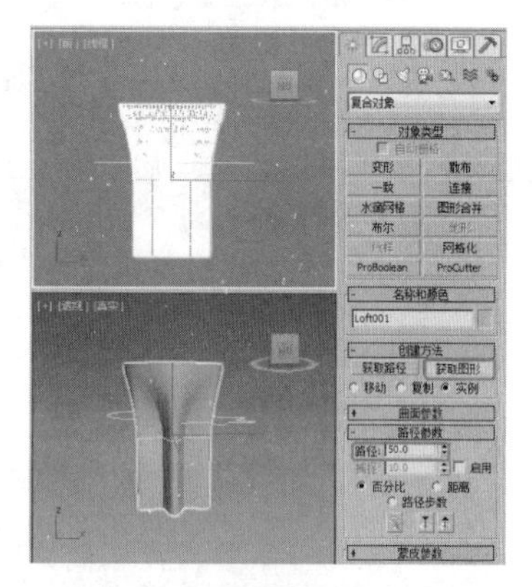

图 4.16

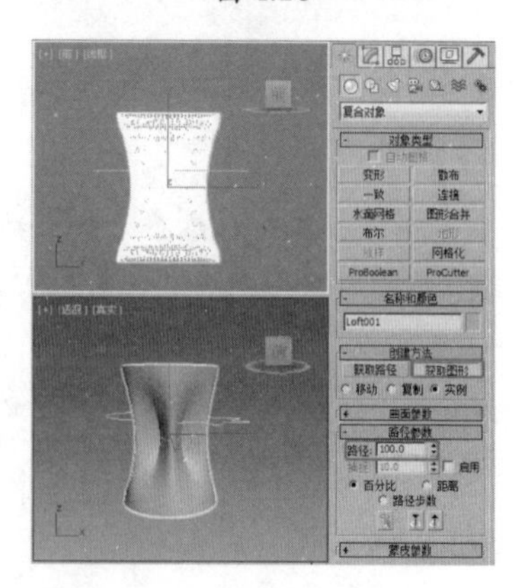

图 4.17

放样建模的方法有两种，可以使用截面图形作为原始形进行放样，也可以把路径作为原始形进行放样。

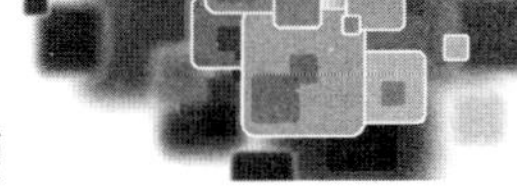

①截面放样，使用截面放样建模的步骤为：

01 选取截面图形。

02 在【放样】命令面板的【创建方法】卷展栏中单击【获取路径】按钮。

03 在视图中获取路径形。

技巧

与路径放样比较，截面放样的可控选项较少，因为被拾取的形总是向原始形对齐，所以截面放样较适合于创建截面已经固定的放样对象，如在一个对象表面制作突起部分等。使用截面放样只能在路径上放置一个截面图形。

②路径放样，使用路径放样建模的步骤为：

01 选取路径形。

02 在【放样】命令面板的【创建方法】卷展栏中单击【获取图形】按钮。

03 在视图中拾取截面图形。

4.2 控制放样对象的表面

对象放样完成后，有时需要对其进行修改，在更改时用户可以进入【修改】命令面板，并选择相应的子集，通过设置参数对其进行更改。

4.2.1 编辑放样形

当在【修改】命令面板中进入【图形】次对象选择集后，会出现【图形命令】卷展栏，如图 4.18 所示。在卷展栏中可以对放样截面图形进行比较、定位、修改以及制作动画等。

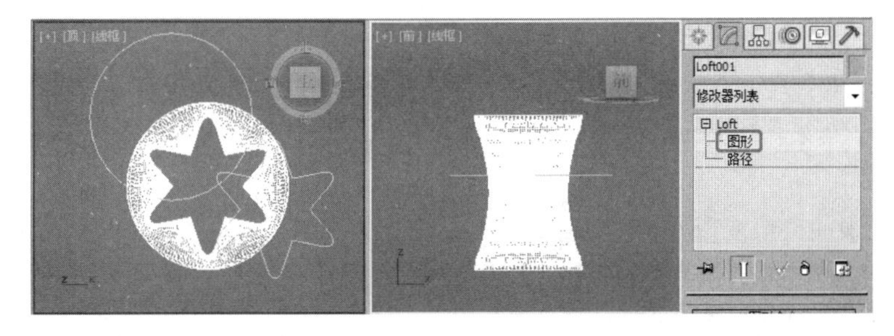

图 4.18

在【图形】选择集中各项目的功能说明如下所述。

- 【路径级别】：重新定义路径上的截面图形在路径上的位置。
- 【比较】：在放样建模时，常常需要对路径上的截面图形进行节点的对齐或者位置、方向的比较。对于直线路径上的形可以在与路径垂直的一个视图中，一般是在顶视图中进行。

在【比较】面板左上角有一个【获取图形】按钮，单击此按钮，然后再单击放样截面图形，便可将放样图形拾取到【比较】面板中显示，面板中的十字表示路径。在面板底部有 4 个图标，这是用来调整视图的工具，第一个为最大化显示工具，第二个手形图标是平移工具，第三个和第四个为放大和局部放大工具。

- 【重置】和【删除】：这两个选项用于复位和删除路径上处于选中状态的截面图形。
- 【对齐】：在对齐选项中共有 6 个选项，主要用来控制路径上截面图形的对齐方式。

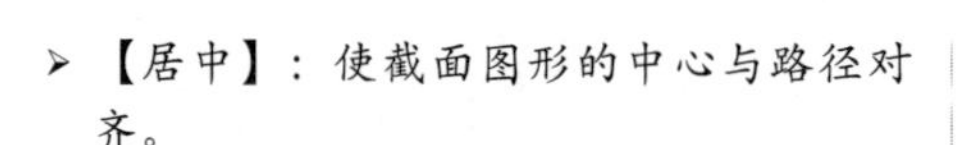

- 【居中】：使截面图形的中心与路径对齐。
- 【默认】：使选择的截面图形的轴心点与放样路径对齐。
- 【左】：使选择的截面图形的左侧与路径对齐，如图 4.19 所示。

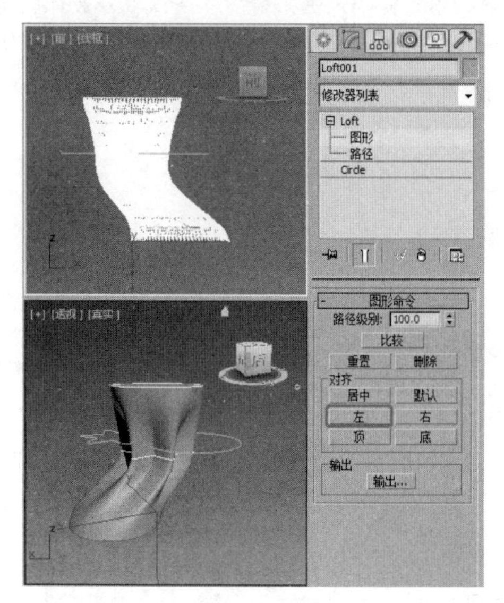

图 4.19

- 【右】：使选择的截面图形的右侧与路径对齐。
- 【顶】：使选择的截面图形的顶部与路径对齐。
- 【底】：使选择的截面图形的底部与路径对齐。

● 【输出】：使用【输出】选项可以制作一个截面图形的复制品或关联复制品。对于截面图形的关联复制品可以应用【编辑样条线】等编辑修改器，对其进行修改以影响放样对象的表面形状。对放样截面图形的关联复制品进行修改，比对放样对象的截面图形直接进行修改更方便，也不会引起坐标系统的混乱。

对于【比较】面板的作用已经有所了解，下面通过制作一个实例来进一步了解它的作用。

01 在场景中创建路径和放样图形，如图 4.20 所示。

02 选择放样路径，选择【创建】 |【几何体】 |【复合对象】|【放样】工具，在【创建方法】卷展栏中单击【获取图形】按钮，然后在视图中选择放样图形，如图 4.21 所示。

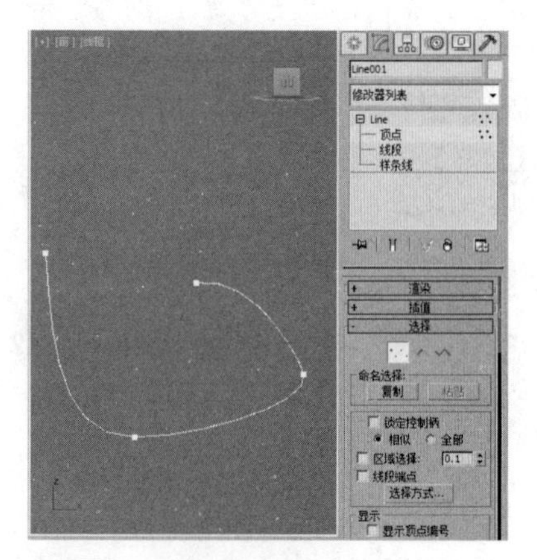

图 4.20

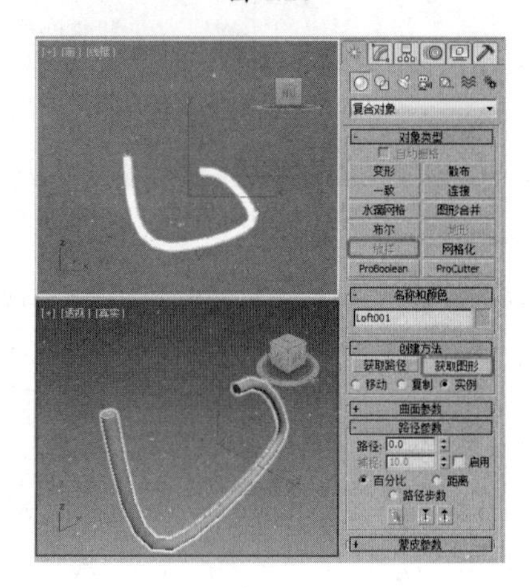

图 4.21

4.2.2 编辑放样路径

在编辑修改器堆栈中可以看到，【放样】对象包含【图形】和【路径】两个次对象选择集，选择【路径】便可以进入放样对象的路径次对象选择集进行编辑，如图 4.22 所示。

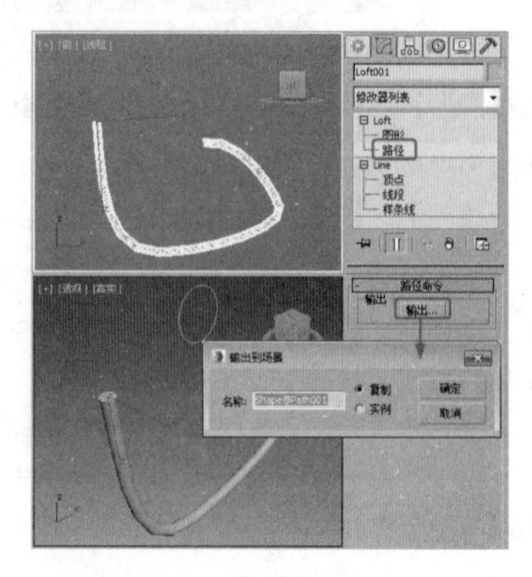

图 4.22

在【路径】次对象选择集中只有一个【输出】按钮选项，此按钮选项的功能与【图形】次对象中的放样路径进行复制或关联复制，然后可以使用各种样条曲线编辑工具对其进行编辑。

4.3 使用放样变形

放样对象之所以在三维建模中占有如此重要的位置，不仅仅在于它可以将二维的图形转换为有深度的三维模型，更重要的是还可以通过在【修改】命令面板中使用【变形】修改对象的轮廓，从而产生更为理想的模型。

下面介绍对象的变形编辑，包括：【缩放】变形、【扭曲】变形、【倾斜】变形、【倒角】变形、【拟合】变形。

选择一种放样变形工具后，会出现相应的变形窗口，除【拟合】变形工具的变形窗口稍有不同外，其他变形工具的变形窗口都基本相同，如图 4.23 所示。

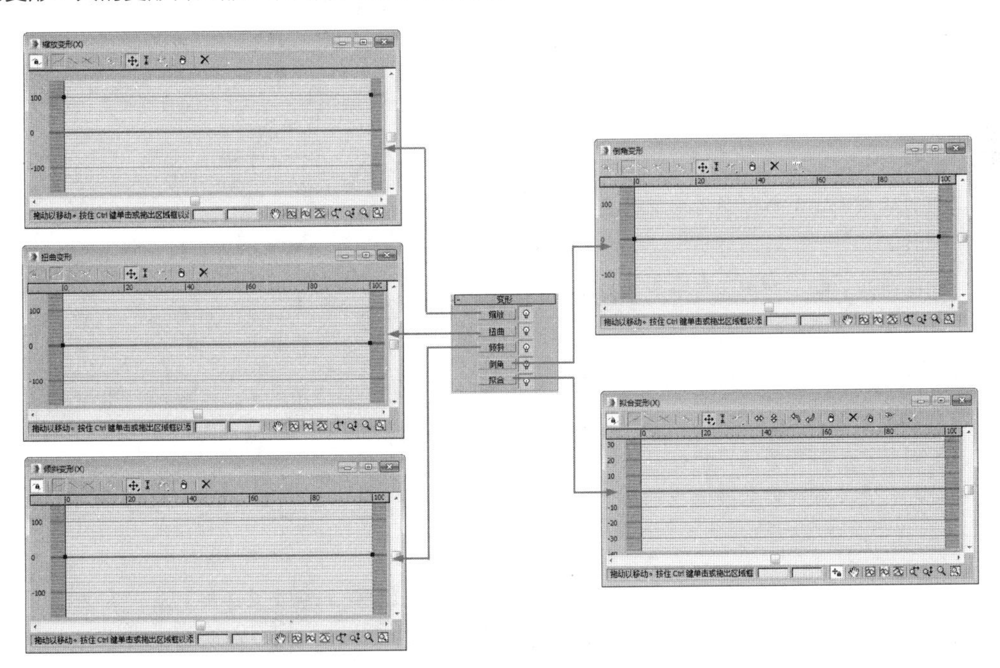

图 4.23

在面板的顶部是一系列的工具按钮，它们的功能说明如下所述。

- 【均衡】：激活该按钮，3ds Max 在放样对象表面 X、Y 轴上均匀地应用变形效果。
- 【显示 X 轴】：激活此按钮显示 X 轴的变形曲线。
- 【显示 Y 轴】：激活此按钮显示 Y 轴的变形曲线。
- 【显示 XY 轴】：激活此按钮将显示 X 轴和 Y 轴的变形曲线。
- 【交换变形曲线】：单击此按钮将 X 轴和 Y 轴的变形曲线进行交换。
- 【移动控制点】：用于沿 XY 轴方向移动变形曲线上的控制点或控制点上的调节手柄。
- 【水平移动控制点】：用于水平移动变形曲线上的控制点。
- 【垂直移动控制点】：用于垂直移动变形曲线上的控制点。
- 【缩放控制点】：用于在路径方向上缩放控制点。

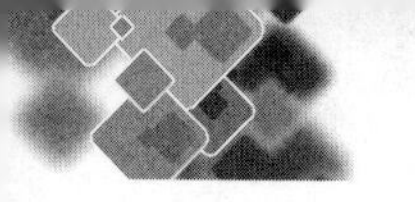

- 【插入角点】：用于在变形曲线上插入一个控制点。
- 【插入 Bezier 点】：用于在变形曲线上插入一个 Bezier 点。
- 【删除控制点】：用于删除变形曲线上指定的控制点。
- 【重置曲线】：单击此按钮可以删除当前变形曲线上的所有控制点，将变形曲线恢复到没有进行变形操作前的状态。

以下是【拟合】变形窗口中特有的工具按钮：

- 【水平镜像】：将拾取的图形对象水平镜像。
- 【垂直镜像】：将拾取的图形对象垂直镜像。
- 【逆时针旋转 90 度】：将所选图形逆时针旋转 90°。
- 【顺时针旋转 90 度】：将所选图形顺时针旋转 90°。
- 【删除曲线】：此工具用于删除处于所选状态的变形曲线。
- 【获取图形】：该按钮可以在视图中获取所需要的图形对象。
- 【生成路径】：激活该按钮，系统将会自动适配，产生最终的放样造型。

4.3.1 缩放变形

使用【缩放】变形可以沿着放样对象的 X 轴及 Y 轴方向使其剖面发生变化。下面使用【缩放】变形工具制作一个窗帘模型，如图 4.24 所示，这是一个非常典型的例子。

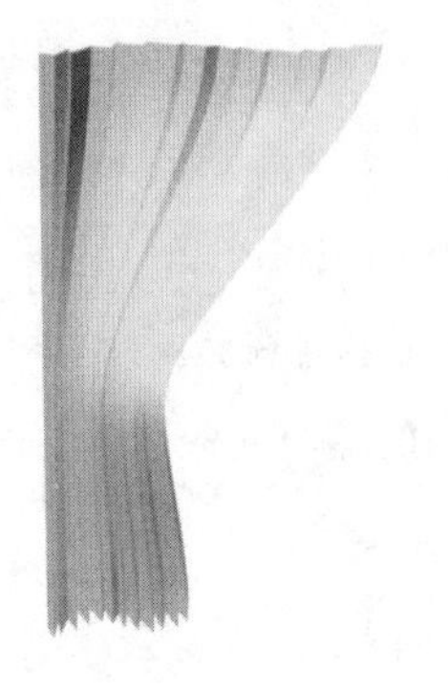

图 4.24

01 选择【创建】|【图形】|【线】工具，在顶视图中绘制一条如图 4.25 所示的曲线，作为放样的截面图形。

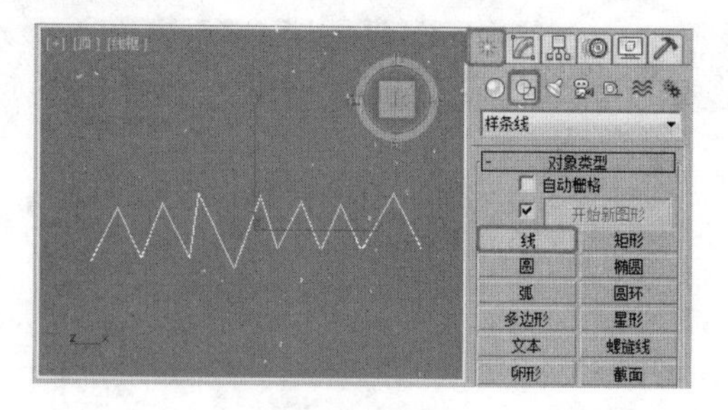

图 4.25

02 进入【修改】命令面板，在【修改器列表】中选择【噪波】修改器，参照如图 4.26 所示设置参数，使曲线产生一点噪波效果。

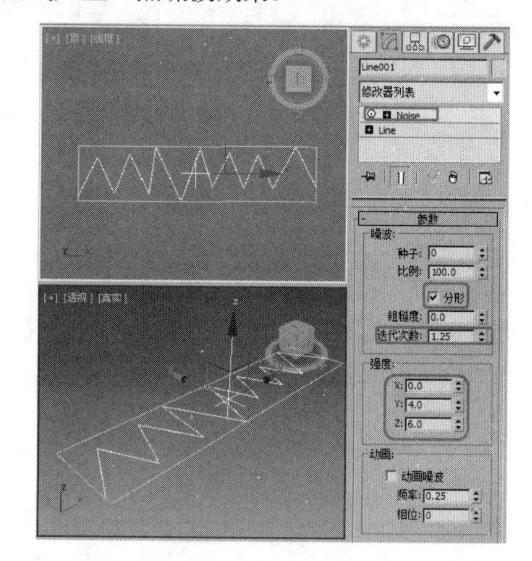

图 4.26

03 选择【创建】|【图形】|【线】工具，在前视图中绘制一条直线段，作为放样路径，如图 4.27 所示。

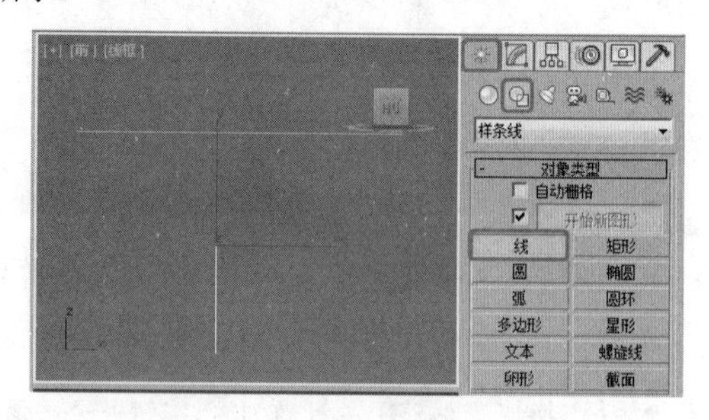

图 4.27

04 选择【创建】|【几何体】|【复合对象】|【放样】工具，在【创建方法】卷展栏中单击【获取图形】按钮，然后在视图中选择曲线放样截面。在【蒙皮参数】卷展栏中将【蒙皮参数】设置为 10，并选中【翻转法线】复选框，如图 4.28 所示。

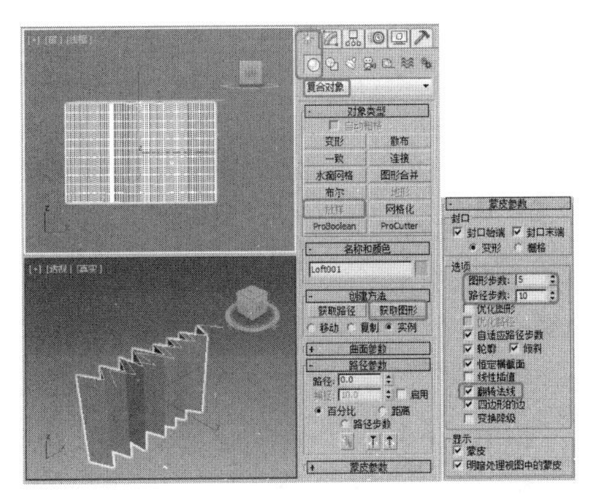

图 4.28

05 在【修改】命令面板中定义当前选择集为【图形】，选择放样对象的截面图形，在【图形命令】卷展栏中的【对齐】区域中单击【左】按钮，使截面图形的左侧与路径对齐，如图 4.29 所示。

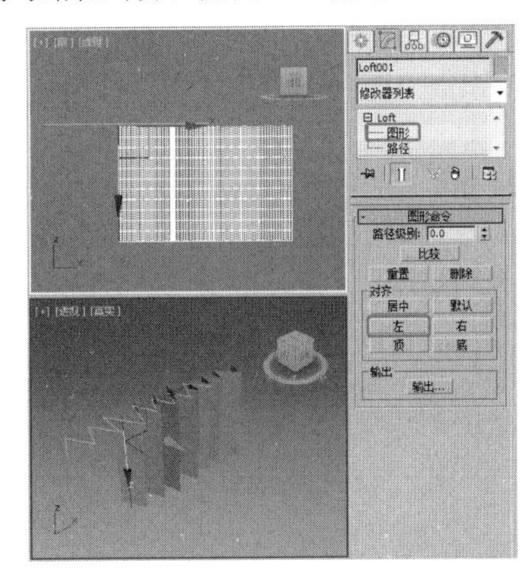

图 4.29

06 关闭【图形】选择集，在【变形】卷展栏中单击【缩放】按钮打开缩放变形窗口。单击【均衡】按钮，仅对 X 轴曲线变形；单击【插入角点】按钮在曲线的 40 位置处单击插入一个控制点，选择【移动控制点】工具并将 3 个控制点一起选中，右击，选择控制点的类型为【Bezier- 角点】，将左侧的控制点移动至垂直标尺的 65 位置，将中间的控制点移动至合适位置，并右击，在打开的快捷菜单中选择【Bezier- 角点】，然后对其进行调整，如图 4.30 所示。

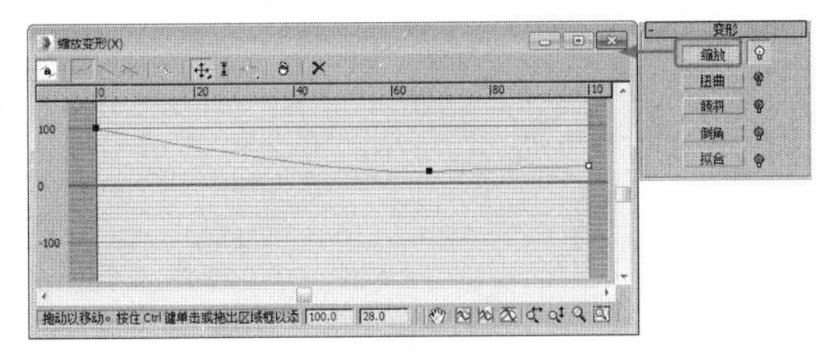

图 4.30

提示

在调整变形曲线的控制点时，可以以水平标尺和垂直标尺的刻度为标准进行调整，但这样不会太精确。在变形窗口底部的信息栏中有两个输入框，可以显示当前选择点（单个点）的水平和垂直位置，也可以通过在这两个输入框中输入数值来精确调整控制点的位置。

4.3.2　扭曲变形

【扭曲】变形控制截面图形相对于路径旋转。【扭曲】变形的操作方法与【缩放】变形基本相同。

下面我们通过一个简单的放样实例来学习扭曲变形的控制方法。

01 选择【创建】｜【图形】｜【星形】工具，在顶视图中创建一个【半径 1】、【半径 2】、【圆角半径 1】分别为 80、30、34.87 的星形截面图形，如图 4.31 所示。

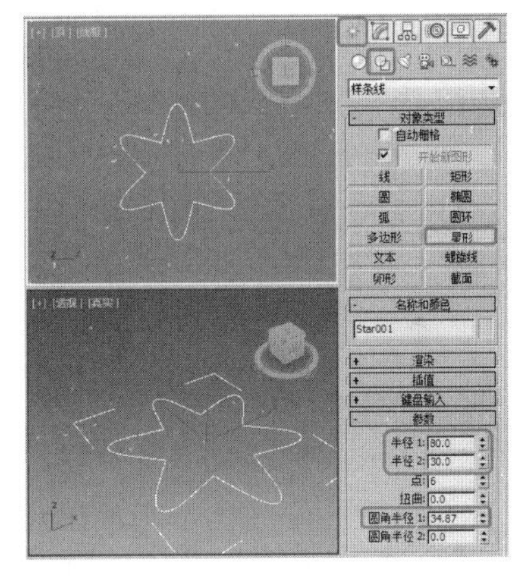

图 4.31

02 选择【创建】｜【图形】｜【线】工具，在前视图中绘制一条直线段作为放样路径（长度可以随意设置），如图 4.32 所示。

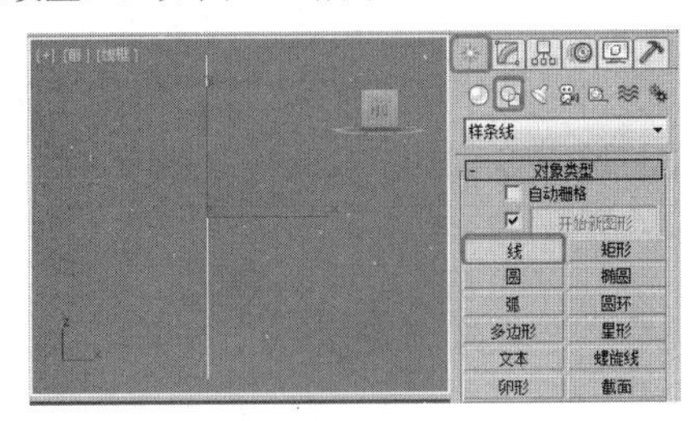

图 4.32

03 选择【创建】｜【几何体】｜【复合对象】｜【放样】工具，在【创建方法】卷展栏中单击【获取图形】按钮，并在视图中选择星形放样截面，如图4.33 所示。

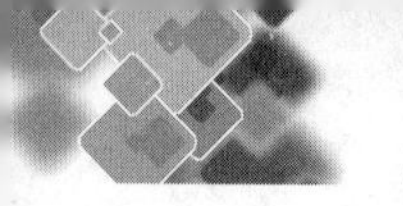

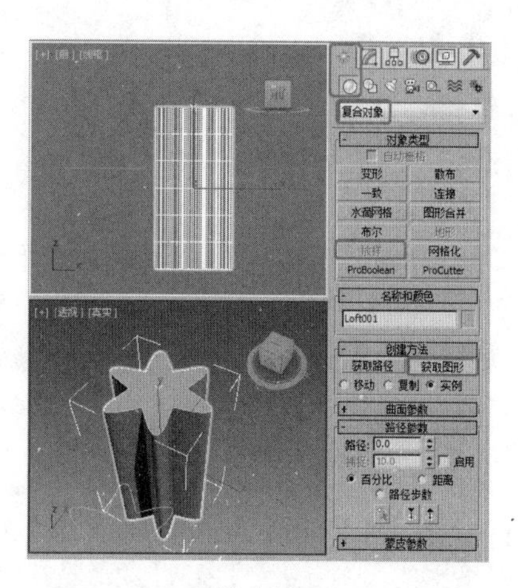

图 4.33

04 切换至【修改】命令面板，在【变形】卷展栏中单击【扭曲】按钮，打开【扭曲变形】窗口，向上移动右侧的控制点，可以看到场景中的放样对象产生的扭曲效果，如图 4.34 所示。

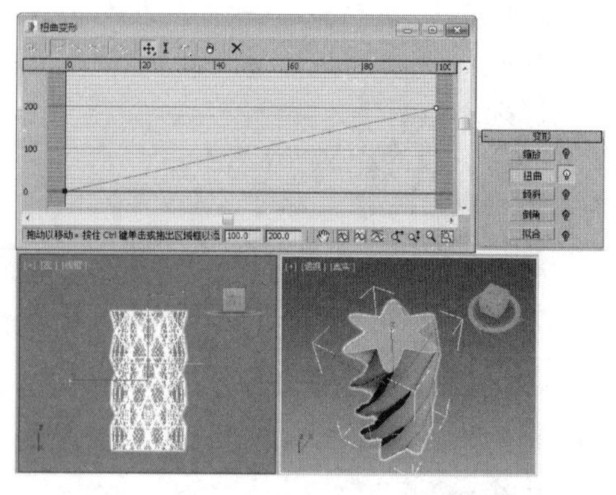

图 4.34

提示

在【扭曲】放样变形中，垂直方向控制放样对象的旋转程度，水平方向控制旋转效果在路径上应用的范围。如果在【蒙皮参数】卷展栏中将路径步幅设置得高一些，旋转对象的边缘就会更光滑。

4.3.3 倾斜变形

使用【倾斜】变形工具能够使截面绕着 X 轴或 Y 轴旋转，产生截面倾斜的效果。下面我们通过一个简单的练习来了解倾斜变形的操作方法。

01 选择【创建】 | 【图形】 | 【圆形】工具，在顶视图中创建一个圆形，作为放样截面。

02 选择【创建】 | 【图形】 | 【线形】工具，在前视图中绘制一条直线段作为放样路径。

03 选择【创建】 | 【几何体】 | 【复合对象】 | 【放样】工具，在【创建方法】卷展栏中单击【获取图形】按钮，并在视图中选择圆形放样截面。

04 切换至【修改】命令面板，在【变形】卷展栏中单击【倾斜】变形按钮，打开【倾斜变形】窗口，在曲线水平标尺的 80 位置插入一个控制点，然后将右侧的控制点移动至垂直标尺的 40 位置，可以看到放样对象的一端产生倾斜变形，如图 4.35 所示。

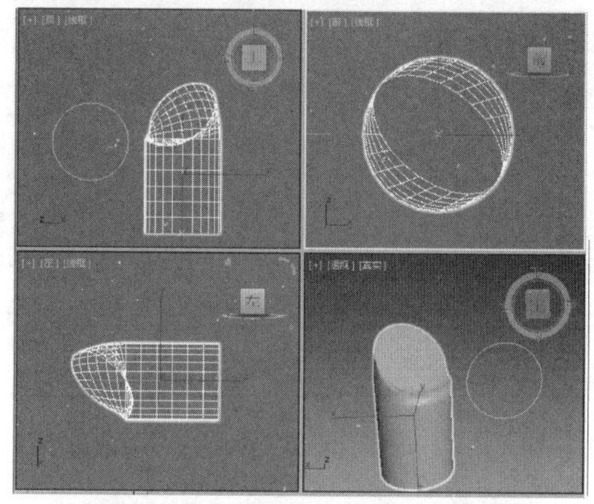

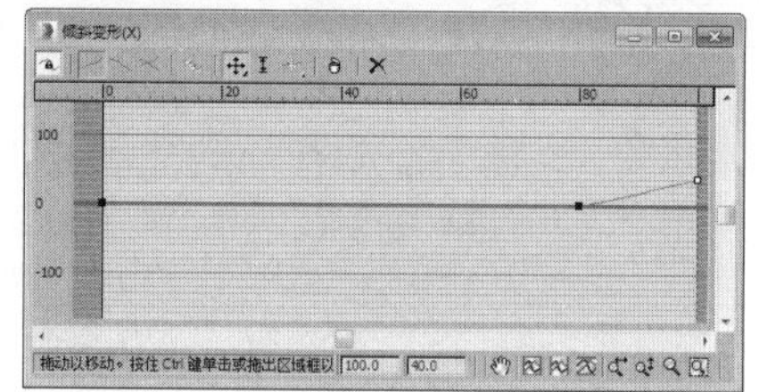

图 4.35

4.3.4 倒角变形

【倒角】变形工具与【缩放】变形工具非常相似，它们都可以用来改变放样对象的大小，例如将圆放样到直线上就会出现圆柱体。对其进行【倒角】后的效果如图 4.36 所示。

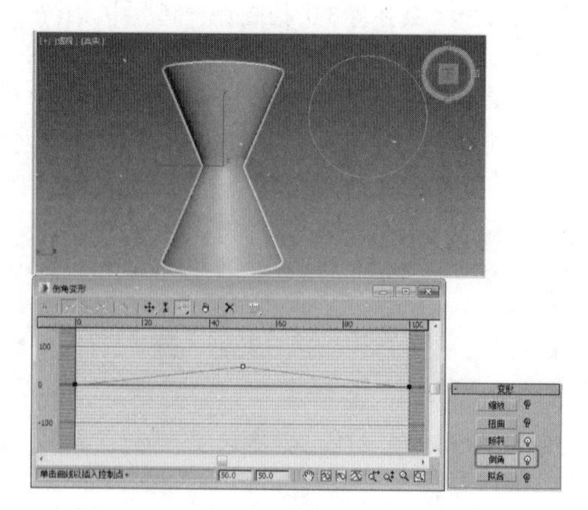

图 4.36

4.3.5　拟合变形

在所有的放样变形工具中，【拟合】变形工具是功能最为强大的变形工具。使用【拟合】变形工具，只要绘制出对象的顶视图、侧视图和截面视图就可以创建出复杂的几何体对象。可以这样说，无论多么复杂的对象，只要能够绘制出它的三视图，就能够用【拟合】工具将其制作出来。

【拟合】变形工具功能强大，但也有一些限制，了解这些限制能大大提高拟合变形的成功率。适配形必须是单个的样条曲线，不能有轮廓或者嵌套。适配形图必须是封闭的。在 X 轴上不能有曲线段超出第一个或最后一个节点。

适配型不能包含底切。检查底切的方法是：绘制一条穿过形，并且与它的 Y 轴对齐的直线，如果这条直线与形有两个以上的交点，那么该形包含底切。

4.4　网格建模编辑修改器

在选定的对象上右击，在弹出的快捷菜单中选择【转换为】｜【转换为可编辑网格】命令，这样，对象就被转换为可编辑网格物体了，如图 4.37 所示。可以看到，在堆栈中对象的名称已经变为了可编辑网格，单击左边的加号展开【可编辑网格】，可以看到各次物体，包括【顶点】、【边】、【面】、【多边形】、【元素】，如图 4.38 所示。

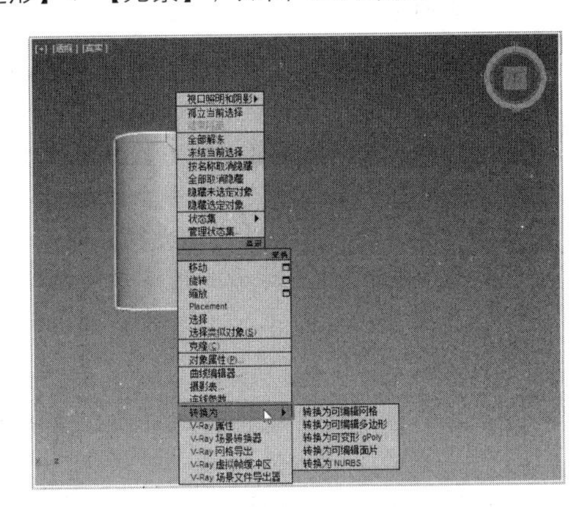

图 4.37

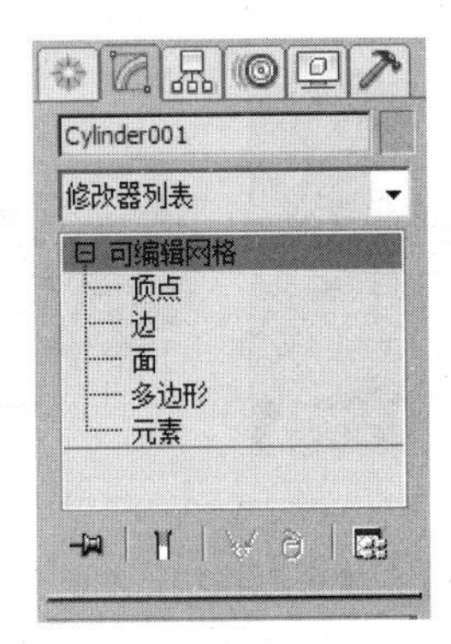

图 4.38

4.4.1　【顶点】层级

在修改器堆栈中选择【顶点】，进入【顶点】层级，如图 4.39 所示。在【选择】卷展栏上方，横向排列着各个次物体的图标，通过单击这些图标，也可以进入对应的层级。由于此时在【顶点】层级，【顶点】图标呈黄色高亮显示，如图 4.40 所示。选中下方的【忽略背面】复选框，可以避免在选择顶点时选到后排的点。

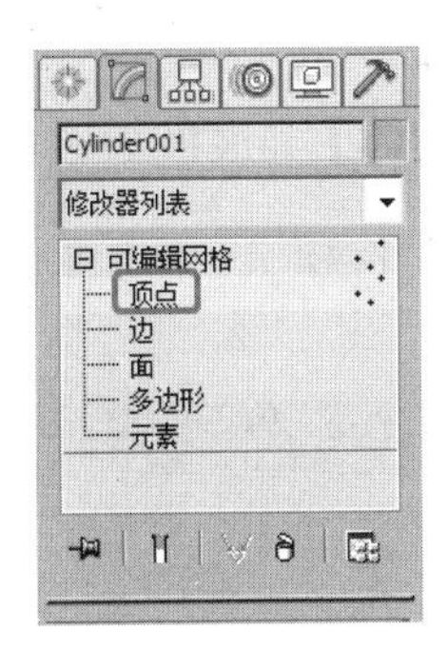

图 4.39

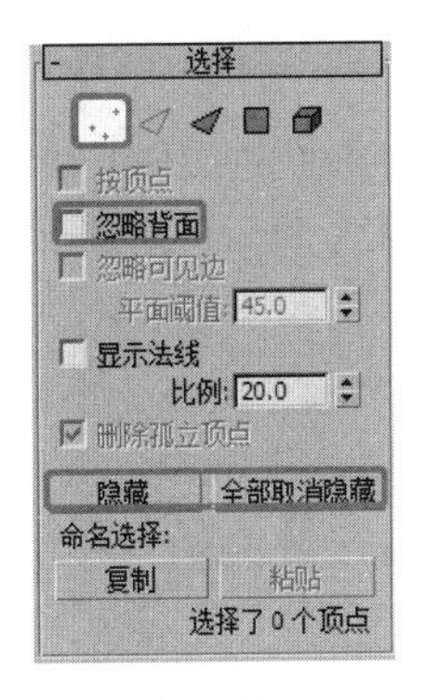

图 4.40

1. 【软选择】卷展栏

【软选择】决定了对当前所选顶点进行变换操作时，是否影响其周围的顶点，展开【软选择】卷展栏，如图 4.41 所示。

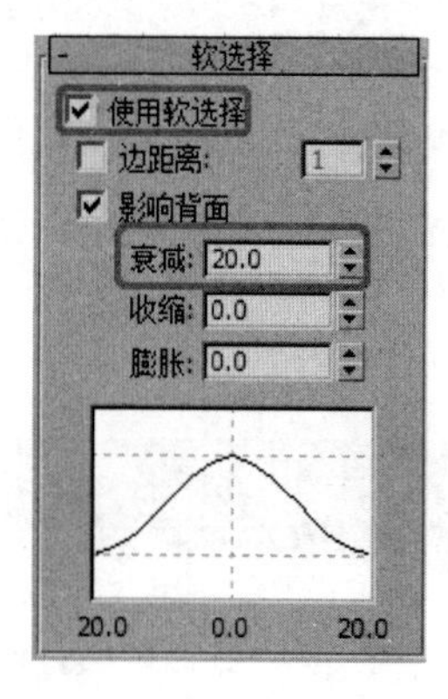

图 4.41

- 【使用软选择】：在可编辑对象或【编辑】修改器的子对象级别上影响【移动】、【旋转】和【缩放】功能的操作，如果【变形】修改器在子对象选择上进行操作，那么也会影响应用到对象上的【变形】修改器的操作（后者也可以应用到【选择】修改器）。启用该选项后，软件将样条线曲线变形应用到进行变化的选择周围的未选定子对象上。要产生效果，必须在变换或修改选择之前启用该复选框。

2. 【编辑几何体】卷展栏

下面将介绍【编辑几何体】卷展栏，如图 4.42 所示。

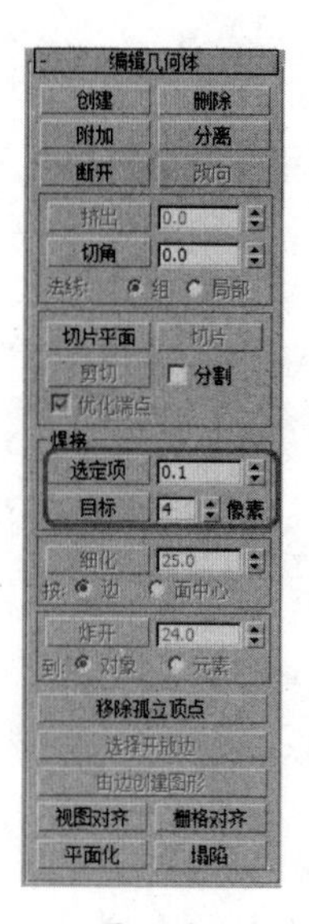

图 4.42

- 【创建】：可使子对象添加到单个选定的网格对象中。选择对象并单击【创建】按钮后，单击空间中的任何位置以添加子对象。
- 【附加】：将场景中的另一个对象附加到选定的网格。可以附加任何类型的对象，包括样条线、片面对象和 NURBS 曲面。附加非网格对象时，该对象会转化成网格。单击要附加到当前选定网格对象中的对象。
- 【断开】：为每个附加到选定顶点的面创建新的顶点，可以移动面角使之互相远离它们曾经在原始顶点连接起来的地方。如果顶点是孤立的或者只有一个面使用，则顶点将不受影响。
- 【删除】：删除选定的子对象以及附加在上面的任何面。
- 【分离】：将选定子对象作为单独的对象或元素进行分离，同时也会分离所有附加到子对象的面。
- 【改向】：在边的范围内旋转边。3ds Max 中的所有网格对象都由三角形面组成，但是在默认情况下，大多数多边形被描述为四边形，其中有一条隐藏的边将每个四边形分割为两个三角形。【改向】可以更改隐藏边（或其他边）的方向，因此当直接或间接地使用修改器变换子对象时，能够影响图形的变化方式。
- 【挤出】：控件可以挤出边或面。边挤出与面挤出的工作方式相似。可以交互（在子对象上拖曳）或数值方式（使用微调器）应用挤出，如图 4.43 所示。

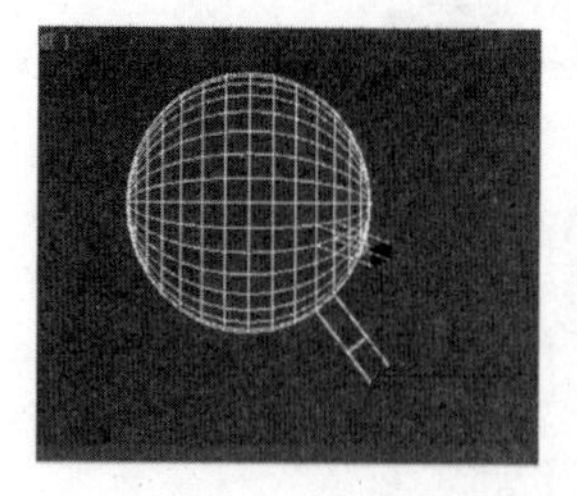
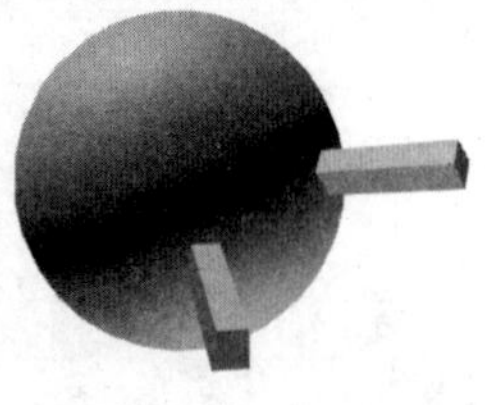

图 4.43

- 【倒角】：单击此按钮，并垂直拖曳任何面，以便将其挤出。释放鼠标，然后垂直移动鼠标，以便对挤出对象执行倒角处理。单击【完成】按钮，如图 4.44 所示为不同倒角方向的效果。

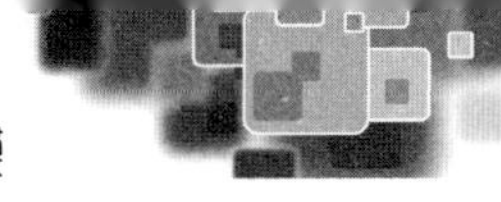

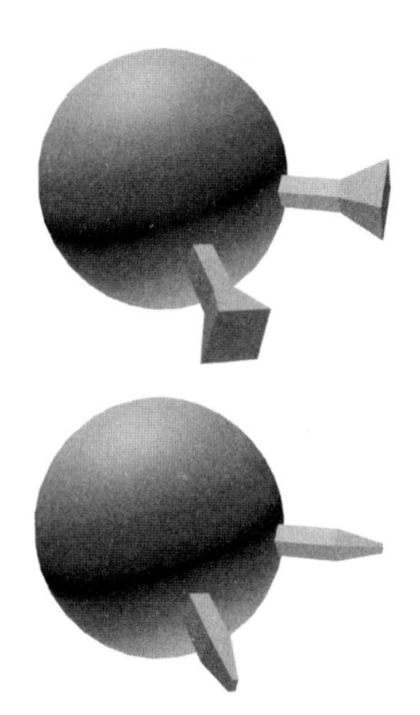

图 4.44

- 【组】：沿着每个边的连续组（线）的平均法线执行挤出操作。
- 【局部】：将会沿着每个选定面的法线方向进行挤出处理。
- 【切片平面】：可以在需要对边执行切片操作的位置，为定位和旋转的切片平面创建Gizmo，这将启用【切片】按钮。
- 【切片】：在切片平面位置处执行切片操作。仅当【切片平面】按钮高亮显示时，【切片】按钮才可用。

提示

【切片】仅用于选中的子对象，在激活【切片平面】之前确保选中子对象。

- 【剪切】：用来在任意一点切分边，然后在任意一点切分第二条边，在这两点之间创建一条新边或多条新边。单击第一条边设置第一个顶点。一条虚线跟随光标移动，直到单击第二条边。在切分每一边时，创建一个新顶点。另外，可以双击边再双击点切分边，边的另一部分不可见。
- 【分割】：启用时，通过【切片】和【切割】操作，可以在划分边的位置处的点创建两个顶点集。这使删除新面创建孔洞变得很简单，或将新面作为独立元素设置动画。
- 【优化端点】：启用此选项后，由附加顶点切分剪切末端的相邻面，以便曲面保持连续性。
- 【选定项】：在该按钮的右侧文本框中指定公差范围，如图 4.45 所示。单击该按钮，此时在这个范围内的所有点都将焊接在一起，如图 4.46 所示。

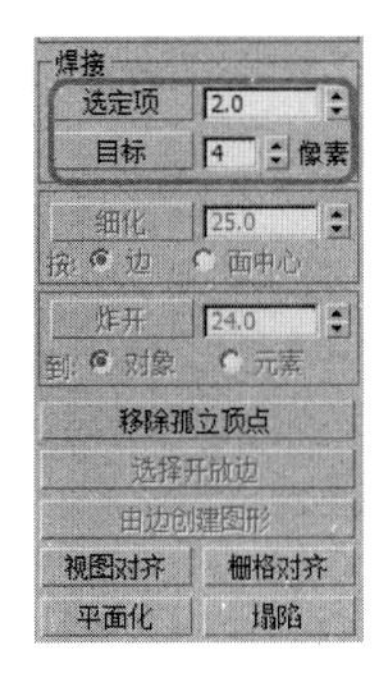

图 4.45

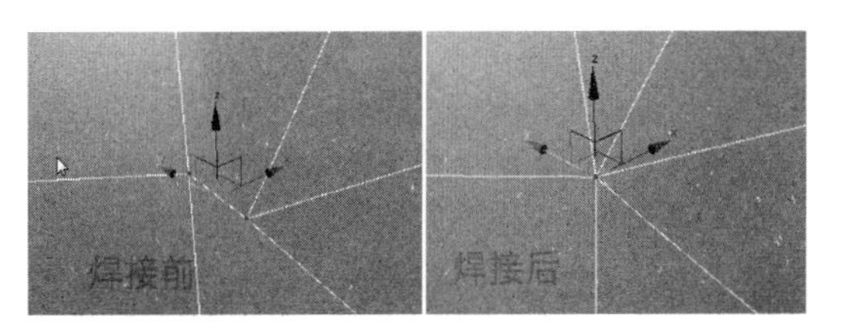

图 4.46

- 【目标】：进入焊接模式，可以选择顶点并将它们移来移去。移动时光标照常变为【移动】光标，但是将光标定位在未选中的顶点上时，它就变为【+】的样子。该点释放鼠标以便将所有选定顶点焊接到目标顶点，选定顶点下落到该目标顶点上。【目标】按钮右侧的文本框设置鼠标光标与目标顶点之间的最大距离（以屏幕像素为单位）。
- 【细化】：单击该按钮，会根据其下面的细分方式对选择的表面进行分裂复制，如图 4.47 所示。

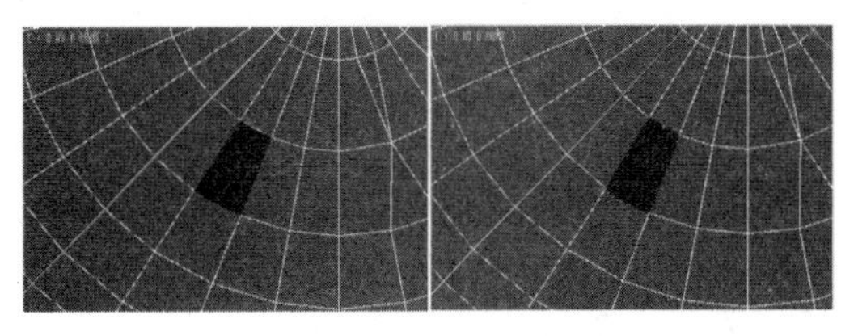

图 4.47

- 【边】：根据选择面的边进行分裂复制，通过【细化】按钮右侧的文本框进行调节。
- 【面中心】：以选择面的中心为依据进行分裂复制。

- 【炸开】：单击该按钮，可以将当前选择面爆炸分离，使它们成为新的独立个体。
- 【对象】：将所有面爆炸为各自独立的新对象。
- 【元素】：将所有面爆炸为各自独立的新元素，但仍属于对象本身，这是进行元素拆分的方法。

注意

炸开后只有将对象进行移动才能看到分离的效果。

- 【移除孤立顶点】：单击该按钮后，将删除所有孤立的点，不管是否选中的点。
- 【选择开放边】：仅选择物体的边缘线。
- 【视图对齐】：单击该按钮后，选择点或次物体被放置在的同一个平面，且该平面平行于选中视图。
- 【平面化】：将所有的选择面强制压成一个平面。
- 【栅格对齐】：单击该按钮后，选择点或次物体被放置在同一个平面，且该平面平行于选中视图。
- 【塌陷】：将选中的点、线、面、多边形或元素删除，留下一个顶点与四周的面连接，产生新的表面，这种方法不同于删除面，它是将多余的表面吸收。

3. 【曲面属性】卷展栏

下面将对顶点模式的【曲面属性】卷展栏进行介绍。

- 【权重】：显示并可以更改 NURMS 操作的顶点权重。
- 【编辑顶点颜色】组：可以分配颜色、照明颜色（着色）和选定顶点的 Alpha（透明）值。
  - 【颜色】：设置顶点的颜色。
  - 【照明】：用于明暗度的调节。
  - 【Alpha】：指定顶点透明度，当文本框中的值为 0 时完全透明，如果为 100 时完全不透明。
- 【顶点选择方式】组：
  - 【颜色】/【照明】：用于指定选择顶点的方式，以颜色或发光度为准进行选择。
  - 【范围】：设置颜色近似的范围。
  - 【选择】：单击该按钮后，将选择符合这些标准的点。

4.4.2 【边】层级

【边】指的是面片对象上，在两个相邻顶点之间的部分。

在【修改】命令面板中的修改器堆栈中，将当前选择集定义为【边】，除了【选择】、【软选择】卷展栏外，其中【编辑几何体】卷展栏与【顶点】模式中的【编辑几何体】卷展栏功能相同。

【曲面属性】卷展栏如图 4.48 所示，下面将对该卷展栏进行介绍。

图 4.48

- 【可见】：使选中的边显示出来。
- 【不可见】：使选中的边不显示出来，并呈虚线显示，如图 4.49 所示。

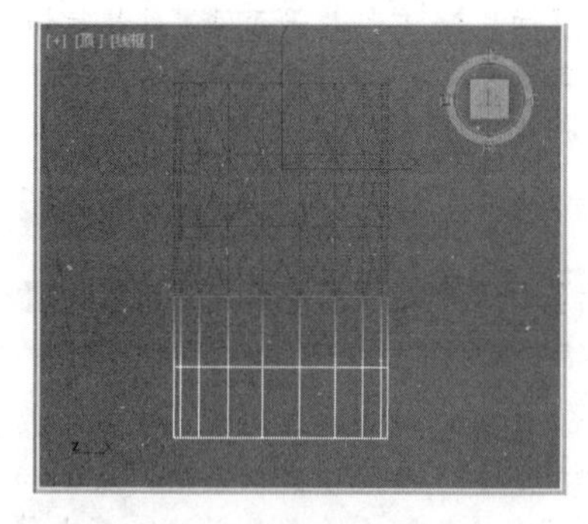

图 4.49

- 【自动边】组
  - 【自动边】：根据共享边的面之间的夹角来确定边的可见性，面之间的角度由该选项右边的微调器设置。
  - 【设置和清除边可见性】：根据【阈值】设定，更改所有选定边的可见性。
  - 【设置】：当边超过了【阈值】设定时，使原来可见的边变为不可见，但不清除

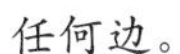

任何边。

- 【清除】：当边小于【阈值】设定时，使原来不可见的边可见，且不让其他任何边可见。

4.4.3 【面】层级

在【面】层级中可以选择一个或多个面，然后使用标准方法对其进行变换。这一点对于【多边形】和【元素】子对象层级同样适用。

接下来将对其【参数】卷展栏进行介绍。下面主要介绍【曲面属性】卷展栏，如图 4.50 所示。

图 4.50

- 【法线】组
  - 【翻转】：将选择面的法线方向进行反向。
  - 【统一】：将选择面的法线方向统一为一个方向，通常是向外。
- 【材质】组
  - 【设置 ID】：如果对物体设置多维材质时，在这里为选中的面指定 ID 号。
  - 【选择 ID】：按当前 ID 号，将所有与此 ID 号相同的表面进行选择。
  - 【清除选定内容】：启用时，如果选择新的 ID 或材质名称，将会取消选择以前选中的所有子对象。
- 【平滑组】：使用这些控件，可以向不同的平滑组分配选定的面，还可以按照平滑组选择面。
  - 【按平滑组选择】：对所有具有当前光滑组号的表面进行选择。
  - 【清除全部】：删除对面物体指定的光滑组。
  - 【自动平滑】：根据其下的阈值进行表面自动光滑处理。
- 【编辑顶点颜色】组：使用这些控件，可以分配颜色、照明颜色（着色）和选定多边形或元素中各顶点的 Alpha（透明）值。
  - 【颜色】：单击色块可更改选定多边形或元素中各顶点的颜色。
  - 【照明】：单击色块可更改选定多边形或元素中各顶点的照明颜色。使用该选项，可以更改照明颜色，而不会更改顶点颜色。
  - 【Alpha】：用于向选定多边形或元素中的顶点分配 Alpha（透明）值。

4.4.4 【元素】层级

单击次物体中的【元素】，进入【元素】层级，在此层级中主要针对整个网格物体进行编辑。

1. 【附加】的使用

使用【附加】可以将其他对象包含到当前正在编辑的可编辑网格物体中，使其成为可编辑网格的一部分，如图 4.51 所示。

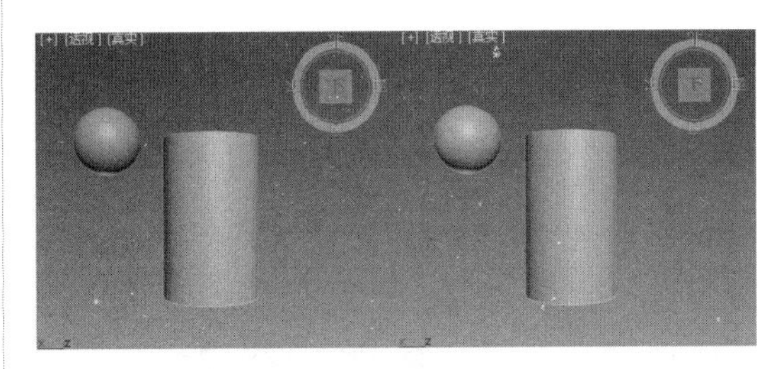

图 4.51

2. 【拆分】的使用

【拆分】的作用与【附加】的作用相反，它是将可编辑网格物体中的一部分从中分离出去，成为一个独立的对象，通过【分离】命令，从可编辑网格物体中分离出来，作为一个单独的对象，但是此时被分离出来的并不是原物体，而是另一个可编辑网格物体。

3. 【炸开】的使用

【炸开】能够将可编辑网格物体分解成若干个碎片。在单击【炸开】按钮前，如果选中【对象】单选按钮，则分解的碎片将成为独立的对象，即由 1 个可编辑网格物体变为 4 个可编辑网格物体；如果选中【元素】单选按钮，则分解的碎片将作为体层级物体中的一个子层级物体，并不单独存在，即仍然只有一个可编辑网格物体。

4.5 课堂实例

下面将通过实例来讲解本章讲解的主要知识点，以便大家巩固。

4.5.1 制作瓶盖

本例介绍瓶盖的制作方法，首先使用【图形】工具绘制圆形，再使用【轮廓】为绘制的圆形添加轮廓，再使用【星形】绘制【轮廓】，使用【路径】将绘制的图形变立体，使用【变形】将得到立体变形，并为其添加材质，使用【摄影机】查看渲染效果，完成后效果如图 4.52 所示。

图 4.52

01 选择【创建】|【图形】|【圆】工具，激活顶视图，在【参数】卷展栏中将【半径】设置为 60，并将其命名为【图形 01】，如图 4.53 所示。

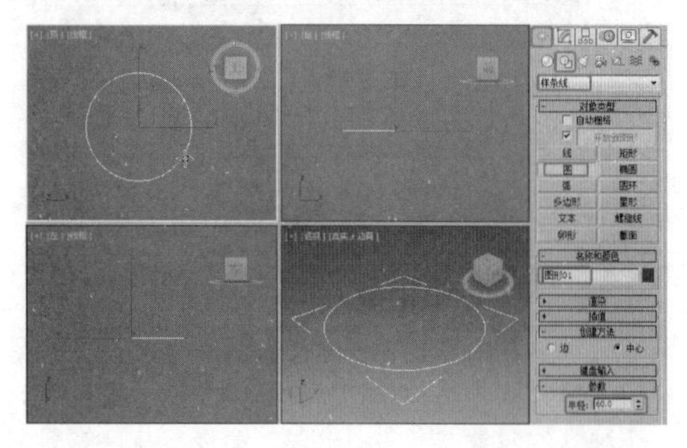

图 4.53

02 切换到【修改】命令面板，在【修改器列表】中选择【编辑样条线】修改器，将当前选择集定义为【样条线】。在场景中选择圆形，在【几何体】卷展栏中设置【轮廓】参数为 2，按 Enter 键确定设置轮廓，如图 4.54 所示。

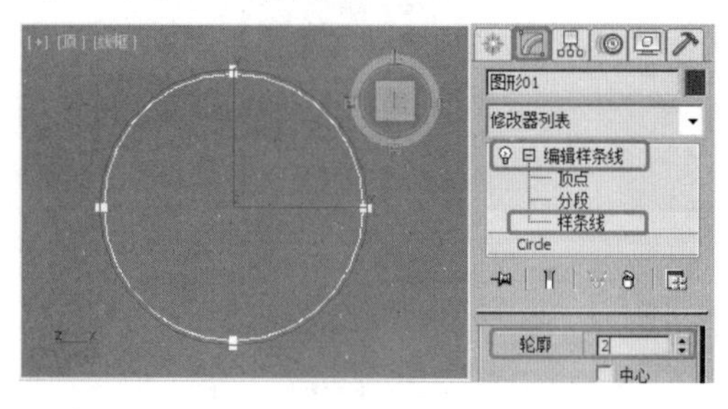

图 4.54

03 选择【创建】|【图形】|【星形】工具，在顶视图中创建一个星形，在【参数】卷展栏中设置【半径 1】为 60.0、【半径 2】为 64.0、【点】为 20、【圆角半径 1】为 4.0、【圆角半径 2】为 4.0，命名星形为【图形 02】，如图 4.55 所示。

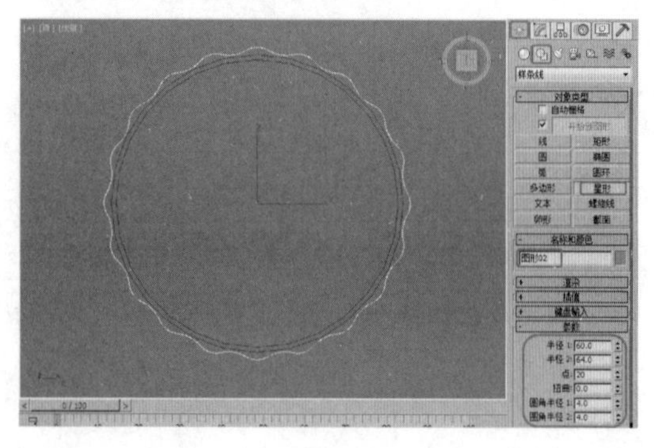

图 4.55

04 切换到【修改】命令面板，在【修改器列表】中选择【编辑样条线】修改器，将当前选择集定义为【样条线】，在场景中选择样条线，在【几何体】卷展栏中设置【轮廓】为1，按Enter键确定设置轮廓，如图4.56所示。

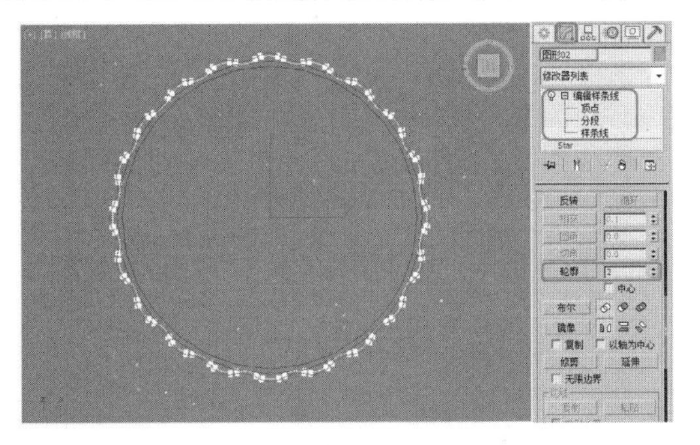

图 4.56

05 选择【创建】|【图形】|【星形】工具，在顶视图中创建一个星形，在【参数】卷展栏中设置【半径1】为62.0、【半径2】为68.0、【点】为20、【圆角半径1】为3.0、【圆角半径2】为3.0，命名星形为【图形03】，如图4.57所示。

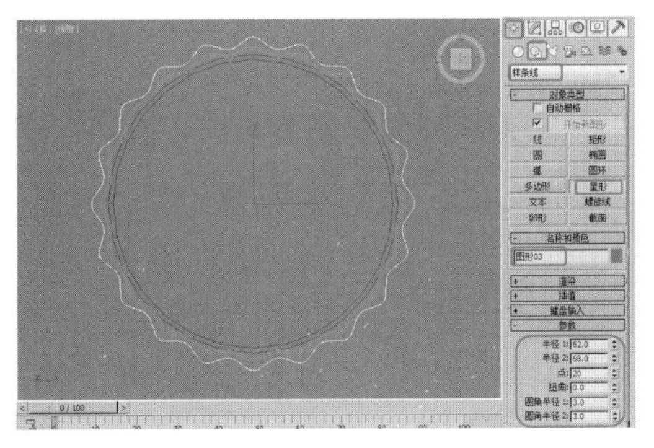

图 4.57

06 切换到【修改】命令面板，在【修改器列表】中选择【编辑样条线】修改器，将当前选择集定义为【样条线】，在场景中选择样条线，在【几何体】卷展栏中设置【轮廓】为1，按Enter键确定设置轮廓，如图4.58所示。

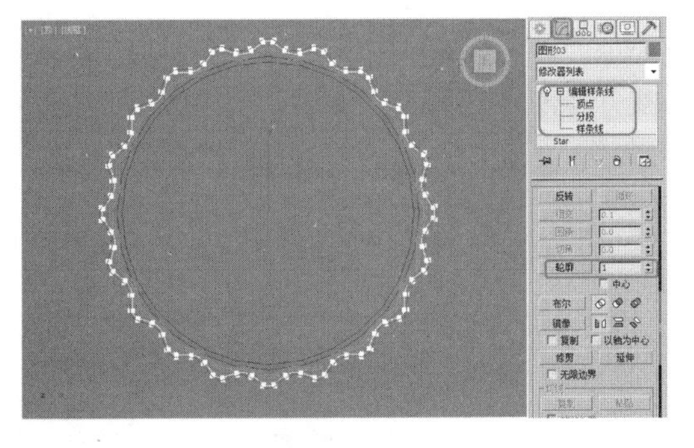

图 4.58

07 选择【创建】|【图形】|【线】工具，在左视图中从上向下创建垂直的样条线，命名样条线为【路径】，如图4.59所示。

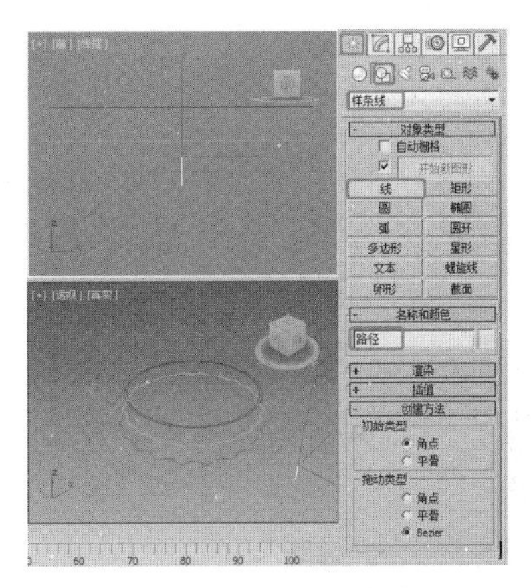

图 4.59

08 确定新创建的路径处于选中状态，单击【创建】|【几何体】|【复合对象】|【放样】按钮，在【路径参数】卷展栏中设置【路径】为48.0，在【创建方法】卷展栏中单击【获取图形】按钮，在场景中拾取【图形01】对象，如图4.60所示。

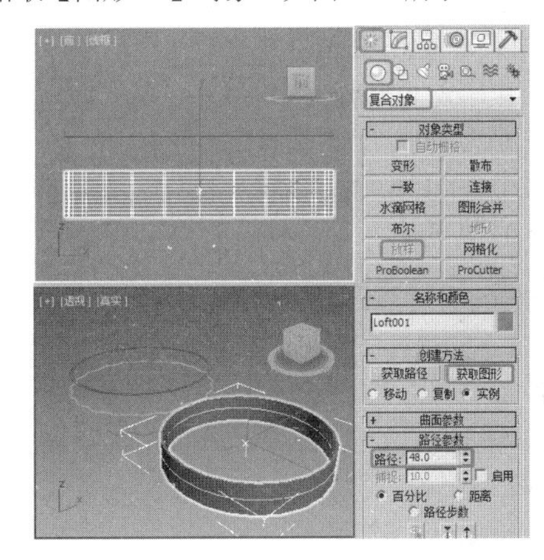

图 4.60

09 设置【路径】为66.0，单击【获取图形】按钮，在场景中拾取【图形02】对象，如图4.61所示。

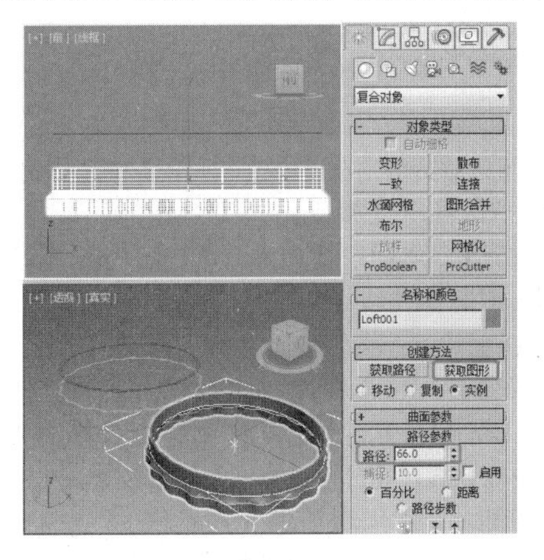

图 4.61

10 设置【路径】为100，单击【获取图形】按钮，在场景中拾取【图形03】对象，如图4.62所示。

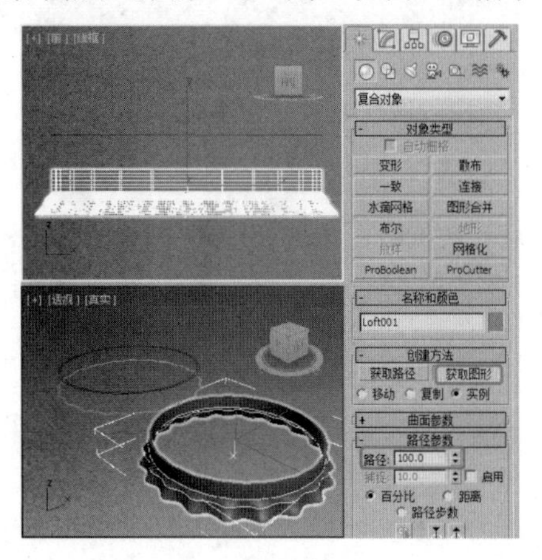

图 4.62

11 确定【Loft01】对象处于选中状态，切换到【修改】命令面板，在【变形】卷展栏中单击【缩放】按钮，在弹出的对话框中单击【插入角点】按钮，在曲线上16的位置添加控制点，选择【移动控制点】工具，在场景中调整左侧的顶点位置，在信息栏中查看信息为（0、0），选择顶点并右击，在弹出的对话框中选择【Bezier-角点】，调整各个顶点的位置，如图4.63所示。

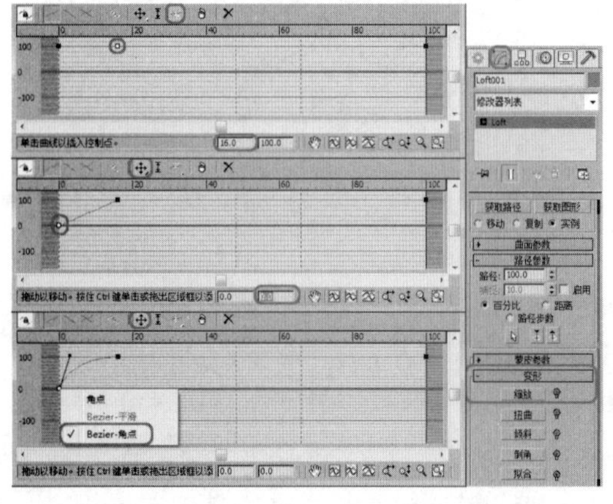

图 4.63

12 关闭该对话框，在【修改器列表】中选择【UVW贴图】修改器，在【参数】卷展栏中选择【平面】选项，在【对齐】选项组中选择Y单选按钮，单击【适配】按钮，如图4.64所示。

13 选择工具栏中的【材质编辑器】工具，打开【材质编辑器】，单击【获取材质】按钮，打开【材质/贴图浏览器】对话框，单击【材质/贴图浏览器选项】按钮选择【打开材质库】单选按钮。单击【打开】按钮，在弹出的对话框中选择配套资源中的瓶盖贴图.mat文件，单击【打开】按钮，如图4.65所示，将对象拖曳至新的样本球上，并将材质指定为瓶盖对象。

图 4.64

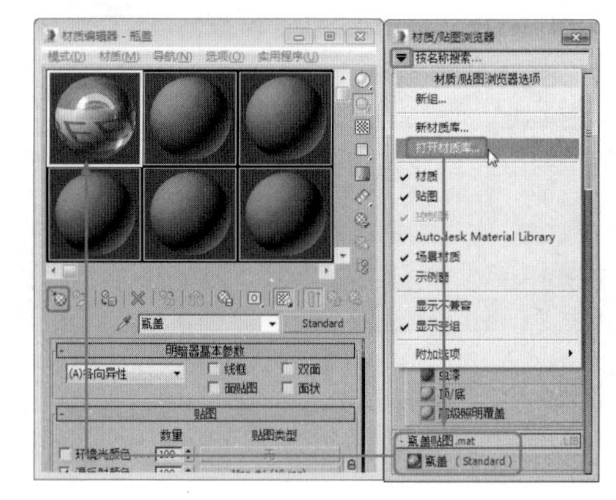

图 4.65

14 确定图形处于选中状态，使用工具箱中的【选择并移动】工具并配合Shift键对图形进行复制，在弹出的对话框中选择【实例】单选按钮，将【副本数】设置为2，单击【确定】按钮，并调整复制图形的位置，完成后的效果如图4.66所示。

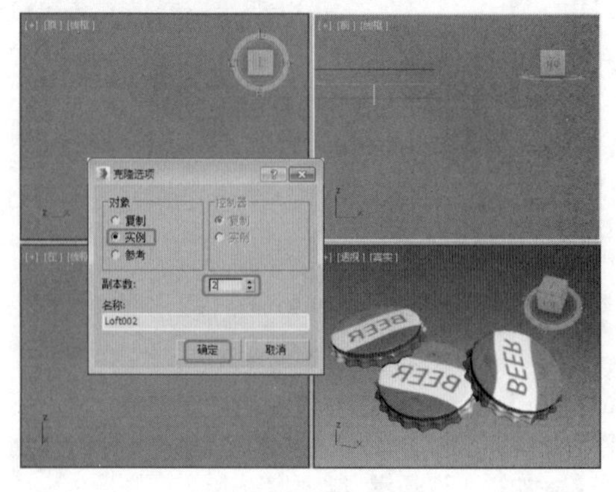

图 4.66

15 激活顶视图，选择【创建】|【几何体】|【长方体】工具，在顶视图中创建一个长方体，在【名称和颜色】卷展栏中将其命名为【地面】，将颜色定义为白色。在【参数】卷展栏中将【长度】、【宽度】和【高度】分别设置为700、600和0。在前视图中调整图形的位置，如图4.67所示。

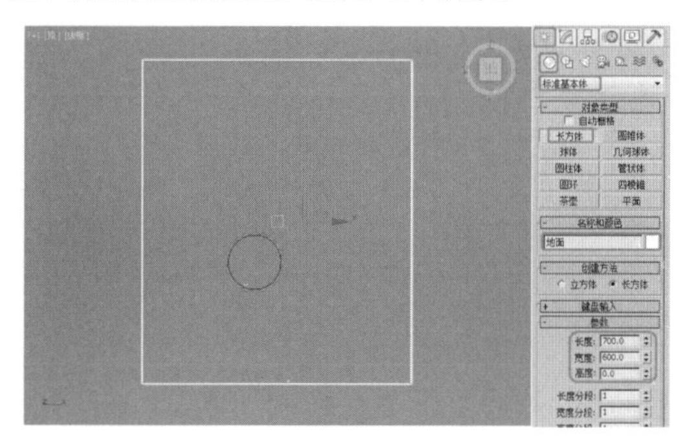

图 4.67

16 选择绘制的长方体，切换至【显示】选项卡，在【按类别隐藏】卷展栏中选中【图形】复选框，隐藏图形对象如图4.68所示。

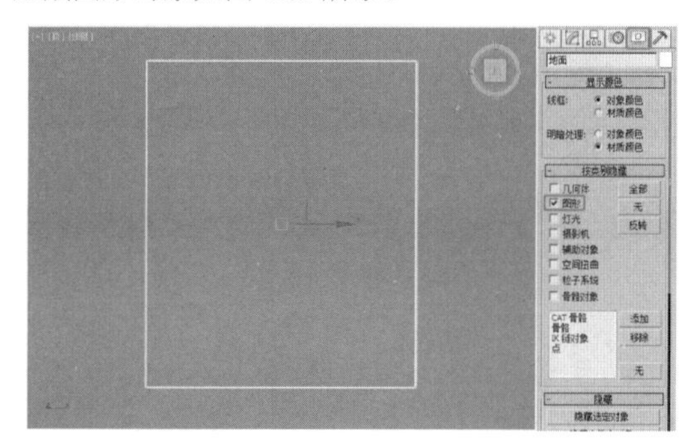

图 4.68

17 选择【创建】|【摄影机】|【目标】摄影机，在顶视图中创建一个摄影机对象，在【参数】卷展栏中将【镜头】设置为55.398mm，【视野】设置为36°，然后在场景中调整其位置，激活透视视图并按C键，将透视视图转换为摄影机视图，如图4.69所示。

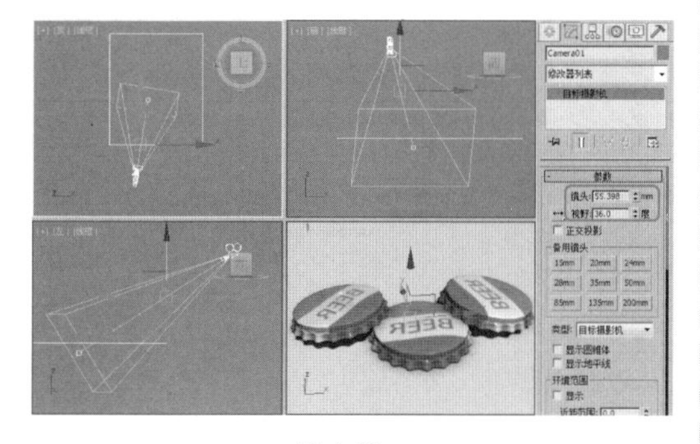

图 4.69

18 激活顶视图，选择【创建】|【灯光】|【标准】|【天光】工具，在顶视图中创建天光，将【倍增】设置为0.9，添加完成后如图4.70所示。

19 渲染完成后将场景文件存储。

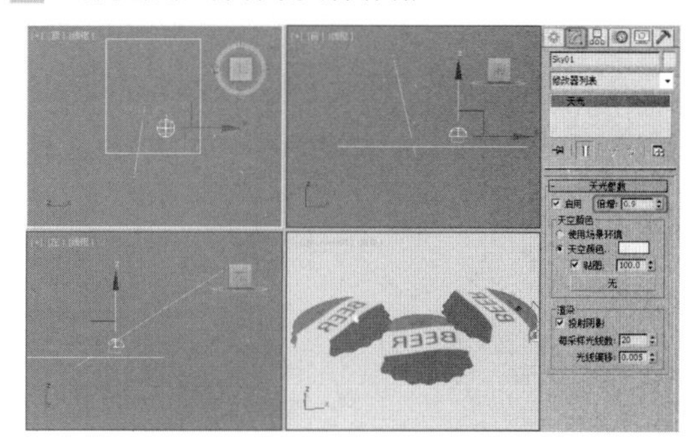

图 4.70

4.5.2　骰子

骰子，最常见的骰子是六面骰，它是一个正立方体，上面分别有1～6个孔（或数字），其相对两面数字之和必为七。中国的骰子习惯在一点和四点漆上红色。本例将介绍骰子模型的制作方法，效果如图4.71所示。

图 4.71

01 选择【创建】|【几何体】|【扩展基本体】|【切角长方体】工具，在顶视图中创建一个切角长方体，在【参数】卷展栏中将【长度】、【宽度】和【高度】均设置为50，将【圆角】设置为5，将【圆角分段】设置为5，如图4.72所示。

02 选择【创建】|【几何体】|【标准基本体】|【球体】工具，在顶视图中创建一个球体，将【半径】设置为10，如图4.73所示。

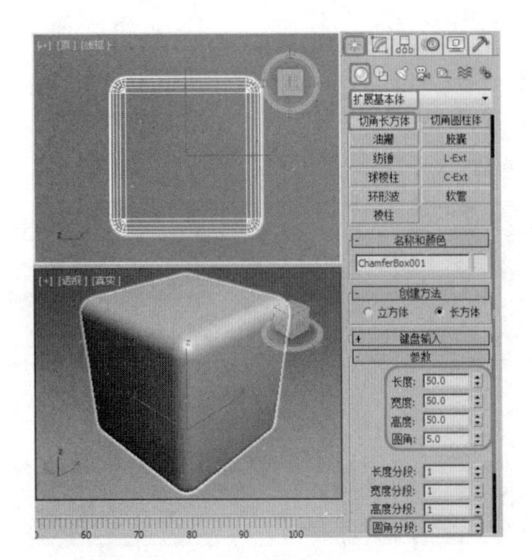

图 4.72

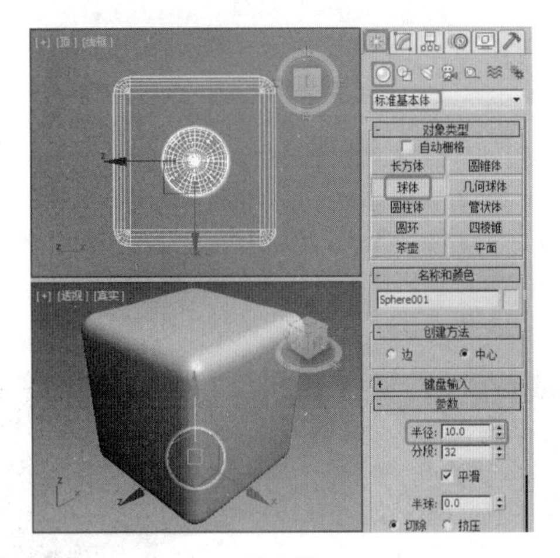

图 4.73

03 确认选中创建的球体，在工具栏中单击【对齐】按钮，然后在视图中单击创建的切角长方体，在弹出的对话框中选中【X 位置】、【Y 位置】和【Z 位置】复选框，将【当前对象】和【目标对象】设置为【中心】，如图 4.74 所示。

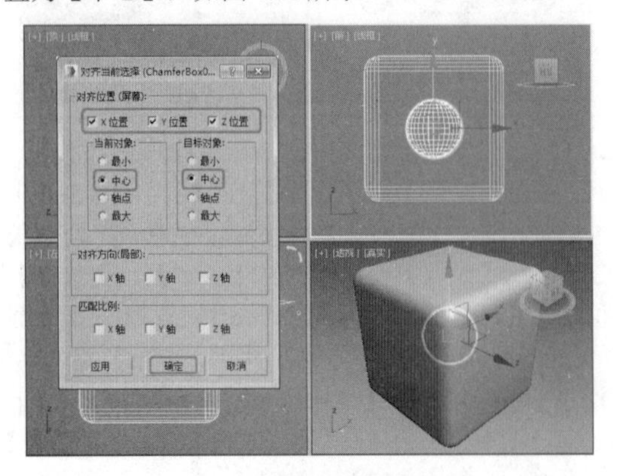

图 4.74

04 单击【确定】按钮，在顶视图中使用【选择并移动】工具，沿 Y 轴向上移动球体，将其调整至如图 4.75 所示的位置处。

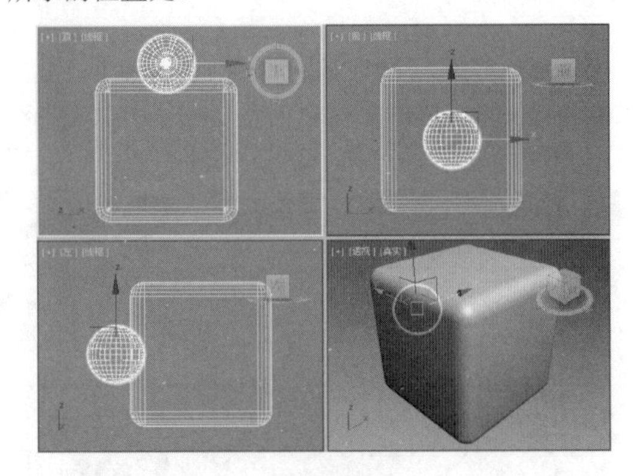

图 4.75

05 继续使用【球体】工具在顶视图中绘制一个【半径】为 5 的球体，并在视图中调整其位置，如图 4.76 所示。

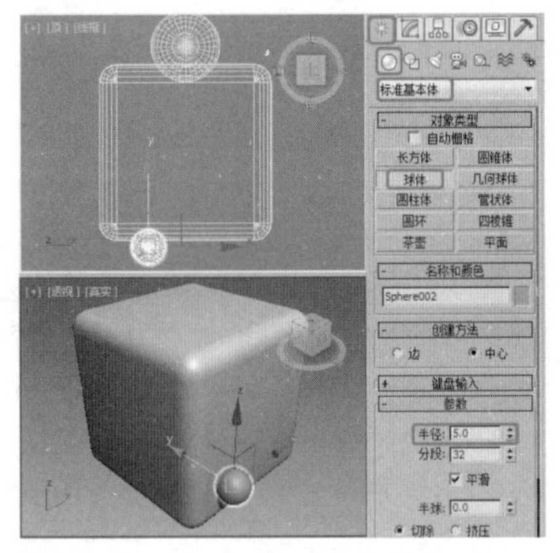

图 4.76

06 在前视图中使用【选择并移动】工具，在按住 Shift 键的同时沿 Y 轴向上拖曳球体，拖曳至合适的位置处释放鼠标，弹出【克隆选项】对话框，选择【复制】单选按钮，将【副本数】设置为 2，如图 4.77 所示。

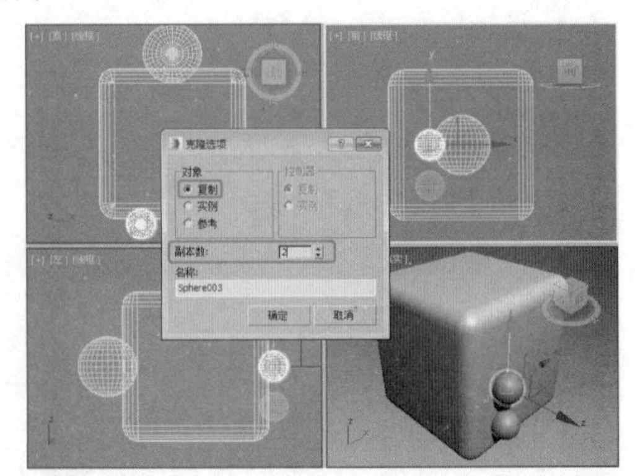

图 4.77

07 单击【确定】按钮，在顶视图中选中3个小球体，在前视图中按住Shift键沿X轴向右拖曳至合适的位置，释放鼠标，在弹出的对话框中，选择【复制】单选按钮，然后单击【确定】按钮，如图4.78所示。

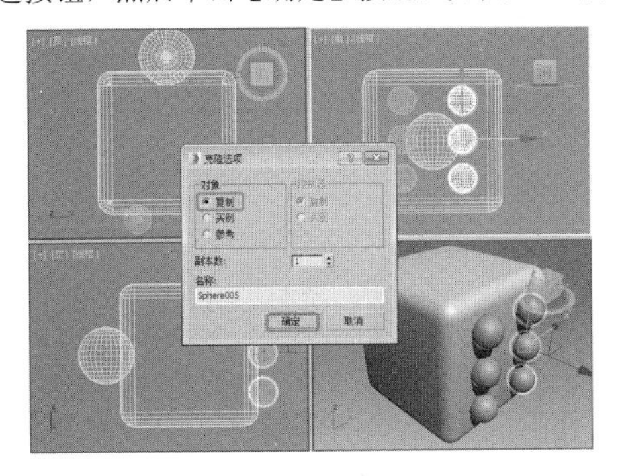

图 4.78

08 在场景中选中所有小球体，选择【选择并旋转】工具，单击【角度捕捉切换】按钮，在前视图中按Shift键的同时沿Y轴旋转90°，释放鼠标，在弹出的对话框中，单击【确定】按钮，如图4.79所示。

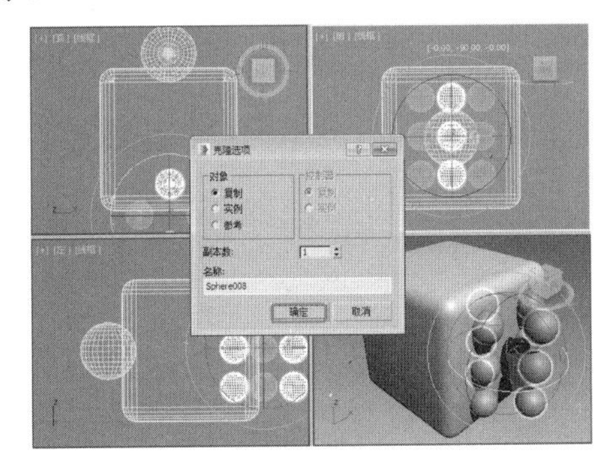

图 4.79

09 调整小球体的位置，综合前面介绍的方法，对其进行复制，并在视图中删除多余的小球体，调整其位置的效果如图4.80所示。

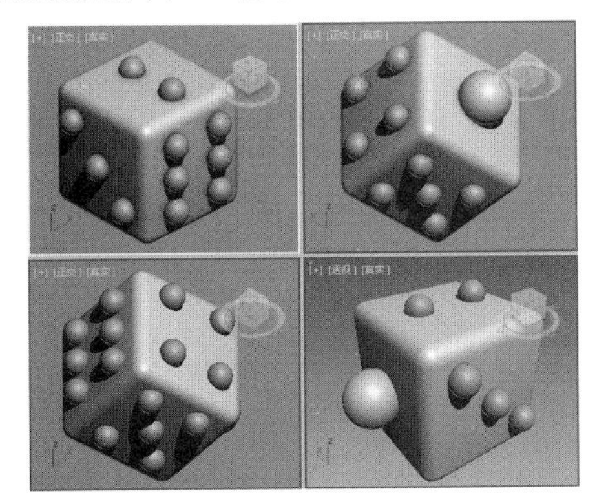

图 4.80

10 在场景中选择Sphere001对象，并右击，在弹出的快捷菜单中选择【转换为】|【转换为可编辑多边形】命令，如图4.81所示。

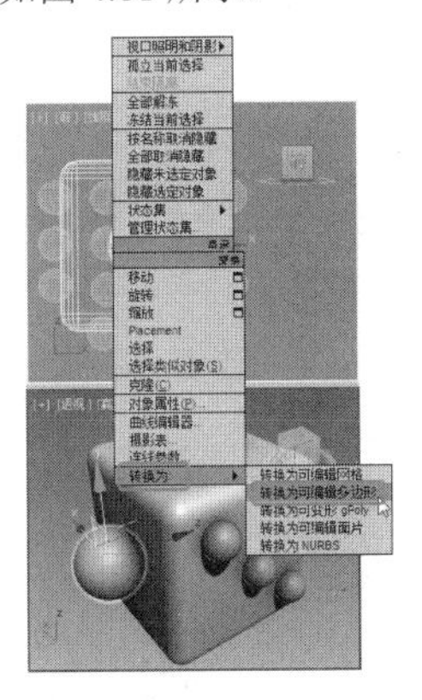

图 4.81

11 切换到【修改】命令面板，在【编辑几何体】卷展栏中单击【附加】按钮右侧的【附加列表】按钮，在弹出的对话框中选择所有的球体对象，然后单击【附加】按钮，如图4.82所示。

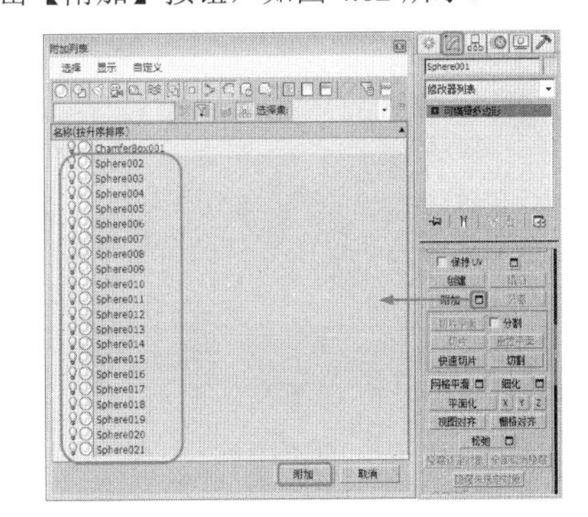

图 4.82

12 在场景中选择切角长方体，选择【创建】|【几何体】|【复合对象】|【布尔】工具，在【拾取布尔】卷展栏中单击【拾取操作对象B】按钮，在场景中单击拾取附加后的球体，如图4.83所示。

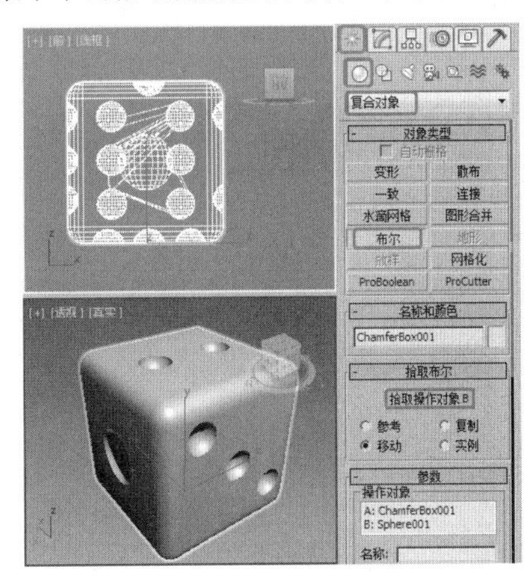

图 4.83

13 将布尔后的对象重命名为【骰子】，并右击，在弹出的快捷菜单中选择【转换为】|【转换为可编辑多边形】命令，如图 4.84 所示。

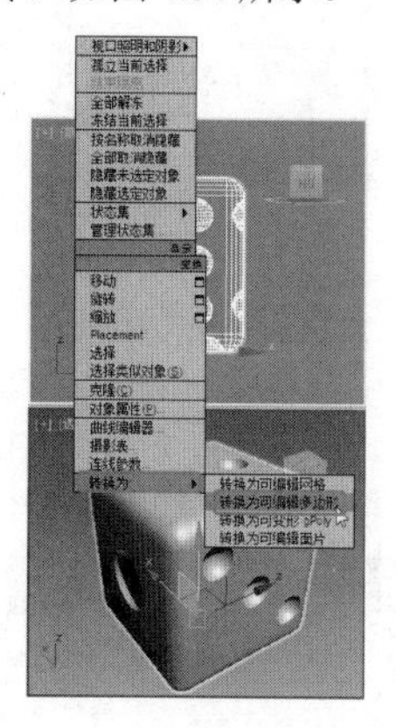

图 4.84

14 切换到【修改】命令面板，将当前选择集定义为【多边形】，在场景中按住 Alt 键，将数字 1 孔和数字 4 孔减选剔除，在【多边形：材质 ID】卷展栏中将【设置 ID】设置为 1，如图 4.85 所示。

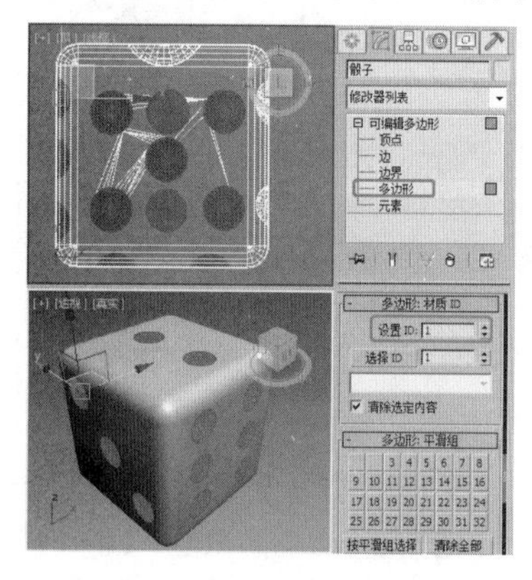

图 4.85

15 在场景中选择数字 1 孔和数字 4 孔对象，在【多边形：材质 ID】卷展栏中将【设置 ID】设置为 2，如图 4.86 所示。

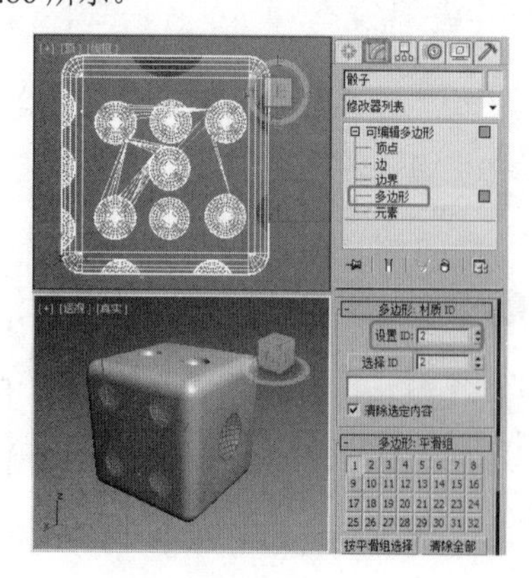

图 4.86

16 在场景中选择除孔以外的其他对象，在【多边形：材质 ID】卷展栏中将【设置 ID】设置为 3，如图 4.87 所示。

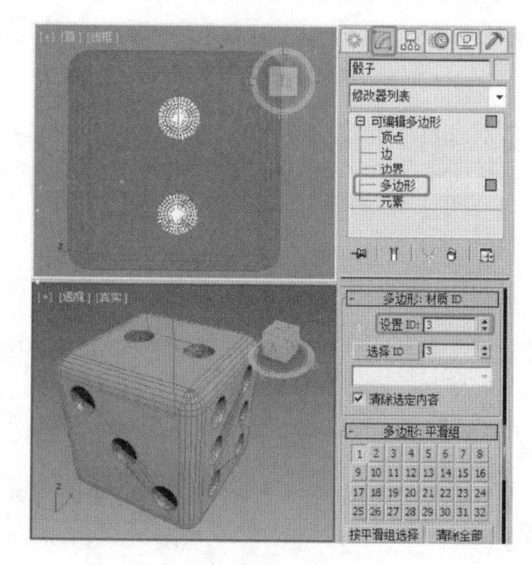

图 4.87

17 关闭当前选择集，按 M 键弹出【材质编辑器】对话框，选择一个新的材质样本球，单击名称栏右侧的 Standard 按钮，在弹出的【材质 / 贴图浏览器】对话框中选择【多维 / 子对象】材质，单击【确定】按钮，如图 4.88 所示。

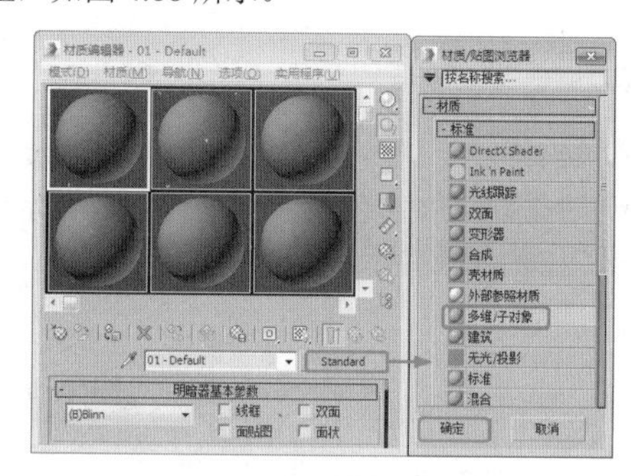

图 4.88

18 弹出【替换材质】对话框，选择【丢弃旧材质】单选按钮，单击【确定】按钮即可。在【多维 / 子对象基本参数】卷展栏中单击【设置数量】按钮，弹出【设置材质数量】对话框，将【材质数量】设置为 3，单击【确定】按钮，如图 4.89 所示。

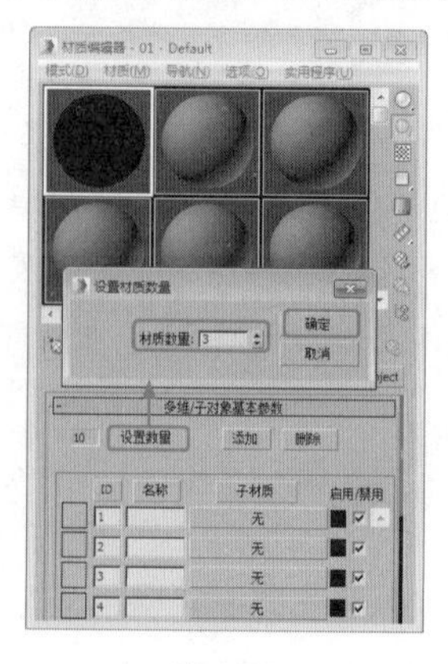

图 4.89

19 单击 ID1 右侧的子材质按钮，在弹出的【材质 / 贴图浏览器】对话框中双击【标准】材质，进入子级材质面板中，在【Blinn 基本参数】卷展栏中将【环境光】和【漫反射】的 RGB 值设置为 0,0,255，在【反射高光】选项组中将【高光级别】和【光泽度】分别设置为 110、35，如图 4.90 所示。

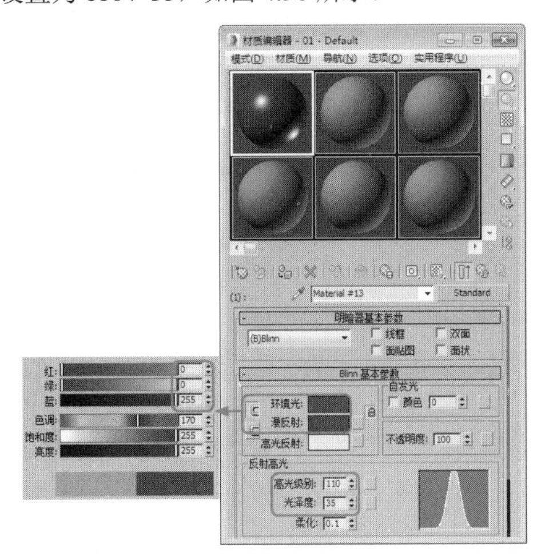

图 4.90

20 在【贴图】卷展栏中将【反射】后的数量设置为 30，并单击右侧的【无】按钮，在弹出的【材质 / 贴图浏览器】对话框中选择【位图】贴图，单击【确定】按钮，如图 4.91 所示。

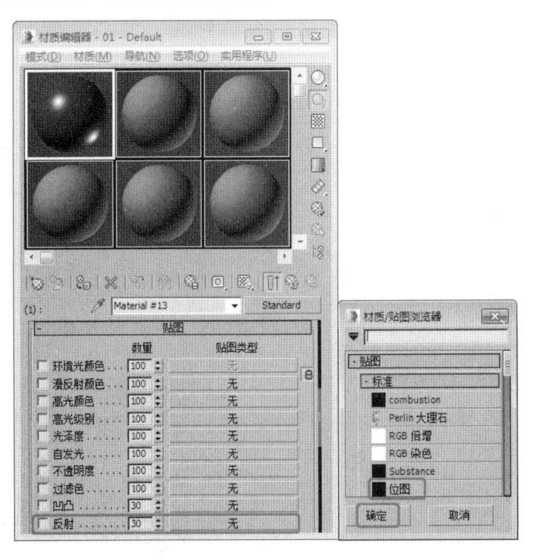

图 4.91

21 在弹出的对话框中打开配套资源中的 MAP/003.tif 素材图片，在【坐标】卷展栏中将【瓷砖】下的 U、V 均设置为 1，将【模糊】设置为 10，如图 4.92 所示。

22 单击两次【转到父对象】按钮，返回父级材质层级。在 ID1 右侧的子材质按钮上，向下单击拖曳，拖至 ID2 右侧的子材质按钮上，释放鼠标，在弹出的【实例（副本）材质】对话框中选择【复制】单选按钮，如图 4.93 所示。

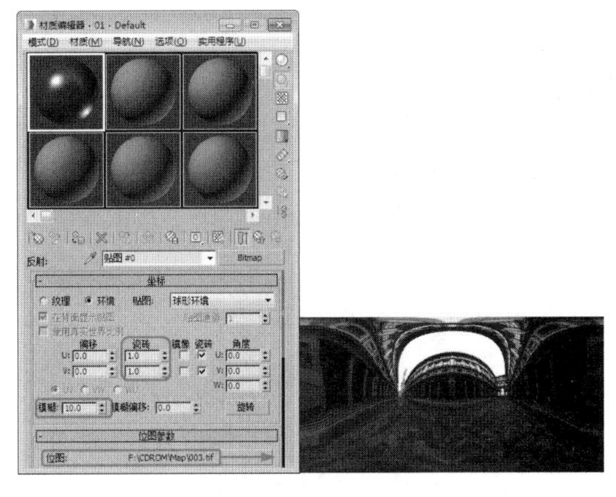

图 4.92

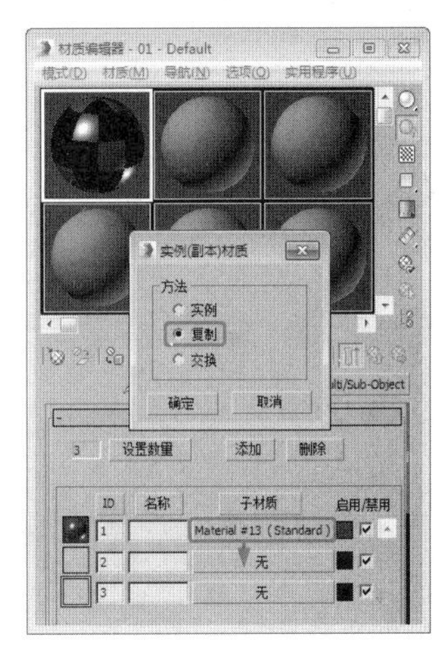

图 4.93

23 单击【确定】按钮， 单击 ID2 子材质按钮右侧的颜色块，在弹出的对话框中将颜色的数值设置为 255,0,0，如图 4.94 所示。

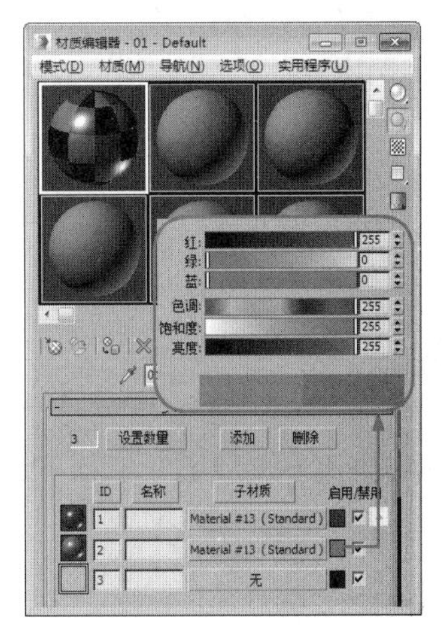

图 4.94

24 使用同样的方法，设置 ID3 材质，并单击【将材质指定给选定对象】按钮，将材质指定给【骰子】对象，如图 4.95 所示。

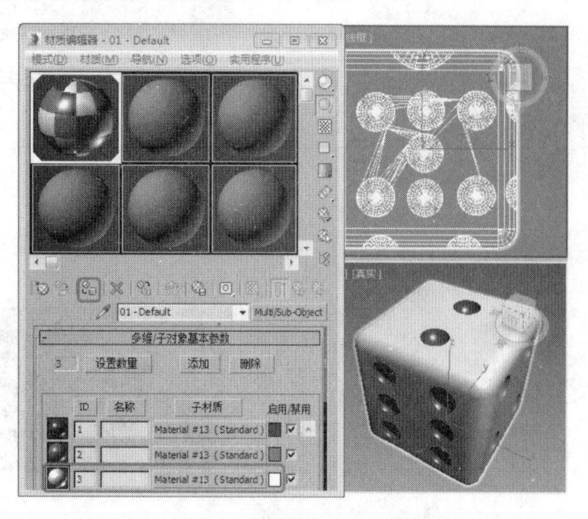

图 4.95

25 在场景中复制多个骰子对象，并调整其旋转角度和位置，效果如图 4.96 所示。

图 4.96

26 选择【创建】|【几何体】|【标准基本体】|【平面】工具，在顶视图中创建平面，切换到【修改】命令面板，在【参数】卷展栏中将【长度】和【宽度】设置为 2000，并在其他视图中调整其位置，如图 4.97 所示。

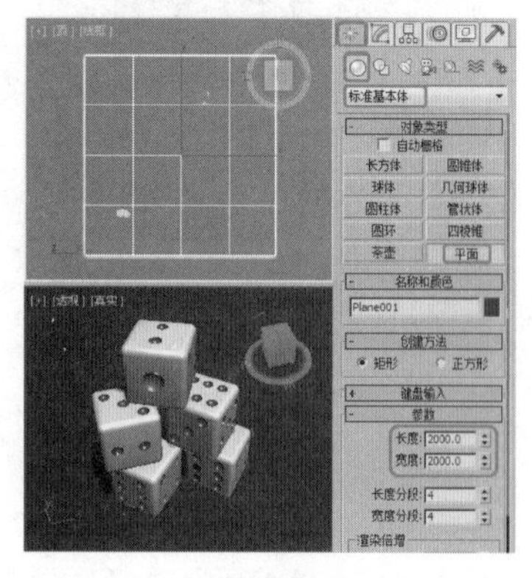

图 4.97

27 在【Blinn 基本参数】卷展栏中，将【环境光】和【漫反射】的颜色数值均设置为 30,30,30，在【反射高光】选项组中将【高光级别】设置为 70，【光泽度】设置为 25，如图 4.98 所示。

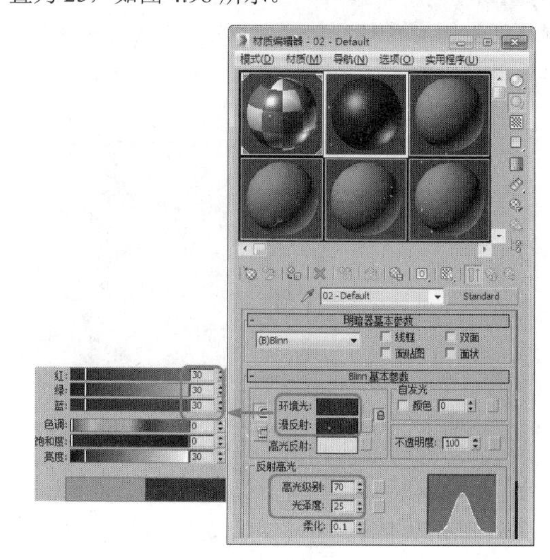

图 4.98

28 展开【贴图】卷展栏，将【反射】设置为 15，单击右侧的【无】按钮，弹出【材质 / 贴图浏览器】对话框，选择【平面镜】贴图，单击【确定】按钮。在【平面镜参数】卷展栏中保持默认设置，单击【转到父对象】按钮，选择【平面】对象，单击【将材质指定给选定对象】按钮，将材质指定给平面对象，如图 4.99 所示。

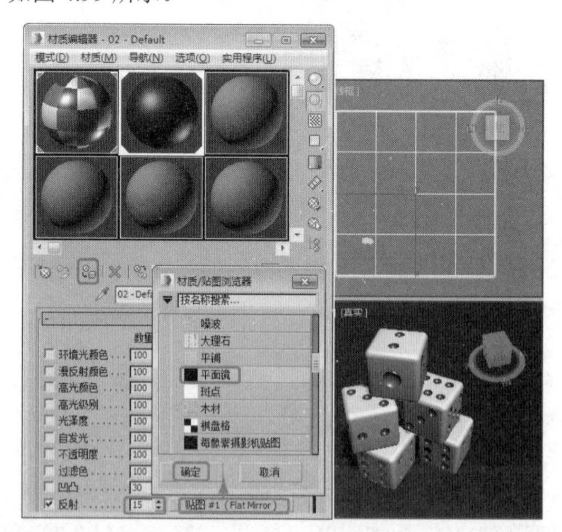

图 4.99

29 选择【创建】|【摄影机】|【标准】|【目标】工具，在顶视图中创建摄影机，在【参数】卷展栏中将【镜头】设置为 35mm，激活透视视图，按 C 键将其转换为摄影机视图，效果如图 4.100 所示。

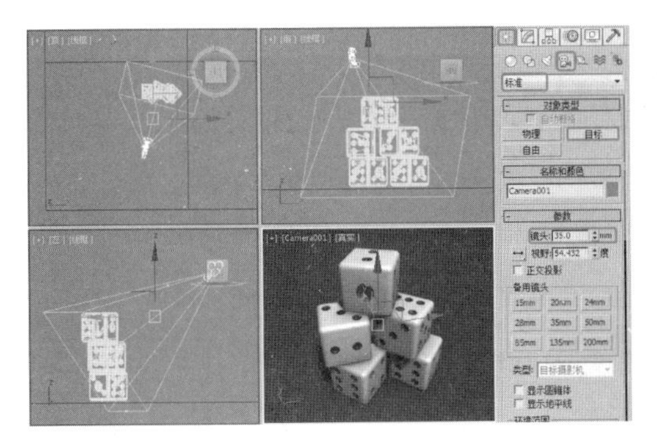

图 4.100

30 在其他视图中调整摄影机位置，选择【创建】 |【灯光】 |【标准】|【泛光】工具，然后在顶视图中创建泛光灯，在【常规参数】卷展栏中，取消选中【阴影】选项组下的【启用】复选框，在【强度/颜色/衰减】卷展栏中将【倍增】设置为0.1，如图4.101所示。

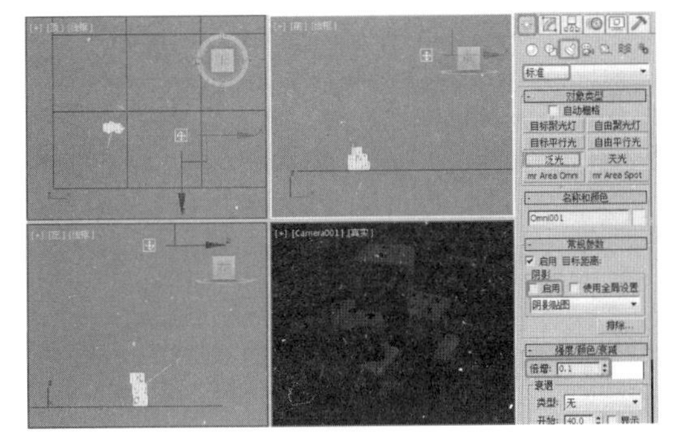

图 4.101

31 在其他视图中调整泛光灯的位置，并再次使用【泛光】工具在顶视图中创建泛光灯，与上一个泛光灯设置同样的参数，并在其他视图中调整其位置，如图4.102所示。

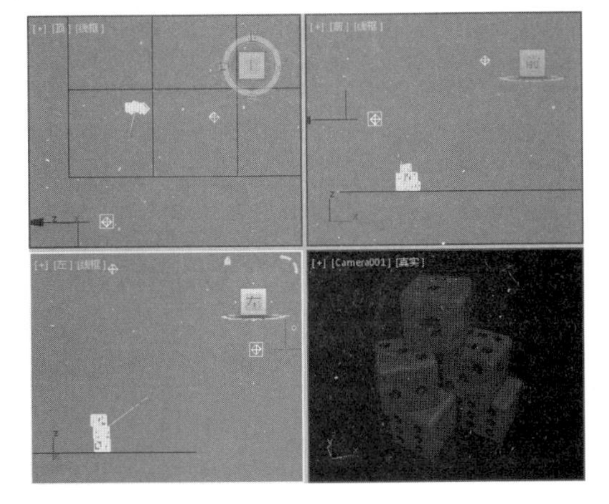

图 4.102

32 选择【创建】 |【灯光】 |【标准】|【天光】工具，在顶视图中创建一盏天光，选中【渲染】选项组中的【投射阴影】复选框，如图4.103所示。

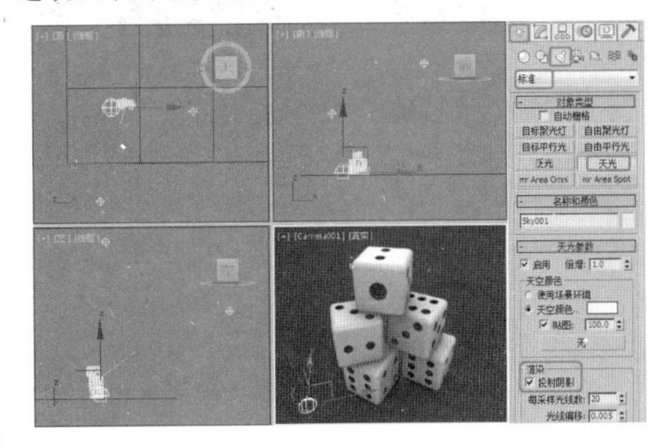

图 4.103

33 按F10键打开【渲染设置】对话框，单击【确定】按钮，选择【高级照明】选项卡，在【选择高级照明】卷展栏中选择【光跟踪器】，如图4.104所示。

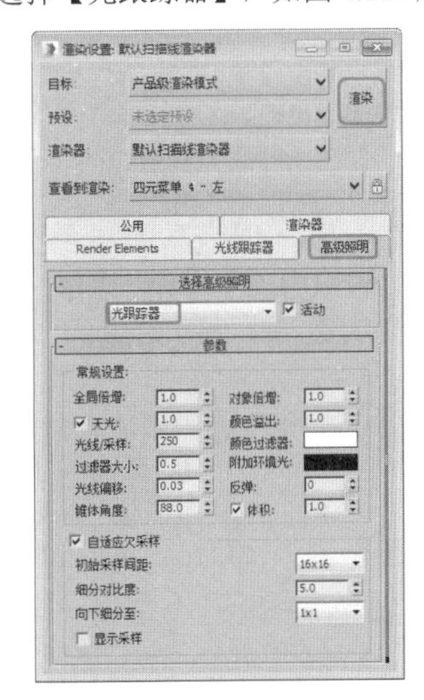

图 4.104

34 单击【渲染】按钮，对图形进行渲染，如图4.105所示。

图 4.105

4.6 课后练习

1.【布尔】运算的类型有哪几种?

2. 截面放样和路径放样的具体步骤是什么?

第5章

材质与贴图

现实世界的任何物体都有各自的外观特征，例如纹理、质感、颜色和透明度等，如果想要在3ds Max中表现出该特性，就需要用到【材质编辑器】与【材质/贴图浏览器】。本章将对常用材质及贴图类型进行详细的介绍。

5.1 材质概述

材质的制作是一个相对复杂的过程，也是3ds Max中的难点之一。材质就是指对真实物体视觉效果的模拟，这种视觉效果通过颜色、质感、反射、透明度、自发光、表面粗糙程度、纹理结构等诸多要素显示出来。而这些视觉要素都可以在3ds Max中用相应的参数进行设置，各项要素的变化和组合使物体呈现出不同的视觉特性。

在3ds Max中制作的三维对象本身不具备任何表面特征，通过设置材质的颜色、光泽度和自发光等基本参数，能够简单地模拟出物体的表面特性，但除此之外还应具有一定的纹理或特征，因此材质还包含多种贴图通道，通过在贴图通道中设置不同类型的贴图，可以创作出千变万化的材质，也能更加真实地模拟出物体的表面特征。

5.2 【材质编辑器】与【材质/贴图浏览器】

【材质编辑器】窗口是3ds Max中重要的组成部分之一，使用它可以定义、创建和使用材质，通过【材质编辑器】可以将没有生命的几何体模型转变成栩栩如生的对象，甚至那些只能想象而在现实中不存在的物体都能够在3ds Max中活灵活现地展现出来。

【材质/贴图浏览器】对话框提供全方位的材质和贴图浏览选择功能。

下面将分别对【材质编辑器】和【材质/贴图浏览器】对话框进行介绍。

5.2.1 【材质编辑器】

从整体上看，【材质编辑器】可以分为菜单栏、材质示例窗、工具按钮（又分为工具栏和工具列），以及参数控制区4大部分，如图5.1所示。

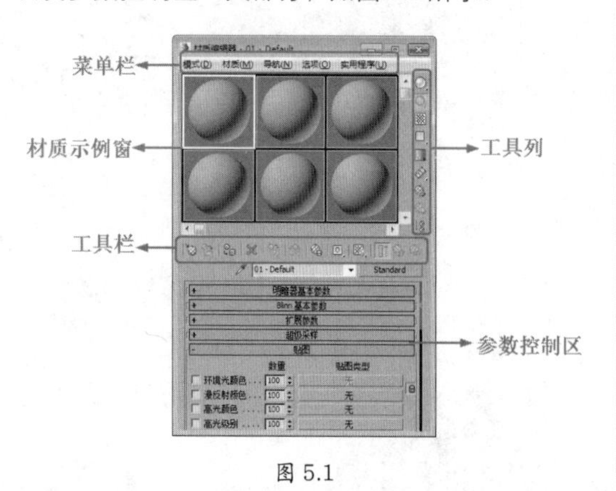

图 5.1

1. 菜单栏

菜单栏位于【材质编辑器】的顶端，这些菜单命令与【材质编辑器】中的图标按钮作用相同。

- 【模式】菜单中的命令用于控制【材质编辑器】的显示模式。
- 【材质】菜单，如图5.2所示。

图 5.2

➢ 【获取材质】：与【获取材质】按钮

功能相同，显示【材质/贴图浏览器】，利用它可以选择材质或贴图。

- 【从对象选取】：与【从对象拾取材质】按钮功能相同，可以从场景的一个对象中选择材质。
- 【按材质选择】：与【按材质选择】按钮功能相同，可以基于【材质编辑器】窗口中的活动材质选择对象。
- 【在 ATS 对话框中高亮显示资源】：如果活动材质使用的是已跟踪的资源（通常为位图纹理）的贴图，则打开【资源跟踪】对话框，同时资源高亮显示。
- 【指定给当前选择】：与【将材质指定给选定对象】按钮功能相同，可将活动示例窗中的材质应用于场景中当前选定的对象。
- 【放置到场景】：与【将材质放入场景】按钮功能相同，在编辑材质之后更新场景中的材质。
- 【放置到库】：与【放入库】按钮功能相同，可以将选定的材质添加到当前库中。
- 【更改材质/贴图类型】：用于改变当前材质/贴图的类型。
- 【生成材质副本】：与【生成材质副本】按钮功能相同。
- 【启动放大窗口】：等同双击活动示例窗或在当前示例窗中右击，在弹出的快捷菜单中选择【放大】。
- 【另存为 .FX 文件】：用于将活动材质另存为 FX 文件。
- 【生成预览】：与【生成预览】按钮功能相同，显示【创建材质预览】对话框，创建动画材质的 AVI 文件。
- 【查看预览】：与【播放预览】按钮功能相同，该按钮位于【生成预览】按钮的子列表中。
- 【保存预览】：与【保存预览】按钮功能相同，该按钮位于【生成预览】按钮的子列表中。
- 【显示最终结果】：与【显示最终结果】按钮功能相同，用于在示例窗中显示最终结果或只显示材质的当前层级。
- 【视口中的材质显示为】：与【视口中显示明暗处理材质】按钮功能相同。
- 【重置示例窗旋转】：恢复示例窗中示例球默认的角度方位，与右击活动示例窗所弹出的快捷菜单中的【重置旋转】命令功能相同。
- 【更新活动材质】：更新当前材质。

- 【导航】菜单，如图 5.3 所示。

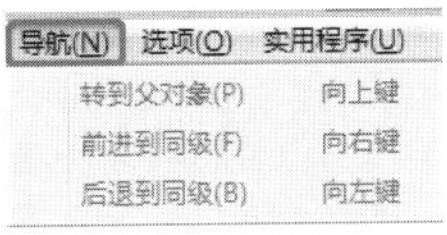

图 5.3

  - 【转到父对象（P）向上键】：与【转到父对象】按钮功能相同，可以在当前材质中向上移动一个层级。
  - 【前进到同级（F）向右键】：与【转到下一个同级项】按钮功能相同，移动到当前材质中相同层级的下一个贴图或材质。
  - 【后退到同级（B）向左键】：与【转到下一个同级项】按钮功能相反，返回前一个同级材质。

- 【选项】菜单，如图 5.4 所示。

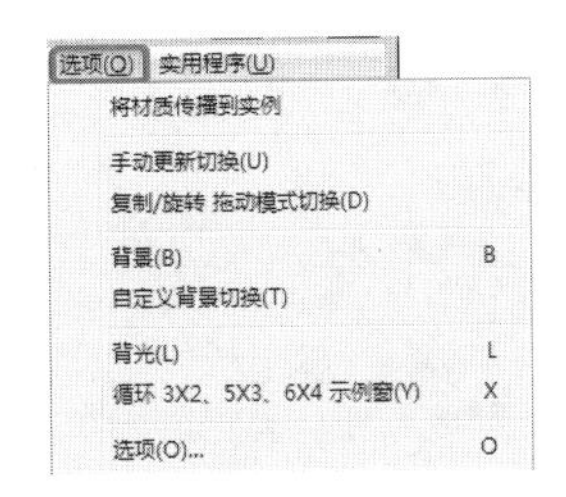

图 5.4

  - 【将材质传播到实例】：选择该选项后，当前材质球中的材质将指定给场景中所有互相具有属性的对象，如果没有选择该选项，则当前材质球中的材质只指定给选择的对象。
  - 【手动更新切换】：与【材质编辑器选项】中的【手动更新】复选框功能相同。
  - 【复制/旋转 拖动模式切换】：相当于右击活动示例窗所弹出的快捷菜单中的【拖动/复制】命令或【拖动/旋转】命令。

➢ 【背景】：与【背景】按钮▩功能相同，启用背景，将多颜色的方格背景添加到活动示例窗中。

➢ 【自定义背景切换】：设置是否显示自定义背景。

➢ 【背光】：与【背光】按钮功能相同，启用【背光】，将背光添加到活动示例窗中。

➢ 【循环 3×2、5×3、6×4 示例窗】：与右击活动示例窗所弹出的快捷菜单中的【3×2示例窗】、【5×3示例窗】、【6×4示例窗】选项相似，可以在 3 种材质样本球示例窗模式之间循环切换。

➢ 【选项】：与【选项】按钮功能相同，会弹出如图 5.5 所示的【材质编辑器选项】对话框，主要控制有关编辑器自身的属性。

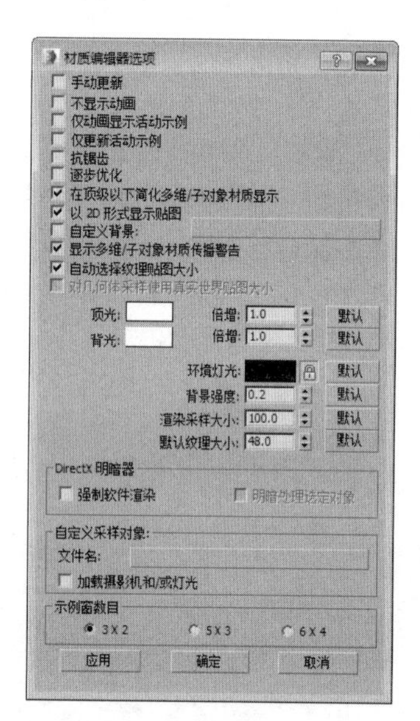

图 5.5

- 【实用程序】菜单，如图 5.6 所示。

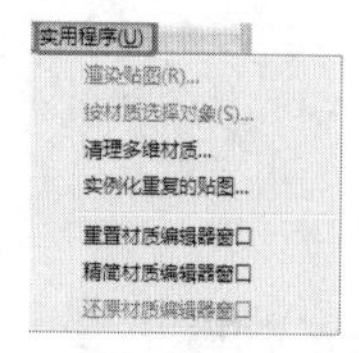

图 5.6

➢ 【渲染贴图】：与右击活动示例窗所弹出的快捷菜单中的【渲染贴图】命令相同。

➢ 【按材质选择对象】：与【按材质选择】按钮功能相同，执行该命令后，将会选择所有应用该材质的对象。

➢ 【清理多维材质】：对多维/子对象材质进行分析，显示场景中所有包含未分配任何材质 ID 的子材质，可以让用户选择删除任何未使用的子材质，然后合并多维子对象材质。

➢ 【实例化重复的贴图】：在整个场景中查找具有重复【位图】贴图的材质。如果场景中有不同的材质使用了相同的纹理贴图，那么，创建实例将会减少在计算机中重复加载，从而提高显示的性能。

➢ 【重置材质编辑器窗口】：用默认的材质类型替换【材质编辑器】中的所有材质。

➢ 【精简材质编辑器窗口】：将【材质编辑器】中所有未使用的材质设置为默认类型，只保留场景中的材质，并将这些材质移动到【材质编辑器】的第一个示例窗中。

➢ 【还原材质编辑器窗口】：在使用前两个命令之一时，3ds Max将【材质编辑器】的当前状态保存在缓冲区中，使用此命令可以利用缓冲区的内容还原编辑器的状态。

2. 材质示例窗

材质示例窗用来显示材质的调节效果，共有 24 个示例球。当调节参数时，其效果会立刻反映到示例球上，用户可以根据示例球来判断材质的效果。示例窗可以变小或变大。示例窗的内容不仅可以是球体，还可以是其他几何体，包括自定义的模型。示例窗的材质可以直接拖曳到对象上进行指定。

在示例窗中，窗口都以黑色边框显示，如图 5.7 中的左图所示。当前正在编辑的材质所在的窗口称为活动示例窗，它具有白色边框，如图 5.7 右图所示。如果要对材质进行编辑，首先要在其示例窗上单击，将其激活。

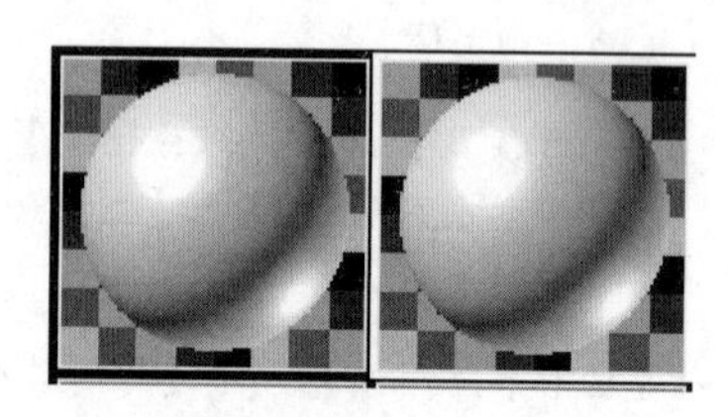

图 5.7

对于示例窗中的材质，有一种同步材质的概念，当一个材质指定给场景中的对象后，它便成为了同步材质。特征是四角有三角形标记，如果对同步材质进行编辑操作，场景中的对象也会随之发生变化，不需要再进行重新指定，如图 5.8 所示为将材质指定给对象后激活与未激活该示例窗的效果。

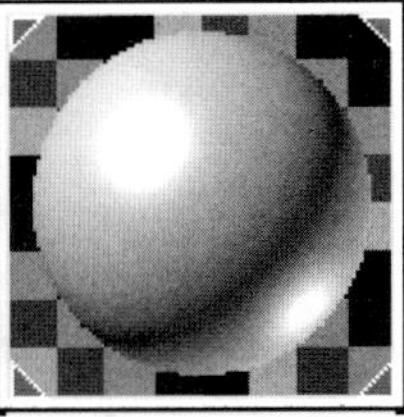

图 5.8

示例窗中的材质可以方便地执行拖曳操作，从而进行各种复制和指定动作。将一个材质窗口拖曳到另一个材质窗口上，释放鼠标，即可将它复制到新的示例窗中。对于同步材质，复制后会产生一个新的材质，它已不属于同步材质，因为同一种材质只允许有一个同步材质出现在示例窗中。

材质和贴图的拖曳是针对软件内部的全部操作而言的，拖曳的对象可以是示例窗、贴图按钮或材质按钮等，它们分布在【材质编辑器】、【灯光设置】、【环境编辑器】、【贴图置换】命令面板，以及【资源管理器】中，相互之间都可以进行拖曳操作。作为材质，还可以直接拖曳到场景中的对象上，进行快速指定。

在激活的示例窗中右击，可以弹出一个快捷菜单，如图 5.9 所示。该菜单中各个选项的说明如下。

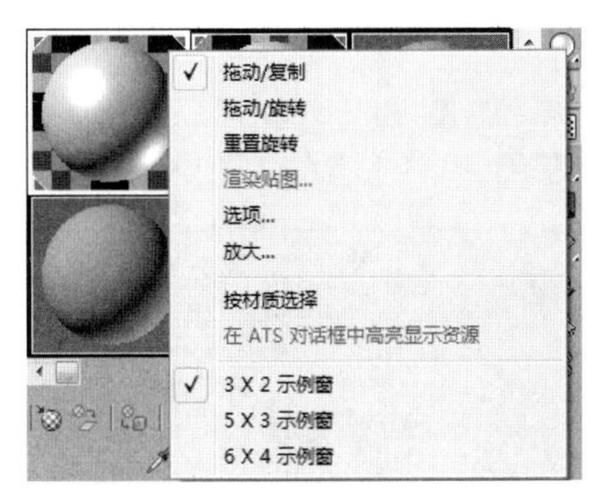

图 5.9

- 【拖动 / 复制】：这是默认的设置模式，支持示例窗中的拖曳复制操作。
- 【拖动 / 旋转】：这是一个非常有用的工具，选择该选项后，在示例窗中拖曳鼠标，可以转动示例球，便于观察其他角度的材质效果，如图 5.10 所示为旋转示例窗的效果。

图 5.10

- 【重置旋转】：恢复示例窗中默认的角度方位。
- 【渲染贴图】：只对当前贴图层级的贴图进行渲染，可以渲染为静态或动态图像。如果是材质层级，那么该项不被启用。当选择该选项后会弹出【渲染贴图】对话框，如图 5.11 所示。

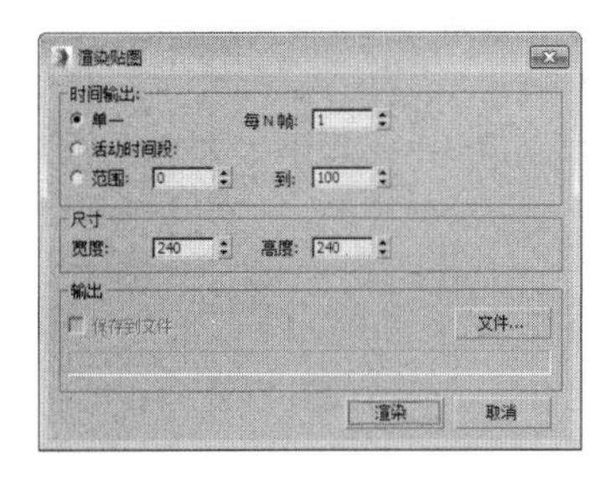

图 5.11

- 【选项】：与选择【选项】菜单中的【选项】命令效果相同，会弹出【材质编辑器选项】对话框。
- 【放大】：可以将当前材质以一个放大的示例窗显示，它独立于【材质编辑器】，以浮动框的形式存在，这有助于更清楚地观察材质效果，每一个材质只允许有一个放大窗口，最多可同时打开 24 个放大窗口。通过拖曳其四角可以任意放大尺寸。
- 【3×2 示例窗、5×3 示例窗、6×4 示例窗】：用来设计示例窗中各示例小窗的显示布局，材质示例窗中一共有 24 的小窗口，当以 6×4 方式显示时，它们可以完全显示出来，只是比较小；如果以 5×3 或 3×2 方式显示，可以手动拖曳窗口，显示出隐藏在内部的其他示例窗。示例窗不同的显示方式，如图 5.12 所示。

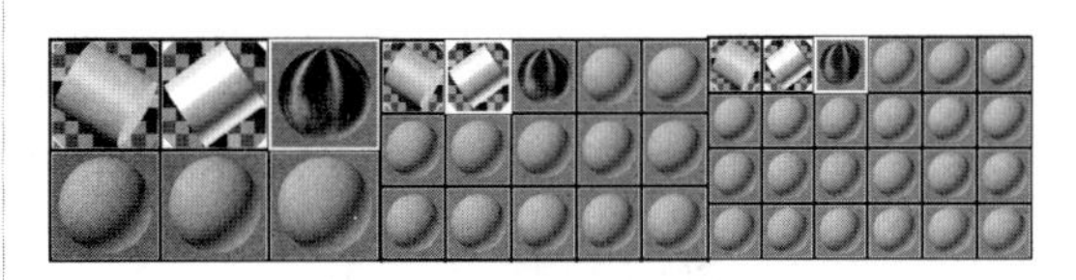

图 5.12

示例窗中的示例样本是可以更改的。3ds Max提供了球体、柱体和立方体3种基本示例样本，对大多数材质来讲已经足够了，不过在此处3ds Max做了一个开放性的设置，允许指定一个特殊的造型作为示例样本，可以参照下面的步骤进行操作。

01 在场景中先制作一个简单的模型，如图5.13所示，对场景进行保存。

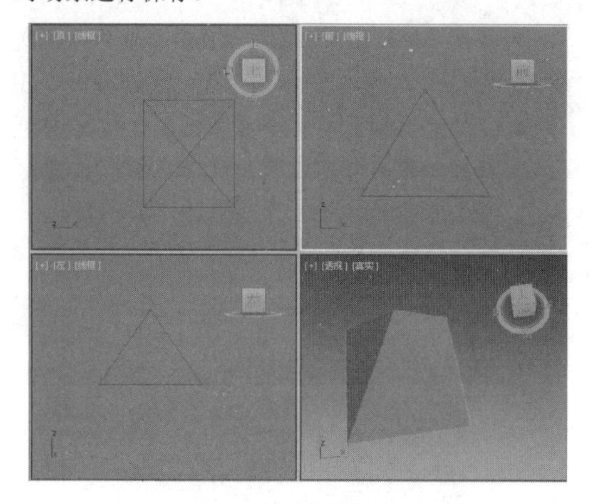

图 5.13

02 按M键打开【材质编辑器】对话框，在该对话框中单击【选项】按钮，打开【材质编辑器选项】对话框，在【自定义采样对象】组中单击【文件名】后的长条按钮，如图5.14所示，在弹出的【打开文件】对话框中选择刚才保存的场景文件，单击【打开】按钮。

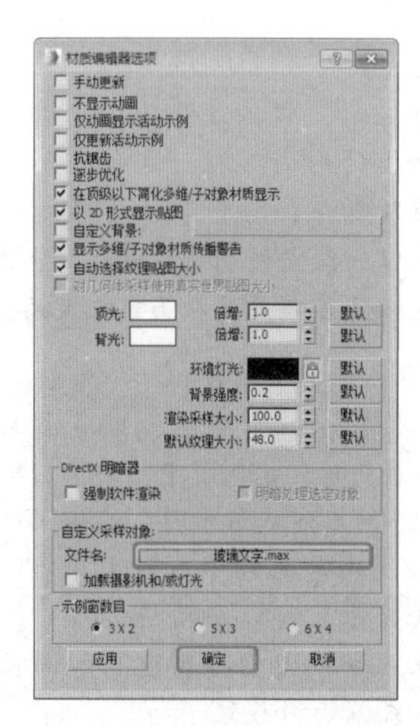

图 5.14

03 单击【确定】按钮，返回到【材质编辑器】对话框，单击【采样类型】按钮且不释放左键，在弹出的子菜单中选择按钮，当前示例窗中的样本就变成了指定的物体样式，如图5.15所示。

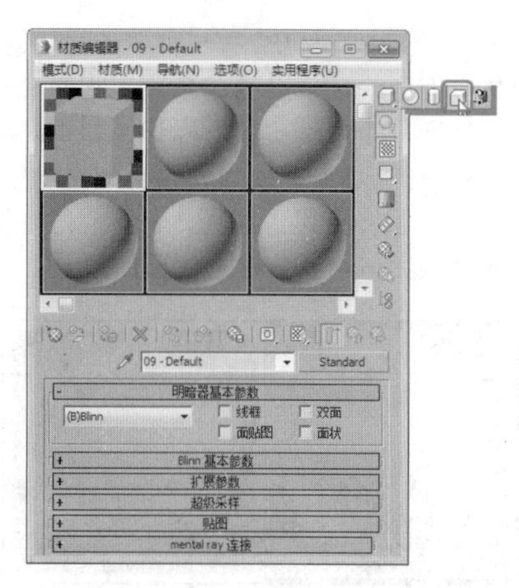

图 5.15

3. 工具栏

示例窗的下面是工具栏，可以用来控制各种材质，工具栏上的按钮大多用于材质的指定、保存和层级跳跃。工具栏如图5.16所示。

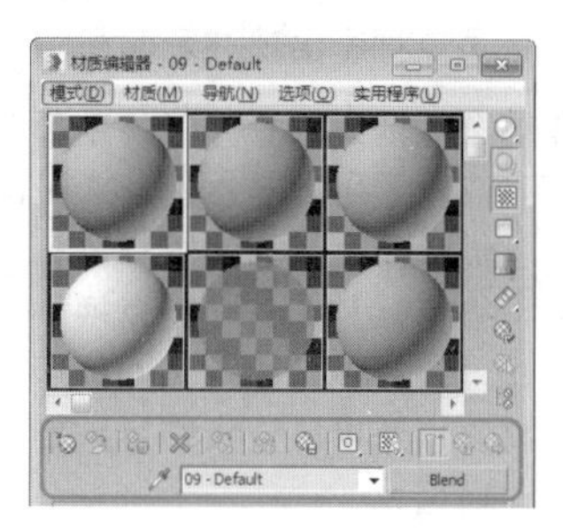

图 5.16

- 【获取材质】按钮：单击【获取材质】按钮，打开【材质/贴图浏览器】对话框，如图5.17所示。在该对话框中可以选择材质及贴图类型，还可以选择场景中所带的材质。

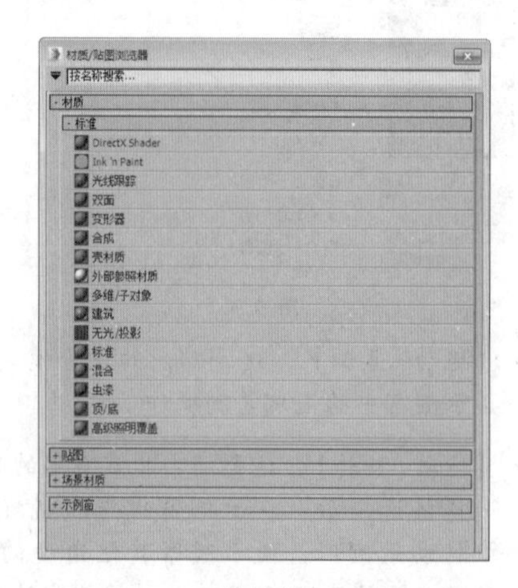

图 5.17

- 【将材质放入场景】按钮：在编辑完材质之后将它重新应用到场景中的对象上，使用该按钮是有条件的：①在场景中有对象的材质与当前编辑的材质同名；②当前材质不属于同步材质。
- 【将材质指定给选定对象】按钮：将当前激活示例窗中的材质指定给当前选择的对象，同时此材质会变为一个同步材质。贴图材质被指定后，如果对象还未进行贴图坐标的指定，在最后渲染时也会自动进行坐标的指定，如果单击【视口中显示明暗处理材质】按钮，在视图中可以观看贴图效果，同时也会自动进行坐标指定。如果在场景中已有一个同名的材质存在，这时会弹出【指定材质】对话框，如图 5.18 所示。

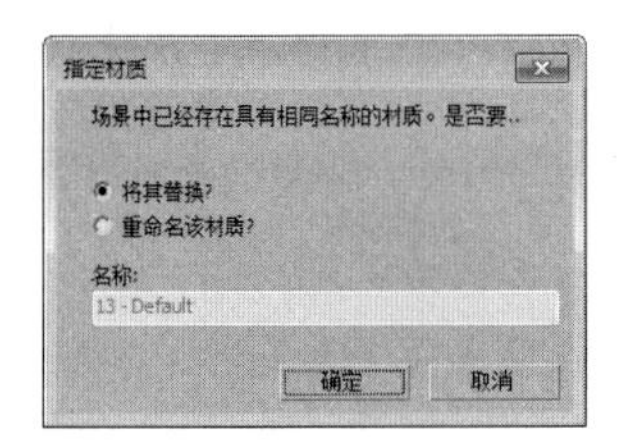

图 5.18

  - 【将其替换】：这样会以新的材质代替旧有的同名材质。
  - 【重命名该材质】：将当前材质改为另一个名称。如果要重新进行指定名称，可以在【名称】文本框中输入。

- 【重置贴图/材质为默认设置】按钮：对当前示例窗的编辑项目进行重新设置，如果处在材质层级，将恢复为一种标准材质，即灰色轻微反光的不透明材质，全部贴图设置都将丢失；如果处在贴图层级，将恢复为最初始的贴图设置；如果当前材质为同步材质，将弹出【重置材质/贴图参数】对话框，如图 5.19 所示。

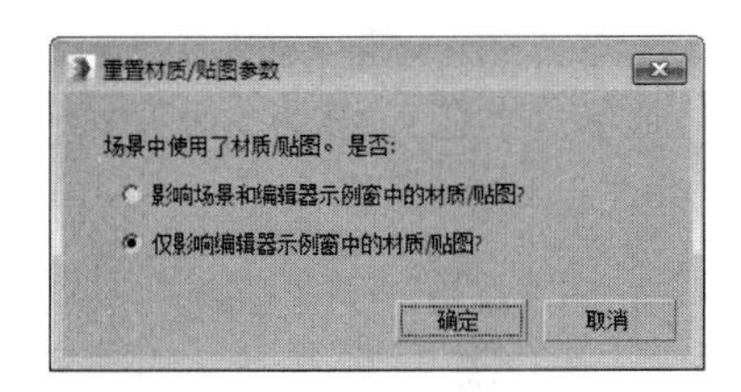

图 5.19

- 【生成材质副本】按钮：该按钮只针对同步材质起作用。单击该按钮，会将当前同步材质复制成一个相同参数的非同步材质，并且名称相同，以便在编辑时不影响场景中的对象。
- 【使唯一】按钮：该按钮可以将贴图关联复制为一个独立的贴图，也可以将一个关联子材质转换为独立的子材质，并对子材质重新命名。通过单击【使唯一】按钮，可以避免在对【多维/子对象材质】中的顶级材质进行修改时，影响到与其相关联的子材质，起到保护子材质的作用。
- 【放入库】按钮：单击该按钮，会将当前材质保存到当前的材质库中，这个操作直接影响到硬盘中的文件，该材质会永久保留在材质库中，关机后也不会丢失。单击该按钮后会弹出【放置到库】对话框，在此可以确认材质的名称，如图 5.20 所示。如果名称与当前材质库中的某个材质重名，会弹出【材质编辑器】提示对话框，如图 5.21 所示。单击【是】按钮或按 Y 键，系统会以新的材质覆盖原有材质，否则不进行保存操作。

图 5.20

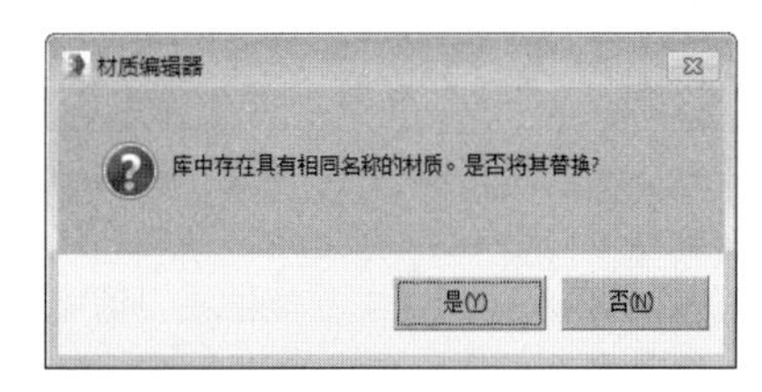

图 5.21

- 【材质 ID 通道】按钮：通过材质的特效通道可以在【视频后期处理】对话框中为材质指定特殊效果。例如要制作一个发光效果，可以让指定的对象发光，也可以让指定的材质发光。如果让对象发光，则需要在对象的属性设置框中设置对象通道；如果要让材质发光，则需要通过此按钮指定材质特效通道。单击此按钮会展开一个通道选项，这里有 15 个通道可供选择，选择好通道后，在【视频后期处理】对话框中加入【发光过滤器】，在【发光过滤器】的设置中通过设置【材质 ID】与【材质编辑器】中相同的通道号码，即可对此材质进行发光处理。

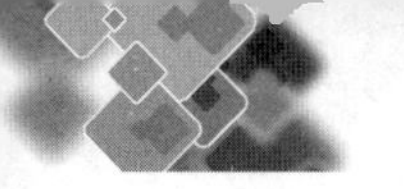

提示

在【视频后期处理】对话框中只认材质ID号，所以如果两个不同材质指定了相同的材质特效通道，都会一同进行特技处理，由于这里有15个通道，表示一个场景中只允许有15个不同材质的不同发光效果，如果发光效果相同，不同的材质也可以设置为同一材质特效通道，以便在【视频后期处理】对话框中的制作更为简单。0通道表示不使用特效通道。

- 【在视口中显示标准贴图】按钮：在贴图材质的贴图层级中此按钮可用，单击该按钮，可以在场景中显示出材质的贴图效果，如果是同步材质，对贴图的各种设置调节也会同步影响场景中的对象，这样就可以很轻松地进行贴图材质的编辑工作。
  - 视图中能够显示3D类程序式贴图和二维贴图，可以通过【材质编辑器】选项中的【3D贴图采样比例】对显示结果进行改善。【粒子年龄】和【粒子运动模糊】贴图不能在视图中显示。

提示

虽然即时贴图显示对制作带来了便利，但也为系统增添了负担。如果场景中有很多对象存在，最好不要将太多的即时贴图显示出来，否则会降低显示速度。通过【视图】菜单中的【取消激活所有贴图】命令，可以将场景中全部即时显示的贴图关闭。

  - 如果计算机中安装的显卡支持OpenGL或Direct3D显示驱动程序，便可以在视图中显示多维复合贴图材质，包括【合成】和【混合】贴图。HEIDI driver（Software Z Buffer）驱动不支持多维复合贴图材质的即时贴图显示。
- 【显示最终结果】按钮：此按钮是针对多维材质或贴图材质等具有多个层级嵌套的材质使用的，在子级层级中单击该按钮，将会显示出最终材质的效果（也就是顶级材质的效果），关闭该按钮会显示当前层级的效果。对于贴图材质，系统默认为开启状态，进入贴图层级后仍可看到最终的材质效果。对于多维材质，系统默认为关闭状态，以便进入子级材质后，可以看到当前层级的材质效果，这有利于对每一个级别材质的调节。
- 【转到父对象】按钮：向上移动一个材质层级，只在复合材质的子层级有效。
- 【转到下一个同级项】按钮：如果处在一个材质的子级材质中，并且还有其他子级材质，此按钮有效，可以快速移动到另一个同级材质中。例如，在一个多维子对象材质中，有两个子级对象材质层级，进入一个子级对象材质层级后，单击此按钮，即可跳入另一个子级对象材质层级中，对于多维贴图材质也适用。例如，同时有【漫反射】贴图和【凹凸】贴图的材质，在【漫反射】贴图层级中单击此按钮，可以直接进入【凹凸】贴图层级。
- 【从对象拾取材质】按钮：单击此按钮后，可以从场景中某一对象上获取其所附的材质，这时鼠标箭头会变为一个吸管，在有材质的对象上单击，即可将材质选择到当前示例窗中，并且变为同步材质，这是一种从场景中选择材质的好方法。
- 【材质名称列表】：在编辑器工具行下方正中央，是当前材质的名称文本框，作用是显示并修改当前材质或贴图的名称。在同一个场景中，不允许有同名材质存在。对于多层级的材质，单击材质名称列表右侧的下三角按钮，可以展开全部层级的名称列表，它们按照由高到低的层级顺序排列，通过选择可以很方便地进入任意层级。
- 【类型】Standard：这是一个非常重要的按钮，默认情况下显示为Standard，表示当前的材质类型是标准类型。通过它可以打开【材质/贴图浏览器】对话框，从中可以选择各种材质或贴图类型。如果当前处于材质层级，则只允许选择材质类型；如果处于贴图层级，则只允许选择贴图类型。选择后按钮会显示当前的材质或者贴图的类型名称。
  - 在此处如果选择了一个新的混合材质或贴图，会弹出【替换材质】对话框，如图5.22所示。

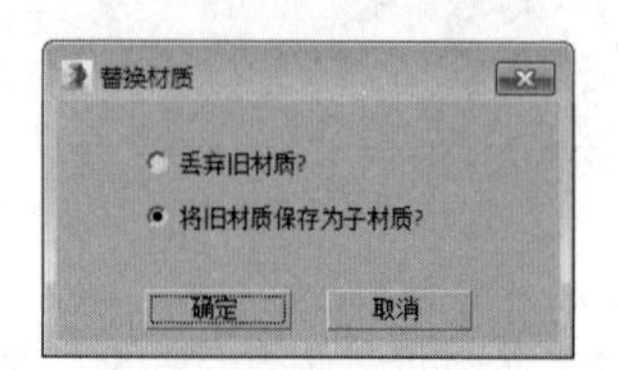

图 5.22

➢ 如果选中【丢弃旧材质】单选按钮，将会丢失当前材质的设置，产生一个全新的混合材质；如果选中【将旧材质保存为子材质】单选按钮，则会将当前材质保留，作为混合材质中的一个子级材质。

4. 工具列

材质示例窗的右侧是工具列，在工具列中的某些按钮还包含子工具列表，工具列如图 5.23 所示。

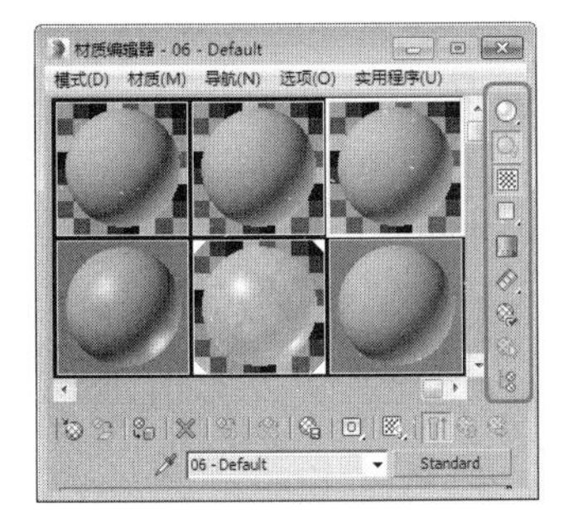

图 5.23

- 【采样类型】按钮：用于控制示例窗中样本的形态，包括球体、柱体、立方体三种类型。
- 【背光】按钮：为示例窗中的样本增加一个背光效果，有助于金属材质的调节。
- 【背景】按钮：为示例窗增加一个彩色方格背景，主要用于透明材质和不透明贴图效果的调节。选择菜单栏中的【选项】|【选项】命令，在弹出的【材质编辑器选项】对话框中单击【自定义背景】右侧的按钮，在打开的【选择背景位图文件】对话框中选择一幅图像，然后单击【打开】按钮即可，返回到【材质编辑器选项】对话框，如图 5.24 所示，然后单击【确定】按钮即可。

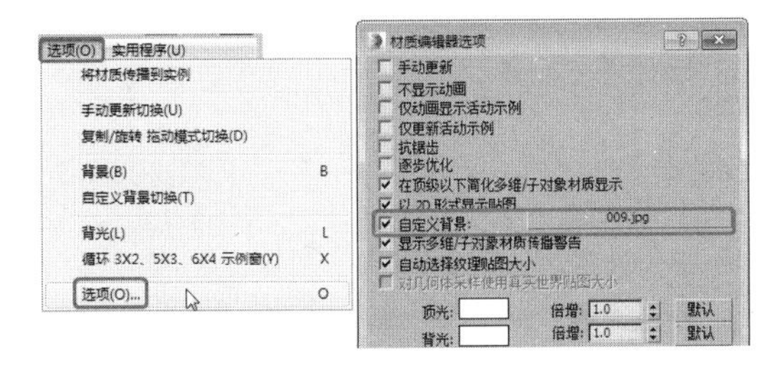

图 5.24

- 【采样 UV 平铺】按钮：用来测试贴图重复的效果，但只改变示例窗中的显示，并不对实际的贴图产生影响，其中包括几个重复级别。
- 【视频颜色检查】按钮：用于检查材质表面色彩是否超出视频限制（对于 NTSC 和 PAL 制视频色彩饱和度有一定限制，如果超过这个限制，颜色转化后会变模糊，所以要尽量避免发生）。不过单纯从材质避免还是不够的，最后渲染的效果还取决于场景中的灯光，通过渲染控制器中的视频颜色检查可以控制最后渲染图像是否超出限制。比较安全的做法是将材质色彩的饱和度降低到 85% 以下。
- 【生成预览】按钮：用于制作材质动画的预视效果，对于进行了动画设置的材质，可以使用它来实时观看动态效果，单击该按钮会弹出【创建材质预览】对话框，如图 5.25 所示。

图 5.25

➢ 【预览范围】选项组：设置动画的渲染区段。预览范围又分为【活动时间段】和【自定义范围】两部分。选择【活动时间段】单选按钮可以将当前场景的活动时间段作为动画渲染的区段；选择【自定义范围】单选按钮，可以通过下面的文本框指定动画的区域，确定从第几帧到第几帧。

➢ 【帧速率】选项组：设置渲染和播放的速度。在【帧速率】选项组中包含【每 N 帧】和【播放 FPS】。【每 N 帧】用于设置预视动画间隔几帧进行渲染；【播放 FPS】用于设置预视动画播放时的速率，N 制为 30 帧/秒，PAL 制为 25 帧/秒。

➢ 【图像大小】选项组：设置预视动画的渲染尺寸。在【输出百分比】文本框中可以通过输出百分比来调节动画的尺寸。

- 【播放预览】按钮：启动多媒体播放器，播放预视动画。

- 【保存预览】按钮：将刚才完成的预视动画以avi格式保存。
- 【选项】按钮：与选择【选项】菜单栏中的【选项】命令相同，会弹出【材质编辑器选项】对话框。
- 【按材质选择】按钮：这是一种通过当前材质选择对象的方法，可以将场景中全部附有该材质的对象一同选中（不包括隐藏和冻结的对象）。单击此按钮，打开【选择对象】对话框，全部附有该材质的对象名称都会显示在该对话框中，单击【选择】按钮即可将它们一同选中。
- 【材质/贴图导航器】按钮：单击该按钮弹出【材质/贴图导航器】对话框，该对话框是一个可以提供材质、贴图层级或复合材质子材质关系快速导航的浮动对话框。用户可以通过在导航器中单击材质或贴图的名称快速实现材质层级操作。相反，用户在【材质编辑器】中的当前操作层级，也会反映在导航器中。在导航器中，当前所在的材质层级会以高亮度来显示。如果在导航器中单击一个层级，【材质编辑器】中也会直接跳到该层级，这样就可以快速地进入每一层级中进行编辑操作了。用户可以直接从导航器中将材质或贴图拖曳到材质球上。

在这里提供了4种显示方式，分别为【查看列表】、【查看列表+图标】、【查看小图标】和【查看大图标】，显示效果如图5.26所示。在导航器中，全部材质和贴图同样可以使用拖曳复制的方法，复制到全部可供复制的地方。

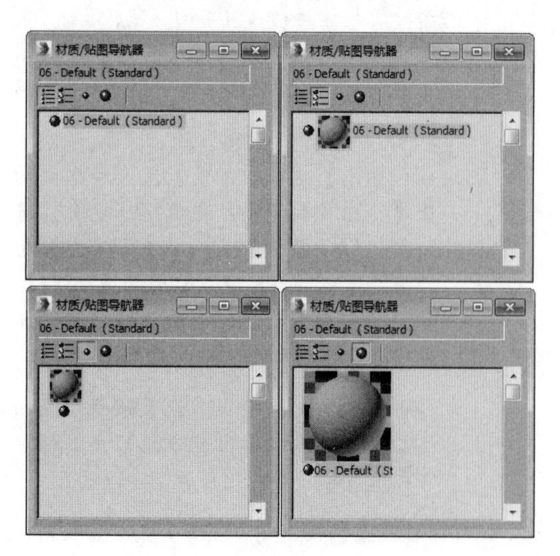

图 5.26

5. 参数控制区

在【材质编辑器】下部是参数控制区，根据材质类型及贴图类型的不同，其内容也不同。一般的参数控制区包括多个卷展栏，卷展栏可以展开或收起，如果展开的卷展栏超出了【材质编辑器】的长度可以通过手动进行上下滑动。

5.2.2 【材质/贴图浏览器】

下面介绍【材质/贴图浏览器】对话框的使用方法，如图5.27所示。

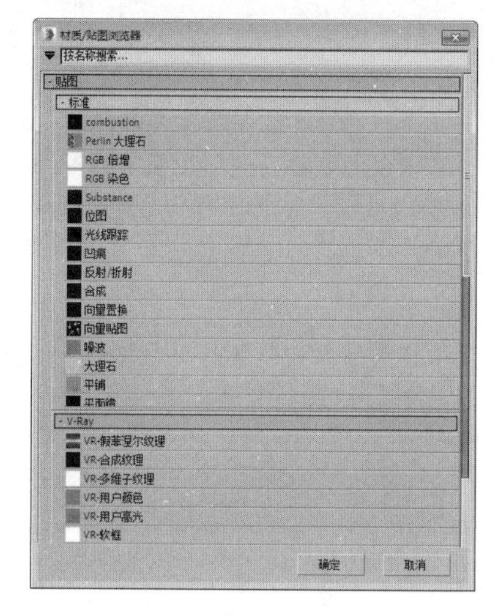

图 5.27

1. 【材质/贴图浏览器】功能区域

浏览并选择材质或贴图，双击选项后它会直接调入当前活动的示例窗中，也可以通过拖曳复制操作将它们拖曳到允许复制的地方。

- 【按名称搜索框】：位于正上方有一个文本框，用于快速搜索材质和贴图，例如在其中输入【玻璃】，就会显示出以玻璃开头的所有材质。
- 【材质/贴图浏览器选项】按钮：位于【按名称搜索框】左侧，单击该按钮将显示【材质/贴图浏览器选项】菜单。
- 【材质/贴图列表】：主要包括材质和贴图的可滚动列表，此列表中又包含若干个可展开或折叠的组。

2. 列表显示方式

在【材质/贴图列表】中任意组的标题栏上右

击，在弹出的快捷菜单中选择【将组（和子组）显示为】选项，在弹出的子菜单中提供了 5 种列表显示方式，如图 5.28 所示。

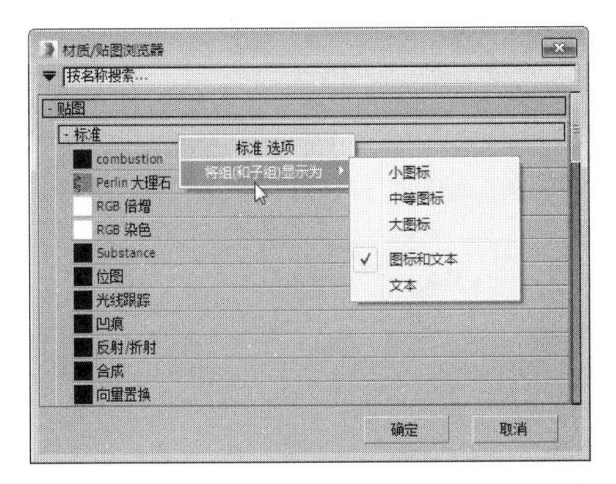

图 5.28

- 【小图标】：以小图标方式显示，并在图标下显示其名称，当鼠标停留于材质或贴图之上时，也会显示它的名称。
- 【中等图标】：以中等图标方式显示，并在图标下显示其名称，当鼠标停留于材质或贴图之上时，也会显示它的名称。
- 【大图标】：以大图标方式显示，并在图标下显示其名称，当鼠标停留于材质或贴图之上时，也会显示它的名称。
- 【图标和文本】：在文字方式显示的基础上，增加了小的彩色图标，可以近似观察材质或贴图的效果。
- 【文本】：以文字方式显示。

3. 【材质 / 贴图浏览器选项】按钮

在【材质 / 贴图浏览器】对话框的左上角有一个▼按钮，单击该按钮会弹出一个菜单，下面将对该菜单中常用的选项进行介绍。

- 【打开材质库】：从材质库中获取材质和贴图，允许调入 .mat 或 .max 格式的文件，.mat 是专用材质库文件；.max 是一个场景文件，它会将该场景中的全部材质调入。
- 【材质】：选择此选项后，可在列表栏中显示出材质类别。
- 【贴图】：选择此选项后，可在列表栏中显示出贴图类别。
- 【控制器】：选择此选项后，可在列表栏中显示出控制器类别。
- 【Autodesk Material library】：选择此选项后，可在列表栏中显示出 Autodesk Material library 类别。
- 【场景材质】：选择此选项后，可在列表栏中显示出场景材质。
- 【示例窗】：选择此选项后，可显示出示例窗口。
- 【显示不兼容】：启用后，在【材质 / 贴图浏览器】对话框中将显示与活动渲染器不兼容的条目。默认设置为禁用。
- 【显示空组】：如果启用此选项，则将显示组（即使它们为空）。默认设置为启用。

5.3 标准材质

标准材质类型为表面建模提供了非常直观的方式。在现实世界中，表面的外观取决于它如何反射光线。在 3ds Max 中，标准材质用来模拟对象表面的反射属性，在不使用贴图的情况下，标准材质为对象提供了单一、均匀的表面颜色效果。

既使是【单一】颜色的表面，在光影、环境等影响下也会呈现出多种不同的反射结果。标准材质通过 4 种不同的颜色类型来模拟这种现象，它们是【环境光】、【漫反射】、【高光反射】和【过滤色】，不同的明暗器类型中颜色类型会有所变化。【漫反射】是对象表面在最佳照明条件下表现出的颜色，即通常所描述的对象本色；在适度的室内照明情况下，【环境光】的颜色可以选用深一些的【漫反射】颜色，但对于室外或者强烈照明情况下的室内场景，【环境光】的颜色应当指定为主光源颜色的补色；【高光反射】的颜色不外乎与主光源一致或是高纯度、低饱和度的漫反射颜色。

标准材质中包括【明暗器基本参数】、【基本参数】、【扩展参数】、【超级采样】、【贴图】和【mental ray 连接】卷展栏，通过单击每个卷展栏的名称可以收起或展开对应的参数面板，鼠标指针呈手形时可以进行上下滑动，右侧还有一个细的滑块可以进行面板的上下滑动。

其中【超级采样】在材质上执行一个附加的抗锯齿过滤。此操作虽然花费更多时间，却可以提高图像的质量。渲染非常平滑的反射高光、精细的凹凸贴图，以及高分辨率时，【超级采样】特别有用。【mental ray 连接】卷展栏可供所有类型的材质（多维 / 子对象材质和 mental ray 材质除外）使用，对于 mental ray 材质，该卷展栏是多余的。利用此卷展栏，可以向常规的 3ds Max 材质添加 mental ray 明暗处理。这些效果只能在使用 mental ray 渲染器时看到。

5.3.1 【明暗器基本参数】卷展栏

【明暗器基本参数】卷展栏如图 5.29 所示。

图 5.29

【明暗器基本参数】卷展栏中共有 8 种明暗器类型：（A）各向异性、（B）Blinn、（M）金属、（ML）多层、（O）Oren-Nayar-Blinn、（P）Phong、（S）Strauss、（T）半透明明暗器。

- 【线框】：以网格线框的方式来渲染对象，它只能表现出对象的线架结构，对于线框的粗细，可以通过【扩展参数】卷展栏中的【线框】项目来调节，【大小】值决定它的粗细，可以选择【像素】和【单位】两种单位，如果选择以【像素】为单位，对象无论远近，线框的粗细都将保持一致；如果选择以【单位】为单位，将以 3ds Max 内部的基本单元作为单位，会根据对象离镜头的远近而发生粗细变化。如图 5.30 所示为线框渲染效果。

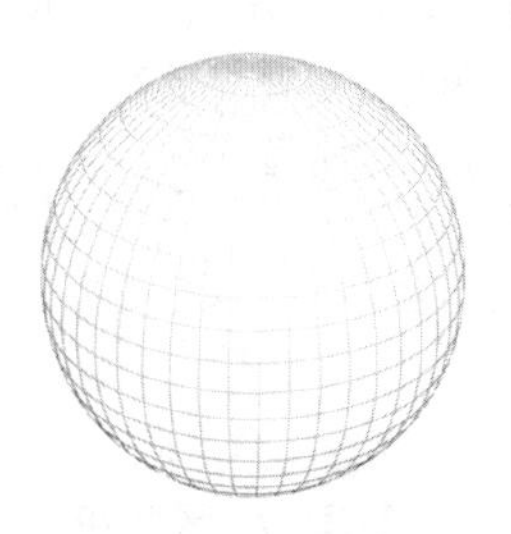

图 5.30

- 【双面】：将对象法线相反的一面也进行渲染，通常计算机为了简化计算，只渲染对象法线为正方向的表面（即可视的外表面），这对大多数对象都适用，但有些敞开面的对象，其内壁看不到任何材质效果，这时就必须打开双面设置，如图 5.31 上图所示为未选中【双面】复选框的渲染效果；图 5.31 下图为选中【双面】复选框的渲染效果。

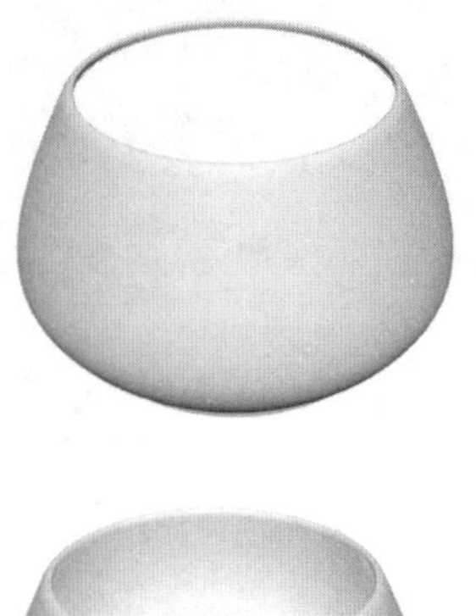

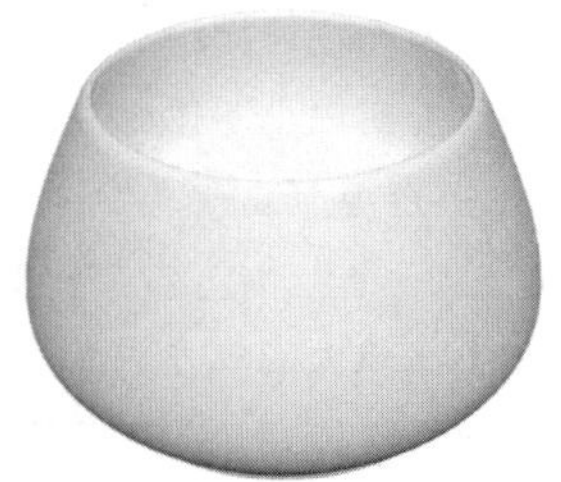

图 5.31

使用双面材质会使渲染速度变慢，最好的方法是对必须使用双面材质的对象使用双面材质，而不要在最后渲染时再在【渲染设置】对话框中选择【强制双面】选项（它会强行对场景中的全部物体都进行双面渲染，一般在出现漏面但又很难查出是哪些模型出问题的情况下使用）。

- 【面贴图】：将材质指定给模型的全部面，如果含有贴图的材质，在没有指定贴图坐标的情况下，贴图会均匀分布在对象的每个表面上。
- 【面状】：将对象的每个表面以平面化进行渲染，不进行相邻面的组群平滑处理。

5.3.2 【基本参数】卷展栏

【基本参数】卷展栏主要用于指定对象贴图，设置材质的颜色、不透明度和光泽度等基本属性。选择不同的明暗器类型，【基本参数】卷展栏中将显示出该明暗器类型的相关控制参数，下面分别介绍 8 种类型的【基本参数】卷展栏。

1. 【各向异性基本参数】卷展栏

【各向异性】通过调节两个垂直正交方向上可见高光尺寸之间的差额，从而实现一种【重折光】的高光效果。这种渲染属性可以很好地表现毛发、玻璃和被擦拭过的金属等模型效果。它的基本参数大体上与 Blinn 相同，只在高光和漫反射部分有所不同，【各向异性基本参数】卷展栏如图 5.32 所示。

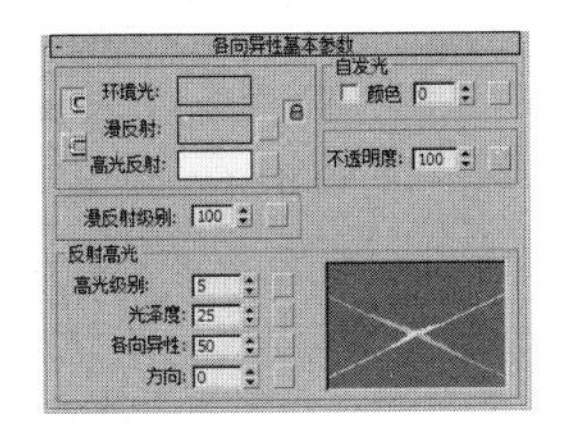

图 5.32

颜色控制区域用来设置材质表面不同区域的颜色，包括【环境光】、【漫反射】和【高光反射】，调节方法为在色块上单击，弹出【颜色选择器】，如图 5.33 所示，从中选择颜色。这个【颜色选择器】属于浮动框性质，只需打开一次即可。如果选择另一个材质区域，它也会自动影响新的区域色彩。在色彩调节的同时，示例窗和场景中都会进行效果的即时更新显示。

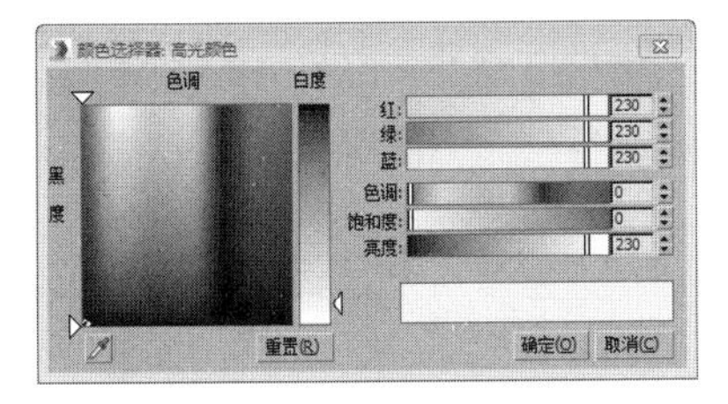

图 5.33

在色块右侧有一个小的空白按钮，单击它们可以直接进入到该项目的贴图层级，为其指定相应的贴图，属于贴图设置的快捷操作，其他 4 个区域中的空白按钮与此相同。如果指定了贴图，在空白按钮上会显示 M 字样，单击它可以快速进入该贴图层级，如果该项目贴图目前是关闭状态，则显示小写的 m 字样。

在左侧有两个【锁定】按钮，用于锁定【环境光】、【漫反射】和【高光反射】3 种材质颜色中的两种（或 3 种全部锁定），锁定的目的是使被锁定的两个区域颜色保持一致，调节一个时另一个也会随之变化。

- 【环境光】：控制对象表面阴影区的颜色。
- 【漫反射】：控制对象表面过渡区的颜色。
- 【高光反射】：控制对象表面高光区的颜色。
- 【自发光】选项组：使材质具备自身发光效果，常用于制作灯泡、太阳等光源对象。100% 的发光度使阴影色失效，对象在场景中不受到来自其他对象的投影影响，自身也不受灯光的影响，只表现出漫反射的纯色和一些反光，亮度值（HSV 颜色值）保持与场景灯光一致。在 3ds Max 中，自发光颜色可以直接显示在视图中。在以前的版本中可以在视图中显示自发光值，但不能显示其颜色。
    - 【颜色】：指定自发光有两种方式。一种是选中前面的复选框，使用带有颜色的自发光；另一种是取消选中复选框，使用可以调节数值的单一颜色的自发光，对数值的调节可以看作是对自发光颜色的灰度比例进行调节。
- 【不透明度】：设置材质的不透明度百分比值，默认值为 100，即不透明材质。降低值使透明度增加，值为 0 时变为完全透明材质。对于透明材质，还可以调节它的透明衰减，这需要在扩展参数中进行调节。
- 【漫反射级别】：控制漫反射的亮度。增减该值可以在不影响高光部分的情况下增减漫反射的亮度。调节范围为 0 ～ 400，默认值为 100。
- 【反射高光】选项组：
    - 【高光级别】：设置高光强度，默认值为 5。
    - 【光泽度】：设置高光的范围。值越高，高光范围越小。
    - 【各向异性】：控制高光部分的各向异性和形状。值为 0 时，高光形状呈圆形；值为 100 时，高光变形为极窄的条状。反光曲线示意图中的一条曲线用来表示【各向异性】的变化。
    - 【方向】：用来改变高光部分的方向，范围为 0 ～ 9999。

2. 【Blinn 基本参数】卷展栏

Blinn 高光点周围的光晕是旋转混合的，背光处的反光点形状为圆形，清晰可见。若增大【柔化】参数值，Blinn 的反光点将保持尖锐的形态，从色调上来看，Blinn 趋于冷色。【Blinn 基本参数】卷展栏如图 5.34 所示。

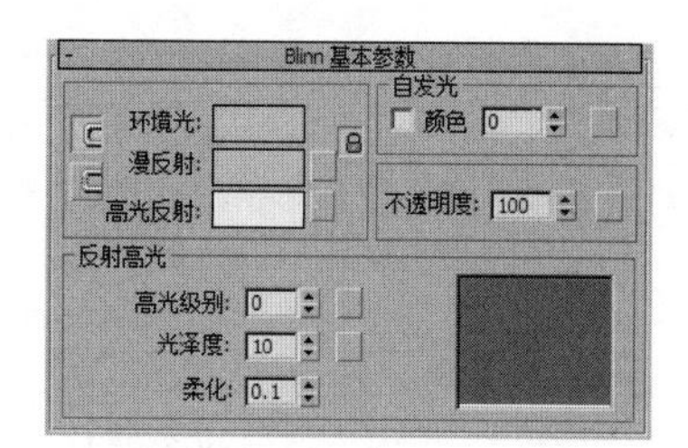

图 5.34

- 【柔化】：对高光区的反光做柔化处理，使它变得模糊、柔和。如果材质反光度值很低，反光强度值很高，这种尖锐的反光往往在背光处产生锐利的界线，增加【柔化】值可以更好地进行修饰。

其他基本参数可参照【各向异性基本参数】卷展栏中的介绍。

3. 【金属基本参数】卷展栏

这是一种比较特殊的渲染方式，专用于金属材质的制作，可以提供金属所需的强烈反光。它取消了【高光反射】色彩的调节，反光点的色彩仅依据于【漫反射】色彩和灯光的色彩。

由于取消了【高光反射】色彩的调节，因此高光部分的高光度和光泽度设置也与Blinn有所不同。【高光级别】仍控制高光区域的亮度，而【光泽度】变化的同时将影响高光区域的亮度和大小，【金属基本参数】卷展栏如图 5.35 所示。

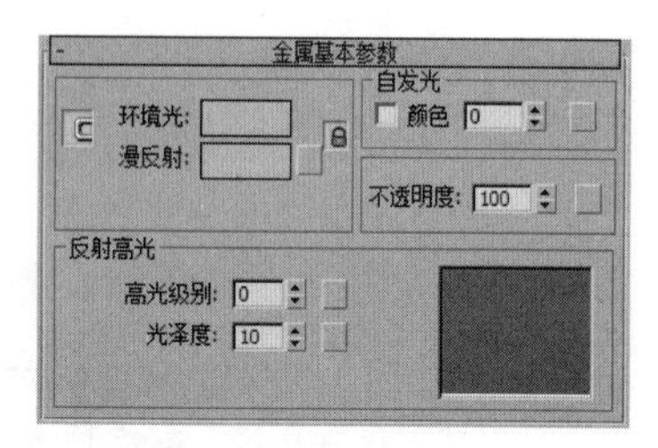

图 5.35

其他基本参数可以参照前面卷展栏的介绍。

4. 【多层基本参数】卷展栏

多层渲染属性与【各向异性】类型有相似之处，它的高光区域也属于【各向异性】类型，意味着从不同的角度产生不同的高光尺寸，当【各向异性】值为 0 时，它们完全相同，高光是圆形的，与 Blinn、Phong 相同；当【各向异性】值为 100 时，这种高光的各项异性达到最大程度的不同，在一个方向上高光非常尖锐，而另一个方向上光泽度可以单独控制。【多层基本参数】卷展栏如图 5.36 所示。

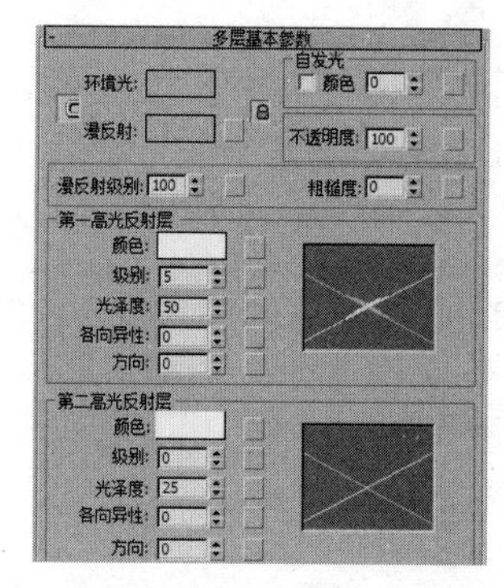

图 5.36

- 【粗糙度】：设置由漫反射部分向阴影色部分进行调和的速度。提升该值时，表面的不光滑部分随之增加，材质也显得更暗、更平。值为 0 时，则与 Blinn 渲染属性没有什么差别。默认值为 0。

其他基本参数可以参照前面的介绍。

5. 【Oren-Nayar-Blinn 基本参数】卷展栏

Oren-Nayar-Blinn 渲染属性是 Blinn 的一个特殊变量形式。通过它附加的【漫反射级别】和【粗糙度】设置，也可以实现物质材质的效果。这种渲染属性常用来表现织物、陶制品等不光滑对象的表面，【Oren-Nayar-Blinn基本参数】卷展栏如图 5.37 所示。

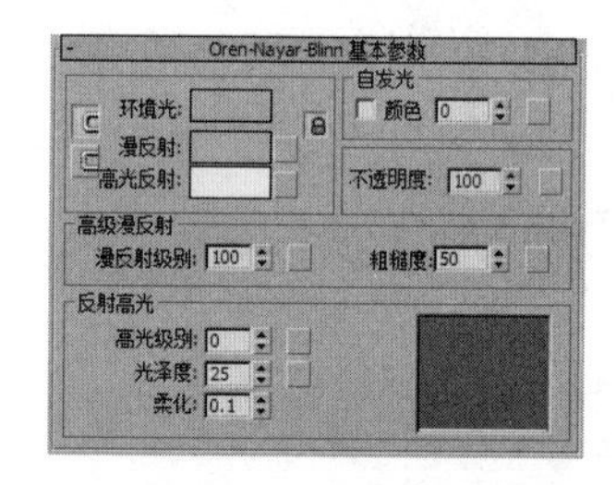

图 5.37

其他基本参数可以参照前面的介绍。

6. 【Phong 基本参数】卷展栏

Phong 高光点周围的光晕是发散混合的，背光处 Phong 的反光点为梭形，影响周围的区域较大。如果增大【柔化】参数值，Phong 的反光点趋向于均匀、柔和的反光，从色调上看 Phong 趋于暖色，将表现柔和的材质，常用于塑性材质，可以精确地反映出凹凸、不透明、反光、高光和反射贴图效果。【Phong 基本参数】卷展栏如图 5.38 所示。

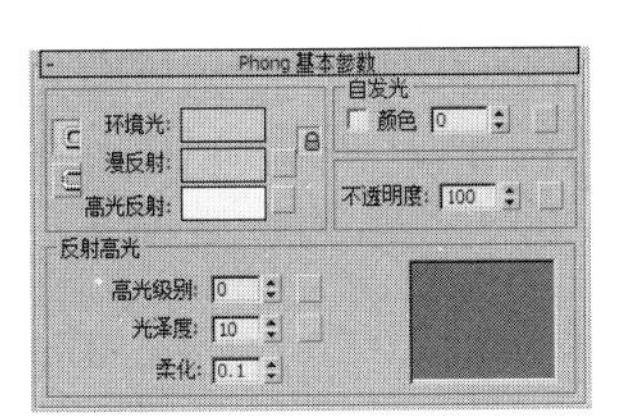

图 5.38

其他基本参数可以参照前面的介绍。

7. 【Strauss 基本参数】卷展栏

Strauss 提供了一种金属感的表面效果，比【金属】渲染属性更简洁，参数更简单。【Strauss 基本参数】卷展栏如图 5.39 所示。

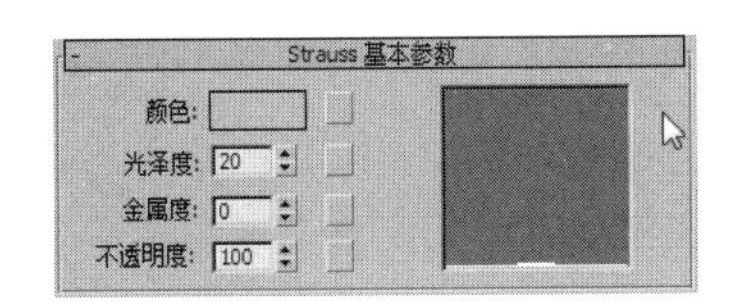

图 5.39

- 【颜色】：设置材质的颜色。相当于其他渲染属性中的漫反射颜色选项，而高光和阴影部分的颜色则由系统自动计算。
- 【金属度】：设置材质的金属表现程度。由于主要依靠高光表现金属程度，因此【金属度】需要配合【光泽度】才能更好地发挥作用。

其他基本参数可以参照前面的介绍。

8. 【半透明基本参数】卷展栏

【半透明明暗器】与 Blinn 类似，最大的区别在于能够设置半透明的效果。光线可以穿透这些半透明效果的对象，并且在穿过对象内部时离散。通常【半透明明暗器】用来模拟薄对象，例如，窗帘、电影银幕、霜或者毛玻璃等效果。【半透明基本参数】卷展栏如图 5.40 所示。

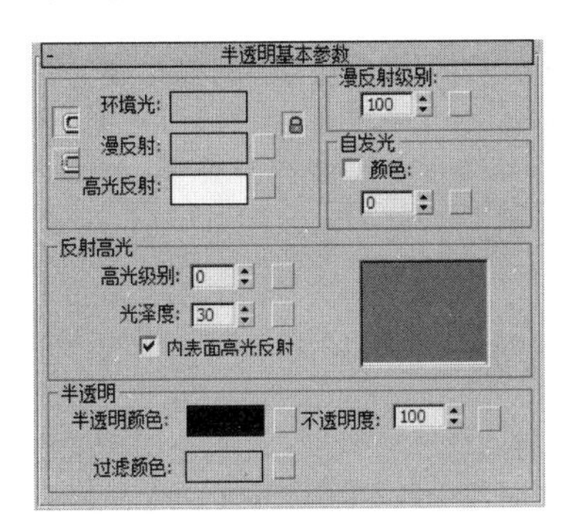

图 5.40

- 【半透明颜色】：半透明颜色是离散光线穿过对象时所呈现的颜色。设置的颜色可以不同于过滤颜色，两者互为倍增关系。单击色块选择颜色，右侧的空白按钮用于指定贴图。
- 【过滤颜色】：设置穿透材质光线的颜色，与半透明颜色互为倍增关系。单击色块选择颜色，右侧的空白按钮用于指定贴图。过滤颜色（或穿透色）是指透过透明或半透明对象（如玻璃）后的颜色。过滤颜色配合体积光可以模拟如彩光穿过毛玻璃后的效果，也可以根据过滤颜色为半透明对象产生的光线跟踪阴影配色。
- 【不透明度】：用百分率表示材质的透明、不透明程度。当对象有一定厚度时，能够产生一些有趣的效果。除了模拟薄对象之外，【半透明明暗器】还可以模拟实体对象次表面的离散，用于制作玉石、肥皂、蜡烛等半透明对象的材质效果。

其他基本参数可以参照前面的介绍。

5.3.3 【扩展参数】卷展栏

标准材质中所有的明暗器类型扩展参数都相同，其内容涉及透明度、反射以及线框模式，还有标准透明材质真实程度的折射率设置。【扩展参数】卷展栏如图 5.41 所示。

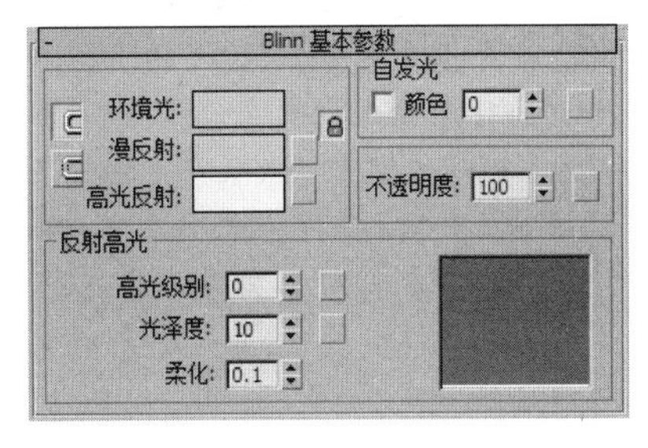

图 5.41

1. 【高级透明】选项组

用于控制透明材质的透明衰减。

- 【内】：由边缘向中心增加透明的程度，类似玻璃瓶的效果。
- 【外】：由中心向边缘增加透明的程度，类似云雾、烟雾的效果。
- 【数量】：指定衰减的程度。

- 【类型】：确定以哪种方式来产生透明效果。
- 【过滤】：计算经过透明对象背面颜色倍增的过滤色，单击色块改变过滤色；单击色块右侧的空白按钮用于指定贴图。

过滤或透射颜色是穿过例如玻璃等透明或半透明对象后的颜色，将过滤色与体积光配合使用可以产生光线穿过彩色玻璃的效果。过滤色的颜色能够影响透明对象所投射的【光线跟踪阴影】颜色，如图 5.42 所示，如果玻璃板的过滤色为红色，在左侧的投影也显示为红色。

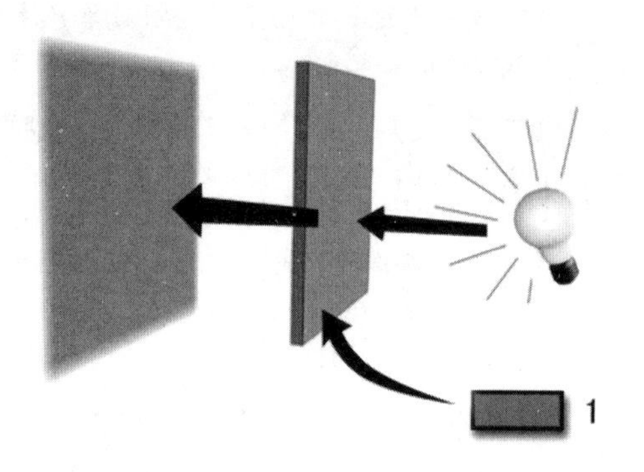

图 5.42

- 【相减】：根据背景色进行递减色彩的处理。
- 【相加】：根据背景色进行递增色彩的处理，常用作发光体。
- 【折射率】：设置带有折射贴图的透明材质的折射率，用来控制材质折射被传播光线的程度。当设置为 1（空气的折射率）时，看到的对象像在空气中（空气有时也有折射率，例如热空气对景象产生的气浪变形）一样不发生变形；当设置为 1.5（玻璃折射率）时，看到的对象会产生很大的变形；当折射率小于 1 时，对象会沿着它的边界反射。在真实的物理世界中，折射率是因光线穿过透明材质和眼睛（或者摄影机）时速度不同而产生的，与对象的密度相关。折射率越高，对象的密度也就越大。

如表 5.1 所示是最常见的几种物质的折射率。

表 5.1　常见物质的折射率

材质	折射率	材质	折射率
真空	1	玻璃	1.5 ～ 1.7
空气	1.0003	钻石	2.419
水	1.333		

用户只需记住这几种常用的折射率即可，其实在三维软件中，不必严格地使用物理原则，只要能体现出正常的视觉效果即可。

2. 【线框】选项组

在该选项组中可以设置线框的特性。

- 【大小】：设置线框的粗细，有【像素】和【单位】两种单位可供选择，如果选择【像素】，对象无论远近，线框的粗细都将保持一致；如果选择【单位】，将以 3ds Max 内部的基本单元作为单位，会根据对象离镜头的远近而发生粗细变化。

3. 【反射暗淡】选项组

用于设置对象阴影区中反射贴图的暗淡效果。当一个对象表面有其他对象的投影时，这个区域将会变得暗淡，但是一个标准的反射材质却不会考虑到这一点，它会在对象表面进行全方位反射计算，失去了投影的影响，对象变得通体光亮，场景也变得不真实。这时可以通过设置【反射暗淡】选项组中的两个参数来分别控制对象被投影区和未被投影区域的反射强度，这样可以将被投影区的反射强度值降低，使投影效果表现出来，同时增加未被投影区域的反射强度，以补偿损失的反射效果。

- 【应用】：选中此选项后反射暗淡将发生作用，通过右侧的两个值对反射效果产生影响。
- 【暗淡级别】：设置对象被投影区域的反射强度。值为 1 时，不发生暗淡影响；值为 0 时，被投影区域仍表现为原来的投影效果，不产生反射效果；随着值的降低，被投影区域的反射趋于暗淡，而阴影效果趋于强烈。
- 【反射级别】：设置对象未被投影区域的反射强度，它可以使反射强度倍增，远远超过反射贴图强度为 100 时的效果，一般用它来补偿反射暗淡对象表面带来的影响，当值为 3 时（默认），其效果近似达到在没有应用反射暗淡时未被投影区的反射效果。

5.3.4　【贴图】卷展栏

【贴图】卷展栏中包含了每个贴图类型的按钮。单击【贴图】按钮可以打开【材质 / 贴图浏览器】对话框，但只能选择贴图，这里提供了 30 多种贴图类型，都可以用在不同的贴图方式上。当选择一个贴图类型后，会自动进入其贴图设置层级，以便进行相应的参数设置。单击【转到父对象】按钮可以返回到贴图方式设置层级，这时该按钮上会出现贴图类型的名称，左侧复选框被选中，表示当前该贴图方式处于活动状态；如果取消选中左侧复选框，则会关闭该贴图方式对材质的影响。

【数量】文本框可设置该贴图影响材质的数量。例如，数量为 100% 时的漫反射贴图是完全不透光的，会遮住基础材质；数量为 50% 时是半透明的，将显示基础材质（漫反射、环境光和其他无贴图的材质颜色）。

不同的明暗器类型下的【贴图】卷展栏也略有不同，如图 5.43 所示为 Blinn 明暗器类型下的【贴图】卷展栏。下面对该卷展栏中的几项进行讲解。

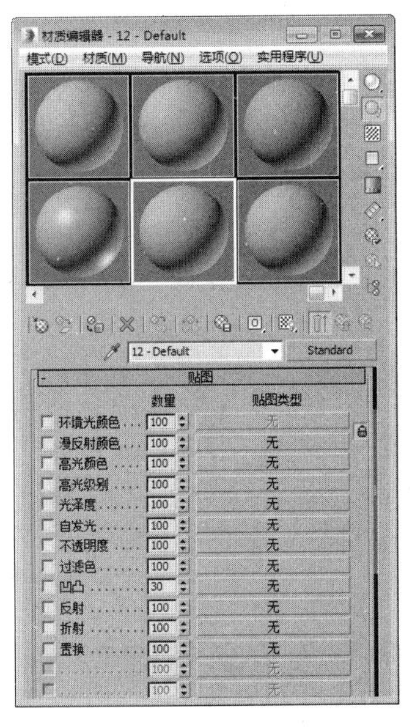

图 5.43

1. 【漫反射颜色】

主要用于表现材质的纹理效果，当值为 100% 时，会完全覆盖【漫反射】的颜色，这就好像在对象表面用油漆绘画一样，例如为墙壁指定砖墙的纹理图案，可以产生砖墙的效果。制作中没有严格的要求必须将【漫反射颜色】贴图与【环境光颜色】贴图锁定在一起，通过对【漫反射颜色】贴图和【环境光颜色】贴图分别指定不同的贴图，可以制作出很多生动的效果。但如果【漫反射颜色】贴图用于模拟单一的表面，就需要将【漫反射颜色】贴图和【环境光颜色】贴图锁定在一起。

- 漫反射级别：该贴图参数只存在于【各向异性】、【多层】、【Oren-Nayar-Blinn】和【半透明】明暗器类型下。主要通过位图或程序贴图来控制漫反射的亮度。贴图中白色像素对漫反射没有影响，黑色像素则将漫反射亮度降为 0，处于两者之间的颜色依次对漫反射亮度产生不同的变化。
- 漫反射粗糙度：该贴图参数只存在于【多层】和【Oren-Nayar-Blinn】明暗器类型下。主要通过位图或程序贴图来控制漫反射的粗糙程度。贴图中白色像素增加粗糙程度，黑色像素则将粗糙程度降为 0，处于两者之间的颜色依次对漫反射粗糙程度产生不同的变化。

2. 【高光颜色】

在对象的高光处显示出贴图效果，它的其他效果与漫反射相同，仅显示在高光区中，对于金属材质，它会自动关闭，因为在金属的高光区下不会出现图像。这是一种不常用的贴图方式，常用于一些非自然材质的表现，与高光级别或光泽度贴图不同的是，它只改变颜色，而不改变高光区的强度和面积。

3. 【高光级别】

主要通过位图或程序贴图来改变物体高光部分的强度。贴图中白色的像素产生完全的高光区域，而黑色的像素则将高光部分彻底移除，处于两者之间的颜色，不同程度地削弱高光强度。通常情况下，为达到最佳效果，【高光级别】和【光泽度】常使用相同的贴图。

4. 【光泽度】

主要通过位图或程序贴图来影响高光出现的位置，根据贴图颜色的强度决定整个表面哪个部分更有光泽，哪个部分光泽度低一些。贴图中黑色的像素产生完全的光泽，白色的像素则将光泽彻底移除，两者之间的颜色不同程度地减少高光区域的面积。

5. 【自发光】

将位图或程序贴图以一种自发光的形式贴在物体表面，贴图中白色区域产生完全的自发光，而黑色的区域不会对材质产生任何影响，两者之间的颜色根据自身的颜色产生不同的发光效果。自发光意味着发光区域不受场景（其环境光颜色组件消失）中的灯光影响，并且不接收阴影。

6. 【不透明度】

可以选择位图或程序贴图生成部分透明的对象。贴图的浅色（较高的值）区域渲染为不透明；深色区域渲染为透明；中间区域渲染为半透明。将【数量】设置为0，相当于禁用贴图。中间的【数量】值与【基本参数】卷展栏中的【不透明度】值混合，图的透明区域将变得更加不透明。反射高光应用于不透明度贴图的透明区域和不透明区域，用于创建玻璃效果。如果使透明区域看起来像孔洞，也可以设置高光度的贴图。

7. 【凹凸】

可通过图像的明暗强度来影响材质表面的光滑程度，从而产生凹凸的表面效果，白色图像产生凸起效果，黑色图像产生凹陷效果，中间色产生过渡效果。这种模拟凹凸质感的优点是渲染速度很快，但这种凹凸材质的凹凸部分不会产生阴影投影，在对象边界上也看不到真正的凹凸。对于一般的砖墙、石板路面，它可以产生真实的效果，但是如果凹凸对象很清晰地靠近镜头，并且要表现出明显的投影效果，应该使用【置换】，利用图像的明暗度可以真实地改变对象造型，但需要花费大量的渲染时间。凹凸贴图的强度值可以调节到999，但是过高的强度会带来不正确的渲染效果，如果发现渲染后高光处有锯齿或者闪烁，应开启【超级采样】进行渲染。

8. 【反射】

反射贴图是很重要的一种贴图方式，要想制作出光洁、亮丽的质感，必须熟练掌握反射贴图的使用方法。设置反射贴图时不用指定贴图坐标，因为它们锁定的是整个场景，而不是某个几何体。反射贴图不会随着对象的移动而变化，但如果视角发生了变化，贴图会像真实的反射情况那样发生变化。反射贴图在模拟真实环境的场景中的主要作用是为毫无反射的表面添加一点反射效果。贴图的强度值控制反射图像的清晰程度，值越高，反射也越强烈。默认的强度值与其他贴图设置一样为100%。不过对于大多数材质表面，降低强度值通常能获得更为真实的效果。

在【基本参数】卷展栏中增加光泽度和高光强度可以使反射效果更真实。此外，反射贴图还受【漫反射】、【环境光】颜色值的影响，颜色越深，镜面效果越明显，即便是贴图强度为100时，反射贴图仍然受到漫反射、阴影色和高光色的影响。

对于Phong和Blinn渲染方式的材质，【高光反射】的颜色强度直接影响反射的强度，值越高，反射也越强，值为0时反射会消失。对于【金属】渲染方式的材质，则是【漫反射】影响反射的颜色和强度，【漫反射】的颜色（包括漫反射贴图）能够倍增来自反射贴图的颜色，漫反射的颜色值（HSV模式）控制着反射贴图的强度，颜色值为255，反射贴图强度最大，颜色值为0，反射贴图不可见。

9. 【折射】

折射贴图用于模拟空气和水等介质的折射效果，使对象表面产生对周围景物的映像。但与反射贴图所不同的是，它所表现的是透过对象所看到的效果。折射贴图与反射贴图一样，锁定视角而不是对象，不需要指定贴图坐标，当对象移动或旋转时，折射贴图效果不会受到影响。具体的折射效果还受折射率的控制，【扩展参数】卷展栏中的【折射率】值，控制材质折射透射光线的严重程度。值为1时代表真空（空气）的折射率，不产生折射效果；大于1时为凸起的折射效果，多用于表现玻璃；小于1时为凹陷的折射效果，对象沿其边界进行折射（如水底的气泡效果）。默认值为1.5（标准的玻璃折射率），常见折射率如表5.1所示（假设摄影机在空气或真空中）。

5.4 复合材质简介

复合材质是指将两个或多个子材质组合在一起。复合材质类似于合成器贴图，但后者位于材质级别。将复合材质应用于对象可以生成复合效果。用户可以使用【材质 / 贴图浏览器】对话框来加载或创建复合材质。

使用过滤器控件，可以选择是否让浏览器列出贴图或材质，或两者都列出。

不同类型的材质生成不同的效果，具有不同的行为方式，或者具有组合了多种材质的方式。不同类型的复合材质介绍如下。

- 【混合】：将两种材质通过像素颜色混合的方式混合在一起，与混合贴图相同。
- 【合成】：通过将颜色相加、相减或不透明混合，可以将多达 10 种材质混合起来。
- 【双面】：为对象内外表面分别指定两种不同的材质。一种为法线向外；另一种为法线向内。
- 【变形器】：变形器材质使用【变形器】修改器来管理多种材质。
- 【多维 / 子对象】：可用于将多个材质指定给同一个对象。存储两个或多个子材质时，这些子材质可以通过使用【网格选择】修改器在子对象级别进行分配。还可以通过使用【材质】修改器将子材质指定给整个对象。
- 【虫漆】：将一种材质叠加在另一种材质上。
- 【顶 / 底】：存储两种材质。一种材质渲染在对象的顶表面；另一种材质渲染在对象的底表面，具体取决于面法线向上还是向下。

5.4.1 混合材质

混合材质是指在曲面的单个面上将两种材质进行混合。可通过设置【混合量】参数来控制材质的混合程度，该参数可以用来绘制材质变形功能曲线，以控制随时间混合两个材质的方式。

混合材质的创建方法如下。

- 激活【材质编辑器】中的某个示例窗。
- 单击 Standard 按钮，在弹出的【材质 / 贴图浏览器】对话框中选择【混合】选项，然后单击【确定】按钮，如图 5.44 所示。

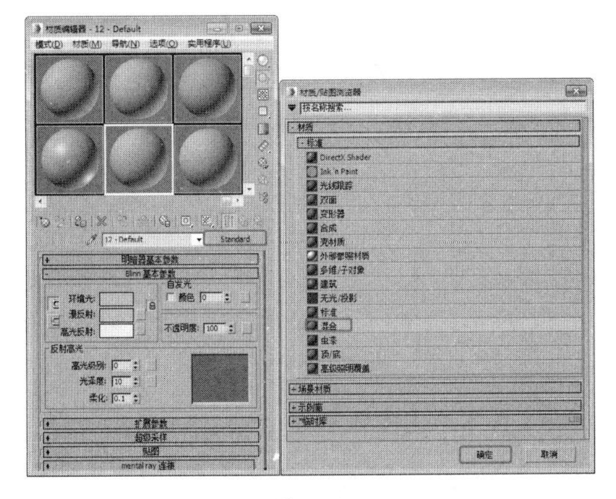

图 5.44

- 弹出【替换材质】对话框，该对话框询问用户将示例窗中的材质丢弃还是保存为子材质，如图 5.45 所示。在该对话框中选择一种类型，然后单击【确定】按钮，进入【混合基本参数】卷展栏中，如图 5.46 所示。可以在该卷展栏中设置参数。

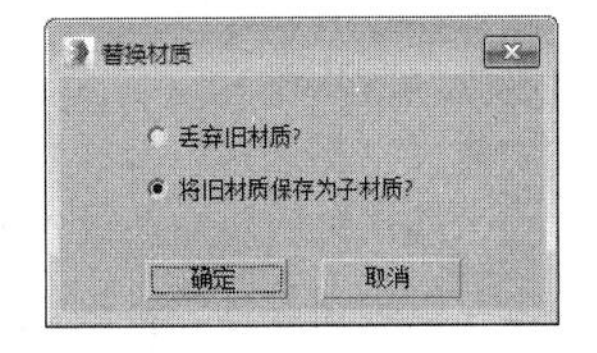

图 5.45

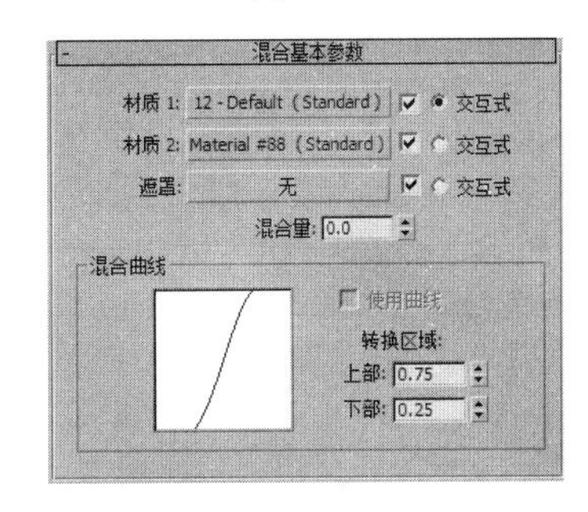

图 5.46

  - 【材质 1】/【材质 2】：设置两个用来混合的材质。使用复选框来启用和禁用材质。
  - 【交互式】：在视图中以【真实】方式交互渲染时，选择哪一个材质显示在对象表面。
  - 【遮罩】：设置用作遮罩的贴图。两个材质之间的混合度取决于遮罩贴图的强度。遮罩较明亮（较白）区域显示更多的【材质 1】。而遮罩较暗（较黑）区域则显示更多的【材质 2】。使用复选框来启用或禁用遮罩贴图。
  - 【混合量】：确定混合的比例（百分比）。0 表示只有【材质 1】在曲面上可见；100 表示只有【材质 2】可见。如果已指定【遮罩】贴图，并且选中了【遮罩】复选框，则不可用。
- 【混合曲线】选项组：影响进行混合的两种颜色之间变换的渐变或尖锐程度。只有指定遮罩贴图后，才会影响混合。
  - 【使用曲线】：确定【混合曲线】是否影响混合。只有指定并激活遮罩时，该复选框才可用。

> 【转换区域】：用来调整【上部】和【下部】的级别。如果这两个值相同，那么两个材质会在一个确定的边上接合。

5.4.2 多维/子对象材质

使用【多维/子对象】材质可以采用几何体的子对象级别分配不同的材质。创建多维材质，将其指定给对象并使用【网格选择】修改器选中面，然后选择多维材质中的子材质指定给选中的面。

如果该对象是可编辑网格，可以拖放材质到面不同的选中部分，并随时构建一个【多维/子对象】材质。

子材质 ID 不取决于列表的顺序，可以输入新的 ID 值。

单击【材质编辑器】中的【使唯一】按钮，允许将一个实例子材质构建为一个唯一的副本。

【多维/子对象基本参数】卷展栏如图 5.47 所示。

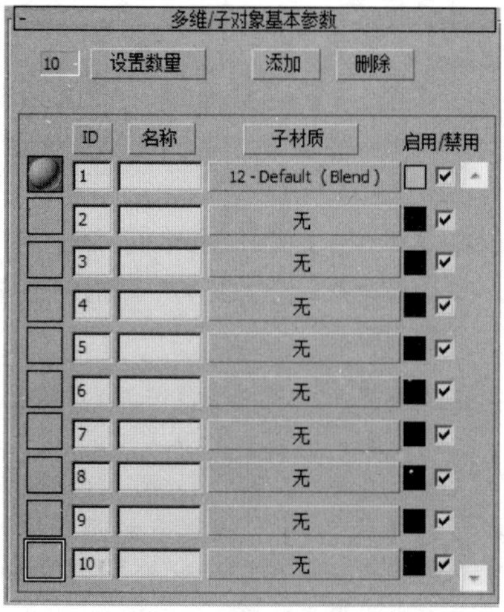

多维/子对象基本参数

10 设置数量 添加 删除

ID	名称	子材质	启用/禁用
1		12 - Default (Blend)	☑
2		无	☑
3		无	☑
4		无	☑
5		无	☑
6		无	☑
7		无	☑
8		无	☑
9		无	☑
10		无	☑

图 5.47

- 【设置数量】：设置拥有子级材质的数目，注意如果减少数目，会丢失已经设置的材质。
- 【添加】：添加一个新的子材质。新材质默认的 ID 号在当前 ID 号的基础上递增。
- 【删除】：删除当前选择的子材质。可以通过撤销命令取消删除。
- 【ID】：单击该按钮将列表排序，其顺序开始于最低材质 ID 的子材质，结束于最高材质 ID。
- 【名称】：单击该按钮后，按名称栏中指定的名称进行排序。
- 【子材质】：单击该按钮后，按子材质的名称进行排序。子材质列表中每个子材质有一个单独的材质项。该卷展栏一次最多显示 10 个子材质；如果材质数超过 10 个，则可以通过右边的滚动栏滚动列表。列表中的每个子材质包含以下控件。

> 材质球：提供子材质的预览，单击材质球图标可以对子材质进行选择。

> 【ID 号】：显示指定给子材质的 ID 号，同时还可以在这里重新指定 ID 号。如果输入的 ID 号有重复的，系统会发出警告，如图 5.48 所示。

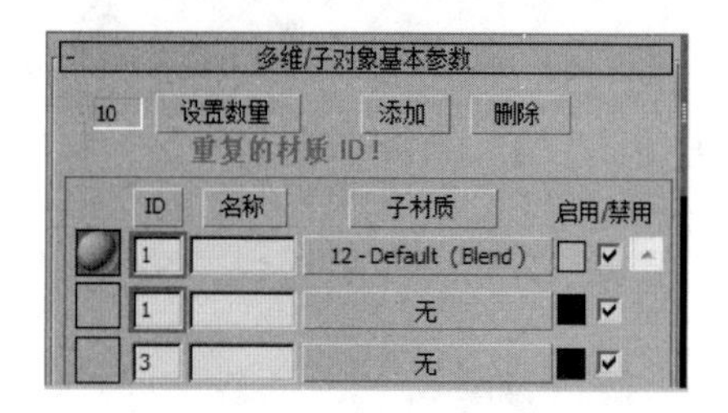

图 5.48

> 【名称】：可以在这里输入自定义的材质名称。

> 【子材质】按钮：该按钮用来选择不同的材质作为子级材质。右侧颜色按钮用来确定材质的颜色，它实际上是该子级材质的【漫反射】值。最右侧的复选框可以对单个子级材质进行启用和禁用控制。

5.4.3 光线跟踪材质

光线跟踪材质的基本参数与标准材质相似，但实际上光线跟踪材质的颜色构成与标准材质大相径庭。

与标准材质一样，可以为光线跟踪颜色分量和各种其他参数使用贴图。色样和参数右侧的小按钮用于打开【材质/贴图浏览器】对话框，从中可以选择对应类型的贴图。这些快捷方式在【贴图】卷展栏中也有对应的按钮。如果已经将一个贴图指定给这些颜色之一，则按钮显示字母 M，大写的 M 表示已指定和启用对应贴图。小写的 m 表示已指定该贴图，但它处于非活动状态。【光线跟踪基本参数】卷展栏，如图 5.49 所示。

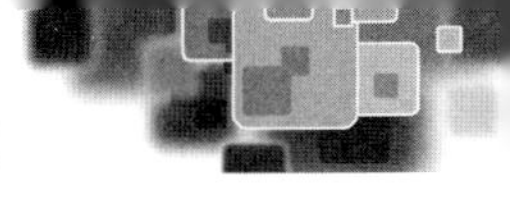

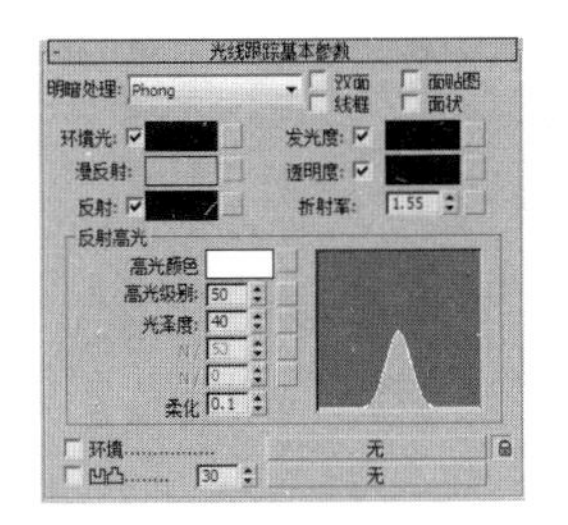

图 5.49

- 【明暗处理】：在下拉列表中可以选择一个明暗器。选择的明暗器不同，则【反射高光】选项组中显示的明暗器的控件也会不同，包括 Phong、Blinn、【金属】、Oren-Nayar-Blinn 和【各向异性】5 种方式。
- 【双面】：与标准材质相同。选中该复选框时，在面的两侧着色并进行光线跟踪。在默认情况下，对象只有一面，以便提高渲染速度。
- 【面贴图】：将材质指定给模型的全部面。如果是一个贴图材质，则无须贴图坐标，贴图会自动指定给对象的每个表面。
- 【线框】：与标准材质中的线框属性相同，选中该复选框时，在线框模式下渲染材质。可以在【扩展参数】卷展栏中指定线框大小。
- 【面状】：将对象的每个表面作为平面进行渲染。
- 【环境光】：与标准材质的环境光含义完全不同，对于光线跟踪材质，它控制材质吸收环境光的多少，如果将它设为纯白色，即为在标准材质中将环境光与漫反射锁定。默认为黑色。启用名称左侧的复选框时，显示环境光的颜色，通过右侧的色块可以进行调整；禁用复选框时，环境光为灰度模式，可以直接输入或者通过调节按钮设置环境光的灰度值。
- 【漫反射】：代表对象反射的颜色，不包括高光反射。反射与透明效果位于过渡区的最上层，当反射为 100%（纯白色）时，漫反射颜色不可见，默认为 50% 的灰度。
- 【反射】：设置对象高光反射的颜色，即经过反射过滤的环境颜色，颜色值控制反射的量。与环境光一样，通过启用或禁用 ☑反射……… 复选框，可以设置反射的颜色或灰度值。此外，第二次启用复选框，可以为反射指定【菲涅尔】镜像效果可以根据对象的视角为反射对象增加一些折射效果。
- 【发光度】：与标准材质的自发光设置近似（禁用则变为自发光设置），只是不依赖于【漫反射】进行发光处理，而是根据自身颜色来决定发光的颜色，用户可以为一个【漫反射】为蓝色的对象指定一个红色的发光色。默认为黑色。右侧的灰色按钮用于指定贴图。禁用左侧的复选框，【发光度】选项变为【自发光】选项，通过微调按钮可以调节发光色的灰度值。
- 【透明度】：与标准材质中的 Filter 过滤色相似，用于控制光线跟踪材质背后经过颜色过滤所表现的色彩，黑色为完全不透明，白色为完全透明。将【漫反射】与【透明度】都设置为完全饱和的色彩，可以得到彩色玻璃的材质。禁用后，对象仍折射环境光，不受场景中其他对象的影响。右侧的灰块按钮用于指定贴图。禁用左侧的复选框后，可以通过微调按钮调整透明色的灰度值。
- 【折射率】：设置材质折射光线的强度，默认值为 1.55。
- 【反射高光】选项组：控制对象表面反射区反射的颜色，根据场景中灯光颜色的不同，对象反射的颜色也会发生变化。
  - 【高光颜色】：设置高光反射灯光的颜色，将它与【反射】颜色都设置为饱和色，可以制作出彩色铬钢效果。
  - 【高光级别】：设置高光区域的强度，值越高，高光越明亮，默认为 5。
  - 【光泽度】：影响高光区域的大小。光泽度越高，高光区域越小，高光越锐利。默认为 25。
  - 【柔化】：柔化高光效果。
- 【环境】：允许指定一张环境贴图，用于覆盖全局环境贴图。默认的反射和透明度使用场景的环境贴图，一旦在这里进行环境贴图的设置，将会取代原来的设置。利用这个特性，可以单独为场景中的对象指定不同的环境贴图，或者在一个没有环境的场景中为对象指定虚拟的环境贴图。
- 【凹凸】：这与标准材质的凹凸贴图相同。单击该按钮可以指定贴图。使用微调器可更改凹凸量。

5.5 贴图通道

在材质应用中，贴图时作用非常重要，因此，3ds Max 提供了多种贴图通道，如图 5.50 所示，可以分别在不同的贴图通道中使用不同的贴图类型，使物体在不同的区域产生不同的贴图效果。

图 5.50

3ds Max 为标准材质提供了以下 12 种贴图通道。

- 【环境光颜色】贴图和【漫反射颜色】贴图：【环境光颜色】是最常用的贴图通道，它将贴图结果像绘画或壁纸一样应用到材质表面。通常情况下，【环境光颜色】和【漫反射颜色】处于锁定状态。
- 【高光颜色】贴图：使贴图结果只作用于物体的高光部分。通常将场景中的光源图像作为高光颜色通道，模拟一种反射，如在白灯照射下玻璃杯上的高光点反射的图像。
- 【光泽度】贴图：设置光泽组件的贴图，不同于设置高光颜色的贴图，设置光泽的贴图会改变高光的位置，而高光颜色贴图会改变高光的颜色。

提示

可以选择影响反射高光显示位置的位图文件或程序贴图并决定曲面的哪些区域更具有光泽，哪些区域不太有光泽，具体情况取决于贴图中颜色的强度。贴图中的黑色像素将产生全面的光泽，白色像素将完全消除光泽，中间值会减少高光的大小。

- 【自发光】贴图：将贴图图像以一种自发光的形式贴在物体表面，图像中纯黑色的区域不会对材质产生任何影响，不是纯黑的区域将会根据自身的颜色产生发光效果，发光的地方不受灯光及投影影响。
- 【不透明度】贴图：利用图像的明暗度在物体表面产生透明效果，纯黑色的区域完全透明，纯白色的区域完全不透明，这是一种非常重要的贴图方式，可以为玻璃杯加上花纹图案。
- 【过滤色】贴图：专门用于过滤方式的透明材质。通过贴图在过滤色表面进行染色，形成具有彩色花纹的玻璃材质，它的优点是在体积光穿过物体或采用【光线跟踪】投影时，可以产生贴图滤过的光柱阴影。
- 【凹凸】贴图：使对象表面产生凹凸不平的幻觉。位图上的颜色按灰度不同突起，白色最高。因此用灰度位图做凹凸贴图效果最好。凹凸贴图常与漫反射贴图一起使用，从而增加场景的真实感。
- 【反射】贴图：常用来模拟金属、玻璃光滑表面的光泽，或用作镜面反射。当模拟对象表面的光泽时，贴图强度不宜过大，否则反射将不自然。
- 【折射】贴图：当观察水中的筷子时，筷子会发生弯曲，折射贴图用来表现这种效果。定义折射贴图后，【不透明度】参数、【贴图】将被忽略。
- 【置换】贴图：与凹凸贴图通道类似，按照位图颜色的灰度不同产生凹凸感，并且幅度更大一些。

5.6 贴图的类型

在 3ds Max 中包括 30 多种贴图，它们可以根据使用方法、效果等分为 2D 贴图、3D 贴图、合成器、颜色修改器、其他等。在不同的贴图通道中使用不同的贴图类型，产生的效果也大不相同，下面介绍一下常用的贴图类型。在【贴图】卷展栏中，单击任何通道右侧的【None】按钮，都可以打开【材质/贴图浏览器】对话框，如图 5.51 所示。

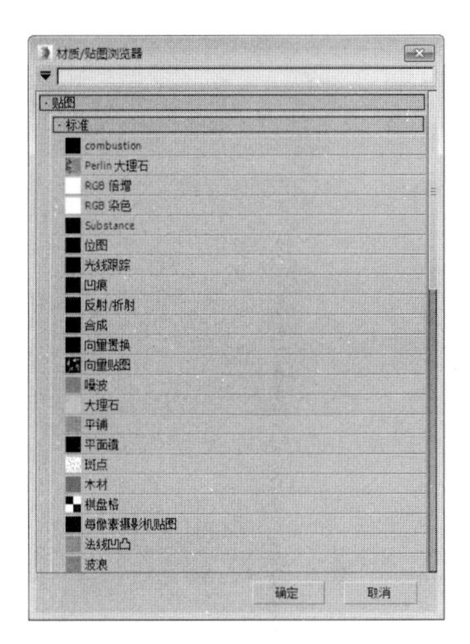

图 5.51

5.6.1 贴图坐标

材质可以组合成不同的图像文件，这样可以使模型呈现出各种所需纹理及特性，而这种组合被称为贴图，所以，贴图就是指材质如何被【包裹】或【涂】在几何体上。所有贴图的最终效果都由指定在表面上的贴图坐标决定。

1. 认识贴图坐标

3ds Max 在对场景中的物体进行描述的时候，使用的是 XYZ 坐标空间，但对于位图和贴图来说使用的却是 UVW 坐标空间。位图的 UVW 坐标是表示贴图的比例，如图 5.52 所示是使用不同的坐标所表现的 3 种不同效果。

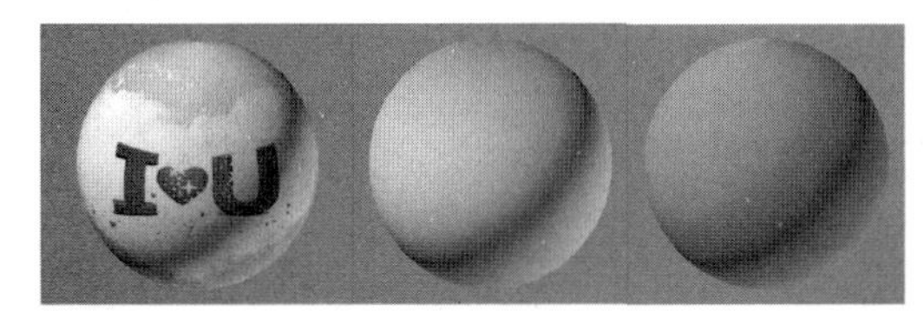

图 5.52

在默认状态下，【参数】卷展栏中的【生成贴图坐标】复选框，处于选中状态，所以每创建一个对象，系统都会为它指定一个基本的贴图坐标。

如果需要更好地控制贴图坐标，可以单击【修改】按钮进入【修改】命令面板，然后选择【修改器列表】|【UVW 贴图】，即可为对象指定一个UVW 贴图坐标，如图 5.53 所示为指定 UVW 贴图坐标前后的对比效果。

图 5.53

2. 调整贴图坐标

贴图坐标既可以以参数化的形式应用，也可以在【UVW 贴图】修改器中使用。参数化贴图可以是对象创建参数的一部分，也可以是产生面的编辑修改器的一部分，并且通常在对象定义或编辑修改器中的【生成贴图坐标】复选框被选中时才有效。在经常使用的基本几何体、放样对象以及【挤出】、【车削】和【倒角】编辑修改器中都有可能有参数化贴图。

大部分参数化贴图使用 1×1 的瓷砖平铺，因为用户无法调整参数化坐标，所以需要用【材质编辑器】中的【瓷砖】参数来控制。

当贴图是由参数产生的时候，只能通过指定在表面上的材质参数来调整瓷砖次数和方向，或者当选用【UVW 贴图编辑】修改器来指定贴图时，用户可以独立控制贴图位置、方向和重复值等。然而，通过编辑修改器产生的贴图没有参数化产生贴图方便。

【坐标】卷展栏如图 5.54 所示，其各项参数的功能说明如下。

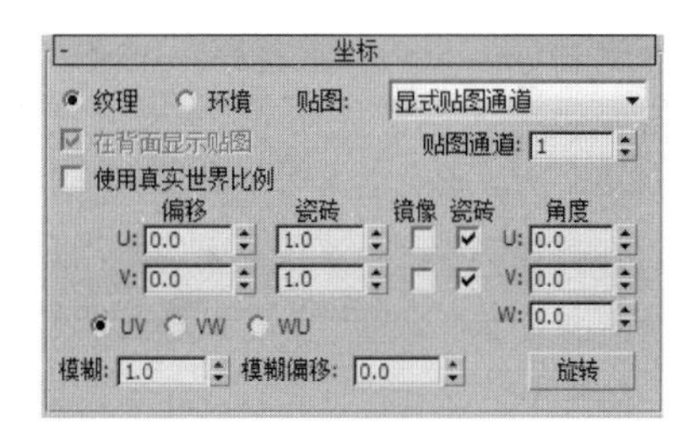

图 5.54

- 【纹理】：将该贴图作为纹理贴图对表面应用。从【贴图】列表中选择坐标类型。
- 【环境】：使用贴图作为环境贴图。从【贴图】列表中选择坐标类型。

- 【贴图】列表：其中包含的选项因选择纹理贴图或环境贴图而不同。
    - 【显式贴图通道】：使用任意贴图通道。选择该选项后，【贴图通道】字段将处于活动状态，可选择 1～99 的任意通道。
    - 【顶点颜色通道】：使用指定的顶点颜色作为通道。
    - 【对象 XYZ 平面】：使用基于对象的本地坐标的平面贴图（不考虑轴点位置）。用于渲染时，除非启用【在背面显示贴图】复选框，否则平面贴图不会投影到对象背面。
    - 【世界 XYZ 平面】：使用基于场景的世界坐标的平面贴图（不考虑对象边界框）。用于渲染时，除非启用【在背面显示贴图】复选框，否则平面贴图不会投影到对象背面。
    - 【球形环境】、【柱形环境】或【收缩包裹环境】：将贴图投影到场景中与将其投影到背景中一样。
    - 【屏幕】：投影为场景中的平面背景。
- 【在背面显示贴图】：如果启用该复选框，平面贴图（对象 XYZ 平面，或使用【UVW 贴图】修改器）穿透投影渲染在对象背面上；禁用时，平面贴图不会渲染在对象背面。默认设置为启用。
- 【偏移】：用于指定贴图在模型上的位置。
- 【瓷砖】：设置水平（U）和垂直（V）方向上贴图重复的次数，右侧的【瓷砖】复选框只有打开才起作用，它可以将纹理连续不断地贴在物体表面。值为 1 时，贴图在表面贴一次；值为 2 时，贴图会在表面各个方向上重复贴两次，贴图尺寸会相应缩小一半；值小于 1 时，贴图会被放大。
- 【镜像】：使贴图在物体表面进行镜像复制以形成该方向上有两个镜像贴图效果。
- 【角度】：控制贴图在相应的坐标方向上产生旋转效果，既可以输入数值，也可以单击【旋转】按钮进行实时调节。
- 【模糊】：用来影响图像的模糊程度，较低的值主要用于位图的抗锯齿处理。
- 【模糊偏移】：产生大幅度的模糊处理，常用于产生柔化和散焦效果。

3. UVW 贴图

如果想要更好地控制贴图坐标，或者当前的物体不具备系统提供的坐标控制项时，就需要使用【UVW 贴图】修改器为物体指定贴图坐标。

提示

如果一个物体已经具备了贴图坐标，在对它施加【UVW 贴图】修改器之后，会覆盖以前的坐标指定。

【UVW 贴图】修改器的【参数】卷展栏，如图 5.55 所示。

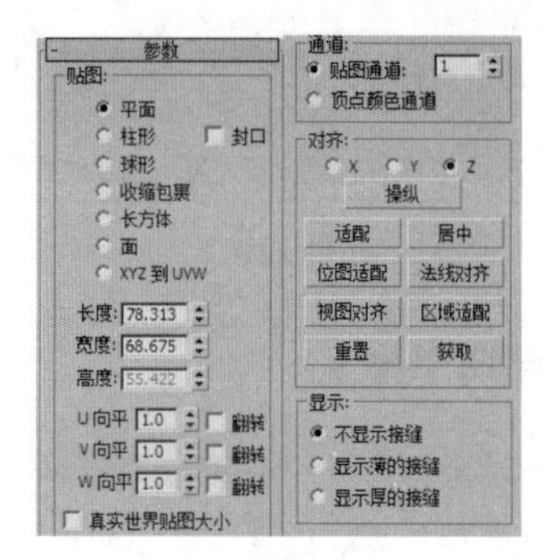

图 5.55

【UVW 贴图】修改器提供了许多将贴图坐标投影到对象表面的方法。最好的投影方法和技术依赖于对象的几何形状和位图的平铺特征。在【参数】卷展栏中包含 7 种类型的贴图方式：【平面】、【柱形】、【球形】、【收缩包裹】、【长方体】、【面】和【XYZ 到 UVW】。

在【UVW 贴图】修改器的【参数】卷展栏中调节【长度】、【宽度】、【高度】参数值，即可对 Gizmo（线框）物体进行缩放，当用户缩放 Gizmo（线框）时，使用那些坐标的渲染位图也随之缩放，如图 5.56 所示。

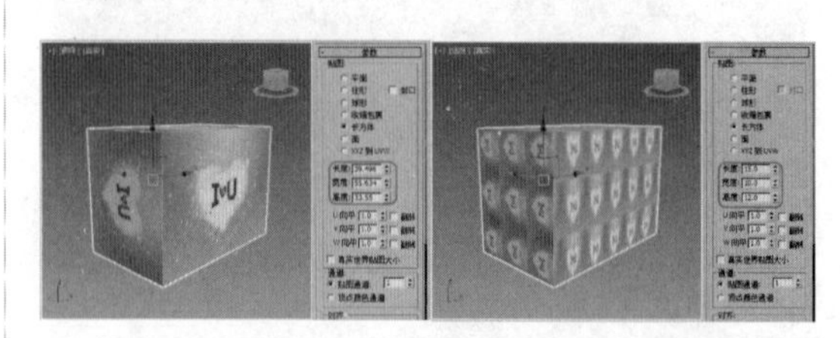

图 5.56

Gizmo 线框的位置、大小直接影响贴图在物体上的效果，在编辑修改器堆栈中用户还可以通过选择【UVW 贴图】的 Gizmo 选择集来对线框物体进行单独控制，例如旋转、移动以及缩放等。

在制作中通常需要将所使用的贴图重复叠加，以达到预期的效果。当调节【U 向平】参数时，水平方向上的贴图出现重复效果，再调节【V 向平】参数，垂直方向上的贴图出现重复效果，与【材质编辑器】中的【瓷砖】参数相同。

而另一种比较简单的方法是通过材质的【瓷砖】参数控制贴图的重复次数，该方法的使用原理同样也是缩放 Gizmo（线框）。默认的【瓷砖】值为 1，它使位图与平面 Gizmo 的范围相匹配。【瓷砖】为 1 意味着重复一次，如果增加【瓷砖】值到 5，那么将在平面贴图 Gizmo（线框）中重复 5 次。

5.6.2 位图贴图

位图贴图就是将位图图像文件作为贴图使用，它可以支持各种类型的图像和动画格式，包括 AVI、BMP、CIN、JPG、TIF、TGA 等。位图贴图的使用范围广泛，通常用在漫反射颜色贴图通道、凹凸贴图通道、反射贴图通道、折射贴图通道中。

选择位图后，进入相应的贴图通道面板中，在【位图参数】卷展栏中包含 3 种不同的过滤方式：【四棱锥】、【总面积】、【无】，它们以像素平均值来对图像进行抗锯齿操作，【位图参数】卷展栏如图 5.57 所示。

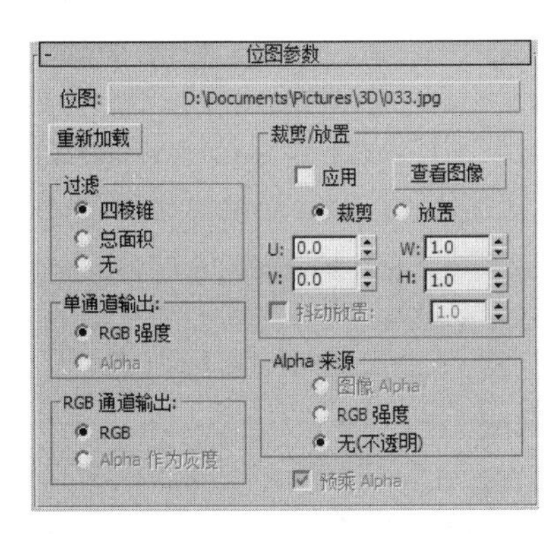

图 5.57

5.6.3 渐变贴图

渐变贴图可以使用许多颜色的高级渐变贴图，常用在漫反射颜色贴图通道中。在【渐变参数】卷展栏里可以设置渐变的颜色及每种颜色的位置，如图 5.58 所示，而且还可以利用【噪波】选项组来设置噪波的数量和大小等，使渐变色的过渡看起来并不那么规则，从而增加渐变的真实程度。

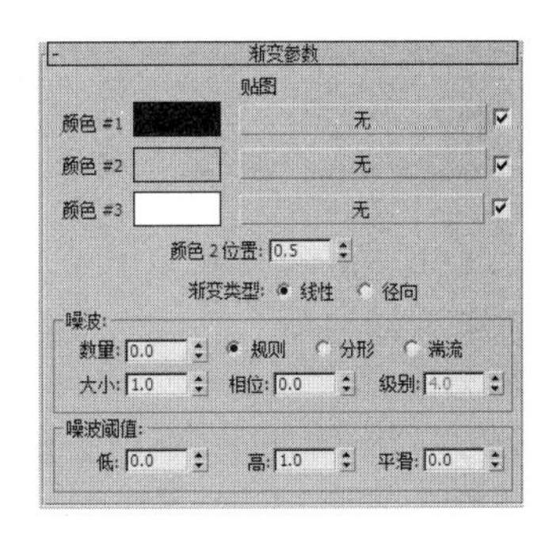

图 5.58

5.6.4 噪波贴图

噪波贴图一般在凹凸贴图通道中使用，可以通过设置【噪波参数】卷展栏中的参数来制作出紊乱不平的表面，该【参数】卷展栏如图 5.59 所示。其中通过【噪波类型】可以定义噪波的类型，通过【噪波阈值】下的参数可以设置【大小】、【相位】等。

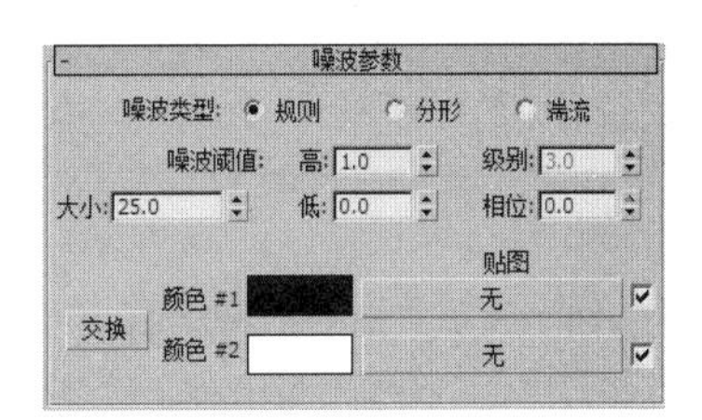

图 5.59

5.6.5 光线跟踪贴图

光线跟踪贴图主要被放置在反射或者折射贴图通道中，用于模拟物体对于周围环境的反射或折射效果，它的原理是：通过计算光线从光源处发射出来，经过反射，穿过玻璃，发生折射后再传播到摄影机处的途径，然后反推回去计算所得的反射或者折射结果。所以，它要比其他反射或者折射贴图来得更真实。

【光线跟踪器参数】卷展栏如图 5.60 所示，一般情况下，采用默认参数即可。

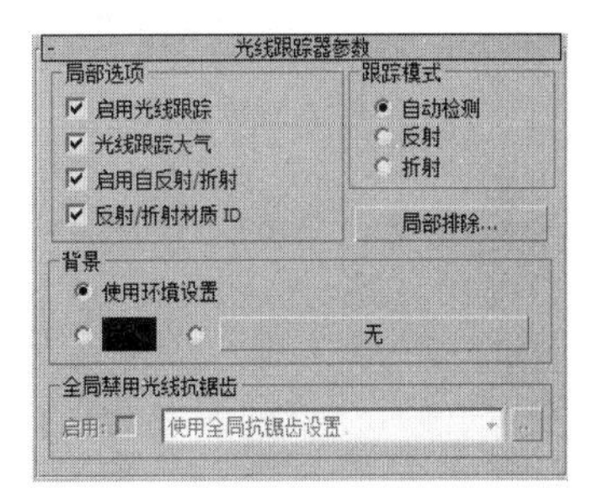

图 5.60

5.7 课堂实例

5.7.1 制作木料材质

下面将通过实例讲解如何制作木料材质，完成后的效果如图 5.61 所示。

图 5.61

01 首先打开配套资源中的 Scene/ Cha05/ 木料材质素材 .max 文件，显示效果如图 5.62 所示。

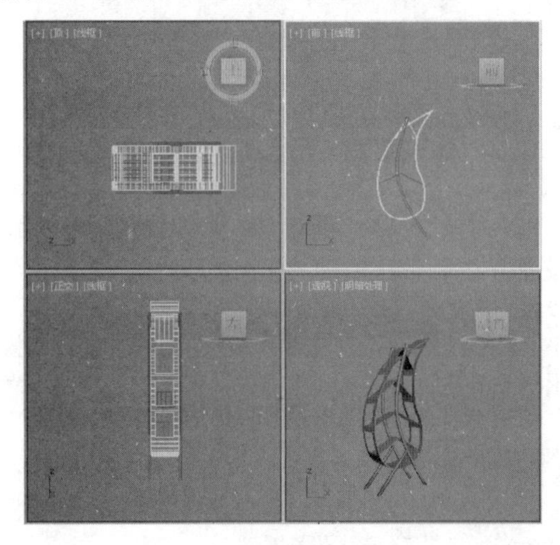

图 5.62

02 按 M 键打开【材质编辑器】对话框，选择一个新的样本球，将其重命名为【木材质】，在【Binn 基本参数】卷展栏中将【环境光】的颜色数值设置为 255,255,255，将【高光级别】设置为 95，将【光泽度】设置为 54，如图 5.63 所示。

03 打开【贴图】卷展栏，单击【漫反射颜色】后面的【无】按钮，在弹出的对话框中选择【位图】选项，然后单击【确定】按钮，如图 5.64 所示。

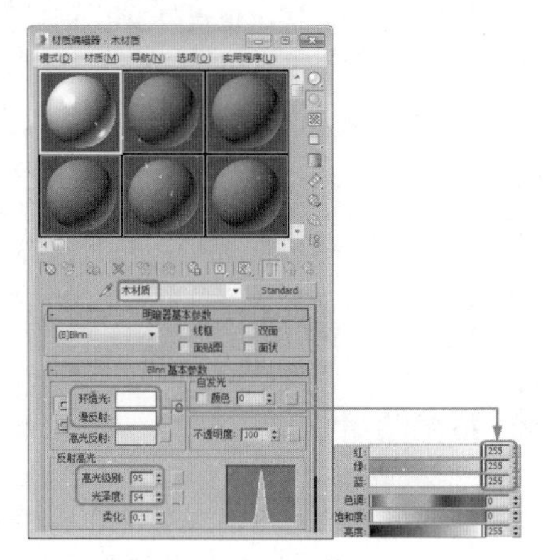

图 5.63

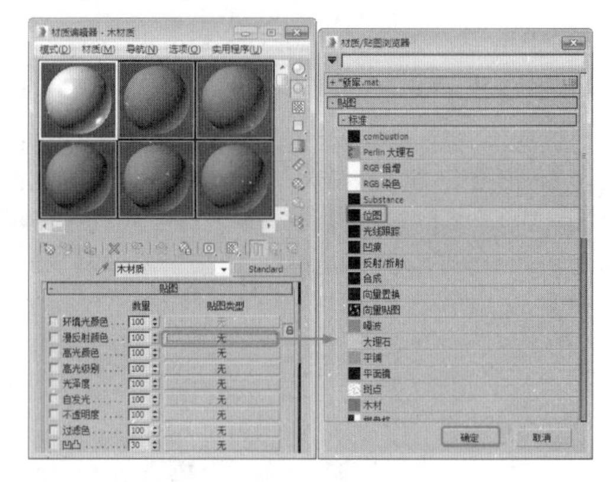

图 5.64

04 在弹出的对话框中选择配套资源中的 MAP/mw1.jpg 贴图文件，在【坐标】卷展栏中将【瓷砖】的 U 和 V 均设置为 0.7，然后单击【转到父对象】按钮，如图 5.65 所示。

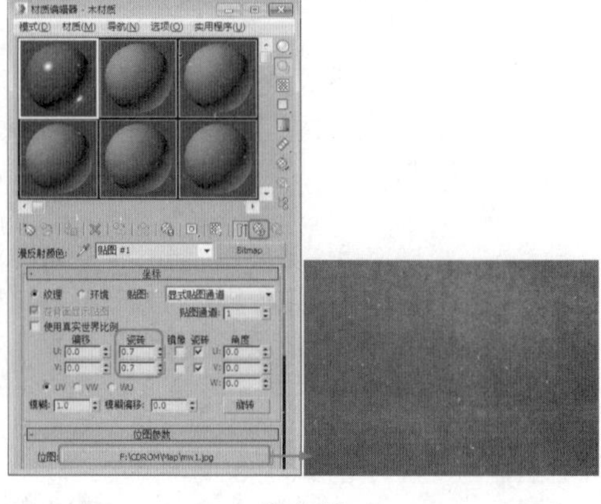

图 5.65

05 在【贴图】卷展栏中将【反射】设置为10，然后单击后面的【无】按钮，在弹出的对话框中选择【光线跟踪】选项，单击【确定】按钮，如图5.66所示。

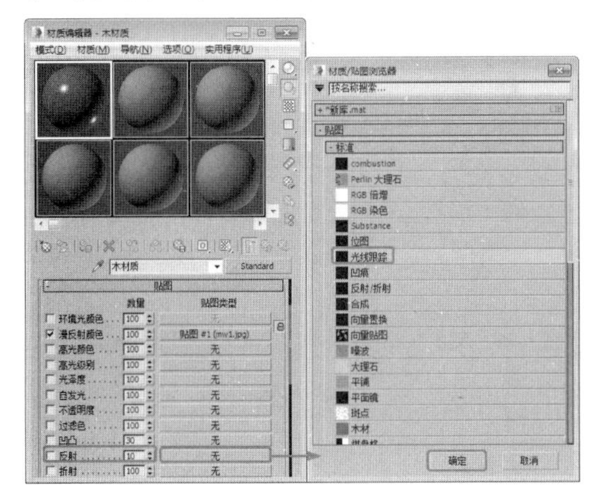

图 5.66

06 设置完成后单击【转到父对象】按钮，返回上一级，在视图中选中物体对象，然后单击【将材质指定给选定对象】按钮和【视口中显示明暗处理材质】按钮，将材质指定给选定对象，指定效果如图5.67所示。

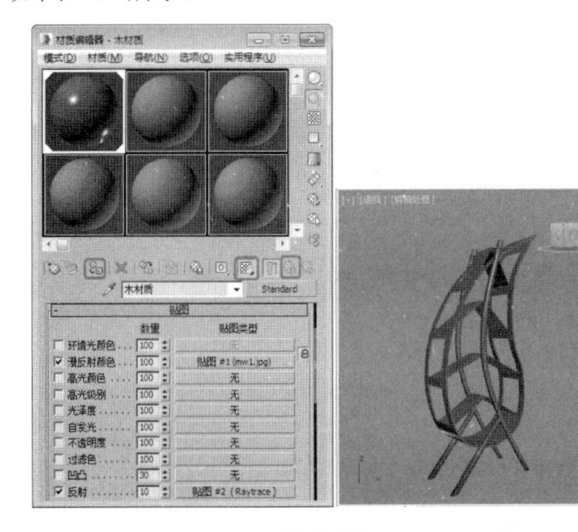

图 5.67

07 选择【创建】|【几何体】|【长方体】工具，在顶视图中创建一个长方体，并将其重命名为【地面】，在【参数】卷展栏中将【长度】设置为60，【宽度】设置为130，【高度】设置为0，如图5.68所示。

08 选中创建的长方体对象，右击，在弹出的快捷菜单中选择【对象属性】命令，弹出【对象属性】对话框，在【显示属性】选项组中选中【透明】复选框，单击【确定】按钮，如图5.69所示。

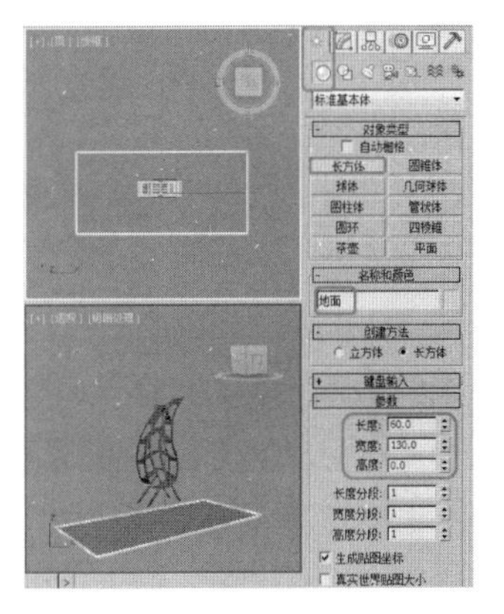

图 5.68

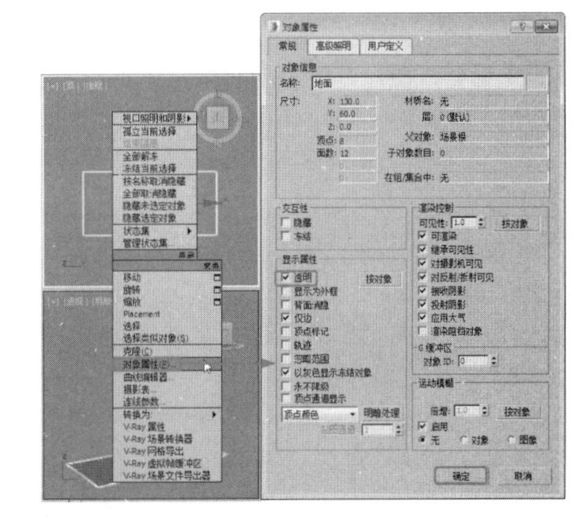

图 5.69

09 在【材质编辑器】对话框中选择一个新的样本球，单击Standard按钮，在弹出的对话框中选择【无光/投影】选项，单击【确定】按钮，如图5.70所示。

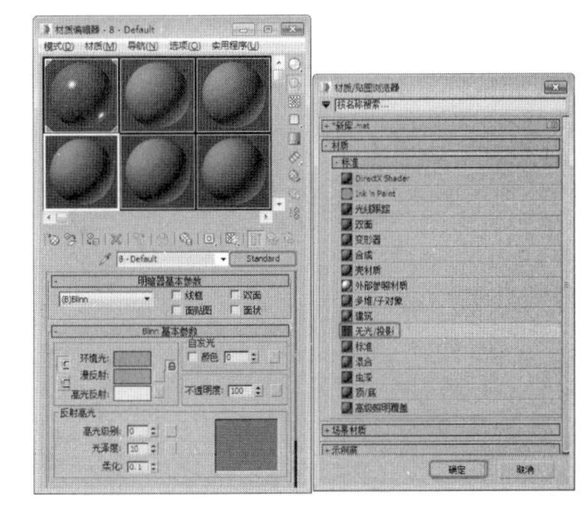

图 5.70

10 确定长方体对象处于选中状态，【天光/投影基本参数】卷展栏参数保持默认，单击【将材质指定给选定对象】按钮，将材质指定给长方体对象，如图5.71所示。

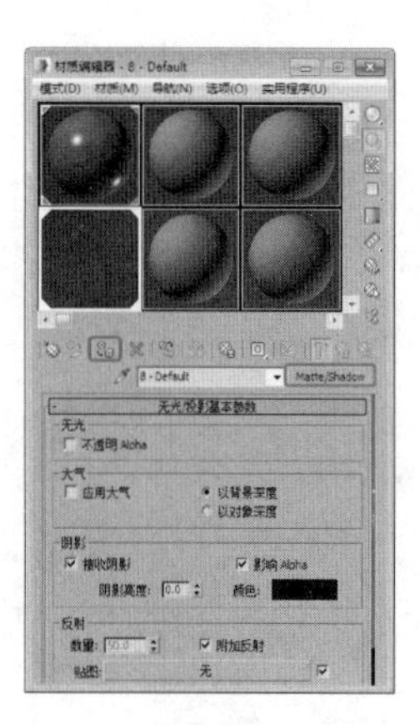

图 5.71

11 按8键弹出【环境和效果】对话框，单击【环境贴图】下面的【无】按钮，在弹出的对话框中选择配套资源中的MAP/背景图A.jpg贴图文件，如图5.72所示。

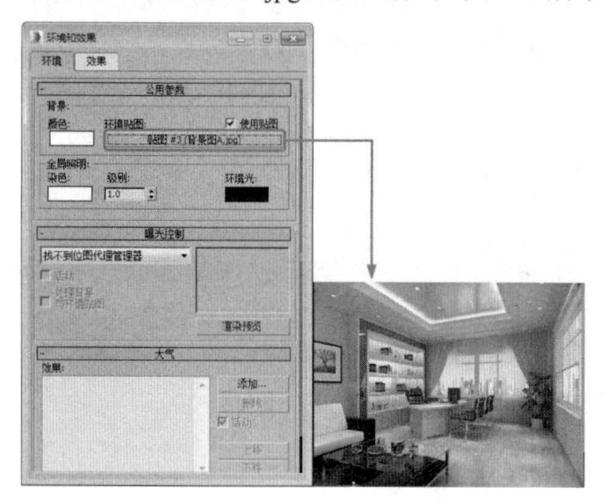

图 5.72

12 将添加的环境贴图拖曳至一个新的样本球上，在弹出的【实例（副本）贴图】对话框中选择【实例】单选按钮并单击【确定】按钮，在【坐标】卷展栏中选择【环境】单选按钮，将贴图显示方式设置为【屏幕】，如图5.73所示。

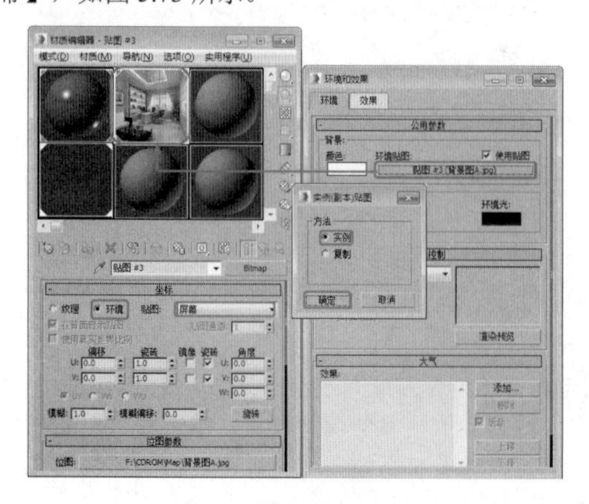

图 5.73

13 激活透视视图，按Alt+B组合键，弹出【视口配置】对话框，在【背景】选项卡中选择【使用环境背景】单选按钮，单击【确定】按钮，如图5.74所示。

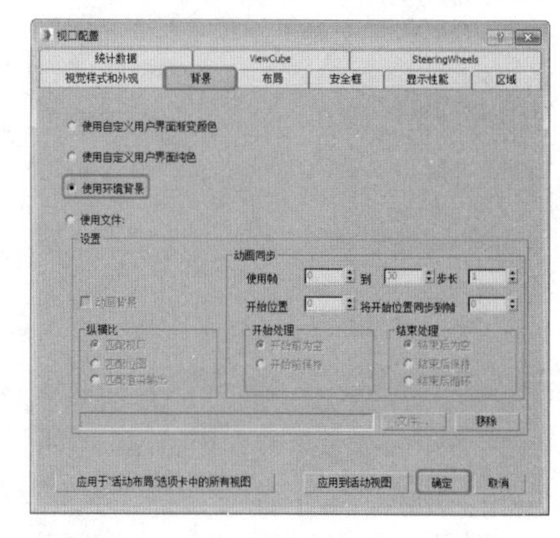

图 5.74

14 使用环境贴图后的显示效果如图5.75所示。

图 5.75

15 选择【创建】|【摄影机】|【目标】选项，在顶视图中创建摄影机对象，激活透视视图，按C键将其转换为摄影机视图，使用【选择并移动】工具在其他视图中调整摄影机的位置，如图5.76所示。

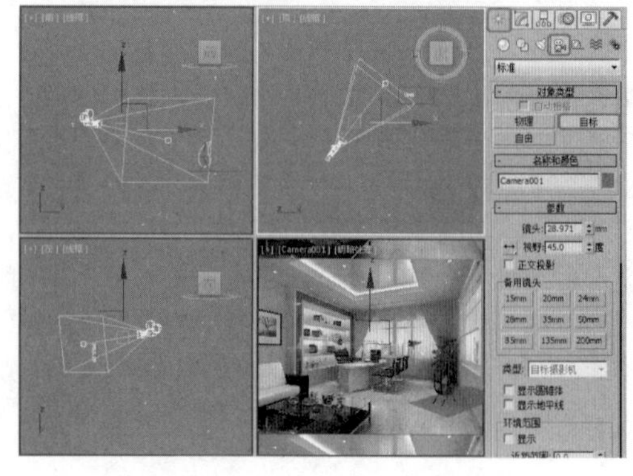

图 5.76

16 选择【创建】|【灯光】|【目标聚光灯】工具，

在顶视图中创建一盏目标聚光灯，在【常规参数】卷展栏中选中【启用】复选框，将阴影模式定义为【光线跟踪阴影】，如图 5.77 所示。

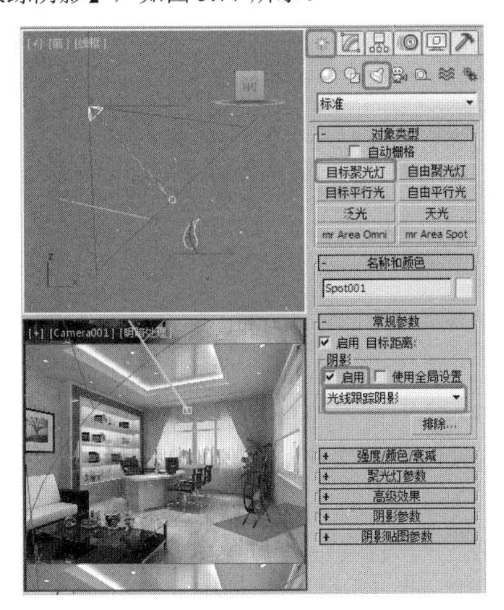

图 5.77

17 切换至【修改】命令面板，在【聚光灯参数】卷展栏中将【聚光区 / 光束】和【衰减区 / 区域】分别设置为 0.5 和 80，在【阴影参数】卷展栏中将颜色块设置为黑色，将【密度】设置为 0.55，然后在场景中调整灯光的位置，如图 5.78 所示。

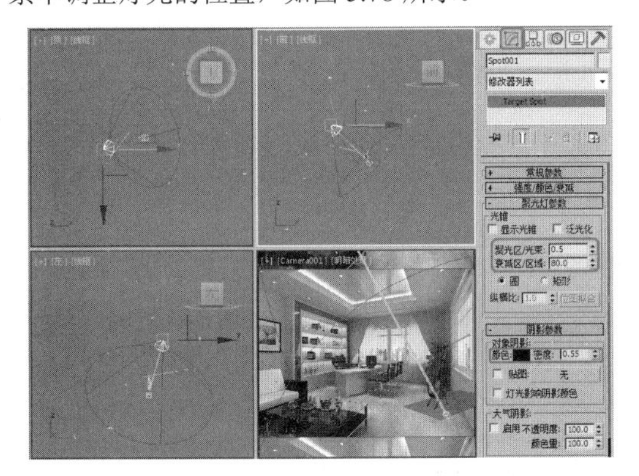

图 5.78

提示

添加目标聚光灯时，3ds Max 将自动为该摄影机指定注视控制器，并将灯光目标对象指定为【注视】目标。可以使用【运动】面板上的控制器设置将场景中的任何其他对象指定为【注视】目标。

18 选择【泛光】工具，在顶视图中创建泛光灯，并在场景中调整灯光的位置，如图 5.79 所示。

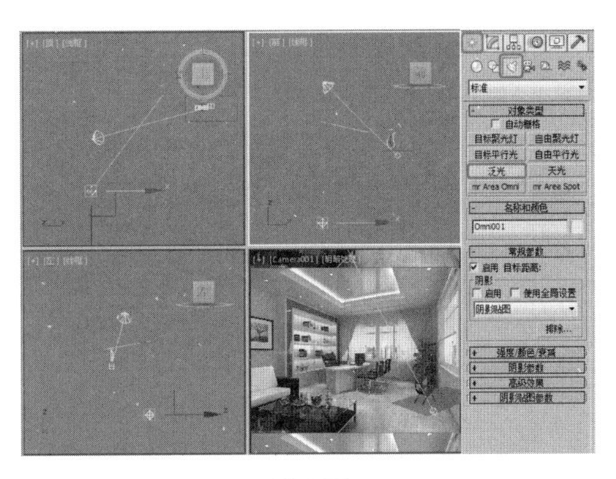

图 5.79

19 选择【泛光】工具，在前视图中创建泛光灯，并在场景中调整灯光的位置，切换至【修改】命令面板，在【常规参数】卷展栏中单击【排除】按钮，如图 5.80 所示。

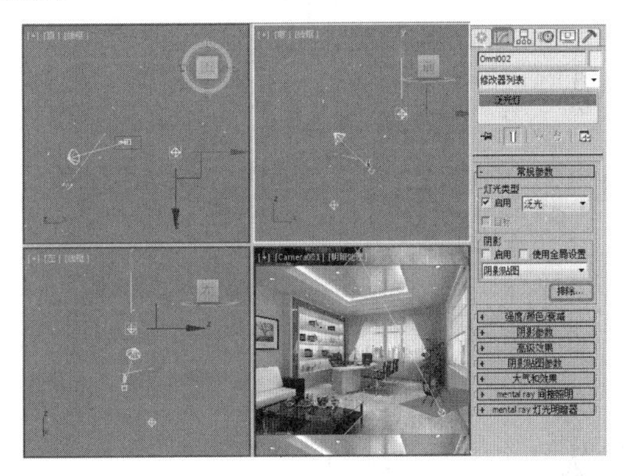

图 5.80

20 弹出【排除 / 包含】对话框，在左侧列表中选择【物体】并将其排除，如图 5.81 所示。最后按 F9 键渲染场景，将完成后的场景文件和效果存储即可。

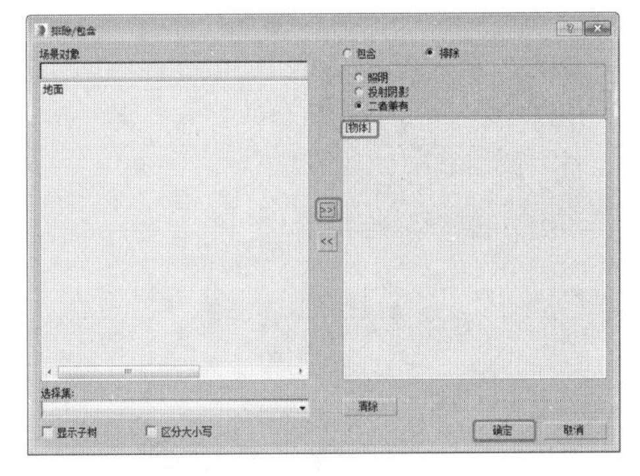

图 5.81

5.7.2　制作水果吊篮材质

下面通过实例讲解如何制作吊篮材质，完成后的效果如图 5.82 所示。

图 5.82

01 首先打开配套资源中的水果吊篮材质素材 .max 文件，显示效果如图 5.83 所示。

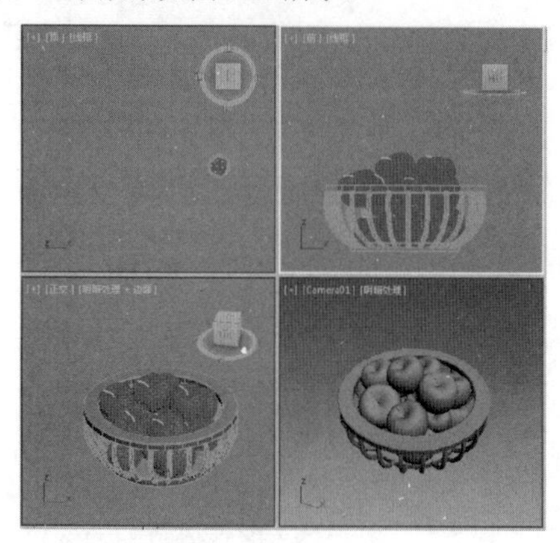

图 5.83

02 按 M 键打开【材质编辑器】对话框，选择一个新的样本球，并将其重命名为【苹果】，将【环境光】的颜色数值设置为 137,50,50，将【自发光】设置为 15，【高光级别】设置为 45，【光泽度】设置为 25，如图 5.84 所示。

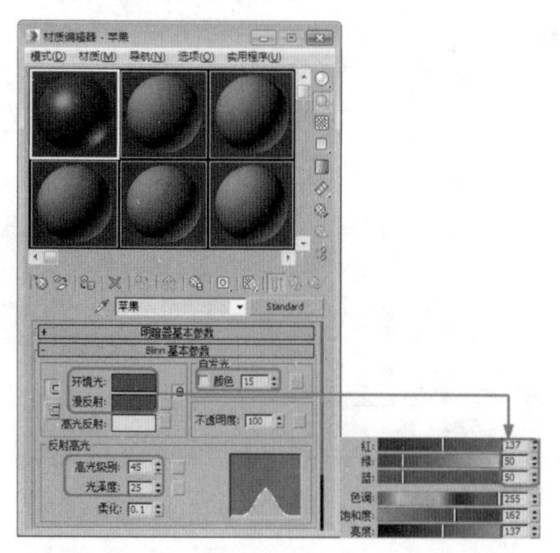

图 5.84

03 切换至【贴图】卷展栏，单击【漫反射颜色】后面的【无】按钮，在弹出的对话框中选择【位图】选项，单击【确定】按钮，如图 5.85 所示。

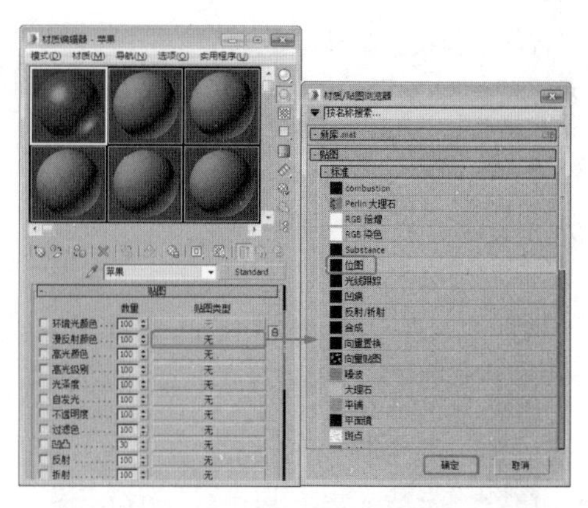

图 5.85

04 在弹出的对话框中选择配套资源中的 MAP/Apple-A.jpg 贴图文件，进入下一级，将【坐标】卷展栏的参数保持默认，单击【转到父对象】按钮，如图 5.86 所示。

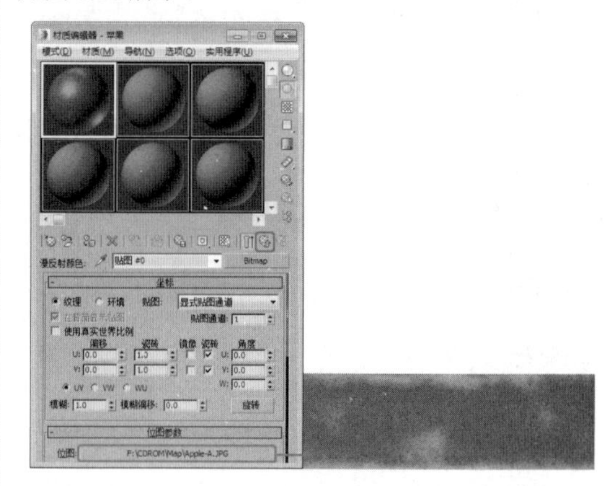

图 5.86

05 再次打开【贴图】卷展栏，将【凹凸】的数量设置为 12，单击后面的【无】按钮，在弹出的对话框中选择【位图】选项，然后单击【确定】按钮，如图 5.87 所示。

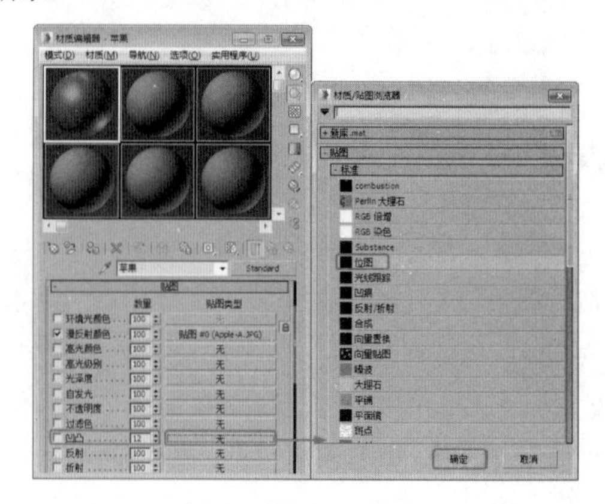

图 5.87

06 在弹出的对话框中选择配套资源中的MAP/Apple-B.jpg贴图文件，进入下一级，将【坐标】卷展栏的参数保持默认，然后单击【转到父对象】按钮。在视图中选中所有的苹果对象，单击【将材质指定给选定对象】按钮和【视口中显示明暗处理材质】按钮，将设置的材质指定给苹果对象，如图5.88所示。

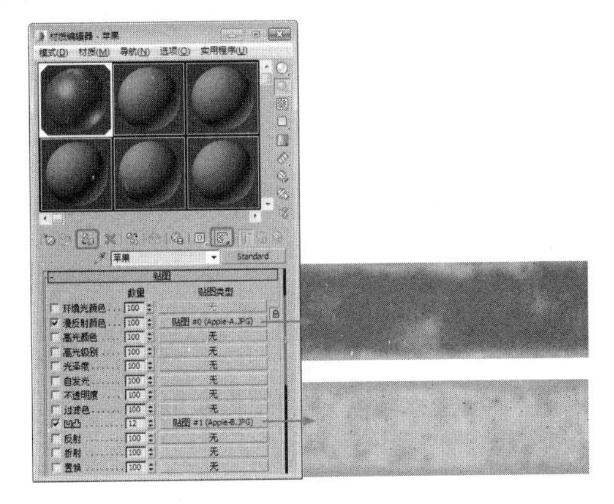

图 5.88

07 在【材质编辑器】对话框中选择一个新的样本球，并将其重命名为【苹果把】，在【Blinn基本参数】卷展栏中取消【环境光】和【漫反射】的锁定，将【环境光】的颜色数值设置为44,14,2，将【漫反射】的颜色数值设置为100,44,22，将【高光反射】的颜色数值设置为241,222,171，将【自发光】设置为9，【高光级别】设置为75，【光泽度】设置为15，如图5.89所示。

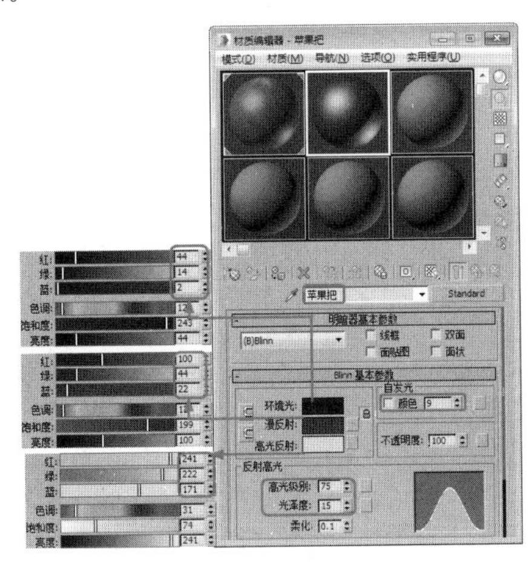

图 5.89

08 切换至【贴图】卷展栏中，单击【漫反射颜色】后面的【无】按钮，在弹出的对话框中选择【位图】选项，然后单击【确定】按钮，如图5.90所示。

09 在弹出的对话框中选择配套资源中的MAP/Stemcolr.jpg贴图文件，在【位图参数】卷展栏中选中【应用】复选框，将V设置为0.099，H设置为0.901，单击【查看图像】按钮，可以预览贴图效果，如图5.91所示。

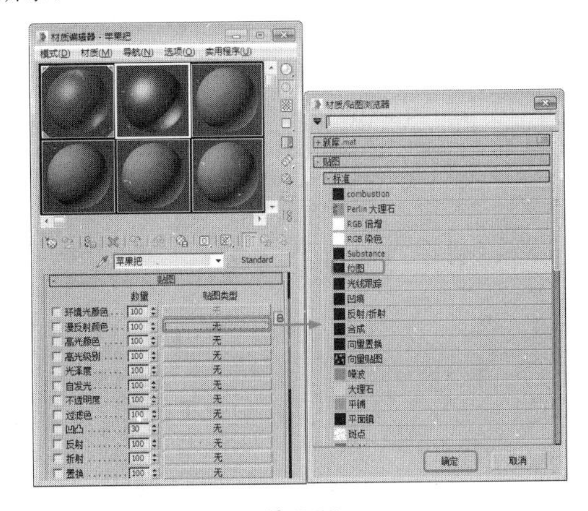

图 5.90

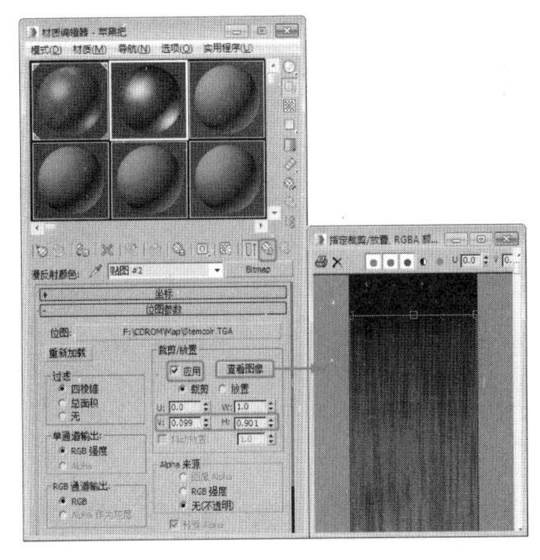

图 5.91

10 单击【转到父对象】按钮，展开【贴图】卷展栏，将【高光级别】的数量设置为78，然后单击后面的【无】按钮，在弹出的对话框中选择【位图】选项，如图5.92所示。

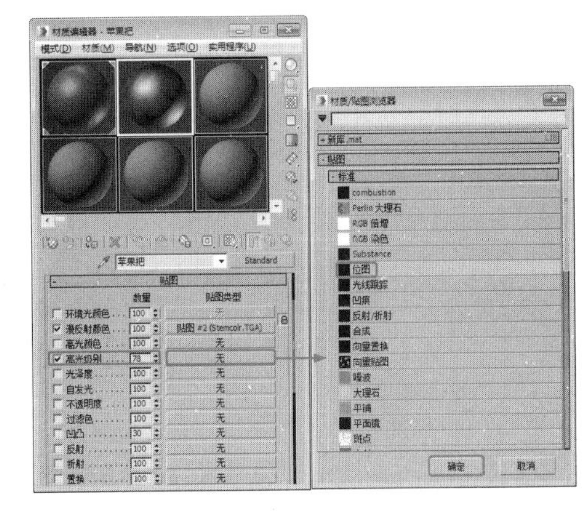

图 5.92

11 在弹出的对话框中选择配套资源中的MAP/STEMBUMP.jpg贴图文件，在【坐标】卷展栏中将参数保持默认，单击【转到父对象】按钮，如图5.93所示。

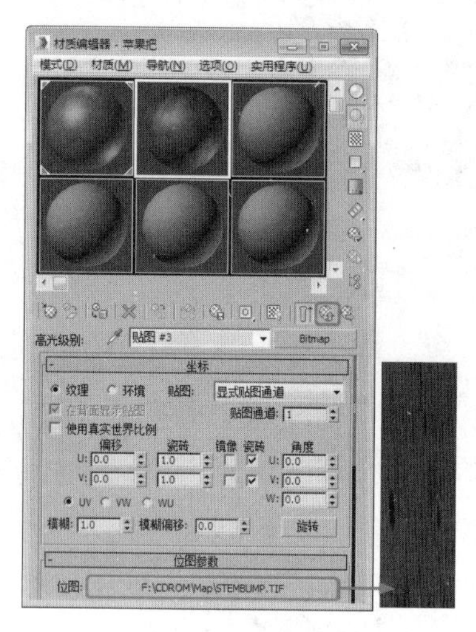

图 5.93

12 切换至【贴图】卷展栏，单击【凹凸】右侧的【无】按钮，在弹出的对话框中选择【位图】选项，单击【确定】按钮，如图5.94所示。

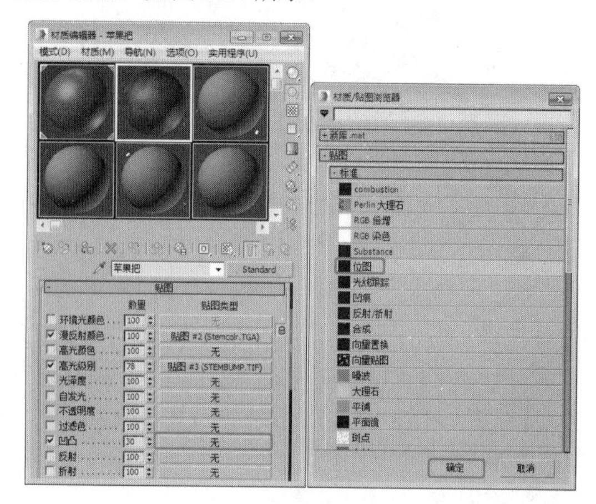

图 5.94

13 单击【转到父对象】按钮。在视图中选中所有的苹果把对象，然后单击【将材质指定给选定对象】按钮和【视口中显示明暗处理材质】按钮，将设置的材质指定给苹果把对象，如图5.95所示。

14 在【材质编辑器】对话框中选择一个新的样本球，将其重命名为【木纹】，在【Blinn基本参数】卷展栏中将【自发光】设置为20，【高光级别】设置为42，【光泽度】设置为62，如图5.96所示。

15 打开【贴图】卷展栏，单击【漫反射颜色】后面的【无】按钮，在弹出的对话框中选择【位图】选项，然后单击【确定】按钮，如图5.97所示。

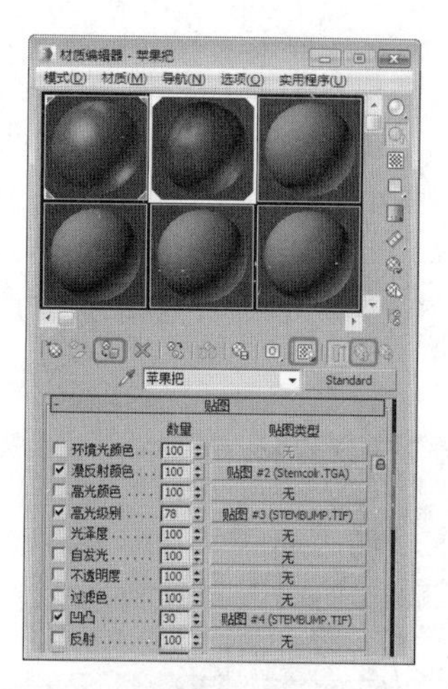

图 5.95

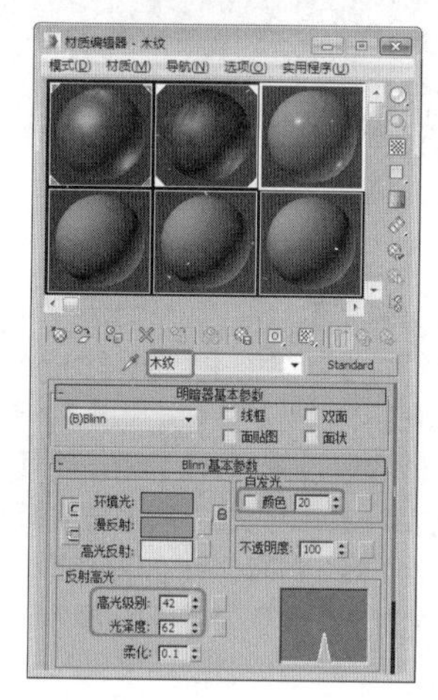

图 5.96

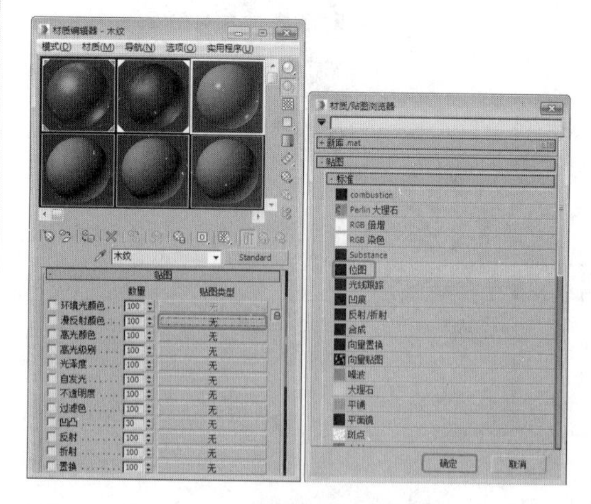

图 5.97

16 在弹出的对话框中选择配套资源中的MAP/ 009.jpg贴图文件，在【坐标】卷展栏中选中【真实世界贴图大小】复选框，将【大小】的【宽度】和【高度】都设置为48，如图5.98所示。

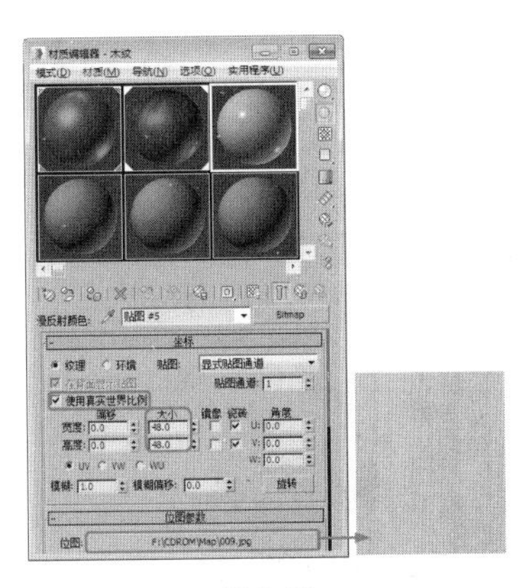

图 5.98

17 在视图中选择【低】和【上圈】对象，然后单击【将材质指定给选定对象】按钮和【视口中显示明暗处理材质】按钮，将设置的材质指定给选定对象。单击【转到父对象】按钮，在【贴图】卷展栏中将【反射】的数量设置为5，然后单击后面【无】按钮，在弹出的对话框中选择【光线跟踪】选项，单击【确定】按钮，如图5.99所示。

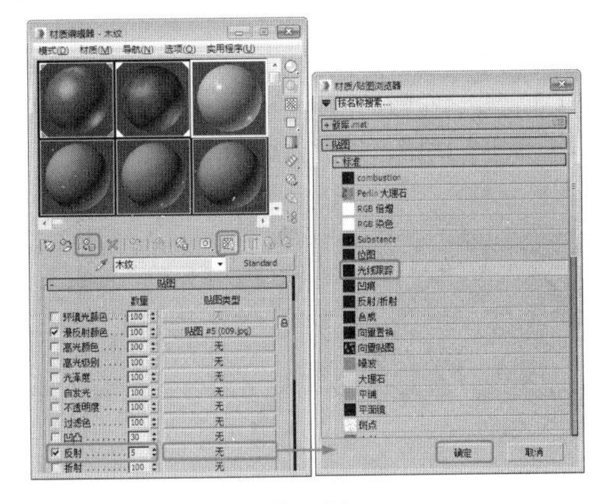

图 5.99

18 在【背景】选项组中选择【无】单选按钮并单击该按钮，在弹出的对话框中选择【位图】选项，单击【确定】按钮，如图5.100所示。

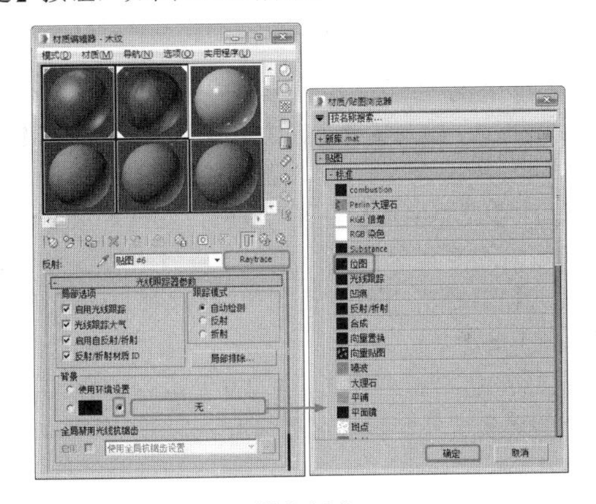

图 5.100

19 在弹出的对话框中选择配套资源中的MAP/室内环境.jpg贴图文件，在【位图参数】卷展栏中选中【应用】复选框，将W设置为0.467，H设置为0.547，单击【查看图像】按钮可以预览贴图效果，如图5.101所示。

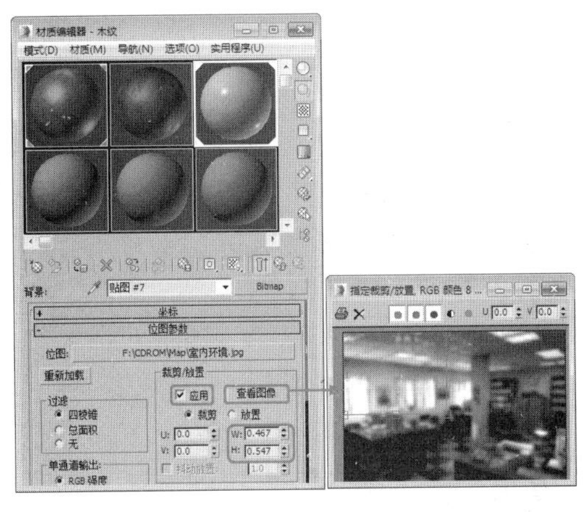

图 5.101

20 在【材质编辑器】对话框中选择一个新的样本球，并将其重命名为【金属材质】，在【明暗器基本参数】卷展栏中将【类型】设置为【金属材质】，在【金属基本参数】卷展栏中取消【环境光】和【漫反射】的锁定，将【环境光】的颜色数值设置为0,0,0，将【漫反射】的颜色数值设置为255,255,255，将【高光级别】设置为100，将【光泽度】设置为86，如图5.102所示。

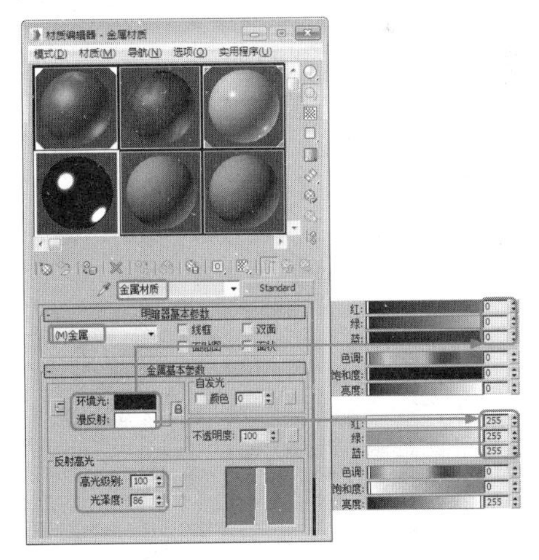

图 5.102

21 切换至【贴图】卷展栏中，将【反射】的数量设置为70，然后单击后面的【无】按钮，在弹出的对话框中选择【位图】选项，单击【确定】按钮，如图5.103所示。

22 在弹出的对话框中选择配套资源中的MAP/Metal01.tif贴图文件，在【坐标】卷展栏中将【瓷砖】的U设置为0.4，V设置为0.1，如图5.104所示。

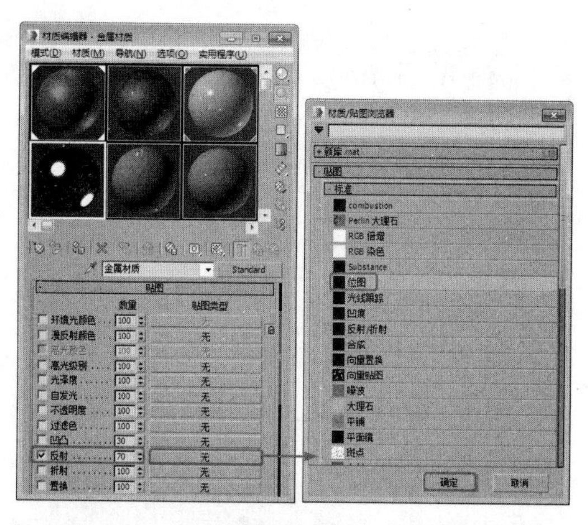

图 5.103

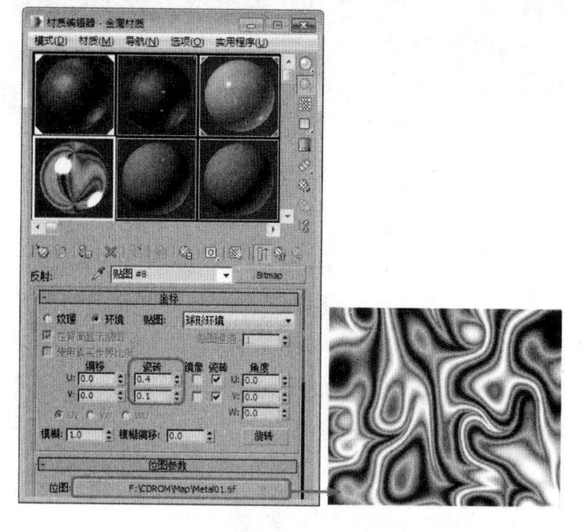

图 5.104

23 在命令面板中选择【创建】 | 【几何体】 | 【长方体】工具，在顶视图中创建一个长方体对象，在【参数】卷展栏中将【长度】设置为7000，【宽度】设置为4500，【高度】设置为0，如图5.105所示。

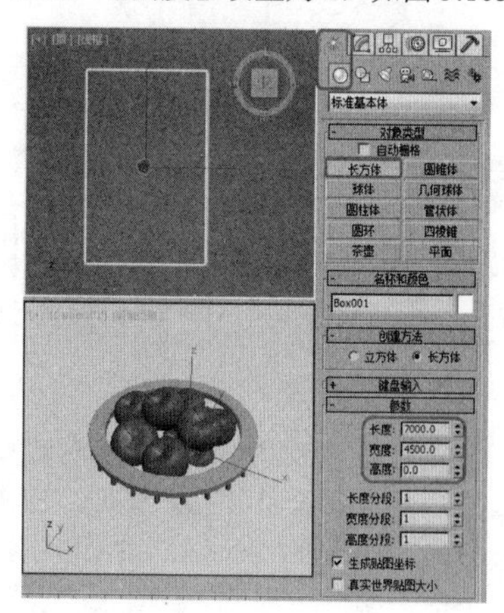

图 5.105

24 在【材质编辑器】对话框中选择一个新的样本球，在【明暗器基本参数】卷展栏中将【类型】设置为（P）Phong，在【Phong基本参数】卷展栏中将【环境光】和【漫反射】的颜色数值都设置为205,205,205，将【高光反射】的颜色数值设置为255,255,255，将【自发光】设置为30，【高光级别】设置为77，【光泽度】设置为32，如图5.106所示。

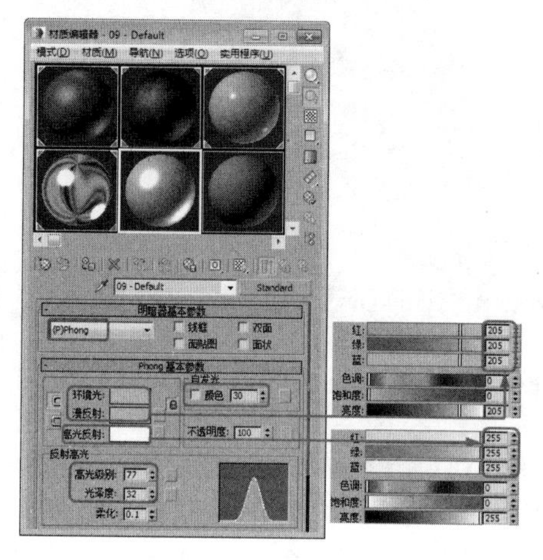

图 5.106

25 切换至【贴图】卷展栏中，单击【漫反射】后面的【无】按钮，在弹出的对话框中选择【位图】选项，单击【确定】按钮，如图5.107所示。

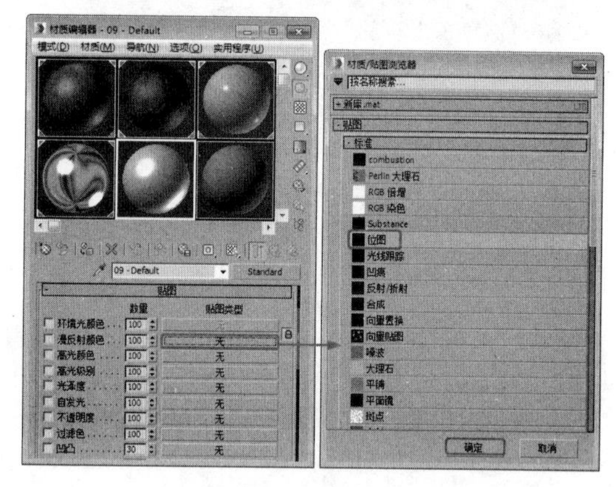

图 5.107

26 在弹出的对话框中选择配套资源中的MAP/WOOD28.jpg贴图文件，在【坐标】卷展栏中将【瓷砖】的U设置为6.0，V设置为6.0，【模糊】设置为2.0，【模糊偏移】设置为0.01，然后单击【将材质指定给选定对象】按钮和【视口中显示明暗处理材质】按钮，将设置的材质指定给长方体对象，如图5.108所示。

27 最后激活摄影机视图，按F9键进行渲染，将完成后的场景文件和效果存储即可。

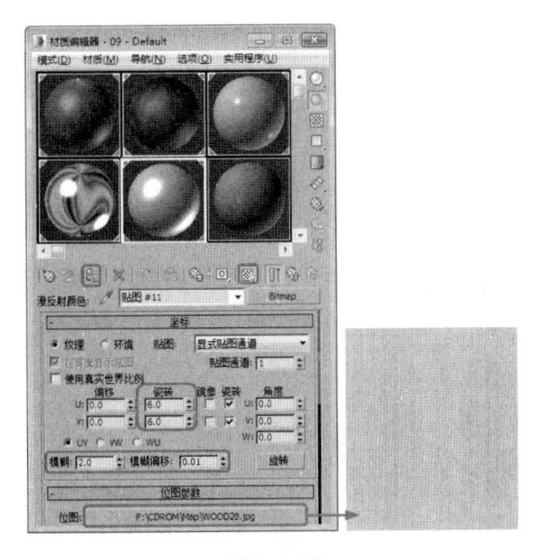

图 5.108

5.7.3 制作桌椅材质

随着人们生活质量的提高，人们对桌椅的要求也随之提高，本例将详细讲解如何为桌椅制作材质，完成后的效果如图 5-109 所示。

图 5.109

01 首先打开配套资源中的制作桌椅材质素材 .max 文件，显示效果如图 5.110 所示。

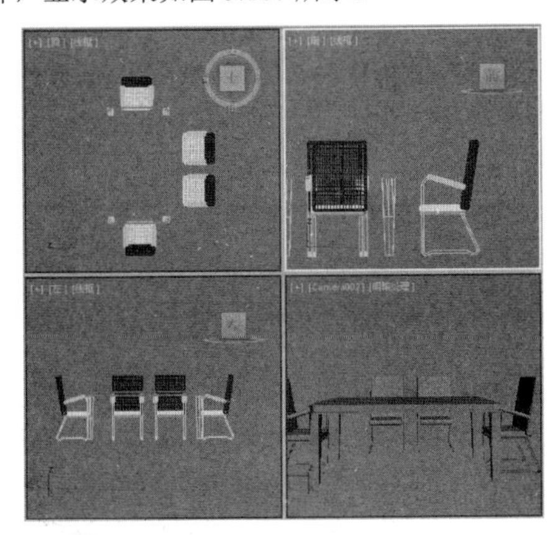

图 5.110

02 按 M 键打开【材质编辑器】对话框，并将其重命名为【双层桌面】，单击 Standard 按钮，在弹出的对话框中选择【多维 / 子对象】选项，然后单击【确定】按钮，弹出【替换材质】对话框，在该对话框中选择【将旧材质保存为子材质】单选按钮并单击【确定】按钮，如图 5.111 所示。

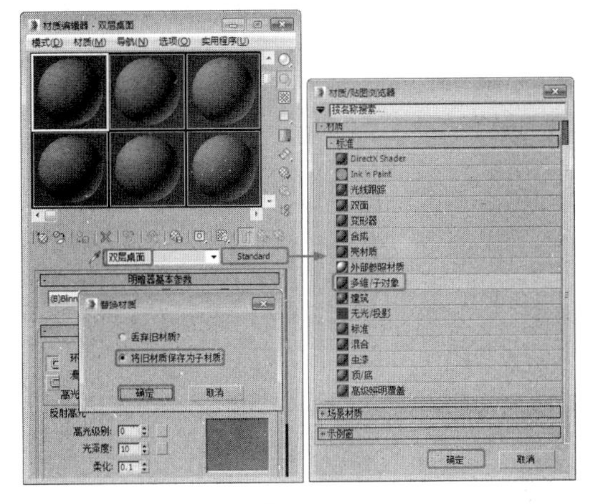

图 5.111

03 在【多维 / 子对象基本参数】卷展栏中单击【设置数量】按钮，弹出【设置材质数量】对话框，将【材质数量】设置为 2，单击【确定】按钮，如图 5.112 所示。

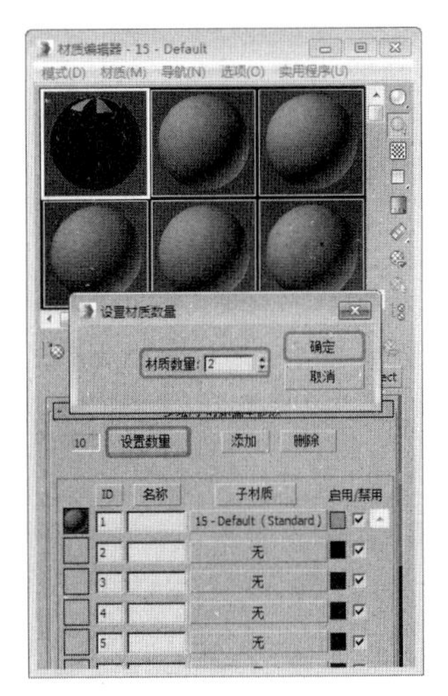

图 5.112

04 切换至【贴图】卷展栏，单击【反射】后面的【无】按钮，在弹出的对话框中选择【平面镜】选项，单击【确定】按钮，如图 5.113 所示。

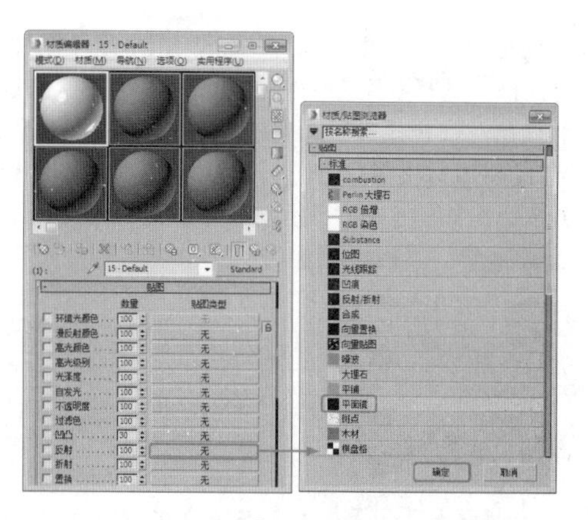

图 5.113

05 在【平面镜参数】卷展栏中选中【应用于带 ID 的面】复选框，如图 5.114 所示。

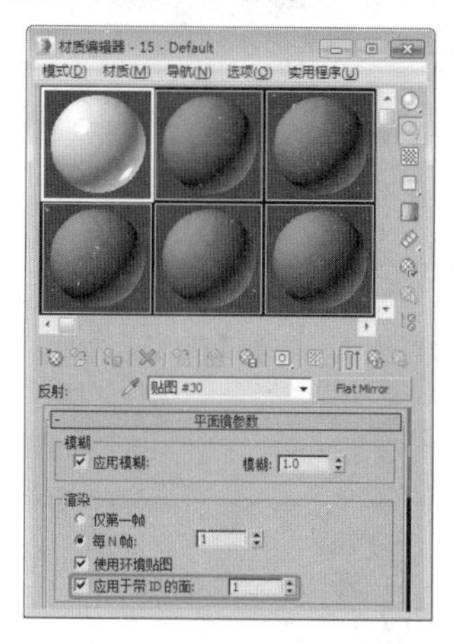

图 5.114

06 单击两次【转到父对象】按钮，在【多维 / 子对象基本参数】卷展栏中单击 ID2 后面的【无】按钮，在弹出的对话框中选择【标准】选项并单击【确定】按钮，如图 5.115 所示。

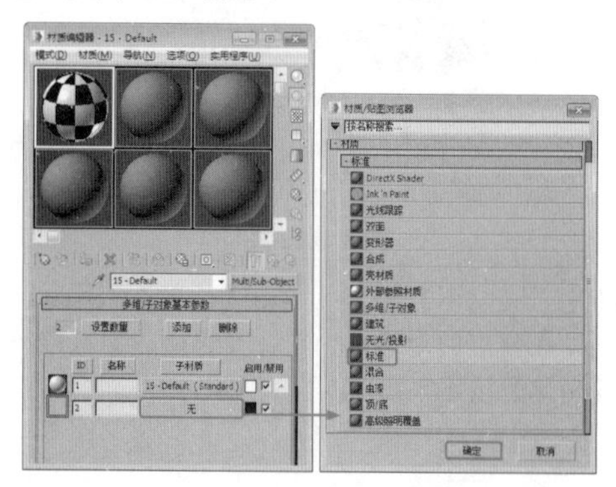

图 5.115

07 在【明暗器基本参数】卷展栏中将【类型】设置为【（M）金属】，在【贴图】卷展栏中单击【漫反射颜色】后面的【无】按钮，在弹出的对话框中选择【位图】选项并单击【确定】按钮，如图 5.116 所示。

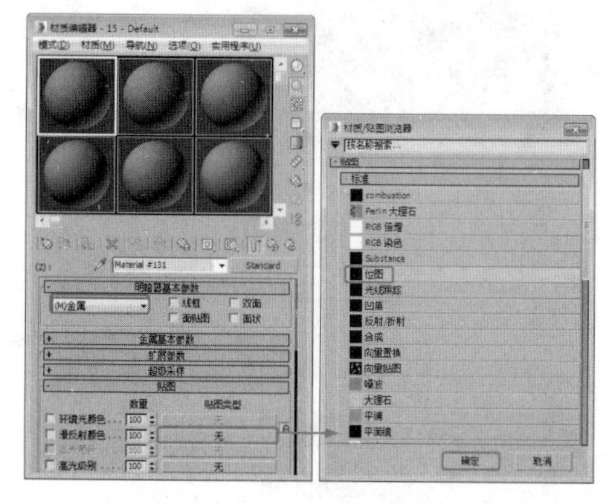

图 5.116

08 在弹出的对话框中选择配套资源中的 MAP/images.jpg 贴图文件，在【坐标】卷展栏中将【瓷砖】的 U 设置为 1.0，V 设置为 2.0，如图 5.117 所示。

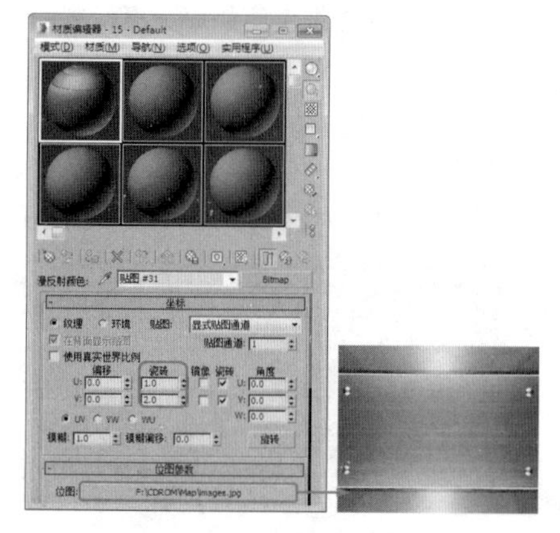

图 5.117

09 在视图中同时选中【桌面上】和【桌面下】对象，单击【转到父对象】按钮，然后单击【将材质指定给选定对象】按钮，将材质指定给选定对象，如图 5.118 所示。

图 5.118

10 在【材质编辑器】对话框中选择一个新的样本球，将其重命名为【坐垫、扶手、靠背】，在【Blinn 基本参数】卷展栏中将【环境光】的颜色数值设置为 255,255,255，将【自发光】设置为 30，【高光级别】设置为 101，【光泽度】设置为 64，设置完成后，在视图中同时选中坐垫、扶手、靠背对象，单击【将材质指定给选定对象】按钮和【视口中显示明暗处理材质】按钮，将材质指定给选定对象，如图 5.119 所示。

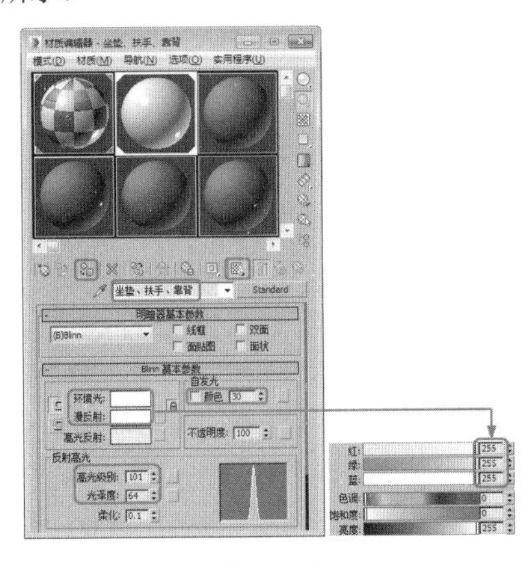

图 5.119

11 在【材质编辑器】对话框中选择一个新的样本球，将其重命名为【桌面、桌腿】，在【明暗器基本参数】卷展栏中将【类型】设置为（P）Phong，在【Phong 基本参数】卷展栏中将【环境光】的颜色数值设置为 255,255,255，将【自发光】设置为 30，【高光级别】设置为 101，【光泽度】设置为 64，如图 5.120 所示。

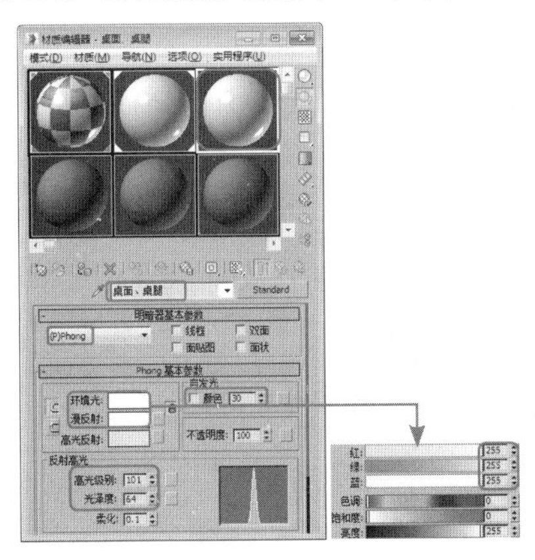

图 5.120

12 切换至【贴图】卷展栏中，单击【反射】后面的【无】按钮，在弹出的对话框中选择【平面镜】选项并单击【确定】按钮，如图 5.121 所示。

13 在【平面镜参数】卷展栏中选中【应用于带 ID 的面】复选框，设置完成后在视图中同时选中桌腿、桌面中的对象，然后单击【将材质指定给选定对象】按钮，将材质指定给选定对象，如图 5.122 所示。

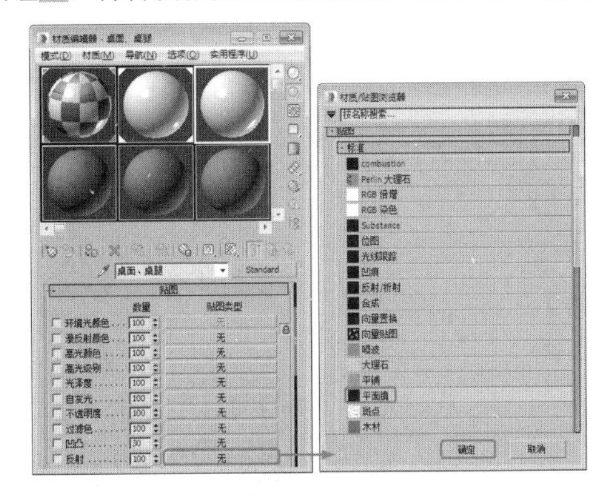

图 5.121

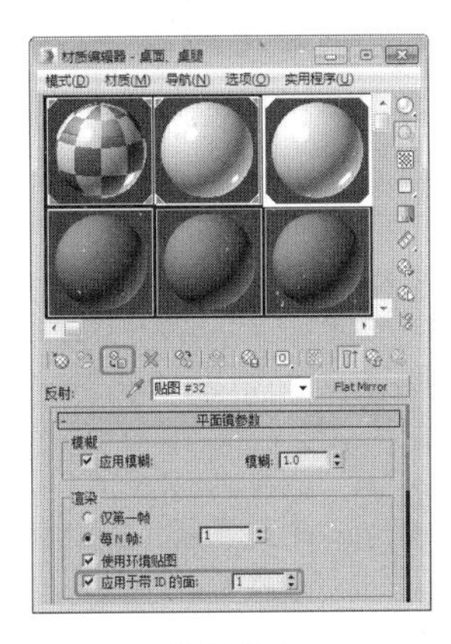

图 5.122

14 在【材质编辑器】对话框中选择一个新的样本球，并将其重命名为【金属支架】，在【明暗器基本参数】卷展栏中将【类型】设置为【金属】，在【金属基本参数】卷展栏中取消【环境光】和【（M）漫反射】的锁定，将【环境光】的颜色数值设置为 0,0,0，将【漫反射】的颜色数值设置为 255,255,255，将【高光级别】设置为 100，【光泽度】设置为 86，如图 5.123 所示。

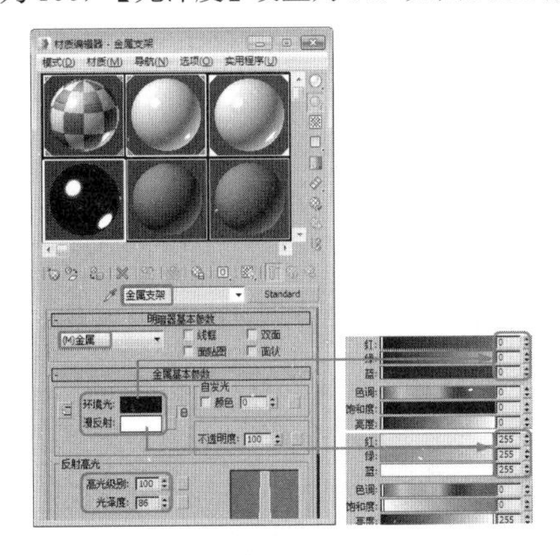

图 5.123

15 切换至【贴图】卷展栏，将【反射】的数量设置为 70，然后单击后面的【无】按钮，在弹出的对话框中选择【位图】选项并单击【确定】按钮，如图 5.124 所示。

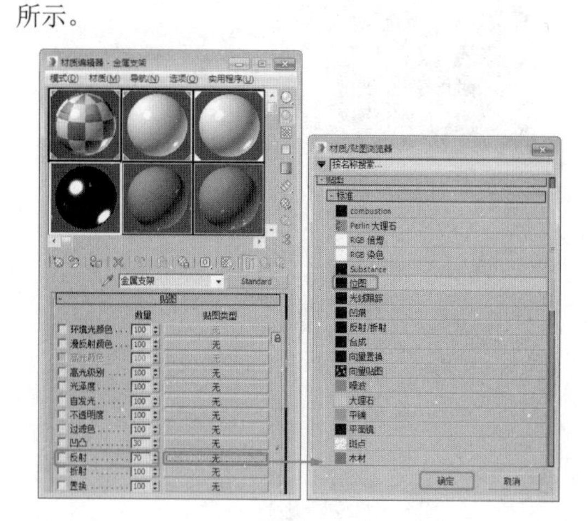

图 5.124

16 在弹出的对话框中选择配套资源中的 MAP/Metal01.tif 贴图文件，在【坐标】卷展栏中将【瓷砖】的 U 设置为 0.4，将 V 设置为 0.1，如图 5.125 所示。

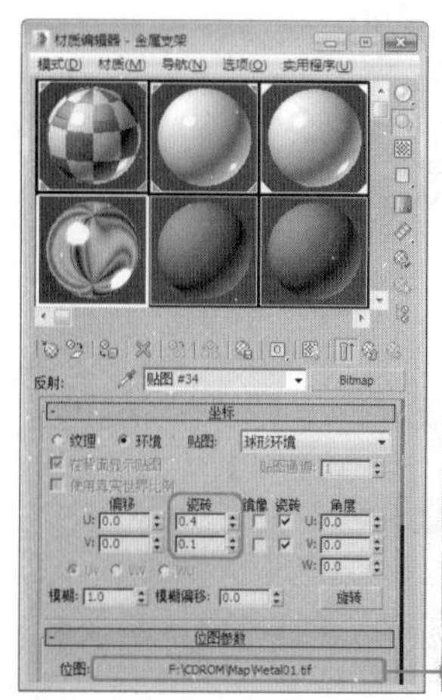

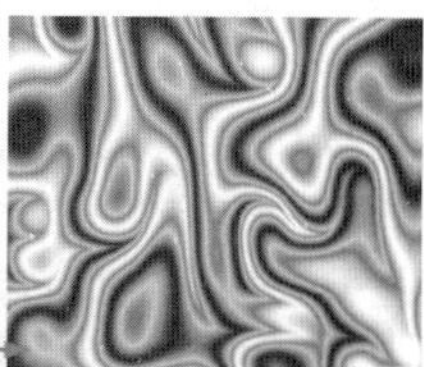

图 5.125

17 在命令面板中选择【创建】 | 【几何体】 | 【平面】工具，在顶视图中创建平面对象，在【参数】卷展栏中将【长度】设置为 11940，【宽度】设置为 12150，如图 5.126 所示。

18 确认选中平面并右击，在弹出的快捷菜单中选择【对象属性】命令，弹出【对象属性】对话框，在【显示属性】选项组中选中【透明】复选框，然后单击【确定】按钮，如图 5.127 所示。

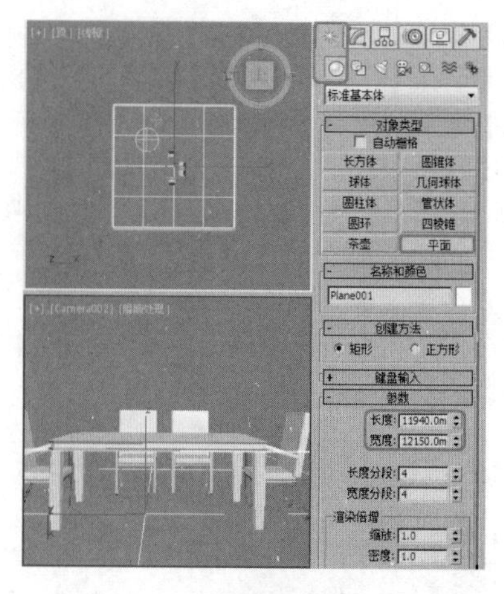

图 5.126

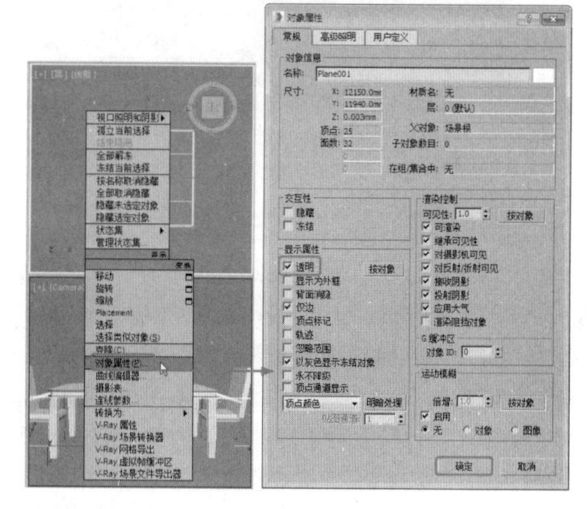

图 5.127

19 在【材质编辑器】对话框中选择一个新的样本球，单击 Standard 按钮，在弹出的对话框中选择【无光 / 投影】选项，如图 5.128 所示。

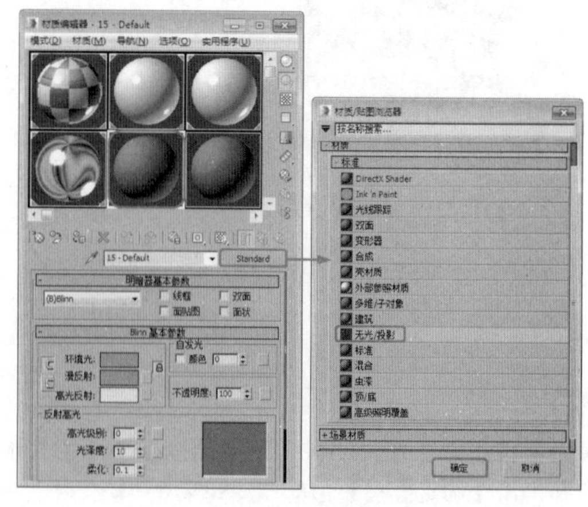

图 5.128

20 将【天光 / 投影基本参数】卷展栏参数保持默认，单击【将材质指定给选定对象】按钮。

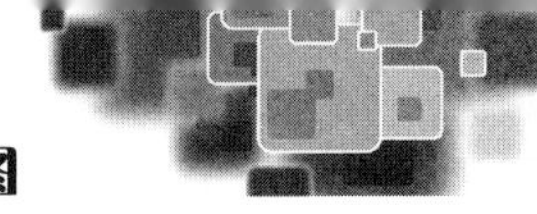

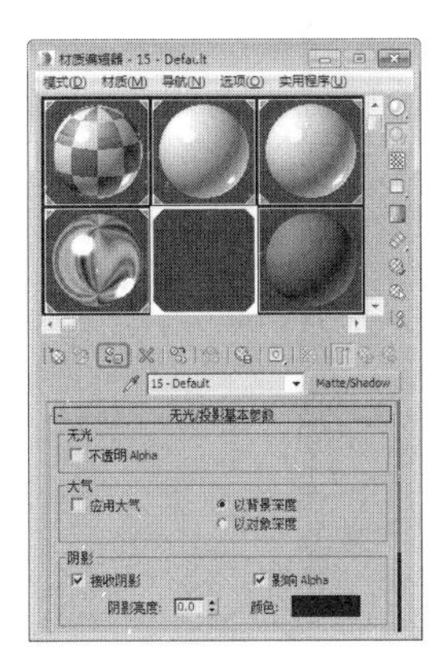

图 5.129

21 按 8 键弹出【环境和效果】对话框，在【公用参数】卷展栏中单击【环境贴图】下面的【无】按钮，在弹出的对话框中选择【位图】选项并单击【确定】按钮，如图 5.130 所示。

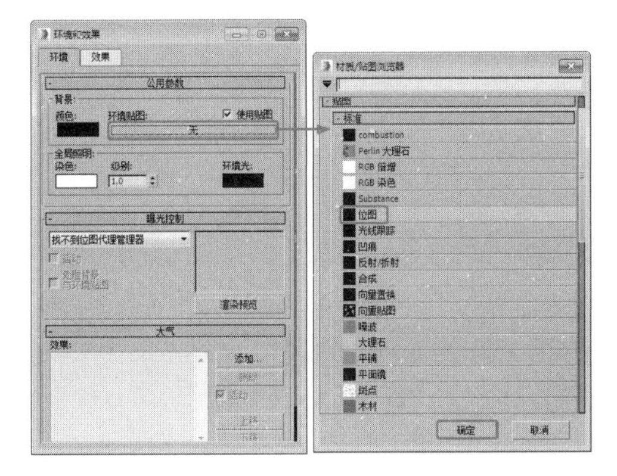

图 5.130

22 在弹出的对话框中选择配套资源中的 MAP/ 465.jpg 贴图文件，将添加的环境贴图拖曳至一个新的样本球上，在弹出的【实例（副本）贴图】对话框中选中【实例】单选按钮并单击【确定】按钮，在【坐标】卷展栏中将显示方式设置为【屏幕】，如图 5.131 所示。

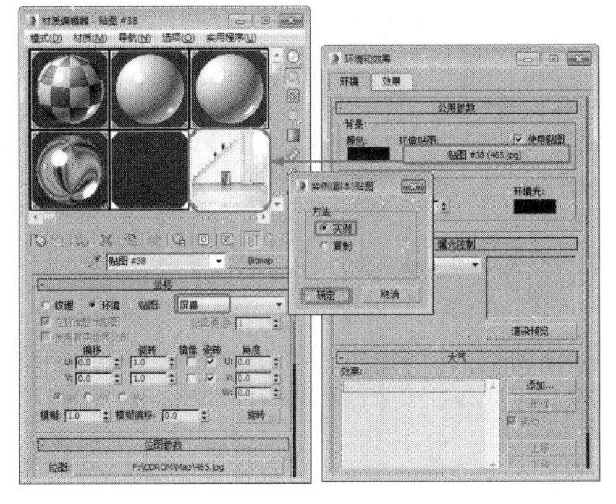

图 5.131

23 激活摄影机视图，按 Alt+B 组合键，弹出【视口配置】对话框，在【背景】选项卡中选中【使用环境贴背景】单选按钮并单击【确定】按钮，如图 5.132 所示。

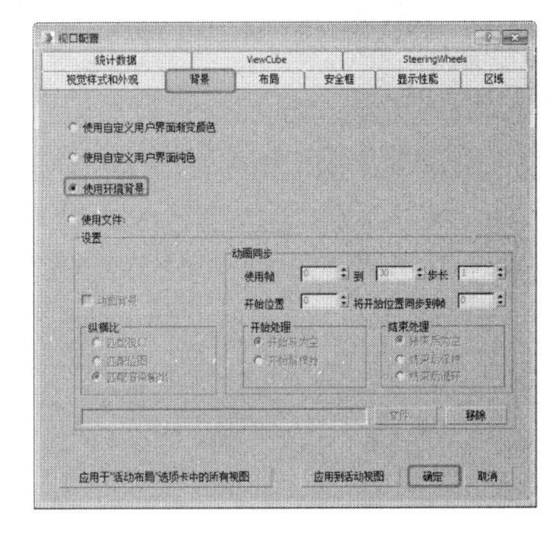

图 5.132

24 设置完成后按 F9 键进行快速渲染，渲染效果如图 5.133 所示，最后将完成后的场景文件和效果存储即可。

图 5.133

5.7.4 制作植物材质

下面将通过实例讲解如何制作植物材质，完成后的效果如图 5.134 所示。

图 5.134

01 首先打开配套资源中的植物材质素材.max文件，显示效果如图5.135所示。

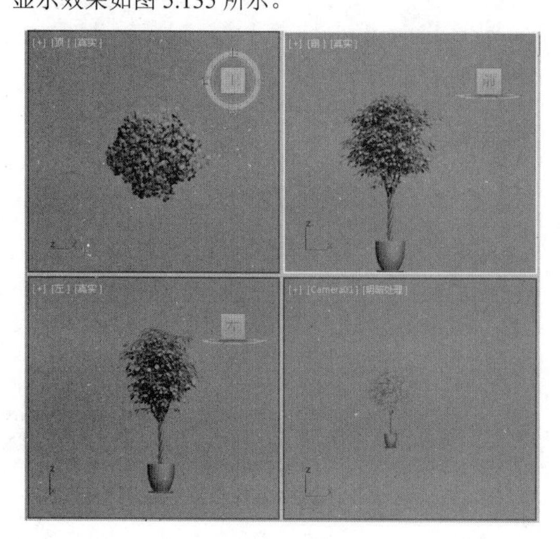

图 5.135

02 按M键打开【材质编辑器】对话框，选择一个新的样本球并将其重命名为【花盆】，在【Blinn基本参数】卷展栏中将【高光级别】设置为10，【光泽度】设置为30，如图5.136所示。

图 5.136

03 切换至【贴图】卷展栏，单击【漫反射颜色】后面的【无】按钮，在弹出的【材质/贴图浏览器】对话框中选择【混合】选项并单击【确定】按钮，如图5.137所示。

04 在【混和参数】卷展栏中将【颜色#1】的参数设置为249,230,214，将【颜色#2】的设置设置为140,94,77，然后单击【颜色1】后面的【无】按钮，在弹出的【材质/贴图浏览器】对话框中选择【衰减】贴图并单击【确定】按钮，如图5.138所示。

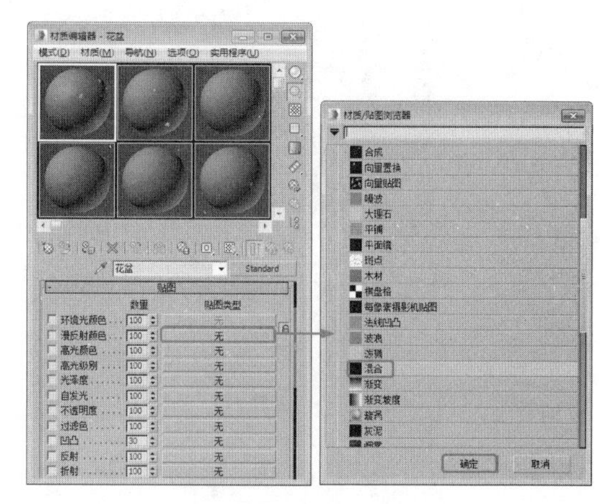

图 5.137

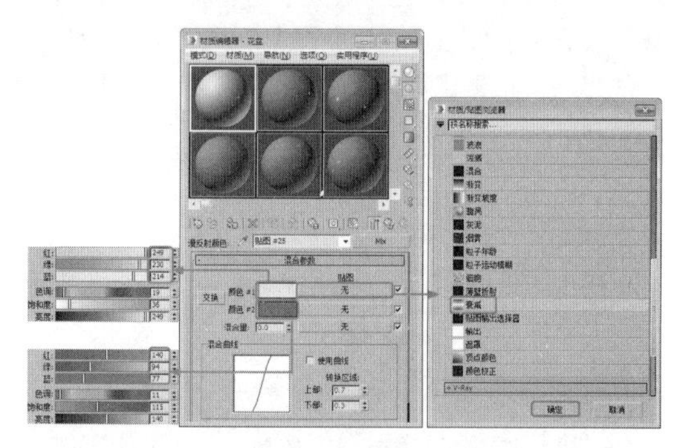

图 5.138

05 在【衰减参数】卷展栏中将第一个颜色块的数值设置为249,217,210，将第二个颜色块的数值设置为251,238,228，如图5.139所示。

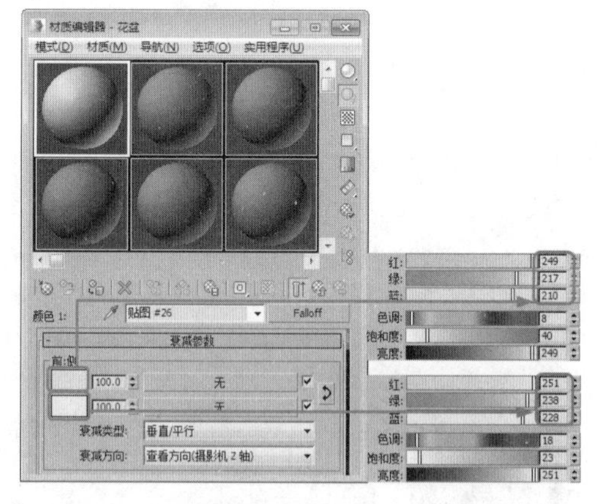

图 5.139

06 设置完成后单击【转到父对象】按钮，在【混合参数】卷展栏中单击【混合量】后面的【无】按钮，在弹出的【材质/贴图浏览器】对话框中选择【位图】贴图并单击【确定】按钮，如图5.140所示。

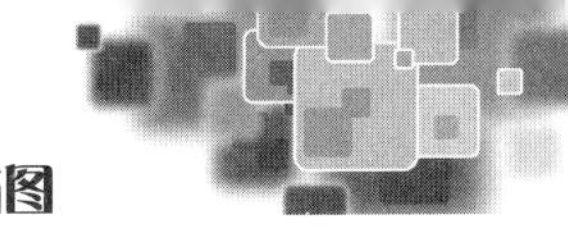

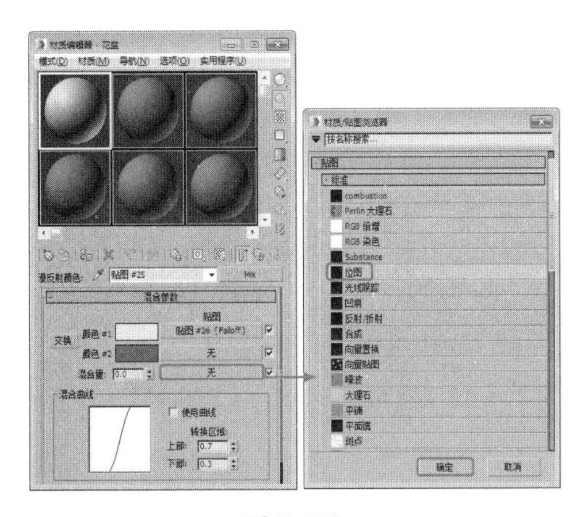

图 5.140

07 在弹出的对话框中选择配套资源中的 MAP/Arch41_039_pot_mask.jpg 贴图文件，在【坐标】卷展栏中将【瓷砖】的 U 设置为 1.0，V 设置为 0.9，如图 5.141 所示。

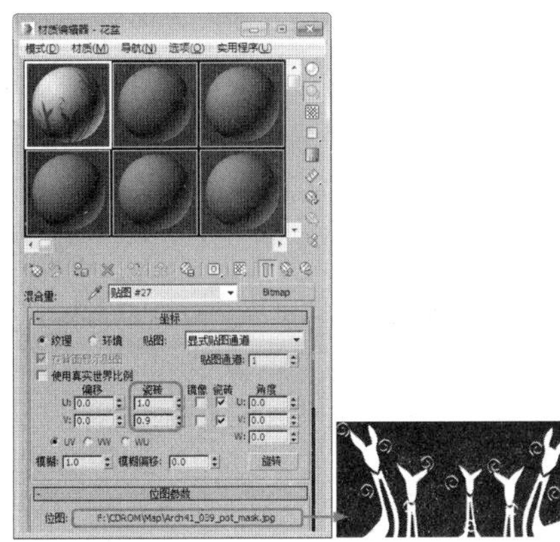

图 5.141

08 单击两次【转到父对象】按钮，在【贴图】卷展栏中将【凹凸】数值设置为 5，单击后面的【无】按钮，在弹出的【材质 / 贴图浏览器】对话框中选择【斑点】贴图并单击【确定】按钮，如图 5.142 所示。

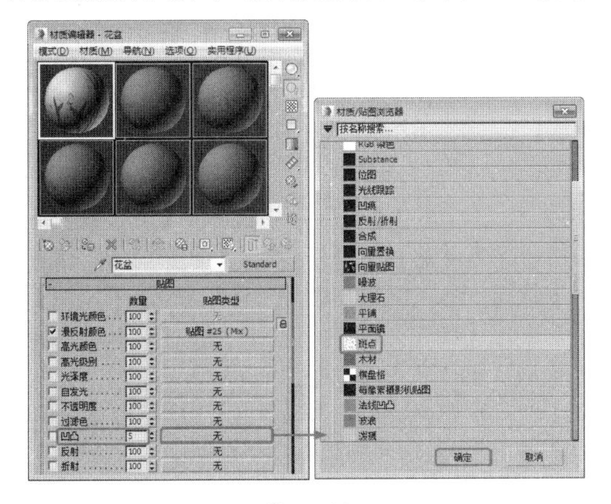

图 5.142

09 在【坐标】卷展栏中将【瓷砖】的 X、Y 和 Z 均设置为 2.54，如图 5.143 所示。在视图中选中花盆对象，单击【转到父对象】按钮，然后单击【将材质指定给选定对象】按钮和【视口中显示明暗处理材质】按钮，将材质指定给选定对象。

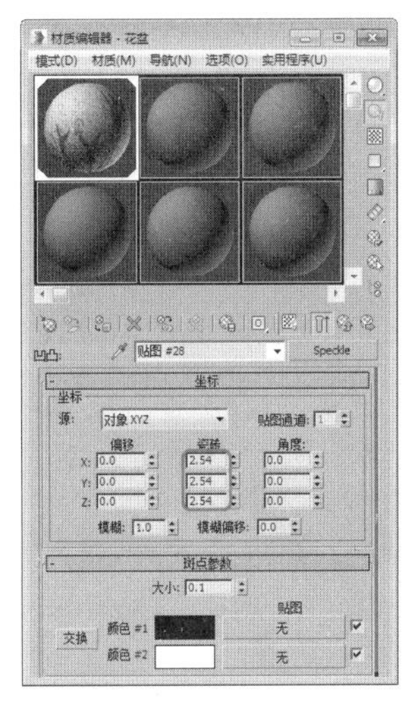

图 5.143

10 在【材质编辑器】对话框中选择一个新的样本球，并将其重命名为【土壤】，打开【贴图】卷展栏，单击【漫反射颜色】后面的【无】按钮，在弹出的【材质 / 贴图浏览器】对话框中选择【位图】贴图并单击【确定】按钮，如图 5.144 所示。

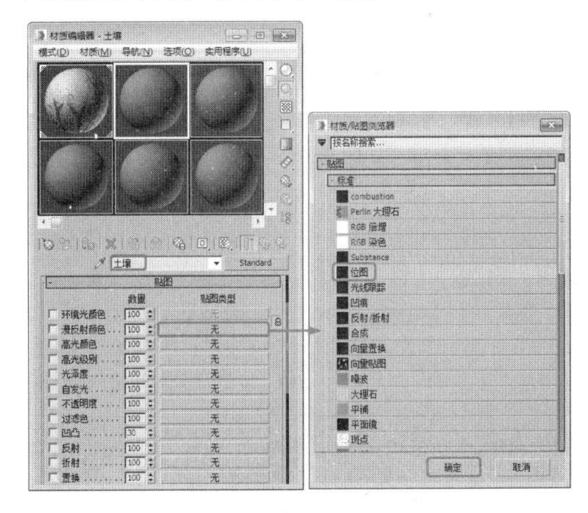

图 5.144

11 在弹出的对话框中选择配套资源中的 MAP/Arch41_029_ground.jpg 贴图文件，在【坐标】卷展栏中将【瓷砖】的 U 设置为 2.0，V 设置为 2.0，如图 5.145 所示。

12 单击【转到父对象】按钮，在【贴图】卷展栏中单击【凹凸】右侧的【无】按钮，在弹出的【材质 / 贴图浏览器】对话框中选择【位图】贴图并单击【确定】按钮，如图 5.146 所示。

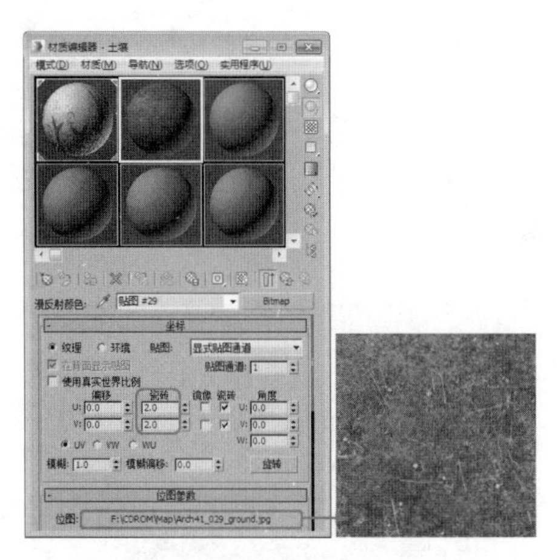

图 5.145

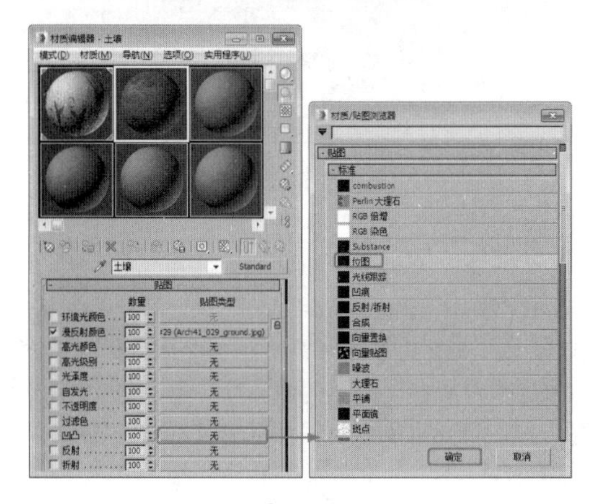

图 5.146

13 在弹出的对话框中选择配套资源中的MAP/Arch41_029_ground.jpg贴图文件，在【坐标】卷展栏中将【瓷砖】的U设置为2.0，V设置为2.0，然后单击【将材质指定给选定对象】按钮和【视口中显示明暗处理材质】按钮，将材质指定给选定对象，如图5.147所示。

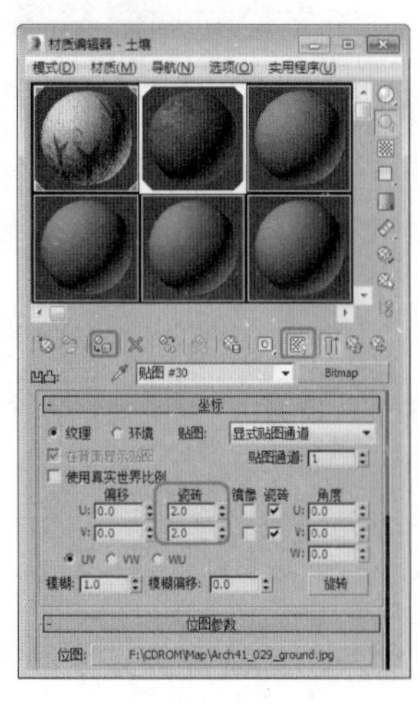

图 5.147

14 在【材质编辑器】对话框中选择一个新的样本球，并将其重命名为【树干】，在【贴图】卷展栏中单击【漫反射颜色】后面的【无】按钮，在弹出的【材质/贴图浏览器】对话框中选择【混合】贴图并单击【确定】按钮，如图5.148所示。

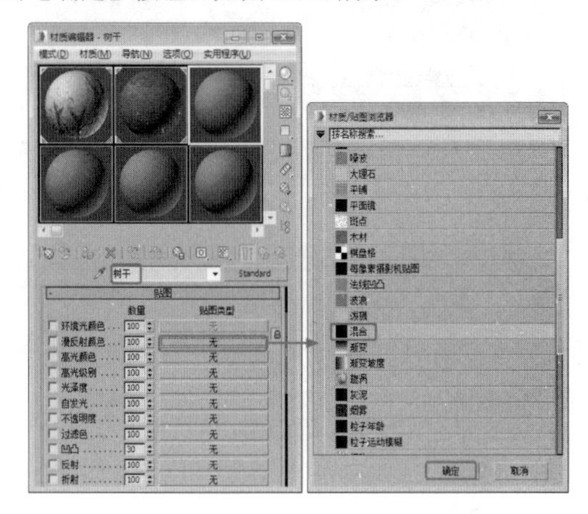

图 5.148

15 在【混合参数】卷展栏中单击【颜色#1】后面的【无】按钮，在弹出的【材质/贴图浏览器】对话框中选择【位图】贴图并单击【确定】按钮，如图5.149所示。

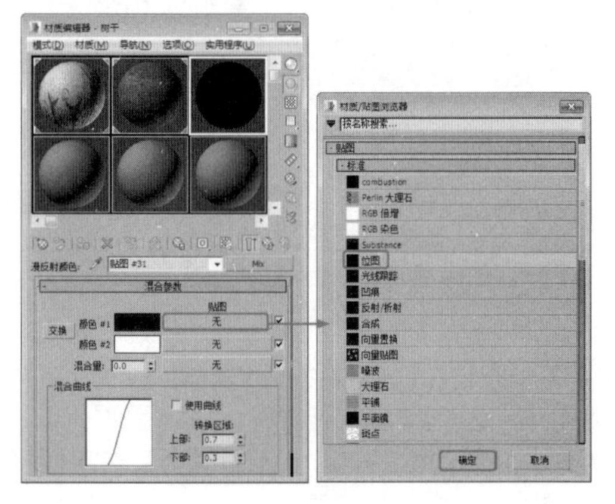

图 5.149

16 在弹出的对话框中选择配套资源中的MAP/Arch41_029_bark.jpg贴图文件，在【坐标】卷展栏中将【瓷砖】的U设置为3.0，V设置为3.0，如图5.150所示。

17 单击【转到父对象】按钮，在【混合参数】卷展栏中单击【颜色#2】后面的【无】按钮，在弹出的【材质/贴图浏览器】对话框中选择【位图】贴图并单击【确定】按钮，在弹出的对话框中选择配套资源中的MAP/ Arch41_029_bark.jpg贴图文件，在【坐标】卷展栏中将【瓷砖】的U设置为3.0，V设置为3.0，如图5.151所示。

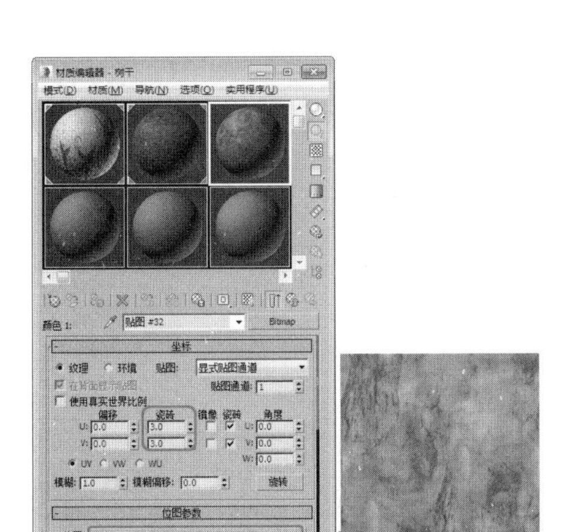

图 5.150

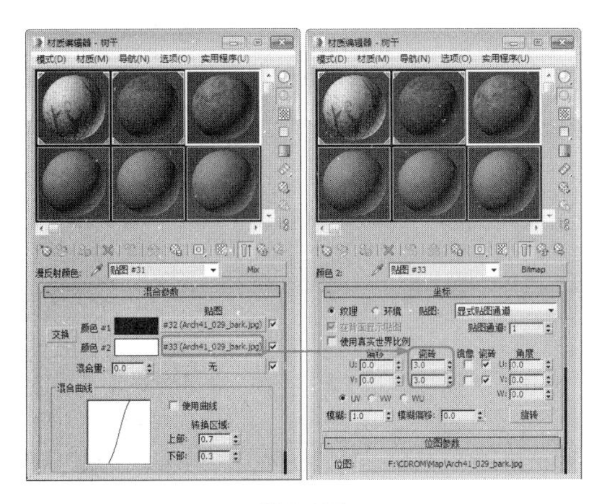

图 5.151

18 设置完成后，单击【转到父对象】按钮，在【混合参数】卷展栏中单击【混合量】后面的【无】按钮，在弹出的【材质 / 贴图浏览器】对话框中选择【位图】贴图并单击【确定】按钮，在弹出的对话框中选择配套资源中的 MAP/ Arch41_029_bark_mask.jpg 贴图文件，在【坐标】卷展栏中保持参数不变，如图 5.152 所示。

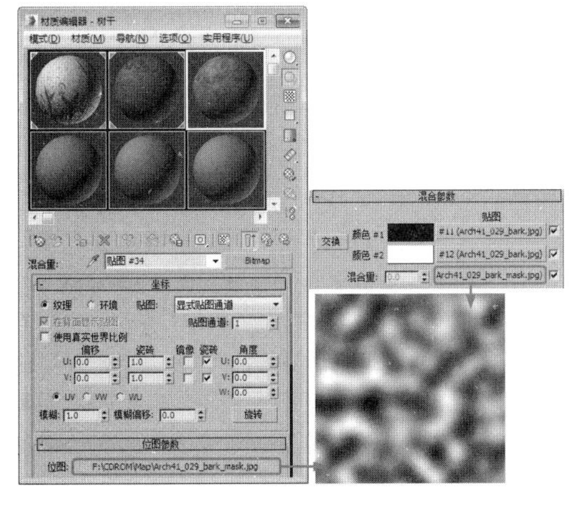

图 5.152

19 单击两次【转到父对象】按钮，在【贴图】卷展栏中将【凹凸】的数量设置为 400，然后单击后面的【无】按钮，在弹出的【材质 / 贴图浏览器】对话框中选择【位图】贴图并单击【确定】按钮，如图 5.153 所示。

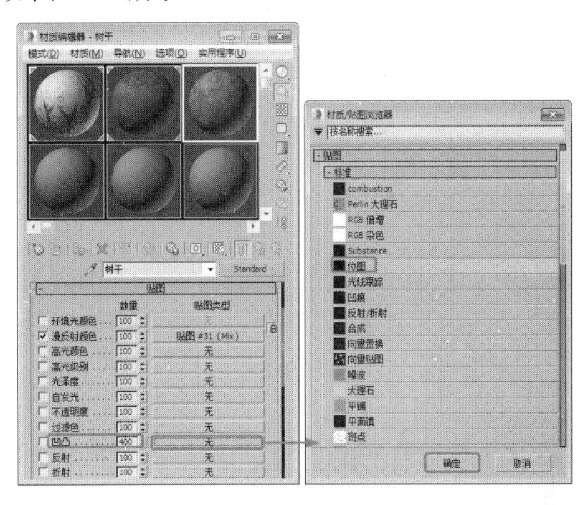

图 5.153

20 在弹出的对话框中选择配套资源中的 MAP/ Arch41_029_bark_bump.jpg 贴图文件，在【坐标】卷展栏中将【瓷砖】的 U 设置为 3.0，V 设置为 3.0，如图 5.154 所示。

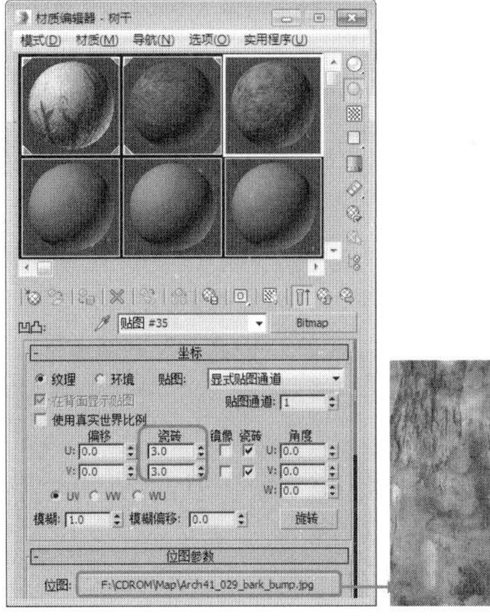

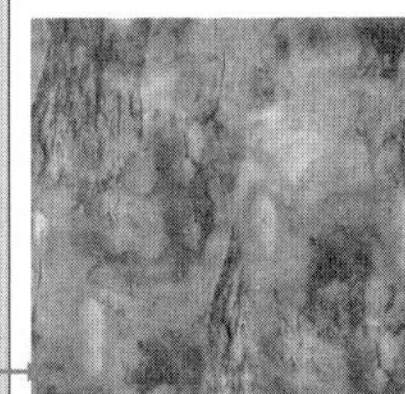

图 5.154

21 单击【转到父对象】按钮，在视图中选择【树干】对象，然后单击【将材质指定给选定对象】按钮和【视口中显示明暗处理材质】按钮，将材质指定给选定对象，如图 5.155 所示。

22 在【材质编辑器】对话框中选择一个新的样本球，并将其重命名为【树叶】，在【贴图】卷展栏中单击【漫反射颜色】后面的【无】按钮，在弹出的【材质 / 贴图浏览器】对话框中选择【位图】贴图并单击【确定】按钮，如图 5.156 所示。

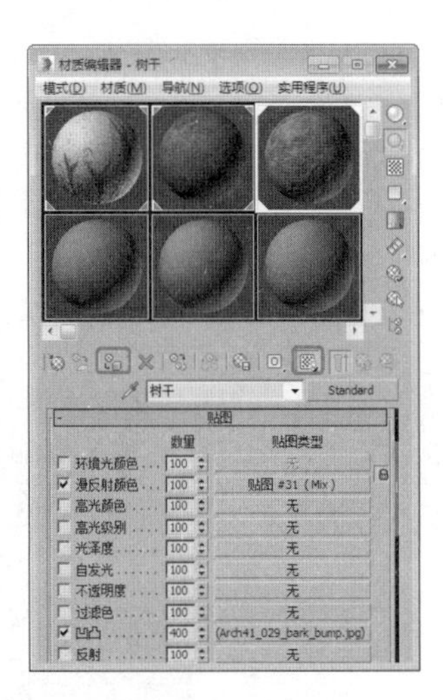

图 5.155

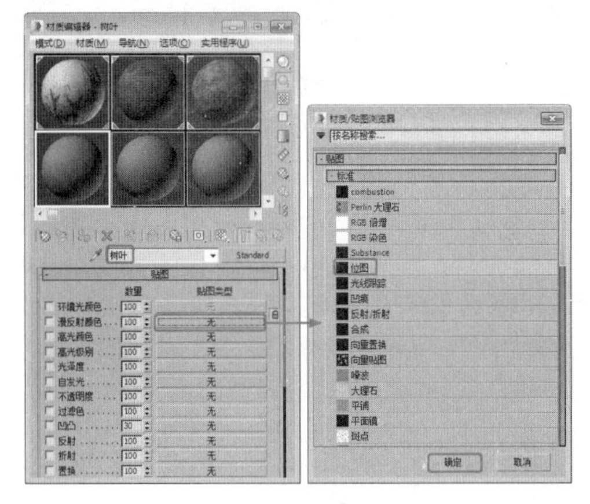

图 5.156

23 在弹出的对话框中选择配套资源中的MAP/Arch41_039_leaf.jpg贴图文件，在【坐标】卷展栏中保持默认的参数，然后单击【转到父对象】按钮，如图5.157所示。

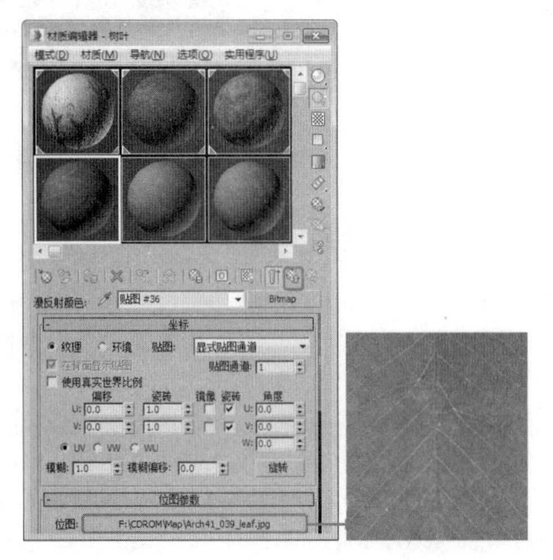

图 5.157

24 切换至【贴图】卷展栏，单击【凹凸】后面的【无】按钮，在弹出的【材质/贴图浏览器】对话框中选择【位图】贴图并单击【确定】按钮，在弹出的对话框中选择配套资源中的MAP/ Arch41_039_leaf_refract.jpg贴图文件，在【坐标】卷展栏中选中【环境】单选按钮，将显示方式设置为【球形环境】，如图5.158所示。

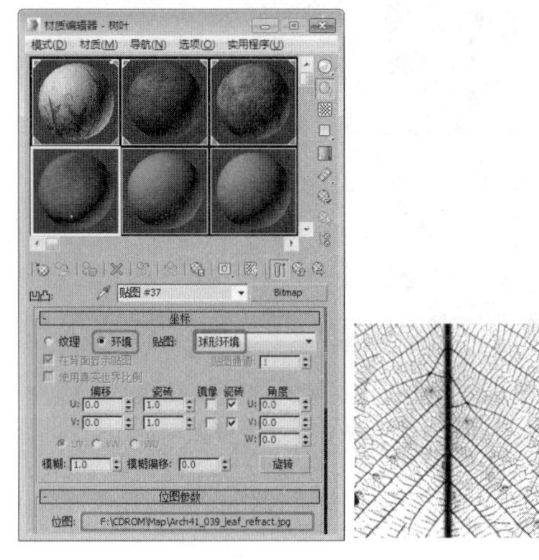

图 5.158

25 单击【转到父对象】按钮，在【贴图】卷展栏中将【折射】的数量设置为5，然后单击后面的【无】按钮，在弹出的【材质/贴图浏览器】对话框中选择【位图】贴图并单击【确定】按钮，如图5.159所示。

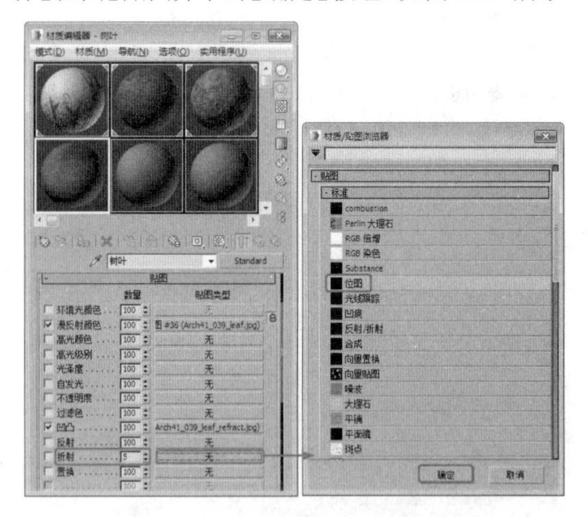

图 5.159

26 在【坐标】卷展栏中选中【环境】单选按钮，将显示方式设置为【球形环境】，单击【转到父对象】按钮，在视图中选中所有的树叶对象，然后单击【将材质指定给选定对象】按钮和【视口中显示明暗处理材质】按钮，将材质指定给选定对象，如图5.160所示。

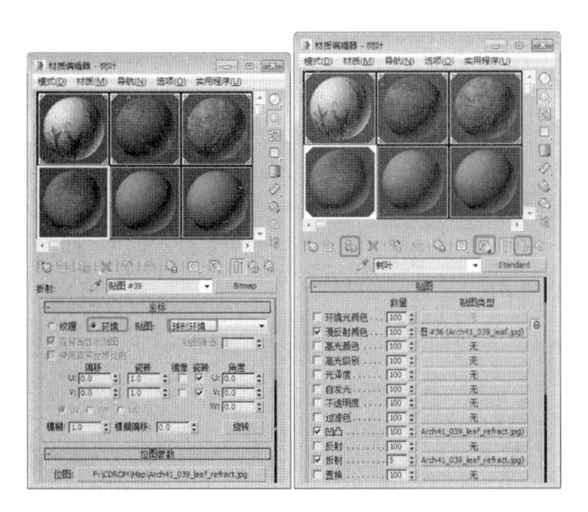

图 5.160

27 指定材质后的显示效果如图 5.161 所示。

图 5.161

28 在命令面板中选择【创建】 | 【几何体】 | 【长方体】工具，在顶视图中创建长方体对象，在【参数】卷展栏中将【长度】设置为 2000，【宽度】设置为 2000，【高度】设置为 0，如图 5.162 所示。

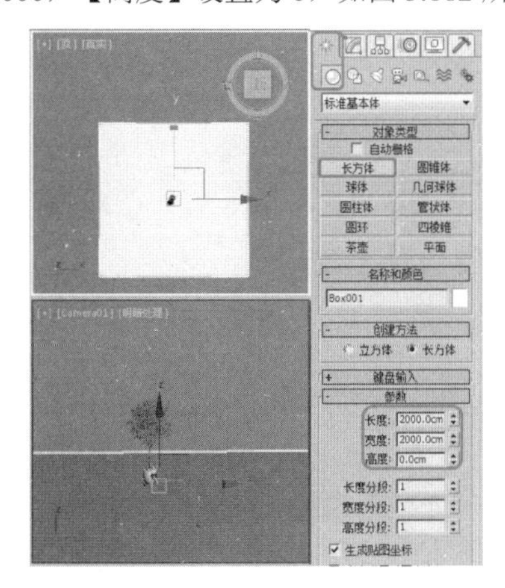

图 5.162

29 继续选中长方体对象并右击，在弹出的快捷菜单中选择【对象属性】命令，弹出【对象属性】对话框，在【显示属性】选项组中选中【透明】单选按钮并单击【确定】按钮，如图 5.163 所示。

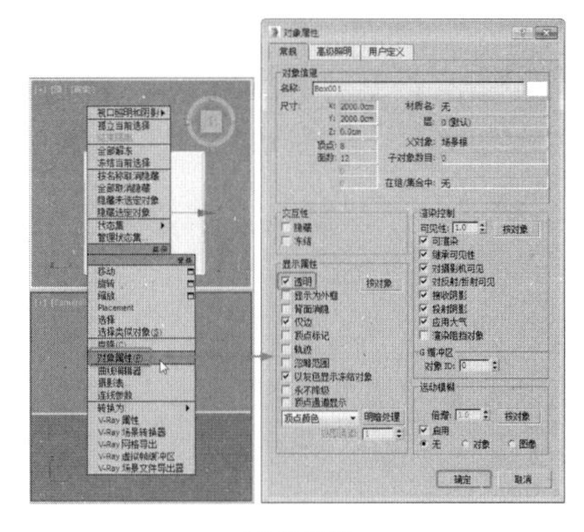

图 5.163

30 按 8 键弹出【环境和效果】对话框，在【公用参数】卷展栏中单击【环境贴图】下面的【无】按钮，在弹出的【材质 / 贴图浏览器】对话框中选择【位图】贴图并单击【确定】按钮，如图 5.164 所示。

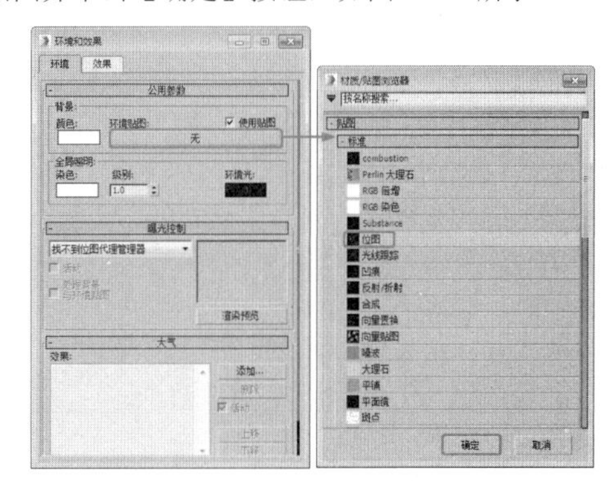

图 5.164

31 将添加的环境贴图拖曳至一个新的样本球上面，在弹出的【实例（副本）贴图】对话框中选中【实例】单选按钮并单击【确定】按钮，在【坐标】卷展栏中将显示方式设置为【屏幕】，如图 5.165 所示。

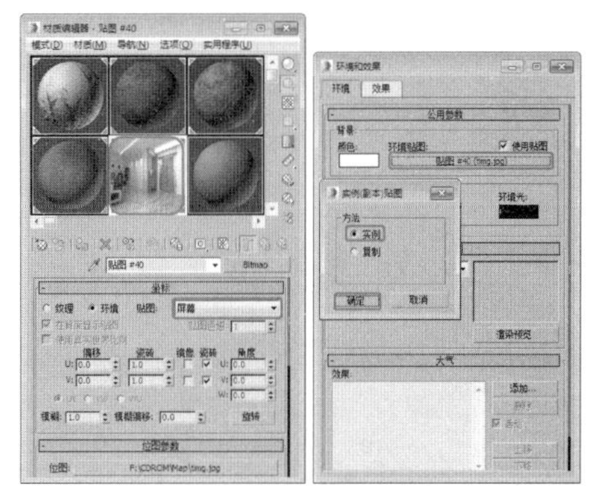

图 5.165

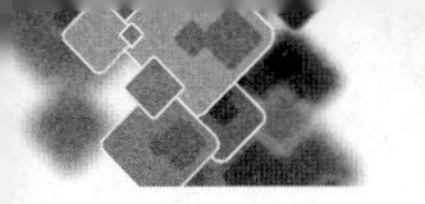

32 激活摄影机视图，按 Alt+B 组合键，弹出【视口配置】对话框，在【背景】选项卡中选中【使用环境背景】单选按钮并单击【确定】按钮，如图 5.166 所示。

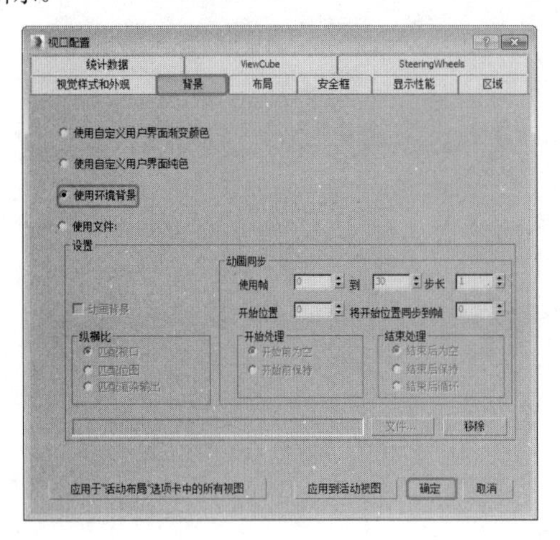

图 5.166

33 在视图中选中长方体对象，在【材质编辑器】对话框中选择一个新的样本球，单击 Standard 按钮，在弹出的【材质 / 贴图浏览器】对话框中选择【无光 / 投影】贴图并单击【确定】按钮，如图 5.167 所示。

34 在【无光 / 投影基本参数】卷展栏中保持默认参数，单击【将材质指定给选定对象】按钮，将材质指定给长方体对象，如图 5.168 所示。

35 激活摄影机视图，按 F9 键进行快速渲染，将完成后的场景文件和效果存储即可。

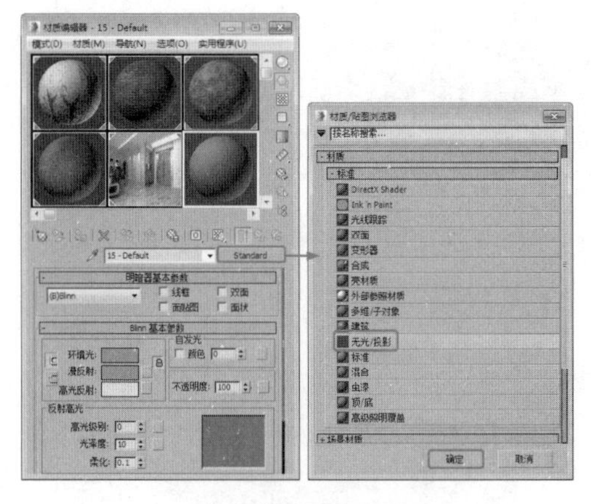

图 5.167

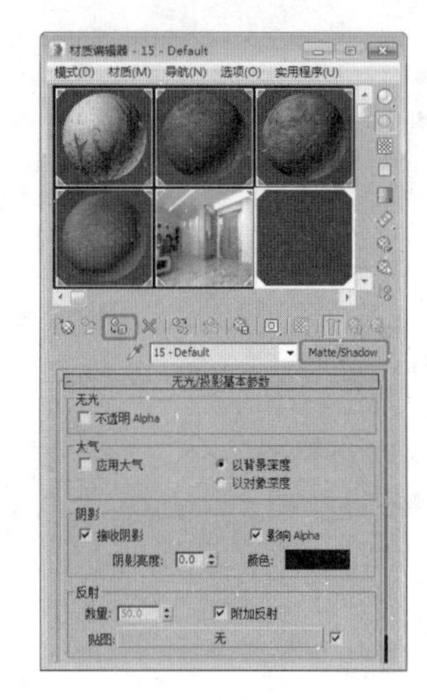

图 5.168

5.8 课后练习

1. 材质示例窗有什么作用?

2. 在【明暗器基本参数】卷展栏中共有几种明暗器类型？分别是哪几种?

3. 在 3ds Max 中为标准材质提供了几种贴图通道？其中【不透明度】贴图有什么作用?

第6章

灯光与摄影机

利用 3ds Max 将模型创建完成后，可以利用灯光和摄影机对其进行处理，本章的重点是灯光和摄影机，其中重点讲解了聚光灯、泛光灯、平行光、天光及摄影机的设置。通过本章的学习可以对灯光和摄影机有一定的认识，方便以后制作效果图。

6.1 灯光基本用途与特点

在学习灯光之前，先要了解灯光的用途及特点，只有在了解其属性后，才可以根据自己设置的场景来创建相应的摄影机。

6.1.1 灯光的基本用途

光是人类眼睛可以看见的一种电磁波，也称“可见光谱”。在科学上的定义，光是指所有的电磁波谱。光是由光子为基本粒子组成的，具有粒子性与波动性，称为“波粒二象性”。光可以在真空、空气、水等透明的物质中传播。对于可见光的范围没有一个明确的界限，一般人的眼睛所能接受的光的波长在 380 ～ 760nm。人们看到的光来自于太阳或借助于产生光的设备，包括白炽灯泡、荧光灯管、激光器、萤火虫等。

所有的光，无论是自然光还是人工室内光，都有下列特征。

- 明暗度：表示光的强弱。它随光源能量和距离的变化而变化。
- 方向：只有一个光源，方向很容易确定。而有多个光源诸如多云天气的漫射光，方向就难以确定，甚至完全迷失。
- 色彩：光随不同的本源，以及它穿越的物质的不同而变化出多种色彩。自然光的色彩与白炽灯光或电子闪光灯作用下的色彩不同，而且阳光本身的色彩，也随大气条件和一天时辰的变化而变化。

光线是画面视觉信息与视觉造型的基础，没有光便无法体现物体的形状、质感和颜色。为当前场景创建平射式的白色照明或使用系统的默认照明设置是一件非常容易的事情，然而，平射式的照明通常对当前场景中对象的特别之处或奇特的效果不会有任何的帮助。如果调整场景的照明，使光线与当前的气氛或环境相配合，就可以强化场景的效果，使其更加真实地体现在我们的视野中。

当前有非常多的例子可以说明灯光（照明）是如何影响环境与气氛的。诸如晚上一个人被汽车的前灯所照出的影子，当你站在这个人的后面时，这个被灯光所照射的人显得特别的神秘；如果你将打开的手电筒放在下巴处向上照射你的脸，那么通过镜子你可以观察到你的样子是那么狰狞可怕。

另外灯光的颜色也可以对当前场景中的对象产生影响，例如黄色、红色、粉红色等一系列暖色调的颜色，可以使画面产生一种温暖的感觉，如图 6.1 所示的图片左侧为暗色，右侧为冷色，可以分别感受一下。

图 6.1

6.1.2　三光源设置

在 3ds Max 中进行照明，一般使用三光源照明方案和区域照明方案。所谓的三光源照明方案从字面上就非常容易让人理解，就是在一个场景中使用三盏灯来对物体产生照明效果。下面就来了解一下什么是三光源设置。

三光源设置也可以称为三点照明或三角形照明。同上面从字面上所理解的一样，它是使用三个光源来为当前场景中的对象提供照明。我们所使用的三个光源为【目标聚光灯】、【泛光灯】和【天光】，这三个灯光分别处于不同的位置，并且它们所起的作用也不相同。根据它们的作用又分别称为主光、背光和辅光。

主光在整个场景设置中是最基本的，但也是最亮、最重要的一个光源，它是用来照亮所创建的大部分场景的灯光，并且因为其决定了光线的主要方向，所以在使用中常常被设定为在场景中投射阴影的主要光源，对象的阴影也由此产生。如果在设置中，你想要当前对象的阴影小一些，那么可以将灯光的投射器调高一些，反之亦然。

另外，需要注意的是，作为主光，在场景中放置这个灯光的最佳位置是物体正面的 3/4 处（也就是物体正面左边或右边的 45° 处）最佳。

在场景中，在主灯的反方向创建的灯光称为“背光”。这个照明灯光在设置时可以在当前对象的上方（高于当前场景对象），并且此光源的光照强度要等于或者小于主光。背光的主要作用是在制作中使对象从背景中脱离出来，更加突出，从而使物体显示其轮廓，并且展现场景的深度。

最后所要讲的第三光源也称为辅光源，辅光的主要用途是用来控制场景中最亮的区域和最暗区域间的对比度。应当注意的是，在设置中，亮的辅光将产生平均的照明效果，而设置较暗的辅光则增加场景效果的对比度，使场景产生不稳定的感觉。一般情况下，辅光源放置的位置要靠近摄影机，以便产生平面光和柔和的照射效果。另外，可以使用泛光灯作为辅光源应用于场景中，其实泛光灯在系统中设置的基本目的就是作为一个辅光而存在的。在场景的远距离设置大量的不同颜色和低亮度的泛光灯是非常普通和常见的，这些泛光灯混合在模型中，将弥补主灯所照射不到的区域。

提示

制作一个小型的或单独的表现一个物体的场景时，可以采用上面我们所介绍的三光源设置，但是不要只局限于这三个灯光来对场景或对象进行照明，有必要再添加其他类型的光源，并相应地调整其光照参数，以求制作出精美的效果。

有时一个大的场景不能有效地使用三光源照明，那么我们就要使用稍有不同的方法来进行照明，当一个大区域分为几个小区域时，可以使用区域照明。这样每个小区域都会单独地被照明。可以根据重要性或相似性来选择区域，当一个区域被选中之后，可以使用基本三光源照明的方法，但是，有时，区域照明并不能产生合适的气氛，这时就需要使用一个自由照明方案。

6.2　灯光基础知识

在 3ds Max 中设置灯光时，首先应明确场景要模拟的是自然照明效果，还是人工照明效果，再在场景中创建灯光效果。下面将对自然光、人造光、环境光、标准照明方法，以及阴影分别进行介绍。

6.2.1　自然光、人造光与环境光

1. 自然光

自然光也就是阳光，它是来自单一光源的平行光线，照明方向和角度会随着时间、季节等因素的变

化而改变。晴天时阳光的色彩为淡黄色（R:250、G:255、B:175）；而多云时为蓝色；阴雨天时为暗灰色，大气中的颗粒会将阳光呈现为橙色或褐色；日出或落日时的阳光为红或橙色。天空越晴朗，物体产生的阴影越清晰，阳光照射中的立体效果越突出。

在 3ds Max 中提供了多种模拟阳光的方式，在标准灯光中无论是【目标平行光】还是【自由平行光】，一盏就足以作为日照场景的光源。

2. 人造光

无论是室内还是室外效果，都会使用多盏灯光，即为人造光。人造光首先要明确场景中的主题，然后单独为一个主题设置一盏明亮的灯光，称为【主灯光】，将其置于主体的前方稍偏上。除了【主灯光】以外，还需要设置一盏或多盏灯光用来照亮背景和主体的侧面，称为【辅助灯光】，亮度要低于【主灯光】。这些【主灯光】和【辅助灯光】不但能够强调场景的主题，同时还能加强场景的立体效果。用户还可为场景的次要主体添加照明灯光，舞台术语称为【附加灯】，亮度通常高于【辅助灯光】，低于【主灯光】。在 3ds Max 中，【目标聚光灯】通常是最好的【主灯光】，而【泛光灯】适合作为【辅助灯光】，【环境光】则是另一种补充照明光源。

3. 环境光

环境光是照亮整个场景的常规光线。这种光具有均匀的强度，并且属于均质漫反射，它不具有可辨别的光源和方向。

默认情况下，场景中没有环境光，如果在带有默认环境光设置的模型上检查最黑的阴影，无法辨别出曲面，因为它没有被任何灯光照亮。场景中的阴影不会比环境光的颜色暗，这就是通常要将环境光设置为黑色（默认色）的原因，如图 6.2 所示。

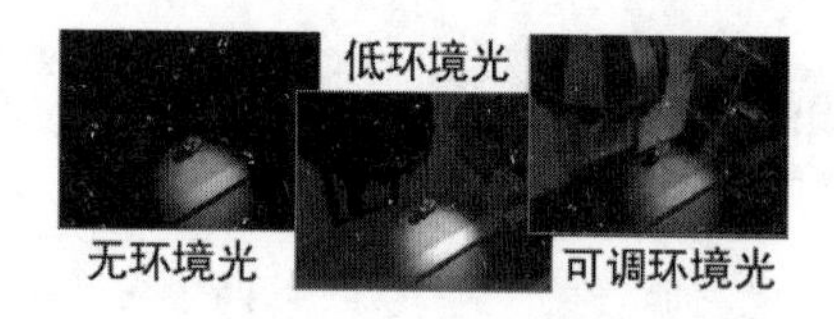

图 6.2

设置默认环境光颜色的方法有以下两种：

方法一：选择【渲染】|【环境】命令，在打开的【环境和效果】对话框中可以设置环境光的颜色，如图 6.3 所示。

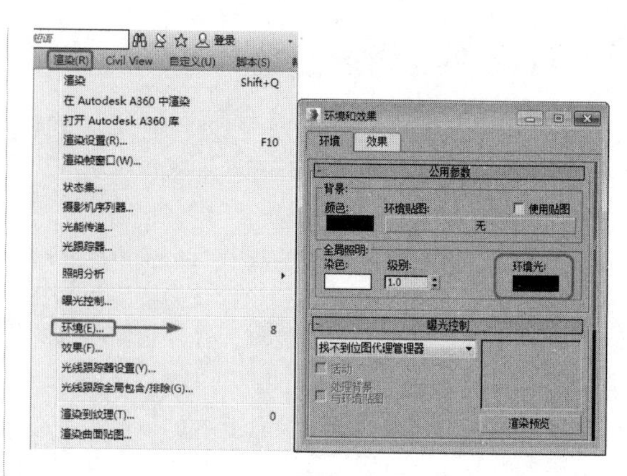

图 6.3

方法二：选择【自定义】|【首选项】命令，在打开的【首选项设置】对话框中选择【渲染】选项卡，然后在【默认环境灯光颜色】选项组中的色块中设置环境光的颜色，如图 6.4 所示。

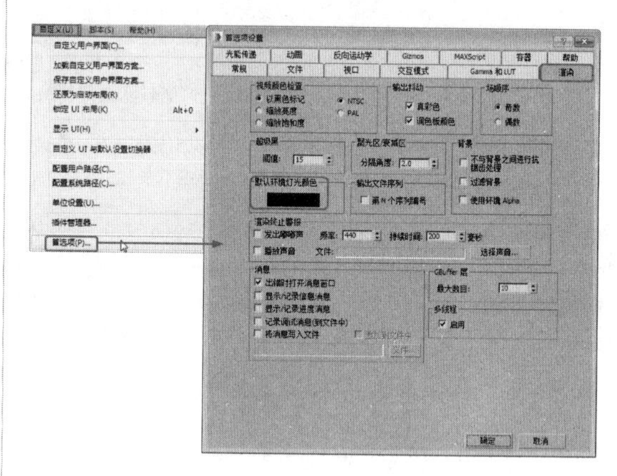

图 6.4

6.2.2 标准照明方法

3ds Max 中的照明一般使用标准的照明，也就是三光源照明和区域照明方案，所谓标准照明就是在一个场景中使用一个主要的灯光和两个次要的灯光，也就是主灯光、辅助灯光和背景灯光，主要的灯为用来照亮场景，次要的灯光用来照亮局部，这也是一种传统的照明方法。

提示

本章所指的基本灯光布置方式，是摄影中最为常用的三点灯光布局法，而在摄影中还有许多其他的灯光布局方法，读者若有兴趣，可以自行查阅相关资料。

- 主光灯：最好选择聚光灯为主光灯，一般使其与视平线夹角为30°～45°，与摄影机的夹角同样为30°～45°，并将其投向主物体，一般光照强度较大，能将主物体从背景中充分凸现出来，而且通常将其设置为投身阴影。
- 背景光灯：一般放置在对象的背后，也就是主光灯的反方向，位置可以在当前对象的上方，并且该光源的光照强度要等于或小于主光灯，其主要作用是使对象在背景中脱离出来，使物体显示其轮廓。
- 辅助光灯：其主要用途是用来控制场景中最亮区域与最暗区域之间的对比度。需要注意的是，亮的辅助光将产生平均的照明效果，而较暗的辅助光则增加场景效果的对比度，使场景产生不稳定的感觉。一般情况下，辅助光的位置要靠近摄影机，以便产生平面光和柔和的照射效果。另外，可以使用泛光灯作为辅助光灯，在场景中远距离设置大量的不同颜色和低亮度的泛光灯是十分普通和常见的，这些泛光灯混合在模型中将弥补主光灯所照射不到的区域。

在一个大的场景中有时不能有效地使用三光源照明，即需要使用其他的照明方法，当一个大区域分为几个小区域时，可以使用区域照明，每个小区域都会单独地被照亮。可以根据重要性或相似性来选择区域，当某个区域被选择后，便可以使用三光源照明方法，但有些区域照明并不能产生合适的气氛，此时便需要使用一个自由照明方案。

在进行室内照明时需要遵守以下几个原则。

- 不要将灯光设置太多、太亮，使整个场景没有一点层次和变化，使渲染效果显得生硬。
- 不要随意设置灯光，应该有目的地去放置每一盏灯，明确每一盏灯的控制对象是灯光布置中的首要因素。
- 每一盏灯光都要有实际的使用价值，对于一些效果微弱、可有可无的灯光尽量不去使用。不要滥用排除、衰减，这会加大灯光控制的难度。

6.2.3 阴影

阴影是对象后面灯光变暗的区域。3ds Max支持几种类型的阴影，包括区域阴影、阴影贴图和光线跟踪阴影等。

- 区域阴影：模拟灯光在区域或体积上生成的阴影，不需要太多的内存，而且支持透明对象。
- 阴影贴图：是一种渲染器在预渲染场景通道时生成的位图。这些贴图可以有不同的分辨率，但是较高的分辨率会要求有更多的内存。阴影贴图通常能够创建出更真实、更柔和的阴影，但是不支持透明度。
- 光线跟踪阴影：是通过跟踪从光源进行采样的光线路径生成的。该过程会耗费大量的处理周期，但是能产生非常精确且边缘清晰的阴影。使用光线跟踪可以为对象创建阴影贴图所无法创建的阴影，例如透明的玻璃。
- 高级光线跟踪：与光线跟踪阴影类似，但是它们还提供了抗锯齿控件，可以通过这一控件微调光线跟踪阴影的生成方式。
- mental ray阴影贴图：选择【mental ray阴影贴图】作为阴影类型将告知mental ray渲染器使用mental ray阴影贴图算法生成阴影，扫描线渲染器不支持【mental ray阴影贴图】阴影。当它遇到具有此阴影类型的灯光时，不会为该灯光生成阴影，只有在mental ray渲染器可以查看。

如图6.5所示为使用了不同阴影类型渲染的图像。

图 6.5

6.3 3ds Max 默认光源

灯光的用途，大家众所周知，而在3ds Max中灯光的使用是比较复杂的，相同的灯光，不同的设置也会出现不同的灯光效果。

当场景中没有设置光源时，3ds Max 提供了一个默认的照明设置，以便有效地观看场景。默认光源提供了充足的照明，但它并不适于最后的渲染，如图 6.6 所示。

图 6.6

默认的光源是放在场景中对角线节点处的两盏泛光灯。假设场景的中心在坐标系的原点，则一盏泛光灯在前上方，另一盏泛光灯在后下方，如图 6.7 所示。

图 6.7

在 3ds Max 场景中，默认的灯光数量可以是 1，也可以是 2，并且可以将默认的灯光添加到当前场景中。当默认灯光被添加到场景中后，便可以同其他光源一样，对它的参数及位置等进行调整。

设置默认灯光的渲染数量并增加默认灯光到场景中的方法如下。

01 在顶视图左上角右击，在弹出的快捷菜单中选择【配置视口】命令，弹出【视口配置】对话框。

提示

打开【视口配置】对话框还有另外两种方法：①选择菜单栏中的【视图】|【视口配置】命令，打开【视口配置】对话框；②右击【视图控制区】面板中的任何一个按钮，都可直接打开【视口配置】对话框。

02 单击【视觉样式和外观】选项卡，在该选项卡中选择【使用下列对象照亮】|【默认灯光】|【1 盏灯光】或【2 盏灯光】，单击【确定】按钮，如图 6.8 所示。

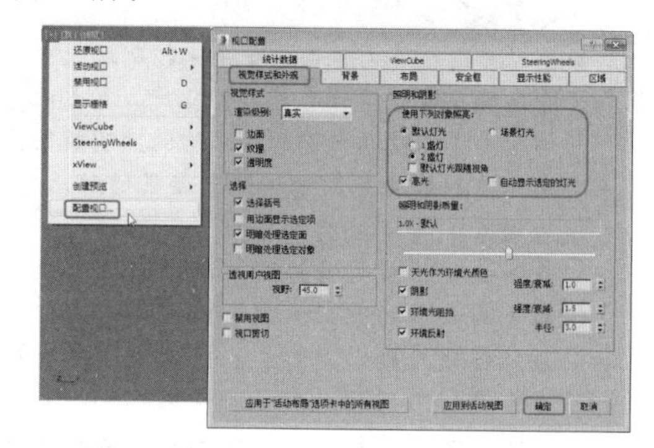

图 6.8

03 选择菜单栏中的【创建】|【灯光】|【标准灯光】|【添加默认灯光到场景】命令，打开【添加默认灯光到场景】对话框，在该对话框中可以设置要加入场景的默认灯光的名称以及距离缩放值，单击【确定】按钮，如图 6.9 所示。

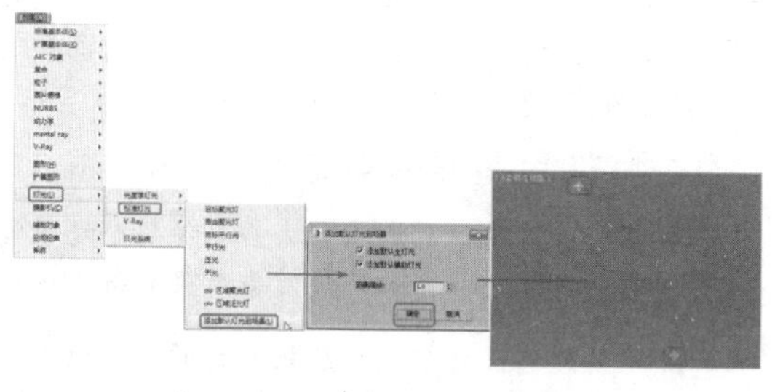

图 6.9

最后单击【所有视图最大化显示选定对象】按钮，将所有视图以最大化的方式显示，此时默认光源显示在场景中。

提示

第一次在场景中添加光源时，3ds Max 将关闭默认的光源，这样就可以看到建立的灯光效果了。只要场景中有灯光存在，无论它们是打开的，还是关闭的，默认的光源将一起被关闭。当场景中所有的灯光都被删除时，默认的光源将自动恢复。

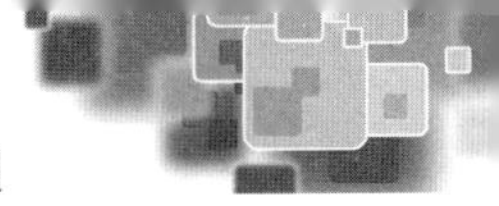

6.4 标准灯光类型

在 3ds Max 中有许多内置灯光类型，它们几乎可以模拟自然界中的每一种光，同时也可以创建仅存于计算机图形学中的虚拟现实的光。3ds Max 包括 8 种不同标准的灯光对象，即【目标聚光灯】、【自由聚光灯】、【目标平行光】、【自由平行光】、【泛光】和【天光】、mr Area Omni（mr 区域泛光灯）和 mr Area Spot（mr 区域聚光灯），如图 6.10 所示，在三维场景中都可以进行设置、放置以及移动，并且这些光源包含了一般光源的控制参数，而且这些参数决定了光照在环境中所起的作用。

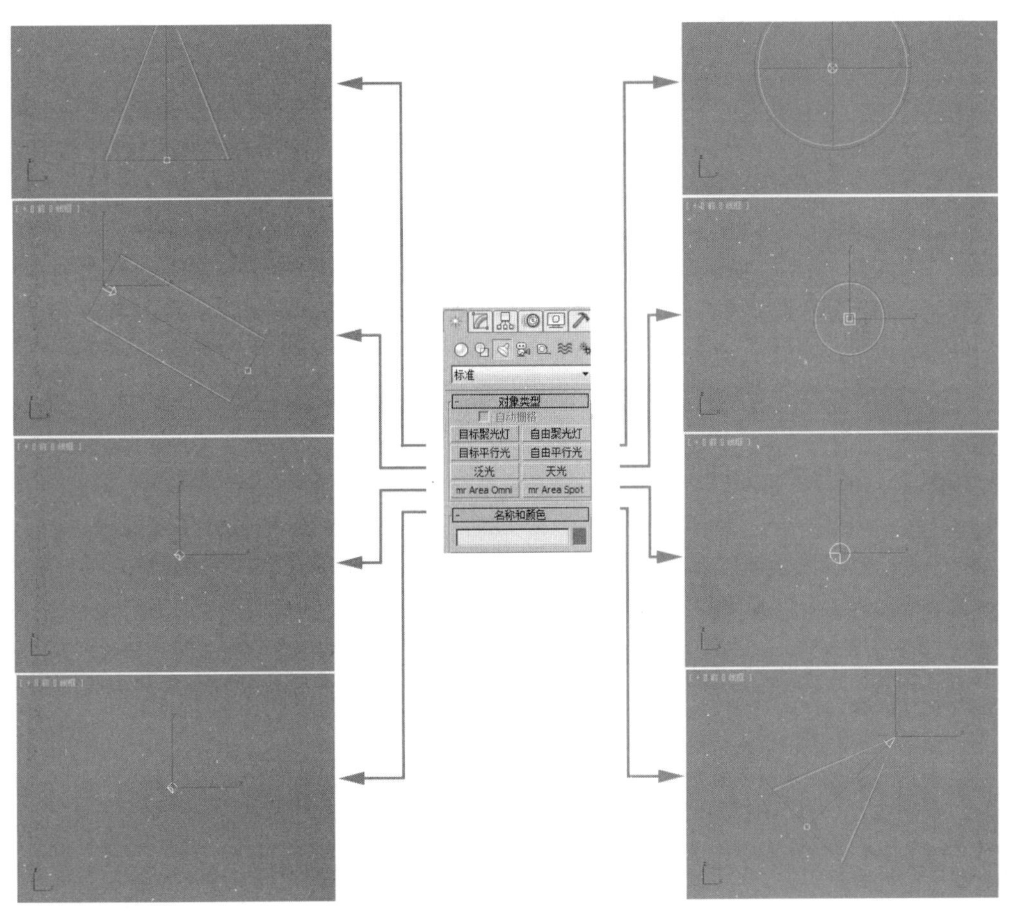

图 6.10

6.4.1 聚光灯

聚光灯包括【目标聚光灯】、【自由聚光灯】和 mrArea Spot（mr 区域聚光灯）3 种，下面将对这 3 种灯光进行详细介绍。

1. 目标聚光灯

目标聚光灯可以产生一个锥形的照射区域，区域外的对象不受灯光的影响。目标聚光灯可以通过投射点和目标点进行调节，它是一个有方向的光源，对阴影的塑造能力很强。使用目标聚光灯作为体光源，可以模仿各种锥形的光柱效果。在【聚光灯参数】卷展栏中选中【泛光化】复选框还可以将其作为泛光灯来使用，创建目标聚光灯的场景如图 6.11 所示，其渲染效果如图 6.12 所示。

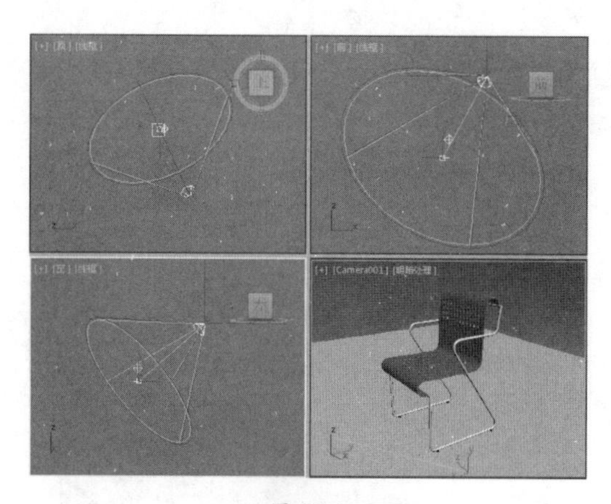

图 6.11

图 6.12

2. 自由聚光灯

自由聚光灯可以产生锥形的照射区域，它是一种受限制的目标聚光灯，因为只能控制它的整个图标，而无法在视图中分别对发射点和目标点进行调节。它的优点是不会在视图中改变投射范围，特别适用于一些动画的灯光，例如摇晃的船桅灯、晃动的手电筒、舞台上的投射灯等，如图6.13所示为【自由聚光灯】的效果。

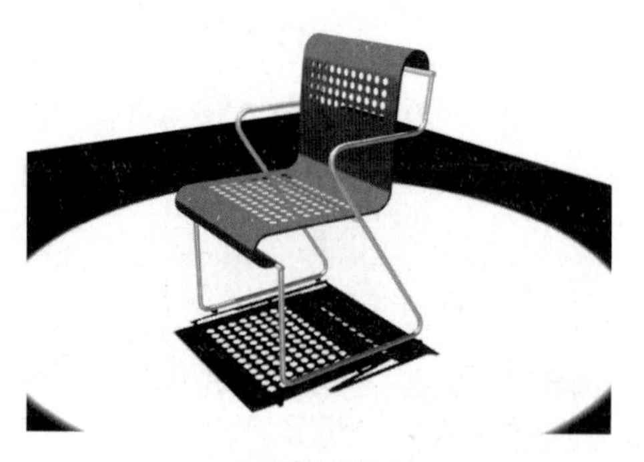

图 6.13

【聚光灯参数】卷展栏如图 6.14 所示。

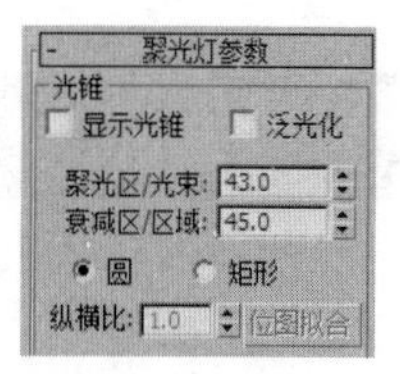

图 6.14

- 【显示光锥】：启用或禁用光锥的显示。
- 【泛光化】：启用【泛光化】复选框后，灯光在所有方向上投影灯光，但是，投影和阴影只发生在其衰减的圆锥体内。
- 【聚光区 / 光束】：调整灯光圆锥体的角度。聚光区值以度为单位进行测量。默认设置为 43.0。
- 【衰减区 / 区域】：调整灯光衰减区的角度。衰减区值以度为单位进行测量。默认设置为 45.0。
- 【圆 / 矩形】单选按钮：确定聚光区和衰减区的形状。如果想要一个标准圆形的灯光，应选中【圆】单选按钮。如果想要一个矩形的光束（如灯光通过窗户或门口投影），应选中【矩形】单选按钮。
- 【纵横比】：设置矩形光束的纵横比。使用【位图适配】按钮可以使纵横比匹配特定的位图。默认设置为 1.0。
- 【位图拟合】：如果灯光的投影纵横比为矩形，应设置纵横比以匹配特定的位图。当灯光用作投影灯时，该选项非常有用。

3. mrArea Spot

在使用 mental ray 渲染器进行渲染时，mrArea Spot（mr 区域聚光灯）可以从矩形或圆形区域发射光线，产生柔和的照明和阴影效果。而在使用 3ds Max 默认扫描线渲染器时，其效果等同于标准的聚光灯，其【参数】卷展栏如图 6.15 所示，灯光效果如图 6.16 所示。

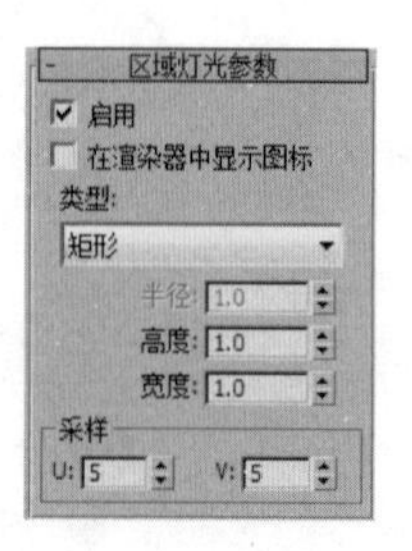

图 6.15

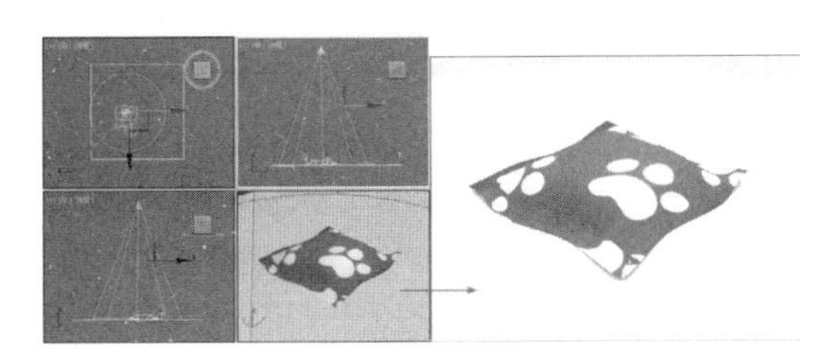

图 6.16

- 【启用】：用于启用或禁用区域灯光。
- 【在渲染器中显示图标】：当选中此复选框后，渲染区域灯光为黑色状态。当禁用此选项后，区域灯光不可见。默认设置为禁用状态。
- 【类型】：可以在下拉列表中选择区域灯光的形状，可以是矩形或是圆形。
- 【半径】：当区域灯光为圆形时，设置其圆形灯光区域的半径。
- 【高度】和【宽度】：仅在区域灯光的类型是【矩形】时，此选项才可用。设置矩形区域灯光的高度和宽度。
- 【采样】：设置区域灯光的采样质量，可以分别设置 U 和 V 的采样数。越高的值，照明和阴影效果越真实细腻，当然渲染时间也会增加。对于矩形灯光，U 以一个局部维度为单位指定采样细分数，而 V 以其他局部维度为单位指定细分数。对于圆形灯光，U 将沿着半径指定细分数，而 V 将指定角度细分数。U 和 V 的默认设置均为 5。

6.4.2 泛光灯

泛光灯包括【泛光灯】和mrArea Omni两种类型，下面将分别对它们进行介绍。

1. 泛光灯

【泛光灯】向四周发散光线，标准的泛光灯用来照亮场景，它的优点是易于建立和调节，不用考虑是否有对象在范围外而没有被照射；缺点是不能创建太多，否则显得无层次感。泛光灯用于将【辅助照明】添加到场景中，或模拟点光源。

泛光灯可以投射阴影和投影，单个投射阴影的泛光灯等同于6盏聚光灯的效果，从中心指向外侧。另外泛光灯常用来模拟灯泡、台灯等光源对象，如图 6.17 所示，在场景中创建了一盏泛光灯，它可以产生明暗关系的对比，渲染后的效果如图 6.18 所示。

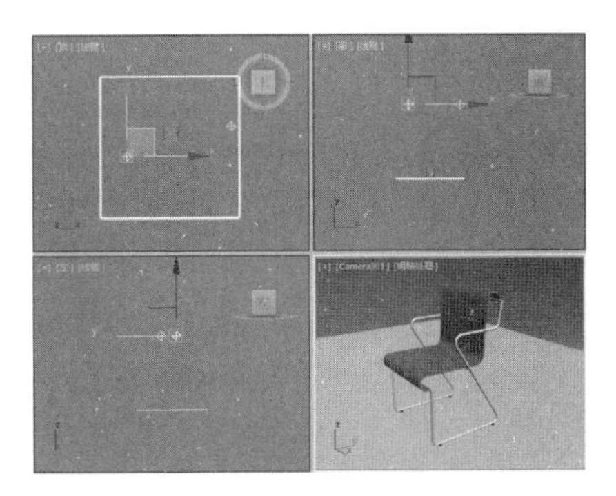

图 6.17

图 6.18

2. mrArea Omni

当使用 Mental ray 渲染器渲染场景时，mr Area Ominous（mr 区域泛光灯）从球体或圆柱体体积发射光线，而不是从点光源发射光线，如图 6.19 所示。使用默认的扫描线渲染器，mr Area Ominous（mr 区域泛光灯）像其他标准的泛光灯一样发射光线。其【参数】卷展栏如图 6.20 所示，面板中的大多数功能与 mrArea Spot（mr 区域聚光灯）中相似，此处不再介绍。

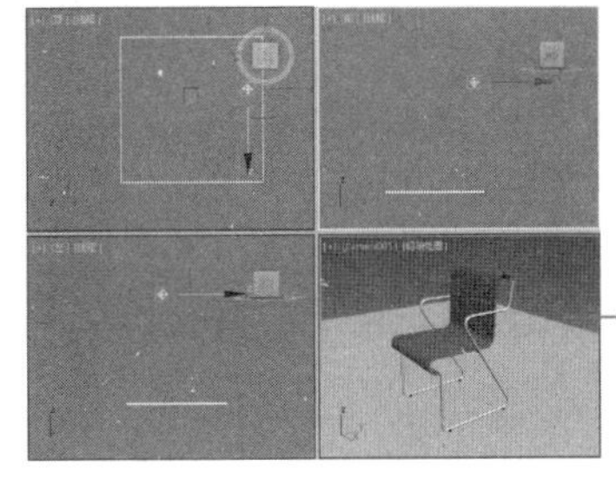

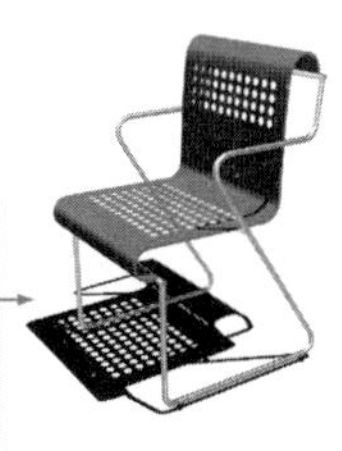

图 6.19

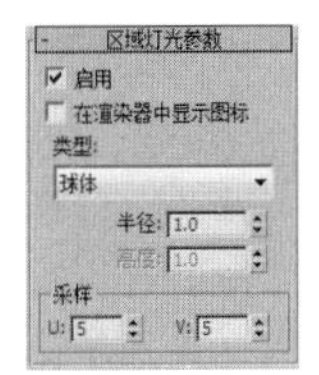

图 6.20

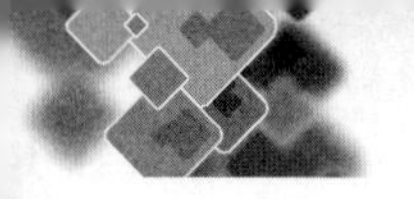

6.4.3 平行光

【平行光】包括【目标平行光】和【自由平行光】两种。

1. 目标平行光

【目标平行光】产生单方向的平行照射区域，它与目标聚光灯的区别是照射区域呈圆柱形或矩形，而不是锥形。平行光主要用于模拟阳光的照射，对于户外场景尤为适用。如果作为体积光源，可以产生一个光柱，常用来模拟探照灯、激光光束等特殊效果。创建目标平行光的场景如图 6.21 所示，渲染后的效果如图 6.22 所示。

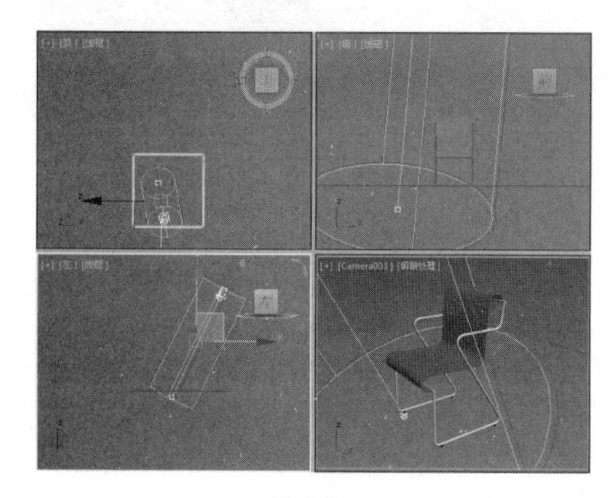

图 6.21

图 6.22

2. 自由平行光

【自由平行光】产生平行的照射区域。它其实是一种受限制的目标平行光，在视图中，它的投射点和目标点不可分别调节，只能进行整体移动或旋转，这样可以保证照射范围不发生改变。如果对灯光的范围有固定要求，尤其是在灯光的动画中，这是一个非常好的选择，如图 6.23 所示为自由平行光。

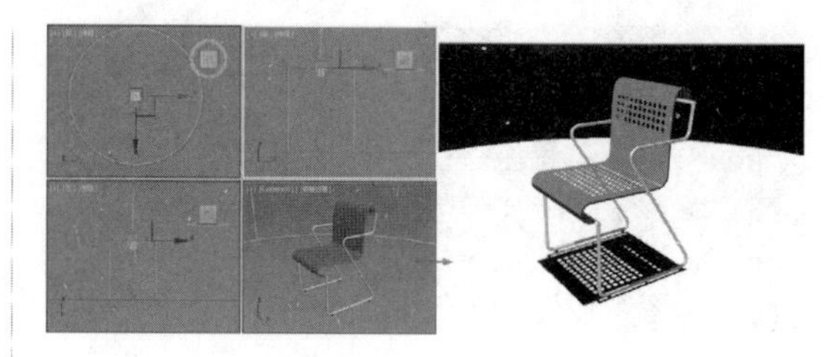

图 6.23

6.4.4 天光

【天光】能够模拟日光照射的效果。在 3ds Max 中有好几种模拟日光照射效果的方法，当使用默认扫描线渲染器进行渲染时，天光与光跟踪器或光能传递结合使用效果更佳，效果如图 6.24 所示。其【参数】卷展栏如图 6.25 所示。

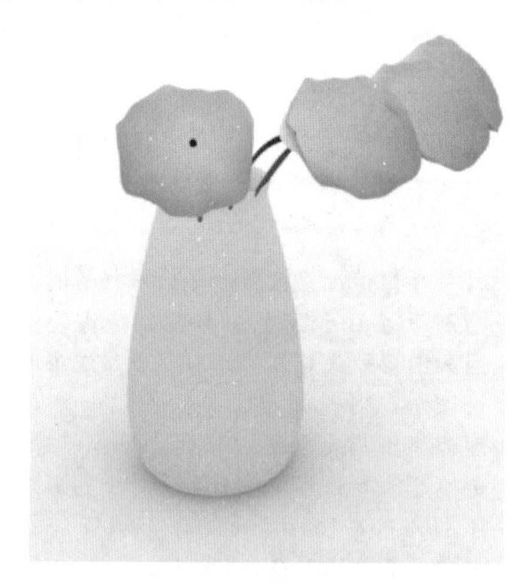

图 6.24

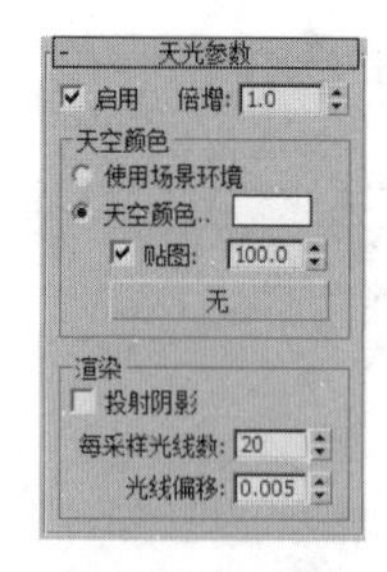

图 6.25

提示

只使用 mental ray 渲染器渲染时，天光照明的对象显示为黑色，除非启用最终聚焦。

- 【启用】：用于启用或禁用天光对象。
- 【倍增】：指定正值或负值来增减灯光的能量，例如输入 2，表示灯光亮度增强两倍。

使用这个参数提高场景亮度时，有可能会引起颜色过亮，还可能产生视频输出中不可用的颜色，所以除非是制作特定案例或特殊效果，否则建议选择 1。

- 【天空颜色】选项组：天空被模拟成一个圆屋顶的样子覆盖在场景上，用户可以在这里指定天空的颜色或贴图。
  - 【使用场景环境】：使用【环境和效果】对话框设置灯光颜色，只在【光线追踪】方式下才有效。
  - 【天空颜色】：单击其右侧的色块打开【颜色选择器】对话框，从中调整天空的色彩。
  - 【贴图】：通过指定贴图影响天空颜色。左侧的复选框用于设置是否使用贴图，下方的【无】按钮用于指定贴图；右侧的文本框用于控制贴图的使用程度（低于 100% 时，贴图会与天空颜色进行混合）。
- 【渲染】选项组：用来定义天光的渲染属性，只有在使用默认扫描线渲染器，并且不使用高级照明渲染引擎时，该组参数才有效。
  - 【投影阴影】：选中该复选框，天光可以投射阴影。
  - 【每采样光线数】：设置在场景中每个采样点上天光的光线数。较高的值使天光效果比较细腻，并有利于减少动画画面的闪烁，但较高的值会增加渲染时间。
  - 【光线偏移】：在场景中指定的投影阴影的最短距离。将该值设置为 0 时，可以使该点在自身上投影阴影，如果将该值设置为较大的值，可以防止点附近的对象在该点上投射阴影。

6.5 灯光的共同参数

在 3ds Max 中，除了【天光】之外，所有不同的灯光对象都共享一套控制参数，它们控制着灯光的最基本特征，包括【常规参数】、【强度 / 颜色 / 衰减】、【高级效果】、【阴影参数】和【大气和效果】等。

6.5.1 【常规参数】卷展栏

【常规参数】卷展栏主要控制对灯光的开启与关闭、排除或包含，以及阴影方式。在【修改】命令面板中，【常规参数】还可以用于控制灯光目标物体，改变灯光类型，【常规参数】卷展栏如图 6.26 所示。

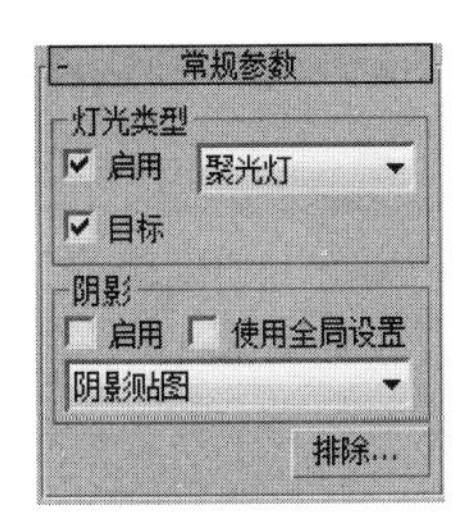

图 6.26

- 【灯光类型】选项组：
  - 【启用】：用来启用和禁用灯光。当【启用】复选框处于选中状态时，使用灯光着色和渲染以照亮场景。当【启用】复选框处于禁用状态时，进行着色或渲染时不使用该灯光。默认设置为选中。
  - 聚光灯：可以对当前灯光的类型进行改变，可以在聚光灯、平行光和泛光灯之间进行转换。
  - 【目标】：选中该复选框，灯光将成为目标。灯光与其目标之间的距离显示在复选框的右侧。对于自由灯光，可以设置该值。对于目标灯光，可以通过禁用该复选框或移动灯光或灯光的目标对象对其进行更改。
- 【阴影】选项组：
  - 【启用】：开启或关闭场景中的阴影。
  - 【使用全局设置】：选中该复选框，将会把下面的阴影参数应用到场景中的投影灯上。

- 阴影贴图：决定当前灯光使用哪种阴影方式进行渲染，其中包括高级光线跟踪、mental ray 阴影贴图、区域阴影、阴影贴图和光线跟踪阴影 5 种。
- 【排除】：单击该按钮，在打开的【排除/包含】对话框中，设置场景中的对象不受当前灯光的影响，如图 6.27 所示。

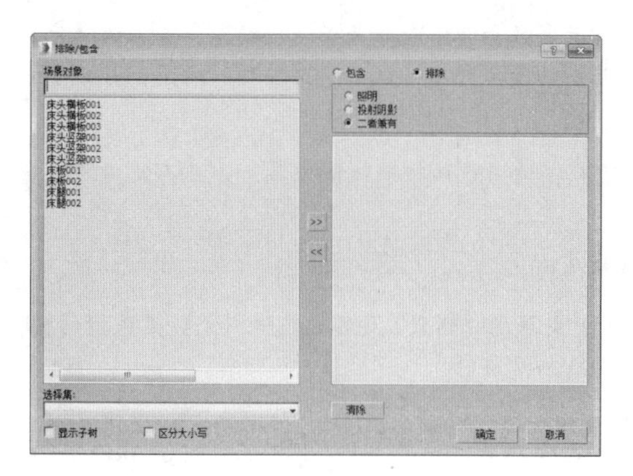

图 6.27

如果要设置个别物体不产生或不接受阴影，可以选择物体，右击，在弹出的快捷菜单中选择【对象属性】命令，在弹出的【对象属性】对话框中取消选中【接收阴影】或【投影阴影】复选框，如图 6.28 所示。

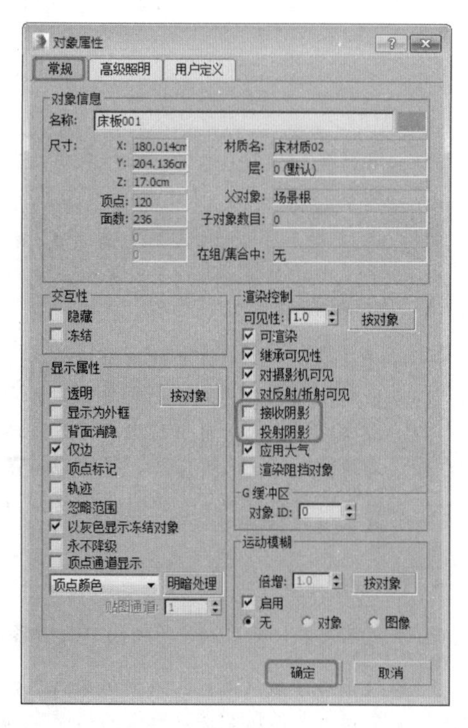

图 6.28

6.5.2 【强度/颜色/衰减】卷展栏

【强度/颜色/衰减】卷展栏是标准的附加【参数】卷展栏，如图 6.29 所示。它主要对灯光的颜色、强度，以及灯光的衰减进行设置。

图 6.29

- 【倍增】：对灯光的照射强度进行控制，标准值为 1，如果设置为 2，则照射强度会增加 1 倍。如果设置为负值，将会产生吸收光的效果。通过这个选项增加场景的亮度可能会造成场景曝光，还会产生视频无法接受的颜色，所以除非是特殊效果或特殊情况，否则应尽量设置为 1。
  - 【颜色块】：用于设置灯光的颜色。
- 【衰退】选项组：用来降低远处灯光照射的强度。
  - 【类型】：在其右侧有 3 个衰减选项。
    - 【无】：不产生衰减。
    - 【倒数】：以倒数方式计算衰减，计算公式为 L（亮度）=Ro/R，Ro 为使用灯光衰减的光源半径或使用了衰减时的近距结束值，R 为照射距离。
    - 【平方反比】：计算公式为 L（亮度）$=(Ro/R)^2$，这是真实世界中的灯光衰减，也是光度学灯光的衰减公式。
  - 【开始】：该选项定义了灯光不发生衰减的范围。
  - 【显示】：显示灯光进行衰减的范围。
- 【近距衰减】选项组：用来设置灯光从开始衰减到衰减程度最强的区域。
  - 【使用】：决定被选择的灯光是否使用它被指定的衰减范围。
  - 【开始】：设置灯光开始淡入的位置。

- 【显示】：如果选中该复选框，在灯光的周围会出现表示灯光衰减结束的圆圈，如图6.30所示。

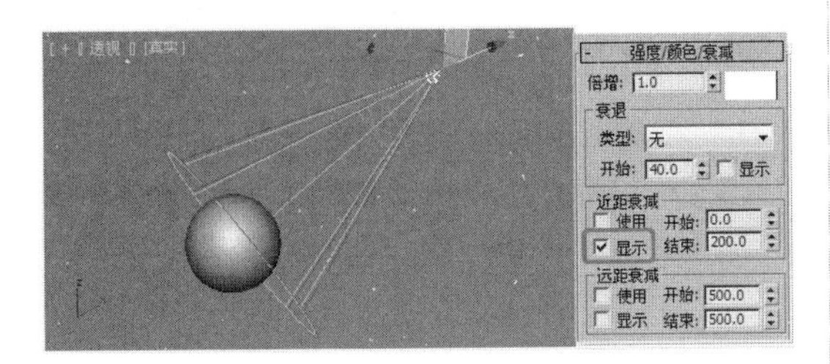

图 6.30

- 【结束】：设置灯光衰减结束的距离，也就是灯光停止照明的距离。在【开始】和【结束】之间灯光按线性衰减。

● 【远距衰减】选项组：用来设置灯光从衰减开始到完全消失的区域。

- 【使用】：决定灯光是否使用它被指定的衰减范围。
- 【开始】：该选项定义了灯光不发生衰减的范围，只有在比【开始】更远的照射范围，灯光才开始发生衰减。
- 【显示】：选中该复选框会出现表示灯光衰减开始和结束的圆圈。
- 【结束】：设置灯光衰减结束的距离，也就是灯光停止照明的距离。

6.5.3　【高级效果】卷展栏

【高级效果】卷展栏提供了灯光影响曲面方式的控件，也包括很多微调和投影灯的设置，卷展栏如图6.31所示，各项参数功能如下。

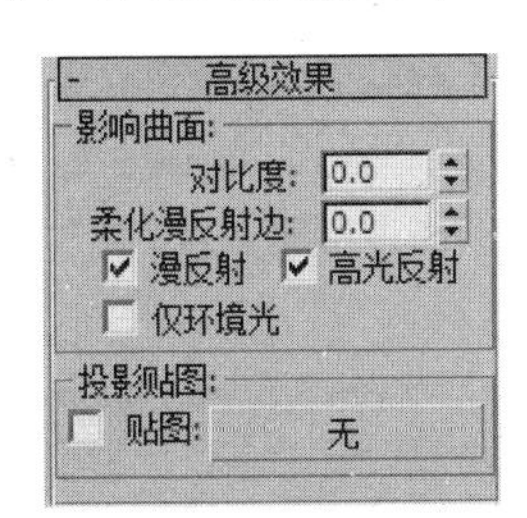

图 6.31

可以通过选择要投射灯光的贴图，使灯光对象成为一个投影。投射的贴图可以是静止的图像或动画，如图6.32所示。

图 6.32

● 【影响曲面】选项组：

- 【对比度】：光源照射在物体上，会在物体的表面形成高光区、过渡区、阴影区和反光区。
- 【柔化漫反射边】：控制柔化过渡区与阴影表面之间的边缘，避免产生清晰的明暗分界。
- 【漫反射】：漫反射区就是从对象表面的亮部到暗部的过渡区域。默认状态下，此选项处于选中状态，这样光线才会对物体表面的漫反射产生影响。如果此选项没有被选中，则灯光不会影响漫反射区域。
- 【高光反射】：高光区是光源在对象表面上产生的光点。此选项用来控制灯光是否影响对象的高光区域。默认状态下，此选项处于选中状态。如果取消选中对该选项，灯光将不影响对象的高光区域。
- 【仅环境光】：选中该复选框，照射对象将反射环境光的颜色。默认状态下，该选项为非选择状态。

如图6.33所示是【漫反射】、【高光反射】和【仅环境光】3种渲染效果。

图 6.33

● 【投影贴图】选项组：

- 【贴图】：选中该复选框，可以通过右侧的【无】按钮为灯光指定一个投影图形，它可以像投影机一样将图形投影到照射的对象表面。当使用一个黑白位图进行

投影时，黑色将光线完会挡住，白色对光线不受影响。

6.5.4 【阴影参数】卷展栏

【阴影参数】卷展栏中的参数用于控制阴影的颜色、浓度，以及是否使用贴图来代替颜色作为阴影，如图 6.34 所示。

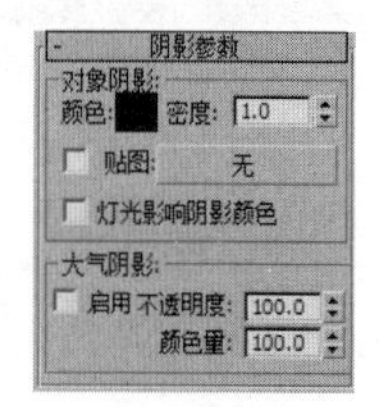

图 6.34

其各项目的功能说明如下：

- 【对象阴影】选项组：用于控制对象的阴影效果。
  - ➢ 【颜色】：用于设置阴影的颜色。
  - ➢ 【密度】：设置较大的数值产生一个粗糙、有明显锯齿状边缘的阴影；相反阴影的边缘会变得比较平滑，如图 6.35 所示为不同的数值所产生的阴影效果。

图 6.35

  - ➢ 【贴图】：选中该复选框可以对对象的阴影投射图像，但不影响阴影以外的区域。在处理透明对象的阴影时，可以将透明对象的贴图作为投射图像投射到阴影中，以创建更多的细节，使阴影更真实。
  - ➢ 【灯光影响阴影颜色】：选中该复选框后，将灯光颜色与阴影颜色（如果阴影已设置贴图）混合起来。默认设置为禁用状态，效果如图 6.36 所示。

图 6.36

- 【大气阴影】选项组：用于控制是否允许大气效果投射阴影，如图 6.37 所示。

图 6.37

  - ➢ 【启用】：如果选中该复选框，当灯光穿过大气时，大气投射阴影。
    - ◆ 不透明度】：调节大气阴影不透明度的百分比数值。
    - ◆ 颜色量】：调整大气颜色和阴影混合的百分比数值。

6.6 摄影机概述

摄影机是场景中不可缺少的组成部分，完成的静态、动态图像最终都需要在摄影机视图中表现，如图 6.38 所示。

3ds Max 中的摄影机与现实中的摄影机在使用原理上基本相同，但比现实中的摄影机功能更强大，更换镜头瞬间完成，无级变焦更是现实中的摄影机无法比拟的。对于景深的设置，直观地用范围线表示，用不着进行光圈计算。

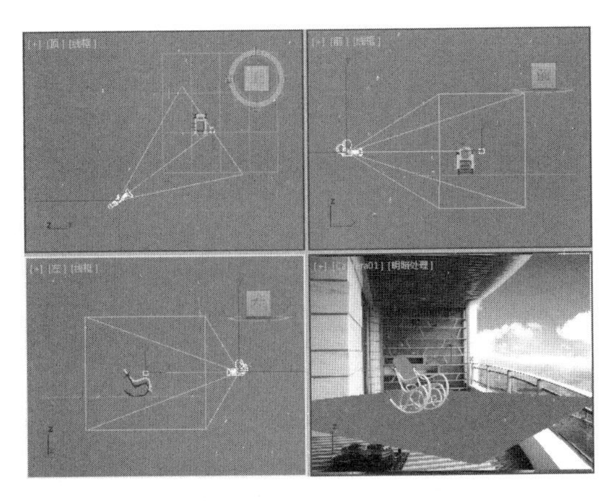

图 6.38

6.6.1 认识摄影机

选择【创建】 | 【摄影机】，进入【摄影机】面板，可以看到【物理】、【目标】和【自由】三种类型的摄影机，如图 6.39 所示。

图 6.39

【目标】摄影机：用于观察目标对象周围的场景内容。它包括摄影机、目标点两部分，目标摄影机便于定位，只需要直接将目标点移动到需要的位置上即可，如图 6.40 所示中左侧为目标摄影机。

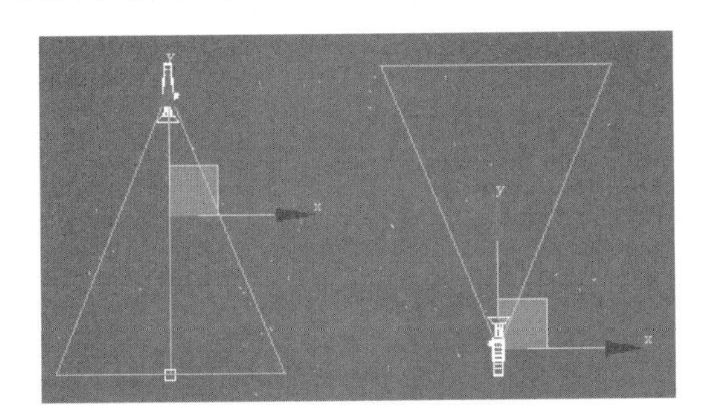

图 6.40

【自由】摄影机：用于查看注视摄影机方向的区域。它没有目标点，不能单独进行调整，它可以用来制作室内外装潢的环游动画，如图 6.40 所示中右侧为自由摄影机。

6.6.2 摄影机对象的命名

当在视图中创建了多台摄影机时，系统默认会以 Camera001、Camera002 等名称自动为摄影机命名。例如在制作一个大型建筑效果图或复杂动画的表现时，随着场景变得越来越复杂，要记住哪一台摄影机聚焦于哪一个镜头也随之变得越来越困难，此时如果按照其表现的角度或方位进行命名，如 Camera 正视、Camera 左视、Camera 鸟瞰等，在进行视图切换的过程中便会减少失误，从而提高工作效率。

6.6.3 当前摄影机视图的切换

当前摄影机视图就是被选中的摄影机视图。在一个场景中若创建了多个摄影机，激活任意一个视图，在视图标签上单击，在弹出的下拉菜单中选择【摄影机】选项，在弹出的子菜单中选择任意的摄影机，如图 6.41 所示，该视图就变成当前摄影机视图。

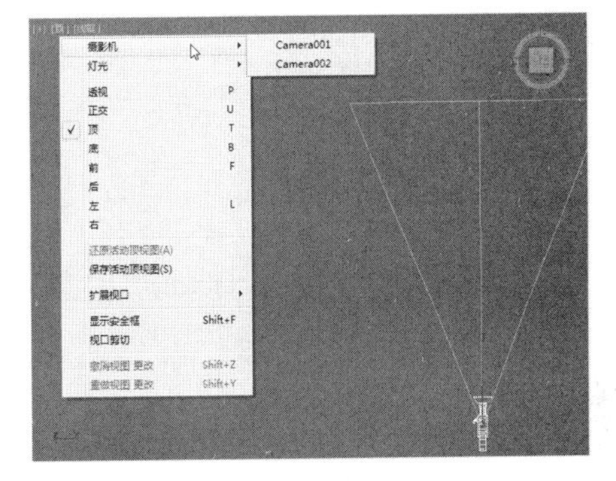

图 6.41

在一个多摄影机场景中，如果其中的某个摄影机被选中，那么按 C 键，当前视图切换为该摄影机视图，不会弹出【选择摄影机】对话框；如果在一个多摄影机场景中没有选中任何的摄影机，那么按 C 键，将会弹出【选择摄影机】对话框，如图 6.42 所示。

图 6.42

提示

如果场景中只有一台摄影机时，不论摄影机是否为选中状态，按C键都会直接将当前视图切换为摄影机视图。

6.7 摄影机公共参数

目标摄影机和自由摄影机的绝大部分参数都是相同的，下面将详细介绍。

6.7.1 【参数】卷展栏

【参数】卷展栏如图6.43所示。

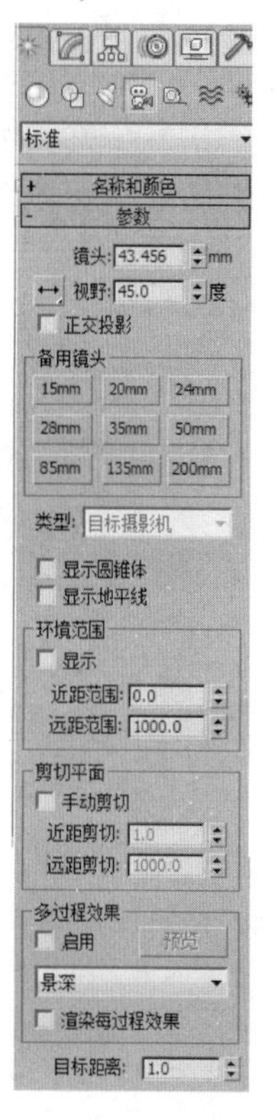

图6.43

- 【镜头】：以毫米为单位设置摄影机的焦距。镜头焦距的长短决定了镜头视角、视野、景深范围的大小，是摄影机调整的重要参数。
- ↔ ↕ ⤢：这三个按钮分别代表水平、垂直、对角3种调节视野的方式，这3种方式不会影响摄影机的效果，默认为水平方式。
- 【视野】：决定摄影机在场景中所看到的区域，以度为单位，当视野方向为水平（默认设置）时，视野参数直接设置摄影机的地平线弧形。
- 【正交投影】：选中该复选框，摄影机视图就好像用户视图一样，取消选中该复选框，摄影机视图就像是透视视图一样。
- 【备用镜头】：提供了15mm、20mm、24mm、28mm、35mm、50mm、85mm、135mm、200mm，一共9种常用镜头供用户选择。
- 【类型】：用于改变摄影机的类型，包括目标摄影机和自由摄影机两种，用户可以随时对当前选择的摄影机类型进行更改，而无须再重新创建摄影机。
- 【显示圆锥体】：显示表示摄影机视野的锥形框。锥形框不会出现在摄影机视图中，只会出现在其他视图中。
- 【显示地平线】：是否在摄影机视图中显示出一条深灰色的水平线条。
- 【环境范围】选项组：主要设置环境大气的影响范围。
  - 【显示】：以线框的形式显示环境存在的范围。
  - 【近距范围】：设置环境影响的最近距离。
  - 【远距范围】：设置环境影响的最远距离。
- 【剪切平面】选项组：剪切平面是平行于摄影机镜头的平面，以红色交叉的矩形表示。
  - 【手动剪切】：选中该复选框将使用下面的数值自定义水平面的剪切。
  - 【近距剪切】和【远距剪切】：分别用来设置近距剪切平面与远距剪切平面的距离，每台摄影机都有近距和远距两个剪切平面，近于近距剪切平面或远于远距剪切平面的对象，摄影机都不显示，如果剪切平面与一个对象相交，则该平面将穿过该对象，并创建剖面视图。比如需要创建楼房、车辆、人等的剖面图或带切口的视图时，可以使用该选项。

- 【多过程效果】选项组：用于为摄影机指定景深或运动模糊效果。它的模糊效果是通过对同一帧图像的多次渲染计算并重叠结果产生，因此会增加渲染的时间。景深和运动模糊效果是相互排斥的，由于它们基于多个渲染通道，所以不能将它们同时应用于一个摄影机，如果需要在场景中同时应用这两种效果，应为摄影机设置多过程景深（使用这此摄影机参数），并将其与对象运动模糊组合。
  - 【启用】：控制景深或运动模糊效果是否有效，选中该复选框，使用该效果预览或渲染。取消选中该复选框，则不渲染该效果。
  - 【预览】：单击该按钮后，能够在激活的摄影机视图中预览景深或运动模糊效果。
  - 【渲染每过程效果】：选中该复选框，多过程效果每次渲染计算时都进行渲染效果的处理，速度慢但效果真实，不会出问题，取消选中该复选框，只对多过程效果计算完成后的图像进行渲染效果处理，这样可以提高渲染速度。默认为禁用状态。
- 【目标距离】：对于自由摄影机，该选项将为其设置一个不可见的目标点，以便可以围绕该目标点旋转摄影机。对于目标摄影机，该选项表示摄影机和其目标之间的距离。

6.7.2 【景深参数】卷展栏

在【多过程效果】选项组中包括两个景深选项，即【景深（mental ray/iray）】和【景深】。

- 【景深（mental ray/iray）】是景深效果中唯一的多重过滤版本，mental ray 渲染器还支持摄影机的运动模糊，但这些控件不在摄影机的【参数】卷展栏上，可以通过摄影机对象的【对象属性】对话框中的【动态模糊】打开与关闭。此设置对默认的 3ds Max 扫描线渲染器没有影响。景深（mental ray/iray）的【景深参数】卷展栏，如图 6.44 所示。

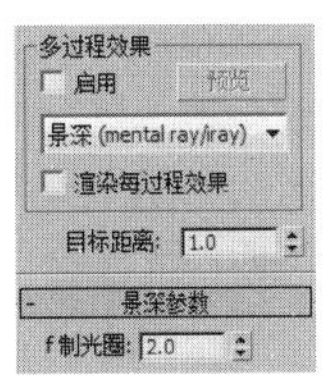

图 6.44

- 【f 制光圈】：设置摄影机的 f 制光圈。增加 f 制光圈值使景深变短，减小 f 制光圈值使景深变长。默认设置是 2.0。f 制光圈的值小于 1.0 时，对于真实的摄影机来说是不现实的，但是在场景比例没有使用现实单位的情况下，可以用这个值帮助调整场景的景深。

在【多过程效果】选项组中选择景深选项，其【参数】卷展栏如图 6.45 所示。

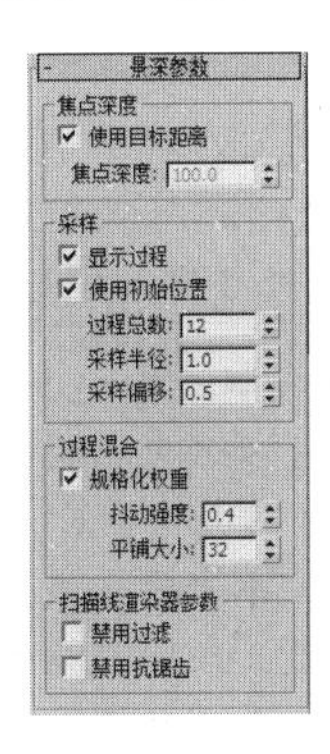

图 6.45

摄影机可以产生景深的多重过滤效果，通过在摄影机与其焦点（即目标点或目标距离）的距离上产生模糊来模拟摄影机景深效果。

- 【焦点深度】选项组：
  - 【使用目标距离】：选中该复选框，将以摄影机目标距离作为摄影机进行偏移的位置，取消选中该复选框，则以【焦点深度】的值进行摄影机偏移。默认为开启状态。
  - 【焦点深度】：当【使用目标距离】处于禁用状态时，设置距离偏移摄影机的深度。
- 【采样】选项组：
  - 【显示过程】：选中该复选框，渲染帧窗口显示多个渲染通道。取消选中该复选框，该帧窗口只显示最终结果。此控件对于在摄影机视图中预览景深无效。默认为启用。

➢【使用初始位置】：选中该复选框，在摄影机的初始位置渲染第一个过程；取消选中该复选框，使用【焦点深度】值偏移摄影机，默认为启用。

➢【过程总数】：用于生成效果的过程数。增加此值可以增加效果的精确度，但也会相应的增加渲染时间。默认值为12。

➢【采样半径】：通过移动场景生成模糊的半径。增加该值将增加整体模糊效果。减小该值将减少模糊效果。默认值为1。

➢【采样偏移】：设置模糊靠近或远离【采样半径】的权重值。增加该值，将增加景深模糊的数量级，提供更均匀的效果。减小该值，将减小数量级，提供更随机的效果。偏移的范围为0～1，默认值为0.5。

- 【过程混合】选项组：通过调整相关参数可以对抖动进行控制，这里的参数只在渲染时对景深效果有效，对视图预览无效。

  ➢【规格化权重】：使用随机权重混合的过程可以避免出现例如条纹等异常效果。选中该复选框后，权重会被规格化，会获得较平滑的结果。取消选中该复选框后，效果会变得清晰一些，但通常颗粒状效果会更明显。默认为启用。

  ➢【抖动强度】：设置用于渲染通道的抖动程度。增加此值会增加抖动量，并且生成颗粒状效果，尤其在对象的边缘上。默认值为0.4。

  ➢【平铺大小】：使用百分比设置抖动时图案的大小，0是最小的平铺，100是最大的平铺。默认值为32。

- 【扫描线渲染参数】选项组：用于在渲染多重过滤场景时取消过滤和抗锯齿效果，以提高渲染速度。

  ➢【禁用过滤】：选中该复选框，禁用过滤功能。默认为禁用状态。

  ➢【禁用抗锯齿】：选中该复选框，禁用抗锯齿功能。默认为禁用状态。

6.7.3 【运动模糊参数】卷展栏

在【多过程效果】选项组中选择【运动模糊】选项，其【运动模糊参数】卷展栏如图6.46所示。

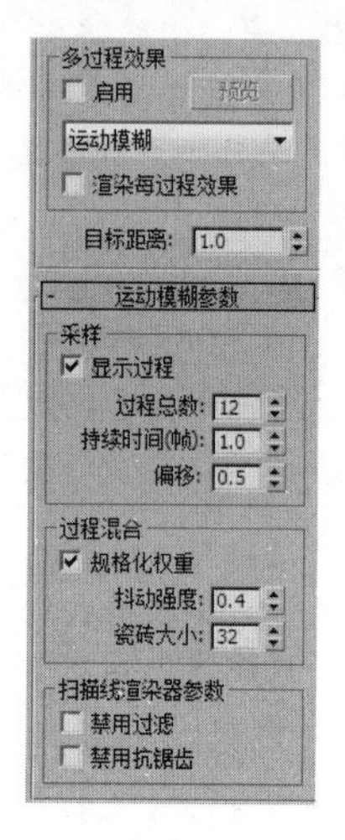

图6.46

摄影机可以产生运动模糊效果，运动模糊是多重过滤效果，运动模糊通过在场景中基于移动的偏移渲染通道，模拟摄影机的运动模糊。

该卷展栏中的大部分参数与【景深参数】卷展栏的参数相同，这里主要介绍【持续时间（帧）】和【偏移】两个选项。

- 【持续时间（帧）】：动画中运动模糊效果所应用的帧数，值越高，运动模糊所重像的帧越多，模糊效果越强烈，默认值为1。
- 【偏移】：指向或偏离当前帧进行模糊的权重值，范围从0.01至0.09，默认值为0.5。默认情况下，模糊在当前帧前后是均匀的，即模糊对象出现在模糊区域的中心，与真实摄影机捕捉的模糊最接近。增加该值，模糊会向随后的帧进行偏斜，减少该数值，模糊会向前面的帧偏斜。

6.8 摄影机视图导航控制

创建摄影机后，通常需要将摄影机或其目标移到固定的位置。用户可以用各种变换为摄影机定位，但在很多情况下，在摄影机视图中调节会更简单，下面进行详细介绍。

6.8.1　使用摄影机视图导航控制

对于摄影机视图，系统在视图控制区提供了专门的导航工具，用来控制摄影机视图的各种属性，如图 6.47 所示。

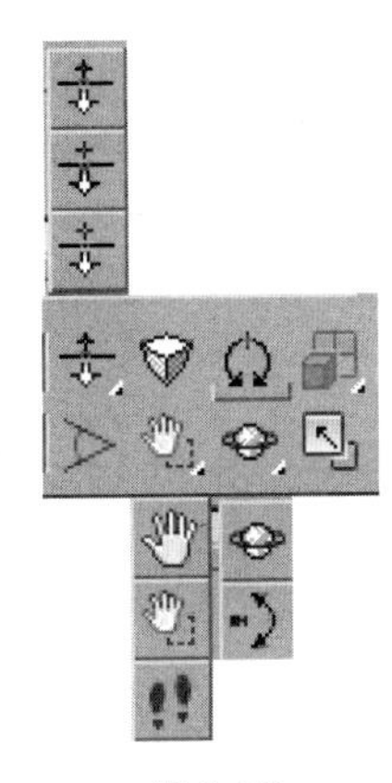

图 6.47

导航工具的功能说明如下所述。

- 【推拉摄影机】按钮：沿视线移动摄影机的出发点，保持出发点与目标点之间连线的方向不变，使出发点在此线上滑动，这种方式不改变目标点的位置，只改变出发点的位置。
- 【推拉目标】按钮：沿视线移动摄影机的目标点，保持出发点与目标点之间连线的方向不变，使目标点在此线上滑动，这种方式不会改变摄影机视图中的影像效果，但有可能使摄影机反向。
- 【推拉摄影机 + 目标】按钮：沿视线同时移动摄影机的目标点与出发点，这种方式产生的效果与【推拉摄影机】相同，只是保证了摄影机本身形态不发生改变。
- 【透视】按钮：以推拉出发点的方式来改变摄影机的【视野】镜头值，配合 Ctrl 键可以增加变化的幅度。
- 【侧滚摄影机】按钮：沿着垂直于视平面的方向调整摄影机的角度。
- 【视野】按钮：固定摄影机的目标点与出发点，通过改变视野取景的大小来改变 FOV 镜头值，这是一种调节镜头效果的好方法，起到的效果其实与透视 + 推拉摄影机相同。
- 【平移摄影机】按钮：在平行于视平面的方向上同时平移摄影机的目标点与出发点，配合 Ctrl 键可以加速平移变化，配合 Shift 键可以锁定在垂直或水平方向上平移。
- 【环游摄影机】按钮：固定摄影机的目标点，使出发点绕着它进行旋转观测，配合 Shift 键可以锁定在单方向上进行旋转。
- 【摇移摄影机】按钮：固定摄影机的出发点，使目标点进行旋转观测，配合 Shift 键可以锁定在单方向上进行旋转。

6.8.2　变换摄影机

在 3ds Max 中所有作用于对象（包括几何体、灯光、摄影机等）的位置、角度、比例的改变都被称为“变换”。摄影机及其目标的变换与场景中其他对象的变换非常相似。许多摄影机视图导航命令能用其局部坐标中变换摄影机来代替。

虽然摄影机导航工具能很好地变换摄影机的参数，但对于摄影机的全局定位来说，一般使用标准的变换工具更合适。锁定轴向后，也可以像摄影机导航工具那样使用标准变换工具。摄影机导航工具与标准摄影机变换工具最主要的区别是：标准变换工具可以同时在两个轴上变换摄影机，而摄影机导航工具只允许沿一个轴进行变换。

提示

在变换摄影机时不要缩放摄影机，缩放摄影机会使摄影机基本参数显示错误值。目标摄影机只能绕其局部 Z 轴旋转。绕其局部坐标 X 或 Y 轴旋转没有效果。

自由摄影机不像目标摄影机那样受旋转限制。

6.9 课堂实例

下面将通过实例来讲解本章的主要知识点，以便大家巩固。

6.9.1 创建摄影机

本案例将讲解如何创建摄影机，完成后的效果如图 6.48 所示。

图 6.48

01 打开配套资源中的创建阴影贴图 .max 文件，如图 6.49 所示。

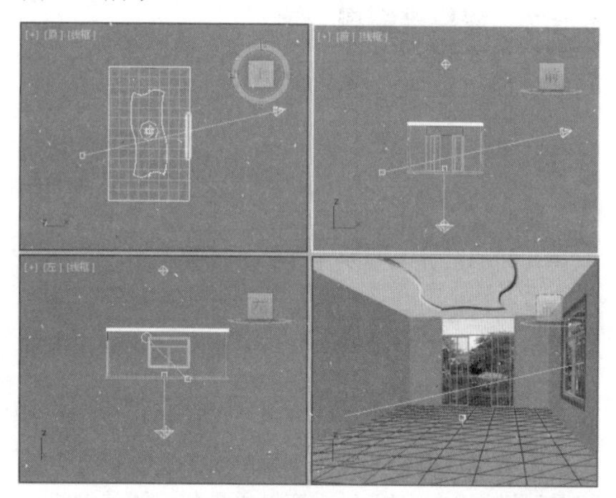

图 6.49

02 选择【创建】 | 【摄影机】 | 【标准】 | 【目标】命令，在顶视图中进行创建，选择透视视图，按 C 键，将其转换为摄影机视图，然后在其他视图中调整摄影机的位置，效果如图 6.50 所示。

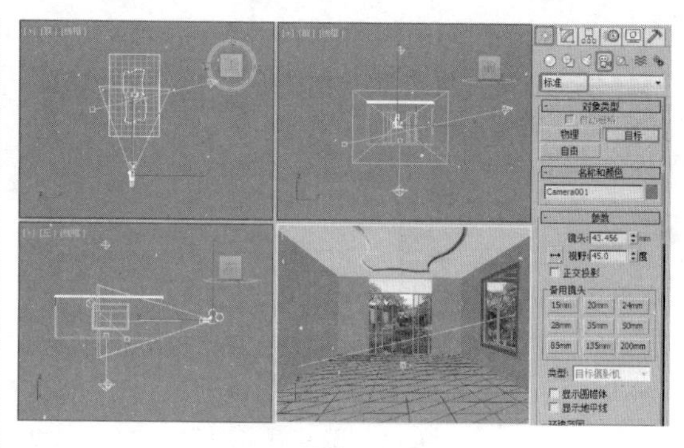

图 6.50

03 选择透视视图，按 F10 键，弹出【渲染设置：默认扫描线渲染器】对话框，将【输出大小】设置为【自定义】，将【宽度】设置为 640，【高度】设置为 480，如图 6.51 所示。

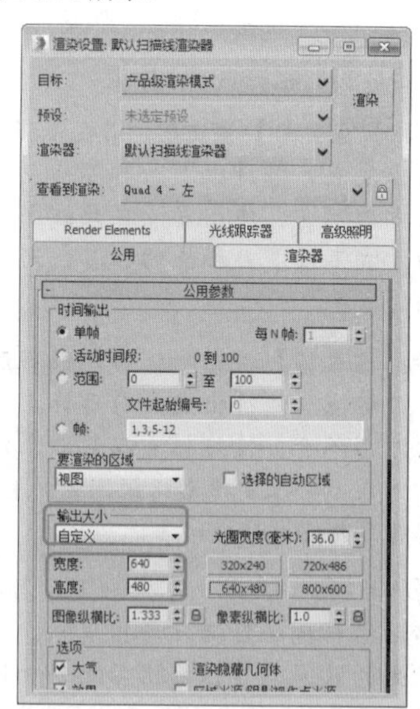

图 6.51

04 单击【渲染】按钮，即可对其进行渲染，效果如图 6.52 所示。

图 6.52

6.9.2 创建灯光

本例将讲解如何为场景创建灯光，完成后的效果如图 6.53 所示。

图 6.53

01 按 Ctrl+O 组合键，打开【一次性水杯 .max】素材文件，如图 6.54 所示。

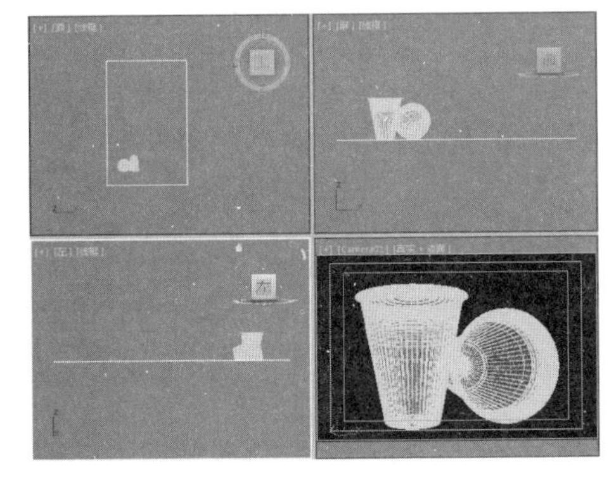

图 6.54

02 选择【创建】 | 【灯光】 | 【标准】 | 【目标聚光灯】工具，在顶视图中创建一盏目标聚光灯，在【常规参数】卷展栏中选中【阴影】选项组中的【启用】复选框，在【聚光灯参数】卷展栏中将【聚光区 / 光束】和【衰减区 / 区域】分别设置为 40 和 75，在【阴影参数】卷展栏中将颜色的数值设置为 168,168,168，并在场景中调整灯光的位置，如图 6.55 所示。

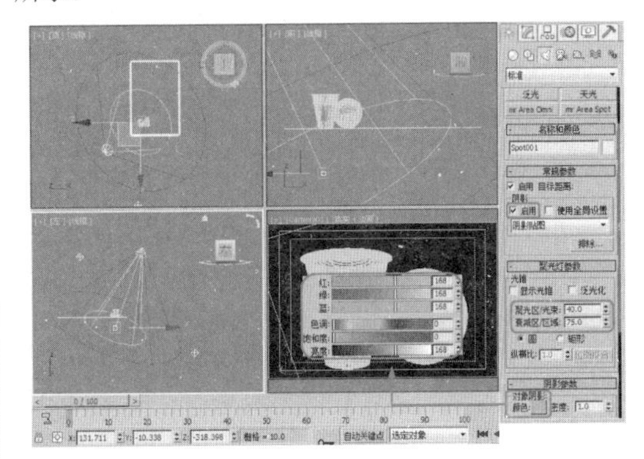

图 6.55

03 单击【泛光灯】按钮，在顶视图中创建一盏泛光灯，在【强度 / 颜色 / 衰减】卷展栏中将【倍增】设置为 0.8，并在创建中调整灯光的位置，如图 6.56 所示。

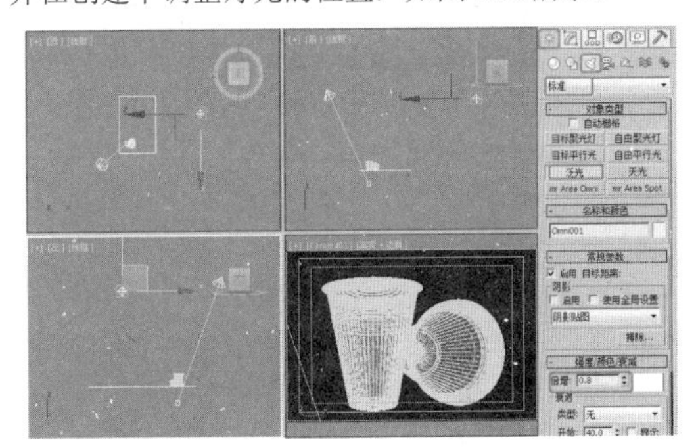

图 6.56

04 单击【常规参数】卷展栏下方的【排除…】按钮，在【场景对象】下方选择【地面】选项，单击>>按钮，如图 6.57 所示，单击【确定】按钮。

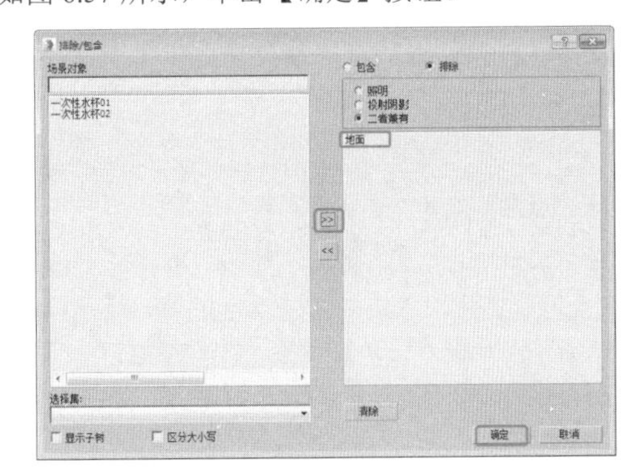

图 6.57

05 确定新创建的灯光处于选中状态，将该灯光进行复制，并调整灯光的位置，如图 6.58 所示。

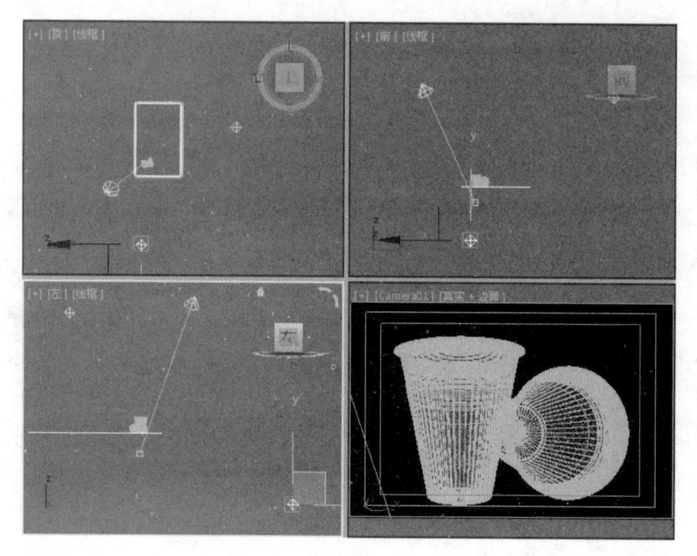

图 6.58

06 设置完成后按 F9 键进行渲染，并将场景文件储存。

6.10 课后练习

1. 目标平行光的作用?

2.【目标】和【自由】摄影机的用处?

第7章

初识 VRay

VRay是由chaosgroup和asgvis公司出品，在中国由曼恒公司负责推广的一款高质量渲染软件。VRay是目前业界最受欢迎的渲染引擎。基于V-Ray内核开发的有VRay for 3ds Max、Maya、Sketchup、Rhino等诸多版本，为不同领域的优秀3D建模软件提供了高质量的图片和动画渲染，方便使用者渲染各种图片。在3ds Max中，渲染器一直是其最为薄弱的一部分，面对众多三维软件的竞争，很多公司都开发了3ds Max外挂渲染器插件，例如Brazil、FinalRender、VRay等。其中，VRay可以提供单独的渲染程序，方便使用者渲染各种图片。本章就是对3ds Max下的外挂渲染插件VRay渲染器做详细的讲解。

7.1 VRay渲染器

VRay渲染器提供了一种特殊的材质——VRayMtl。在场景中使用该材质能够获得更加准确的物理照明（光能分布）、更快的渲染速度，反射和折射参数调节也更方便。使用VRayMtl，可以应用不同的纹理贴图，控制反射和折射，增加凹凸贴图和置换贴图，强制使用直接全局照明计算，还可以选择用于材质的BRDF，其主要用于渲染一些特殊的效果，如次表面散射、光迹追踪、焦散、全局照明等。VRay是一种结合了光线跟踪和光能传递的渲染器，其真实的光线计算可以创建专业的照明效果，可用于建筑设计、灯光设计、展示设计等多个领域。

VRay有两种类型的安装版本，一种是基本安装版本，另一种是高级安装版本，基本安装版本价格较低，具备最基本的功能，主要使用对象是学生和业余爱好者；而高级安装版则包含多种特殊功能，主要面向专业人士。

基本安装版本包括以下功能：

- 真正的光影追踪反射和折射。
- 平滑的反射和折射。
- 基于抗锯齿的G缓冲。
- 光子贴图。
- 可再次使用的发光贴图（支持保存及导入），针对摄影机游历动画的增量采样。
- 可再次使用的焦散和全局光子贴图（支持保存及导入）。
- 具有解析采样功能的运动模糊。
- 支持真实的HDRI帖图，支持包括具有正确纹理坐标控制的*.hdr和*.rad格式的图像，用于创建石蜡、大理石、磨砂玻璃。
- 面积阴影（软阴影）包括方形和球形发射器。
- 间接照明（也称全局光照明或全局光照），使用几种不同的算法，包括直接计算（强制性的）和辐摄帖图。
- 采用准门特卡罗算法的运动模糊。
- 摄影机景深效果。
- 抗锯齿，包括固定的、简单的二级和自适应算法。
- 散焦功能。
- G缓冲（包括RGBA、材质／物体ID号、z-缓冲及速率等）。

高级安装版本除了上述基本功能外，还可以直接映射图像，不需要进行裁减，也不会产生失真。另外，还包括以下功能：

- 具有正确物理照明的自带面积光。

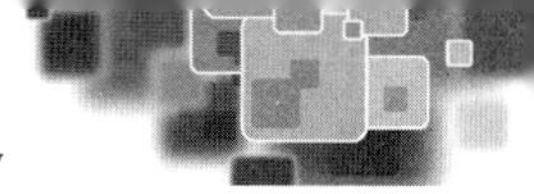

- 具有更高物理精度和快速计算的自带材质。
- 基于 TCP / IP 通信协议，可使用工作室所有计算机进行分布式渲染，也可以通过互联网连接。
- 支持不同的摄影机镜头类型，如鱼眼、球形、圆柱形，以及立方体摄影机等。
- 置换贴图，包括快速的 2D 位图算法和真实的 3D 置换贴图。

7.2 VRay 渲染器的安装

VRay 渲染器的安装步骤非常简单，只需要按照提示一步一步进行即可。本节对 VRay 渲染器的 VRay 灯光和阴影、VRay 物体，以及 VRay 渲染元素等功能是如何在 3ds Max 中访问和设置的具体方法进行介绍。

01 在硬盘的文件中，双击已下载或购买的 VRay 安装程序，弹出如图 7.1 所示的安装对话框，单击【继续】按钮。

图 7.1

02 出现【V-Ray 2.50.01 for 3ds Max2015-64bit（高级渲染器）中英文切换加强版】对话框后，选中【我同意“许可协议”中的条款】复选框，然后单击【我同意】按钮，如图 7.2 所示。

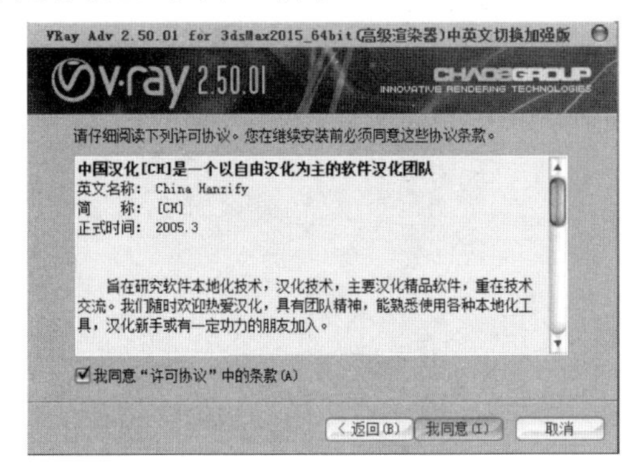

图 7.2

03 弹出路径指定对话框，此路径需要与 3ds Max Design 所在的根目录相同，使用默认路径。然后单击【继续】按钮，如图 7.3 所示。

图 7.3

04 在弹出的对话框中选择需要安装的组件，然后单击【继续】按钮，如图 7.4 所示。

图 7.4

05 弹出创建程序的快捷方式对话框，选择程序快捷方式的存放路径（根据使用习惯随意选择），然后单击【继续】按钮，如图 7.5 所示。

06 弹出【安装】对话框，该对话框中显示出软件的安装位置及软件的快捷方式所在的位置，单击【下一步】按钮，安装过程如图 7.6 所示。

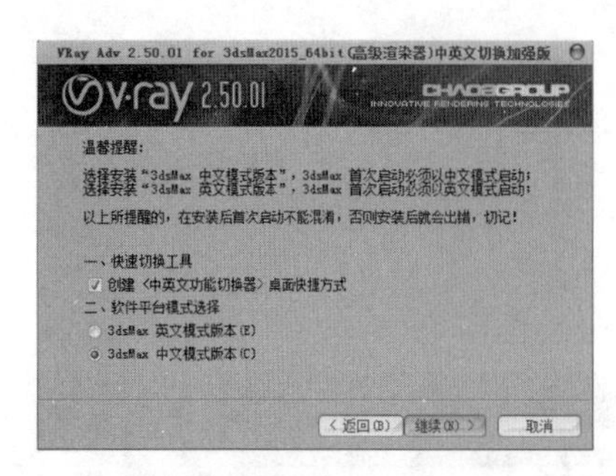

图 7.5

图 7.6

07【安装】完成后，弹出包含【安装向导完成】字样的对话框，单击【完成】按钮，VRay 渲染器就安装完成了，如图 7.7 所示。

图 7.7

7.2.1 指定 VRay 为当前渲染器

只有指定了 VRay 渲染器，才可以使用 VRay 材质、灯光等功能。

01 启动 3ds Max，按 F10 键，弹出【渲染设置：默认扫描线渲染器】对话框。

02 在【公用】选项卡中，展开【指定渲染器】卷展栏，然后单击【产品级：默认扫描线渲染器】后面的...按钮。

03 在弹出的【选择渲染器】对话框中，选择 V-Ray Adv3.00.08 渲染器，单击【确定】按钮，即可将 VRay 渲染器指定为当前激活使用的渲染器，整个流程如图 7.8 所示。

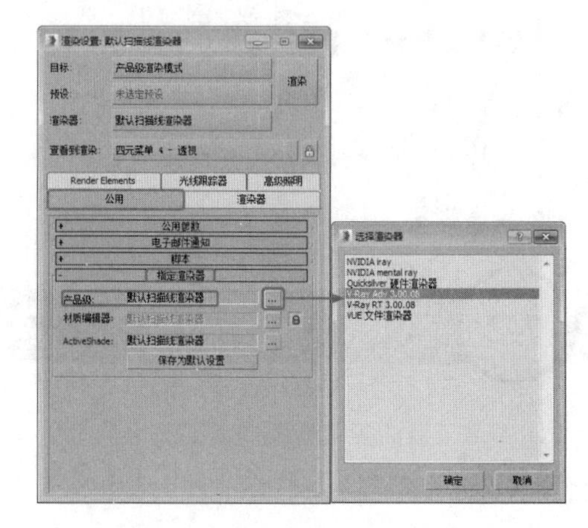

图 7.8

7.2.2 渲染参数的设置区域

渲染参数可以调整渲染出图时的速度、质量、显示效果等，当我们在渲染图片时，可根据"是需要快速渲染图片，还是注重图片质量"来进行设置。

01 指定 VRay 为当前渲染器后，依然在渲染设置对话框中。

02 进入【V-Ray】选项卡，这里包括了关于 VRay 以及渲染参数设置等的 10 个卷展栏，如图 7.9 所示。

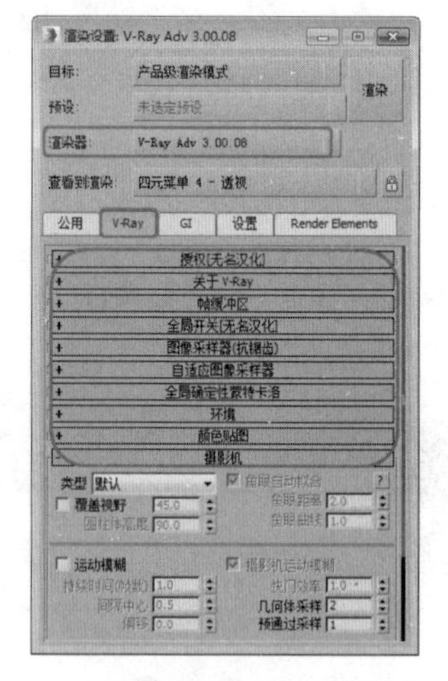

图 7.9

说明：根据用户选择的图像采样器，以及间接照明类型的不同，显示的渲染参数界面会有所不同，本界面在后面的叙述中统称为渲染设置对话框。

7.2.3 VRay 渲染元素的设置

VRay 渲染元素的设置主要方便渲染出图后通过 Adobe Photoshop 来处理图片。

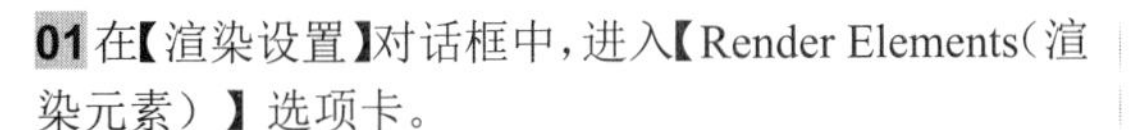

01 在【渲染设置】对话框中，进入【Render Elements（渲染元素）】选项卡。

02 在 Render Elements 卷展栏中单击【添加】按钮，会弹出【渲染元素】对话框。

03 其列表中列出了 41 种可用的 VRay 渲染元素，选择需要的选项，然后单击【确定】按钮，完成设置，整个流程如图 7.10 所示。

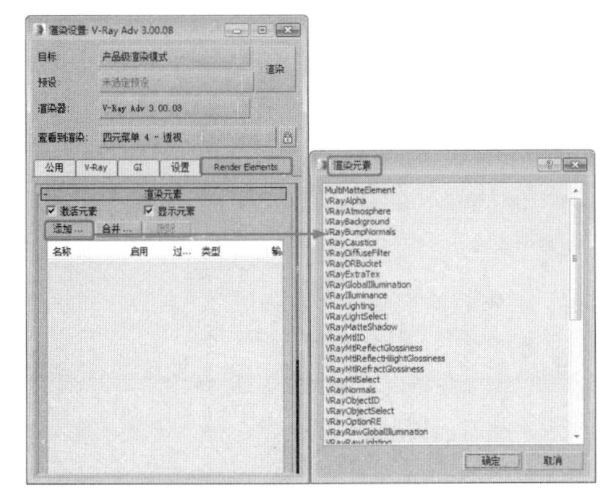

图 7.10

7.2.4　VRay 材质的调用

【材质编辑器】对话框，即可以在不使用 VRay 渲染器时使用，也可在使用 VRay 渲染器时使用，但需要通过【材质 / 贴图浏览器】对话框，调用 V-Ray 卷展栏中的材质，并在【材质编辑器】中进行最终设置。

01 启动 3ds Max，按 M 键，弹出【材质编辑器】对话框。

02 单击【VR- 灯光材质】按钮，弹出【材质 / 贴图浏览器】对话框，在【V-Ray】卷展栏中，选择需要用的 VRay 材质，然后单击【确定】按钮，如图 7.11 所示。

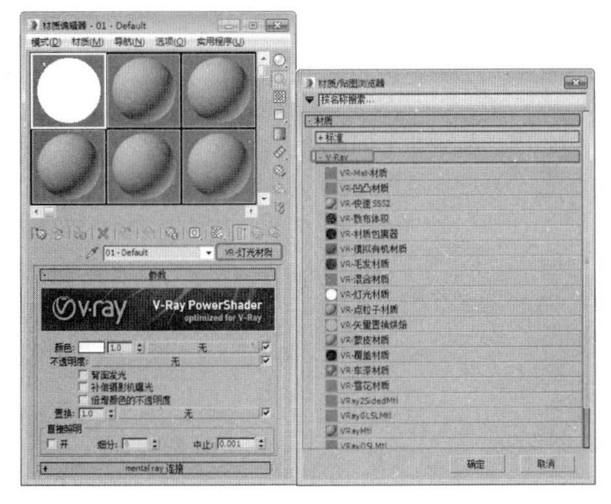

图 7.11

7.2.5　VRay 贴图的调用

VRay 贴图的调用与 3ds Max 贴图材质的调用相仿，都是通过单击【反射】选项组【颜色】右侧的贴图按钮，在弹出的【材质 / 贴图浏览器】对话框中选择【V-Ra】卷展栏中的材质贴图。

01 在【材质编辑器】对话框中单击任意一个贴图指定按钮。

02 在弹出的【材质 / 贴图浏览器】对话框中，选择需要的 VRay 贴图，然后单击【确定】按钮即可，如图 7.12 所示。

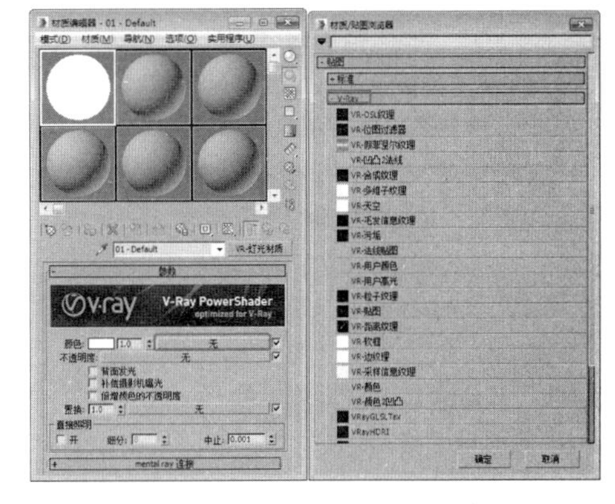

图 7.12

7.2.6　VRay 灯光的使用

使用了 VRay 的材质与 VRay 的渲染器后，还需要了解 VRay 灯光是如何创建使用的，下面将介绍如何创建 VRay 灯光。

01 单击【创建】 |【灯光】按钮。

02 在其下拉列表中选择【VRay】类型，即可进入 VRay 灯光的创建面板，如图 7.13 所示。

图 7.13

7.2.7　VRay 阴影的使用

当使用了 VRay 渲染器并在场景中创建了系统自带的灯光，需要将灯光的阴影类型设置为 VRay

阴影，才可以被 VRay 渲染器渲染。

01 在场景中任意选择 VRay 渲染器支持的灯光。

02 进入其修改器面板，展开【常规参数】卷展栏，确认一下【阴影】选项组中的【启用】复选框是选中的（为默认状态），用于激活阴影的使用。

03 在阴影类型下拉列表中选择【VR- 阴影】类型，即可完成阴影的使用，如图 7.14 所示。

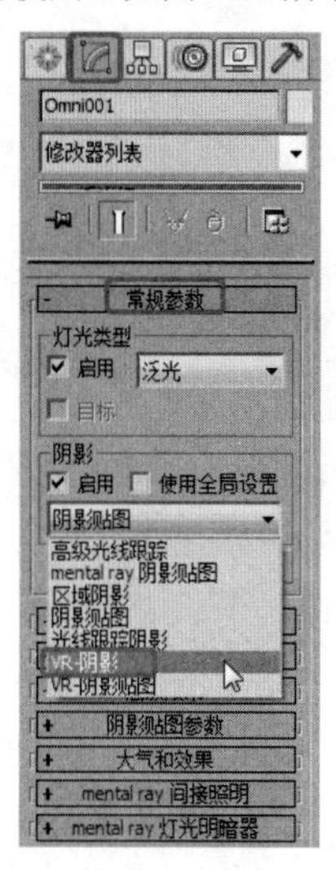

图 7.14

7.2.8 VRay 物体的创建

下面将简单介绍 VRay 物体的创建步骤。

01 单击【创建】 | 【几何体】按钮。

02 在其下拉列表中选择 VRay 类型，即可进入 VRay 物体的创建面板，如图 7.15 所示。

图 7.15

7.2.9 VRay 置换修改器的使用

贴图置换是一种为场景中几何体增加细节的技术，这个概念非常类似于凹凸贴图，但凹凸贴图只是改变了物体表面的外观，属于一种阴影效果，而贴图置换真正改变了表面的几何结构。

01 选择场景中存在的几何体，然后单击【修改】按钮，进入修改命令面板。

02 在修改器列表中选择【VR- 置换模式】修改器。此时该置换修改器就可以使用了，如图 7.16 所示。

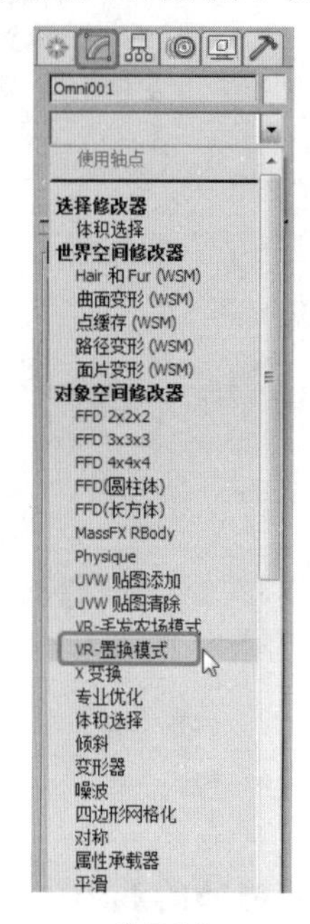

图 7.16

7.2.10 VRay 大气效果的使用

VRay 的大气效果作用与系统自带的大气效果功能基本相同，下面将介绍如何使用 VRay 的大气效果。

01 在主键盘区按 8 键，弹出【环境和效果】对话框。

02 在【效果】选项卡中，展开【大气】卷展栏。

03 单击【添加】按钮，在弹出的【添加大气效果】对话框中，选择需要的 VRay 大气效果，单击【确定】按钮即可完成使用，如图 7.17 所示。

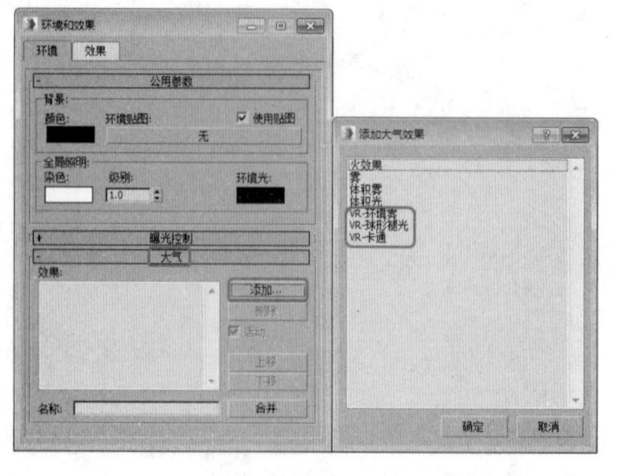

图 7.17

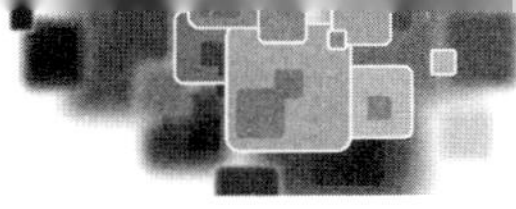

7.3 帧缓存

所谓帧缓存，简单地说就是将内存分出一部分空间，临时储存渲染出来的图像。【帧缓存】如果不开启，在渲染的时候是看不到光子逐步传递的过程的，只有在最后图像出现的时候才能看到光打得是否合适，并且不能在测试渲染的时候选择想提前查看的位置。开启帧缓存后，可以看到光子一步步传递的过程，若光打得不合适可以提前观测到，因而可以提前停止测试渲染，还可以渲染想先看到的位置。这样的话就可以大幅提高测试速度，提高工作效率。本节将介绍 VRay 渲染面板的主要参数和设置方式。

7.3.1 帧缓存功能概述

本小节将对【帧缓存】的功能进行简单、概括的介绍。

除了 3ds Max 自带的帧缓冲器外，用户也可将图像渲染到指定的 VRay 帧缓冲器中，相对于 3ds Max 的帧缓冲器，VRay 的帧缓冲器还有一些其他的功能。

- 允许用户在单一窗口观察所有的渲染元素，并且可以方便地在渲染元素之间进行切换。
- 保持图像为完整的 32 位浮点格式。
- 允许用户在渲染的图像上完成简单的颜色校正。
- 允许用户选择块的渲染顺序。

单击【渲染设置】按钮，弹出【渲染设置】对话框，切换到【V-Ray】选项卡，展开【帧缓冲区】卷展栏，如图 7.18 所示。

图 7.18

7.3.2 帧缓冲区参数详解

本小节将介绍【帧缓冲区】卷展栏中各个选项参数的使用方法。

1. 常规参数

- 【启用内置帧冲区】：允许使用 VRay 渲染器内建的帧缓冲区。由于技术原因，3ds Max 原始的帧缓存仍然存在，并且也可以被创建。不过，在这个功能启用后，VRay 渲染器将不会渲染任何数据到 3ds Max 自身的帧缓存窗口中。为了防止过分占用系统内存，建议此时把 3ds Max 原始的分辨率设为一个较低的值（例如 100×90），并且在 3ds Max 渲染设置的常规卷展栏中关闭虚拟帧缓存。
- 【内存帧缓冲区】：选中此复选框，将创建 VRay 的帧缓存，并且使用它来存储色彩数据，以便在渲染中或者渲染后进行观察。如果用户需要渲染很高分辨率的图像并且用于输出的时候，不要选中此复选框，否则系统的内存可能会被大量占用。此时的正确选择是选中【渲染到图像文件】复选框。
- 【显示最后的虚拟帧缓冲区】：单击此按钮，系统可以显示最近一次渲染的 VFB 窗口。

2. 输出分辨率

设置在 VRay 渲染器中使用的分辨率。

- 【从 MAX 获取分辨率】：选中此复选框后，VRay 渲染器的虚拟帧缓存将从 3ds Max 的常规渲染设置中获得分辨率。
- 【宽度】：以像素为单位设置在 VRay 渲染器中使用的分辨率宽度。
- 【高度】：以像素为单位设置在 VRay 渲染器中使用的分辨率高度。

3. V-Ray Raw 原态图像文件

- 【V-Ray Raw 图像文件】：此选项在渲染时将 VRay 的原始数据直接写入一个外部文件中，而不会在内存中保留任何数据。因此在渲染高分辨率图像的时候使用此选项可以节约内存。若想要观察系统是如何渲染的，选中后面的【生成预览】选项即可。
- 【生成预览】：启用的时候将为渲染创建一个小的预览窗口。如果用户不使用 VRay 的帧缓冲器来节约内存，可以使用此选项从一个小窗口来观察实际渲染，这样一旦发现渲染中有错误，可以立即终止渲染。
- 【浏览】...：单击此按钮，可选择保存渲染图像文件的路径。

4. 分隔渲染通道

- 【单独的渲染通道】：此选项允许用户将指定的特殊通道作为一个单独的文件保存在指定的目录中。
- 【保存 RGB】：选中此复选框后用户可以将渲染的图像保存为 RGB 颜色。
- 【保存 Alpha】：选中此复选框后用户可以将渲染的图像保存为 Alpha 通道。
- 【浏览】...：单击此按钮，可选择保存 VRay 渲染器 G 缓存文件的路径。

7.3.3 VFB 工具条

VFB 工具条可以设置当前选择的通道，便于预览。单击各个按钮可以选择要观察的通道，且可以在单色模式下观察渲染图像等。

单击【帧缓冲区】卷展栏中的【显示最后的虚拟帧缓冲区】按钮，弹出 VRay 帧缓存窗口，VFB 工具条中的按钮用于渲染过程中查看效果或保存效果等，如图 7.19 所示。

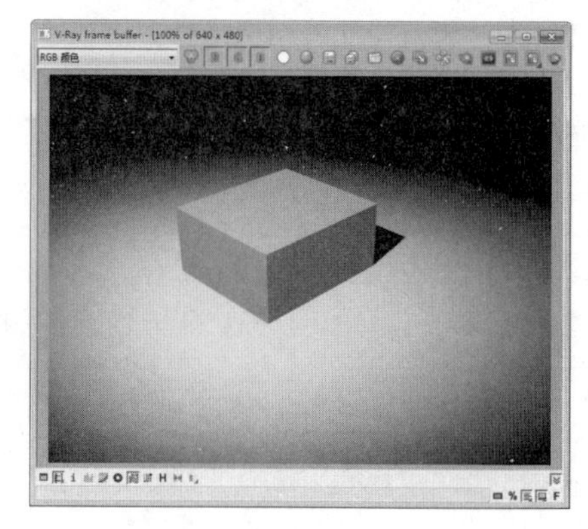

图 7.19

- ：这几个按钮用于设置当前选择的通道以及预览模式，用户也可以以单色模式来观察渲染图像。
- 【保存图像】按钮：将当前帧数据保存为文件。
- 【清除图像】按钮：清除帧缓冲区的内容。开始新的渲染前，利用此选项可避免与前面的图像产生混淆。
- 【复制到 max 帧缓冲区】按钮：为当前的 VRay 虚拟帧缓存创建一份 3ds Max 虚拟帧缓存副本。
- 【跟踪鼠标渲染】按钮：强制 VRay 优先渲染最靠近鼠标点的区域。这对于场景局部参数调整非常有用。

7.3.4 VFB 快捷操作

在虚拟帧缓存处于激活状态下，用户可使用组合键对虚拟帧缓存进行操作，表 7.1 和表 7.2 列出了用于操控虚拟帧缓存图像的组合键。

表 7.1　用于操控虚拟帧缓存图像的鼠标动作

鼠标动作	行为描述
Ctrl 键 + 单击 /Ctrl 键 + 右击	图像放大 / 缩小
上下滚动鼠标滚轮	图像放大 / 缩小
双击	缩放图像到 100%
右击	显示单击像素点的参数信息对话框
鼠标中键拖曳	平移观察

表 7.2　用于操控虚拟帧缓存图像的键盘组合键

键盘组合键	行为描述
+/- 键	图像放大 / 缩小
* 键	缩放图像到 100%
箭头键	向上、下、左、右平移图像

7.4 全局开关

全局开关的主要用途是在进行渲染测试时根据需要开启或关闭某些渲染项，或对渲染的质量进行设置，从而灵活地进行测试渲染，加快测试时的渲染速度，提高工作效率。

单击【渲染设置】按钮，在弹出的【渲染设置】对话框中切换到【V-Ray】选项卡，展开【全局开关】卷展栏，其主要的参数选项如图 7.20 和图 7.21 所示。

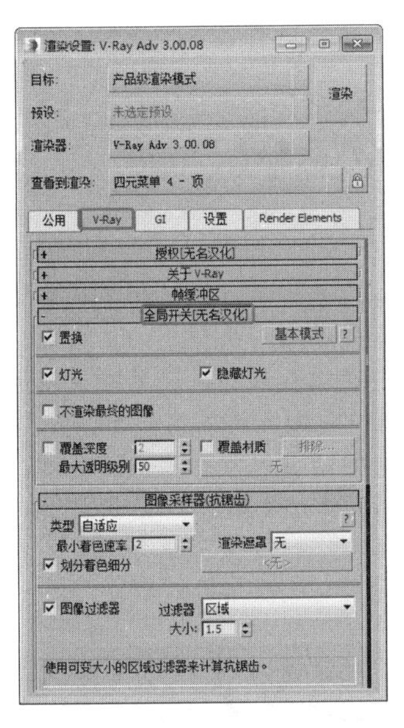

图 7.20

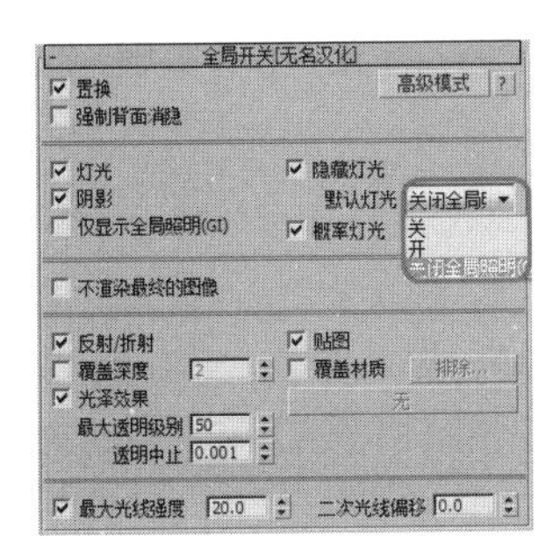

图 7.21

7.4.1 几何体

用于设置 VRay 渲染器对几何体的渲染效果。

- 【置换】：启动或禁止使用 VRay 自己的置换贴图。该选项对于标准的 3ds Max 置换贴图不会产生影响，这些贴图是通过渲染对话框中的相应参数进行控制的。
- 【强制背面消隐】：针对渲染而言，勾选该复选框后反法线的物体将不可见。

7.4.2 照明

用于设置 VRay 渲染器对灯光的渲染效果。

- 【灯光】：决定是否使用灯光，也就是说该复选框是 VRay 场景中的直接灯光总开关，当然不包含 3ds Max 场景中的默认灯光。如果不选中该复选框，VRay 将使用默认灯光来渲染场景。所以当用户不希望使用渲染场景中的直接灯光时，只需要取消选中该复选框和下面的【默认灯光】选项选择【关】即可。
- 【默认灯光】：当场景中不存在灯光物体或禁止全局灯光的时候，该选项可启动或禁止 3ds Max 默认灯光的使用。
- 【隐藏灯光】：允许或禁止隐藏灯光的使用。选中此复选框，系统会渲染隐藏的灯光效果，而不会考虑灯光是否被隐藏；取消选中此复选框后，无论什么原因被隐藏的灯光都不会被渲染。
- 【阴影】：决定是否渲染灯光产生的阴影。
- 【仅显示全局照明】：选中该复选框，直接光照将不会被包含在最终渲染的图像中。

注意，在计算全局光照明的时候，直接光照明仍然会被考虑，但是最后只显示间接光照明的效果。

7.4.3 间接照明

用于设置VRay渲染器对间接照明渲染的影响。

- 【不渲染最终的图像】：选中该复选框后，VRay只计算相应的全局光照明贴图（光子贴图、灯光贴图和发光贴图）。这对于摄影机游历动画过程中的贴图计算是很有用的。

7.4.4 材质

用于设置VRay渲染器对材质渲染的影响。

- 【反射/折射】：启动或禁止在VRay的贴图和材质中反射和折射的最大反弹次数。默认不选中则是使用材质本身反射折射的Max Depth次数，默认值为5。
- 【覆盖深度】：用于设置VRay贴图或材质中反射/折射的最大反弹次数。不选中此复选框，反射/折射的最大反弹次数使用材质/贴图的局部参数来控制；选中此复选框，所有的局部参数设置将会被此参数的设置所取代。
- 【光泽效果】：此选项允许使用一种非光滑的效果来代替场景中所有的光滑反射效果。它对测试渲染很有用处。
- 【最大透明级别】：用于控制透明物体被光线跟踪的最大深度。
- 【透明中止】：用于控制对透明物体的追踪何时中止。如果追踪透明度的光线数量累计总数低于此选项设定的极限值，将会停止追踪。
- 【贴图】：启动或禁止使用纹理贴图。
- 【覆盖材质】：选中此项以后，可以通过后面的材质槽，指定一种简单的材质替代场景中所有物体的材质，以达到快速渲染的目的。该选项常在调试渲染参数时使用。如果用户仅选中了该选项却没指定材质，VRay将自动使用3ds Max标准材质的默认参数设置，从而替代场景中所有物体的材质进行渲染。

7.4.5 光线跟踪

用于设置VRay渲染器对光线跟踪渲染的影响。

- 【二级光线偏移】：此参数定义针对所有次级光线的一个较小的正向偏移距离。正确设置此参数可以避免渲染图像时在场景的重叠表面上出现黑斑。另外，在使用3ds Max的【渲染到纹理】选项时，正确设置此参数值也是有帮助的。

7.5 V-Ray:: 图像采样器（抗锯齿）

在VRay渲染器中，图像采样器是指采样和过滤的一种算法，它将产生最终的像素数组来完成图形的渲染。

7.5.1 功能概述

VRay提供了几种不同的采样算法，尽管在使用后会增加渲染的时间，但是所有的采样器都支持3ds Max标准的抗锯齿过滤算法。用户可以在【固定】、【自适应确定性蒙特卡洛】和【自适应细分】采样器中根据需要选择一种使用。

在【渲染设置】对话框的【V-Ray】选项卡中展开【图像采样器（抗锯齿）】、【自适应图像采样器】和【全局确定性蒙特卡洛】卷展栏如图7.22所示。

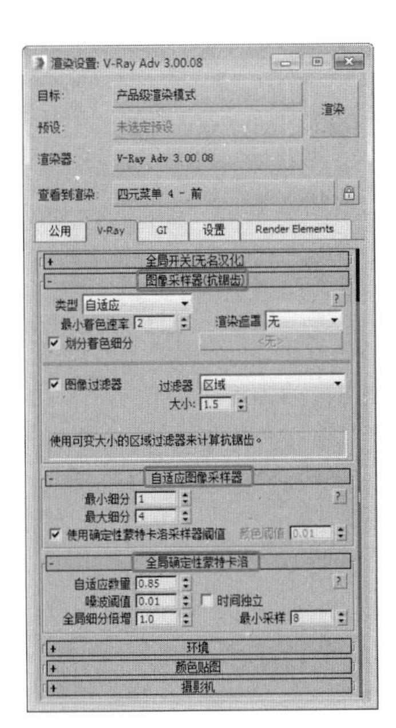

图 7.22

7.5.2　参数详解

本小节将介绍卷展栏中各个选项的使用方法。

1. 【固定】采样器

这是 VRay 渲染器中最简单的采样器，对于每个像素，它使用一个固定数量的样本而且只有一个参数控制细分，如图 7.23 所示。

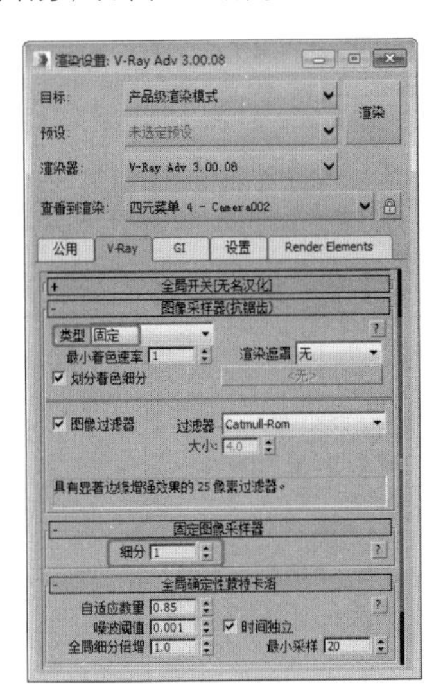

图 7.23

- 【细分】：确定每个像素使用的样本数量。当取值为 1 时，意味着在每个像素的中心使用一个样本；当取值大于 1 时，将按照低差异的 DMC 序列来产生样本。

> **提示**
>
> 对于 RGB 色彩通道来说，由于要把样本限制在黑白范围之间，在使用了模糊效果的时候，可能会产生较暗的画面效果。这种情况的解决方案是为模糊效果增加细分的取值或者使用真 RGB 色彩通道。

2. 【自适应】图像采样器

该采样器（见图 7.24）会根据每个像素和相邻像素的亮度差异来产生不同数量的样本。值得注意的是该采样器与 VRay 的 rQMc 采样器是相关联的，它没有自身的极限控制值，不过用户可以通过 VRay 的 rQMc 采样器中的 Noise threshold 参数来控制品质。

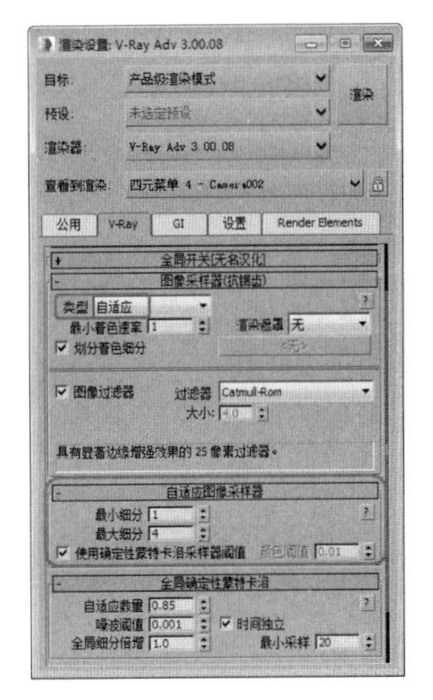

图 7.24

对于那些具有大量微小细节，如 VRayFur 物体或模糊效果（景深、运动模糊灯）的场景或物体，这个采样器是首选。它占用的内存比下面提到的自适应细分采样器要少，主要参数设置如下。

- 【最小细分】：定义每个像素使用样本的最小数量。一般情况下，这个参数的设置很少需要超过 1，除非有一些细小的线条无法正确表现。
- 【最大细分】：定义每个像素使用样本的最大数量，对于那些具有大量微小的细节，比下面提到的【自适应细分】采样器占用的内存要少。
- 【使用确定性蒙特卡洛采样器阈值】：取消选中此复选框后，可设置【颜色阈值】参数设置采样器阈值。

- 【颜色阈值】：用于确定采样器在像素亮度改变方面的灵敏性。较低的值会产生较好的效果，但会花费较多的渲染时间。

3. 【自适应细分】采样器

这是一个具有 Undersampling 功能（分数采样，即每个像素的样本值低于 1）的高级采样器（见图 7.25）。在没有 VRay 模糊特效（直接全局照明、景深和运动模糊等）的场景中，它是首选的采样器。它使用较少的样本就可以达到其他采样器使用较多样本才能够达到的品质和质量，这样就减少了渲染时间。但是，在具有大量细节或者模糊特效的情况下它会比其他两种采样器更慢，图像效果也更差，这一点一定要牢记。理所当然的，比起另两种采样器，它也会占用更多的内存。

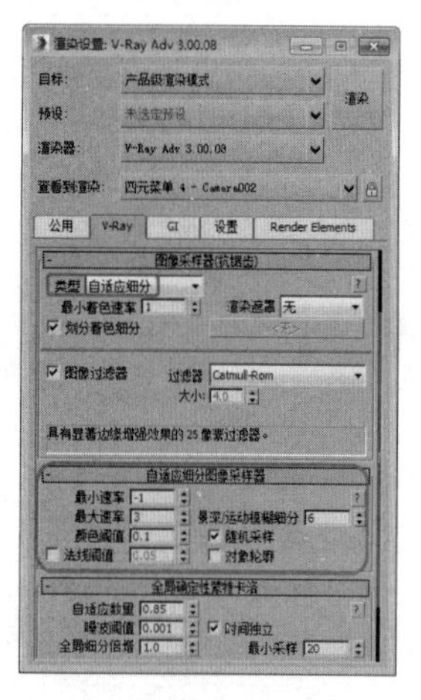

图 7.25

- 【最小速率】：定义每个像素使用样本的最小数量。值为 0 意味着一个像素使用一个样本；值为-1 意味着每两个像素使用一个样本；值为-2 则意味着每 4 个像素使用一个样本。
- 【最大速率】：定义每个像素使用的样本的最大数量。值为 0 意味着一个像素使用一个样本；值为 1 意味着每个像素使用 4 个样本；值为 2 则意味着每个像素使用 8 个样本。
- 【颜色阈值】：用于确定采样器在像素亮度改变方面的灵敏性。较低的值会产生较好的效果，但会花费较多的渲染时间。
- 【对象轮廓】：选中此项，会使采样器强行在物体的边缘轮廓进行超级采样而不管它是否实际需要进行超级采样。注意，此项在使用景深或运动模糊的时候会失效。
- 【法线阈值】：选中此项，将使超级采样沿法向急剧变化。同样，在使用景深或运动模糊的时候会失效。
- 【景深 / 运动模糊细分】：设置值越高渲染质量越好但渲染时间也越长。
- 【随机采样】：如果选中此选项，样本将随机分布，应该保持选中。
- 【显示采样】：如果选中此选项，可以看到【自适应细分采样器】的分布情况。

4. 抗锯齿过滤器

控制场景中材质贴图的过滤方式，改善纹理贴图的渲染效果。抗锯齿过滤器卷展栏如图 7.26 所示。

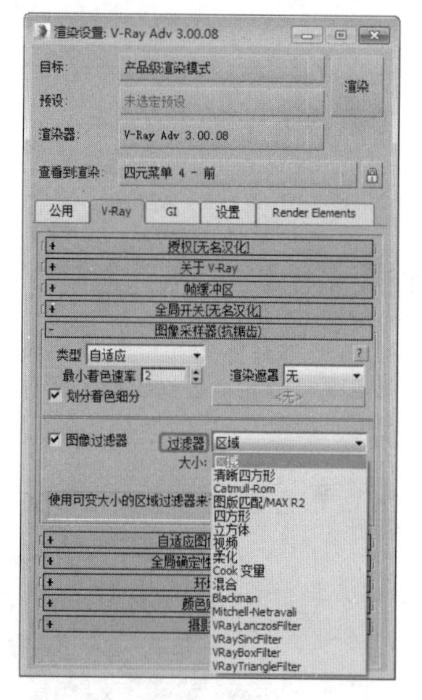

图 7.26

- 【图像过滤器】：选中此项，启用抗锯齿过滤器。
- 【区域】：使用可变大小的区域过滤器来计算抗锯齿，这是 3ds Max 的原始过滤器。
- 【清晰四方形】：来自 Neslon Max 的清晰 9 像素重组过滤器。
- Catmull-Rom：具有轻微边缘增强效果的 25 像素重组过滤器，为常用的出图过滤器，可以显著增加边缘的清晰度，使图像锐化，带来锐利的感觉（多用于一般的图和白天的图）。

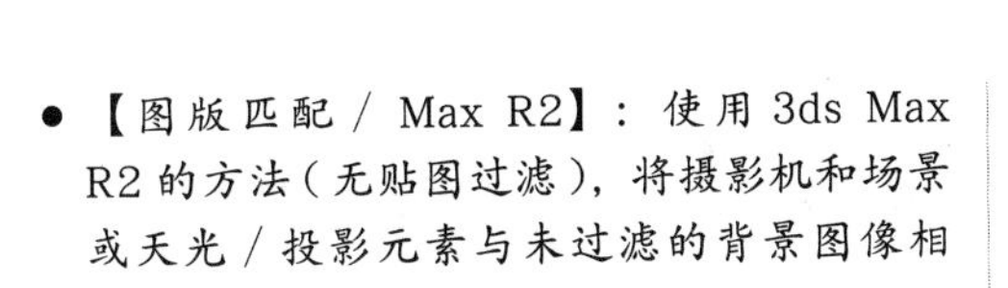

- 【图版匹配 / Max R2】：使用 3ds Max R2 的方法（无贴图过滤），将摄影机和场景或天光 / 投影元素与未过滤的背景图像相匹配。
- 【四方形】：基于四方形样条线的 9 像素模糊过滤器。
- 【立方体】：类似于四方形过滤器，给立方体样条线的 25 像素进行模糊过滤。
- 【视频】：主要用于对输出 NTSC 和 PAL 格式的图像进行优化。
- 【柔化】：可调整高斯柔化过滤器，用于适度模糊。
- 【Cook 变量】：一种通用过滤器。设置 1 ～ 7.5 的值将使图像变清晰，更高的值则使图像变模糊。
- 【混合】：在清晰区域和高斯柔化过滤器之间进行混合。
- Blackman：清晰但没有边缘增强效果的 25 像素过滤器。
- Mitchell-Netravali：两个参数的过滤器，在模糊、圆环化和各向异性之间交替使用。如果圆环化的值大于 0.5，将影响图像的 Alpha 通道。
- VRayLanczosFilter：(蓝佐斯过滤器)：【大小】参数可以调节，当数值为 2 时，图像柔和细腻且边缘清晰；当数值为 20 时，图像类似于 Photoshop 中的高斯模糊 + 单反相机的景深和散景效果；数值低于 0.5，图像会有溶解的效果；数值高于 5 后，开始出现边缘模糊效果。
- VRaySincfilter（辛克函数过滤器）：【大小】参数可以调节，当数值为 3 时，图像边缘清晰，不同颜色之间过渡柔和，但是品质一般；数值为 20 时，图像锐利，不同颜色之间的过渡也稍显生硬，高光点出现黑白色旋涡状效果，且被放大。
- VRayBoxFilter（VR 盒子过滤器）：【大小】参数可以调节，当参数为 1.5 时，场景边缘较为模糊，阴影和高光的边缘也是模糊的，质量一般；参数为 20 时，图像彻底模糊，场景色调会略微偏冷（白蓝色）。
- VRayTriangleFilter（VR 三角形过滤器）：【大小】参数可以调节，当参数为 2 时，图像柔和，比盒子过滤器稍微清晰一些；当参数为 20 时，图像彻底模糊，但是模糊程度比盒子过滤器较弱，且场景色调略微偏暖（参数值介于 0.5 ～ 2，数值越小，越清晰，参数值小于 0.5，会出现溶解效果）。
- 【大小】：可以增加或减小应用到图像中的模糊量。该微调器不可用。将其设置为 1.0，可以有效地禁用过滤器。

提示

某些过滤器在【大小】控件下方显示其他由过滤器指定的参数。

7.5.3 专家点拨

对于一个给出的场景来说，哪一个采样器才是最好的选择呢？下面提供一些选择的技巧。

【固定】采样器对每个像素使用一个固定的细分值，该采样方式适合拥有大量的模糊效果（如运动模糊、景深模糊、反射模糊、折射模糊等）或者具有高细节纹理贴图的场景。在这种情况下，使用【固定】方式能够兼顾渲染品质和渲染时间。

【自适应】采样器是一种常用的采样器，其采样方式可以根据每个像素以及与它相邻像素的明暗差异来使不同像素使用不同的样本数量。在角落部分使用较高的样本数量，在平坦部分使用较低的样本数量。该采样方式适合用于拥有少量的模糊效果或者具有高细节的纹理贴图以及具有大量几何体面的场景。

【自适应细分】采样器具有负值采样的高级抗锯齿功能，适用于没有或者有少量模糊效果的场景中，在这种情况下，它的渲染速度最快，但是在具有大量细节和模糊效果的场景中，它的渲染速度会非常慢，渲染品质也不高，这是因为它需要去优化和模糊大量的细节，这样就需要对模糊和大量细节进行预计算，从而把渲染速度降低。同时该采样方式是 3 种采样类型中最占内存资源的一种，而【固定】采样器占的内存资源最少。

关于内存的使用。在渲染的过程中，采样器会占用一些物理内存来储存每一个渲染块的信息或数据，所以使用较大的渲染块尺寸可能会占用较多的系统内存，尤其【自适应细分】采样器特别明显，因为它会单独保存所有从渲染块采集的子样本的数据。换句话说，另外两个采样器仅仅只保存从渲染块采集的子样本的合计信息，因而占用的内存较少。

7.6 全局照明

间接照明是把直接照明的光进行反射，再反射，让直接光照不到的阴影也被照亮而不致于死黑。直接照明和间接照明加起来就是全局照明。

7.6.1 功能概述

单击【渲染设置】按钮，弹出【渲染设置】对话框，切换到【VR_间接照明】选项卡，展开【全局照明】卷展栏，如图 7.27 所示。

该卷展栏主要控制是否使用全局照明，全局光照渲染引擎使用什么样的搭配方式，以及间接照明如何对饱和度、对比度进行简单调节。

图 7.27

7.6.2 参数详解

【全局照明】卷展栏中各个主要选项参数的介绍如下。

- 【启用全局照明（GI）】复选框：决定是否计算场景中的间接光照明。
- 【折射全局照明（GI）焦散】复选框：控制是否开启折射焦散效果。
- 【反射全局照明（GI）焦散】复选框：控制是否开启反射焦散效果。
- 【饱和度】：控制全局照明的饱和度。数值越高，饱和度越强。值为 0 意味着从全局照明方案中去除所有的色彩，仅保留灰白色；值为默认参数 1 意味着不对全局照明方案中的色彩进行任何修改；值在 1.0 以上则意味着将增强全局照明中的色彩饱和度。
- 【对比度】：此参数是与下面的【对比度基准】一起联合起作用的，它可以增强全局照明的对比度。当对比度取值为 0 的时候，全局照明的对比度变得完全一致，此时的对比度由【对比度基准】参数的取值来决定；值是 1 的时候，意味着不对全局照明方案中的对比度进行任何修改；值在 1.0 以上则意味着将增强全局照明的对比度。
- 【对比度基准】：此参数定义对比度增强的基本数值，它确保全局照明的值在对比度计算过程中保持不变。
- 【环境阻光】复选框：控制是否开启【环境阻光】功能。
- 【半径】：设置环境阻光的半径。
- 【细分】：设置环境阻光的细分值。数值越高，阻光越好；反之越差。

1. 【首次引擎】

- 【倍增】：这个参数用来控制一次反弹光的倍增器，数值越高，一次反弹的光的能量越强，渲染场景越亮。注意，默认的取值 1.0 可以得到一个很好的效果。设置其他数值也是允许的，但是没有默认值精确。
- 【首次引擎】：允许用户选择一种全局照明渲染引擎，如图 7.28 所示。

图 7.28

- 【发光图】：是基于发光缓存技术的，基本思路是仅计算场景中某些特定点的间接照明，然后对剩余的点进行插值计算。
- 【光子图】：建立在追踪从光源发射出来的，并能够在场景中相互反弹的光线微粒（称之为光子）的基础上。这些光子在场景中来回反弹，撞击各种不同的表面，这些碰撞点被储存在光子贴图中。光子贴图重新计算照明和发光贴图不同，对于发光贴图，混合临近的全局照明样本通常采用简单的插补，而对于光子贴图则需要评估一个特定点的光子密度，密度评估的概念是光子贴图的核心，Vray 可以使用几种不同的方法来完成光子的密度评估。
- 【BF 算法】：选择它将促使 VRay 使用直接计算来作为初级漫反射全局照明引擎。
- 【灯光缓存】：灯光缓存装置是一种近似于场景中全局光照明的技术，与光子贴图类似，但是没有很多其他的局限性。灯光装置是建立在追踪摄影机可见的光线路径上的，每一次沿路径的光线反弹都会储存照明信息，它们组成了三维的结构，这一点非常类似于光子贴图。它可以直接使用，也可以被用于发光贴图或直接肌酸时的光线二次反弹计算。

2. 【二次引擎】

- 【倍增】：此参数用来确定在场景照明计算中次级漫射反弹的效果。接近于 1 的值可能使场景趋向于漂浮，而在 0 附近的取值将使场景变得暗淡。注意，默认的取值 1.0 可以得到一个很好的效果。设置其他数值也是允许的，但是没有默认值精确。
  - 【无】：表示不计算场景中的次级漫射反弹。使用此选项可以产生没有间接光色彩渗透的天光图像。
  - 【光子贴图】：选择它将促使 VRay 使用光子贴图来作为次级漫反射全局照明引擎。
  - 【BF 算法】：选择它将促使 VRay 使用直接计算来作为次级漫反射全局照明引擎。
  - 【灯光缓存】：选择它将促使 VRay 使用灯光贴图来作为初级漫反射全局照明引擎。

7.6.3 专家点拨

VRay 没有单独的天光系统。天光效果可以通过在 3ds Max 的【环境】对话框中设置背景颜色或环境贴图得到，也可以在 VRay 自己的【环境】卷展栏中设置。

如果用户将初级和次级漫反射的值都设置为默认的 1.0，可以得到非常精确的物理照明图像。虽然设置为其他的数值也是可以的，但是无法达到默认值精确的效果。如果用户将初级和次级漫反射的值都设置为默认的 1.0，可以得到非常精确的物理照明图像。虽然设置为其他的数值也是可以的，但是无法达到默认值精确的效果。

7.7 VRay 渲染器的相关术语

本节将对 VRay 渲染器的相关术语进行介绍。

- 【解析采样】：VRay 渲染器计算运动模糊的方法之一。与其他耗时的采样方法不同，解析采样可以完全模糊移动的三角形。在某一个给定的时间段，解析采样会考虑所有与给定光线相交的三角形。不过，正是由于其完美性，在具有快速运动的高数量多边形场景中其速度会特别慢。
- 【抗锯齿 / 图像采样】：一种可以使具有高对比度边缘和精细细节的物体和材质产生平滑图像的特殊技术。VRay 通过在需要时获得额外的样本来得到抗锯齿效果。为了确定是否需要更多的样本，VRay 会比较相邻图像样本之间的颜色（或者其他参数）差异，这种比较可以通过几种方法来完成，VRay 支持固定比率、简单的 2 级和自适应抗锯齿方法。

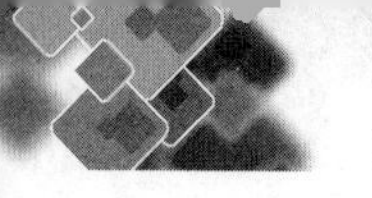

- 【面积光】：一种描述非点状光源的术语，这种光源可以产生面积阴影。VRay 通过使用 VR- 灯光来支持面积光的渲染。
- 【面积阴影 / 软阴影】：一种被模糊的阴影（或者说是具有模糊边缘的阴影），它是由非点状光源产生的。VRay 可以通过使用 VRay 阴影或面积光产生面积阴影效果。
- 【双向反射分布功能】：表现某个表面的反射属性的最常规方法之一，是一种定义表面的光谱和立体反射特性的函数。VRay 支持 3 种双向反射分布功能类型——Phong、Blinn 和 Ward。
- 【二元空间划分树】：一种为了加速光线和三角形的相交运算而重组场景几何体的特殊数据结构。目前 VRay 提供有两种类型的 BSP 树，一种是静态 BSP 树，用于无运动模糊的场景；另一种是运动模糊的 BSP 树。
- 【渲染块】：当前帧的一块矩形区域，在渲染过程中是相互独立的。将一帧图像划分成若干渲染块可以优化资源利用（CPU、内存等），它也被用于分布式渲染中。
- 【焦散】：描述的是被不透明物体折射的光线撞击漫反射表面产生的效果。
- 【景深】：在场景中某个特殊的点，在此点图像显得很清晰，而在这个点之外的图像则显得很模糊，其模糊程度取决于摄影机的快门参数和距摄影机的距离。这和真实的摄影机工作原理类似，因此这种效果对获得照片级渲染图像很有帮助。
- 【分布式渲染】：一种利用所有可用计算机资源的技术（使用计算机中的所有 CPU 或者局域网中的所有计算机等）。分布式渲染将当前工作帧划分为若干渲染区域，并使局域网中所有已经连接的计算机都优先计算渲染效果。整体的分布式渲染能确保 VRay 在渲染单帧的时候使用大多数的设备，但是对于渲染动画序列来说，使用 3ds Max 标准的网络渲染可能会更有效。
- 【G 缓冲】：这个术语描述的是在图像渲染过程中产生的各种数据集合，这些数据包括 Z 值、材质 ID 号、物体 ID 号和非限制颜色等。这些数据对于渲染图像的后期处理非常有用。
- 【高动态范围图像】：包含高动态范围颜色值的图像，即颜色值的范围超过 0 ～ 255。这种类型的图像通常作为环境贴图来照亮场景。
- 【间接光照明】：在真实的世界中，当光线粒子撞击物体表面的时候，会在各个方向上产生具有不同密度的多重反射光线，这些光线在它们传输的方向上也可能会撞击其他物体，从而产生更多的反射光线。这个过程将多次重复，直到光线被完全吸收，因此，也被称作“全局光照明”。
- 【发光贴图】：VRay 中的间接光照明通常是通过计算 GI 样本来获得的，发光贴图是一种特殊的缓存，在发光贴图中 VRay 保存了预先计算的 GI 样本。在渲染处理过程中，当 VRay 需要某个特殊的 GI 样本时，它会通过对最靠近的储存在发光贴图中预先计算的 GI 样本进行插值计算来获得。预先计算完成后，发光贴图可以被保存为文件，以便在后面需要时进行调用。这个特征对渲染摄影机游历动画特别有用。另外，VR- 灯光的样本也可以被存储在发光贴图中。
- 【低精度计算】：在某些情况下，VRay 不需要计算某条光线对渲染最终图像贡献的绝对精度，此时，VRay 将使用速度较快、精度较低的方法来计算，并将使用较少的样本，这可能会导致细微的噪波效果，同时也减少了渲染花费的时间。

7.8 强算全局光

使用强算全局照明算法来计算全局照明是一种强有力的方法，它会单独验算每一个明暗处理点的全局光照明。因而其速度很慢，但效果最精确，尤其适用于需要表现大量细节的场景。

为了加快强算全局照明的速度，用户在使用它作为首次漫射反弹引擎时，可以在计算二次漫射反弹的时候选择较快的方法。

7.8.1　功能概述

本小节将对【BF 算法计算全局照明（GI）】的功能进行介绍。该功能只有在用户选择强算全局照明渲染引擎作为首次或二次漫射反弹引擎的时候才能被激活。

在 GI 选项卡中展开【BF 算法计算全局照明（GI）】卷展栏，如图 7.26 所示。

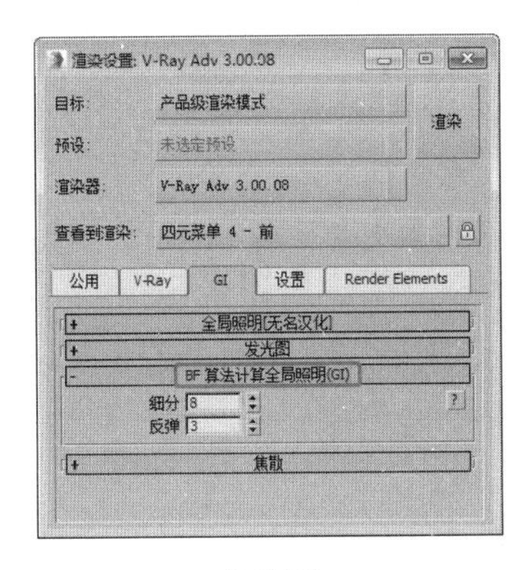

图 7.26

7.8.2　参数详解

【BF 算法计算全局照明（GI）】卷展栏中各个选项参数的使用方法如下。

- 【细分】：用于设置计算过程中使用的近似采样数量。这个参数值并不是 VRay 发射的追踪光线的实际数量。实际数量近似于这个参数值的平方值，同时会受到 QMC 采样器参数设置的限制。
- 【反弹】：此参数仅在全局照明引擎被选择作为二次全局照明引擎的时候才被激活，用于控制被计算的光线反弹次数。

7.9　发光图

在 VRay 渲染器中，发光图 (irradiance map) 在计算场景中物体的漫射表面发光的时候会采取一种优化计算方法，因为在计算间接光照明的时候，并不是场景的每一部分都需要同样的细节表现，它会自动判断，在重要的部分进行高精度的全局照明计算（例如两个物体的结合部位或者具有锐利全局照明阴影的部分等），在不重要的部分进行低精度的全局照明计算（例如巨大而均匀的照明区域）。发光图因此需要被设置为自适应。

7.9.1　功能概述

下面先来看一下发光图是如何工作的。

发光 (Irradiance) 是由 3D 空间中任意一点来定义的一种功能，它描述了从全部可能的方向发射到这一点的光线。通常情况下，发光 (Irradiance) 在每一个方向每一点上都是不同的，但是对它可以采取两种有效的约束。第一种约束是表面发光 (surface irradiance)，换句话说就是发光到达的点位于场景中物体表面上，真是一种自然限制，因为人们一般只对场景中的物体照明计算有兴趣，而物体一般是由表面来定义的；第二种约束是漫射表面发光 (diffuse surface irradiance)，它关心的是被发射到指定表面上的特定点的全部光线数量，而不会考虑到这些光线来自哪个方向。

在大多数简单的情况下，如果假设物体的材质是纯白的和漫反射的，则可以认为物体表面的可见颜色代表漫射表面发光 (diffuse surface irradiance)。

发光图 (irradiance map) 实际上是计算 3D 空间点的集合（称为“点云”）的间接光照明。当光线发射到物体表面，VRay 会在发光图中寻找是否具有与当前点类似的方向和位置的点，从这些已经被计算过的点中提取各种信息，VRay 根据这些信息，决定是否对当前点的间接光照明计算，并以发光图中已经存在

的点来进行充分的内插值替换。如果不替换，当前点的间接光照明会被计算，并被保存在发光图中。

在GI选项卡中展开【发光图】卷展栏，如图7.27所示。

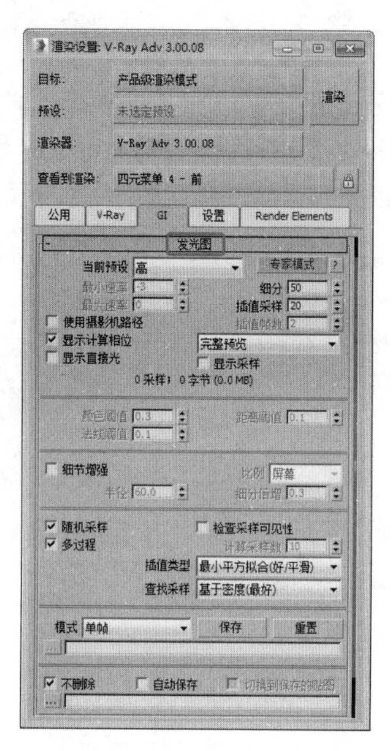

图 7.27

7.9.2 参数详解

【发光图】卷展栏中各个主要参数的使用方法如下。

1. 【当前预设】

系统提供了8种系统预设的模式供用户选择，如无特殊情况，这几种模式就可以满足用户的一般需要。用户可以使用这些预设来设置颜色、法向、距离以及最小/最大比率等参数，如图7.28所示。

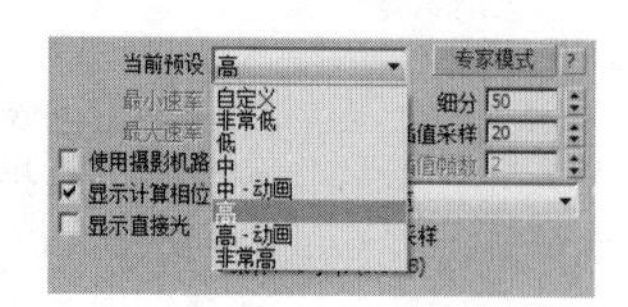

图 7.28

- 【自定义】：选择这个模式用户可以根据需要设置发光图的参数，这也是默认的选项。
- 【非常低】：这个预设模式仅仅对预览有用，它只能表现场景中的普通照明。
- 【低】：一种低品质的用于预览目的的预设模式。
- 【中】：一种中等品质的预设模式，在场景中不需要太多细节的情况下可以产生好的效果。
- 【中 - 动画】：一种中等品质的预设动画模式，目标就是减少动画中的闪烁。
- 【高】：一种高品质的预设模式，可以在大多数情形下应用（即使是具有大量细节的动画）。
- 【高 - 动画】：主要用于解决High（高）预设模式下渲染动画闪烁的问题。
- 【非常高】：一种极高品质的预设模式，一般用于有大量极细小的细节或极复杂的场景。

提示

这些预设模式都是针对典型的640×480分辨率图像的．如果使用更高的分辨率，则需要调低预设模式中的最小/最大比率的值。

2. 【基本参数】

- 【最小速率】：该参数确定原始全局照明通道的分辨率。0意味着使用与最终渲染图像相同的分辨率，这将使发光图类似于直接计算全局照明的方法；-1意味着使用最终渲染图像一半的分辨率。通常需要设置为负值，以便快速地计算大而平坦区域的全局照明。这个参数类似于（尽管不完全一样）自适应细分图像采样器的最小比率参数。
- 【最大速率】：该参数确定全局照明通道的最终分辨率，类似于（尽管不完全一样）自适应细分图像采样器的最大比率参数。
- 【细分】：该参数决定单个全局照明样本的品质。较小的值可以获得较快的速度，但是也可能会产生黑斑。较高的取值可以得到光滑的图像。它类似于直接计算的细分参数。它并不代表被追踪光线的实际数量，光线的实际数量接近于该参数的平方值，同时还受QMc采样器相关参数的控制。
- 【插值采样】：该参数定义被用于插值计算的全局照明样本的数量。较大的值会趋向于模糊全局照明的细节（即使最终的效果很光滑），较小的值会产生更光滑的细节，但是如果使用较低的半球光线细分值，最终效果可能会产生黑斑。

- 【颜色值】；该参数确定发光图算法对间接照明变化的敏感程度。较大的值意味着较小的敏感性；较小的值将使发光图对照明的变化更加敏感，因而可以得到更高品质的渲染图像。
- 【法线阀值】：这个参数用来确定发光图算法对表面法线变化，以及细小表面细节的敏感程度。较大的值意味着较小的敏感性；较小值将使发光图对表面曲率及细小细节更加敏感。
- 【距离阀值】：该参数确定发光图算法对两个表面距离变化的敏感程度。值为 0 意味着发光图完全不考虑两个物体间的距离；较高的值则意味着将在两个物体之间接近的区域放置更多的样本。

3. 【选项】

- 【显示计算相位】：勾选该复选框后，用户可以看到渲染帧里的 GI 计算过程，同时会占用一定的内存资源。
- 【显示直接光】：在计算的时候显示直接照明，以方便用户观察直接光照的位置。
- 【使用摄影机路径】：此选项主要用于渲染动画，勾选该复选框后会改变光子采样自摄影机的方式，它会自动调整为从整个摄影机的路径发射光子。
- 【显示采样】：用于显示采样的分布以及分布的密度。

4. 【高级选项】

【插值类型】： VRay 内部提供了 4 种样本插补方式供用户选择，为高级光照贴图样本的相似点进行插补。

- 【权重平均值（好 / 平滑）】：根据发光图中全局照明样本点到插补点的距离和法向差异简单混合得到。
- 【最小平方拟合（好 / 光滑）】：这是默认的设置类型，它将设法计算一个在发光图样本之间最合适的全局照明值。它可以产生比权重平均值更平滑的效果，但速度较慢。
- 【Delone 三角剖分（好 / 精确）】：几乎所有其他的插补方法都有模糊效果，确切地说，它们都趋向于模糊间接照明中的细节，都有密度偏置的倾向。与它们不同的是，【Delone 三角剖分（好 / 精确）】不会产生模糊，它可以保护场景细节，避免产生密度偏置。但是由于它没有模糊效果，可能会产生更多的噪波（模糊趋向于隐藏噪波）。为了得到充分的效果，可能需要更多的样本，这可以通过增加发光图的半球细分值或者减少 QMC 采样器中噪波临界值的方法来完成。
- 【最小平方权重 / 泰森多边形权重（测试）】：这种方法是对最小平方适配方法缺点的修正，它的速度相当缓慢，而且在使用时可能还有问题，因此不建议采用。

虽然各种插值类型都有它们自己的用途，但是【最小平方拟合（好 / 光滑）】类型和【Delone 三角剖分（好 / 精确）】类型是较好的选择。【最小平方拟合（好 / 光滑）】可以产生模糊效果，隐藏噪波得到光滑的效果，使用它对具有较大光滑表面的场景来说是很不错的。【Delone 三角剖分（好 / 精确）】是一种更精确的插补方法，一般情况下，需要设置较大的半球细分值和较高的最大比率值（发光图），因而也需要更多的渲染时间，但是却可以产生没有模糊的更精确效果，尤其适用具有大量细节的场景。

- 【查找采样】：这个选项是在渲染过程中使用的，它决定发光图中被用于插补基础合适点的选择方法，系统提供了 4 种方法供用户选择，下面来看一下主要的 3 种方法。
  - 【最近（草图）】：这种方法将简单地选择发光图中那些最靠近插补点的样本（至于有多少点被选择由插补样本参数来确定）。这是最快的一种查找方法，而且只用于 VRay 早期的版本。这个方法的缺点是当发光图中某些地方样本密度发生改变的时候，它将在高密度的区域选取更多的样本数量，在使用模糊插值的方法时，将会导致密度偏置，即在有些地方（大多数全局照明阴影的边缘）出现不正确的插值或明显的人工痕迹。
  - 【重叠(很好 / 快速)】：这是默认的选项，是针对 Nearest(最靠近的)方法产生密度偏置的一种补充。它在空间上把插补点划分成 4 个区域，设法在它们之间寻找相等数值的样本。
  - 【基于密度（最好）】：这种方法是为

弥补上面介绍的两种方法的缺点而存在的。它需要对发光图的样本进行一个预处理，也就是对每个样本的影响半径进行计算。这个半径值在低密度样本的区域是较大的，在高密度样本的区域是较小的。在任意点插补时都会影响半径范围内的所有样本。该方法的优点是在使用模糊插补方法的时候，产生连续的平滑效果。虽然这个方法需要一个预处理步骤，一般情况下，它也比以上两种方法要快。作为3种方法中最快的【最近（草稿）】，更多时候是预览用的，【重叠（很好/快速）】在多数情况下可以完成得很好，而【基于密度（最好）】是3种方法中最好的。注意，在使用一种模糊效果进行插补计算的时候，样本查找的方法选择是最重要的，而在使用三角测量法的时候，样本查找的方法对效果没有太大影响。

- 【随机采样】：在发光图计算过程中使用，选中该复选框，图像样本将随机放置；不选中该复选框，屏幕上将产生排列成网格的样本。默认的状态为选中，推荐使用此设置。
- 【多过程】：在发光图计算过程中使用，选中该复选框，将促使 VRay 使用多通道模式计算发光图；不选中该复选框，VRay 仅使用当前通道计算发光图。
- 【检查采样可见性】：在渲染过程中使用，它将促使 VRay 仅使用发光图中的样本，样本在插补点直接可见。它可以有效地防止灯光穿透两面接受完全不同照明的薄壁物体时产生的漏光现象。当然，由于 VRay 要追踪附加的光线来确定样本的可见性，所以它会减慢渲染速度。
- 【计算采样数】：是在发光图计算过程中使用的，它描述的是已经被采样算法计算的样本数最。较好的取值范围是 10 ～ 25，其中较低的数值可以加快计算传递，但是会导致信息存储不足，较高的取值将减慢速度，增加更多的附加采样。一般情况下，该参数值应设置为 15 左右。

5. 【模式】选项组

这个选项组允许用户选择使用发光图的方法。

- 【单帧】：在这种模式下，系统对整个图像计算一个单一的发光图，每一帧都计算新的发光图。在分布式渲染的时候，每个渲染服务器都各自计算它们自己的针对整幅图像的发光图。这是渲染移动物体动画时采用的模式，但是用户要确保发光图有较高的品质，以避免图像闪烁。
- 【多帧增量】：这个模式在渲染摄影机移动的帧序列（也称为摄影机游历动画）时很有用。VRay 将会为第一个渲染帧计算一个新的全图像发光图，而对于剩下的渲染帧，VRay 设法重新使用或精炼已经计算了且存在的发光图。发光图具有足够高的品质时可以避免图像闪烁。这个模式也能够被用于网络渲染中——每一个渲染服务器都计算或精炼它们自身的发光图。
- 【从文件】：使用这种模式，在渲染序列的开始帧，VRay 会简单地导入一个发光图，并在动画的所有帧中都使用这个发光图。在整个渲染过程中不会计算新的发光图。这种模式也可以用于渲染摄影机游历动画，同时在网络渲染模式下也可以取得很好的效果。
- 【添加到当前贴图】：在这种模式下，VRay 将计算全新的发光图，并把它增加到内存里已经存在的贴图中。这种模式对渲染静态场景的多重视角汇聚的发光图是非常有帮助的。
- 【增量添加到当前贴图】：在这种模式下，VRay 将使用内存中已存在的贴图，仅在某些没有足够细节的地方对其进行精炼。这种模式对渲染静态场景或摄影机游历动画的多重视角汇聚的发光图是非常有帮助的。
- 【块模式】：在这种模式下，一个分散的发光图会被运用在每个渲染区域（渲染块）中。这在使用分布式渲染的情况下尤其有用，因为它允许发光图在几台计算机之间进行计算。块模式运算速度可能会有点慢，因为在相邻两个区域的边界周围的边都要进行计算，而且得到的效果也不会太好，但是用户可以通过设置较高的发光图参数来减少它的影响（例如使用高的预设模式、更多的半球细分值，或者在 QMC 采样器中使用较低的噪波阀值等）。

用户选择哪一种模式需要根据具体场景的渲染任务来确定（静态场景、多视角的静态场景、摄影机游历动画或者运动物体的动画等），没有一个固定的模式适合于任何场景。

下面介绍发光图的控制按钮。

- 【保存】：单击此按钮，将当前计算的发光图保存到内存中已经存在的发光图文件中。使用前提是选中【不删除】选项，否则 VRay 会自动在渲染任务完成后删除内存中的发光图。
- 【重置】：单击此按钮，可以清除储存在内存中的发光图。
- 【浏览】：在选择【从文件】模式的时候，单击此按钮，可以从硬盘中选择一个存在的发光图文件并导入。另外，用户可以在编辑条中直接输入路径和文件名称，选择发光图。

6. 【渲染结束后】选项组

这个选项组用于控制 VRay 渲染器在渲染过程结束后如何处理发光图。

- 【不删除】：此复选框默认状态是选中的，意味着发光图将保存在内存中，直到下一次渲染前，如果不选中，VRay 会在渲染任务完成后删除内存中的发光图。这也意味着用户无法在以后手动保存发光图。
- 【自动保存】：如果选中此复选框，在渲染结束后，VRay 将自动把发光图文件保存到用户指定的目录。如果用户希望在网络渲染的时候，每一个渲染服务器都使用同样的发光图，这个功能尤其有用。
- 【切换到保存的贴图】：此项只有在选中【自动保存】复选框的时候才能被激活。

7.10 焦散

焦散是光线穿透透明物体后在影子中的局部聚光现象。

7.10.1 功能概述

VRay 渲染器支持焦散效果的渲染，为了产生这种效果，在场景中，必须同时具有合适的焦散生成器和焦散接收器，一个物体设置为焦散生成器和焦散接收器。

在 GI 选项卡中展开【焦散】卷展栏，如图 7.29 所示。

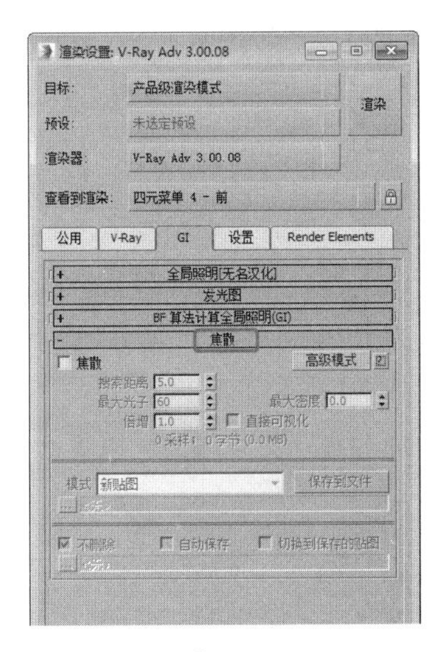

图 7.29

7.10.2 参数详解

本小节将介绍【焦散】卷展栏中各个选项的使用方法。

1. 常规参数

- 【焦散】：打开或关闭焦散效果。
- 【搜索距离】：当 VRay 追踪撞击物体表面某些点的某一个光子的时候，会自动搜寻位于周围区域同一平面的其他光子，实际上这个搜寻区域是一个中心位于初始光子位置的圆形区域，其半径是由这个搜寻距离确定的。
- 【最大光子】：当 VRay 追踪撞击物体表面某一点的某一个光子的时候，也会将周围区域的光子计算在内，然后根据这个区域内的光子数量来均分照明。如果光子的实际数量超过了最大光子数的设置，VRay 也会按照最大光子数来计算。
- 【最大密度】：此参数允许用户限定光子贴图的分辨率。VRay 随时需要储存新的光子到焦散光子贴图中，系统将首先搜寻在通过【最大密度数】指定的距离内是否存在另外的光子，如果在贴图中已经存在一个合适的光子，VRay 仅增加新光子的能量到光子贴图内已经存在的光子中，否则，将在光子贴图中储存一个新的光子。使用此选项允许用户发射更多的光子（因而得到更平滑的效果），同时保持焦散光子贴图的尺寸易于管理。
- 【倍增】：此参数控制焦散的强度，它是一个控制全局的参数，对场景中所有产生焦散特效的光源都有效。如果用户希望不同的光源产生不同强度的焦散，需使用局部的参数设置。

提示

该参数与局部参数的效果是叠加的。

2. 【模式】下拉列表

- 【新贴图】：选择此模式，VRay 在每次渲染时都会产生新的光子贴图，它将覆盖渲染产生的焦散光子贴图。
- 【文件】：使用此模式，在渲染序列的开始帧，VRay 简单地导入一个光子贴图，并在动画的所有帧中都使用这个光子贴图，整个渲染过程中不会计算新的光子贴图。此模式也可以用于渲染摄影机游历动画，同时在网络渲染模式下也可以完成得很好。
- 【保存到文件】：单击此按钮，将保存当前计算的焦散光子贴图到内存里已经存在的光子贴图文件中。
- 【浏览】...：单击此按钮，可选择保存焦散光子贴图文件的路径。

3. 渲染结束时光子图处理

该选项组控制 VRay 渲染器在渲染过程结束后，如何处理焦散光子贴图。

- 【不删除】：这个复选框默认状态是选中的，意味着焦散光子贴图将保存在内存中直到下一次渲染前，如果不选中，VRay 会在渲染任务完成后删除内存中的焦散光子贴图。这也意味着用户可以在以后手动保存焦散光子贴图。
- 【自动保存】：如果选中这个复选框，在渲染结束后，VRay 将自动把焦散光子贴图文件保存到用户指定的目录。如果用户希望在网络渲染的时候每一个渲染服务器都使用同样的焦散光子贴图，这个功能尤其有用。
- 【浏览】...：单击此按钮，可选择自动保存焦散光子贴图文件的路径。
- 【切换到保存的贴图】：该复选框只有在选中【自动保存】复选框的时候被激活，选中的时候，VRay 渲染器也会自动设置焦散光子贴图为【文件】模式，并将文件名称设置为以前保存的贴图文件的名称。

7.11 环境

在 VRay 渲染参数的环境部分用户能指定在全局照明和反射 / 折射计算中使用的颜色和贴图，如果不指定颜色和贴图，VRay 将使用 3ds Max 的背景色和贴图来代替。

切换到【V-Ray】选项卡，展开【环境】卷展栏，如图 7.30 所示。

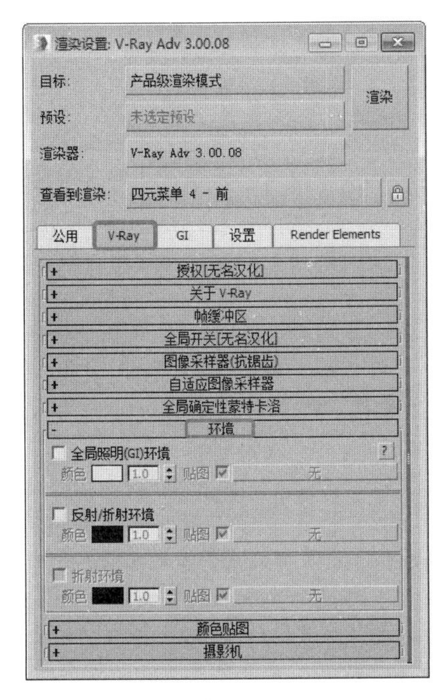

图 7.30

【环境】卷展栏中各项参数的功能如下。

1. 全局照明（GI）环境

此选项组允许用户在计算间接照明的时候替代 3ds Max 的环境设置，这种改变全局照明环境的效果类似于天空光。

- 【颜色】：允许用户指定背景颜色（即天空光的颜色）。
- 【倍增器】（颜色后面的文本框）：指定颜色的亮度倍增值。

提示

如果用户为环境指定了纹理贴图，这个倍增值不会影响到贴图。如果用户使用的环境贴图自身无法调节亮度，用户可以为它指定一个 Output 贴图来控制其亮度。

- 【无】：允许用户指定背景纹理贴图。

2. 反射 / 折射环境覆盖

此选项组允许用户在计算反射 / 折射的时候替代 3ds Max 自身的环境设置。当然，用户也可以选择在每一个材质或贴图的基本设置部分来替代 3ds Max 的反射 / 折射环境。

- 【颜色】：参数意义同上。
- 【倍增器】（颜色后面的文本框）：参数意义同上。
- 【无】：允许用户指定背景纹理贴图。

7.12 V-Ray::DMC 采样器

DMC 采样器是 VRay 渲染器的核心部分，贯穿于 VRay 的每一种【模糊】计算中——抗锯齿、景深、间接照明、面积灯光、模糊反射 / 折射、半透明和运动模糊等。确定性蒙特卡洛采样一般用于确定获取什么样的样本，以及最终哪些光线被追踪。

与其他采样不同，VRay 根据一个特定的值，使用一种独特的统一标准框架来确定有多少以及多么精确的样本被获取。那个标准框架就是大名鼎鼎的 DMC 采样器。

另外，VRay 使用一个随机的 Halton 低差异序列来计算那些被获取的精确样本的。

切换到【设置】选项卡，展开【V-Ray::DMC 采样器】卷展栏，如图 7.31 所示。

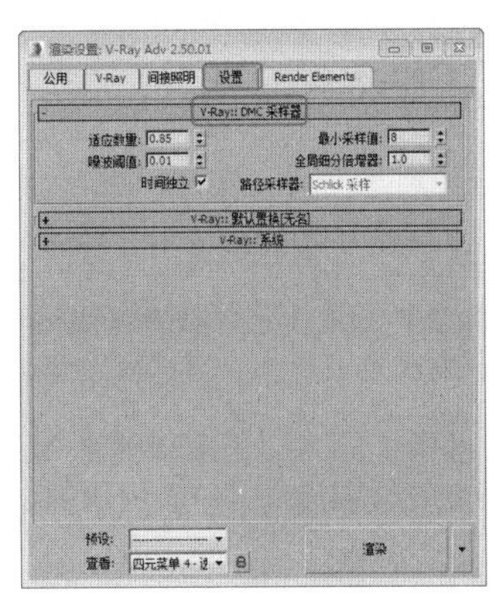

图 7.31

样本的实际数量是根据下面 3 个因素来决定的。

由用户指定的特殊的模糊效果的细分值提供，它通过全局细分倍增器来倍增；取决于评估效果的最终图像采样，例如，暗的平滑反射需要的采样数就比明亮的少，原因在于最终的效果中反射效果相对较弱；远处的面积灯需要的采样数量比近处的要少。这种基于实际使用的采样数量来评估最终效果的技术被称为【重要性抽样】。

从一个特定的值获取采样的差异——如果那些采样彼此之间不是完全不同的，那么可以使用较少的采样来评估；如果是完全不同的，为了得到好的效果，就必须使用较多的采样来计算。

在每一次新的采样后，VRay 会对每一个采样进行计算，然后决定是否继续采样。如果系统认为已经达到了用户设定的效果，会自动停止采样。这种技术称为【早期性终止】或者【自适应采样】。

VRay 渲染器 DMC 采样器的工作流程。

在任何时候 VRay 渲染模糊效果都包含两个部分。

所能够获得的最大采样数量。这部分由相对应的模糊效果的细分参数来控制调节。我们可以称这个采样数量为 N。

为完成预定的渲染效果所必须达到的最小采样数量，它不会小于下面描述的【最小采样】参数的取值，也取决于重要性抽样的数量和最终结果的评估效果，还取决于自适应早期性终止的数量，我们称为 M。

【V-Ray::DMC 采样器】卷展栏中主要参数的功能如下。

- 【适应数量】：控制早期终止应用的范围，值为 1.0，意味着在早期终止算法被使用之前的最小可能的样本数量。值为 0 则意味着早期终止算法不会被使用。
- 【最小采样值】：确定在早期终止算法被使用之前必须获得的最少样本数量。较高的取值将会减慢渲染速度，但同时会使早期终止算法更可靠。
- 【噪波阈值】：在评估一种模糊效果是否足够好的时候，用它来控制 VRay 的判断能力。在最后的结果中直接转化为噪波。较小的取值意味着较少的噪波、更多的样本，以及更好的图像品质。
- 【全局细分倍增器】：在渲染过程中这个选项会倍增任何地方、任何参数的细分值。用户可以使用这个参数来快速增加 / 减少任何地方的采样品质。它将影响除灯光贴图、光子贴图、焦散和抗锯齿细分以外的所有细分值，其他的选项（如景深、运动模糊、发光贴图、准门特卡罗 GI、面积光、面积阴影和平滑反射 / 折射等）也受到此参数的影响。
- 【独立时间】：选中此复选框的时候，在一个动画过程中 QMC 样式从帧到帧将是相同的。由于在某些情况下这种情形不是实际需要的，所以用户可以关闭此选项，让 QMC 样式随时间变化。值得注意的是在这两种情况下再次渲染同样的帧将会产生同样的效果。

7.13 颜色贴图

颜色贴图通常被用于最终图像的色彩转换，其参数如图 7.32 所示。

【颜色贴图】卷展栏中各个参数的功能如下。

- 【类型】：定义色彩转换使用的类型，在右面的下拉列表中提供了 7 种不同的曝光模式，不同的模式局部参数也不一样，下面来简要介绍一下。
  - 【线性倍增】：这种模式基于最终图像色彩的亮度来进行简单的倍增，那些太亮的颜色成分（在 10 或 255 之上）将会被限制。但是这种模式可能会使靠近光源的点过分明亮。
  - 【指数】：这个模式基于亮度来使颜色更饱和，这对预防非常明亮的区域（例如光源的周围区域等）曝光是很有用的。这个模式不限制颜色范围，而是使它们更饱和。

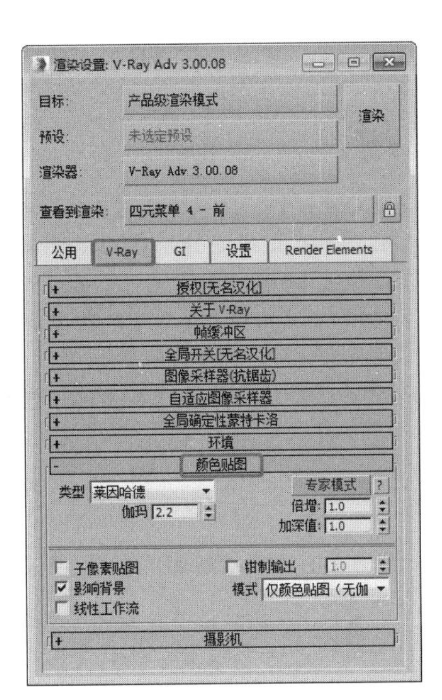

图 7.32

- 【HSV 指数】：与上面提到的指数模式非常相似，但它会保护色彩的色调和饱和度。
- 【强度指数】：与上面提到的指数模式非常相似，但是它会保护色彩的亮度。
- 【伽玛校正】：对色彩进行伽玛校正。
- 【强度伽玛】：该模式不仅拥有【伽玛校正】的优点，同时还可以修正场景中灯光的衰减。
- 【莱因哈德】：可以把【线性倍增】和【指数】模式的曝光效果混合起来。

- 【倍增】：在线性倍增模式下，该选项控制暗调色彩的倍增。
- 【加深值】：在线性倍增模式下，该选项控制亮调色彩的倍增。
- 【钳制输出】：如果此复选框被选中，在色彩贴图后面的颜色将会被限制。在某些时候这种情况可能是令人讨厌的（例如，用户也希望对图像的 HDR 部分进行抗锯齿的时候），此时可以取消选中。
- 【影响背景】：选中此复选框，当前的色彩贴图控制会影响背景颜色。

7.14 摄影机

【摄影机】卷展栏控制场景中几何体投射到图形上的方式，其参数如图 7.33 所示。

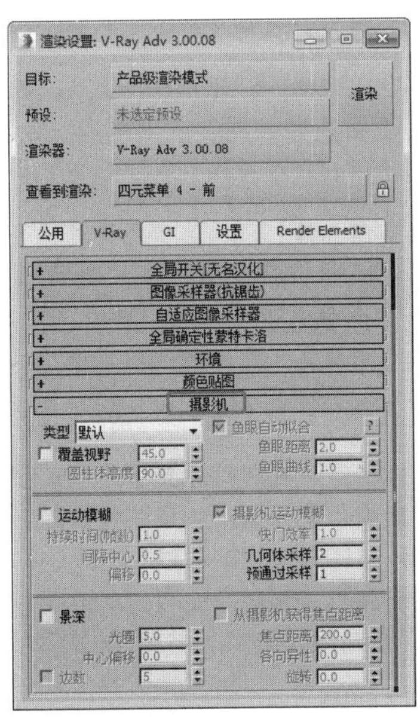

图 7.33

1. 摄影机类型

一般情况下，VRay 中的摄影机用于定义发射到场景中的光线，从本质上来说是确定场景如何投射到屏幕上的。VRay 支持以下几种摄影机类型——默认、球形、圆柱（点）、圆柱（正交）、长方体、鱼眼，同时也支持正交视图。

- 【类型】：从下拉列表中用户可以选择摄影机的类型。下面简单介绍摄影机的类型。
  - 【默认】：一种标准的针孔摄影机。
  - 【球形】：一种球形的摄影机，也就是说它的镜头是球形的。
  - 【圆柱（点）】：使用这种类型的摄影机时，所有的光线都有一个共同的来源——它们都是圆柱的中心被投射的。在垂直方向可以被当作针孔摄影机，而在水平方向则可以被当作球状的摄影

机，实际上相当于两种效果的叠加。

- 【圆柱（正交）】：这种类型的摄影机在垂直方向类似正交视角，在水平方向则类似于球状摄影机。
- 【长方体】：这种类型实际上相当于在长方体的每一个面放置一架标准类型的摄影机，对于产生立方体类型的环境贴图来说是非常好的选择，对于GI也可能是有益的——用户可以使用这个类型的摄影机来计算发光贴图，保存下来，然后再使用标准类型的摄影机导入发光贴图，产生任何方向都锐利的GI。
- 【鱼眼】：这种特殊类型的摄影机描述的是下面这种情况：一个标准的针孔摄影机指向一个完全反射的球体（球半径恒定为1.0），然后这个球体反射场景到摄影机的快门。

- 【覆盖视野】：用户可以使用该选项覆盖3ds Max的视角。这是因为在VRay中，有些摄影机类型可以将视角扩展，其范围从0°到360°，而3ds Max默认的摄影机类型则被限制在180°以内。
- 【视野】（覆盖视野后面的文本框）：选中【覆盖视野】复选框且当前选择的摄影机类型支持视角设置的时候才能被激活，它用于设置摄影机的视角。
- 【圆柱体高度】：这个选项只有在正交圆柱状的摄影机类型中有效，用于设定摄影机的高度。
- 【鱼眼自动拟合】：这个选项在使用鱼眼类型摄影机的时候被激活，选中后，VRay将自动计算距离值，以便使渲染图像适配图像的水平尺寸。
- 【鱼眼距离】：该参数是针对鱼眼摄影机类型的，所谓的鱼眼摄影机模拟的是类似下面这种情况：标准摄影机指向一个完全反射的球体（球体半径为1.0），然后反射场景到摄影机的快门。这个距离选项描述的就是从摄影机到反射球体中心的距离。

提示

当可选【鱼眼自动拟合】复选框时，【鱼眼距离】选项将失效。

- 【鱼眼曲线】：这个参数也是针对鱼眼摄影机类型的，该参数控制渲染图像扭曲的轨迹。值为1.0意味着它是一个真实世界中的鱼眼摄影机；值接近于0时扭曲将会被增强；值接近2.0时，扭曲会减少。注意，实际上这个值控制的是被摄影机虚拟球反射的光线的角度。

2. 景深

- 【景深】：用于控制景深效果的开启。
- 【光圈】：使用世界单位定义虚拟摄影机的光圈尺寸。较小的值将减小景深效果，较大的值将产生更多的模糊效果。
- 【中心偏移】：该参数决定景深效果的一致性，值为0意味着光线均匀地通过光圈；正值意味着光线趋向于向光圈边缘集中；负值则意味着向光圈中心集中。
- 【边数】：这个选项是用来模拟真实世界摄影机的多边形形状的光圈。如果这个选项不激活，那么系统则使用一个完美的圆形来作为光圈形状。
- 【从摄影机获得焦点距离】：当这个选项被激活的时候，如果渲染的是摄影机视图，焦距由摄影机的目标点来确定。
- 【焦点距离】：此参数确定从摄影机到物体被完全聚焦的距离。靠近或远离这个距离的物体都将被模糊。
- 【各向异性】：此选项允许对摄影机光圈效果在水平方向或垂直方向进行拉伸。正值表示在垂直方向对此效果进行拉伸，而负值表示在水平方向对此效果进行拉伸。
- 【旋转】：指定光圈形状的方位。

只有标准类型摄影机才支持产生景深特效，其他类型的摄影机是无法产生景深特效的。在景深和运动模糊效果同时产生的时候，使用的样本数量是由两个细分参数合起来产生的。

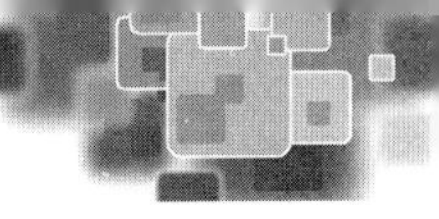

7.15 默认置换

单击【渲染设置】按钮，在弹出的【渲染设置】对话框中切换到【设置】选项卡，进入【默认置换】卷展栏，其参数如图 7.34 所示。

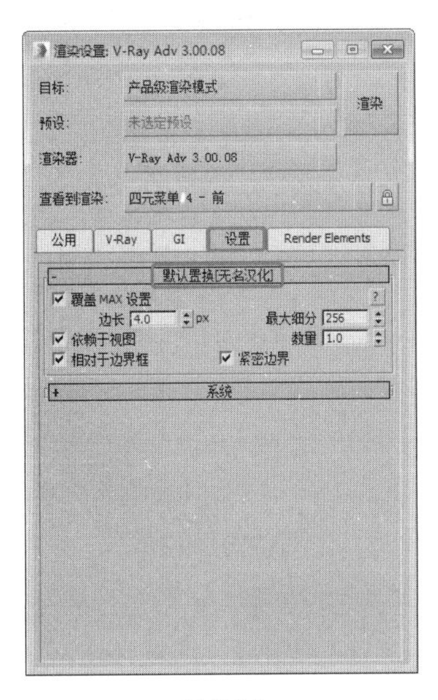

图 7.34

【默认置换】卷展栏中各个参数的功能如下。

- 【覆盖 MAX 设置】：选中此复选框时，VRay 使用自己内置的微三角置换来渲染具有置换材质的物体。反之，将使用标准的 3ds Max 置换来渲染物体。
- 【边长】：用于确定置换的品质，原始网格的每一个三角形被细分为许多更小的三角形，这些小三角形的数量越多就意味着置换具有更多的细节，同时也会减慢渲染速度，增加渲染的时间，也会占用更多的内存，数量越少则有相反的效果。【边长】依赖于下面提到的【视口依赖】的参数。
- 【依赖于视图】：当这个选项被选中的时候，边长度决定细小三角形的最大边长（单位是像素）。值为 1.0 意味着每一个细小三角形的最长的边投射在屏幕上的长度是 1 像素。当这个选项被关闭的时候，细小三角形的最长边长将用世界单位来确定。
- 【最大细分】：控制从原始的网格物体的三角形细分出来的细小三角形的最大数最，不过需要注意，实际上细小三角形的最大数量是由这个参数的平方来确定的，例如默认值是 256，则意味着每一个原始三角形产生的最大细小三角形的数量是 256×256=65536 个。本人不推荐将这个参数设置得过高，如果非要使用较大的值，还不如直接将原始网格物体进行更精细的细分。
- 【数量】：此参数定义置换的数量。值为 0 意味着物体不发生变化；较高的值将导致较强烈的置换效果；也可以是负值，但在这种情况下物体表面将内陷到物体内部。
- 【相对于边界框】：选中的时候，置换的数量将相对于原始网格物体的边界。默认状态是选中的。
- 【紧密边界】：当这个选项被选中的时候，VRay 将试图计算来自原始网格物体的置换三角形的精确限制体积。如果使用的纹理贴图有大量的黑色或白色区域，可能需要对器换贴图进行预采样，但渲染速度将是较快的。当这个选项未选中时，VRay 会假定限制体积最坏的情形，不再对纹理贴图进行预采样。

默认的置换数量是基于物体限制框的，因此，对于变形物体来说这不是一个好的选择。在这种情况下，用户可以应用支持恒定置换数量的 VRay Displacement Mod 修改器。

7.16 V-Ray:: 系统

在【设置】选项卡中进入【系统】卷展栏，在这部分用户可以控制多种 VRay 的参数，如图 7.35 所示。

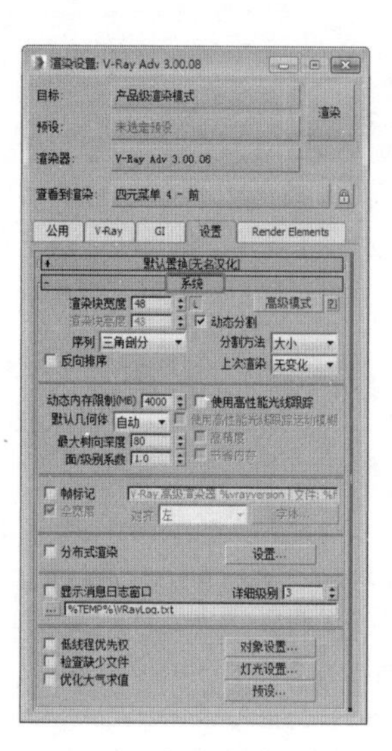

图 7.35

本节将介绍【系统】卷展栏中，各个选项参数的使用方法。

1. 光线计算参数

此选项组允许用户控制 VRay 的二元空间划分树(BSP 树，即Binary Space Partitioning)的各种参数。

作为最基本的操作之一，VRay 必须完成的任务是光线投射——确定一条特定的光线是否与场景中的任何几何体相交，假如相交的话，就需要鉴定那个几何体。实现这个鉴定过程最简单的方法莫过于测试场景中逆着每一个单独渲染的原始三角形的光线，很明显，场景中可能包含成千上万个三角形，因而这个测试将是非常缓慢的，为了，加快这个过程，VRay 将场景中的几何体信息组织成一个特别的结构，这个结构我们称之为二元空间划分树 (BSP 树，即 Binary Space Partitioning)。

BSP 树是一种分级数据结构，是通过将场景细分成两个部分来建立的，然后在每一个部分中寻找，依次细分它们，这两个部分我们称之为 BSP 树的节点。在层级的顶端是根节点——为整个场景的限制框，在层级的底部是叶节点——它们包含场景中真实三角形的参照。

- 【动态内存限制】：定义动态光线发射器使用的全部内存的界限。注意这个极限值会被渲染线程均分，举个例子，假设设定这个极限值为 400MB，如果用户使用了两个处理器的机器并启用了多线程，那么每一个处理器在渲染中使用动态光线发射器的内存占用极限就只有 200MB，此时如果这个极限设置的太低，会导致动态几何学不停的导入导出，反而会比使用单线程模式渲染速度更慢。
- 【默认几何体】：控制内存的使用方式，共有 3 种方式。自动：VRay 会根据使用内存的情况自动调整使用静态或动态的方式。静态：在渲染过程中采用静态内存会加快渲染速度，同时在复杂场景中，由于需要的内存资源较多，经常会出现 3ds Max 跳出的情况。这是因为系统需要更多的内存资源，这时应该选择动态内存。动态：使用内存资源交换技术，当渲染完一个块后就会释放占用的内存资源，同时开始下个块的计算。这样就有效地扩展了内存的使用。注意，动态内存的渲染速度比静态内存慢。
- 【最大树向深度】：定义 BSP 树的最大深度，较大的值将占用更多的内存，但是一直到一些临界点渲染速度都会很快，超过临界点(每一个场景不一样)以后开始减慢。较小的参数值将使BSP 树少占用系统内存，但是整个渲染速度会变慢。
- 【面 / 级别系列】：此选项控制一个树叶节点的最大三角形数量。如果这个参数取值较小，渲染将会很快，但是 BPS 树会占用多的内存——一直到某些临界点（每一个场景不一样），超过界点以后就开始减慢。
- 【使用高性能光线跟踪】：控制是否使用高性能光线跟踪。
- 【使用高性能光线跟踪运动模糊】：控制是否使用高性能光线跟踪运动模糊。
- 【高精度】：控制是否使用高精度效果。
- 【节省内存】：控制是否需要节省内存。

2. 渲染区域分割

这个选项允许控制渲染区域（块）的各种参数。渲染块的概念是 VRay 分布式渲染系统的精华部分，一个渲染块就是当前渲染中被独立渲染的矩形部分，它可以被传送到局域网中其他空闲及其进行处理，也可以被几个 CPU 进行分布式渲染。

- 【渲染块宽度】：以像素为单位确定渲染块的最大宽度。
- 【渲染块高度】：以像素为单位确定渲染块的最大高度。
- 【序列】：确定在渲染过程中块渲染的顺序，

其中包括以下 6 中方式：

- 【从上→下】：选择此选项渲染块将按从左到右，从上到下的顺序进行渲染。
- 【从左→右】：选择此选项渲染块将按从上到下，从左到右的顺序进行渲染。
- 【棋盘格】：选择此选项渲染块将使用棋盘格模式进行渲染。
- 【螺旋】：选择此选项渲染块将按从中心向外以螺旋的顺序进行渲染。
- 【三角剖分】：选择此选项渲染块始终采用一种相同的处理方式，在后一个渲染块中可　以使用前一个渲染块的相关信息。
- 【希耳伯特】：选择此选项渲染块将按希尔伯特曲线的轨迹进行渲染。

提示

如果场景中具有大量的置换贴图物体、VRayProxy 或 VRayFur 物体的时候，默认的三角形是最好的选择，因为它始终用一种相同的处理方式，即在最后一个渲染块中可以使用前一个渲染块的相息，从而可以加快渲染速度。其他的在一个块结束后跳到另一个块的渲染序列对动态几何学来说并不是好的选择。

- 【反向排序】：勾选此项，采取与前面设置的次序的反方向进行渲染。
- 【动态分割】：控制是否进行动态分割。
- 【分割方法】：用于设置以什么样的方式来进行分割渲染。
- 【上次渲染】：这个选项组确定在渲染开始的时候，在 VFB 中以什么样的方式处理先前渲染的图像。系统提供了以下方式：
  - 【无变化】：VFB 不发生变化，保持和前一次渲染图像相同。
  - 【交叉】：每隔 2 个像素，图像被设置为黑色。
  - 【场】：每隔一条线设置为黑色。
  - 【变暗】：图像的颜色设置为黑色。
  - 【蓝色】：图像的颜色设置为蓝色。
  - 【清除】：清除上一次渲染的图像。

提示

这些参数的设置都不会影响最终的渲染效果。

3. 帧标记

按照一定规则显示关于渲染的相关信息。

- ☑ 帧标记：当选中该复选框以后，就可以显示标记。
- 【字体】：可以修改标记里面的字体属性。
- 【全宽度】：当选中此复选框后，它的宽度和渲染图形的宽度一致。
- 【对齐】：控制标记里的字体的排列位置，例如选择左，标记的位置居左。

提示

此处的图像不是指整幅图像。

  - 【左】：文字放置在左边。
  - 【中】：文字放置在中间。
  - 【右】：文字放置在右边。

4. 分布式渲染

分布式渲染是使用几台不同的计算机来计算单一图像的过程。

提示

这个过程与在单机多 CPU 的帧分布式计算是不同的，后者被称为【多线程】。VRay 既支持多线程，又支持分布式渲染。

在能使用分布式渲染选项之前，必须确保计算机已经加入局域网中。局域网中所有的计算机都必须完全正确安装 3ds Max 和 VRay，即使它们不需要被授权。用户必须确保 VRay 的进程生成程序在这些计算机上能够运行，或者作为一种服务独立运行。

- 【分布式渲染】：此复选框指定 VRay 是否使用分布式渲染。
- 【设置】：单击此按钮，将打开【V-Ray 分布式渲染设置】对话框，如图 7.36 所示。

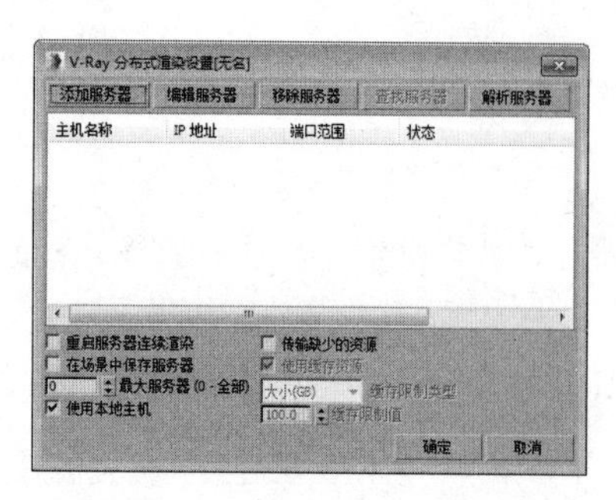

图 7.36

【V-Ray 分布式渲染设置】对话框可以从【系统】卷展栏的渲染设置中访问，其中的主要参数介绍如下。

- 【添加服务器】：此按钮允许用户通过输入 IP 地址或网络名称来手工增加服务器。
- 【移除服务器】：此按钮允许用户从列表中删除选中的服务器。
- 【解析服务器】：此按钮用于解析所有服务器的 IP 地址。
- 【查找服务器】：此按钮用于搜寻网络中用于分布式渲染的服务器，目前不可用。
- 【主机名称】：列表中列出了用作分布式渲染的服务器名称。
- 【IP 地址】：列表中列出了用作分布式渲染的服务器的 IP 地址。
- 【状态】：显示用作分布式渲染的服务器的连接状况。
- 【确定】：单击此按钮表示接受列表中的设置并关闭此对话框。
- 【取消】：单击此按钮表示不接受对列表中服务器相关设置的修改并关闭此对话框。

提示

所有的服务器都必须导入相关的插件和纹理贴图到正确的目录，以免在渲染场景的时候出现中止的错误。例如，如果场景中使用了【凤凰火焰】插件，将在没有安装【凤凰火焰】插件的服务器上出现渲染失败的情况。如果用户为物体赋予了一张名称为 JUNGLEMAP.JPG 的贴图，却没有把它放到渲染器服务器的 mapping 目录中，渲染时将得到渲染块，与没有赋予贴图一样。

分布式渲染不支持渲染动画序列，使用分布式渲染仅针对单帧。

分布式渲染也不支持发光贴图的增量，增加到当前贴图和增加到当前贴图模式。在单帧模式和块模式下，发光贴图的计算如果使用在多台计算机之间，将会减少渲染时间。

当用户希望取消分布式渲染的时候，结束渲染服务器的工作，可能要花费不短的时间。

在分布式渲染模式下仅 RGB 和 Alpha 通道可用。

5. VRay 日志

此选项用于控制 VRay 的信息窗口。

在渲染过程中，VRay 会将各种信息记录下来并保存在 C:\VRayLog.txt 文件中。信息窗口根据用户的设置显示文件中的信息，无须用户手动打开文本文件查看。信息窗口中的所有信息分成 4 个部分并以不同的字体颜色来区分：错误（以红色显示）、警告（以绿色显示）、情报（以白色显示）和调试信息（以黑色显示）。

- 【显示消息日志窗口】：选中的时候在每次渲染开始的时候都显示信息窗口。
- 【详细级别】：确定在信息窗口中显示信息的种类。
- 【V-Ray 日志文件】按钮 ...：单击此按钮将弹出【V-Ray 日志文件】对话框，确定保存信息文件的名称和位置。

6. 杂项选项

【MAX—兼容着色关联（配合摄影机空间）】：VRay 在世界空间里完成所有的计算工作，然而，有些 3ds Max 插件（例如大气等）却使用摄影机空间来进行计算，因为它们都是针对默认的扫描线渲染器来开发的。为了保持与这些插件的兼容性，VRay 通过转换来自这些插件的点或向量的数据，模拟在摄影机空间计算。

- 【检查缺少文件】：选中此复选框，VRay 会试图在场景中寻找任何缺少的文件，并将它们列表。这缺少的文件也会被记录到 c:\VRayLog.txt 中。
- 【优化大气求值】：一般在 3ds Max 中，大气在位于它们后面的表面被明暗处理后才被评估，在大气非常密集和不透明的情况下这可能是不需要的。选中此复选框，可以使 VRay 对大气效果进行优先评估，而大气背面的表面只有在大气非常透明的情况下才会被考虑进行明暗处理。

- 【低线程优先权】：选中此复选框，将促使 VRay 在渲染过程中使用较低的优先权的线程。
- 【对象设置】：单击此按钮，在弹出的【V-Ray 对象属性】对话框中可以对物体的 VRay 属性进行局部参数的设置，例如生成/接收全局照明、生成/接收焦散等，如图 7.37 所示。

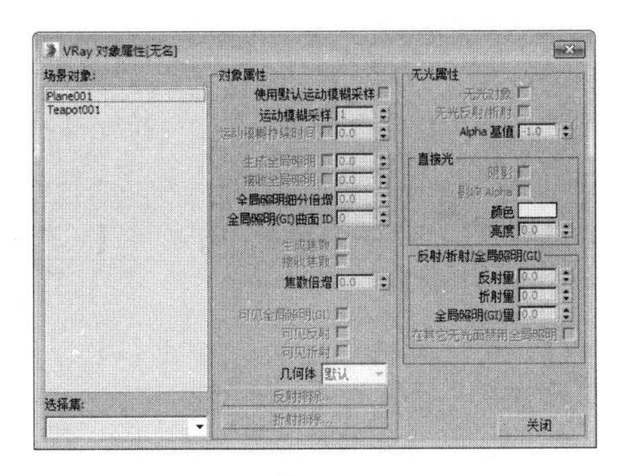

图 7.37

  - 【场景对象】：这个列表列出了场景中的所有物体，选中的物体会高亮显示。
  - 【对象属性】控制组：控制被选物体的局部属性。
    - 【使用默认运动模糊采样】：当选中此复选框时，几何学样本值将从全局运动模糊卷展栏中获得。
    - 【运动模糊采样】：允许用户为选择的物体设置运动模糊的几何学样本值，前提是上面的【使用默认运动模糊采样】复选框不被选中。
    - 【生成全局照明 I】：此设置控制物体是否产生间接光照明。用户可以为产生的间接光照运用一个倍增值。
    - 【接收全局照明】：此设置控制物体是否接收间接光照明。用户可以为接收的间接光照明运用一个倍增值。
    - 【全局照明细分倍增】：选中时，被选择的物体将包括在全局照明计算方案中。
    - 【生成焦散】：此选项被选中的时候，被选择物体将折射来自光源的灯光，并作为焦散产生器，因此场景中将产生焦散效果。注意，要让物体产生焦散，还必须指定反射或折射材质。
    - 【接收焦散】：此选项被选中的时候，被选择的物体将变成焦散接收器。当灯光被物体折射的时候将产生焦散效果，然而焦散效果只有投射到焦散接收器上时才可见。
    - 【焦散倍增】：此参数对被选择物体产生的焦散效果进行倍增。只在【生成焦散】复选框被选中的时候才起作用。
  - 【无光属性】控制组：控制被选择物体的不光滑属性。
    - 【无光对象】：选中此复选框将把被选择物体变成一个不光滑物体，这意味着此物体在场景中将不能直接可见，在其原来的位置将以背景颜色来代替。但是，此物体在反射/折射中仍然可见，而且会根据其材质设置来产生间接光照明。
    - 【Alpha 基值】：控制物体在 Alpha 通道的显示情况。

提示

【Alpha 基值】不需要物体是不光滑物体，此参数会影响所有的物体。值为 1.0 意味着物体在 Alpha 通道中正常显示；值为 0 则意味着物体在 Alpha 通道中完全不可见；值为 -1 则翻转物体的 Alpha 通道。

  - 【直接光】控制组：设置被选择物体的直接照明属性。
    - 【阴影】：选中此复选框时允许被选择物体接收阴影。
    - 【影响 Alpha】：促使阴影影响物体的 Alpha 通道。
    - 【颜色】：设置阴影的颜色。
    - 【亮度】：设置阴影的亮度。
  - 【反射/折射/全局照明】控制组：控制被选择物体的光影追踪属性。
    - 【反射量】：如果物体材质是具有反射功能的 VRay 材质，此选项控制反射在无光中的可见程度。
    - 【折射量】：如果物体材质是具有折射功能的 VRay 材质，此选项控制折射在无光对象中的可见程度。

◆ 【全局照明值】：控制被物体接收的间接光照明在无光对象中的可见程度。

◆ 【在其他无光面禁用全局照明】：促使被选择物体成为无光对象，在其他无光对象的反射、折射和全局照明效果中可见。

➢ 【选择集】：在此下拉列表中选择可用的选择集。

➢ 【关闭】：单击此按钮，可关闭【VRay对象属性】对话框。

➢ 【灯光设置】：单击此按钮，在弹出的【V-Ray灯光属性】对话框中，可以对灯光的VRay属性进行局部的参数设置，如图7.38所示。

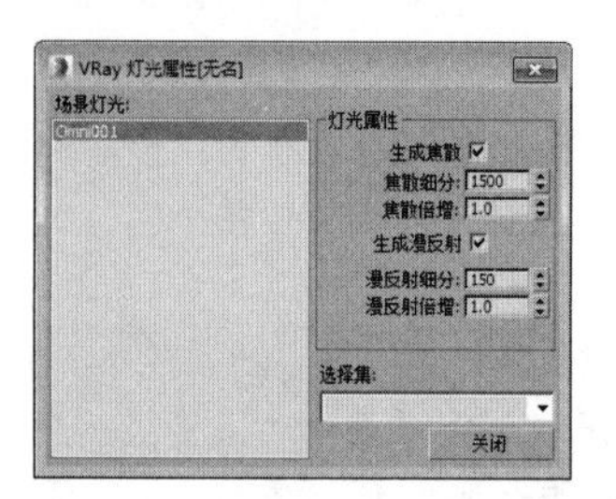

图 7.38

- 【场景灯光】：下面的列表中显示了场景中所有的灯光特征，当前被选择的灯光将高亮显示。
- 【灯光属性】控制组：用于控制被选择灯光的局部属性。

➢ 【生成焦散】：选中此复选框将使被选择的光源产生焦散光子。注意，要想得到焦散效果必须将下面的焦散倍增器设置为适当的值，并且场景中存在焦散产生器。

➢ 【焦散细分】：此数值设置VRay评估焦散效果时追踪的光子数量。较大的值将减慢焦散光子贴图的计算，同时占用较多的内存。

➢ 【焦散倍增】：此值用于倍增被选择物体产生的焦散效果。注意，这种倍增是一个累积的过程，它无法替代在焦散卷展栏中设置的焦散倍增值。只在产生焦散被选中的前提下才被激活。

➢ 【生成漫反射】：选中此复选框将使被选择的光源产生漫反射光子。

➢ 【漫反射细分】：设置被追踪的漫反射光子数量，较大的值意味着会产生更精确的光子贴图，但同时也会耗费较多的渲染时间和内存。

➢ 【漫反射倍增】：用于倍增漫射光子。

- 【选择集】：在下拉列表中选择可用的选择集设置。
- 【关闭】：单击此按钮，可关闭【V-Ray灯光属性】对话框。
- 【预设】：单击此按钮，将弹出【VRay预设】对话框，在该对话框中用户可以选择从硬盘中导入先前已经保存的各种特效的预先设置好的参数或属性，如图7.39所示。

图 7.39

- 【预设文件】：显示保存预设文件的路径。
- 【默认】：单击此按钮可以改变保存预置文件的目录。
- 【文件预设】：此下拉列表中列出了场景中已经保存的所有预置文件。
- 【可用设置】：下面的列表列出了可用于进行参数设置的所有卷展栏。
- 【加载】：单击此按钮可以将以前保存在硬盘上的预置方案重新导入使用。
- 【保存】：单击此按钮可以将预置的参数保存在硬盘上以便下次调用。
- 【关闭】：单击此按钮将关闭【VRay预设】对话框。

7.17 课堂实例

结合前面所介绍 VRay 基础知识，本节将介绍如何利用 VRay 设置制作景深和焦散特效。

7.17.1 景深特效

景深能使作品的主体更突出，画面更真实。在真实世界中，景深在近距离拍摄物体时，模糊效果非常明显。下面来介绍如何利用 VRay 制作景深效果，完成后的效果如图 7.40 所示。

图 7.40

01 启动软件后，按 Ctrl+O 组合键，在弹出的对话框中选择配套资源中的景深效果 .max 文件，如图 7.41 所示。

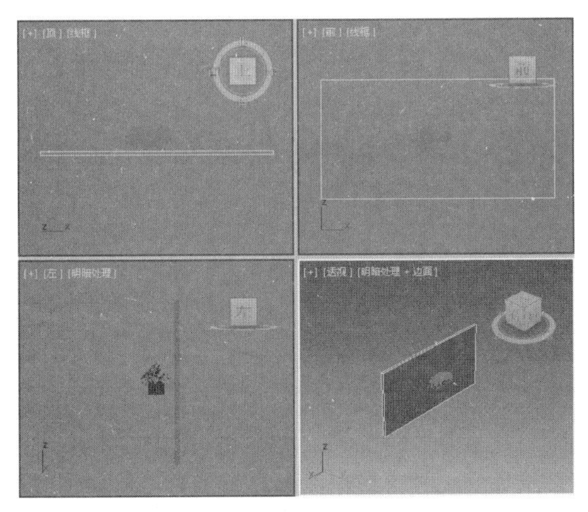

图 7.41

02 选择【创建】 |【灯光】 |【标准】|【目标聚光灯】工具，在顶视图中创建目标聚光灯，然后使用【选择并移动】工具调整其位置，如图 7.42 所示。

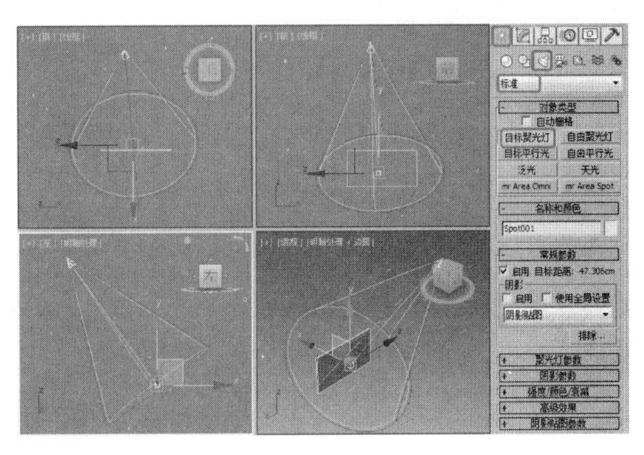

图 7.42

03 选择创建的灯光，在【常规参数】卷展栏中选中【阴影】选项组中的【启用】复选框，将【阴影类型】设置为【VR- 阴影】。展开【强度 / 颜色 / 衰减】卷展栏，将【倍增】设置为 0.2，如图 7.43 所示。

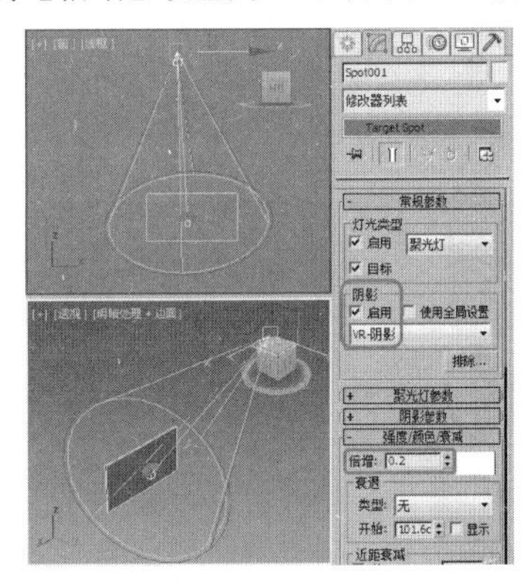

图 7.43

04 选择【创建】 |【摄影机】 |【标准】|【目标】摄影机，在顶视图中创建摄影机，将透视视图转换为摄影机视图，效果如图 7.44 所示。

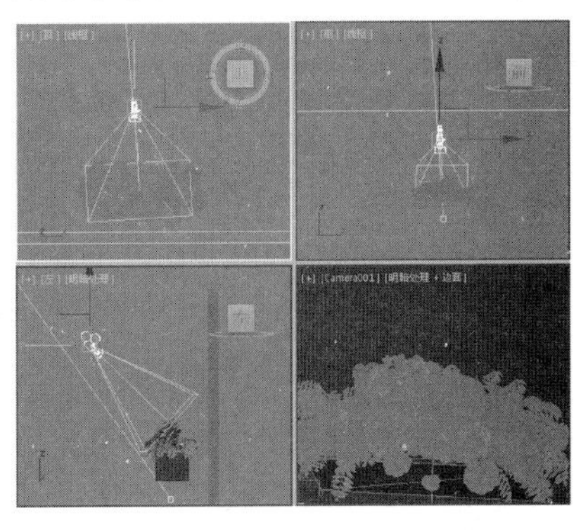

图 7.44

05 选中摄影机，进入【修改】命令面板，在【参数】卷展栏中将【镜头】设置为119，然后使用【选择并移动】工具，在视图中调整摄影机的位置，效果如图7.45所示。

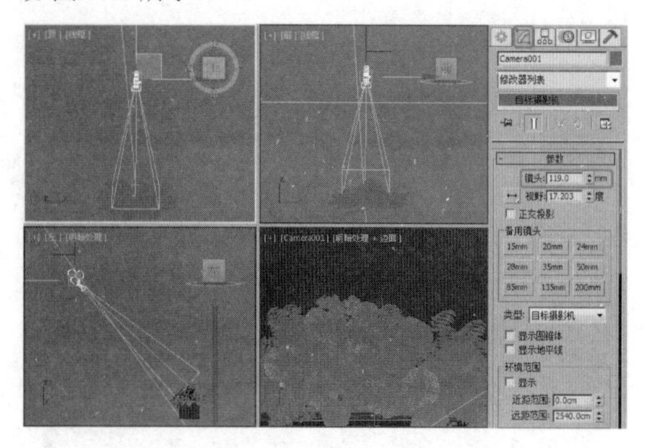

图 7.45

06 按F9键快速渲染，渲染完成后将场景进行保存即可。

7.17.2 焦散特效

焦散是光线穿过半透明或者从其他金属表面反射的现象。本例将介绍如何制作光线在玻璃物体上形成的焦散特效，如图7.46所示。

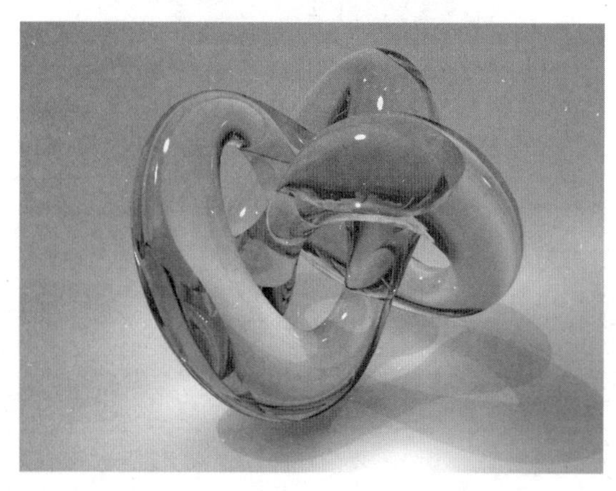

图 7.46

01 重置场景，取消栅格显示，选择【创建】 | 【几何体】 | 【扩展基本体】 | 【环形结】工具，在顶视图中创建环形结，如图7.47所示。

02 选择绘制的环形结，进入【修改】命令面板，将【参数】卷展栏中的【基础曲线】选项组中的【半径】、【分段】分别设置为10、300，将【横截面】选项组中的【半径】、【边数】、【块】、【块高度】分别设置为2.5、30、5、1，如图7.48所示。

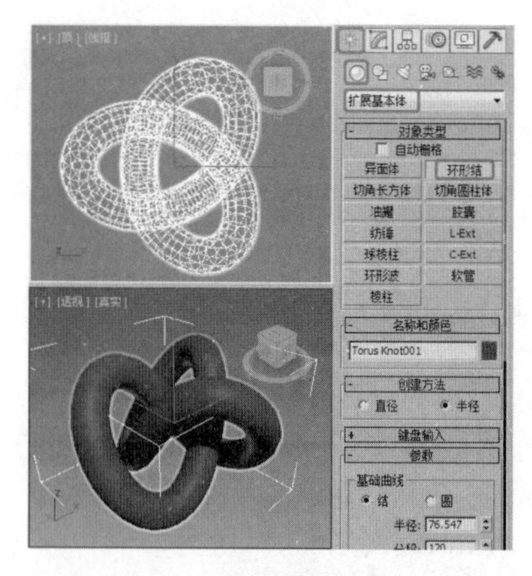

图 7.47

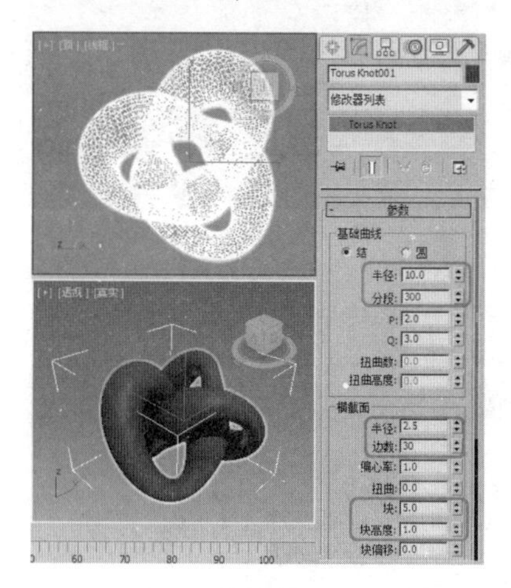

图 7.48

03 选择【创建】 | 【灯光】 | 【标准】 | 【目标平行光】，在顶视图中创建目标平行光，进入【修改】命令面板，在该面板的【常规参数】卷展栏中选中【阴影】选项组中的【启用】复选框，将【阴影类型】设置为【VR-阴影】，展开【强度/颜色/衰减】卷展栏，将【倍增】设置为0.5，灯光颜色数值设置为221,229,255，如图7.49所示。

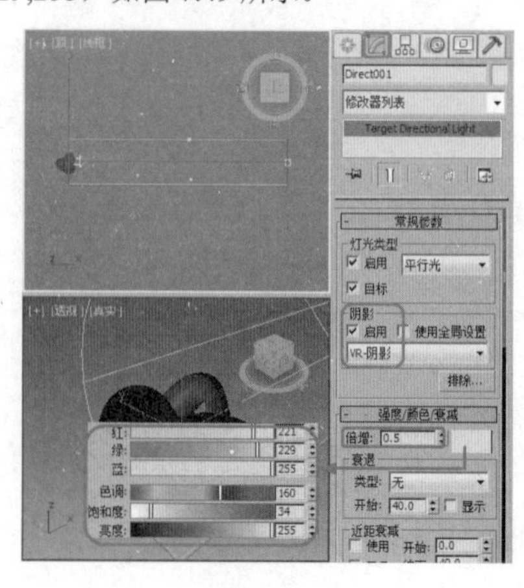

图 7.49

04 展开【平行光参数】卷展栏，将【聚光区 / 光束】、【衰减区 / 区域】分别设置为 78、315，然后使用【选择并移动】工具调整灯光的位置，效果如图 7.50 所示。

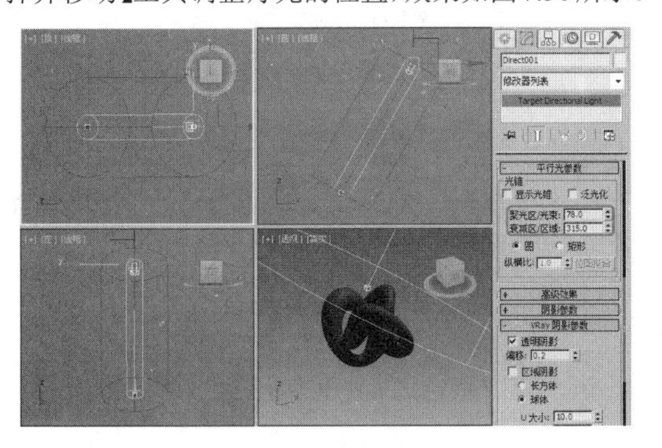

图 7.50

05 选择【创建】|【摄影机】|【标准】|【目标】工具，在顶视图中创建摄影机，选择创建的摄影机，进入【修改】命令面板，在【参数】卷展栏中将【镜头】设置为 95.904， 如图 7.51 所示。

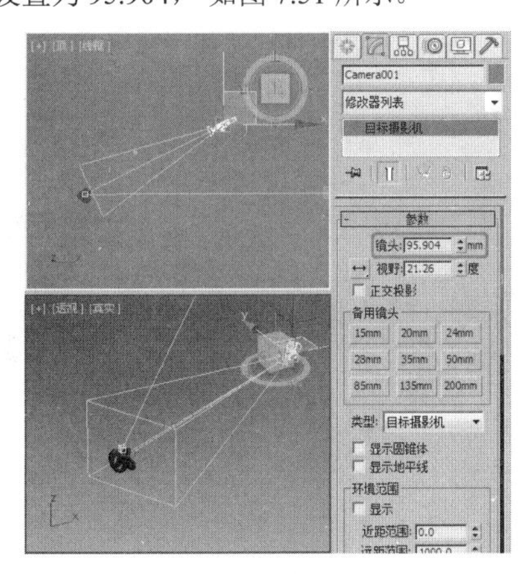

图 7.51

06 按 C 键，将透视视图转换为摄影机视图，然后在其他视图中调整摄影机的位置，如图 7.52 所示。

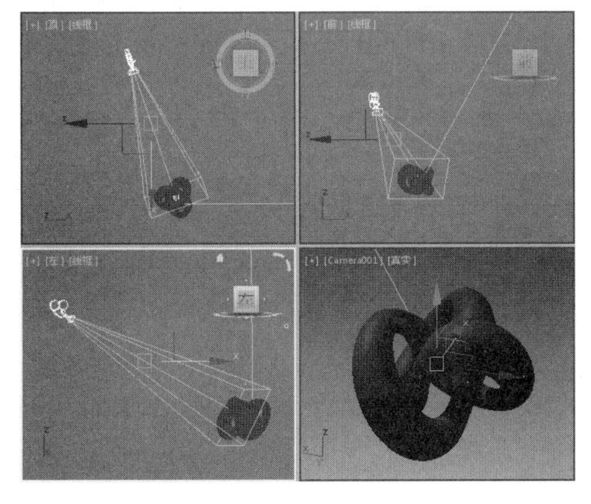

图 7.52

07 选择【创建】|【几何体】| VRay |【VR 平面】工具，在顶视图中单击创建 VR 平面，将其颜色数值设置为 83,92,102，如图 7.53 所示。

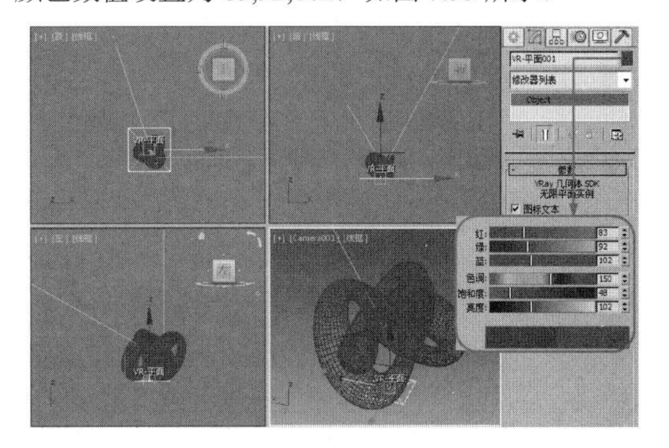

图 7.53

08 在【渲染设置】对话框中将渲染器更改为 VRay 渲染器，按 M 键打开【材质编辑器】对话框，在该对话框中选择一个空白的材质样本球，单击 Standard 按钮，在弹出的对话框中单击【按名称搜索】左侧的下三角按钮，在弹出的下拉列表中选择【打开材质库】命令，如图 7.54 所示。

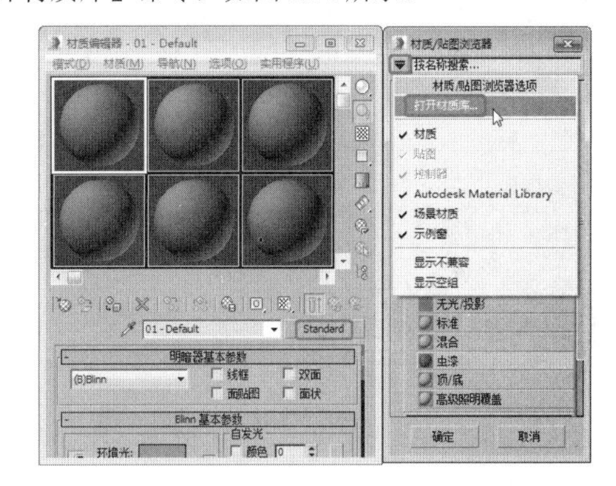

图 7.54

09 在打开的对话框中选择配套资源中的 MAP/ 玻璃材质 .mat 文件，单击【打开】按钮，如图 7.55 所示。

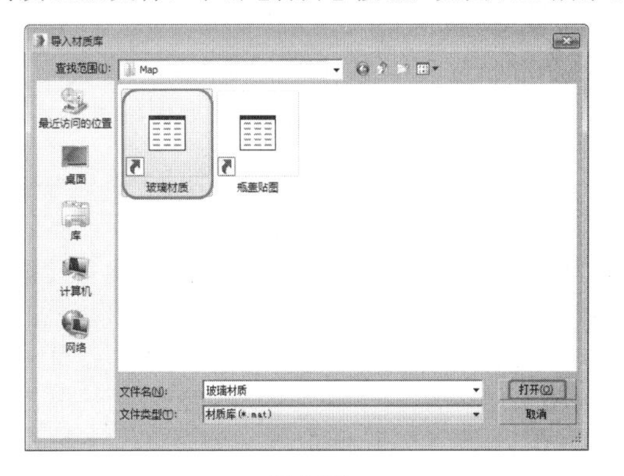

图 7.55

10 展开【玻璃材质】卷展栏，选择【玻璃】材质，单击【确定】按钮，在场景中选择环形结，单击【将材质制定给选定对象】按钮，按 8 键打开【环境和效果】对话框，选中【环境】单选按钮卡，单击【环境贴图】下的【无】按钮，在弹出的对话框中选择【VRayHDRI】，单击【确定】按钮，如图 7.56 所示。

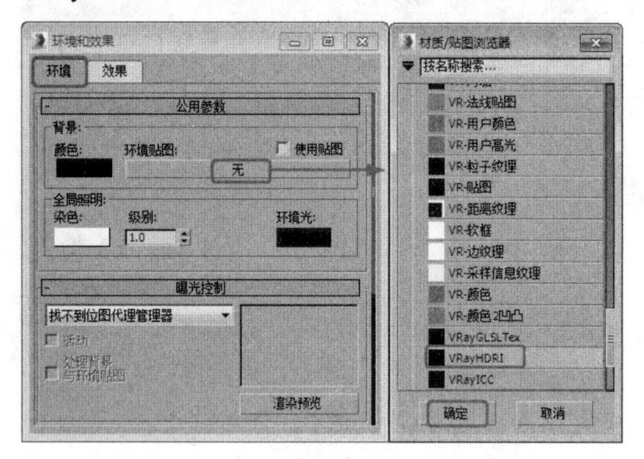

图 7.56

11 单击【环境贴图】下的材质按钮，将其拖曳至【材质编辑器】的空白材质样本球上，在弹出的对话框中选择【实例】单选按钮，在【参数】卷展栏中单击【浏览】按钮，在弹出的对话框中选择配套资源中的MAP/12.hdr 文件，单击【打开】按钮，如图 7.57 所示。

图 7.57

12 展开【坐标】卷展栏，设置【贴图】类型为球形环境，如图 7.58 所示。

13 按 F10 键打开【渲染设置】对话框，在该对话框中选择 V-Ray 选项卡，展开【环境】卷展栏，在该卷展栏中选中【全局照明（GI）环境】复选框，将倍增值设置为 5，在【材质编辑器】对话框中将环境贴图拖曳至【无】按钮上，在弹出的对话框中选择【实例】单选按钮，如图 7.59 所示。

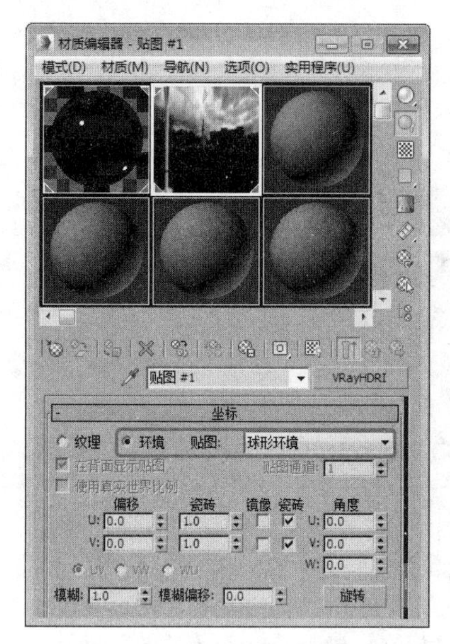

图 7.58

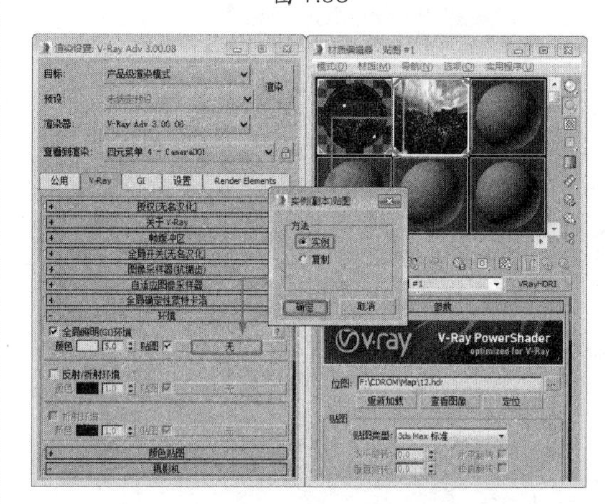

图 7.59

14 选择 GI 选项卡，展开【发光图】卷展栏，单击【基本模式】按钮，将【基本模式】更改为【高级模式】，将【当前预设】设置为【中】，选中【显示计算相位】和【显示直接光】复选框，如图 7.60 所示。

15 展开【焦散】卷展栏，单击【基本模式】按钮，将【基本模式】更改为【高级模式】，选中【焦散】复选框，将【搜索距离】设置为 3000，【最大光子】设置为 60，【倍增】设置为 5，【最大密度】设置为 0，【模式】设置为【新贴图】，如图 7.61 所示。

16 在 V-Ray 选项卡的【帧缓冲区】卷展栏中，取消选中【启用内置帧缓冲区】复选框，如图 7.62 所示。

17 激活摄影机视图，选择【公用】选项卡，在【输出大小】选项组中将【宽度】、【高度】分别设置为 640、480，然后单击【渲染】按钮对场景进行渲染输出。

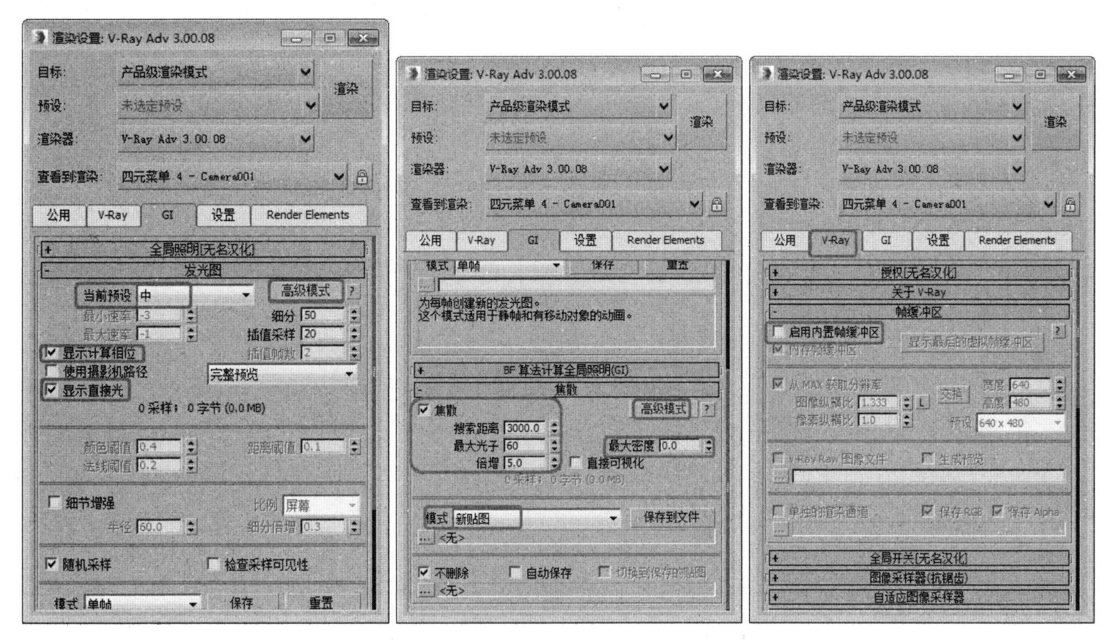

图 7.60　　图 7.61　　图 7.62

7.18 课后练习

1. 如何设置 VRay 材质?

2. VRay 图像采样器有哪些，其作用是什么?

第8章

VRay 渲染器的材质与贴图

材质是三维世界的一个重要概念，是对现实世界中各种材料视觉效果的模拟，这些视觉效果包含颜色、感光特性、反射、折射、透明度、表面粗糙程度以及纹理等。在 3ds Max 中创建一个模型，其本身不具备任何表面特征，但是通过材质自身的参数控制可以模拟现实世界中的各种视觉效果。本章主要讲解 VRay 渲染器材质与贴图的设置，希望通过本章的讲解能让读者学会使用编辑器，了解材质制作的流程，充分认识材质与贴图的关系及重要性，为后面章节的学习奠定基础。

8.1 VRay 渲染器的材质

VRay 渲染器在安装时同时安装了其所需的材质，本节将介绍 VRay 渲染器材质的使用方法。

8.1.1 VRayMtl

VRay 渲染器拥有一个特殊的材质 VRayMtl。在 VRay 中使用它可以得到较好的物理上的正确照明（能源分布）、较快的渲染速度，并可以更方便地设置反射、折射、反射模糊、凹凸、置换等参数，还可以使用纹理贴图。

1. 【基本参数】卷展栏

当前的标准材质选择为 VRayMtl 以后，【基本参数】卷展栏如图 8.1 所示，其主要参数的设置如下。

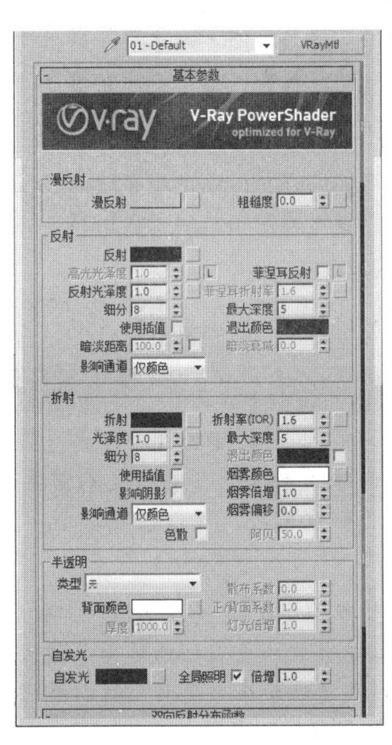

图 8.1

【漫反射】选项组：

- 【漫反射】：设置材质的表面颜色和纹理贴图。通过单击右侧的色块，可以调整它自身的颜色。单击色块右侧的小按钮，可以选择不同的贴图类型。

提示

实际的漫反射颜色也受反射 / 折射颜色影响。

【反射】选项组

- 【反射】：材质的反射效果是靠颜色来控制的，颜色越白反射越亮，颜色越黑反射越弱。而这里选择的颜色则是反射出来的颜色，和反射的强度是分开计算的。单击右侧的按钮，可以使用贴图的灰度来控制反射的强弱。颜色分为色度和灰度，灰度控制反射的强弱，色度控制反射出什么颜色。效果如图 8.2 所示。

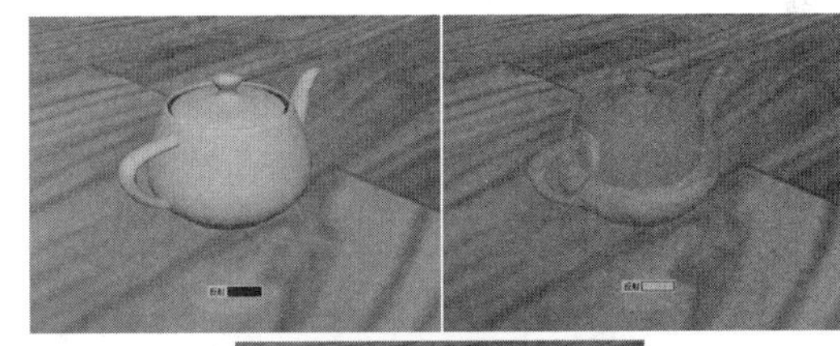

图 8.2

- 【菲涅耳反射】：选中此复选框，反射的强度将取决于物体表面的入射角，自然界中有一些材质（如玻璃）的反射就是这种方式。不过要注意的是，这个效果还受材质的折射率影响。
- 【菲涅耳折射率】：此参数在选中【菲涅耳

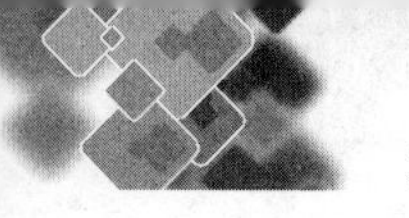

反射】复选框及【菲涅尔反射】选项后面的L（锁定）按钮弹起的时候才能被激活，可以单独设置菲涅尔折射的反射率。

- 【高光光泽度】：此参数用于控制VRay材质的高光状态。默认情况下，L（锁定）按钮是被按下的，即【高光光泽度】处于非激活状态。
- L按钮（lock锁定按钮）：该按钮弹起的时候，【高光光泽度】选项被激活，此时高光的效果由该选项控制，而不再受模糊反射的控制。
- 【反射光泽度】：该参数用于设置反射的锐利效果。值为1意味着是一种完美的镜面反射效果，随着取值的减小，反射效果会越来越模糊。
- 【细分】：此参数用于控制平滑反射的品质。较小的取值将会加快渲染速度，同时也会导致更多的噪波，较大值则反之。
- 【使用插值】：VRay能够使用一种类似于发光贴图的缓存方案来加快模糊反射的计算速度。选中该复选框表示使用缓存的方案。
- 【最大深度】：此参数定义反射能完成的最大次数。当场景中具有大量的反射/折射表面时，该参数要设置得足够大才会产生真实的效果。
- 【退出颜色】：当光线在场景中的反射达到最大深度定义的反射次数后就会停止反射，此时这个颜色将被返回，并且不再追踪远处的光线。

【折射】选项组

- 【折射】：材质的折射效果是靠颜色来控制的，颜色越白物体越透明，进入物体内部产生折射的光线也就越多；颜色越黑物体越不透明，进入物体内部产生折射的光线也就越少；单击右侧的按钮，可以通过贴图的灰度来控制折射的效果。
- 【光泽度】：该参数用于设置折射的锐利效果。值为1意味着是一种完美的镜面折射效果，随着取值的减小，折射效果会越来越模糊。平滑反射的品质由下面的细分参数来控制。
- 【细分】：控制折射模糊的品质，较高的值可以得到比较光滑的效果，但是渲染的速度会变慢；较低的值模糊区域将有杂点，但是渲染速度会快一些。
- 【使用插值】：如果选中该复选框，VRay能够使用一种类似发光贴图的缓存方式来加速模糊反射的计算速度。
- 【影响阴影】：该复选框将导致物体投射透明阴影，透明阴影的颜色取决于折射颜色和烟雾颜色。这个效果仅在使用VRay自己的灯光和阴影类型的时候有效。
- 【影响通道】：对Alpha通道的影响。
- 【折射率】：设置物体的折射率。
- 【最大深度】：用来控制折射的最大次数。折射次数越多，折射就越彻底，当然渲染速度也越慢。通常保持默认值为5比较合适。
- 【退出颜色】：当物体的折射次数达到最大次数时，就会停止计算折射，这时由于折射次数不够造成的折射区域的颜色用退出色来代替。
- 【烟雾颜色】：当光线穿透材质的时候，它会变稀薄，这个选项可以让用户模拟厚的物体比薄物体透明度低的效果。注意，雾颜色的效果取决于物体的绝对尺寸。
- 【烟雾倍增】：定义雾效的强度，不推荐取值超过1。
- 【烟雾偏移】：设置烟雾的偏移程度较低的数值会使雾向相机的方向偏移。

【半透明】选项组

- 【类型】：次表面散射的类型。
- 【背面颜色】：用来控制次表面散射的颜色。
- 【厚度】：这个参数用于限定光线在表面下被追踪的厚度，在不想或不需要追踪完全的散射效果时，可以设置这个参数来达到目的。
- 【散布系数】：定义在物体内部散射的数量。0意味着光线会在任何方向上被散射，值为1.0则意味着在次表面散射的过程中光线不能改变散射方向。
- 【正/背面系数】：控制光线散射的方向。0意味着光线只能向前散射（在物体内部远离表面），0.5则意味着光线向前或向后是相等的，1则意味着光线只能向后散射（朝向表面，远离物体）。

- 【灯光倍增】：定义半透明效果的倍增。

2. 【双向反射分布函数】卷展栏

双向反射分布函数是控制物体表面反射特性的常用方法，用于定义物体表面的光谱和空间反射特性的功能，【双向反射分布函数】卷展栏如图 8.3 所示。

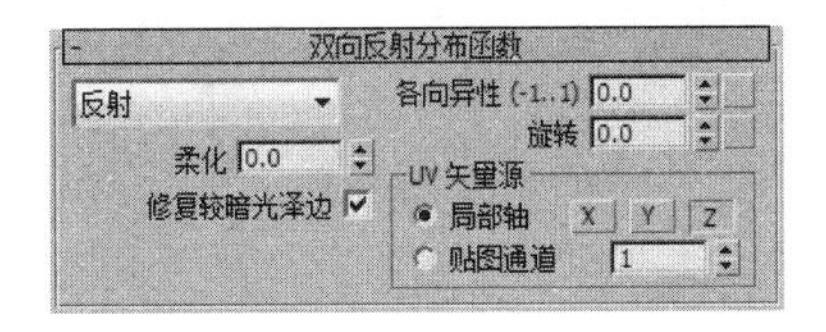

图 8.3

- 左上角的下拉列表设置 VRay 支持的 3 种 BRDF 类型：多面、反射和沃德。
- 【各向异性】：设置高光的各向异性特性。
- 【旋转】：设置高光的旋转角度。

【UV 矢量源】选项组

此参数可以设置为物体自身的 X、Y、Z 轴，也可以通过贴图通道来设置。

- 【局部轴】：选择物体自身的 X、Y、Z 轴作为方向向量来源。
- 【贴图通道】：选择已经存在的贴图通道作为方向向量来源。

3. 【选项】卷展栏

【选项】卷展栏用于设置 VRay 材质的一般选项，如图 8.4 所示，其主要参数的设置如下。

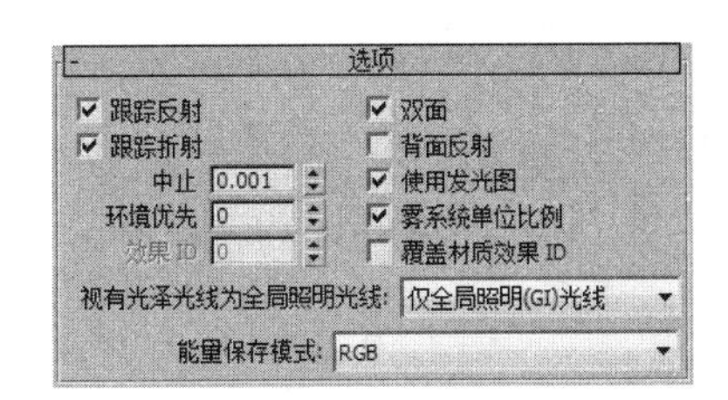

图 8.4

【跟踪反射】：控制光线是否跟踪反射。

【跟踪折射】：控制光线是否跟踪折射。

【中止】：用于定义反射 / 折射追踪的最小极限值。当反射 / 折射对一幅图像最终效果的影响很小时，将不会进行光线追踪。

【双面】：控制 VRay 是否设定几何体的面都是双面。

【背面反射】：该选项强制 VRay 始终追踪光线（甚至包括光照面的背面）。

【使用发光图】：使用发光贴图计算。

【视有光泽光线为全局照明光线】：定义处理平滑光线的方式。系统提供了 3 种选择。

- 【仅全局照明 GI 光线】：仅在场景中存在 GI 时，将平滑光线作为普通的 GI 光线来处理。
- 【从不】：将平滑光线作为直接照明的光线处理，不作为 GI 光线。
- 【始终】：无论如何都将它作为 GI 光线来处理。

【能量保存模式】：定义能量保存的模式，系统提供了两种选择。

- 【RGB】：使用 RGB 模式来保存能量。
- 【单色】：使用黑白模式来保存能量分配图像采样器的最小比率参数。

4. 贴图卷展栏

除了使用数值控制相关属性外，还可以通过贴图来进行更复杂的属性控制。其参数含义与 3ds Max 标准的贴图含义相同。

5. 【反射插值】卷展栏

这里设置的参数只有在【基本参数】卷展栏中选中【使用反射插值】复选框后才能发挥作用。【反射插值】卷展栏如图 8.5 所示，参数的设置如下。

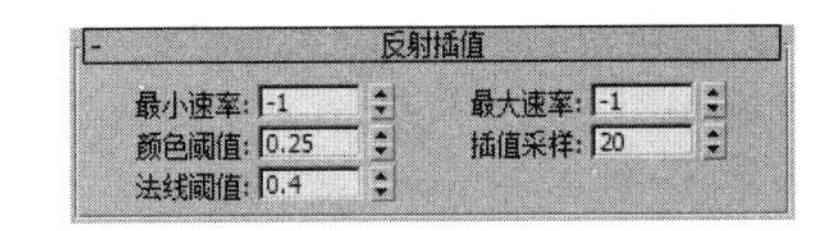

图 8.5

- 【最小速率】：该参数确定原始全局照明通道的分辨率。0 意味着使用与最终渲染图像相同的分辨率，这将使发光图采用类似于直接计算全局照明的方法；-1 意味着使用最终渲染图像一半的分辨率。通常需要设置其为负值，以便快速计算大而平坦的区域全局照明，这个参数类似于（尽管不完全一样）自适应细分图像采样器的最小比率参数。
- 【最大速率】：该参数确定全局照明通道

的最终分辨率，类似于（尽管不完全一样）自适应细分图像采样器的最大比率参数。

- 【颜色阈值】：该参数确定发光图算法对间接光照明变化的敏感程度。较大的值意味着较小的敏感性，较小的值将使发光图对照明的变化更加敏感，因而可以得到更高品质的渲染图像。
- 【插值采样】：此参数定义被用于反射插值计算的全局照明采样的数量。较大的值会趋向于模糊全局照明的细节，即使最终的效果很光滑；较小的取值会产生更光滑的细节，但是如果使用较低的半球光线细分值，也可能产生黑斑。
- 【法线阈值】：该参数确定发光图算法对表面法线变化，以及细小表面细节的敏感程度。较大的值意味着较小的敏感性，较小的值将使发光图对表面曲率及细小细节更加敏感。

6. 【折射插值】卷展栏

【折射插值】卷展栏如图 8.6 所示，其参数设置与【反射差值】卷展栏完全一样，在此不再赘述。

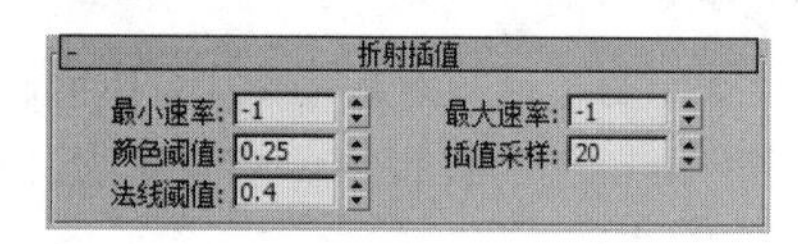

图 8.6

8.1.2 VR- 灯光材质

VR- 灯光材质是 VRay 渲染器提供的一种特殊材质，当这种材质被指定给物体时，一般用于产生自发光效果，其渲染速度要快于 3ds Max 提供的标准自发光材质，在使用时最好使用纹理贴图来作为自发光的光源。

【VR- 灯光材质】的【参数】卷展栏，如图 8.7 所示，其主要参数设置如下。

- 【颜色】：设置材质自发光的颜色，默认设置是纯白色。
- 【倍增】（颜色右侧的文本框）：设置自发光的倍增值，默认值为 1。
- 【背面发光】：设置材质两面是否都产生自发光。
- 【倍增颜色的不透明度】：该参数可以让贴图进行发光。
- 【置换】：指定贴图来作为自发光的颜色。
- 【直接照明】选项组
  - 【开】复选框：决定是否计算场景中的直接照明。

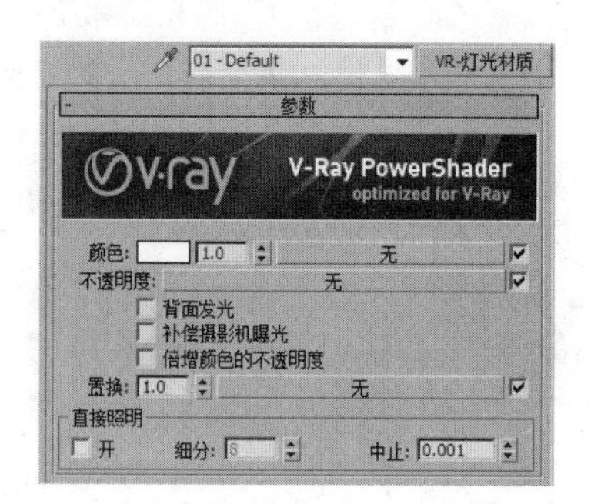

图 8.7

8.1.3 VR 材质包裹器

VR 材质包裹器被用于指定每个材质额外的表面参数。这些参数也可以在【物体设置】对话框中设置。不过 VR 材质包裹器中的设置会覆盖【物体设置】对话框中的参数设置，【VR 材质包裹器】卷展栏如图 8.8 所示。

下面对其中的主要参数设置进行介绍。

图 8.8

【基本材质】：定义包裹中将要使用的基本材质，当然用户必须选中 VRay 渲染器支持的材质类型。

【附加曲面属性】选项组

这里的参数主要控制赋有包裹材质物体的接收、生成全局照明，以及接收、生成焦散属性。

- 【生成全局照明】：定义使用此材质的物体产生全局照明的强度，它是局部参数。
- 【接收全局照明】：定义使用此材质的物体接收全局照明的强度，它也是局部参数。
- 【生成焦散】：如果材质无法产生焦散，则取消选中此复选框。
- 【接收焦散】：如果材质无法接收焦散，则取消选中此复选框。
- 【焦散倍增】：确定材质中焦散的影响。

【无光属性】选项组

- 【无光曲面】：选中此复选框，在进行直接观察的时候，将显示背景而不会显示基本材质，这使材质看上去类似 3dx Max 标准的不光滑材质。不过，对于全局照明、焦散和反射特效来说，基本材质虽然无法直接观察到，但是仍然在使用中。
- 【Alpha 基值】：确定渲染图像中物体在 Alpha 通道中的外观。值为 1.0 意味着 Alpha 通道将来源于基本材质的透明度；值为 0，意味着物体完全不显示 Alpha 通道，在其后显示物体自身的 Alpha；值为-1，则意味着基本材质的透明度将从物体 Alpha 通道中，在其后显示物体影响值为-1 的效果。

提示

此选项是独立于【无光曲面】选项的。

- 【阴影】：选中此复选框，可以让阴影在【无光曲面】上显示。
- 【影响 Alpha】：选中此复选框，将使阴影影响【无光曲面】的 Alpha 基值。在理想的阴影区域，将形成白色的 Alpha 通道；而没有完全遮蔽的区域，则形成黑色的 Alpha 通道。

提示

全局照明阴影（来自天光）也能被计算，然而在光子贴图或灯光贴图作为初级渲染引擎使用的时候，是不支持【无光曲面】的全局照明阴影的，在作为次级渲染引擎的时候，则可以放心使用。

- 【颜色】：设置不光滑表面阴影的可选色彩。
- 【亮度】：设置不光滑表面阴影的亮度。值为 0 意味着阴影完全不可见；值为 1.0 将显示全部的阴影。
- 【反射值】：显示来自基本材质的反射程度。此参数仅在基本材质设置为 VRay 材质类型的时候才正常工作。
- 【折射值】：显示来自基本材质的折射程度。此参数仅在基本材质设置为 VRay 材质类型的时候才正常工作。
- 【全局照明值】：显示来自基本材质的全局照明数量。此参数仅在基本材质设置为 VRay 材质类型时使用。

8.1.4　VRay 2Sidedmtl

VRay 2Sidedmtl 是 VRay 渲染器提供的一种特殊材质，此材质允许在物体背面接受灯光照明，类似于背光。此种材质用来模拟类似纸张、纤细的窗帘以及树叶等物体。【VRay2SidedMtl】的【参数】卷展栏如图 8.9 所示，其主要参数的设置如下。

图 8.9

- 【正面材质】：设置物体正面的材质。通过后面的材质选择按钮可选择 VRay 渲染器支持的所有材质类型。
- 【背面材质】：选中该复选框后可以激活此参数，用于定义物体背面的材质。通过后面的材质选择按钮可选择 VRay 渲染器支持的所有材质类型。
- 【半透明】：设置材质的半透明度，其实质是控制前后两种材质重叠混合的程度。其后面的【无】按钮用贴图来控制材质的半透明度。

提示

为得到更好的效果，【强制单面子材质】复选框最好不要选中。

8.1.5　VR- 覆盖材质

VR- 覆盖材质可以让用户更广泛地去控制场景

的色彩融合、反射、折射等，它主要包括5种材质，分别是【基本材质】、【全局照明（GI）材质】、【反射材质】、【折射材质】和【阴影材质】。【VR-覆盖材质】的【参数】卷展栏如图8.10所示。

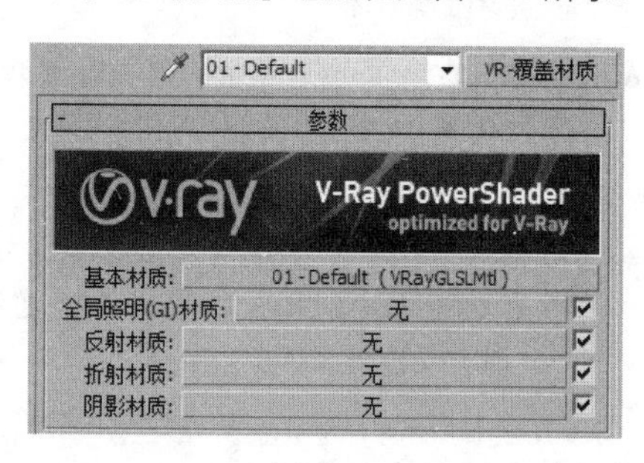

图8.10

其参数的设置如下。

- 【基本材质】：物体的基本材质。
- 【全局照明（GI）材质】：使用该参数时，灯光的反弹将依照这个材质的灰度来控制，而不是基本材质。
- 【反射材质】：物体的反射材质，在反射中看到的物体材质。
- 【折射材质】：物体的折射材质，在折射里看到的物体材质。
- 【阴影材质】：物体的阴影材质。

8.1.6 VR-混合材质

VR-混合材质可以让多个材质以层的方式混合来模拟真实物理中的复杂材质。VR-混合材质和3ds Max覆盖材质的效果类似，但是，其渲染速度比3ds Max的快很多，【VR-混合材质】的【参数】卷展栏如图8.11所示。

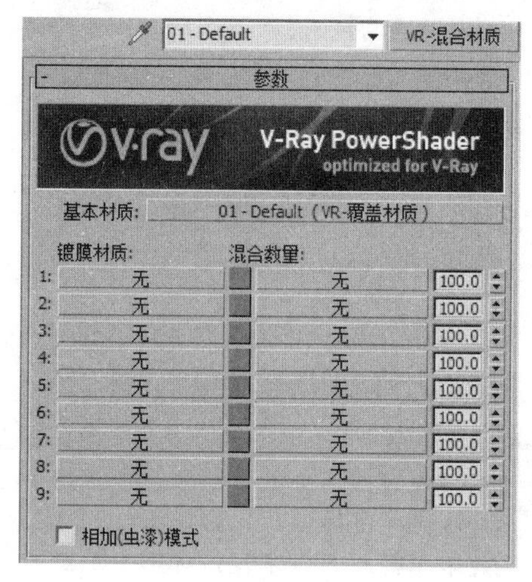

图8.11

其参数的设置如下。

- 【基本材质】：最基层的材质。
- 【镀膜材质】：基层材质上面的材质。
- 【混合数量】：表示表面材质混合多少到基层材质上。如果是白色的，那么这个表面材质将全部混合上去，而下面的混合材质将不起作用；如果是黑色的，那么这个表面材质自身就没什么效果。这个混合数量也可以由后面的贴图通道来代替。
- 【相加（虫漆）模式】：一般不选中该复选框，如果选中，VR-混合材质将和3ds Max中的【虫漆】材质效果类似。

8.2 VRay渲染器的贴图

VRay渲染器的贴图是为VRay材质提供增益效果的功能，本节将介绍VRay渲染器贴图的使用方法。

8.2.1 VR-贴图

VR-贴图的主要作用就是在3ds Max标准材质或第三方材质中增加反射/折射，其用法类似于3ds Max中光影跟踪类型的贴图。【VR-贴图】的【参数】卷展栏如图8.12所示。

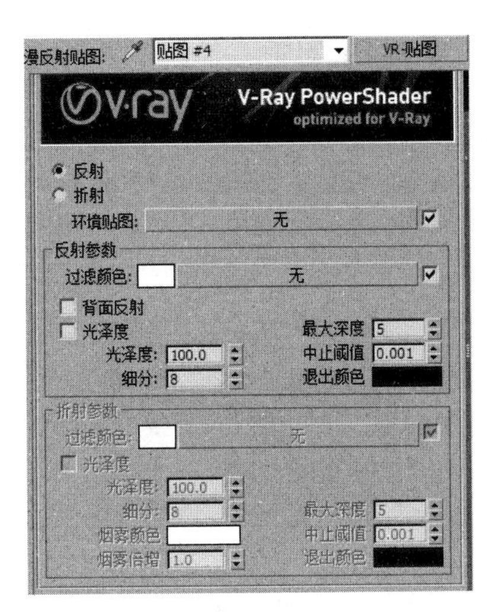

图 8.12

其主要参数的设置如下。

- 【反射】：选中此单选按钮，表示【VR-贴图】作为反射贴图使用，下面相应的参数控制组也被激活。
- 【折射】：选中此单选按钮表示【VR-贴图】作为折射贴图使用，下面相应的参数控制组也被激活。
- 【环境贴图】：供用户选择环境贴图。
- 【反射参数】选项组：在使用反射类型时被激活。
  - ➢ 【过滤颜色】：用于定义反射的倍增值，白色表示完全反射，黑色表示没有反射。
  - ➢ 【背面反射】：强制 VRay 在物体的两面都反射。
  - ➢ 【光泽度】：选中该复选框表示使用平滑反射效果（即反射模糊效果）。
  - ➢ 【光泽度】：此参数设置材质的光泽度，值为 0，意味着产生一种非常模糊的反射效果，较高的值将使反射显得更为锐利。
  - ➢ 【细分】：定义场景内用于评估材质中反射模糊的光线数量。
  - ➢ 【最大深度】：定义反射完成的最多次数。
  - ➢ 【中止阈值】：一般情况下，对最终渲染图像影响较小的反射是不会被跟踪的，这个参数就是用来定义这个极限值的。
  - ➢ 【退出颜色】：定义在场景中光线反射达到最大深度的设定值以后，会以什么颜色被返回，此时并不会停止跟踪光线，只是光线不再反射。
- 【折射参数】选项组：在使用折射类型时被激活。
  - ➢ 【过滤颜色】：用于定义折射的倍增值，白色表示完全折射，黑色表示没有折射。
  - ➢ 【光泽度】：选中该复选框表示使用平滑折射效果（即折射模糊效果）。
  - ➢ 【光泽度】：此参数设置材质的光泽度，值为 0，意味着产生一种非常模糊的折射效果，较高的值将使折射显得更锐利。
  - ➢ 【细分】：定义场景内用于评估材质中折射模糊的光线数量。
  - ➢ 【烟雾颜色】：VRay 允许用户用烟雾来填满折射物体，这里用来设置烟雾的颜色。
  - ➢ 【烟雾倍增】：设置烟雾颜色的倍增值，取值越小，物体越透明。
  - ➢ 【最大深度】：定义折射完成的最多次数。
  - ➢ 【中止阈值】：一般情况下，对最终渲染图像影响较小的折射是不会被追踪的，这个参数就是用来定义这个极限值的。
  - ➢ 【退出颜色】：定义在场景内光线折射达到最大深度的设定值以后，会以什么颜色被返回，此时并不会停止跟踪光线，只是光线不再折射。

提示

折射率是由材质控制的，而不是由【VR-贴图】控制的。对于 3ds Max 标准参数来说，折射率在材质扩展【参数】卷展栏中设置。

8.2.2　VRayHDRI

VRayHDRI 图主要用于导入高动态范围图像（HDRI）来作为环境贴图，支持大多数标准环境的贴图类型，其参数如图 8.13 所示。

其主要参数的设置如下。

图 8.13

- 【位图】：显示使用的 HDRI 贴图的寻找路径。目前仅支持 .hdr 和 .pic 格式的文件，其他格式的贴图文件虽然可以调用，但不能起到照明的作用。
- 【浏览】：指定 HDRI 贴图的路径。

【贴图类型】下拉列表：选择环境贴图的类型。有 5 种类型可供选择。

- 【角度】：选择【角度】贴图作为环境贴图。
- 【立方】：选择【立方】作为环境贴图。
- 【球形】：选择【球形】作为环境贴图，这是最常用的一种。
- 【球状镜像】：选择【球状镜像】作为环境贴图。
- 【3ds Max 标准】：选择【3ds Max 标准】作为环境贴图。
- 【水平旋转】：设定环境贴图水平方向旋转的角度。
- 【水平翻转】：在水平方向反向设定环境贴图。
- 【垂直旋转】：设定环境贴图垂直方向旋转的角度。
- 【垂直翻转】：在垂直方向反向设定环境贴图。
- 【反向伽玛值】：用来控制高动态范围贴图的亮度。

8.2.3 VR-边纹理

VR-边纹理贴图非常简单，其效果类似于 3ds Max 的边纹理材质。它和 3ds Max 的线框材质不同的是它是一种贴图，因此用户可以创建一些相当有趣的效果，其参数如图 8.14 所示。

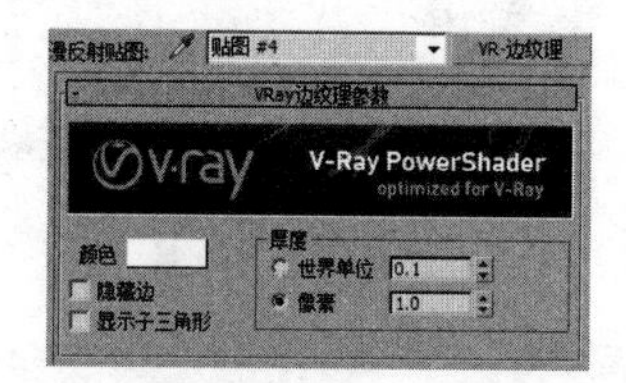

图 8.14

其主要参数的设置如下。

- 【颜色】：用于设置边的颜色。
- 【隐藏边】：选中此复选框，将渲染物体的所有边，否则仅渲染可见边。
- 【厚度】选项组：定义边线的厚度，使用世界单位或像素来定义。
  - 【世界单位】：以世界单位定义边的厚度。
  - 【像素】：以像素为单位定义边的厚度。

提示

对于使用 VRay 置换的物体来说，VR-边纹理显示的是原始表面的边，而不是完成置换后形成的最终边。

8.2.4 VR-合成纹理

VR-合成纹理是 VRay 渲染器提供的一种特殊的贴图类型，其主要作用是通过逻辑运算的方式对两幅贴图进行合成处理，以得到需要的特殊效果。此贴图用于移动物体的动画渲染时，可以大幅节约渲染时间，其参数如图 8.15 所示。

图 8.15

其主要参数的设置如下。

【源 A】：设置第一种源贴图，可以使用 VRay 渲染器支持的所有贴图类型。

【源 B】：设置第二种源贴图，可以使用 VRay 渲染器支持的所有贴图类型。

【运算符】：设置指定的两种源贴图进行复合的方式，系统一共提供了 7 种方法。

- 【相加（A+B）】：将两个贴图在每一个像素点进行相加混合，形成新的复合贴图。
- 【相减（A-B）】：将两个贴图在每一个像素点进行相减混合，形成新的复合贴图。
- 【差值（｜A-B｜）】：将两个贴图在每一个像素点进行相减，然后取其值的绝对值进行混合，形成新的复合贴图。
- 【相乘（A*B）】：将两个贴图在每一个像素点进行相乘混合，形成新的复合贴图。
- 【相除（A/B）】：将两个贴图在每一个像素点进行相除混合，形成新的复合贴图。
- 【最小化（最小{A，B}）】：取两个贴图中每个像素点的最小值来组成新的复合贴图。
- 【最大化（最大{A，B}）】：取两个贴图中每个像素点的最大值来组成新的复合贴图。

8.2.5 VR 污垢

VR 污垢贴图是一种用于模拟各种表面效果的纹理贴图类型，例如，使用它可以很逼真地表现物体裂缝周围的污垢或者产生环境遮挡通道等。

【VRay 污垢参数】卷展栏，如图 8.16 所示，其主要参数的设置如下。

- 【半径】：设置污垢效果半径。
- 【阻光颜色】：污垢区域的颜色。
- 【非阻光颜色】：非污垢区域的颜色。
- 【分布】：用于描述污垢效果的分布状况，0 表示均匀分布。
- 【衰减】：用于表现污垢的衰减效果。
- 【细分】；设置每个像素使用的样本数量，值越大，效果越平滑，渲染时间也越长。
- 【偏移（X、Y、Z）】：设置污垢效果在 X、Y、Z 轴向上的偏移距离。
- 【影响 Alpha】：当选中该复选框时，会影响通道效果。
- 【忽略全局照明】：此复选框默认是选中的，该选项决定是否让污垢效果参加全局照明计算。
- 【仅考虑同样的对象】：选中此复选框，污垢效果仅对场景中同样的对象起作用。
- 【反转法线】：可以沿法线反转污垢效果。

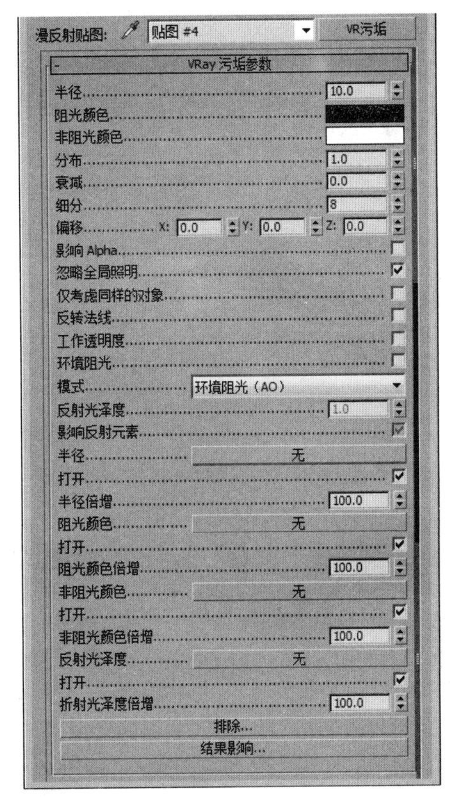

图 8.16

8.2.6 VR- 天空

VR- 天空贴图是 VRay 渲染器提供的一种专用贴图类型，与 VRay 太阳光联合使用，可以真实地再现太阳光和天空环境。根据规则，太阳光和天空环境的外观变化取决于 VRay 太阳光的方向。

【VRay 天空参数】卷展栏如图 8.17 所示，其主要参数的设置如下。

- 【指定太阳节点】：选中此复选框，可激活天空贴图。
- 【太阳光】：用于指定太阳节点的类型。

- 【太阳浊度】：设置太阳的浑浊度，即悬浮在大气中的固体和液体微粒对日光的吸收及散射程度。
- 【太阳臭氧】：描述大气层中臭氧层对太阳光的影响，取值范围为 0 ～ 1.0。
- 【太阳强度倍增】：设置日光强度的倍增系数。
- 【太阳大小倍增】：设置场景中日光源的大小倍增系数。

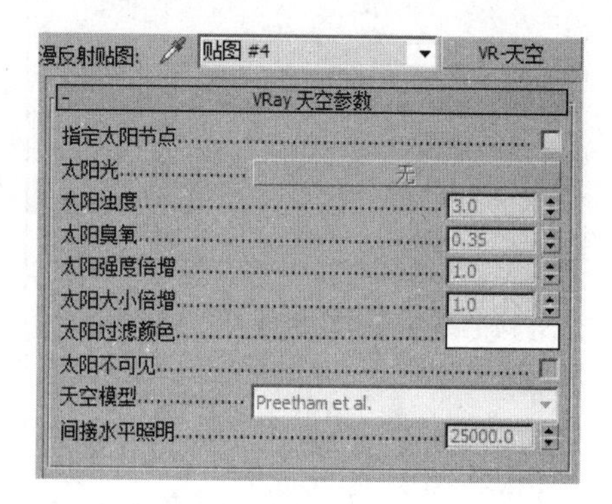

图 8.17

8.2.7 VR- 位图过滤器

VR- 位图过滤器对于使用外部程序（例如 ZBrush）创建的置换贴图是非常有用的，对于贴图的精确放置是非常重要的。VR- 位图过滤器通过对位图像素进行内插值计算产生一个光滑的贴图，但是却不会应用任何附加的模糊或平滑。这对于 3ds Max 默认的纹理贴图来说是不可能的。其参数如图 8.18 所示。

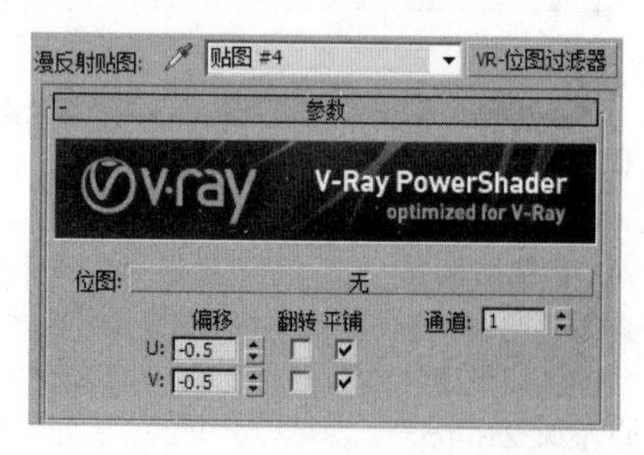

图 8.18

其主要参数的设置如下。

- 【位图】：指定位图文件，可以是 3ds Max 支持的任何文件格式。
- U 向偏移：允许用户沿 U 向更精确地放置位图，其值以位图像素为单位。
- V 向偏移：允许用户沿 V 向更精确地放置位图，其值以位图像素为单位。
- 翻转 U 向：水平方向翻转位图。
- 翻转 V 向：垂直方向翻转位图。
- 【通道】：设置从哪一个 UV 坐标获得贴图通道。

8.2.8 VR- 颜色

VR- 颜色贴图可以用来设定任何颜色，【VRay 颜色参数】卷展栏如图 8.19 所示。

图 8.19

其主要参数的设置如下。

- 【红】：红色通道的数值。
- 【绿】：绿色通道的数值。
- 【蓝】：蓝色通道的数值。
- 【RGB 倍增】：控制红、绿、蓝通道的倍增。
- 【Alpha】：Alpha 通道的数值。
- 【颜色】：显示当前的颜色。

8.3 课堂实例

下面将通过实例来讲解本章的主要知识点，以便大家巩固。

8.3.1 玩具

本案例将讲解如何为玩具添加材质，最终渲染完成后的效果如图 8.20 所示。

图 8.20

01 启动软件后，打开配套资源中的玩具 .max 文件，如图 8.21 所示。

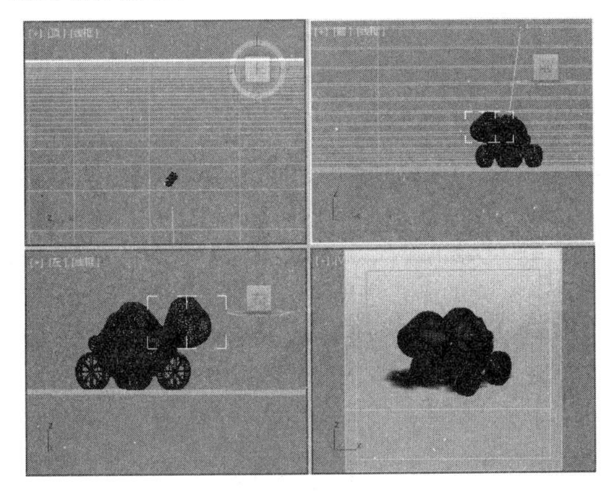

图 8.21

02 按 M 键，打开【材质编辑器】对话框，选择一个新的样本球，单击名称后面的材质球类型按钮，在弹出的【材质 / 贴图浏览器】对话框中，选择 VRayMtl 选项，并单击【确定】按钮，如图 8.22 所示。

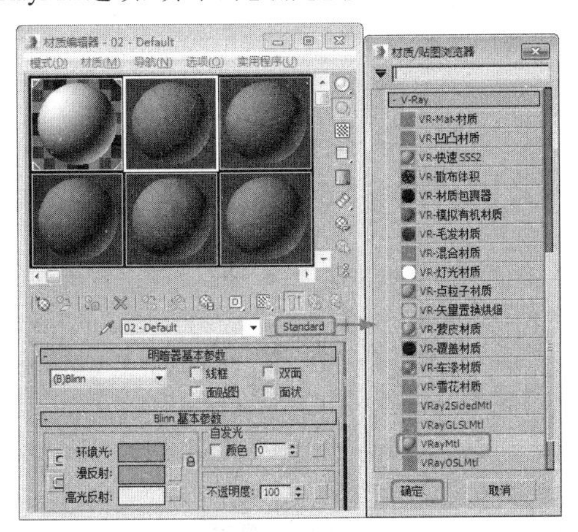

图 8.22

03 在【基本参数】卷展栏中将【漫反射】的颜色数值设为 49,168,64，【反射】的颜色数值设为 119,119,119，【反射光泽度】设为 0.95，【细分】设为 18，如图 8.23 所示。

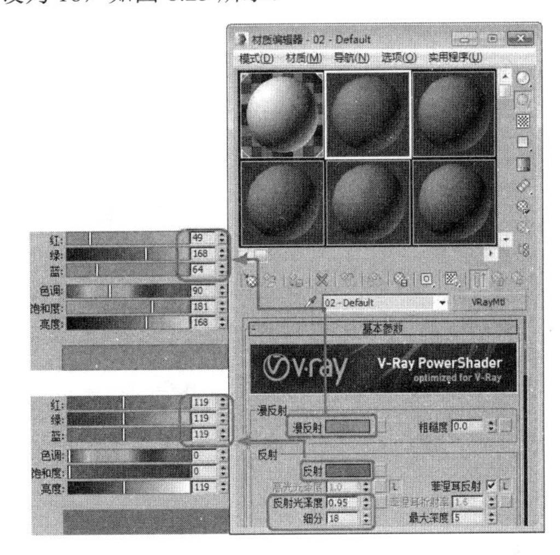

图 8.23

04 单击【背景】按钮，将制作好的材质指定给 archmodels69_014_11 对象，如图 8.24 所示。

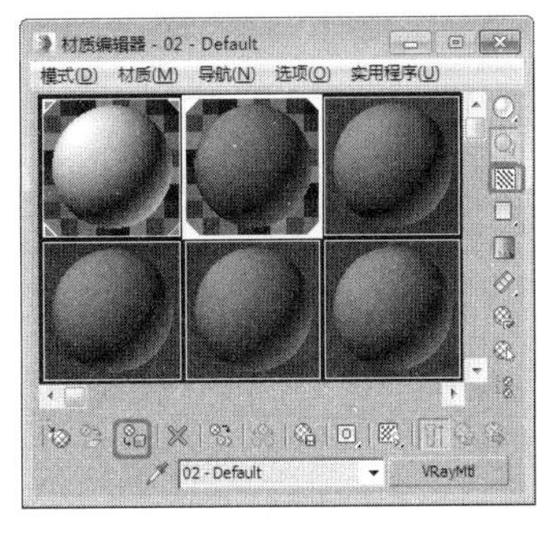

图 8.24

05 继续选择一个空的样本球，单击名称后面的材质球类型按钮，在弹出的【材质 / 贴图浏览器】对话框中，选择 VRayMtl 选项，并单击【确定】按钮，如图 8.25 所示。

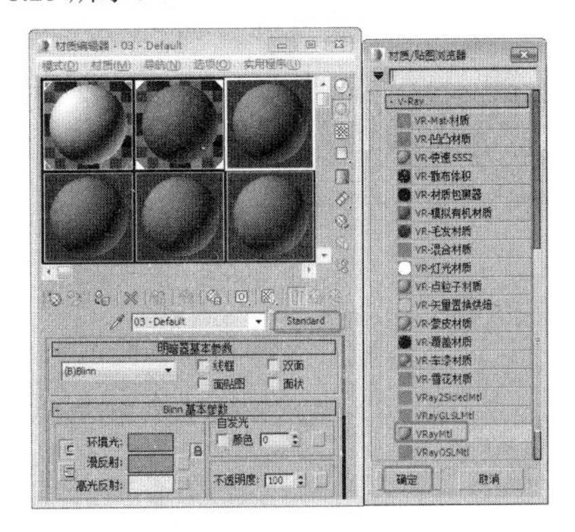

图 8.25

06 在【基本参数】卷展栏中将【漫反射】的颜色数值设为255,192,0，将【反射】的颜色数值设为94,94,94，【反射光泽度】设为0.8，【细分】设为20，如图8.26所示。

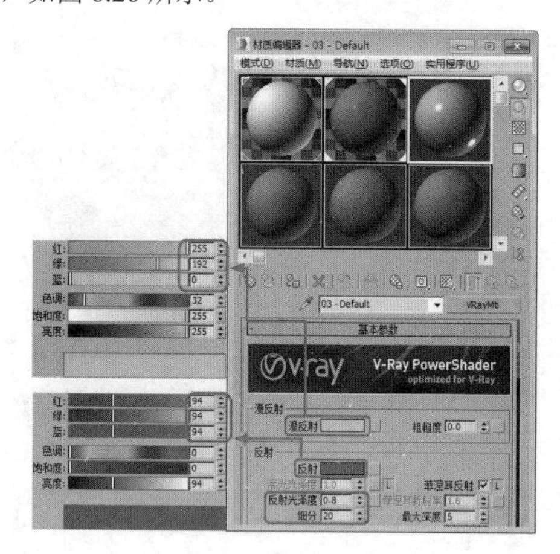

图 8.26

07 单击【背景】按钮，将制作好的材质指定给archmodels69_014_04、archmodels69_014_06、archmodels69_014_07和archmodels69_014_10对象，如图8.27所示。

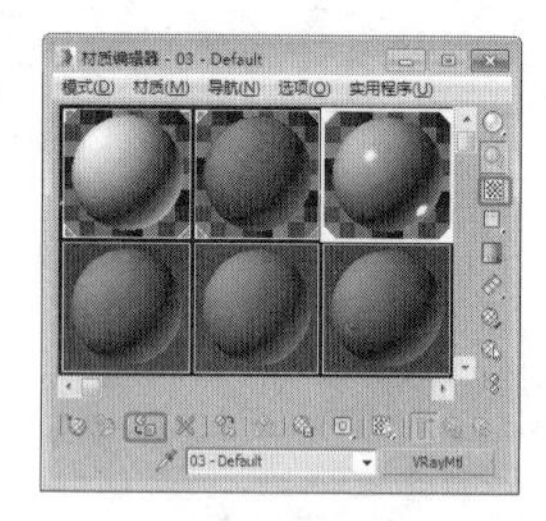

图 8.27

08 选择一个空的样本球，单击名称后面的材质球类型按钮，在弹出的【材质/贴图浏览器】对话框中，选择VRayMtl选项，并单击【确定】按钮，如图8.28所示。

图 8.28

09 在【基本参数】卷展栏的【反射】选项组中，将【反射】的颜色数值设置为148,148,148，将【反射光泽度】设置为0.9，【细分】设置为18，单击【菲涅耳反射】右侧的按钮L，将【菲涅耳折射率】设置为2，将【最大深度】设置为5，如图8.29所示。

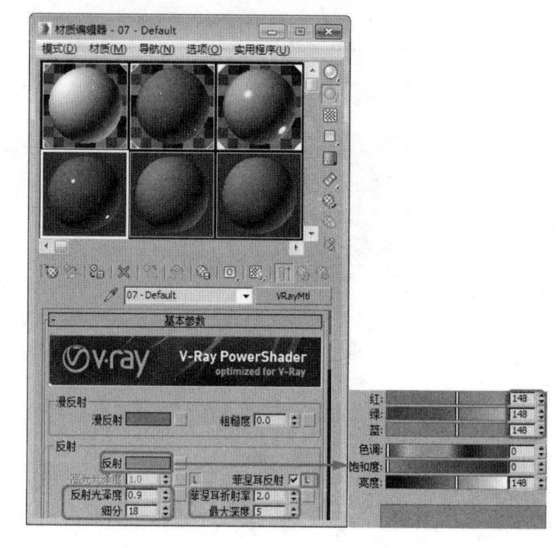

图 8.29

10 展开【贴图】卷展栏，单击【漫反射】右侧的【无】按钮，弹出【材质/贴图浏览器】对话框，选择【位图】贴图，单击【确定】按钮，在弹出的【选择位图图像文件】对话框中选择配套资源中的MAP/ archmodels69_014_diff_01.jpg文件，并单击【打开】按钮，打开后的效果如图8.30所示。

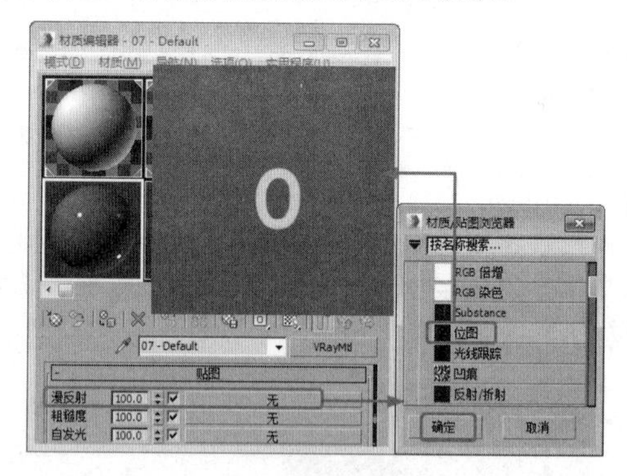

图 8.30

11 在【坐标】卷展栏中保持默认设置，单击【转到父对象】按钮，返回到【贴图】卷展栏中，将【凹凸】右侧的【数量】设置为20，将【漫反射】右侧的贴图拖放至【凹凸】右侧的【无】按钮上，弹出【复制（实例）贴图】对话框，选中【复制】单选按钮，单击【确定】按钮，如图8.31所示。

12 单击【背景】按钮和【视口中显示明暗处理材质】按钮，将制作好的材质指定给archmodels69_014_09对象，如图8.32所示。

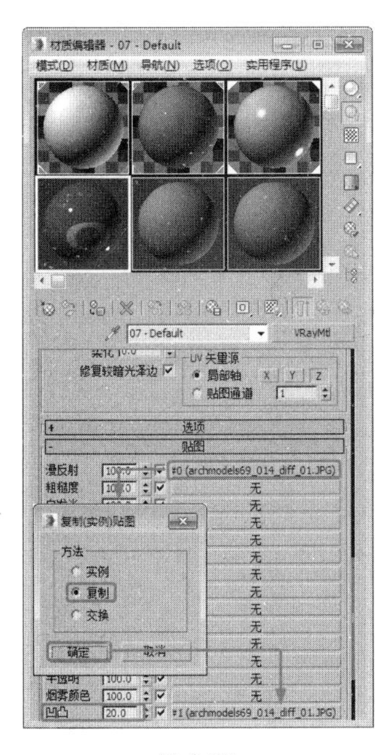

图 8.31

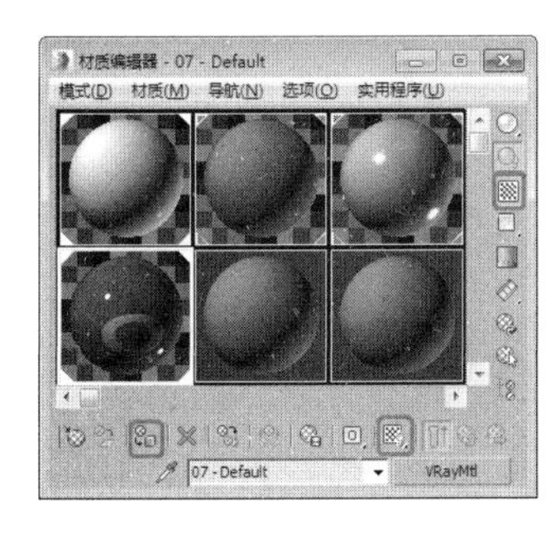

图 8.32

13 选择一个空的样本球，单击名称后面的材质球类型按钮，在弹出的【材质 / 贴图浏览器】对话框中，选择 VRayMtl 选项，并单击【确定】按钮，如图 8.33 所示。

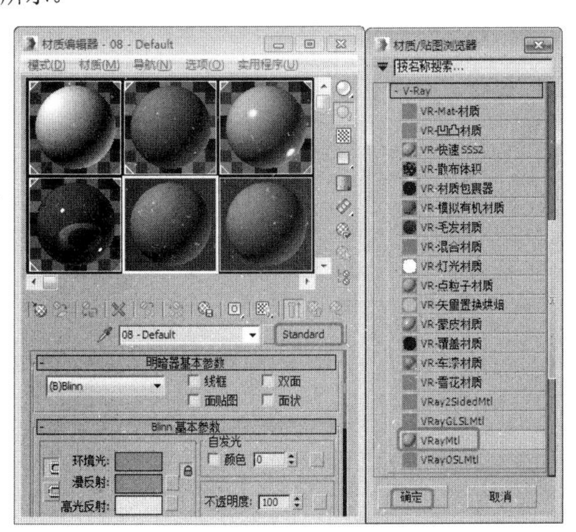

图 8.33

14 在【基本参数】卷展栏的【漫反射】选项组中，将【漫反射】的颜色数值设置为 27,27,27，【反射】选项组中，将【反射】的颜色数值设置为 186,186,186，将【反射光泽度】设置为 0.9，单击【菲涅耳反射】右侧的按钮 L，将【菲涅耳折射率】设置为 18，如图 8.34 所示。

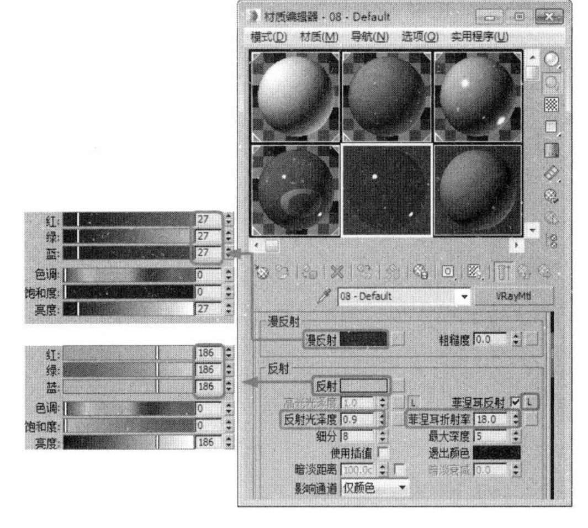

图 8.34

15 展开【双向反射分布函数】卷展栏，将【各向异性（-1..1）】参数设置为 0.4，单击【背景】按钮，将制作好的材质指定给 archmodels69_014_05 和 archmodels69_014_08，如图 8.35 所示。

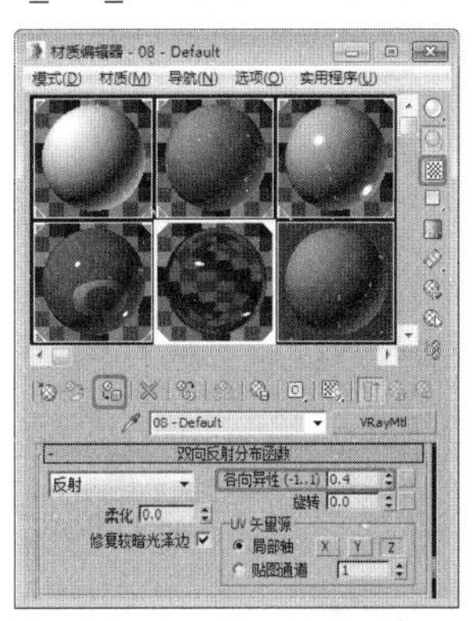

图 8.35

16 选择一个空的样本球，单击名称后面的材质球类型按钮，在弹出的【材质 / 贴图浏览器】对话框中，选择 VRayMtl 选项，并单击【确定】按钮，如图 8.36 所示。

17 在【基本参数】卷展栏的【漫反射】选项组中，将【漫反射】的颜色设置为 92,168,29，【反射】选项组中，将【反射】的颜色设置为 37,37,37，将【反射光泽度】设置为 0.92，【细分】设置为 18，单击【菲涅耳反射】右侧的按钮 L，将【菲涅耳折射率】设置为 2.6，如图 8.37 所示。

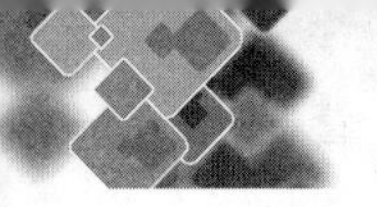

图 8.36

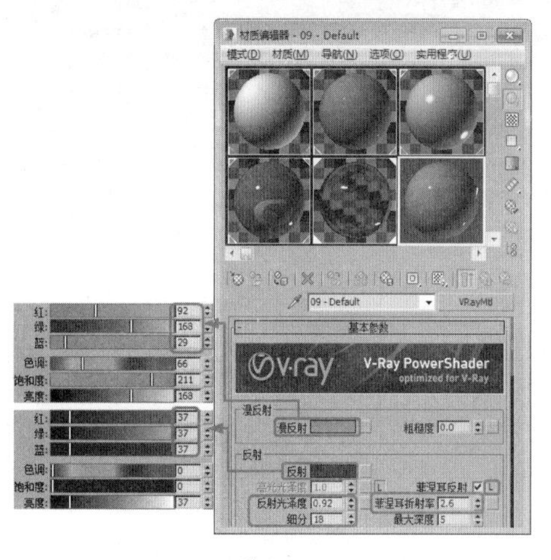

图 8.37

18 展开【贴图】卷展栏，单击【漫反射】右侧的【无】按钮，弹出【材质 / 贴图浏览器】对话框，选择【位图】贴图，单击【确定】按钮，在弹出的【选择位图图像文件】对话框中选择配套资源中的 MAP/ archmodels69_014_diff_face.jpg 文件，并单击【打开】按钮，打开后的效果如图 8.38 所示。

图 8.38

19 在【坐标】卷展栏中保持默认设置，单击【转到父对象】按钮，返回到【贴图】卷展栏中，将【漫反射】右侧的贴图拖放至【凹凸】右侧的【无】按钮上，弹出【复制（实例）贴图】对话框，选中【复制】单选按钮，单击【确定】按钮，如图 8.39 所示。

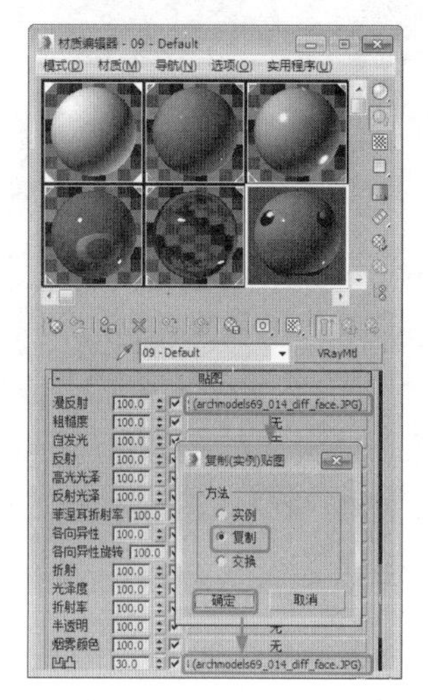

图 8.39

20 选择 archmodels69_014_03 对象，单击【将材质指定给选定对象】按钮和【视口中显示明暗处理材质】按钮，如图 8.40 所示。

图 8.40

21 选择一个空的样本球，单击名称后面的材质球类型按钮，在弹出的【材质 / 贴图浏览器】对话框中，选择 VRayMtl 选项，并单击【确定】按钮，如图 8.41 所示。

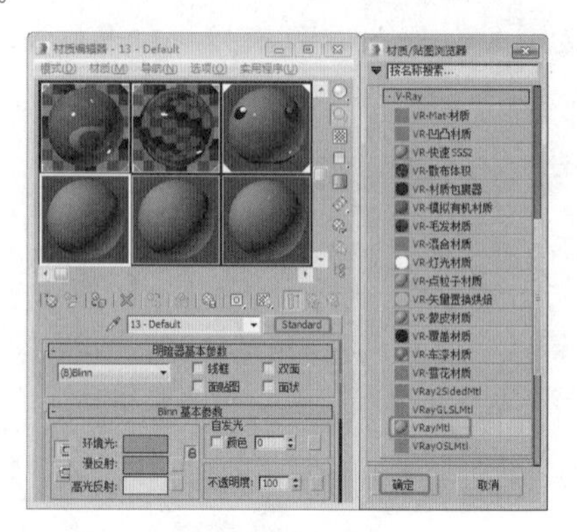

图 8.41

22 在【基本参数】卷展栏的【反射】选项组中，将【反射】的颜色设置为148,148,148，将【反射光泽度】设置为0.9，【细分】设置为18，单击【菲涅耳反射】右侧的按钮L，将【菲涅耳折射率】设置为2，如图8.42所示。

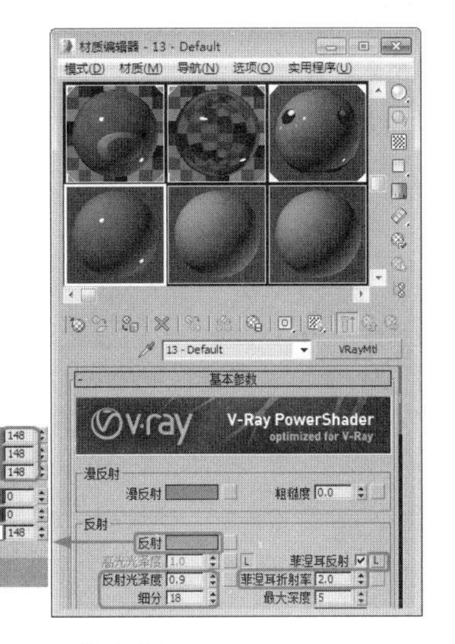

图 8.42

23 展开【贴图】卷展栏，单击【漫反射】右侧的【无】按钮，弹出【材质 / 贴图浏览器】对话框，选择【位图】贴图，单击【确定】按钮，在弹出的【选择位图图像文件】对话框中选择配套资源中的MAP/ archmodels69_014_diff_02.jpg文件，并单击【打开】按钮，打开后的效果如图8.43所示。

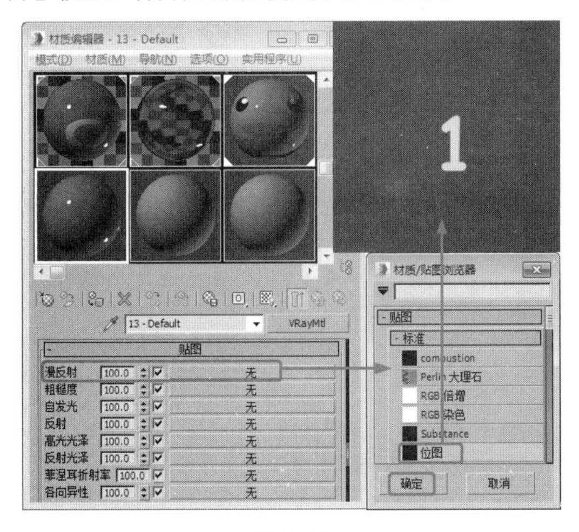

图 8.43

24 在【坐标】卷展栏中保持默认设置，单击【转到父对象】按钮，返回到【贴图】卷展栏中，将【凹凸】的参数设置为20，将【漫反射】右侧的贴图拖放至【凹凸】右侧的【无】按钮上，弹出【复制（实例）贴图】对话框，选中【复制】单选按钮，单击【确定】按钮，单击【背景】按钮，如图8.44所示。

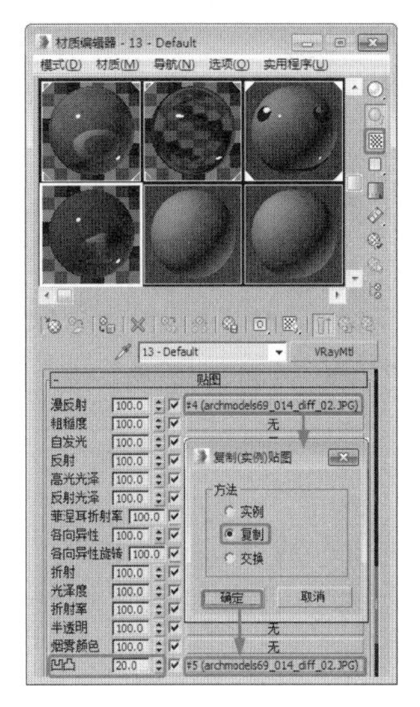

图 8.44

25 选择archmodels69_014_02对象，单击【将材质指定给选定对象】按钮和【视口中显示明暗处理材质】按钮，如图8.45所示。

图 8.45

26 将刚制作好的材质球拖曳至新的材质样本球上，展开【贴图】卷展栏，将【漫反射】和【凹凸】的贴图均更改为archmodels69_014_diff_03.jpg，如图8.46所示。

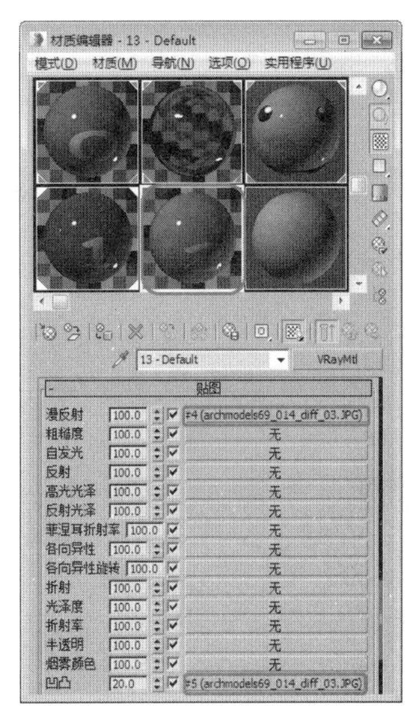

图 8.46

27 将【名称】更改为14 – Default，将材质指定给archmodels69_014_01对象，如图8.47所示。

图 8.47

28 选择一个空的样本球，单击名称后面的材质球类型按钮，在弹出的【材质 / 贴图浏览器】对话框中，选择VRayMtl选项，并单击【确定】按钮，如图8.48所示。

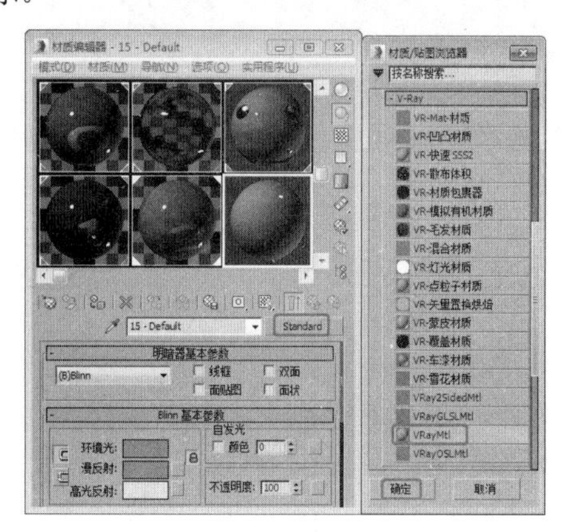

图 8.48

29 在【基本参数】卷展栏的【漫反射】选项组中，将【漫反射】的颜色设置为0,79,153，将【反射】选项组中的【反射】的颜色设置为104,104,104，将【反射光泽度】设置为0.9，将【细分】设置为16，单击【菲涅耳反射】右侧的按钮L，将【菲涅耳折射率】设置为2，如图8.49所示。

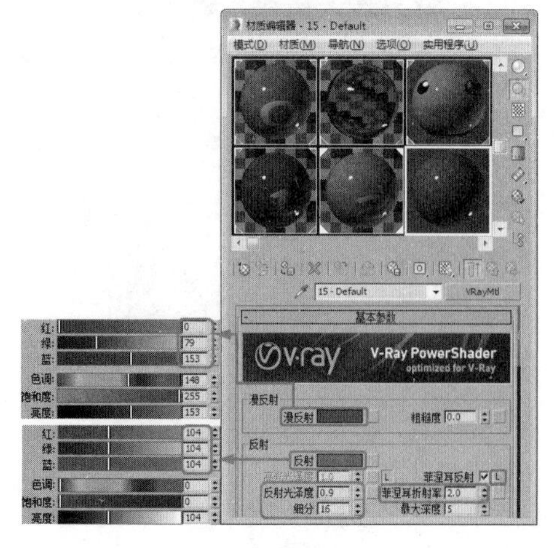

图 8.49

30 单击【背景】按钮，选择archmodels69_014_12对象，单击【将材质指定给选定对象】按钮，如图8.50所示。

图 8.50

8.3.2 摆件

本小节将讲解如何为摆件添加材质，渲染完成后的效果如图8.51所示。

图 8.51

01 启动软件后，打开配套资源中的Cha08/摆件.max文件，如图8.52所示。

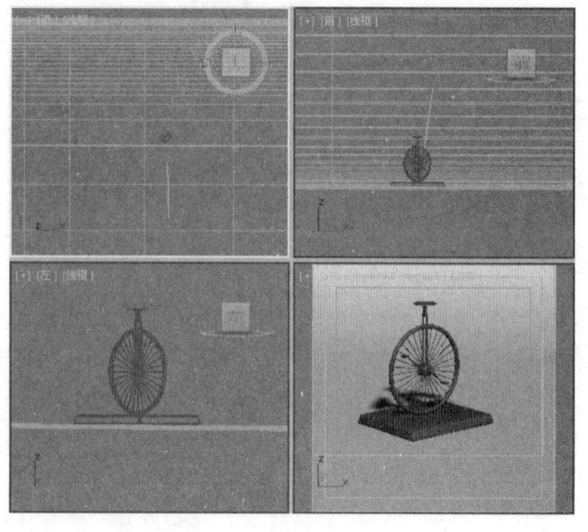

图 8.52

02 按 M 键打开【材质编辑器】，选择一个新的样本球，然后单击名称后面的按钮，在弹出的【材质 / 贴图浏览器】对话框中选择 VRayMtl 选项，并单击【确定】按钮，如图 8.53 所示。

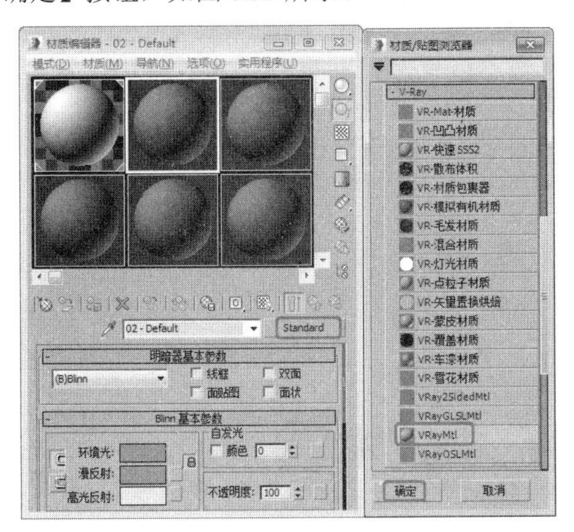

图 8.53

03 在【基本参数】卷展栏中将【反射】的颜色数值设为 25,25,25，单击【高光光泽度】右侧的按钮L，将【高光光泽度】设置为 0.65，【反射光泽度】设为 0.7，【细分】设置为 14，取消选中【菲涅耳反射】复选框，如图 8.54 所示。

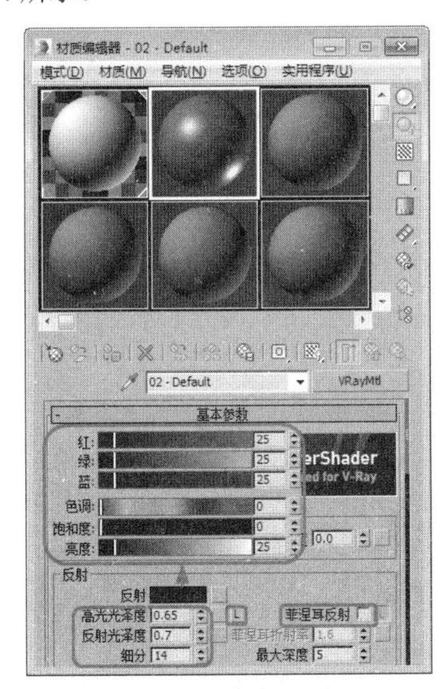

图 8.54

04 展开【双向反射分布函数】卷展栏，取消选中【修复较暗光泽边】复选框，如图 8.55 所示。

05 展开【贴图】卷展栏，将【凹凸】的数量设置为 40，单击右侧的【无】按钮，弹出【材质 / 贴图浏览器】对话框，选择【位图】贴图，单击【确定】按钮，在弹出的【选择位图图像文件】对话框中选择配套资源中的 MAP/ arch40_080_01.jpg 文件，并单击【打开】按钮，打开的效果如图 8.56 所示。

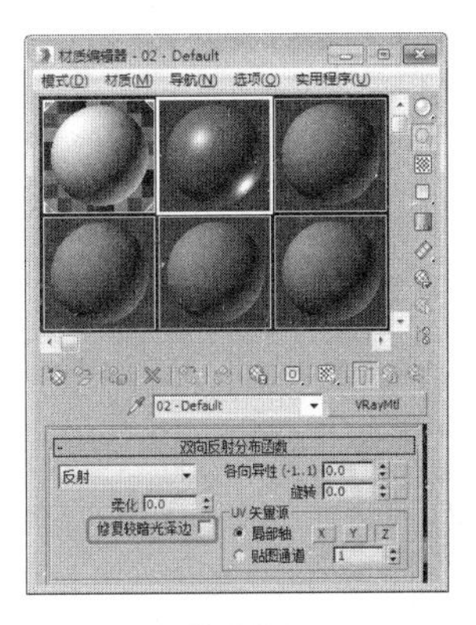

图 8.55

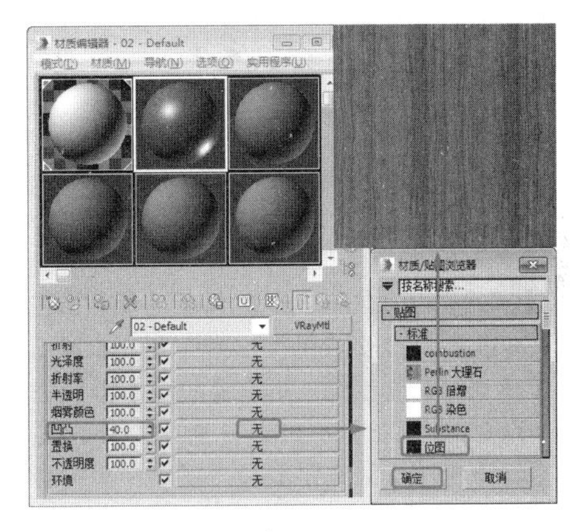

图 8.56

06 在【坐标】卷展栏中将【瓷砖】的 U、V 分别设置为 0.3、5.0，将【模糊】设置为 0.5，在【位图参数】卷展栏中，选中【过滤】下方的【总面积】单选按钮，单击【转到父对象】按钮，如图 8.57 所示。

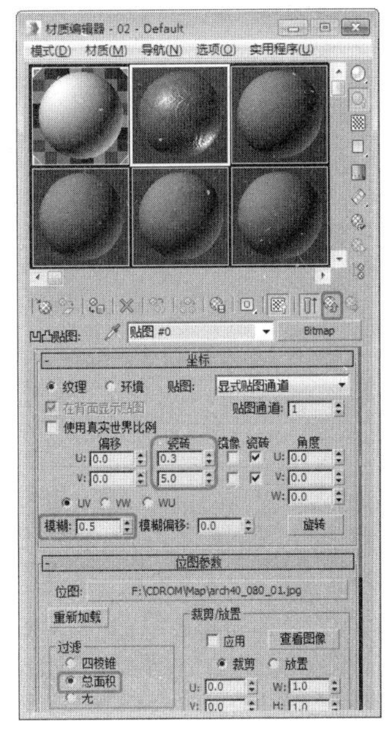

图 8.57

07 展开【选项】卷展栏，将【中止】设置为0.01，取消选中【雾系统单位比例】复选框，单击【背景】按钮，如图8.58所示。

图 8.58

08 将【凹凸】右侧的贴图复制到【漫反射】右侧的【无】按钮上，弹出【复制（实例）贴图】对话框，选中【复制】单选按钮，单击【确定】按钮，选择arch40_080_10和arch40_080_11对象，单击【将材质指定给选定对象】按钮和【视口中显示明暗处理材质】按钮，如图8.59所示。

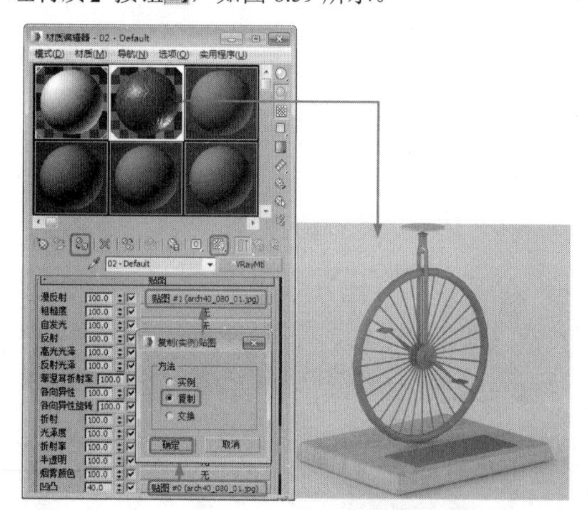

图 8.59

09 选择一个新的样本球，然后单击名称后面的按钮，在弹出的【材质/贴图浏览器】对话框中选择VRayMtl选项，并单击【确定】按钮，如图8.60所示。

10 在【基本参数】卷展栏中将【漫反射】的颜色数值设置为18,8,0，将【反射】的颜色数值设为5,5,5，单击【高光光泽度】右侧的按钮L，将【高光光泽度】设置为0.65，将【反射光泽度】设为0.8，将【细分】设置为12，取消选中【菲涅耳反射】复选框，如图8.61所示。

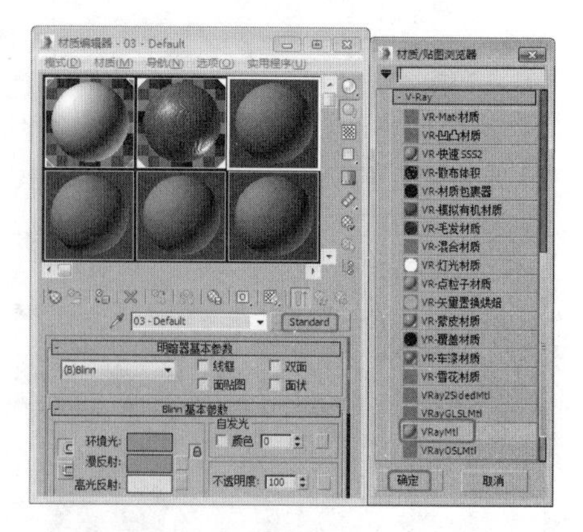

图 8.60

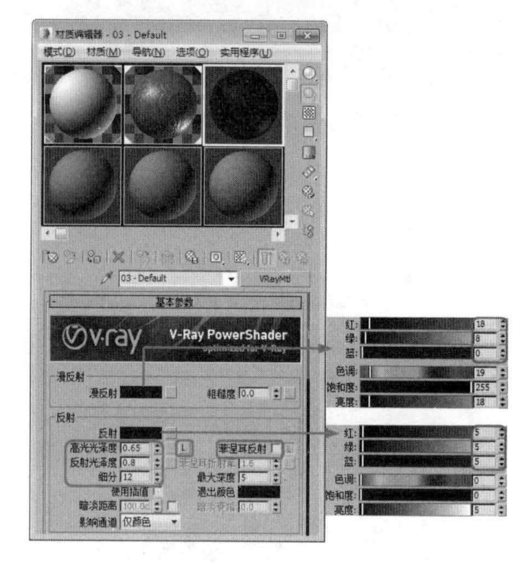

图 8.61

11 展开【双向反射分布函数】卷展栏，取消选中【修复较暗光泽边】复选框，展开【选项】卷展栏，将【中止】参数设置为0.01，取消选中【雾系统单位比例】复选框，如图8.62所示。

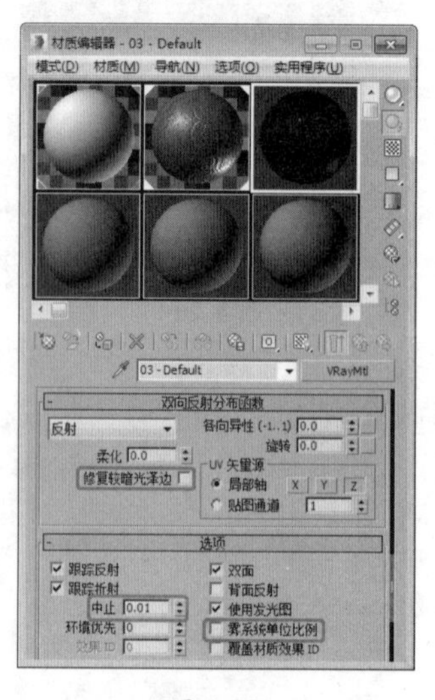

图 8.62

12 展开【贴图】卷展栏，将【反射】设置为 20，单击【无】按钮，弹出【材质 / 贴图浏览器】对话框，选择【噪波】贴图，单击【确定】按钮，如图 8.63 所示。

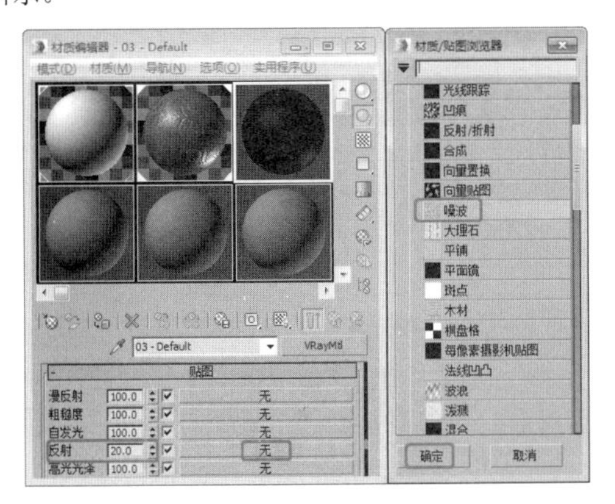

图 8.63

13 在【坐标】卷展栏中，将【源】设置为【显式贴图通道】，将【瓷砖】下方的 V 设置为 3，展开【噪波参数】卷展栏，将【噪波】类型设置为【分形】，将【大小】设置为 0.15，将【噪波阈值】的【高】、【低】、【级别】、【相位】分别设置为 0.8、0.3、6、0，如图 8.64 所示。

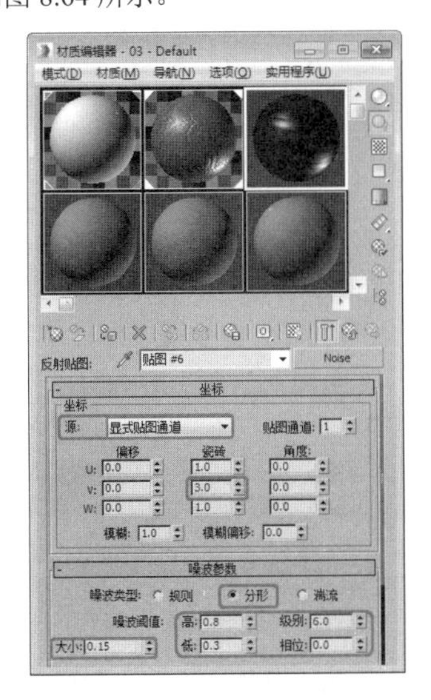

图 8.64

14 单击【转到父对象】按钮，按 H 键，弹出【选择对象】对话框，选择 arch40_080_02、arch40_080_04、arch40_080_05、arch40_080_07、arch40_080_08、arch40_080_09 和 arch40_080_14 对象，单击【选择】按钮，如图 8.65 所示。

15 单击【材质编辑器】对话框中的【背景】按钮、【将材质指定给选定对象】按钮和【视口中显示明暗处理材质】按钮，如图 8.66 所示。

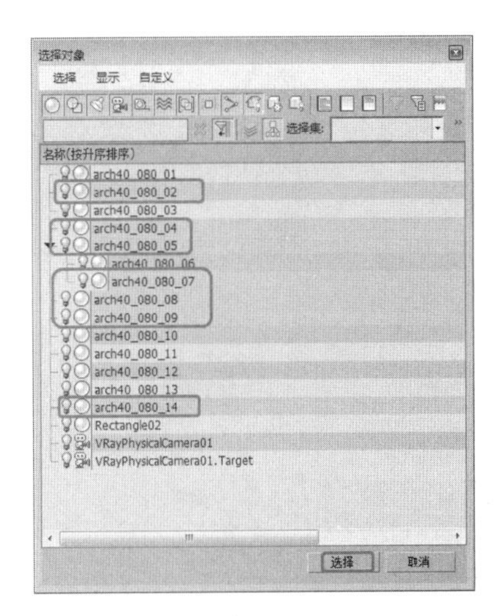

图 8.65

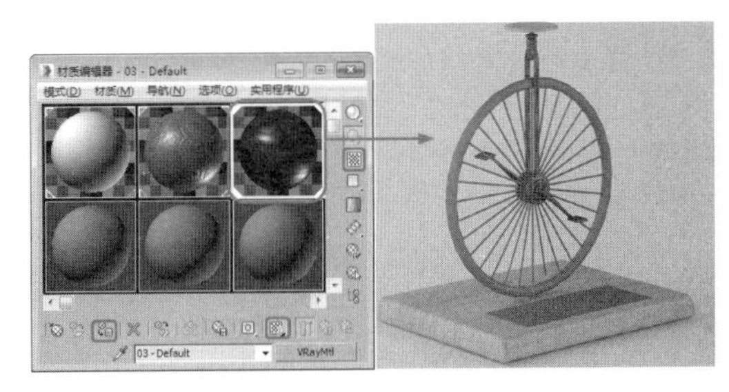

图 8.66

16 选择一个新的样本球，然后单击名称后面的按钮，在弹出的【材质 / 贴图浏览器】对话框中选择 VRayMtl 选项，并单击【确定】按钮，如图 8.67 所示。

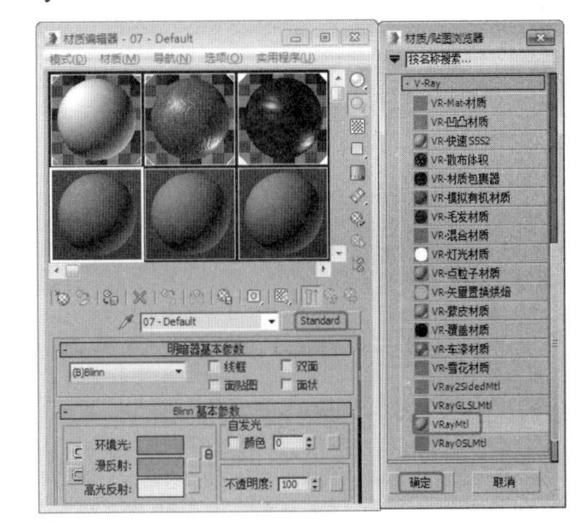

图 8.67

17 在【基本参数】卷展栏中将【漫反射】的颜色数值设置为 179,154,116，将【反射】的颜色数值设为 10,10,10，单击【高光光泽度】右侧的按钮L，将【高光光泽度】设置为 0.65，【反射光泽度】设为 0.8，【细分】设置为 12，取消选中【菲涅耳反射】复选框，如图 8.68 所示。

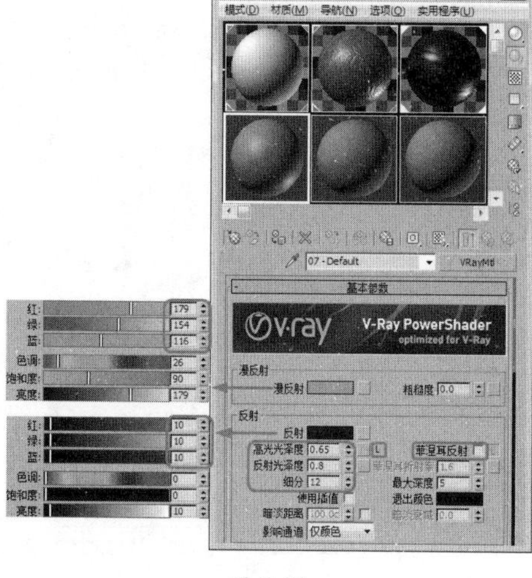

图 8.68

18 展开【双向反射分布函数】卷展栏，取消选中【修复较暗光泽边】复选框，展开【选项】卷展栏，将【中止】参数设置为0.01，取消选中【雾系统单位比例】复选框，如图 8.69 所示。

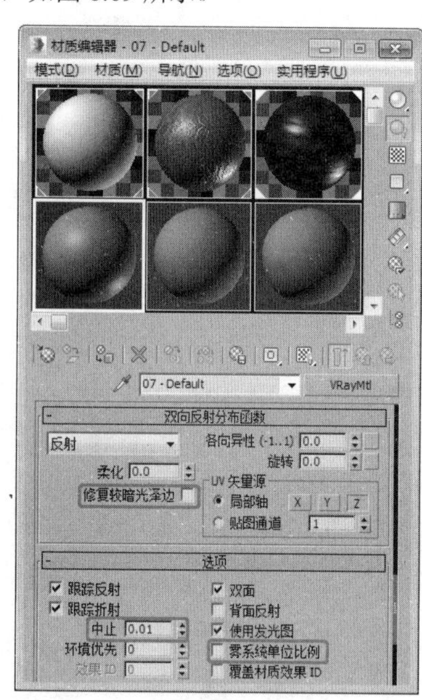

图 8.69

19 单击【漫反射】右侧的【无】按钮，弹出【材质/贴图浏览器】对话框，选择【位图】贴图，单击【确定】按钮，在弹出的【选择位图图像文件】对话框中选择配套资源中的MAP/arch40_080_03.jpg文件，并单击【打开】按钮，打开后的效果如图 8.70 所示。

20 在【坐标】卷展栏中，将【瓷砖】的U、V设分别置为20、7，【角度】的W设置为90，【模糊】设置为0.3，展开【位图参数】卷展栏，选中【过滤】选项组中的【总面积】单选按钮，如图 8.71 所示。

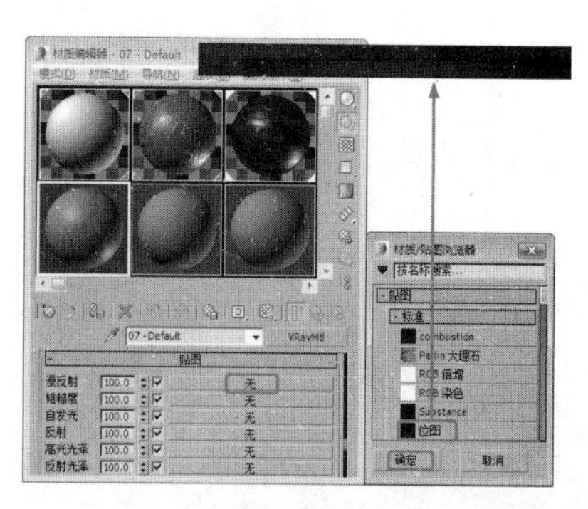

图 8.70

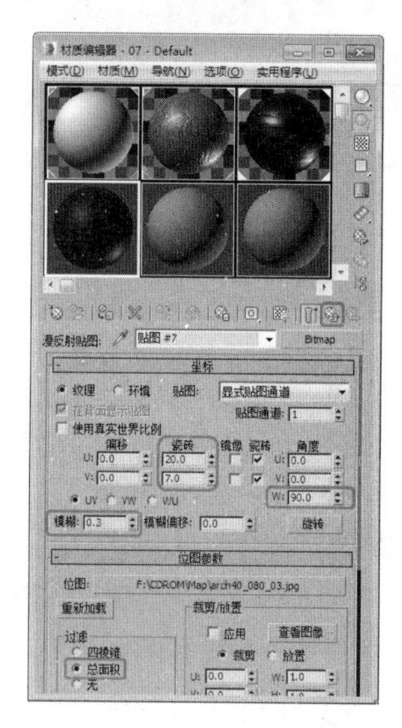

图 8.71

21 单击【转到父对象】按钮，返回到【贴图】卷展栏中，将【漫反射】右侧的贴图拖放至【凹凸】右侧的【无】按钮上，弹出【复制（实例）贴图】对话框，选中【复制】单选按钮，单击【确定】按钮，如图 8.72 所示。

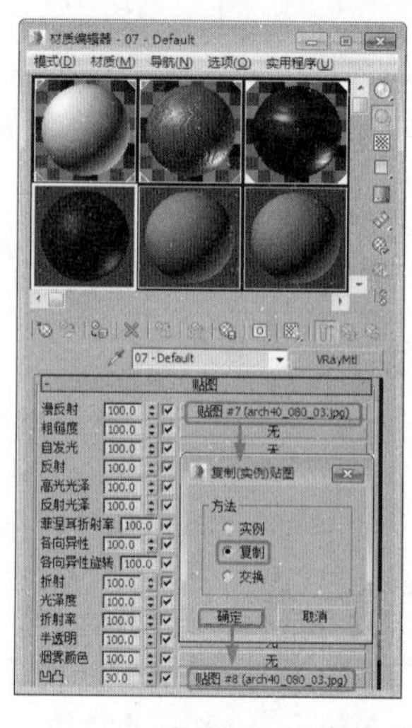

图 8.72

22 将【反射】设置为10，单击右侧的【无】按钮，弹出【材质/贴图浏览器】对话框，选择【位图】贴图，单击【确定】按钮，在弹出的【选择位图图像文件】对话框中选择配套资源中的MAP/arch40_080_03_displ.jpg文件，并单击【打开】按钮，打开后的选项如图8.73所示。

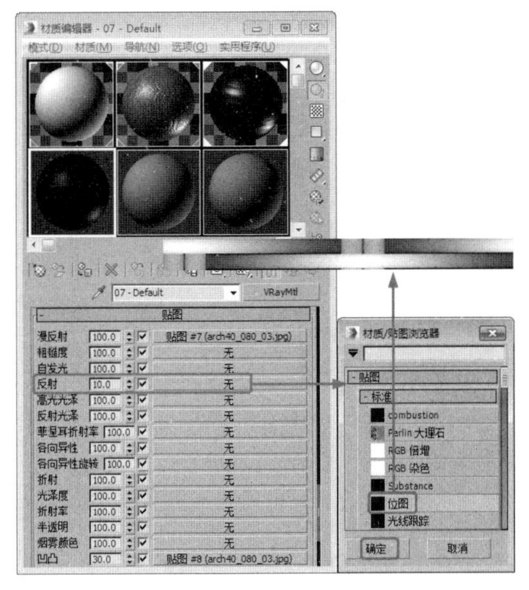

图 8.73

23 在【坐标】卷展栏中，将【瓷砖】的U、V分别设置为20、7，【角度】设置为90，【模糊】设置为0.1，展开【位图参数】卷展栏，选中【过滤】选项组的【总面积】单选按钮，如图8.74所示。

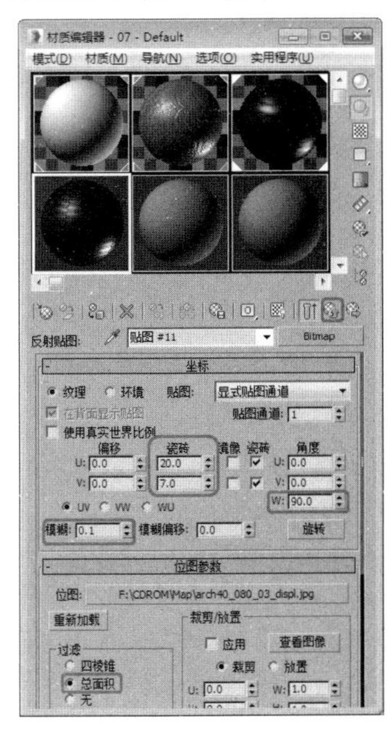

图 8.74

24 将【反射】右侧的贴图拖曳至【反射光泽】右侧的【无】按钮上，弹出【复制（实例）贴图】对话框，选中【复制】单选按钮，单击【确定】按钮，如图8.75所示。

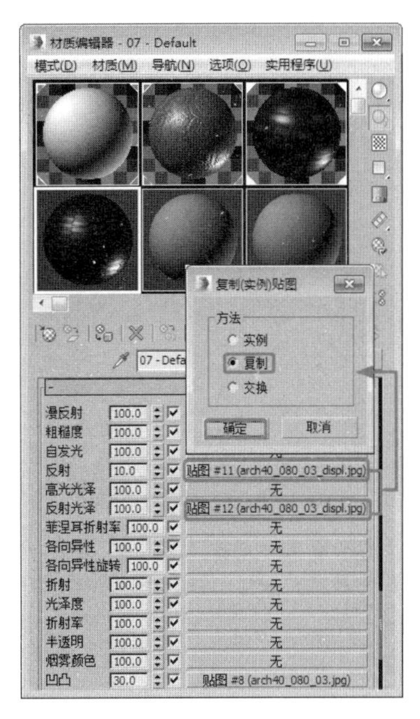

图 8.75

25 选择arch40_080_01对象，单击【材质编辑器】对话框中的【背景】按钮、【将材质指定给选定对象】按钮和【视口中显示明暗处理材质】按钮，如图8.76所示。

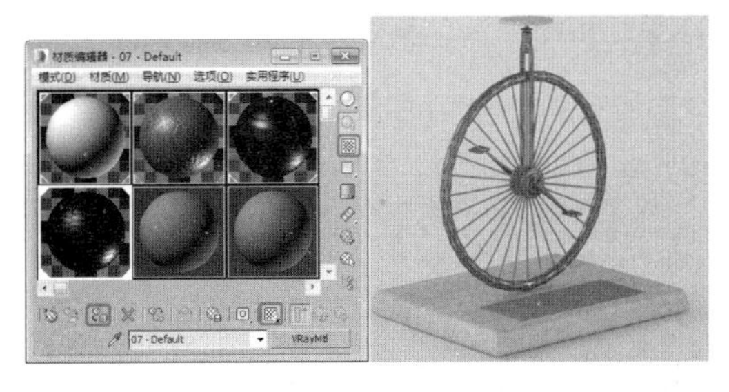

图 8.76

26 选择一个新的材质样本球，单击右侧的Standard按钮，弹出【材质/贴图浏览器】对话框，选择【多维/子对象】贴图，单击【确定】按钮，弹出【替换材质】对话框，选中【丢弃旧材质？】单选按钮，单击【确定】按钮，如图8.77所示。

27 在【多维/子对象基本参数】卷展栏中单击【设置数量】按钮，弹出【设置材质数量】对话框，将【材质数量】设置为2，单击【确定】按钮，如图8.78所示。

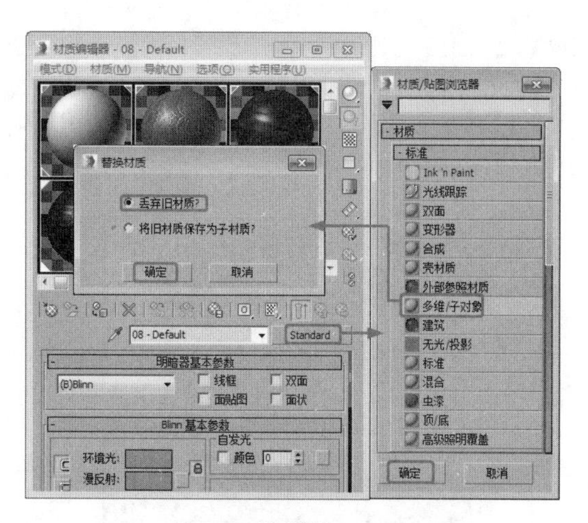

图 8.77

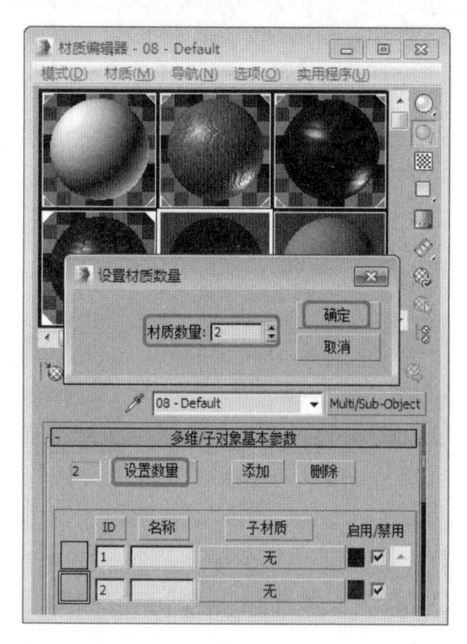

图 8.78

28 单击 ID1 右侧的【无】按钮，弹出【材质 / 贴图浏览器】对话框，选择 VRayMtl 贴图，单击【确定】按钮，如图 8.79 所示。

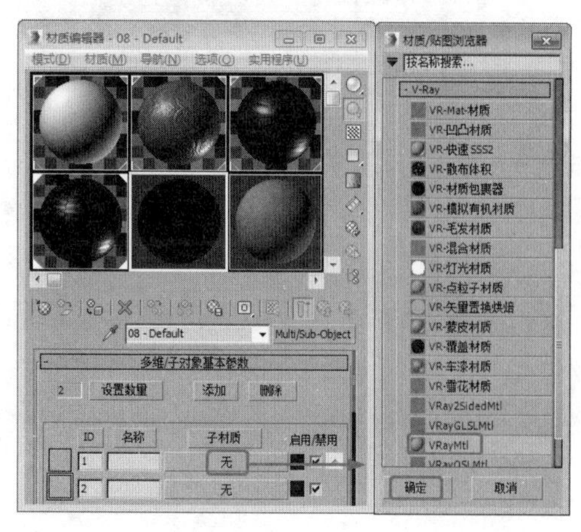

图 8.79

29 在【基本参数】卷展栏中将【反射】的颜色数值设置为 102,87,54，【反射光泽度】设置为 0.8，【细分】设置为 7，取消选中【菲涅耳反射】复选框，如图 8.80 所示。

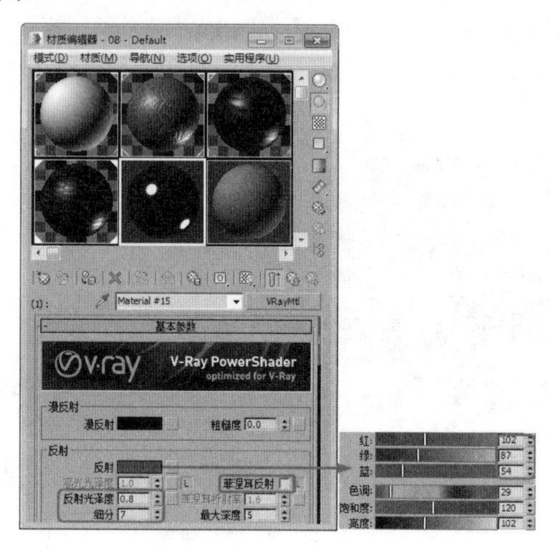

图 8.80

30 在【双向反射分布函数】卷展栏中，取消选中【修复较暗光泽边】复选框，展开【选项】卷展栏，将【中止】设置为 0.01，取消选中【雾系统单位比例】复选框，单击【转到父对象】按钮，如图 8.81 所示。

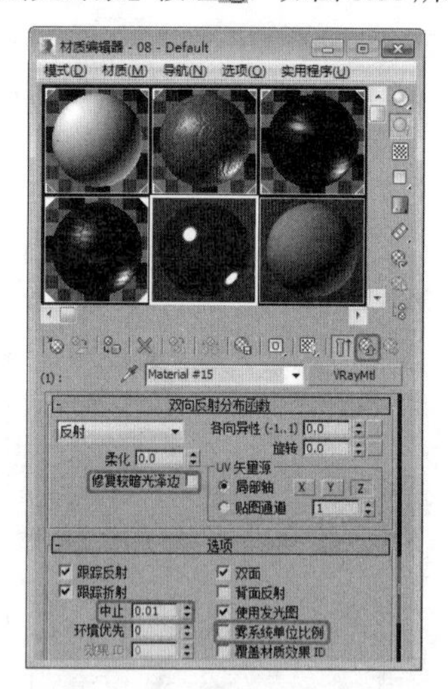

图 8.81

31 单击 ID2 右侧的【无】按钮，弹出【材质 / 贴图浏览器】对话框，选择 VRayMtl 贴图，单击【确定】按钮，如图 8.82 所示。

32 在【基本参数】卷展栏中，将【漫反射】右侧的颜色数值设置为 18,8,0，将【反射】的颜色数值设置为 5,5,5，单击右侧的L按钮，将【高光光泽度】设置为 0.65，将【反射光泽度】设置为 0.8，【细分】设置为 12，取消选中【菲涅耳反射】复选框，如图 8.83 所示。

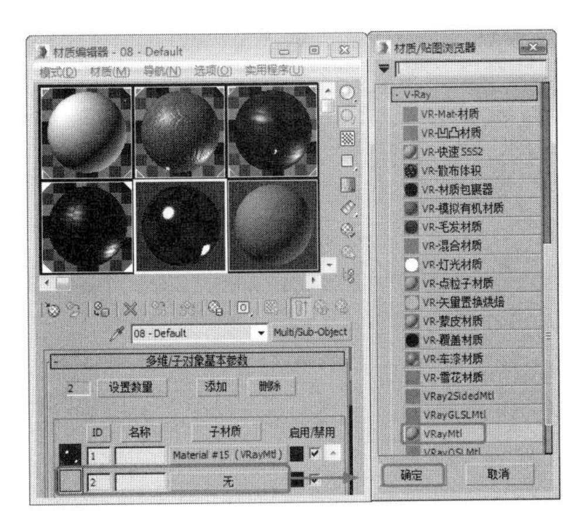

图 8.82

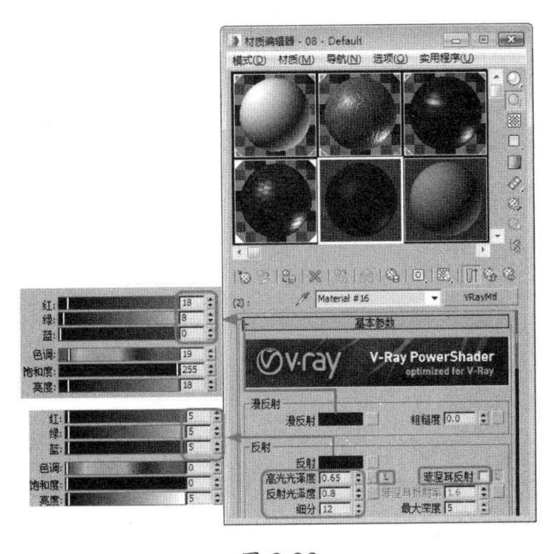

图 8.83

33 在【双向反射分布函数】卷展栏中，取消选中【修复较暗光泽边】复选框，展开【选项】卷展栏，将【中止】设置为0.01，取消选中【雾系统单位比例】复选框，如图 8.84 所示。

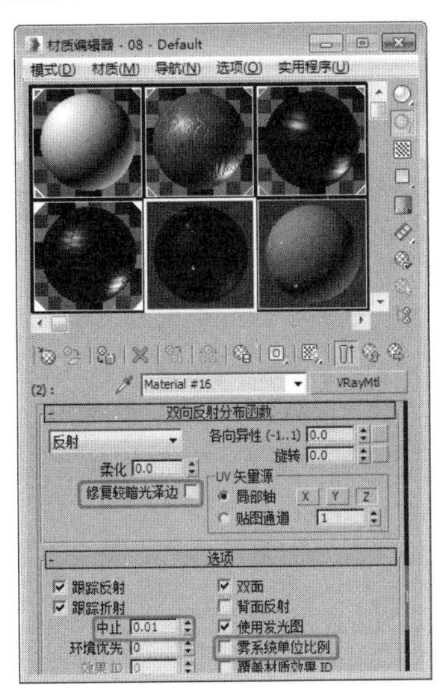

图 8.84

34 展开【贴图】卷展栏，将【反射】设置为 20，单击右侧的【无】按钮，弹出【材质 / 贴图浏览器】对话框，选择【噪波】贴图，单击【确定】按钮，如图 8.85 所示。

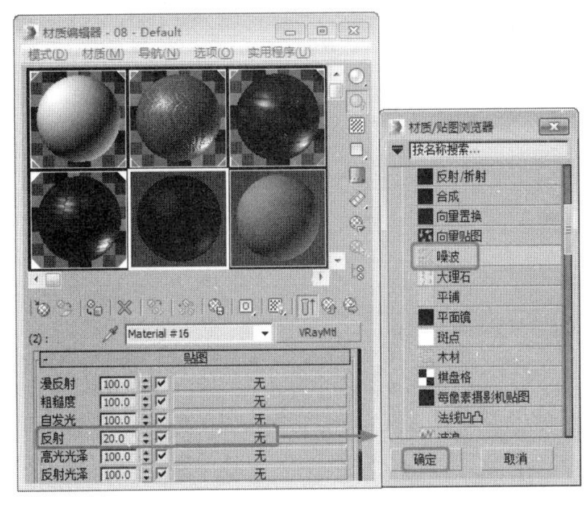

图 8.85

35 在【坐标】卷展栏中将【源】设置为【显式贴图通道】，将【瓷砖】下方的 V 设置为 3，展开【噪波参数】卷展栏，将【噪波类型】设置为【分形】，将【大小】设置为 0.15，将【高】、【低】、【级别】、【相位】分别设置为 0.8、0.3、6.0、0.0，单击两次【转到父对象】按钮，如图 8.86 所示。

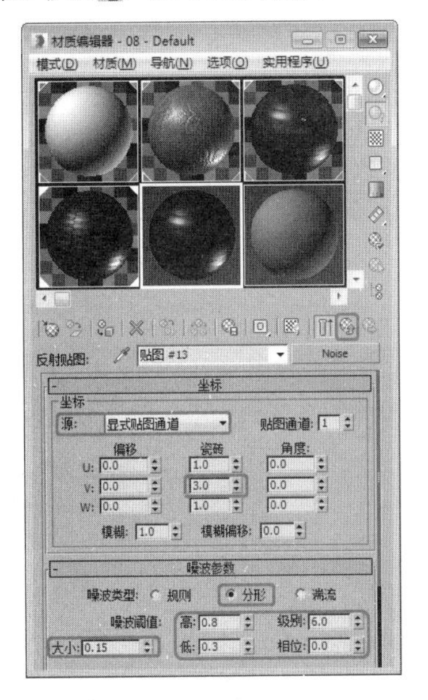

图 8.86

36 选择 arch40_080_08 对象，单击【将材质指定给选定对象】按钮，如图 8.87 所示。

37 选择一个新的样本球，然后单击名称后面的按钮，在弹出的【材质 / 贴图浏览器】对话框中选择 VRayMtl 选项，并单击【确定】按钮，如图 8.88 所示。

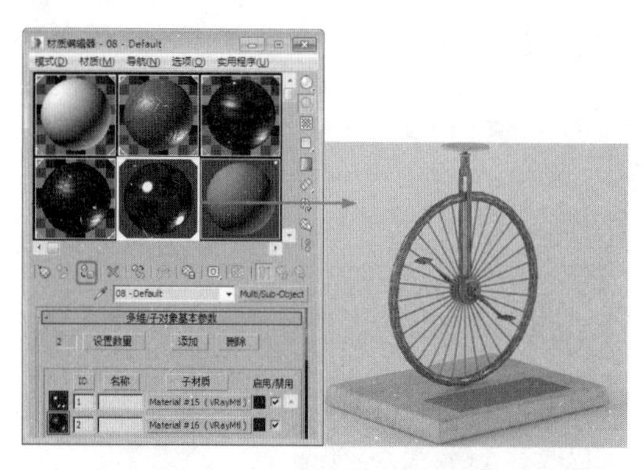

图 8.87

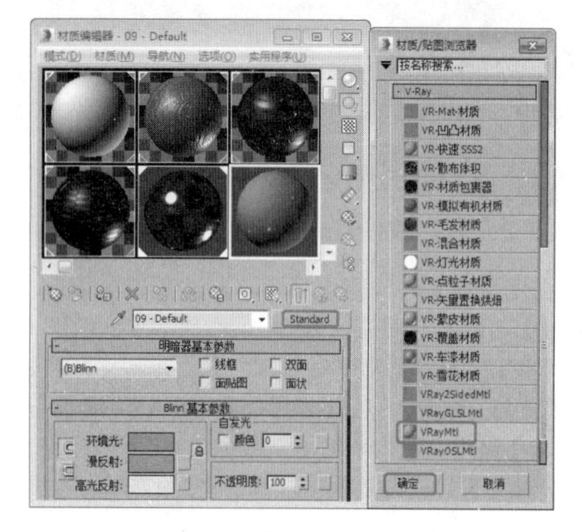

图 8.88

38 在【基本参数】卷展栏中将【漫反射】的颜色数值设置为0,0,0，将【反射】的颜色数值设置为102,87,54，将【反射光泽度】设置为0.8，将【细分】设置为7，取消选中【菲涅耳反射】复选框，如图8.89所示。

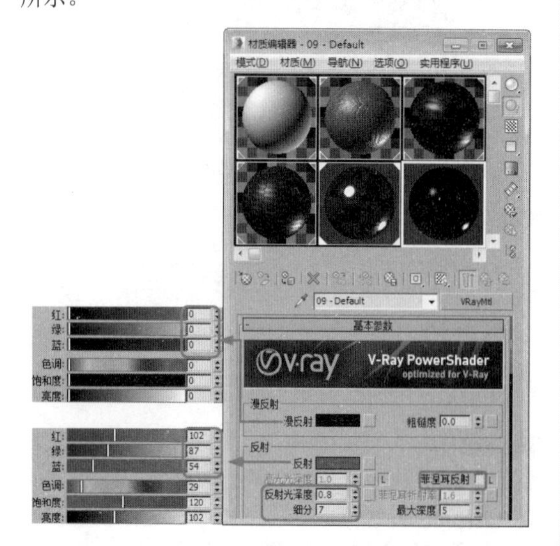

图 8.89

39 按H键，弹出【选择对象】对话框，选择arch40_080_03、arch40_080_06、arch40_080_08和arch40_080_13对象，如图8.90所示。

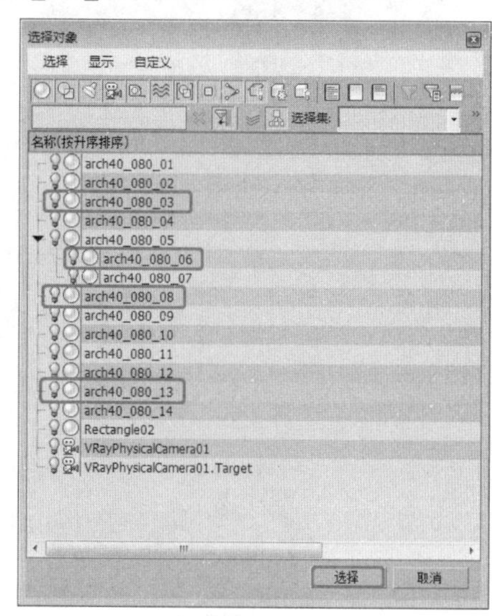

图 8.90

40 单击【将材质指定给选定对象】按钮，如图8.91所示。

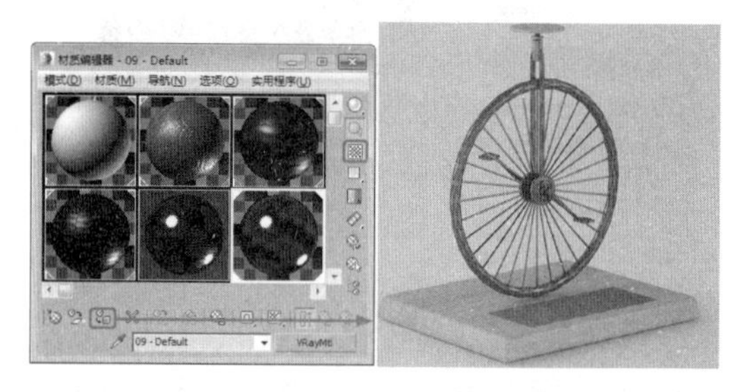

图 8.91

41 将上一步制作好的材质样本球拖曳至一个新的材质样本球上，对其进行复制，将【名称】更改为13- Default，如图8.92所示。

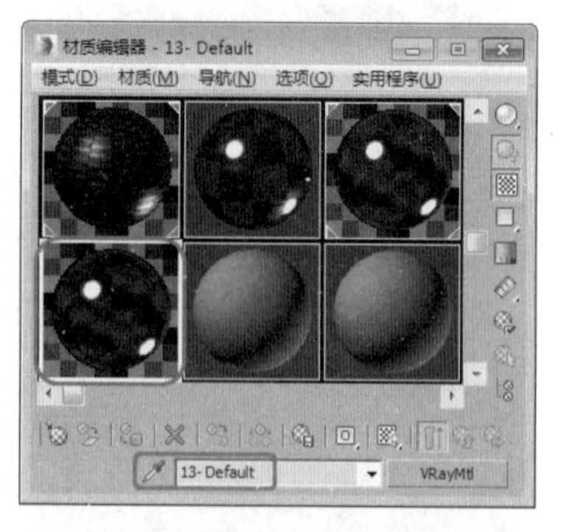

图 8.92

42 展开【贴图】卷展栏，单击【反射】右侧的【无】按钮，弹出【材质/贴图浏览器】对话框，选择【混合】贴图，单击【确定】按钮，如图8.93所示。

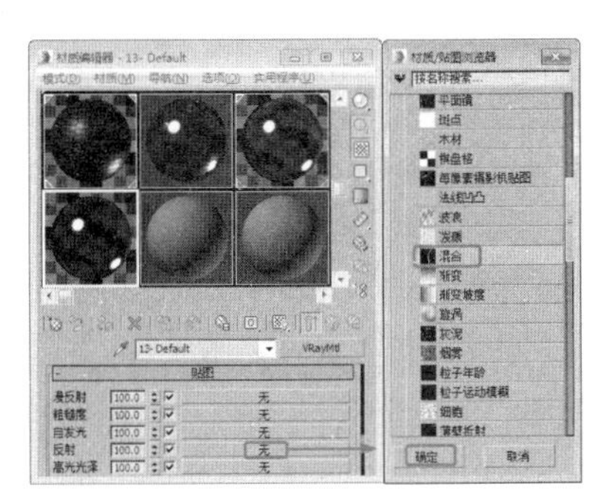

图 8.93

43 在【混合参数】卷展栏中将【颜色 #1】的颜色数值设置为 89,76,48，将【颜色 #2】的颜色数值设置为 0,0,0，单击【混合量】右侧的【无】按钮，弹出【材质 / 贴图浏览器】对话框，选择【位图】贴图，单击【确定】按钮，在弹出的【选择位图图像文件】对话框中选择配套资源中的 MAP/arch40_080_02.jpg，并单击【打开】按钮，打开后的效果如图 8.94 所示。

图 8.94

44 在【坐标】卷展栏中将【贴图通道】设置为 2，在【位图参数】卷展栏中，选中【过滤】下方的【总面积】单选按钮，单击两次【转到父对象】按钮，如图 8.95 所示。

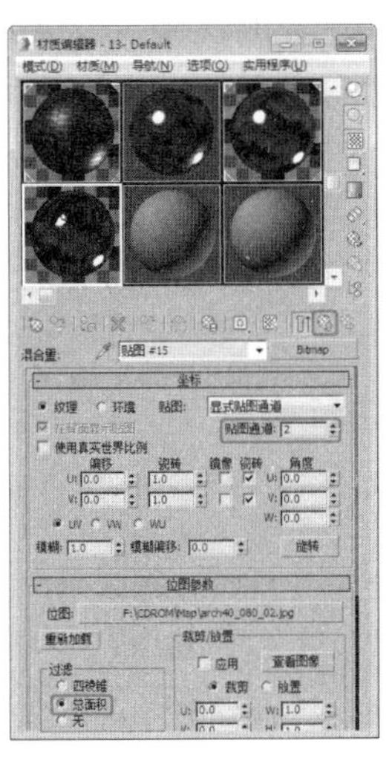

图 8.95

45 将【反射光泽】设置为 20，单击右侧的【无】按钮，弹出【材质 / 贴图浏览器】对话框，选择【噪波】贴图，单击【确定】按钮，如图 8.96 所示。

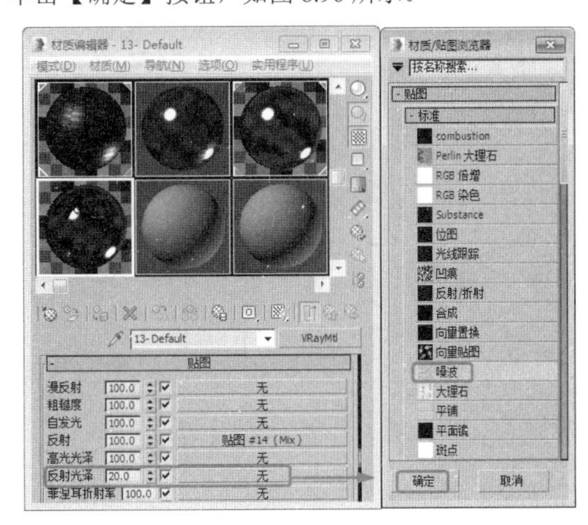

图 8.96

46 在【坐标】卷展栏中将【源】设置为【显式贴图通道】，在【噪波参数】卷展栏中，将【噪波类型】设置为【分形】，【大小】设置为 0.15，【噪波阈值】的【高】、【低】、【级别】、【相位】分别设置为 0.8、0.3、6.0、0，单击【转到父对象】按钮，如图 8.97 所示。

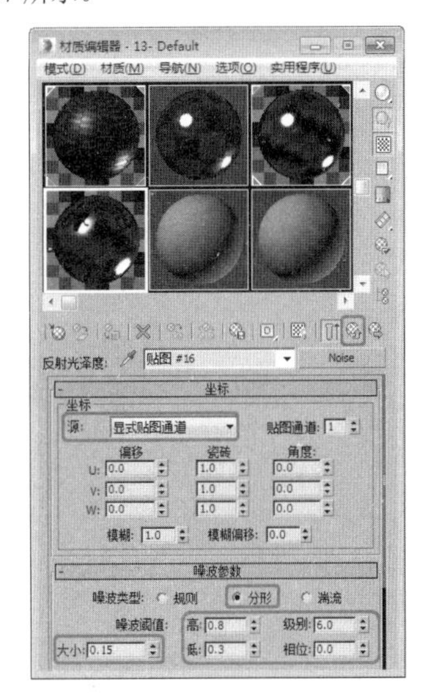

图 8.97

47 在【贴图】卷展栏中，将【置换】设置为 5，单击右侧的【无】按钮，弹出【材质 / 贴图浏览器】对话框，选择【位图】贴图，单击【确定】按钮，在弹出的【选择位图图像文件】对话框中选择配套资源中的 MAP/arch40_080_02.jpg 文件，并单击【打开】按钮，打开后的效果如图 8.98 所示。

图 8.98

48 在【坐标】卷展栏中将【贴图通道】设置为2，在【位图参数】卷展栏中，选中【过滤】下方的【总面积】单选按钮，单击【转到父对象】按钮，如图 8.99 所示。

49 选择 arch40_080_12 对象，单击【将材质指定给选定对象】按钮，如图 8.100 所示。

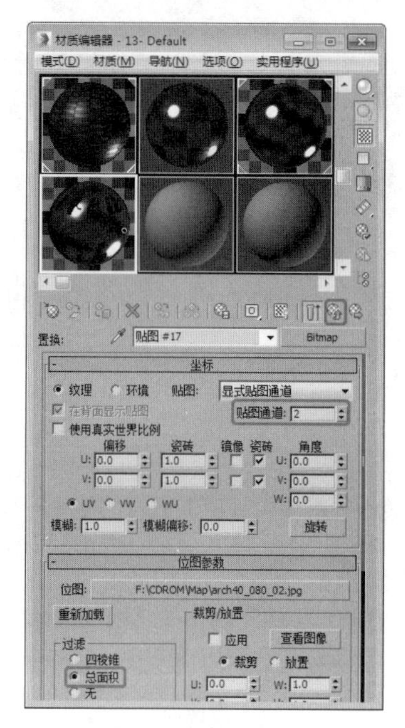

图 8.99

图 8.100

8.4 课后练习

1. VRay 双面材质的作用是什么？

2. VRay 位图过滤器的作用是什么？

第9章

VRay 渲染器的灯光和阴影

VRay 渲染器除了支持 3ds Max 标准的灯光类型之外，还为用户提供了一种 VRay 渲染器专用的灯光类型——VR 灯光。

VR 灯光分为 4 种类型，即平面灯光、球体灯光、穹顶灯光和网格体灯光。在与 VRay 渲染器专用的材质、贴图以及阴影类型相结合使用的时候，其效果要优于使用 3ds Max 的标准灯光。

9.1 VR 灯光

9.1.1 功能概述

如图 9.1 所示为 VR 灯光的【参数】卷展栏。

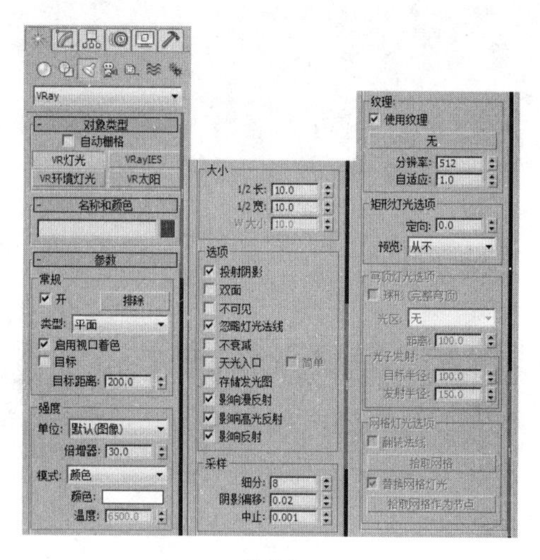

图 9.1

9.1.2 参数详解

【VR 灯光】的【参数】卷展栏中各主要选项和参数的使用方法如下。

1. 常规

【开】：控制 VRay 灯光的开启与否。

【排除】：设置从灯光照明或投射阴影中被排除的物体。

【类型】：VRay 提供了 3 种灯光类型供用户选择。

- 平面：将 VRay 灯光设置成长方形。
- 球体：将 VRay 灯光设置成球形。
- 穹顶：将 VRay 灯光设置成穹顶状，类似于 3ds Max 的天光物体，光线来自于位于光源 Z 轴的半球状顶。
- 网格：将 VRay 灯光设置成网格状。

2. 强度

【单位】：灯光的强度单位，VRay 提供了以下九种供选择。

- 【默认（图像）】：VRay 默认单位，依靠灯光的颜色和亮度控制灯光的强弱，若忽略曝光类型的因素，灯光色彩将是物体表面受光的最终色彩。
- 【发光率（lm）】：选中这个单位时，灯光的亮度将与灯光的大小无关（100W 的亮度相当于 1500LM）。
- 【亮度（lm/m2/sr）】：选择这个单位时，灯光的亮度和它的大小有关。
- 【辐射率（W）】：选择这个单位时，灯光的亮度和灯光的大小无关。此处的瓦特和物理上的瓦特不同，这里的 100W 大约等于物理上的 2 ～ 3 瓦特。
- 【辐射量（W/m2/sr）】：选择这个单位时，灯光的亮度和它的大小有关。

【倍增器】：调整灯光的亮度。当倍增为 10 和 30 时，不同的效果如图 9.2 所示。

图 9.2

【模式】：可以设置灯光的模式，包括颜色和温度两种。

- 【颜色】：可以设置灯光的颜色。将【颜色】的数值设置为 200,200,0 时的效果，如图 9.3 所示。

图 9.3

- 【温度】：以温度模式设置灯光的颜色

3. 大小

【1/2 长】：设置光源 U 向的尺寸。

【1/2 宽】：设置光源 V 向的尺寸。

【W 大小】：设置光源 W 向的尺寸。

4. 选项

【投射阴影】：控制是否产生光照阴影。

【双面】：用来控制是否灯光的双面都产生照明效果，当灯光类型为平面时才有效，其他灯光类型无效。

【不可见】：用来控制渲染后是否显示灯光，在设置灯光的时候一般将这个复选框选中。不选中该复选框后的渲染效果如图 9.4 所示。

图 9.4

【不衰减】：在真实世界中，所有的光线都是有衰减的，如果取消选中该复选框，VRay 灯光将不计算灯光的衰减效果，如图 9.5 所示。

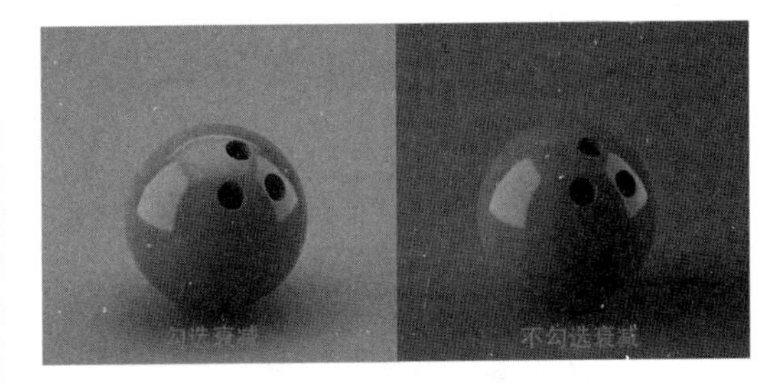

图 9.5

【天光入口】：如果选中了该复选框，前面设置的很多参数都将被忽略，而被 VRay 的天光参数代替。这时的 VRay 灯就变成了 GI 灯，失去了直接照明。

【存储发光图】：如果使用发光贴图来计算间接照明，选中该复选框后，发光贴图会存储灯光的照明效果，有利于快速渲染场景。当渲染完光子的时候，可以把这个 VRay 灯关闭或者删除，它对最后的渲染效果没有影响，因为它的光照信息已经保存在发光贴图里。

【影响漫反射】：该选项决定灯光是否影响物体材质属性的漫反射。

【影响高光反射】：该选项决定灯光是否影响物体材质属性的高光。

【影响反射】：该选项将使物体的反射区得到光照，物体可以将灯光反射。

5. 采样

【细分】：设置在计算灯光效果时使用的样本数量，较高的取值将产生平滑的效果，但会耗费更多的渲染时间。

【阴影偏移】：设置产生阴影偏移效果的距离，一般保持默认即可。

【中止】：设置采样的最小阀值，小于这个值采样将结束。

6. 纹理

此选项组在光源类型为穹顶状时被激活，用于设置穹顶光源的纹理贴图。

【使用纹理】：选中此复选框，可使用纹理贴图作为穹顶光源的颜色。

【无】：单击此贴图按钮，可选择 VRay 支持的所有纹理贴图。

【分辨率】：设置使用的纹理贴图的分辨率。

【自适应】：设置该数值后，系统将根据数值

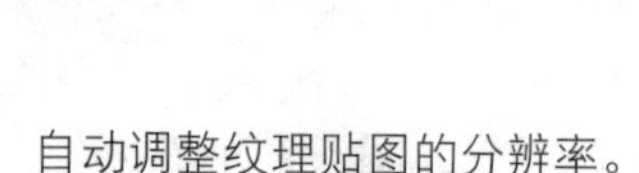

自动调整纹理贴图的分辨率。

7. 穹顶灯光选项

【目标半径】：设置穹顶半球发射光子内部范围的半径。

【发射半径】：设置穹顶半球发射光子外部范围的半径。

9.2 VR 太阳

9.2.1 功能概述

VR 太阳是 VRay 渲染器提供的另一种专用灯光类型，它与 VR 灯光一起联合使用，可以真实地再现太阳光和天空环境。根据规则，太阳光和天空环境的外观变化取决于 VRay 太阳光的方向。

如图 9.6 所示为【VRay 太阳参数】卷展栏。

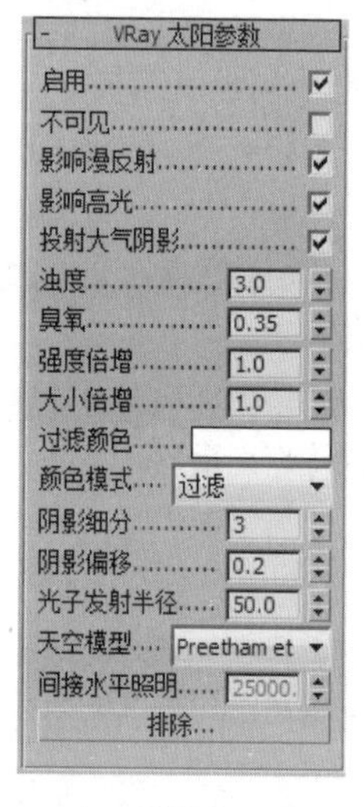

图 9.6

9.2.2 参数详解

【VRay 太阳参数】卷展栏中主要选项和参数的使用方法如下。

【启用】：打开或关闭 VR 阳光。

【不可见】：选中该复选框后，在渲染的图像中将不会显示太阳光。

【影响漫反射】：该选项决定灯光是否影响物体材质属性的漫反射。

【影响高光】：该选项决定灯光是否影响物体材质属性的高光。

【投射大气阴影】：可以投射大气的阴影，以得到更加真实的太阳光效果。

【浊度】：该参数控制空气的浑浊度，能影响太阳和天空的颜色。如果是小的数值，表示是晴朗干净的空气，天空的颜色比较蓝；如果是大的数值，表示是阴天有灰尘的空气，天空的颜色呈橘黄色。

【臭氧】：该参数用于设置大气臭氧层的密度。如果是小的数值，阳光比较黄；如果是大的数值，阳光比较蓝。

【强度倍增】：该参数是指阳光的亮度。默认值为 1，场景会出现很亮的曝光效果。一般情况下使用标准摄影机，亮度设置为 0.01 ～ 0.005。如果使用 VR 摄影机，亮度保持默认即可。

【大小倍增】：该参数是指阳光亮度的大小。数值越大，阴影的边缘越模糊；数值越小，边缘越清晰。

【过滤颜色】：自定义太阳光的颜色。

【阴影细分】：该参数用来调整阴影的质量，数值越大，阴影质量越好，没有杂点。

【阴影偏移】：该参数用来控制阴影与物体之间的距离。

【光子发射半径】：该参数和发光贴图有关。

【天空模型】：选择天空的模型，可以设置为晴天或阴天。

【排除】：与标准灯光相同，用来排除物体的照明。

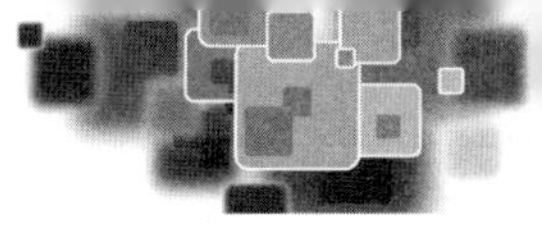

9.3 VRay 阴影

当使用 VRay 渲染器后，使用任何 3ds Max 自带的灯光时，都需要将阴影类型设置为【VRay 阴影】。

9.3.1 功能概述

在大多数情况下，标准的 3ds Max 光影追踪阴影都无法在 VRay 中正常工作，此时必须使用 VRay 阴影，才能得到更好的效果。除了支持模糊阴影外，也可以正确表现来自 VRay 置换物体或者透明物体的阴影，参数面板如图 9.7 所示。

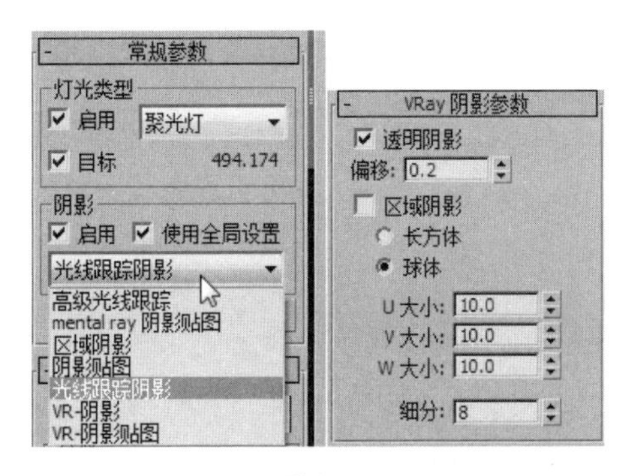

图 9.7

VRay 支持面阴影，在使用 VRay 透明折射贴图时，VRay 阴影是必须使用的，另外使用 VRay 阴影产生的模糊阴影的计算速度要比其他类型的阴影速度快。

9.3.2 参数详解

【VRay 阴影参数】卷展栏中选项和参数的使用方法如下。

【透明阴影】：该选项用于确定场景中透明物体投射的阴影。当物体的阴影由一个透明物体产生时，该选项十分有用。当打开该选项时，VRay 会忽略 3ds Max 的物体阴影参数。

【偏移】：该参数用来控制物体底部与阴影的偏移距离，一般保持默认即可。

【区域阴影】：打开或关闭面阴影。

【长方体】：计算阴影时，假定光线是由一个盒体发出的。

【球体】：计算阴影时，假定光线是由一个球体发出的。

【U 大小】：当 VRay 计算面积阴影的时候，它表示 VRay 获得光源的 U 向尺寸（如果光源为球体，则表示球体的半径）。

【V 大小】：当 VRay 计算面积阴影的时候，它表示 VRay 获得光源的 V 向尺寸（如果光源为球体，则没有效果）。

【W 大小】：当 VRay 计算面积阴影的时候，它表示 VRay 获得光源的 W 向尺寸（如果光源为球体，则没有效果）。

【细分】：设置在某个特定点计算面积阴影效果时使用的样本数量，较高的取值将产生平滑的效果，但是会耗费更多的渲染时间。

9.4 课堂实例

下面通过游泳设备和果盘两个实例来巩固本章所学习的内容。

9.4.1 游泳设备

本例将介绍游泳设备中灯光的创建方法，制作完成后的效果如图 9.8 所示。

01 启动软件后单击【应用程序】按钮，执行【打开】命令，选择配套资源中的 Scenes/ Cha09/ 游泳设备 .max 文件，如图 9.9 所示。

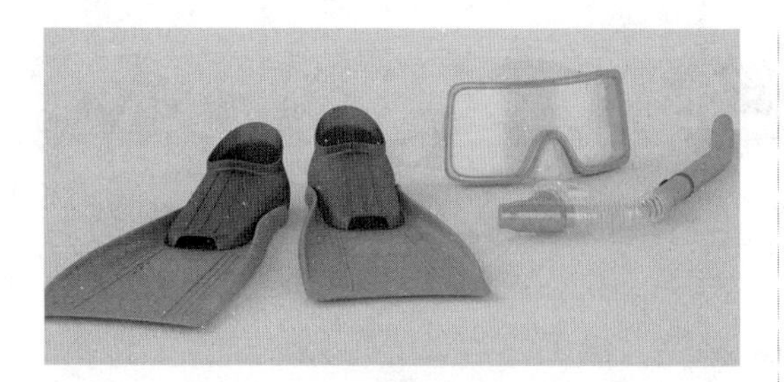

图 9.8

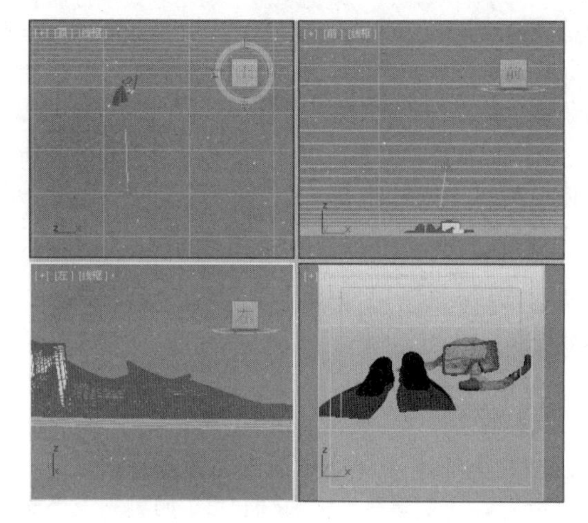

图 9.9

02 选择【创建】 | 【灯光】 | 【VRay】 | 【VR-灯光】工具，在左视图中创建灯光，在【参数】卷展栏中选中【开】复选框，在【强度】选项组中将【倍增】设置为 50，将【颜色】的数值设置为 220,235,255，在【选项】选项组中选中【不可见】复选框，在其他视图调整灯光的位置，如图 9.10 所示。

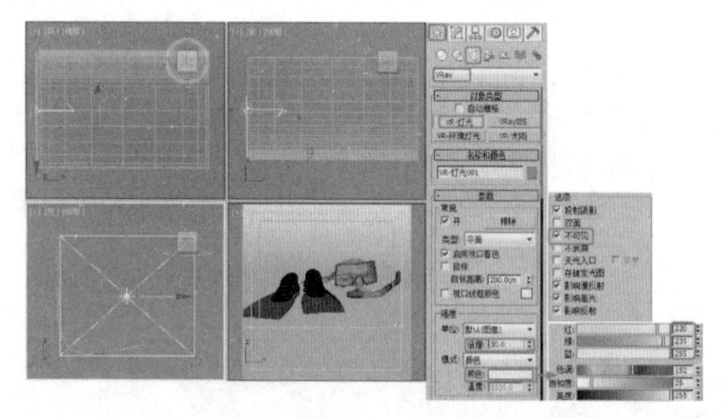

图 9.10

03 选择【创建】 | 【灯光】 | VRay | 【VR-灯光】工具，在左视图中创建灯光，展开【参数】卷展栏，在【强度】选项组中将【颜色】的数值设置为 255,253,245，在其他视图调整灯光的位置，如图 9.11 所示。

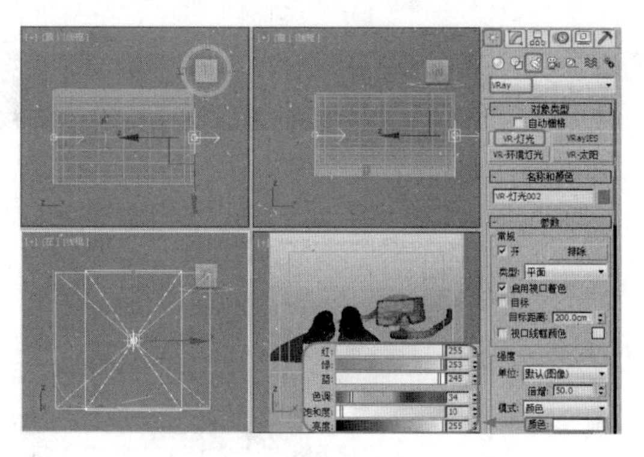

图 9.11

04 右击【角度捕捉切换】按钮，在弹出的【栅格和捕捉设置】对话框中，切换至【选项】选项卡，将【角度】设置为 180，如图 9.12 所示。

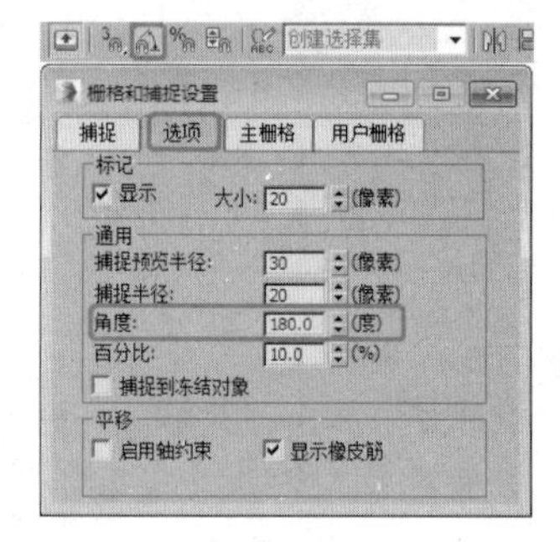

图 9.12

05 单击【选择并旋转】按钮，对创建的灯光进行旋转，如图 9.13 所示。

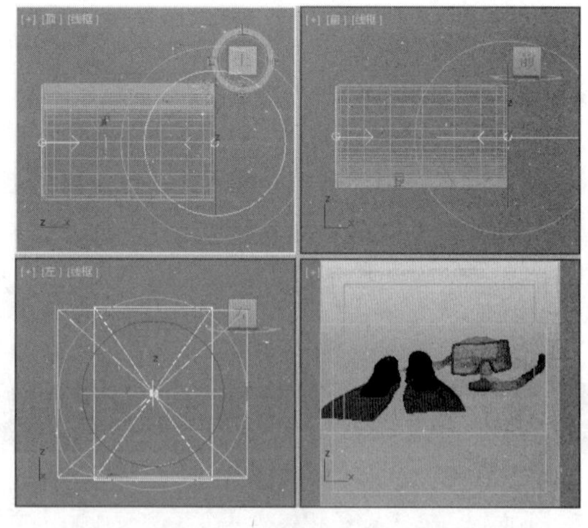

图 9.13

06 选择【创建】 | 【灯光】 | VRay | 【VR-灯光】工具，在前视图中创建灯光，展开【参数】卷展栏，在【强度】选项组中将【倍增】设置为 85，将【颜色】的数值设置为 220,235,255，在其他视图调整灯光的位置，如图 9.14 所示。

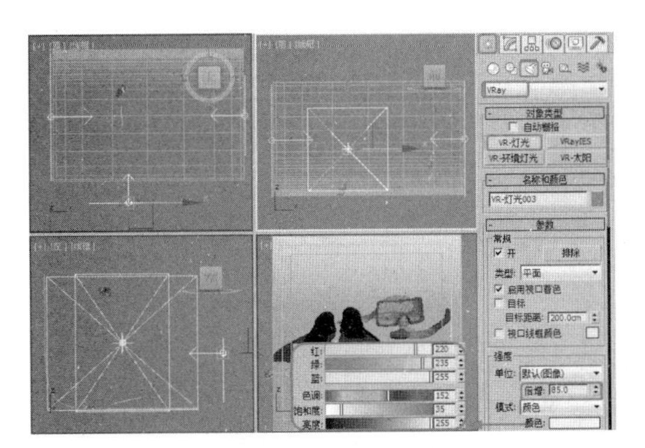

图 9.14

07 选择【创建】 | 【灯光】 | VRay | 【VR-灯光】工具，在左视图中创建灯光，在【参数】卷展栏中取消选中【开】复选框，在【强度】选项组中将【倍增】设置为10，将【颜色】的数值设置为240,246,255，在【选项】选项组中取消选中【不可见】复选框，在其他视图调整灯光的位置，如图 9.15 所示。

08 设置完成后，调整灯光的位置，激活摄影机视图，按 F9 键进行渲染，并将场景保存即可。

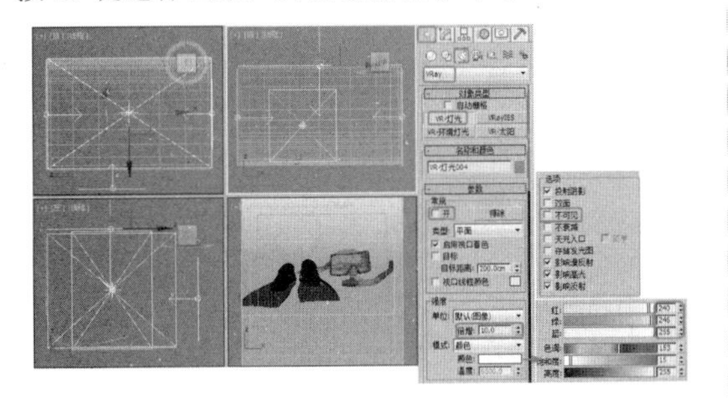

图 9.15

9.4.2　果盘

在本例中将练习用 VRay 渲染果盘，主要学习如何创建 VR 太阳灯光，完成后的效果如图 9.16 所示。

图 9.16

01 按 Ctrl+O 组合键，在弹出的对话框中选择配套资源中的果盘 .max 文件，如图 9.17 所示。

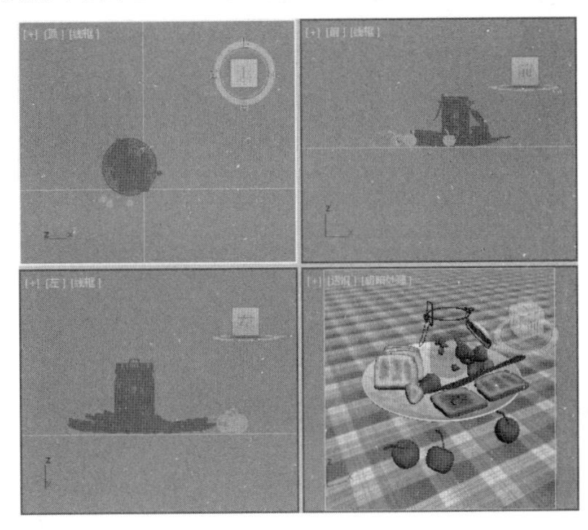

图 9.17

02 选择【创建】 | 【灯光】 | VRay | 【VR 太阳】工具，在顶视图中创建灯光，在弹出的对话框中选择【是】按钮，如图 9.18 所示。

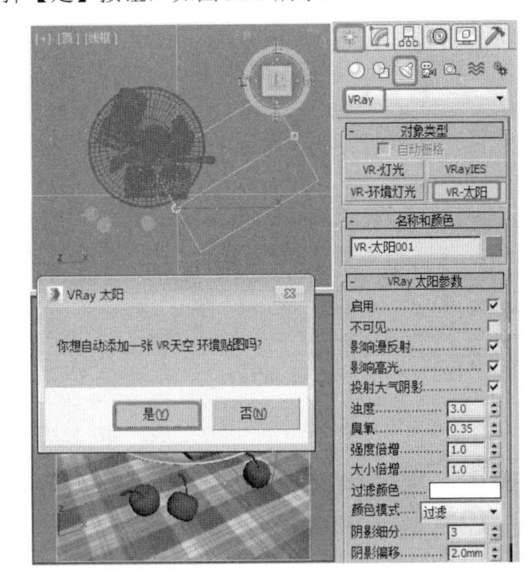

图 9.18

03 选择创建的灯光，进入【修改】命令面板，在【VRay 太阳参数】卷展栏中将【强度倍增】、【大小倍增】设置为0.038、10，将【阴影细分】设置为10，如图 9.19 所示。

04 使用【选择并移动】工具，在场景中调整灯光的位置，如图 9.20 所示。

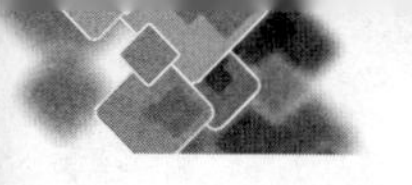

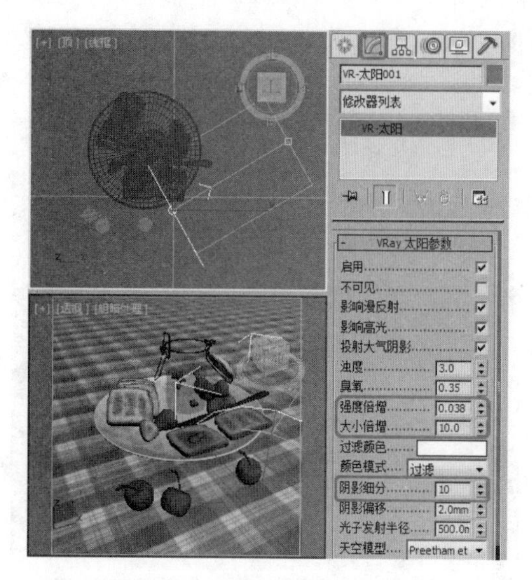

图 9.19

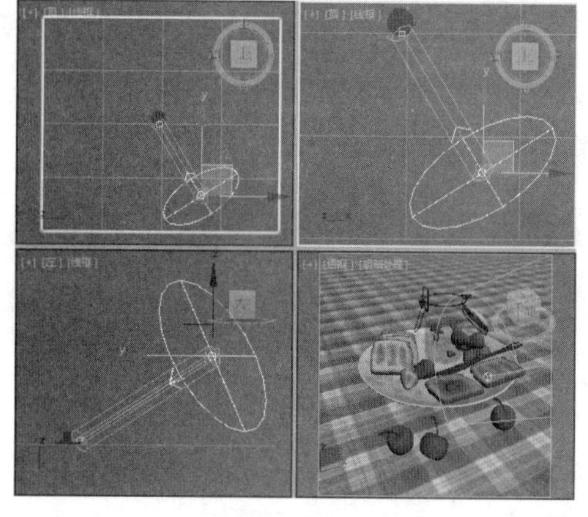

图 9.20

05 选择【创建】 | 【摄影机】 | 【目标】工具，在顶视图中创建摄影机，激活透视视图，按 C 键将其转换为摄影机视图，然后在其他视图中调整摄影机的位置，如图 9.21 所示。

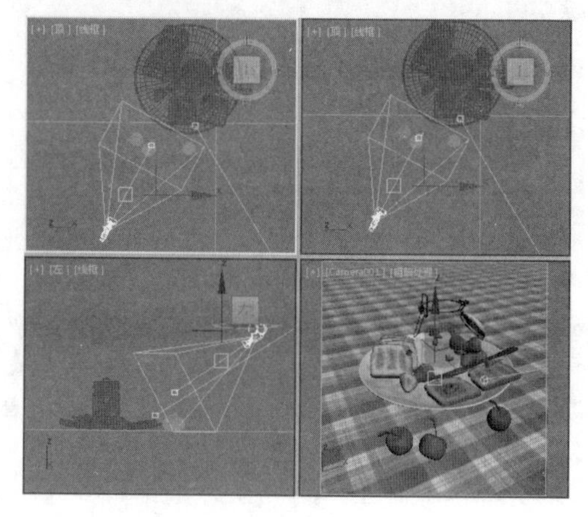

图 9.21

06 激活摄影机视图，对该视图进行渲染输出，然后保存场景即可。

9.5 课后练习

如何设置 VRay 天空?

第10章

VRay 物体和修改器

VRay 不但有单独的渲染设置控制面板，它还有非常独特的 VRay 物体类型。当 VRay 渲染器安装成功以后，在几何体创建命令面板中便会增加一个 VRay 物体创建面板，由 VR 代理、VR 毛发、VR 平面、VR 球体组成。

10.1 VR 毛发

10.1.1 功能概述

【VR 毛发】是一种简单的程序毛发插件，毛发仅在渲染时产生，实际上并不会出现在场景中。

01 选择 3ds Max 场景中存在的任何几何体，打开创建面板，选择 VRay 类别，如图 10.1 所示。

图 10.1

02 单击【VR 毛发】按钮 VR-毛皮 ，将当前选中的物体作为源物体产生一个毛发物体，如图 10.2 所示。

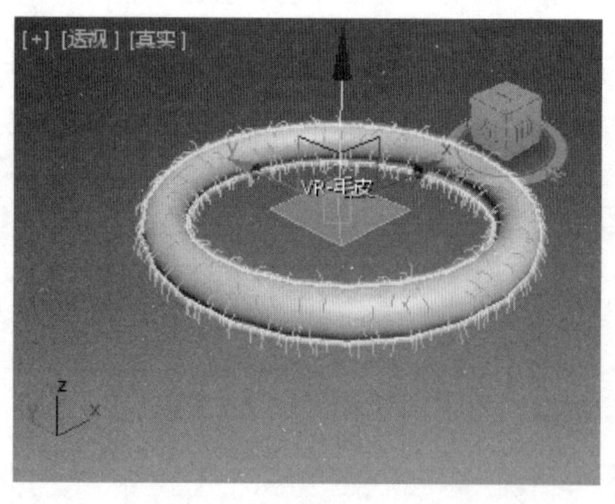

图 10.2

03 选择毛发，可以打开相关面板修改其选项和参数，如图 10.3 所示。

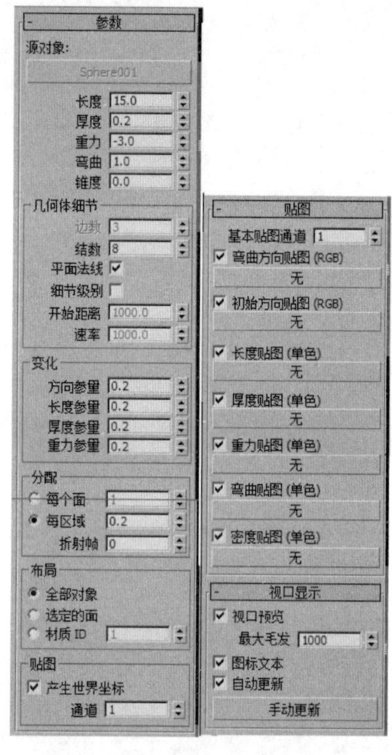

图 10.3

10.1.2 参数详解

【VR 毛发】卷展栏中各个主要选项和参数的使用方法如下。

1. 参数

常规参数

- 【源对象】：设置生成毛发的几何体源。
- 【长度】：设置毛发串的长度，如图 10.4 所示为设置不同长度后的毛发效果。

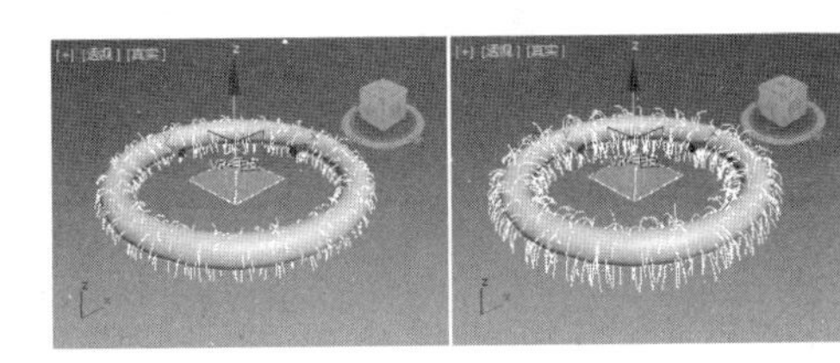

图 10.4

- 【厚度】：设置毛发串的薄厚程度。
- 【重力】：设置沿 Z 轴向下拖拉毛发串的力度。
- 【弯曲】：设置毛发的弯曲程度。
- 【锥度】：设置毛发的锥化程度。

几何体细节

- 【边数】：设置毛发几何形状的边数。
- 【结数】：毛发串是作为几个连接的直片段来渲染的，此参数控制片段的数量，如图 10.5 所示为结数为 10 和 50 时的效果。

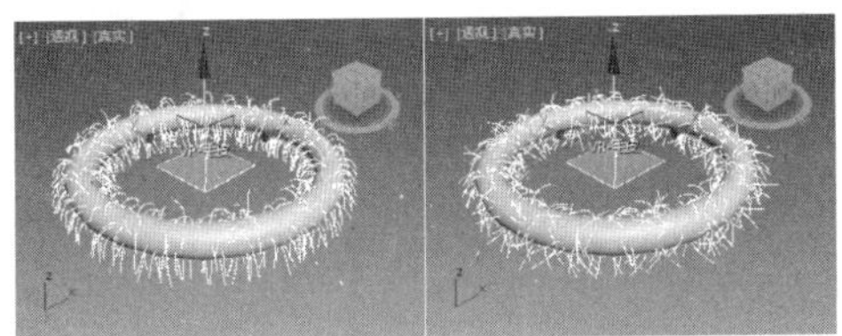

结数为10　　结数为50

图 10.5

- 【平面法线】：选中此复选框，毛发串的法线在横跨过毛发串的宽度方向时不发生变化。虽然不是非常精确，但它有助于毛发抗锯齿，也会使图像采样器的工作变得更容易。当不选中此复选框时，毛发串的法线在横跨过毛发串的宽度方向时产生变化，会让人产生毛发串是圆柱状的错觉。

【变化】

- 【方向参量】：为源物体产生毛发串的生长方向增加一些变化。任何正值都是有效的，此参数也取决于场景的比例，设置不同【方向参量】后的效果，如图 10.6 所示。

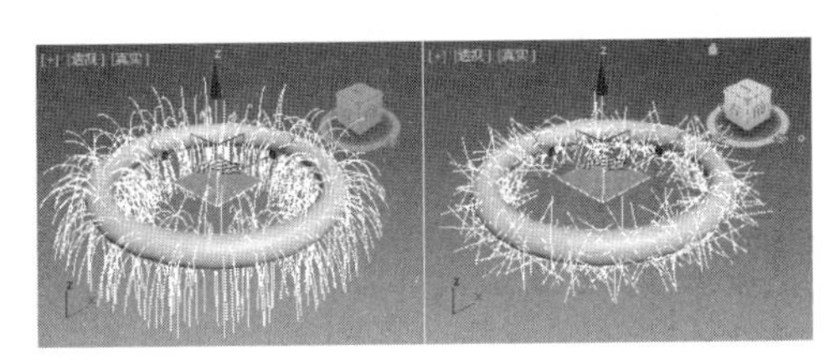

图 10.6

- 【长度参量】：为毛发长度增加一些变化，取值范围为 0 ～ 1.0。
- 【厚度参量】：为毛发厚度增加一些变化，取值范围为 0 ～ 1.0。
- 【重力参量】：为毛发重力增加一些变化，取值范围为 0 ～ 1.0。

【分配】

- 【每个面】：指定源物体每个表面产生的毛发串数量，每个表面都将产生指定数量的毛发串。
- 【每区域】：每一个特定表面的毛发串数量取决于表面的尺寸，较小的表面毛发串数量较少，而较大的表面毛发串数量较多，每一个表面都至少有一个毛发串。
- 【折射帧】：指定毛发相关帧的数量。

【布局】

- 【全部对象】：在物体所有表面都产生毛发。
- 【选定的面】：仅在选择的表面（例如，使用了网格选择修改器选择的表面）产生毛发。
- 【材质 ID】：仅在指定了材质 ID 号的表面产生毛发。

【贴图】

- 【生成世界坐标】：一般情况下，所有的贴图坐标都是从源物体获得的，但是，W 向的贴图坐标可以被修改，用于描述毛发串的偏移，而 U/V 向的贴图坐标仍然来自于基本物体。
- 【通道】：设置哪一个通道的 W 向贴图坐标被修改。

2. 贴图

此卷展栏为毛发的相关参数提供了贴图控制。

- 【基本贴图通道】：设置毛发的基本贴图通道，默认时为通道 1。
- 【弯曲方向贴图（RGB）】：使用贴图来控制毛发的弯曲方向。
- 【初始方向贴图（RGB）】：使用贴图来控制毛发的初始方向。
- 【长度贴图（单色）】：使用贴图来控制毛

发的长度。

- 【厚度贴图（单色）】：使用贴图来控制毛发的厚度。
- 【重力贴图（单色）】：使用贴图来控制毛发所受到的重力影响。
- 【弯曲贴图（单色）】：使用贴图来控制毛发的弯曲程度。
- 【密度贴图（单色）】：使用贴图来控制毛发的密度。

3. 视口显示

此卷展栏用于控制毛发物体在视口中的显示情况。

- 【视口预览】：选中此复选框，可以在视口中实时预览由于毛发参数变化而导致毛发变化的情况。
- 【最大毛发】：设置在视口中实时显示的毛发数量的上限。
- 【图标文本】：选中此复选框，在视口中便能看到图标及文字内容，如VR-毛发。
- 【自动更新】：选中此复选框，当改变毛发的参数时，其效果会即时显示在视图中。
- 【手动更新】：单击此按钮，可以即时更新场景的显示。

10.1.3 专家点拨

在本小节中将对【VR毛发】重点问题进行点拨。

- 目前，毛发仅能为几何体产生单一片段的运动模糊，而忽略运动模糊的【几何体样本】选项。
- 避免应用具有【物体XYZ】贴图坐标的纹理到毛发。如果确实需要使用3D程序纹理贴图，可先使用一个。
- UVW贴图修改器到源物体，转换XYZ坐标到UVW坐标，并且尽可能地应用分辨率高的纹理贴图。
- 阴影贴图不包含【VR毛发】的信息，但是其他物体可以投射阴影，甚至包括阴影贴图到毛发上。
- VR平面物体不能作为VR毛发物体的源物体。

10.2 VR代理物体

VR代理物体允许用户只在渲染的时候导入外部网格物体，这个外部的几何体不会出现在3ds Max场景中，也不占用资源。利用这种方式可以渲染上百万个三角面（超出3ds Max自身的控制范围）场景。

【VR代理】只在渲染时使用，它可以代理物体在当前的场景中进行形体渲染，但并不是真正意义上存在于这个当前场景中。其作用与3ds Max中 | 【参照】 | 【外部参照对象】命令的意义十分相似。要想使用VR代理物体命令，首先要将代理的文件格式创建为代理物体支持的格式，代理物体的文件格式vrmesh。

下面来创建一个vrmesh格式的代理物体。

首先在场景中创建一个球体，确认球体处于选中状态，然后右击，在弹出的菜单中选择【V-Ray网格导出】命令，如图10.7所示。在弹出的【VRay网格导出】对话框中为文件指定一个路径，然后单击【确定】按钮，如图10.8所示。

对话框中主要选项与参数的使用方法如下。

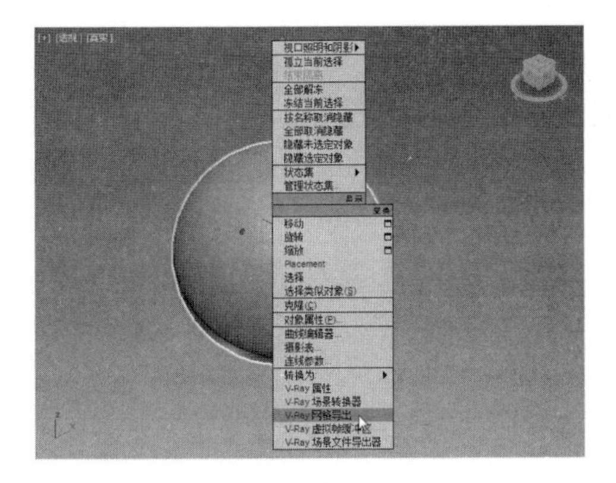

图 10.7

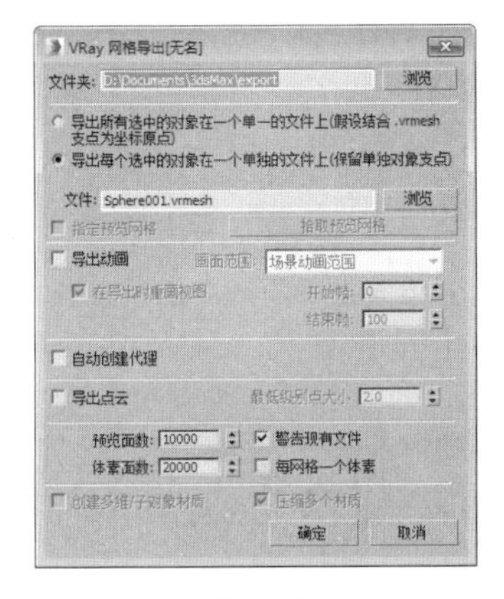

图 10.8

- 【文件夹】：用来显示网格导出物体的保存路径，可以单击右边的 浏览 按钮更换文件的路径。
- 【导出所有选中的对象在一个单一的文件上（假设结合 .vrmesh 支点为坐标原点）】：当选择两个或两个以上的网格导出物体时，选择该单选按钮，可以将多个网格导出物体当作一个网格导出物体来进行保存，其中包括该物体的位置信息。
- 【导出每个选中的对象在一个单独的文件上（保留单独对象支点）】：当选择两个或两个以上的网格导出物体时，选择该单选按钮，可以将每个网格导出物体当作一个网格导出物体来保存，文件名称将无法进行自定义，它们会以导出的网格物体的名称来代替。
- 【文件】：显示代理物体的名称，也可以重命名。
- 【自动创建代理】：选中该复选框时，会用生成的代理文件自动代替场景中原始的网格物体，而且代理物体与原始的网格物体会在同一个位置上，同时也会保持与原始物体相同的材质贴图。

VR 代理物体创建完成后，单击【创建】 |【几何体】 | VR代理 按钮，在【网格代理参数】卷展栏中单击 浏览 按钮，如图 10.9 所示。在弹出的【选择外部网格文件】对话框中选择代理物体文件，单击【打开】按钮，如图 10.10 所示，即可将代理物体导入到当前的场景中。

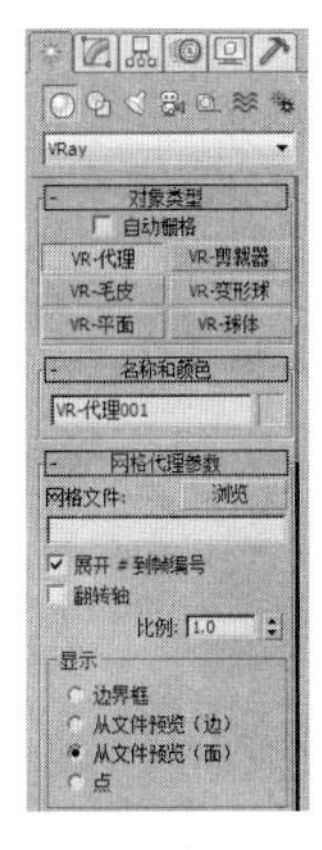

图 10.9

图 10.10

【网格代理参数】卷展栏中主要选项与参数的使用方法如下。

- 【网格文件】：用来显示代理物体的保存路径和名称。
- 【显示】选项组
  - ➢ 【边界框】：无论什么样的代理物体都是以一种方体的形式显示出来的，方体的大小与代理物体的外边界大小相同。
  - ➢ 【从文件预览（边）或（面）】：这种显示方式为默认的显示方式，它可以以边或面的方式进行显示，同时还可以看到该代理物体的外观形态。

10.3 VR 平面物体

10.3.1 功能概述

VR 平面物体可以让用户创建一个尺寸无限大的平面，它没有任何参数，位于创建标准几何体面板下面的 VRay 分支中。

10.3.2 专家点拨

在本小节中将对【VR 平面物体】重点问题进行介绍。

- 【VR 平面】的位置由其在 3ds Max 场景中的坐标来确定。
- 可以同时创建多个无限大的平面。
- VR 平面物体可以指定材质，也可以被渲染。
- 阴影贴图不包括 VR 平面物体的信息，但是，其他物体可以在 VR 平面物体上投射正确的阴影，包括阴影贴图类型。

10.4 VR 置换模式修改器

10.4.1 功能概述

贴图置换是一种为场景中几何体增加细节的技术，类似于凹凸贴图技术，但是凹凸贴图只是改变了物体表面的外观，属于一种阴影效果，而贴图置换确实真正地改变了表面的几何结构。

VR 置换修改模式修改器的修改参数如图 10.11 所示。

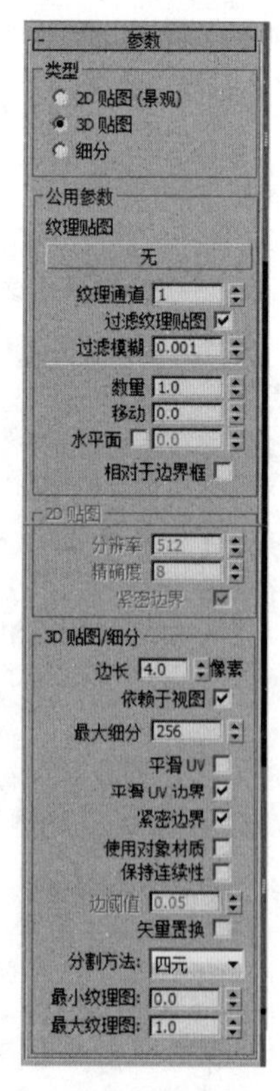

图 10.11

10.4.2 参数详解

本节将介绍【VR 置换模式修改器】卷展栏中各个主要选项和参数的使用方法。

1. 类型

此选项组用于设定贴图置换的方法。

- 【2D 贴图（景观）】：这种方法是基于预先获得的纹理映射来进行置换的，置换表面在渲染的时候是根据纹理映射的高度区域来实现的，置换表面的光影追踪实际上是在纹理空间进行的，完成后再返回到 3D 空间。这种方法的优点是可以保护置换映射中的所有细节。但是它需要物体具有正确的映射坐标，所以选用这种方法的时候，不能将3D程序映射或者其他使用物体或世界坐标的纹理映射作为置换映射来使用。置换映射可以使用任何值（与3D映射方式正好相反，它会忽略0～1以外的任何值）。

- 【3D贴图】：这是一种常规的方法。对物体原始表面上的三角面进行细分，按照用户定义的参数把它划分成更细小的三角面，然后对这些细小的三角面进行置换。它可以使用各种映射坐标类型进行任意的置换。这种方法还可以使用在物体材质中指定的置换映射。值得注意的是，3D置换映射的范围是0～1，在这个范围之外的数值都会被忽略。

3D置换映射是通过物体几何学属性来控制的，与置换映射的关系不大。所以几何体细分程度不够的时候，置换映射的某些细节可能会丢失。

- 【细分】：此方法类似于3D映射方法，不同之处在于它将运用一种细分方法到物体上，其作用类似于网格光滑修改器。对于网格的三角面，将运用循环细分方法；对于四边面，将运用Catmull-clark方法，而其他类型的多边形将首先被转换为三角面。如果想平滑物体，可设置置换数量为0，不运用置换映射即可。

那么，如何选择置换方法呢？在VRay早先的版本中，这两种方式产生的效果有很大的不同，在大多数情况下，二维映射方式非常快。但是随着动态几何学控制的引入，与二维映射方式相比，3D映射方式也变得非常快，图像品质也更好。

二维映射方式会让置换映射保持预编译状态并保存在内存中，大量的置换映射会占用更多的内存空间，在这种情况下使用3D映射方式则更为有效，因为它可以循环使用内存。

2. 公共参数

- 【纹理贴图】：选择置换贴图，可以是任何类型的贴图，如一位图、程序贴图、二维或三维贴图等。注意，对于二维贴图方式，用户只能使用具有外部贴图坐标的贴图，但是对于三维贴图方式，就没有限制了，可以使用任何类型。如果【使用对象材质】复选框被选中，则这里选择的纹理贴图会被忽略。
- 【纹理通道】：贴图置换将使用UVW通道，如果使用外部UVW贴图，将与纹理贴图内建的贴图通道相匹配。但是在【使用物体材质】复选框被选中的时候，将会被忽略。
- 【过滤纹理贴图】：选中此复选框，将使用纹理贴图过滤。但是在【使用物体材质】复选框被选中的时候，将会被忽略。
- 【过滤模糊】：此参数用来设置对模糊效果进行过滤的程度，取值越大，过滤效果越明显。
- 【数量】：定义置换的数量，如果值为0，则表示物体没有变化，较大的值将产生较强烈的置换效果。这个值可以为负值，在这种情况下，物体将会被凹陷下去。
- 【移动】：指定一个常数，它将被添加到置换贴图评估中，有效地沿着法线方向上下移动以置换表面。它可以是任何一个正值或负值。
- 【水平面】：选中此复选框，置换贴图评估位于某个确定值下方的时候，几何体表面置换会被限制。
- 【相对于边界框】：选中此复选框，置换的数量以边界盒为基础，并且置换效果相当尖锐。默认情况下该复选框是被选中的。

3. 2D贴图

- 【分辨率】：确定在VRay中使用置换映射的分辨率，如果纹理映射是位图，将会很好地按照位图的尺寸匹配。对于二维程序映射来说，分辨率要根据在置换中希望得到的品质和细节来确定。

注意

VRay也会自动基于置换映射产生一个法向映射，从而补偿无法通过真实的表面获得的细节。

- 【精确度】：此参数与置换表面的曲率相关，平坦的表面精度相对较低（对于一个极平坦的表面甚至可以使用1），崎岖的表面则需要较高的取值。在置换过程中，如果精度取值不够，可能会在物体表面产生黑斑，不过此时计算速度会很快。
- 【紧密边界】：将促使VRay为置换三角形计算更精确的限制容积。

4．3D贴图/细分

- 【边长】：确定置换的品质，原始网格物体的每个三角形被细分成大量的更细小的三角形，越多的细小三角形就意味着在置换中会产生更多的细节，占用更多的内存以及更慢的渲染速度，反之亦然。
- 【依赖于视图】：选中此复选框，边长将以像素为单位确定细小三角形边的最大长度。值为1，意味着每个细小三角形投射到屏幕上的最长边的长度是1像素；如果不选中此复选框，则是以世界单位来确定细小三角形最长边的长度。
- 【最大细分】：确定从原始网格每个三角面细分得到的细小三角形的最大数量，实际上产生的三角形数量是以这个参数的平方值来计算的，例如，256意味着在任何原始的三角面中最多产生256×256=65536个细小三角形。把这个参数值设置得太高是不可取的，如果确实需要得到较多的细小三角形，最好用进一步细分原始网格三角面的方法代替。
- 【紧密边界】：选中此复选框，VRay将试图计算来自原始网格的被置换三角形的精确限制容积。这需要对置换贴图进行预采样，如果纹理具有大量黑或者白的区域，渲染速度将很快；如果在纯黑和纯白之间变化很大，置换评估会变慢。在某些情况下，关闭它也许会加快速度，因为此时VRay将假设最差的跳跃量，并且不对纹理进行预采样。
- 【使用对象材质】：选中此复选框，VRay会从物体材质内部获取置换贴图，而不理会这个修改器中关于获取置换贴图的设置。注意，此时应该取消3ds Max自身的置换贴图功能（位于渲染场景的常规卷展栏下面）。
- 【保持连续性】：选中此复选框，将在不同的光滑组或材质ID号之间产生一个没有裂缝的连接表面。不过要注意，使用材质ID号来结合置换贴图并不是一个非常好的方法，因为VRay无法保证表面总是连续的。建议使用其他的形式（顶点颜色或遮罩等）来混合置换映射。
- 【边阈值】：当保持连续性复选框被选中时，此参数用于控制在不同材质ID号之间进行混合的面映射的范围。注意VRay只能保证边连续，不能保证顶点连续（换句话说，沿着边的表面之间将不会有缺口，但是沿着顶点的则可能有裂口），基于此，用户必须将这个参数的数值设置小一点。

10.4.3 专家点拨

在本小节将对【VR置换模式修改器】重点问题进行点拨。

- 纹理贴图被运用到置换表面后，因为纹理贴图具有【物体XYZ】和【世界XYZ】两种不同的贴图坐标，所以置换后的效果看上去有点不同。如果这并非用户所要的效果（例如希望置换贴图适配纹理），可以为材质纹理使用直接通道贴图，仅为置换贴图保持【物体XYZ】或【世界XYZ】贴图坐标。
- 置换物体无法完全支持阴影贴图，阴影贴图包含了未置换的网格信息。较少的置换数量可能会得到精细的置换效果。
- VR置换修改模式修改器对于VR平面物体、VR代理物体和VR毛发物体来说没有任何效果。

10.5 课堂实例

下面通过使用VR毛皮效果制作地毯和毛绒玩具两个实例，来巩固一下本章所学习的内容。

10.5.1 使用VR毛皮效果制作地毯

本例介绍一个VR毛皮在地毯中的应用方法，效果如图10.12所示。

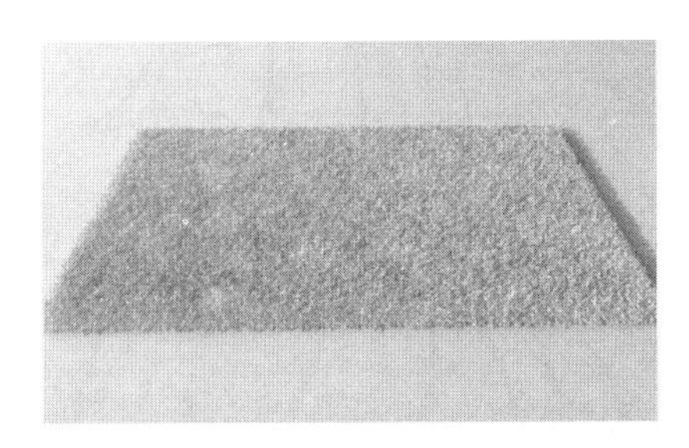

图 10.12

01 运行软件后，单击【应用程序】按钮，在弹出的菜单中选择【打开】命令，弹出【打开】对话框，在该对话框中选择配套资源中的使用 VR 毛皮效果制作地毯 .max 文件，打开后的效果如图 10.13 所示。

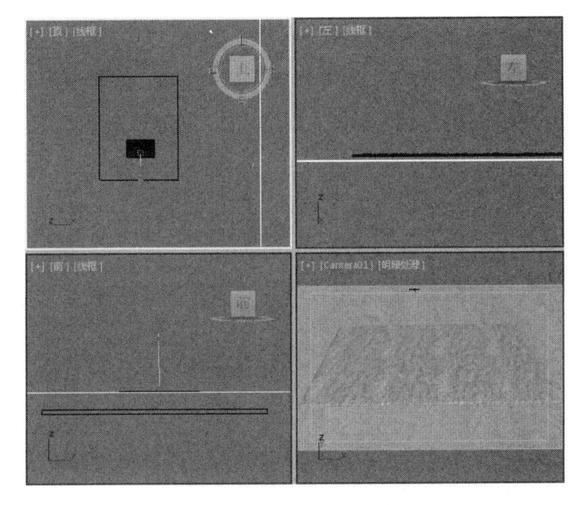

图 10.13

02 在场景中使用【选择并移动】工具选择 Rectangle65 对象，选择【创建】 |【几何体】 |【VRay】，然后单击【VR- 毛皮】按钮，如图 10.14 所示。

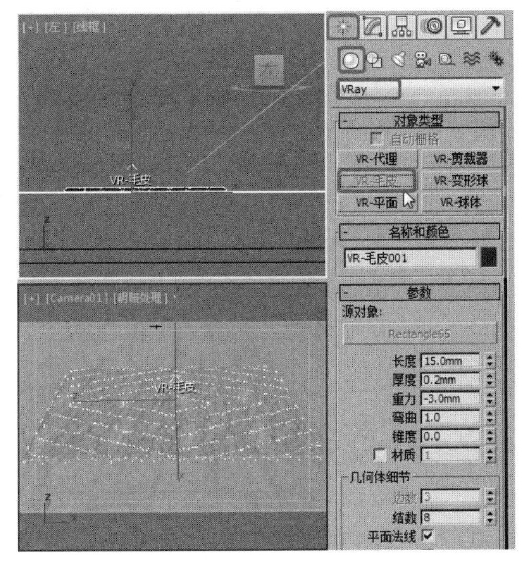

图 10.14

03 确认对象处于选中状态，进入【修改】命令面板，在【参数】卷展栏中将【长度】、【厚度】、【重力】、【弯曲】、【锥度】分别设置为 50、1.75、0、1、0，在【几何体细节】选项组中将【结数】设置为 5，取消选中【平面法线】复选框，如图 10.15 所示。

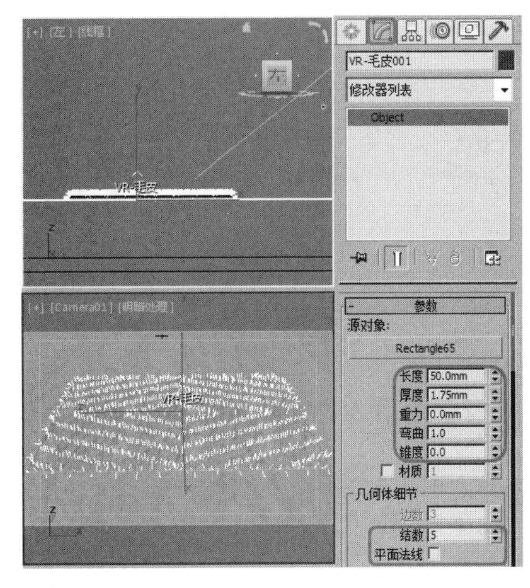

图 10.15

04 在【变化】选项组中将【方向参量】、【长度参量】、【厚度参量】、【重力参量】分别设置为 2、0.2、0.2、0.2，在【分布】选项组中选择【每个面】单选按钮，将其设置为 10，在【放置】选项组中选择【整个对象】单选按钮，如图 10.16 所示。

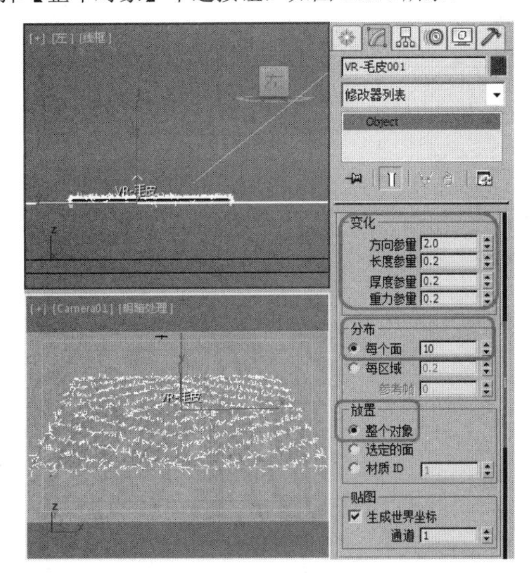

图 10.16

05 继续选择 VR 毛皮对象，按 M 键打开【材质编辑器】，将【地毯】材质指定给【Rectangle65】和【VR 毛皮 001】，然后激活摄影机视图，按 F10 键打开【渲染设置】对话框，在该对话框中选择【公用】选项卡，

在【输出】选项组中将【宽度】、【高度】分别设置为2500、1512，然后单击【渲染】按钮，对其进行渲染，如图10.17所示。渲染输出后将场景文件另存为【使用VR毛皮效果制作地毯OK】文件。

图 10.17

10.5.2 使用VR毛皮效果制作毛绒玩具

本例介绍使用VR毛皮制作毛绒玩具的方法，效果如图10.18所示。

图 10.18

01 运行软件后，单击【应用程序】按钮，在弹出的菜单中选择【打开】命令，在弹出的对话框中选择配套资源中的使用VR毛皮效果制作毛绒玩具.max文件，如图10.19所示。

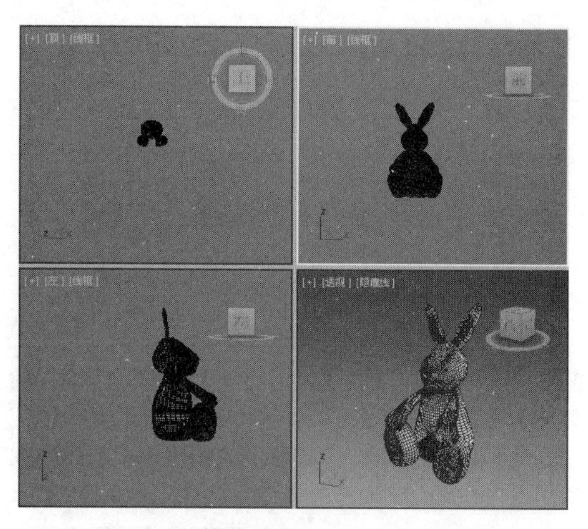

图 10.19

02 在场景中选择玩具，选择【创建】 |【几何体】 |VRay，单击【VR-毛皮】按钮，如图10.20所示。

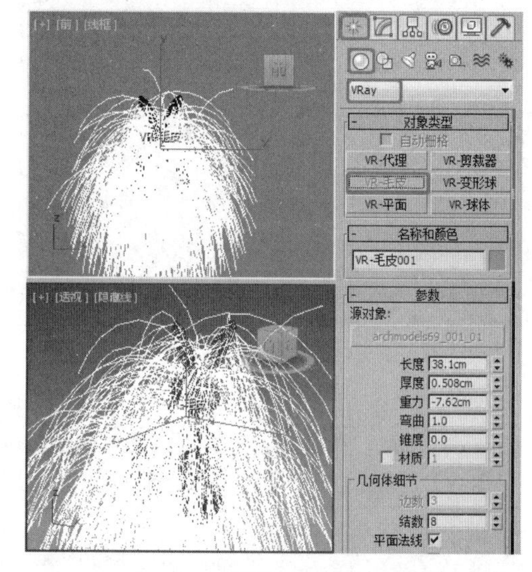

图 10.20

03 切换至【修改】面板，在【参数】卷展栏中将【长度】、【厚度】、【重力】、【弯曲】、【锥度】分别设置为0.8、0.02、-4.42、1、0，将【几何体细节】选项组中的【结数】设置为4，取消选中【平面法线】复选框，如图10.21所示。

04 在【变化】选项组中将【方向参量】、【长度参量】、【厚度参量】、【重力参量】分别设置为0.2、0、0.2、0.2，将【分布】选项组中的【每区域】设置为800，在【放置】选项组中选择【选定的面】单选按钮，如图10.22所示。

05 选择【创建】 |【几何体】 | VRay |【VR平面】，在顶视图中创建VR-平面，将VR-平面的颜色设置为白色，如图10.23所示。

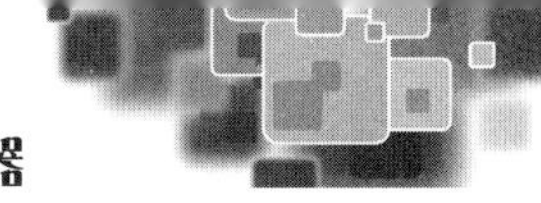

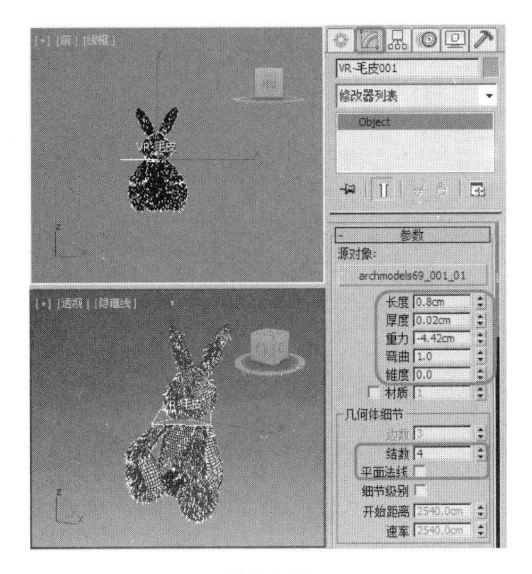

图 10.21

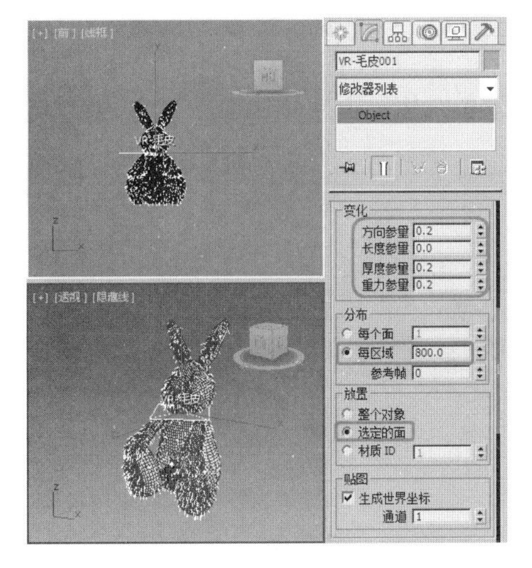

图 10.22

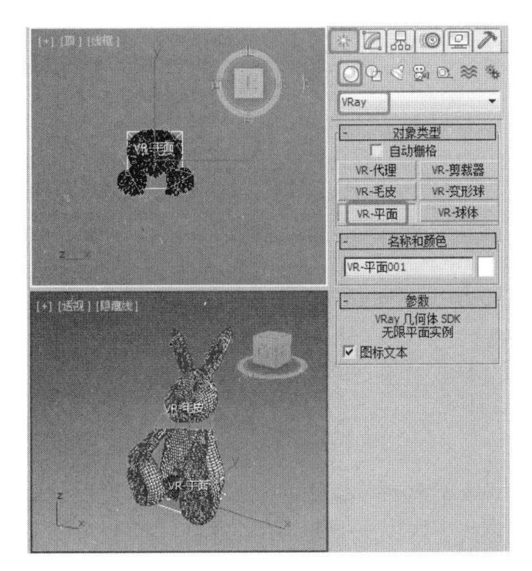

图 10.23

06 选择【创建】 | 【摄影机】 | 【目标】选项，在顶视图中创建【摄影机】，然后在其他视图中调整摄影机的位置，激活透视视图，按 C 键将其转换为摄影机视图，如图 10.24 所示。

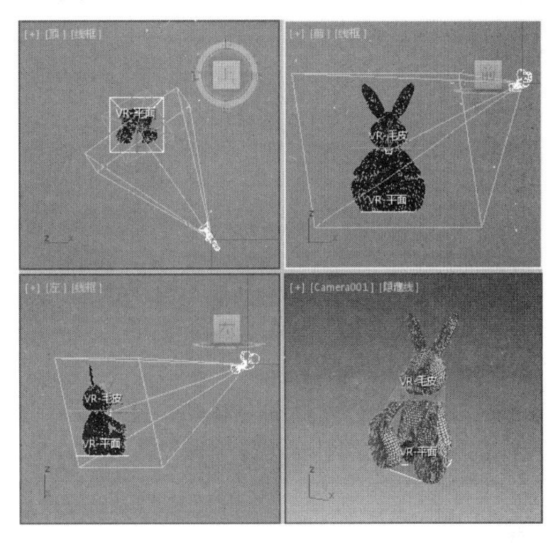

图 10.24

07 选择【创建】 | 【灯光】 | VRay | 【VR-灯光】，在前视图中创建 VR-灯光，如图 10.25 所示。

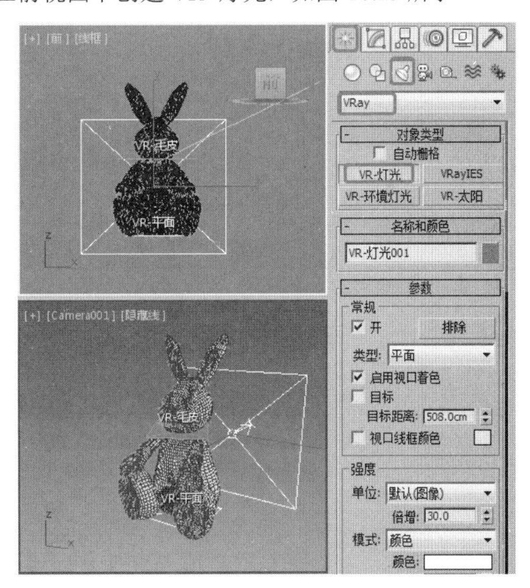

图 10.25

08 选择创建的灯光，进入【修改】命令面板，在【参数】卷展栏中将【强度】选项组中的【倍增】设置为 20，【模式】设置为颜色，【颜色】设置为 255,247,205，【大小】选择组中的【1/2 长】、【1/2 宽】分别设置为 25、20，适当调整灯光的位置，如图 10.26 所示。

09 在场景中选中 VR- 毛皮对象，按 M 键打开【材质编辑器】，将 archmodels69_001_02 材质指定给选定对象，按 F10 键，弹出【渲染设置：V-Ray-Adv

3.00.08】对话框，将【输出大小】设置为【自定义】，将【宽度】和【高度】分别设置为702、486，单击【渲染】按钮即可，如图10.27所示。

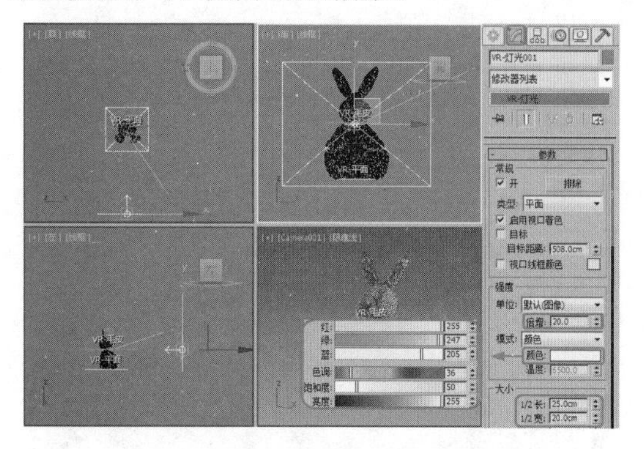

图 10.26

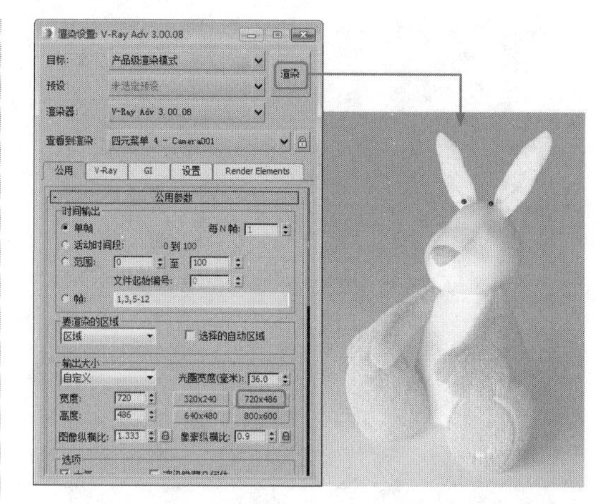

图 10.27

10 最后对摄影机视图进行渲染。

10.6 课后练习

1. 如何创建VR-毛发？

2. VR代理物体的功能是什么？

第11章

VRay 卡通及大气效果

VRay 卡通是一种非常简单的插件，用于场景中的物体上产生卡通类型的轮廓。VRay 卡通的源代码可以部分作为 VRay SDK(SDK 是开发工具包，可以用来开发自己的程序。

11.1 VRay 卡通

VRay 卡通能够通过定义模型轮廓线来表现卡通效果。

11.1.1 功能概述

通常为 3ds Max 增添卡通渲染效果有两种解决方案，一种是指定一种特殊的材质(或明暗处理器)，另一种是作为一种渲染效果来处理，这两种方案有各自的优缺点。VRay 卡通作为一种效果工具有以下几个原因。

- 效果实现非常简单。
- 任何 VRay 支持的几何体都可以产生，包括 VRay 置换物体和毛发物体等。
- 任何 VRay 支持的摄影机类型都可以产生，包括球状、鱼眼等。
- 任何 VRay 支持的摄影机效果都可以产生，包括景深、运动模糊等。
- 任何 VRay 支持的光阴追踪效果都可以产生，包括反射、折射等。
- 对相交物体光滑和一致的轮廓有很好的表现。

创建 VRay 卡通大气效果。首先在菜单栏中单击【渲染】|【环境】按钮，在弹出的【环境和效果】对话框的【大气】卷展栏中添加【VRay- 卡通】，【VRay 卡通参数】卷展栏中各选项和参数如图 11.1 所示。

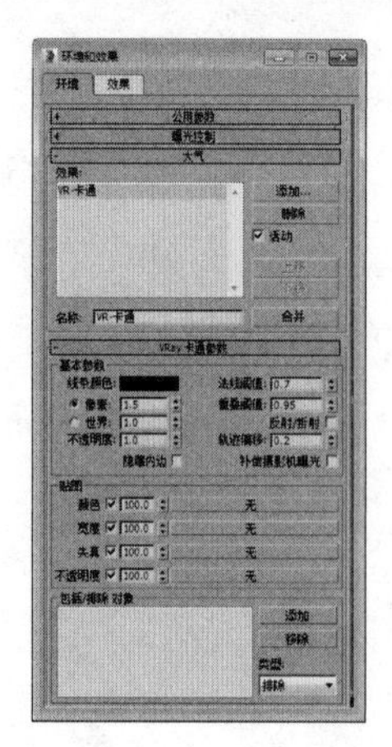

图 11.1

11.1.2 参数详解

本小节将介绍【VRay 卡通参数】卷展栏中，各个主要选项和参数的使用方法。

1. 基本参数

- 【线条颜色】：定义轮廓线的颜色。
- 【像素】：以像素为单位，设置轮廓线的宽度。
- 【世界】：以当前单位设置轮廓线的宽度。靠近摄影机的轮廓线将会较宽，反之则较细。
- 【不透明度】：设置轮廓线的不透明度。
- 【法线阈值】：确定对于同一个物体的不同法向表面产生轮廓线的阈值。值为 0 意味着只有大于或等于 90° 的法向表面才能产生内部轮廓线，较高的值意味着更多的光滑表面也能产生轮廓线。
- 【重叠阈值】：确定对于相交物体产生轮廓线的阈值。较低的值将会减少内部相交线，较高的值将会产生更多的内部相交线。
- 【反射/折射】：在反射/折射中显示轮廓线，不过这样可能会增加渲染的时间。
- 【轨迹偏移】：此参数取决于场景的比例，确定在反射/折射中被追踪的轮廓线的光线偏置。

2. 贴图

- 【颜色】：指定用于轮廓线颜色的纹理贴图，使用场景贴图坐标效果最好，也支持具有【世界 XYZ】坐标的贴图，但是效果并不是很好。
- 【宽度】：指定用于轮廓线宽度的贴图，使用场景贴图坐标效果最好，也支持具有【世界XYZ】坐标的贴图，但是效果并不是很好。

- 【失真】：指定用于扭曲轮廓线的纹理贴图，工作原理类似于凹凸贴图。对于较大的扭曲值可能需要设置较高的输出值。使用场景贴图坐标效果最好，也支持具有【世界XYZ】坐标的贴图，但是效果并不是很好。
- 【不透明度】：指定用于轮廓线不透明度的纹理贴图，使用场景贴图坐标效果最好，也支持具有【世界XYZ】坐标的贴图，但是效果并不是很好。

3. 包括/排除对象

【包括/排除对象】列表中会列出场景中所有使用VRay卡通效果的物体。

- 【增加】：按下此按钮可在场景中选择物体并将它添加到左面的【包括/排除物体】列表中。
- 【移除】：按下此按钮可以删除左面的【包括/排除物体】列表中高亮显示的被选择物体，此物体在渲染中将不会被应用VRay卡通效果。
- 【类型】：设置是排除还是包括物体到VRay卡通效果中。

11.1.3 专家点拨

在本小节中，将对【VRay卡通】重点问题进行点拨。

- VRay卡通效果仅产生轮廓线，其他的效果需要用户创建卡通类型的材质（例如，使用衰减贴图或第三方的材质插件等）。
- VRay卡通效果对于透明物体可能并不理想，对于折射率为1.0的折射物体效果更好。
- 没有单一的物体设置时，VRay卡通效果将为场景中的所有物体创建轮廓线。VRay卡通效果不支持投射阴影属性关闭的物体。
- 轮廓线的品质取决于当前图像采样器的设置。

11.2 VRay球形褪光

VRay球形褪光是一种大气插件，在渲染动画的过程中使用VRay球形褪光，能够有效地节约渲染时间。

11.2.1 功能概述

VRay球形褪光是VRay渲染器提供的一种简单的大气插件，其早期只是一个简单的脚本文件，现在已经集成到VRay渲染器中。使用此插件之前，场景中必须首先存在3ds Max的球形线框帮助物体，在渲染中VRay仅渲染球形Gizmos范围之内的场景，范围之外的场景全部以指定的颜色来代替。使用这种功能可以在渲染动画的过程中有效地节约渲染时间。【VRay球形褪光参数】卷展栏中各选项和参数如图11.2所示。

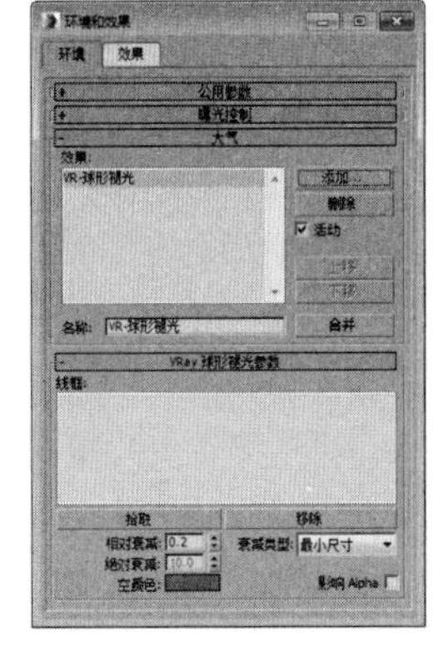

图 11.2

11.2.2 参数详解

本小节将介绍【VRay球形褪光参数】卷展栏中各主要选项和参数的使用方法。

- 【线框】：此列表列出了全部用于球形褪光大气效果的球形线框帮助物体。

- 【拾取】：按下此按钮可以在场景中选取球形线框帮助物体，以将其添加到线框列表中。
- 【移除】：按下此按钮可以删除列表中选择的球形线框帮助物体。
- 【相对衰减】：VRay 球形褪光大气效果自身的衰减效果设置，取值范围为 0 ～ 1，默认值为 0.2。
- 【空颜色】：此颜色样本用于设置球形线框区域之外的场景颜色。

11.3 课堂实例

下面通过手绘卡通玩具和室外房子两个实例来巩固本章所学习的内容。

11.3.1 手绘卡通玩具

本例将介绍手绘卡通玩具效果的制作方法，效果如图 11.3 所示。

图 11.3

01 打开配套资源中的手绘卡通玩具 .max 文件，如图 11.4 所示。

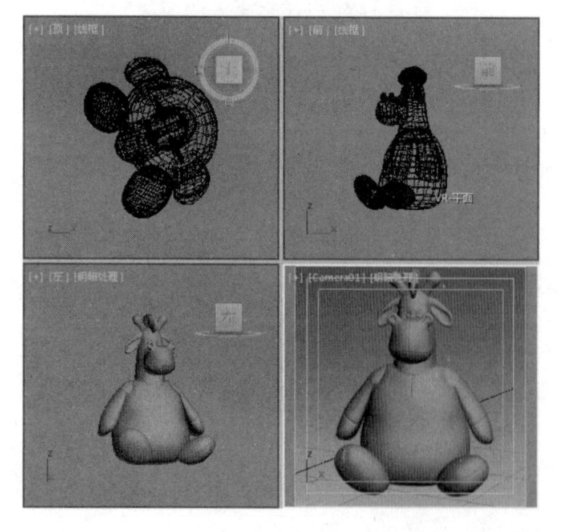

图 11.4

02 按 8 键打开【环境和效果】对话框，设置【背景】选项组中的【颜色】为白色，然后单击【添加】按钮，在列表中选择【VR- 卡通】大气特效，如图 11.5 所示。

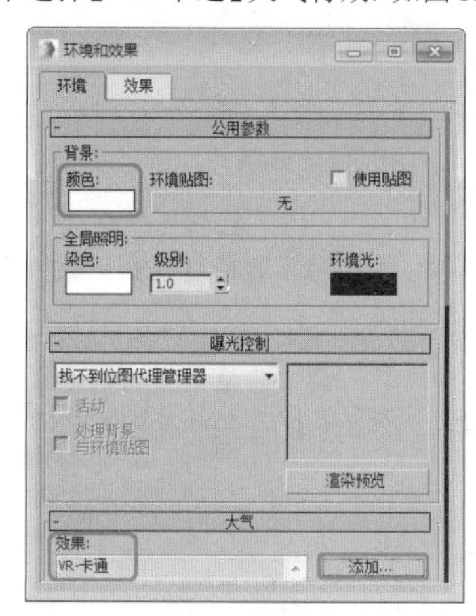

图 11.5

03 在【VRay 卡通参数】卷展栏中将【像素】的数值设置为 1；在【贴图】选项组中单击【宽度】右侧的【无】按钮，在弹出的【材质 / 贴图浏览器】对话框中，选择【细胞】贴图，如图 11.6 所示。

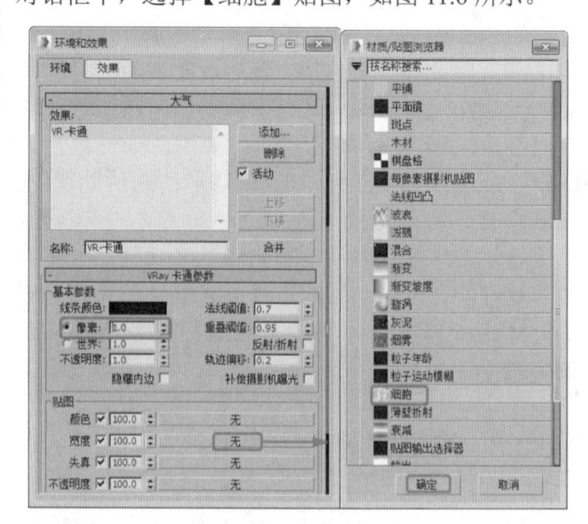

图 11.6

04 按 M 键打开【材质编辑器】，将【细胞】贴图拖曳到一个新的材质样本球上，在弹出的对话框中选中【实例】单选按钮，然后单击【确定】按钮，如图 11.7 所示。

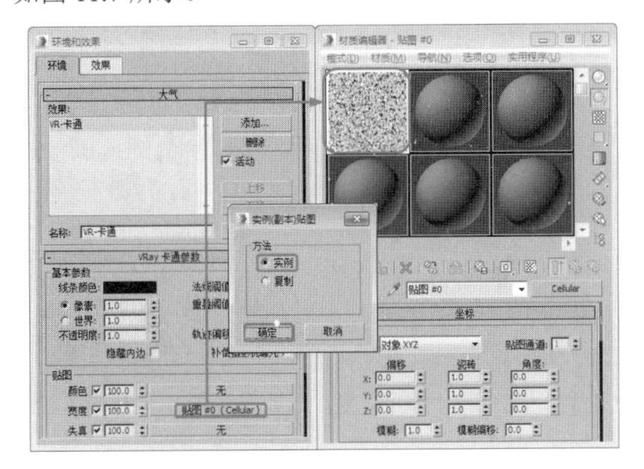

图 11.7

05 在【细胞参数】卷展栏的【细胞特性】选项组中，选中【分形】复选框，将【大小】和【扩散】均设置为 1，【迭代次数】设置为 1.4，如图 11.8 所示。

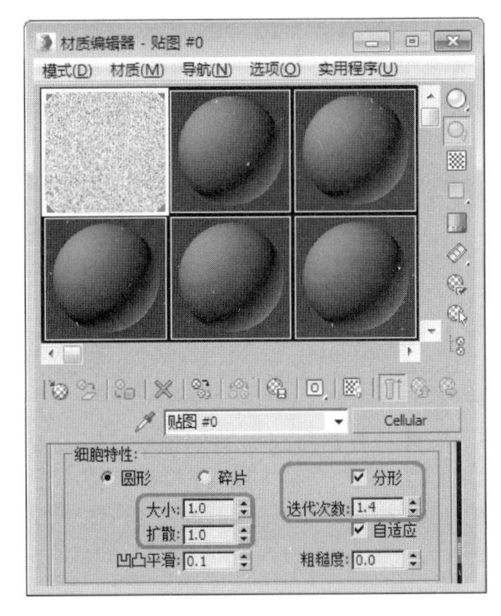

图 11.8

06 继续为玩具模型设置材质。选择一个新的材质样本球，将【环境光】和【漫反射】都设置为白色。将【高光级别】设置为 50，在【漫反射】贴图通道中指定一个【衰减】贴图，如图 11.9 所示。

07 在【衰减】设置面板的【混合曲线】卷展栏中，为控制线增加两个控制点，并调整它们所在的位置，如图 11.10 所示。

08 在【衰减参数】卷展栏中的第一个颜色色块处指定一个位图，在【选择位图图像文件】对话框中，选择配套资源中的灰度 .tif 贴图文件，单击【打开】按钮，打开后的效果如图 11.11 所示。

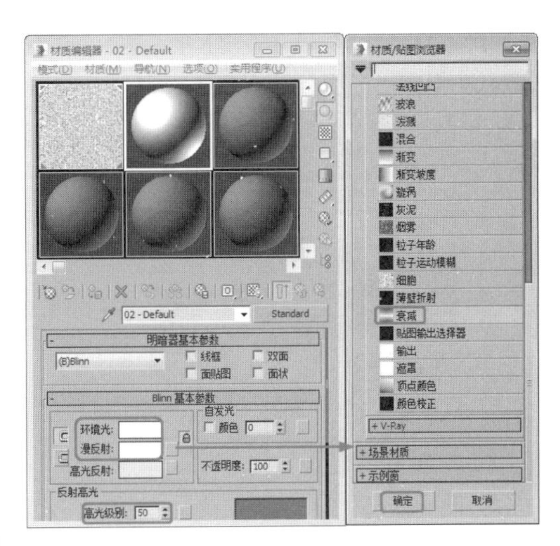

图 11.9

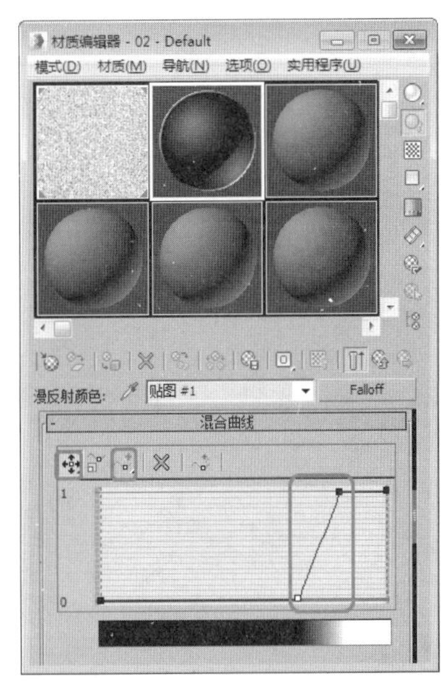

图 11.10

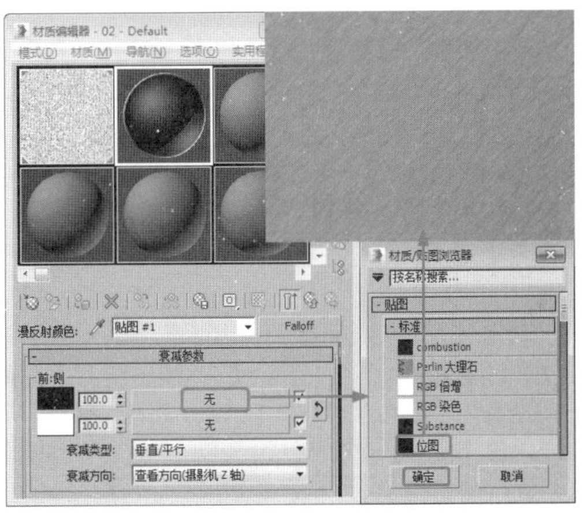

图 11.11

09 在【位图】参数面板的【输出】卷展栏中，将【输出量】设置为1.2，如图11.12所示。

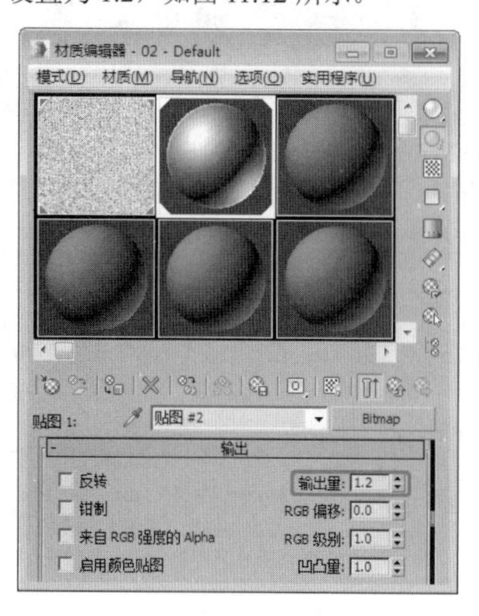

图 11.12

10 最后将设置好的材质指定给场景中的玩具模型对象，对摄影机视图进行渲染并将场景文件保存。

11.3.2 室外房子

本例将学习室外房子的制作方法，效果如图11.13所示。

图 11.13

01 打开配套资源中的室外房子.max文件，如图11.14所示。

02 选择【创建】 |【灯光】 |【标准】|【目标聚光灯】工具，在顶视图中创建一盏目标聚光灯，切换至【修改】命令面板，在【常规参数】卷展栏下选中【阴影】选项组中的【启用】复选框，将阴影模式定义为【VR-阴影】；在【聚光灯参数】卷展栏中将【聚光区/光束】和【衰减区/区域】的值分别设置为100和102，在【强度/颜色/衰减】卷展栏中将【倍增】值设置为0.7，然后在其他视图中调整其位置，如图11.15所示。

图 11.14

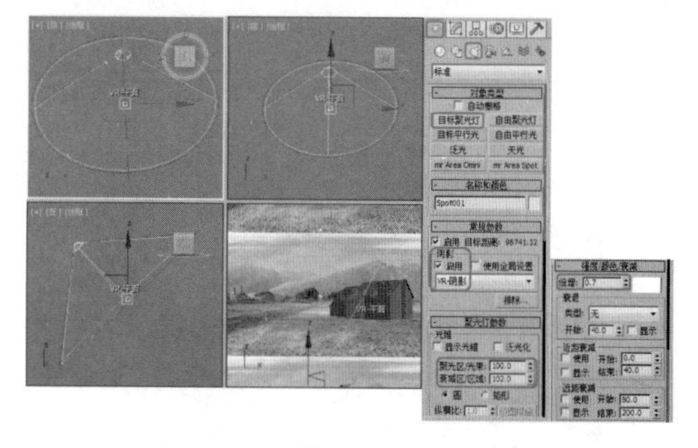

图 11.15

03 选择【创建】 |【灯光】 |【标准】|【泛光】工具，在顶视图中创建一盏泛光灯，这时切换到【修改】命令面板，在【常规参数】卷展栏下选中【阴影】选项组中的【启用】复选框，将阴影模式定义为【VR-阴影】；在【强度/颜色/衰减】卷展栏中将【倍增】值设置为0.5，然后在其他视图中调整其位置，如图11.16所示。

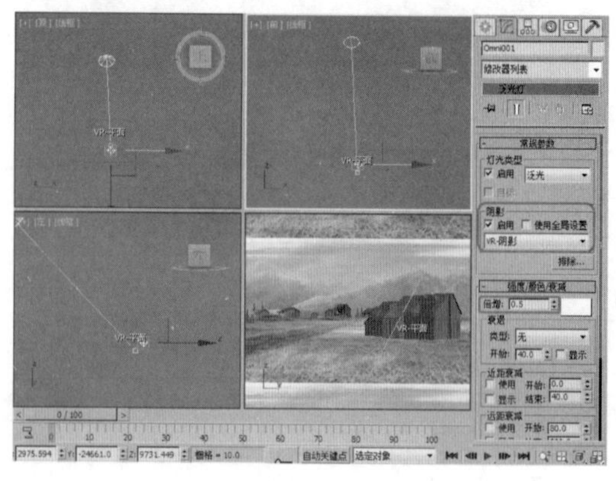

图 11.16

04 按 8 键，在【大气】卷展栏中，单击【添加】按钮，为其添加一个【VR-卡通】的大气效果，在【VRay卡通参数】卷展栏中将【像素】值设置为 1，如图 11.17 所示。

05 最后将设置好的材质指定给场景中的模型对象，对摄影机视图进行渲染并将场景文件保存。

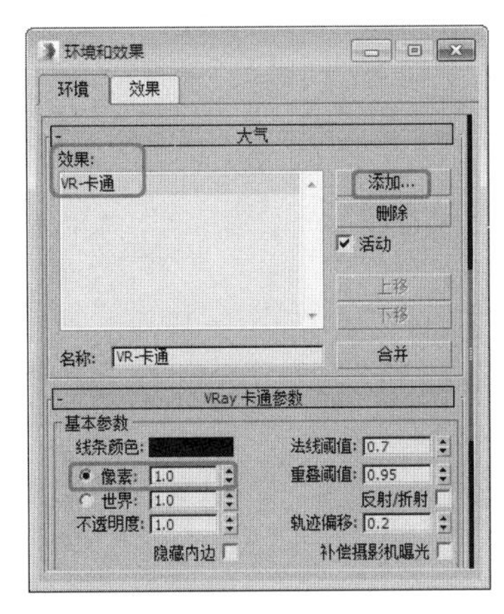

图 11.17

11.4 课后练习

渲染 VRay 卡通效果的两种方法是什么？

第12章

项目指导——电梯厅夜间灯光表现

本章将通过实例来讲解电梯夜间灯光表现的方法，属于室内环境的创建，需要根据使用性质、所处环境和相应标准进行创建。要求功能合理、舒适优美、满足人们物质和精神生活需要。

12.1 精通现代空间：电梯厅夜间灯光表现

电梯是一种以电动机为动力的垂直升降机，装有箱状吊舱，用于多层建筑载人或载运货物。根据用途分类可以将电梯分为乘客电梯、载货电梯、医用电梯和观光电梯等。本例介绍住宅楼电梯夜间灯光的表现方法，完成后的效果如图 12.1 所示。

图 12.1

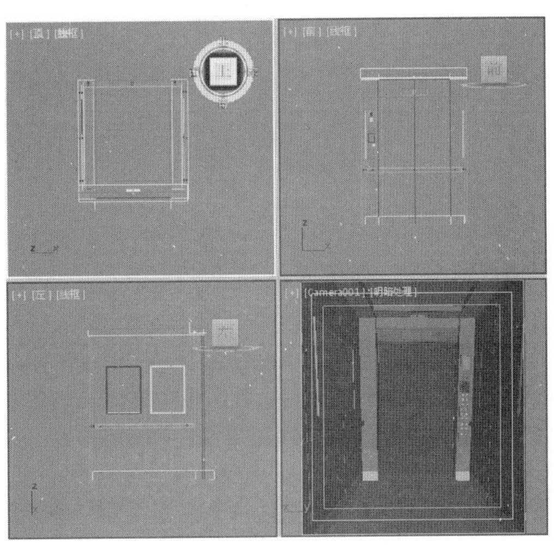

图 12.2

12.1.1 材质制作

下面来详细介绍材质的制作方法，主要包括轿厢、吊顶和广告牌的材质设置等。

1. 制作轿厢材质

下面先来介绍轿厢材质的表现方法，具体操作步骤如下。

01 按 Ctrl+O 组合键，在弹出的对话框中打开配套资源中的项目指导—电梯厅夜间灯光表现 .max 文件，如图 12.2 所示。

02 在场景中选择轿厢对象，按 M 键打开【材质编辑器】对话框，选择一个新的材质样本球，将其命名为【轿厢】。单击 Standard 按钮，在弹出的【材质 / 贴图浏览器】对话框中选择【VRayMtl】材质，单击【确定】按钮，在【基本参数】卷展栏中，将【漫反射】颜色的数值设置为 196,212,206，在【反射】选项组中，将【反射】颜色的数值设置为 232,232,232，将【反射光泽度】设置为 0.86，将【细分】设置为 40，如图 12.3 所示。

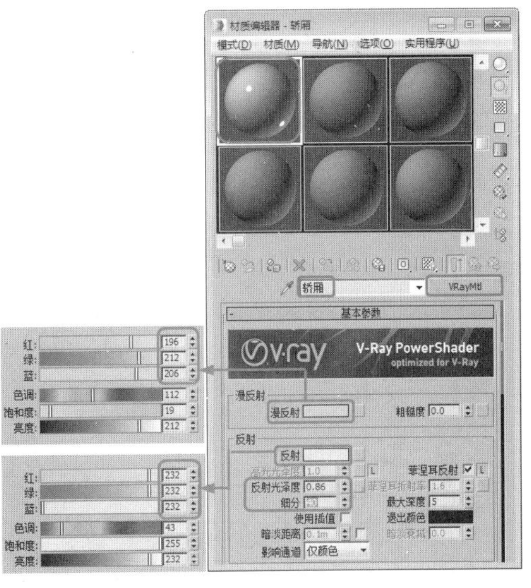

图 12.3

03 在【双向反射分布函数】卷展栏中，将【各向异性】设置为 0.8，如图 12.4 所示。然后单击【将材质指定给选定对象】按钮，将材质指定给【轿厢】对象。

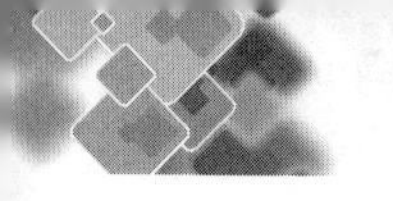

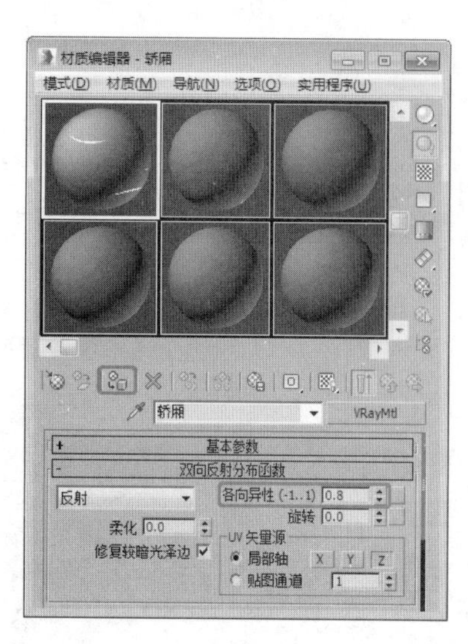

图 12.4

2．制作电梯门和扶手材质

下面来介绍电梯门和扶手材质的表现方法，具体操作步骤如下。

01 在场景中选择【电梯门】对象，按 Alt+Q 组合键孤立当前选择对象，然后切换到【修改】命令面板，将当前选择集定义为【多边形】，在视图中选择如图 12.5 所示的多边形，并在【多边形：材质 ID】卷展栏中将【设置 ID】设置为 1。

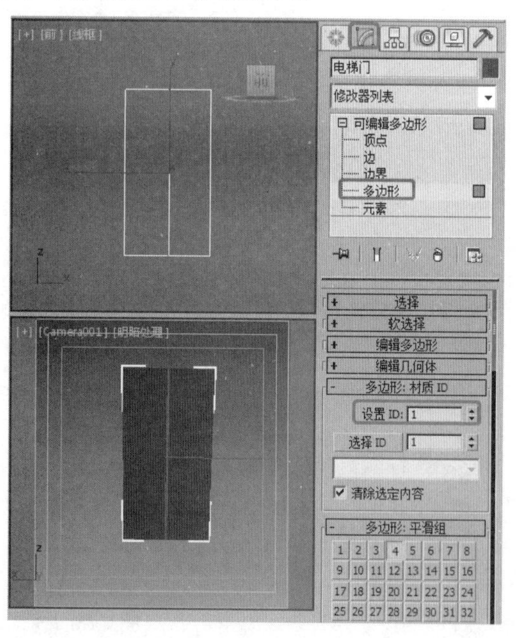

图 12.5

02 在菜单栏中选择【编辑】|【反选】命令，反选多边形，然后在【多边形：材质 ID】卷展栏中将【设置 ID】设置为 2，如图 12.6 所示。

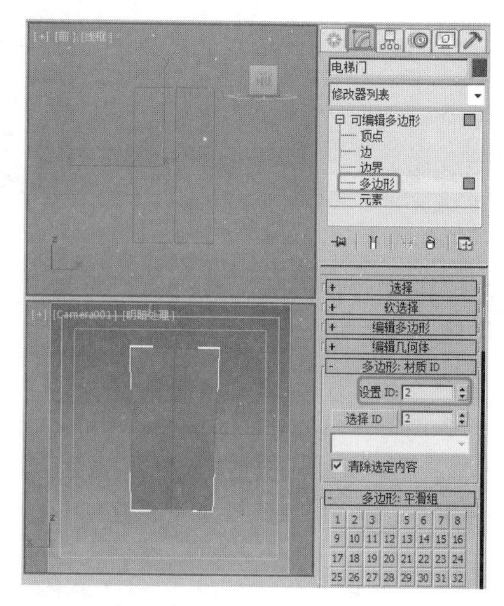

图 12.6

03 关闭当前选择集，按 M 键打开【材质编辑器】对话框，选择一个新的材质样本球，将其命名为【电梯门】。然后单击 Standard 按钮，在弹出的【材质/贴图浏览器】对话框中选择【多维/子对象】材质，单击【确定】按钮，如图 12.7 所示。

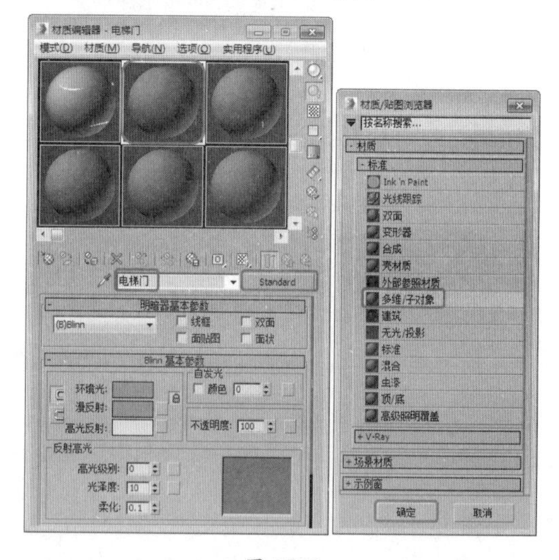

图 12.7

04 在弹出的【替换材质】对话框中单击【确定】按钮，然后在【多维/子对象基本参数】卷展栏中单击【设置数量】按钮，在弹出的【设置材质数量】对话框中将【材质数量】设置为 2，单击【确定】按钮，如图 12.8 所示。

05 将【轿厢】材质球拖曳至 ID1 右侧的子材质按钮上，在弹出的【实例（副本）材质】对话框中选中【复制】单选按钮，并单击【确定】按钮，如图 12.9 所示。

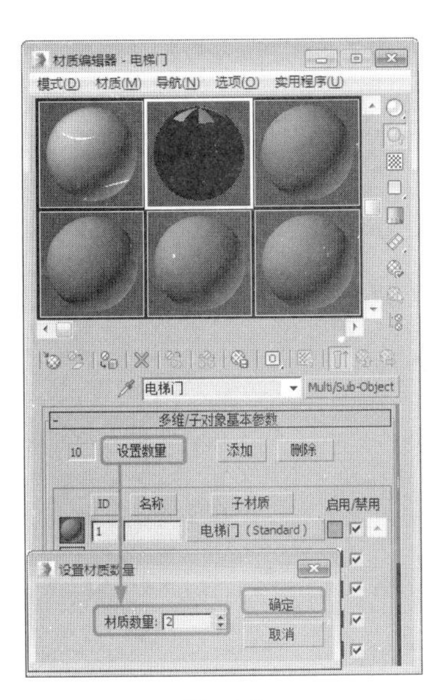

图 12.8

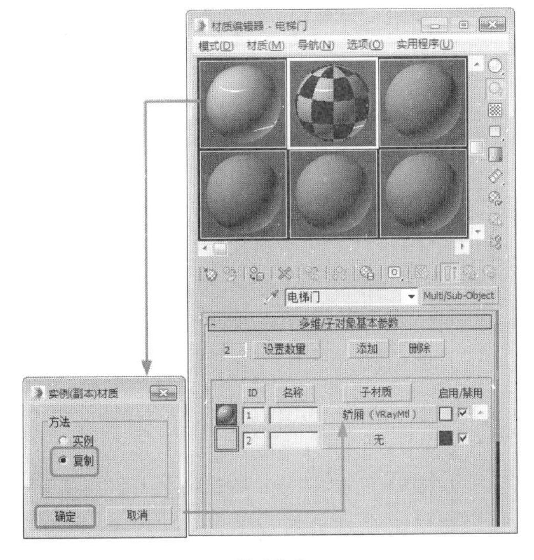

图 12.9

06 单击 ID2 右侧的子材质按钮，在弹出的【材质/贴图浏览器】对话框中选择【VRayMtl】材质，单击【确定】按钮，在【基本参数】卷展栏中，将【漫反射】颜色的数值设置为 250,250,250，在【反射】选项组中，将【反射】颜色的数值设置为 153,153,153，将【反射光泽度】设置为 0.65，如图 12.10 所示。单击【转到父对象】按钮和【将材质指定给选定对象】按钮，将材质指定给【电梯门】对象。

07 在视图中右击，在弹出的快捷菜单中选择【结束隔离】命令，然后选择【扶手】对象，在【材质编辑器】对话框中选择一个新的材质样本球，将其命名为【扶手】，并单击 Standard 按钮，在弹出的【材质/贴图浏览器】对话框中选择【VRayMtl】材质，单击【确定】按钮。在【反射】选项组中，将【反射】颜色的数值设置为 221,221,221，【反射光泽度】设置为 0.88，【细分】设置为 16，如图 12.11 所示。单击【将材质指定给选定对象】按钮，将材质指定给【扶手】对象。

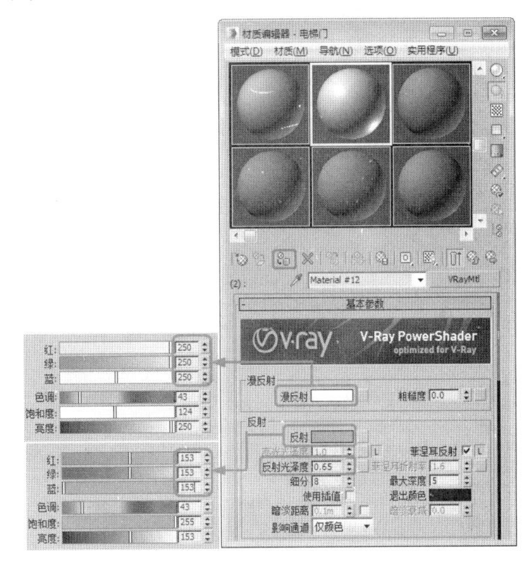

图 12.10

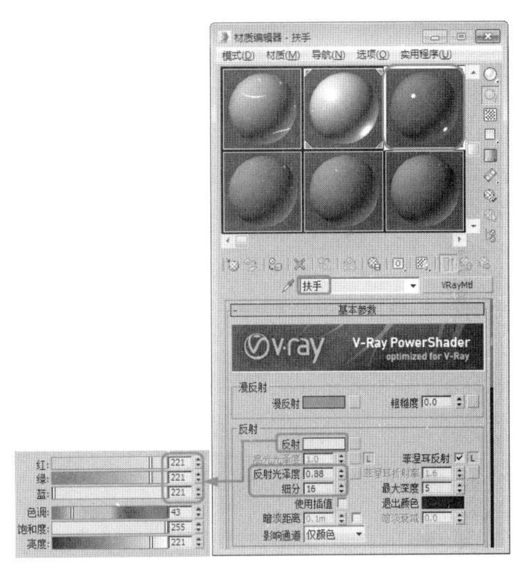

图 12.11

3. 制作踢脚板材质

下面来介绍踢脚板材质的表现方法，具体操作步骤如下。

01 在场景中选择【踢脚板】对象，在【材质编辑器】对话框中选择一个新的材质样本球，将其命名为【踢脚板】，并单击 Standard 按钮。在弹出的【材质/贴图浏览器】对话框中选择【VRayMtl】材质，单击【确定】按钮，如图 12.12 所示。

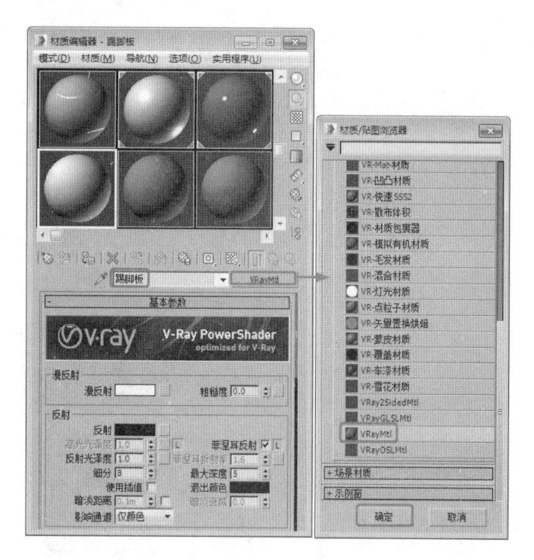

图 12.12

02 在【基本参数】卷展栏中，将【漫反射】颜色的数值设置为250,250,250，在【反射】选项组中，将【反射】颜色的数值设置为153,153,153，将【反射光泽度】设置为0.65，如图12.13所示。单击【将材质指定给选定对象】按钮，将材质指定给【踢脚板】对象。

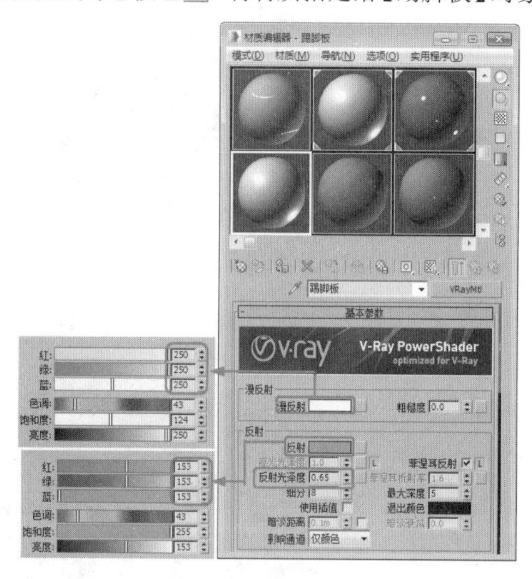

图 12.13

4. 制作大理石拼花地台材质

下面来介绍大理石拼花地台材质的表现方法，具体操作步骤如下。

01 在场景中选择【大理石拼花地台】对象，按Alt+Q组合键孤立当前选择对象，然后切换到【修改】命令面板。将当前选择集定义为【多边形】，在视图中选择如图12.14所示的多边形，并在【多边形：材质ID】卷展栏中将【设置ID】设置为1。

02 在菜单栏中选择【编辑】|【反选】命令，反选多边形，然后在【多边形：材质ID】卷展栏中将【设置ID】设置为2，如图12.15所示。

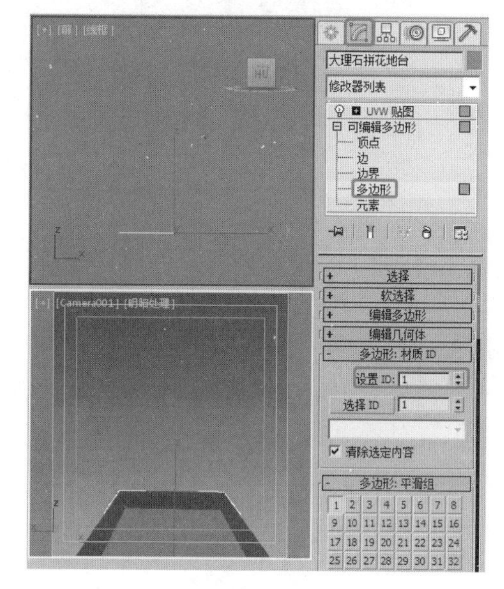

图 12.14

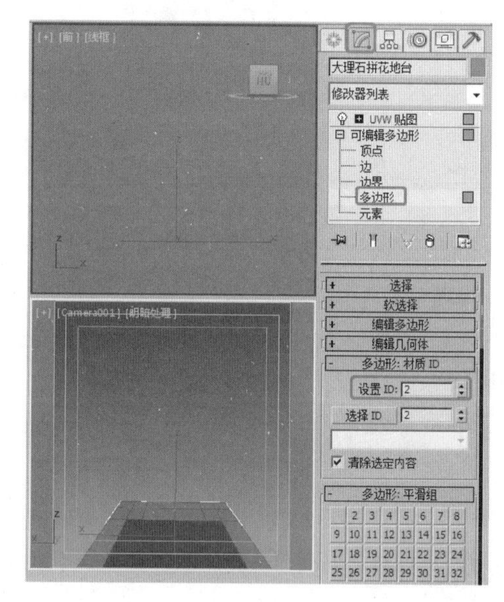

图 12.15

03 关闭当前选择集，在【材质编辑器】对话框中选择一个新的材质样本球，将其命名为【大理石拼花地台】，然后单击石拼花地台（Standard）按钮。在弹出的【材质/贴图浏览器】对话框中选择【多维/子对象】材质，单击【确定】按钮，在弹出的【替换材质】对话框中单击【确定】按钮，然后在【多维/子对象基本参数】卷展栏中单击【设置数量】按钮，在弹出的【设置材质数量】对话框中将【材质数量】设置为2，单击【确定】按钮，如图12.16所示。

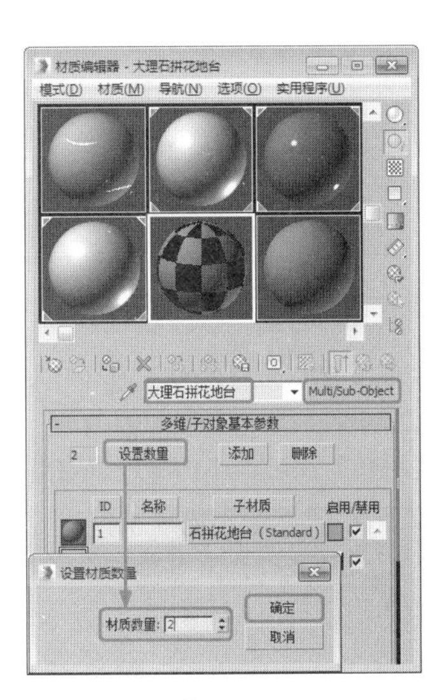

图 12.16

04 单击 ID1 右侧的子材质按钮，然后单击 Standard 按钮，在弹出的【材质 / 贴图浏览器】对话框中选择【VRayMtl】材质，单击【确定】按钮，并在【基本参数】卷展栏中，将【漫反射】颜色的数值设置为 210,210,210，在【反射】选项组中，将【反射】颜色的数值设置为 35,35,35，将【反射光泽度】设置为 0.8，如图 12.17 所示。

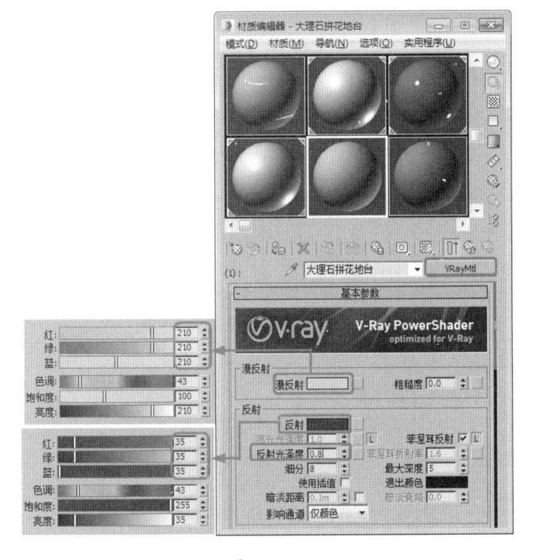

图 12.17

05 在【贴图】卷展栏中单击【漫反射】右侧的【无】按钮，在弹出的【材质 / 贴图浏览器】对话框中选择【位图】贴图，单击【确定】按钮。在弹出的对话框中打开配套资源中的 17066.jpg 贴图文件，在【坐标】卷展栏中将【角度】下的 V 设置为 7，在【位图参数】卷展栏中选中【应用】复选框，并单击右侧的【查看图像】按钮，在弹出的对话框中通过调整控制柄来指定裁剪区域，如图 12.18 所示。

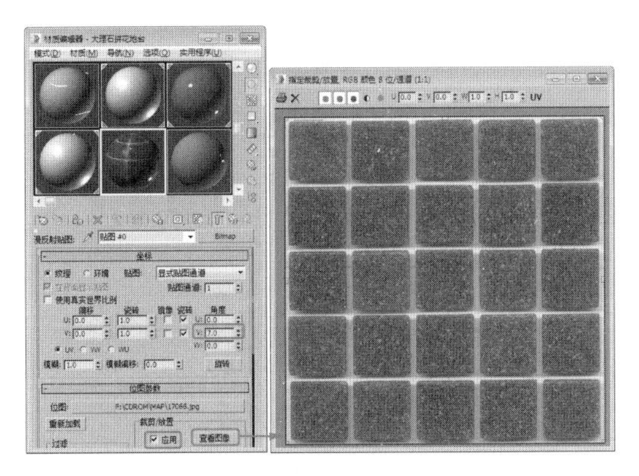

图 12.18

06 单击【转到父对象】按钮，在【贴图】卷展栏中，将【漫反射】右侧的材质按钮拖曳至【凹凸】右侧的【无】按钮上，在弹出的【复制（实例）贴图】卷展栏中选中【实例】单选按钮，然后单击【确定】按钮，如图 12.19 所示。

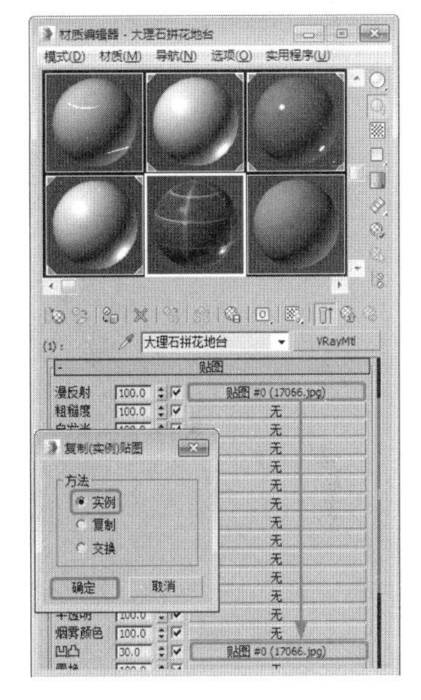

图 12.19

07 单击【转到父对象】按钮，然后单击 ID2 右侧的子材质按钮，在弹出的【材质 / 贴图浏览器】对话框中选择【VRayMtl】材质，单击【确定】按钮。在【基本参数】卷展栏中，将【漫反射】颜色的数值设置为 210,210,210，在【反射】选项组中，将【反射】颜色的数值设置为 54,54,54，将【反射光泽度】设置为 0.85，如图 12.20 所示。

08 在【贴图】卷展栏中单击【漫反射】右侧的【无】按钮，在弹出的【材质 / 贴图浏览器】对话框中选择【位图】贴图，单击【确定】按钮，在弹出的对话框中打开配套资源中的 2201.jpg 贴图文件，在【坐标】卷展栏中使用默认参数即可，如图 12.21 所示。

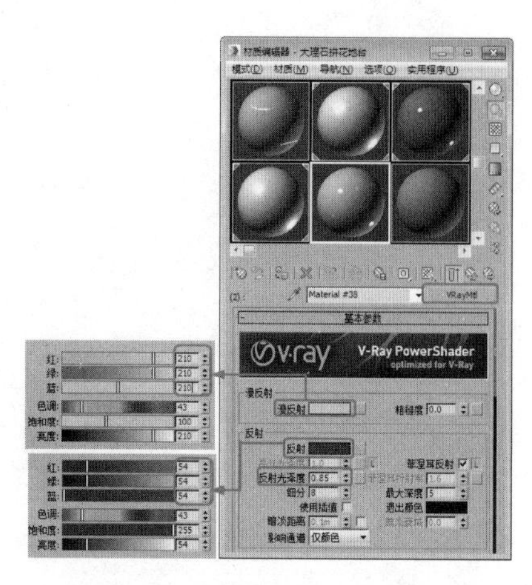

图 12.20

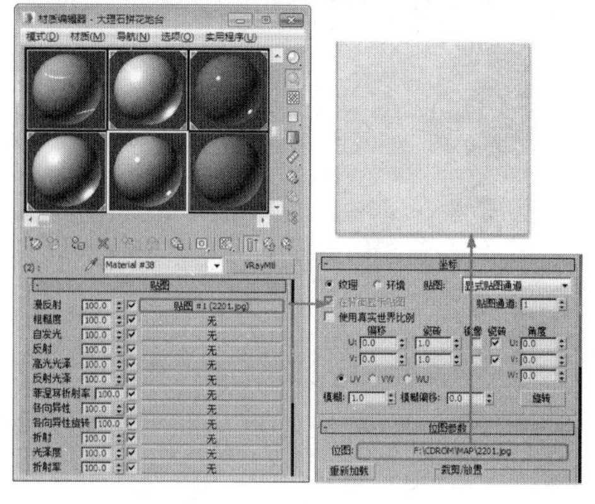

图 12.21

09 单击【转到父对象】按钮，在【贴图】卷展栏中，将【漫反射】右侧的贴图按钮拖曳至【凹凸】右侧的【无】按钮上，在弹出的【复制（实例）贴图】卷展栏中选中【实例】单选按钮，然后单击【确定】按钮，如图 12.22 所示。单击【转到父对象】按钮和【将材质指定给选定对象】按钮，将材质指定给【大理石拼花地台】对象。

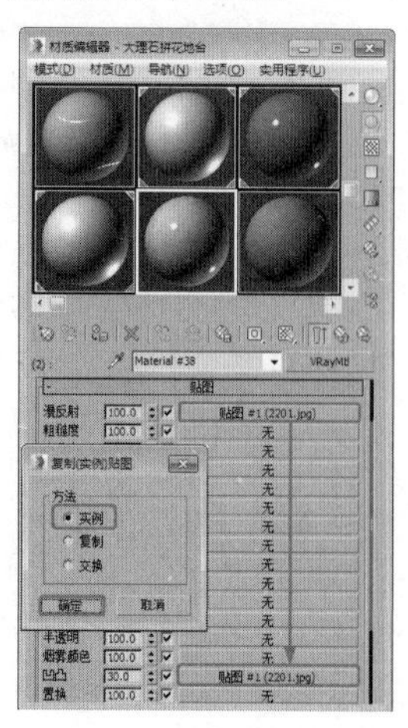

图 12.22

5．制作吊顶材质

下面来介绍吊顶材质的表现方法，具体操作步骤如下。

01 在视图中右击，在弹出的快捷菜单中选择【结束隔离】命令，然后选择【吊顶 01】对象，按 Alt+Q 组合键孤立当前选择对象，并切换到【修改】命令面板，将当前选择集定义为【多边形】，在视图中选择如图 12.23 所示的多边形，在【曲面属性】卷展栏中将【材质】选项组中的【设置 ID】设置为 1。

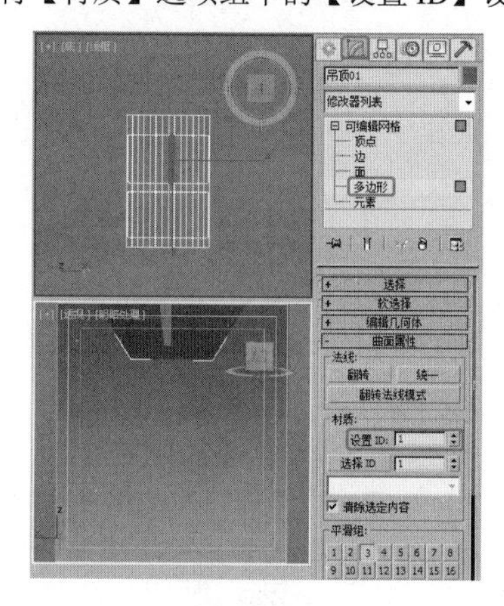

图 12.23

02 在菜单栏中选择【编辑】|【反选】命令，反选多边形，然后在【曲面属性】卷展栏中将【材质】选项组中的【设置 ID】设置为 2，如图 12.24 所示。

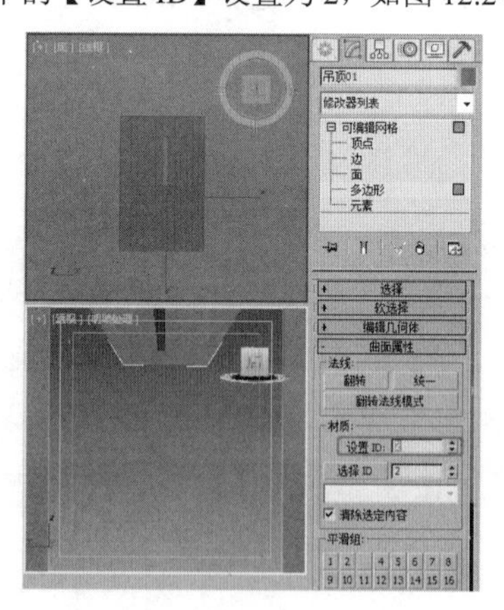

图 12.24

03 关闭当前选择集，在【材质编辑器】对话框中选择一个新的材质样本球，将其命名为【吊顶 01】，然后单击 Standard 按钮。在弹出的【材质 / 贴图浏览器】对话框中选择【多维 / 子对象】材质，单击【确定】按钮，在弹出的【替换材质】对话框中单击【确定】按钮，然后在【多维 / 子对象基本参数】卷展栏中单击【设置数量】按钮。在弹出的【设置材质数量】

对话框中将【材质数量】设置为2，单击【确定】按钮，如图 12.25 所示。

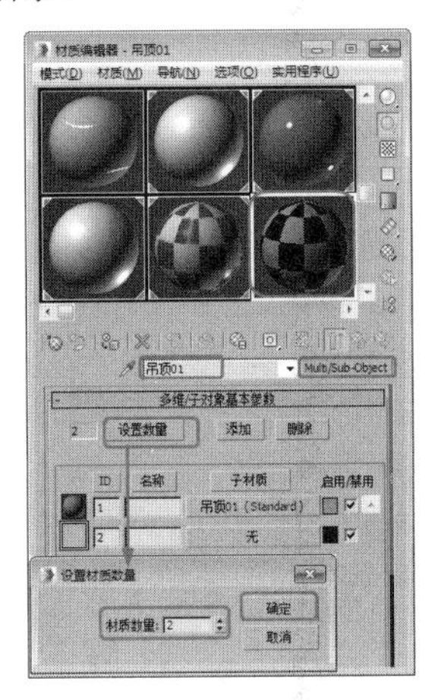

图 12.25

04 将【轿厢】材质球拖曳至 ID1 右侧的子材质按钮上，在弹出的【实例(副本)材质】对话框中选中【复制】单选按钮，并单击【确定】按钮，如图 12.26 所示。

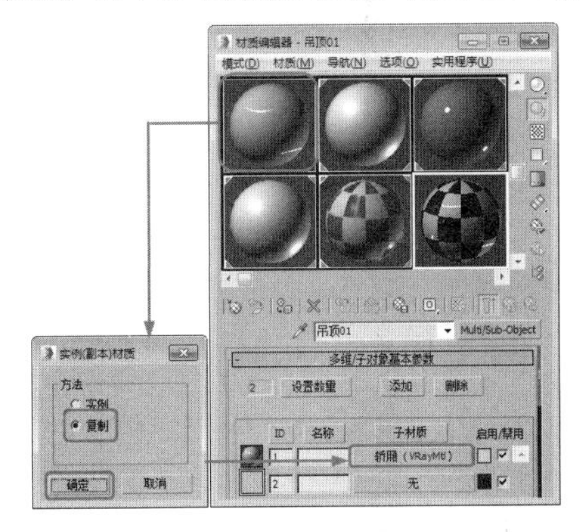

图 12.26

05 单击 ID2 右侧的子材质按钮，在弹出的【材质/贴图浏览器】对话框中选择【VR 材质包裹器】，单击【确定】按钮，如图 12.27 所示。

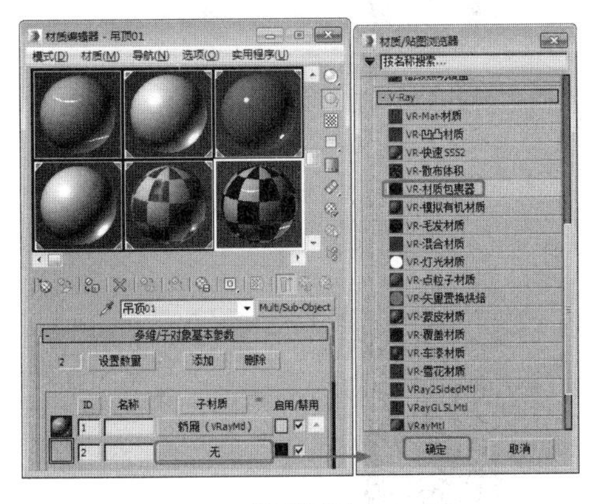

图 12.27

06 在【VR 材质包裹器参数】卷展栏中将【生成全局照明】设置为 5，单击【基本材质】右侧的【无】按钮，在弹出【材质/贴图浏览器】对话框中选择【标准】材质，单击【确定】按钮，如图 12.28 所示。

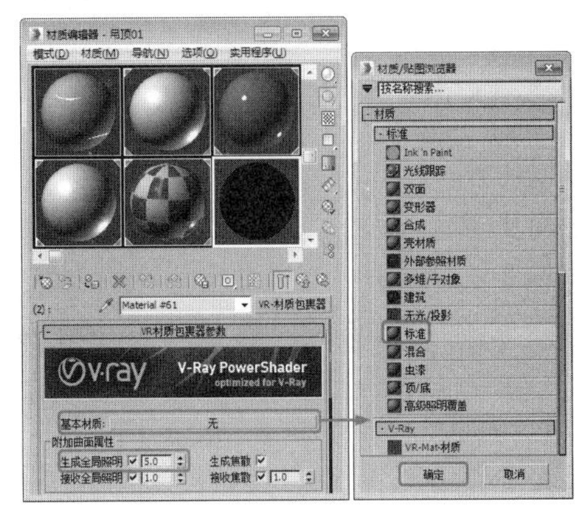

图 12.28

07 在【Blinn 基本参数】卷展栏中将【环境光】和【漫反射】的颜色数值都设置为255,255,255，将【自发光】设置为100，在【反射高光】选项组中，将【高光级别】和【光泽度】分别设置为 57、53，如图 12.29 所示。

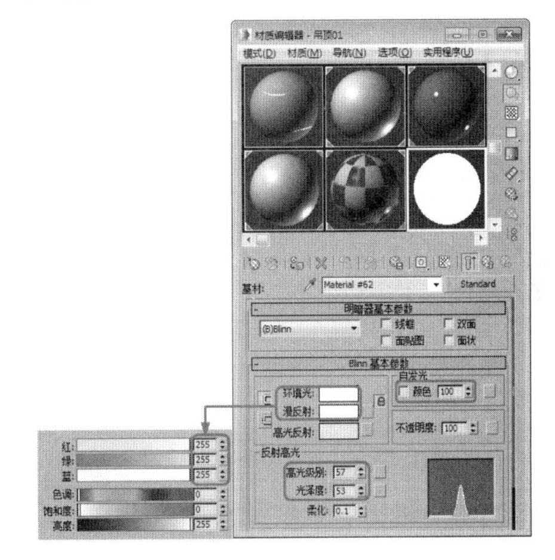

图 12.29

08 在【贴图】卷展栏中，单击【漫反射颜色】右侧的【无】按钮，在弹出的【材质/贴图浏览器】对话框中选择【位图】贴图，单击【确定】按钮。在弹出的对话框中打开配套资源中的 Untitled-2jpg.jpg 贴图文件。在【坐标】卷展栏中将【角度】下的 W 设置为 90，如图 12.30 所示。单击三次【转到父对象】按钮，退出【多边形】选择集，然后单击【将材质指定给选定对象】按钮，将材质指定给【吊顶 01】对象。

09 在视图中右击，在弹出的快捷菜单中选择【结束隔离】命令，然后选择【吊顶 02】对象，按 Alt+Q 组合键孤立当前选择对象，并切换到【修改】命令面板。将当前选择集定义为【多边形】，在视图中选择如图 12.31 所示的多边形，在【材质】选项组中将【设置 ID】设置为 1。

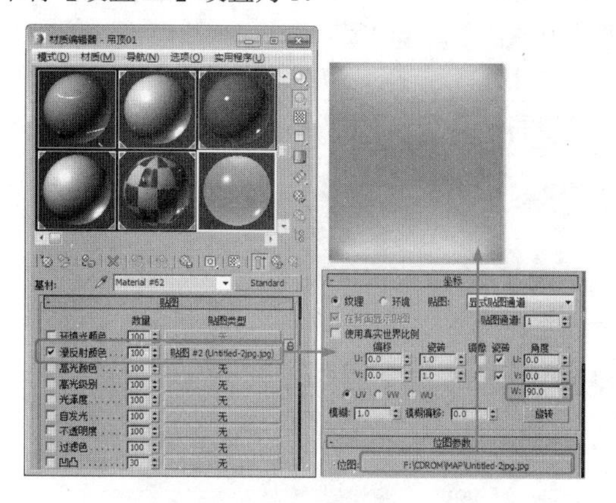
图 12.30

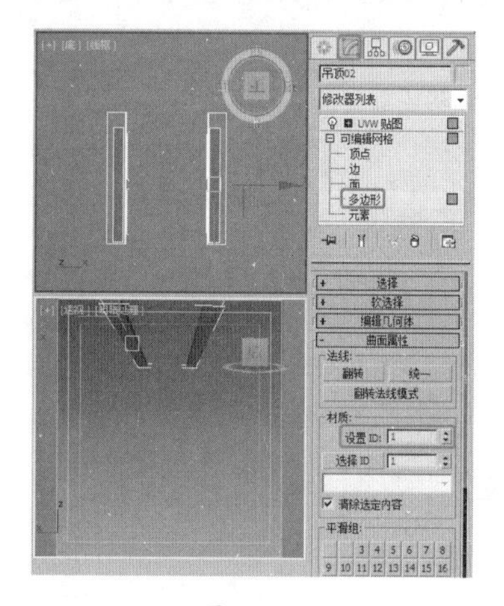
图 12.31

10 在菜单栏中选择【编辑】|【反选】命令，反选多边形，然后在【材质】选项组中将【设置 ID】设置为 2，如图 12.32 所示。

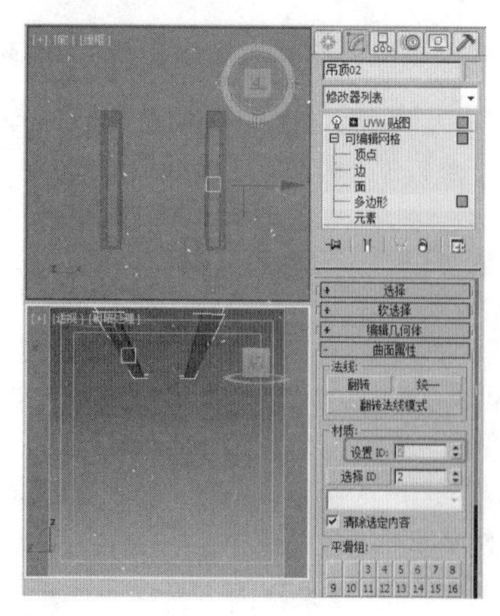
图 12.32

11 关闭当前选择集，在【材质编辑器】对话框中选择一个新的材质样本球，将其命名为【吊顶 02】。单击 Standard 按钮，在弹出的【材质 / 贴图浏览器】对话框中选择【多维 / 子对象】材质，单击【确定】按钮。在弹出的【替换材质】对话框中单击【确定】按钮，然后在【多维 / 子对象基本参数】卷展栏中单击【设置数量】按钮，在弹出的【设置材质数量】对话框中将【材质数量】设置为 2，单击【确定】按钮，如图 12.33 所示。

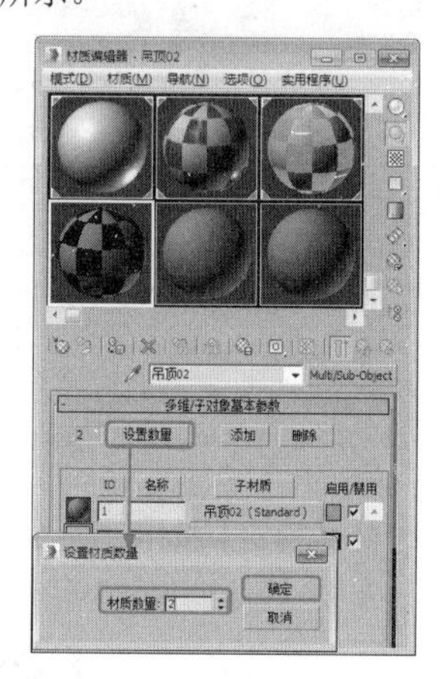
图 12.33

12 将【轿厢】材质球拖曳至 ID1 右侧的子材质按钮上，在弹出的【实例(副本)材质】对话框中选中【复制】单选按钮，并单击【确定】按钮，然后单击 ID2 右侧的子材质按钮，在弹出的【材质 / 贴图浏览器】对话框中选择【VR 材质包裹器】，单击【确定】按钮，在【VR 材质包裹器参数】卷展栏中将【生成全局照明】设置为 4，并单击【基本材质】右侧的【无】按钮，在弹出【材质 / 贴图浏览器】对话框中选择【标准】材质，单击【确定】按钮，如图 12.34 所示。

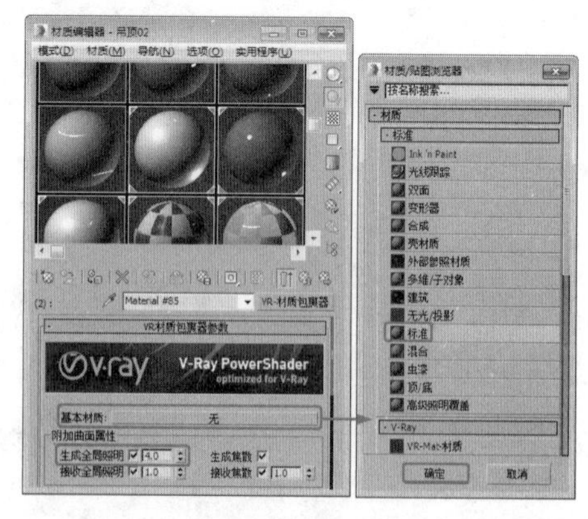
图 12.34

13 在【Blinn 基本参数】卷展栏中将【环境光】和【漫反射】的颜色数值都设置为 255,255,255，将【自发光】设置为 100，如图 12.35 所示。

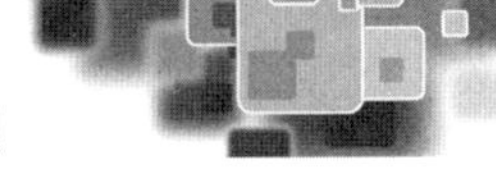

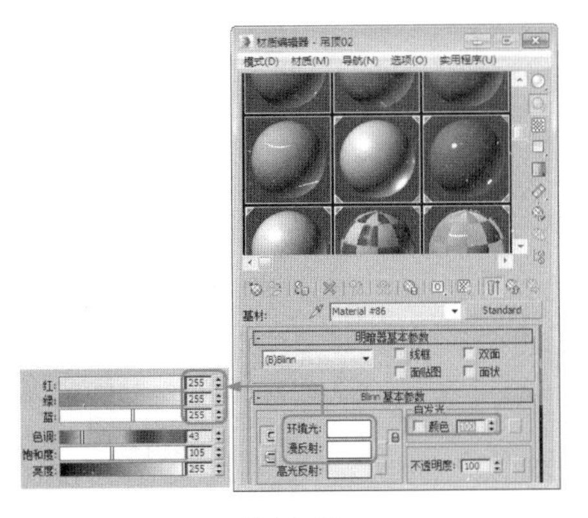

图 12.35

14 在【贴图】卷展栏中，单击【自发光】右侧的【无】按钮，在弹出的【材质/贴图浏览器】对话框中选择【位图】贴图，单击【确定】按钮。在弹出的对话框中打开配套资源中的2.jpg贴图文件，在【坐标】卷展栏中将【角度】下的W设置为90，【位图参数】卷展栏中选中【应用】复选框，并单击右侧的【查看图像】按钮，在弹出的对话框中通过调整控制柄来指定裁剪区域，如图12.36所示。

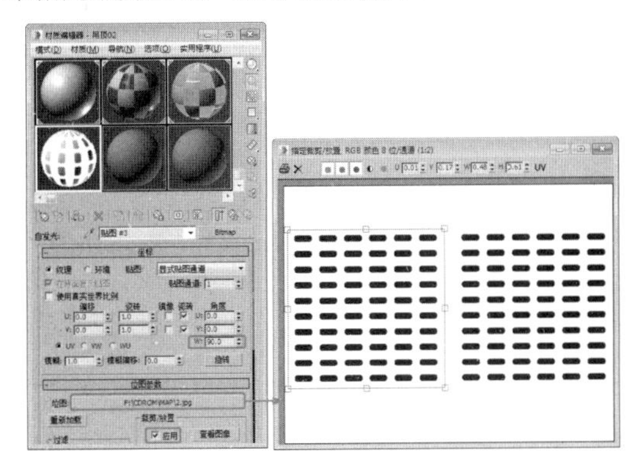

图 12.36

15 在【输出】卷展栏中选中【反转】复选框，如图12.37所示。

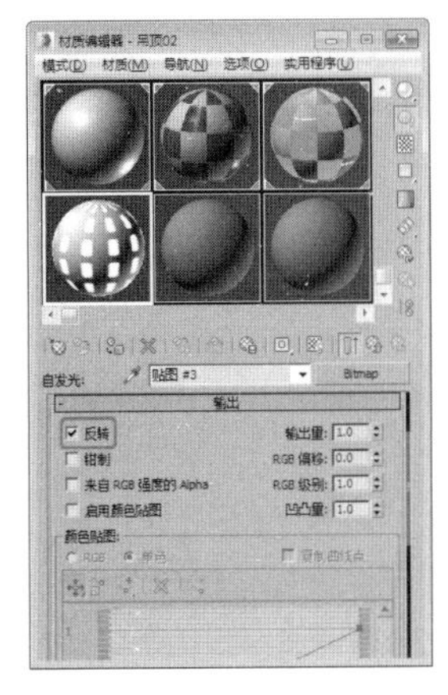

图 12.37

16 单击【转到父对象】按钮，在【贴图】卷展栏中将【凹凸】右侧的【数量】设置为53，将【自发光】右侧的贴图按钮拖曳至【凹凸】右侧的【无】按钮上，在弹出的【复制（实例）贴图】卷展栏中选中【复制】单选按钮，然后单击【确定】按钮，如图12.38所示。

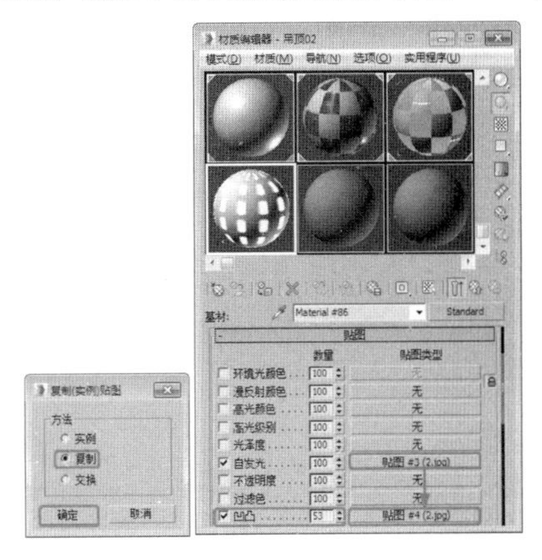

图 12.38

17 单击【凹凸】右侧的贴图按钮，在【输出】卷展栏中取消选中【反转】复选框，如图12.39所示。单击三次【转到父对象】按钮，然后单击【将材质指定给选定对象】按钮，将材质指定给【吊顶02】对象。

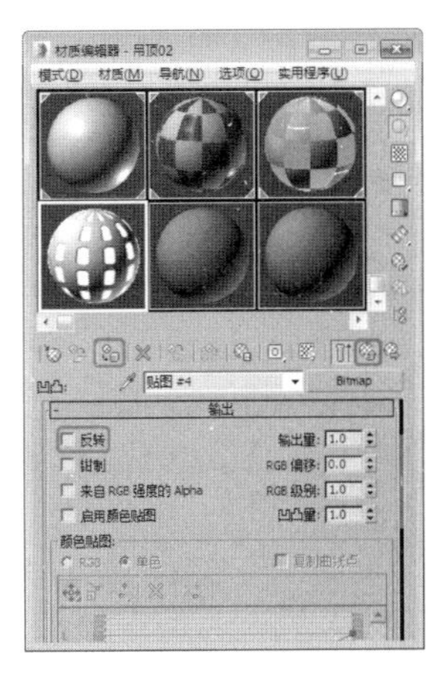

图 12.39

6. 制作电梯操纵盘材质

下面来介绍电梯操纵盘材质的表现方法，其中包括按钮材质、显示屏材质和显示屏文字材质等，具体操作步骤如下。

01 在视图中右击，在弹出的快捷菜单中选择【结束隔离】命令，然后选择【操纵盘面板】对象，在【材质编辑器】对话框中选择【扶手】材质球，将其重命名为【扶手、操纵盘面板】，然后单击【将材质指定给选定对象】按钮，如图12.40所示。

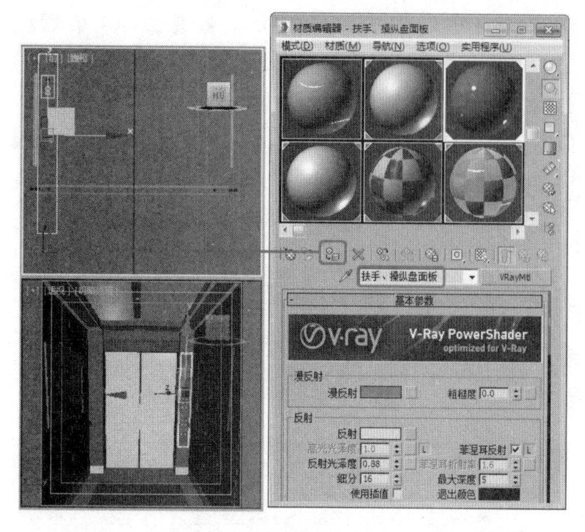

图 12.40

02 在场景中选择【显示屏】对象，在【材质编辑器】对话框中选择一个新的材质样本球，将其命名为【显示屏】，并单击 Standard 按钮。在弹出的【材质 / 贴图浏览器】对话框中选择【VRayMtl】材质，单击【确定】按钮，在【基本参数】卷展栏中，将【漫反射】颜色的数值设置为 18,18,18，在【反射】选项组中，将【反射】颜色的数值设置为 149,149,149，将【反射光泽度】设置为 0.9，如图 12.41 所示。

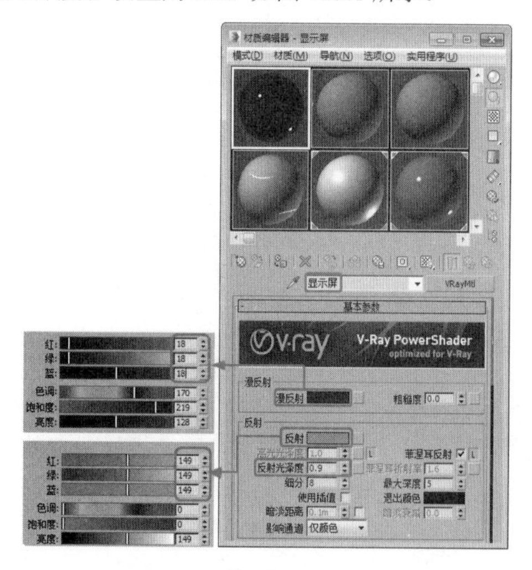

图 12.41

03 在【折射】选项组中，将【折射】颜色的数值设置为 208,208,208，将【光泽度】设置为 0.85，如图 12.42 所示。单击【将材质指定给选定对象】按钮，将材质指定给【显示屏】对象。

04 在场景中选择【显示屏文字】和【开按钮图标】对象，在【材质编辑器】对话框中选择一个新的材质样本球，将其命名为【显示对象】，并单击 Standard 按钮。在弹出的【材质 / 贴图浏览器】对话框中选择【VR 材质包裹器】，单击【确定】按钮，弹出【替换材质】对话框，在该对话框中单击【确定】按钮即可，如图 12.43 所示。

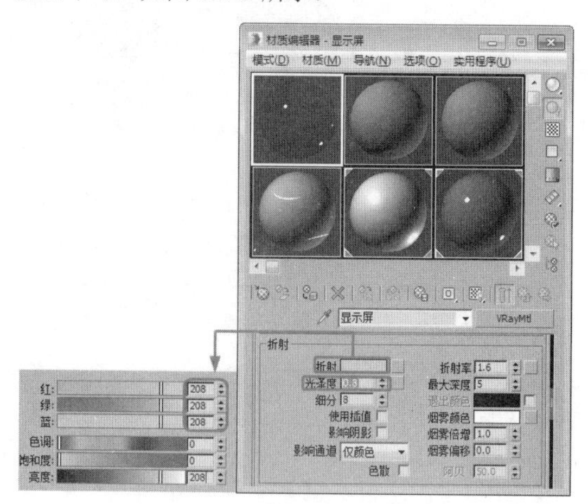

图 12.42

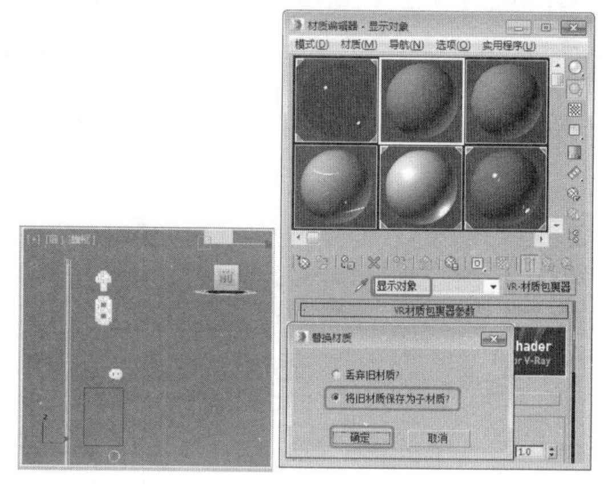

图 12.43

05 在【VR 材质包裹器参数】卷展栏中将【生成全局照明】设置为 2，如图 12.44 所示。

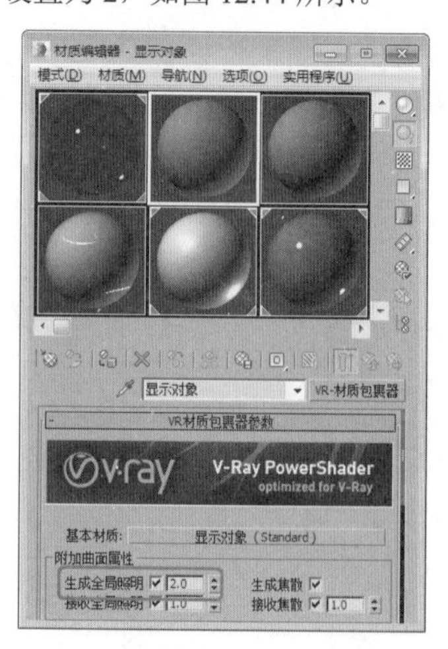

图 12.44

06 单击【基本材质】右侧的材质按钮，在【Blinn 基本参数】卷展栏中将【环境光】和【漫反射】的颜色数值都设置为 255,0,0，将【自发光】设置为 100，在【反射高光】选项组中，将【高光级别】和【光泽度】分别设置为 31 和 9，如图 12.45 所示。单击【转到父对象】按钮和【将材质指定给选定对象】按钮，将材质指定给选择对象。

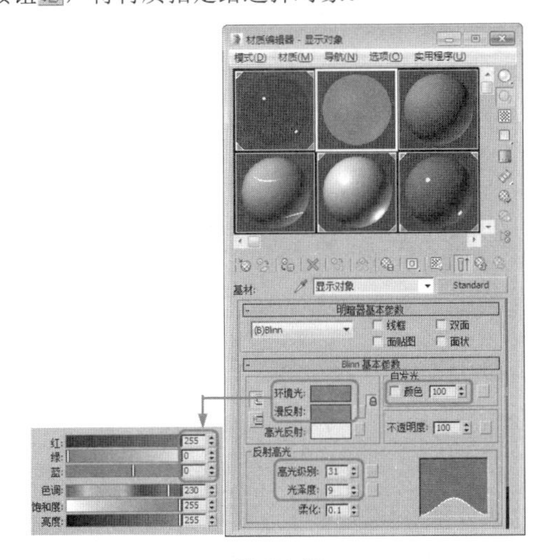

图 12.45

07 在场景中选择【开按钮】对象，按 Alt+Q 组合键孤立当前选择对象，并切换到【修改】命令面板，将当前选择集定义为【多边形】，在视图中选择如图 12.46 所示的多边形，在【多边形：材质 ID】卷展栏中将【设置 ID】设置为 1。

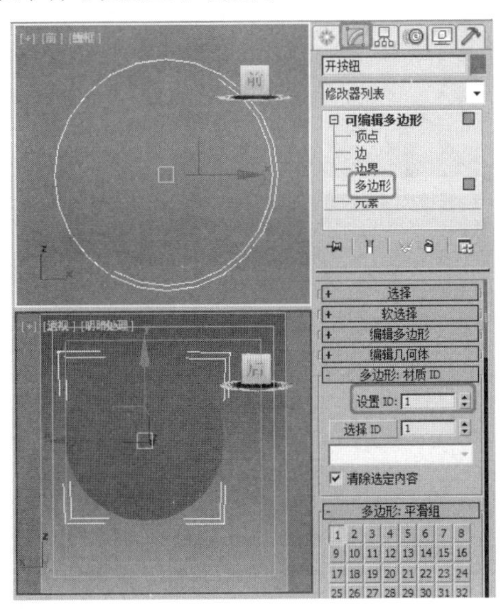

图 12.46

08 在菜单栏中选择【编辑】|【反选】命令，反选多边形，然后在【多边形：材质 ID】卷展栏中将【设置 ID】设置为 2，如图 12.47 所示。

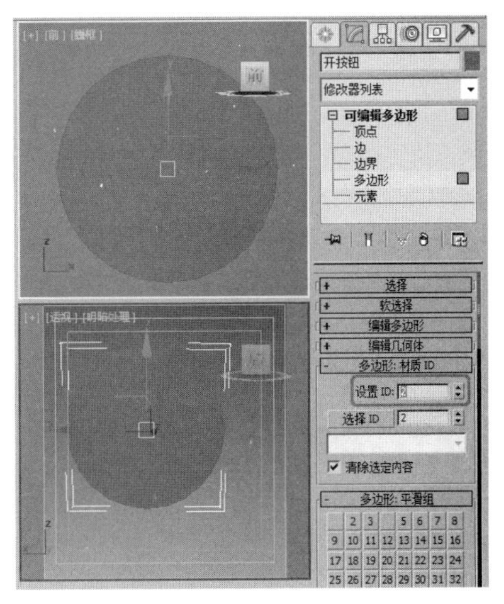

图 12.47

09 关闭当前选择集，在【材质编辑器】对话框中选择一个新的材质样本球，将其命名为【开按钮】，然后单击 Standard 按钮。在弹出的【材质 / 贴图浏览器】对话框中选择【多维 / 子对象】材质，单击【确定】按钮，在弹出的【替换材质】对话框中单击【确定】按钮，然后在【多维 / 子对象基本参数】卷展栏中单击【设置数量】按钮，在弹出的【设置材质数量】对话框中将【材质数量】设置为 2，单击【确定】按钮，如图 12.48 所示。

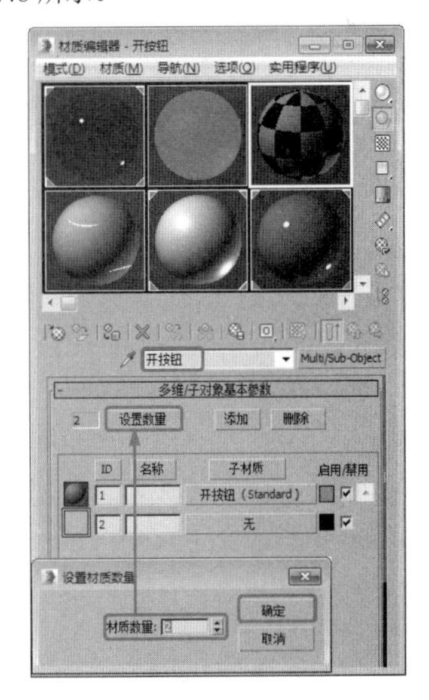

图 12.48

10 单击 ID1 右侧的子材质按钮，在【Blinn 基本参数】卷展栏中将【环境光】和【漫反射】的颜色数值都设置为 255,195,117，将【自发光】设置为 100，如图 12.49 所示。

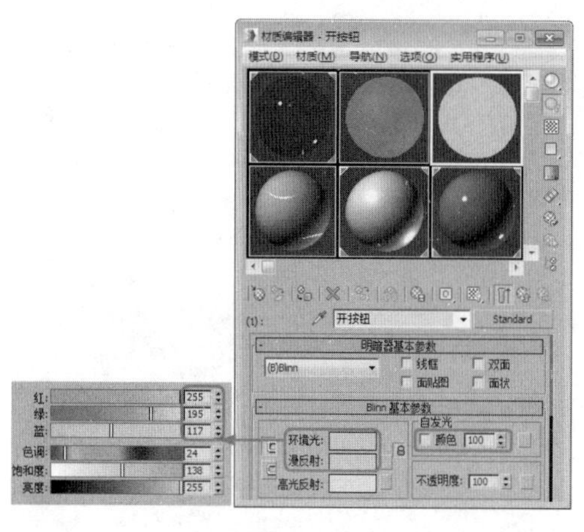

图 12.49

11 单击【转到父对象】按钮，然后单击 ID2 右侧的子材质按钮，在弹出的【材质 / 贴图浏览器】对话框中选择【标准】材质，单击【确定】按钮。在【Blinn 基本参数】卷展栏中将【环境光】和【漫反射】的颜色数值都设置为 230,166,64，将【自发光】设置为 100，如图 12.50 所示。单击【转到父对象】按钮和【将材质指定给选定对象】按钮，将材质指定给【开按钮】对象。结束隔离其他对象，使用同样的方法，为【关按钮】和【关按钮图标】对象设置 ID，并指定该材质。

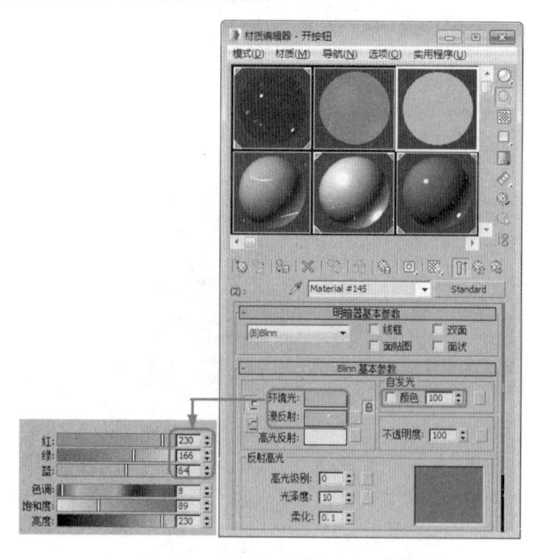

图 12.50

12 在场景中选择【合格标志】对象，按 Alt+Q 组合键孤立当前选择对象，并切换到【修改】命令面板，将当前选择集定义为【多边形】，在视图中选择如图 12.51 所示的多边形，在【多边形：材质 ID】卷展栏中将【设置 ID】设置为 1。

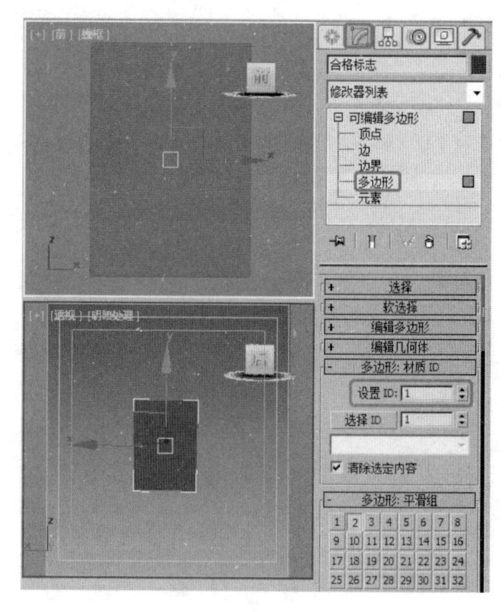

图 12.51

13 在菜单栏中选择【编辑】|【反选】命令，反选多边形，然后在【多边形：材质 ID】卷展栏中将【设置 ID】设置为 2，如图 12.52 所示。

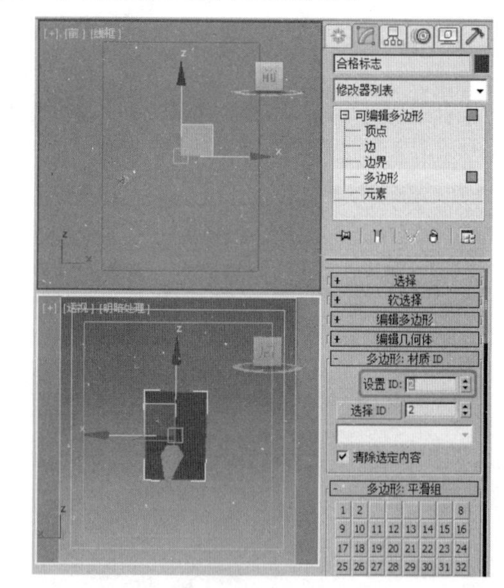

图 12.52

14 关闭当前选择集，在【材质编辑器】对话框中选择一个新的材质样本球，将其命名为【合格标志】，然后单击 Standard 按钮。在弹出的【材质 / 贴图浏览器】对话框中选择【多维 / 子对象】材质，单击【确定】按钮，在弹出的【替换材质】对话框中单击【确定】按钮，然后在【多维 / 子对象基本参数】卷展栏中单击【设置数量】按钮，在弹出的【设置材质数量】对话框中将【材质数量】设置为 2，单击【确定】按钮，如图 12.53 所示。

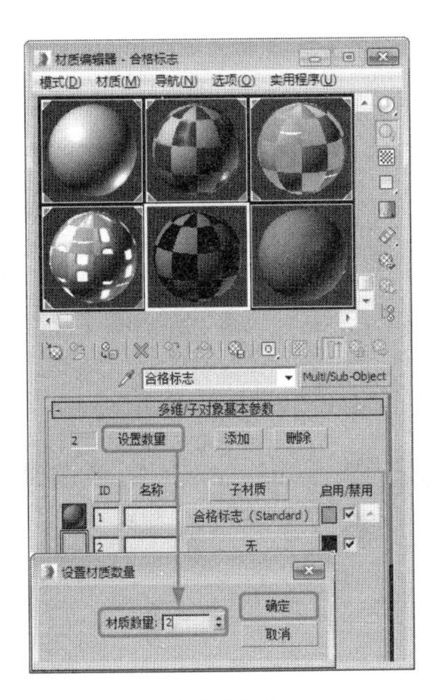

图 12.53

15 将【扶手、操纵盘面板】材质球拖曳至ID1右侧的子材质按钮上，在弹出的【实例（副本）材质】对话框中选中【复制】单选按钮，并单击【确定】按钮，然后单击ID2右侧的子材质按钮。在弹出的【材质/贴图浏览器】对话框中选择【标准】材质，单击【确定】按钮，如图12.54所示。

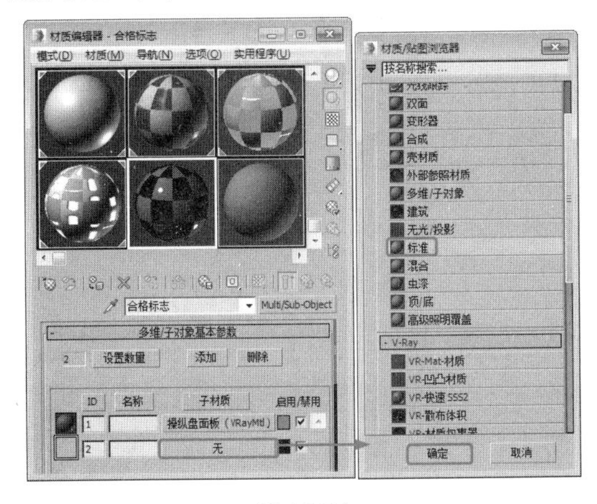

图 12.54

16 在【贴图】卷展栏中单击【漫反射颜色】右侧的【无】按钮，在弹出的【材质/贴图浏览器】对话框中选择【位图】贴图，在弹出的对话框中打开配套资源中的MAP/ISO9000_ab.jpg贴图文件，在【位图参数】卷展栏中选中【应用】复选框，并单击右侧的【查看图像】按钮，在弹出的对话框中通过调整控制柄来指定裁剪区域，如图12.55所示。单击两次【转到父对象】按钮，并单击【将材质指定给选定对象】按钮，将材质指定给【合格标志】对象。

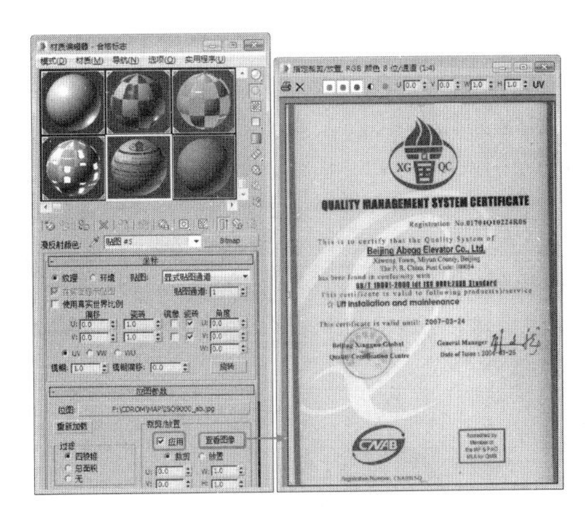

图 12.55

17 在场景中结束隔离其他对象，然后单击【按钮1】对象，按Alt+Q组合键孤立当前选择对象，切换到【修改】命令面板，将当前选择集定义为【多边形】，在视图中选择如图12.56所示的多边形，在【多边形：材质ID】卷展栏中将【设置ID】设置为1。

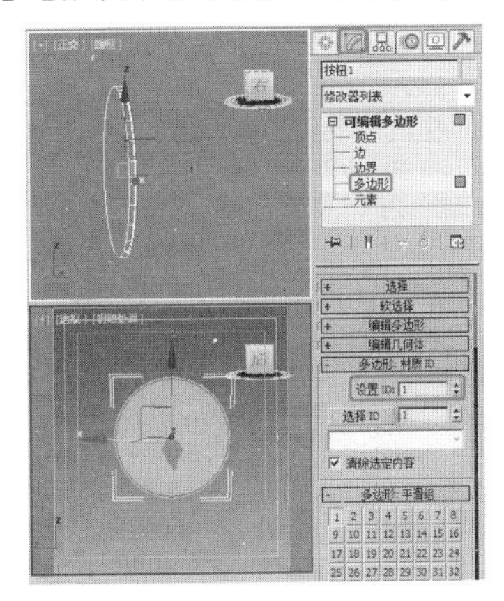

图 12.56

18 在菜单栏中选择【编辑】|【反选】命令，反选多边形，然后在【多边形：材质ID】卷展栏中将【设置ID】设置为2，如图12.57所示。

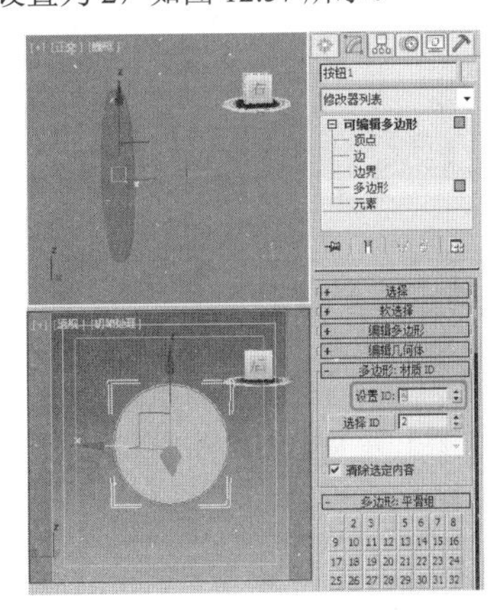

图 12.57

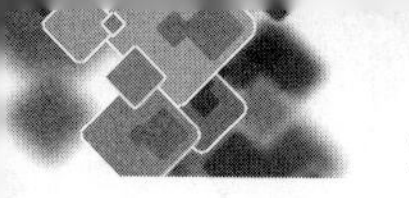

19 关闭当前选择集，在【材质编辑器】对话框中选择一个新的材质样本球，将其命名为【按钮】，然后单击Standard按钮，在弹出的【材质/贴图浏览器】对话框中选择【多维/子对象】材质，单击【确定】按钮，在弹出的【替换材质】对话框中单击【确定】按钮，然后在【多维/子对象基本参数】卷展栏中单击【设置数量】按钮，在弹出的【设置材质数量】对话框中将【材质数量】设置为2，单击【确定】按钮，如图12.58所示。

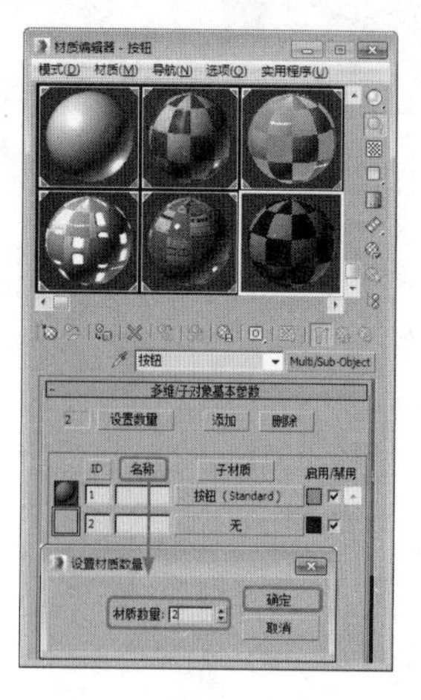

图 12.58

20 单击ID1右侧的子材质按钮，在【Blinn基本参数】卷展栏中将【环境光】和【漫反射】的颜色数值都设置为255,195,117，将【自发光】设置为100，如图12.59所示。

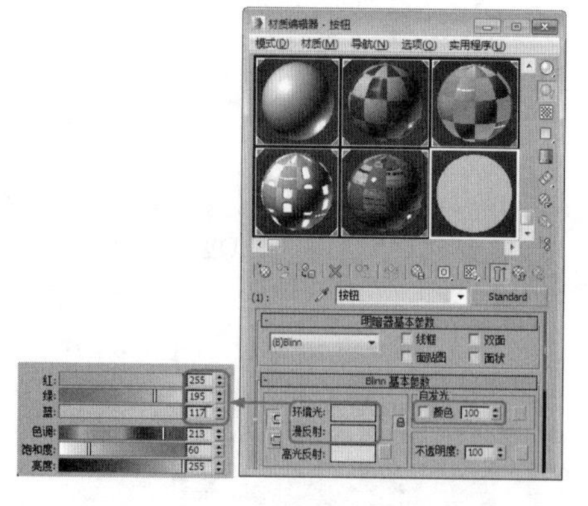

图 12.59

21 单击【转到父对象】按钮，然后单击ID2右侧的子材质按钮，在弹出的【材质/贴图浏览器】对话框中选择【VRayMtl】材质，单击【确定】按钮。在【基本参数】卷展栏中，将【漫反射】颜色的数值设置为149,149,149，在【反射】选项组中，将【反射】颜色的数值设置为233,233,233，将【反射光泽度】设置为0.88，如图12.60所示。单击【转到父对象】按钮和【将材质指定给选定对象】按钮，将材质指定给【按钮1】对象。

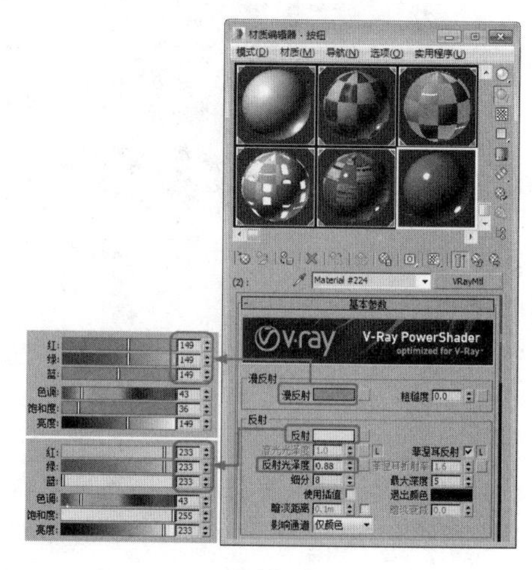

图 12.60

22 结束隔离其他对象，使用同样的方法，为【按钮2】至【按钮16】对象、【按钮A】和【按钮B】对象设置ID，并指定【按钮】材质，效果如图12.61所示。

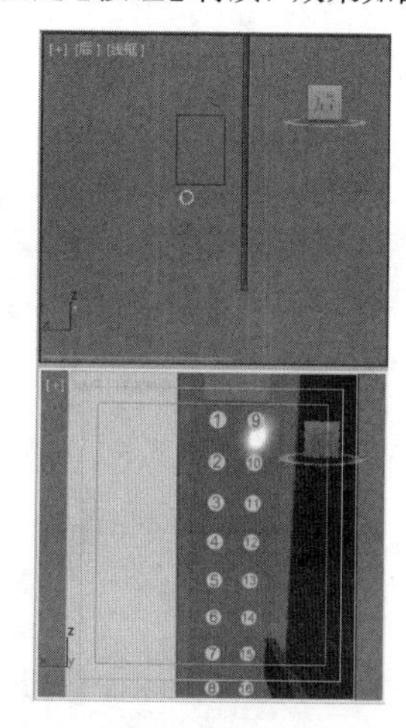

图 12.61

23 在场景中选择【按钮数字灰】对象，在【材质编辑器】对话框中选择一个新的材质样本球，将其命名为【按钮数字灰】，在【Blinn基本参数】卷展栏中将【环境光】和【漫反射】的颜色数值都设置为208,208,208，将【自发光】设置为100，如图12.62所示。单击【将材质指定给选定对象】按钮，将材质指定给【按钮数字灰】对象。

24 在场景中选择【数字8】对象，在【材质编辑器】对话框中选择一个新的材质样本球，将其命名为【数字8】，在【Blinn基本参数】卷展栏中将【环境光】和【漫反射】的颜色数值都设置为230,166,64，将【自发光】设置为100，如图12.63所示。单击【将材质指定给选定对象】按钮，将材质指定给【数字8】对象。

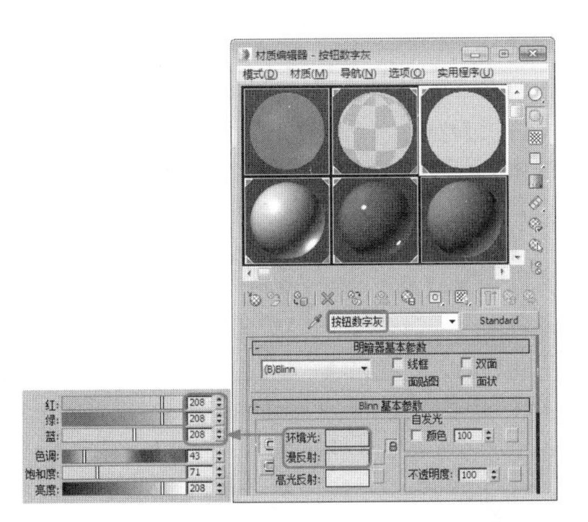

图 12.62

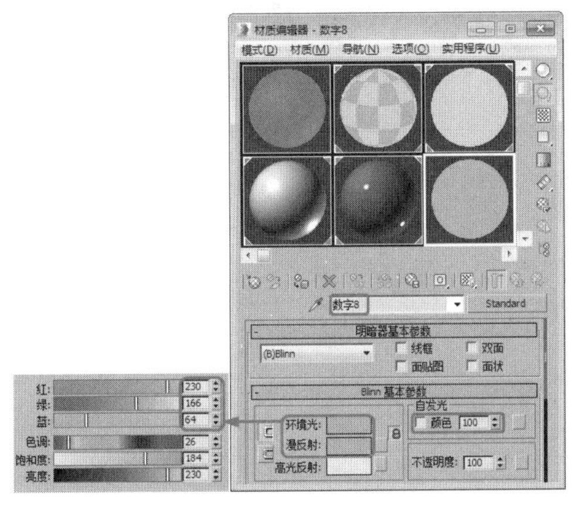

图 12.63

25 在场景中选择【字母 AB】对象，在【材质编辑器】对话框中选择一个新的材质样本球，将其命名为【字母 AB】，在【Blinn 基本参数】卷展栏中将【环境光】和【漫反射】的颜色数值都设置为 255,195,117，将【自发光】设置为 100，如图 12.64 所示。单击【将材质指定给选定对象】按钮，将材质指定给【字母 AB】对象。

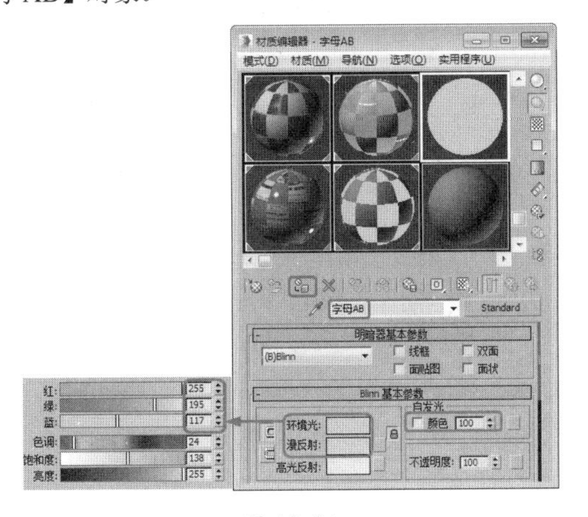

图 12.64

26 在场景中选择【广告牌 01】对象，按 Alt+Q 组合键孤立当前选择对象，切换到【修改】命令面板，将当前选择集定义为【多边形】，在视图中选择如图 12.65 所示的多边形，在【多边形：材质 ID】卷展栏中将【设置 ID】设置为 1。

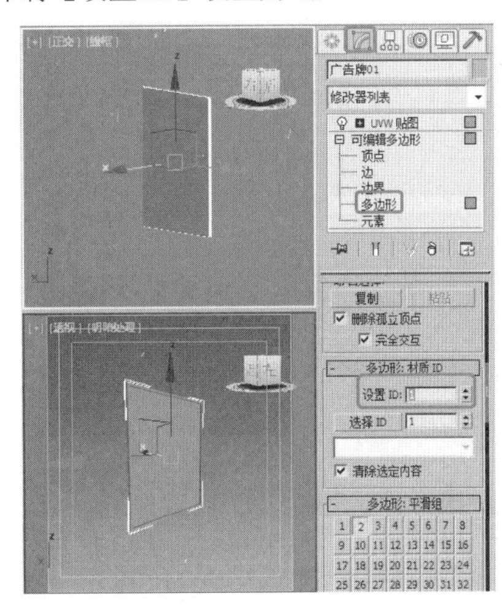

图 12.65

27 在菜单栏中选择【编辑】|【反选】命令，反选多边形，然后在【多边形：材质 ID】卷展栏中将【设置 ID】设置为 2，如图 12.66 所示。

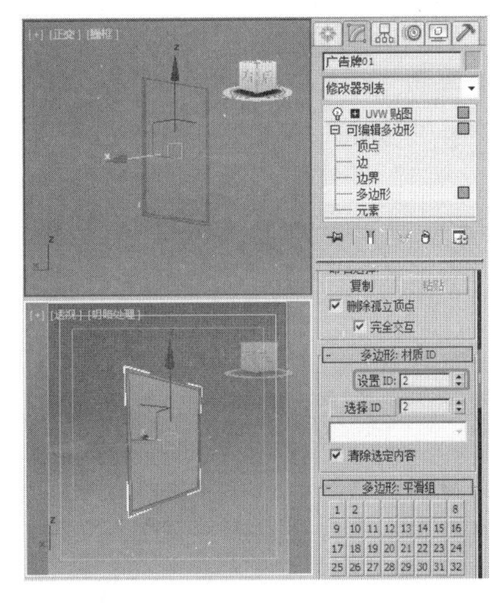

图 12.66

28 关闭当前选择集，在【材质编辑器】对话框中选择一个新的材质样本球，将其命名为【广告牌 01】，然后单击 Standard 按钮，在弹出的【材质 / 贴图浏览器】对话框中选择【多维 / 子对象】材质，单击【确定】按钮，在弹出的【替换材质】对话框中单击【确定】按钮，然后在【多维 / 子对象基本参数】卷展栏中单击【设置数量】按钮，在弹出的【设置材质数量】对话框中将【材质数量】设置为 2，单击【确定】按钮，如图 12.67 所示。

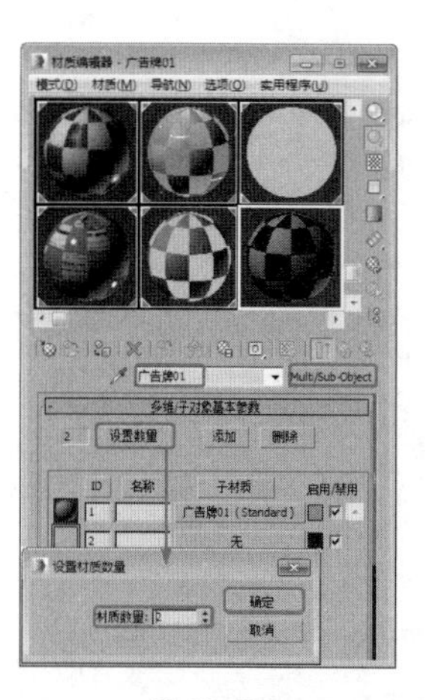

图 12.67

29 将【踢脚板】材质球拖曳至 ID1 右侧的子材质按钮上，在弹出的【实例（副本）材质】对话框中选中【复制】单选按钮，并单击【确定】按钮，然后单击 ID2 右侧的子材质按钮，在弹出的【材质 / 贴图浏览器】对话框中选择【VRayMtl】材质，单击【确定】按钮，如图 12.68 所示。

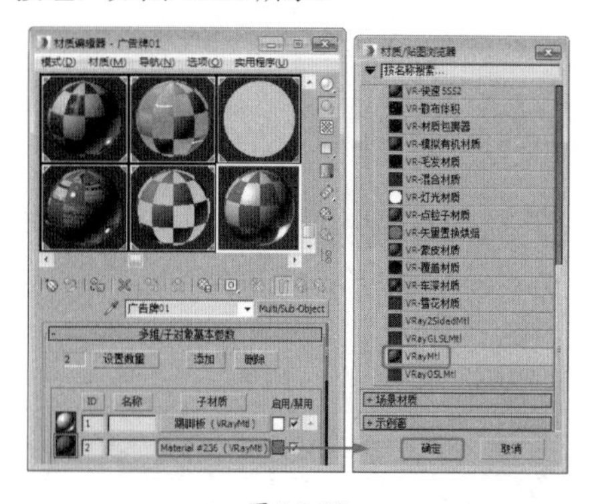

图 12.68

30 在【基本参数】卷展栏中，将【反射】选项组中【反射】颜色的数值设置为 99,99,99，如图 12.69 所示。

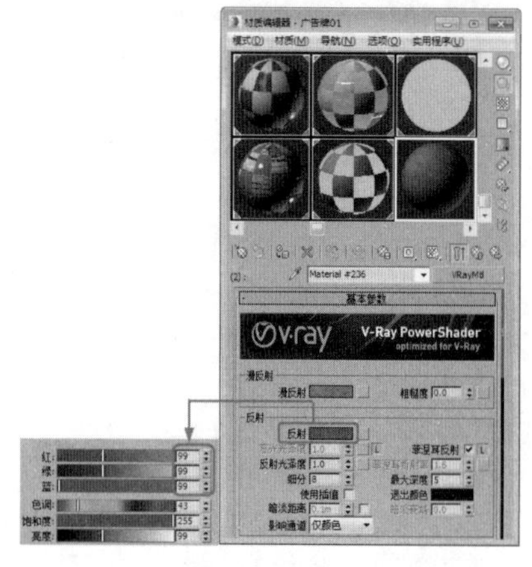

图 12.69

31 在【贴图】卷展栏中，单击【漫反射】右侧的【无】按钮，在弹出的【材质 / 贴图浏览器】对话框中选择【位图】贴图，单击【确定】按钮。在弹出的对话框中打开配套资源中的 MAP/ 广告画 01.jpg 贴图文件，在【坐标】卷展栏中使用默认参数即可，如图 12.70 所示。单击两次【转到父对象】按钮，并单击【将材质指定给选定对象】按钮，将材质指定给【广告牌 01】对象。结束隔离其他对象。使用同样的方法，为【广告牌 02】、【广告牌 03】和【广告牌 04】对象设置 ID，并设置材质。

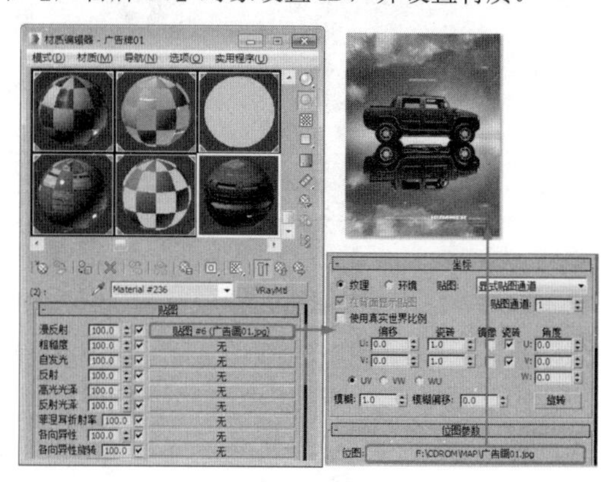

图 12.70

7．制作地毯材质

下面来介绍地毯材质的表现方法，具体操作步骤如下。

01 选择【创建】|【几何体】|【标准基本体】|【长方体】工具，在顶视图中创建一个长方体，将其命名为【地毯】，切换到【修改】命令面板，在【参数】卷展栏中将【长度】设置为 2.4m，【宽度】设置为 2.3m，【高度】设置为 0.05m，如图 12.71 所示。

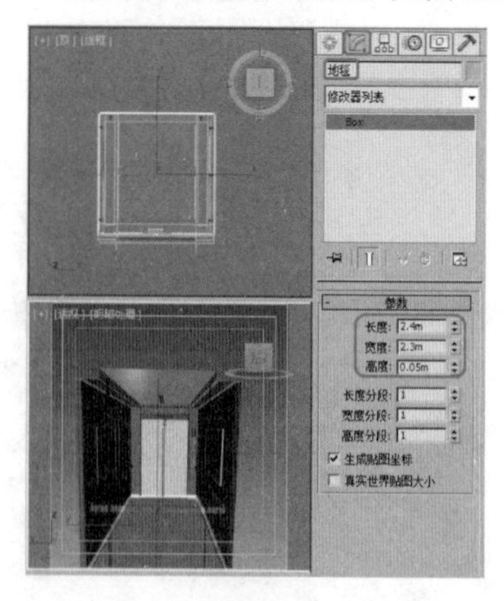

图 12.71

02 确认创建的【地毯】对象处于选中状态，在【材质编辑器】对话框中选择一个新的材质样本球，将其命名为【地毯】，并单击 Standard 按钮，在弹出的【材质 / 贴图浏览器】对话框中选择【VRayMtl】材质，单击【确定】按钮，如图 12.72 所示。

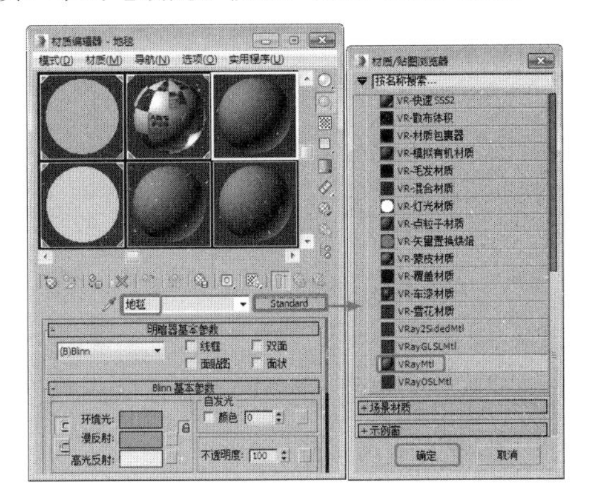

图 12.72

03 在【贴图】卷展栏中，单击【漫反射】右侧的【无】按钮，在弹出的【材质 / 贴图浏览器】对话框中选择【位图】贴图，单击【确定】按钮。在弹出的对话框中打开配套资源中的 MAP/ 地毯贴图 .jpg 贴图文件，在【坐标】卷展栏中使用默认参数即可，如图 12.73 所示。单击【转到父对象】按钮和【将材质指定给选定对象】按钮，将材质指定给【地毯】对象。

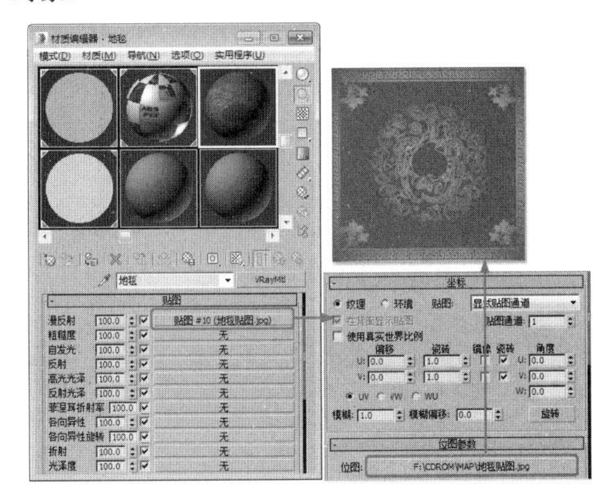

图 12.73

12.1.2 设置渲染参数

设置完材质后，下面来设置最终渲染的参数，具体操作步骤如下。

01 在工具栏中单击【渲染设置】按钮，弹出【渲染设置】对话框，选择【V-Ray】选项卡，在【帧缓冲区】卷展栏中选中【启用内置帧缓冲区】复选框，打开【全局开关】卷展栏，启动【高级模式】，将【默认灯光】设置为【关】，在【全局确定性蒙特卡洛】卷展栏中，将【噪波阈值】设置为 0.001，将【最小采样】设置为 20，如图 12.74 所示。

图 12.74

02 在【图像采样器（抗锯齿）】卷展栏中，将过滤器类型设置为【Catmull-Rom】，在【环境】卷展栏中选中【反射 / 折射环境】复选框，并将右侧色块的颜色数值设置为 220,220,220，在【颜色贴图】卷展栏中启动【高级模式】，选中【钳制输出】复选框，如图 12.75 所示。

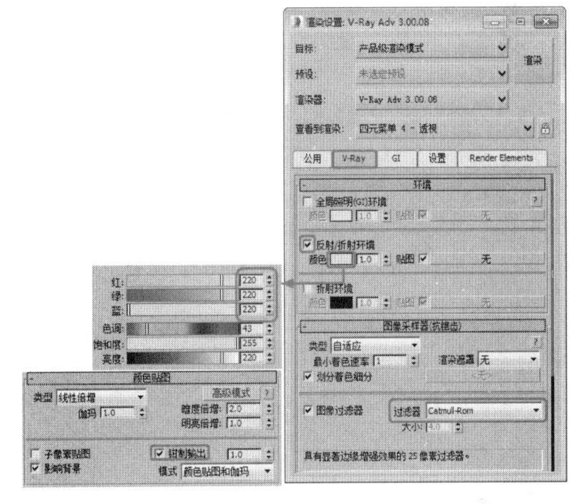

图 12.75

03 选择【GI】选项卡，选中【启用全局照明 G2】复选框，在【二次引擎】选项组中，将【全局照明引擎】设置为【灯光缓存】，如图 12.76 所示。

04 选择【设置】选项卡，打开【系统】卷展栏，开启【高级模式】。将【序列】设置为【上 -> 下】选项，将【动态内存限制】设置为 400，将【最大树向深度】设置为60，将【面/级别系数】设置为2，将【默认几何体】设置为【静态】，如图12.77所示。设置完成后进行渲染并保存即可。

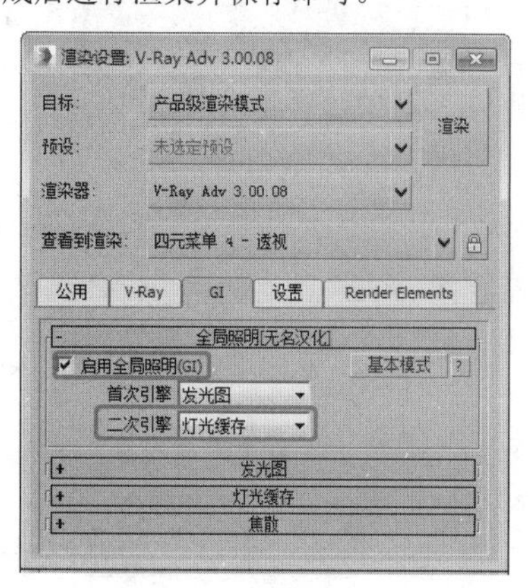

图 12.76

图 12.77

12.2 后期处理

下面将介绍如何对完成后的效果图进行调整，其具体操作步骤如下。

01 启动 Photoshop CC，按 Ctrl+O 组合键，在弹出的对话框中选择素材文件，并将其打开，效果如图 12.78 所示。

图 12.78

图 12.79

02 在工具箱中单击【矩形选框工具】，在图像上创建一个矩形选区，如图 12.79 所示。

03 按住 Ctrl+Alt 组合键向右拖曳选区，将其拖曳至合适的位置上，按 Ctrl+D 组合键取消选区，如图 12.80 所示。

图 12.80

04 使用同样的方法继续对该位置进行修补，修补后的效果如图 12.81 所示。

图 12.81

05 按 F7 键打开【图层】面板，在该面板中单击【创建新的填充或调整图层】按钮 ，在弹出的下拉列表中选择【曲线】命令，如图 12.82 所示。

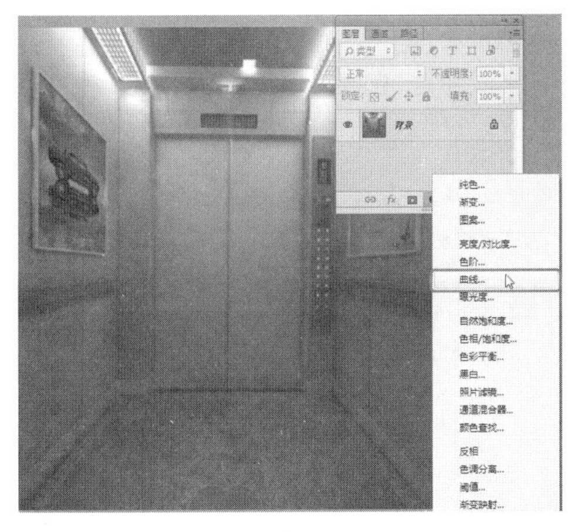

图 12.82

06 在弹出的【属性】面板中对曲线进行调整，调整后的效果如图 12.83 所示。

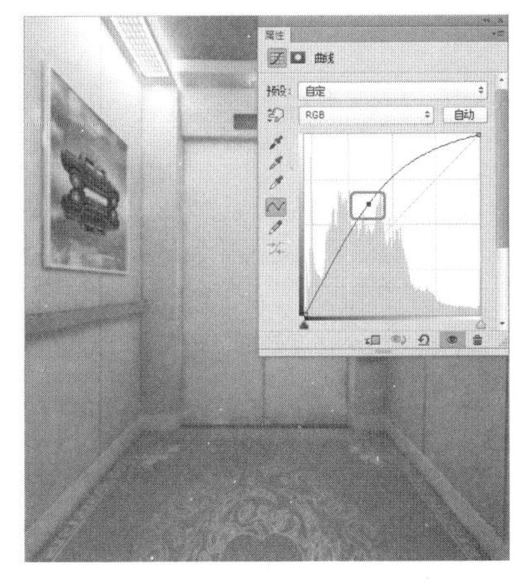

图 12.83

07 在【属性】面板中将通道设置为【绿】，并调整该曲线，如图 12.84 所示。

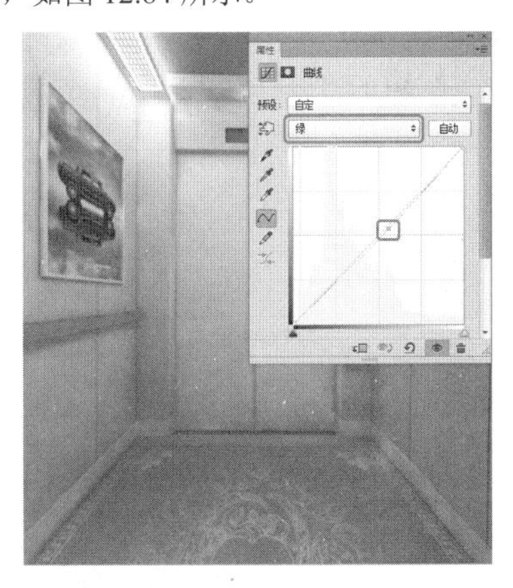

图 12.84

08 在该面板中将通道设置为【蓝】，并调整该曲线，调整后的效果如图 12.85 所示。

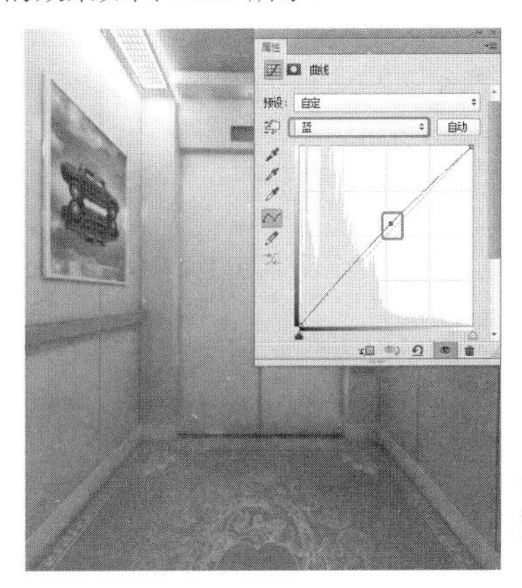

图 12.85

09 在【图层】面板中单击【创建新的填充或调整图层】按钮 ，在弹出的下拉列表中选择【色彩平衡】命令，在弹出的【属性】面板中将【中间调】分别设置为 -53、0、9，如图 12.86 所示。

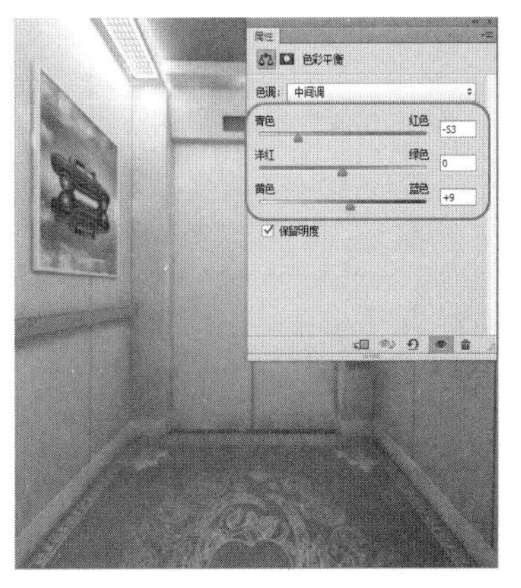

图 12.86

10 在【图层】面板中单击【创建新的填充或调整图层】按钮，在弹出的下拉列表中选择【色阶】命令，在弹出的【属性】面板中将参数分别设置为3、1.06、255，如图12.87所示。

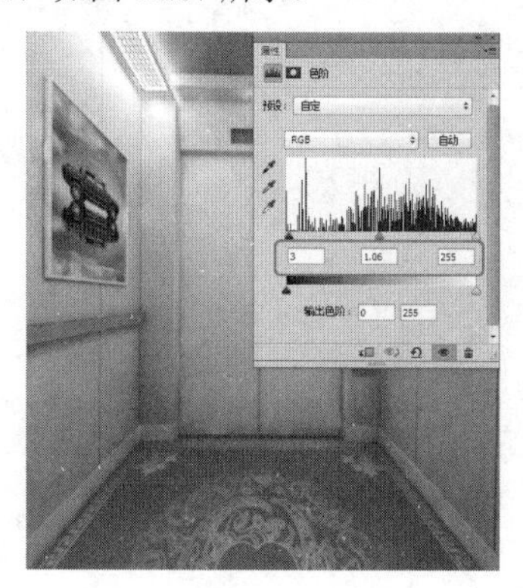

图 12.87

11 在工具箱中单击【多边形套索工具】，在图像上创建一个选区，如图12.88所示。

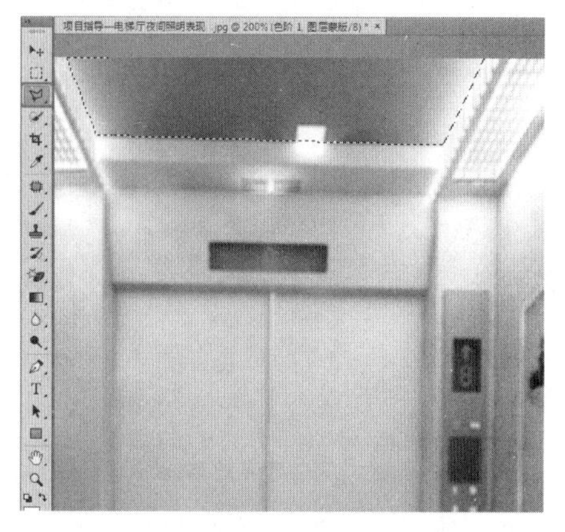

图 12.88

12 在【图层】面板中选择【背景】图层，按Ctrl+M组合键，在弹出的对话框中添加一个曲线节点，将【输出】、【输入】分别设置为161、82，如图12.89所示。

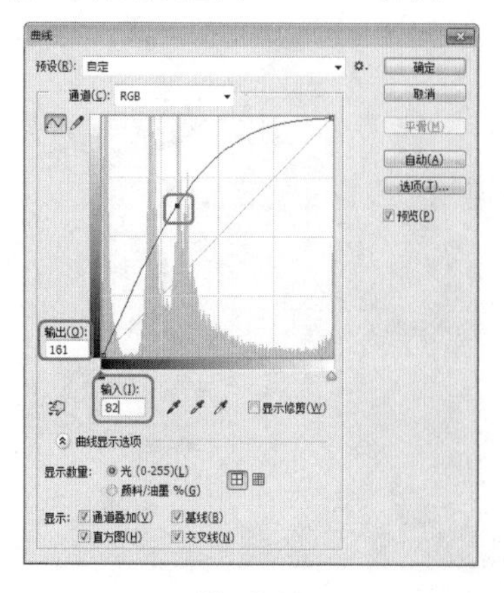

图 12.89

13 设置完成后，单击【确定】按钮，在工具箱中单击【矩形选框工具】，在图像中创建一个矩形选区，如图12.90所示。

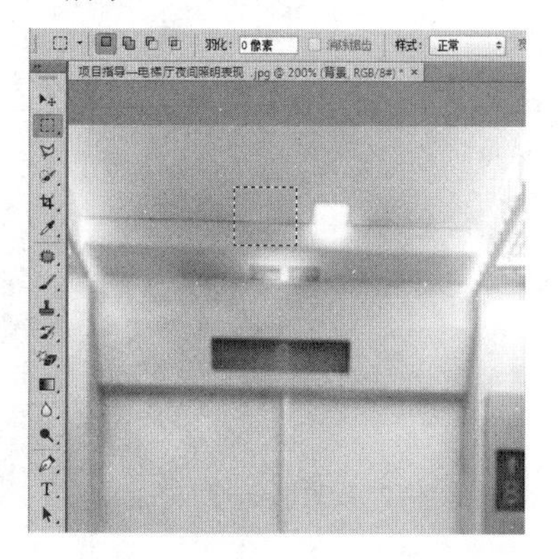

图 12.90

14 按住Alt+Ctrl组合键将其向右拖曳，确认该选区处于选中状态，按Ctrl+L组合键，将弹出对话框中的【输入色阶】分别设置为0、1.11、255，如图12.91所示。

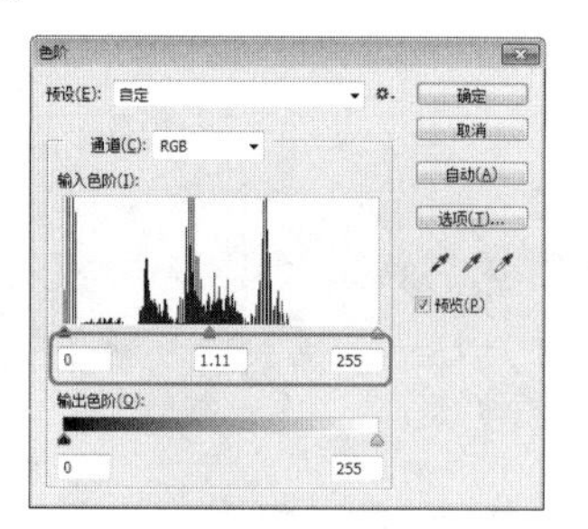

图 12.91

15 设置完成后，单击【确定】按钮，按Ctrl+D组合键取消选区。在【图层】面板中单击【创建新的填充或调整图层】按钮，在弹出的下拉列表中选择【亮度/对比度】命令，在弹出的【属性】面板中将参数分别设置为30、-3，如图12.92所示。

图 12.92

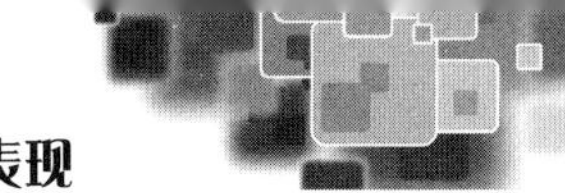

16 设置完成后，即完成对该图像的调整，效果如图 12.93 所示，对完成后的场景保存即可。

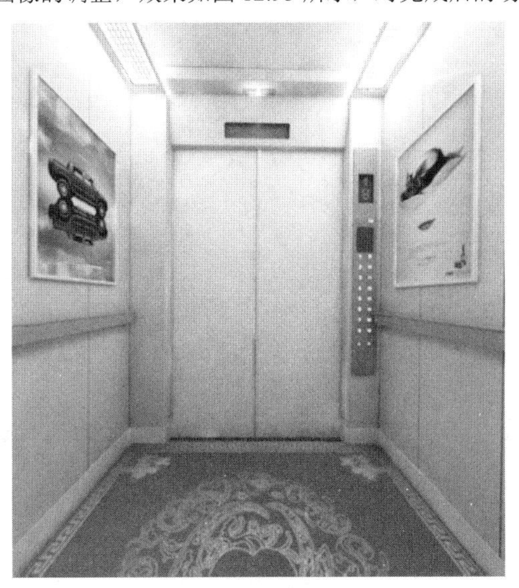

图 12.93

第13章

项目指导——会议室效果图的表现

会议室是公司进行重大决策及商谈业务的场所，本例的设计风格干净利索、简洁实用，整体以“冷色”为主调，由于空间大，所以采用了白天的日光，然后加上室内的灯光照明，体现整体的气氛，效果图如图 13.1 所示。

图 13.1

13.1 模型框架的建立

会议室在造型的创建上比较简单，比较复杂的就是天花造型。在建模方法上，还是采取传统的制作方法：首先将 CAD 平面图导入到 3ds Max 中，以输入的图做参照来建立墙体等造型，然后将家具融入到场景中。

01 启动 3ds Max 软件，在菜单栏中选择【自定义】|【单位设置】命令，在弹出的【单位设置】对话框中，单击【系统单位设置】按钮。在弹出的【系统单位设置】对话框中，将单位设置为【毫米】，然后单击【确定】按钮，如图 13.2 所示。

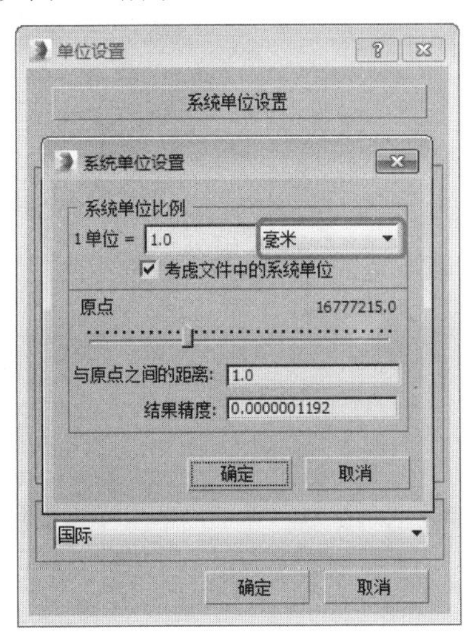

图 13.2

02 执行菜单栏中的【应用程序】|【导入】命令，在弹出的【选择要导入的文件】对话框中选择配套资源中的会议室平面图 .dwg 文件，然后单击【打开】按钮，如图 13.3 所示。

图 13.3

03 在弹出的【AutoCAD DWG/DXF 导入选项】对话框中，直接单击【确定】按钮，如图 13.4 所示。

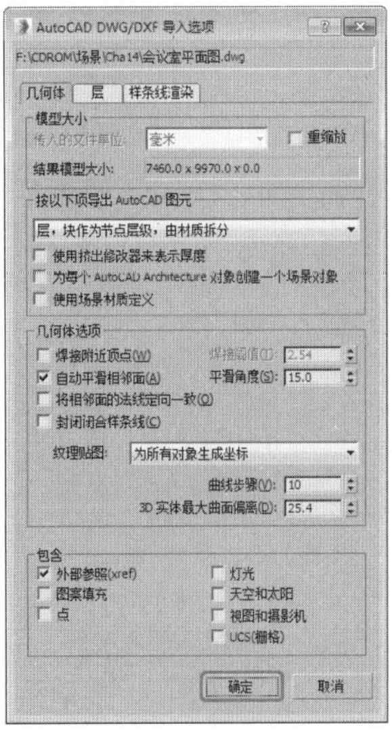

图 13.4

04 将会议平面图导入3ds Max场景中，效果如图13.5所示。

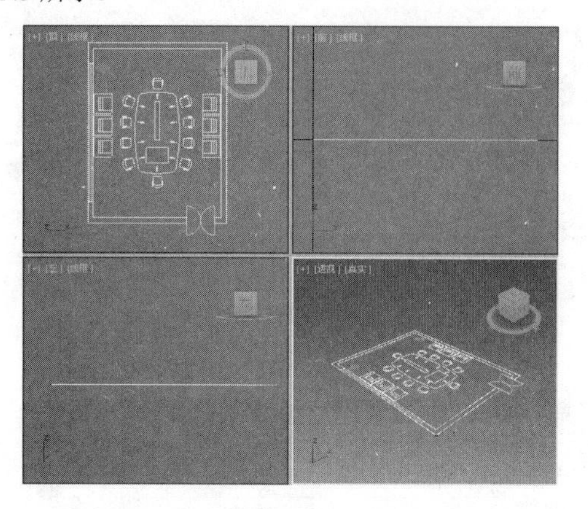

图 13.5

05 按Ctrl+A组合键，选择所有的图形，然后执行菜单栏中的【组】|【组】命令，为了方便管理，将其组名命名为【平面图】，单击【确定】按钮，如图13.6所示。

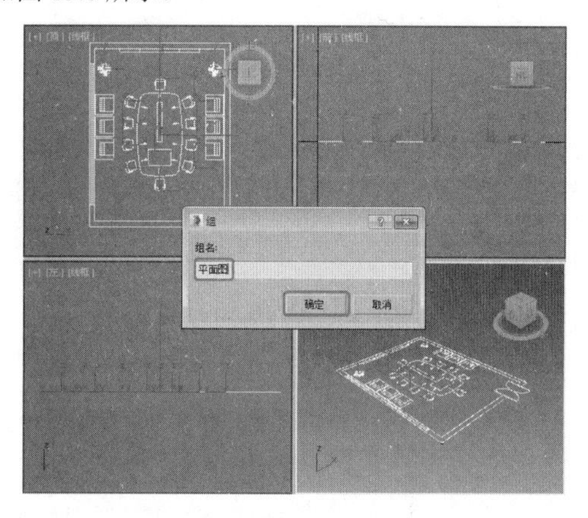

图 13.6

06 在选中【平面图】，右击，在弹出的快捷菜单中选择【冻结当前选择】命令，将图纸冻结，这样在后面的操作中就不会选择和移动图纸了，如图13.7所示。

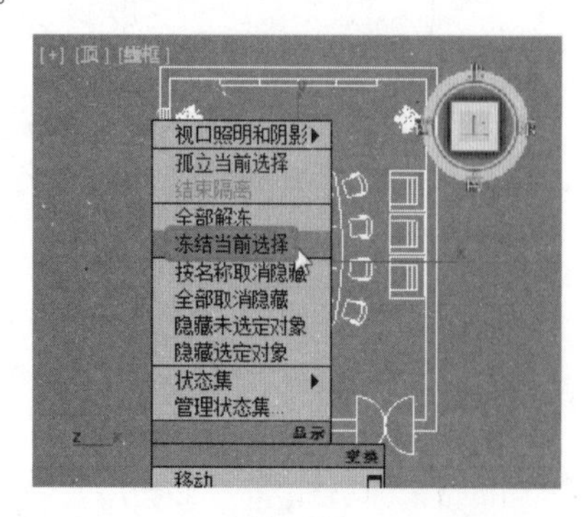

图 13.7

07 执行菜单栏中的【自定义】|【自定义用户界面】命令，在弹出的【自定义用户界面】对话框中，选择【颜色】选项卡，在【元素】右侧的下拉列表中选择【几何体】，在下面的列表框中选择【冻结】选项，单击颜色右面的色块，在弹出的【颜色选择器】对话框中将颜色数值设置为10,10,10，单击【立即应用颜色】按钮，效果如图13.8所示。

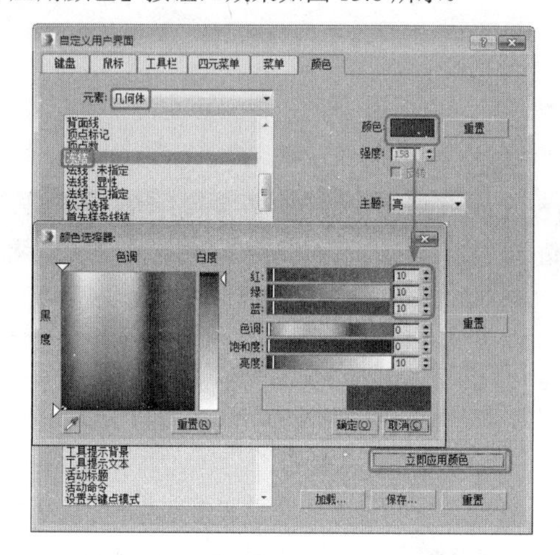

图 13.8

08 在工具栏中将【捕捉】按钮打开，右击该【捕捉】按钮，在弹出的【栅格和捕捉设置】对话框的【捕捉】选项卡中，选中【顶点】复选框，如图13.9所示。

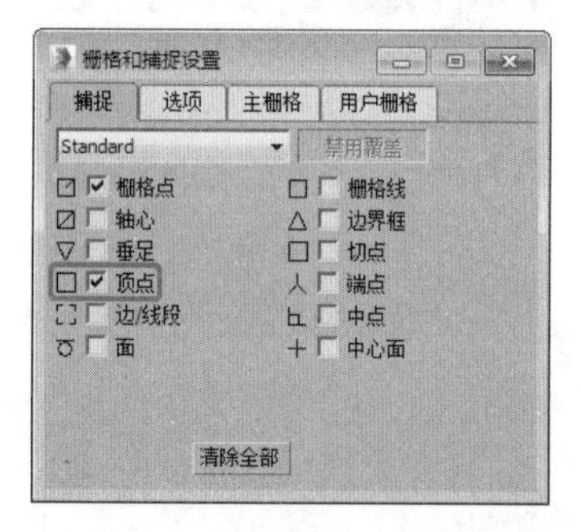

图 13.9

09 切换到【选项】选项卡中，选中【捕捉到冻结对象】和【启用轴约束】复选框，如图13.10所示。

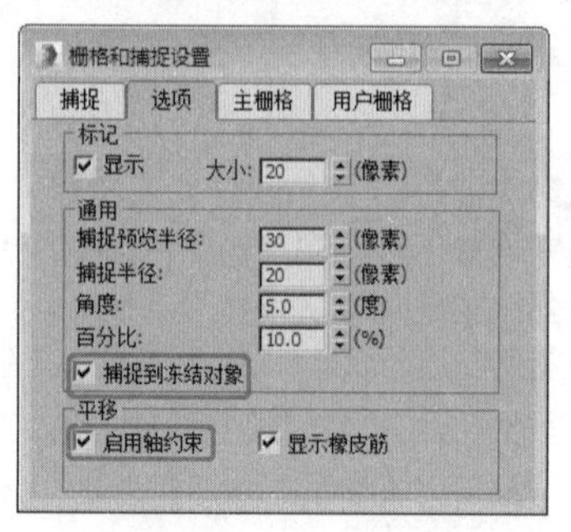

图 13.10

10 选择【创建】 |【几何体】 |【标准基本体】|【长方体】工具，在顶视图墙体内用捕捉方式创建一个【长度】、【宽度】和【高度】分别为8800、6900、3000的长方体，将其命名为【墙体框架】，效果如图13.11所示。

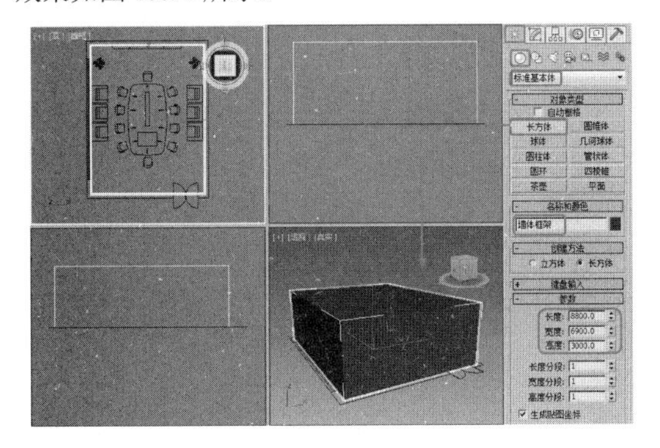

图 13.11

11 在长方体上右击，在弹出的选项栏中选择【转换为】|【转换为可编辑多边形】命令，然后在修改器面板中，将当前选择集定义为【元素】，按Ctrl+A组合键，选择所有的多边形，单击【编辑元素】卷展栏中的【翻转】按钮，翻转法线，如图13.12所示。

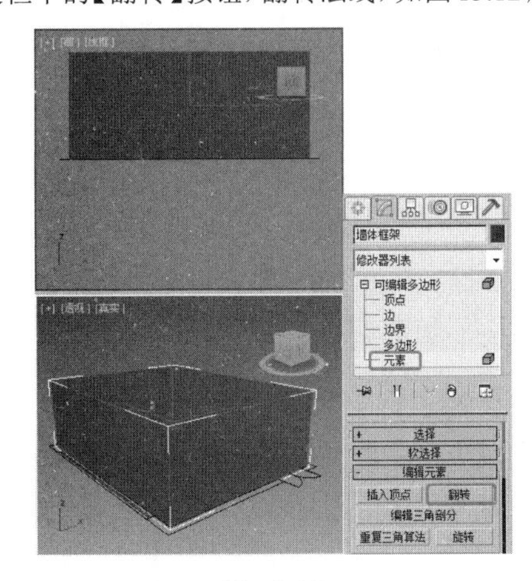

图 13.12

12 翻转法线完成后，关闭当前选择集，为了方便观察，可以对墙体进行消隐。在透视视图中选择墙体，右击，在弹出的快捷菜单中选择【对象属性】命令，在打开的【对象属性】对话框中，选中【显示属性】组中的【背面消隐】复选框，然后单击【确定】按钮，效果如图13.13所示。

13 在透视视图中选择长方体，在修改器面板中，将当前选择集定义为【多边形】，选中左侧面的墙面，这时被选中的多边形会以红色显示出来。然后在【编辑几何体】卷展栏中单击【分离】按钮，在弹出的【分离】对话框中，单击【确定】按钮，将选中的墙面分离出来，如图13.14所示。

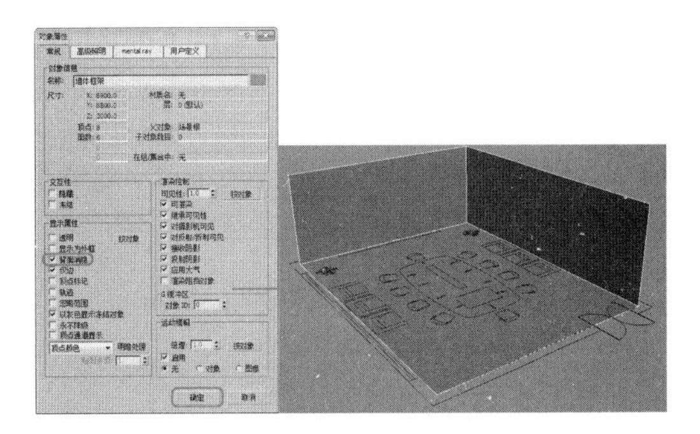

图 13.13

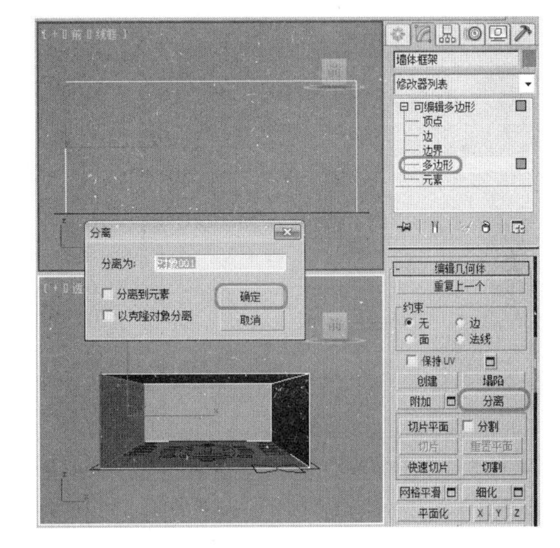

图 13.14

14 关闭当前选择集，然后在场景中右击，在弹出的快捷菜单中选择【隐藏选定对象】命令，将【墙体框架】隐藏起来，如图13.15所示。

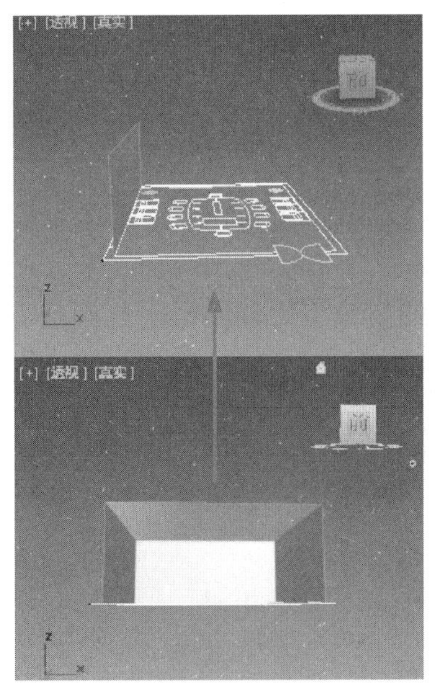

图 13.15

15 选中分离出的【对象001】面，在【修改器列表】中将当前选择集定义为【边】，在场景中选择物体上、下的两条边，然后在【编辑边】卷展栏中，单击【连接】右侧的【设置】按钮，在弹出的【连接边】对话框中将【分段】设置为2，然后单击按钮，效果如图13.16所示。

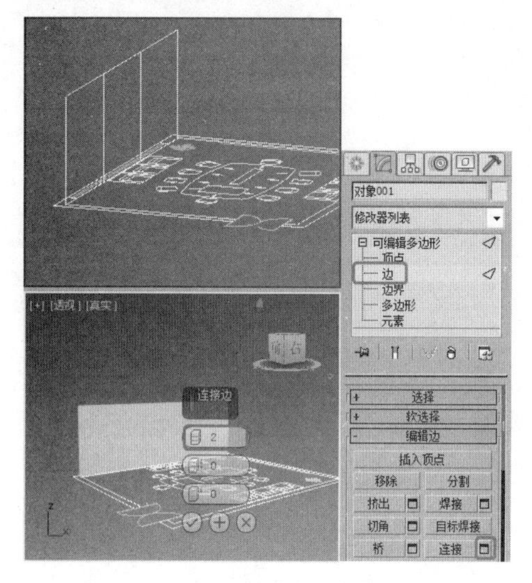

图 13.16

16 单击【选择】卷展栏中的【环形】按钮，单击【编辑边】卷展栏中【连接】右侧的【设置】按钮，在弹出的对话框中将【分段】设置为2，单击按钮，效果如图13.17所示。

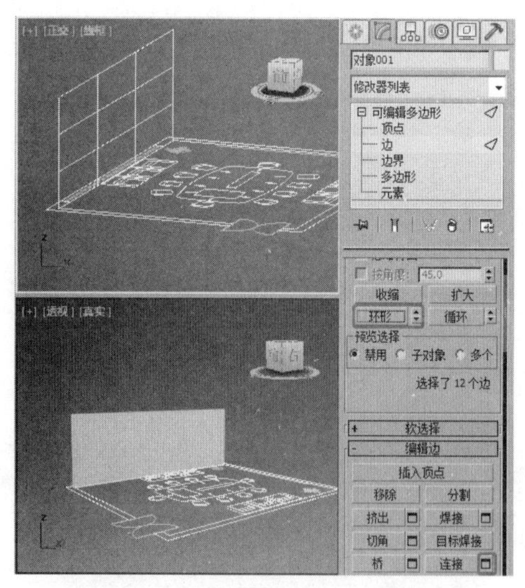

图 13.17

17 在【修改器列表】中将当前选择集定义为【多边形】，在场景中选择如图13.18所示的面，单击【编辑多边形】卷展栏中【挤出】右侧的设置按钮，在弹出的对话框中将【挤出高度】设置为-280，然后单击按钮，效果如图13.18所示。

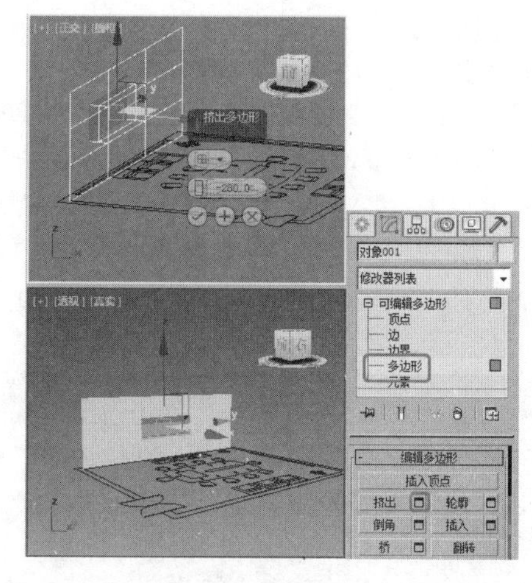

图 13.18

18 将当前选择集定义为【顶点】，在顶视图中使用移动工具调整顶点的位置，使其与平面图中的窗口一致，如图13.19所示。

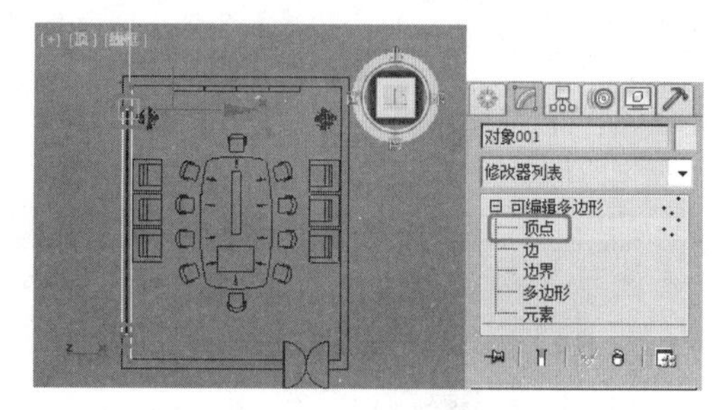

图 13.19

19 确认移动工具处于激活状态，在前视图选择窗户上面的一排顶点，按F12键，在弹出的对话框中设置【绝对：世界】选项组中的【Z】为2800；然后选择窗户下面的一排顶点，将【绝对：世界】选项组中的【Z】设置为900，效果如图13.20所示。

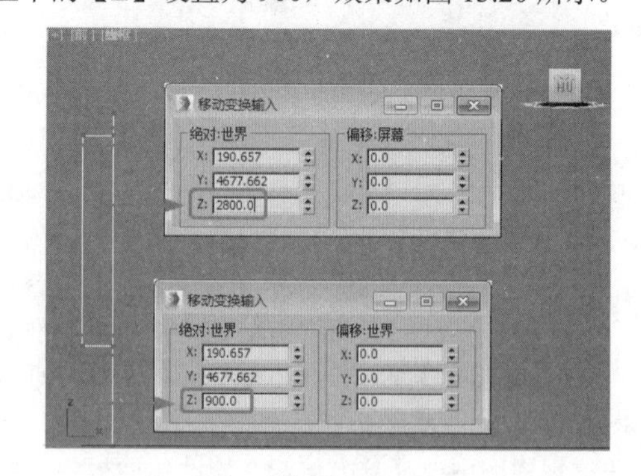

图 13.20

提示

在场景中移动有参照的顶点或物体时使用捕捉工具比较准确。

20 将当前选择集定义为【多边形】，选择挤出的面，在【编辑几何体】卷展栏中单击【分离】按钮，在弹出的【分离】对话框中，将【分离为】设置为【窗框】，然后单击【确定】按钮，如图 13.21 所示。

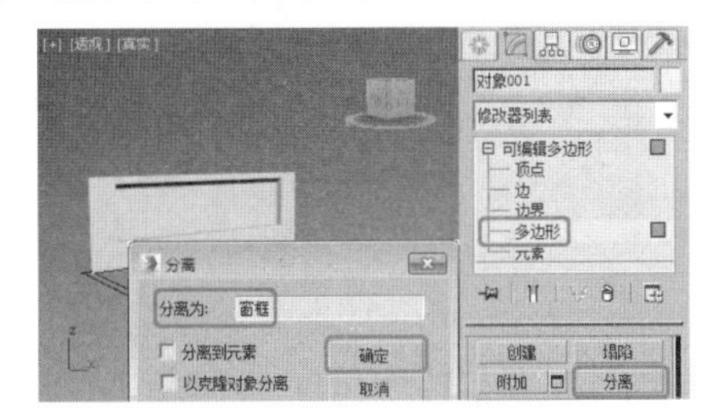

图 13.21

21 退出当前选择集，将【对象 001】隐藏，选择分离出的【窗框】对象，将选择集定义为【边】。利用刚才的做法为当前的面水平增加 1 条段线，垂直增加 5 条段线，如图 13.22 所示。

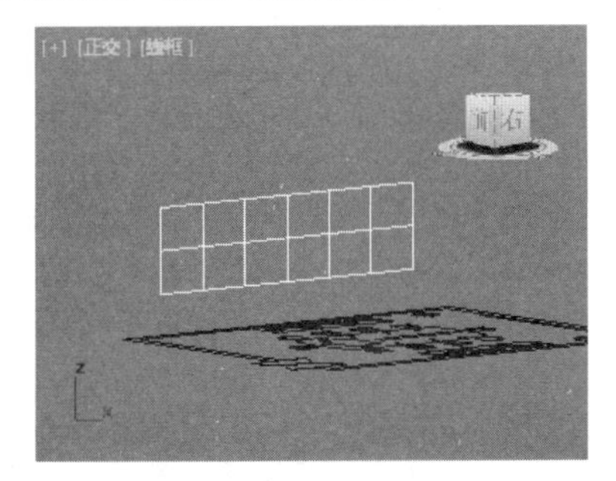

图 13.22

22 将当前选择集定义为【边】，确认中间增加的线段处于被选中状态，单击【切角】右侧的设置按钮，在弹出的对话框中将【切角量】设置为 30，单击按钮，效果如图 13.23 所示。

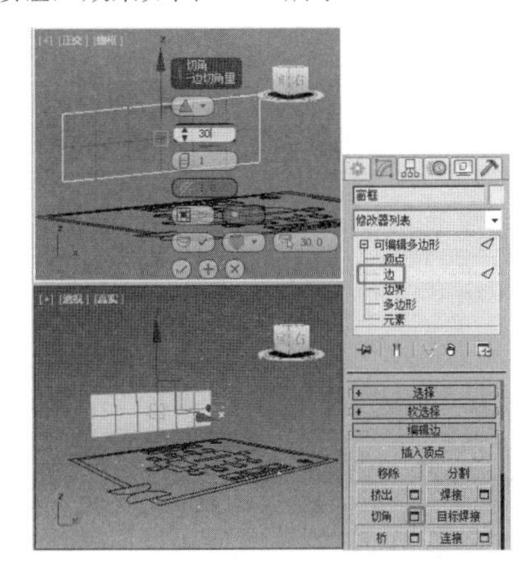

图 13.23

23 选择四周的边，然后单击【切角】右侧的设置按钮，在弹出的对话框中将【切角量】设置为 60，单击按钮，效果如图 13.24 所示。

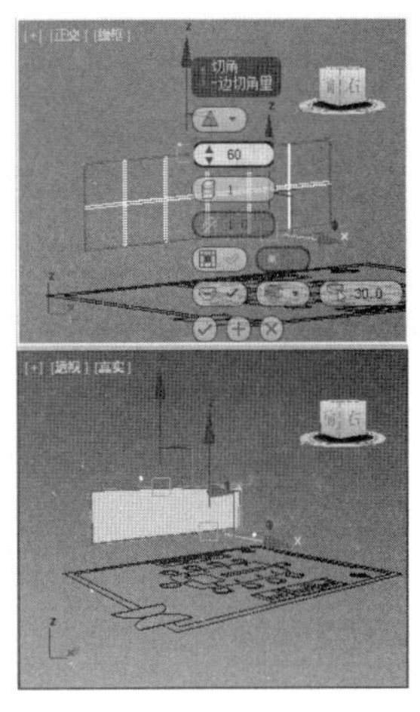

图 13.24

24 将当前选择集定义为【多边形】，选择中间的 12 个面，在【编辑多边形】卷展栏中，单击【挤出】右侧的设置按钮，在弹出的对话框中，将【挤出类型】设置为【局部法线】，【挤出高度】设置为 −70，然后单击按钮，效果如图 13.25 所示。

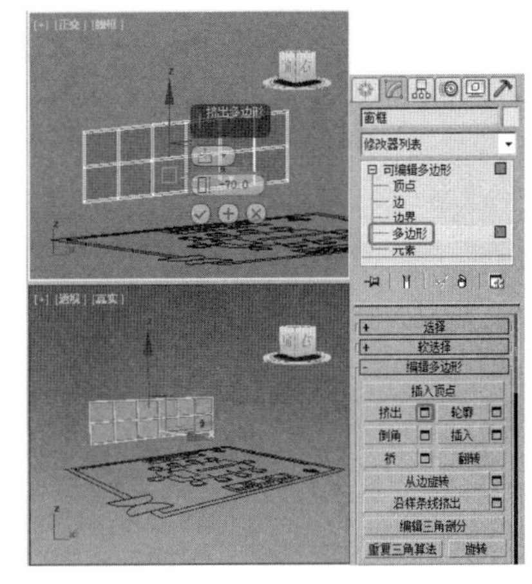

图 13.25

25 将挤出的 12 个面删除，然后将选择集定义为【顶点】，在左视图中，选中中间的一排顶点，将其向上移动适当的距离，如图 13.26 所示。

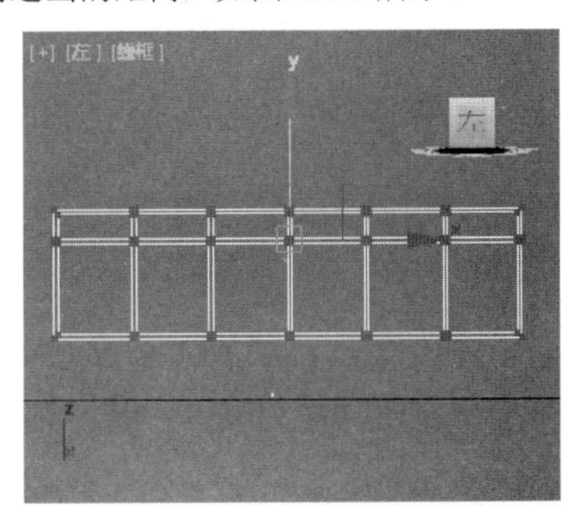

图 13.26

26 退出当前选择集，将隐藏的所有模型对象全部显示出来，将窗框移动到墙体的中间，效果如图 13.27 所示。

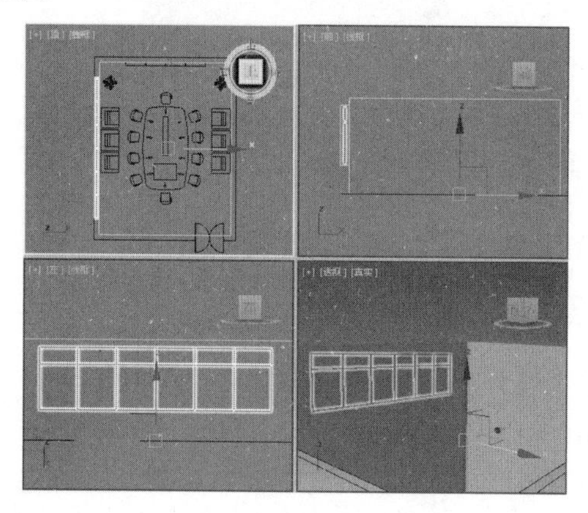

图 13.27

27 选择【创建】 | 【图形】 | 【样条线】 | 【线】工具，在前视图中绘制一条样条曲线，如图 13.28 所示。

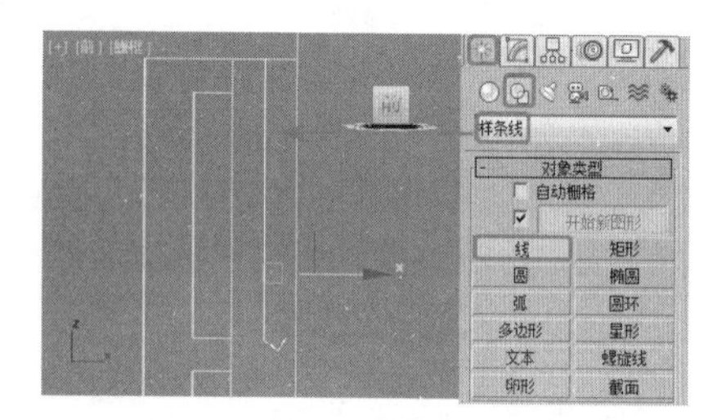

图 13.28

28 切换至【修改】命令面板，将当前选择集定义为【顶点】，对样条线的顶点进行调整，如图 13.29 所示。

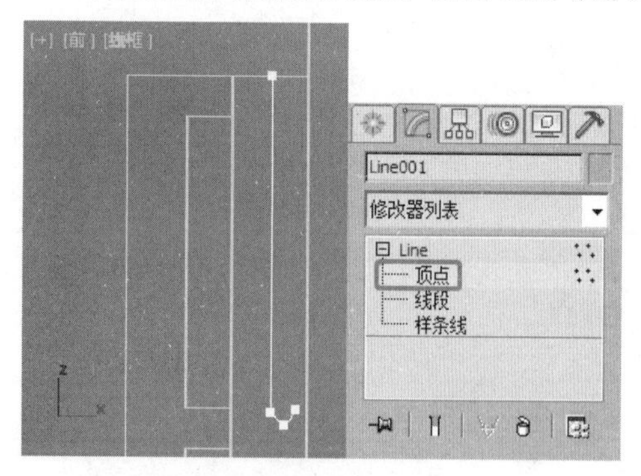

图 13.29

29 退出当前选择集，为其添加【挤出】修改器，将【数量】设置为 600，如图 13.30 所示。

30 在视图中调整窗帘对象的位置并对其进行多次复制，同时将选择集定义为【顶点】，将窗帘设置为不同的长度，然后将所有窗帘对象成组为【窗帘】，效果如图 13.31 所示。

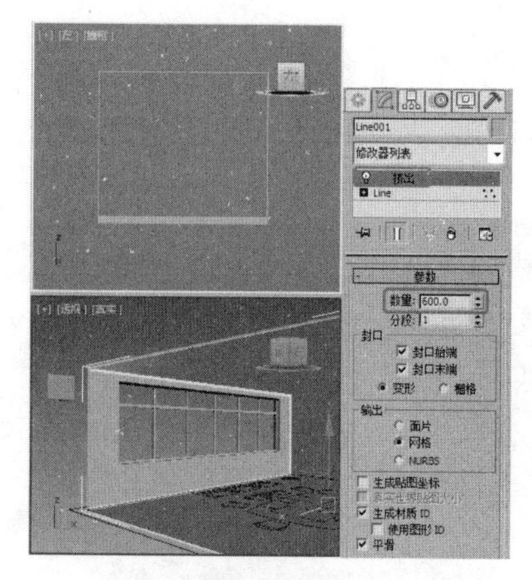

图 13.30

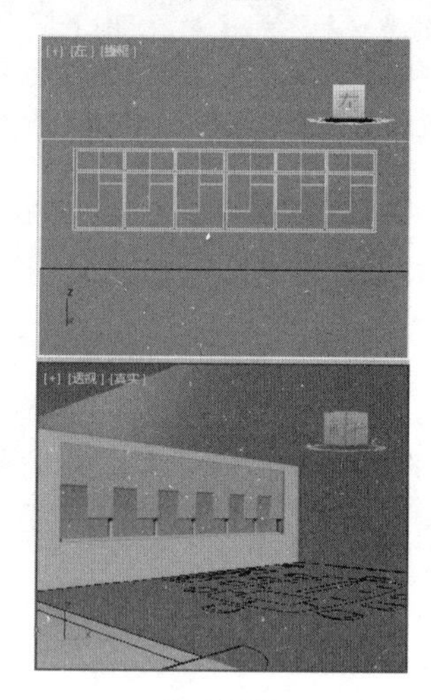

图 13.31

31 选择【墙体框架】对象，切换至【修改】命令面板，在【编辑几何体】卷展栏中，单击【附加】右侧的附加列表按钮，在弹出的【附加列表】对话框中，选择【对象 001】，然后单击【附加】按钮，将其与【墙体框架】模型附加为一体，如图 13.32 所示。

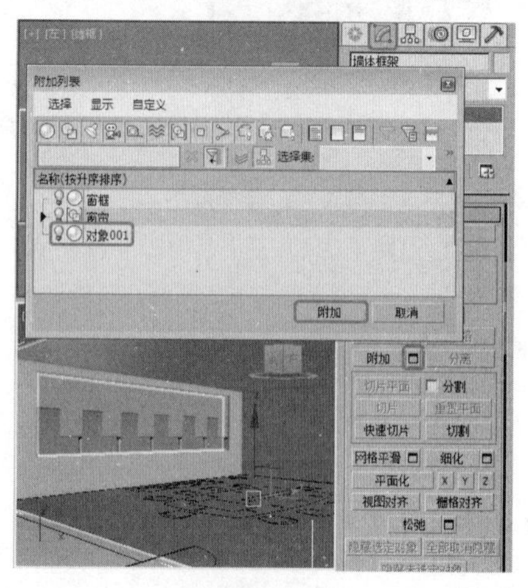

图 13.32

32 确定【墙体框架】处于选中的状态，将当前选择集定义为【多边形】，按 Ctrl+A 组合键选择全部的多边形，在【编辑几何体】卷展栏中单击【切片平面】按钮，然后按 F12 键，在弹出的对话框中，将【Z】设置为 100，单击【切片】按钮，制作出踢脚板，如图 13.33 所示。

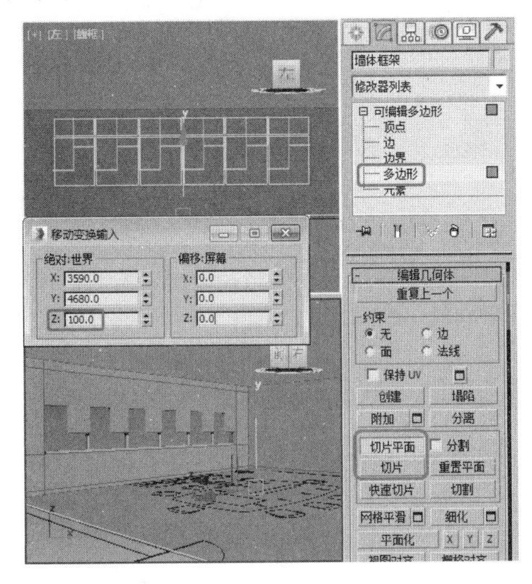

图 13.33

33 再次单击【切片平面】按钮，退出切片模式。将当前选择集定义为【多边形】，在透视视图中选择踢脚板区域的所有多边形，单击【挤出】右侧的设置按钮，在弹出的对话框中，将【挤出类型】设置为【局部法线】，【挤出高度】设置为 8，然后单击【确定】按钮，完成对踢脚板的制作，如图 13.34 所示。

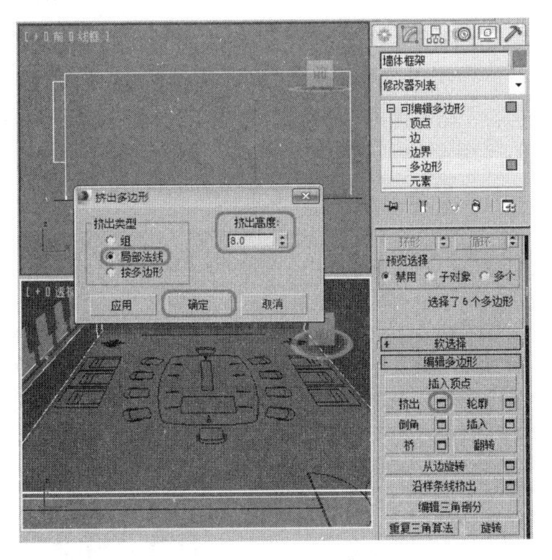

图 13.34

34 退出当前选择集，选择【创建】|【几何体】|【标准基本体】|【长方体】工具，在工具栏中将捕捉按钮打开，在顶视图中沿平面图创建一个【长度】、【宽度】和【高度】分别为 180、4200、2940，【长度分段】、【宽度分段】和【高度分段】分别为为 1、4、3 的长方体，如图 13.35 所示。

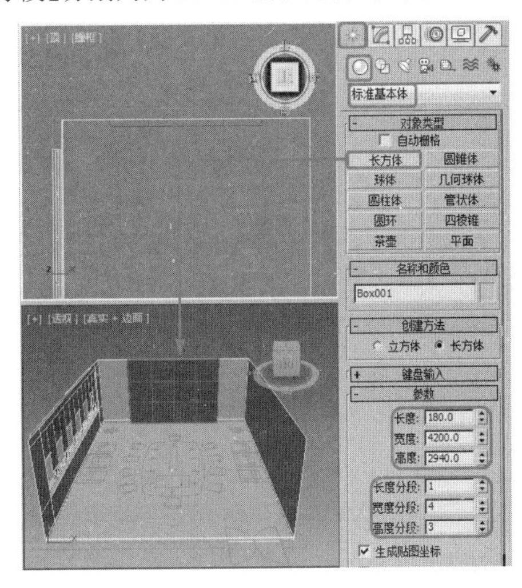

图 13.35

35 将长方体转换为可编辑多边形，将当前选择集定义为【边】，选择长方体中间的段线，单击【编辑边】卷展栏中【挤出】右侧的设置按钮，在弹出的对话框中将【挤出高度】设置为 -10，单击按钮，效果如图 13.36 所示。

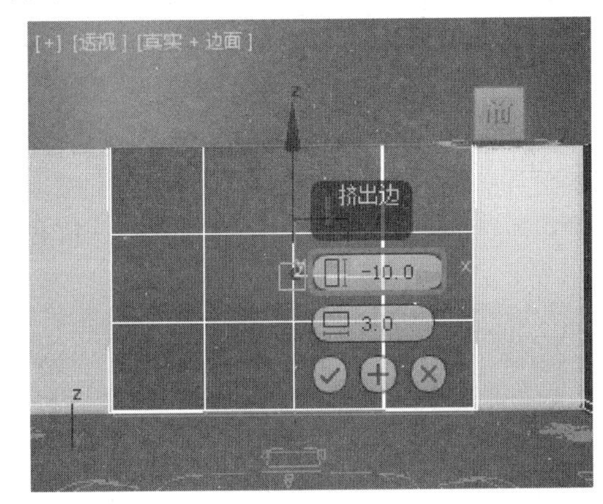

图 13.36

36 退出当前选择集，选择【创建】|【图形】|【样条线】|【文本】工具，在前视图中创建文本，将其命名为【公司名称】，在【参数】卷展栏中将字体设置为【汉仪综艺体简】，将【大小】和【字间距】分别设置为 682 和 200，在文本中输入“恒达科技”，效果如图 13.37 所示。

37 切换到【修改】命令面板，在【修改器列表】中选择【挤出】修改器，在【参数】卷展栏中将【数量】设置为30，然后调整文字的位置，如图 13.38 所示。

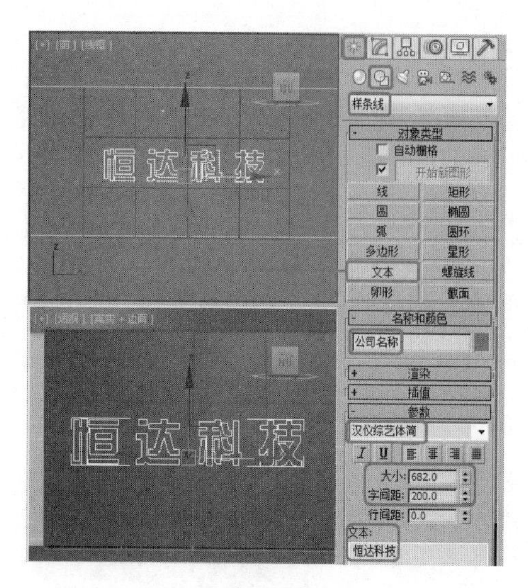

图 13.37

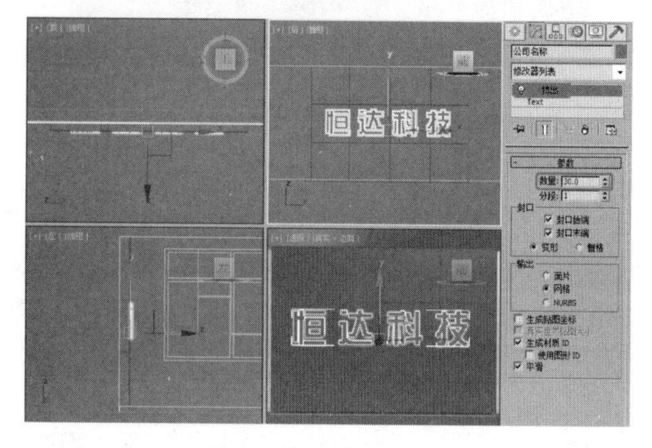

图 13.38

38 选择【创建】 |【图形】 |【样条线】|【矩形】工具，在工具栏中将捕捉按钮打开，在顶视图沿平面图轮廓，创建一个【长度】和【宽度】分别为 8800、6900 的矩形，如图 13.39 所示。

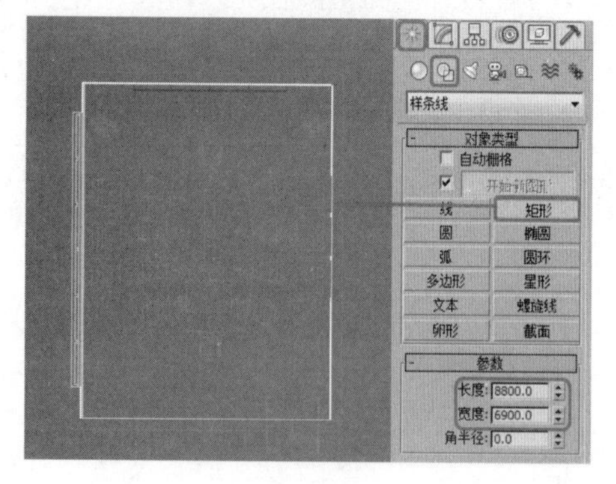

图 13.39

39 将捕捉按钮关闭，取消选中【开始新图形】复选框，再创建一个【长度】、【宽度】和【角半径】分别为 4500、4300、150 的矩形，如图 13.40 所示。

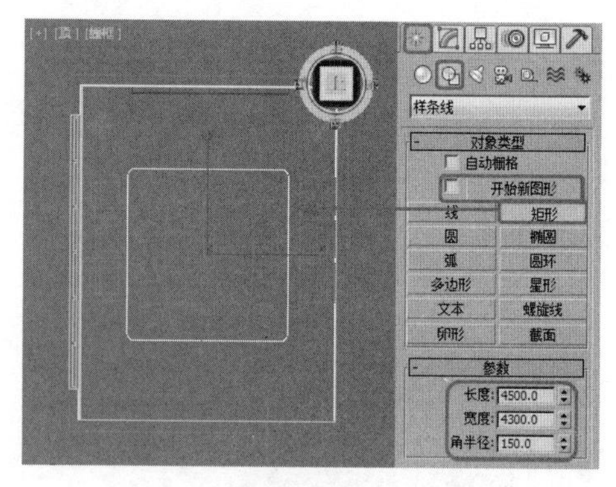

图 13.40

40 切换至【修改】命令面板，将选择集定义为【样条线】，选择里面的小矩形，单击工具栏中的【对齐】按钮，然后单击大矩形，在弹出的对话框中，选中 X、Y、Z 位置复选框，将【目标对象】设置为【轴点】，如图 13.41 所示。

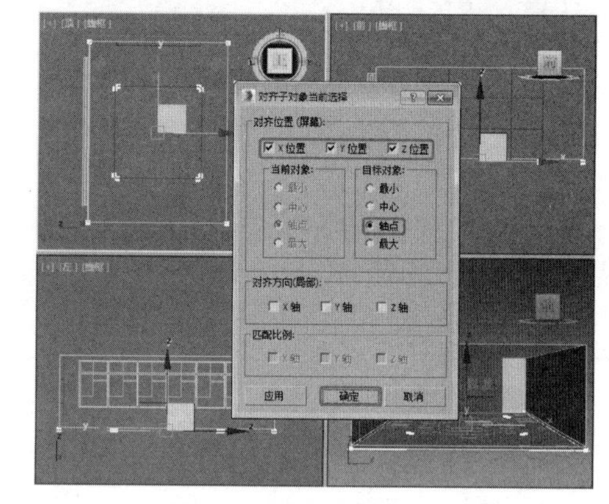

图 13.41

41 单击【确定】按钮，在工具栏中将捕捉按钮打开，右击该捕捉按钮，在弹出的【栅格和捕捉设置】对话框的【捕捉】选项卡中，选中【边/线段】复选框，将对话框关闭。调整小矩形的位置，使其与大矩形处于同一平面，如图 13.42 所示。

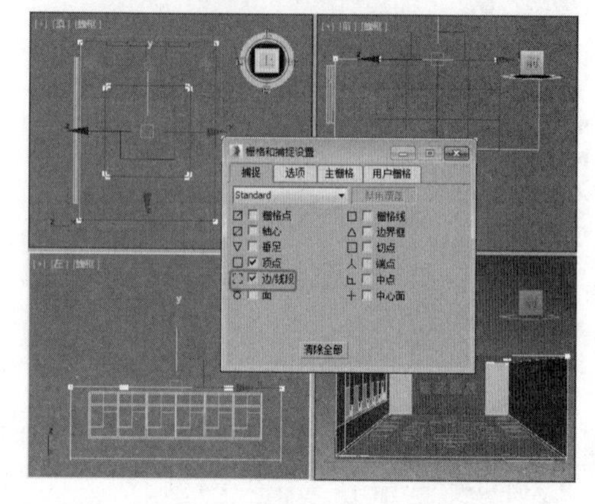

图 13.42

42 退出当前选择集，将其重名为【天花板 01】，然后为其添加【挤出】修改器，将【数量】设置为 60，然后调整【天花板 01】的位置，如图 13.43 所示。

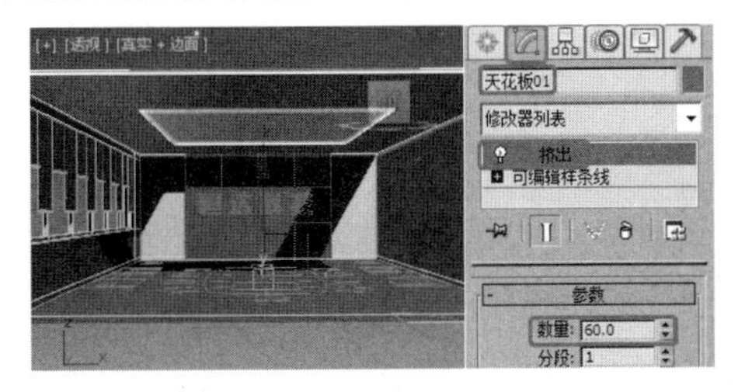

图 13.43

43 选择【创建】 | 【图形】 | 【样条线】 | 【矩形】工具，参照前面的操作步骤，在顶视图中的同一个图形中，创建两个边长分别为 3500×3200 和 2200×2000 的矩形，然后单击【对齐】按钮，调整其位置，如图 13.44 所示。

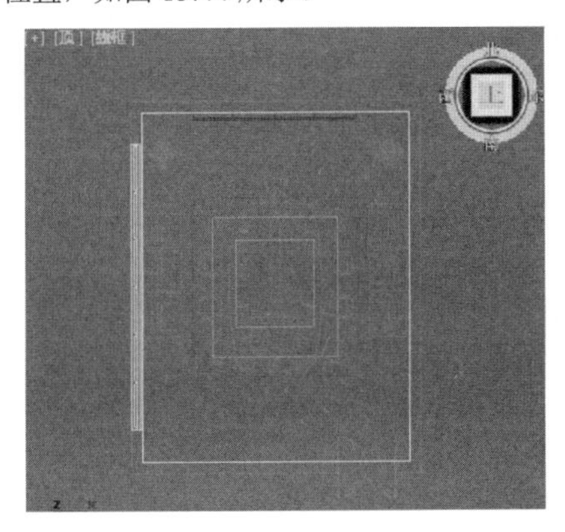

图 13.44

44 切换至【修改】命令面板，将选择集定义为【样条线】，在【几何体】卷展栏中，将大矩形的【轮廓】设置为 -400，小矩形的【轮廓】设置为-350，如图 13.45 所示。

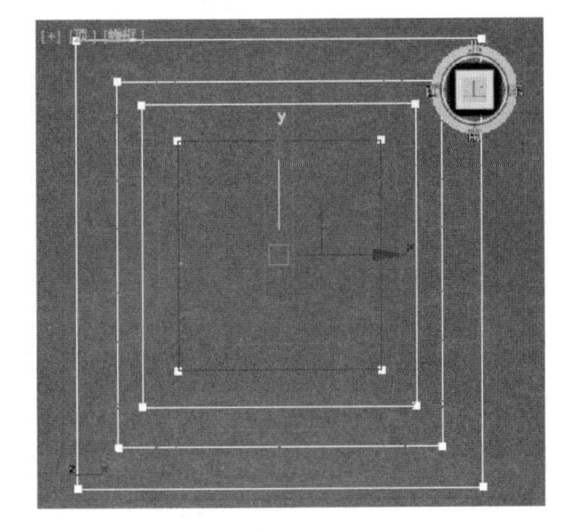

图 13.45

45 将选择集定义为【顶点】，选择所有的顶点，将【几何体】卷展栏中的【圆角】设置为 120，如图 13.46 所示。

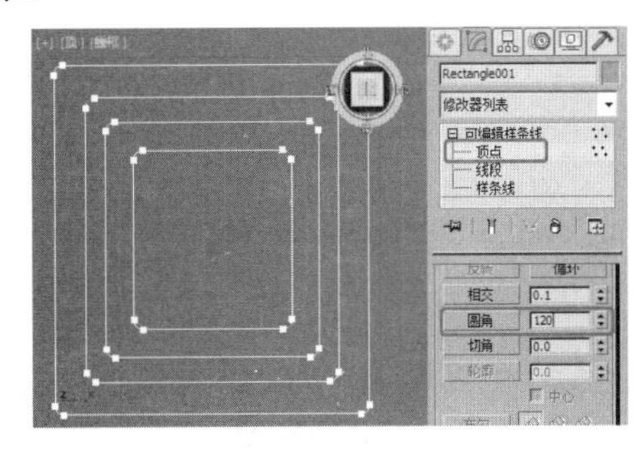

图 13.46

46 退出当前选择集，将其重命名为【天花板 02】，在【修改】命令面板中选择【挤出】命令，设置【数量】为 40，然后调整到合适的位置，如图 13.47 所示。

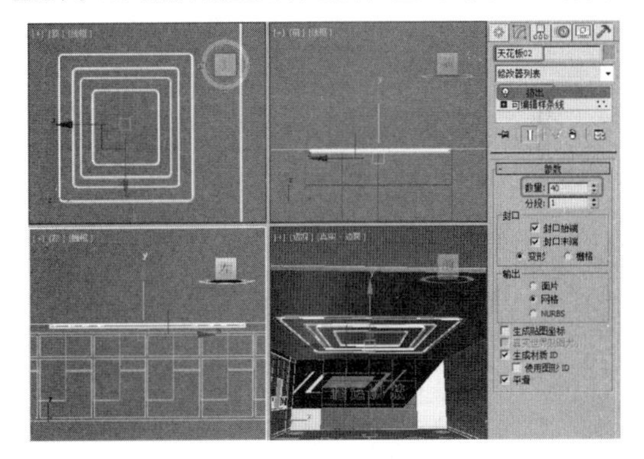

图 13.47

47 参照前面的操作步骤，在【天花板 02】的中间绘制 6 个尺寸依次递减的矩形，将【圆角】均设置为 120，然后将它们附加为一体，将其【轮廓】设置为 20，然后添加【挤出】修改器，将【数量】设置为 20，将其命名为【装饰线】并调整其位置，如图 13.48 所示。

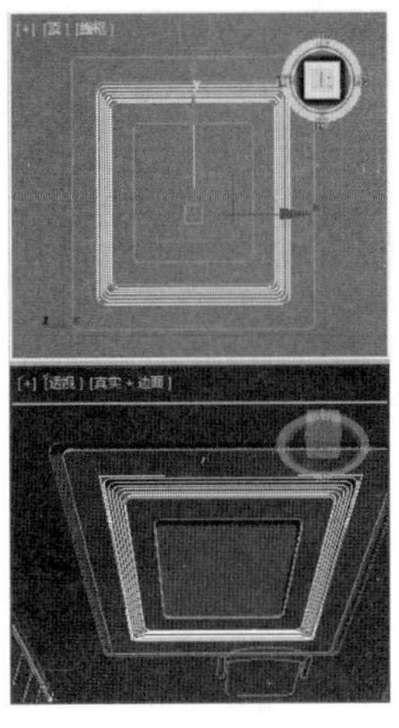

图 13.48

48 使用【矩形】工具绘制一个矩形，将其命名为【装饰玻璃】，然后为其添加【挤出】修改器，将【数量】设置为 10，如图 13.49 所示。

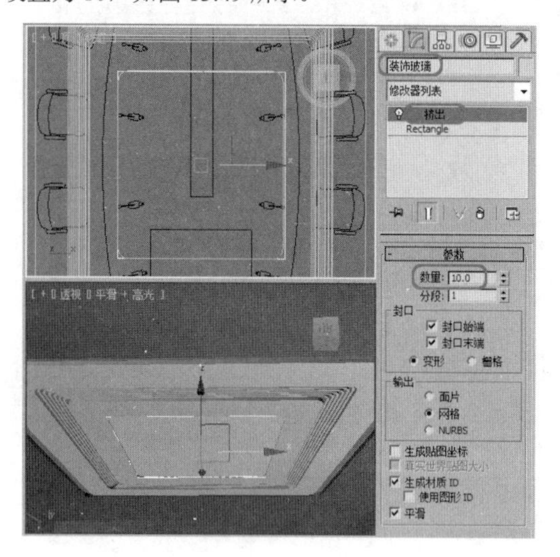

图 13.49

49 选中【墙体框架】模型对象，将选择集定义为【多边形】，选择底部多边形，然后单击【编辑几何体】卷展栏中的【分离】按钮。在弹出的对话框中，将【分离为】设置为【地面】，然后单击【确定】按钮，如图 13.50 所示。

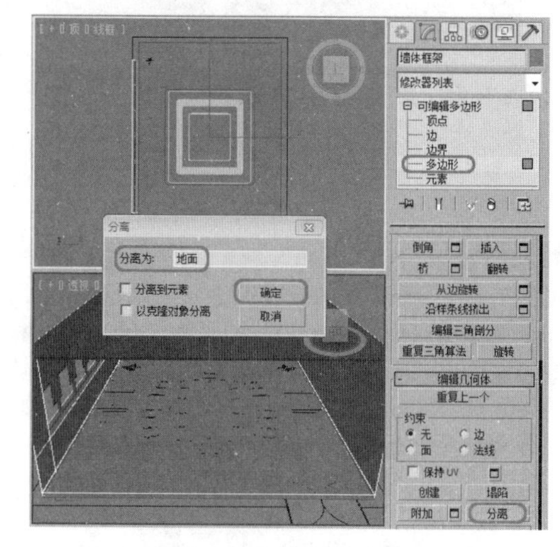

图 13.50

13.2 材质的设置

场景造型已经制作完成了，下面就来设置场景中的主要材质，包括白色乳胶漆、浅蓝色乳胶漆、铝塑板、地板、窗帘材质等。

01 按 M 键打开【材质编辑器】，选择一个新的材质样本球，将其重命名为【白色乳胶漆】，然后单击 Standard 按钮，在弹出的【材质 / 贴图浏览器】中，选择【V-Ray】|【VRayMtl】选项，单击【确定】按钮，如图 13.51 所示。

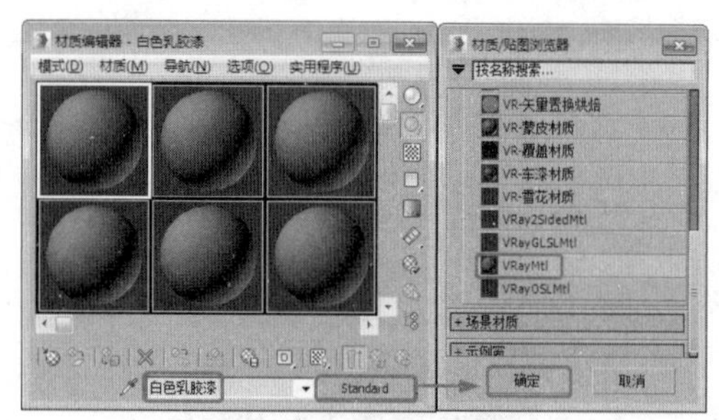

图 13.51

02 在【基本参数】卷展栏中将【漫反射】的颜色数值设置为 245,245,245，在【反射】组中，将【反射】的颜色数值设置为 23,23,23，单击【高光光泽度】右侧的 L 按钮，将其值设置为 0.25，如图 13.52 所示。在场景中分别选中【墙体框架】、【天花板 01】、【天花板 02】和【装饰线】，将设置好的材质指定给选定的对象。

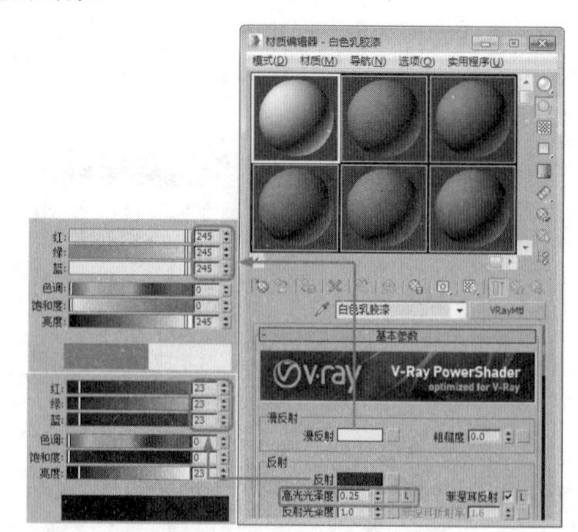

图 13.52

03 选择一个新的材质样本球，将其重命名为【窗框】，将其材质设置为【VRayMtl】材质，在【基本参数】卷展栏中将【漫反射】的颜色数值设置为 244,245,246，如图 13.53 所示。在场景中选中【窗框】，将设置好的材质指定给选定对象。

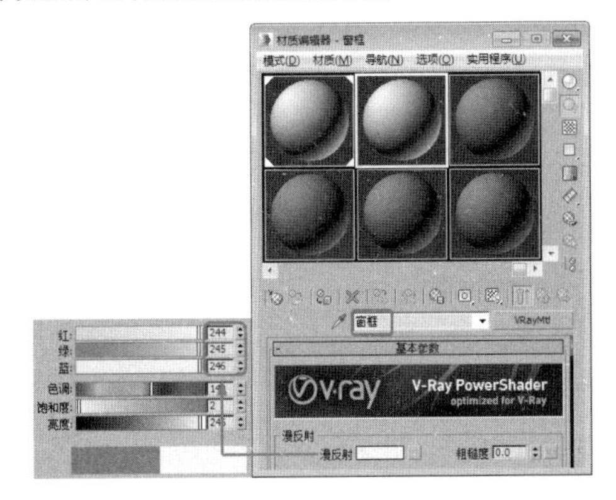

图 13.53

04 选择一个新的材质样本球，将其重命名为【窗帘】，在【Blinn 基本参数】卷展栏中将【环境光】和【漫反射】的颜色数值都设置为 154,167,220，将【不透明度】设置为 60，如图 13.54 所示。在场景中选中【窗帘】，将设置好的材质指定给选定对象。

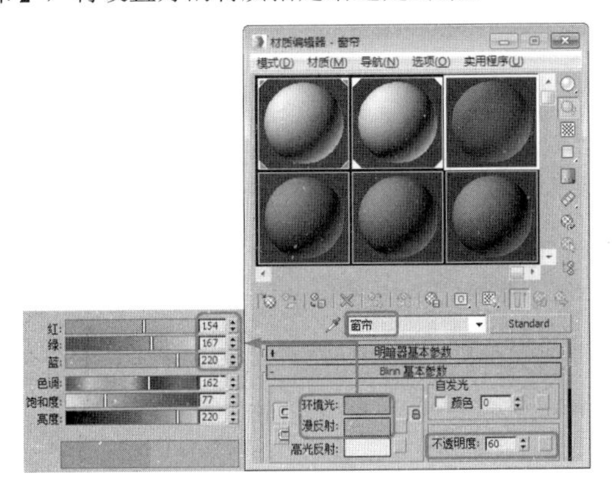

图 13.54

05 选择一个新的材质样本球，将其重命名为【地面】，将其材质设置为【VRayMtl】材质，在【基本参数】卷展栏的【反射】组中，单击【高光光泽度】右侧的L按钮，将其值设置为 0.88，将【反射光泽度】设置为 0.9，【细分】设置为 20，如图 13.55 所示。

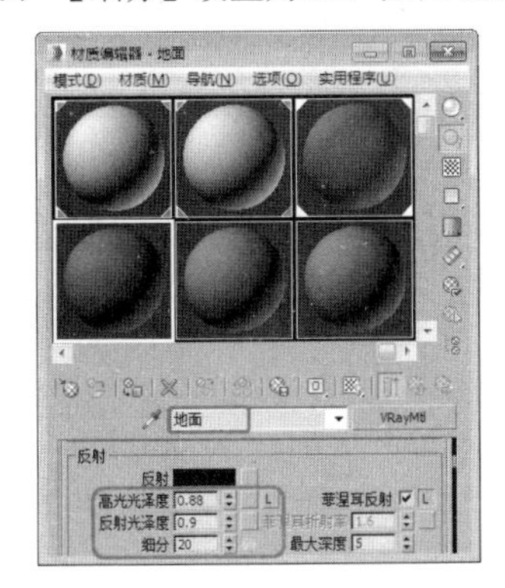

图 13.55

06 在【贴图】卷展栏中，单击【漫反射】右侧的【无】按钮，在弹出的【材质 / 贴图浏览器】对话框中选择【位图】选项，在打开的【选择位图图像文件】对话框中选择配套资源中的 MAP/ 地砖 .jpg 文件。在【坐标】卷展栏中，将【模糊】设置为 0.5。单击【转到父对象】按钮，返回到父级面板，将【凹凸】设置为 10，然后将【漫反射】右侧的贴图拖入到【凹凸】贴图通道中，在弹出的对话框中选择【复制】单选按钮并单击【确定】按钮，如图 13.56 所示。

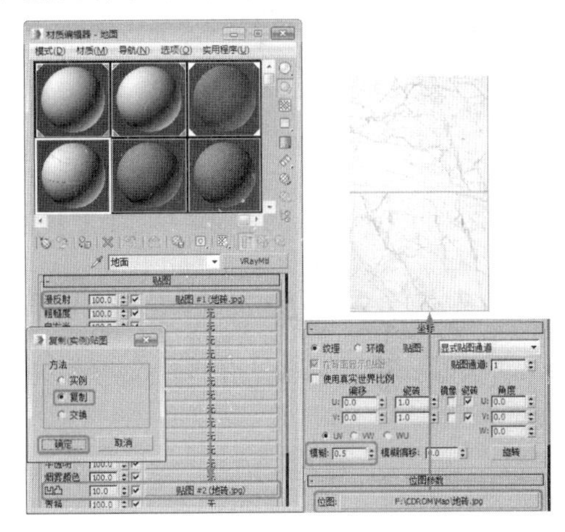

图 13.56

07 在【贴图】卷展栏中，单击【反射】右侧的【无】按钮，在弹出的【材质 / 贴图浏览器】对话框中选择【衰减】选项，在【衰减参数】卷展栏中将【衰减类型】定义为【Fresnel】，如图 13.57 所示。在场景中选中【地面】，将设置好的材质指定给选定的对象。

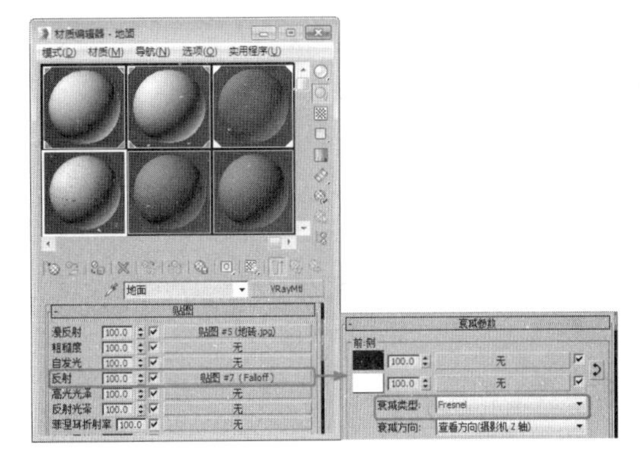

图 13.57

08 确认【地面】处于选中的状态下，然后切换至【修改】命令面板，在【修改器列表】中选择【UVW 贴图】修改器，在【参数】卷展栏中将贴图类型定义为【长方体】，将【长度】、【宽度】和【高度】的数值分别设置为 1600、800 和 10，如图 13.58 所示。

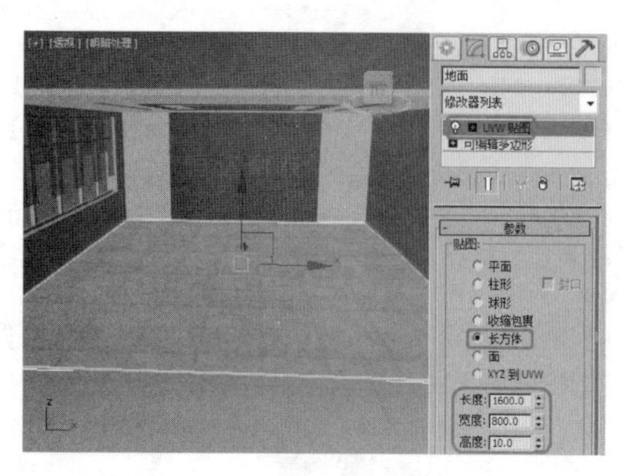

图 13.58

09 按 M 键打开【材质编辑器】，选择一个新的材质样本球，将其命名为【装饰玻璃】，将其材质设置为【VRayMtl】材质，在【基本参数】卷展栏中将【漫反射】的颜色数值设置为156,197,182，在【反射】组中，选中【菲涅尔反射】复选框，在【折射】组中，将【折射】的颜色数值设置为208,208,208，如图13.59所示。在场景中选中【装饰玻璃】选项，将设置好的材质指定给选定对象。

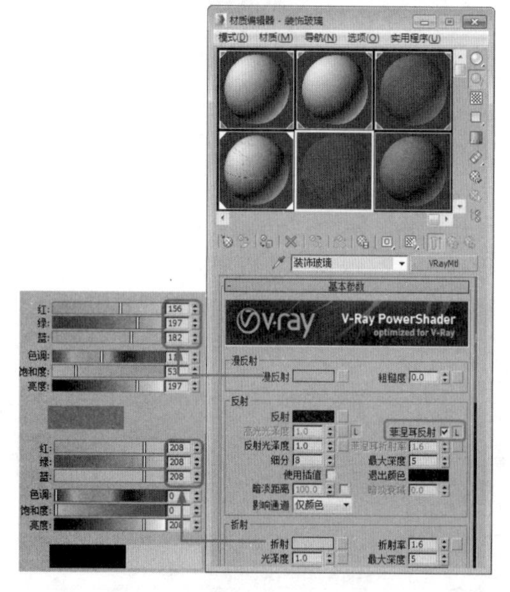

图 13.59

10 选择一个新的材质样本球，将其命名为【文字】，将其材质设置为【VRayMtl】材质，在【基本参数】卷展栏中将【漫反射】的颜色数值设置为24,24,24；在【反射】组中，将【反射】的颜色数值设置为18,18,18，单击【高光光泽度】右侧的L按钮，将其值设置为0.7，将【反射光泽度】设置为0.95，如图13.60所示。在场景中选中【公司名称】，将设置好的材质指定给选定对象。

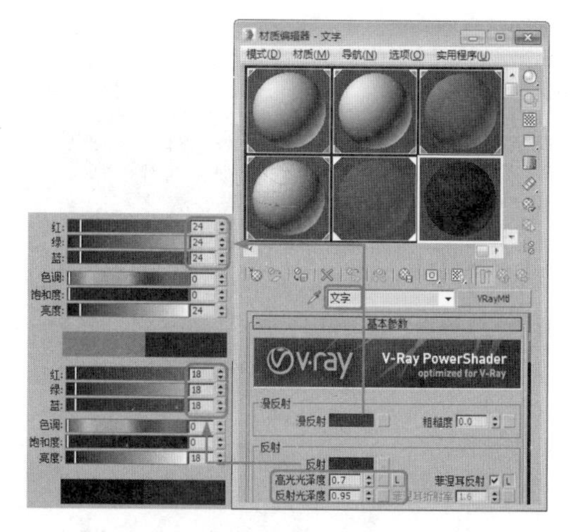

图 13.60

11 在前视图中选中【Box001】对象，在【修改】命令面板中，将其重命名为【装饰墙】，并将选择集定义为【多边形】，选择如图13.61所示的多边形。在【多边形：材质ID】卷展栏中，将【设置ID】设置为1，如图13.61所示。

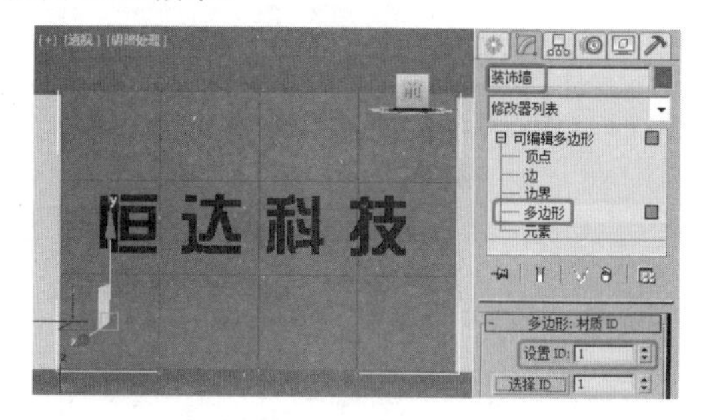

图 13.61

12 按Ctrl+I组合键，在【多边形：材质ID】卷展栏中，将反选得到的多边形的【设置ID】设置为2，如图13.62所示。

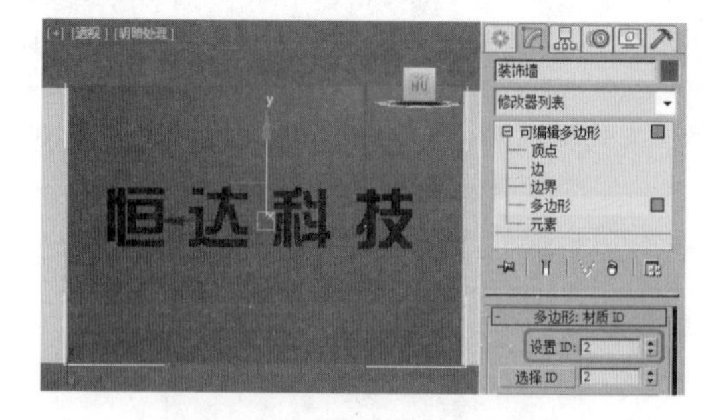

图 13.62

13 退出当前选择集，按M键打开【材质编辑器】。选择一个新的材质样本球，将其命名为【装饰墙】，单击右侧的Standard按钮，在弹出的【材质/贴图浏览器】中，选择【标准】|【多维/子对象】选项，单击【确定】按钮。在弹出的提示对话框中选择【丢

弃旧材质？】选项，然后单击【确定】按钮。在【多维/子对象基本参数】卷展栏中，将材质数量设置为2，如图13.63所示。

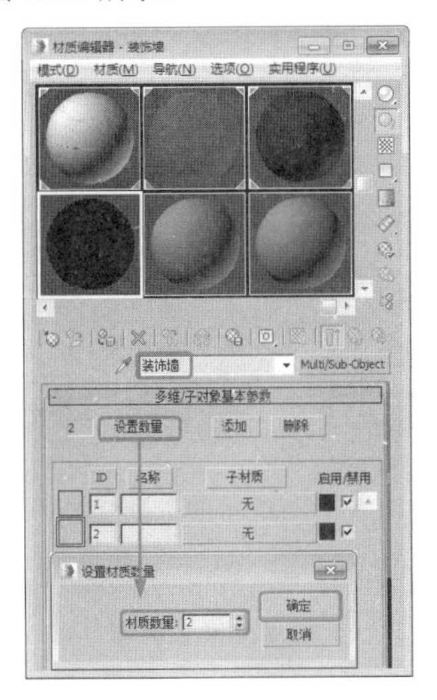

图 13.63

14 单击【ID1】右侧的【无】按钮，在弹出的【材质/贴图浏览器】中，选择【V-Ray】|【VRayMtl】，单击【确定】按钮。在【基本参数】卷展栏中将【漫反射】的颜色数值设置为197,197,197；在【反射】组中，单击【高光光泽度】右侧的L按钮，将其值设置为0.7，将【反射光泽度】设置为0.95，如图13.64所示。

15 在【贴图】卷展栏中，单击【反射】右侧的【无】按钮，在弹出的【材质/贴图浏览器】对话框中选择【衰减】选项，在【衰减参数】卷展栏中将【衰减类型】定义为【Fresnel】，如图13.65所示。

16 单击两次【转到父对象】按钮，返回到父级面板，将【文字】材质拖入到【ID2】右侧的子材质上，在弹出的对话框中，选择【复制】单选按钮并单击【确定】按钮，如图13.66所示。在场景中选中【装饰墙】，将设置好的材质指定给选定对象。

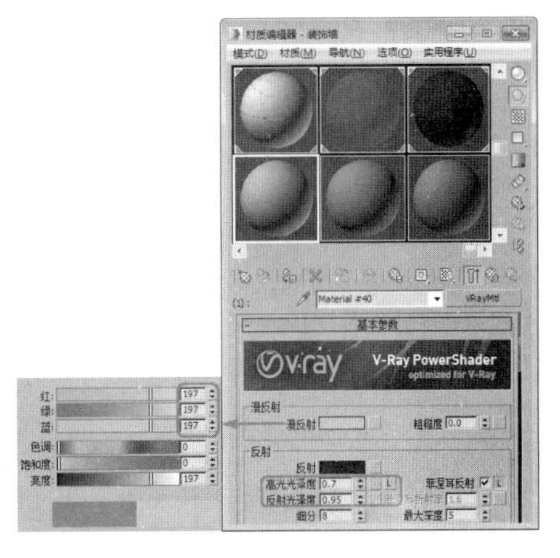

图 13.64

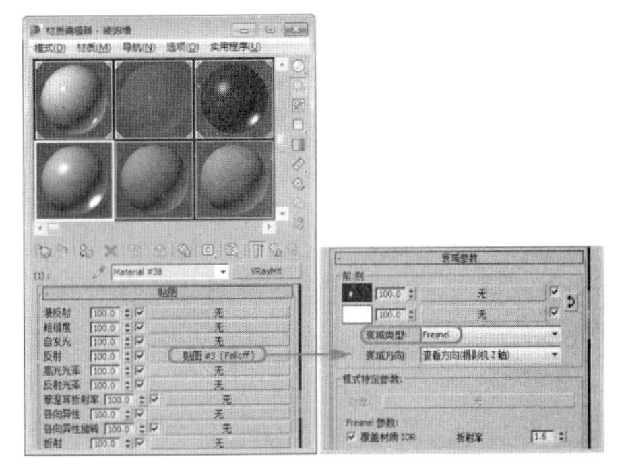

图 13.65

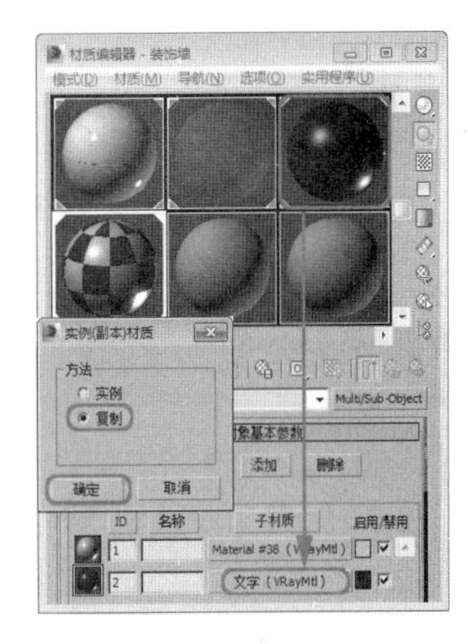

图 13.66

13.3 导入素材并设置摄影机

材质设置完成后，导入家具和灯光模型素材，然后设置摄影机。摄影机相当于人的眼睛，其表现效果的完美与否，与摄影机的创建有着很大的关系。

01 选择【应用程序】|【导入】|【合并】命令，选择配套资源中的会议室家具及灯光.max文件，将家具和灯光合并到场景中，如图13.67所示。

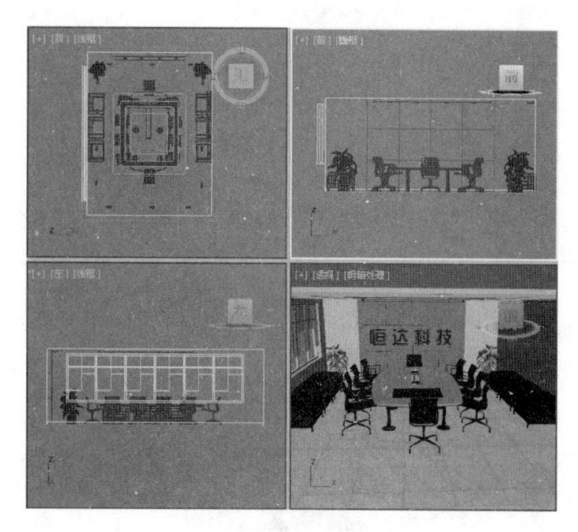

图 13.67

02 选择【创建】 | 【摄影机】 | 【目标】工具，在顶视图创建一台摄影机，激活透视视图，并按C键将其转换为摄影机视图。切换至【修改】命令面板中，在【参数】卷展栏中设置【镜头】为24，选中【剪切平面】卷展栏中的【手动剪切】复选框，将【近距剪切】和【远距剪切】分别设置为2500和12000，激活摄影机视图，按Shift+F组合键，显示安全框，效果如图13.68所示。

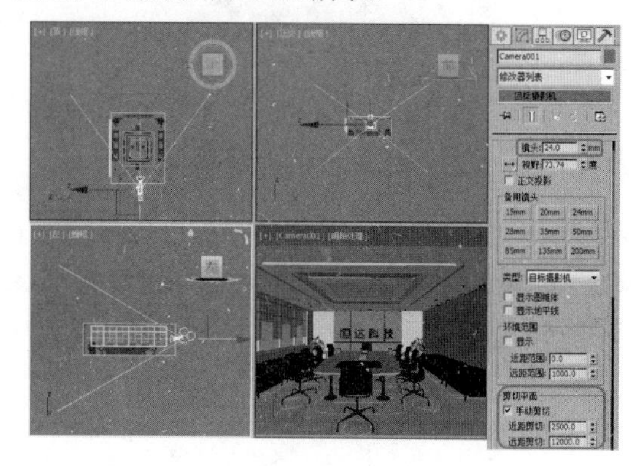

图 13.68

13.4 灯光的设置

对于空间较大的模型，如果想得到较好的效果，必须创建室内灯光，这样才能将空间的效果完美地表现出来。

01 为了方便操作，将家具隐藏。选择【创建】 | 【灯光】 | 【VRay】 | 【VR-太阳】工具，在顶视图中创建VR太阳光，在弹出的提示对话框中单击【是】按钮。在场景中对其位置进行调整，在【VR太阳参数】卷展栏中，将【浊度】设置为2，设置【强度倍增】和【大小倍增】分别为0.02和3，【阴影细分】设置为8，单击【排除】按钮，将【窗帘】对象排除，如图13.69所示。

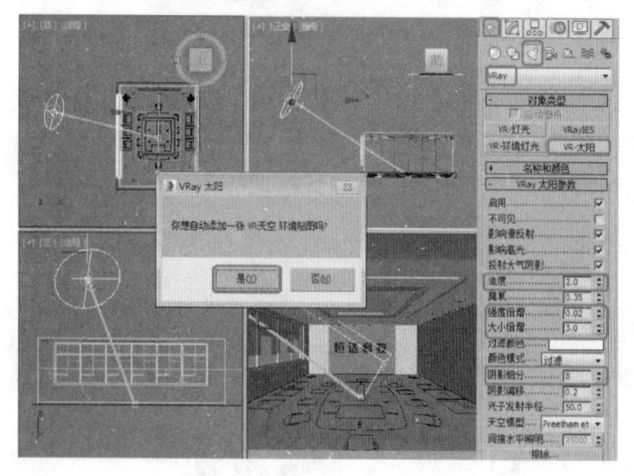

图 13.69

02 选择【创建】 | 【灯光】 | 【VRay】 | 【VR-灯光】工具，在左视图中创建一盏VR灯光，在【参数】卷展栏中，单击【排除】按钮，将【窗帘】对象排除，将【倍增】值设置为3.5，将颜色设置为179,203,247；选中【不可见】复选框，在【采样】组中，将【细分】设置为30，如图13.70所示。

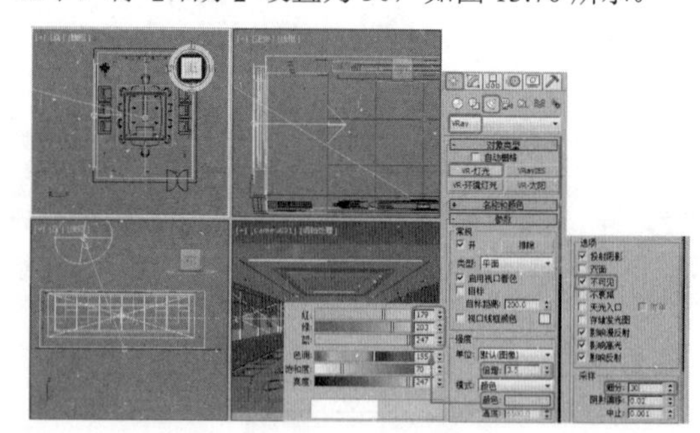

图 13.70

03 选择【创建】 | 【灯光】 | 【VRay】 | 【VR-灯光】工具，在顶视图创建一个VR灯光，在【参数】卷展栏中将【倍增】值设置为2，选中【不可见】复选框，在【采样】组中，将【细分】设置为30，然后在其他视图中调整VR灯光的位置，如图13.71所示。

04 选择【创建】 | 【灯光】 | 【光度学】 | 【目标灯光】工具，创建一个目标点光源，将其移动到

射灯的位置，在【阴影】选项组中选中【启用】复选框，将其类型选择为【VR-阴影】，在【灯光分布（类型）】的下拉列表中选择【光度学 Web】选项，在【分布（光度学 Web）】卷展栏中，选择配套资源中的多光 .ies 文件；在【强度 / 颜色 / 衰减】卷展栏中，将【强度】设置为 300，然后复制多个目标灯光到射灯位置，如图 13.72 所示。

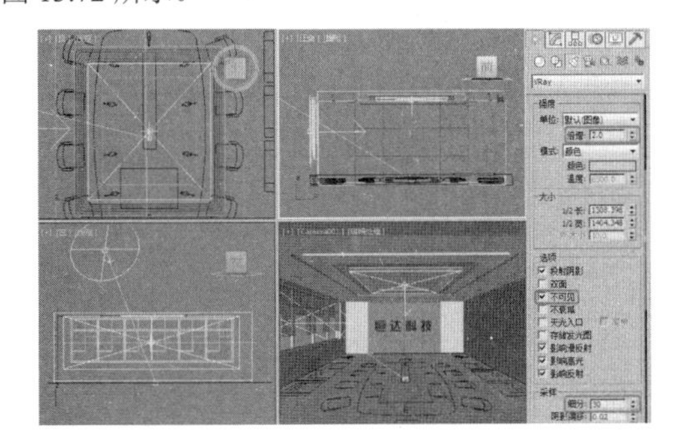

图 13.71

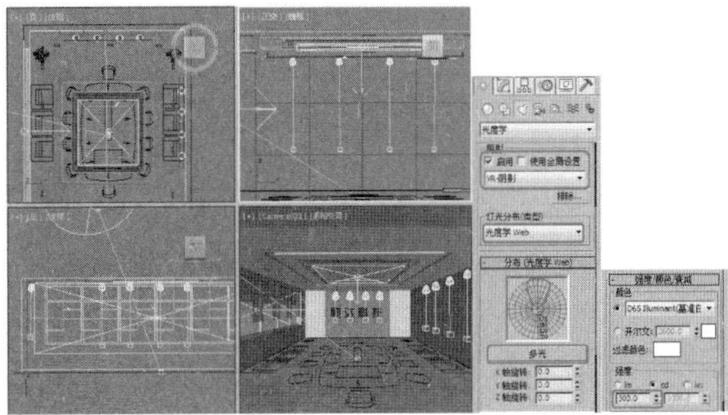

图 13.72

13.5 设置渲染参数

灯光设置完成后，下面设置渲染参数。

01 按 F10 键打开【渲染设置】对话框，在【公用】选择卡中，设置【输出大小】为 900×630，如图 13.73 所示。

02 切换至【V-Ray】选项卡，在【帧缓冲区】卷展栏中，选中【启用内置帧缓冲区】复选框，如图 13.74 所示。

03 在【图像采样器（抗锯齿）】卷展栏中，选中【图像过滤器】复选框，并将其设置为【Mitchell-Netravali】，如图 13.75 所示。

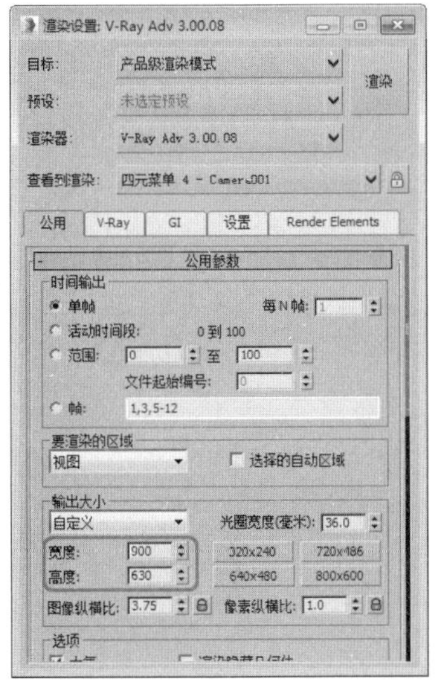

图 13.73

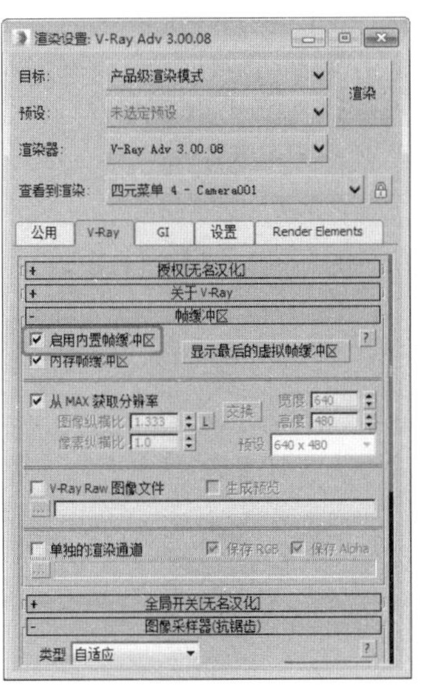

图 13.74

图 13.75

04 切换至【GI】选项卡，在【全局照明】卷展栏中，选中【启用全局照明（GI）】复选框，在【二次引擎】选项组中，将【二次引擎】设置为【灯光缓存】，如图 13.76 所示。

05 在【发光图】卷展栏中，将【当前预设】设置为【中】，选中【显示计算相位】和【显示直接光】复选框，选中【显示新采样为亮度】选项，如图 13.77 所示。

06 在【灯光缓存】卷展栏中，将【细分】设置为 1200，选中【存储直接光】和【显示计算相位】复选框，如图 13.78 所示。

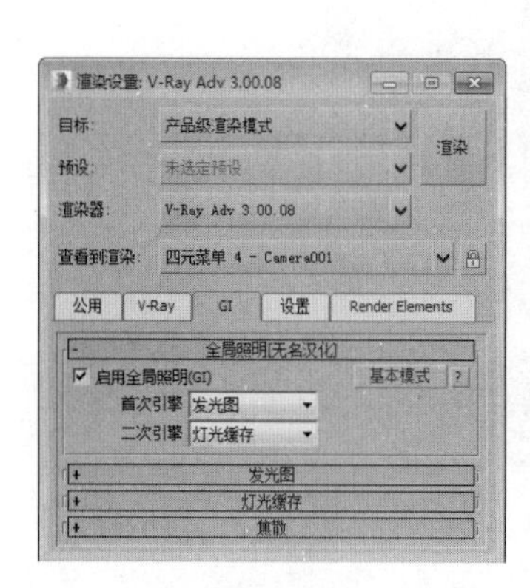

图 13.76

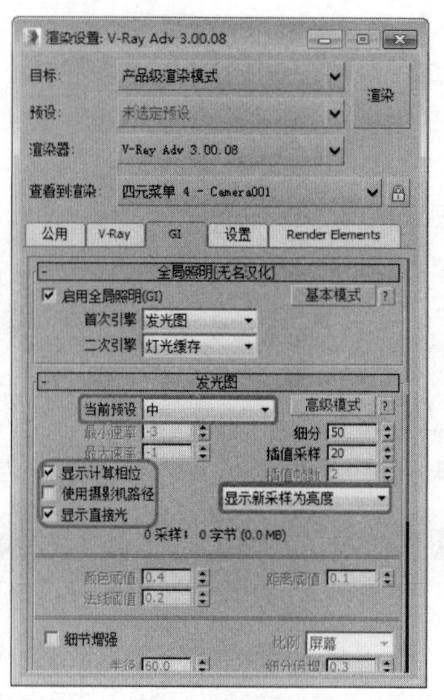

图 13.77

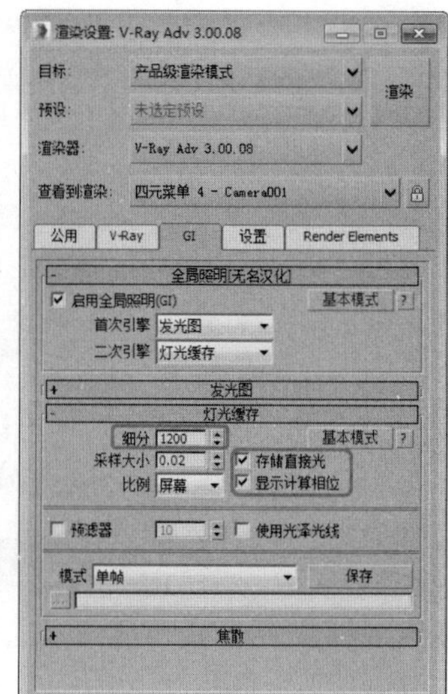

图 13.78

07 将隐藏的家具对象显示出来，然后对摄影机视图进行渲染，并将场景文件保存。

第14章

项目指导——室外建筑制作技法

本章讲解大型居民楼模型的构建和材质的设置方法，其中包括一层商业用店铺及其他楼层的居住用房的制作和材质的设置。居民楼的建模和材质是本例学习的重点，完成后的效果图如图 14.1 所示。

图 14.1

14.1 一层门市的制作

居民楼的一层一般为商业店铺，本例的居民楼一层也是沿街的商业店铺，在本节中将讲解建筑一层门市的制作方法。

14.1.1 制作门市基墙

本小节将讲解一层商业店铺中基墙的建模及材质的设置方法。

01 选择【创建】 | 【图形】 | 【样条线】|【线】工具，在顶视图中创建两条闭合的样条线，并将其命名为【玻璃 - 门市基墙】，作为基墙的截面图形，如图 14.2 所示。

02 选中【玻璃 - 门市基墙】对象，切换至【修改】命令面板中，在【修改器列表】中选择【编辑样条线】修改器，在【几何体】卷展栏中单击【附加】按扭，在视图中对两条线段进行附加，如图 14.3 所示。

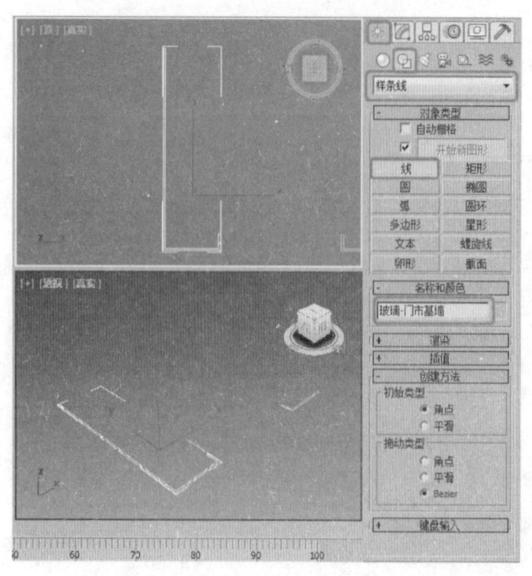

图 14.2

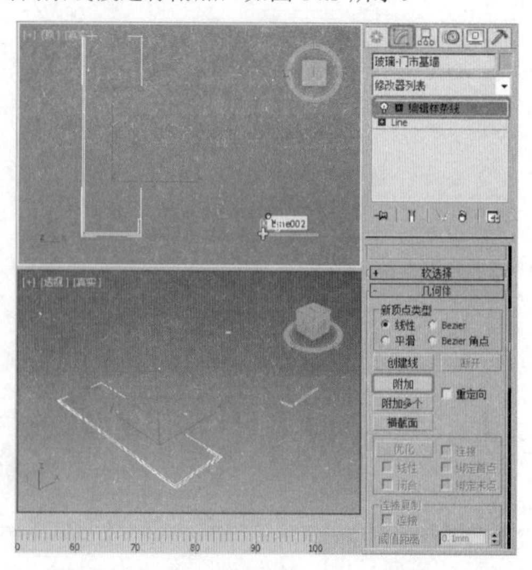

图 14.3

03 关闭【附加】按扭，继续选中该对象，在【修改器列表】中选择【挤出】修改器，在【参数】卷展栏中将【数量】设置为10000，如图14.4所示。

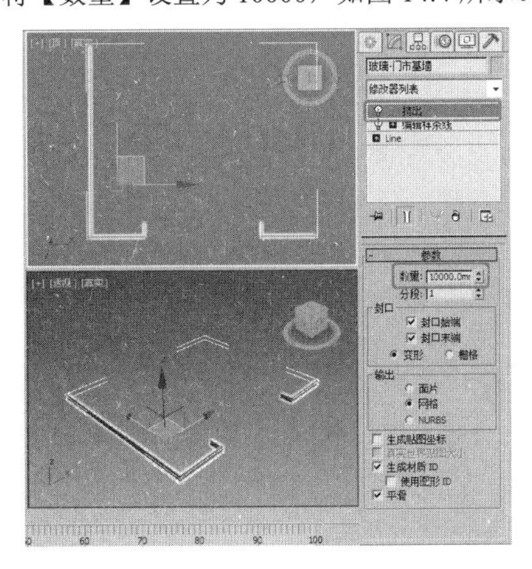

图 14.4

04 继续在【修改器列表】中选择【UVW贴图】修改器，在【参数】卷展栏的【贴图】区域中选择【长方体】，在【对齐】区域中单击【适配】按扭，如图14.5所示。

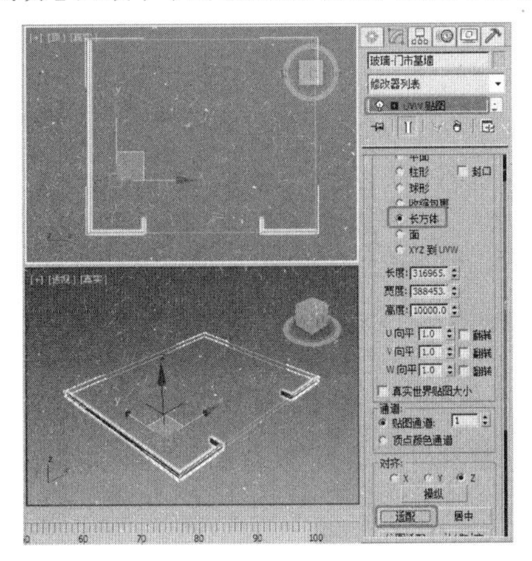

图 14.5

提示

在新建场景之后，需要将系统的单位设置为毫米。

05 按M键打开【材质编辑器】，激活一个新的材质样本球，并将其重命名为【门市基墙】，在【明暗器基本参数】卷展栏中将阴影模式定义为Blinn。打开【贴图】卷展栏，单击【漫反射颜色】通道后的【无】贴图按钮，在打开的【材质/贴图浏览器】中选择【位图】贴图，单击【确定】按钮，然后在打开的对话框中选择配套资源MAP/石块.jpg文件，单击【打开】按钮。进入位图面板，在【坐标】卷展栏中将【瓷砖】区域下的UV值分别设置为8、1，在【位图参数】卷展栏中选中【裁减/放置】区域的【应用】复选框，并单击【查看图像】按钮，在打开的【指定裁剪/放置】对话框中依照图14.6所示设置裁减的区域。

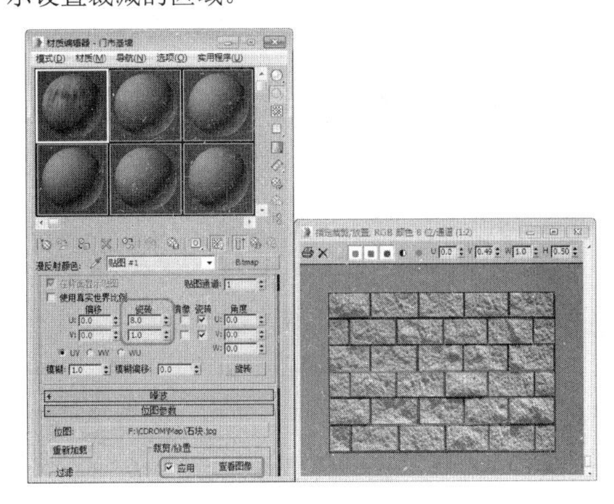

图 14.6

06 单击【转到父对象】按扭，在【贴图】卷展栏中单击【漫反射颜色】右侧的贴图按钮，按住鼠标将其拖曳至【凹凸】右侧的贴图按钮上，在弹出的对话框中选择【复制】单选按钮，如图14.7所示。单击【确定】按钮，将设置完成的材质指定给选定的对象即可。

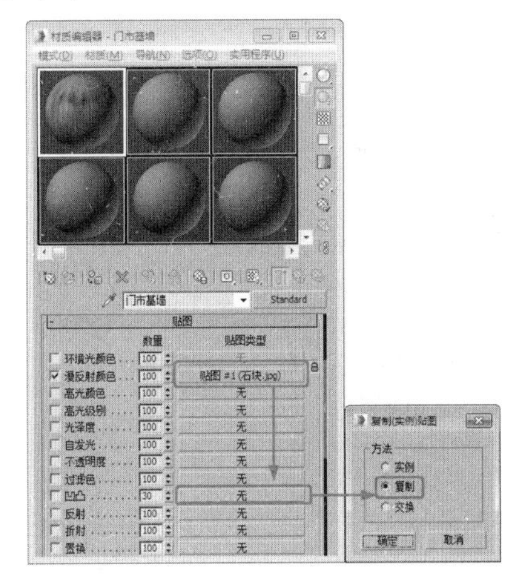

图 14.7

14.1.2　制作门市玻璃

本小节将讲解如何制作一层门市玻璃的建模及如何设置材质，具体操作方法如下。

01 选择【创建】|【图形】|【样条线】|【线】工具，在顶视图中创建一条如图14.8所示的样条线，将其命名为【玻璃-门市】，作为【玻璃-门市】的截面图形。

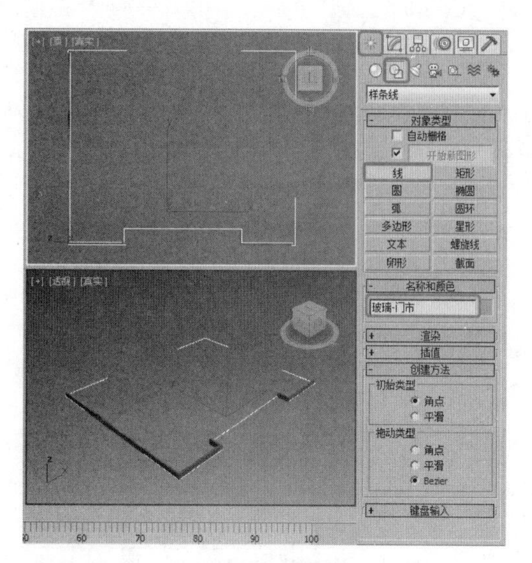

图 14.8

02 继续选中该对象，切换到【修改】命令面板，在【修改器列表】中选择【挤出】修改器，在【参数】卷展栏中将【数量】设置为107400，并调整其位置，如图14.9所示。

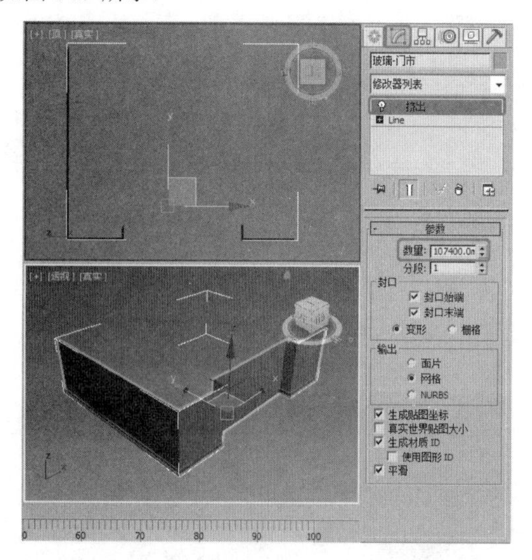

图 14.9

03 按M键打开【材质编辑器】，激活一个新的材质样本球，并将其重命名为【门市玻璃】，在【明暗器基本参数】卷展栏中将阴影模式定义为【Blinn】，选中【双面】复选框，如图14.10所示。

04 在【Blinn 基本参数】卷展栏中取消【环境光】与【漫反射】的锁定，将【环境光】的颜色数值设置为23,16,46，将【漫反射】的颜色数值设置为103,157,206，将【不透明度】设置为40，在【反射高光】选项组中将【高光级别】、【光泽度】分别设置为57、31，如图14.11所示。设置完成后，将材质指定给选定的对象即可。

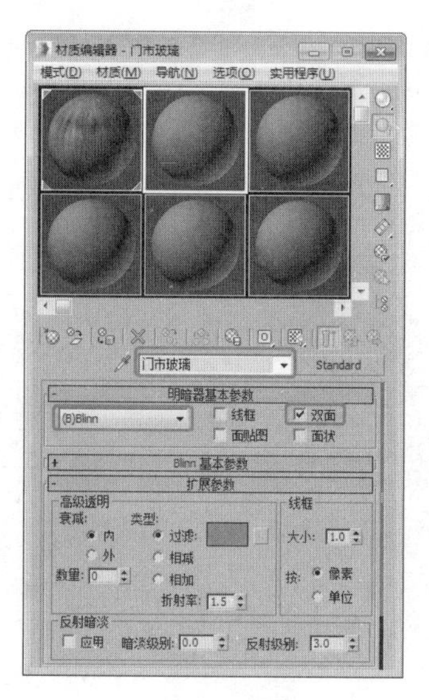

图 14.10

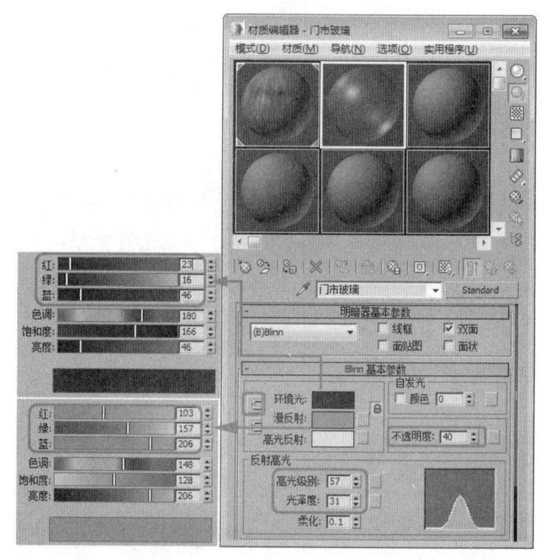

图 14.11

14.1.3 一层建筑主体的制作

基墙和门市玻璃制作好后，下面制作一层建筑的主体部分。

01 选择【创建】|【图形】|【样条线】|【矩形】工具，在前视图中【玻璃-门市】对象的中间创建一个【长度】和【宽度】分别为100000和156000的矩形，并将其重命名为【一层门框】，如图14.12所示。

02 切换到【修改】命令面板，在【修改器列表】中选择【编辑样条线】，将当前选择定义为【分段】，选择【一层门框】下方的线段，按Delete键将其删除，如图14.13所示。

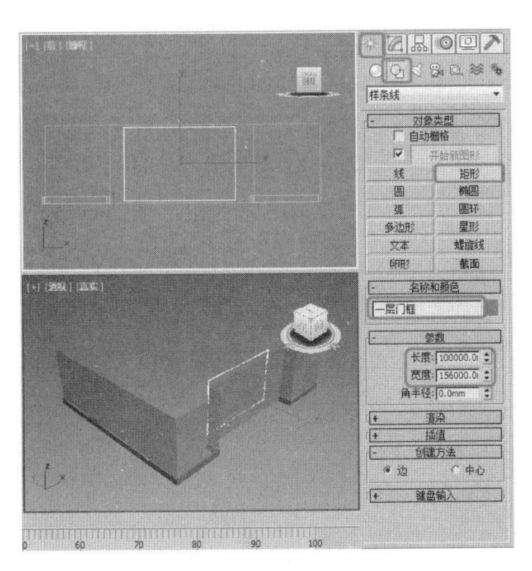

图 14.12

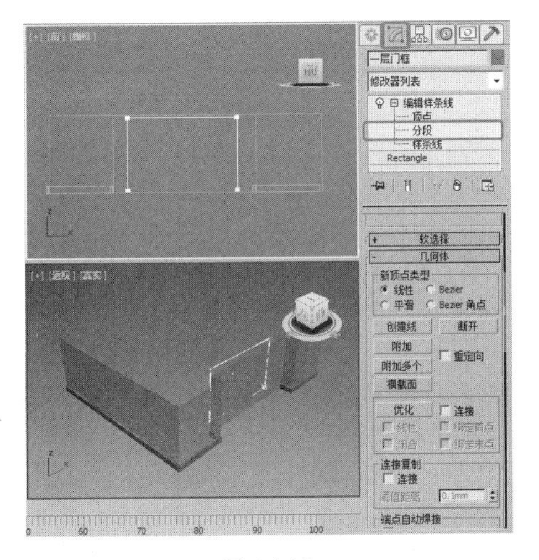

图 14.13

03 定义当前选择集为【样条线】，在【几何体】卷展栏中将【轮廓】参数设置为3676，如图14.14所示。

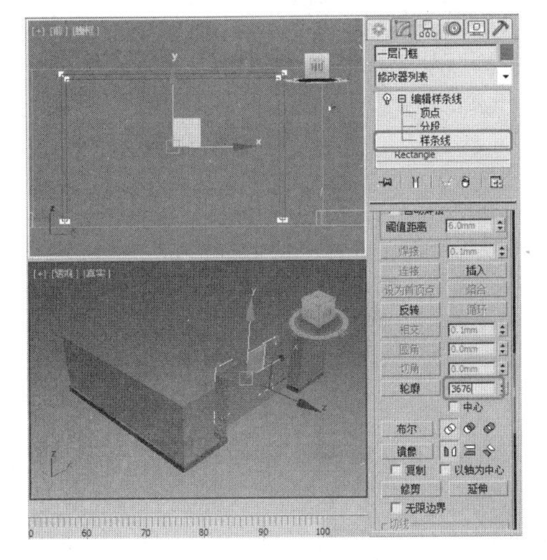

图 14.14

04 关闭当前选择集，确认该对象处于选中状态，在【修改器列表】中选择【挤出】命令，在【参数】卷展栏中将【数量】设置为20320，挤出【一层门框】的厚度，如图14.15所示。

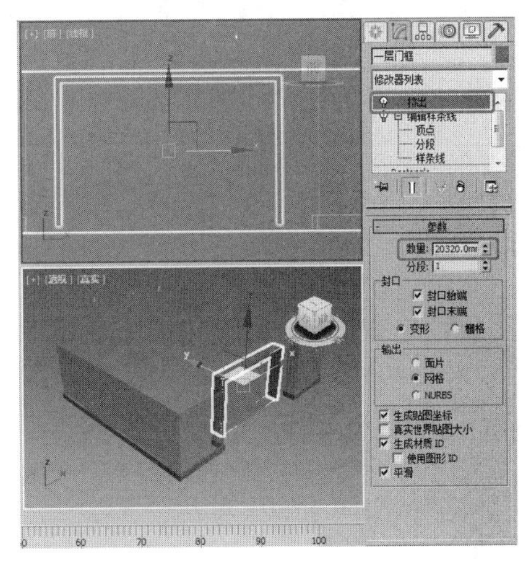

图 14.15

05 按M键打开【材质编辑器】，激活一个新的材质样本球，并将其重命名为【门框】，在【Blinn基本参数】卷展栏中取消【环境光】与【漫反射】的锁定，将【漫反射】的颜色数值设置为46,17,17，将【环境光】的RGB颜色数值设置为201,181,181。在【反射高光】选项组中将【高光级别】和【光泽度】分别设置为5和25，如图14.16所示。设置完材质后将材质指定给【一层门框】对象并在视图中调整其位置。

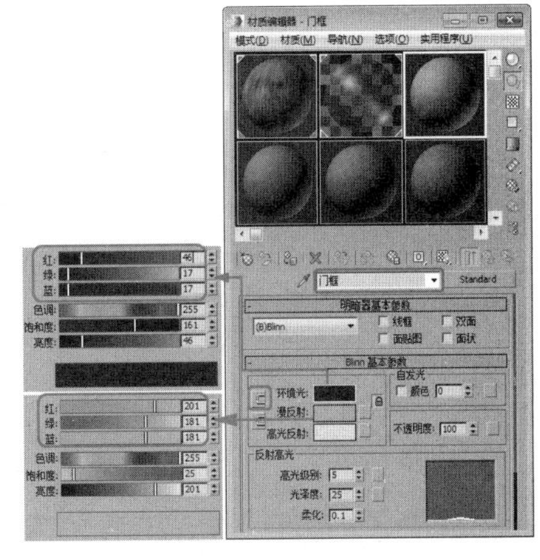

图 14.16

06 关闭【材质编辑器】，选择【创建】|【几何体】|【标准基本体】|【长方体】工具，在前视图中创建一个【长度】、【宽度】和【高度】分别为75000、945和1270的长方体，并将其重命名为【一层门框01】，在左视图中调整【一层门框01】的位

置，如图 14.17 所示。

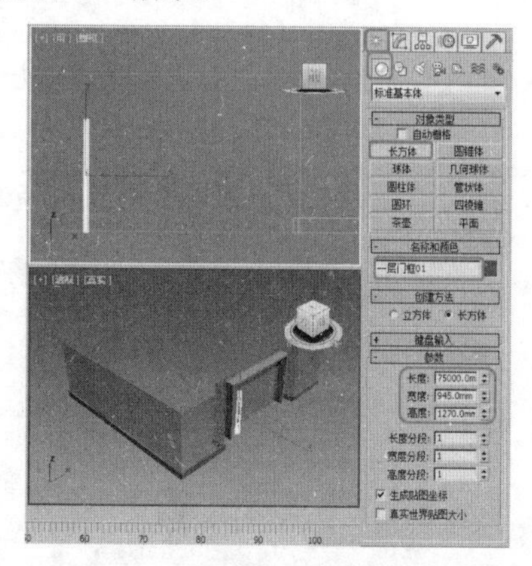

图 14.17

07 在工具栏中选中【选择并移动】工具，在前视图中按住 Shift 键沿 X 轴向右拖曳，在弹出的对话框中选中【复制】单选按钮，将【副本数】设置为 1，如图 14.18 所示。

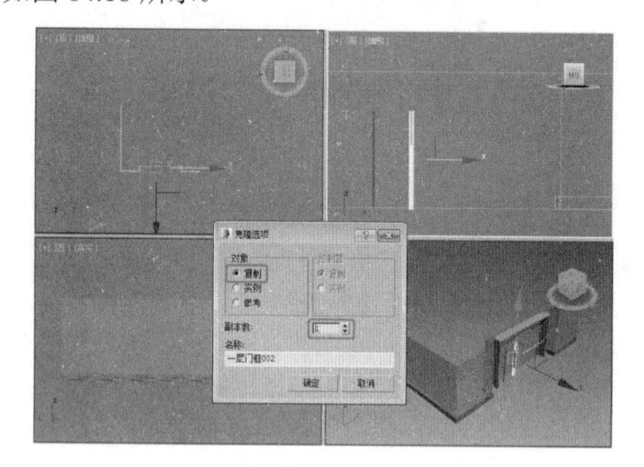

图 14.18

08 设置完成后，单击【确定】按钮。使用同样的方法再复制 3 个长方体，并调整其位置，再次使用【长方体】工具在前视图中创建一个【长度】、【宽度】和【高度】分别为 1300、150000 和 1270 的长方体，并将其命名为【一层门框上】，如图 14.19 所示。

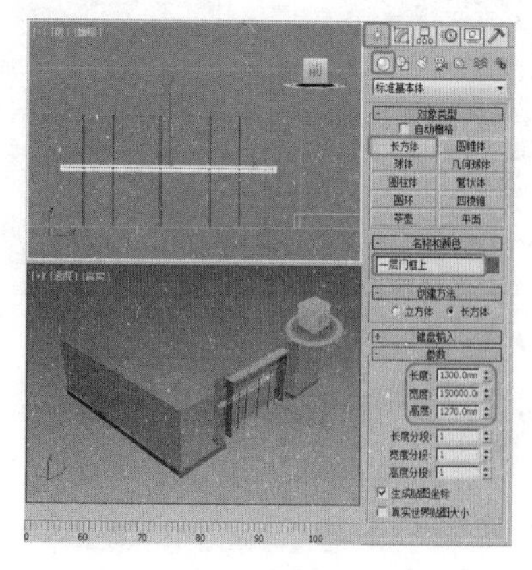

图 14.19

09 在视图中调整该对象的位置，按 M 键打开【材质编辑器】，激活一个新的材质样本球，并将其重命名为【门框金属】。在【明暗器基本参数】卷展栏中将阴影模式定义为【金属】。在【金属基本参数】卷展栏中取消【环境光】与【漫反射】的锁定，将【环境光】的颜色数值设置为 182,195,195，将【漫反射】的颜色数值设置为 255,255,255。将【反射高光】区域中的【高光级别】和【光泽度】分别设置为 46 和 58，如图 14.20 所示。

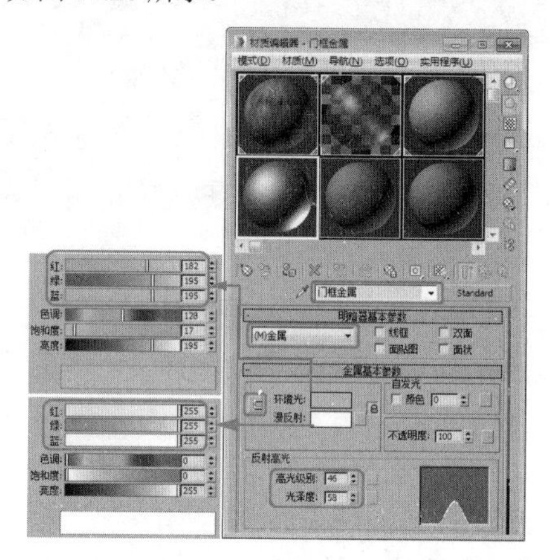

图 14.20

10 在【贴图】卷展栏中将【反射】通道右侧的【数量】设置为 50，单击通道后的【无】贴图按钮，在打开的【材质 / 贴图浏览器】中选择【位图】贴图，单击【确定】按钮，在打开的对话框中选择配套资源中的 House.jpg 文件，单击【打开】按钮。完成设置后在场景中选择【墙体一层】，单击【将材质指定给选定对象】按钮，将材质指定给一层门框对象，如图 14.21 所示。

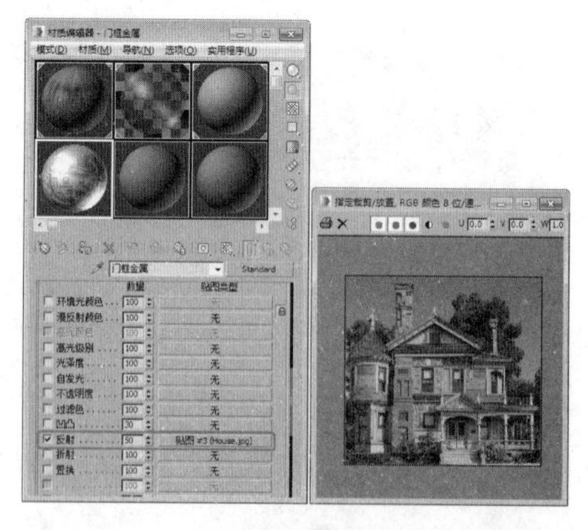

图 14.21

11 利用【长方体】工具，在前视图中【玻璃 - 门市】的左侧创建一个【长度】、【宽度】和【高度】分别为 106650、6620 和 17800 的长方体，并将其命名为【一层立柱 01】，如图 14.22 所示。

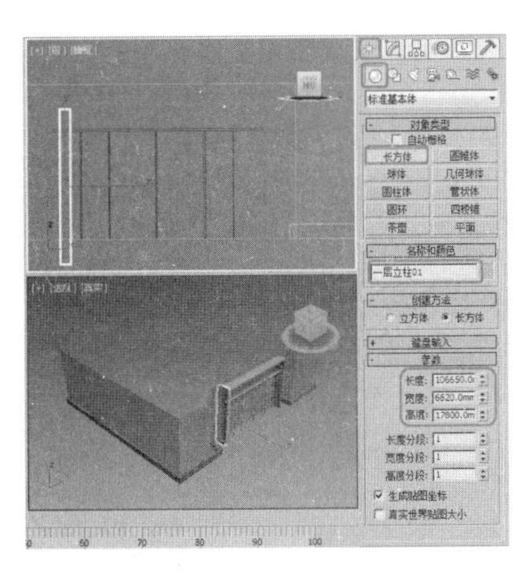

图 14.22

12 创建完成后，在视图中调整该长方体的位置，根据前面所介绍的方法对该长方体进行复制，并调整复制后对象的位置，如图 14.23 所示。

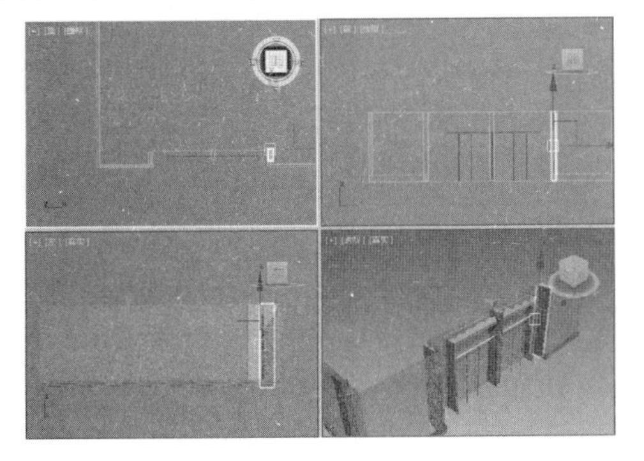

图 14.23

13 选中 4 个立柱，按 M 键打开【材质编辑器】，激活一个新的材质样本球，并将其重命名为【立柱】，在【Blinn 基本参数】卷展栏中取消【环境光】与【漫反射】的锁定，将【环境光】的颜色数值设置为 46,17,17，将【漫反射】的颜色数值设置为 228,219,211，将【反射高光】选项组中的【高光级别】和【光泽度】分别设置为 5 和 25，如图 14.24 所示。

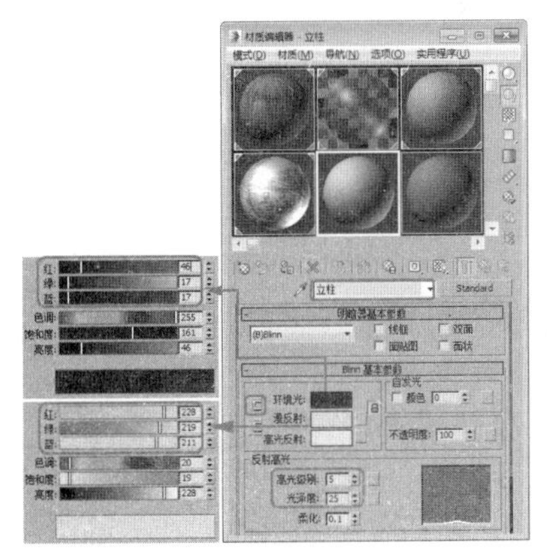

图 14.24

14 在【贴图】卷展栏中单击【漫反射颜色】右侧的材质按钮，在打开的【材质 / 贴图浏览器】中双击【噪波】贴图，进入噪波面板，在【坐标】卷展栏中将【瓷砖】的 X、Y、Z 均设置为 0.039。在【噪波参数】卷展栏中将【大小】设置为 16.4，然后单击【颜色 #1】右侧的【无】按扭，在打开的【材质 / 贴图浏览器】中选择【位图】，弹出【选择位图图像文件】对话框，将其关闭即可，如图 14.25 所示。

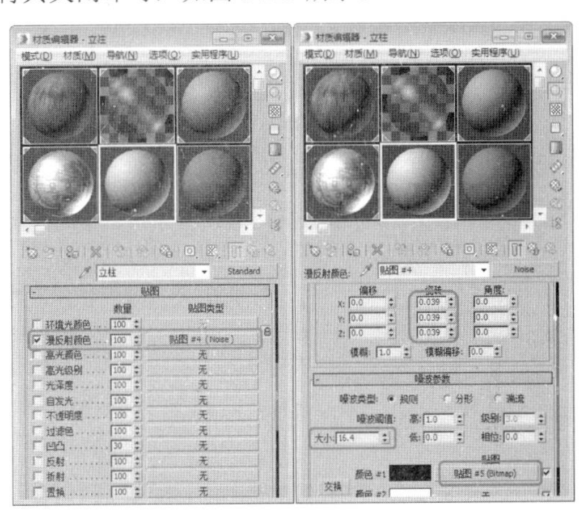

图 14.25

15 单击【转到父对象】按钮，在【贴图】卷展栏中单击【漫反射颜色】右侧的材质按钮，按住鼠标将其拖曳至【凹凸】右侧的材质按钮上，在弹出的对话框中选中【复制】单选按钮，单击【确定】按钮，进入【凹凸】材质通道中，在【噪波参数】卷展栏中将【大小】设置为 25，如图 14.26 所示。将设置完成后的材质指定给选定对象即可。

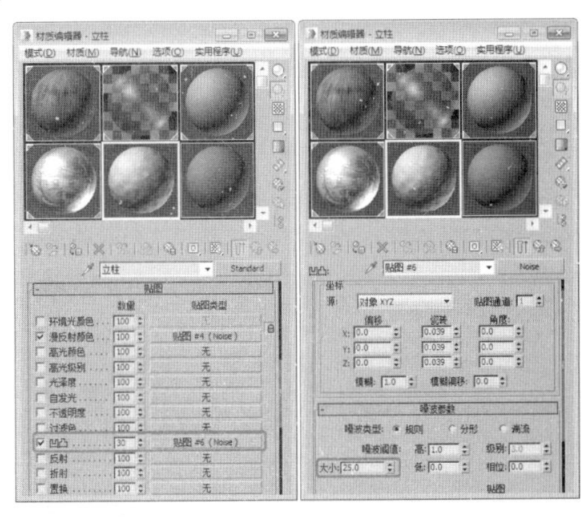

图 14.26

16 使用【长方体】工具，在前视图中【一层门框】的中心位置创建一个【长度】、【宽度】和【高度】分别为 25800、22400 和 3300 的长方体，并将其命名为【门框装饰块】，如图 14.27 所示。

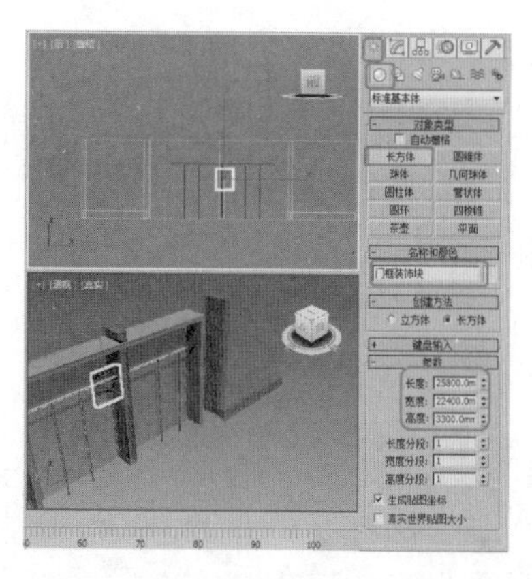

图 14.27

17 在视图中调整该对象的位置，按M键打开【材质编辑器】，选择【立柱】材质，将其拖曳到一个空的样本球上，并将其命名为【装饰块】。在【Blinn基本参数】卷展栏中将【环境光】的颜色数值设为16,26,26，将【漫反射】的颜色数值设为184,146,121，如图14.28所示。

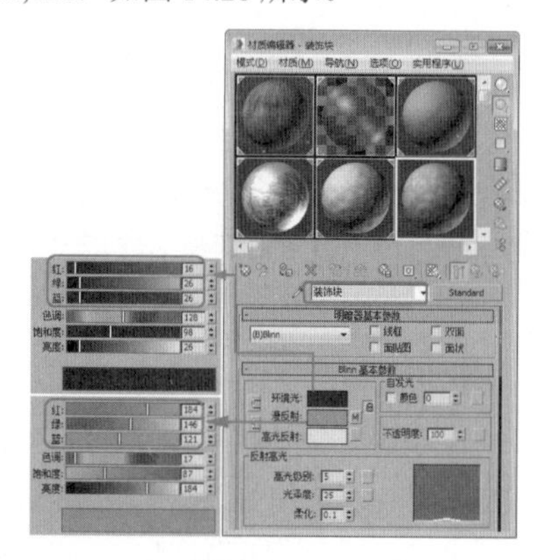

图 14.28

18 在【贴图】卷展栏中单击【漫反射颜色】右侧的材质按钮，在【噪波参数】卷展栏中将【大小】设置为47.5，如图14.29所示。将修改完成后的材质指定给选定对象即可。

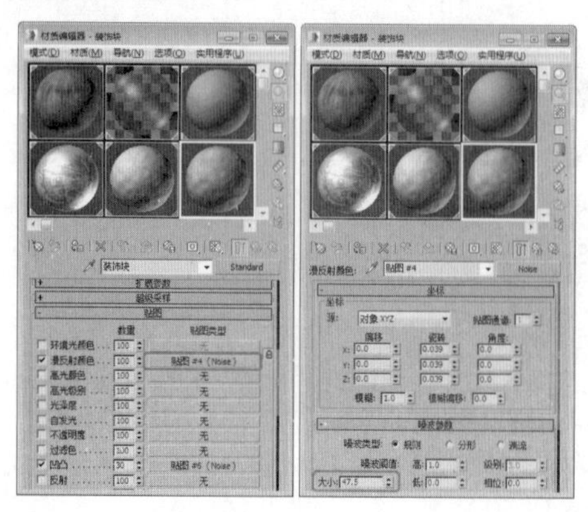

图 14.29

19 为了便于操作，将多余的对象隐藏，利用【线】工具，绘制样条线，并将其命名为【一层装饰栏杆01】，在视图中调整该对象的位置，如图14.30所示。

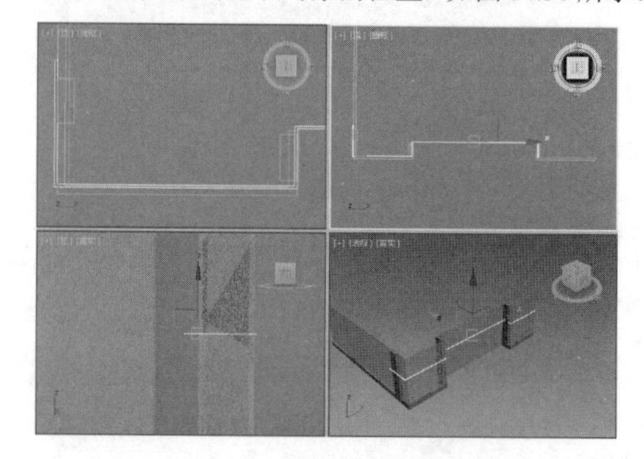

图 14.30

20 切换到【修改】命令面板中，在【修改器列表】中选择【挤出】修改器，在【参数】卷展栏中将【数量】设置为3000，挤出【一层装饰栏杆01】的厚度，如图14.31所示。

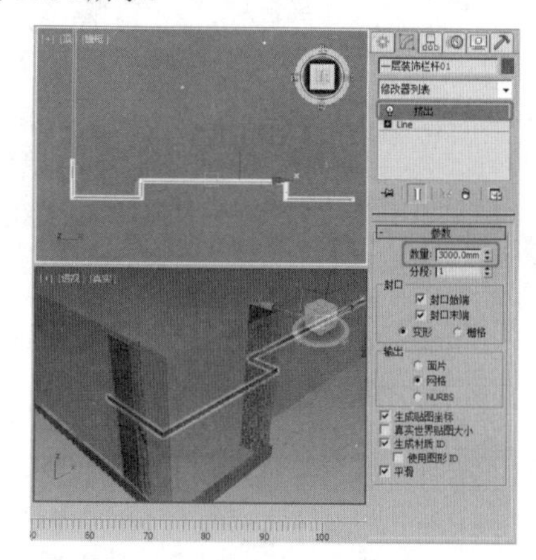

图 14.31

21 继续利用【线】工具绘制直线，参考【一层装饰栏杆01】绘制一条横截面略宽的直线，将其命名为【一层装饰栏杆02】，并在视图中调整该对象的位置，如图14.32所示。

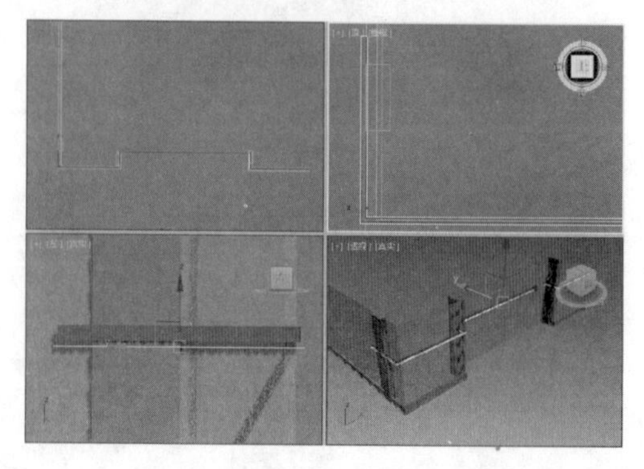

图 14.32

22 确认该样条线处于选中状态，切换至【修改】命令面板中，在【修改器列表】中选择【挤出】修改器，将【数量】设为1016，如图14.33所示。

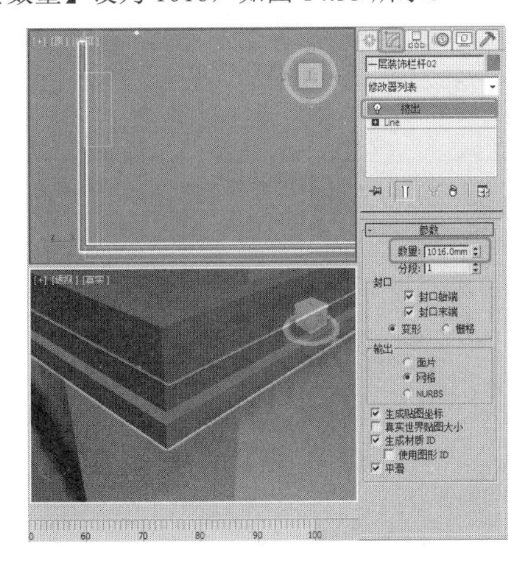

图 14.33

23 选择【一层装饰栏杆02】对象进行复制，将复制的对象命名为【一层装饰栏杆03】，并调整其位置，如图14.34所示。

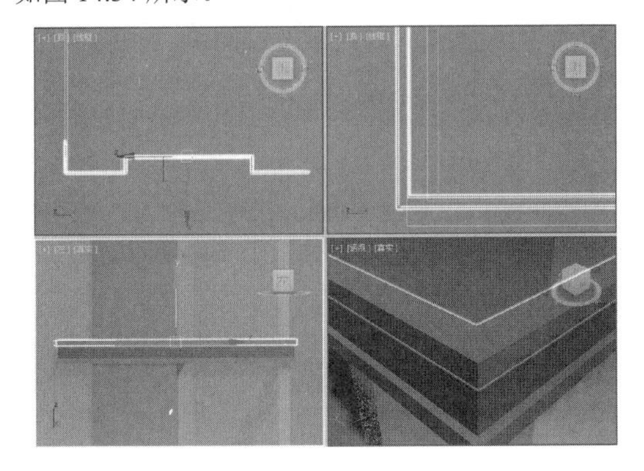

图 14.34

24 选择上一步创建的装饰栏杆，进行编组，将其命名为【装饰栏杆】，并调整复制出3个对象的位置，为其赋予【门框金属】材质，如图14.35所示。

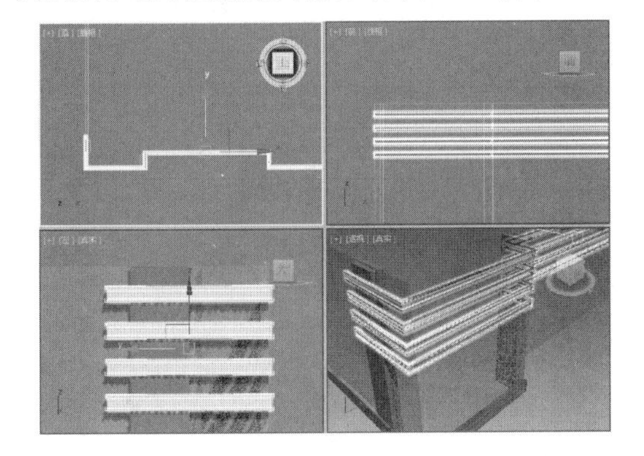

图 14.35

25 激活左视图，利用【矩形】工具在【玻璃-门市】位置处创建一个【长度】和【宽度】分别为111500和329300的矩形，并将其命名为【墙体左侧-下】，如图14.36所示。

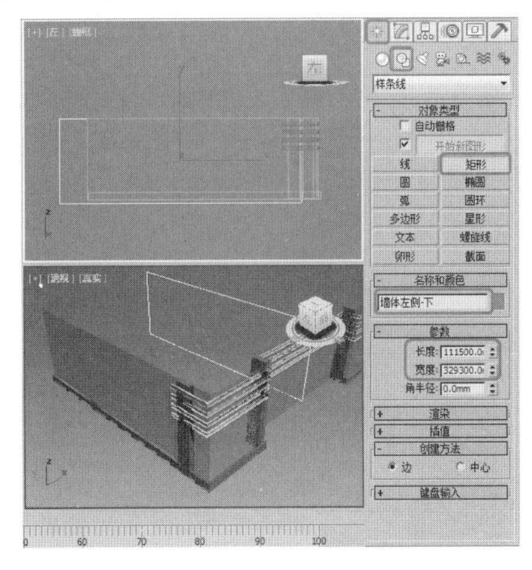

图 14.36

26 在视图中调整该矩形的位置，利用【矩形】工具在左视图中楼体的中心位置创建一个【长度】和【宽度】分别为15320和102960的矩形，如图14.37所示。

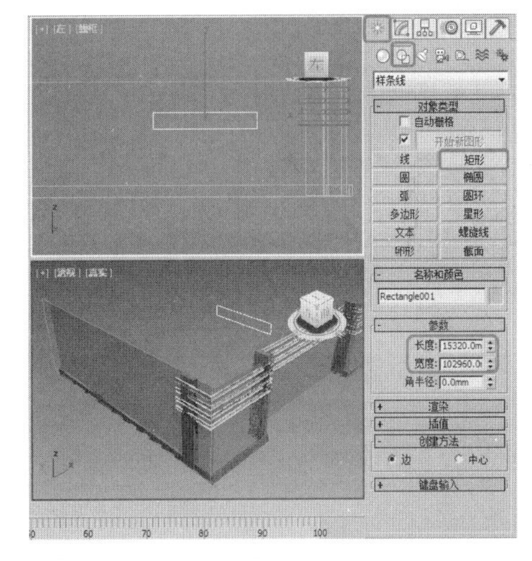

图 14.37

27 在视图中调整该矩形的位置，继续使用【矩形】工具，在左视图中楼体的左侧创建一个【长度】和【宽度】分别为97500和32750的矩形，并在视图中调整其位置，如图14.38所示。

28 在视图中选择【墙体左侧-下】对象，切换到【修改】命令面板，在【修改器列表】中单击【编辑样条线】，在【几何体】卷展栏中单击【附加】按扭，在视图中选择两个矩形，将它们附加在一起，如图14.39所示。

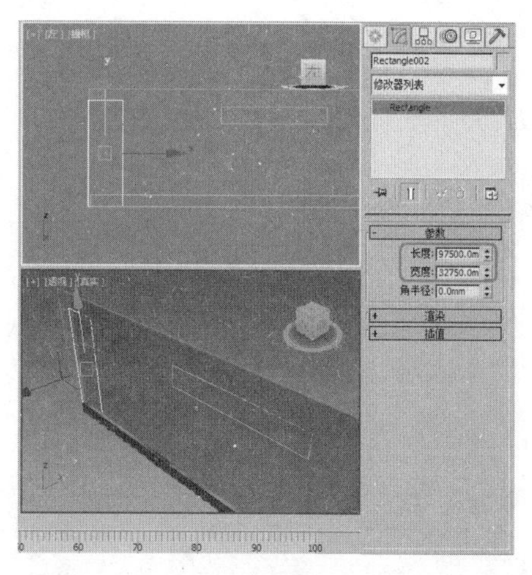
图 14.38

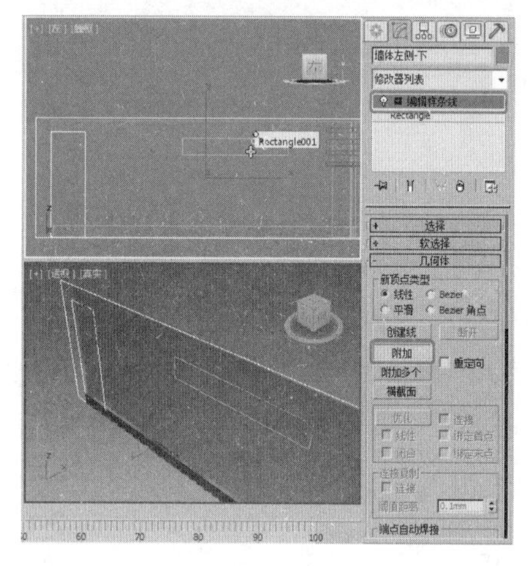
图 14.39

29 继续为其添加【挤出】修改器，在【参数】卷展栏中将【数量】设置为2500，最后打开【材质编辑器】将【立柱】材质指定给【墙体左侧 - 下】对象，如图 14.40 所示。

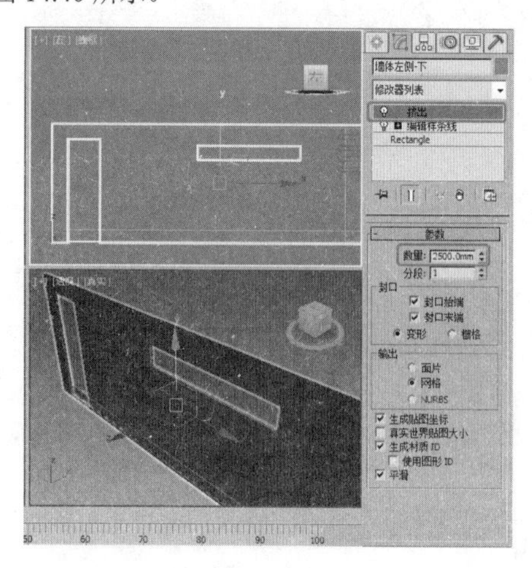
图 14.40

30 在场景中将所有对象冻结，使用【长方体】工具在顶视图中【玻璃 - 门市】下方创建一个【长度】、【宽度】和【高度】分别为 127000、400000 和 5080 的长方体，并将其命名为【二层底板 01】，并在前视图中将其调整到【玻璃 - 门市】的上方，如图 14.41 所示。

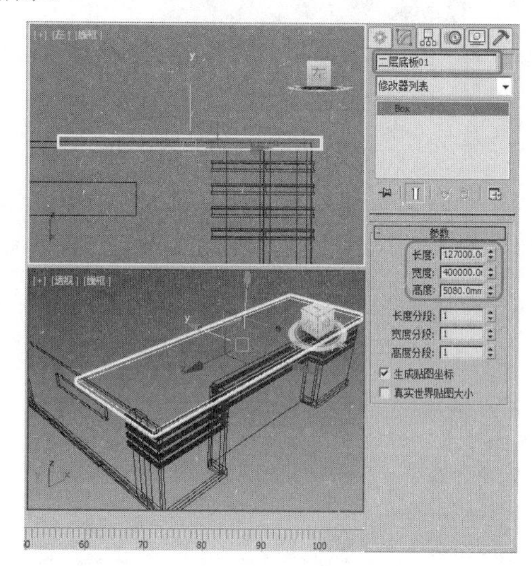
图 14.41

31 确认该对象处于选中状态，按 M 键打开【材质编辑器】，激活一个新的材质样本球，并将其重命名为【底板】，在【Blinn 基本参数】卷展栏中取消【环境光】与【漫反射】的锁定，将【环境光】的颜色数值设置为 103,103,113，将【漫反射】的颜色数值设置为 165,191,218，将【反射高光】区域中的【高光级别】和【光泽度】分别设置为 5 和 25，如图 14.42 所示。完成设置后，将制作好的材质指定给该对象。

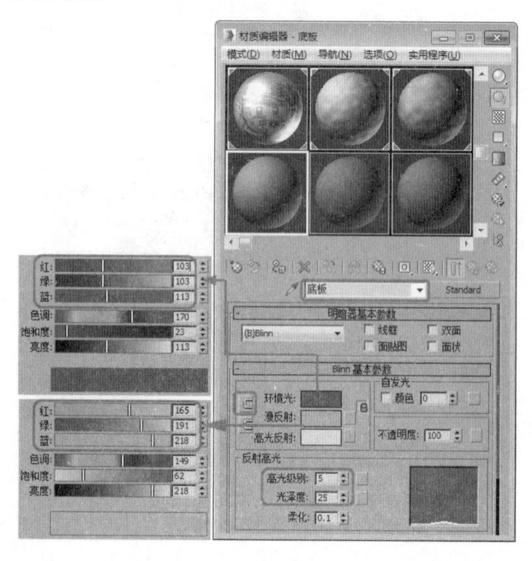
图 14.42

32 利用【矩形】工具在顶视图中二层底板上创建一个【长度】和【宽度】分别为 55888 和 258000 的矩形，并将其命名为【一层雨棚】，如图 14.43 所示。

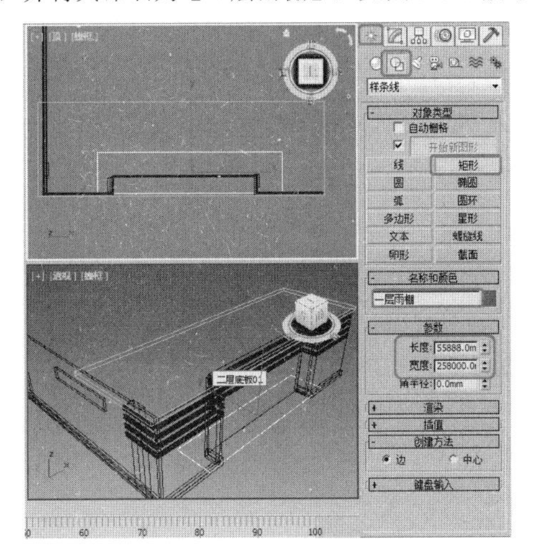

图 14.43

33 确定该对象处于选中状态，在视图中调整该对象的位置，切换到【修改】命令面板，在【修改器列表】中选择【编辑样条线】修改器，将当前选择集定义为【顶点】，将【一层雨棚】调整为如图 14.44 所示的形状。

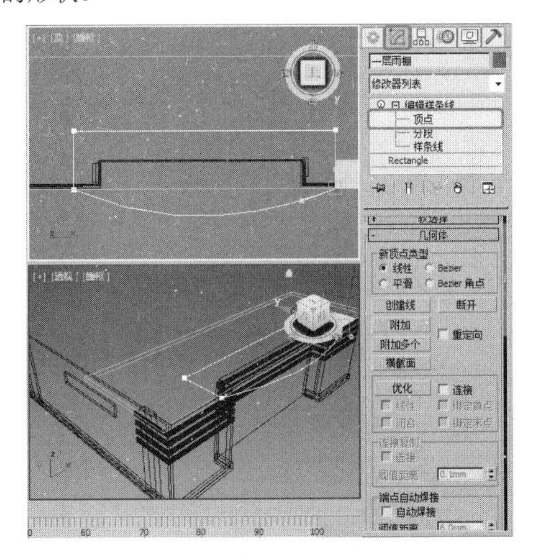

图 14.44

34 调整完成后，关闭当前选择集，在【修改器列表】中选择【挤出】修改器，在【参数】卷展栏中将【数量】设置为 5080，挤出【一层雨棚】的厚度，并将其调整到【玻璃 - 门市】的上方，如图 14.45 所示。

35 利用【矩形】工具在顶视图中【一层雨棚】的上方创建一个【长度】和【宽度】分别为 61300 和 266776 的矩形，并将其命名为【一层雨棚 01】，如图 14.46 所示。

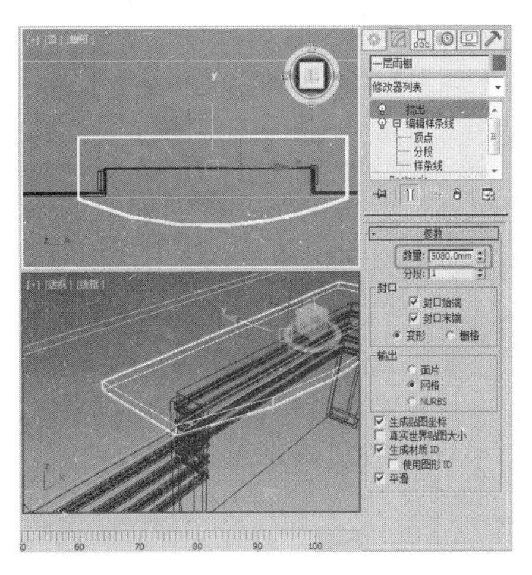

图 14.45

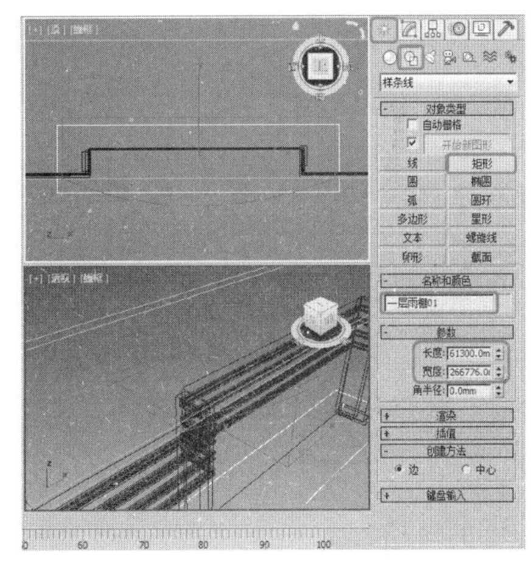

图 14.46

36 在视图中调整该矩形的位置，切换到【修改】命令面板，在【修改器列表】中选择【编辑样条线】修改器，将当前选择集定义为【顶点】，将【一层雨棚 01】调整至如图 14.47 所示的形状。

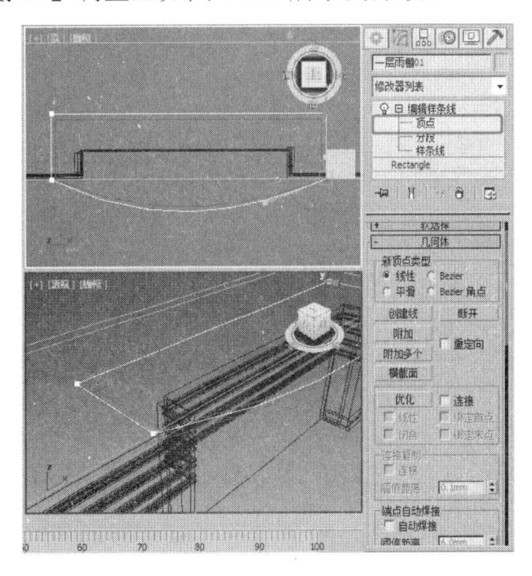

图 14.47

37 关闭当前选择集，在【修改器列表】中选择【挤出】修改器，在【参数】卷展栏中将【数量】设置为2700，挤出【一层雨棚 01】的厚度，取消所有对象的隐藏及锁定，并为【雨棚】对象赋予【底板】材质，如图 14.48 所示。

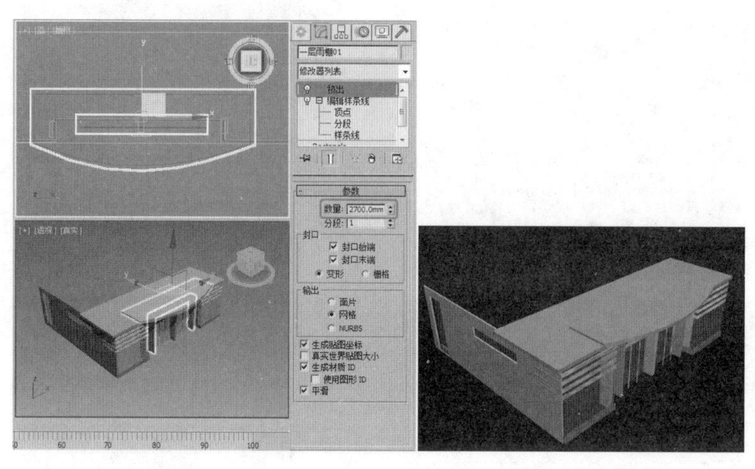

图 14.48

14.2 主体建筑的制作

一层商业店铺制作好后，下面将讲解如何制作居民楼部分即主体建筑物，其中包括阳台、墙体的制作。

14.2.1 正面墙体和阳台的制作

下面将讲解如何制作正面墙体和阳台，具体操作方法如下。

01 利用【长方体】工具在前视图中【一层雨棚 01】的上方创建一个【长度】、【宽度】和【高度】分别为 37818、229280 和 5080 的长方体，并将其命名为【二层墙体】，然后在左视图中将其调整到如图 14.49 所示的位置。

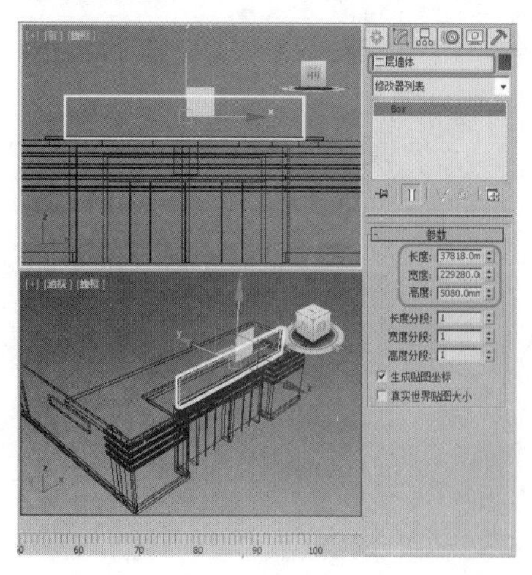

图 14.49

提示

为了方便操作，在此将视图中的所有对象都冻结。

02 使用【长方体】工具在顶视图中【二层墙体】上方创建一个【长度】、【宽度】和【高度】分别为 32660、208400 和 2520 的长方体，并将其命名为【五层阳台基座 01】，并在视图中调整其位置，如图 14.50 所示。

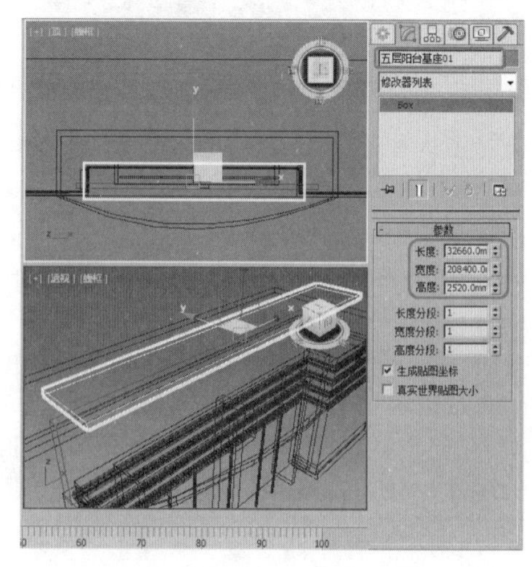

图 14.50

03 使用【长方体】工具在顶视图中【五层阳台基座01】上创建一个【长度】、【宽度】和【高度】分别为30000、203000和7360的长方体，并将其命名为【五层阳台基座-中01】，在视图中调整其位置，如图14.51所示。

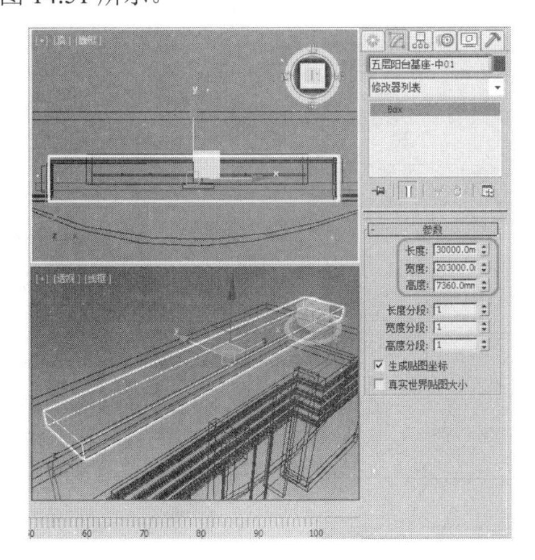

图 14.51

04 在左视图中按住Shift键，沿Y轴将【五层阳台基座01】复制为【五层阳台基座02】，并将其调整到【五层阳台基座-中01】的上方，如图14.52所示。

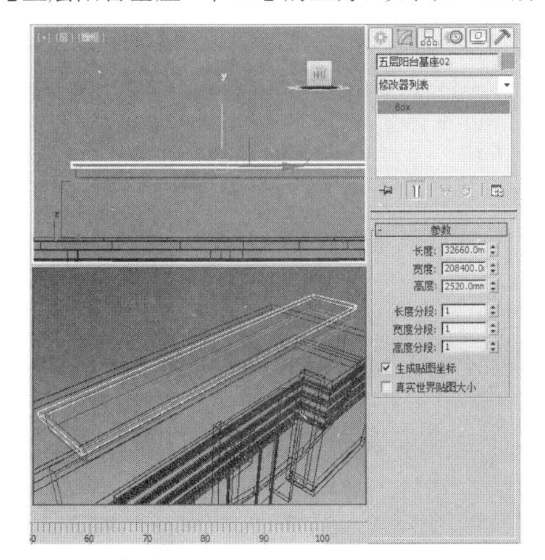

图 14.52

05 利用【矩形】工具，在顶视图中【五层阳台基座02】对象的左侧创建一个【长度】和【宽度】分别为30000和55475的矩形，并将其命名为【阳台前-单元一01】，如图14.53所示。

06 确认该对象处于选中状态，在视图中调整其位置，切换至【修改】命令面板，在【修改器列表】选择【编辑样条线】修改器，并将当前选择集定义为【顶点】，并将其进行调整到如图14.54所示的形状。

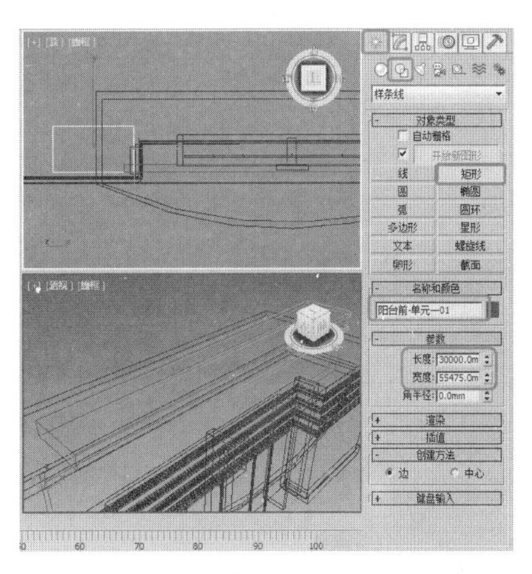

图 14.53

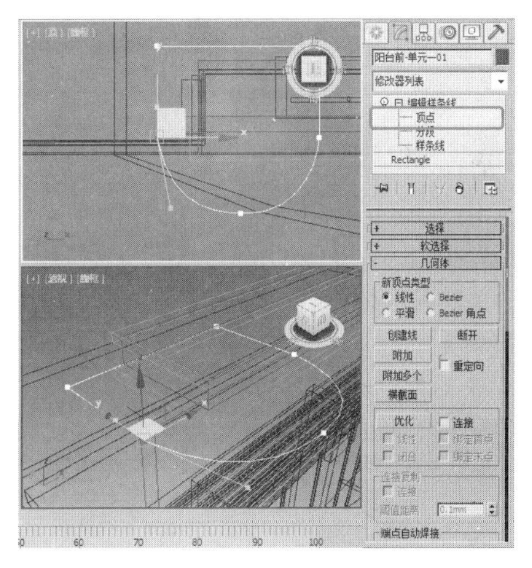

图 14.54

07 调整完成后，关闭当前选择集，在【修改器列表】中选择【挤出】修改器，在【参数】卷展栏中将【数量】设置为2794，挤出【阳台前-单元一01】的厚度，如图14.55所示。

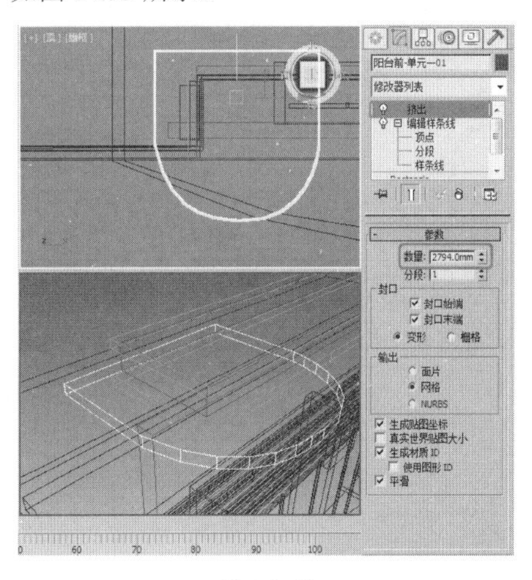

图 14.55

08 使用【矩形】工具在顶视图中【阳台前 - 单元一01】对象的中间位置创建一个【长度】和【宽度】分别为28211和52341的矩形，并将其命名为【阳台前 - 单元一02】，为其添加【编辑样条线】修改器，将当前选择集定义为【顶点】，如图14.56所示。

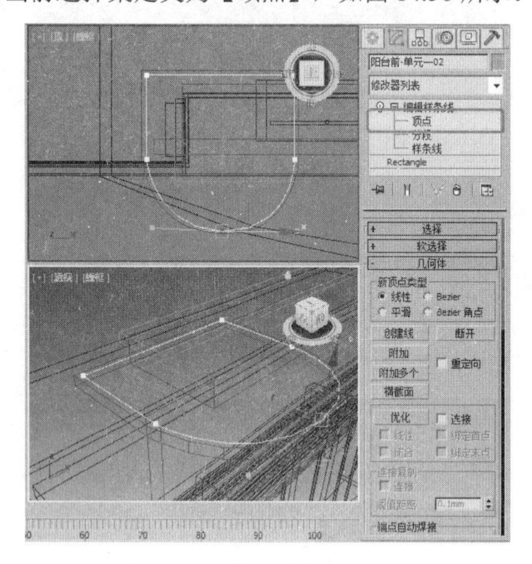

图 14.56

09 调整完成后，关闭当前选择集，在【修改器列表】中选择【挤出】修改器，在【参数】卷展栏中将【数量】设置为7700，并将其位置调整到【阳台前 - 单元一01】对象的上方，如图14.57所示。

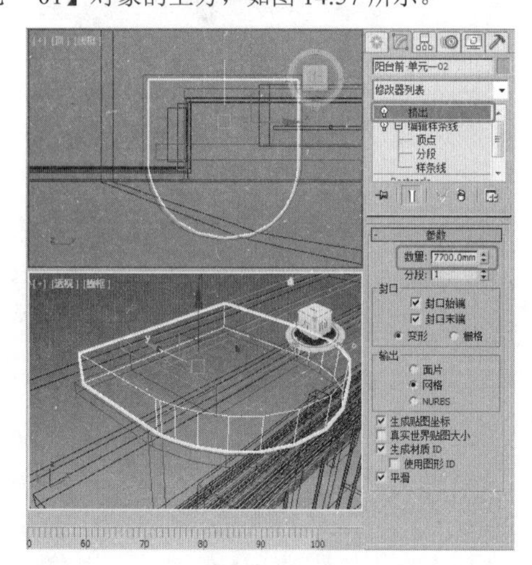

图 14.57

10 在视图中选择【阳台前 - 单元一01】对象，在工具栏中选择【选择并移动】工具，并按住Shift键，沿着Y轴复制【阳台前 - 单元一003】，并将其放置到【阳台前 - 单元一02】对象的上方，如图14.58所示。

11 选择前面创建的【阳台前】对象，复制并调整其位置，如图14.59所示。

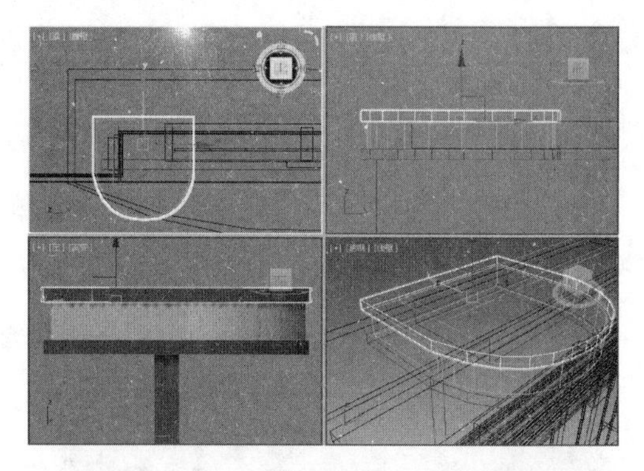

图 14.58

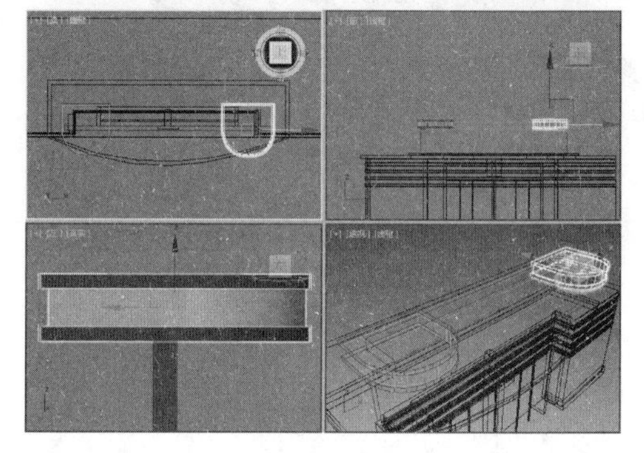

图 14.59

12 按M键打开【材质编辑器】，激活一个新的材质样本球，并将其重命名为【阳台前 - 单元】，在【Blinn基本参数】卷展栏中取消【环境光】与【漫反射】的锁定，将【环境光】的颜色数值设置为47,17,17，将【漫反射】的颜色数值设置为228,219,219。将【反射高光】区域中的【高光级别】和【光泽度】分别设置为5和25，如图14.60所示。在视图中选择【阳台前 - 单元一02】【阳台前 - 单元一005】【二层墙体】【五层阳台基座01】和【五层阳台基座02】对象，为其指定【阳台前 - 单元】材质，为其他新建的对象指定【底板】材质。

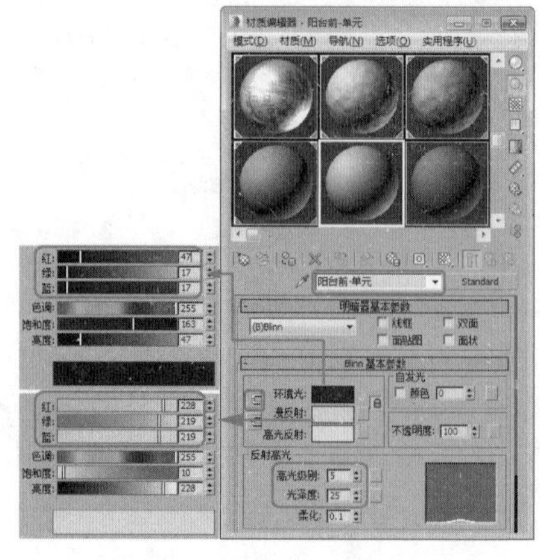

图 14.60

13 利用【线】工具在顶视图中创建一条如图 14.61 所示的样条线，并将其命名为【阳台前 - 单元栅栏 001】，在【渲染】卷展栏中选中【在渲染中启用】和【在视口中启用】复选框，然后再将【厚度】设置为 1100，并将其调整至【阳台前 - 单元】的上方，如图 14.61 所示。

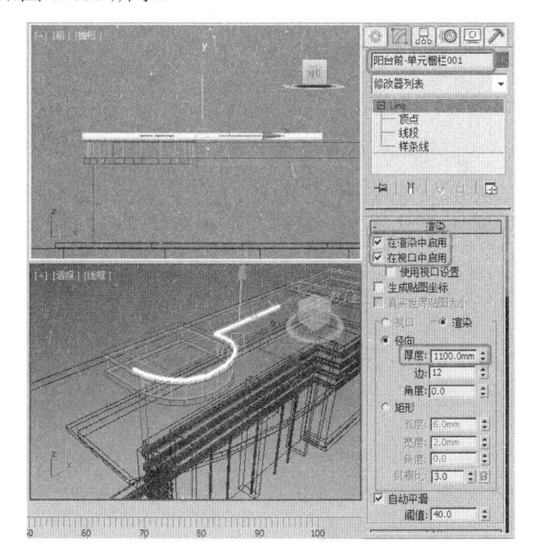

图 14.61

14 在工具栏中选择【选择并移动】工具，按住 Shift 键在前视图中沿着 Y 轴复制【阳台前 - 单元栅栏 001】对象，在弹出的对话框中将【副本数】设置为 6，单击【确定】按扭，并调整栅栏的位置，如图 14.62 所示。

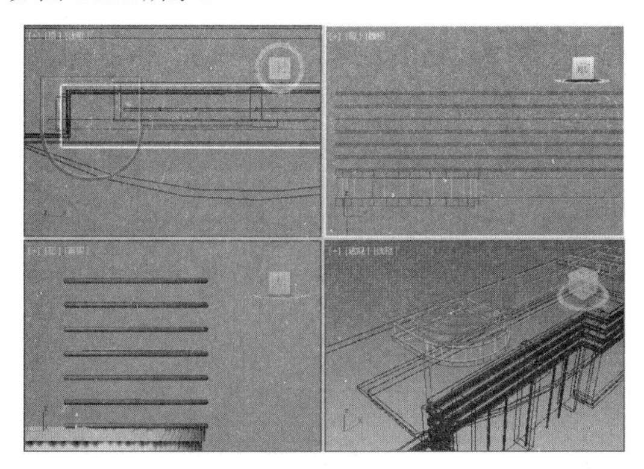

图 14.62

15 在视图中选择复制的【阳台前 - 单元栅栏 007】，在【渲染】卷展栏中将【厚度】重新设置为 2000，如图 14.63 所示。

16 在前视图中选中所有的单元栅栏，在工具栏中选择【镜像】工具，在弹出的对话框中选择【镜像轴】区域中的 X 单选按钮，将【偏移】参数设置为 116835，在【克隆当前选择】区域中选择【复制】单选按钮，如图 14.64 所示。

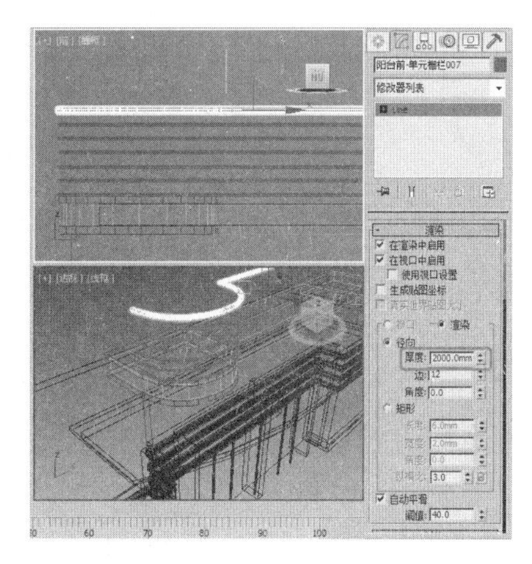

图 14.63

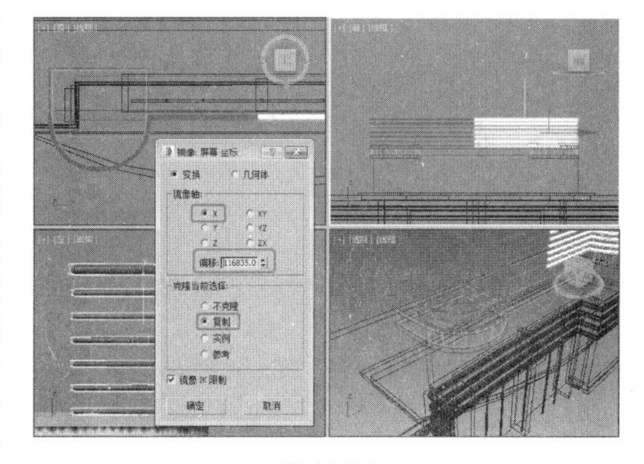

图 14.64

17 设置完成后，单击【确定】按钮，选中所有的栅栏对象，为其指定【门框金属】材质，选择栅栏对象，对其进行编组，将其命名为【阳台前 - 单元栅栏组 001】，如图 14.65 所示。

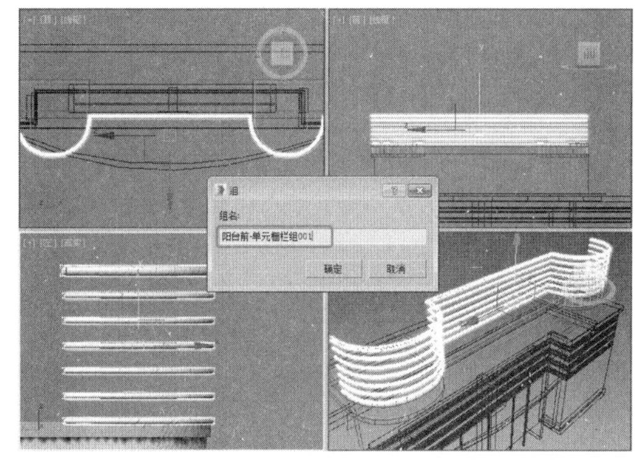

图 14.65

18 选中除【二层墙体】外的其他对象，在前视图中按住 Shift 键沿 Y 轴进行移动并复制，在弹出的对话框中将【副本数】设置为 3，并调整其位置，完成后的效果如图 14.66 所示。

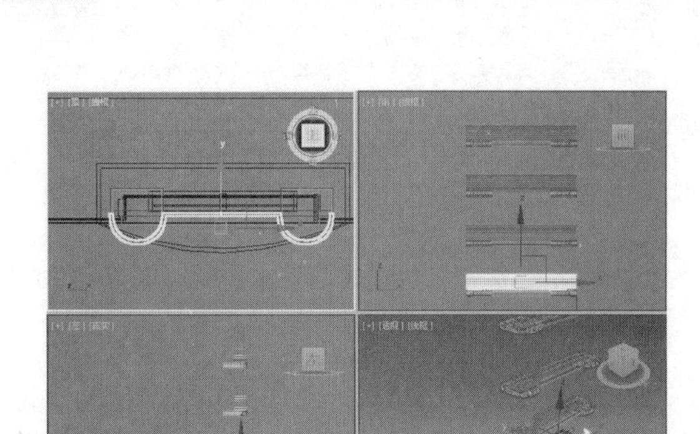

图 14.66

14.2.2 阳台两侧墙体的制作

正面墙体和阳台制作好后，下面制作阳台的两侧墙体。

01 按 Ctrl+A 组合键，选中所有对象，将选中的对象冻结，使用【矩形】工具在前视图中创建一个【长度】和【宽度】为 557896 和 95515 的矩形，取消选中【在渲染中启用】和【在视口中启用】复选框，并将其重命名为【墙体主体左】，如图 14.67 所示。

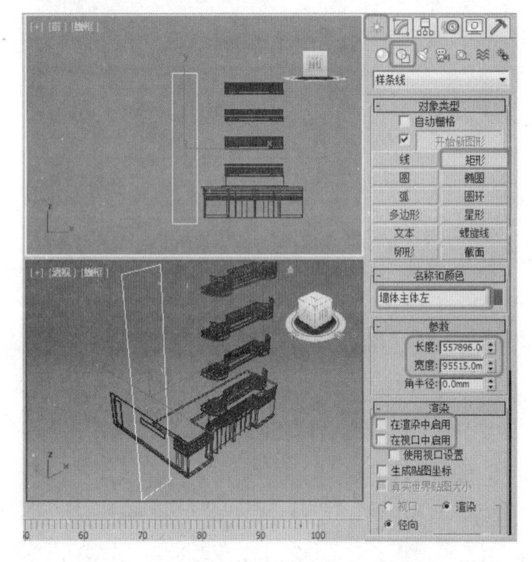

图 14.67

02 确认该对象处于选中状态，在视图中调整其位置，切换至【修改】命令面板，在【修改器列表】中为当前对象指定一个【编辑样条线】修改器，定义当前选择集为【顶点】，并在【几何体】卷展栏中选择【优化】选项，然后依照如图 14.68 所示对其进行调整。

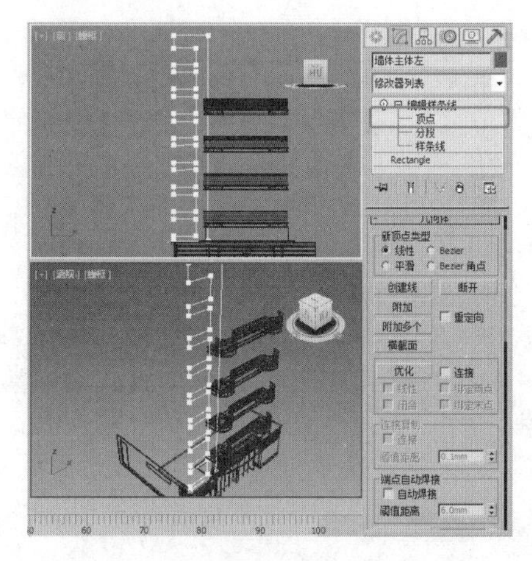

图 14.68

03 关闭当前选择集，为其添加【挤出】修改器，在【参数】卷展栏中将【数量】值设置为 5100，并在视图中调整该对象的位置，如图 14.69 所示。

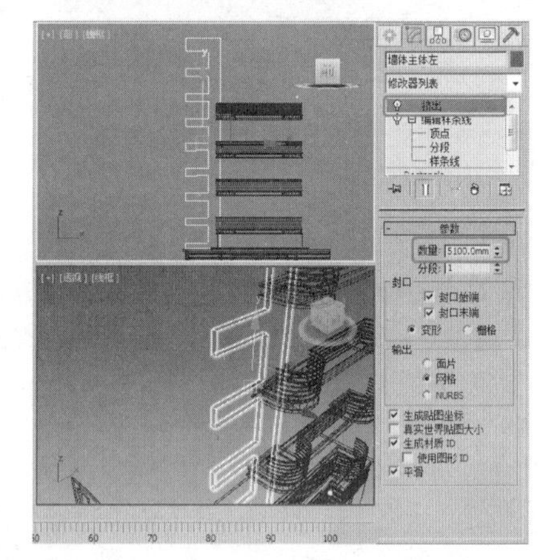

图 14.69

04 激活前视图，在工具栏中选择【镜像】工具，在弹出的对话框中选择【镜像轴】区域中的 X 轴，并将【偏移】参数设置为 288195，在【克隆当前选择】区域中选择【复制】对象，最后单击【确定】按扭，将其命名为【墙体主体右】，如图 14.70 所示。

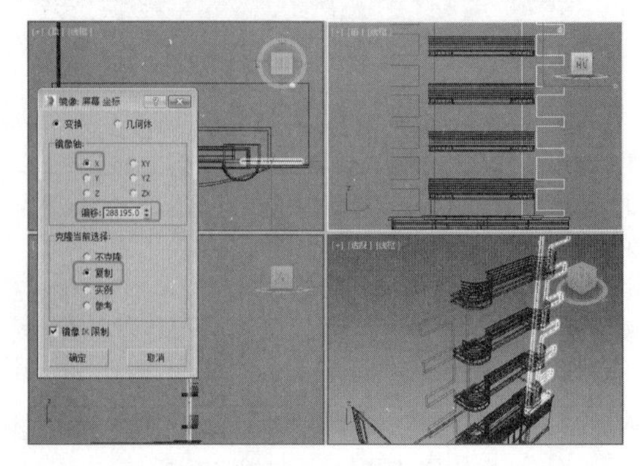

图 14.70

05 按 M 键打开【材质编辑器】，选择【立柱】材质，并指定给【墙体主体左】和【墙体主体右】对象，如图 14.71 所示。

图 14.71

06 利用【长方体】工具，在前视图中【二层墙体 01】对象的上方，两侧墙体的中间处创建一个【长度】、【宽度】和【高度】分别为 87797、202787 和 26590 的长方体，并将其重命名为【前玻璃 001】，如图 14.72 所示。

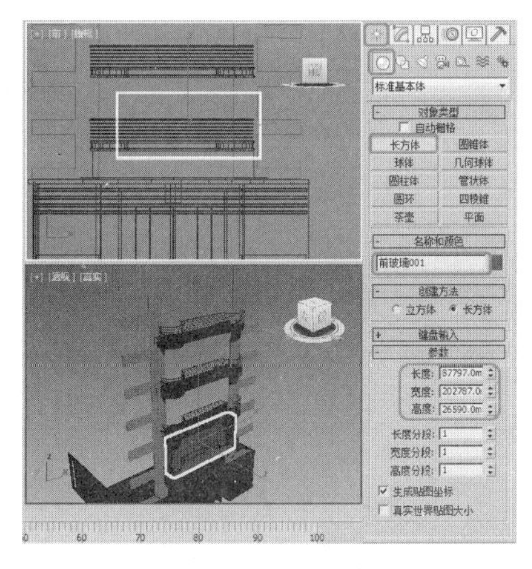

图 14.72

07 按 M 键打开【材质编辑器】，激活一个新的材质样本球，并将其重命名为【玻璃】。在【明暗器基本参数】卷展栏中将阴影模式定义为【Phong】，并选中【双面】复选框，在【Phong 基本参数】卷展栏中取消【环境光】与【漫反射】的锁定，将【环境光】的颜色数值设置为 23,16,46，将【漫反射】的颜色数值设置为 151,173,192，将【不透明度】设置为 60。将【反射高光】区域中的【高光级别】和【光泽度】分别设置为 31 和 36。在【贴图】卷展栏中选择【反射】，将【数量】设置为 30，然后单击后面的【None】按扭，在弹出的【材质 / 贴图浏览器】对话框中选择【位图】贴图，单击【确定】按扭，打开配套资源中的 MAP/Ref.jpg 文件。完成设置后在场景中选择【前玻璃 001】对象，将材质指定给该对象，如图 14.73 所示。

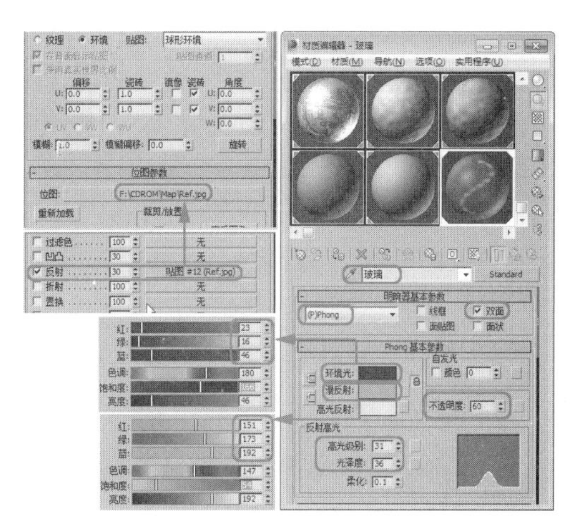

图 14.73

08 使用【选择并移动】工具，在视图中调整该对象的位置，然后按住 Shift 键将【前玻璃 001】对象复制 3 个，并参照如图 14.74 所示的位置进行调整。

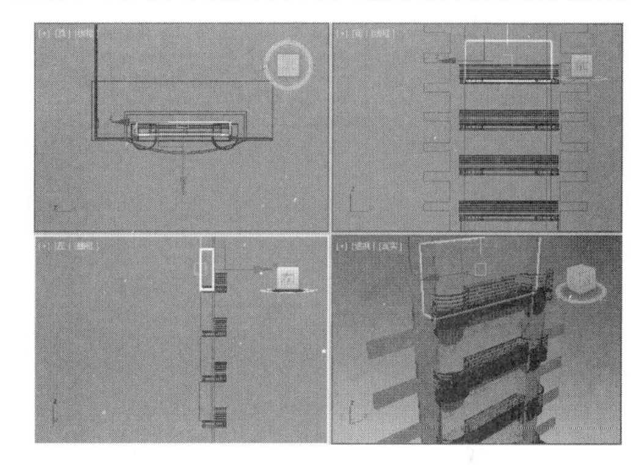

图 14.74

09 利用【线】工具，在左视图中【前玻璃】对象的右侧创建一条如图 14.75 所示的样条线，并将其重命名为【金属横段】。

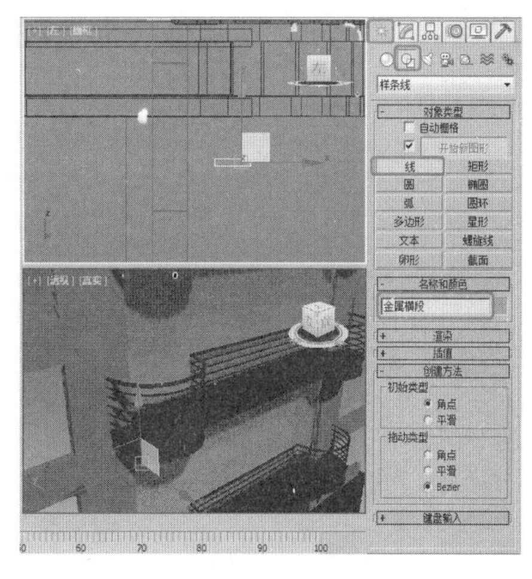

图 14.75

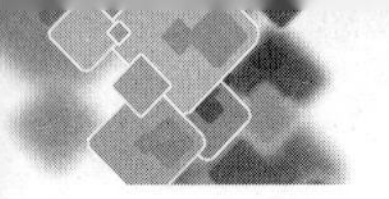

10 进入【修改】命令面板，在【修改器列表】中选择【挤出】修改器，在【参数】卷展栏中将【数量】设置为 -205500，如图 14.76 所示。

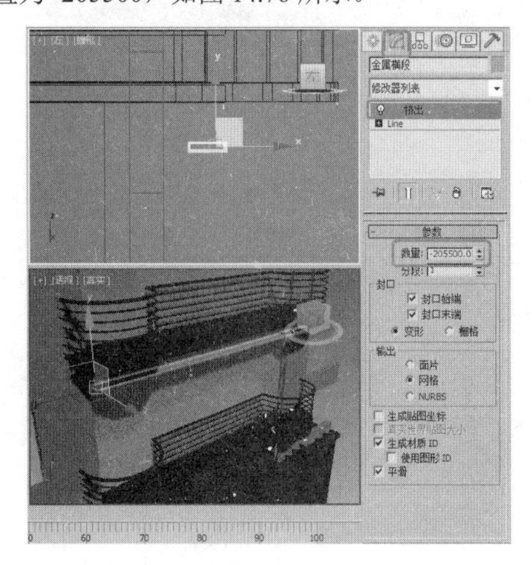

图 14.76

11 选择上一步创建的【金属横段】，在视图中调整其位置，如图 14.77 所示。

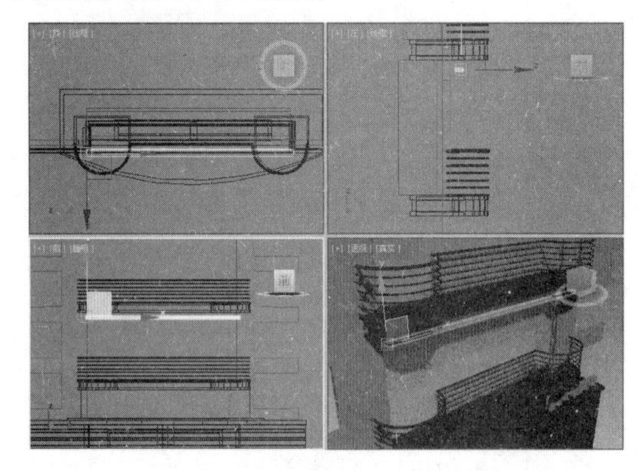

图 14.77

12 选择【选择并移动】工具，选择上一步创建的【金属横段】，按住 Shift 键，在前视图中沿着 Y 轴对金属横段进行多次复制，调整到如图 14.78 所示的位置。

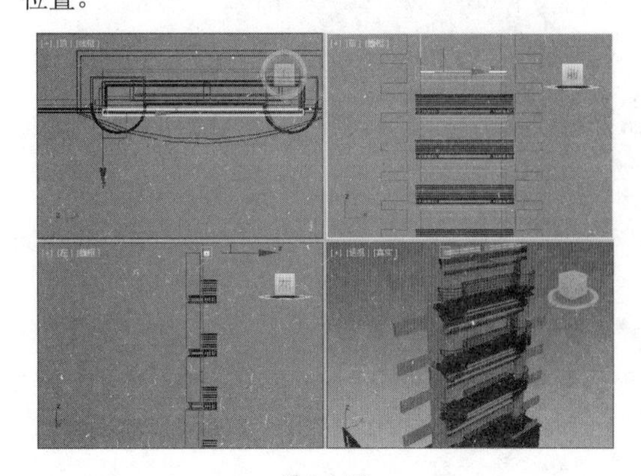

图 14.78

13 利用【长方体】工具，在前视图中创建一个【长度】、【宽度】和【高度】分别设置为 396100、1700 和 1700 的长方体，并将其重命名为【金属隔断 - 竖 001】，如图 14.79 所示。

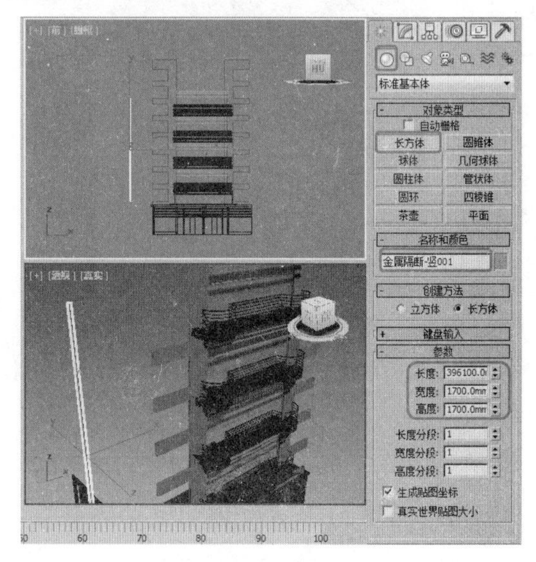

图 14.79

14 激活前视图，使用【选择并移动】工具对【金属隔断 - 竖 001】进行复制，并调整其位置，将【门框金属】材质指定给【金属隔断 - 竖】和【金属横段】对象，如图 14.80 所示。

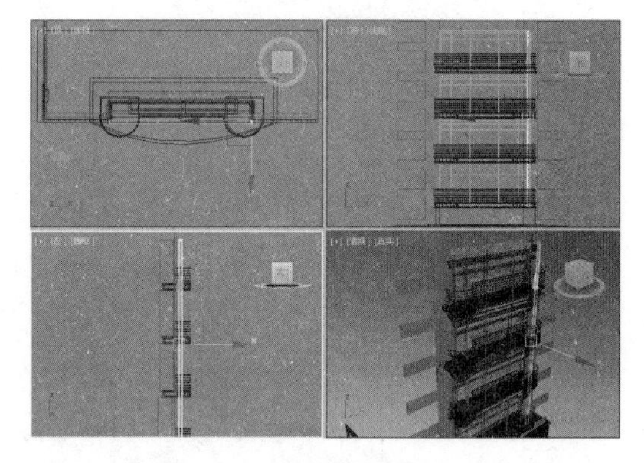

图 14.80

14.2.3 六层建筑表面的制作

下面制作六层的主体建筑，具体操作方法如下。

01 利用【长方体】工具，在顶视图中创建一个【长度】、【宽度】和【高度】分别为 38933、259464 和 3000 的长方体，并将其重命名为【六层阳台基座 001】，并将其调整到【前玻璃 004】的上方，如图 14.81 所示。

02 利用【长方体】工具，在顶视图中创建一个【长度】、

【宽度】和【高度】分别为36000、254000和4700的长方体，并将其命名为【六层阳台基座002】，并调整到【六层阳台基座001】的上方，如图14.82所示。

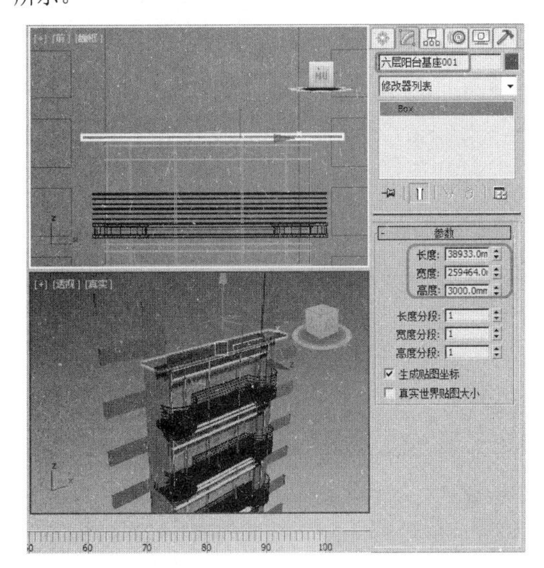

图 14.81

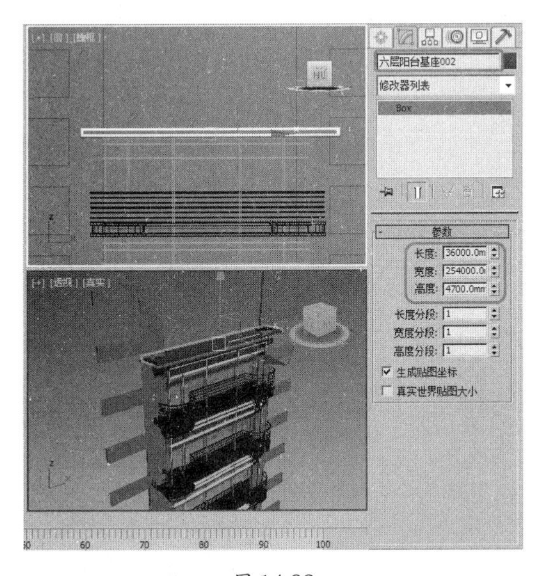

图 14.82

03 利用【长方体】工具，在顶视图中创建一个【长度】、【宽度】和【高度】分别为38500、259000和5050的长方体，并将其命名为【六层阳台基座003】，调整到【六层阳台基座002】的上方，如图14.83所示。

04 调整【六层阳台基座】的位置，打开材质编辑器，将【底板】材质指定给【六层阳台基座001】和【六层阳台基座003】对象，再将【阳台前-单元】材质指定给【六层阳台基座002】，如图14.84所示。

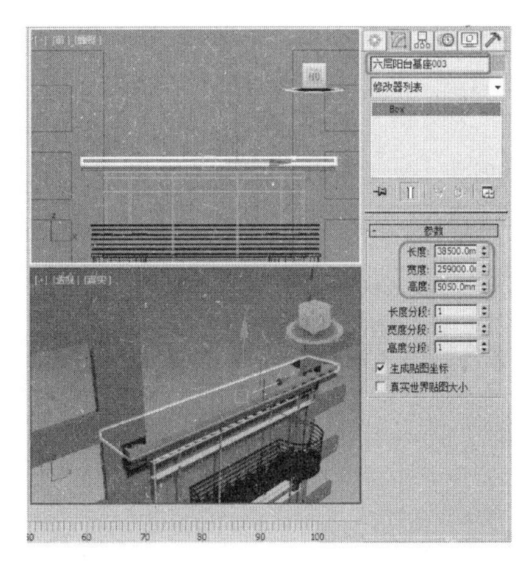

图 14.83

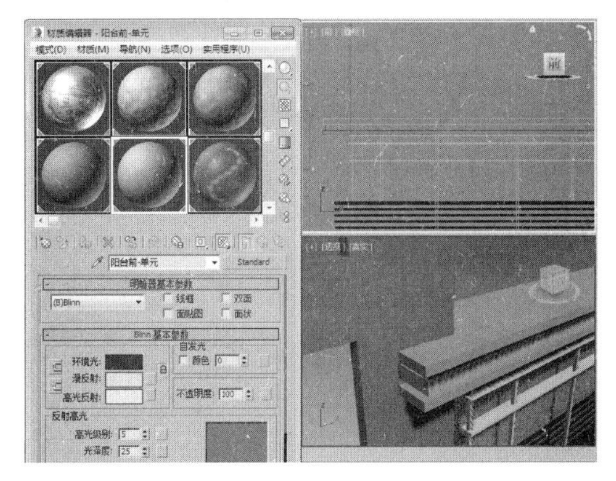

图 14.84

05 利用【长方体】工具，在前视图中创建9个如图14.85所示的长方体，然后进入【修改】命令面板，在【修改器列表】中选择【编辑网格】修改器，在【编辑几何体】卷展栏中选择【附加】按扭，并将其命名为【顶阳台栅栏001】，并在视图中将其调整到六层阳台基座的左侧，为其指定【门框金属】材质，如图14.85所示。

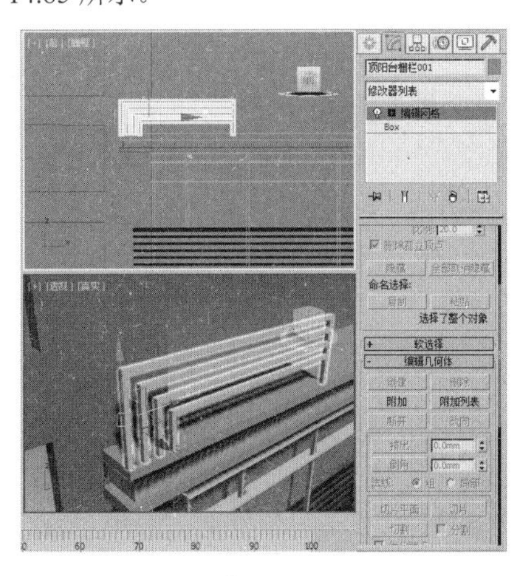

图 14.85

06 激活前视图，在工具栏中选择【镜像】工具，在弹出的对话框中选择【镜像轴】区域下的X轴，将【偏移】参数设置为257000，在【克隆当前选择】区域中选择【复制】选项，如图14.86所示。

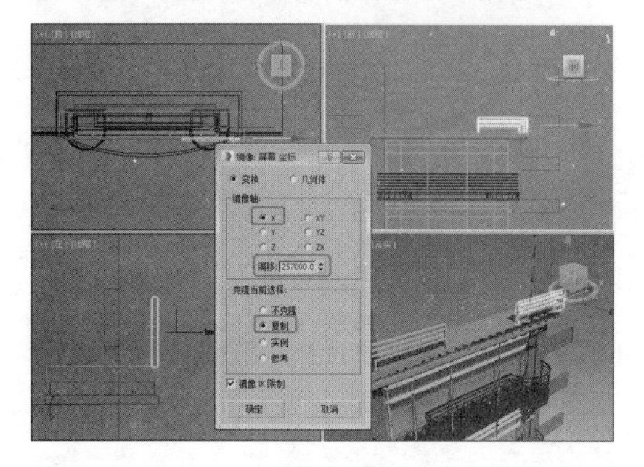

图14.86

07 激活左视图，在工具栏中选择【选择并旋转】工具，并单击【角度捕捉切换】按扭，打开角度捕捉，在视图中选择【顶阳台栅拦001】，按住键盘上Shift键,沿着Y轴旋转90°后释放鼠标复制【顶阳台栅栏003】，如图14.87所示。

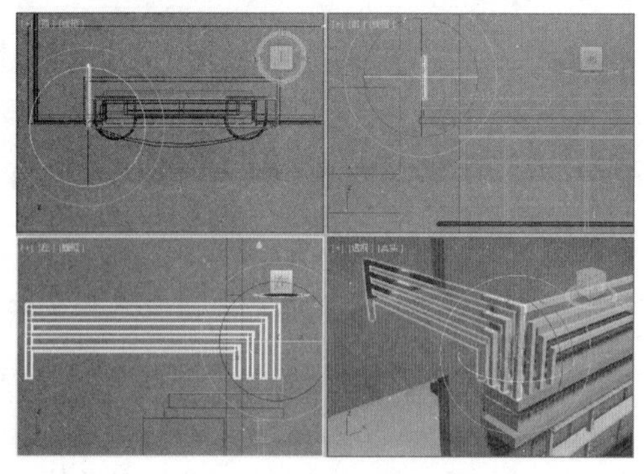

图14.87

08 关闭角度捕捉，在工具栏中选择【选择并移动】工具，选择【顶阳台栅栏003】，按住Shift键在顶视图中沿着X轴对【顶阳台栅栏003】进行复制，并调整到阳台的右侧，如图14.88所示。

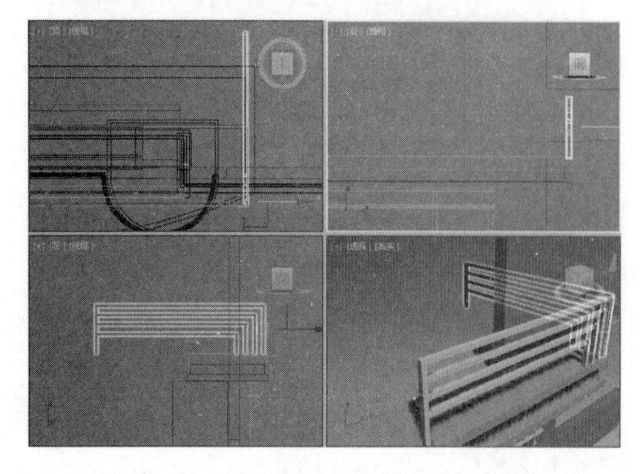

图14.88

09 利用【长方体】工具，在前视图中阳台栅栏的中间位置创建一个【长度】、【宽度】和【高度】分别为22830、94700和2600的长方体，并将其命名为【六层阳台基座上板】，调整其位置，最后打开【材质编辑器】，将【底板】材质指定给场景中的【六层阳台基座上板】对象，如图14.89所示。

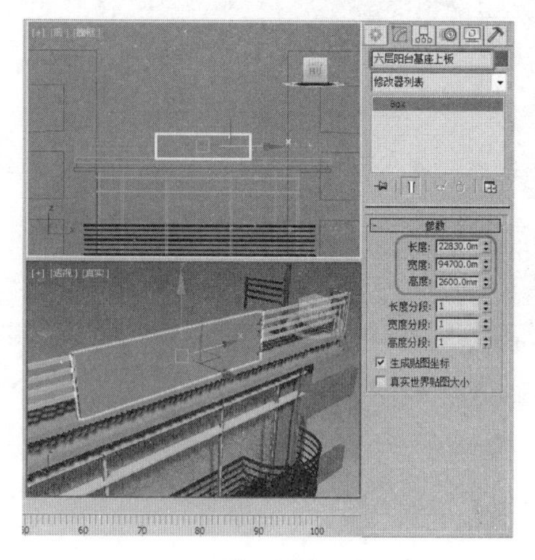

图14.89

10 利用【长方体】工具，在前视图中【顶阳台栅栏001】对象的上方，创建一个【长度】、【宽度】和【高度】分别为3040、3398和1530的长方体，并将其命名为【顶阳台栅栏005】，在视图中调整其位置，如图14.90所示。

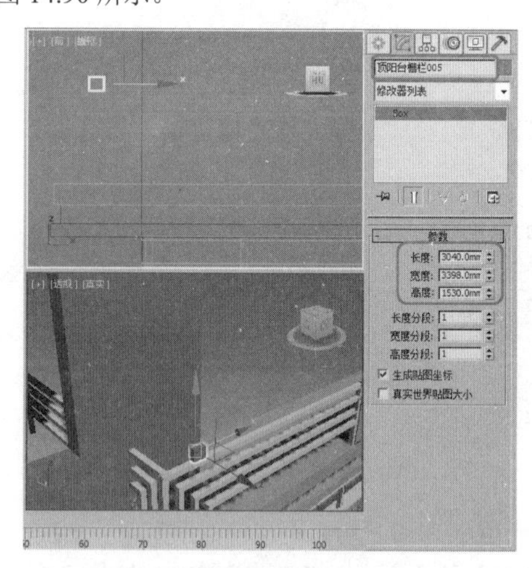

图14.90

11 在工具栏中选择【选择并移动】工具，选择上一步创建的【顶阳台栅栏005】，在前视图中按住Shift键，沿着X轴复制其3个对象，并调整其位置，如图14.91所示。

12 利用【线】工具，在顶视图中创建一条闭合的样条线，并将其命名为【六层阳台基座上栏杆】，如图14.92所示。

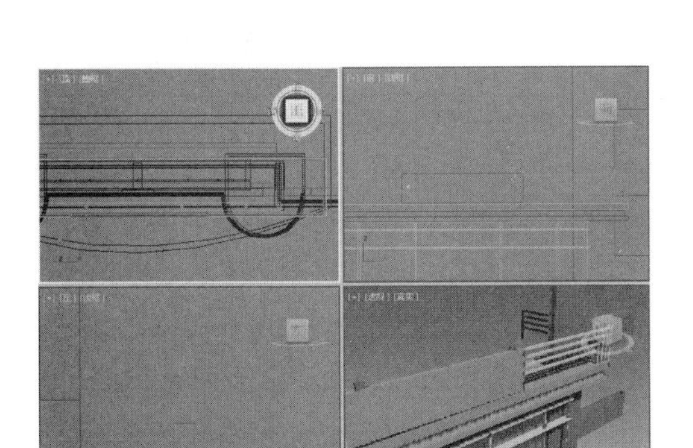

图 14.91

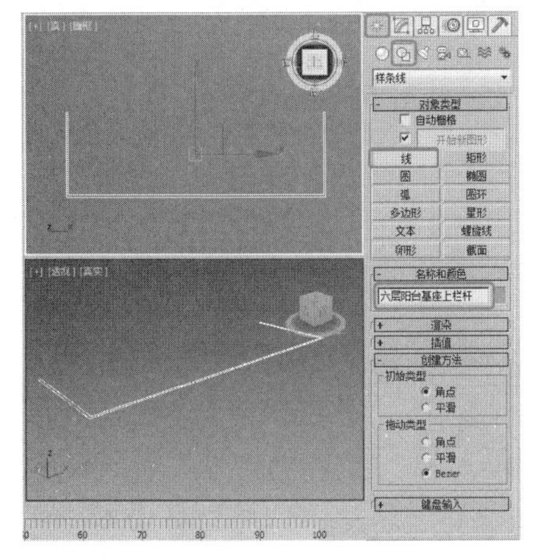

图 14.92

提示

为了方便查看效果，在此将绘制的样条线孤立显示。

13 在【修改器列表】中选择【挤出】修改器，在【参数】卷展栏中将【数量】设置为2030，挤出【六层阳台基座上栏杆】的厚度，如图 14.93 所示。

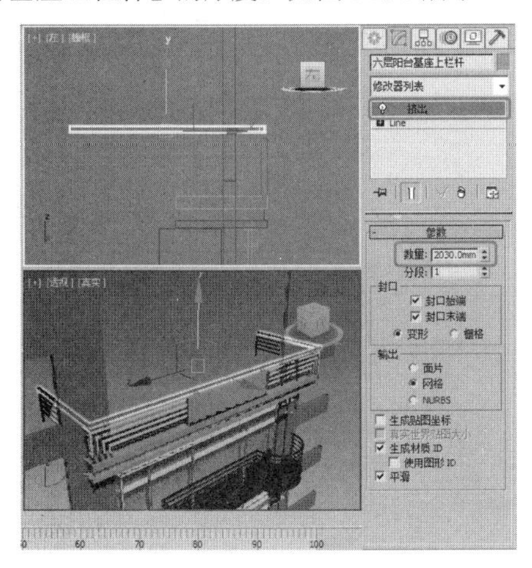

图 14.93

14 在工具栏中选择【选择并移动】工具，在视图中选择【前玻璃 004】，按住 Shift 键对其进行复制，并将其调整到如图 14.94 所示的位置。

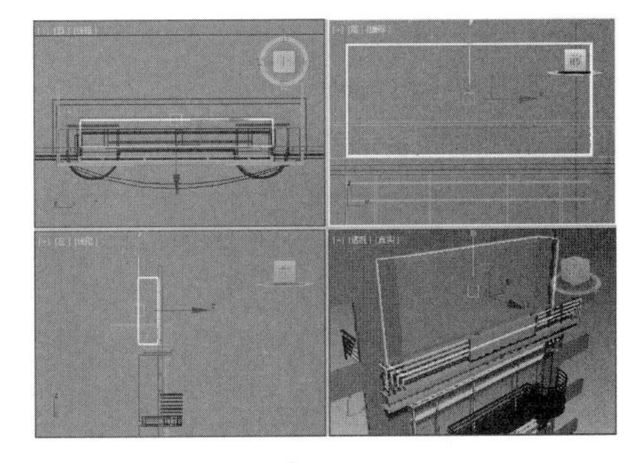

图 14.94

15 激活前视图，选择第 5 层上的金属横段，进行复制并调整到【前玻璃 005】的前方，如图 14.95 所示。

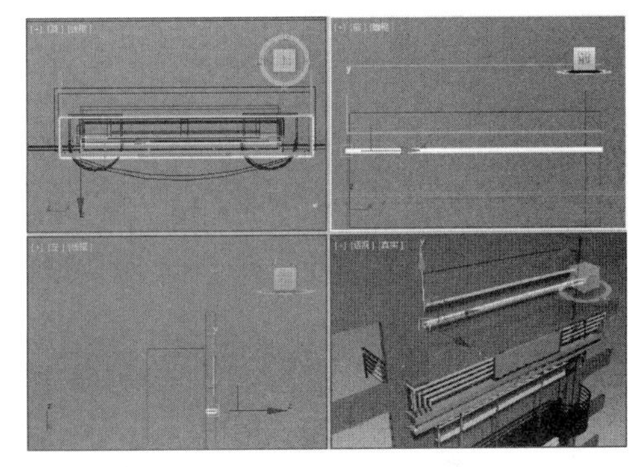

图 14.95

16 利用【长方体】工具，在前视图中【前玻璃 005】对象的右边，创建一个【长度】、【宽度】和【高度】分别为 99800、1700 和 1700 的长方体，并将其命名为【六层阳台隔断 - 竖 001】，如图 14.96 所示。

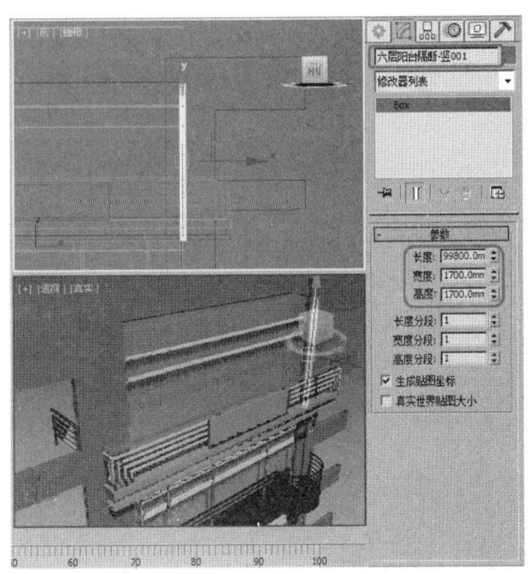

图 14.96

17 选择上一步创建的对象，在前视图中，沿 X 轴进行复制，复制出 3 个，并调整其位置，如图 14.97 所示。

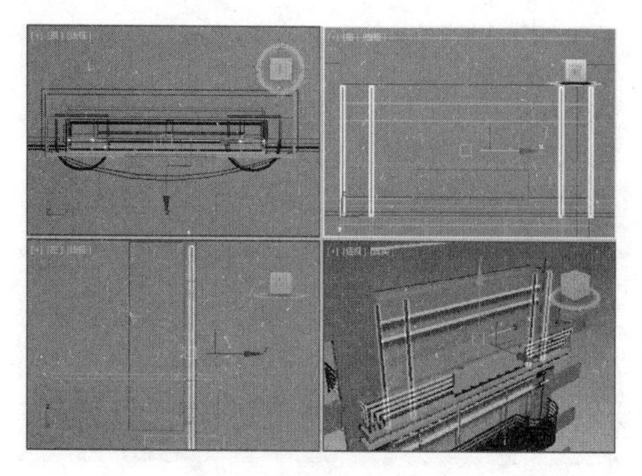

图 14.97

18 利用【长方体】工具，在前视图中创建一个【长度】、【宽度】和【高度】分别为 122000、1700 和 1700 的长方体，并将其命名为【六层阳台隔断 - 竖 005】，如图 14.98 所示。

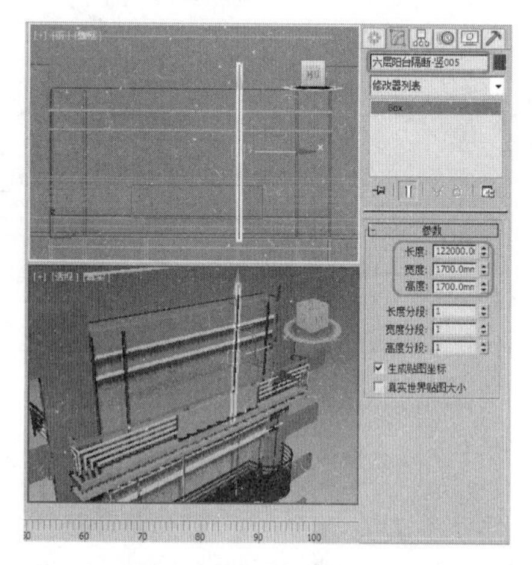

图 14.98

19 对上一步创建的长方体进行复制，并调整其位置，将【门框金属】材质指定给六层隔断和顶阳台栅栏对象，为【六层阳台基座上栏杆】指定给【底板】材质，如图 14.99 所示。

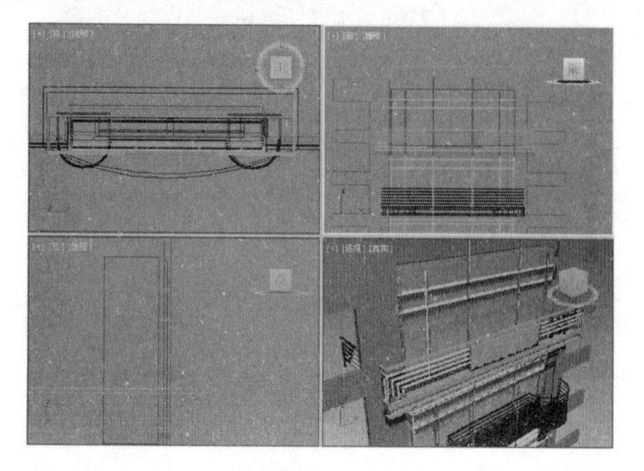

图 14.99

20 利用【长方体】工具，在前视图中创建一个【长度】、【宽度】和【高度】分别为 234000、7250 和 36500 的长方体，并将其命名为【顶中左墙 001】，并调整其位置，如图 14.100 所示。

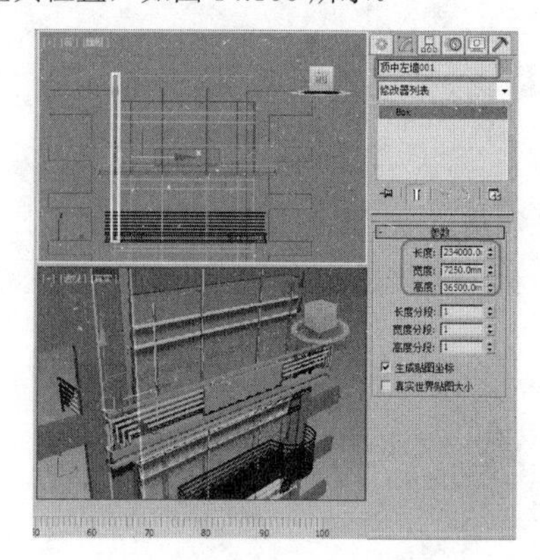

图 14.100

21 复制对上一步创建的【顶中左墙 001】，调整到【前玻璃 005】的右侧，并命名为【顶中右墙 001】，如图 14.101 所示。

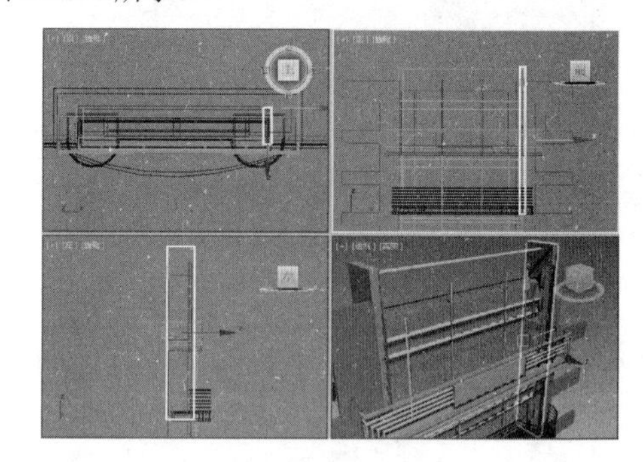

图 14.101

22 利用【长方体】工具，在前视图中【前玻璃 005】对象的上方创建一个【长度】、【宽度】和【高度】分别为 39900、77100 和 5100 的长方体，并将其命名为【顶左板】，在视图中调整其位置，如图 14.102 所示。

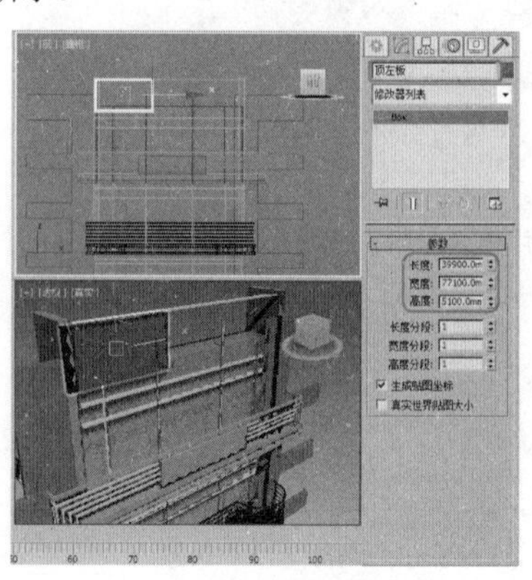

图 14.102

23 复制上一步创建的对象，复制到【前玻璃 005】的右侧，如图 14.103 所示。

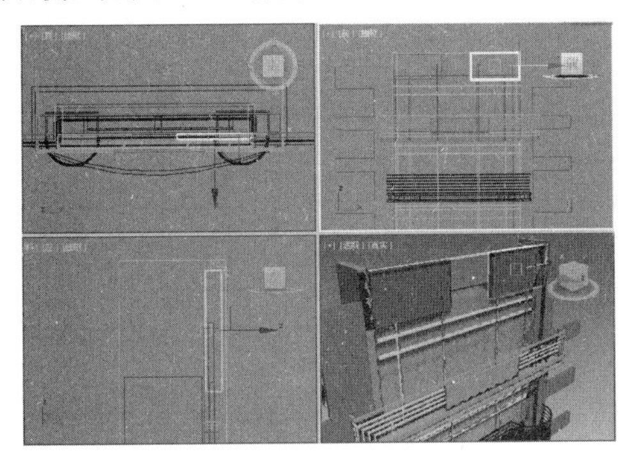

图 14.103

24 利用【矩形】工具，在左视图中【六层阳台基座】对象的上方创建一个【长度】和【宽度】分别为 97016 和 105300 的矩形，并将其命名为【单元墙体顶】，如图 14.104 所示。

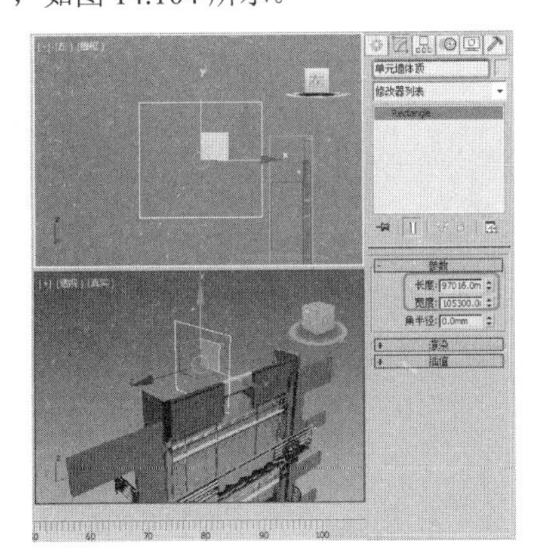

图 14.104

25 切换到【修改】命令面板，在【修改器列表】中选择【编辑样条线】修改器，定义当前选择集为【顶点】，在【几何体】卷展栏中选择【优化】按扭，在视图中为样条线添加顶点，并调整其形状，如图 14.105 所示。

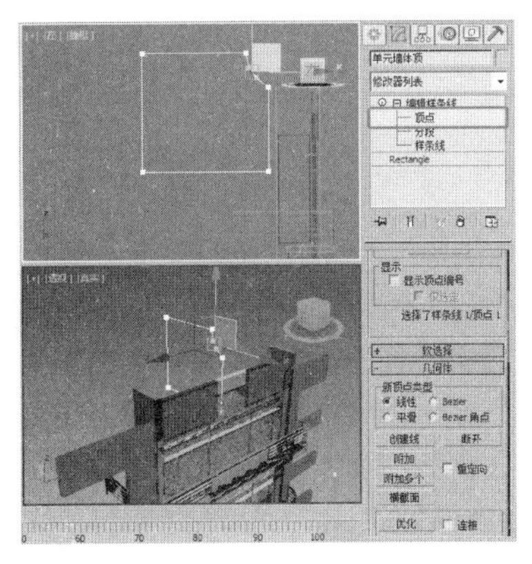

图 14.105

26 调整完成后，关闭当前选择集，在【修改器列表】中选择【挤出】修改器，在【参数】卷展栏中将【数量】设置为 5080，并在视图中调整其位置，如图 14.106 所示。

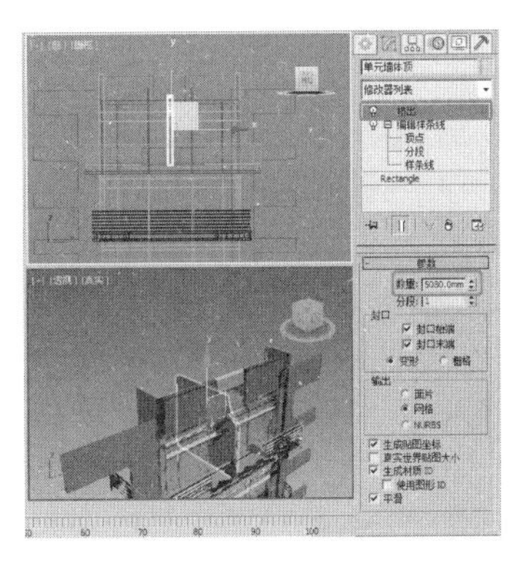

图 14.106

27 利用【长方体】工具，在前视图中创建一个【长度】、【宽度】和【高度】分别为 39900、25200 和 5100 的长方体，并将其命名为【顶中板】，在视图中调整其位置，如图 14.107 所示。

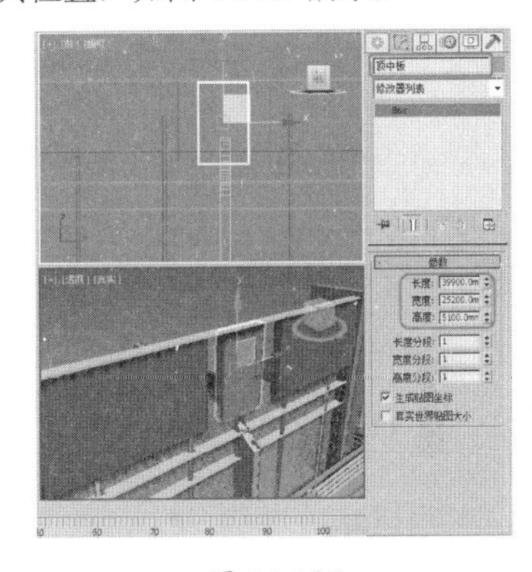

图 14.107

28 利用【长方体】工具，在前视图中创建一个【长度】、【宽度】和【高度】分别为 447000、5100 和 101714 的长方体，并将其命名为【单元墙体】，调整其位置，如图 14.108 所示。

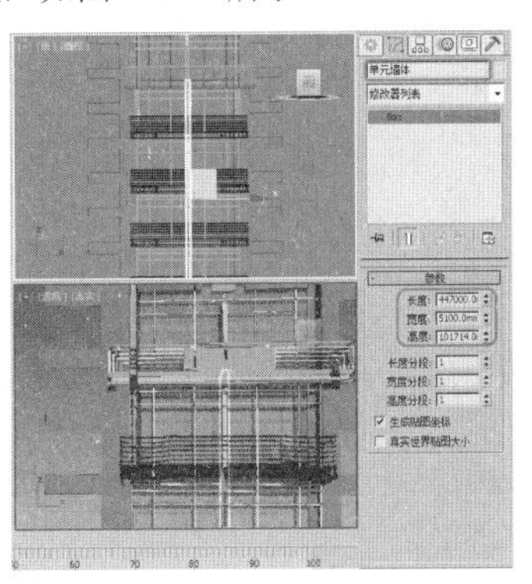

图 14.108

29 在视图中选择没有指定材质的对象，选择【装饰块】材质，将此材质指定给它们，效果如图14.109所示。

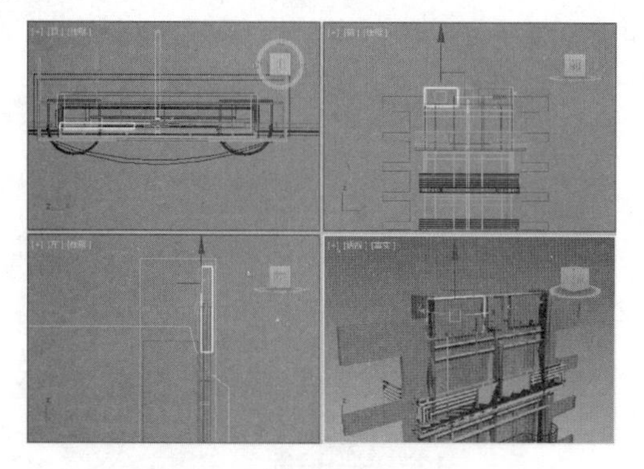

图 14.109

30 利用【长方体】工具，在前视图中创建一个【长度】、【宽度】和【高度】分别为2040、16100和47500的长方体，并将其命名为【顶左横板001】，在视图中调整其位置，如图14.110所示。

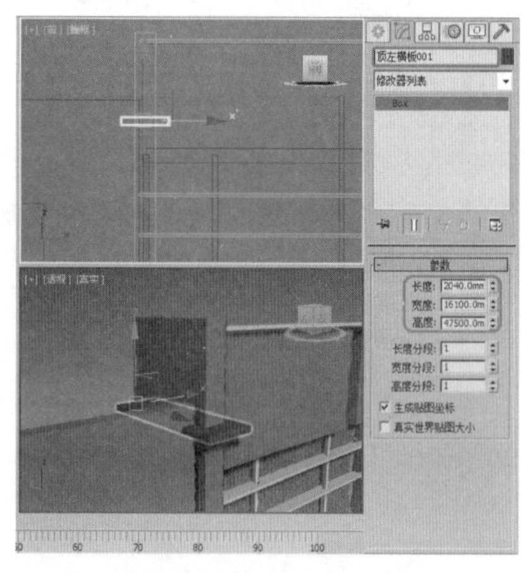

图 14.110

31 在工具栏中选择【选择并移动】工具，按住Shift键复制两个顶左横板，如图14.111所示。

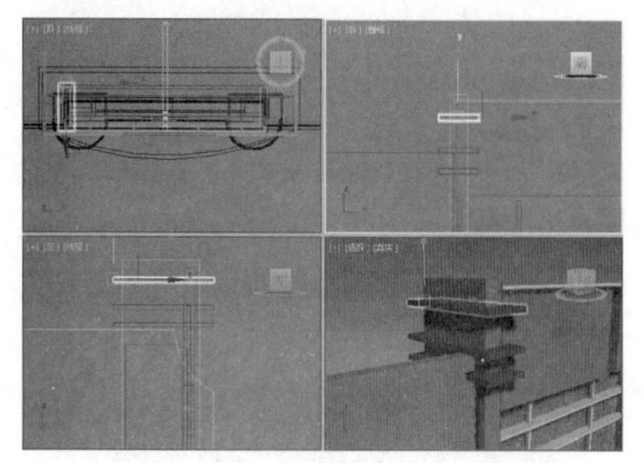

图 14.111

32 选择上一步创建的3个横左板，将其复制到右侧，如图14.112所示。

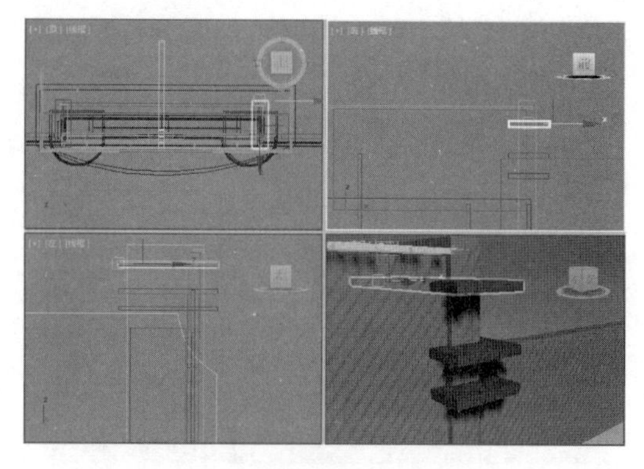

图 14.112

33 使用【管状体】工具在前视图中创建一个【半径1】、【半径2】和【高度】分别为4418、3228和26315的圆环，将其命名为【装饰外圈】，在视图中调整其位置，打开【材质编辑器】，将【装饰块】的材质指定给【装饰外圈】和【顶左横板】对象，如图14.113所示。

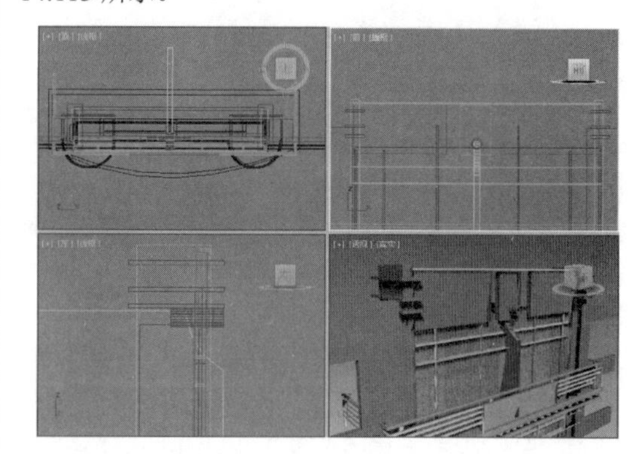

图 14.113

34 使用【圆柱体】工具在前视图中创建一个【半1】和【高度】分别为2370和12700的圆柱体，将其命名为【顶装饰内圈】，并在视图中调整其位置，如图14.114所示。

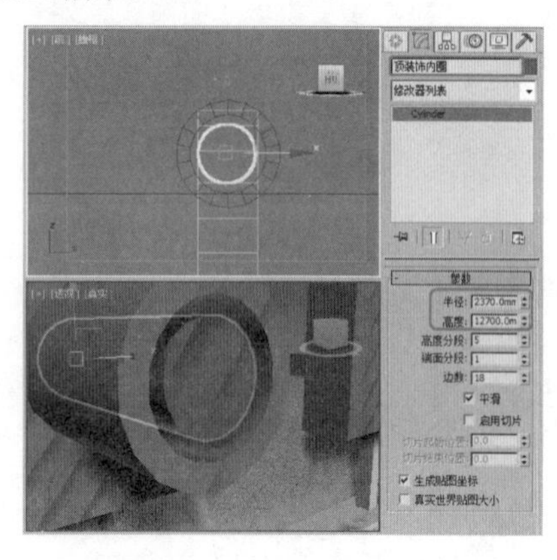

图 14.114

35 打开【材质编辑器】，将【装饰块】的材质指定给【顶装饰内圈】，如图 14.115 所示。

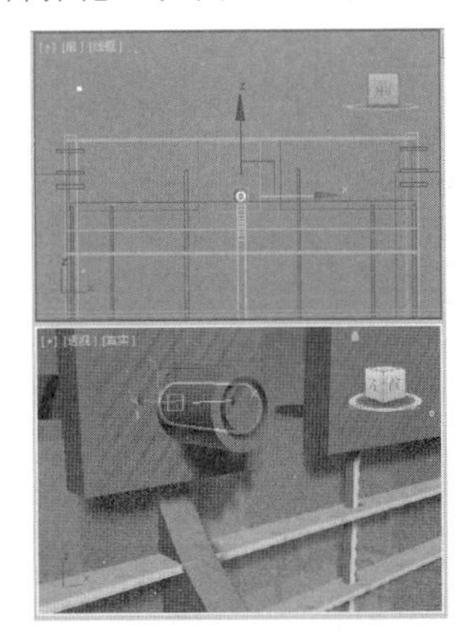

图 14.115

36 选择一个【金属横段】，按 Ctrl+V 组合键，在弹出的对话框中选择【复制】单选按钮，如图 14.116 所示。

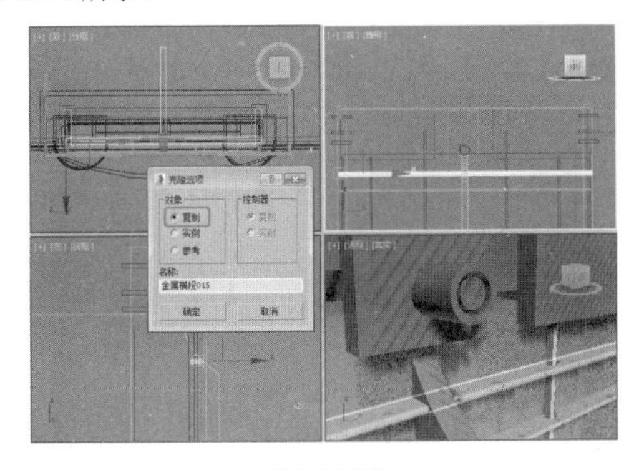

图 14.116

37 单击【确定】按钮，确认该对象处于选中状态，进入【修改】命令面板，将【挤出】修改器【参数】区域中的【数量】设置为-70000，并调整至如图 14.117 所示的位置。

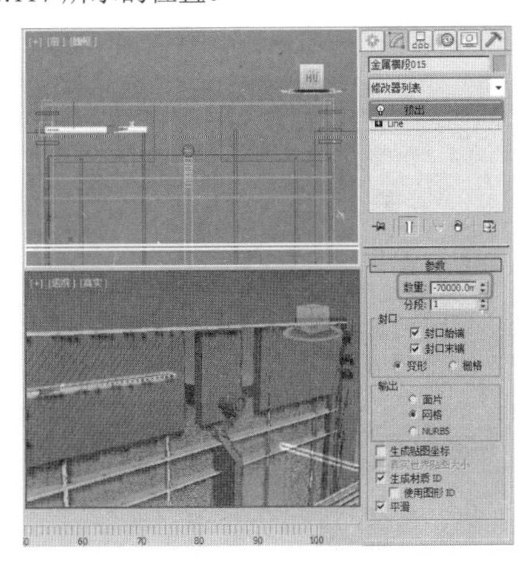

图 14.117

38 选择上一步复制的金属横段对象，复制其 3 次，并调整位置，如图 14.118 所示。

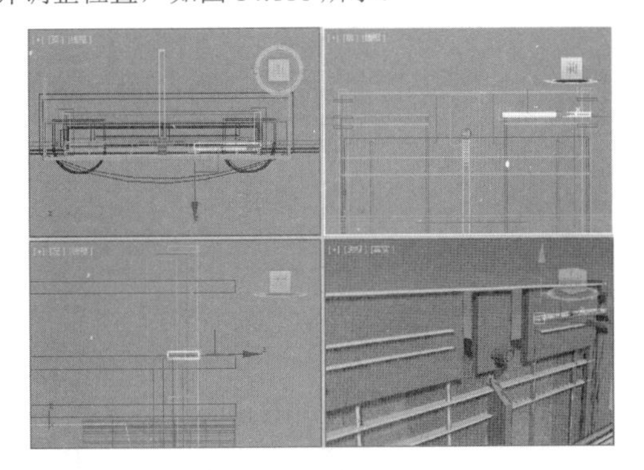

图 14.118

14.2.4　制作左右墙体的窗台

主窗台制作完成后，下面制作左右墙体的窗台，具体操作方法如下。

01 利用【长方体】工具，在顶视图中【左侧墙体】处创建一个【长度】、【宽度】和【高度】分别为 38188、74500 和 2540 的长方体，并将其命名为【窗台前 - 左 001】，最后在视图中调整其位置，如图 14.119 所示。

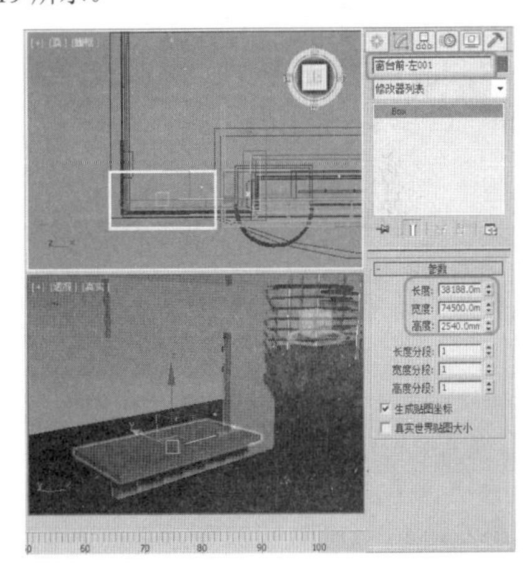

图 14.119

02 确定该对象处于选中状态，按 M 键打开【材质编辑器】，激活一个新的材质样本球，并将其重命名为【阳台栅栏】，在【明暗器基本参数】卷展栏中将阴影模式定义为【Phong】。在【Phong 基本参数】卷展栏中取消【环境光】与【漫反射】的锁定，将【环境光】的颜色数值设置为 36,47,35，将【漫反射】的颜色数值设置为 248,248,248，将【反射高光】区域中的【高光级别】和【光泽度】分别设置为 5 和 25。设置完成后将材质指定给场景中的【窗台前 - 左 001】，如图 14.120 所示。

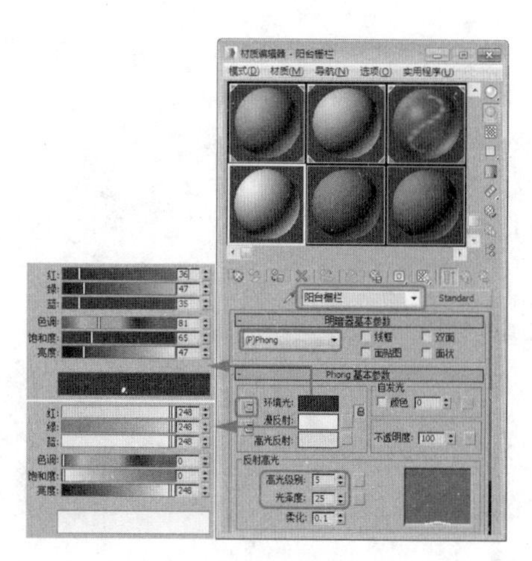

图 14.120

03 选择【长方体】工具在前视图中【窗台前 - 左 001】的上方创建一个【长度】、【宽度】和【高度】分别为 41800、936 和 650 的长方体，并将其命名为【主体侧框架左 001】，在视图中调整其位置，如图 14.121 所示。

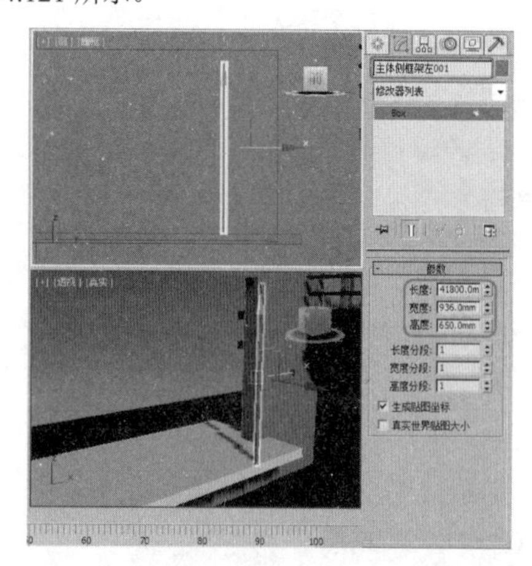

图 14.121

04 在前视图中按住 Shift 键沿着 X 轴对其进行复制并将其命名为【窗台前 - 左侧板 001】，然后在左视图调整其位置，如图 14.122 所示。

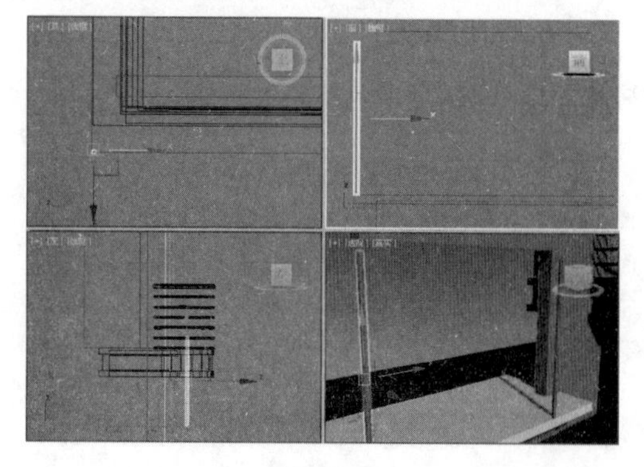

图 14.122

05 利用【长方体】工具在前视图中创建一个【长度】、【宽度】和【高度】分别为 790、72950 和 790 的长方体，将其命名为【主体侧框架左 002】，并在视图中调整其位置，如图 14.123 所示。

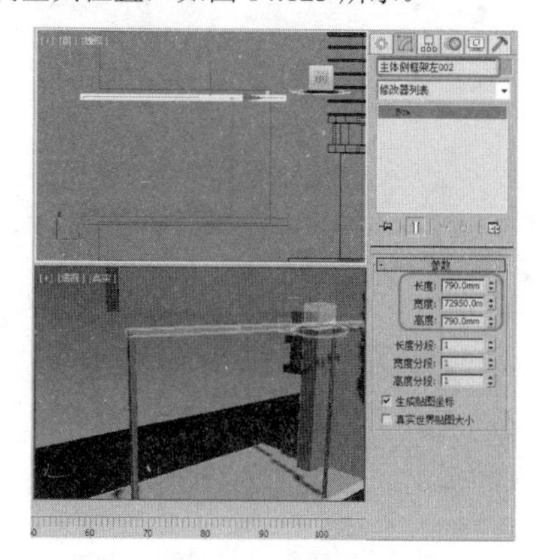

图 14.123

06 在工具栏中选择【选择并移动】工具，选择上一步创建的长方体，在前视图中按住 Shift 键对其进行复制，并调整位置，如图 14.124 所示。

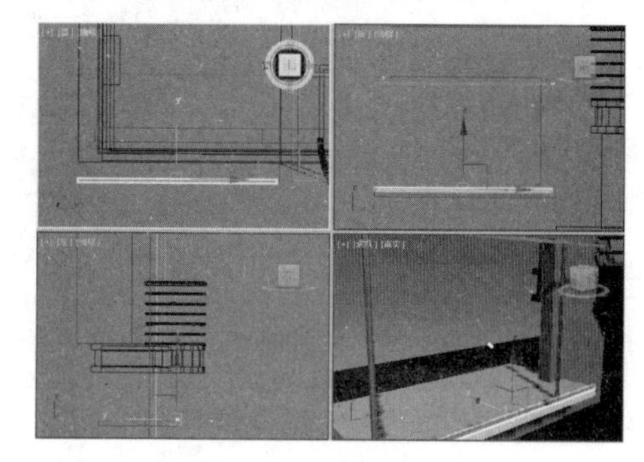

图 14.124

07 利用【长方体】工具在前视图中创建一个【长度】、【宽度】和【高度】分别为 790、19800 和 790 的长方体，并将其命名为【主体侧框架左 004】，在视图中调整其位置，如图 14.125 所示。

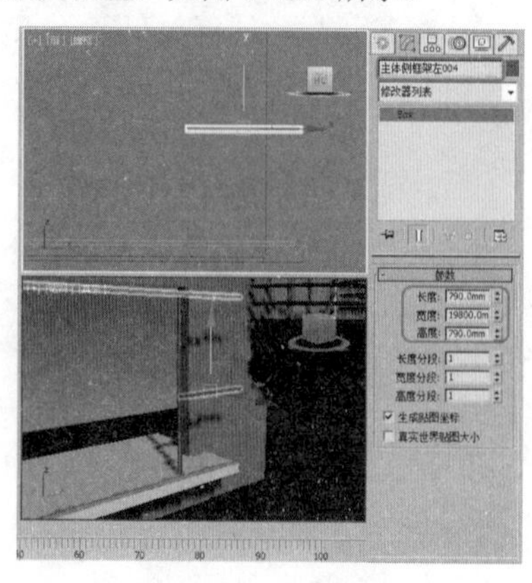

图 14.125

08 利用【长方体】工具在左视图中创建一个【长度】、【宽度】和【高度】分别为756、36500和756的长方体，并将其命名为【主体侧框架左005】，在视图中调整其位置，如图14.126所示。

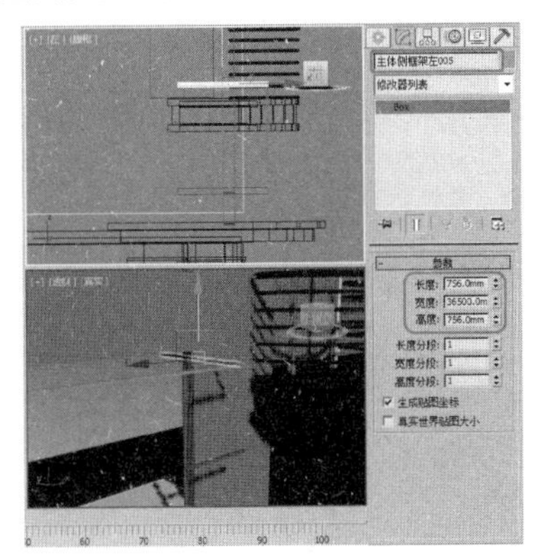

图 14.126

09 在工具栏中选择【选择并移动】工具，在左视图中按住Shift键沿着X轴对【主体侧框架左005】进行复制，复制【主体侧框架左006】，并在视图中调整其位置，如图14.127所示。

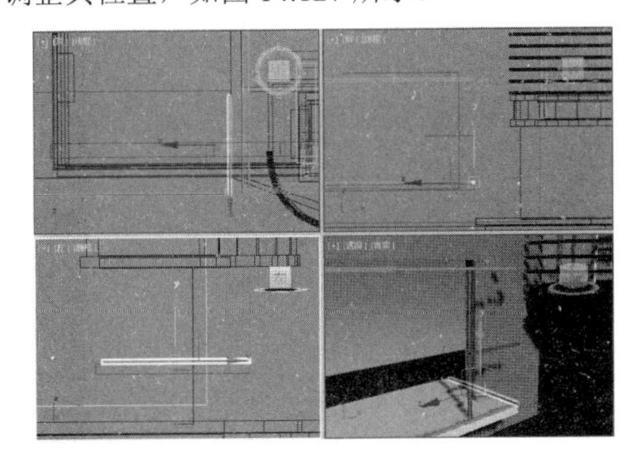

图 14.127

10 使用【长方体】工具在左视图中创建一个【长度】、【宽度】和【高度】分别为756、15000和756的长方体，并将其命名为【主体侧框架左007】，在视图中调整其位置，如图14.128所示。

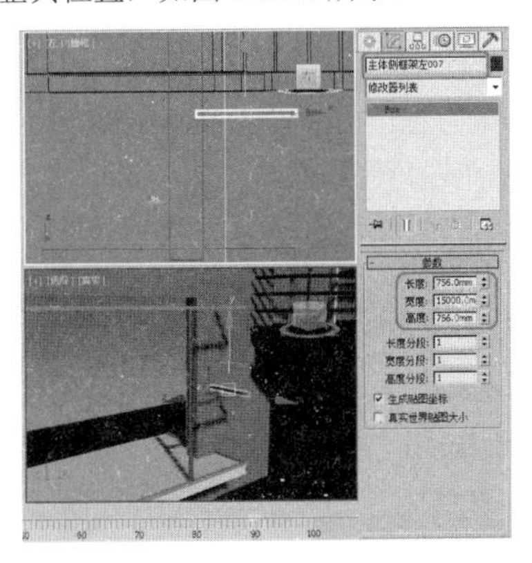

图 14.128

11 选择【主体侧框架左007】对象，在工具栏中选择【选择并移动】工具，在顶视图中按住Shift键沿着X轴对其进行复制，将其命名为【窗台前-左侧板002】，如图14.129所示。

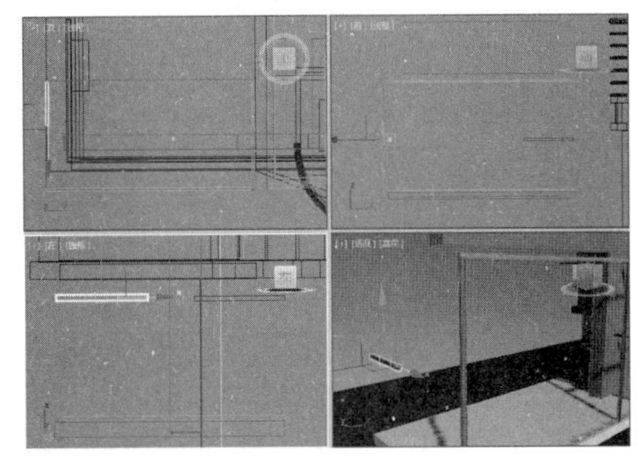

图 14.129

12 选择【窗台前-左001】，在工具栏中选择【选择并移动】工具，在前视图中按住Shift键沿着Y轴对其进行复制，并调整其位置，如图14.130所示。

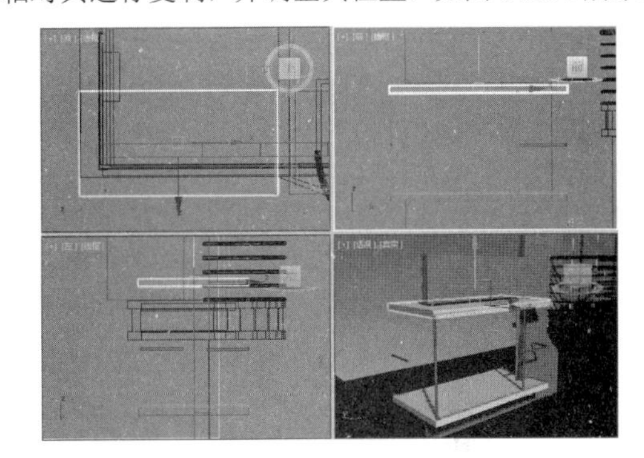

图 14.130

13 利用【线】工具在顶视图中【窗台前-左002】上创建一条封闭的样条线，并将其命名为【阳台前-栅栏-左001】，调整如图14.131所示的位置和形状。

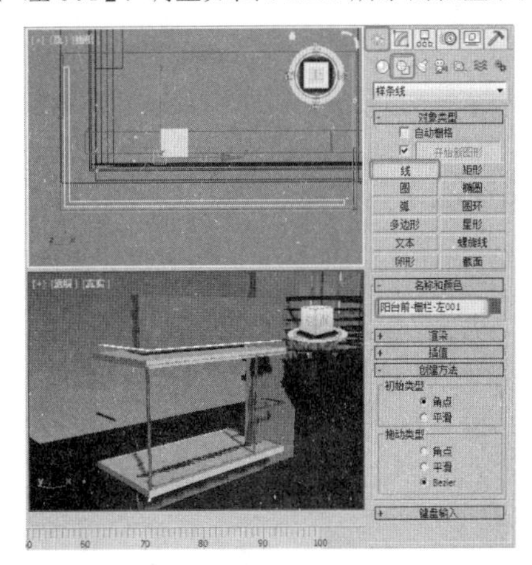

图 14.131

14 确认该对象处于选中状态，切换【修改】命令面板，在【修改器列表】中选择【挤出】命令，在【参数】卷展栏中将【数量】设置为1000，如图14.132所示。

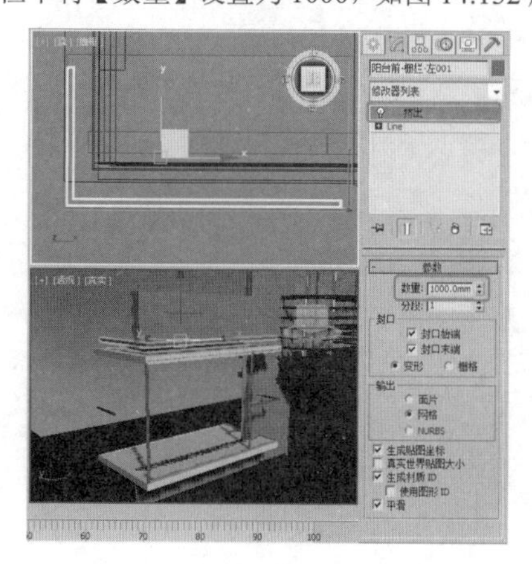

图14.132

15 在工具栏中选择【选择并移动】工具，选择上一步创建的图形，在前视图中按住Shift键沿着X轴对其进行复制，在弹出的对话框中将【副本数】设置为4，单击【确定】按扭，如图14.133所示。

16 在视图中调整复制后对象的位置，选择【窗台前-左002】对象，在工具栏中选择【选择并移动】工具，然后激活前视图，按住Shift键沿着Y轴复制【窗台前-左003】，在视图中调整其位置，如图14.134所示。

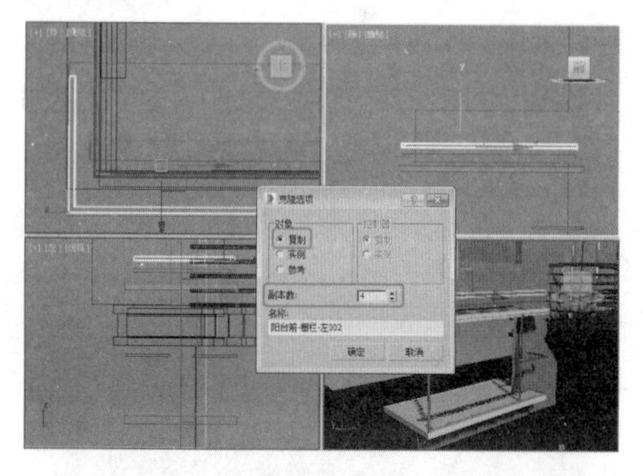

图14.133

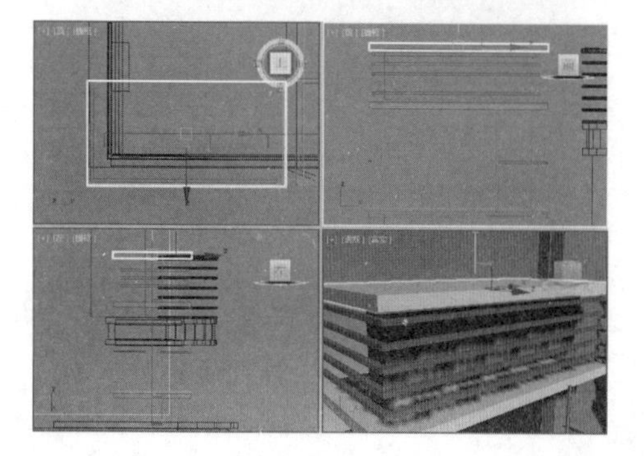

图14.134

17 利用【长方体】工具在前视图中创建一个【长度】、【宽度】和【高度】分别为23845、12714和2550的长方体，并将其命名为【窗台前-左侧后板】，在视图中调整其位置，如图14.135所示。

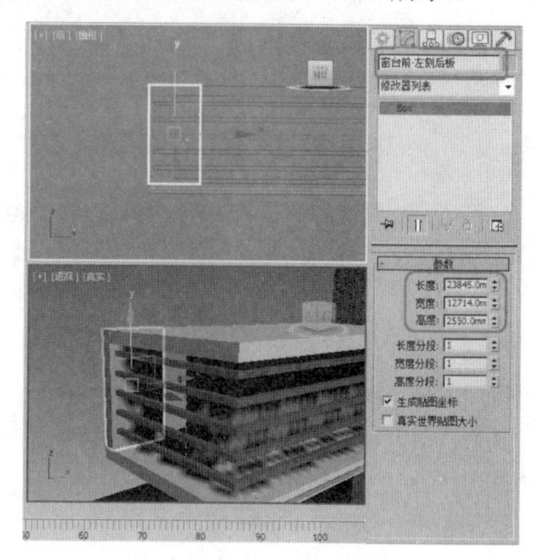

图14.135

18 利用【长方体】工具在前视图中创建一个【长度】、【宽度】和【高度】分别为22698、2563和12700的长方体，并将其命名为【阳台左板001】，在视图中调整其位置，如图14.136所示。

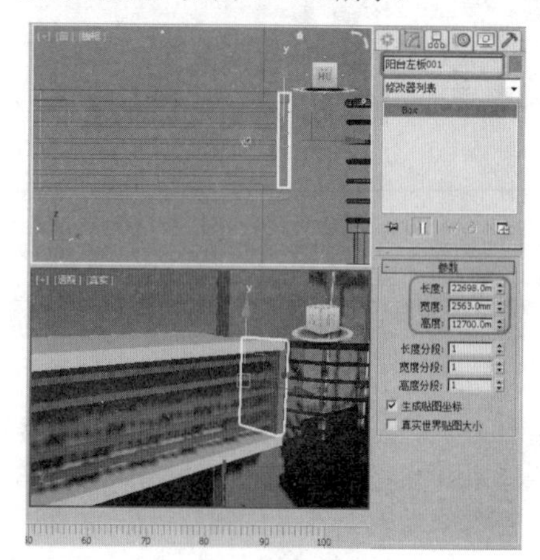

图14.136

19 按M键打开【材质编辑器】，在视图中选中未指定材质的对象，为其指定【阳台栅栏】材质，如图14.137所示。

20 利用【长方体】工具在前视图中【阳台左板001】的右侧创建一个【长度】、【宽度】和【高度】分别为20097、64597和25800的长方体，并将其命名为【阳台前-栅栏-后板001】，在视图中调整其位置，如图14.138所示。

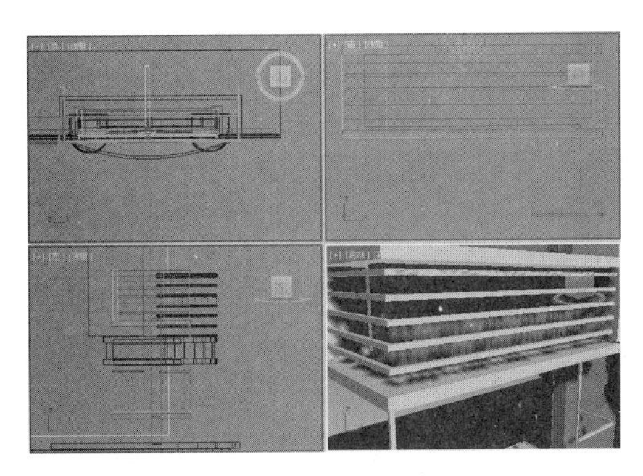

图 14.137

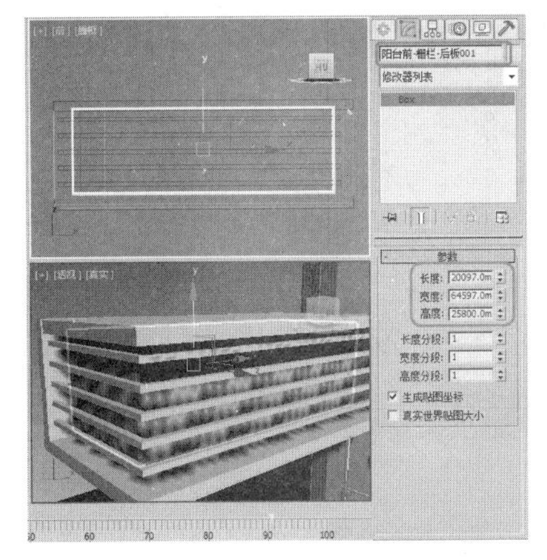

图 14.138

21 按 M 键打开【材质编辑器】，激活一个新的材质样本球，并将其重命名为【厚板】，在【Blinn 基本参数】卷展栏中取消【环境光】与【漫反射】的锁定，将【环境光】的颜色数值设置为47,17,17，将【漫反射】的颜色数值设置为 186,193,203，将【反射高光】区域中的【高光级别】和【光泽度】分别设置为 5 和 25。设置完成后将材质指定给场景中的【阳台前 - 栅栏 - 后板 001】，效果如图 14.139 所示。

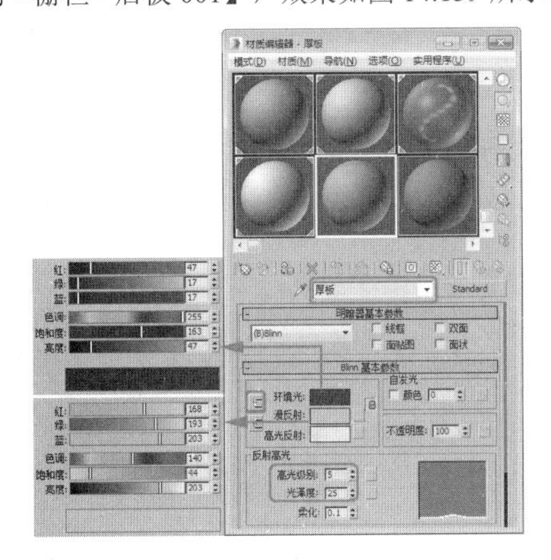

图 14.139

22 在场景中选择所有的阳台对象，在菜单中选择【组】|【成组】命令，在弹出的对话框中将【组名】命名为【阳台左 001】，单击【确定】按扭，如图 14.140 所示。

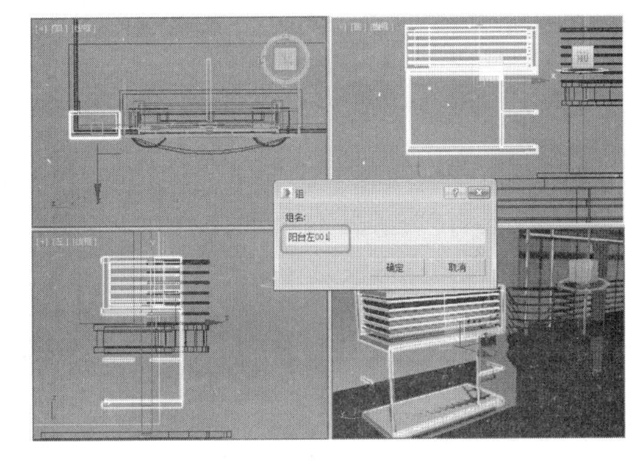

图 14.140

23 利用【长方体】工具在前视图中【阳台左 001】的位置处创建一个【长度】、【宽度】和【高度】分别为 41000、71880 和 34300 的长方体，并将其命名为【左墙玻璃 001】，在视图中调整其位置，如图 14.141 所示。

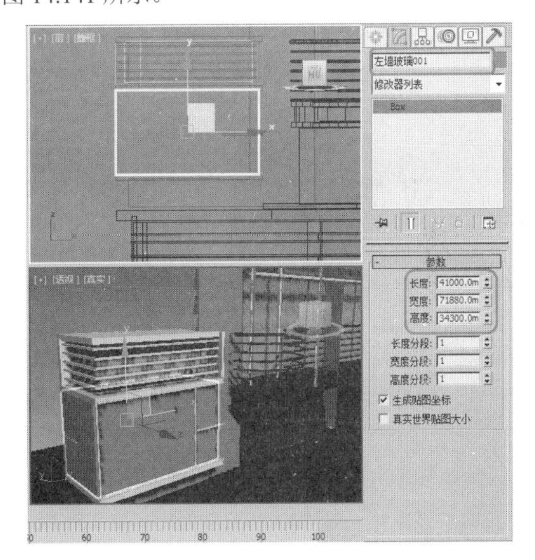

图 14.141

24 按 M 键打开【材质编辑器】，将【玻璃】材质指定给【左墙玻璃 001】，在视图中选择【阳台左 001】和【左墙玻璃 001】组，在工具栏中选择【选择并移动】工具，在前视图中按住 Shift 键沿着 Y 轴对其进行复制，调整到如图 14.142 所示的位置。

25 选择顶部的一组窗台，在工具栏中选择【组】|【打开】命令，并将用不到的一部分删除，如图 14.143 所示。

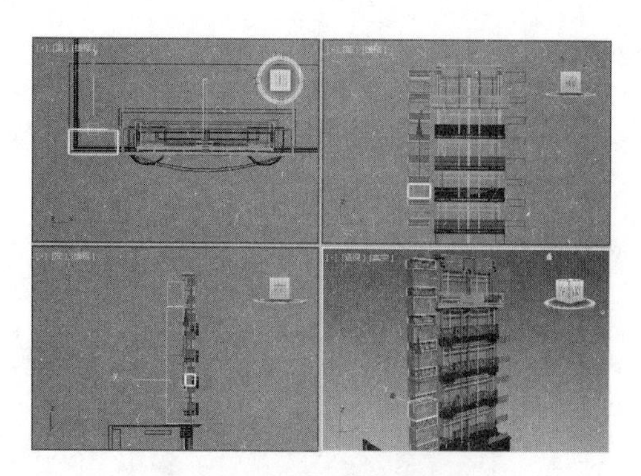

图 14.142

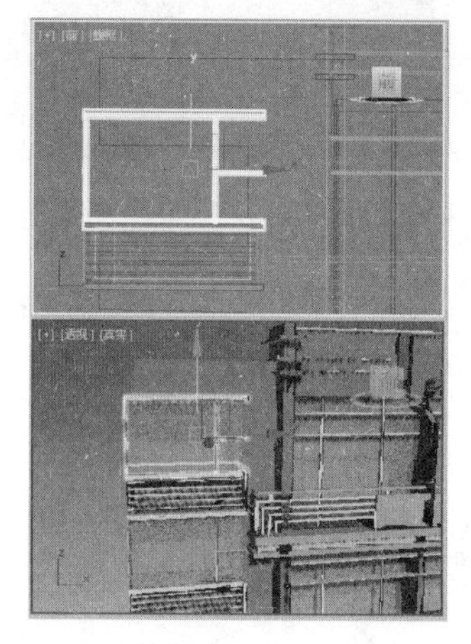

图 14.143

26 选择左侧的所有窗台对象，然后在工具栏中选择【镜像】工具，在弹出的对话框的【镜像轴】区域中选择X轴，将【偏移】参数设置为313979，在【克隆当前选择】区域中选择【复制】命令，最后单击【确定】按扭，如图 14.144 所示。

27 使用同样的方法创建其他对象，并为其指定相应的材质，如图 14.145 所示。

28 选中所有的对象，对其进行成组，在视图中对成组后的对象进行复制，如图 14.146 所示。

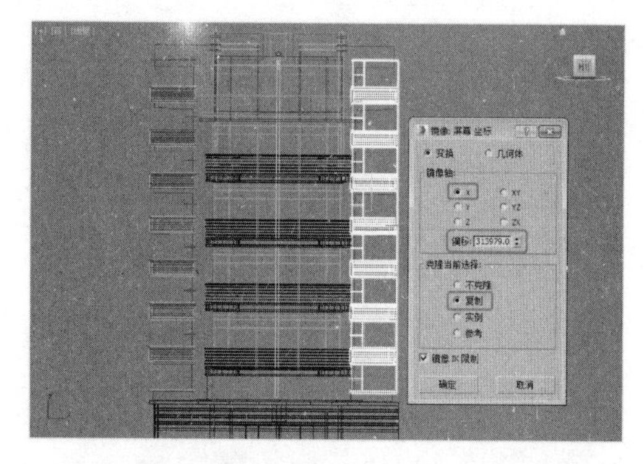

图 14.144

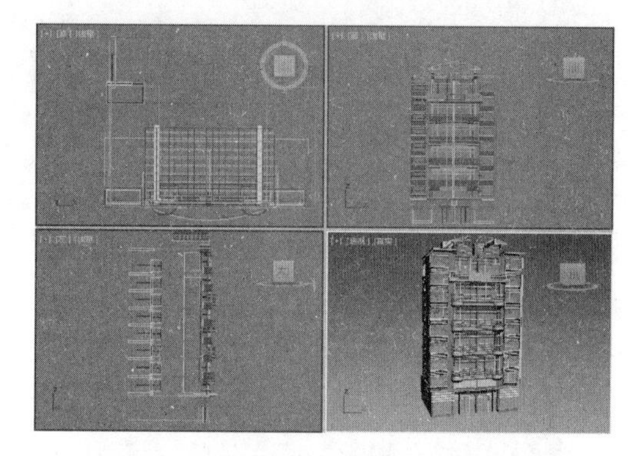

图 14.145

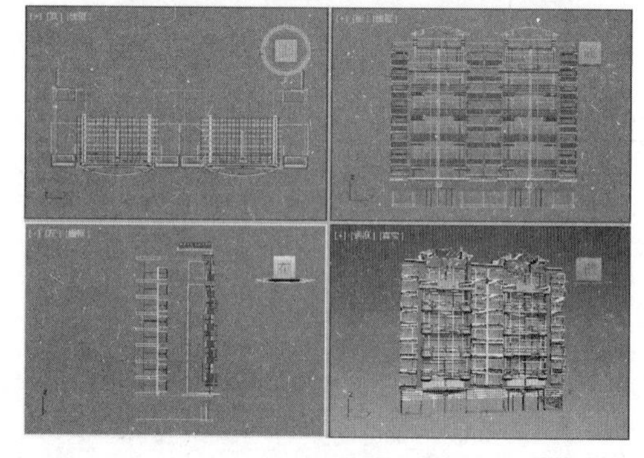

图 14.146

14.3 添加灯光和摄影机

所有建筑主体建模完成后，下面将介绍如何在场景中添加摄影机和灯光。

01 选择【创建】|【摄影机】|【标准】|【目标】工具，在视图中创建一台摄影机，激活透视视图，按C键将其转换为摄影机视图，在【参数】卷展栏中选中【环境范围】选项组中的【显示】复选框，将【近距范围】、【远距范围】分别设置为6.65、1000，选中【剪切平面】选项组中的【手动剪切】复选框，将【近距剪切】、【远距剪切】分别设置为102201、1802201，设置完参数后，在视图中调整摄影机的位置，如图 14.147 所示。

02 选择【创建】|【灯光】|【标准】|【目标聚光灯】工具，并在顶视图中创建一盏目标聚光灯，分别在前视图中对当前灯光进行调整。在【常规参数】卷展栏中选中【阴影】选项组中的【启用】复选框，

将阴影类型设置为【光线跟踪阴影】，在【强度 / 颜色 / 衰减】卷展栏中将【倍增】值设置为0.6，并将RGB颜色值设置为255,255,255。最后在【聚光灯参数】卷展栏中将【聚光区 / 光束】值设置为1，将【衰减区 / 区域】值设置为45，如图14.148所示。

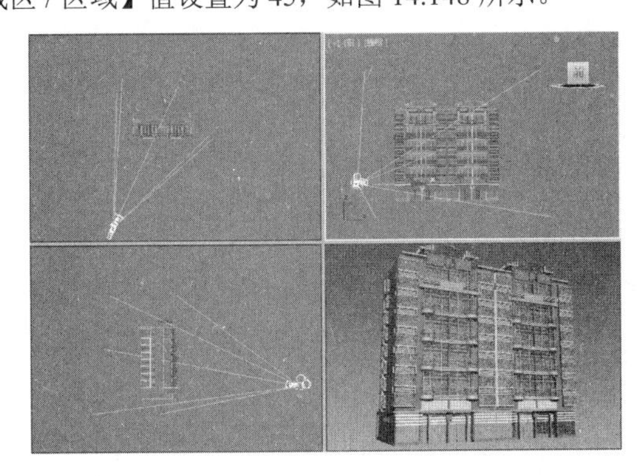

图 14.147

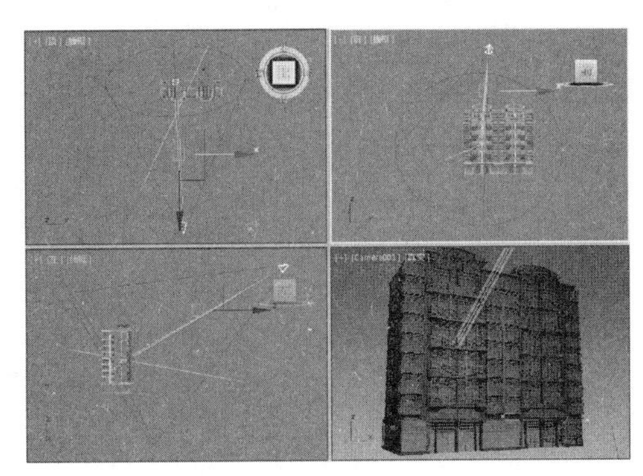

图 14.148

03 选择【创建】|【灯光】|【标准】|【泛光】工具，并在顶视图中场景右下方创建一盏泛光灯，并分别在不同的视图中对当前灯光进行调整。在【强度 / 颜色 / 衰减】卷展栏中将【倍增】值设置为0.35，并将颜色数值设置为255,255,255，如图14.149所示。

04 选中创建的泛光灯，按住Shift键对其进行复制，并调整复制后对象的位置，在【强度 / 颜色 / 衰减】卷展栏中将【倍增】值设置为0.5，如图14.150所示。设置完成后，渲染场景并输出即可。

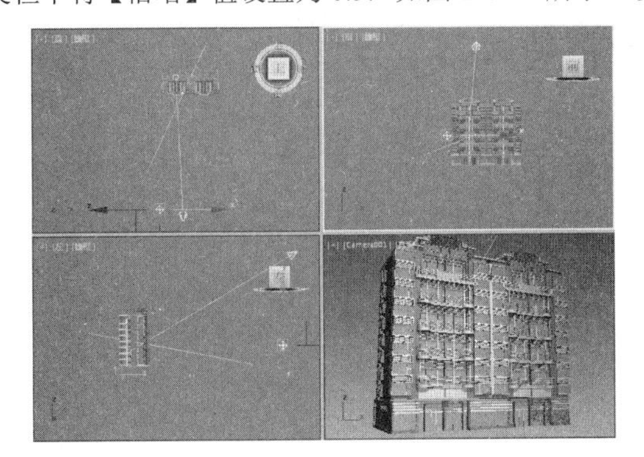

图 14.149

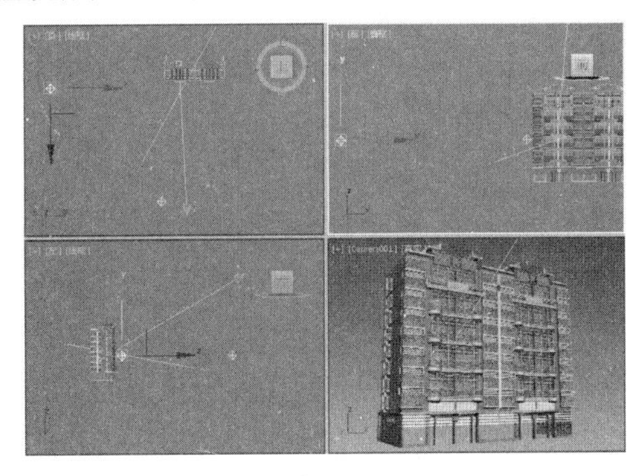

图 14.150

第15章

项目指导——大厅后期配景的制作

本章实例以 Photoshop 的各项功能综合运用为重点，在讲述过程中同样重视工具的技巧，通过大厅顶光影的制作，植物、人物以及人物倒影的设置等，对大厅后期效果处理的一般过程和应该注意的问题进行了说明。

大厅空间效果如图 15.1 所示，这个大厅效果看上去比较简单，而在实际的制作过程中，只有顶部造型的光影效果，以及左侧窗外天空的制作有一点难度，而地面上的植物以及人物等部分则比较简单，通过这个实例可以使读者得到更多的创作灵感。

图 15.1

15.1 图像亮度的调整及编辑

如图 15.2 所示，当前大厅效果图像同样也是使用 V-Ray Adv 3.00.08 渲染完成的，整体空间的色彩比较偏暗，需要对该图像做进一步的调整与修改。

01 运行 Photoshop CC 软件后，打开配套资源中的 Scenes/Cha15/ 渲染大厅 .tif 文件，并分析场景中下一步要修改的地方，如图 15.2 所示。

02 首先在菜单栏中选择【图像】|【调整】|【亮度 / 对比度】命令，在弹出的对话框中将【亮度】设置为 40，将【对比度】设置为 10，调整【渲染大厅】的【亮度 / 对比度】，如图 15.3 所示。

图 15.2

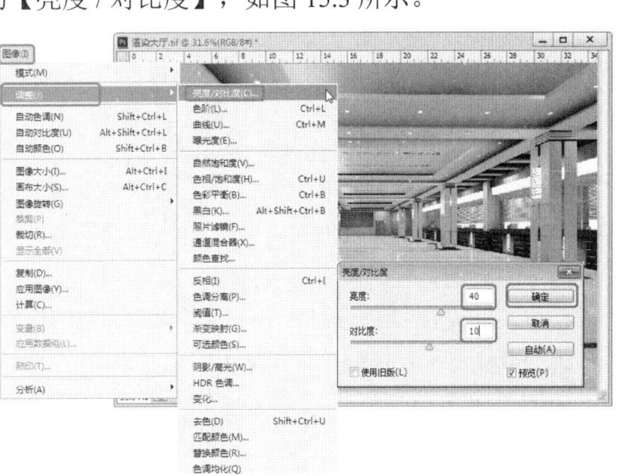

图 15.3

03 按 Ctrl+A 组合键将【渲染大厅】全选，然后按 Ctrl+C 组合键复制如图 15.4 所示。

图 15.4

04 再按 Ctrl+V 组合键将其粘贴到场景中，并将其所在的图层命名为【大厅】，如图 15.5 所示。

图 15.5

05 在【图层】面板中选择【背景】图层，然后将工具箱中的【背景色】设置为白色，在菜单栏中选择【编辑】|【填充】命令，在弹出的对话框中选择【使用】|【背景色】，最后单击【确定】按扭，将【背景】填充为【白色】，如图 15.6 所示。

提示

色彩控制工具。该工具用来设定前景色和背景色。单击色彩控制框即出现颜色选定对话框，可以从中吸取颜色；单击切换标志或按 X 键可以使前景色和背景色互换；单击初始化标志可以将前景色和背景色恢复到黑色与白色的初始状态。

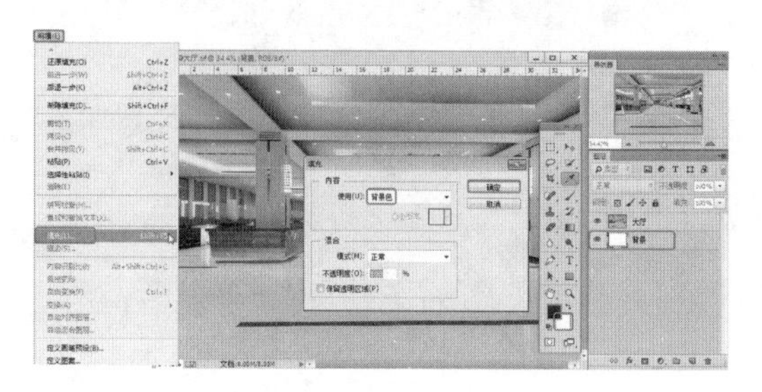

图 15.6

提示

【填充】项允许对选择区域填充颜色。可以从【填充】对话框的【内容】中选择填充形式，包括使用【前景色】、【背景色】、【颜色】、【图案】以及使用灰度色进行填充。另外，在【混合】项中可以选择【不透明度】及填充【模式】。

15.2 大厅窗外背景天空的编辑

完成了图像亮度的调整，大厅图像变得明亮起来，而此时在视图左侧区域的窗户处则仍然比较暗淡，完全脱离了现实生活中可以透过明亮宽敞的窗户看到湛蓝天空的效果。所以在本节中将介绍该区域玻璃的调整方法，使其可以显示出背景天空效果。

01 打开配套资源中的 Scenes/Cha15/180-panoramas-027.jpg 文件，并在工具箱中选择工具将其拖曳到场景中，并将其所在的图层命名为【天空】，如图 15.7 所示。

02 在【图层】面板中将【天空】图层放置到【大厅】图层的下方，然后在工具箱中选择工具，在工具选项栏中单击【添加到选区】按扭，在场景中选择左侧的玻璃对象，然后在【图层】面板中选择“大厅”图层，并按 Ctrl+C 组合键复制左墙玻璃，如图 15.8 所示。

图 15.7

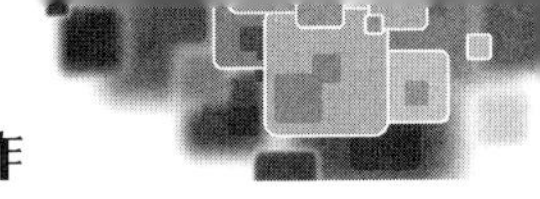

图 15.8

03 按 Ctrl+V 组合键粘贴选择的玻璃对象，并将其所在的图层命名为【左玻璃】，然后按 Ctrl 键并单击【左玻璃】图层，将【左玻璃】对象载入选区，在【图层】面板中选择【天空】图层并按 Ctrl+C 组合键复制选区图层，如图 15.9 所示。

图 15.9

04 按 Ctrl+V 组合键粘贴图层，并将其图层命名为【天空 02】，将图层拖曳到【左玻璃】图层的下方，然后再选择【左玻璃】图层，并将其【不透明度】设置为 40%，如图 15.10 所示。

图 15.10

05 在【图层】面板中选择【天空 02】图层，然后在菜单栏中选择【图像】|【调整】|【亮度 / 对比度】命令，在弹出的对话框中将【亮度】设置为 85，单击【确定】按扭，便制作出左玻璃透明的效果，如图 15.11 所示。

图 15.11

15.3 高亮墙体的修改

在对场景模型的编辑渲染中，很难做到十全十美，因为灯光与模型之间总会出现某处不理想的区域。在当前所处理的效果图中，位于图像右侧营业区域上方的一条板材区域因为灯光照射过亮而呈现白色，在本节中将讲解如何对光照失误区域进行调整的方法。

01 在工具箱中单击【前景色】色块，在弹出的【拾色器】对话框中将【前景色】的颜色数值设置为 134,152,164，单击【确定】按扭，如图 15.12 所示。

02 在工具箱中选择工具，然后在工具属性栏中单击按扭，在场景中右侧顶墙板上选择因渲染失误出现的高光区域，并在【图层】面板中单击【新建图层】按扭，并将新建的图层命名为【右墙板】，如图 15.13 所示。

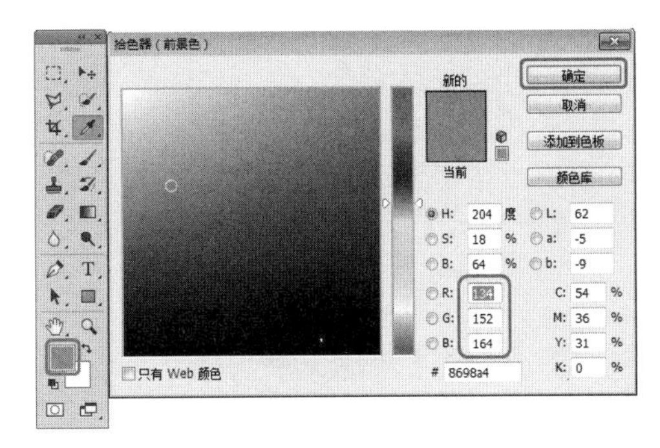

图 15.12

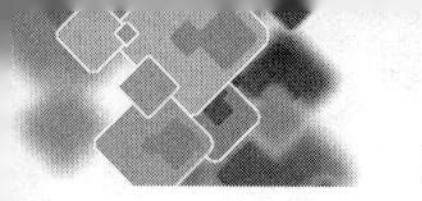

提示

【多边形套索工具】用在图像中，或某一个单独的图层中，以自由手控的方式进行多边形不规则选择。它可以选择出极其不规则的多边形形状，因此一般用于选取一些复杂的，但棱角分明、边缘呈直线的图形。

03 在菜单栏中选择【编辑】|【填充】命令，在弹出的对话框中选择【使用】|【前景色】命令，填充选取的高光区域，如图 15.14 所示。

图 15.13

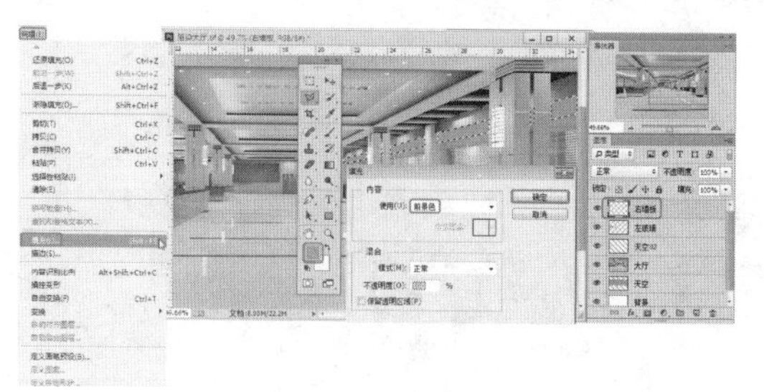

图 15.14

15.4 天花板光影的设置与编辑

无论是家庭装饰中较为常见的客厅天花板，还是公共空间装饰中的大堂、大厅吊顶，采用比较多的灯光光源是暗藏灯光。这些光源可以产生非常柔和的光照效果，而这种效果该如何使用软件逼真地表现出来呢？下面的操作将介绍天花板光影的设置与编辑方法。

15.4.1 空间左侧天花板光影的设置与编辑

在进行制作之前，首先将制作区域进行划分，这样将便于图层的管理及实际的操作。

01 在【图层】面板底部单击按扭，新建图层组，在新建的图层组名称上双击，将【名称】命名为【光影】，在新建的图层组上右击，在弹出的快捷菜单中选择【黄色】，如图 15.15 所示。

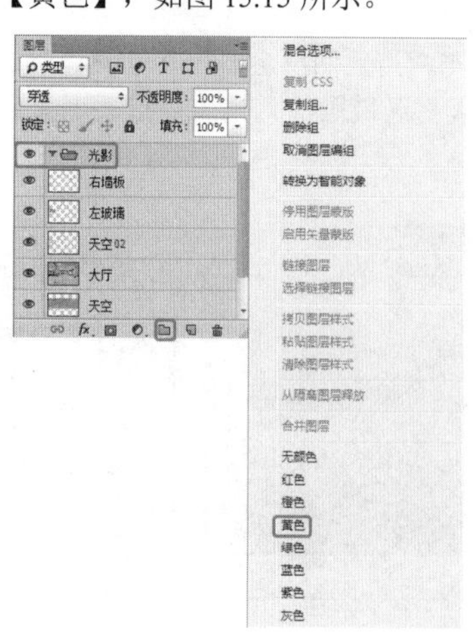

图 15.15

02 在工具箱中选择工具，在场景中将左侧灯池的区域放大并选取灯槽区域，并将背景色色块设置为白色，然后在【图层】面板中单击按扭，并将其命名为【光影左 01】，按 Ctrl+Delete 组合键为选区填充背景色，如图 15.16 所示。

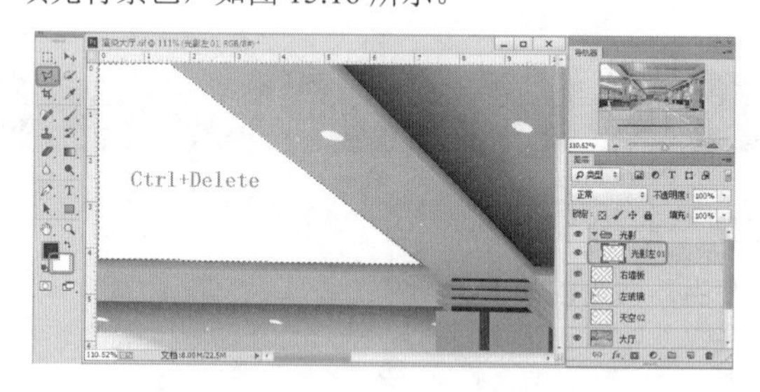

图 15.16

03 在工具箱中选择工具，然后在工具选项栏中单击按扭，在场景中沿着被填充为白色的灯槽区域内侧创建选区，在菜单栏中选择【选择】|【调整边缘】命令，在弹出的对话框中将【羽化】像素设置为 20，单击【确定】按扭，并按 Delete 键删除羽化选区，即形成【光影】的效果，如图 15.17 所示。

04 在工具箱中选择工具，在左侧的第二个灯池处选择因渲染输出时出现的高光区域，然后在工具箱中选择工具，在场景中选择灯池的区域，选出前景色，在【图层】面板中单击按扭新建图层，并将新建的图层命名为【灯池修改】，按 Alt+Delete 组合键将选区填充为前景色，如图 15.18 所示。

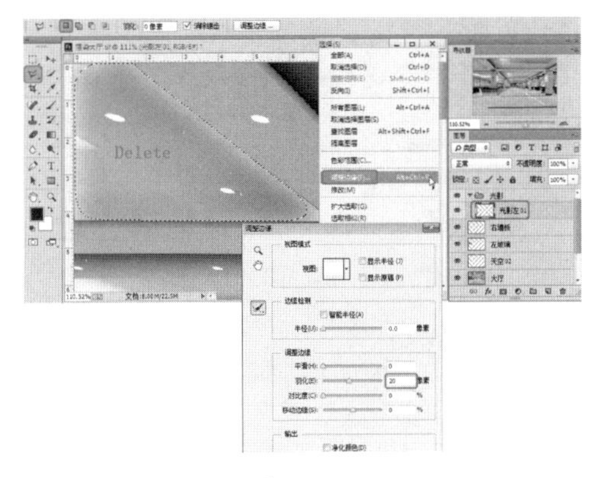

图 15.17

图 15.18

提示

【吸管工具】用于在图像或调色板中吸取颜色到色彩控制栏中。可以吸取当前图像中的颜色，也可以吸取处于后台的图像中的颜色，且不需要将它激活。当鼠标在图像中滑动时，可以在【信息】控制面板中观察到位于鼠标位置的像素点的色彩信息。

05 使用工具选择第二个灯池的内侧灯槽，并在【图层】面板中单击按扭新建图层，并将新建的图层命名为【光影左 02】，在工具箱中将背景色设置为白色，然后按 Ctrl+Delete 组合键填充背景色，如图 15.19 所示。

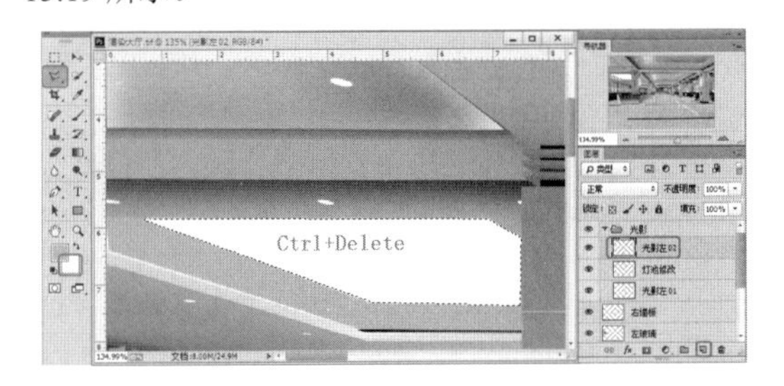

图 15.19

06 使用工具选择【光影左 02】对象的内侧部分，然后在菜单中选择【选择】|【调整边缘】命令，在弹出的对话框中将【羽化】设置为 15，按 Delete 键删除羽化选区形成光影的效果，如图 15.20 所示。

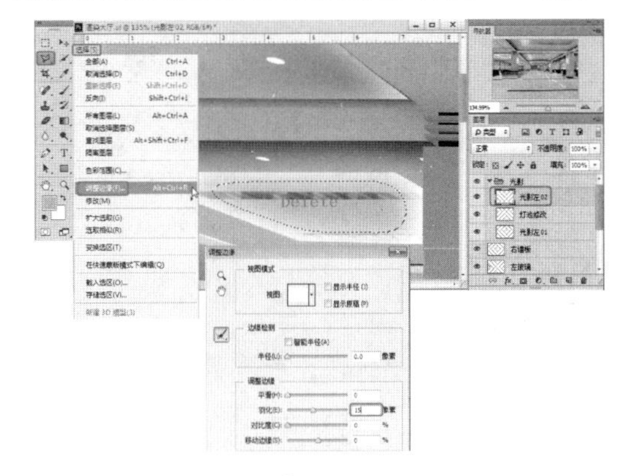

图 15.20

07 再次使用工具选择左侧灯槽的外侧灯槽，并在【图层】面板中单击按扭，并将新建的图层命名为【光影左 02 外】，然后按 Ctrl+Delete 组合键填充背景颜色——白色，如图 15.21 所示。

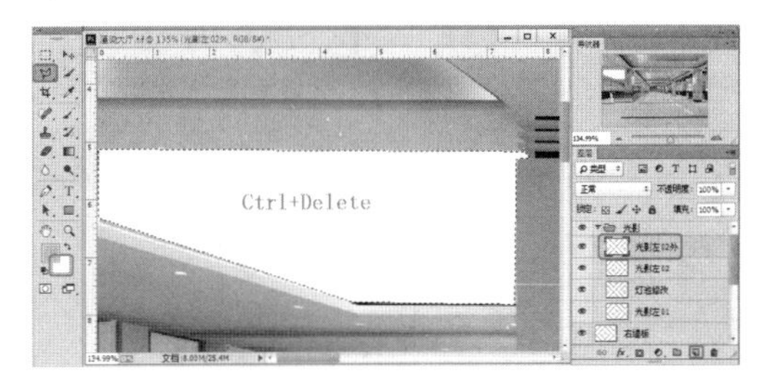

图 15.21

08 使用工具选择【光影左 02 外】对象的内侧区域，并在菜单栏中选择【选择】|【调整边缘】命令，在弹出的对话框中将【羽化】设置为 15，并按 Delete 键删除羽化区域形成光影的效果，如图 15.22 所示。

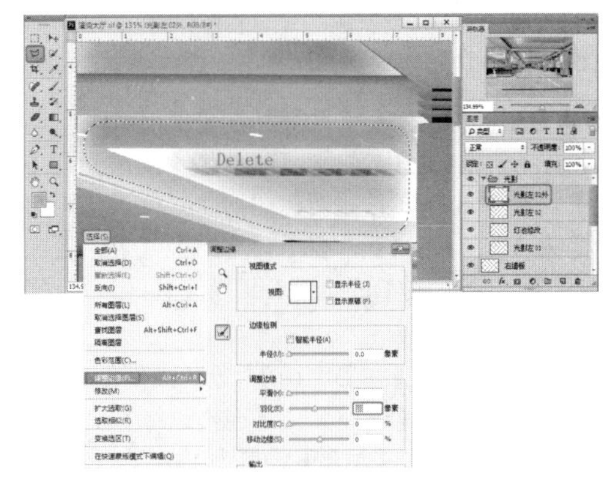

图 15.22

09 使用工具，在场景中选择被支柱分开的左侧灯

槽的一角，然后在【图层】面板底部单击按扭新建图层，并将新建的图层命名为【光影左 03】，按 Ctrl+Delete 组合键填充背景色——白色，如图 15.23 所示。

图 15.23

10 在【光影左 03】对象的内侧使用工具绘制选区，在菜单栏中选择【选择】|【调整边缘】命令，在弹出的对话框中将【羽化】设置为 15，并按 Delete 键删除羽化选区形成光影的效果，如图 15.24 所示。

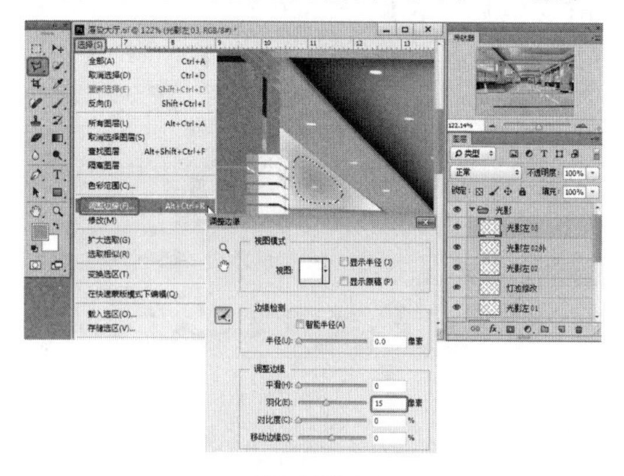

图 15.24

15.4.2 中心区域光影的设置

完成了左侧天花板区域的光影效果，在接下来的操作中将介绍中心区域光影的设置与编辑方法。

01 设置中间灯池的光影效果。在工具箱中选择工具，在场景中选择中间外侧灯池的区域，然后在【图层】面板中单击按扭新建图层，并将新建的图层命名为【光影中 01】，在工具箱中将背景色设置为【白色】，并按 Ctrl+Delete 组合键填充选区为背景色，如图 15.25 所示。

02 使用工具，在【光影中 01】对象的内侧创建选区，在菜单栏中选择【选择】|【调整边缘】命令，在弹出的对话框中将【羽化】设置为 15，单击【确定】按扭，并按 Delete 键删除羽化选区形成光影的效果，如图 15.26 所示。

图 15.25

图 15.26

03 接下来设置内侧光影的效果。使用工具在内侧灯槽区域创建选区，然后在【图层】面板中单击按扭新建图层，将新建的图层命名为【光影中 01 内】，然后在工具箱中将背景色设置为白色，并按 Ctrl+Delete 组合键填充选区为背景色，如图 15.27 所示。

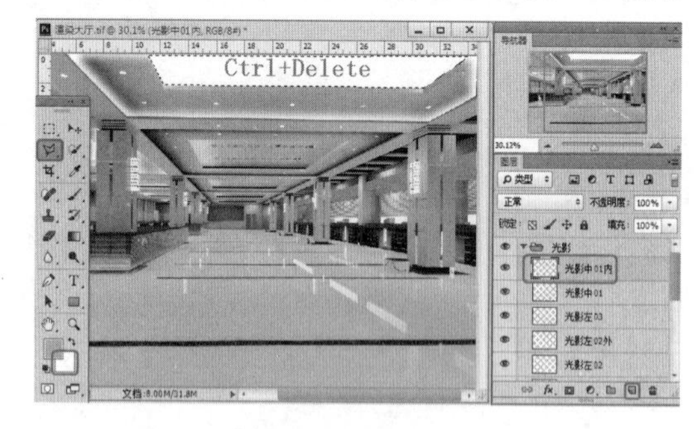

图 15.27

04 使用工具在【光影中 01 内】对象的内侧创建选区，在菜单栏中选择【选择】|【调整边缘】命令，在弹出的对话框中将【羽化】设置为 15，单击【确定】按扭，并按 Delete 键删除羽化选区形成光影的效果，如图 15.28 所示。

05 使用同样的方法设置出大厅其他灯槽光影的效果，如图 15.29 所示。

图 15.28

图 15.29

15.5 植物配景的添加与编辑

无论是在家庭中还是在公共空间场所，植物都是随处可见的。同时植物的放置也可以起到点缀和充实空间的效果。

在接下来的操作中将为场景添加【人物】和【植物】对象。

01 在【图层】面板中单击▭按钮新建图层组，在新建的图层组名称上双击，将【名称】命名为【植物】，在新建的图层组上右击，在弹出的快捷菜单中选择【绿色】，如图 15.30 所示。

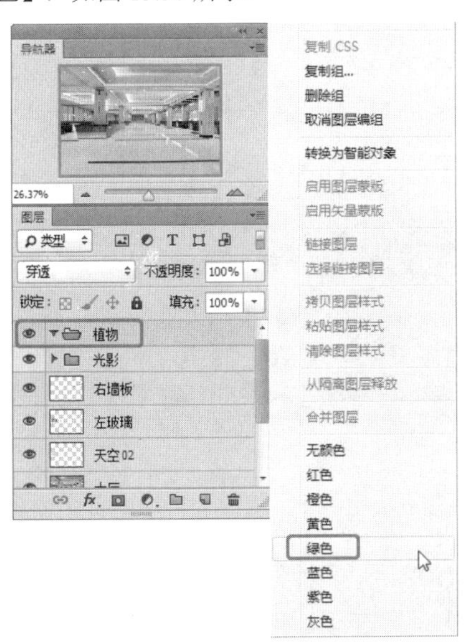

图 15.30

02 打开配套资源中的 SPRING005.PSD 文件，然后在工具箱中选择▸✥工具，将其拖曳到场景中，并将其所在的图层命名为【植物 01】，如图 15.31 所示。

图 15.31

03 按 Ctrl+T 组合键打开【自由变换】命令，在工具属性栏中单击⊖按扭，将【宽度】和【高度】设置为 40%，如图 15.32 所示。

图 15.32

04 将【植物 01】对象的根部区域放大，可以看到植物根部的区域有些杂草，在这里并不需要，在工具箱中选择▽工具，将不需要的杂草部分选中，按

Delete 键将其删除并调整其位置，效果如图 15.33 所示。

图 15.33

05 在菜单栏中选择【图像】|【调整】|【亮度/对比度】命令，在弹出的对话框中将【对比度】设置为 15，如图 15.34 所示。

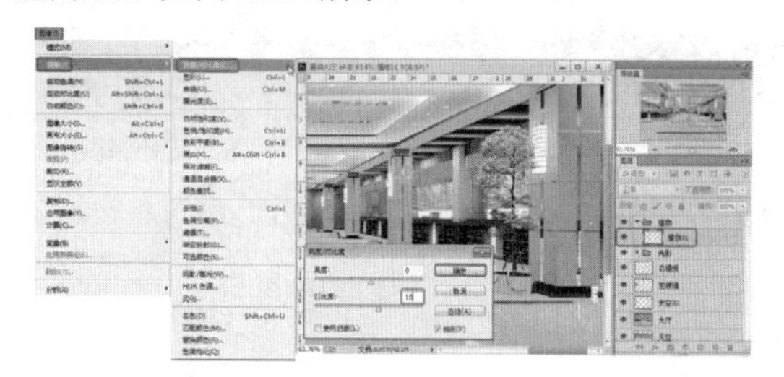

图 15.34

06 在【图层】面板中选择【植物 01】图层，并将其拖曳到 按扭上复制图层，并将复制的图层命名为【植物 02】，然后在场景中调整【植物 02】的大小，按 Ctrl+T 组合键打开【自由变换】命令，在工具属性栏中单击 按扭，将其【宽度】和【高度】设置为 45%，并调整其位置，如图 15.35 所示。

07 在【图层】面板中选择【植物 02】图层并将其拖曳到 按扭上复制图层，将复制的图层命名为【植物 03】，然后在场景中调整它的大小，按 Crtl+T 组合键打开【自由变换】命令，在工具属性栏中单击 按扭，将其【宽度】和【高度】设置为 60%，并调整其位置，如图 15.36 所示。

08 用同样的方法复制【植物 04】。在【图层】面板中选择【植物 03】并将其拖曳到 按扭上复制图层，将复制的图层命名为【植物 04】，并在场景中按 Ctrl+T 组合键调整其大小，在工具属性栏中单击 按扭将其【宽度】和【高度】设置为 75%，如图 15.37 所示。

图 15.35

图 15.36

图 15.37

15.6 电子显示屏的编辑处理

当前所制作的大厅为某银行的服务大厅，在该大厅的前方墙体中心位置设有一个大型的电子显示屏。在 3ds Max 中制作时我们没有为当前对象设置材质，在这里将以配景的方式来添加并制作该电子显示屏。

01 打开配套资源中的电子牌 .JPG 文件，在工具箱中选择▶✥工具，并将其拖曳到场景中，按 Ctrl+T 组合键设置其大小，在工具属性栏中将【宽度】设置为 4.6%，【高度】设置为 6%，并在场景中调整其位置，然后将其所在的图层命名为【电子牌】，如图 15.38 所示。

02 在菜单栏中选择【图像】|【调整】|【亮度/对比度】命令，在弹出的对话框中将【亮度】设置为 25，【对比度】设置为 10，如图 15.39 所示。

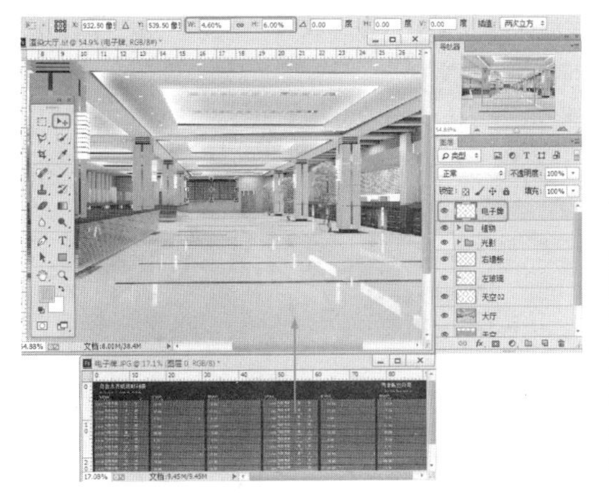

图 15.38

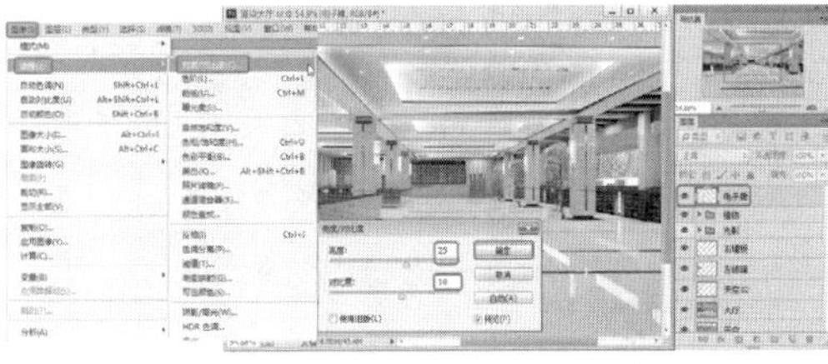

图 15.39

15.7 人物配景的添加与编辑

在公共空间中，人物配景的添加与编辑是非常关键的。从技术角度讲，人物的添加与设置也是最难的。因为添加人物后，还要同原有空间中的物体元素一致，要在具有光滑反射的地面上将人物的倒影反映出来。在本节中将介绍人物及倒影的添加与编辑技术。

01 在【图层】面板中单击🗀按扭新建图层组，在新建的图层组名称上双击，将【名称】命名为【人物】，在新建的图层组上右击，在弹出的快捷菜单中选择【紫色】，如图 15.40 所示。

02 打开配套资源中的人 - 平视 020.tif 文件，在工具箱中选择🪄工具，单击打开文件的蓝色区域，并在工具属性栏中将【容差】设置为 14，这时蓝色的区域还没有全部被选中，在菜单栏中选择【选择】|【选取相似】命令，将蓝色的区域选中，如图 15.41 所示。

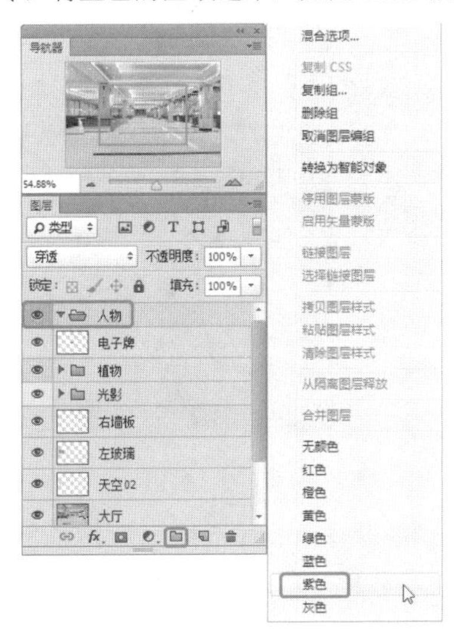

图 15.40

图 15.41

03 在菜单栏中选择【选择】|【反向】命令，按Ctrl+C组合键复制人物，切换到【大厅】场景按Ctrl+V组合键将人物粘贴到场景中，并将其所在的图层命名为【人物1】，如图15.42所示。

提示

【反向】，将当前层中的选择区域和非选择区域互换。

图 15.42

04 按Ctrl+T组合键打开【自由变换】命令，在工具选项栏中单击按扭，将其【宽度】和【高度】设置为22%，并将其放置到相应的位置处，如图15.43所示。

图 15.43

05 在【图层】面板中选择【人物1】图层，并将其拖曳到按扭上复制图层，将复制的图层命名为【人物1影子】，按Ctrl+T组合键打开【自由变换】命令，将参考点位置设为下边中间位置，高度调整为50%，旋转角度设置为180，在图像上右击，在弹出的快捷菜单中选择【水平翻转】命令，将【人物1影子】对象调整至如图15.44所示的效果。

06 在菜单栏中选择【图像】|【调整】|【亮度/对比度】命令，在弹出的对话框中将【亮度】设置为-50，【对比度】设置为-50，单击【确定】按扭，然后在【图层】面板中将【人物1影子】图层的【不透明度】设置为20%，如图15.45所示。

图 15.44

图 15.45

07 打开配套资源中的人-平视024.tif文件，在工具箱中选择工具，在打开的文件中选择蓝色区域，并在工具属性拦中将【容差】设置为14，这时蓝色的区域还没有全部被选中，在菜单栏中选择【选择】|【选取相似】命令，将蓝色的区域选中，如图15.46所示。

图 15.46

08 在菜单栏中选择【选择】|【反向】命令，按Ctrl+C组合键复制人物，切换到【大厅】场景，按Ctrl+V组合键将人物粘贴到场景中，并将其所在的图层命名为【人物2】，如图15.47所示。

图 15-47

09 使用同样的方法将【人物 2】 自由变换，将其调整到相应的大小和位置，然后在【图层】面板中对其进行复制，并将复制的图层命名为【人物 2 影子】，并再次按 Ctrl+T 组合键自由变换命令，将参考点位置设置为下边的中间位置，将高度设置为 -50%，设置出影子的形状，如图 15.48 所示。

图 15.48

10 在菜单栏中选择【图像】｜【调整】｜【亮度 / 对比度】命令，在弹出的对话框中将【亮度】设置为 -50，【对比度】设置为-50，单击【确定】按扭，在【图层】面板中将【人物 3 影子】图层的【不透明度】设置为 20%，形成影子的效果，如图 15.49 所示。

图 15.49

11 打开配套资源中的 E-A-078.PSD 文件，在工具箱中选择工具，将其拖曳到场景中，并按 Ctrl+T 组合键打开【自由变换】命令，在工具选项栏中单击按扭，将其【宽度】和【高度】设置为 50%，并将其所在的图层命名为【人物 3】，如图 15.50 所示。

图 15.50

12 在【图层】面板中选择【人物 3】图层，将其拖曳到按扭上复制图层，并将复制的图层命名为【人物 3 影子】，并按 Ctrl+T 组合键在场景中调整【人物 3 影子】的形状，如图 15.51 所示。

图 15.51

13 在菜单栏中选择【图像】｜【调整】｜【亮度 / 对比度】命令，在弹出的对话框中【亮度】设置为 -50，将【对比度】设置为-50，单击【确定】按扭，在【图层】面板中将【不透明度】设置为 20%，如图 15.52 所示影子。

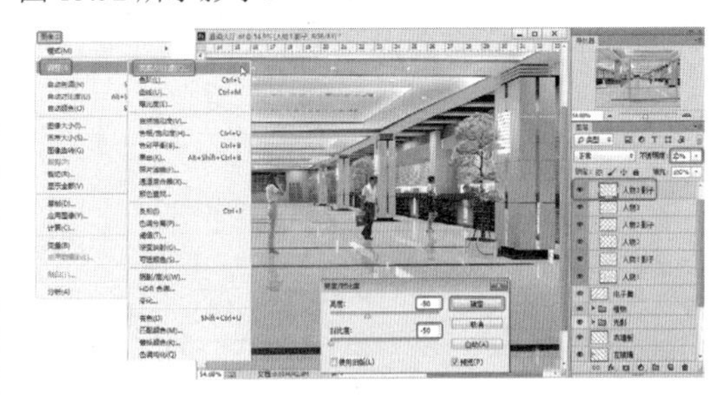

图 15.52

14 使用同样的方法为场景中添加其他人物，添加人物后的效果如图 15.53 所示。

图 15.53

15.8 文件的保存与输出

完成了上述操作，该效果图的后期部分已经完成，在接下来的操作中需要对前面的操作保存，然后合层后再次进行保存输出。

01 制作完效果图后在菜单栏中选择【文件】|【存储为】命令，在弹出的对话框中指定保存路径，然后将【文件名】命名为【大厅效果】，并将【格式】定义为PSD格式，单击【保存】命令，保存一个未合层的文件便于以后修改，如图15.54所示。

02 在【图层】面板中单击按扭，在弹出的对话框中选择【合并可见图层】命令合并图层，如图15.55所示。

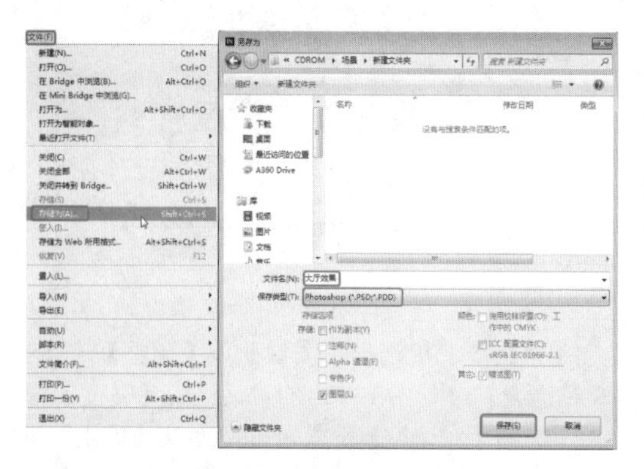

图 15.54

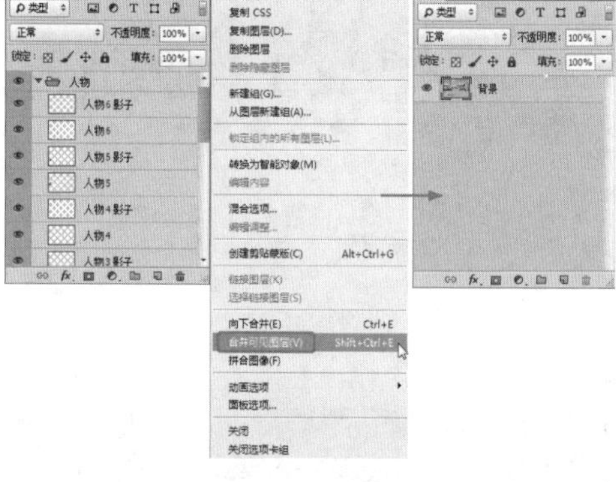

图 15.55

03 在菜单栏中选择【文件】|【存储为】命令，在弹出的对话框中指定文件保存的路径，并将【文件名】命名为【大厅效果合层】，将【格式】定义为TIFF，单击【保存】命令，将合层的文件保存，如图15.56所示。

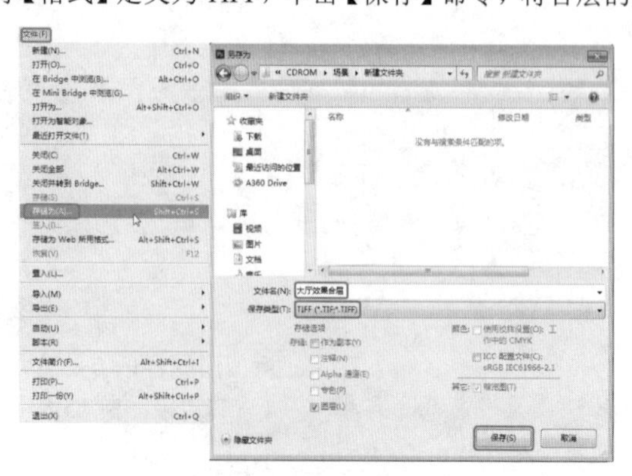

图 15.56

第16章

项目指导——建筑日景效果图的制作

日景效果图在我们的工作中是最常见的，因为大量的工作都是围绕着如何在日景中表现出建筑的外观材料、建筑的外形，以及建筑所在区域的环境设置。所以灵活地掌握日景效果图的制作是有必要的。

日景效果图在制作过程中，首先要考虑的是在模型完备的基础上进行灯光的设置，灯光的创建主要是用来模拟太阳照射的效果，在此基础上进行输出，并在 Photoshop CC 中进行背景素材以及配景植物、配景人物等配景素材的添加。

在本章中我们将主要介绍如何在 3ds Max 2016 中创建灯光，并进一步了解如何设置渲染输出，模型图像如图 16.1 所示。

图 16.1

16.1 设置灯光

光存在于我们生活的每个角落，太阳简单而有效地照亮我们的世界，也因为光的存在让我们时刻感觉到生命与色彩的存在，你可以想象得出没有光的世界会是一个什么样子。但是在 3ds Max 中照明却不像现实世界中那般简单，很少有已经建立好的光源。

在本章中介绍一栋大型建筑效果图的制作方法，首先在 3ds Max 软件中进行灯光的创建与编辑，用于模拟现实生活中的太阳光照射效果。

01 运行 3ds Max 2016 软件，选择【文件】|【打开】命令，打开配套资源中的建筑 .max 文件，如图 16.2 所示。

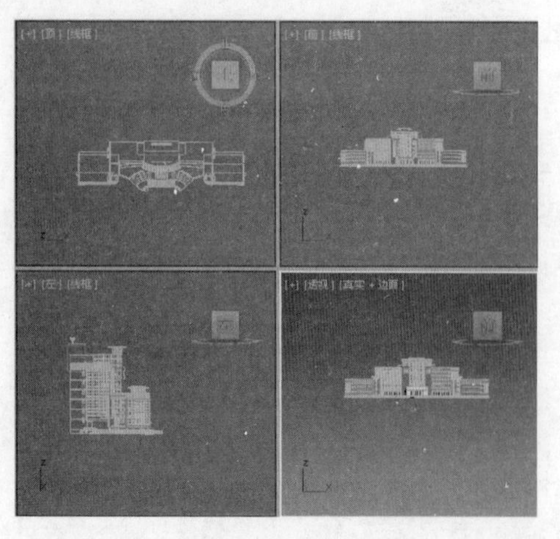

图 16.2

02 选择 | | 【目标】摄影机工具，在顶视图中创建摄影机，然后在前视图中和左视图中调整该摄影机的位置，并在【参数】卷展栏中将【镜头】值设置为 29，然后再选择透视视图，按 C 键将其转换为摄影机视图，如图 16.3 所示。

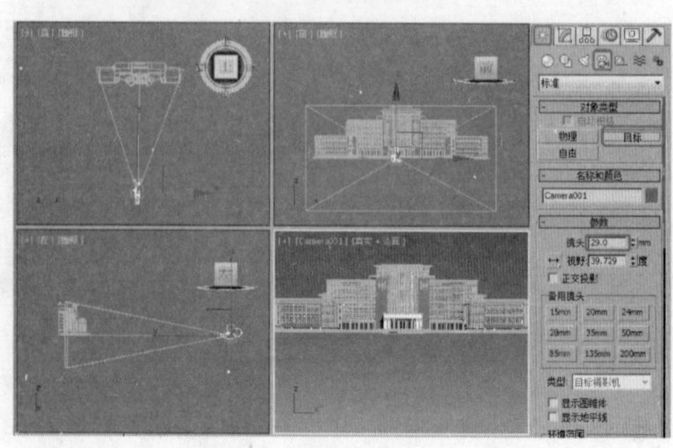

图 16.3

提示

摄影机好比人的眼睛，我们创建场景对象、布置灯光、调整材质所创作的效果图都要通过眼睛来观察。通过对摄影机的调整可以决定视图中建筑物的位置和尺寸，影响到场景对象的数量及创建方法。

创建目标摄影机如同创建几何体一样，当我们进入摄影机命令面板选择了目标摄影机后，在顶视窗中要放置摄影机的位置，单击并拖曳至目标所在的位置，释放鼠标即可。

【镜头】：设置摄影机的焦距长度，以 mm（毫米）为单位，镜头焦距的长短决定镜头视角、视野、景深范围的大小，是摄影机调整的重要参数。

摄影机镜头分为标准镜头（又称常用镜头）、广角镜头（又称短焦镜头）、窄角镜头（又称长焦镜头）3 种。

【标准镜头】：指镜头焦距在 40 ～ 50mm，默认设置为 43.456mm，即人眼的焦距，其观察效果接近于人眼的正常感觉，所以称为【标准镜头】。

【广角镜头】：广角镜头的特点是景深大、视野宽、前、后景物大小对比鲜明、夸张现实生活中纵深方向上物与物之间的距离。适用于在一个场景中同时表现多个现象，如拍摄建筑物、室内效果等。

【窄角镜头】：其特点是视野窄，只能看到场景正中心的对象，对象看起来离摄影机非常近，场景中的空间距离好像被压缩了，减弱画面的纵深和空间感。

03 选择 | 工具，单击图标下文本框右侧的下三角，在弹出的菜单中选择【标准】选项，单击【目标平行光】按钮，在如图 16.4 所示的位置处创建一盏模拟日光的目标平行光，然后在【强度 / 颜色 / 衰减】卷展栏中将【倍增】值设置为 1，并将颜色数值设置为 255,255,255。在【平行光参数】卷展栏中将【聚光区 / 光束】和【衰减区 / 区域】的参数设置为 2500 和 2502，单击按钮调整平行光的位置，如图 16.4 所示。

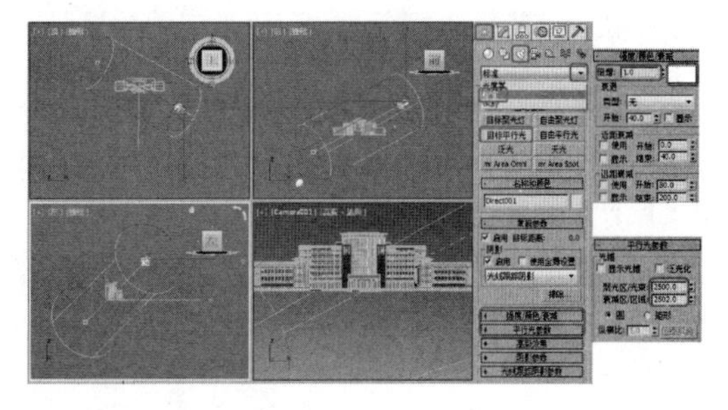

图 16.4

04 选择【泛光灯】工具，在如图 16.5 所示的位置创建一盏泛光灯，并在【强度 / 颜色 / 衰减】卷展栏中将【倍增】值设置为 0.6，将颜色数值设置为 255,255,255，如图 16.5 所示。

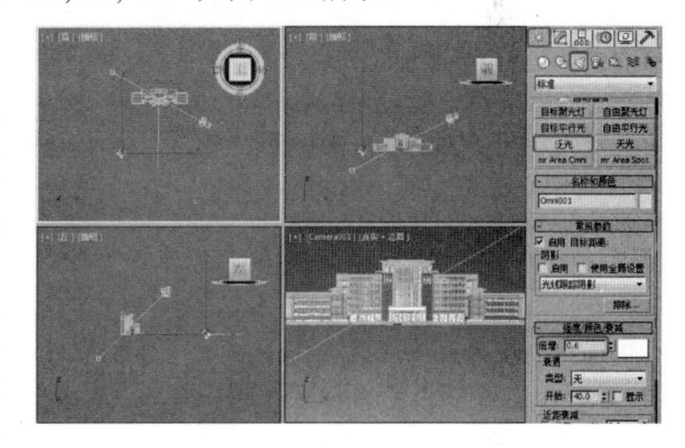

图 16.5

提示

【目标平行光】是一种可以发射平行光束的灯光，同样也具有聚光区和散光区，但是没有目标控制点，这也是与泛光灯唯一一个较大的区别之处。

16.2 渲染输出

完成了灯光设置，下面将对当前设置的场景进行渲染输出。

3D 图形艺术与实际中的摄影、绘画等技术是一样的，也要从一个创意开始的，通过各种设计使之发展成为最终的艺术作品。两者的不同之处在于对图像方方面面的控制力度不同。计算机图形的优点有很多，包括大量可供使用的特殊效果。

对于渲染，首先要知道在哪里进行，一个是直接对场景进行渲染，使用右上方的几个渲染按钮可以完成；而另一个是在 VRay 中渲染，它使用场景中设置的渲染参数，但是会对整个合成体系进行渲染，两者得到的结果都是一样的，可以是静帧图像、逐帧图像或动画。

01 在工具栏中单击按钮，在弹出的对话框中将【输出大小】选项组的【尺寸类型】下拉列表中选择【35mm 1.85:1 （电影）】选项，在该类型中选择1536×830尺寸，然后在【渲染输出】区域中单击【渲染】按扭，渲染摄影机视图。在渲染完的效果图的工具栏中单击按扭，保存文件，在打开的【保存图像】对话框中将文件名命名为【建筑OK】，在【保存类型】下拉菜单中选择Targa文件格式，最后单击【保存】按扭对文件进行保存，如图16.6所示。

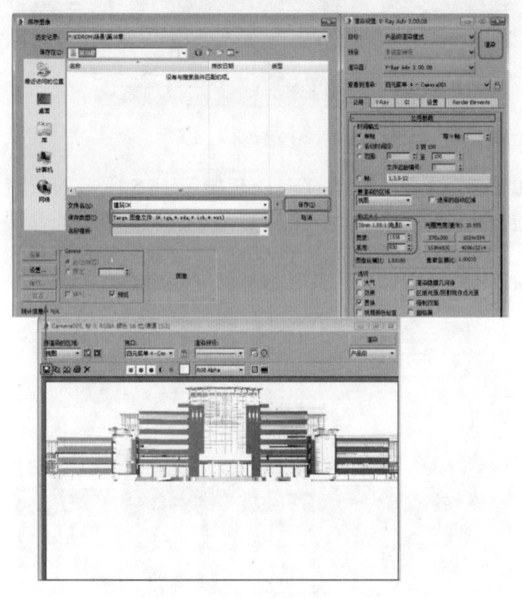

图 16.6

02 保存完效果图后，选择 | 【另存为】命令，在弹出的【文件另存为】对话框中选择所要保存的路径，并将【文件名】命名为【建筑OK.max】文件，单击【保存】按扭，对场景进行保存，如图16.7所示。

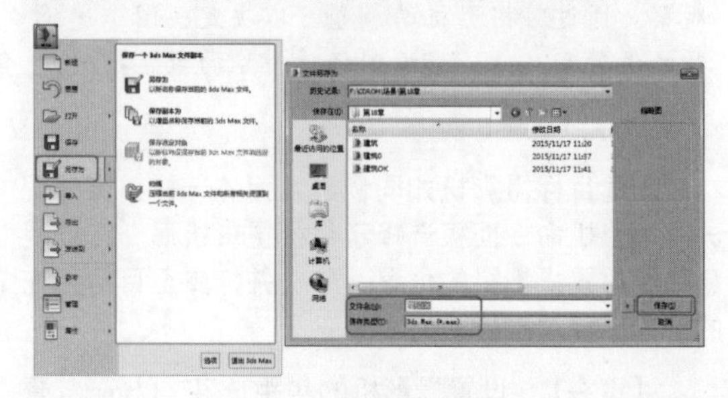

图 16.7

提示

是3ds Max 2016中最标准的渲染工具，单击它会弹出渲染设置面板，进行各项渲染设置。【渲染】 | 【渲染】菜单命令与此工具的用途相同。一般对一个新场景进行渲染时，应使用工具，以便进行渲染设置，在此以后可以使用另外几个工具，按照已完成的渲染设置再次进行渲染，从而可以跳过渲染设置的环节，从而加快制作速度。

16.3 日景效果的后期处理

有些设计师错误地认为日景就应该是暖色调的，而夜景就应该是冷色调的。其实不然，夜景不一定就要做成冷色调。其实色调的冷暖与天气、建筑的固有色、光源的颜色都有着直接的关系。在本节中将以前面所制作渲染的日景效果为基础，对日景效果图的制作进行讲解。

16.3.1 文件的编辑修改

接下来将对建筑日景进行最终的后期处理。

01 运行Photoshop CC软件。打开配套资源中的建筑OK.tag文件，然后选择【选择】 | 【载入选区】命令，在弹出的对话框中，选择当前图像的Alpha1，单击【确定】按钮，可以看到效果图中的建筑被选取，如图16.8所示。

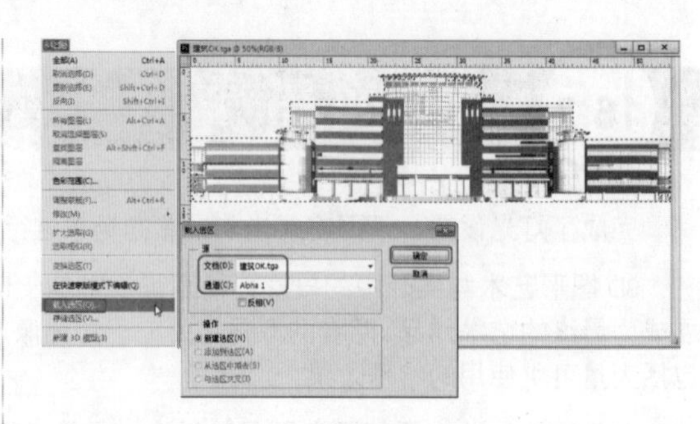

图 15-8

02 按Ctrl+C组合键将主楼进行复制，然后再按Ctrl+V组合键进行粘贴，在【图层】面板中将新建图层命名为【主建筑】，如图 16.9 所示。

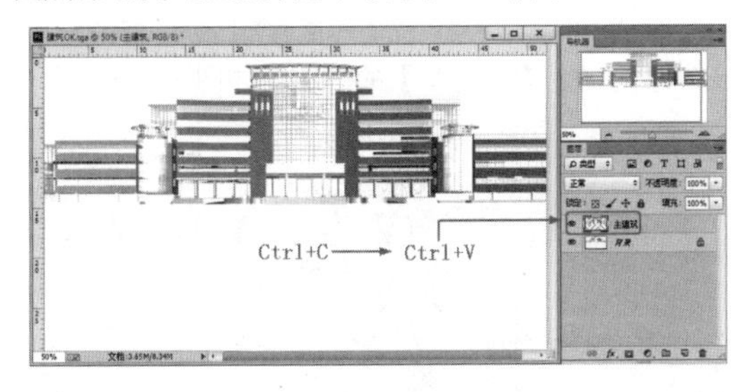

图 16.9

03 在【图层】面板中选择【背景】图层，然后在工具箱中将【背景色】设置为白色，并在菜单中选择【编辑】｜【填充】命令，在弹出的【填充】对话框中选择【使用】下拉列表中的【背景色】，最后单击【确定】按扭，将背景色填充为白色，如图 16.10 所示。

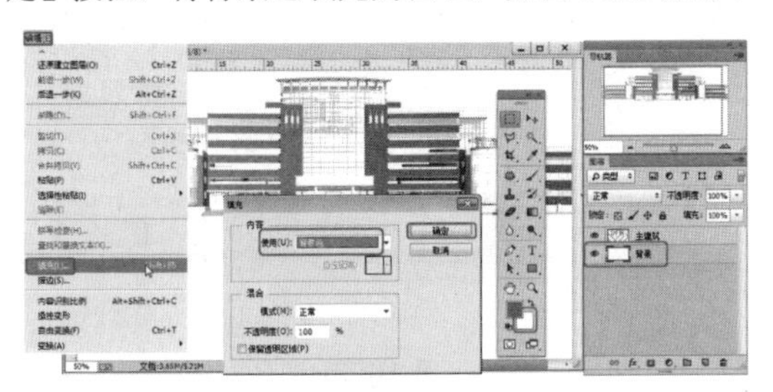

图 16.10

04 在工具箱中选择【裁剪】工具，对画布进行裁剪，如图 16.11 所示。

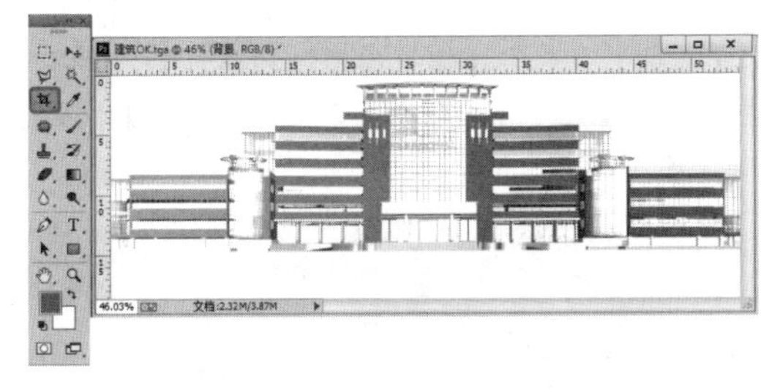

图 16.11

05 在一幅效果图中天空背景是不可缺少的，接下来将对主建筑添加背景天空。打开配套资源中的天空 01.jpeg 文件，然后在工具箱中选择工具，将图像拖曳到建筑场景中。在【图层】面板中将其所在的图层命名为【天空】，选择【图像】｜【画布大小】命令，在弹出的快捷菜单中将宽度设为 80，高度设为 30，单击【确定】按钮，如图 16.12 所示添加【天空】并调整画布大小。

06 下面在对当前场景中添加草地地面。打开配套资源中的草地地面 .PSD 文件，将当前文件图层拖曳至主建筑的场景中，然后将其所在的图层命名为【草地】，如图 16.13 所示。

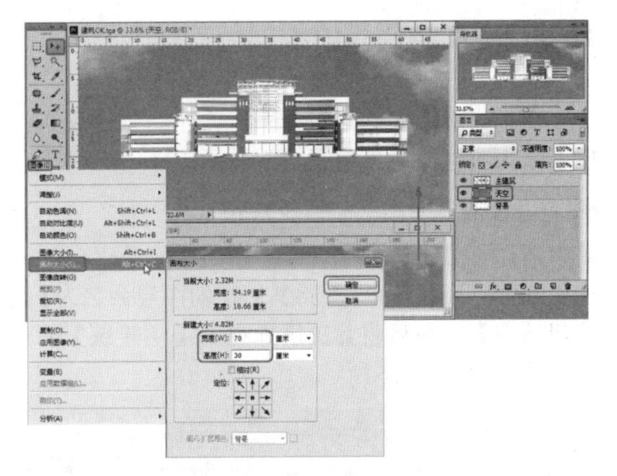

图 16.12

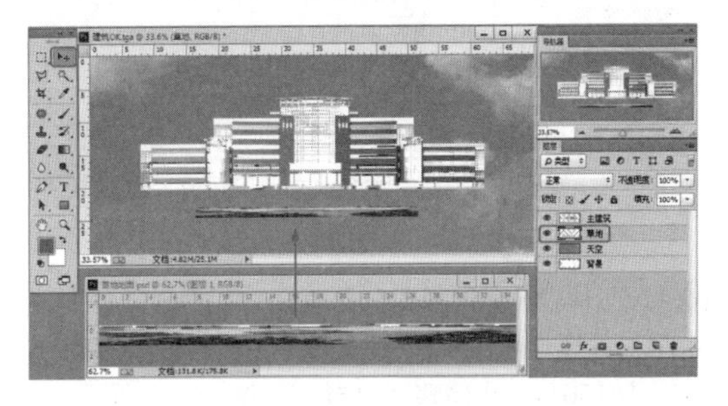

图 16.13

07 按 Ctrl+T 组合键，打开图像的【自由变换】，调节草地的大小，在工具选项栏中单击按扭，设置【宽度】和【高度】为 220%，并在【图层】面板中将【草地】图层拖曳到【主建筑】图层的下面，并在场景中调整【主建筑】的位置，将其放置在【草地】的上方，如图 16.14 所示。

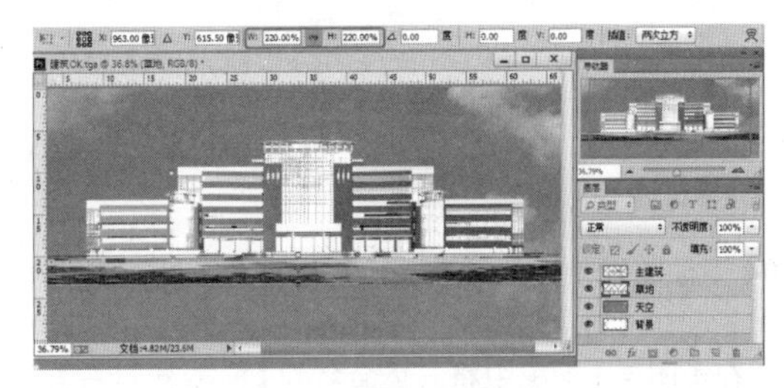

图 16.14

08 调整天空的位置，将背景色设置为灰色，将草地下边的颜色设置为灰色，如图 16.15 所示。

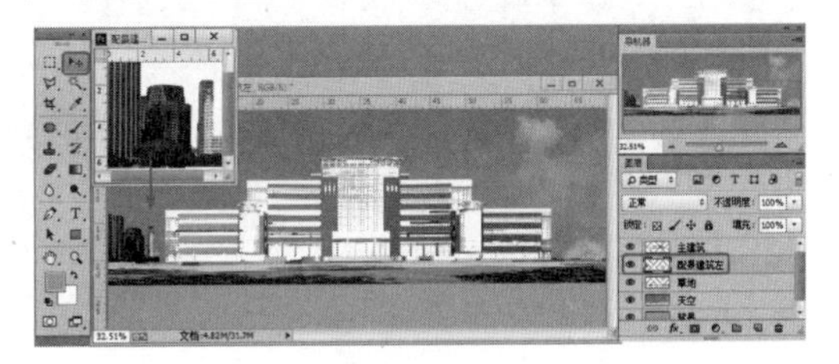

图 16.15

16.3.2 配景建筑的添加与修改

在现实生活中的建筑很多，为了更贴近现实，接下来为主建筑场景中添加配景建筑。

01 打开配套资源中的配景建筑 01.psd 文件。在工具箱中选择工具，将当前文件中的【配景建筑 01】拖曳到主建筑场景中，并将其所在的图层命名为【配景建筑左】，最后将其图层拖曳到【主建筑】图层的下面，如图 16.15 所示。

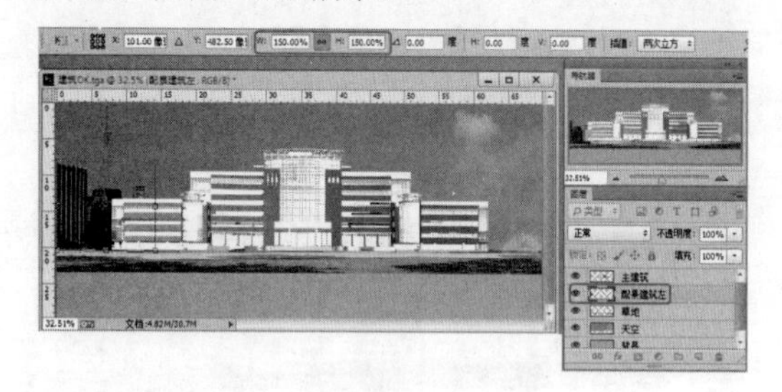

图 16.16

02 按 Ctrl+T 组合键对【配景建筑左】图像进行变换，并在工具属性栏中单击按扭，将【宽度】和【高度】设置为 150%，并调整其位置，如图 16.16 所示。

03 在【图层】面板中选择【配景建筑左】图层，在【图层】面板的右上方将【不透明度】设置为 45%，如图 16.17 所示。

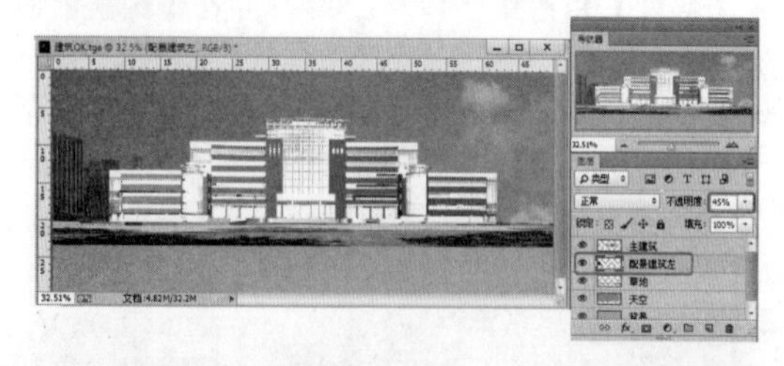

图 16.17

04 下面将添加右侧的配景建筑，打开配套资源中的配景建筑 03.psd 文件，将其拖曳到主建筑的场景中，并在【图层】面板中将其重命名为【配景建筑右】，然后将其图层放置在【主建筑】图层的下面，如图 16.18 所示。

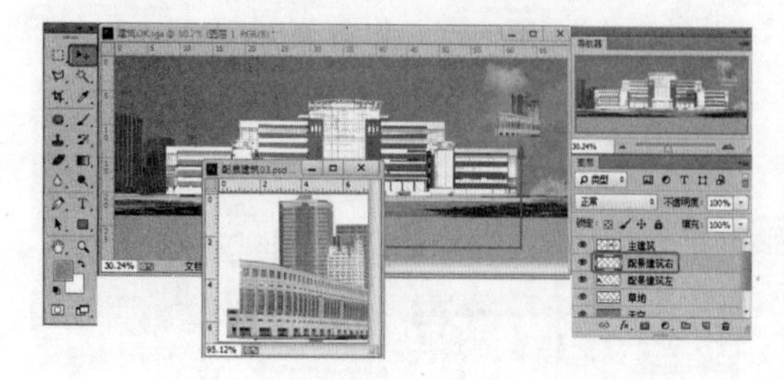

图 16.18

05 在【图层】面板中选择【配景建筑右】，按 Ctrl+T 组合键对该建筑自由变换，单击工具属性栏中的按钮，并将其宽度和高度设置为 150%。将该图像调整至【主建筑】的右侧，如图 16.19 所示。

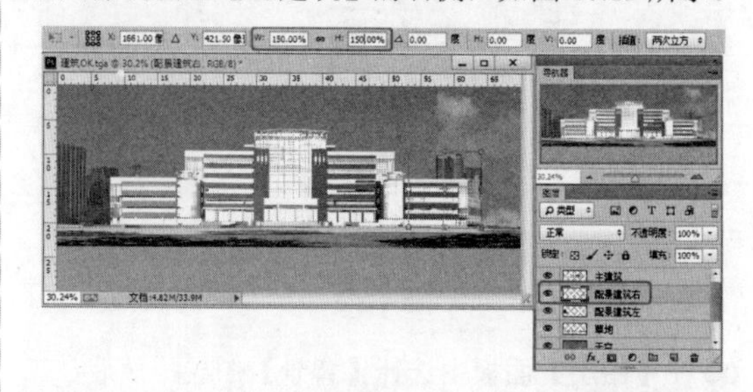

图 16.19

06 在【图层】面板中将【配景建筑右】的【不透明度】设置为 60%，如图 16.20 所示。

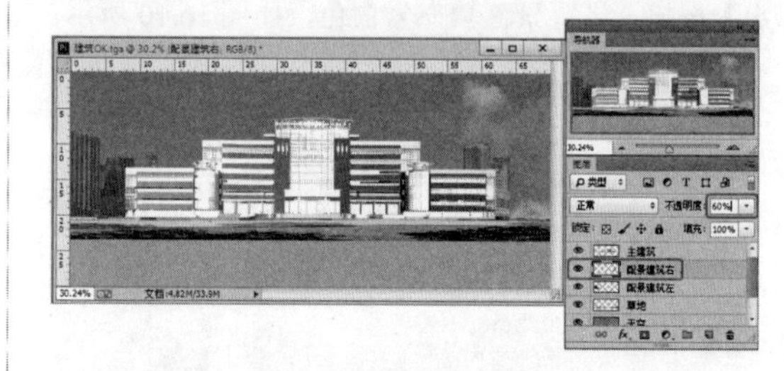

图 16.20

16.3.3 配景植物的编辑

01 在【图层】面板的底部单击按扭新建图层组，将【名称】命名为【建筑前植物和路灯】，并在新建的图层组上右击，将颜色设置为【黄色】，如图 16.21 所示。

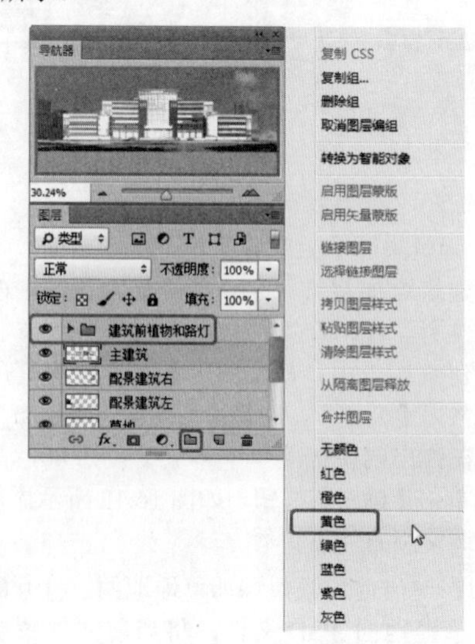

图 16.21

02 打开配套资源中的 TREE063.psd 文件，在工具箱

中选择 工具，将其拖曳到场景中，并将其所在的图层命名为【建筑前右植物01】，如图16.22所示。

图 16.22

03 在工具箱中选择 工具，选择【建筑前右植物01】对象的白色区域，设置【容差】为20，并按Delete键删除白色区域，如图16.23所示。

图 16.23

04 按Ctrl+T组合键打开【自由变换】命令，在工具属性栏中单击 按扭，将其【宽度】和【高度】设置为12%，并将【主建筑】门前的右侧放大，将植物放置到如图16.24所示的花坛上。

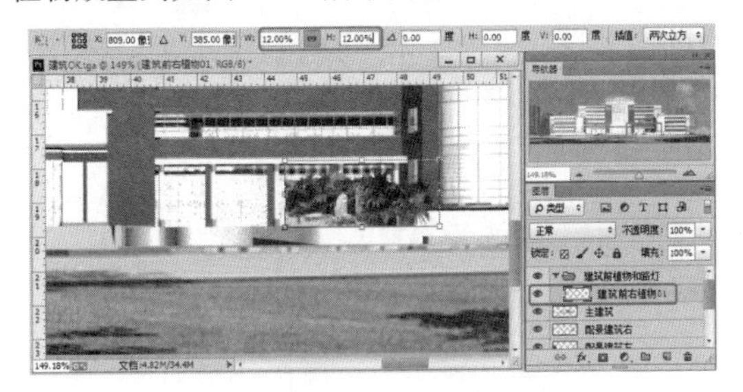

图 16.24

05 在菜单中选择【编辑】|【变换】|【扭曲】命令，将【建筑前右植物01】调整至如图16.25所示的形状。

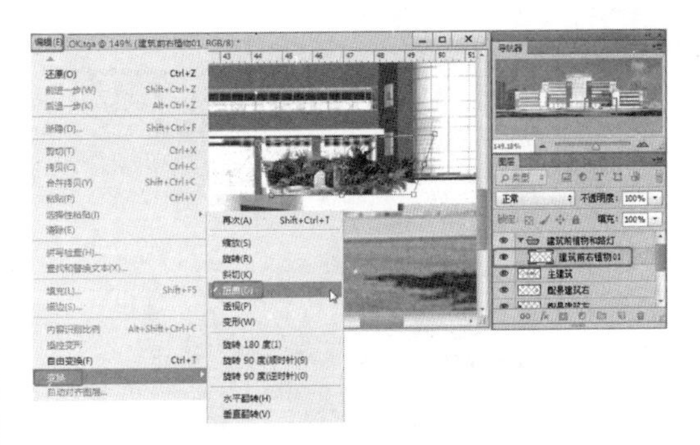

图 16.25

06 在工具箱中选择 工具，在工具选项栏中将【羽化】值设置为3像素，并在场景中选择【建筑前右植物01】多余的部分，然后按Delete键，如图16.26所示。

图 16.26

07 选择【建筑前右植物01】对象，将【建筑前左植物01】复制，在菜单中选择【编辑】|【变换】|【水平翻转】命令，然后在调整至主建筑门左侧的花坛上，如图16.27所示。

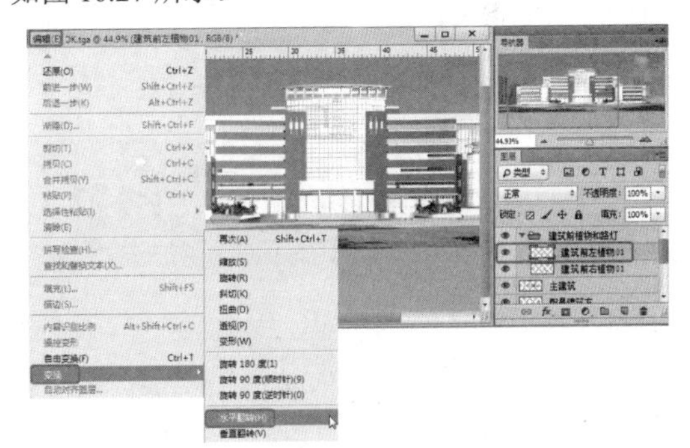

图 16.27

08 打开配套资源中的葵029.TIF文件，然后在工具箱中选择 工具，选择【葵029】对象的蓝色区域，如图16.28所示。

09 可以看到蓝色的区域没有被全部选中，如图16.28所示，在菜单栏中选择【选择】|【选取相似】命令，将蓝色的部分全部选中，如图16.29所示。

图 16.28

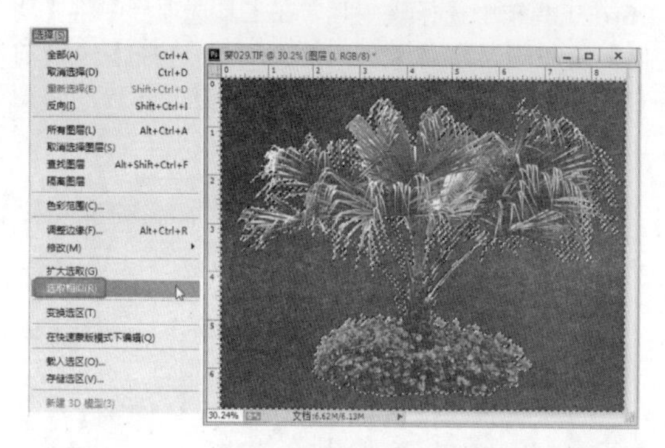
图 16.29

10 在菜单栏中选择【选择】|【反向】命令，并按 Ctrl+C 组合键，复制植物对象，如图 16.30 所示。

图 16.30

11 切换到日景场景中，按 Ctrl+V 组合键，将【葵029】对象粘贴到场景中，并将其所在的图层命名，如图 16.31 所示。

12 由于粘贴到场景中的对象太大，所以接下来要调整植物的大小。按 Ctrl+T 组合键，执行【自由变换】命令，在工具选项栏中单击按扭，将其【宽度】和【高度】设置为 6%，将场景中门的左侧放大，将【建筑前左植物 02】放置到中门左侧的花坛中，如图 16.32 所示。

图 16.31

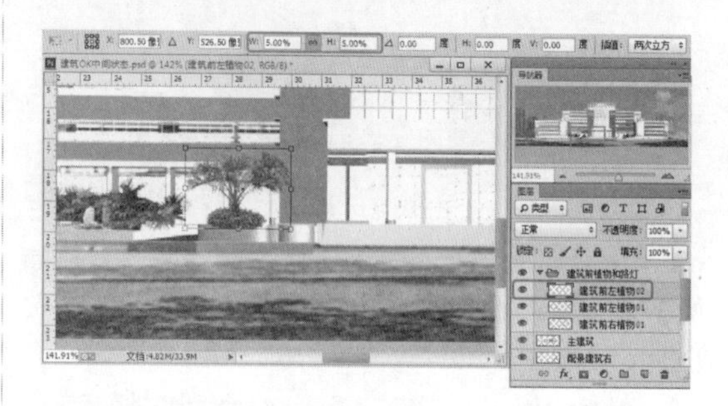
图 16.32

13 在【图层】面板中选择【建筑前左植物 02】图层，将其【不透明度】设置为 30%，然后在工具箱中选择工具，在工具选项栏中将【羽化】值设置为【0像素】，将多余的部分选中，并按 Delete 键删除多余的部分，最后将【建筑前左植物 02 的【不透明度】设置为 100%，如图 16.33 所示。

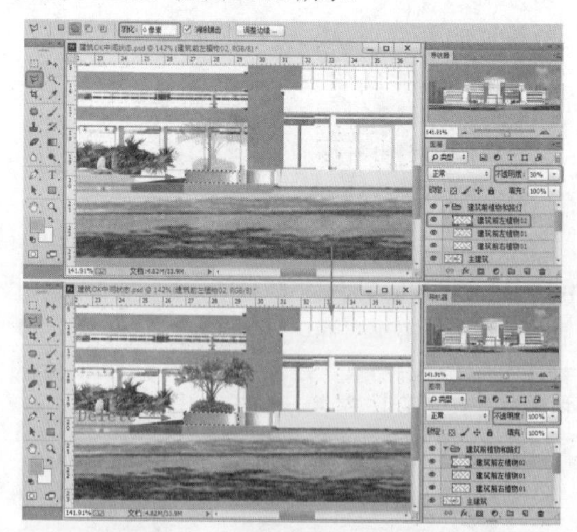
图 16.33

14 在【图层】面板中选择【建筑前左植物 02】图层，并将其拖曳到【图层】面板底部的按扭上复制图层，将复制的图层命名为【建筑前右植物 02】，并将【建筑前右植物 02】对象调整到建筑门前右侧的中花坛上，如图 16.34 所示。

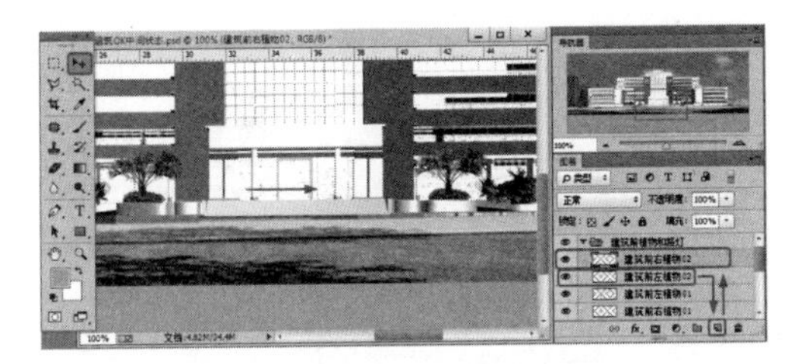

图 16.34

15 打开配套资源中的 A-B-044.PSD 文件，在工具箱中选择工具，将其拖曳到日景场景中，并将其所在的图层命名为【建筑前左植物 03】，如图 16.35 所示。

图 16.35

16 按 Ctrl+T 组合键打开【自由变换】命令，在工具属性栏中单击按扭，将【宽度】和【高度】参数设置为 6%，如图 16.36 所示。

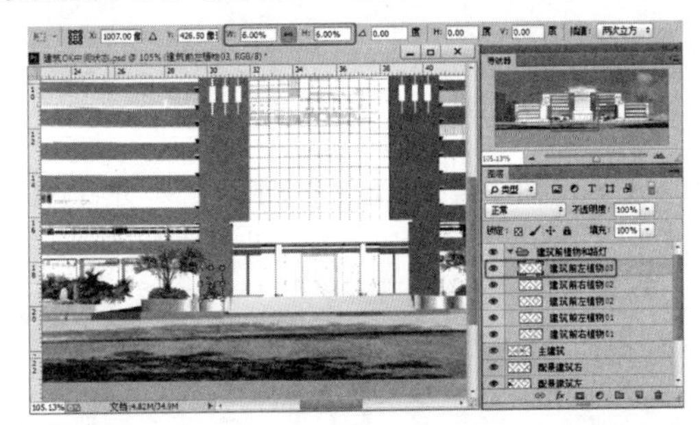

图 16.36

17 在【图层】面板中选择【建筑前左植物 03】图层，并将其拖曳到【图层】面板底部的按扭上复制图层，并将复制的图层命名为【建筑前右植物 03】，并用工具将其调整至主建筑门右侧的小花坛上，如图 16.37 所示。

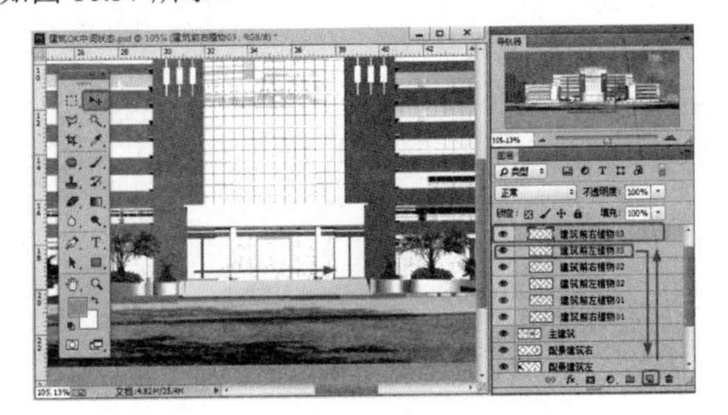

图 16.37

18 打开配套资源中的植物单棵 .psd 文件，并将其拖曳到场景中，将其所在的图层命名为【建筑前左树 01】，如图 16.38 所示。

图 16.38

19 按 Ctrl+T 组合键执行【自由变换】命令，单击工具属性栏中的按扭，将【宽度】和【高度】设置为 72%，如图 16.39 所示。

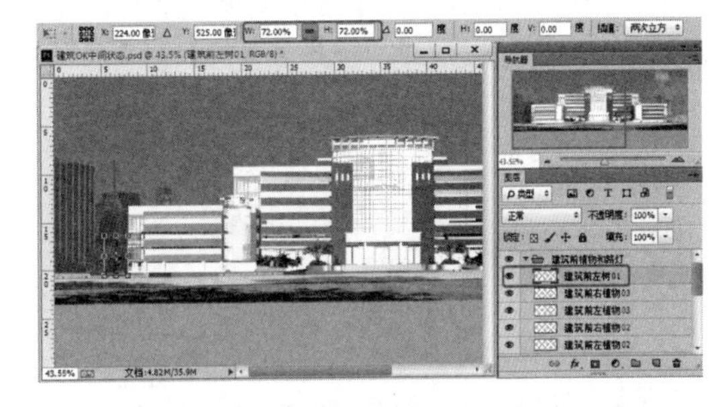

图 16.39

20 在【图层】面板中选择【建筑前左树 01】图层，并将其拖曳到【图层】面板底部的按扭上复制图层，并调整【建筑前左树 02】的位置，如图 16.40 所示。

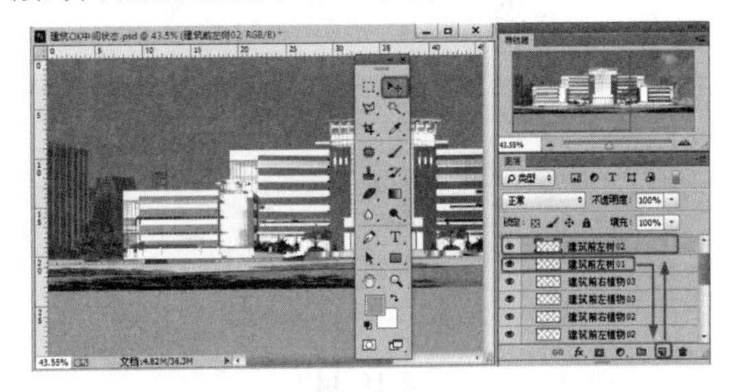

图 16.40

21 用同样的方法复制【建筑前树】，并调整它们的位置，如图 16.41 所示。

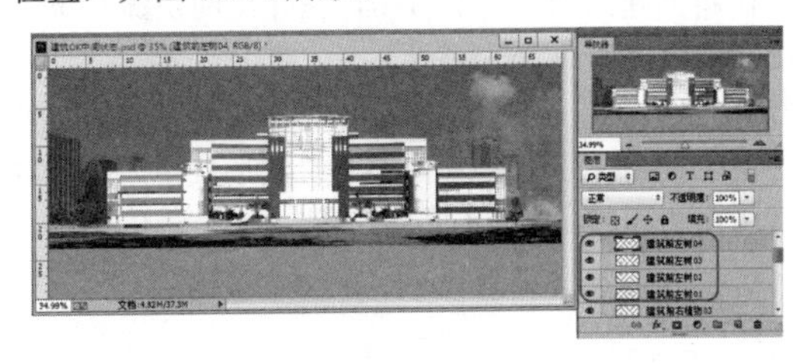

图 16.41

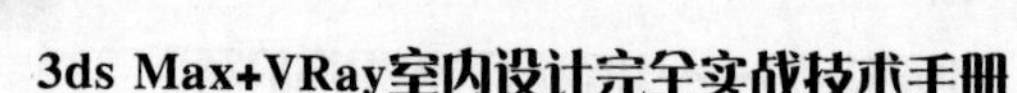

22 在室外建筑的效果图中路灯是不可缺少的，下面为建筑前添加路灯。打开配套资源中的路灯 .psd 文件，并将其拖曳到场景中，并在【图层】面板中将其所在的图层命名为【建筑前左路灯 01】，如图 16.42 所示。

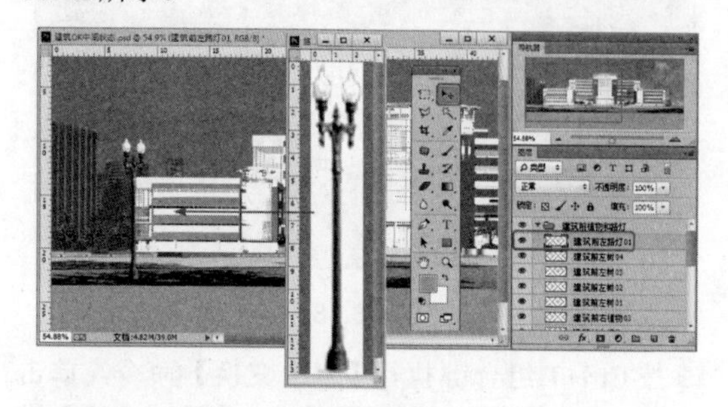

图 16.42

23 按 Ctrl+T 组合键执行【自由变换】命令，在工具属性栏中单击按扭，将其【宽度】和【高度】设置为 35%，如图 16.43 所示。

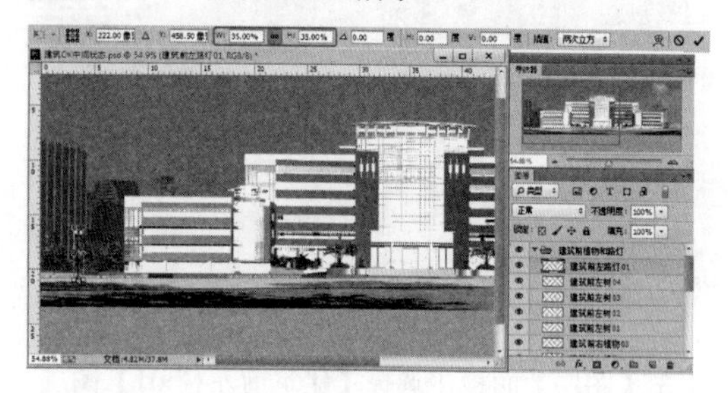

图 16.43

24 复制路灯，并在工具箱中选择工具，在场景中对路灯进行位置调整，如图 16.44 所示。

图 16.44

25 在【图层】面板中的底部单击按扭创建新图层组，将【名称】命名为【近景植物和路灯】，然后在新创建的图层组上右击，在弹出的快捷菜单中选择紫色，如图 16.45 所示。

26 打开配套资源中的植物单棵 .psd 文件，并在工具箱中选择工具，将其拖曳到日景场景中，然后将其所在的图层命名为【植物 01】，如图 16.46 所示。

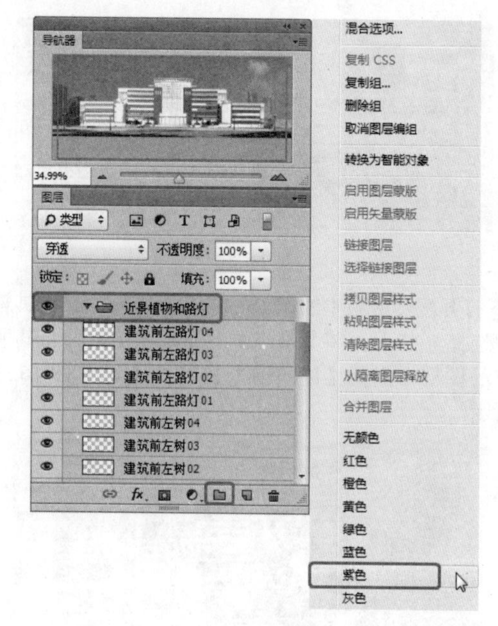

图 16.45

图 16.46

27 按 Ctrl+T 组合键执行【自由变换】命令，并将其【宽度】和【高度】设置为 190%，如图 16.47 所示。

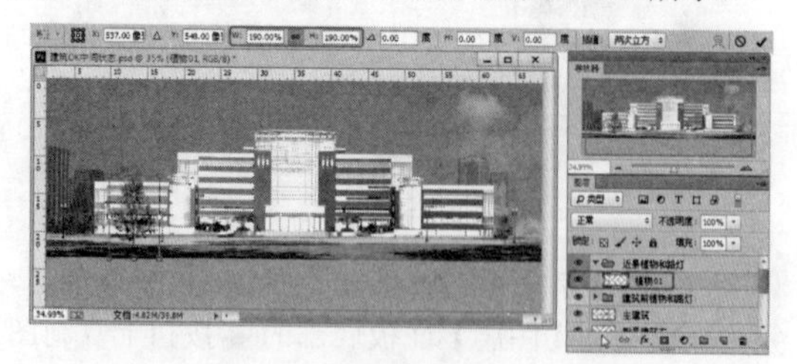

图 16.47

28 在【图层】面板中选择【植物 01】对象，并将其拖曳到图层底部的按扭上复制【植物 02】，并在场景中将其调整至如图 16.48 所示的位置。

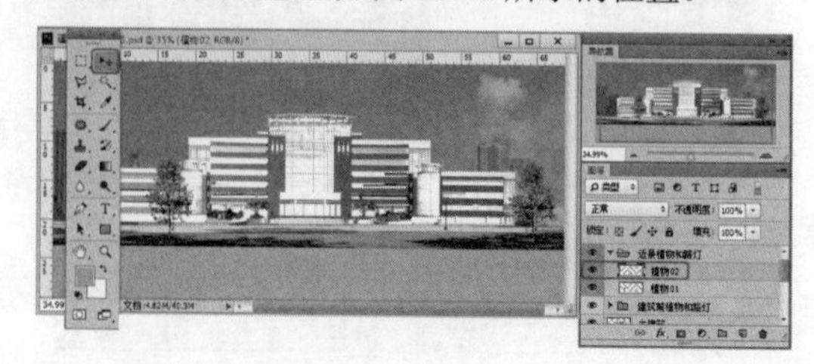

图 16.48

29 打开配套资源中的路灯 .psd 文件，并将其拖曳到场景中，将其所在的图层命名为【路灯 01】，如图 16.49 所示。

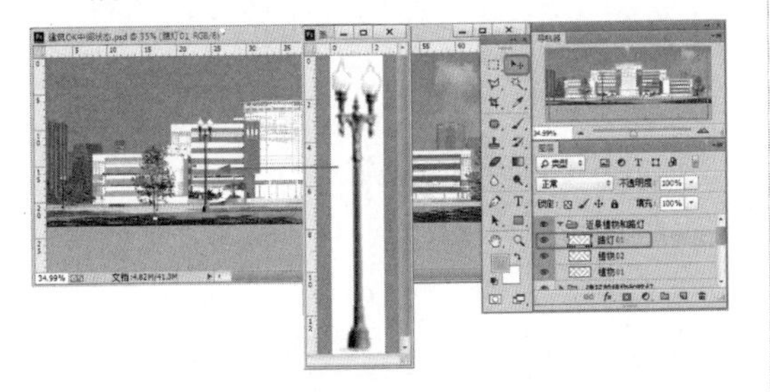

图 16.49

30 按 Ctrl+T 组合键执行【自由变换】命令，单击工具属性栏中的按扭，将其【宽度】和【高度】设置为 55%，如图 16.50 所示。

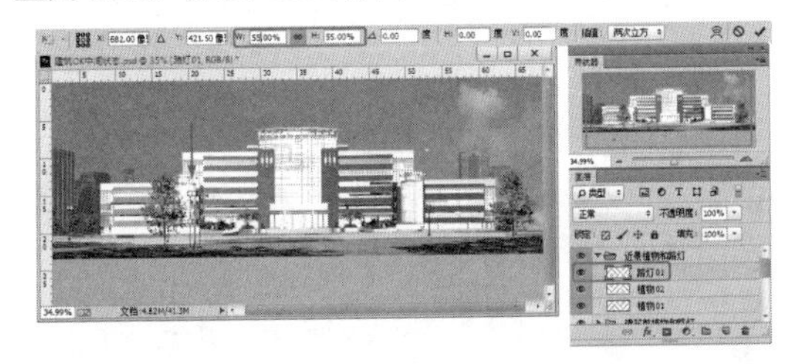

图 16.50

31 在场景中复制【路灯】对象，并调整复制的路灯的位置，如图 16.51 所示。

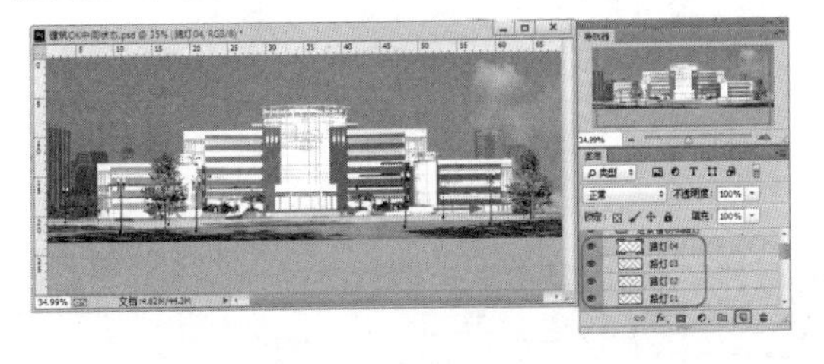

图 16.51

32 打开配套资源中的花丛 .psd 文件，并将其拖曳到场景中，将其所在的图层命名为【花丛右】，如图 16.52 所示。

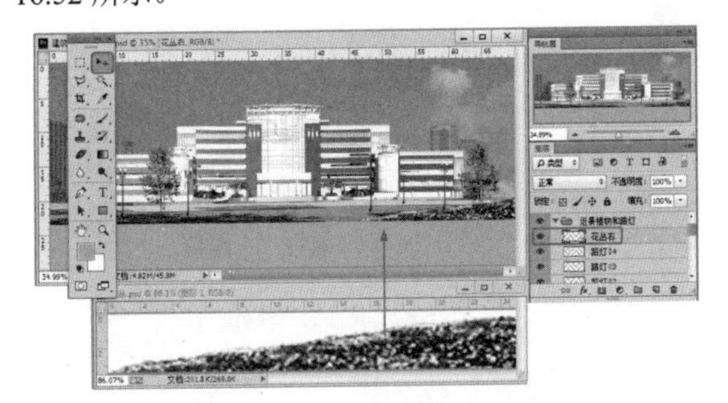

图 16.52

33 按 Ctrl+T 组合键执行【自由变换】命令，在工具属性栏中单击按扭，并将其宽度和高度设置为 52%，并将其调整到场景的右下角，如图 16.53 所示。

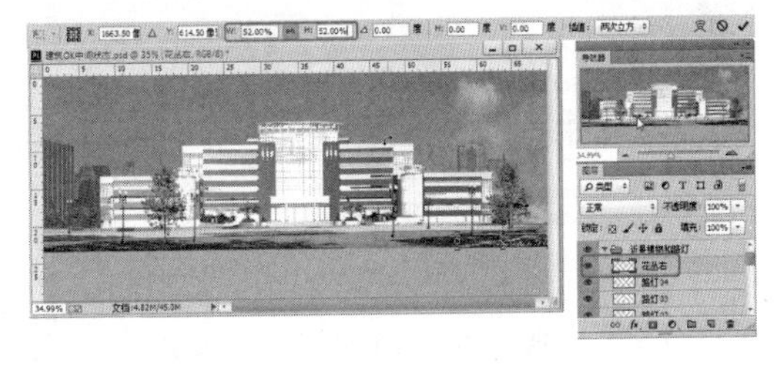

图 16.53

34 在【图层】面板中选择【花丛右】对象，并将其拖曳到【图层】面板底部的按扭上复制出【花丛左】，然后选择【花丛左】，在菜单中选择【编辑】|【变换】|【水平翻转】命令，将【花丛左】进行水平翻转，并在场景中将其调整到场景的左下角，如图 16.54 所示。

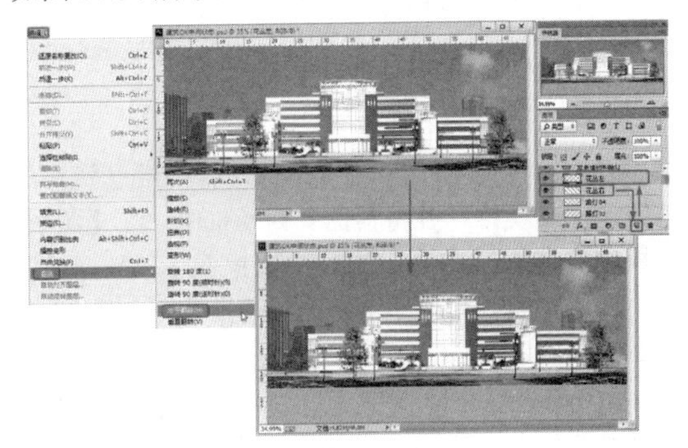

图 16.54

35 打开配套资源中的人物 .psd 文件，并将其所在的图层命名为【人物】，将【人物】图层拖曳到【花丛】图层的下面，最后在场景中调整【人物】的位置，如图 16.55 所示。

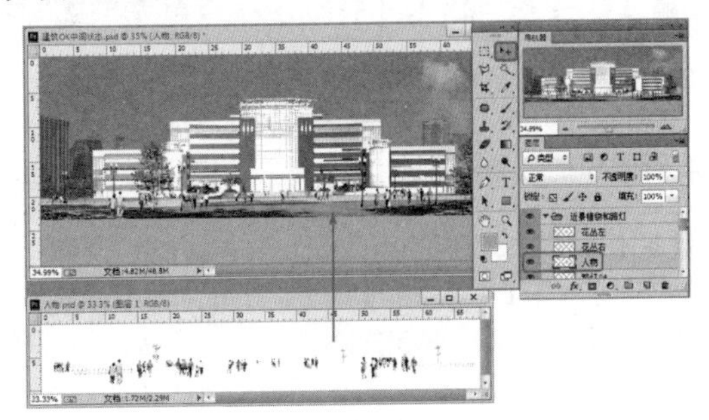

图 16.55

36 打开配套资源中的飞鸟 .psd 文件，将其拖曳到日景场景中，并将其所在的图层命名为【鸟】，将其图层调整到【近景植物和路灯】图层组的上方，如图 16.56 所示。

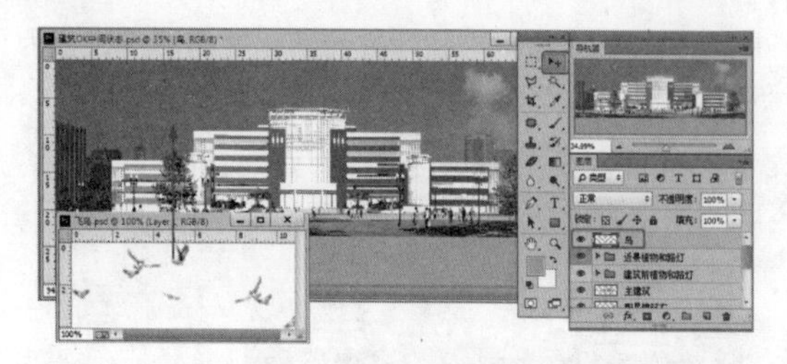

图 16.56

37 打开配套资源中的031.psd文件，并将其拖曳到场景中的左上角，在【图层】面板中将其所在的图层命名为【近景树枝】，如图16.57所示。

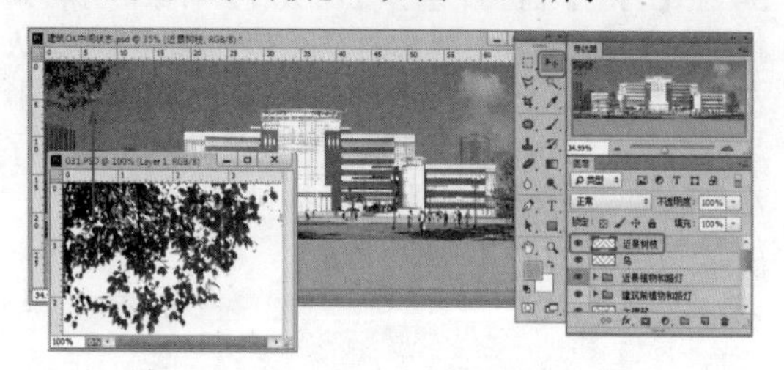

图 16.57

38 接下来为场景添加一处风景点，打开配套资源中的喷泉.psd文件，并将其拖曳到场景中，在【图层】面板中将其所在的图层重命名为【喷泉】，然后将【喷泉】图层拖曳到【主建筑】图层的上方，如图16.58所示。

39 按Ctrl+T组合键执行【自由变换】命令，在工具属性栏中单击按扭，并将其【宽度】和【高度】设置为55%，如图16.59所示。

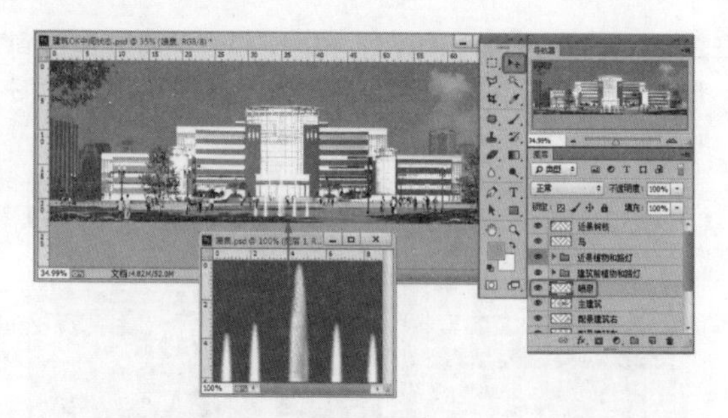

图 16.58

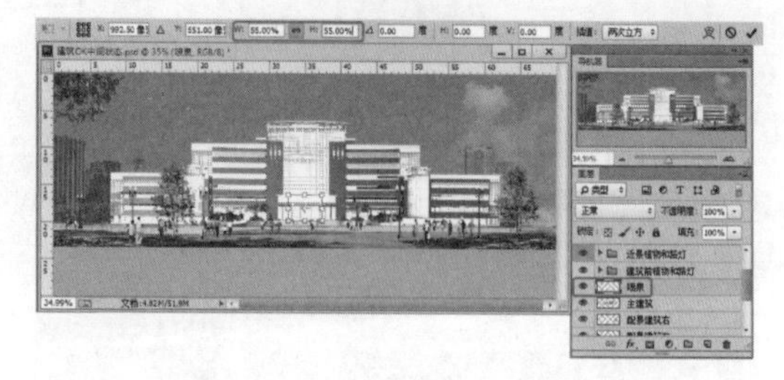

图 16.59

40 完成的效果如图16.60所示，使用【裁剪】工具，将多余的部分去除。

图 16.60

16.4 文件的存储

做到这里，这幅效果图基本就完成了，检查一下整幅图像，看是否满意。最后我们将带领大家将当前所制作的效果图存储。

01 制作完成效果图，接下来对当前文件进行存储，选择【文件】|【存储为】命令，在弹出的【另存为】对话框中选择文件保存的路径，将文件命名为【建筑日景】，在【格式】菜单中选择PSD文件存储格式，单击【保存】按钮，如图16.61所示。

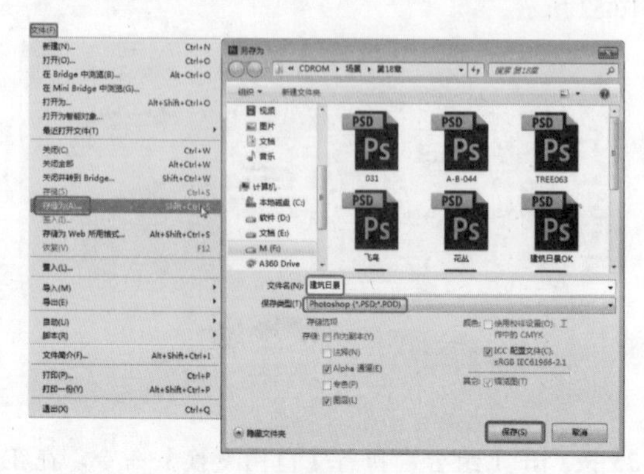

图 16.61

提示

存储文件通常有两个命令，它们分别是：【存储】和【存储为】，其具体的使用方法如下。

【存储】：该命令将把编辑过的文件以原路径、原文件名、原文件格式存入磁盘中，它将覆盖掉原始的文件。用户在使用【存储】选项时要特别小心，尤其当你想保留原始文件时，千万不要使用该命令。

【存储为】：该命令将调出 Windows 的标准存储文件窗口。在该窗口中，可以对改动过的文件另取一个名称、改换路径或改换格式再去存入磁盘中，这样会保存原始文件。

02 下面将对【日景】进行合层，在【图层】面板中单击按钮，在打开的列表中选择【合并可见图层】命令，合并图层，如图 16.62 所示为合层得到的效果。

03 下面将进行第二次保存，选择【文件】|【存储为】命令，在弹出的【另存为】对话框中选择保存的路径，将文件重命名为【建筑日景合层】，格式为 TIFF，单击【保存】按钮，如图 16.63 所示。

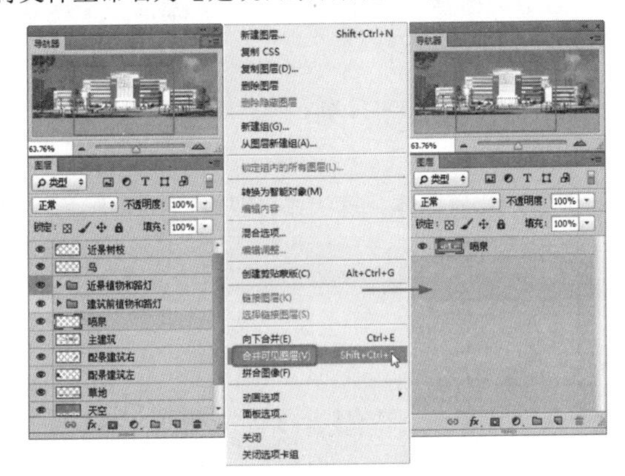

图 16.62

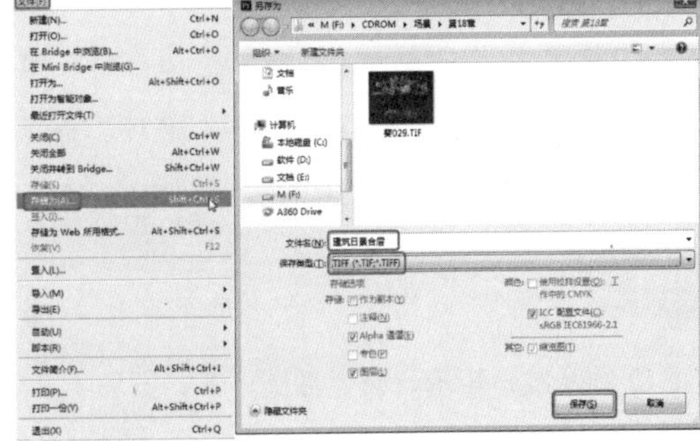

图 16.63

答 案

第 1 章

1. 在菜单栏中单击【自定义】|【配置用户路径】选项，弹出【配置用户路径】对话框，选择【文件 I/O】选项卡，在弹出的对话框中选择希望改变的文件路径，单击【使用路径】按钮，即可使用选择的路径。

2. 在菜单栏中单击【自定义】按钮，在下拉列表中选择【自定义用户界面】命令，在弹出的【自定义用户界面】对话框中选择【键盘】选项卡，在左侧的列表中选择要设置组合键的命令，然后在【热键】文本框中输入组合键，单击【指定】按钮后即可设置成功。

第 2 章

1. 10 种，长方体、球体、圆柱体、圆环、茶壶、圆锥体、几何球体、管状体、四棱锥、平面。

2. 4 种，直线楼梯、L 型楼梯、U 型楼梯、螺旋楼梯。

第 3 章

1.12 种，线、矩形、圆、椭圆、弧、圆环、多边形、星形、文本、螺旋线、卵形、截面。

2. 单击【修改】按钮，进入【修改】命令面板，然后单击【配置修改器集】按钮，在弹出的菜单中选择【显示按钮】命令，此时在【修改】命令面板中出现了【修改器】命令按钮组。

3. 【挤出】修改器可以为一个闭合的样条线曲线图形增加厚度，将其挤出成为三维实体，如果是一条非闭合曲线进行挤出处理，那么挤出后的物体就会是一个面片。

第 4 章

1. 并集运算、交集运算、差集运算、切割运算。

2. 截面放样，使用截面放样建模的步骤为：

01 选取截面图形。

02 在【放样】命令面板的【创建方法】卷展栏中单击【获取路径】按钮。

03 在视图中获取路径型。

3. 路径放样，使用路径放样建模的步骤为：

01 选取路径型。

02 在【放样】命令面板的【创建方法】卷展栏中单击【获取图形】按钮。

03 在视图中拾取截面图形。

第 5 章

1. 材质示例窗用来显示材质的调节效果，共用 24 个示例球，当调节参数时，其效果会立刻反映到示例球上，用户可以根据示例球来判断材质的效果。示例窗可以变小或变大。示例窗的内容不仅可以是球体，还可以是其他几何体，包括自定义的模型。示例窗的材质可以直接拖曳到对象上进行指定。

2. 【明暗器基本参数】卷展栏中共有 8 种明暗器类型，（A）各向异性、（B）Blinn、（M）金属、（ML）多层、（O）Oren-Nayar-Blinn、（P）Phong、（S）Strauss、（T）半透明明暗器。

3. 12 种，【不透明度】贴图：利用图像的明暗度在物体表面产生透明效果，纯黑色的区域完全透明，纯白色的区域完全不透明，这是一种非常重要的贴图方式，可以为玻璃杯加上花纹图案。

第 6 章

1. 【目标平行光】产生单方向的平行照射区域，它与目标聚光灯的区别是照射区域呈圆柱形或矩形，而不是【锥形】。平行光主要用于模拟阳光的照射，对于户外场景尤为适用。如果作为体积光源，可以产生一个光柱，常用来模拟探照灯、激光光束等特殊效果。

2. 【目标】摄影机：用于观察目标对象周围的场景内容。它包括摄影机、目标点两部分，目标摄影机便于定位，只需要直接将目标点移动到需要的位置上即可。

【自由】摄影机：用于查看注视摄影机方向的区域。它没有目标点，不能单独进行调整，它可以用来制作室内外装潢的环游动画。

第 7 章

1. 设置 VRay 材质

01 按 M 键，弹出【材质编辑器】对话框。

02 单击材质球名称后面的按钮如【Arch&Design】按钮，则会弹出【材质 / 贴图浏览器】对话框，在【V-Ray】卷展栏中，选择需要用的 VRay 材质，然后单击【确定】按钮。

2. VRay 图像采样器有哪些，及其作用是什么

1. 【固定】采样器

这是 VRay 渲染器中最简单的一种采样器，对于每一个像素，它使用一个固定数量的样本而且只有一个参数控制细分。

2. 【自适应确定性蒙特卡洛】采样器

该采样器会根据每个像素和它相邻像素的亮度差异来产生不同数量的样本。值得注意的是该采样器与 VRay 的 rQMc 采样器是相关联的，它没有自身的极限控制值，不过用户可以通过 VRay 的 rQMc 采样器中的 Noise threshold 参数来控制品质。

3. 【自适应细分】采样器

这是一个具有 undersampling 功能（分数采样，即每个像素的样本值低于 1）的高级采样器。在没有 VRay 模糊特效（直接全局照明、景深和运动模糊等）的场景中，它是首选的采样器。它使用较少的样本就可以达到其他采样器使用较多样本才能够达到的品质和质量，这样就减少了渲染时间。但是，在具有大量细节或者模糊特效的情况下它会比其他两个采样器更慢，图像效果也更差，这一点一定要牢记。理所当然的，比起另两个采样器，它也会占用更多的内存。

第 8 章

1. VR 双面材质是 VRay 渲染器提供的一种特殊材质，此材质允许在物体背面接受灯光照明，类似于众所周知的背光。此种材质用来模拟类似纸张、纤细的窗帘以及树叶等物体。

2. VR 位图过滤器对于使用外部程序（例如 ZBrush）创建的置换贴图是非常有用的，对于贴图的精确放置是非常重要的。VR 位图过滤器通过对位图像素进行内插值计算产生一个光滑的贴图，但是却不会应用任何附加的模糊或平滑。

第9章

1. 首先按8键打开【环境和效果】对话框，在【公用参数】卷展栏中单击【环境贴图】下面的【无】按钮，会弹出【材质/贴图浏览器】对话框选择【VR天空】，这样就可以设置VR天空。

第10章

1.（1）选择3ds Max场景中存在的任何几何体，选择【创建】|【几何体】|【VRay】|【VR毛发】选项。

（2）然后单击【VR毛发】按钮，以当前选择的物体作为源物体产生一个毛发物体，如图10.2所示。

（3）选择毛发，然后打开修改器面板修改其参数。

2. VR代理物体允许用户只在渲染的时候导入外部网格物体，这个外部的几何体不会出现在3ds Max场景中，也不占用资源。利用这种方式可以渲染上百万个三角面（超出3ds Max自身的控制范围）场景。

第11章

1. 通常为3ds Max增添卡通渲染效果有两种解决方案，一种是指定一种特殊的材质(或明暗处理器)，二是作为一种渲染效果来处理，这两种方案有各自的优缺点。